2026 최신판

에듀윌
에너지관리기사
필기 한권끝장
+무료특강

합격자 수가 선택의 기준!

❶권 | 빈출 200제+핵심이론+최신 3개년 기출

특별제공
빈출 법령노트 부록

기출문제 분석! 기출이 곧 이론
전문항 빈출 표시+무료특강으로 초단기 합격!

- 무료특강 | 연소공학, 열역학 기초이론, 빈출&고난도 200제 해설특강
- 기출문제 | 2025년 CBT 복원문제 포함 9개년 기출문제 수록
- 별책부록 | 빈출 법령노트

에듀윌과 함께 시작하면,
당신도 합격할 수 있습니다!

대학 졸업 후 취업을 위해 바쁜 시간을 쪼개며
에너지관리기사 자격시험을 준비하는 취준생

비전공자이지만 더 많은 기회를 만들기 위해
에너지관리기사에 도전하는 수험생

낮에는 현장에서 일하면서도 더 나은 미래를 위해
에너지관리기사 교재를 펼치는 주경야독 직장인

누구나 합격할 수 있습니다.
시작하겠다는 '다짐' 하나면 충분합니다.

마지막 페이지를 덮으면,

**에듀윌과 함께
에너지관리기사 합격이 시작됩니다.**

나에게 맞는 최적 학습법
4주 합격 플래너

이론+기출 3회독으로 빠르게 합격!

WEEK	DAY	CHAPTER	완료
WEEK 1	DAY 1	빈출&고난도 200제	☐
	DAY 2	빈출&고난도 200제	☐
	DAY 3	빈출&고난도 200제 무료특강	☐
	DAY 4	SUBJECT 01 연소공학	☐
	DAY 5	SUBJECT 01 연소공학	☐
	DAY 6	SUBJECT 02 열역학	☐
	DAY 7	SUBJECT 02 열역학	☐
WEEK 2	DAY 8	SUBJECT 03 계측방법	☐
	DAY 9	SUBJECT 04 열설비재료 및 관계법규	☐
	DAY 10	SUBJECT 05 열설비설계	☐
	DAY 11	2025년 기출문제	☐
	DAY 12	2024년 ~ 2023년 기출문제	☐
	DAY 13	2022년 ~ 2021년 기출문제	☐
	DAY 14	2020년 ~ 2019년 기출문제	☐

WEEK	DAY	CHAPTER	완료
WEEK 3	DAY 15	2018년 ~ 2017년 기출문제 1회독	☐
	DAY 16	오답 정리 & 복습	☐
	DAY 17	2025년 기출문제	☐
	DAY 18	2024년 ~ 2023년 기출문제	☐
	DAY 19	2022년 ~ 2021년 기출문제	☐
	DAY 20	2020년 ~ 2019년 기출문제	☐
	DAY 21	2018년 ~ 2017년 기출문제 2회독	☐
WEEK 4	DAY 22	오답 정리 & 복습	☐
	DAY 23	2025년 기출문제	☐
	DAY 24	2024년 ~ 2023년 기출문제	☐
	DAY 25	2022년 ~ 2021년 기출문제	☐
	DAY 26	2020년 ~ 2019년 기출문제	☐
	DAY 27	2018년 ~ 2017년 기출문제 3회독	☐
	DAY 28	최종복습	☐

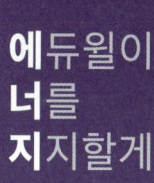

세상을 움직이려면
먼저 나 자신을 움직여야 한다.

– 소크라테스(Socrates)

에듀윌 에너지관리기사

필기 한권끝장

1권

WHAT?
에너지관리기사 자격증이란?

에너지관리기사

1 신재생에너지 · 에너지 효율화 추진 시대의 필수 자격, 에너지관리기사

2050 정부의 탄소중립 정책과 함께 신재생에너지 확대 및 에너지 효율화 등 국가적 추진에 따라 에너지 관리의 중요성이 확대되고 있습니다.

또한, 에너지 관련 법규 및 규제가 강화됨에 따라 여러 산업 현장에서 에너지 관리자 등 전문가를 필요로 하고 있으며, 이를 위해 에너지관리기사 자격증은 현재는 물론, 미래 에너지 산업에서도 핵심적인 역할을 수행하는 전문 자격증입니다.

- 에너지 설비 운영 및 유지관리
- 에너지 진단 및 효율 개선
- 에너지 기술 검토 및 설계

2 에너지관리기사, 보일러관리자 및 기계설비유지관리자 선임 가능!

보일러 관리자는 보일러 및 관련 설비의 효율적인 운영 · 유지관리를 위해 필요한 전문 관리자입니다. 대부분의 산업현장이나 대형 건물은 고압의 증기, 온수를 생성하는 설비인 보일러가 필수로 있어 법적으로 관리자가 선임되어야 하는 경우가 많습니다. 이를 위해 보일러를 운전하고 관리할 수 있는 전문 자격증을 필요로 하며, 그중 에너지관리기사가 해당됩니다.

기계설비유지관리자는 최근 기계설비법 도입에 따라 건축물 기계설비에 대한 안정 및 성능의 효율적인 관리를 위해 일정 규모 이상의 건물에 기계설비유지전문가 선임 의무화가 이루어졌습니다. 이에 에너지관리기사 자격증을 취득하면 기계설비유지전문가 초급으로 선임이 가능합니다.

미래 에너지 산업의 핵심,
에너지관리기사

시험 정보

1 시험일정

구분	필기시험	필기합격(예정자)발표	실기시험	최종합격자 발표일
1회	2월~3월	3월 중	4월~5월	6월 중
2회	5월 중	6월 중	7월~8월	9월 중
3회	8월 중	9월 중	10월~11월	12월 중

※ 정확한 시험일정은 한국산업인력공단(Q-net) 참고
※ CBT 방식의 시험은 시험기간 중 원하는 날짜와 시간을 선택하여 응시 가능

2 검정방법 & 합격기준

① **검정방법**
- **필기** 객관식 4지 택일형 과목당 20문항(총 5과목)
- **실기** 필답형

② **합격기준**

필기시험	• 100점을 만점으로 하여 5과목 평균 60점 이상 획득한 경우 • 각 과목당 40점 이상 획득한 경우 ※ 5과목 평균 60점이 넘어도 한 과목이라도 40점 미만이면 과락임
실기시험	100점을 만점으로 하여 60점 이상 획득한 경우

3 응시자격

기계공학과, 기계설계공학과, 건축설비공학과, 에너지공학과 등 관련학과 혹은 동일(유사) 직무분야에 해당하는 전공자, 관련 분야로 인정되는 곳에서 실무 경력 4년 이상을 종사한 자, 동일(유사)분야의 자격증을 취득자 등이 응시가 가능합니다.

※ 정확한 관련 학과, 경력 인정범위 등 응시 가능 여부는 한국산업인력공단 별도 문의

WHY?
왜 에듀윌 교재일까요?

1. 효율적인 학습을 위한 분권 구성

 +

벽돌 같이
무거운 책은 NO!

이론부터 실전까지 완성형 학습 가능!

1권

- **빈출 & 고난도 200제 & 핵심이론**: 주요 기출문제를 먼저 익히고 이론을 기반으로 기초를 다질 수 있습니다.
- **최신 3개년 기출**: 최신 출제 경향 및 유형을 파악하여 학습할 수 있습니다.

2권

- **PLUS 6개년 기출**: 6개년 기출문제 반복학습을 통해 출제 유형 완전히 이해하고 응용력을 쌓을 수 있습니다.

2. 법령 암기노트 부록 추가 제공

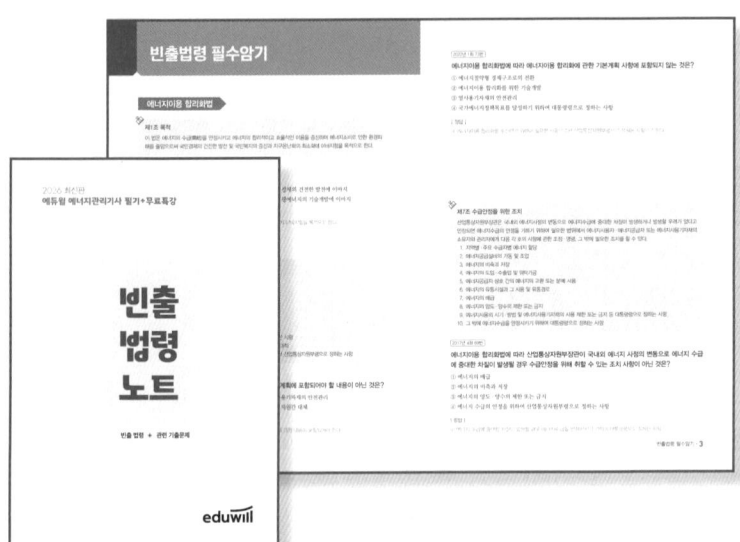

최신 기출문제를 분석해 자주 출제되는 법령만을 선별·정리한 '빈출 법령 노트' 부록을 제공합니다. 암기가 반드시 필요한 핵심 법령과 관련 기출문제를 함께 학습할 수 있도록 구성하여 효율적인 암기와 실전 적용이 가능합니다.

완성도 높은 구성,
단 한 권으로 효율적인 학습

3 빈출&고난도 200제로 기출문제 반복 학습

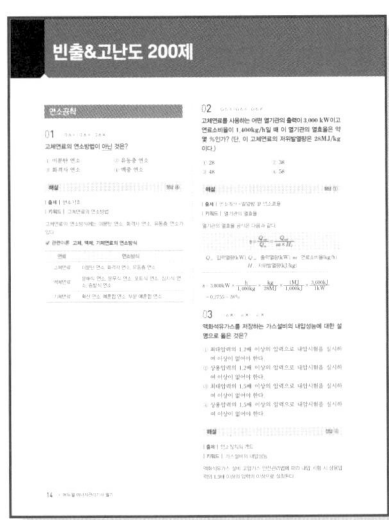

9개년 기출문제를 분석해 자주 출제되는 문제와 실력 향상에 효과적인 고난도 문제를 엄선한 200제로 구성하였습니다. 빈출문제로는 핵심 개념을 탄탄히 다지고, 고난도 문제로 실전 감각과 응용력을 키워 개념부터 실전까지 완벽하게 대비할 수 있습니다.

4 무료특강으로 실전 완벽대비

초단기 합격을 위해 교재와 병행하여 기초 이론부터 실전 문제까지 무료특강 제공!

`강의 수강경로` 에듀윌 도서몰(book.eduwill.net) → 동영상강의실 → '에너지관리기사' 검색

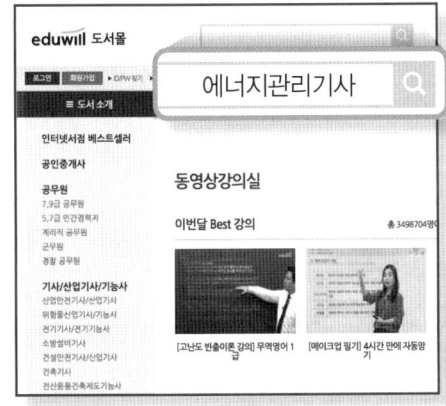

1. 연소공학·열역학 기초 이론 특강
에너지관리기사 시험에서 특히 어렵게 느껴지는 연소공학과 열역학 과목을 집중 공략할 수 있도록 이론 기초를 다지는 연소공학·열역학 핵심 개념 정리 무료특강을 제공합니다.

2. 빈출&고난도 200제 기출 해설 특강
빈출&고난도 200제 전문항 상세한 문제풀이와 핵심 포인트까지 짚어주는 해설강의를 통해 기출문제의 실전 감각을 키울 수 있습니다.

HOW?
정말 단기 합격이 가능할까요?

STEP 01 빈출&고난도 200제로 실전 감각 확보!

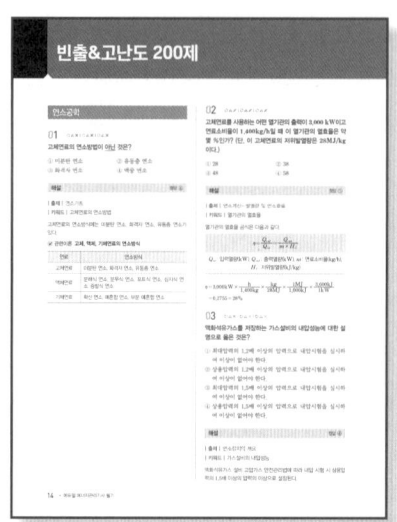

시험에서 자주 출제되고 난이도가 높은 문제 200제를 먼저 학습함으로써 주요 출제 유형과 핵심 개념을 빠르게 파악할 수 있도록 구성하였습니다. 실전 감각을 기르는 동시에 앞으로의 학습의 방향성을 명확히 설정할 수 있습니다.

STEP 02 기출이 곧 이론! 시험에 나온 해설 중심 이론 완벽 정리!

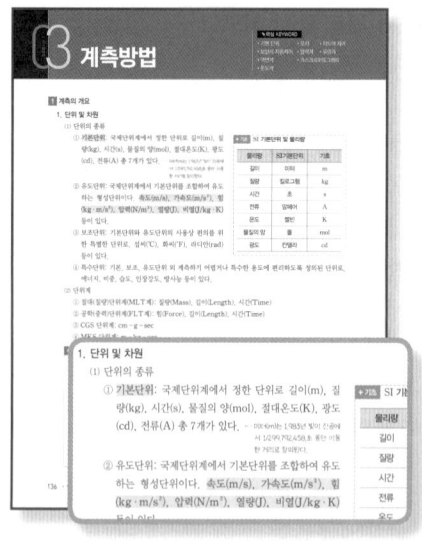

빠른 합격을 위해 기출문제를 분석하여 기출문제 해설을 바탕으로 필요한 이론만 정확하게 선별하여 이론을 담아냈습니다.

19년 4회 49번 기출문제 中

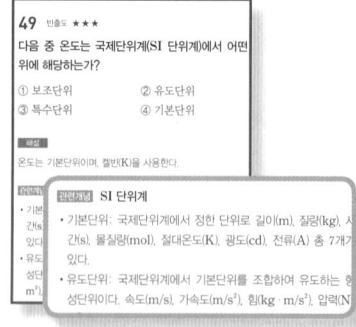

STEP 03 최신 3개년 기출로 최신 출제 경향 및 유형 파악!

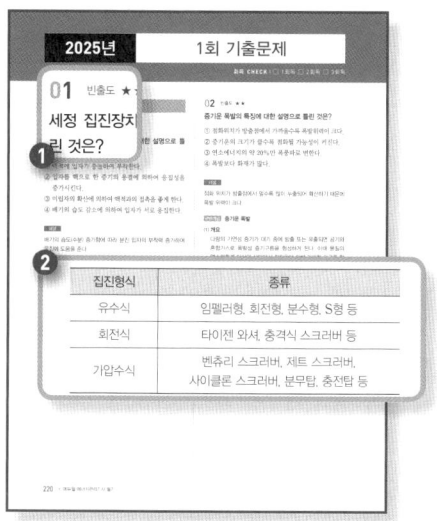

❶ 기출문제를 분석하여 빈출도에 따라 별표(★)표시를 하여 효율적인 학습이 가능하도록 하였습니다.

❷ 단순해설을 넘어 해당 문제와 연결되는 확장 개념까지 '관련 개념'으로 함께 정리하여 학습의 깊이를 더했습니다.

STEP 04 PLUS 6개년 기출문제 반복학습으로 기출 완전 정복!

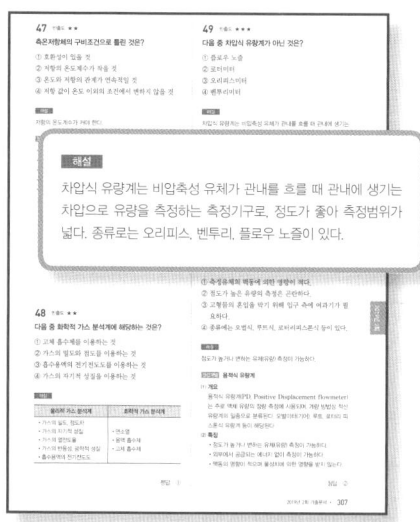

단순히 해당 문제만을 위한 해설이 아닌, 유사 문제에도 적용할 수 있는 확장 가능한 범용 해설로 수록하여 하나의 해설로 응용 문제까지 풀어낼 수 있습니다.

17년 4회 52번 기출문제 中

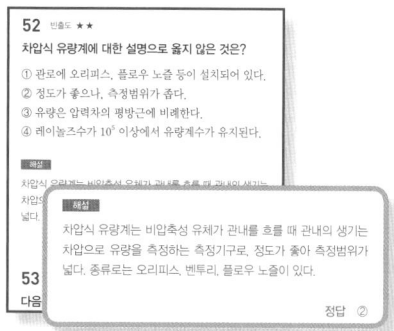

차례

1권

빈출&고난도 200제

연소공학	14
열역학	26
계측방법	40
열설비재료 및 관계법규	52
열설비설계	66

핵심이론

SUBJECT 01 연소공학	82
SUBJECT 02 열역학	110
SUBJECT 03 계측방법	136
SUBJECT 04 열설비재료 및 관계법규	160
SUBJECT 05 열설비설계	187

최신 3개년 기출

2025년 기출문제
2025년 1회 CBT 복원문제	220
2025년 2회 CBT 복원문제	247

2024년 기출문제
2024년 1회 CBT 복원문제	276
2024년 2회 CBT 복원문제	304
2024년 3회 CBT 복원문제	332

2023년 기출문제
2023년 1회 CBT 복원문제	362
2023년 2회 CBT 복원문제	390
2023년 4회 CBT 복원문제	418

2권

PLUS 6개년 기출

2022년 기출문제
2022년 1회 기출문제	8
2022년 2회 기출문제	38
2022년 4회 CBT 복원문제	67

2021년 기출문제
2021년 1회 기출문제	96
2021년 2회 기출문제	123
2021년 4회 기출문제	151

2020년 기출문제
2020년 1·2회 기출문제	180
2020년 3회 기출문제	208
2020년 4회 기출문제	238

2019년 기출문제
2019년 1회 기출문제	268
2019년 2회 기출문제	294
2019년 4회 기출문제	322

2018년 기출문제
2018년 1회 기출문제	350
2018년 2회 기출문제	378
2018년 4회 기출문제	406

2017년 기출문제
2017년 1회 기출문제	434
2017년 2회 기출문제	464
2017년 4회 기출문제	490

Engineer Energy Management

빈출&고난도 200제

학습 TIP

에듀윌 에너지관리기사 필기 교재에서는 최신 기출문제를 분석하여 자주 출제되는 기출문제와 고난도 문제 200제를 선별하여 수록하였습니다.
빈출문제로 최신 출제경향과 개념을 잡고, 고난도 문제로 심화 학습을 할 수 있습니다.

무료특강 제공

빈출 & 고난도 200제의 문제 풀이 및 핵심 개념 내용은 저자 직강의 무료특강을 제공합니다.
▶ 강의 수강경로
에듀윌 도서몰(book.eduwill.net) → 동영상강의실 → '에너지관리기사' 검색

빈출&고난도 200제
해설 무료특강

빈출&고난도 200제

연소공학

01 ○△×|○△×|○△×

고체연료의 연소방법이 아닌 것은?

① 미분탄 연소
② 유동층 연소
③ 화격자 연소
④ 액중 연소

해설 정답 ④

| 출제 | 연소기초
| 키워드 | 고체연료의 연소방법

고체연료의 연소방식에는 미분탄 연소, 화격자 연소, 유동층 연소가 있다.

✔ **관련이론** 고체, 액체, 기체연료의 연소방식

연료	연소방식
고체연료	미분탄 연소, 화격자 연소, 유동층 연소
액체연료	분해식 연소, 분무식 연소, 포트식 연소, 심지식 연소, 증발식 연소
기체연료	확산 연소, 예혼합 연소, 부분 예혼합 연소

02 ○△×|○△×|○△×

고체연료를 사용하는 어떤 열기관의 출력이 3,000 kW이고 연료소비율이 1,400kg/h일 때 이 열기관의 열효율은 약 몇 %인가? (단, 이 고체연료의 저위발열량은 28MJ/kg이다.)

① 28
② 38
③ 48
④ 58

해설 정답 ①

| 출제 | 연소계산−발열량 및 연소효율
| 키워드 | 열기관의 열효율

열기관의 열효율 공식은 다음과 같다.

$$\eta = \frac{Q_{out}}{Q_{in}} = \frac{Q_{out}}{m \times H_l}$$

Q_{in}: 입력열량(kW), Q_{out}: 출력열량(kW), m: 연료소비율(kg/h), H_l: 저위발열량(kJ/kg)

$$\eta = 3,000\text{kW} \times \frac{\text{h}}{1,400\text{kg}} \times \frac{\text{kg}}{28\text{MJ}} \times \frac{1\text{MJ}}{1,000\text{kJ}} \times \frac{3,600\text{kJ}}{1\text{kW}}$$
$$= 0.2755 = 28\%$$

03 ○△×|○△×|○△×

액화석유가스를 저장하는 가스설비의 내압성능에 대한 설명으로 옳은 것은?

① 최대압력의 1.2배 이상의 압력으로 내압시험을 실시하여 이상이 없어야 한다.
② 상용압력의 1.2배 이상의 압력으로 내압시험을 실시하여 이상이 없어야 한다.
③ 최대압력의 1.5배 이상의 압력으로 내압시험을 실시하여 이상이 없어야 한다.
④ 상용압력의 1.5배 이상의 압력으로 내압시험을 실시하여 이상이 없어야 한다.

해설 정답 ④

| 출제 | 연소장치의 개요
| 키워드 | 가스설비의 내압성능

액화석유가스 설비 고압가스 안전관리법에 따라 내압 시험 시 상용압력의 1.5배 이상의 압력의 이상으로 설정된다.

04 ○△×|○△×|○△× 고난도

공기비 1.3에서 메탄을 연소시킨 경우 단열연소온도는 약 몇 K인가? (단, 메탄의 저발열량은 49MJ/kg, 배기가스의 평균비열은 1.29kJ/kg·K이고 고온에서의 열분해는 무시하고, 연소 전 온도는 25°C이다.)

① 1,663
② 1,932
③ 1,965
④ 2,230

해설 정답 ②

| 출제 | 연소계산-이론 및 실제 공기량, 배기가스
| 키워드 | 단열연소온도

저위발열량(H_l)을 이용한 연소온도 구하는 식은 다음과 같다.

$$t_c = \frac{H_l}{G \times C} + t_0$$

t_c: 연소온도(K), H_l: 저위발열량(kJ/kg),
G: 연소가스량(kg/kg), C: 비열(kJ/kg·K), t_0: 초기 온도(K)

이때 연소가스량(G)을 구하여야 한다.

$$G = (m - 0.23)A_0 + 생성된\ CO_2 + 생성된\ H_2O$$

m: 공기비, A_0: 이론공기량

메탄(CH_4) 1kg 연소 질량을 계산한다.
메탄(CH_4)의 완전연소반응식
$CH_4 + 2O_2 \rightarrow CO_2 + 2H_2O$
CH_4의 분자량 = $(1 \times 12) + (1 \times 4) = 16$kg/kmol
CO_2 배출량
CH_4와 CO_2는 1:1반응이므로 CH_4 1kg 반응하면 CO_2는
$\frac{1 \times 44}{16} = 2.75$kg이다.
H_2O 배출량
CH_4와 H_2O는 1:2반응이므로 CH_4 1kg 반응하면 H_2O는
$\frac{1 \times 2 \times 18}{16} = 2.25$kg이다.

$$G = (1.3 - 0.2337) \times \frac{\frac{2 \times 32}{16}}{0.2337} + 2.75 + 2.25 = 23.2507$$

$$t_c = \frac{H_l}{G \times C} + t_0 = \frac{49,000}{23.2507 \times 1.29} + (25 + 273) = 1,931.69K$$

05 ○△×|○△×|○△×

연소가스량 $10Nm^3$/kg, 연소가스의 정압비열 1.34 kJ/Nm^3·°C인 어떤 연료의 저위발열량이 27,200 kJ/kg이었다면 이론 연소온도(°C)는? (단, 연소용 공기 및 연료 온도는 5°C이다.)

① 1,000
② 1,500
③ 2,000
④ 2,500

해설 정답 ③

| 출제 | 연소계산-발열량 및 연소효율
| 키워드 | 저위발열량 계산

$$t_c = \frac{H_l}{G \times C} + t_0$$

t_c: 연소온도(°C), H_l: 저위발열량(kJ/kg),
G: 연소가스량(m^3/kg), C: 비열(kJ/m^3·°C), t_0: 초기 온도(°C)

$$t_c = \frac{27,200}{10 \times 1.34} + 5 = 2,034.85°C$$

06 ○△×|○△×|○△×

중량비로 탄소 84%, 수소 13%, 유황 2%의 조성으로 되어 있는 경유의 이론공기량은 약 몇 Nm^3/kg인가?

① 5
② 7
③ 9
④ 11

해설 정답 ④

| 출제 | 연소설비-연소장치의 개요
| 키워드 | 이론공기량 계산

중량비 조성의 이론공기량을 구하는 식은 다음과 같다.

$$A_o = \frac{O_o}{0.21}$$

$$O_o = 1.867C + 5.6H + 0.7S$$

A_o: 이론공기량, O_o: 이론산소량

$$A_o = \frac{(1.867 \times 0.84) + (5.6 \times 0.13) + (0.7 \times 0.02)}{0.21} = 11Nm^3/kg$$

07

집진장치에 대한 설명으로 틀린 것은?

① 전기 집진기는 방전극을 음(陰), 집진극을 양(陽)으로 한다.
② 전기집진은 쿨롱(coulomb)력에 의해 포집된다.
③ 소형 사이클론을 직렬시킨 원심력 분리장치를 멀티 스크러버(multi-scrubber)라 한다.
④ 여과 집진기는 함진 가스를 여과재에 통과시키면서 입자를 분리하는 장치이다.

해설 정답 ③

| 출제 | 대기오염방지장치
| 키워드 | 집진장치

사이클론에는 소형 사이클론을 병렬로 연결한 멀티 사이클론과 직렬로 연결한 다단 사이클론이 있다.

08

탄화수소계 연료(C_xH_y)를 연소시켜 얻은 연소생성물을 분석한 결과 CO_2 9%, CO 1%, O_2 8%, N_2 82%의 체적비를 얻었다. y/x의 값은 얼마인가?

① 1.52
② 1.72
③ 1.92
④ 2.12

해설 정답 ②

| 출제 | 연소계산-이론 및 실제 공기량, 배기가스
| 키워드 | 체적비 구하기

문제의 조건을 토대로 탄화수소계 연료(C_xH_y)의 완전연소반응식을 세운다.

$C_xH_y + a\left(O_2 + \frac{79}{21}N_2\right)$
$\rightarrow 9CO_2 + 1CO + 8O_2 + bH_2O + 82N_2$

탄소(C): $x = 9 + 1 = 10$
질소(N): $a \times 2 \times \frac{79}{21} = 82 \times 2 \rightarrow a = 21.7975$
산소(O): $2a = (9 \times 2) + 1 + (8 \times 2) + b \rightarrow b = 8.6$
수소(H): $y = 2b \rightarrow y = 17.2$

$y/x = \frac{17.2}{10} = 1.72$

09

공기를 사용하여 중유를 무화시키는 형식으로 아래의 조건을 만족하면서 부하변동이 많은데 가장 적합한 버너의 형식은?

- 유량 조절범위 = 1 : 10 정도
- 연소 시 소음이 발생
- 점도가 커도 무화가 가능
- 분무각도가 30° 정도로 작음

① 로터리식
② 저압기류식
③ 고압기류식
④ 유압식

해설 정답 ③

| 출제 | 연소설비-연소장치의 개요
| 키워드 | 버너의 형식

유압식 (유압 분무식)	• 노즐을 통해 5~20kg/cm² 의 가압된 압력으로 연소실 내부로 보내 연소한다. • 구조가 간단하며, 대용량 버너에 용이하다. • 분무각도 40~90도이다. • 유량조절범위 환류식 1 : 3, 비환류식 1 : 2 • 연료의 점도가 크거나 유압이 5kg/cm² 이하로 낮아지면 분무가 불안정해진다.
저압기류식 (저압공기식)	• 주로 소형 가열로용 버너로 사용되며, 0.05~0.2kg/cm² 의 저압공기로 분무화시키는 방식이다. • 분무각도 30~60도이다. • 유량조절범위 1 : 5 • 연료 분사범위는 약 200L/hr이다.
회전식 (로터리식)	• 기계적 원심력을 활용하여 분무하는 방식이다. • 분무각도 40~80도, 비교적 화염이 넓게 퍼진다. • 유량조절범위 1 : 5 • 연료유 점도가 낮을수록 분무화 입경이 작아진다. • 회전수는 5,000~6,000rpm이다.
고압기류식	• 공기분무식 버너로, 고압의 공기 0.2~0.8MPa를 통해 중유를 무화시킨다. • 유량조절범위는 1 : 10 정도이며, 분무각도는 30도로 작다. • 내부혼합방식을 통해 고점도 연료도 무화시키고 연소시 소음이 크다.

10 [고난도]

다음의 무게조성을 가진 중유의 저위발열량은 약 몇 kcal/kg인가? (단, 아래의 조성은 중유 1kg당 함유된 각 성분의 양이다.)

> C: 84%, H: 13%, O: 0.5%, S: 2%, W: 0.5%

① 8,600
② 10,590
③ 13,600
④ 17,600

해설
정답 ②

| 출제 | 연소장치의 개요
| 키워드 | 중유의 저위발열량

무게 조성의 저위발열량 구하는 공식은 다음과 같다.

$$H_L = 8{,}100C + 28{,}600\left(H - \frac{O}{8}\right) + 2{,}500S - 600\left(W + \frac{9}{8}O\right)$$

$$H_L = 8{,}100 \times 0.84 + 28{,}600\left(0.13 - \frac{0.005}{8}\right)$$
$$\quad + 2{,}500 \times 0.02 - 600\left(0.005 + \frac{9}{8} \times 0.005\right)$$
$$= 10{,}547.75 \text{kcal/kg}$$

11

메탄 50V%, 에탄 25V%, 프로판 25V%가 섞여 있는 혼합 기체의 공기 중에서 연소하한계는 약 몇 % 인가? (단, 메탄, 에탄, 프로판의 연소하한계는 각각 5V%, 3V%, 2.1V% 이다.)

① 2.3
② 3.3
③ 4.3
④ 5.3

해설
정답 ②

| 출제 | 연소계산 – 이론 및 실제 공기량, 배기가스
| 키워드 | 르샤틀리에 공식

혼합가스 연소하한계(LFL) 르샤틀리에 공식은 아래와 같다.

$$\frac{100}{L} = \frac{V_1}{L_1} + \frac{V_2}{L_2} + \frac{V_3}{L_3} + \cdots$$

V : 각 성분 부피 백분율(%), L : 각 성분 연소 하한계(%)

$$\frac{100}{L} = \frac{50}{5} + \frac{25}{3} + \frac{25}{2.1} = 30.2381$$
$$L = \frac{100}{30.2381} = 3.31\%$$

12 [고난도]

체적이 0.3m³인 용기 안에 메탄(CH_4)과 공기 혼합물이 들어있다. 공기는 메탄을 연소시키는데 필요한 이론공기량보다 20% 더 들어 있고, 연소 전 용기의 압력은 300kPa, 온도는 90℃이다. 연소 전 용기 안에 있는 메탄의 질량은 약 몇 g인가?

① 27.6
② 33.7
③ 38.4
④ 42.1

해설
정답 ③

| 출제 | 연소계산 – 이론 및 실제 공기량, 배기가스
| 키워드 | 연소 전 용기안에 있는 혼합물의 질량

$$PV = mRT$$

P : 압력(kPa), V : 부피(m³), m : 질량(kg),
R : 기체상수(kJ/kg·K), T : 온도(K)

메탄(CH_4)의 완전연소반응식
$CH_4 + 2O_2 \rightarrow CO_2 + 2H_2O$

혼합기체 속 메탄(CH_4)의 비율을 구하여 메탄의 부피를 구한다.

메탄(CH_4)의 비율 = $\dfrac{\text{메탄}}{\text{메탄+공기}} = \dfrac{22.4}{22.4 + 245} \times 100 = 8.046\%$

공기량(A) = $\dfrac{2 \times 22.4}{0.21} \times 1.2 = 256 \text{m}^3$

메탄(CH_4)의 부피(V) = $0.3 \times 0.0846 = 0.02538 \text{m}^3$

$$m = \frac{PV}{RT} = \frac{300 \times 0.02538}{\frac{8.314}{16} \times (90 + 273)} = 0.0384 \text{kg} = 38.4\text{g}$$

13

다음 중 배기가스와 접촉되는 보일러 전열면으로 증기나 압축공기를 직접 분사시켜서 보일러에 회분, 그을음 등 열전달을 막는 퇴적물을 청소하고 쌓이지 않도록 유지하는 설비는?

① 수트블로워
② 압입통풍 시스템
③ 흡입통풍 시스템
④ 평형통풍 시스템

해설
정답 ①

| 출제 | 대기오염방지장치
| 키워드 | 보일러 퇴적물 청소

수트(슈트)블로워는 보일러 내부에서 배기가스와 접촉되는 전열면 외측, 수관부에 증기나 압축공기를 직접 분사하여 보일러에 회분, 그을음 등의 퇴적물을 청소하여 열전달을 막는다.

14

통풍방식 중 평형통풍에 대한 설명으로 틀린 것은?

① 통풍력이 커서 소음이 심하다.
② 안정한 연소를 유지할 수 있다.
③ 노내 정압을 임의로 조절할 수 있다.
④ 중형 이상의 보일러에는 사용할 수 없다.

해설 　　　　　　　　　　　　　　　　정답 ④

| 출제 | 연소현상이론
| 키워드 | 통풍방식

평형통풍은 대형보일러에 적합하다.

✔ **관련이론 평형통풍**
- 압입통풍과 흡입통풍을 병행한다.
- 대형보일러에 적합하며 통풍력 손실이 큰 보일러에도 사용이 가능하다.
- 동력소비가 커 유지비용이 크며, 초기 설비비가 많이 든다.
- 연소실 압력을 정압, 부압으로 조절할 수 있다.
- 강한 통풍력을 가지고 있으며 소음이 크다.

15

연도가스 분석결과 CO_2 12.0%, O_2 6.0%, CO 0.0%이라면 $CO_{2\,max}$는 몇 %인가?

① 13.8　　　　② 14.8
③ 15.8　　　　④ 16.8

해설 　　　　　　　　　　　　　　　　정답 ④

| 출제 | 연소계산 – 이론 및 실제 공기량, 배기가스
| 키워드 | 탄산가스 최대량

$$(CO_2)_{max} = \frac{21 \times (CO_2)}{21 - O_2}$$

CO_2: 이산화탄소 함유율(%), O_2: 산소 함유율(%)

$$(CO_2)_{max} = \frac{21 \times 12}{21 - 6} = \frac{252}{15} = 16.8\%$$

16

폭굉(Detonation)현상에 대한 설명으로 옳지 않은 것은?

① 확산이나 열전도의 영향을 주로 받는 기체역학적 현상이다.
② 물질 내에 충격파가 발생하여 반응을 일으킨다.
③ 충격파에 의해 유지되는 화학 반응 현상이다.
④ 반응의 전파속도가 그 물질 내에서 음속보다 빠른 것을 말한다.

해설 　　　　　　　　　　　　　　　　정답 ①

| 출제 | 화재 및 폭발
| 키워드 | 폭굉(Detonation)

확산이나 열전도가 아닌 화염의 빠른 전파를 통한 충격파에 의한 기체역학적 현상이다.

✔ **관련이론 폭굉 현상**

(1) 개요
- 가스 화염 전파속도가 음속보다 큰 경우 압력에 의해 충격파로 파괴작용을 일으키는 현상이다.
- 음속 340m/s, 폭굉 1,000~3,500m/s이다.

(2) 폭굉유도거리(DID) 짧아지는 조건

　최초의 조용히 타오르던 연소가 귀청 터질듯한 폭발로 돌변하기까지 걸어간 거리로, 짧을수록 위험성이 증가하며 다음과 같은 조건일 때 폭굉유도거리가 짧아진다.
- 정상 연소속도가 큰 혼합가스일수록 DID가 짧아진다.
- 압력이 높을수록 DID가 짧아진다.
- 점화원의 에너지가 클수록 DID가 짧아진다.
- 관속에 방해물이 있거나 관지름이 가늘수록 DID가 짧아진다.

17 고난도

연소 배기가스의 분석결과 CO_2의 함량이 13.4%이다. 벙커 C유(55L/h)의 연소에 필요한 공기량은 약 몇 Nm^3/min인가? (단, 벙커 C유의 이론공기량은 $12.5Nm^3$/kg이고, 밀도는 $0.93g/cm^3$이며 $[CO_2]_{max}$는 15.5%이다.)

① 12.33
② 49.03
③ 63.12
④ 73.99

해설 정답 ①

| 출제 | 연소계산 – 이론 및 실제 공기량, 배기가스

| 키워드 | 사용연료량

사용연료량에 대해 연소에 필요한 공기량을 구하는 공식은 다음과 같다.

$$A = mA_o \times F$$

m: 공기비, A_o: 이론공기량(Nm^3/kg), F: 연료량(kg/min)

이때, 공기비는 다음과 같이 구할 수 있다.

$$m = \frac{CO_{2\,max}}{CO_2}$$

$m = \frac{15.5}{13.4} = 1.1567$

$A = 1.1567 \times \frac{12.5Nm^2}{kg} \times \frac{55L}{h} \times \frac{0.93g}{cm^3}$
$\times \frac{10^3 cm^3}{1L} \times \frac{1h}{60min} \times \frac{1kg}{10^3 g} = 12.326 Nm^2/min$

18

백 필터(Bag-filter)에 대한 설명으로 틀린 것은?

① 여과면의 가스 유속은 미세한 더스트 일수록 적게 한다.
② 더스트 부하가 클수록 집진율은 커진다.
③ 여포재에 더스트 일차부착층이 형성되면 집진율은 낮아진다.
④ 백의 밑에서 가스백 내부로 송입하여 집진한다.

해설 정답 ③

| 출제 | 대기오염방지장치

| 키워드 | 백 필터(Bag-filter)

백필터는 집진장치 중 높은 효율을 가지며, 직물로 된 여포재(여과포)에 더스트(먼지) 일차부착층이 형성되면 함진가스를 통과시킬 때 집진효율이 우수해진다.

19

고체연료의 연료비를 식으로 바르게 나타낸 것은?

① $\frac{고정탄소(\%)}{휘발분(\%)}$
② $\frac{회분(\%)}{휘발분(\%)}$
③ $\frac{고정탄소(\%)}{회분(\%)}$
④ $\frac{가연성 성분중탄소(\%)}{유리수소(\%)}$

해설 정답 ①

| 출제 | 연소현상이론

| 키워드 | 고체연료의 연료비

고체연료비 = $\frac{고정탄소(\%)}{휘발분(\%)}$

✔ **관련이론** 고체연료비

- 고체연료의 연료비는 휘발분에 대한 고정탄소의 비로
  고체연료비 = $\frac{고정탄소(\%)}{휘발분(\%)}$로 나타낸다.
- 고정탄소(%) = 100 – (회분 + 수분 + 휘발분)
- 회분(%) = 연소 후 남은 무기질 재료
- 휘발분(%) = 연료 시료를 925±20℃의 무산소 환경(공기 차단 상태)에서 7분간 가열했을 때 감소량

20

가연성 액체에서 발생한 증기의 공기 중 농노가 연소범위 내에 있을 경우 불꽃을 접근시키면 불이 붙는데 이때 필요한 최저온도를 무엇이라고 하는가?

① 기화온도
② 착화온도
③ 인화온도
④ 임계온도

해설 정답 ③

| 출제 | 연소현상이론

| 키워드 | 인화온도

| 선지분석 |

① 기화온도: 끓는점을 말하며 액체가 기체로 변화는 온도로 증기압력이 외부 압력과 동일할 때 기화현상이 발생한다.
② 착화온도: 충분한 공기가 존재하에 고체연료 가열시 도달된 온도에서 자신의 연소열에 의해 연소를 계속해서 진행하는 온도를 말한다.
③ 인화온도: 인화점이라고도 하며, 가연성 액체에서 발생한 증기의 공기 중 농도가 연소범위 내에 있을 경우 불꽃을 접근시키면 불이 붙는 최저온도를 말한다.
④ 임계온도: 온도에 따라 기체가 액체(액화)로 변화는 최고온도로 도달된 온도에서 변화가 일어나지 않는다.

21 [고난도]

코크스로가스를 $100\,Nm^3$ 연소한 경우 습연소가스량과 건연소가스량의 차이는 약 몇 Nm^3인가? (단, 코크스로 가스의 조성(용량%)은 CO_2 3%, CO 8%, CH_4 30%, C_2H_4 4%, H_2 50% 및 N_2 5%이다.)

① 108 ② 118
③ 128 ④ 138

해설   정답 ②

| 출제 | 연소계산 - 발열량 및 연소효율
| 키워드 | 습연소가스량과 건연소가스량의 차이

코크스로가스의 양이 $100\,Nm^3$이므로 CO_2 $3Nm^3$, CO $8Nm^3$, CH_4 $30Nm^3$, C_2H_4 $4Nm^3$, H_2 $50Nm^3$, N_2 $5Nm^3$이라고 할 수 있다.
습연소가스량(G_{ow})과 건연소가스량(G_{od})의 차이는 가연물(CO, CH_4, C_2H_4, H_2) 연소에서 생성된 물질 중 H_2O의 양이다.

- 일산화탄소(CO) 완전연소반응식
  $CO + \frac{1}{2}O_2 \rightarrow CO_2$
  생성된 $H_2O = 0\,Nm^3$

- 메탄(CH_4) 완전연소반응식
  $CH_4 + 2O_2 \rightarrow CO_2 + 2H_2O$
  생성된 $H_2O = 30Nm^3 \times 2 = 60Nm^3$

- 에틸렌(C_2H_4) 완전연소반응식
  $C_2H_4 + 3O_2 \rightarrow 2CO_2 + 2H_2O$
  생성된 $H_2O = 4Nm^3 \times 2 = 8Nm^3$

- 수소(H_2) 완전연소반응식
  $H_2 + \frac{1}{2}O_2 \rightarrow H_2O$
  생성된 $H_2O = 50Nm^3 \times 1 = 50Nm^3$

  가열물의 연소에서 생성된 H_2O의 양 $= 60 + 8 + 50 = 118\,Nm^3$

22

기체연료에 대한 일반적인 설명으로 틀린 것은?

① 회분 및 유해물질의 배출량이 적다.
② 연소조절 및 점화, 소화가 용이하다.
③ 인화의 위험성이 적고 연소장치가 간단하다.
④ 소량의 공기로 완전연소 할 수 있다.

해설   정답 ③

| 출제 | 연소기초
| 키워드 | 기체연료

인화의 위험성이 높고 연소장치가 간단하다.

✔ 관련이론 기체연료 특징

- 적은 과잉공기로 완전연소가 가능하여 연소효율이 높아진다.
- 부하변동 범위가 넓어 저발열량의 연료로 고온을 얻는다.
- 연소가 균일하고 조절이 용이하며, 매연이 발생하지 않는다.
- 저장 및 수송이 불편하고, 설비비 및 연료비가 많이 든다.
- 취급 시 폭발위험과 일산화탄소(CO) 등 유해가스의 노출위험이 있다.

23 [고난도]

99% 집진을 요구하는 어느 공장에서 70% 효율을 가진 전처리 장치를 이미 설치하였다. 주처리 장치는 약 몇 %의 효율을 가진 것이어야 하는가?

① 98.7 ② 96.7
③ 94.7 ④ 92.7

해설   정답 ②

| 출제 | 대기오염방지
| 키워드 | 집진장치의 총 집진효율

집진장치의 총 집진효율을 구하는 공식은 아래와 같다.

$$\eta_T = \eta_1 + \eta_2 - \eta_1 \times \eta_2$$

$\eta_2 = \dfrac{\eta_T - \eta_1}{1 - \eta_1} = \dfrac{0.99 - 0.7}{1 - 0.7} = 0.967 = 96.7\%$

24

매연을 발생시키는 원인이 아닌 것은?

① 통풍력이 부족할 때
② 연소실 온도가 높을 때
③ 연료를 너무 많이 투입했을 때
④ 공기와 연료가 잘 혼합되지 않을 때

해설   정답 ②

| 출제 | 연소현상이론
| 키워드 | 매연을 발생시키는 원인

연소실 온도가 높으면 완전연소에 도움을 준다.

✓ **관련이론 매연 발생 원인**
- 연소실 온도가 낮을 경우
- 통풍력이 과하게 강하거나 작을 경우
- 연료의 예열온도가 적절하지 않을 경우
- 연소실 용적(크기)이 작고, 연소장치가 불량할 경우
- 공기비가 적절하지 않은 경우

25

순수한 CH_4를 건조 공기로 연소시키고 난 기체 화합물을 응축기로 보내 수증기를 제거시킨 다음, 나머지 기체를 Orsat법으로 분석한 결과, 부피비로 CO_2가 8.21%, CO가 0.41%, O_2가 5.02%, N_2가 86.36%이었다. CH_4 1kg-mol 당 약 몇 kg-mol의 건조공기가 필요한가?

① 7.3
② 8.5
③ 10.3
④ 12.1

해설   정답 ④

| 출제 | 연소계산 - 이론 및 실제 공기량, 배기가스
| 키워드 | Orsat법

메탄(CH_4)의 완전연소반응식
$CH_4 + 2O_2 \rightarrow CO_2 + 2H_2O$
CH_4과 O_2은 1 : 2 반응이므로 이를 이용하여 실제산소량을 구한다.

$$A = m \times \frac{O_o}{0.21}$$

A_o: 실제공기량, m: 공기비, O_o: 이론산소량

연소가스 조성 공기비(m) 공식은 다음과 같다.

$$m = \frac{N_2}{N_2 - 3.76(O_2 - 0.5 \times CO)}$$

$m = \frac{86.36}{86.36 - 3.76 \times (5.02 - 0.5 \times 0.41)} = 1.265$

$A = m \times \frac{O_o}{0.21} = 1.265 \times \frac{2}{0.21} = 12 \text{kg-mol}$

26

연소 배기가스량의 계산식(Nm^3/kg)으로 틀린 것은? (단, 습연소가스량 V, 건연소가스량 V', 공기비 m, 이론공기량 A이고, H, O, N, C, S는 원소, W는 수분이다.)

① $V = mA + 5.6H + 0.7O + 0.8N + 1.25W$
② $V = (m - 0.21)A + 1.87C + 11.2H + 0.7S + 0.8N + 1.25W$
③ $V' = mA - 5.6H + 0.7O + 0.8N$
④ $V' = (m - 0.21)A + 1.87C + 0.7S + 0.8N$

해설   정답 ③

| 출제 | 연소계산 - 이론 및 실제 공기량, 배기가스
| 키워드 | 배기가스량 구하기

건연소가스량(V') = $mA - 5.6H + 0.7O + 0.8N$

✓ **관련이론 배기가스량 계산식**
- 실제건연소가스량
  $V' = (m - 0.21)A + 1.87C + 0.7S + 0.8N$
- 실제습연소가스량
  $V = (m - 0.21)A + 1.87C + 11.2H + 0.7S + 0.8N + 1.25W$

27

연소장치의 연소효율(E_c)식이 아래와 같을 때 H_2는 무엇을 의미하는가? (단, H_c: 연료의 발열량, H_1: 연재 중의 미연탄소의 의한 손실이다.)

$$E_c = \frac{H_c - H_1 - H_2}{H_c}$$

① 전열손실
② 현열손실
③ 연료의 저발열량
④ 불완전연소에 따른 손실

해설   정답 ④

| 출제 | 연소계산 - 발열량 및 연소효율
| 키워드 | 연소효율

$$연소효율 = \frac{연소열}{발열량} = \frac{발열량 - 손실열}{발열량}$$

손실열은 미연분손실과 불완전연소에 따른 손실을 합한 값이므로

$$연소효율 = \frac{발열량 - (미연분손실 + 불완전연소에 따른 손실)}{발열량}$$

로 나타낼 수 있다.

28

고체연료의 공업분석에서 고정탄소를 산출하는 식은?

① 100−[수분(%)+회분(%)+질소(%)]
② 100−[수분(%)+회분(%)+황분(%)]
③ 100−[수분(%)+황분(%)+휘발분(%)]
④ 100−[수분(%)+회분(%)+휘발분(%)]

해설   정답 ④

| 출제 | 연소계산−이론 및 실제 공기량, 배기가스
| 키워드 | 고체연료의 공업분석

고정탄소(C_O)산출식
$C_O = 100 - (수분\% + 회분\% + 휘발분\%)$

✓ **관련이론** 공업분석에서의 산출식

• 회분함유율(A_o)산출식
$$A_o = \frac{잔류회분량}{시료무게} \times 100$$

• 수분함유율(W_o)산출식
$$W_o = \frac{건조감량}{시료무게} \times 100$$

• 휘발유함유율(G_o)산출식
$$G_o = \left(\frac{가열감량}{시료무게} \times 100\right) - 수분\%$$

29

연소계산에서 열정산에 대한 정의로 옳은 것은?

① 발생하는 모든 발열량의 합계
② 발생하는 모든 열의 이용 효율
③ 발생하는 모든 입열과 출열의 수지계산
④ 연소장치에서 손실되는 모든 열량의 합계

해설   정답 ③

| 출제 | 연소현상이론
| 키워드 | 열정산

연소 과정에서 발생하는 모든 입열과 출열을 비교하여 에너지 흐름을 분석하고, 이를 통해 열수지 계산을 수행한다.

30 [고난도]

연료의 조성(wt%)이 다음과 같을 때의 고위발열량은 약 몇 kcal/kg인가? (단, C, H, S의 고위발열량은 각각 8,100kcal/kg, 34,200kcal/kg, 2,500kcal/kg이다.)

C: 47.20, H: 3.96, O: 8.36, S: 2.79,
N: 0.61, H₂O: 14.54, Ash: 22.54

① 4,129
② 4,329
③ 4,890
④ 4,998

해설   정답 ③

| 출제 | 연소계산−이론 및 실제 공기량, 배기가스
| 키워드 | 고위발열량

연료 조성의 고위발열량(H_h) 공식은 다음과 같다.

$$H_h = 8{,}100C + 34{,}200\left(H - \frac{O}{8}\right) + 2{,}500S$$

$H_h = 8{,}100 \times 0.472 + 34{,}200\left(0.0396 - \frac{0.0836}{8}\right)$
$\quad + 2{,}500 \times 0.0279 = 4{,}890\text{kcal/kg}$

31

표준 상태인 공기 중에서 완전 연소비로 아세틸렌이 함유되어 있을 때 이 혼합기체 1L당 발열량(kJ)은 얼마인가? (단, 아세틸렌의 발열량은 1,308kJ/mol이다.)

① 4.1
② 4.5
③ 5.1
④ 5.5

해설   정답 ②

| 출제 | 연소계산−발열량 및 연소효율
| 키워드 | 아세틸렌의 발열량

아세틸렌 완전연소반응식
$C_2H_2 + 2.5O_2 \rightarrow 2CO_2 + H_2O$

완전연소시 이론공기량의 몰수는 다음과 같이 구한다.

$$A_o = \frac{O_o}{0.21}$$

$A_o = \frac{2.5}{0.21} = 11.905\text{mol}$

혼합기체의 몰수는 아세틸렌 몰수와 공기의 몰수를 합해야 한다.
$n_T = 1 + 11.905 = 12.905\text{mol}$
혼합기체 1L당 발열량을 구하면

$$\frac{1{,}308\text{kJ}}{\text{mol}_{-아세틸렌}} \times \frac{1\text{mol}_{-아세틸렌}}{12.905\text{mol}_{-혼합기체}} \times \frac{1\text{mol}_{-혼합기체}}{22.4\text{L}} = 4.52\text{kJ/L}$$

32 고난도

저위발열량 93,766kJ/Nm³의 C_3H_8을 공기비 1.2로 연소시킬 때 이론 연소온도는 약 몇 K인가? (단, 배기가스의 평균비열은 1.653kJ/Nm³ · K이고 다른 조건은 무시한다.)

① 1,656
② 1,756
③ 1,856
④ 1,956

해설   정답 ③

| 출제 | 연소계산-발열량 및 연소효율
| 키워드 | 이론연소온도

가스를 연소시킬 때의 이론 연소온도를 구하는 식은 다음과 같다.

$$t_c = \frac{H_l}{G \times C_p}$$

t_c: 이론 연소온도(K), H_l: 저위발열량(kJ/Nm³),
G: 연소가스량(Nm³/Nm³), C_p: 정압비열(kJ/Nm³ · K)

프로판의 완전연소반응식
$C_3H_8 + 5O_2 \rightarrow 3CO_2 + 4H_2O$

이론 연소온도를 구하기 위해서는 연소가스량(G)를 계산해야 한다.

$G = (m - 0.21) \times \frac{O_o}{0.21} + CO_2 + H_2O$

$= (1.2 - 0.21) \times \frac{5}{0.21} + 3 + 4 = 30.571 \text{Nm}^3/\text{Nm}^3$

$t_c = \frac{93,766}{30.571 \times 1.653} = 1,856 \text{K}$

33

액체연료의 미립화 시 평균 분무입경에 직접적인 영향을 미치는 것이 아닌 것은?

① 액체연료의 표면장력
② 액체연료의 점성계수
③ 액체연료의 탁도
④ 액체연료의 밀도

해설   정답 ③

| 출제 | 연소기초
| 키워드 | 액체연료의 미립화

액체연료의 미립화는 연료의 표면적을 증가시키기 위해 액체연료를 작은 방울 또는 스프레이식으로 쪼개어 분사하는 기술로 액체연료의 표면장력, 액체연료의 점성계수, 액체연료의 밀도, 액체연료의 분무(미립자)입경 등에 영향을 미친다.

34

세정 집진장치의 입자 포집원리에 대한 설명으로 틀린 것은?

① 액적에 입자가 충돌하여 부착한다.
② 입자를 핵으로 한 증기의 응결에 의하여 응집성을 증가시킨다.
③ 미립자의 확산에 의하여 액적과의 접촉을 좋게 한다.
④ 배기의 습도 감소에 의하여 입자가 서로 응집한다.

해설   정답 ④

| 출제 | 연소설비-대기오염방지장치
| 키워드 | 집진장치

배기의 습도가 증가함에 따라 분진 입자의 부착력이 증가하여 응집에 도움을 준다.

✔ 관련이론 세정 집진장치

배기가스 내에 분진을 세정액이나 액막(수분) 등에 충돌 또는 흡수하는 방식으로 액체에 의해 포집하는 방식이다.

집진형식	종류
유수식	임펠러형, 회전형, 분수형, S형 등
회전식	타이젠 와셔, 충격식 스크러버 등
가압수식	벤츄리 스크러버, 제트 스크러버, 사이클론 스크러버, 분무탑, 충전탑 등

35 고난도

다음 분진의 중력침강속도에 대한 설명으로 틀린 것은?

① 점도에 반비례한다.
② 밀도차에 반비례한다.
③ 중력가속도에 비례한다.
④ 입자직경의 제곱에 비례한다.

해설   정답 ②

| 출제 | 대기오염방지장치, 연소기초
| 키워드 | 중력침강속도

중력침강속도에 대한 stokes 공식은 다음과 같다.

$$V_g = \frac{d^2(\rho_s - \rho)g}{18\mu}$$

V_g: 중력침강속도(m/s), ρ_s: 입자의 밀도(kg/m³),
ρ: 가스의 밀도(kg/m³), g: 중력가속도(mS²),
μ: 점성도(kg/m · s)

중력침강속도는 밀도차에 비례한다.

36

연소가스 중의 질소산화물 생성을 억제하기 위한 방법으로 틀린 것은?

① 2단 연소
② 농담 연소
③ 고온 연소
④ 배기가스 재순환 연소

해설 　　　　　　　　　　　　　　　　정답 ③

| 출제 | 연소기초
| 키워드 | 질소산화물 생성억제 방법

고온 조건에서 질소는 산소와 결합하고 반응하면 일산화질소, 이산화질소 등의 질소산화물(NO_x)이 생성되고 매연이 발생한다.

☑ 관련이론 질소산화물 생성 방지대책
- 연소온도와 노내압을 낮춘다.
- 노 내의 가스 잔류시간 및 고온 유지시간을 짧게 한다.
- 2단 연소 및 저산소연소, 배기의 재순환 연소법을 사용한다.
- 질소함량이 적은 연료를 사용한다.
- 과잉공기를 연료에 혼합하여 연소시킨다.

37

어느 용기에서 압력(P)과 체적(V)의 관계가 $P = (50V+10) \times 10^2$ kPa과 같을 때 체적이 2m³에서 4m³로 변하는 경우 일량은 몇 MJ인가? (단, 체적의 단위는 m³이다.)

① 32
② 34
③ 36
④ 38

해설 　　　　　　　　　　　　　　　　정답 ①

| 출제 | 일 및 열에너지
| 키워드 | 압력과 체적의 변화량

압력과 체적의 변화량에 대한 일의 공식은 다음과 같다.

$$W = \int_{V_2}^{V_1} P dV$$

W: 일(J), V: 부피(m³), P: 압력(kPa)

$$W = \int_2^4 (50V+10) \times 10^2 dV$$
$$= \left[\frac{1}{5} \times 50V^2 + 10V\right]_2^4 \times 10^2$$
$$= [25 \times (4^2-2^2) + 10 \times (4-2)] \times 10^2$$
$$= (25 \times 12 + 10 \times 2) \times 10^2$$
$$= 320 \times 10^2 = 32,000 \text{kJ} = 32 \text{MJ}$$

38

298.15K, 0.1MPa 상태의 일산화탄소를 같은 온도의 이론공기량으로 정상유동 과정으로 연소시킬 때 생성물의 단열화염 온도를 주어진 표를 이용하여 구하면 약 몇 K인가? (단, 이 조건에서 CO 및 CO_2의 생성엔탈피는 각각 $-110,529$kJ/kmol, $-393,522$ kJ/kmol이다.)

CO_2의 기준상태에서 각각의 온도까지 엔탈피 차	
온도(K)	엔탈피 차(kJ/kmol)
4,800	266,500
5,000	279,295
5,200	292,123

① 4,835
② 5,058
③ 5,194
④ 5,306

해설 　　　　　　　　　　　　　　　　정답 ②

| 출제 | 연소계산－이론 및 실제 공기량, 배기가스
| 키워드 | 단열화염온도

일산화탄소(CO)의 완전연소반응식

$$CO + \frac{1}{2}O_2 \rightarrow CO_2 + \Delta H$$

$-110,529 = -393,522 + \Delta H$

$\Delta H = 393,522 - 110,529 = 282,993$ kJ/kmol

※ 여기서, 엔탈피 ($-$) 부호는 발열을 의미한다.
보간법에 의해 온도를 계산한다.

$$f(x) = f(x_1) + \frac{f(x_2)-f(x_1)}{x_2-x_1}(x-x_1)$$

$$f = 5,000K + \frac{5,200-5,000}{292,123-279,295} \times (282,993-279,295)$$
$$= 5,058K$$

39 [고난도]

다음과 같은 조성의 석탄 가스를 연소시켰을 때의 이론습연소가스량(Nm^3/Nm^3)은?

성분	CO	CO_2	H_2	CH_4	N_2
부피(%)	8	1	50	37	4

① 2.94 ② 3.94
③ 4.61 ④ 5.61

해설 정답 ④

| 출제 | 연소계산-이론 및 실제 공기량, 배기가스
| 키워드 | 이론 습연소가스량

이론공기량을 구하기 위해 가연성분 연소에 필요한 산소량을 구하여야 한다.
가연성분 완전연소반응식

$H_2 + \frac{1}{2}O_2 \rightarrow H_2O$

$CO + \frac{1}{2}O_2 \rightarrow CO_2$

$CH_4 + 2O_2 \rightarrow CO_2 + 2H_2O$

$$O_o = (0.5 \times H_2 + 0.5 \times CO + 2 \times CH_4) - O_2$$

$O_o = 0.5 \times 0.5 + 0.5 \times 0.08 + 2 \times 0.37 = 1.03 Nm^3/Nm^3$

이론습연소가스량을 구하기 위해서는 이론공기량을 알아야한다.

$$A_o = \frac{O_o}{0.21}$$

$A_o = \frac{1.03}{0.21} = 4.905 Nm^3/Nm^3$

이론습연소가스량을 구하는 공식은 다음과 같다.

$$G_{ow} = 연료\ CO_2 + N_2 + (1-0.21)A_o + 생성된\ CO_2 + 생성된\ H_2O$$

$G_{ow} = 0.01 + 0.04 + 0.79 \times 4.905$
$\qquad + ((1 \times 0.5) + (1 \times 0.08) + (3 \times 0.37)) = 5.61 Nm^3/Nm^3$

40

다음과 같이 조성된 발생로 내 가스를 15%의 과잉공기로 완전연소시켰을 때 건연소가스량(Sm^3/Sm^3)은? (단, 발생로 가스의 조성은 CO 31.3%, CH_4 2.4%, H_2 6.3%, CO_2 0.7%, N_2 59.3%이다.)

① 1.99 ② 2.54
③ 2.87 ④ 3.01

해설 정답 ①

| 출제 | 연소계산-이론 및 실제 공기량, 배기가스
| 키워드 | 건연소가스량 계산

이론공기량을 구하기 위해 가연성분 연소에 필요한 산소량을 구하여야 한다.
가연성분 완전연소 반응식

$H_2 + \frac{1}{2}O_2 \rightarrow H_2O$

$CO + \frac{1}{2}O_2 \rightarrow CO_2$

$CH_4 + 2O_2 \rightarrow CO_2 + 2H_2O$

$$O_o = (0.5 \times H_2 + 0.5 \times CO + 2 \times CH_4) - O_2$$

$O_o = 0.5 \times 0.063 + 0.5 \times 0.313 + 2 \times 0.024 = 0.236 Sm^3/Sm^3$

실제건연소가스량을 구하기 위해서는 이론공기량을 알아야한다.

$$A_o = \frac{O_o}{0.21}$$

$A_o = \frac{0.236}{0.21} = 1.124 Sm^3/Sm^3$

실제건연소가스량을 구하는 공식은 다음과 같다.

$$G_d = 연료\ CO_2 + N_2 + (m-0.21)A_o + 생성된\ CO_2$$

$G_d = 0.007 + 0.593 + (1.15 - 0.21) \times 1.124$
$\qquad + (1 \times 0.313 + 1 \times 0.024)$
$\quad = 1.99 Sm^3/Sm^3$

열역학

41 [고난도]

압력 1MPa인 포화액의 비체적 및 비엔탈피는 각각 0.0012 m³/kg, 762.8kJ/kg이고, 포화증기의 비체적 및 비엔탈피는 각각 0.1944m³/kg, 2,778.1kJ/kg이다. 이 압력에서 건도가 0.7인 습증기의 단위 질량당 내부에너지는 약 몇 kJ/kg인가?

① 2,037.1
② 2,173.8
③ 2,251.3
④ 2,393.5

해설 정답 ①

| 출제 | 열역학 제1법칙
| 키워드 | 습증기의 내부에너지

수증기의 비체적을 구하는 식은 다음과 같다.

$$v_x = v_f + x \times (v_g - v_f)$$

v_x: 수증기 비체적(m³/kg), v_f: 포화액 비체적(m³/kg),
x: 건도, v_g: 포화증기 비체적(m³/kg)

$v_x = 0.0012 + 0.7 \times (0.1944 - 0.0012) = 0.13644$ m³/kg

습증기 엔탈피(h_x)는 다음과 같이 구한다.

$$h_x = h_f - x(h_g - h_f)$$

h_x: 습증기 엔탈피(kJ/kg), h_f: 포화액의 비엔탈피(kJ/kg),
x: 수증기 건도, h_g: 포화증기의 비엔탈피(kJ/kg)

$h_x = 762.8 + 0.7 \times (2,778.1 - 762.8) = 2,173.51$ kJ/kg

습증기의 내부에너지는 다음과 같이 구한다.

$$u_x = h_x - P \cdot v_x$$

u_x: 내부에너지(kJ/kg), h_x: 습증기 엔탈피(kJ/kg),
P: 압력(kPa), v_x: 수증기 비체적(m³/kg)

$u_x = 2,173.51 - (1,000 \times 0.13644) = 2,037.1$ kJ/kg

42

랭킨 사이클의 순서를 차례대로 옳게 나열한 것은?

① 단열압축 → 정압가열 → 단열팽창 → 정압냉각
② 단열압축 → 등온가열 → 단열팽창 → 정적냉각
③ 단열압축 → 등적가열 → 등압팽창 → 정압냉각
④ 단열압축 → 정압가열 → 단열팽창 → 정적냉각

해설 정답 ①

| 출제 | 증기 및 증기 동력 사이클
| 키워드 | 랭킨 사이클 과정

랭킨사이클은 2개의 정압변화와 2개의 단열변화로 구성된 증기 동력 사이클로 과정은 아래와 같다.
가역단열압축 → 정압가열 → 가역단열팽창 → 정압냉각

43

랭킨(Rankine) 사이클에서 재열을 사용하는 목적은?

① 응축기 온도를 높이기 위해서
② 터빈 압력을 높이기 위해서
③ 보일러 압력을 낮추기 위해서
④ 열효율을 개선하기 위해서

해설 정답 ④

| 출제 | 증기 및 증기 동력 사이클
| 키워드 | 랭킨 사이클

랭킨(Rankine) 사이클은 열효율을 개선하기 위해서 증기초압을 높여 터빈 내의 팽창증기를 취출하고 재열기로 재열을 사용한다.

✓ 관련이론 랭킨(Rankine) 사이클

- 2개의 정압과정, 2개의 단열변화로 증기 동력사이클의 기본 사이클이며, 가장 널리 사용된다.
- 작동 유체(물, 수증기)의 흐름은 펌프(단열압축) → 보일러(정압가열) → 터빈(단열팽창) → 응축기(정압냉각) → 펌프 순으로 나타낸다.

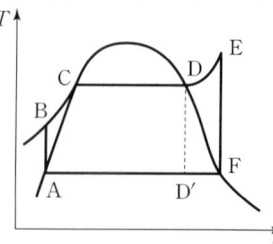

A → B: 단열압축
B → C: 정압가열
C → D: 가열
D → D′: 보일러 사용안함
D → E: 등압가열
E → F: 단열팽창
F → A: 정압냉각

▲ 랭킨 사이클 T-S 선도

44 고난도

1MPa, 400°C인 큰 용기 속의 공기가 노즐을 통하여 100KPa까지 등엔트로피 팽창을 한다. 출구속도는 약 몇 m/s인가? (단, 비열비는 1.4이고, 정압비열은 1.0kJ/(kg·K)이며, 노즐 입구에서의 속도는 무시한다.)

① 569
② 805
③ 910
④ 1,107

해설
정답 ②

| 출제 | 열역학 제1법칙

| 키워드 | 출구속도

단열변화에서의 P-T 관계식은 아래와 같다.

$$\frac{T_2}{T_1} = \left(\frac{P_2}{P_1}\right)^{\frac{\gamma-1}{\gamma}}$$

T_1: 초기 온도(K), T_2: 최종 온도(K)
P_1: 초기 압력(atm), P_2: 최종 압력(atm), γ: 비열비

$$T_2 = T_1 \times \left(\frac{100}{1,000}\right)^{\frac{1.4-1}{1.4}} = (400+273) \times \left(\frac{100}{1,000}\right)^{\frac{1.4-1}{1.4}}$$

$$= 348.5786K$$

등엔트로피 팽창 과정으로 열에너지가 운동에너지로 변화한다.

$$m \times \Delta H = \frac{1}{2}mv^2$$

$$\Delta H = C_p \cdot \Delta t$$

m: 질량(kg), ΔH: 엔탈피 차(kJ/kg), v: 속도(m/s),
C_p: 정압비열(kJ/kg·K), Δt: 온도 차(K)

$$v = \sqrt{2 \times \Delta H} = \sqrt{2 \times (H_1 - H_2)} = \sqrt{2 \times C_p(T_1 - T_2)}$$
$$= \sqrt{2 \times 1.0 \times 10^3 J/kg \cdot K \times (673 - 348.5786)} = 805.51 m/s$$

※ $1J/kg = 1N \cdot m/kg = 1m^2/sec^2$

45

냉매가 구비해야 할 조건 중 틀린 것은?

① 증발열이 클 것
② 비체적이 작을 것
③ 임계온도가 높을 것
④ 비열비(정압비열/정적비열)가 클 것

해설
정답 ④

| 출제 | 냉매의 구비조건

| 키워드 | 냉매 구비조건

비열비가 작아야 한다.

✔ 관련이론 냉매의 구비조건

- 증발열이 크고 임계온도(임계점)가 높아야 한다.
- 비체적과 비열비가 작아야 한다.
- 인화 및 폭발의 위험성이 낮아야 한다.
- 비교적 저온, 저압에서 응축이 잘 되어야 한다.
- 구입이 용이하고 가격이 저렴해야 한다.
- 점성 및 표면장력이 작고 상용압력범위가 낮아야 한다.

46

열역학 제2법칙에 관한 다음 설명 중 옳지 않은 것은?

① 100%의 열효율을 갖는 열기관은 존재할 수 없다.
② 단일열원으로부터 열을 전달받아 사이클 과정을 통해 모두 일로 변화시킬수 있는 열기관이 존재할 수 있다.
③ 열은 저온부로부터 고온부로 자연적으로 전달되지는 않는다.
④ 고립계에서 엔트로피는 항상 증가하거나 일정하게 보존된다.

해설 정답 ②

| 출제 | 열역학 제2법칙
| 키워드 | 열역학 제2법칙

열역학 제2법칙은 열이동 및 에너지방향 전환에 관한 법칙으로, 공급된 열을 모든 일로 바꾸는 열기관은 존재하지 않는다.

✓ **관련이론 열역학 제2법칙**
- 에너지변환(전환) 방향성의 법칙(열 이동의 법칙)이라고도 한다.
- 열은 항상 고온에서 저온으로 흐른다.(저온에서 고온으로 옮길 수 없다.)
- 열에너지를 완전하게 일로 바꾸는 것이 불가능하다.(모든 열기관은 일부 에너지를 열로 방출한다.)
- 고립계에서는 엔트로피가 감소하지 않으며, 증가하거나 일정하게 보존된다.
- 100%의 열효율을 갖는 기관은 존재할 수 없으며, 카르노 사이클 기관의 이상적 경우도 불가능하다.

47

이상기체 5kg이 250℃에서 120℃까지 정적과정으로 변화한다. 엔트로피 감소량은 약 몇 kJ/K인가? (단, 정적비열은 0.653 kJ/(kg·K)이다.)

① 0.933 ② 0.439
③ 0.274 ④ 0.187

해설 정답 ①

| 출제 | 열역학 제2법칙
| 키워드 | 엔트로피 감소량

이상기체 엔트로피 변화계산 공식은 다음과 같다.

$$\Delta S = m \times C_v \times \ln\left(\frac{T_2}{T_1}\right)$$

ΔS: 엔트로피 변화량(kJ/K), m: 질량(kg),
C_v: 정적비열(kJ/kg·K), T_1: 초기 온도(K), T_2: 최종 온도(K)

$$\Delta S = 5 \times 0.653 \times \ln\left(\frac{120+273}{250+273}\right) = -0.933 \text{kJ/K}$$

※ (−) 부호는 감소를 의미한다.

✓ **관련이론 열역학 제2법칙**

열역학 제2법칙에 의해 상태 과정에서의 엔트로피 변화량(ΔS)은 다음과 같다. (C_v: 정적비열, C_p: 정압비열)

등온과정(일정한 온도)	$\Delta S = \dfrac{\Delta Q}{T}$
정적과정(일정한 부피)	$\Delta S = m \times C_v \times \ln\left(\dfrac{T_2}{T_1}\right)$
정압과정(일정한 압력)	$\Delta S = m \times C_p \times \ln\left(\dfrac{T_2}{T_1}\right)$

48 고난도

밀폐된 피스톤-실린더 장치 안에 들어 있는 기체가 팽창을 하면서 일을 한다. 압력 P[MPa]와 부피 V[L]의 관계가 아래와 같을 때, 내부에 있는 기체의 부피가 5L에서 두 배로 팽창하는 경우 이 장치가 외부에 한 일은 약 몇 kJ인가? (단, $a=3\text{MPa/L}^2$, $b=2\text{MPa/L}$, $c=1\text{MPa}$)

$$P=5(aV^2+bV+c)$$

① 4,175
② 4,375
③ 4,575
④ 4,775

해설 정답 ④

| 출제 | 기체의 상태변화

| 키워드 | 피스톤-실린더 장치

부피 팽창시 외부에서 발생한 일 공식은 다음과 같다.

$$W=\int_1^2 PdV$$

W: 일(kJ), P: 압력(kPa), V: 부피(L)

처음 부피는 5L, 팽창 후 나중 부피는 $2\times5=10\text{L}$이다.

$$W=\int_5^{10} 5(aV^2+bV+c)dV$$
$$=5\left[\frac{1}{3}aV^3+\frac{1}{2}aV^2+cV\right]_5^{10}$$
$$=5\left[\frac{1}{3}aV_2^3+\frac{1}{2}aV_2^2+cV_2-\frac{1}{3}aV_1^3-\frac{1}{2}aV_1^2-cV_1\right]$$
$$=5\left[\frac{1}{3}\times3\times10^3+\frac{1}{2}\times2\times10^2+1\times10-\frac{1}{3}\times3\times5^3\right.$$
$$\left.-\frac{1}{2}\times2\times5^2-1\times5\right]$$
$$=4,775\text{kJ}$$

49

성능계수가 4.8인 증기압축냉동기의 냉동능력 1kW당 소요동력(kW)은?

① 0.21
② 1.0
③ 2.3
④ 4.8

해설 정답 ①

| 출제 | 냉동사이클

| 키워드 | 소요동력

증기압축냉동기의 성능계수 공식은 다음과 같다.

$$COP=\frac{Q}{W}$$

COP: 성능계수, W: 소요동력(kW), Q: 냉동능력(kW)

$$W=\frac{Q}{COP}=\frac{1}{4.8}=0.21\text{kW}$$

50

이상기체의 단위 질량당 내부 에너지 u, 엔탈피 h, 엔트로피 s에 관한 다음의 관계식 중에서 모두 옳은 것은? (단, T는 온도, p는 압력, v는 비체적을 나타낸다.)

① $Tds=du-vdp$, $Tds=dh-pdv$
② $Tds=du+pdv$, $Tds=dh-vdp$
③ $Tds=du-vdp$, $Tds=dh+pdv$
④ $Tds=du+pdv$, $Tds=dh+vdp$

해설 정답 ②

| 출제 | 열역학 제1법칙 엔트로피 관계식

| 키워드 | 엔탈피와 엔트로피 변화량

열역학 제1법칙에 따른 식은 아래와 같다.

$$dQ=dU+P\cdot dV$$

Q: 열, U: 내부에너지, P: 압력, V: 비체적

여기서, 엔탈피와 엔트로피 변화량에 대한 공식을 이용한다.

$$H=U+PV$$
$$ds=\frac{dQ}{T}$$

H: 엔탈피, ds: 엔트로피 변화량, dQ: 열량, T: 온도

$$dQ=T\cdot ds=dU+P\cdot dV$$
$$T\cdot ds=d(H-PV)+P\cdot dV$$
$$=dH-P\cdot dV-V\cdot dV+P\cdot dV$$
$$=dH-VdP$$

51

오존층 파괴와 지구 온난화 문제로 인해 냉동장치에 사용하는 냉매의 선택에 있어서 주의를 요한다. 이와 관련하여 다음 중 오존파괴 지수가 가장 큰 냉매는?

① R-134a
② R-123
③ 암모니아
④ R-11

해설
정답 ④

| 출제 | 열역학 냉매
| 키워드 | 오존 파괴 지수
| 선지분석 |

염소(Cl)가 많이 있을수록 오존파괴 지수가 크다.
① R-134a=$C_2H_2F_4$
② R-123=$C_2HCl_2F_3$
③ 암모니아=NH_3
④ R-11=CCl_3F

52

열역학 제1법칙에 대한 설명으로 틀린 것은?

① 열은 에너지의 한 형태이다.
② 일을 열로 또는 열을 일로 변환할 때 그 에너지 총량은 변하지 않고 일정하다.
③ 제1종의 영구기관을 만드는 것은 불가능하다.
④ 제1종의 영구기관은 공급된 열에너지를 모두 일로 전환하는 가상적인 기관이다.

해설
정답 ④

| 출제 | 열역학 제1법칙
| 키워드 | 열역학 제1법칙

열역학 제1법칙은 에너지 보존의 법칙이며, 제1종 연구기관 즉 에너지의 공급없이 일을 하는 열기관은 실현이 불가능하다는 법칙이다. 열을 일로 변환할 때 또는 일을 열로 변환할 때 전체 계의 에너지 총량은 변하지 않고 일정하다.
선지 ④번은 제2종 영구기관과 관련된 내용이다.

53

일반적으로 사용되는 냉매로 가장 거리가 먼 것은?

① 암모니아
② 프레온
③ 이산화탄소
④ 오산화인

해설
정답 ④

| 출제 | 냉매
| 키워드 | 냉매

냉매는 저온부로부터 받은 열을 흡수하여 고온부로 열을 운반하는 작업유체를 의미하며 일반적으로 암모니아, 프레온, 이산화탄소 등이 있다. 오산화인(P_2O_5)은 공기 중 습기를 잘 빨아 들이는 흡습성의 성질을 가지고 있어 흡습제, 건조제, 탈수제 등으로 사용되며 냉매로는 부적합하다.

54 고난도

밀폐계의 등온과정에서 이상기체가 행한 단위질량 당 일은? (단, 압력과 부피는 P_1, V_1에서 P_2, V_2로 변하며 T는 온도, R은 기체상수이다.)

① $RT \ln\left(\dfrac{P_1}{P_2}\right)$
② $\ln\left(\dfrac{V_1}{V_2}\right)$
③ $(P_2-P_1)(V_2-V_1)$
④ $R \ln\left(\dfrac{P_1}{P_2}\right)$

해설
정답 ①

| 출제 | 기체의 상태변화
| 키워드 | 밀폐계의 등온과정

$$PV=mRT$$

P: 압력(kPa), V: 부피(m^3), m: 질량(kg), R: 기체상수(kJ/kg·K), T: 온도(K)

$Q=W_t=\int PdV=\int \dfrac{mRT}{V}dV$

$Q=mRT\int \dfrac{1}{V}dV=mRT \times \ln\left(\dfrac{V_2}{V_1}\right)$

단위질량당 일이라고 하였으므로 $m=1$

보일-샤를 법칙 $\dfrac{P_1V_1}{T_1}=\dfrac{P_2V_2}{T_2}$에 따라 등온상태이므로

$\dfrac{P_1}{P_2}=\dfrac{V_2}{V_1}$

$Q=RT \times \ln\left(\dfrac{P_1}{P_2}\right)$

55

성능계수가 5.0, 압축기에서 냉매의 단위 질량당 압축하는 데 요구되는 에너지는 $200kJ/kg$인 냉동기에서 냉동능력 $1kW$당 냉매의 순환량(kg/h)은?

① 1.8
② 3.6
③ 5.0
④ 20.0

해설 정답 ②

| 출제 | 냉동 사이클
| 키워드 | 냉매의 순환량

요구에너지를 이용한 냉매순환량 공식은 다음과 같다.

$$m = \frac{Q}{W}$$

Q: 냉동능력(kJ/h), W: 냉동효과(kJ/kg)

주어진 성능계수(COP)를 이용하여 냉동능력(Q)을 구한다.
COP=냉동효과/압축에너지
5=냉동효과/200kJ/kg
냉동효과=1,000kJ/kg

$$m = 1kW \times \frac{kg}{1,000kJ} \times \frac{3,600kJ/h}{1kW} = 3.6 kg/h$$

※ $1kW = 3,600kJ/h$

56

디젤 사이클에서 압축비가 20, 단절비(cut-off ratio)가 1.7일 때 열효율은 약 몇 %인가? (단, 비열비는 1.4이다.)

① 43
② 66
③ 72
④ 84

해설 정답 ②

| 출제 | 디젤 사이클 열효율
| 키워드 | 열효율

디젤사이클 열효율은 다음과 같이 구한다.

$$\eta = \eta = 1 - \left(\frac{1}{\epsilon}\right)^{k-1} \times \frac{\sigma^k - 1}{k(\sigma - 1)}$$

η: 효율(%), ϵ: 압축비, k: 비열비, σ: 단절비

$$\eta = 1 - \left(\frac{1}{20}\right)^{1.4-1} \times \frac{1.7^{1.4} - 1}{1.4(1.7 - 1)} = 0.6607 = 66.07\%$$

57 [고난도]

이상적인 증기압축식 냉동장치에서 압축기 입구를 1, 응축기 입구를 2, 팽창밸브 입구를 3, 증발기 입구를 4로 나타낼 때 온도(T)-엔트로피(S)선도(수직축 T, 수평축 S)에서 수직선으로 나타내는 과정은?

① 1-2 과정
② 2-3 과정
③ 3-4 과정
④ 4-1 과정

해설 정답 ①

| 출제 | 기체의 상태변화
| 키워드 | T-S 선도

T-S선도 냉동사이클의 압축과정 1 → 2에서 수직선(T: 증가, S: 변화없는 과정)으로 나타난다.

관련개념 증기압축 냉동사이클

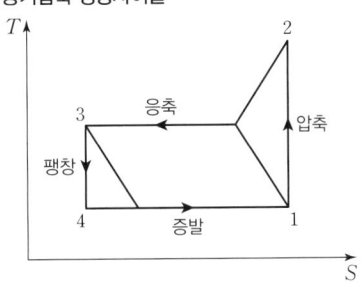

▲ 증기압축 냉동사이클 T-S선도

- 1 → 2: 단열압축 과정(압축기)
- 2 → 3: 정압방열(응축) 과정(응축기)
- 3 → 4: 등엔탈피 팽창 과정(팽창밸브)
- 4 → 1: 등온팽창 과정(증발기)

58

다음 설명과 가장 관계되는 열역학적 법칙은?

- 열은 그 자신만으로는 저온의 물체로부터 고온의 물체로 이동할 수 없다.
- 외부에 어떠한 영향을 남기지 않고 한 사이클 동안에 계가 열원으로부터 받은 열은 모두 일로 바꾸는 것은 불가능하다.

① 열역학 제0법칙 ② 열역학 제1법칙
③ 열역학 제2법칙 ④ 열역학 제3법칙

해설 정답 ③

| 출제 | 열역학 제2법칙

| 키워드 | 열역학 법칙

열역학 제2법칙(에너지변환(전환) 방향성의 법칙(열 이동의 법칙))
- 열은 항상 고온에서 저온으로 흐른다. (저온에서 고온으로 옮길 수 없다.)
- 열에너지를 완전하게 일로 바꾸는 것이 불가능하다. (모든 열기관은 일부 에너지를 열로 방출한다.)

59

CO_2 기체 20kg을 15℃에서 215℃로 가열할 때 내부에너지의 변화는 약 몇 kJ인가? (단, 이 기체의 정적비열은 0.67kJ/(kg·K)이다.)

① 134 ② 200
③ 2,680 ④ 4,000

해설 정답 ③

| 출제 | 열역학 제2법칙

| 키워드 | 내부에너지 변화량

$$dU = m \times C_v \times \Delta T = m \times C_v \times (T_2 - T_1)$$

dU: 내부에너지 변화량(kJ), m: 질량(kg),
C_v: 정적비열(kJ/kg·K), ΔT: 온도차(K)

$dU = 20\text{kg} \times 0.67\text{kJ/kg·K} \times [(215+273)-(15+273)]$
$= 2,680\text{kJ}$

60

그림과 같은 브레이턴 사이클에서 효율(η)은? (단, P는 압력, V는 비체적이며, T_1, T_2, T_3, T_4는 각각의 지점에서의 온도이다. 또한, q_{in}과 q_{out}은 사이클에서 열이 들어오고 나감을 의미한다.)

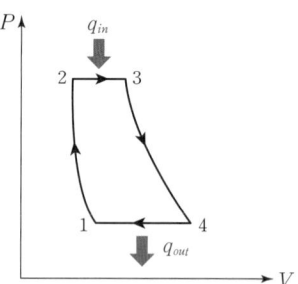

① $\eta = 1 - \dfrac{T_3 - T_2}{T_4 - T_1}$ ② $\eta = 1 - \dfrac{T_1 - T_2}{T_3 - T_4}$

③ $\eta = 1 - \dfrac{T_4 - T_1}{T_3 - T_2}$ ④ $\eta = 1 - \dfrac{T_3 - T_4}{T_1 - T_2}$

해설 정답 ③

| 출제 | 기체동력기관의 기본사이클

| 키워드 | 브레이턴 사이클

브레이턴 사이클에서 가열열량과 방출열량은 정압과정에서 이루어진다.

$Q_1 = dH = C_p \times dT = C_p \times (T_3 - T_2)$
$Q_2 = dH = C_p \times dT = C_p \times (T_4 - T_1)$
$\eta = \dfrac{Q_1 - Q_2}{Q_1} = 1 - \dfrac{Q_2}{Q_1} = 1 - \dfrac{C_p(T_4 - T_1)}{C_p(T_3 - T_2)}$
$ = 1 - \dfrac{T_4 - T_1}{T_3 - T_2}$

✓ 관련이론 브레이턴 사이클(Brayton Cycle, 정압연소사이클)

대표적인 가스터빈 사이클로 2개의 단열과정과 2개의 정압과정으로 이루어진 가스터빈의 이상 사이클이다.

61

다음 괄호 안에 들어갈 말로 옳은 것은?

> 일반적으로 교축(throttling)과정에서는 외부에 대하여 일을 하지 않고, 열교환이 없으며, 속도변화가 거의 없음에 따라 ( )(은)는 변하지 않는다고 가정한다.

① 엔탈피 ② 온도
③ 압력   ④ 엔트로피

해설   정답 ①

| 출제 | 열역학 제1법칙
| 키워드 | 교축과정

교축과정에서 엔탈피는 일정하고, 압력은 감소, 엔트로피는 증가한다.

62

압력 1Mpa, 온도 400℃의 이상기체 2kg이 가역단열과정으로 팽창하여 압력이 500kPa로 변화한다. 이 기체의 최종온도는 약 몇 ℃인가? (단, 이 기체의 정적비열은 3.12kJ/(kg·K), 정압비열은 5.21kJ/(kg·K)이다.)

① 237 ② 279
③ 510 ④ 622

해설   정답 ①

| 출제 | 기체의 상태변화
| 키워드 | 기체의 최종온도

$$\frac{T_2}{T_1} = \left(\frac{P_2}{P_1}\right)^{\frac{\gamma-1}{\gamma}}$$

T_1: 초기 온도(K), T_2: 최종 온도(K), P_1: 초기 압력(kPa), P_2: 최종 압력(kPa), γ: 비열비 $\left(\frac{C_p}{C_v}\right)$, C_p: 정압비열(kJ/kg·K), C_v: 정적비열(kJ/kg·K)

$\gamma = \frac{5.21}{3.12} = 1.67$

$T_2 = (400+273) \times \left(\frac{500}{1,000}\right)^{\frac{1.67-1}{1.67}}$

$\quad = 509.61K = 236.61℃$

63 [고난도]

온도가 800K이고 질량이 10kg인 구리를 온도 290K인 100kg의 물 속에 넣었을 때 이 계 전체의 엔트로피 변화는 몇 kJ/K인가? (단, 구리와 물의 비열은 각각 0.398 kJ/(kg·K), 4.185kJ/(kg·K)이고, 물은 단열된 용기에 담겨 있다.)

① -3.973 ② 2.897
③ 4.424   ④ 6.870

해설   정답 ②

| 출제 | 열역학 제2법칙
| 키워드 | 엔트로피 변화량

$$S_0 = S_1 + S_2 = m \times C_p \times \ln\left(\frac{T_m}{T_1}\right)$$

S_0: 계 전체의 엔트로피 변화량(kJ/K), S_1: 구리의 엔트로피 변화량(kJ/K), S_2: 물의 엔트로피 변화량(kJ/K), m: 질량(kg), C_p: 정압비열(kJ/kg·K), T_1: 초기 온도(K), T_m: 최종 온도(K)

구리가 잃은 열량과 물이 얻은 열량은 같음을 이용하여 열 평형온도(T_2)를 구한다.

$10 \times 0.398 \times (800-T_2) = 100 \times 4.185 \times (T_2-290)$
$3.98 \times (800-T_2) = 418.5 \times (T_2-290)$
$T_2 = 294.8K$

$S_1 = 10 \times 0.398 \text{kJ/kg·K} \times \ln\left(\frac{294.8}{800}\right) = -3.973 \text{kJ/K}$

$S_2 = 100 \times 4.185 \text{kJ/kg·K} \times \ln\left(\frac{294.8}{290}\right) = 6.87 \text{kJ/K}$

$S_0 = -3.973 + 6.87 = 2.897 \text{kJ/K}$

64

밀폐계에서 비가역 단열과정에 대한 엔트로피 변화를 옳게 나타낸 식은? (단, S는 엔트로피, C_P는 정압비열, T는 온도, R은 기체상수, P는 압력, Q는 열량을 나타낸다.)

① $dS=0$
② $dS>0$
③ $dS = C_p\frac{dT}{T} - R\frac{dP}{P}$
④ $dS = \frac{\delta Q}{T}$

해설   정답 ②

| 출제 | 열역학 제2법칙
| 키워드 | 엔트로피 변화

- $dS=0$: 단열 가역 변화
- $dS>0$: 단열 비가역 변화

65

그림과 같은 열펌프 사이클에서 성능계수는? (단, P는 압력, H는 엔탈피이다.)

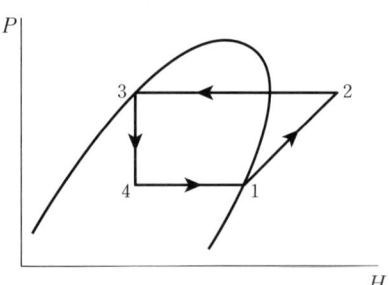

① $\dfrac{H_2-H_3}{H_2-H_1}$ ② $\dfrac{H_1-H_4}{H_2-H_1}$

③ $\dfrac{H_1-H_3}{H_2-H_1}$ ④ $\dfrac{H_3-H_4}{H_2-H_1}$

해설   정답 ①

| 출제 | 증기 동력 사이클
| 키워드 | 열펌프 사이클 성능계수

열펌프의 성능계수 = $\dfrac{\text{고온체에서 방출 열량}(Q)}{\text{압축기에서 가한 일량}(W)}$

여기서, h_1: 증발기 출구 엔탈피, h_2: 압축기 출구 엔탈피, h_3: 응축기 출구 엔탈피

따라서, 열펌프 성능계수 $(COP_h) = \dfrac{h_2-h_3}{h_2-h_1}$

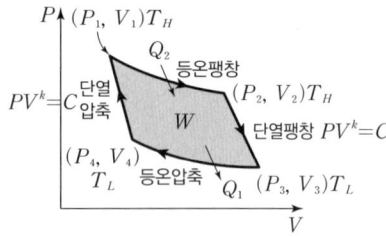

▲ 증기 동력 사이클

66

온도 127℃에서 포화수 엔탈피는 560kJ/kg, 포화증기의 엔탈피는 2,720kJ/kg일 때 포화수 1kg이 포화증기로 변화하는 데 따르는 엔트로피의 증가는 몇 kJ/K인가?

① 1.4 ② 5.4
③ 9.8 ④ 21.4

해설   정답 ②

| 출제 | 열역학 제2법칙
| 키워드 | 엔트로피의 증가

$$ds = \dfrac{dQ}{T}$$

ds: 엔트로피 변화량(kJ/K), dQ: 열량(kJ/kg), T: 온도(K)

$ds = \dfrac{\text{가열된 열량}}{T} = \dfrac{2,720\text{kJ/kg} - 560\text{kJ/kg}}{(127+273)\text{K}} = 5.4\text{kJ/K}\cdot\text{kg}$

67

그림은 단열, 등압, 등온, 등적을 나타내는 압력(P)−부피(V), 온도(T)−엔트로피(S) 선도이다. 각 과정에 대한 설명으로 옳은 것은?

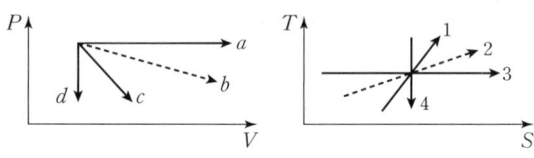

① a는 등적과정이고 4는 가역단열과정이다.
② b는 등온과정이고 3은 가역단열과정이다.
③ c는 등적과정이고 2는 등압과정이다.
④ d는 등적과정이고 4는 가역단열과정이다.

해설   정답 ④

| 출제 | 기체동력기관의 기본사이클
| 키워드 | P−V, T−S 선도

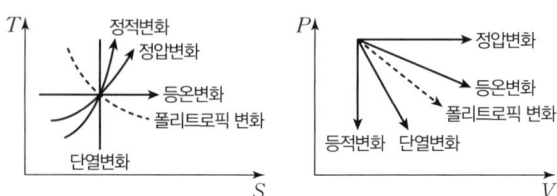

68 고난도

어떤 기체의 정압비열(C_p)이 다음 식으로 표현될 때 32℃와 800℃ 사이에서 이 기체의 평균정압비열(C_p)은 약 몇 kJ/(kg·℃)인가? (단, C_p의 단위는 kJ/(kg·℃)이고, T의 단위는 ℃이다.)

$$C_p = 353 + 0.24T - 0.9 \times 10^{-4}T^2$$

① 353
② 433
③ 574
④ 698

해설 정답 ②

| 출제 | 기체의 상태변화
| 키워드 | 평균정압비열

기체의 비열은 온도에 따라 변하며 엔탈피도 변한다.

$$\Delta H = \int_{T_1}^{T_2} C_p dT \text{ ('}T\text{' 적분)}$$
$$= \int_{32}^{800} (353 + 0.24T - 0.9 \times 10^{-4}T^2)dT$$
$$= \left[353T + \frac{0.24}{2}T^2 - \frac{0.9}{3 \times 10^4}T^3\right]_{32}^{800}$$
$$= 353 \times (800-32) + \frac{0.24}{2}(800^2 - 32^2)$$
$$\quad - \frac{0.9}{3 \times 10^4} \times (800^3 - 32^3)$$
$$= 332,422.1 \text{kJ}$$

$$\Delta H = m \cdot C_p \cdot \Delta t$$

ΔH: 엔탈피(kJ), m: 실량(kg), C_p: 정압비열(kJ/kg·℃), Δt: 온도 차(℃)

$$C_p = \frac{\Delta H}{m \times \Delta t} = \frac{332,422.1}{1\text{kg} \times (800-32)℃} = 432.84 \text{kJ/kg} \cdot ℃$$

69

열역학 제2법칙과 관련하여 가역 또는 비가역 사이클 과정 중 항상 성립하는 것은? (단, Q는 시스템에 출입하는 열량이고, T는 절대온도이다.)

① $\oint \frac{\delta Q}{T} = 0$
② $\oint \frac{\delta Q}{T} > 0$
③ $\oint \frac{\delta Q}{T} \geq 0$
④ $\oint \frac{\delta Q}{T} \leq 0$

해설 정답 ④

| 출제 | 열역학 제2법칙
| 키워드 | 비가역 사이클

클라우시우스(클라우지우스) 적분

- 가역 사이클일 경우
$$\oint_{가역} \frac{dQ}{T} = 0$$

- 비가역 사이클일 경우
$$\oint_{비가역} \frac{dQ}{T} < 0$$

70

어떤 압축기에 23℃의 공기 1.2kg이 들어있다. 이 압축기를 등온과정으로 하여 100kPa에서 800kPa까지 압축하고자 할 때 필요한 일은 약 몇 kJ인가? (단, 공기의 기체상수는 0.287kJ/(kg·K)이다.)

① 212
② 367
③ 509
④ 673

해설 정답 ①

| 출제 | 기체의 상태변화
| 키워드 | 등온과정

등온과정에서 열전달량과 일의 양은 같다. 등온과정에서의 이상기체 상태방정식을 이용한 일(W_a) 공식은 다음과 같다.

$$W_a = mRT_1 \ln\left(\frac{V_2}{V_1}\right) = mRT_1 \ln\left(\frac{P_1}{P_2}\right)$$

P: 압력(kPa), V: 부피(m³), m: 질량(kg), R: 기체상수(kJ/kg·K), T: 온도(K)

$$W_a = 1.2 \times 0.287 \times (273+23) \times \ln\left(\frac{100}{800}\right) = -211.983 \text{kJ}$$

※ (−) 부호는 압축 시 외부로 받은 것을 의미한다.

71

오토(Otto) 사이클은 온도-엔트로피(T-S)선도로 표시하면 그림과 같다. 작동유체가 열을 방출하는 과정은?

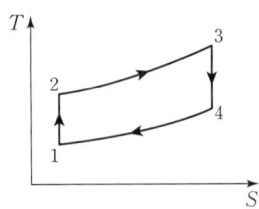

① 1 → 2 과정
② 2 → 3 과정
③ 3 → 4 과정
④ 4 → 1 과정

해설 정답 ④

| 출제 | 기체동력사이클
| 키워드 | 오토 사이클

정적방열(4 → 1 과정)은 배기 밸브가 열리면서 연소가스가 배출되고 부피는 일정하게 유지되면서 온도와 압력이 감소한다.

✓ **관련이론** 오토(Otto) 사이클

(1) 개요
전기(불꽃)점화기관의 이상적인 열역학 사이클로 두 개의 단열과정과 두 개의 정적(등적)과정으로 구성된다.

(2) 과정

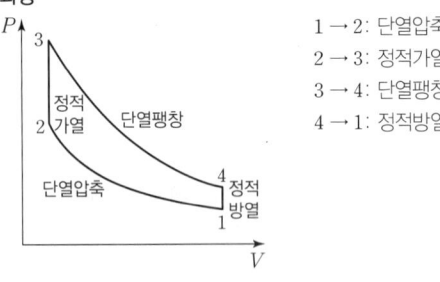

1 → 2: 단열압축
2 → 3: 정적가열
3 → 4: 단열팽창
4 → 1: 정적방열

- 단열압축(1 → 2): 피스톤이 혼합기를 압축하여 온도와 압력이 상승하지만 열교환은 발생하지 않는다.
- 정적가열(2 → 3): 혼합기가 점화되어 연소가 일어나며, 부피는 일정하게 유지되지만 온도와 압력이 급격히 상승한다.
- 단열팽창(3 → 4): 연소된 가스가 팽창하며 피스톤을 밀어낸다. 이때 온도와 압력이 감소하지만 열교환은 진행되지 않는다.
- 정적방열(4 → 1): 배기 밸브가 열리면서 연소가스가 배출되고 부피는 일정하게 유지되면서 온도와 압력이 감소한다.

72

카르노 사이클에서 공기 1kg이 1사이클마다 하는 일이 100kJ이고 고온 227℃, 저온 27℃ 사이에서 작용한다. 이 사이클의 작동 과정에서 생기는 저온 열원의 엔트로피 증가(kJ/K)는?

① 0.2
② 0.4
③ 0.5
④ 0.8

해설 정답 ③

| 출제 | 기체동력사이클
| 키워드 | 카르노 사이클

카르노 사이클 효율 공식은 아래와 같다.

$$\eta = \frac{W}{Q_1} = \frac{Q_1 - Q_2}{Q_1} = 1 - \frac{Q_2}{Q_1} = 1 - \frac{T_2}{T_1}$$

η: 효율(%), W: 일, Q_1: 고온체 흡수 열, Q_2: 저온체 방출 열,
T_1: 고온부 온도(K), T_2: 저온부 온도(K)

$$\frac{100kJ}{Q_1} = 1 - \frac{27+273}{227+273}$$

$Q_1 = \frac{100}{0.4} = 250kJ$

에너지보존법칙에 의해 $Q_2 = Q_1 - W$이므로
$Q_2 = Q_1 - W = 250 - 100 = 150kJ$

엔트로피 변화량 $= \frac{Q_2}{T_2} = \frac{150}{300} = 0.5kJ/K$

73 고난도

비열비 1.3의 고온 공기를 작동 물질로 하는 압축비 5의 오토사이클에서 최소 압력이 206kPa, 최고 압력이 $5,400\text{kPa}$ 일 때 평균 유효압력(kPa)은?

① 594
② 794
③ 1,190
④ 1,390

해설   정답 ③

| 출제 | 열역학적 상태량

| 키워드 | 평균 유효압력

평균 유효압력에 대한 공식은 아래와 같다.

$$P_a = P_{in} \times \frac{\rho-1}{k-1} \times \frac{\epsilon^k - \epsilon}{\epsilon - 1}$$

P_a : 평균유효압력(kPa), P_{in} : 최소압력(kPa), ρ : 압력비,
k : 비열비, ϵ : 압축비

압력비를 구하기 위해서는 중간압력(P_m)을 계산해야 한다.
$P_m = P_{in} \times \epsilon^k = 206 \times 5^{1.3} = 1,669.276\text{kPa}$
$\rho = \frac{P_{out}(최고압력)}{P_m(중간압력)} = \frac{5,400}{1,669.276} = 3.235$
$P_a = 206 \times \frac{3.235-1}{1.3-1} \times \frac{5^{1.3}-5}{5-1} = 1,190.65\text{kPa}$

74

$80°C$의 물 50kg과 $20°C$의 물 100kg을 혼합하면 이 혼합된 물의 온도는 약 몇 $°C$인가? (단, 물의 비열은 4.2 $\text{kJ/kg} \cdot \text{K}$이다.)

① 33
② 40
③ 45
④ 50

해설   정답 ②

| 출제 | 열전달, 온도

| 키워드 | 열평형법칙

$$Q = C \times m \times \Delta T$$

Q : 열량(kJ), C : 비열(kJ/kg·K), ΔT : 온도차(K),
m : 질량(kg)

열평형법칙에 의해 $85°C$에서의 열량(Q_a)과 $10°C$에서의 열량(Q_b)은 같다.
$C \times m_a \times \Delta T_a = C \times m_b \times \Delta T_b$
혼합한 후 물의 열평형 온도를 t_x라고 하면
$C \times m_a \times (T_a - T_x) = C \times m_b \times (T_x - T_b)$
$50 \times (80 - T_x) = 100 \times (T_x - 20)$
$50 \times 80 - 50T_x = 100T_x - 100 \times 20$
$T_x = \frac{6,000}{150} = 40°C$

75

다음 T-S 선도에서 냉동 사이클의 성능계수를 옳게 나타낸 것은?(단, u는 내부에너지, h는 엔탈피를 나타낸다.)

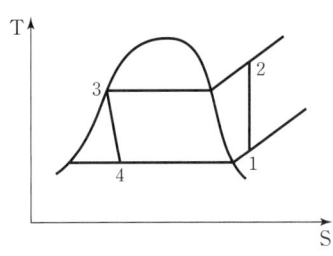

① $\frac{h_1 - h_4}{h_2 - h_1}$
② $\frac{h_2 - h_1}{h_1 - h_4}$
③ $\frac{u_1 - u_4}{u_2 - u_1}$
④ $\frac{u_2 - u_1}{u_1 - u_4}$

해설   정답 ①

| 출제 | 냉동사이클

| 키워드 | 냉동 사이클의 성능계수

$$COP = \frac{Q_2(냉동능력)}{W_c(압축일량)} = \frac{h_1 - h_4}{h_2 - h_1}$$

76

공기 100kg을 $400°C$에서 $120°C$로 냉각할 때 엔탈피(kJ) 변화는? (단, 일정 정압비열은 $1.0\text{kJ/kg} \cdot \text{K}$이다.)

① $-24,000$
② $-26,000$
③ $-28,000$
④ $-30,000$

해설   정답 ③

| 출제 | 열역학 제1법칙

| 키워드 | 엔탈피의 변화

$$\Delta H = m \cdot C_p \cdot \Delta t$$

ΔH : 엔탈피(kJ), m : 질량(kg),
C_p : 정압비열(kJ/kg·K), Δt : 온도 차(K)

$\Delta H = 100 \times 1.0 \times ((120+273) - (400+273))$
$\quad = 100 \times 1.0 \times (-280)$
$\quad = -28,000\text{kJ}$

※ 여기서 $(-)$ 부호는 방출을 의미한다.

77 고난도

공기를 작동유체로 하는 Diesel cycle의 온도범위가 32°C~3,200°C이고, 이 cycle의 최고 압력이 6.5 MPa, 최초 압력이 160kPa일 경우 열효율은 약 얼마인가? (단, 공기의 비열비는 1.4이다.)

① 41.4% ② 46.5%
③ 50.9% ④ 55.8%

해설 정답 ③

| 출제 | 기체동력사이클
| 키워드 | 디젤 사이클

Diesel cycle 열 효율은 다음과 같이 구한다.

$$\eta = 1 - \left(\frac{1}{\epsilon}\right)^{k-1} \times \frac{\sigma^k - 1}{k(\sigma - 1)}$$

$$\epsilon = \frac{V_1}{V_2} = \left(\frac{T_2}{T_1}\right)^{\frac{1}{k-1}}$$

η: 효율(%), ϵ: 압축비, k: 비열비, σ: 연료차단비

단열압축 변화에서의 P-T관계는 다음과 같다.

$$\frac{T_1}{T_2} = \left(\frac{P_1}{P_2}\right)^{\frac{k-1}{k}}$$

$$\frac{(32+273)\text{K}}{T_2} = \left(\frac{0.16\text{MPa}}{6.5\text{MPa}}\right)^{\frac{1.4-1}{1.4}}$$

$T_2 = 878.96\text{K}$

$$\epsilon = \frac{V_1}{V_2} = \left(\frac{T_2}{T_1}\right)^{\frac{1}{k-1}} = \left(\frac{878.96}{32+273}\right)^{\frac{1}{1.4-1}} = 14.09$$

$$\sigma = \frac{T_3}{T_2} = \frac{(3,200+273)\text{K}}{878.93\text{K}} = 3.95$$

이에 열 효율(η)을 구하면,

$$\eta = 1 - \left(\frac{1}{14.09}\right)^{1.4-1} \times \left(\frac{3.95^{1.4}-1}{1.4 \times (3.95-1)}\right) = 0.509 = 50.9\%$$

78 고난도

27°C, 100kPa에 있는 이상기체 1kg을 700kPa까지 가역 단열압축하였다. 이 때 소요된 일의 크기는 몇 kJ인가? (단, 이 기체의 비열비는 1.4, 기체상수는 0.287kJ/kg·K이다.)

① 100 ② 160
③ 320 ④ 400

해설 정답 ②

| 출제 | 일 및 열에너지
| 키워드 | 단열압축

$$W = C_v(T_2 - T_1)$$

W: 일(kJ), C_v: 정적비열(kJ/kg·K), T: 온도(K)

비열비(k) 공식을 통해 정적비열을 구한다.

$$k = \frac{C_p}{C_v} = 1 - \frac{C_v + R}{C_v}$$

k: 비열비, C_p: 정압비열(kJ/kg·K), C_v: 정적비열(kJ/kg·K), R: 기체상수(kJ/(kg·K))

단열변화 과정에서 관계식을 이용하여 최종 온도(T_2)를 구한다.

$$\frac{T_2}{T_1} = \left(\frac{P_2}{P_1}\right)^{\frac{k-1}{1}}$$

T_1: 초기 온도(K), T_2: 최종 온도(K)
P_1: 초기 압력(kPa), P_2: 최종 압력(kPa), k: 비열비

$$T_2 = T_1 \times \left(\frac{P_2}{P_1}\right)^{\frac{k-1}{k}} = 300 \times \left(\frac{700}{100}\right)^{\frac{1.4-1}{1.4}} = 523\text{K}$$

$$1.4 = \frac{C_v + 0.287}{C_v}$$

$C_v = 0.7175$

$$W = C_v \times (T_2 - T_1) = 0.7175 \times (523 - 300) = 160\text{kJ}$$

79 고난도

그림에서 이상기체를 A에서 가역적으로 단열압축시킨 후 정적과정으로 C까지 냉각시키는 과정에 해당되는 것은?

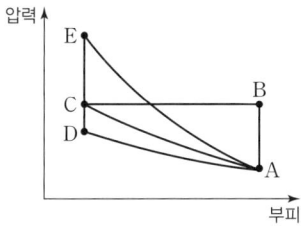

① A-B-C
② A-C
③ A-D-C
④ A-E-C

해설 정답 ④

| 출제 | 기체의 상태변화
| 키워드 | P-V 선도
| 선지분석 |

① 정적가열 → 정압방열
② 폴리트로픽 압축
③ 등온압축 → 정적가열
④ 단열압축 → 정적방열

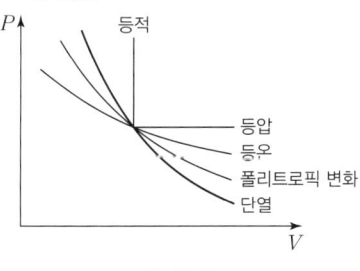

▲ P-V 선도

80 고난도

압력 $100kPa$, 체적 $3m^3$인 이상기체가 등엔트로피 과정을 통하여 체적이 $2m^3$으로 변하였다. 이 과정 중에 기체가 한 일은 약 몇 kJ인가? (단, 기체상수는 $0.488kJ/(kg \cdot K)$, 정적비열은 $1.642kJ/(kg \cdot K)$ 이다.)

① -113
② -129
③ -137
④ -143

해설 정답 ②

| 출제 | 일 및 열에너지
| 키워드 | 기체의 일

단열과정으로 열역학 제1법칙에 의한 기체가 한 일을 구하는 식은 다음과 같다.

$$W = -C_v \times (T_b - T_a) \times m$$

W: 일(kJ), C_v: 정적비열(kJ/kg·K), T_b: 나중 온도(K), T_a: 처음 온도(K), m: 질량(kg)

여기서, 정적비열(C_v)와 기체상수(R)를 통해 비열비(k)를 구한다.

$$k = \frac{C_p}{C_v} = \frac{C_v + R}{C_v}$$

k: 비열비, C_v: 정적비열(kJ/kg·K), C_p: 정압비열(kJ/kg·K), R: 기체상수(kJ/(kg·K))

$$k = \frac{1.642 + 0.488}{1.642} = \frac{2.13}{1.642} = 1.297$$

처음 온도(T_a)는 이상기체방정식 $T_a = \frac{P_a V_a}{mR}$을 통해 구한다.

$$T_a = \frac{100 \times 3}{1 \times 0.488} = 614.754 K$$

나중 온도(T_b)는 단열과정의 TV공식 $T_a \cdot V_a^{k-1} = T_b \cdot V_b^{k-1}$을 이용하여 구한다.

$T_a \times V_a^{k-1} = T_b \times V_b^{k-1}$
$614.75 \times 3^{1.297-1} = T_b \times 2^{1.297-1}$
$T_b = 693.422$

따라서, 기체가 한 일(W)은 다음과 같다.
$W = -1.642 \times (693.422 - 614.754) = -129$

계측방법

81　　○△× | ○△× | ○△×　　고난도

다음 중 가장 높은 압력을 측정할 수 있는 압력계는?

① 부르동간 압력계
② 다이어프램식 압력계
③ 벨로스식 압력계
④ 링밸런스식 압력계

해설　　정답 ①

| 출제 | 압력

| 키워드 | 압력 측정범위

① 부르동간 압력계: 0.5~300kg/cm²
② 다이어프램식 압력계: 0.002~0.5kg/cm²
③ 벨로스식 압력계: 0.01~10kg/cm²
④ 링밸런스식 압력계: 0.3kg/cm² 이하

82　　○△× | ○△× | ○△×

SI 기본단위를 바르게 표현한 것은?

① 길이 – 밀리미터
② 질량 – 그램
③ 전류 – 암페어
④ 시간 – 분

해설　　정답 ③

| 출제 | 단위계와 표준

| 키워드 | SI 기본단위의 정리

SI 단위계에서 전류의 기본단위는 암페어이다.

✓ **관련이론** SI 기본단위 및 물리량

물리량	SI 기본단위	기호
길이	미터	m
질량	킬로그램	kg
시간	초	s
전류	암페어	A
온도	켈빈	K
물질의 양	몰	mol
광도	칸델라	cd

83　　○△× | ○△× | ○△×　　고난도

관로에 설치한 오리피스 전·후의 차압이 1.936 mmH₂O일 때 유량이 22m³/h이다. 차압이 1.024 mmH₂O이면 유량은 몇 m³/h 인가?

① 15
② 16
③ 17
④ 18

해설　　정답 ②

| 출제 | 유량

| 키워드 | 유량

유량과 압력의 관계식인 $Q=AV$에서
$Q=AV=\dfrac{\pi D^2}{4}\times\sqrt{2gh}=\dfrac{\pi D^2}{4}\times\sqrt{\dfrac{2g\times\Delta P}{\gamma}}$ 이며,
$\dfrac{Q_1}{Q_2}=\sqrt{\dfrac{\Delta P_1}{\Delta P_2}}$ 유량은 동압의 제곱근에 비례한다는 비례식을 세울 수 있다.
$Q_2=Q_1\times\sqrt{\dfrac{\Delta P_2}{\Delta P_1}}=22\times\sqrt{\dfrac{1.024}{1.936}}=16\text{m}^3/\text{h}$

84　　○△× | ○△× | ○△×

전자 유량계에 대한 설명으로 틀린 것은?

① 응답이 매우 빠르다.
② 제작 및 설치비용이 비싸다.
③ 고점도 액체는 측정이 어렵다.
④ 액체의 압력에 영향을 받지 않는다.

해설　　정답 ③

| 출제 | 유량

| 키워드 | 전자유량계

| 선지분석 |

① 전기 신호를 즉각 감지하여 응답 속도가 빠르다.
② 고성능의 증폭기가 필요하며, 제작 및 설치비용이 비싸다.
③ 고점도 액체도 측정이 가능하다.
④ 유체의 밀도와 점성의 영향을 받지 않으며, 다른 물질이 섞여 있거나 기포가 있는 액체도 측정이 가능하다.

85 고난도

안지름 1,000mm의 원통형 물탱크에서 안지름 150mm인 파이프로 물을 수송할 때 파이프의 평균 유속이 3m/s이었다. 이 때 유량(Q)과 물탱크 속의 수면이 내려가는 속도(V)는 약 얼마인가?

① $Q=0.053\text{m}^3/\text{s}$, $V=6.75\text{cm/s}$
② $Q=0.831\text{m}^3/\text{s}$, $V=6.75\text{cm/s}$
③ $Q=0.053\text{m}^3/\text{s}$, $V=8.31\text{cm/s}$
④ $Q=0.831\text{m}^3/\text{s}$, $V=8.31\text{cm/s}$

해설   정답 ①

| 출제 | 유량
| 키워드 | 유량보존

$$Q=AV$$

Q: 유량(m^3/s), A: 면적(m^2), V: 유속(m/s)

$$Q=\left(\frac{\pi D^2}{4}\right)\times V=\left(\frac{\pi\times(0.15\text{m})^2}{4}\right)\times 3\text{m/s}=0.053\text{m}^3/\text{s}$$

유량보존법칙에 의해 물탱크에서의 유량과 파이프에서의 유량은 같다.
$Q_1=Q_2=A_1V_1=A_2V_2$
$0.053\text{m}^3/\text{s}=\left(\frac{\pi\times(1\text{m})^2}{4}\right)\times V_2$
$V_2=0.06748\text{m/s}=6.75\text{cm/s}$

86 고난도

지름 400mm인 관속을 5kg/s로 공기가 흐르고 있다. 관속의 압력은 200kPa, 온도는 23℃, 공기의 기체상수 R이 287J/(kg·K)라 할 때 공기의 평균 속도는 약 몇 m/s인가?

① 2.4
② 7.7
③ 16.9
④ 24.1

해설   정답 ③

| 출제 | 기체의 상태변화
| 키워드 | 공기의 평균속도

$$Q=\frac{m}{t}=\frac{\rho\cdot A\cdot x}{t}=\rho Av$$

Q: 유량(m^3/s), m: 질량유량(kg/s), t: 시간(sec),
ρ: 밀도(kg/m^3), A: 단면적(m^2), v: 속도(m/s)

$$PV=mRT$$

P: 압력(kPa), V: 부피(m^3), m: 질량(kg),
R: 기체상수(kJ/kg·K), T: 온도(K)

위 공식에서 밀도(ρ)=$\frac{m}{V}$이므로,

$$\rho=\frac{m}{V}=\frac{P}{RT}=\frac{200,000}{287\times(23+273)}=2.354\text{kg/m}^3$$

$$v=\frac{Q}{\rho A}=\frac{5\text{kg/s}}{2.354\text{kg/m}^3\times\left(\pi\left(\frac{0.4\text{m}}{2}\right)^2\right)}=16.90\text{m/s}$$

87

광고온계의 측정온도 범위로 가장 적합한 것은?

① 100~300℃
② 100~500℃
③ 700~2,000℃
④ 4,000~5,000℃

해설 정답 ③

| 출제 | 온도
| 키워드 | 광온도계

광고온계는 측정범위는 700~3,000℃로, 비접촉식으로 방출되는 빛과 파장을 이용하여 온도를 측정한다.

✔ **관련이론 광온도계(광고온계)**
- 온도계 중에 가장 높은 온도를 측정할 수 있다.
- 비접촉식 온도계 중 가장 정확한 측정이 가능하다.
- 저온(700℃) 이하의 물체 온도측정이 곤란하다.
- 고온 물체는 방사되는 가시광선을 이용하여 측정한다.
- 수동 측정방식으로 측정 시 시간 및 개인 간의 오차가 발생한다.

88

유로에 고정된 교축기구를 두어 그 전후의 압력차를 측정하여 유량을 구하는 유량계의 형식이 아닌 것은?

① 벤투리미터
② 플로우 노즐
③ 로터미터
④ 오리피스

해설 정답 ③

| 출제 | 온도
| 키워드 | 차압식 유량계

차압식 유량계는 비압축성 유체가 관내를 흐를 때 관내의 생기는 차압으로 유량을 측정하는 측정기구로, 정도가 좋아 측정범위가 넓다. 종류로는 오리피스, 벤투리, 플로우 노즐이 있다.

89

헴펠식(Hempel type) 가스분석장치에 흡수되는 가스와 사용하는 흡수제의 연결이 잘못된 것은?

① CO – 차아황산소다
② O_2 – 알칼리성 피로갈롤 용액
③ CO_2 – 30% KOH 수용액
④ C_mH_n – 진한 황산

해설 정답 ①

| 출제 | 가스
| 키워드 | 가스분석장치

CO는 암모니아성 염화 제1구리 용액으로 흡수한다.

✔ **관련이론 헴펠식 가스분석장치의 흡수가스와 흡수제**
- CO_2: KOH 30% 수용액
- C_mH_n: 발연황산(진한 황산)
- O_2: 알칼리성 피로갈롤용액
- CO: 암모니아성 염화 제1구리 용액

90

물을 함유한 공기와 건조공기의 열전도율 차이를 이용하여 습도를 측정하는 것은?

① 고분자 습도센서
② 염화리튬 습도센서
③ 서미스터 습도센서
④ 수정진동자 습도센서

해설 정답 ③

| 출제 | 습도
| 키워드 | 습도측정

서미스터 습도센서는 온도 변화에 저항값의 변화와 습도 변화의 차이를 이용해 측정한다.

91 고난도

중유를 사용하는 보일러의 배기가스를 오르자트 가스분석계의 가스뷰렛에 시료 가스량을 50mL 채취하였다. CO_2 흡수피펫을 통과한 후 가스뷰렛에 남은 시료는 44mL이었고, O_2 흡수 피펫에 통과한 후에는 41.8 mL, CO_2 흡수 피펫에 통과한 후 남은 시료량은 41.4 mL이었다. 배기가스 중에 CO_2, O_2, CO는 각각 몇 vol%인가?

① 6, 2.2, 0.4
② 12, 4.4, 0.8
③ 15, 6.4, 1.2
④ 18, 7.4, 1.8

해설
정답 ②

| 출제 | 연소기초
| 키워드 | 배기가스 성분의 비율 공식

오르자트 분석계에 의한 배기가스 성분의 비율 공식은 다음과 같다.

$$CO_2 = \frac{KOH용액 흡수량}{총시료가스 채취량} \times 100$$

$$= \frac{50-44}{50} = 0.12 \times 100 = 12\%$$

$$O_2 = \frac{피로갈롤 용액 흡수량}{총시료가스 채취량} \times 100$$

$$= \frac{44-41.8}{50} = 0.044 \times 100 = 4.4\%$$

$$CO = \frac{염화 제1구리 용액 흡수량}{총시료가스 채취량} \times 100$$

$$= \frac{41.8-41.4}{50} = 0.008 \times 100 = 0.8\%$$

✓ 관련이론 분석장치의 흡수가스와 흡수제
- CO_2: KOH 30% 수용액
- C_mH_n: 발연황산(진한 황산)
- O_2: 알칼리성 피로갈롤 용액
- CO: 암모니아성 염화 제1구리 용액

92

유속 10m/s의 물속에 피토관을 세울 때 수주의 높이는 약 몇 m인가? (단, 여기서 중력가속도=$9.8m/s^2$이다.)

① 0.51
② 5.1
③ 0.12
④ 1.2

해설
정답 ②

| 출제 | 유량
| 키워드 | 피토관 유속

$$v = C_p\sqrt{2gh}$$

v: 유속(m/s), C_p: 피토관 계수(별도의 조건이 없으면 1로 함),
g: 중력가속도(m/s^2), h: 높이(m)

$10 = 1 \times \sqrt{2 \times 9.8 \times h}$
$10^2 = 2 \times 9.8 \times h$
$h = \frac{10^2}{2 \times 9.8} = 5.1m$

93

다음 중 가스분석 측정법이 아닌 것은?

① 오르사트법
② 적외선 흡수법
③ 플로우 노즐법
④ 가스크로마토그래피법

해설
정답 ③

| 출제 | 가스
| 키워드 | 가스분석계 측정법

플로우 노즐법은 유량 측정법이다.

✓ 관련이론 가스분석계 측정법

성질	측정법
물리적	가스크로마토그래피법, 세라믹식, 자기식, 밀도법, 적외선식, 열전도율법, 도전율법
화학적	연소열식 O_2계, 연소식 O_2계, 자동화학식 CO_2계, 오르사트 분석기(자동오르사트), 헴펠법, 게겔법

94

열전대용 보호관으로 사용되는 재료 중 상용온도가 높은 순으로 나열한 것은?

① 석영관＞자기관＞동관
② 석영관＞동관＞자기관
③ 자기관＞석영관＞동관
④ 동관＞자기관＞석영관

해설 정답 ③

| 출제 | 가스
| 키워드 | 열전대용 보호관

자기관(1,450℃)＞석영관(1,000℃)＞동관(400℃)

95

스프링저울 등 측정량이 원인이 되어 그 직접적인 결과로 생기는 지시로부터 측정량을 구하는 방법으로 정밀도는 낮으나 조작이 간단한 방법은?

① 영위법
② 치환법
③ 편위법
④ 보상법

해설 정답 ③

| 출제 | 측정의 종류와 방식
| 키워드 | 측정량을 구하는 방법

편위법은 조작이 간단하고, 측정하고자 하는 양의 직접적인 작용에 의해 계측기의 지침에 편위를 일으키며 눈금과 비교하여 측정한다.

| 선지분석 |
① 영위법: 측정량과 같은 종류의 상태량과 기준량의 크기를 조정할 수 있게 하여 측정시 평행상 계측기의 지시가 0의 위치 할 때 기준량의 크기와 측정량의 크기를 비교하여 측정한다.
② 치환법: 알고 있는 양으로 측정량을 파악하는 방법으로 다이얼 게이지를 이용해 길이를 측정할 때 추를 올려놓고 측정 후 측정물을 바꾸어 올렸을 때의 차를 통해 높이를 구한다.
④ 보상법: 측정량과 크기가 거의 같은 양(미리 알고 있는 양)을 준비하여 분동과 측정량의 차이를 이용하여 구한다.

96

수직관 속에 비중이 0.9인 기름이 흐르고 있다. 아래 그림과 같이 액주계를 설치하였을 때 압력계의 지시값은 몇 kg/cm^2인가?

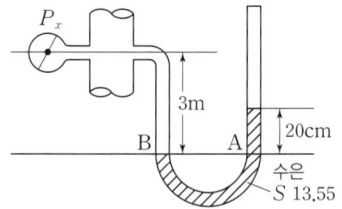

① 0.001
② 0.01
③ 0.1
④ 1.0

해설 정답 ①

| 출제 | 압력
| 키워드 | 액주계

파스칼 법칙(경계면 A, B에 작용하는 압력은 서로 같다)에 따라 압력계의 지시값을 구한다.

$$P_1 = \gamma_0 \times R = P_2 = \gamma_m \times h + \gamma_a \times K$$

P: 압력(kPa), γ: 비중량(kg/cm^3), R: 높이 차(cm), h: 높이(cm), K: 공기의 높이(cm)

여기서 공기의 밀도는 액체에 비해 매우 작으므로 무시한다.
수은의 압력을 구하면,
$P_A = 13.55 \times 1 \times 20 = 271$
기름의 압력을 구하면,
$P_B = 0.9 \times 1 \times 300 = 270$
따라서 압력계의 지시값 $= P_A - P_B$
$271 - 270 = 1 g/cm^2 = 0.001 kg/cm^2$

97

다음 중 액면 측정방법으로 가장 거리가 먼 것은?

① 유리관식 ② 부자식
③ 차압식   ④ 박막식

해설   정답 ④

| 출제 | 압력

| 키워드 | 액면측정 방법

박막식은 액면계가 아닌 직접지시계를 읽는 압력계의 일종이다.

✓ 관련이론 액면계

분류	측정법
직접법	부자식(플로트식), 검척식, 유리관식(직관식)
간접법	압력식, 정전용량식, 초음파식, 방사선식, 차압식, 다이어프램식, 편위식, 기포식 등

98

피드백 제어에 대한 설명으로 틀린 것은?

① 폐회로 방식이다.
② 다른 제어계보다 정확도가 증가한다.
③ 보일러 점화 및 소화 시 제어한다.
④ 다른 제어계보다 제어폭이 증가한다.

해설   정답 ③

| 출제 | 측정의 제어회로 및 장치

| 키워드 | 피드백 제어

점화 및 소화 등 연소제어는 시퀀스 제어이다. 피드백 제어는 보일러 급수, 온도, 압력 등 운영에 필요한 제어이다.

✓ 관련이론 피드백 제어(신호제어)

- 출력된 신호를 입력측으로 되돌림하여 제어량을 기준으로 설정된 값과 비교한다.
- 제어량이 설정치의 범위에 들도록 제어량에 대한 수정 동작을 계속해서 진행한다.

99

액주에 의한 압력측정에서 정밀 측정을 위한 보정으로 반드시 필요로 하지 않는 것은?

① 모세관 현상의 보정
② 중력의 보정
③ 온도의 보정
④ 높이의 보정

해설   정답 ④

| 출제 | 압력

| 키워드 | 액주식 압력계

액주식 압력계는 주로 통풍력 측정에 사용되며, 구부러진 유리관에 기름, 물, 수은 등의 액체를 넣고 한쪽 끝 부분에 압력을 도입하여 발생하는 양액면의 높이 차를 이용하여 압력을 측정한다. 측정을 위한 보정으로는 모세관 현상, 온도, 중력, 압력이 있다.

100 고난도

다음은 피드백 제어계의 구성을 나타낸 것이다. ( ) 안에 가장 적절한 것은?

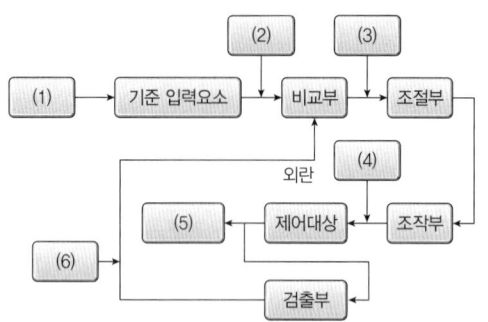

① (1) 조작량 (2) 동작신호 (3) 목표치
　(4) 기준 입력신호 (5) 제어편차 (6) 제어량
② (1) 목표치 (2) 기준 입력신호 (3) 동작신호
　(4) 조작량 (5) 제어량 (6) 주피드백 신호
③ (1) 동작신호 (2) 오프셋 (3) 조작량
　(4) 목표치 (5) 제어량 (6) 설정신호
④ (1) 목표치 (2) 설정신호 (3) 동작신호
　(4) 오프셋 (5) 제어량 (6) 주피드백 신호

해설　정답 ②

| 출제 | 측정의 제어회로 및 장치
| 키워드 | 피드백 제어

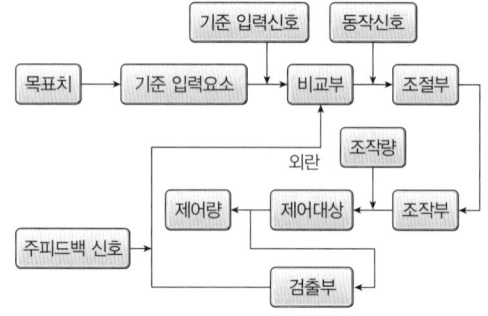

101 고난도

단열식 열량계로 석탄 1.5g을 연소시켰더니 온도가 4℃ 상승하였다. 통내 물의 질량이 2,000g, 열량계의 물당량이 500g일 때 이 석탄의 발열량은 약 몇 J/g인가? (단, 물의 비열은 4.19J/g·℃이다.)

① 2.23×10^4
② 2.79×10^4
③ 4.19×10^4
④ 6.98×10^4

해설　정답 ②

| 출제 | 측정의 제어회로 및 장치
| 키워드 | 제어방식

단열식 열량계로 석탄의 발열량을 구하는 공식은 다음과 같다.

$$Q = \frac{C \times T_a \times (m_a + m_b)}{m_o}$$

Q: 발열량(J/g), T_a: 온도의 변화량(℃), m_a: 통내 물의 질량(g), m_b: 열량계의 물 질량(g), m_o: 시료의 양(g), C: 비열(J/g·℃)

$Q = \frac{4.19 \times 4 \times (2,000 + 500)}{1.5}$
$= 27,933.33 \text{J/g} = 2.79 \times 10^4 \text{J/g}$

102

다음 그림과 같은 U자관에서 유도되는 식은?

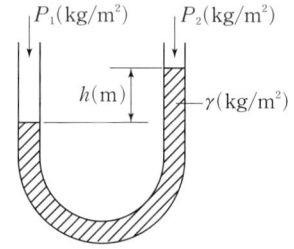

① $P_1 = P_2 - h$
② $h = \gamma(P_1 - P_2)$
③ $P_1 + P_2 = \gamma h$
④ $P_1 = P_2 + \gamma h$

해설　정답 ④

| 출제 | 측정의 제어회로 및 장치
| 키워드 | 제어방식

U자관에서의 유체 흐름은 파스칼의 원리를 응용하며, 액주 하단부 경계면의 수평선에 작용하는 압력은 서로 동일하다.
$P_1 = P_2 + \gamma h$

103

다음 중 비접촉식 온도계는?

① 색온도계
② 저항온도계
③ 압력식온도계
④ 유리온도계

해설 정답 ①

| 출제 | 온도

| 키워드 | 비접촉식 온도계

비접촉식 온도계는 측정되는 물체에 접촉하지 않고 파장, 방사열 등 이용하여 측정하며, 종류로는 적외선 온도계, 방사 온도계, 색온도계, 광고온계, 광전관식 온도계 등이 있다.

104

20L인 물의 온도를 15°C에서 80°C로 상승시키는 데 필요한 열량은 약 몇 kJ 인가?

① 4,680
② 5,442
③ 6,320
④ 6,860

해설 정답 ②

| 출제 | 온도

| 키워드 | 비접촉식 온도계

$$Q = mC(T_2 - T_1)$$

Q: 열량(kJ), m: 질량(kg), C: 비열(kcal/kg·°C),
T_2: 나중 온도(°C), T_1: 처음 온도(°C)

$m = 20L \times \dfrac{1{,}000kg}{m^3} \times \dfrac{1m^3}{1{,}000L} = 20kg$

$Q = 20kg \times \dfrac{1kcal}{kg \cdot °C} \times (80-15)°C \times \dfrac{4.186kJ}{1kcal} = 5{,}442kJ$

※ 물의 비열은 1kcal/kg·°C
※ 1kcal = 4.186kJ

105 [고난도]

다음 그림과 같이 수은을 넣은 차압계를 이용하는 액면계에 있어 수은면의 높이차(h)가 50.0mm일 때 상부의 압력 취출구에서 탱크 내 액면까지의 높이(H)는 약 몇 mm인가? (단, 액의 밀도(ρ)는 999kg/m³이고, 수은의 밀도(ρ_o)는 13,550kg/m³이다.)

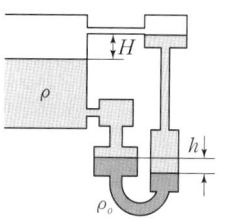

① 578
② 628
③ 678
④ 728

해설 정답 ②

| 출제 | 액면

| 키워드 | 액면 높이

파스칼의 원리에 따라 액주 경계면의 수평선에 작용하는 압력은 서로 같다.

$P_x + \gamma \times h = \gamma_1 \times h + P_x + \gamma_1 \times H$
$(\gamma - \gamma_1)h = \gamma_1 H$
$H = h \times \dfrac{\gamma}{\gamma_1} - h = \left(50 \times \dfrac{13{,}550}{999}\right) - 50 = 628mm$

106

다음 집진장치 중 코트렐식과 관계가 있는 방식으로 코로나 방전을 일으키는 것과 관련 있는 집진기로 가장 적절한 것은?

① 전기식 집진기
② 세정식 집진기
③ 원심식 집진기
④ 사이클론 집진기

해설 정답 ①

| 출제 | 습도

| 키워드 | 저항식 습도계

전기식 집진기에 대한 설명이다.

✓ **관련이론** 전기식 집진장치

- 대치시킨 2개의 전극사이에 고압(특고압)의 직류 전장을 가하고 통과하여 대전된 미립자가 집진극에 모여 집진한다.
- 코로나 방전을 일으키는 것과 관련이 있으며 종류는 코트렐 집진장치가 있다.
- 집진효율이 우수하다.
- 낮은 압력손실로도 대량의 가스처리가 가능하다.
- 별도의 정전설비가 필요하다.

107 고난도

차압식 유량계에서 교축 상류 및 하류에서의 압력이 P_1, P_2일 때 체적 유량이 Q_1이라면, 압력이 각각 처음보다 2배만큼씩 증가했을 때의 Q_2는 얼마인가?

① $Q_2 = 2Q_1$
② $Q_2 = \frac{1}{2}Q_1$
③ $Q_2 = \sqrt{2}Q_1$
④ $Q_2 = \frac{1}{\sqrt{2}}Q_1$

해설 정답 ③

| 출제 | 유량
| 키워드 | 유량계의 압력증가

유량과 압력의 관계식인 $Q = AV$에서
$Q = AV = \frac{\pi D^2}{4} \times \sqrt{2gh} = \frac{\pi D^2}{4} \times \sqrt{\frac{2g \times \Delta P}{\gamma}}$이며,
$\frac{Q_1}{Q_2} = \sqrt{\frac{P_1}{P_2}}$ 유량은 압력의 제곱근에 비례한다는 비례식을 세울 수 있다.
따라서, $\frac{Q_1}{Q_2} = \sqrt{\frac{P_1}{P_2}} = \sqrt{\frac{P_1}{2 \times P_1}} = \frac{1}{\sqrt{2}} = Q_2 = \sqrt{2} \times Q_1$

108

다음 중 압력식 온도계가 아닌 것은?

① 액체팽창식 온도계
② 열전 온도계
③ 증기압식 온도계
④ 가스압력식 온도계

해설 정답 ②

| 출제 | 압력
| 키워드 | 압력식 온도계

접촉식 온도계는 측정대상에 온도계를 접촉시켜 온도가 상승해서 열적 평형을 이루었을 때 측정한다. 종류로는 열전대 온도계, 저항식 온도계, 압력식 온도계 등이 있다. 그 중 압력식 온도계는 액체 팽창식, 기체 팽창식, 증기 팽창식이 있다.

109

다음 [보기]의 특징을 가지는 제어동작은?

- 부하변화가 커도 잔류편차가 남지 않는다.
- 전달느림이나 쓸모없는 시간이 크면 사이클링의 주기가 커진다.
- 반응속도가 빠른 프로세스나 느린 프로세스에 주로 사용된다.

① P 동작
② PI 동작
③ PD 동작
④ 뱅뱅 동작

해설 정답 ②

| 출제 | 측정의 제어회로 및 장치
| 키워드 | 비례제어 방식

전달 느림이나 쓸모없는 시간발생 시 잔류오차를 줄이기 위해서는 I 제어를 활용한다. P와 I제어를 사용하면 부하변화가 커도 잔류편차가 남지 않으며, 반응속도에 민감하다.

✔ **관련이론 비례 제어 방식**

on-off제어를 보다 정확도를 높이기 위한 자동제어로 PID의 세가지 동작을 활용한다.
- P 동작(비례제어)
  피드백 경로 전달 특성이 비례적 특성을 가지며, 연속적 조정으로 잔류편차(OFF Set)가 생긴다.
- PI 동작(비례-적분 제어)
  오차를 줄이고 설정값에 빠르게 도달하도록 연속적 제어로 계단변화에 대한 잔류오차가 적다.
- PD 동작(비례-미분제어)
  시스템 응답속도를 개선하고 제어동작이 빨리 도달하도록 미분 동작을 부가하였으며, 정상상태 오차는 개선이 불가한 연속 제어이다.

110 고난도

자동제어시스템의 입력신호에 따른 출력 변화의 설명으로 과도응답에 해당되는 것은?

① 1차보다 응답속도가 느린 지연요소
② 정상상태에 있는 계에 격한 변화의 입력을 가했을 때 생기는 출력의 변화
③ 입력변화에 따른 출력에 지연이 생겨 시간이 경과 후 어떤 일정한 값에 도달하는 요소
④ 정상상태에 있는 요소의 입력을 스텝형태로 변화할 때 출력이 새로운 값에 도달 스텝입력에 의한 출력의 변화 상태

해설 정답 ②

| 출제 | 측정의 제어회로 및 장치
| 키워드 | 과도응답
| 선지분석 |

① 2차 지연요소에 대한 설명이다.
② 과도응답에 대한 설명이다.
③ 1차 지연요소에 대한 설명이다.
④ 스텝응답에 대한 설명이다.

111

열전대 온도계에 대한 설명으로 틀린 것은?

① 보호관 선택 및 유지관리에 주의한다.
② 단자의 (+)와 보상도선의 (−)를 결선해야 한다.
③ 주위의 고온체로부터 복사열의 영향으로 인한 오차가 생기지 않도록 주의해야 한다.
④ 열전대는 측정하고자 하는 곳에 정확히 삽입하여 삽입한 구멍을 통하여 냉기가 들어가지 않게 한다.

해설 정답 ②

| 출제 | 온도
| 키워드 | 열전대 온도계

단자의 +, −와 보상도선의 +, −는 극성이 일치해야 감온부의 열팽창에 의한 오차가 적게 발생된다.

✓ **관련이론 열전대 온도계**

- 열전대에서 발생한 열전압을 활용하여 측정한다.
- 보호관 선택 및 유지관리에 주의한다.
- 단자의 +, −는 각각의 전기회로 +, −에 연결한다.
- 주위 고온체로부터 받은 복사열의 영향으로 인한 오차가 생길 수도 있어 주의해야한다.
- 측정하고자 하는 곳에 정확히 삽입하고 삽입 구멍을 통해 냉기가 들어가지 않게 한다.

112 고난도

사용압력이 비교적 낮은 증기, 물 등의 유체 수송관에 사용하며, 백관과 흑관으로 구분되는 강관은?

① SPP
② SPPH
③ SPPY
④ SPA

해설 정답 ①

| 출제 | 배관
| 키워드 | 배관의 종류

배관의 종류	용도별 특징
일반 배관용 탄소강관(SPP)	• 사용압력은 10kg/cm² 이하이다. • 증기, 물, 기름, 가스 및 공기 등 널리 사용한다.
압력배관용 탄소강관(SPPS)	• 보일러의 증기관, 유압관, 수압관 등의 압력배관에 사용된다. • 사용압력은 10~100kg/cm², 온도는 350℃ 이하이다.
고온 배관용 탄소강관(SPPH)	350℃ 온도의 과열증기 등의 배관용으로 사용된다.
저온 배관용 탄소강관(SPLT)	빙점 0℃ 이하 낮은 온도에서 사용된다.
수도용 아연도금 강관(SPPW)	주로 정수두 100m 이하의 급수배관용으로 사용된다.
배관용 아크용접 탄소강관(SPW)	사용압력 10kg/cm²의 낮은 증기, 물 기름 등에 사용한다.
배관용 합금강관(SPA)	합금강을 말하며, 주로 고온, 고압에 사용된다.

113 ○△×|○△×|○△× 고난도

방사온도계의 발신부를 설치할 때 다음 중 어떠한 식이 성립하여야 하는가? (단, l: 렌즈로부터의 수열판까지의 거리, d: 수열판의 직경, L: 렌즈로부터 물체까지의 거리, D: 물체의 직경이다.)

① $L/D < l/d$
② $L/D > l/d$
③ $L/D = l/d$
④ $L/l < d/D$

해설 정답 ①

| 출제 | 온도

| 키워드 | 방사 온도계

방사온도계는 물체로부터 방출되는 복사에너지를 렌즈를 통해 수열판에 집중시켜 온도를 측정하며, 렌즈로부터 수열판까지의 거리가 작을수록 수열판에 집중되는 복사에너지의 양이 많아 정확도가 좋아진다. 이 원리에 따라 거리계수의 공식은 아래와 같다.
$L/D < l/d$: 발신부에서 거리계수가 크도록 설치하여야 한다.

114 ○△×|○△×|○△×

다음 중 열전대 온도계에서 사용되지 않는 것은?

① 동-콘스탄탄
② 크로멜-알루멜
③ 철-콘스탄탄
④ 알루미늄-철

해설 정답 ④

| 출제 | 온도

| 키워드 | 열전대 온도계

열전대(기호)	측정온도 범위
동-콘스탄탄(C-C)	$-200 \sim 350\,°C$
크로멜-알루멜(C-A)	$-20 \sim 1{,}200\,°C$
철-콘스탄탄(I-C)	$-20 \sim 800\,°C$
백금로듐-백금(P-R)	$0 \sim 1{,}600\,°C$

115 ○△×|○△×|○△× 고난도

오리피스에 의한 유량측정에서 유량에 대한 설명으로 옳은 것은?

① 압력차에 비례한다.
② 압력차의 제곱근에 비례한다.
③ 압력차에 반비례한다.
④ 압력차의 제곱근에 반비례한다.

해설 정답 ②

| 출제 | 압력

| 키워드 | 오리피스 유량측정

오리피스 유량은 압력차의 제곱근에 비례한다.

✓ **관련이론 오리피스 유량계**

베르누이의 정리를 응용한 유량계로 기체와 액체에 모두 사용이 가능하며 교축기구를 기하학적으로 닮은꼴이 되도록 끝맺음질을 정밀하게 하면 정확한 측정값을 얻을 수 있다.

$$Q = C \times A \times \sqrt{\frac{2 \Delta P}{\rho}}$$

Q: 유량, C: 유량 계수, A: 오리피스 단면적,
ΔP: 압력차, ρ: 유체 밀도

116

제어시스템에서 조작량이 제어 편차에 의해서 정해진 두 개의 값이 어느 편인가를 택하는 제어방식으로 제어결과가 다음과 같은 동작은?

① 온오프동작   ② 비례동작
③ 적분동작   ④ 미분동작

해설   정답 ①

| 출제 | 측정의 제어회로 및 장치
| 키워드 | 제어시스템

ON-OFF 동작(2위치동작)은 불연속 제어에 해당되며 제어시스템에서 조작량이 제어편차에 의해서 정해진 두 개의 값(+, -)이 최대, 최소가 되어 어느 편인가를 택하는 제어방식의 동작이다.

117

$1,000°C$ 이상인 고온의 노 내 온도측정을 위해 사용되는 온도계로 가장 적합하지 않은 것은?

① 제겔콘(seger cone) 온도계
② 백금저항 온도계
③ 방사 온도계
④ 광고온계

해설   정답 ②

| 출제 | 온도
| 키워드 | 온도계별 측정범위
| 선지분석 |

① 제겔콘 온도계: $600 \sim 2,000°C$
② 백금저항 온도계: $-200 \sim 500°C$
③ 방사 온도계: $50 \sim 2,000°C$
④ 광고온계: $700 \sim 3,000°C$

118

내경이 $50mm$인 원관에 $20°C$ 물이 흐르고 있다. 층류로 흐를 수 있는 최대 유량은 약 몇 m^3/s인가? (단, 임계 레이놀즈수(Re)는 2,320이고, $20°C$일 때 동점성계수(ν)$=1.0064 \times 10^{-6} m^2/s$이다.)

① 5.33×10^{-5} ② 7.36×10^{-5}
③ 9.16×10^{-5} ④ 15.23×10^{-5}

해설   정답 ③

| 출제 | 유량
| 키워드 | 레이놀즈 수

$$Re = \frac{D \times v}{\nu}$$

Re: 레이놀즈 수, D: 내경(m), v: 유속(m/s), ν: 동점성계수(m^2/s)

$$2,320 = \frac{0.05 \times v}{1.0064 \times 10^{-6}}$$

$$v = \frac{2,320 \times 1.0064 \times 10^{-6}}{0.05} = 0.0467 m/s$$

$$Q = A \times v = \left(\frac{\pi D^2}{4}\right) \times v$$

Q: 유량(m^3/s), A: 면적(m^2), v: 유속(m/s), D: 내경(m)

$$Q = \left(\frac{\pi \times 0.05^2}{4}\right) \times 0.0467 = 9.1695 \times 10^{-5} m^3/s$$

119

압력을 측정하는 계기가 그림과 같을 때 용기 안에 들어있는 물질로 적절한 것은?

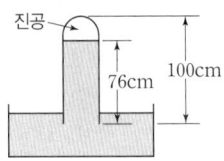

① 알코올 ② 물
③ 공기   ④ 수은

해설 정답 ④

| 출제 | 압력
| 키워드 | 압력 측정

완전 진공상태의 수은을 76cm만큼 올리는 대기의 압력을 말하며 0℃, 위도 45° 해수면에서 중력 9.806655m/s²일 때, 수은주 높이가 760mmHg로 측정된 압력을 표준대기압이라고 한다.

120

다음 각 가스별 시험방법 등의 연결이 잘못된 것은?

① 염소 - 염화팔라듐지 - 적색
② 황화수소 - 연당지 - 흑갈색
③ 암모니아 - 리트머스시험지 - 청색
④ 시안화수소 - 질산구리벤젠지 - 청색

해설 정답 ①

| 출제 | 가스
| 키워드 | 가스별 시험방법

일산화탄소 - 염화팔라듐지 - 흑색

✓ **관련이론** 기체분석 시험지법

가스	시험지	반응
암모니아(NH_4)	적색 리트머스지	청색
포스겐($COCl_2$)	헤리슨 시험지	유자색
황화수소(H_2S)	연당지	회흑색
아세틸렌(C_2H_2)	염화 제1동 착염지	적갈색
일산화탄소(CO)	염화팔라듐지	흑색
시안화수소(HCN)	초산벤젠지	청색
염소(Cl_2)	KI - 전분지	청갈색

열설비재료 및 관계법규

121

샤모트(Chamotte) 벽돌의 원료로서 샤모트 이외에 가소성 생점토(生粘土)를 가하는 주된 이유는?

① 치수 안정을 위하여
② 열전도성을 좋게 하기 위하여
③ 성형 및 소결성을 좋게 하기 위하여
④ 건조 소성, 수축을 미연에 방지하기 위하여

해설 정답 ③

| 출제 | 내화물, 단열재, 보온재
| 키워드 | 샤모트 벽돌

샤모트 벽돌의 10~30% 가소성 생점토를 첨가하여 성형 및 소결성을 우수하게 한다.

✓ **관련이론** 샤모트(Chamotte) 벽돌
- 골재 원료로 고온에 견딜 수 있도록 제작된 내화재료이다.
- 알루미나 함량이 많을수록 내화도가 높아지고 일반적으로 가공률이 크다.
- 비교적 낮은 온도에서 연화되며 내스폴링성이 좋다.
- 벽돌이 10~30% 가소성 생점토를 첨가하여 성형 및 소결성을 우수하게 한다.

122

에너지이용 합리화법에 따라 최대 1천만원 이하의 벌금에 처할 대상자에 해당되지 않는 자는?

① 검사대상기기 관리자를 정당한 사유없이 선임하지 아니한 자
② 검사대상기기의 검사를 정당한 사유 없이 받지 아니한 자
③ 검사에 불합격한 검사대상기기를 임의로 사용한 자
④ 최저소비효율기준에 미달된 효율관리기자재를 생산한 자

해설 정답 ④

| 출제 | 에너지이용 합리화법
| 키워드 | 벌금
| 선지분석 |

「에너지이용 합리화법 제72조~76조」
① 1천 만원 이하의 벌금
② 1년 이하의 징역 또는 1천만원 이하의 벌금
③ 1년 이하의 징역 또는 1천만원 이하의 벌금
④ 2천만원 이하 이하의 벌금

123

에너지이용 합리화법에 따라 에너지사용계획을 수립하여 산업통상자원부장관에게 제출하여야 하는 민간사업주관자의 기준은?

① 연간 5백만 킬로와트시 이상의 전력을 사용하는 시설을 설치하려는 자
② 연간 1백만 킬로와트시 이상의 전력을 사용하는 시설을 설치하려는 자
③ 연간 1천5백만 킬로와트시 이상의 전력을 사용하는 시설을 설치하려는 자
④ 연간 2천만 킬로와트시 이상의 전력을 사용하는 시설을 설치하려는 자

해설　　　　　　　　　　　　　　정답 ④

| 출제 | 에너지이용 합리화법 시행령
| 키워드 | 에너지사용계획 수립

「에너지이용 합리화법 시행령 제20조」
에너지사용계획을 수립하여 산업통상자원부장관에게 제출하여야 하는 민간사업주관자는 다음의 어느 하나에 해당하는 시설을 설치하려는 자로 한다.
- 연간 5천 티오이 이상의 연료 및 열을 사용하는 시설
- 연간 2천만 킬로와트시 이상의 전력을 사용하는 시설

124

관의 신축량에 대한 설명으로 옳은 것은?

① 신축량은 관의 열팽창계수, 길이, 온도차에 반비례한다.
② 신축량은 관의 열팽창계수, 길이, 온도차에 비례한다.
③ 신축량은 관의 길이, 온도차에는 비례하지만, 열팽창계수에는 반비례한다.
④ 신축량은 관의 열팽창계수에 비례하고 온도차와 길이에 반비례한다.

해설　　　　　　　　　　　　　　정답 ②

| 출제 | 배관
| 키워드 | 관의 신축량

관의 신축량은 관의 열팽창계수, 길이, 온도차에 비례한다.

125

에너지이용 합리화법령에 따라 인정검사대상기기 관리자의 교육을 이수한 자가 관리할 수 없는 검사대상 기기는?

① 압력용기
② 열매체를 가열하는 보일러로서 용량이 581.5kW 이하인 것
③ 온수를 발생하는 보일러로서 용량이 581.5kW 이하인 것
④ 증기보일러로서 최고사용압력이 2MPa 이하이고, 전열면적이 5m² 이하인 것

해설　　　　　　　　　　　　　　정답 ④

| 출제 | 에너지이용 합리화법 시행규칙
| 키워드 | 검사대상기기관리자의 자격 및 조종범위

「에너지이용 합리화법 시행규칙 별표 3의9」
검사대상기기관리자의 자격 및 조종범위

관리자의 자격	관리범위
에너지관리기능장 또는 에너지관리기사	용량이 30t/h를 초과하는 보일러
에너지관리기능장, 에너지관리기사 또는 에너지관리산업기사	용량이 10t/h를 초과하고 30t/h 이하인 보일러
에너지관리기능장, 에너지관리기사, 에너지관리산업기사 또는 에너지관리기능사	용량이 10t/h 이하인 보일러
에너지관리기능장, 에너지관리기사, 에너지관리산업기사, 에너지관리기능사 또는 인정검사대상기기관리자의 교육을 이수한 자	• 증기보일러로서 최고사용압력이 1MPa 이하이고, 전열면적이 10제곱미터 이하인 것 • 온수발생 및 열매체를 가열하는 보일러로서 용량이 581.5킬로와트 이하인 것 • 압력용기

126

에너지이용 합리화법령에 따라 효율관리기자재의 제조업자는 효율관리시험기관으로부터 측정 결과를 통보받은 날부터 며칠 이내에 그 측정 결과를 한국에너지공단에 신고하여야 하는가?

① 15일 ② 30일
③ 60일 ④ 90일

해설   정답 ④

| 출제 | 에너지이용 합리화법 시행규칙
| 키워드 | 효율관리기자재 측정결과의 신고

「에너지이용 합리화법 시행규칙 제9조」
효율관리기자재의 제조업자 또는 수입업자는 효율관리시험기관으로부터 측정 결과를 통보받은 날 또는 자체측정을 완료한 날부터 각각 90일 이내에 그 측정 결과를 법 제45조에 따른 한국에너지공단에 신고하여야 한다. 이 경우 측정 결과 신고는 해당 효율관리기자재의 출고 또는 통관 전에 모델별로 하여야 한다.

127

두께 230mm의 내화벽돌, 114mm의 단열벽돌, 230mm의 보통벽돌로 된 노의 평면 벽에서 내벽면의 온도가 1,200°C이고 외벽면의 온도가 120°C일 때, 노벽 1m²당 열손실(W)은? (단, 내화벽돌, 단열벽돌, 보통벽돌의 열전도도는 각각 1.2, 0.12, 0.6W/m·°C이다.)

① 376.9 ② 563.5
③ 708.2 ④ 1,688.1

해설   정답 ③

| 출제 | 열정산, 내화물
| 키워드 | 열손실

평면 벽에서의 총괄전열계수에 대한 공식은 다음과 같다.

$$Q = F \times K \times \Delta t_m$$

Q: 열손실(kcal/h), F: 전열면적(m²),
K: 총괄전열계수(W/m²·K), Δt_m: 평균 온도차(K)

여기서, 총괄전열계수 $(K) = \dfrac{1}{\dfrac{두께(d)}{열전도도(\lambda)}}$ 로 나타낼 수 있다.

$$Q = \frac{F \times \Delta t_m}{\dfrac{d_1}{\lambda_1} + \dfrac{d_2}{\lambda_2} + \dfrac{d_3}{\lambda_3}}$$

$$= \frac{1 \times (1,200 - 120)}{\dfrac{0.23}{1.2} + \dfrac{0.114}{0.12} + \dfrac{0.23}{0.6}} = 708.2 \text{W/m}^2$$

128

에너지이용 합리화법에 따라 검사대상기기 조종자의 신고 사유가 발생한 경우 발생한 날로부터 며칠 이내에 신고해야 하는가?

① 7일 ② 15일
③ 30일 ④ 60일

해설   정답 ③

| 출제 | 에너지이용 합리화법 시행규칙
| 키워드 | 검사대상기기 조종자의 신고사유

「에너지이용 합리화법 시행규칙 제31조28」
검사대상기기의 설치자는 검사대상기기관리자를 선임·해임하거나 검사대상기기관리자가 퇴직한 경우에는 검사대상기기관리자 선임(해임, 퇴직)신고서에 자격증수첩과 관리할 검사대상기기 검사증을 첨부하여 공단이사장에게 제출하여야 한다. 신고는 신고 사유가 발생한 날부터 30일 이내에 하여야 한다.

129

에너지이용 합리화법령에 따라 열사용기자재 관리에 대한 설명으로 틀린 것은?

① 계속사용검사는 검사유효기간의 만료일이 속하는 연도의 말까지 연기할 수 있으며, 연기하려는 자는 검사대상기기 검사연기 신청서를 한국에너지공단이사장에게 제출하여야 한다.
② 한국에너지공단이사장은 검사에 합격한 검사대상기기에 대해서 검사 신청인에게 검사일로부터 7일 이내에 검사증을 발급하여야 한다.
③ 검사대상기기관리자의 선임신고는 신고 사유가 발생한 날로부터 20일 이내에 하여야 한다.
④ 검사대상기기의 설치자가 사용 중인 검사대상기기를 폐기한 경우에는 폐기한 날부터 15일 이내에 검사대상기기 폐기신고서를 한국에너지공단이사장에게 제출하여야 한다.

해설   정답 ③

| 출제 | 에너지이용 합리화법 시행규칙
| 키워드 | 열사용기자재 관리

「에너지이용 합리화법 시행규칙 제31조28」
검사대상기기의 설치자는 검사대상기기관리자를 선임·해임하거나 검사대상기기관리자가 퇴직한 경우에는 검사대상기기관리자 선임(해임, 퇴직)신고서에 자격증수첩과 관리할 검사대상기기 검사증을 첨부하여 공단이사장에게 제출하여야 한다. 신고는 신고 사유가 발생한 날부터 30일 이내에 하여야 한다.

130

에너지이용 합리화법에 따라 에너지이용 합리화에 관한 기본계획 사항에 포함되지 않는 것은?

① 에너지 절약형 경제구조로의 전환
② 에너지이용 합리화를 위한 기술개발
③ 열사용기자재의 안전관리
④ 국가에너지정책목표를 달성하기 위하여 대통령령으로 정하는 사항

해설 정답 ④

| 출제 | 에너지이용 합리화법
| 키워드 | 에너지이용 합리화에 관한 기본계획 수립

「에너지이용 합리화법 제4조」
산업통상자원부장관은 에너지를 합리적으로 이용하게 하기 위하여 에너지이용 합리화에 관한 기본계획을 수립하여야 한다. 기본계획에는 다음 사항이 포함되어야 한다.
- 에너지절약형 경제구조의 전환
- 에너지이용효율의 증대
- 에너지이용 합리화를 위한 기술개발
- 에너지이용 합리화를 위한 홍보 및 교육
- 에너지원간 대체
- 열사용기자재의 안전관리
- 에너지이용 합리화를 위한 가격예시제의 시행에 관한 사항
- 에너지의 합리적인 이용을 통한 온실가스의 배출을 줄이기 위한 대책
- 그 밖에 에너지이용 합리화를 추진하기 위하여 필요한 사항으로서 산업통상자원부령으로 정하는 사항

131

내화물의 구비조건으로 틀린 것은?

① 상온에서 압축강도가 작을 것
② 내마모성 및 내침식성을 가질 것
③ 재가열 시 수축이 적을 것
④ 사용온도에서 연화변형하지 않을 것

해설 정답 ①

| 출제 | 내화물
| 키워드 | 내화물의 구비조건

내화물은 상온에서 높은 압축강도를 통해 구조적 안전성을 가진다.

✓ **관련이론 내화물의 구비조건**
- 상온에서 압축강도가 커야 한다.
- 내마모성 및 내침식성과 사용온도에 맞는 열전도율을 가져야 한다.
- 고온 및 재가열시 수축 팽창이 적어야 한다.
- 스폴링 현상이 적고, 사용온도에 연화변형을 하지 않아야 한다.

132 [고난도]

다음 중 배관의 호칭법으로 사용되는 스케줄 번호를 산출하는데 직접적인 영향을 미치는 것은?

① 관의 외경
② 관의 사용온도
③ 관의 허용응력
④ 관의 열팽창계수

해설 정답 ③

| 출제 | 배관
| 키워드 | 배관의 호칭법

$$SCH = \frac{P}{S} \times 10$$

$$S = \frac{\sigma}{f}$$

P: 사용압력, S: 허용응력, σ: 인장강도, f: 안전율

133

에너지이용 합리화법에 따라 에너지저장의무를 부과할 수 있는 대상자가 아닌 자는?

① 전기사업법에 의한 전기사업자
② 도시가스사업법에 의한 도시가스사업자
③ 풍력사업법에 의한 풍력사업자
④ 석탄산업법에 의한 석탄가공업자

해설   정답 ③

| 출제 | 에너지이용 합리화법 시행령
| 키워드 | 에너지저장의무

「에너지이용 합리화법 시행령 제12조」
산업통상자원부장관이 에너지저장의무를 부과할 수 있는 대상자는 다음과 같다.
- 「전기사업법」에 따른 전기사업자
- 「도시가스사업법」에 따른 도시가스사업자
- 「석탄산업법」에 따른 석탄가공업자
- 「집단에너지사업법」에 따른 집단에너지사업자
- 연간 2만 석유환산톤 이상의 에너지를 사용하는 자

134

고압 증기의 옥외배관에 가장 적당한 신축이음 방법은?

① 오프셋형
② 벨로즈형
③ 루프형
④ 슬리브형

해설   정답 ③

| 출제 | 배관
| 키워드 | 배관의 신축이음

신축이음은 파이프의 온도변화에 의한 열팽창에 대응하기 위해 설치하는 이음으로 슬리브형, 벨로즈형, 스위블이음형, 볼조인트형, 루프형 등이 있다.
루프형은 신축성과 내구성이 좋아 고온, 고압 배관이나 옥외 배관으로 사용한다.

135

에너지이용 합리화법에 따라 용접검사가 면제되는 대상범위에 해당되지 않는 것은?

① 용접이음이 없는 강관을 동체로 한 헤더
② 최고사용압력이 0.35MPa 이하이고, 동체의 안지름이 600mm인 전열교환식 1종 압력용기
③ 전열면적이 30m^2 이하의 유류용 강철제 증기보일러
④ 전열면적이 18m^2 이하이고, 최고사용압력이 0.35 MPa인 온수보일러

해설   정답 ③

| 출제 | 에너지이용 합리화법 시행규칙
| 키워드 | 용접검사 면제 대상범위

강철제 보일러 중 전열면적이 5m^2 이하이고, 최고사용압력이 0.35MPa 이하여야 하므로, 전열면적이 30m^2 이하의 유류용 강철제 증기보일러는 용접검사 면제 대상 범위에 해당하지 않는다.

✔ 관련이론 용접검사 면제 대상범위

「에너지이용 합리화법 시행규칙 별표 3의6」
(1) 강철제 보일러, 주철제 보일러
- 강철제 보일러 중 전열면적이 5제곱미터 이하이고, 최고사용압력이 0.35MPa 이하인 것
- 주철제 보일러
- 1종 관류보일러
- 온수보일러 중 전열면적이 18제곱미터 이하이고, 최고사용 압력이 0.35MPa 이하인 것

(2) 1종 압력용기, 2종 압력용기
- 용접이음(동체와 플랜지와의 용접이음은 제외한다)이 없는 강관을 동체로 한 헤더
- 압력용기 중 동체의 두께가 6미리미터 미만인 것으로서 최고사용압력(MPa)과 내부 부피(m^3)를 곱한 수치가 0.02 이하(난방용의 경우에는 0.05 이하)인 것
- 전열교환식인 것으로서 최고사용압력이 0.35MPa 이하이고, 동체의 안지름이 600미리미터 이하인 것

136

에너지이용 합리화법령상 특정열사용기자재 설치·시공범위가 아닌 것은?

① 강철제보일러 세관
② 철금속가열로의 시공
③ 태양열 집열기 배관
④ 금속균열로의 배관

해설 정답 ④

| 출제 | 에너지이용 합리화법 시행규칙
| 키워드 | 특정열사용기자재 설치·시공범위

「에너지이용 합리화법 시행규칙 별표 3의2」
특정열사용기자재는 다음과 같다.

구분	품목명	설치·시공범위
보일러	강철제 보일러, 주철제 보일러, 온수보일러, 구멍탄용 온수보일러, 축열식 전기보일러, 캐스케이드 보일러, 가정용 화목보일러	해당 기기의 설치·배관 및 세관
태양열 집열기	태양열 집열기	해당 기기의 설치·배관 및 세관
압력용기	1종 압력용기, 2종 압력용기	해당 기기의 설치·배관 및 세관
요업요로	연속식유리용융가마, 불연속식 유리용융가마, 유리용융도가니가마, 터널가마, 도염식각가마, 셔틀가마, 회전가마, 석회용선가마	해당 기기의 설치를 위한 시공
금속요로	용선로, 비철금속용융로, 금속소둔로, 철금속가열로, 금속균열로	해당 기기의 설치를 위한 시공

137

다음 보온재 중 최고안전사용온도가 가장 높은 것은?

① 석면
② 펄라이트
③ 폼글라스
④ 탄화마그네슘

해설 정답 ②

| 출제 | 보온재
| 키워드 | 보온재의 최고안전사용온도
| 선지분석 |

① 석면: 350~550℃
② 펄라이트: 600℃
③ 폼글라스: 350℃
④ 탄화마그네슘: 250℃

138 고난도

에너지이용 합리화법령상 에너지사용계획의 협의대상사업 범위 기준으로 옳은 것은?

① 택지의 개발사업 중 면적이 10만㎡ 이상
② 도시개발사업 중 면적이 30만㎡ 이상
③ 공항개발사업 중 면적이 20만㎡ 이상
④ 국가산업단지의 개발사업 중 면적이 5만㎡ 이상

해설 정답 ②

| 출제 | 에너지이용 합리화법 시행령
| 키워드 | 에너지사용계획의 협의대상사업 범위
| 선지분석 |

「에너지이용 합리화법 시행령 별표 1」
① 택지의 개발사업 중 면적이 30만㎡ 이상 (다만, 민간 사업주관자의 경우에는 면적이 60만㎡ 이상)
③ 공항개발사업 중 면적이 40만㎡ 이상(다만, 여객터미널의 신축, 개축이 포함되지 아니하는 건설사업은 제외한다.)
④ 국가산업단지의 개발사업 중 면적이 15만㎡ 이상(다만, 민간사업주관자의 경우에는 면적이 30만㎡ 이상인 것만 해당한다.)

139

중성내화물 중 내마모성이 크며 스폴링을 일으키기 쉬운 것으로 염기성 평로에서 산성 벽돌과 염기성벽돌을 섞어서 축로할 때 서로의 침식을 방지하는 목적으로 사용하는 것은?

① 탄소질 벽돌
② 크롬질 벽돌
③ 탄화규소질 벽돌
④ 폴스테라이트 벽돌

해설 정답 ②

| 출제 | 내화물
| 키워드 | 중성내화물

크롬질 벽돌은 내마모성이 크며, 스폴링을 일으키기 쉬운 것으로 염기성 평로에서 산성 벽돌과 염기성 벽돌을 섞어서 축로할 때 서로의 침식을 방지하는 목적으로 사용된다.

140

에너지법령상 시·도지사는 관할 구역의 지역적 특성을 고려하여 저탄소 녹색성장 기본법에 따른 에너지기본계획의 효율적인 달성과 지역경제의 발전을 위한 지역에너지 계획을 몇 년마다 수립·시행하여야 하는가?

① 2년
② 3년
③ 4년
④ 5년

해설 정답 ④

| 출제 | 에너지법
| 키워드 | 에너지 기본계획

「에너지법 제7조」
특별시장·광역시장·특별자치시장·도지사 또는 특별자치도지사는 관할 구역의 지역적 특성을 고려하여 에너지기본계획의 효율적인 달성과 지역경제의 발전을 위한 지역에너지계획을 5년마다 5년 이상을 계획기간으로 하여 수립·시행하여야 한다.

141 [고난도]

용광로를 고로라고도 하는데, 이는 무엇을 제조하는데 사용되는가?

① 주철
② 주강
③ 선철
④ 포금

해설 정답 ③

| 출제 | 요로의 개요
| 키워드 | 요로

용광로(고로)는 제련로를 뜻하며, 철광석을 녹여 선철을 생산하는데 사용된다.

✔ **관련이론 고로**
상부(Top)부터 원료투입으로 노구(Throat) → 노흉(Shaft) → 보시(Bosh) → 노상(Hearth)로 구성된다.

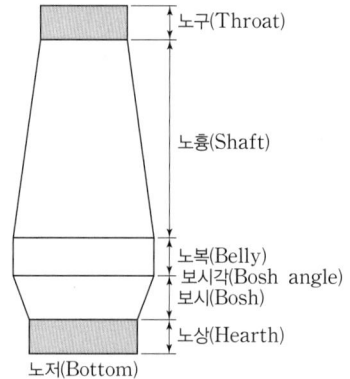

▲ 고로의 구조

142

단열재를 사용하지 않는 경우의 방출열량이 350W이고, 단열재를 사용할 경우의 방출열량이 100W라 하면 이 때의 보온효율은 약 몇 %인가?

① 61
② 71
③ 81
④ 91

해설 정답 ②

| 출제 | 보온재
| 키워드 | 보온효율

$$\text{보온효율}(\eta) = \frac{\text{보온전 손실열량} - \text{보온후 손실열량}}{\text{보온전 손실열량}}$$

$$= \frac{350 - 100}{350} \times 100 = 71\%$$

143 고난도

그림의 배관에서 보온하기 전 표면 열전달율(a)이 12.3 kcal/m² · h · °C였다. 여기에 글라스울 보온통으로 시공하여 방산열량이 28kcal/m · h가 되었다면 보온효율은 얼마인가? (단, 외기온도는 20°C이다.)

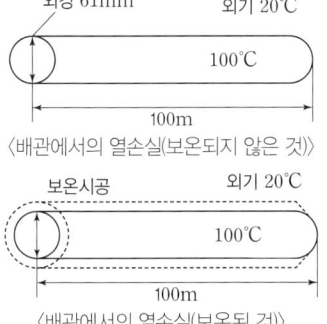

〈배관에서의 열손실(보온되지 않은 것)〉

〈배관에서의 열손실(보온된 것)〉

① 44% ② 56%
③ 85% ④ 93%

해설
정답 ③

| 출제 | 보온재

| 키워드 | 보온효율

보온전 방산열량(Q_1)을 구하여야 한다. 공식은 아래와 같다.

$$Q_1 = K \times F \times T_a = \frac{1}{\frac{1}{\alpha}} \times A \times T_a$$

K : 열전도율(h · m³ · °C/kcal), F : 면적(m²), T_a : 온도차(°C),
α : 열전달율(kcal/m² · h · °C), A : 면적(m²)

$$Q_1 = \frac{1}{\frac{1}{12.3}} \times (0.061 \times 100 \times \pi) \times (100-20)$$

$= 18,857.096$kcal/h

보온후 방산열량(Q_2)을 구하는 공식은 다음과 같다.

$$Q_2 = \beta \times L$$

β : 단위길이당 방산열량(kcal/m · h), L : 길이(m)

$Q_2 = 28 \times 100 = 2,800$kcal/h

따라서, 보온 효율(η) $= \dfrac{18,857.097 - 2,800}{18,857.097} \times 100 = 85.15\%$

144

다이어프램 밸브(Diaphragm Valve)의 특징이 <u>아닌</u> 것은?

① 유체의 흐름이 주는 영향이 비교적 적다.
② 기밀을 유지하기 위한 패킹이 불필요하다.
③ 주된 용도가 유체의 역류를 방지하기 위한 것이다.
④ 산 등의 화학 약품을 차단하는데 사용하는 밸브이다.

해설
정답 ③

| 출제 | 밸브

| 키워드 | 다이어프램 밸브의 특징

역류를 방지하기 위한 장치는 체크밸브이다.

✔ 관련이론 다이어프램 밸브

- 밸브 내의 둑과 막판인 다이어프램이 상접하는 구조의 밸브로 탄성력이 매우 좋다.
- 둑과 다이어프램이 떨어지면서 유체의 흐름이 진행되고 밀착시 유체의 흐름이 정지되어 흐름이 주는 영향이 비교적 적다.
- 막판은 내열, 내약품 고무제의 막판을 사용하여 패킹이 불필요하다.
- 금속 부분의 부식염려가 적어 산 등의 화학약품을 차단하는데 사용한다.

145 고난도

그림과 같이 내경과 외경이 D_i, D_o일 때, 온도는 각각 T_i, T_o, 관 길이가 L인 중공 원관이 있다. 관 재질에 대한 열전도율을 k라 할 때, 열저항 R을 나타낸 식으로 옳은 것은? (단, 전열량(W)은 $Q = \dfrac{T_i - T_o}{R}$로 나타낸다.)

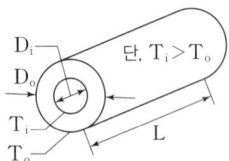

① $\dfrac{D_o - D_i}{2}$

② $\dfrac{D_o - D_i}{2\pi(D_o - D_i)Lk}$

③ $\dfrac{D_o - D_i}{2\pi(D_o + D_i)Lk}$

④ $\dfrac{\ln \dfrac{D_o}{D_i}}{2\pi Lk}$

해설   정답 ④

| 출제 | 열저항

| 키워드 | 열저항

원통형 배관에서의 전열량은 $Q = \dfrac{T_i - T_o}{R}$이다.

$$R = \dfrac{T_i - T_o}{Q} = \dfrac{1}{\dfrac{2\pi L(T_i - T_o)}{\dfrac{1}{k} \times \ln \dfrac{r_o}{r_i}}}$$

$$= \dfrac{\ln\left(\dfrac{D_o}{D_i}\right)}{2\pi kL} = \dfrac{\ln\left(\dfrac{\text{관의 외경}}{\text{관의 내경}}\right)}{2\pi \times \text{열전도율} \times \text{관의 길이}}$$

146

에너지이용 합리화법에 따라 검사대상기기의 적용범위에 해당하는 것은?

① 최고사용압력이 0.05MPa이고, 동체의 안지름이 300mm이며, 길이가 500mm인 강철제보일러
② 정격용량이 0.3MW인 철금속가열로
③ 내용적 0.05m³, 최고사용압력이 0.3Mpa인 기체를 보유하는 2종 압력용기
④ 가스사용량이 10kg/h인 소형온수보일러

해설   정답 ③

| 출제 | 에너지이용 합리화법 시행규칙

| 키워드 | 검사대상기기의 적용범위

「에너지이용 합리화법 시행규칙 별표 3의3」

(1) 강철제 보일러, 주철제 보일러

다음 각 호의 어느 하나에 해당하는 것은 제외한다.
- 최고사용압력이 0.1MPa 이하이고, 동체의 안지름이 300미리미터 이하이며, 길이가 600미리미터 이하인 것
- 최고사용압력이 0.1MPa 이하이고, 전열면적이 5제곱미터 이하인 것
- 2종 관류보일러
- 온수를 발생시키는 보일러로서 대기개방형인 것

(2) 소형 온수보일러

가스를 사용하는 것으로서 가스사용량이 17kg/h(도시가스는 232.6킬로와트)를 초과하는 것

(3) 철금속가열로

정격용량이 0.58MW를 초과하는 것

(4) 2종 압력용기

최고사용압력이 0.2MPa를 초과하는 기체를 그 안에 보유하는 용기로서 다음 하나에 해당하는 것
- 내부 부피가 0.04세제곱미터 이상인 것
- 동체의 안지름이 200미리미터 이상(증기헤더의 경우에는 동체의 안지름이 300미리미터 초과)이고, 그 길이가 1천미리미터 이상인 것

147

일반적으로 압력 배관용에 사용되는 강관의 온도 범위는?

① 800℃ 이하 ② 750℃ 이하
③ 550℃ 이하 ④ 350℃ 이하

해설 정답 ④

| 출제 | 배관
| 키워드 | 강관의 온도 범위

압력배관용 탄소강관의 온도 범위는 350℃ 이하이다.

✓ 관련이론 배관의 종류 및 특징

배관의 종류	용도별 특징
일반 배관용 탄소강관(SPP)	• 사용압력은 $10kg/cm^2$ 이하이다. • 증기, 물, 기름, 가스 및 공기 등 널리 사용한다.
압력배관용 탄소강관(SPPS)	• 보일러의 증기관, 유압관, 수압관 등의 압력배관에 사용된다. • 사용압력은 $10\sim100kg/cm^2$, 온도는 350℃ 이하이다.
고온 배관용 탄소강관(SPPH)	350℃ 온도의 과열증기 등의 배관용으로 사용된다.
저온 배관용 탄소강관(SPLT)	빙점 0℃ 이하 낮은 온도에서 사용된다.
수도용 아연도금강관(SPPW)	주로 정수두 100m 이하의 급수배관용으로 사용된다.
배관용 아크용접 탄소강관(SPW)	사용압력 $10kg/cm^2$의 낮은 증기, 물 기름 등에 사용한다.
배관용 합금강관(SPA)	합금강을 말하며, 주로 고온, 고압에 사용된다.

148

에너지이용 합리화법에 따라 소형 온수보일러의 적용범위에 대한 설명으로 옳은 것은? (단, 구멍탄용 온수보일러·축열식 전기보일러 및 가스 사용량이 $17kg/h$ 이하인 가스용 온수보일러는 제외한다.)

① 전열면적이 $10m^2$ 이하이며, 최고사용압력이 0.35 MPa 이하의 온수를 발생하는 보일러
② 전열면적이 $14m^2$ 이하이며, 최고사용압력이 0.35 MPa 이하의 온수를 발생하는 보일러
③ 전열면적이 $10m^2$ 이하이며, 최고사용압력이 0.45 MPa 이하의 온수를 발생하는 보일러
④ 전열면적이 $14m^2$ 이하이며, 최고사용압력이 0.45 MPa 이하의 온수를 발생하는 보일러

해설 정답 ②

| 출제 | 에너지이용 합리화법 시행규칙
| 키워드 | 소형온수보일러의 적용범위

「에너지이용 합리화법 시행규칙 별표 1」

품목명	적용범위
강철제 보일러, 주철제 보일러	• 1종 관류보일러: 강철제 보일러 중 헤더(여러 관이 붙어 있는 용기의 안지름이 150미리미터 이하이고, 전열면적이 5제곱미터 초과 10제곱미터 이하이며, 최고사용압력이 1MPa 이하인 관류보일러(기수분리기를 장치한 경우에는 기수분리기의 안지름이 300미리미터 이하이고, 그 내부 부피가 0.07세제곱미터 이하인 것만 해당한다) • 2종 관류보일러: 강철제 보일러 중 헤더의 안지름이 150미리미터 이하이고, 전열면적이 5제곱미터 이하이며, 최고사용압력이 1MPa 이하인 관류보일러(기수분리기를 장치한 경우에는 기수분리기의 안지름이 200미리미터 이하이고 그 내부 부피가 0.02세제곱미터 이하인 것에 한정한다) • 제1호 및 제2호 외의 금속(주철을 포함한다)으로 만든 것. 다만, 소형 온수보일러·구멍탄용 온수보일러·축열식 전기보일러 및 가정용 화목보일러는 제외한다.
소형 온수 보일러	전열면적이 14제곱미터 이하이고, 최고사용압력이 0.35MPa 이하의 온수를 발생하는 것. 다만, 구멍탄용 온수보일러·축열식 전기보일러·가정용 화목보일러 및 가스사용량이 $17kg/h$(도시가스는 232.6킬로와트) 이하인 가스용 온수보일러는 제외한다.

149 고난도

에너지이용 합리화법령상 산업통상자원부장관 또는 시·도지사가 한국에너지공단 이사장에게 권한을 위탁한 업무가 아닌 것은?

① 에너지관리지도
② 에너지사용계획의 검토
③ 열사용기자재 제조업의 등록
④ 효율관리기자재의 측정 결과 신고의 접수

해설 정답 ③

| 출제 | 에너지이용 합리화법
| 키워드 | 시·도지사의 권한 위탁

「에너지이용 합리화법 제69조」
산업통상자원부장관 또는 시·도지사는 대통령령으로 정하는 바에 따라 다음 업무를 공단·시공업자단체 또는 대통령령으로 정하는 기관에 위탁할 수 있다.
- 에너지사용계획의 검토
- 이행 여부의 점검 및 실태파악
- 효율관리기자재의 측정결과 신고의 접수
- 대기전력경고표지대상제품의 측정결과 신고의 접수
- 대기전력저감대상제품의 측정결과 신고의 접수
- 고효율에너지기자재 인증 신청의 접수 및 인증
- 고효율에너지기자재의 인증취소 또는 인증사용정지 명령
- 에너지절약전문기업의 등록
- 온실가스배출 감축실적의 등록 및 관리
- 에너지다소비사업자 신고의 접수
- 진단기관의 관리·감독
- 에너지관리지도
- 진단기관의 평가 및 그 결과의 공개
- 냉난방온도의 유지·관리 여부에 대한 점검 및 실태 파악
- 검사대상기기의 검사, 검사증의 교부 및 검사대상기기 폐기 등의 신고의 접수
- 검사대상기기의 검사 및 검사증의 교부
- 검사대상기기관리자의 선임·해임 또는 퇴직신고의 접수 및 검사대상기기관리자의 선임기한 연기에 관한 승인

150

에너지이용 합리화법에 따라 에너지 사용량이 대통령령으로 정하는 기준량 이상인 자는 산업통상자원부령으로 정하는 바에 따라 매년 언제까지 시·도지사에게 신고하여야 하는가?

① 1월 31일까지
② 3월 31일까지
③ 6월 30일까지
④ 12월 31일까지

해설 정답 ①

| 출제 | 에너지이용 합리화법
| 키워드 | 에너지사용량 신고

「에너지이용 합리화법 제31조」
에너지사용량이 대통령령으로 정하는 기준량 이상인 자는 다음 사항을 산업통상자원부령으로 정하는 바에 따라 매년 1월 31일까지 그 에너지사용시설이 있는 지역을 관할하는 시·도지사에게 신고하여야 한다.
- 전년도의 분기별 에너지사용량·제품생산량
- 해당 연도의 분기별 에너지사용예정량·제품생산예정량
- 에너지사용기자재의 현황
- 전년도의 분기별 에너지이용 합리화 실적 및 해당 연도의 분기별 계획
- 위 사항에 관한 업무를 담당하는 자의 현황

151

내화물의 제조공정의 순서로 옳은 것은?

① 혼련 → 성형 → 분쇄 → 소성 → 건조
② 분쇄 → 성형 → 혼련 → 건조 → 소성
③ 혼련 → 분쇄 → 성형 → 소성 → 건조
④ 분쇄 → 혼련 → 성형 → 건조 → 소성

해설 정답 ④

| 출제 | 내화물
| 키워드 | 내화물의 제조공정

내화물의 제조공정은 분쇄 → 혼련 → 성형 → 건조 → 소성 순이다.

152 고난도

에너지이용 합리화법령상 검사대상기기의 검사유효기간에 대한 설명으로 옳은 것은?

① 설치 후 3년이 지난 보일러로서 설치장소 변경검사 또는 재사용검사를 받은 보일러는 검사 후 1개월 이내에 운전성능검사를 받아야 한다.
② 보일러의 계속사용검사 중 운전성능검사에 대한 검사유효기간은 해당 보일러가 산업통상자원부장관이 정하여 고시하는 기준에 적합한 경우에는 3년으로 한다.
③ 개조검사 중 연료 또는 연소방법의 변경에 따른 개조검사의 경우에는 검사유효기간을 1년으로 한다.
④ 철금속가열로의 재사용검사의 검사유효기간은 1년으로 한다.

해설 정답 ①

| 출제 | 에너지이용 합리화법 시행규칙
| 키워드 | 검사대상기기의 검사유효기간
| 선지분석 |

「에너지이용 합리화법 시행규칙 별표 3의5」
① 설치 후 3년이 지난 보일러로서 설치장소 변경검사 또는 재사용검사를 받은 보일러는 검사 후 1개월 이내에 운전성능검사를 받아야 한다.
② 보일러의 계속사용검사 중 운전성능검사에 대한 검사유효기간은 해당 보일러가 산업통상자원부장관이 정하여 고시하는 기준에 적합한 경우에는 2년으로 한다.
③ 개조검사 중 연료 또는 연소방법의 변경에 따른 개조검사의 경우에는 검사유효기간을 적용하지 않는다.
④ 철금속가열로의 재사용검사의 검사유효기간은 2년으로 한다.

153

에너지이용 합리화법에 따라 에너지 사용의 제한 또는 금지에 관한 조정·명령, 그 밖에 필요한 조치를 위반한 에너지사용자에 대한 과태료 부과 기준은?

① 300만 원 이하
② 100만 원 이하
③ 50만 원 이하
④ 10만 원 이하

해설 정답 ①

| 출제 | 에너지이용 합리화법
| 키워드 | 과태료

「에너지이용 합리화법 제78조」
에너지사용의 제한 또는 금지에 관한 조정·명령, 그 밖에 필요한 조치를 위반한 자에게는 300만 원 이하의 과태료를 부과한다.

154

다음 보온재 중 재질이 유기질 보온재에 속하는 것은?

① 우레탄폼
② 펄라이트
③ 세라믹 화이버
④ 규산칼슘 보온재

해설 정답 ①

| 출제 | 보온재
| 키워드 | 유기질 보온재

일반적으로 고온용 보온재는 무기질 보온재를, 저온용 보온재는 유기질 보온재를 사용한다.

특성	종류
유기질 보온재	펠트(우모펠트), 우레탄폼, 코르크, 양모, 펄프, 기포성 수지 등
무기질 보온재	석면, 암면, 규조토, 탄산마그네슘, 규산칼슘, 세라믹화이버, 펄라이트, 유리섬유 등

155

에너지이용 합리화법에 따라 시공업의 기술인력 및 검사대상기기관리자에 대한 교육과정과 교육기관의 연결로 틀린 것은?

① 난방시공법 제1종기술자 과정: 1일
② 난방시공업 제2종기술자 과정: 1일
③ 소형보일러·압력용기관리자 과정: 1일
④ 중·대형 보일러관리자 과정: 2일

해설

정답 ④

| 출제 | 에너지이용 합리화법 시행규칙
| 키워드 | 시공업의 기술인력 및 검사대상기기관리자

「에너지이용 합리화법 시행규칙 별표 4의2」

구분	교육과정	교육기간	교육대상자
시공업의 기술인력	난방시공업 제1종 기술자과정	1일	난방시공업 제1종의 기술자로 등록된 사람
	난방시공업 제2종·제3종 기술자과정	1일	난방시공업 제2종 또는 난방시공업 제3종의 기술자로 등록된 사람
검사대상 기기관리자	중·대형보일러 관리자과정	1일	검사대상기기관리자로 선임된 사람으로서 용량이 1t/h(난방용의 경우에는 5t/h)를 초과하는 강철제 보일러 및 주철제 보일러의 관리자
	소형보일러·압력용기 관리자과정	1일	검사대상기기관리자로 선임된 사람으로서 제1호의 보일러 관리자과정의 대상이 되는 보일러 외의 보일러 및 압력용기의 관리자

156

터널가마의 일반적인 특징이 아닌 것은?

① 소성이 균일하여 제품의 품질이 좋다.
② 온도조절의 자동화가 쉽다.
③ 열효율이 좋아 연료비가 절감된다.
④ 사용연료의 제한을 받지 않고 전력소비가 적다.

해설

정답 ④

| 출제 | 요로의 종류 및 특징
| 키워드 | 터널가마

사용연료의 제한을 받으므로 전력소비가 크다.

✔ **관련이론** 터널가마(터널요, Tunnel kiln)

(1) 개요
　터널형의 가마로 피소성체를 연속적으로 통과시켜 예열, 소성, 냉각 과정으로 제품을 완성시킨다.

(2) 특징
- 소성시간이 짧고 소성이 균일하여 제품의 품질이 좋다.
- 배기가스 현열로 예열을 하며, 열효율이 좋아 연료비가 절감된다.
- 생산량 조정이 힘들며 소량생산에 적합하지 않다.
- 연속요로 연속적으로 처리할 수 있는 시설이 필요하며, 건설비가 비싸다.
- 사용연료의 제한을 받으므로 전력소비가 크다.

157 [고난도]

에너지이용 합리화법에 따른 한국에너지공단의 사업이 아닌 것은?

① 에너지의 안정적 공급
② 열사용기자재의 안전관리
③ 신에너지 및 재생에너지 개발사업의 촉진
④ 집단에너지 사업의 촉진을 위한 지원 및 관리

해설 정답 ①

| 출제 | 에너지이용 합리화법
| 키워드 | 한국에너지공단

에너지의 안정적 공급은 시도지사의 지역에너지계획에 포함된다.

✓ **관련이론 한국에너지공단의 사업**
「에너지이용 합리화법 제57조」
- 에너지이용 합리화 및 이를 통한 온실가스의 배출을 줄이기 위한 사업과 국제협력
- 에너지기술의 개발·도입·지도 및 보급
- 에너지이용 합리화, 신에너지 및 재생에너지의 개발과 보급, 집단에너지공급사업을 위한 자금의 융자 및 지원
- 에너지진단 및 에너지관리지도
- 신에너지 및 재생에너지 개발사업의 촉진
- 에너지관리에 관한 조사·연구·교육 및 홍보
- 에너지이용 합리화사업을 위한 토지·건물 및 시설 등의 취득·설치·운영·대여 및 양도
- 집단에너지사업의 촉진을 위한 지원 및 관리
- 에너지사용기자재·에너지관련기자재의 효율관리 및 열사용기자재의 안전관리
- 사회취약계층의 에너지이용 지원
- 산업통상자원부장관, 시·도지사, 그 밖의 기관 등이 위탁하는 에너지이용의 합리화와 온실가스의 배출을 줄이기 위한 사업

158

다음 중 에너지이용 합리화법령에 따라 에너지다소비사업자에게 에너지관리 개선명령을 할 수 있는 경우는?

① 목표원단위보다 과다하게 에너지를 사용하는 경우
② 에너지관리지도 결과 10% 이상의 에너지효율 개선이 기대되는 경우
③ 에너지 사용실적이 전년도보다 현저히 증가한 경우
④ 에너지 사용계획 승인을 얻지 아니한 경우

해설 정답 ②

| 출제 | 에너지이용 합리화법 시행령
| 키워드 | 에너지관리 개선명령

「에너지이용 합리화법 시행령 제40조」
산업통상자원부장관이 에너지다소비사업자에게 개선명령을 할 수 있는 경우는 에너지관리지도 결과 10퍼센트 이상의 에너지효율 개선이 기대되고 효율 개선을 위한 투자의 경제성이 있다고 인정되는 경우로 한다.

159 [고난도]

수평으로 설치되어 있는 외경 40mm의 증기관에 열전도율이 0.1W/m·K 보온재(두께 15mm)가 시공되어 있다. 보온재 내면온도가 55℃, 외면온도가 20℃일 때 관의 길이 1m당 열손실량(W)은? (단, 이 때 복사열은 무시한다.)

① 30.0
② 36.6
③ 40.0
④ 46.6

해설 정답 ③

| 출제 | 열전달
| 키워드 | 열손실량

관의 열 손실량을 구하는 공식은 아래와 같다.

$$Q = \frac{\lambda \times \Delta T \times 2\pi l}{\ln\left(\frac{r_2}{r_1}\right)}$$

λ: 열전도율(W/m·K), ΔT: 온도차(K), l: 관의 길이(m), r_1: 외반경(m), r_2: 내반경(m)

$r_2 = 0.02 + 0.015 = 0.035$m

$$Q = \frac{0.1 \times ((55+273)-(20+273)) \times 2\pi \times 1}{\ln\left(\frac{0.035}{0.02}\right)} = 40\text{W}$$

※ 내반경은 외반경+두께로 구한다.

160

규산칼슘 보온재에 대한 설명으로 가장 거리가 먼 것은?

① 규산에 석회 및 석면 섬유를 섞어서 성형하고 다시 수증기로 처리하여 만든 것이다.
② 플랜트 설비의 탑조류, 가열로, 배관류 등의 보온공사에 많이 사용된다.
③ 가볍고 단열성과 내열성은 뛰어나지만 내산성이 적고 끓는 물에 쉽게 붕괴된다.
④ 무기질 보온재로 다공질이며 최고 안전 사용온도는 약 650℃ 정도이다.

해설   정답 ③

| 출제 | 보온재

| 키워드 | 규산칼슘 보온재

규산칼슘은 규조토와 석회, 무기질인 석면섬유를 수증기 처리로 경화시킨 고온용 무기질 보온재로, 내수성, 내구성 및 내산성이 우수하며, 끓는 물에 쉽게 붕괴되지 않는다.

✓ **관련이론 규산칼슘 보온재**
- 높은 압축강도로 반영구적으로 사용이 가능하다.
- 내수성, 내구성이 좋아 시공이 편리하다.
- 안전사용온도는 650℃로 고온조건에서 사용한다.
- 열전도율 0.053~0.065kcal/h·m·℃로 낮고 쉽게 불이 붙지 않는 불연성 재료이다.

열설비 설계

161

저온가스 부식을 억제하기 위한 방법이 아닌 것은?

① 연료중의 유황성분을 제거한다.
② 첨가제를 사용한다.
③ 공기예열기 전열면 온도를 높인다.
④ 배기가스 중 바나듐의 성분을 제거한다.

해설   정답 ④

| 출제 | 연소현상이론

| 키워드 | 저온부식

바나듐은 고온가스 부식의 주 원인이다.

✓ **관련이론 고온부식과 저온부식**

고온부식	저온부식
• 가스나 중질유 연소 등에서 회분에 포함된 바나듐이 많이 함유되어 고온전열면의 부식. 이른바 고온부식을 초래한다. • 바나듐이 연소시 고온의 오산화바나듐이 되어 전열면에 융착되는 부작용이 일어난다.	• 중유속에 함유된 유황분이 연소되어 아황산가스가 생산된다. • 과잉공기와 반응하여 무수황산이 되고 수증기와 융합되어 황산증기가 된다. • 황산은 절탄기나 공기예열기에 저온으로 전열면에 응축되어 부식이 생긴다.

162 고난도

그림과 같이 가로×세로×높이가 $3 \times 1.5 \times 0.03$m인 탄소 강판이 놓여 있다. 열전도계수(K)가 $43\text{W/m} \cdot \text{℃}$이며, 표면온도는 20℃였다. 이 때 탄소강판 아래 면에 열유속 $(q''=q/A)$ $600\text{kcal} \cdot \text{m}^2/\text{h}$을 가할 경우, 탄소강판에 대한 표면온도 상승($\Delta T(\text{℃})$)은?

① 0.243℃
② 0.264℃
③ 0.486℃
④ 1.973℃

해설 정답 ③

| 출제 | 열설비 설계
| 키워드 | 열전도 공식

열 전달량 공식은 다음과 같다.

$$q = \frac{k \times \Delta T \times A}{d}$$

q: 열유속(W/m²), d: 벽 두께(m),
k: 열 전도율(W/m·℃), ΔT: 온도 차(℃), A: 면적(m²)

$$700 = \frac{43 \times \Delta T}{0.03}$$

$$\Delta T = \frac{700 \times 0.03}{43} = 0.488\text{℃}$$

※ 열유속에 대한 면적은 단위면적으로 계산한다.

163

대향류 열교환기에서 고온 유체의 온도는 T_{H1}에서 T_{H2}로, 저온 유체의 온도는 T_{C1}에서 T_{C2}로 열교환에 의해 변화된다. 열교환기의 대수평균온도차(LMTD)를 옳게 나타낸 것은?

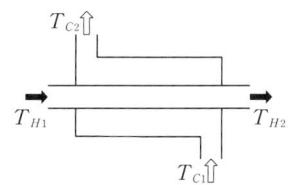

① $\dfrac{T_{H1}-T_{H2}+T_{C2}-T_{C1}}{\ln\left(\dfrac{T_{H1}-T_{C1}}{T_{H2}-T_{C2}}\right)}$

② $\dfrac{T_{H1}+T_{H2}-T_{C2}-T_{C1}}{\ln\left(\dfrac{T_{H1}-T_{H2}}{T_{C2}-T_{C1}}\right)}$

③ $\dfrac{T_{H2}-T_{H1}+T_{C2}-T_{C1}}{\ln\left(\dfrac{T_{H1}-T_{C2}}{T_{H2}-T_{C1}}\right)}$

④ $\dfrac{T_{H1}-T_{H2}+T_{C1}-T_{C2}}{\ln\left(\dfrac{T_{H1}-T_{C2}}{T_{H2}-T_{C1}}\right)}$

해설 정답 ④

| 출제 | 열전달
| 키워드 | 대수평균온도차

대수평균온도차는 다음과 같이 구한다.

$$\Delta T_m = \frac{\Delta T_1 - \Delta T_2}{\ln\left(\dfrac{\Delta T_1}{\Delta T_2}\right)}$$

$$\Delta T_m = \frac{\Delta T_1 - \Delta T_2}{\ln\left(\dfrac{\Delta T_1}{\Delta T_2}\right)} = \frac{(T_{H1}-T_{C2})-(T_{H2}-T_{C1})}{\ln\left(\dfrac{T_{H1}-T_{C2}}{T_{H2}-T_{C1}}\right)}$$

164

최고사용압력 1.5MPa, 파형 형상에 따른 정수(C)를 1,100, 노통의 평균 안지름이 1,100mm일 때, 파형노통 판의 최소 두께는 몇 mm인가?

① 12
② 15
③ 24
④ 30

해설 정답 ②

| 출제 | 열설비 설계
| 키워드 | 파형 노통의 최소두께

파형 노통의 최소 두께를 구하는 식은 다음과 같다.

$$t = \frac{10PD}{C}$$

t: 최소 두께(mm), P: 최고사용압력(MPa), D: 평균 내경(mm), C: 노통의 종류에 따른 상수

$$t = \frac{10 \times 1.5 \times 1,100}{1,100} = 15\text{mm}$$

165 고난도

이중 열교환기의 총괄전열계수가 69kcal/m²·h·℃일 때, 더운 액체와 찬 액체를 향류로 접속시켰더니 더운 면의 온도가 65℃에서 25℃로 내려가고 찬 면의 온도가 20℃에서 53℃로 올라갔다. 단위면적당의 열교환량은?

① 498kcal/m²·h
② 552kcal/m²·h
③ 2,415kcal/m²·h
④ 2,760kcal/m²·h

해설 정답 ②

| 출제 | 열전달
| 키워드 | 단위면적당 열교환량

단위면적당 열교환량을 구하는 공식은 다음과 같다.

$$Q = U \times \Delta T_m$$

Q: 단위면적당 열교환량(kcal/m²·h), U: 총괄전열계수(kcal/m²·h·℃), ΔT_m: 대수평균온도차(℃)

여기서, 대수평균온도차는 다음과 같이 구한다.

$$\Delta T_m = \frac{\Delta t_1 - \Delta t_2}{\ln\left(\frac{\Delta t_1}{\Delta t_2}\right)}$$

$$\Delta T_m = \frac{(65-53)-(25-20)}{\ln\left(\frac{65-53}{25-20}\right)} = \frac{12-5}{\ln\left(\frac{12}{5}\right)} = 7.9957℃$$

$Q = 69 \times 7.9957 = 551.70$ kcal/m²·h

166

그림과 같이 폭 150mm, 두께 10mm의 맞대기 용접이음에 작용하는 인장응력은?

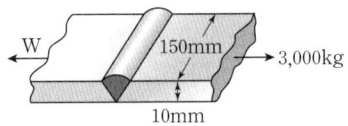

① 2kg/cm²
② 15kg/cm²
③ 100kg/cm²
④ 200kg/cm²

해설 정답 ④

| 출제 | 열설비 설계
| 키워드 | 용접이음 인장응력

V형 이음일 때 맞대기 용접이음 인장응력 공식은 다음과 같다.

$$D = \sigma \times h \times l$$

D: 하중(kg), σ: 인장응력(kg/mm²), h: 두께(mm), l: 폭(mm)

$3,000\text{kg} = \sigma \times 10 \times 150$

$\sigma = \frac{3,000}{1,500} = 2\text{kg/mm}^2 = 200\text{kg/cm}^2$

167

노통보일러에 가셋트스테이를 부착할 경우 경판과의 부착부 하단과 노통 상부 사이에는 완충폭(브레이징 스페이스)이 있어야 한다. 이 때 경판의 두께가 20mm인 경우 완충폭은 최소 몇 mm 이상이어야 하는가?

① 230　　② 280
③ 320　　④ 350

해설　　　　　　　　　　　정답 ③

| 출제 | 열설비 설계
| 키워드 | 브레이징 스페이스

경판의 두께	완충 폭
13mm 이하	230mm 이상
15mm 이하	260mm 이상
17mm 이하	280mm 이상
19mm 이하	300mm 이상
19mm 초과	320mm 이상

✔ **관련이론 브레이징 스페이스**
- 노통과 가셋 스테이와의 거리를 말한다.
- 경판과의 부착부 하단과 노통 상부 사이에 있어야 하며, 경판의 적절한 탄성을 유지하기 위한 완충 폭이다.
- 최소 230mm 이상의 완충 폭을 가져야 한다.

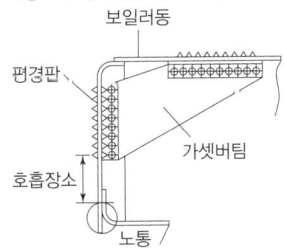

▲ 브레이징 스페이스

168

보일러에서 과열기의 역할로 옳은 것은?

① 포화증기의 압력을 높인다.
② 포화증기의 온도를 높인다.
③ 포화증기의 압력과 온도를 높인다.
④ 포화증기의 압력은 낮추고 온도를 높인다.

해설　　　　　　　　　　　정답 ②

| 출제 | 열설비 일반
| 키워드 | 과열기

과열기는 보일러 동체(본체)에서 발생된 포화증기를 가열하여 온도를 높여 과열증기로 만드는 장치로, 포화증기보다 높은 온도로하여 터빈의 열효율을 향상시킨다.

169

동체의 안지름이 2,000mm, 최고사용압력이 12kg/cm² 인 원통보일러 동판의 두께(mm)는? (단, 강판의 인장강도 40kg/mm², 안전율 4.5, 용접부의 이음효율(η) 0.71, 부식여유는 2mm이다.)

① 12　　② 16
③ 19　　④ 21

해설　　　　　　　　　　　정답 ④

| 출제 | 열설비 설계
| 키워드 | 원통보일러

압축강도 계산공식은 아래와 같다.

$$P \times D = 200 \times \sigma \times (t-C) \times \eta$$

P: 최고사용압력(kg/cm²), D: 안지름(mm),
σ: 허용응력(kg/cm²), t: 두께(mm), C: 부식여유(mm),
η: 효율(%)

여기서 허용응력(σ)은 다음과 같이 관계식이 성립된다.

$$\sigma = \frac{\sigma_a}{S}$$

σ_a: 인장강도(kg/mm²), S: 안전율

$$PD = 200 \times \frac{\sigma_a}{S} \times (t-C) \times \eta$$

$$t = \frac{12 \times 2{,}000 \times 4.5}{200 \times 40 \times 0.71} + 2 = 21\text{mm}$$

170

스케일(Scale)에 대한 설명으로 틀린 것은?

① 스케일로 인하여 연료소비가 많아진다.
② 스케일은 규산칼슘, 황산칼슘이 주성분이다.
③ 스케일은 보일러에서 열전달을 저하시킨다.
④ 스케일로 인하여 배기가스 온도가 낮아진다.

| 해설 | 정답 ④ |

| 출제 | 급수의 성질
| 키워드 | 스케일

스케일로 인하여 연료소비가 많아지며, 배기가스의 온도가 높아진다.

171

보일러의 과열에 의한 압궤의 발생부분이 아닌 것은?

① 노통 상부
② 화실 천장
③ 연관
④ 가셋스테이

| 해설 | 정답 ④ |

| 출제 | 사고예방 및 진단
| 키워드 | 보일러의 과열

압궤는 보일러 노통 등 원통부분이 외압의 한계에 이르러 찌그러지거나 찢어짐, 짓눌림현상 등 현상을 말하며, 압축응력 받는 부위는 노통 상부, 화실 천장, 연관(연소실 내) 등이 해당된다.

172 고난도

유량 2,200kg/h인 80℃의 벤젠을 40℃까지 냉각시키고자 한다. 냉각수 온도를 입구 30℃, 출구 45℃로 하여 대향류열교환기 형식의 이중관식 냉각기를 설계할 때 적당한 관의 길이(m)는? (단, 벤젠의 평균비열은 1,884J/kg·℃, 관 내경 0.0427m, 총괄전열계수는 600W/m²·℃이다.)

① 8.7
② 18.7
③ 28.6
④ 38.7

| 해설 | 정답 ③ |

| 출제 | 열설비 설계
| 키워드 | 관의 길이

흡수열량 구하는 공식은 다음과 같다.

$$Q = m \times C \times \Delta T$$

Q: 열량(J/s), m: 질량유량(kg/s),
C: 비열(J/kg·℃), ΔT: 온도차(℃)

$$Q_1 = \frac{2,200\text{kJ}}{\text{h}} \times \frac{1,884\text{J}}{\text{kg}\cdot\text{℃}} \times \frac{1\text{h}}{3,600\text{s}} \times (80-40) = 46,053.33\text{W}$$

대수평균온도차를 활용한 단위면적당 열교환량 공식을 통해 면적(A)을 구한다.

$$Q = U \times A \times \Delta t_m$$

Q: 열교환량(kcal/h), U: 열관류율(W/m²·℃),
A: 단위면적(1m²), Δt_m: 대수평균온도차(℃)

대수평균온도차는 다음과 같이 구한다.

$$\Delta T_m = \frac{T_1 - T_2}{\ln\left(\frac{T_1}{T_2}\right)}$$

$$\Delta T_m = \frac{(80-45)-(40-30)}{\ln\left(\frac{80-45}{40-30}\right)} = 19.955\text{℃}$$

$$A = \frac{Q_1}{U \times \Delta T_m} = \frac{46,053.33}{600 \times 19.955} = 3.846\text{m}^2$$

전열면적을 이용한 공식을 통해 관의 길이를 구한다.

$$A = \pi \times d \times L$$

d: 내경(m), L: 관의 길이(m)

$$L = \frac{A}{\pi \times d} = \frac{3.846}{\pi \times 0.0427} = 28.67\text{m}$$

173

프라이밍이나 포밍의 방지대책에 대한 설명으로 틀린 것은?

① 주증기 밸브를 급히 개방한다.
② 보일러수를 농축시키지 않는다.
③ 보일러수 중의 불순물을 제거한다.
④ 과부하가 되지 않도록 한다.

해설   정답 ①

| 출제 | 사고예방 및 진단

| 키워드 | 프라이밍 및 포밍 방지대책

주증기 밸브를 서서히 개방하여야 한다.

✓ **관련이론** 프라이밍 및 포밍 조치 방법
- 보일러수를 농축시키지 않는다.
- 보일러수 중의 불순물을 제거한다.
- 과부하가 되지 않도록 한다.
- 증기 취출을 서서히 한다.
- 연소량을 줄인다.
- 압력을 규정압력으로 유지한다.
- 안전밸브, 수면계의 시험과 압력계 연락관을 취출하여 본다.

174   고난도

내경 800mm이고, 최고사용압력이 12kg/cm^2인 보일러의 동체를 설계하고자 한다. 세로이음에서 동체판의 두께(mm)는 얼마이어야 하는가? (단, 강판의 인장강도는 35kg/mm^2, 안전계수는 5, 이음효율은 85%, 부식여유는 1mm로 한다.)

① 7   ② 8
③ 9   ④ 10

해설   정답 ③

| 출제 | 열설비 설계

| 키워드 | 동체판의 두께

압축강도 계산공식은 아래와 같다.

$$P \times D = 200 \times \sigma \times (t-C) \times \eta$$

P: 최고사용압력(kg/cm^2), D: 안지름(mm),
σ: 허용응력(kg/cm^2), t: 두께(mm), C: 부식여유(mm),
η: 효율(%)

허용응력(σ)은 다음과 같은 관계식이 성립된다.

$$\sigma = \frac{\sigma_a}{S}$$

σ_a: 인장강도(kg/mm^2), S: 안전율

$$P \times D = 200 \times \frac{\sigma_a}{S} \times (t-C) \times \eta$$

$$12 \times 800 = 200 \times \frac{35}{5} \times (t-1) \times 0.85$$

$$t = \left(\frac{12 \times 800}{200 \times 7 \times 0.85} + 1\right) = \frac{9{,}600}{1{,}190} + 1 = 9\text{mm}$$

175

보일러수 내의 산소를 제거할 목적으로 사용하는 약품이 아닌 것은?

① 탄닌
② 아황산나트륨
③ 가성소다
④ 히드라진

해설   정답 ③

| 출제 | 급수처리

| 키워드 | 보일러수 내의 산소제거

구분	약품
탈산소제	히드라진, 아황산나트륨, 탄닌 등
연화제	수산화나트륨(가성소다), 탄산나트륨(탄산소다), 인산나트륨(인산소다) 등

176

맞대기용접은 용접방법에 따라 그루브를 만들어야 한다. 판의 두께 20mm의 강판을 맞대기 용접 이음할 때 적합한 그루브의 형상은?

① I형
② J형
③ X형
④ H형

해설   정답 ④

| 출제 | 열설비 일반

| 키워드 | 그루브의 형상

판의 두께가 20mm인 경우의 적합한 그루브 형상은 H형이다.

✓ 관련이론 강판의 두께의 따른 그루브의 형상

그루브 형상	강판 두께
V형, R형, J형	6mm 이상 16mm 이하
X형, K형, 양면 J, 양면 U형	12mm 이상 38mm 이하
H형	19mm 이상

177

서로 다른 고체 물질 A, B, C인 3개의 평판이 서로 밀착되어 복합체를 이루고 있다. 정상 상태에서의 온도 분포가 그림과 같을 때, 어느 물질의 열전도도가 가장 작은가? (단, 온도 $T_1 = 1,000℃$, $T_2 = 800℃$, $T_3 = 550℃$, $T_4 = 250℃$이다.)

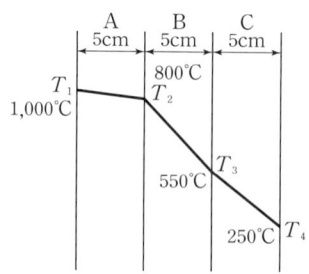

① A
② B
③ C
④ 모두 같다.

해설   정답 ③

| 출제 | 열전달

| 키워드 | 열전도도

손실열량 공식을 이용하여 열전도도를 구한다.

$$Q = \frac{\lambda \times T_a \times A}{d}$$

λ: 열전도도, T_a: 온도차, A: 면적, D: 두께

여기서, 열전도도와 온도차는 반비례 관계이므로 온도차(T_a)가 클수록 열전도도는 낮다.
A 평판: $T_1 - T_2 = 1,000 - 800 = 200℃$
B 평판: $T_2 - T_3 = 800 - 550 = 250℃$
C 평판: $T_3 - T_4 = 550 - 250 = 300℃$
C 평판의 온도차이가 가장 크므로 열전도도가 가장 낮다.

178

급수처리에서 양질의 급수를 얻을 수 있으나 비용이 많이 들어 보급수의 양이 적은 보일러 또는 선박보일러에서 해수로부터 정수(Pure water)를 얻고자 할 때 주로 사용하는 급수처리 방법은?

① 증류법
② 여과법
③ 석회소다법
④ 이온교환법

해설 정답 ①

| 출제 | 급수처리

| 키워드 | 보일러 용수 급수처리 방법

증류법은 증발기를 사용하여 물을 증류하는 방법으로 비휘발성인 물 속 광물질로 양질의 급수를 얻을 수 있으나 가격이 비싸다.

✓ 관련이론 보일러 용수 급수처리 방법

| 물리적 처리 | 증류법, 가열연화법, 여과법, 탈기법 |
| 화학적 처리 | 석회소다법(약품첨가법), 이온교환법 |

179

보일러 안전사고의 종류가 아닌 것은?

① 노통, 수관, 연관 등의 파열 및 균열
② 보일러 내의 스케일 부착
③ 동체, 노통, 화실의 압궤 및 수관, 연관 등 전열면의 팽출
④ 연도가 노 내의 가스폭발, 역화 그 외의 이상연소

해설 정답 ②

| 출제 | 사고예방 및 진단

| 키워드 | 보일러의 안전사고

보일러의 내의 스케일 부착은 보일러 효율이 낮아지는 장해 현상이다.

180

육용 강재 보일러의 구조에 있어서 동체의 최소 두께 기준으로 틀린 것은?

① 안지름이 900mm 이하인 것은 4mm
② 안지름이 900mm 초과, 1,350mm 이하인 것은 8mm
③ 안지름이 1,350mm 초과, 1,850mm 이하인 것은 10mm
④ 안지름이 1,850mm를 초과하는 것은 12mm

해설 정답 ①

| 출제 | 열설비 설계

| 키워드 | 동체의 최소두께

육용 강재 보일러의 안지름	동체의 최소 두께
900mm 이하	6mm (단, 스테이 부착시 8mm)
900mm 초과 1,350mm 이하	8mm
1,350mm 초과 1,850mm 이하	10mm
1,850mm 초과	12mm

181

지름이 d, 두께가 t인 얇은 살두께의 원통안에 압력 P가 작용할 때 원통에 발생하는 길이방향의 인장응력은?

① $\dfrac{\pi dP}{4t}$
② $\dfrac{\pi dP}{t}$
③ $\dfrac{dP}{4t}$
④ $\dfrac{dP}{2t}$

해설 정답 ③

| 출제 | 열설비 설계

| 키워드 | 인장응력

• 길이 방향의 인장응력

$$\sigma = \dfrac{dP}{4t}$$

• 원주방향의 인장응력

$$\sigma = \dfrac{dP}{2t}$$

182 고난도

보일러 전열면에서 연소가스가 1,000°C로 유입하여 500°C로 나가며 보일러수의 온도는 210°C로 일정하다. 열관류율이 150kcal/m²·h·°C일 때, 단위 면적당 열교환량(kcal/m²·h)은? (단, 대수평균온도차를 활용한다.)

① 21,118
② 46,812
③ 67,135
④ 74,839

해설 정답 ④

| 출제 | 열정산
| 키워드 | 열교환량

대수평균온도차를 활용한 단위면적당 열교환량 공식은 다음과 같다.

$$Q = U \times A \times \Delta t_m$$

Q: 열교환량(kcal/m²·h), U: 열관류율(kcal/m²·h·°C), A: 단위면적(1m²), Δt_m: 대수평균온도차(°C)

대수평균온도차는 다음과 같이 구한다.

$$\Delta T_m = \frac{\Delta T_1 - \Delta T_2}{\ln\left(\frac{\Delta T_1}{\Delta T_2}\right)}$$

$$\Delta T_m = \frac{(1{,}000 - 210) - (500 - 210)}{\ln\left(\frac{1{,}000 - 210}{500 - 210}\right)} = 498.93°C$$

$Q = 150 \times 1 \times 498.93 = 74{,}839.5 \text{ kcal/m}^2 \cdot h$

183

다음 중 보일러 내처리에 사용하는 pH 조정제가 아닌 것은?

① 수산화나트륨
② 탄닌
③ 암모니아
④ 제3인산나트륨

해설 정답 ②

| 출제 | 열정산
| 키워드 | 보일러 내처리제

탄닌은 슬러지조정제로 쓰인다.

✓ **관련이론** 보일러 내처리제(청관제)의 종류 및 약품

구분	약품명
pH 및 알칼리 조정제	수산화나트륨, 탄산나트륨, 인산나트륨, 인산, 암모니아
연화제	수산화나트륨, 탄산나트륨, 인산나트륨
슬러지조정제	탄닌, 리그닌, 전분
탈산소제	아황산나트륨, 히드라진, 탄닌
가성취화방지제	황산나트륨, 인산나트륨, 질산나트륨, 탄닌, 리그닌
기포방지제	고급 지방산 폴리아민, 고급지방산 폴리알콜

184

부식 중 점식에 대한 설명으로 틀린 것은?

① 전기화학적으로 일어나는 부식이다.
② 국부 부식으로서 그 진행상태가 느리다.
③ 보호피막이 파괴되었거나 고열을 받은 수열면 부분에 발생되기 쉽다.
④ 수중 용존산소를 제거하면 점식 발생을 방지할 수 있다.

해설 정답 ②

| 출제 | 사고 예방 및 진단
| 키워드 | 점식

점식은 피팅 부식이라고도 하며, 보호피막 내 산화철이 파괴되고 O_2, CO_2 등이 전기화학적 작용으로 인해 보일러 수에 의한 전체 부식으로서 진행상태가 매우 빠르다.

185

외경 30mm, 벽두께 2mm의 관 내측과 외측의 열전달계수는 모두 $3,000W/m^2 \cdot K$이다. 관 내부온도가 외부보다 $30°C$ 만큼 높고, 관의 열전도율이 $100W/m \cdot K$일 때 관의 단위길이당 열손실량은 약 몇 W/m인가?

① 2,979
② 3,324
③ 3,824
④ 4,174

해설 정답 ③

| 출제 | 열전달

| 키워드 | 관의 길이

관의 단위길이당 열손실량 공식은 다음과 같다.

$$Q = \frac{\Delta T}{\sum R}$$

Q: 열손실량(W/m), ΔT: 온도차(K), R: 열저항(K/W)

각 열저항은 다음과 같이 구한다.
내경(d_i)은 외경−(2×두께)로 구한다.
$d_i = 30 - (2 \times 2) = 26mm = 0.026m$
내부 열 저항(R_i)
$R_i = \frac{1}{h_i \times \pi d_i} = \frac{1}{3,000 \times \pi \times 0.026} = 4.081 \times 10^{-3}$
벽열저항(R_w)
$R_w = \frac{\ln\left(\frac{d_o}{d_i}\right)}{2\pi \times k} = \frac{\ln\left(\frac{0.03}{0.026}\right)}{2\pi \times 100} = 2.278 \times 10^{-4}$
외부열저항(R_o)
$R_o = \frac{1}{h_o \times \pi d_o} = \frac{1}{3,000 \times \pi \times 0.03} = 3.537 \times 10^{-3}$
따라서, 총 열저항
$R_t = 4.081 \times 10^{-3} + 2.278 \times 10^{-4} + 3.537 \times 10^{-3}$
$\quad = 7.846 \times 10^{-3}$
$Q = \frac{\Delta T}{\sum R} = \frac{30}{7.846 \times 10^{-3}} = 3,824 W/m$

186

보일러수의 분출 목적이 아닌 것은?

① 프라이밍 및 포밍을 촉진한다.
② 물의 순환을 촉진한다.
③ 가성취화를 방지한다.
④ 관수의 pH를 조절한다.

해설 정답 ①

| 출제 | 급수처리 및 사고예방 및 진단

| 키워드 | 보일러수의 분출목적

프라이밍 및 포밍을 방지하기 위해 보일러수를 분출한다.

✓ **관련이론** 보일러수의 분출 목적
- 보일러수를 농축시키지 않는다.
- 보일러수 중의 불순물을 제거한다.
- 과부하가 되지 않도록 한다.
- 증기 취출을 서서히 한다.
- 연소량을 줄인다.
- 압력을 규정압력으로 유지한다.
- 안전밸브, 수면계의 시험과 압력계 연락관을 취출하여 본다.

187

육용강제 보일러에서 오목면에 압력을 받는 스테이가 없는 접시형 경판으로 노통을 설치할 경우, 경판의 최소 두께(mm)를 구하는 식으로 옳은 것은? (단, P: 최고 사용압력(MPa), R: 접시모양 경판의 중앙부에서의 내면반지름(mm), σ_a: 재료의 허용인장응력(MPa), η: 경판자체의 이음효율, A: 부식여유(mm)이다.)

① $t = \frac{PR}{1.5\sigma_a\eta} + A$ 　　② $t = \frac{1.5PR}{(\sigma_a + \eta)A}$
③ $t = \frac{PA}{1.5\sigma_a\eta} + R$ 　　④ $t = \frac{AR}{\sigma_a\eta} + 1.5$

해설 정답 ①

| 출제 | 열설비 설계

| 키워드 | 경판의 최소 두께

육용강제 보일러 경판의 최소 두께를 구하는 공식은 아래와 같다.

$$t = \frac{PR}{150\sigma_a\eta} + A$$

t: 최소 두께(mm), P: 최고 사용압력(kg/cm²),
R: 접시모양 경판의 중앙부에서의 내면 반지름(mm),
σ_a: 재료의 허용 인장응력(kg/mm²), η: 이음효율(%),
A: 부식 여유(mm)

188 고난도

노벽의 두께가 200mm이고, 그 외측은 75mm의 보온재로 보온되고 있다. 노벽의 내부온도가 400°C이고, 외측온도가 38°C일 경우 노벽의 면적이 10m²라면 열손실은 약 몇 W인가? (단, 노벽과 보온재의 평균 열전도율은 각각 3.3W/m·°C, 0.13W/m·°C이다.)

① 4,678
② 5,678
③ 6,678
④ 7,678

해설 정답 ②

| 출제 | 열전달
| 키워드 | 열손실

노벽에서의 손실열 공식은 다음과 같다.

$$Q = F \times K \times \Delta t_m$$

Q: 열손실(W), F: 전열면적(m²),
K: 총괄전열계수(W/m²·°C), Δt_m: 평균 온도차(°C)

여기서, 총괄열전달계수의 공식은 다음과 같다.

$$K = \frac{1}{R_t} = \frac{1}{\frac{t_1}{\lambda_1} + \frac{t_2}{\lambda_2}}$$

R_t: 열저항, R_1: 내부표면 열전달계수(kcal/m²·h·°C),
λ: 열전도율(kcal/m·h·°C), t: 두께(m)

$$Q = \frac{F \times \Delta t_m}{\frac{t_1}{\lambda_1} + \frac{t_2}{\lambda_2}} = \frac{10 \times (400 - 38)}{\frac{0.2}{3.3} + \frac{0.075}{0.13}} = 5,678.17 \text{W}$$

189

이상적인 흑체에 대하여 단위면적당 복사에너지 E와 절대온도 T의 관계식으로 옳은 것은? (단, σ는 스테판-볼츠만 상수이다.)

① $E = \sigma T^2$
② $E = \sigma T^4$
③ $E = \sigma T^6$
④ $E = \sigma T^8$

해설 정답 ②

| 출제 | 열전달
| 키워드 | 스테판-볼츠만 법칙

스테판 볼츠만 법칙
열복사 에너지(E)는 절대온도(T)의 4승에 비례한다.

$$\frac{E_2}{E_1} \propto \left(\frac{T_2}{T_1}\right)^4$$

190

보일러의 열정산 시 출열 항목이 아닌 것은?

① 배기가스에 의한 손실열
② 발생증기 보유열
③ 불완전연소에 의한 손실열
④ 공기의 현열

해설 정답 ④

| 출제 | 열정산
| 키워드 | 보일러의 열정산

입열	연료의 발열량(연소열), 연료의 현열, 연소공기의 현열, 급수의 현열, 공급 공기(증기, 온수)의 현열 등
출열	건연소배기가스의 현열, 배기가스 보유열(증기보유열, 발생증기열), 불완전연소에 의한 손실열, 미연분에 의한 손실열, 배기가스에 의한 손실열 등

191

보일러의 일상점검 계획에 해당하지 않는 것은?

① 급수배관 점검
② 압력계 상태점검
③ 자동제어장치 점검
④ 연료의 수요량 점검

해설 정답 ④

| 출제 | 보일러 정비
| 키워드 | 보일러의 일상점검

보일러의 일상점검 계획에는 수면계의 수위, 급수장치, 분출장치, 압력계의 지침상태, 자동제어장치 등이 있다.

192 ○△×|○△×|○△× 고난도

주위 온도가 20℃, 방사율이 0.3인 금속 표면의 온도가 150℃인 경우에 금속 표면으로부터 주위로 대류 및 복사가 발생될 때의 열유속(heat flux)은 약 몇 W/m²인가? (단, 대류 열전달계수는 $h=20\text{W/m}^2\cdot\text{K}$, 스테판-볼츠만 상수는 $\sigma=5.7\times10^{-8}\text{W/m}^2\cdot\text{K}^4$이다.)

① 3,020
② 3,330
③ 4,270
④ 4,630

해설 정답 ①

| 출제 | 열전달
| 키워드 | 열유속

열유속은 단위면적당 열전달량으로 구한다.

$$q=\frac{Q_T}{A}=\frac{Q_r+Q_a}{A}$$

q: 열유속(W/m²), Q_T: 총전열량(W), Q_r: 복사 전열량(W), Q_a: 대류 전열량(W), A: 표면적(m²)

스테판-볼츠만 공식을 이용하여 복사 전열량(Q_r)을 구한다.

$$Q_r=\epsilon\times\sigma\times A\times(T_1^4-T_2^4)$$

Q_r: 복사 전달열량(W), ϵ: 방사율, σ: 스테판-볼츠만 상수(W/m²·K⁴), A: 표면적(m²), T: 온도(K)

$Q_r=0.3\times(5.7\times10^{-8})\times1\times((150+273)^4-(20+273)^4)$
    $=421.439\text{W}$

대류 전열량(Q_a)을 구하는 공식은 다음과 같다.

$$Q_a=h\times A\times(T_1-T_2)$$

Q_a: 대류 전열량(W), h: 대류열전달계수(W/m²·K)

$Q_a=20\times1\times((150+273)-(20+273))=2,600\text{W}$
따라서, 열유속(q)은
$q=\dfrac{421.439\text{W}+2,600\text{W}}{1\text{m}^2}=3,021.439\text{W/m}^2$

193 ○△×|○△×|○△×

연료 1kg이 연소하여 발생하는 증기량의 비를 무엇이라고 하는가?

① 열발생율
② 증발배수
③ 전열면 증발률
④ 증기량 발생률

해설 정답 ②

| 출제 | 열정산
| 키워드 | 증발배수

증발배수는 연료 1kg 연소하여 발생하는 증기량의 비율을 의미하며, 증발배수$=\dfrac{\text{상당증발량}}{\text{연료소비량}}$로 나타낸다.

194 ○△×|○△×|○△×

과열기에 대한 설명으로 틀린 것은?

① 보일러에서 발생한 포화증기를 가열하여 증기의 온도를 높이는 장치이다.
② 저압 보일러의 효율을 상승시키기 위하여 주로 사용된다.
③ 증기의 열에너지가 커 열손실이 많아질 수 있다.
④ 고온부식의 우려와 연소가스의 저항으로 압력손실이 크다.

해설 정답 ②

| 출제 | 열설비 일반
| 키워드 | 과열기

보일러에서 발생한 연소가스 여열을 이용하여 습포화증기의 압력을 일정하게 유지하며 온도를 상승시키는 장치로, 고압 보일러의 효율을 상승시키는 데 주로 사용된다.

195

노통보일러 중 원통형의 노통이 2개 설치된 보일러를 무엇이라고 하는가?

① 랭커셔 보일러
② 라몬트 보일러
③ 바브콕보일러
④ 다우삼 보일러

해설 정답 ①

| 출제 | 열설비 일반
| 키워드 | 노통보일러

랭커셔 보일러는 노통이 2개로 구성되어 있고 부하변동 시 압력변화가 적다.

✓ 관련이론 랭커셔보일러
- 간단한 구조로 청소나 검사, 수리가 쉽고 제작도 간편하여 수명이 길다.
- 급수처리가 원활하며, 부하 변동에 따른 압력 변화도 적다.
- 내분식이기 때문에 연소실 크기에 제한을 받으며, 양질의 연료를 필요로 한다.
- 전열면적이 적어서 효율이 낮으며, 고압 대용량에는 부적합하다.

196

이온 교환체에 의한 경수의 연화 원리에 대한 설명으로 옳은 것은?

① 수지의 성분과 Na형의 양이온과 결합하여 경도성분 제거
② 산소 원자와 수지가 결합하여 경도 성분 제거
③ 물속의 음이온과 양이온이 동시에 수지와 결합하여 경도성분 제거
④ 수지가 물속의 모든 이물질과의 결합하여 경도성분 제거

해설 정답 ①

| 출제 | 급수의 성질
| 키워드 | 연화 원리

수지의 성분과 Na형의 양이온이 결합하여 경도성분을 제거한다.

197 고난도

아래 벽체구조의 열관류율(kcal/h·m²·℃)은? (단, 내측 열전도저항 값은 $0.05 m^2 \cdot h \cdot ℃/kcal$이며, 외측 열전도저항 값은 $0.13 m^2 \cdot h \cdot ℃/kcal$)

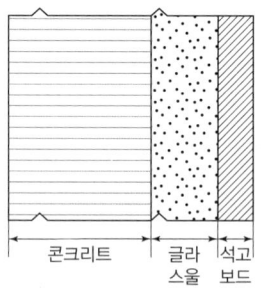

재료	두께 (mm)	열전도율 (kcal/h·m·℃)
내측		
① 콘크리트	200	1.4
② 글라스울	75	0.033
③ 석고보드	20	0.21
외측		

① 0.37 ② 0.57
③ 0.87 ④ 0.97

해설 정답 ①

| 출제 | 열전달
| 키워드 | 열관류율

열관류율에 대한 식은 다음과 같다.

$$K = \frac{1}{\Sigma R} = \frac{1}{R_1 + R_2 + R_3}$$

K: 열관류율(kcal/h·m²·℃), R_1: 내측 열전도저항, R_2: 외측 열전도저항, R_3: 구조체 열전도저항

구조체 열전도항은 콘크리트, 글라스울, 석고보드의 열전도율 합을 계산하여야 한다.

$R_3 = \frac{0.2}{1.4} + \frac{0.075}{0.033} + \frac{0.02}{0.21} = 2.510$

$K = \frac{1}{0.05 + 0.13 + 2.510} = 0.37 \text{ kcal/m}^2 \cdot h$

198

라미네이션의 재료가 외부로부터 강하게 열을 받아 소손되어 부풀어 오르는 현상을 무엇이라고 하는가?

① 크랙
② 압궤
③ 블리스터
④ 만곡

해설 　　　　　　　　　　　　　　　　정답 ③

| 출제 | 사고예방 및 진단
| 키워드 | 보일러 손상 종류

블리스터(Blister)는 라미네이션의 재료가 외부로부터 강하게 열(화염)을 받아 소손 또는 파열된 부분이 부풀어 오르는 현상이 발생한다.

✔ **관련이론** 보일러 손상 종류

응력부식 균열	반복되는 응력을 집중되게 받으면서 이음부분에 균열(Crack)이 생기는 현상을 말한다.
팽출 (Bulge)	인장을 받는 부분(동체, 갤로웨이관, 수관 등)이 압력에 견디지 못하고 바깥쪽으로 부풀어 오르거나 튀어나오는 현상을 말한다.
압궤 (Collapse)	원통으로 된 노통 또는 화실 부분의 바깥쪽 부분이 압력에 견디지 못하고 짓눌려지는 현상을 말한다.
라미네이션 (Lamination)	압연(보일러)강판, 관의 두께 속에서 제조(가공)당시 가스가 존재하여 2개의 층을 형성하는 현상을 말한다.
블리스터 (Blister)	라미네이션의 재료가 외부로부터 강하게 열(화염)을 받아 소손 또는 파열된 부분이 부풀어 오르는 현상이 발생한다.

199

강제순환식 수관 보일러는?

① 라몬트(Lamont) 보일러
② 타쿠마(Takuma) 보일러
③ 슐저(Sulzer) 보일러
④ 벤슨(Benson) 보일러

해설 　　　　　　　　　　　　　　　　정답 ①

| 출제 | 열설비 일반
| 키워드 | 강제순환식 수관보일러

수관식 보일러 종류로는 강제순환식, 자연순환식, 관류식이 있다.

강제순환식	라몬트, 베록스
자연순환식	바브콕, 타쿠마, 쓰네기찌, 야로, 가르베
관류식	람진, 벤슨, 앤모스, 슐저

200 [고난도]

외경과 내경이 각각 6cm, 4cm이고 길이가 2m인 강관이 두께 2cm인 단열재로 둘러 쌓여있다. 이때 관으로부터 주위공기로의 열손실이 400W라 하면 관 내벽과 단열재 외면의 온도차는? (단, 주어진 강관과 단열재의 열전도율은 각각 15W/m · ℃, 0.2W/m · ℃이다.)

① 53.5℃
② 82.2℃
③ 120.6℃
④ 155.6℃

해설 　　　　　　　　　　　　　　　　정답 ②

| 출제 | 열전달
| 키워드 | 관 내벽과 단열재 외면의 온도차

열저항 계산 공식은 아래와 같다.

$$Q = \frac{\ln\left(\frac{r_o}{r_i}\right)}{2\pi \times R \times L}$$

Q: 열저항(℃/W), r_o: 외반경(m), r_i: 내반경(m),
R: 열 전도율(W/m · ℃), L: 관 길이(m)

먼저, 강관의 열저항(Q_p)을 구한다.

$$Q_p = \frac{\ln\left(\frac{0.03}{0.02}\right)}{2\pi \times 15 \times 2} = \frac{0.405}{188.496} = 0.00215\text{℃/W}$$

단열재의 열저항(Q_a)을 구한다.
여기서, 단열재의 외경은 관의 외경+단열재의 두께이다.
단열재의 외경=0.03+0.02=0.05m

$$Q_a = \frac{\ln\left(\frac{0.05}{0.03}\right)}{2\pi \times 0.2 \times 2} = \frac{0.511}{2.513} = 0.20335\text{℃/W}$$

관 내벽과 단열재의 외면의 온도차(ΔT)는 열손실(q)에 열저항 총값(Q_T)을 곱하여 구한다.
$\Delta T = q \times Q_T = 400 \times (0.00215 + 0.20335) = 82.2$℃

핵심이론

Engineer Energy Management

SUBJECT 01	연소공학	82
SUBJECT 02	열역학	110
SUBJECT 03	계측방법	136
SUBJECT 04	열설비재료 및 관계법규	160
SUBJECT 05	열설비설계	187

출제경향 분석

에너지관리기사 필기시험에서는 특히 연소공학, 열역학 과목이 많은 수험생들이 어려워하는 과목이며, 최근에는 단순공식을 묻는 문제에서 벗어나 응용 개념으로 확장되는 문제도 출제되고 있습니다.

에듀윌 에너지관리기사 필기 교재는 기출문제의 해설을 기준으로 확장되는 개념까지 이론으로 수록하였습니다. 빠른 합격을 위해 시험에 꼭 나오는 핵심이론을 통해 기초 개념부터 탄탄하게 잡고 학습하는 것이 중요합니다.

1과목 연소공학, 2과목 열역학은 기초 이론 저자 직강의 무료특강을 제공합니다.

▶ 강의 수강경로

에듀윌 도서몰(book.eduwill.net) → 동영상강의실 → '에너지관리기사' 검색

학습 TIP

SUBJECT 01 연소공학	연소공학은 연료의 종류와 특성, 연소 방식, 발열량, 공기량, 연소효율 등 관련된 계산문제가 많이 출제되고 있습니다. 연료별 특성과 연소반응의 이론을 명확히 이해하고, 이론공기량, 실제공기량 등 관련 공식과 단위변환을 학습하는 것이 중요합니다.
SUBJECT 02 열역학	열역학은 열역학 법칙과 계(System), 엔탈피, 엔트로피 등 내용이 나옵니다. 2과목은 특히 고난도 계산문제가 출제되고 있기 때문에 공식 암기와 열역학 흐름 속에서 해당 문제에 적용되는 공식을 이해하는 것이 중요합니다.
SUBJECT 03 계측방법	계측방법은 측정기기와 원리, 단위 등과 관련된 이론문제 출제비중이 높습니다. 각 측정기기의 구조와 용도, 원리 등을 학습하고 SI단위를 익혀 단위환산과 계산 연습도 병행해야 합니다.
SUBJECT 04 열설비재료 및 관계법규	열설비재료 및 관계법규는 내화물, 단열재, 보온재, 배관 등 열설비의 활용되는 재료의 특성과 용도 등의 이론을 정확히 암기하는 것이 중요하며, 법규 문제는 범위가 방대하기 때문에 시험에 나온 기출문제의 반복 학습이 필수입니다.
SUBJECT 05 열설비설계	열설비설계는 보일러, 배관, 연소기기의 설계 및 원리 등을 다루는 과목으로, 보일러 급수, 정비, 보일러 운영에 대한 안전 부분 등 열설비에 대한 이해가 중요합니다. 또한, 약 5문제 정도의 관련 계산문제도 출제되는데 이는 간단한 공식으로 풀 수 있는 문제로, 기출문제 학습으로 충분히 합격이 가능합니다.

01 연소공학

핵심 KEYWORD
- 연소
- 고체, 액체, 기체연료
- 이론산소량
- 발열량
- 효율
- 통풍력
- 집진장치

1 연소의 기초

1. 개요

(1) **연소의 정의**: 가연성 물질이 산소공급원과 점화원을 만나 빛과 열을 발생하는 반응이다. 산소공급원과 결합하면 새로운 물질(이산화탄소, 물 등)을 생성한다.

(2) **연소 조건**: 연소가 이루어지기 위해서는 필수 3요소(가연물, 산소공급원, 점화원)를 갖추어야 한다.
  ① 가연물: 불에 쉽게 탈 수 있는 물질로 연소 과정에서의 산화 반응을 통해 화학적 에너지를 방출한다.
    ㉠ 조건: 물질의 휘발성, 점도, 혼합비 등이 연소효율에 영향을 준다.
    ㉡ 종류: 고체연료(나무, 석탄, 플라스틱 등), 액체연료(휘발유, 등유, 디젤 등), 기체연료(메탄, 프로판, 수소 등)가 있다.
  ② 산소공급원: 공기 및 산화제로, 연소를 촉진시키고 유지시킨다.
  ③ 점화원: 연소를 위한 초기 에너지를 제공하며 열이나 전기 에너지, 불꽃 등이 주로 사용된다.

(3) **점화에너지**: 가연물의 활성화 에너지보다 크며, 화학적 반응성이 클수록 점화에너지는 작아진다.
  ① 화학적 에너지: 분해열, 용해열, 연소열, 자연발화열 등
  ② 전기적 에너지: 정전기열, 저항열, 유도열, 유전열, 아크열, 낙뢰 등
  ③ 기계적 에너지: 마찰열, 마찰 스파크, 압축열 등
  ④ 원자력 에너지: 핵분열, 핵융합 등

> **+심화 연소의 4요소**
> - 가연물 (Combustible Material)
> - 산소공급원 (Oxygen Source)
> - 점화원 (Ignition Source) ← 가연물, 산소, 점화원을 가 산점이라고 한다.
> - 화학적 연쇄반응 (Chemical Chain Reaction)

(4) **최소점화에너지**(Minimum Ignition Energy, MIE): 연소를 시작하기 위해 필요한 최소한의 에너지이다.

$$E = \frac{1}{2}CV^2 = \frac{1}{2}QV$$

E: 최소 점화에너지(J), C: 정전용량(F), V: 전압(V), Q: 전기량(C)

  ① 연소속도가 빠를수록 최소점화에너지는 낮아진다.
  ② 산소농도가 높을수록 최소점화에너지는 낮아진다.
  ③ 압력이 높을수록 최소점화에너지는 낮아진다.
  ④ 열전도율이 작을수록 최소점화에너지는 낮아진다.

(5) 연소의 종류 ← 고체, 액체, 기체의 연소로 분류한다.
　　① 고체의 연소: 자기연소(내부연소), 표면연소, 분해연소, 증발연소 등이 있다.
　　② 액체의 연소: 등심연소(심지연소), 분무연소, 증발연소, 액면연소(포트식 연소) 등이 있다.
　　③ 기체의 연소: 폭발연소, 예혼합연소(부분예혼합연소), 확산연소 등이 있다.
(6) 연소의 형태

표면연소	연료 표면이 산소와 반응하여 연소하는 형태이다. 고체 가연물(목탄, 코크스 등)에서 발열반응이 일어나며, 산화하여 연소한다.
분해연소	연료가 열에 의해 분해되며 연소하는 형태이다. 휘발성을 가지고 있는 고체(석탄, 목재 등) 및 증발이 어려운 액체(중유, 파라핀 등) 가연물에서 가연성 가스가 발생하여 연소한다.
확산연소	공기 중에 가연성 기체를 분출 및 확산하여 연소하는 방식이다. 주로 기체연료에서 일어난다.
자기연소(내부연소)	연료가 내부에 분자로 구성된 성분인 결합산소와 반응하여 그 자체로 연소가 진행되는 방식이다. 셀룰로이드, 히드라진 등 제5류 위험물이 해당된다.
증발연소	연료가 증발하며 가연성 기체와 공기가 혼합되어 연소하는 방식이다. 열분해 고체(황, 나프탈렌 등)와 증발 액체(휘발유, 등유, 경유 등)가 해당된다.
분무연소(액적연소)	액체로 된 연료를 미립자 형태로 만들고 분무화하여 고속으로 분출시 산소공급원(공기)과 혼합을 이루고 연소하는 방식이다.
예혼합연소	가연성 기체를 공기와 혼합시킨 상태에서 대기 중에 확산시켜 연소하는 방식이다. 별도의 산소공급원(공기)이 필요없다.
액면연소(포트식 연소)	액체연료가 점화원으로부터 표면에서 증발이 진행되며 동시에 연소가 일어나는 형태이다. 증기와 공기가 혼합되며 확산연소한다.
등심연소(심지연소)	액체연료가 심지를 통해 상부로 올라와 대류나 복사열에 의한 증기가 연소하는 방식이다.

2. 연소의 현상

(1) 완전연소 조건 ← 연료가 공기와 완전히 반응하여 이산화탄소(CO_2)와 수증기(H_2O)가 발생한다.
　　① 충분한 공기(산소공급원)를 공급하고 가연물과 혼합한다.
　　② 연소실 내의 온도를 높게 유지한다.
　　③ 연소장치에 맞는 연료를 사용한다.
　　④ 공급 공기를 예열한다.
　　⑤ 연료와 연소장치가 일치해야 한다.
　　⑥ 연소실 내의 용적을 충분한 용적 이상으로 한다.
　　⑦ 연소될 수 있는 충분한 시간을 준다.
(2) 연소온도의 영향요소
　　① 공기 중 산소 농도가 높을수록 연소온도가 높아진다.
　　② 열전달(전도, 대류, 복사 등)이 높을수록 손실열이 발생하여 연소온도가 낮아진다.
　　③ 공기비가 클수록 연소온도는 낮아진다.
　　④ 불연성 물질(CO_2, O_2, N_2 등 배출가스)의 농도가 많을수록 연소온도가 낮아진다.

(3) 연소속도
    ① 정의
        ㉠ 산소와 가연물이 만나서 화염면(불꽃면, Flame front)이 반응하는 속도를 말한다.
        ㉡ 단위시간·단위면적당 가스량으로 나타내며, 단위는 $m^3/m^2 \cdot s$이다.
    ② 연소속도의 영향요소
        ㉠ 연소 생성물(열, 화염, 연소가스 등)이 적을수록 산소와 연료의 비율이 증가되어 연소속도가 빨라진다.
        ㉡ 미연소 가스의 밀도와 비열이 작을수록 연소속도가 빨라진다.
        ㉢ 화염온도가 높고, 압력이 높을수록 연소속도는 빨라진다.
        ㉣ 산화성 물질일수록 산소를 많이 함유하여 연소속도가 빨라진다.

> **+심화 층류 연소속도(전파속도) 측정 방법**
> - 비누거품법: 연소 진행 시 화염의 전파를 통한 비눗방울의 팽창 변화로 속도를 측정한다.
> - 슬롯 노즐 버너법: 슬롯형 노즐에서 연료와 공기가 혼합되는 혼합기 주위에 형성된 화염을 측정한다.
> - 평면 화염 버너법: 혼합기에서 혼합물 공급 시 속도분포를 일정하게 하여 표면 유속을 측정한다.

3. 연소 이론

(1) 연소이론 법칙

법칙	내용
달톤(Dalton)의 법칙	혼합기체의 전압(전체 압력)은 분압(부분압력)의 합과 같다.
아마겟(Amagat)의 법칙	혼합기체의 전체 부피는 각 기체성분 부피(체적)의 합과 같다.
게이—뤼삭(Gay—Lussac's law)의 법칙	기체 사이의 화학 반응 중 같은 온도와 같은 압력에서 그 부피를 측정했을 때 반응하는 기체와 생성되는 기체 사이에는 간단한 정수비가 성립한다.
헨리(Henry)의 법칙	온도와 기체의 부피가 일정할 때 기체의 용해도는 용매와 평형을 이루고 있는 기체의 분압에 비례한다.
보일(Boyle)의 법칙	일정한 온도에서 기체의 압력과 부피는 반비례한다.
샤를(Charles)의 법칙	일정한 압력에서 기체의 부피는 절대온도에 정비례한다.

(2) 연소 용어
    ① 1차연소: 연료와 산소가 처음 반응하여 화염과 열이 발생되는 일반적인 초기 연소를 의미한다.
    ② 2차연소: 불완전 연소에 의해 발생한 미연소 가스가 연도내에서 다시 연소할 수 있도록 하여 완전연소를 유도한다.

> **+심화 연료별 착화온도**
> - 목재: 250~300℃
> - 목탄: 320~370℃
> - 무연탄: 450~500℃
> - 프로판: 500℃
> - 중유: 530~580℃
> - 수소: 580~600℃
> - 메탄: 650~750℃
> - 탄소: 800℃

    ③ 기화온도: 액체가 기체로 변하는 온도(끓는점)로 증기압력이 외부 압력과 동일할 때 기화현상이 발생한다.
    ④ 착화온도: 충분한 공기가 존재하는 환경에서 고체연료를 가열시 도달된 온도에서 자신의 연소열에 의해 연소를 계속해서 진행하는 온도를 말한다.
    ⑤ 임계온도: 온도에 따라 기체가 액체로 변하는(액화) 최고온도로, 도달된 온도에서 변화가 일어나지 않는다.
    ⑥ 발화지연시간: 물질이 어느 일정한 온도에서 점화되고 발화(연소)에 이르기까지의 시간을 말한다.

(3) 연소용 공기 및 연료의 예열효과
　① 연소효율을 향상시킨다.
　② 안정적인 연소가 진행된다.
　③ 연소실 온도가 높게 유지된다.
　④ 착화열 감소로 연료를 절약한다.

2 연료의 정의 및 특징

1. 개요

(1) 정의: 산소공급원이 있는 곳에서 연소하는 물질로 연소 시 열 또는 연소 가스를 발생시킨다.

(2) 구성: 탄소(C), 수소(H), 산소(O), 질소(N), 유황(S) 등으로 구성되어 있으며, 이 중 **탄소(C), 수소(H), 황(S)**은 3대 가연성 원소이다.

(3) 연료의 구비 조건
　① 저장 및 운반, 취급이 용이하여야 한다.
　② 공기 중에서 연소가 쉬워야 한다.
　③ 휘발성이 좋고 내한성이 우수하여야 한다.
　④ 연소 시 회분, 매연 등 배출이 적어야 한다.

(4) 연료 중 회분이 많을 경우 연소에 미치는 영향
　① 연료의 불순물로 발열량이 감소한다.
　② 불순물(회분)은 연소가 되지 않아 연소상태가 고르지 않고 잔류물로 남는다. ← 클링커는 연료 중 회분의 재가 중첩되어 고체로 단단하게 굳어지는 것을 말하며, 굳어진 클링커는 통풍을 방해하여 연소효율에 영향을 미친다.

(5) 연료의 특징

고체연료	• 야적이 가능하며, **저장 및 취급이 편리하다.** • 연료의 가격이 비교적 저렴하다. • 연소장치가 간단하나, 연소 시 많은 공기가 필요하다. • 완전연소가 어려우며, 많은 회분 발생으로 연소효율이 낮고 처리가 곤란하다. • 연소를 위한 연료량 조절과 착화 및 소화가 어렵다.
액체연료	• 완전연소가 가능하여 **발열량이 높아지고**, 연소효율이 높아진다. • 품질이 균일하여 연소조절이 용이하고 회분이 적어진다. • 저장, 취급이 편리하며, **파이프라인을 통한 수송이 우수하다.** • 황(S) 성분 함량이 높으며, 국부적인 과열의 위험이 생긴다. • 사용 시 역화의 위험으로 화재 위험성이 높아진다. • 연소장치(버너)에 따라 연소 시 소음이 발생한다.
기체연료	• 적은 과잉공기로 완전연소가 가능하여 연소효율이 높아진다. • 부하변동 범위가 넓어 저발열량의 연료로 고온을 얻는다. • 연소가 균일하고 조절이 용이하며, 매연 또는 SO_2가 거의 발생하지 않는다. • 저장 및 수송이 불편하고, **설비비 및 연료비가 많이 든다.** • 취급시 누설에 의한 폭발위험과 일산화탄소(CO) 등 유해가스의 노출위험이 생긴다. • **기체연료의 연소장치는 간단하지만 인화성이 커 위험성이 높다.**

2. 고체연료

대표적으로 천연(1차)연료(석탄, 목재 등)와 인공(2차)연료(코크스, 바이오매스 등)로 분류한다.

(1) 석탄
  ① 가연성의 검갈색 또는 검정색의 퇴적암으로, 금속의 정제 및 에너지자원 등으로 사용된다.
  ② 탄화도(과정)에 따라 이탄, 갈탄, 역청탄, 무연탄, 흑연 등으로 분류한다. ← 역청탄(점결탄), 원료탄(코크스용 석탄) 등은 코크스 제조에 사용된다.
  ③ 연료비 높은 순: 무연탄 → 반무연탄 → 반역청탄 → 역청탄 → 흑갈탄 → 갈탄 → 토탄

> **+기초 연료비 및 점결성, 탄화도**
>
> 1) 연료비: 고정탄소와 휘발분의 비율을 나타낸다.
>
> $$연료비 = \frac{고정탄소\ 함량(\%)}{휘발분\ 함량(\%)}$$
>
> 2) 점결성: 석탄의 연소가 진행되고 이때 남은 덩어리의 잔류물이 굳어지는 성질을 말한다.
> 3) **탄화도**: 시간의 변화에 따른 석탄의 오래된 정도를 의미하며, 탄화도가 높을 수록 고정탄소량이 증가한다.
>   • 탄화도 증가에 따른 특성 변화
>   - 수분, 휘발분 감소   - 발열량 증가   - 열전도율 증가
>   - 연소속도 감소   - 인화점, 착화온도 증가 - 연료비 증가

(2) 코크스(Cokes)
  ① 약 1,000°C 온도에서 원료탄 또는 역청탄을 고온으로 건류시켜 사용한다.
  ② 코크스와 관련된 용어는 다음과 같다.
    ㉠ 코킹: 공기가 차단된 상태에서 석탄을 고온으로 가열하여 휘발성 물질을 제거하고 탄소 함량을 높인 탄화물로 만드는 과정을 말한다.
    ㉡ 건류: 고체 상태의 유기물을 공기를 차단하고 고온에서 가열하여 화학적으로 분해하는 과정으로 휘발성 물질이 기화되고 남은 고체는 탄소질 물질로 변한다.
  ③ 코크스의 적정 고온 및 저온 건류온도는 다음과 같다.
    ㉠ 야금 코크스(제사): 고온건류온도(고온건류) 약 1,000~1,200°C
    ㉡ 반성 코크스: 저온건류온도(저온건류) 약 500~600°C

3. 액체연료

석유(원유)계 가솔린, 경유, 등유 등과 석탄계 액체상태로 분류한다. ← 액체연료의 발열량 높은 순서는 가솔린, 등유, 경유, 중유이다.

(1) 가솔린(휘발유, Gasoline)
  ① 점화가 쉽고 휘발성이 우수한 연료로 옥탄가를 불꽃점화기관에 적합하도록 조정하고, 내연기관의 연료로 사용된다.
  ② 비등점(비점) 약 30~200°C 이하, 인화점 약 -43~20°C, 착화점 약 300°C이다. ← 비점: 액체의 증기압이 외부 압력(보통 대기압)과 같아져서 액체가 끓기 시작하는 온도
  ③ 옥탄가(Octane Number): 휘발유의 성능을 나타내는 정도로, 옥탄가가 높을수록 노킹 방지 성능이 우수하며, 고성능 엔진에 적합하다.

$$\frac{이소옥탄}{이소옥탄 + 노르말헵탄} \times 100$$

(2) 경유(디젤, Diesel oil)

① 점성이 높고 발열량이 우수한 연료로 내연기관 연료로 사용된다. 세탄가를 조정하여 압축점화기관에 적합하도록 조정한다.

> **+ 심화 노킹(Knocking)**
> - 디젤엔진의 노킹현상은 압축공기의 낮은 압력으로 발생되며, 연소실 내에서 목표 시점의 착화가 일어나지 못할 때 발생된다.
> - 노킹을 방지하기 위해서는 세탄가를 높이고, 분사시 공기 온도를 높게 유지하여 착화지연기간을 갖추거나 회전속도를 낮춰야 한다.

② 비등점(비점) 약 200~370℃ 이하, 인화점은 약 50~70℃, 착화점 약 200℃이다.

③ 세탄가(Cetane Number)는 경유의 성능을 나타내는 정도로 세탄가가 높으면 압축비가 낮아도 노킹이 잘 일어나지 않는다.

$$\frac{노르말세탄}{노르말세탄 + \alpha - 메틸나프탈렌} \times 100$$

(3) 중유(Fuel oil)

① 점성이 높고 발열량이 우수하며 높은 점도를 위해 예열이 필요하다. 주로 발전소, 산업용 보일러 등 대형 설비의 연료로 사용된다.

② 비등점(비점) 약 340℃ 이상, 인화점 약 60~150℃ 이상인 갈색(암적색)의 점성유 액체이다.

③ 점도가 가장 높은 C중유(벙커 C유)가 대표적으로 생산되며, 비중이 크고 인화점이 높아 대규모 산업용(대형디젤기관 및 대형보일러 등)으로 가장 널리 사용된다.

④ 로터리 버너로 벙커 C유 연소시 연료(오일) 압력은 0.3~0.5kg/cm²(약 35~50kPa) 정도로 해야 한다.

(4) 그 외 석유계 연료

① 나프타(Naphtha): 원유를 상압에서 증류하여 정제하는 과정에서 비점 35~200℃ 이하인 액체탄화수소 혼합물로, 경질유분에 속한다. 화학적 성질과 활용도에 따라 경질, 중질나프타로 분류된다.

② 등유(Kerosene): 비점 150~300℃, 인화점 40℃ 이상, 난방 연료 및 민간항공기 연료로 사용된다.

> **+ 기초 탄화수소비(C/H비, Carbon to Hydrogen Ratio)**
> - 탄소와 수소의 질량비를 나타내며, 연료의 특성과 연소과정의 에너지효율을 분석하는 지표로 활용된다.
>
> $$\frac{연료\ 내\ 탄소(C)\ 질량}{연료\ 내\ 수소(H)\ 질량}$$
>
> - 탄소(C, Carbon): 탄소비가 높으면 발열량이 감소하며 공기량과 이산화탄소 배출량도 감소한다.
> - 수소(H, Hydrogen): 수소비가 높으면 비중이 감소하며 화염방사율(전파속도)도 감소한다.
> - 석유의 탄화수소비(C/H) 높은 순서: 중유 > 경유 > 등유 > 가솔린

> **+ 기초 API도(API; American Petroleum Institute)**
> - 미국 석유학회가 정한 척도로 원유나 석유제품의 비중을 나타낸다. API도가 높을수록 경질유, 낮을수록 중질유가 된다.
>
> $$\frac{141.5}{비중(SG)} - 131.5$$

4. 기체연료

석유(천연)계 연료인 LPG, 천연가스 등과 석탄계의 석탄가스, 수소가스 등으로 분류한다.

(1) 액화천연가스(LNG; Liquified Natural Gas)

① 초저온(-162℃)에서 냉각한 무색, 무취의 투명한 액체로 80% 이상의 메탄(CH_4)으로 구성되며, 가정 또는 공업용 등으로 다양한 분야에 활용된다.

② 고위발열량이 11,000kcal/Nm^3, 약 46.0MJ/Sm^3 정도이며, 발열량이 높은 편이다.

③ 청정연료이며, 액체로 변환하여 수송시 부피가 1/600으로 감소하여 비용을 크게 절약한다.

④ 액화 전에 황화수소(H_2S), 탄산가스(CO_2) 등을 정제하여 불순물을 완전히 제거한다.

⑤ 비교적 안정한 연료이나 공기 중에서 쉽게 확산하므로 저장설비 및 기화장치가 필요하다.

(2) 액화석유가스(LPG; Liquified Petroleum Gas)

① 천연가스와 석유정제(처리)과정에서 가압 액화한 가스로 부산물이라고도 하며, 탄소의 수(3~5개)에 따라 화학식이 달라지고 프로판(C_3H_8)과 부탄(C_4H_{10}) 등이 주성분으로 구성된다.

② 상온, 대기압에서는 기체로 존재하고 공기보다 무거워 가스경보기를 바닥 가까이 부착해야 한다.

③ 연소시 연소속도가 완만하고, 소요공기가 많이 소모된다.

④ 약 7kg/cm^2로 가압 액화한 가스로 체적이 작아지므로 저장 및 수송이 편리하다.

⑤ 발열량이 높아 인화 시 폭발위험성이 있으므로 저장 시 적정온도를 유지하여야 한다.

⑥ 기화잠열이 커서 냉각제로도 이용이 가능하다.

(3) 그 외 기체 연료

① 도시가스: 천연가스와 가공된 석탄가스, 부생가스 등을 혼합하여 규정된 발열량을 맞추어 인구밀접지역에 공급하는 가스로, 사전에 불순물 제거되어 환경문제 영향이 적다.

② 석탄가스: 석탄을 1,000℃ 이하 고온에서 건류하여 발생한 기체로 얻어진다.

③ 수성가스: 고온으로 가열된 코크스 등에서 수증기 작용으로 발생한다. 워터가스라고하며, 수소, 질소, 일산화탄소 등으로 이루어진다.

④ 오일가스: 석유 원료를 열분해법과 접촉분해법 등에 의해 생성된 가스를 말한다.

3 연료의 시험 방법

1. 고체연료의 시험 방법

(1) 고체연료의 시험 방법

① 시료 채취

㉠ 계통 시료 채취: 일정간격(1회)의 동작으로 무작위로 채취한다.

㉡ 층별 시료 채취: 부분별로 나누어 무작위로 채취한다.

㉢ 2단 시료 채취: 나눈 시료를 1차 채취 후 채취한 시료를 2차로 채취한다.

② 시료 측정: 휘발분, 수분, 회분 등 취급여부에 따라 고체연료에 표시한다.

③ 원소분석법: 원소별 성분을 분류하여 수분, 휘발분, 고정탄소 등의 함유량을 분석하는 방법이다. ← 분석 성분은 수소, 산소, 질소, 탄소, 황 등이 있다.

(2) 석탄류 시험 방법

① 공업분석법: 연소의 성질 중 고정탄소, 휘발분, 수분, 회분 등의 성분 비율을 활용하여 분석하는 방법이다. ← 공업분석 순서는 수분, 회분, 휘발분, 고정탄소 순으로 분석한다.

② 측정 항목

　㉠ 고정탄소: 석탄의 주성분 중 수분, 회분, 휘발분의 질량을 빼고 연소가능한 고체 탄소이다.

$$고정탄소 = 100 - (수분 + 회분 + 휘발분)$$

　㉡ 수분: 시료 1g을 105±5℃의 항온조 속에서 1시간 건조시킨 건조감량의 시료 무게에 대한 비율을 나타낸다.

$$수분(W) = \left(\frac{건조감량\ 무게}{시료\ 무게}\right) \times 100$$

　㉢ 회분: 시료 1g을 전기로에서 공기를 통하면서 약 800℃까지 30분 정도 가열하여 완전연소시킨 후 잔류물의 양을 시료 질량에 대하여 백분율로 나타낸다.

$$회분(A) = \left(\frac{잔류회화량}{시료\ 무게}\right) \times 100$$

　㉣ 휘발분: 시료 1g을 뚜껑 달린 백금도가니에 넣어 산소공급원을 차단한 후 약 950℃로 7분간 가열한 감량에서 시료의 무게에 대한 수분의 무게를 빼고 백분율로 나타낸다. ← 연료비=고정탄소/휘발분

$$휘발분(V) = \left(가열감량무게 - \frac{수분\ 무게}{시료\ 무게}\right) \times 100$$

2. 액체연료 시험 방법

① 비중을 이용한 방법: 비중은 석유계 연료의 가장 중요한 성질 중 하나로, 연료의 밀도를 측정하는 평가의 기준이다. 비중 시험은 비중부표법, 비중천평법, 비중병법 등을 사용하며, 국내의 경우 기름 15℃와 물 4℃의 비이다.

② 착화점(발화점)을 이용한 방법: 디젤연료는 세탄가, 가솔린의 경우 옥탄가를 사용하여 착화성능을 나타낸다.

> **+기초　액체의 착화점, 유동점, 인화점**
>
> - 발화점(착화점): 점화원 없이도 스스로 발화(착화)하는 온도를 말한다. ← 발열량과 압력이 높을수록, 산소농도와 반응활성도가 클수록, 온도가 상승할수록 착화점은 작아진다.
> - 유동점: 유체가 유동할 수 있는 최저온도로, 일반적으로 응고점보다 2.5℃ 높은 온도로 계산한다.
> - 인화점: 가연물에서 생성되는 증기가 연소할 수 있는 최저온도 즉, 점화원에 의해 불이 붙는 최저온도를 의미한다. 인화점이 높으면 착화가 곤란하고, 낮으면 역화의 위험이 생긴다.

③ 유동점을 이용한 방법: 연료가 흐를 수 있는 최저온도를 측정한다.
④ 인화점을 이용한 방법: 연료 표면에 증기가 형성될 때 점화될 수 있는 최저온도를 측정한다.
⑤ 점도를 이용한 방법: 유체 흐름에 저항(마찰력)을 측정하여 분무성, 연소성을 확인한다.

3. 기체연료 시험 방법

① 오르자트식 분석 ← 분석순서는 CO_2, O_2, CO순으로 분석하며, 나머지는 N_2이다.

분석기체	흡수제
CO_2	수산화칼륨 30% 수용액
O_2	알칼리성 피로갈롤 용액
CO	암모니아성 염화 제1구리 용액

※ 헴펠식은 C_mH_n 분석기체의 흡수제로 발연황산(진한 황산)이 있다.

② 비중 측정: 분젠실링법, 라이드법, 비중병법

③ 발열량 측정(열량계): 고체연료, 액체연료(봄브식 열량계), 기체연료(융커스식, 시그마 열량계)

4 연소반응 및 계산

1. 완전연소반응식

(1) 탄소(C)

연소반응식	C	+	O_2	→	CO_2
몰수(kmol)	1kmol		1kmol		1kmol
중량(kg)	12kg		32kg		44kg
체적(Nm^3)	22.4Nm^3		22.4Nm^3		22.4Nm^3
탄소 1kg당 중량(kg)	1kg		2.67kg		3.67kg
탄소 1kg당 체적(Nm^3)	1kg		1.867Nm^3		1.867Nm^3

(2) 수소(H_2)

연소반응식	H_2	+	$\frac{1}{2}O_2$	→	H_2O
몰수(kmol)	1kmol		$\frac{1}{2}$kmol		1kmol
중량(kg)	2kg		16kg		18kg
체적(Nm^3)	22.4Nm^3		11.2Nm^3		22.4Nm^3
수소 1kg당 중량(kg)	1kg		8kg		9kg
수소 1kg당 체적(Nm^3)	1kg		5.6Nm^3		11.2Nm^3

(3) 황(S)

연소반응식	S	+	O_2	→	SO_2
몰수(kmol)	1kmol		1kmol		1kmol
중량(kg)	32kg		32kg		64kg
체적(Nm^3)	22.4Nm^3		22.4Nm^3		22.4Nm^3
황 1kg당 중량(kg)	1kg		1kg		2kg
황 1kg당 체적(Nm^3)	1kg		0.7Nm^3		0.7Nm^3

2. 연소 계산

(1) 이론 및 실제 공기량

① 이론산소량(O_o): 공급된 연료를 완전연소하기 위해 필요한 산소의 양을 말한다. ← 유효수소는 $\left(H-\dfrac{O}{8}\right)$이다.

㉠ 부피 기준(Nm^3/kg)

$$O_o = \frac{22.4Nm^3}{12kg}C + \frac{11.2Nm^3}{2kg}\left(H-\frac{O}{8}\right) + \frac{22.4Nm^3}{32kg}S$$

$$O_o = 1.867C + 5.6\left(H-\frac{O}{8}\right) + 0.7S$$

㉡ 중량 기준(kg/kg)

$$O_o = \frac{32kg}{12kg}C + \frac{16kg}{2kg}\left(H-\frac{O}{8}\right) + \frac{32kg}{32kg}S$$

$$O_o = 2.67C + 8\left(H-\frac{O}{8}\right) + S$$

> **+ 기초** 탄화수소 완전연소 반응식
>
> $$C_mH_n + \left(m+\frac{n}{4}\right)O_2 \rightarrow mCO_2 + \frac{n}{2}H_2O$$
>
> - 메탄: $CH_4 + 2O_2 \rightarrow CO_2 + 2H_2O$
> - 메탄올: $CH_3OH + 0.5O_2 \rightarrow CO_2 + 2H_2O$
> - 아세틸렌: $C_2H_2 + 2.5O_2 \rightarrow 2CO_2 + H_2O$
> - 에탄: $C_2H_6 + 3.5O_2 \rightarrow 2CO_2 + 3H_2O$
> - 에틸렌: $C_2H_4 + 3O_2 \rightarrow 2CO_2 + 2H_2O$
> - 프로판: $C_3H_8 + 5O_2 \rightarrow 3CO_2 + 4H_2O$

② 이론공기량(A_o)

- 부피 기준(Nm^3/kg)

$$A_o = \frac{O_o}{0.21}$$

- 중량 기준(kg/kg)

$$A_o = \frac{O_o}{0.232}$$

③ 실제공기량(A)

$$A = m \times A_o$$

(2) 공기비(m)

① 과잉공기계수라고도 하며, 실제공기량과 이론공기량의 비를 나타낸다. 완전연소 시 공기비는 항상 1보다 크다.

② 공기에 포함된 사용가능한 산소를 파악하는 비율로 산소의 양과 혼합된 연료의 양의 비율로 나타낸다.

실제공기량(A)이 주어진 경우	O_2가 주어진 경우	N_2, O_2, CO_2가 주어진 경우	최대탄산가스양($CO_{2\,max}$, CO_2)이 주어진 경우
$m = \dfrac{A}{A_o}$	$m = \dfrac{21}{21-O_2}$	$m = \dfrac{N_2}{N_2 - 3.76(O_2 - 0.5CO)}$	$m = \dfrac{CO_2 \text{ 최대량}}{CO_2} = \dfrac{21}{21-O_2}$

③ 불완전연소에 의한 열손실과 배기가스에 의한 열손실량의 합이 최소가 되도록 조절해야 한다.
　㉠ 공기량이 많을시(Ls): 과잉공기가 공급되면 배기가스 증가로 열손실이 발생한다.
　㉡ 공기량이 적을시(Li): 원활한 산소공급이 불가능하여 불완전연소가 발생하고 열손실이 발생한다.
④ 공기비는 적절하게 조절하여 운영하여야 하며, 이에 대한 공기비 특성은 다음 표와 같다.

공기비가 클 경우	• 연소실 내 연소온도가 낮아진다. • 연소생성물 농도(희석효과 상승)가 낮아진다. • 배기가스에 의한 열손실이 높아진다. • 배기가스(SO_x, NO_x 등) 함량의 증가로 부식 진행속도가 빨라진다.
공기비가 작을 경우	• 배기가스(CO, CH 등)의 농도가 증가한다. • 매연 발생량이 증가한다. • 불완전연소 및 역화로 폭발의 위험이 발생된다.

(3) 건연소가스량

① 이론건연소가스량(G_{od}): 이론 연소가스에서 수증기(H_2O)를 제외한 총량을 말한다.
　㉠ 고체 및 액체연료 ← 건조생성물: CO_2, SO_2 등 연료 자체의 생성되는 가스

　• 중량 기준(kg/kg)
$$G_{od}=(1-0.23)A_o+\sum \text{건조생성물}$$

　• 체적 기준(Nm^3/kg)
$$G_{od}=(1-0.21)A_o+\sum \text{건조생성물}$$

　㉡ 기체연료(Nm^3/Nm^3) ← $1Nm^3$ 연료기준

$$G_{od}=(1-0.21)A_o+\sum \text{건조생성물}$$

② 실제건연소가스량(G_d): 이론 연소가스에서 과잉공기량을 합한 양을 말한다.
　㉠ 고체 및 액체연료

　• 중량 기준(kg/kg)
$$G_d=(m-0.23)A_o+3.67C+2S+N$$

　• 체적 기준(Nm^3/kg)
$$G_d=(m-0.21)A_o+1.867C+0.7S+0.8N$$

　㉡ 기체연료(Nm^3/Nm^3)

$$G_d=(m-1)A_o+\text{이론건연소가스량}$$

③ 이론습연소가스량(G_{ow}): 이론 연소가스에서 수증기(H_2O)를 포함한 총량을 말한다.
　㉠ 고체 및 액체연료 ← 모든 생성물: 건조가스와 수증기를 포함한 전체 연소생산물

　• 중량 기준(kg/kg)
$$G_{ow}=(1-0.23)A_o+\sum \text{모든 생성물}$$

　• 체적 기준(Nm^3/kg)
$$G_{ow}=(1-0.21)A_o+\sum \text{모든 생성물}$$

　㉡ 기체연료(Nm^3/Nm^3)

$$G_{ow}=(1-0.21)A_o+\sum \text{모든 생성물}$$

④ 실제습연소가스량(G_w): 실제 연소가스에서 과잉공기량을 합한 양을 말한다.
㉠ 고체 및 액체연료
- 중량 기준(kg/kg)

$$G_w = (m-0.23)A_o + 3.67C + 2S + N + (9H+W)$$

- 체적 기준(Nm^3/kg)

$$G_d = (m-0.21)A_o + 1.867C + 11.2H + 0.7S + 0.8N + 1.244W$$

㉡ 기체연료(Nm^3/Nm^3)

$$G_{od} = (m-0.21)A_o + 이론습연소가스량$$

(4) 최대탄산가스함유량($CO_{2\,max}$)
① 탄소의 완전연소 시 발생하는 배기가스는 CO_2가 최대로 함유되어 있으며, 연료중에 C가 많으면서 이론공기량으로 완전연소될 경우 탄산가스 농도가 가장 높다.
② 탄소(C)와 황(S)을 이용한 $CO_{2\,max}$ 공식은 아래와 같다.

$$CO_{2\,max} = \frac{1.867C + 0.7S}{G_{od}} \times 100$$

③ 배출가스 조성으로 계산하는 공식은 아래와 같다.

$$CO_{2\,max} = \frac{21(CO_2 + CO)}{21 - O_2 + 0.395CO}$$

+ 심화 공기와 연료 혼합에 따른 공식

1) 공기연료비(공연비(AFR, Air Fuel Ratio)): 연료와 혼합된 공기의 중량비를 말한다.
   - 공기연료비 증가는 급격한 산소량 증가로 이어지는데 과잉공기로 열손실과 연료손실이 발생한다.
   - 최적의 공기연료비 부근에서의 NO_x는 농도가 높으며, 불완전연소로 CO의 배출이 증가한다.
2) 연료공기비(연공비(FAR, Fuel Air Ratio)): 연료와 공기의 혼합된 중량비를 말한다.
3) 당량비: 실제(반응)연공비와 이론(반응)연공비로 정의 된다.

$$당량비(\phi) = \frac{A_o}{A} = \frac{1}{m}$$

(5) 발열량

① 개요

㉠ 연료가 완전연소할 때 발생하는 열량을 말한다.

㉡ 고체 및 액체연료의 경우에는 그 단위 중량(1kg)의 연소시 발생하는 열량을 kcal로 표시한다.

← 일반적인 액체 연료는 비중이 크면 체적당 발열량은 증가하고, 중량당 발열량은 감소한다.

㉢ 기체연료의 경우 단위체적($1Nm^3$)이 연소할 때 발생하는 열량을 kcal로 표시한다.

② 고위발열량(Higher Heating Value)

㉠ 연료가 연소한 후 연소가스의 온도를 최초 온도까지 낮출 때의 열량으로, 수분(물)의 증발잠열을 포함한 값을 말한다.

㉡ 고위발열량 공식은 다음과 같다.

$$H_h = 8,100C + 34,000\left(H - \frac{O}{8}\right) + 2,500S$$

③ 저위발열량(Lower Heating Value)

㉠ 연료가 연소한 후 연소가스의 온도를 최초 온도까지 낮출 때의 열량으로, 수분(물)의 증발잠열을 제외한 값을 말한다.

㉡ 고체·액체연료의 저위발열량 공식은 다음과 같다.

$$H_l = 8,100C + 28,800\left(H - \frac{O}{8}\right) + 2,500S - 600W$$

> **+ 심화 물질별 발열량**
>
> 1) 고위발열량 낮은 순서
>   고로가스(900) < 수성가스(2,600) < 석탄가스(4,500) < 천연가스(LNG)(11,000) < 석유가스(LPG)(26,000)
>
> 2) 저위발열량 낮은 순서
>   일산화탄소(2,420) < 부탄(10,920) < 아세틸렌(10,970) < 프로판(10,980) < 에탄(11,530) < 메탄(11,950) < 수소(28,600)

> **+ 심화 표준상태에서의 물 증발잠열**
>
> $$\frac{539kcal}{kg} \times \frac{18g}{1mol} = 9,702cal/mol$$
>
> ※ 물의 분자량은 18이다.

> **+ 기본 고위발열량과 저위발열량의 관계**
>
> 1) 고위발열량
>
> $$H_h = H_l + 600(9H + W)$$
>
> 2) 저위발열량
>
> $$H_l = H_h - 600(9H + W)$$

3. 연소효율과 온도

(1) 효율

① 연소효율: 연료가 완전연소 될 수 있도록 열에너지로 전환되는 비율을 말한다.

$$연소효율 = \frac{연소열}{발열량} = \frac{발열량 - 손실열}{발열량} = \frac{발열량 - (미연분 손실 + 불완전연소에 따른 손실)}{발열량}$$

② 보일러의 열효율

$$\eta = \frac{G(h_s - h_w)}{H_l \times G_f} = \frac{539 \times G_e}{H_l \times G_f}$$

η: 효율(%), G: 증기발생량(kg/h), h_s: 발생증기 엔탈피(kcal/kg), h_w: 급수의 엔탈피(kcal/kg), H_l: 저위발열량(kcal/kg), G_f: 연료소비량(kg/h), G_e: 상당증발량(kg/h)

(2) 연소온도

① 이론연소온도: 이론공기량(A_o)을 활용하여 연료연소 시 완전연소와 함께 불꽃이 도달할 수 있는 온도를 말한다.

$$t_c = \frac{H_l}{G \times C} + t_0$$

t_c: 이론 연소온도(K), H_l: 저위발열량(kJ/kg), G: 연소가스량(kg/kg), C: 비열(kJ/kg·K), t_0: 초기 온도(K)

② 실제연소온도: 실제로 연료의 완전연소시 온도를 말하며, 실제연소온도는 이론연소온도보다 낮다.

$$t_a = \frac{H_l + Q_a + Q_f}{G \times C} + t_0 = \frac{H_l \times \eta + Q}{G \times C} + t_0$$

t_a: 실제 연소온도(K), H_l: 저위발열량(kJ/kg), Q_a: 공기의 현열(kcal/kg), Q_f: 연료의 현열(kcal/kg), G: 연소가스량(kg/kg), C: 비열(kJ/kg·K), t_0: 초기 온도(K), η: 연소효율(%), Q: 열손실(kcal/kg)

> **+ 심화** **연소 시 불꽃의 색과 온도** ← 완전연소가 진행될 때에는 화염의 색깔이 더욱 밝게 된다.
>
> - 암적색: 700℃
> - 적색: 850℃
> - 휘적색: 950℃
> - 황적색: 1,100℃
> - 백적색: 1,300℃
> - 휘백색: 1,500℃

5 연료별 연소장치·저장

1. 연소장치

(1) 고체연료 연소장치

① 화격자 연소장치

㉠ 수분식 화격자: 화격자의 고온의 연소환경 속에서 내구성을 유지하기 위해 냉각수를 활용하여 열을 제거하는 구조로 소각로에 활용된다.

㉡ 기계식 스토커 화격자: 석탄을 기계적으로 산포하는 방식으로 **석탄을 화층 위로 넣는 상입식**과 아래로 넣는 하입식, 옆으로 넣는 횡입식(쇄상식), 위에서 계단으로 흘려내리는 계단식으로 구분된다. ← 계단식 스토커는 계단식 배열로 된 투입구에 고체연료를 넣어 착화 연소시키는 방식으로 쓰레기 소각, 저질탄 연소 등에 적합하다.

② 미분탄 연소장치

㉠ 석탄을 미세한 분말(200mesh 이하)로 만들어 공기와 혼합하여 연소하는 방식이다.

㉡ 특징은 다음과 같다.
- 부하변동에 대응하기 쉬우므로 대용량 연소시설에 적합하다.
- 넓은 표면적으로 공기와의 접촉면이 넓어 작은 공기비로 완전연소가 가능하다.
- 역청탄(점결탄) 및 저질탄 등도 연료로 사용할 수 있다.
- 파이프 수송이 가능하나, 분쇄기 및 배관 속에서 마모되거나 폭발의 위험이 있다.
- 유지비가 많이 들고 재비산으로 인한 집진장치가 필요하다.

③ 유동층 연소장치

㉠ 화격자 연소와 미분탄 연소의 중간 형태로 고온으로 혼합된 물질(불활성 매체(모래), 가연성 물질)로 유동층을 만들어 소각로 내에서 연소시키는 방법이며, 열용량이 높다.

㉡ 폐기물 연소에 최적의 조건을 갖추고 있으며, 화염전파 없이 층의 온도를 유지할 수 있는 발열만 있으면 된다.

> **+기초 액체연료 미립화**
>
> 1) 개요
> 연료의 표면적을 증가시키기 위해 액체연료를 작은 방울 또는 스프레이식으로 쪼개어 분사하는 기술을 말한다.
>
> 2) 미립화 방법
> 고속기류(이류체)식, 충돌식, 와류(회전)식, 유압식, 정전기식, 진동식 등이 있다.
>
> 3) 평균 분무입경 영향요소
> 액체연료의 표면장력, 액체연료의 점성계수, 액체연료의 밀도, 액체연료의 분무(미립자) 입경 등이 해당된다.

(2) 액체연료 연소장치

① 증발기화식 버너: 가연성 증기를 발생시켜 연소하는 방식으로 비등점이 낮은 액체연료에 적합하며, 포트식과 심지식이 있다.

② 분무식 버너: 미립화된 무화식으로, 작은 입경의 연료를 안개처럼 분사시켜 표면적을 증가시키는 연소방식이다.

㉠ 유압분무식 버너
- 노즐을 통해 5~30kg/cm^{2}의 압력으로 연료를 연소실 내부로 보내 연소한다.
- 간단한 구조를 가지고 있어 유지보수가 편리하며, 연소장치가 큰 대용량 버너에 적합하다.
- 분사각도는 40~90도로 압력, 점도 등에 따라 약간의 차이가 발생한다.
- 유량조절범위는 환류식 1:3, 비환류식 1:2로 좁고, **부하변동에 따른 대응이 어렵다.**
- 연료의 점도가 크거나 유압이 5kg/cm^2 이하로 낮아지면 분무가 불안정해진다.

ⓒ 기류분무식 버너(저압공기식 버너): 공기를 사용하여 기름을 무화시키는 형식으로 고압식(200~700kPa(0.2~0.7kg/cm²)의 고압공기)과 저압식(50~200kPa(0.05~0.2kg/cm²)의 저압공기)으로 분류되고, 혼합방식에 따라 외부혼합식과 내부혼합식으로 구분한다.

고압식	• 고압의 공기 0.2~0.7kg/cm²를 통해 중유를 무화시킨다. • 주로 제강용평로, 연속가열로 등 대형가열로 버너로 사용한다. • 유량조절범위는 1 : 10 정도, 분무각도는 20~30°이다. • 유량조절비가 커서 부하변동에 용이하다. • 내부혼합방식을 통해 고점도 연료도 무화시키며 연소시 소음이 크다.
저압식	• 0.05~0.2kg/cm²의 저압의 공기를 사용하여 중유를 무화시킨다. • 구조가 간단하고 취급이 간편하며, 일반적으로 소형보일러에 사용된다. • 공기량(분무량)은 이론공기량의 30~50%가 소요되며, 공기압이 높으면 무화공기량이 줄어든다. • 연료 유압은 220kPa 정도로, 점도가 낮은 중유도 연소가 가능하다.

ⓒ 회전식(로터리식)버너
- 중소형 보일러에 사용되며, 기계적 원심력을 활용하여 연료유를 비산시키고 동시에 송풍기에서 나오는 공기를 이용하는 방식이다.
- 비교적 분무화 입경이 크며(유압버너에 비해), 회전수 3,000~10,000rpm 정도의 원심으로 연소한다.

> **+심화 카본 생성의 원인**
> 불완전연소에 의해 노벽이 카본에 많이 달라붙게 되는데 이때 버너에서 발생한 화염이 노벽에 닿을 경우 분무된 연료가 불완전연소 되어 많이 붙는다.

- 유압은 0.3~0.5kg/cm²(30~50kPa), 직결식 분사유량은 1,000L/h 이하, 유량조절은 1 : 5로 가압하여 공급한다.
- 분무각도는 약 40~80도 정도로 짧고 넓게 퍼지는 화염을 가진다.
- 중소형 보일러에 많이 사용되며, 자동제어에 편리한 구조로 활용된다.

ⓔ 건타입 버너: 높은 압력(7kg/cm²)으로 노즐을 통과하여 연소시키는 방식으로 유압분무식과 기류분무식을 합친 구조를 가진다. 소형보일러에 적합하다.

(3) 기체연료 연소장치
① 확산연소
ⓐ 기체연료와 연소용 공기를 연소실로 보내 연료와 공기의 경계에서 확산과 혼합으로 연소하는 방식으로 층류 확산 연소와 난류 확산연소로 구분된다.
ⓑ 특징은 다음과 같다.
- 연소가 진행되기전 가스와 공기를 예열한다.
- 연소시 안정범위가 넓어 예혼합 연소에 비해 넓은 반응면적을 가진다.
- 불완전연소로 매연과 유해가스가 발생하나 역화의 위험이 발생되지 않는다.

ⓒ 종류: 내화재로 만든 화구에서 공기와 가스를 따로 연소실에서 연소하는 방식인 포트형 방식과 천연가스 및 고로가스를 연소하는 버너형 방식이 있다.

② 예혼합연소
　　㉠ 버너에서 가연성 연료(가스)와 공기를 미리 혼합시킨 후 분사하여 연소시키는 방식으로 층류 예혼합연소와 난류 예혼합연소로 구분한다.

> **+심화　분젠식 가스버너**
> - 가스를 일정한 압력으로 분출하며 연소하는데 필요한 공기의 대부분을 1차공기로 미리 가스에 혼합시키고, 나머지 필요공기는 연소시 공급받는다.
> - 종류로는 링버너, 슬릿버너, 적외선버너 등이 있다.

　　㉡ 특징은 다음과 같다.
　　　• 화염의 온도가 높고 역화의 위험성이 크다.
　　　• 설비의 시동 및 정지시에 폭발 및 화재에 대비한 안전 확보가 필요하다.
　　　• 예혼합기체로 별도의 산소공급 없이 연소가 가능하며, 신속한 연소반응을 가진다.
　　㉢ 종류: 가스압력이 $2kg/cm^2$ 이상인 고압버너와 $0.01kg/cm^2$ 이상인 저압버너가 있다.
③ 부분예혼합연소: 연소용 공기와 연료를 미리 부분 혼합하고 나머지 공기는 연소실 내 분출속도에 의해 생기는 흡입력으로 확산 및 혼합연소하는 방법으로, 소형이나 중형버너에 사용한다.

2. 고체연료의 저장

(1) 석탄의 저장
① 바닥면에는 1/100~1/150 구배를 주어 원활한 배수가 가능하도록 한다.
② 탄층 높이는 옥외 저장시 4m 이하, 옥내 저장시 2m 이하로 한다.
③ 지붕을 설치하여 한서를 방지하고, 통기구를 $30m^2$마다 1개소씩 설치하여 자연발화를 방지한다.
④ 석탄은 입고시기, 채탄시기, 탄의 종류 및 인수 시기별로 구분하여 보관하여야 한다.

3. 액체연료의 저장

(1) 저장탱크
① 옥외저장탱크, 옥내저장탱크, 지하저장탱크가 있으며 구조는 수평형 원통탱크와 수직형 원통탱크형, 구(원구)형 등으로 구성되어 있다.
② 탱크의 강판은 내식성 및 내열성 소재의 두께 3.2mm 이상인 강철판을 사용해야 한다.
③ 탱크에는 통기관과 안전장치(소화설비, 위험물 표지 부착, 방유제 등)를 설치하여 안전을 확보해야 한다.

(2) 위험물의 분류
① 특수인화물: 1기압에서 발화점은 100℃ 이하, 인화점은 −20℃ 이하, 비점은 40℃ 이하인 것으로 이황화탄소, 디에틸에테르 등이 있다.
② 제1석유류: 1기압에서 인화점 21℃ 미만인 것으로 휘발유, 아세톤 등이 있다.
③ 제2석유류: 1기압에서 인화점 21℃ 이상 70℃ 미만인 것으로 경유, 등유 등이 있다.
④ 제3석유류: 1기압에서 인화점 70℃ 이상 200℃ 미만인 것으로 중유, 니트로벤젠 등이 있다.

⑤ 유류 저장 지정수량 (인화성 액체, 위험물안전관리법 시행령[별표 1])

위험물	품명		지정수량	위험등급
제4류 인화성 액체	특수인화물		50L(리터)	I
	제1석유류	비수용성 액체	200L(리터)	II
		수용성 액체	400L(리터)	
	알코올류		400L(리터)	
	제2석유류	비수용성 액체	1,000L(리터)	III
		수용성 액체	2,000L(리터)	
	제3석유류	비수용성 액체	2,000L(리터)	
		수용성 액체	4,000L(리터)	
	제4석유류		6,000L(리터)	
	동식물유류		10,000L(리터)	

(3) 저장 및 취급방법

① 용기 외부에는 '화기엄금' 주의사항을 표기해야 한다.
② 보관시 통풍이 잘되는 냉암소(열과 빛을 차단하는 장소)에 보관해야 한다.
③ 직사광선, 화기(불티, 불꽃, 고온체 등)의 접근을 금지해야 한다.
④ 저장시 밀봉, 밀전을 철저히 하며 기체 및 액체의 누출이 없어야 한다.
⑤ 저장 및 운반시 접지를 통해 정전기를 사전에 예방해야 한다.
⑥ 유동성이 좋은 액체연료는 화재시 확산에 대한 대비를 해야 한다.

4. 기체연료의 저장

(1) LNG 저장 방법

① 유수식: 뚜껑이 있는 물통과 같은 원통에 저장하는 방식의 가스 홀더로 내부 밑부분에 물을 채워 활용한다.
② 무수식: 가스증감량에 따라 내벽의 상하 운동을 가진 피스톤이 오르고 내리도록 하는 가스 홀더로 활용한다.
③ 압력식: 원통형 홀더(저압식), 구형 홀더(고압식)가 있으며, 가스의 저장량은 압력에 따라 변한다.

(2) LPG 저장 방법

① 용기의 저장 및 운반 중에는 항상 40℃ 이하로 유지한다. ← 40℃ 이상 유지시 LPG의 증발을 촉진하여 폭발의 위험성이 있다.
② 보관시 용기의 충격, 전락을 피하고 인화성 물질을 주변에 두지 않는다.
③ 가스 밸브 조작 시 천천히 열고 닫는다.
④ LPG 용기는 직사광선을 피하고 통풍이 잘되는 곳에 보관한다.
⑤ 액화석유가스 저장 가스설비 내압성능은 내압 시험시 상용압력의 1.5배 이상의 압력의 이상으로 설정된다.

6 통풍 및 송풍

1. 통풍방식

(1) 자연통풍(연돌통풍) ← 150Kg/m² · h 미만이다.

① 송풍기 없이 연도에서 배출되는 배기가스의 밀도차에 의해 생기는 압력차를 이용한 방식이다.

② 통풍력이 약하기 때문에 소형보일러의 통풍 방식으로 쓰이며, 배기가스의 온도차, 연돌의 높이 및 연도의 길이 등에 영향을 받는다.

> **+기초 자연통풍력 증가 방법**
> - 배기가스의 비중량이 작을수록, 공기 중의 습도가 낮을수록 증가한다.
> - 연돌의 높이가 높을수록, 통풍마찰저항이 작을수록 증가한다.
> - 공기의 기압이 높을수록, 외기온도가 낮을수록 증가한다.
> - 배기가스의 온도가 높을수록 증가한다.

(2) 강제통풍(인공통풍) ← 150~200Kg/m² · h이다.

① 송풍기를 이용하며, 장치를 이용하여 효율 증가시키는 방식으로 대형 보일러에 쓰인다.

② 강제통풍 방식은 압입통풍식(가압통풍식)과 유인통풍식(흡입통풍식), 평형통풍식이 있다.

압입통풍식 (가압통풍식)	• 노 앞쪽의 통풍팬을 활용하여 노 내의 압력을 높이는 방식이다. • 정압을 유지하기 좋으며, 연소용 공기 조절이 용이하다. • 노 내압이 높아져 연소가스 누설이 발생될 수 있어 연소실과 연도의 기밀 유지가 필요하다.
유인통풍식 (흡입통풍식)	• 통풍팬을 연도 끝에 설치하여 노 내의 압력을 낮추는 방식이다. • 강한 통풍력을 형성하고 노 내에 부압(−)이 유지된다. • 연소용 공기가 예열되지 않으며, 외기 침입으로 열손실이 발생된다.
평형통풍식	• 압입팬(송풍기, FDF), 흡입팬(송풍기, IDF)을 사용하여 굴뚝으로 통풍한다. • 강한 통풍력을 가지고 있으며 큰 소음이 발생한다. • 압입통풍과 흡입통풍을 병행한다. • 대형보일러에 적합하며, 통풍력 손실이 큰 보일러에도 사용한다. • 동력소비가 커 유지비용이 크며, 초기설비비가 많이 든다. • 연소실 압력을 정압, 부압으로 조절이 가능하다.

2. 통풍력 계산 공식

(1) 이론 통풍력

열 장치에서 에너지를 이용하여 배기가스를 발생하는데 필요한 이론적인 압력으로 온도 및 밀도를 이용하여 구한다.

① 온도 기준(표준 상태)

$$Z = 355 \times H \times \left(\frac{1}{273 + t_a} - \frac{1}{273 + t_g} \right)$$

Z: 이론 통풍력, H: 연돌의 높이(m), t_a: 대기온도(℃), t_g: 배기가스 온도(℃)

② 비중 기준

$$Z = H \times (\gamma_a - \gamma_g) = 273 \times H \times \left(\frac{\gamma_a}{273 + t_a} - \frac{\gamma_g}{273 + t_g} \right)$$

Z: 이론 통풍력, H: 연돌의 높이(m), γ_a: 대기 비중량(kgf/m³),
γ_g: 배기가스 비중량(kgf/m³), t_a: 대기온도(℃), t_g: 배기가스 온도(℃)

(2) 실제 통풍력

연돌 마찰저항, 온도 등으로 인한 손실로 이론 통풍력의 80%이다.

> **+기초 통풍력 증가 조건**
> - 연돌의 높이가 높은 경우 통풍력은 증가한다.
> - 연돌의 굴곡부가 적고, 길이가 짧을 경우 통풍력은 증가한다.
> - 배기가스 온도가 높을 경우 통풍력은 증가한다.
> - 외기온도와 습도가 낮을 경우 통풍력은 증가한다.

3. 송풍기 종류

원심력으로 연소용 공기의 풍량조절을 하여 과잉공기량을 조절한다. ← 다익형, 플레이트형, 터보형은 원심력 송풍기에 속한다.

(1) 축류형 송풍기

① 프로펠러형으로 회전축 방향과 평행한 공기흐름의 형식이다.

② 고속운전으로 풍량이 많고 배기 및 환기용으로 적합하다.

③ 가동시 소음이 크고 풍압이 낮다.

▲ 축류형 송풍기

(2) 다익형 송풍기

① 시로코팬(휀), 전향날개형이라고 하며 많은 임펠러의 날개를 가진 팬이다.

② 저속덕트용으로 소음문제가 적고 압력손실이 적어 전체환기나 공기조화용으로 사용된다.

(3) 플레이트형 송풍기

① 평판형팬(휀)이라고 하며, 평판을 회전시키는 송풍기이다.

② 고정 압력이 낮으며, 습식 집진장치의 배기에 적합하고 부식성이 강한 공기를 이송하는데 사용한다.

(4) 터보형 송풍기

① 후곡형, 후향날개형이라고 하며, 회전방향의 반대편으로 날개가 경사지게 설계된 터빈형이다.

② 소음이 크나 고온, 고압의 대용량에 적합하여 압입송풍기로 사용한다.

▲ 다익형 송풍기

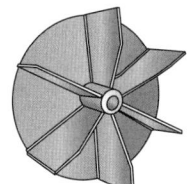
▲ 플레이트형 송풍기

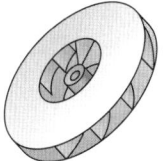
▲ 터보형 송풍기

4. 동력 계산

(1) 송풍기 유량 및 소요동력

① 송풍기 유량

$$Q = A \times V$$

Q: 풍량(m³/s), A: 단면적(m²), V: 유속(m/s)

② 송풍기 소요동력

$$P = \frac{\Delta P \times Q}{102 \times \eta} \times \alpha$$

P: 동력(kW), ΔP: 전압력손실(mmH₂O), Q: 풍량(m³/s), η: 효율(%), α: 여유율

(2) 송풍기 상사의 법칙

① 송풍기의 크기나 날개의 회전수의 변화에 따른 법칙으로 풍량, 풍압, 축동력을 계산한다.

풍량(유량)(m³/s)	$Q_2 = Q_1 \times \left(\frac{N_2}{N_1}\right)^1 \times \left(\frac{D_2}{D_1}\right)^3$ (Q: 풍량, N: 회전수, D: 직경)
풍압(양정)(kg/m²)	$P_2 = P_1 \times \left(\frac{N_2}{N_1}\right)^2 \times \left(\frac{D_2}{D_1}\right)^2$ (P: 풍압, N: 회전수, D: 직경)
축동력(동력)(kW)	$L_2 = L_1 \times \left(\frac{N_2}{N_1}\right)^3 \times \left(\frac{D_2}{D_1}\right)^5$ (L: 축동력, N: 회전수, D: 직경)

② 송풍기의 관계

㉠ 송풍기의 풍압은 회전수의 제곱에 비례하고, 풍량은 회전수에 비례한다.

㉡ 송풍기의 동력은 회전수의 세제곱에 비례한다.

> **+ 심화** 댐퍼(Damper)
>
> 1) 개요
>   덕트 또는 공기조화기(처리기) 중간에 설치하며, 풍량을 통해 공기의 흐름을 조절하거나 차단한다.
> 2) 설치목적
>   • 통풍량 조절을 통해 연소효율 및 에너지 절약의 증대를 목적으로 한다.
>   • 덕트 중간에서 배기가스의 흐름과 양을 조절하거나 차단한다.
>   • 고온의 연소가스가 배출되는 주연도, 보조 연도로서 부연도의 배기가스 흐름을 전환시킨다.

7 대기오염방지장치

1. 연소가스 중 대기오염 물질

(1) 1차 대기오염 물질

직접 배출되는 물질을 말하며, 입자상 물질(매연, 분진, 검댕 등), 황산화물(SO_x(이산화황(SO_2), 삼산화황(SO_3) 등), 질소산화물(NO_x(산화질소(NO), 이산화질소(NO_2) 등), 자동차 배기가스 등이 있다.

+ 기초 질소산화물 생성 방지대책
- 연소온도와 노 내압을 낮춘다.
- 노 내의 가스 잔류시간 및 고온 유지시간을 짧게 한다.
- 2단연소 및 저산소연소, 배기의 재순환 연소법을 사용한다.
- 질소함량이 적은 연료를 사용한다.
- 과잉공기량을 감소시킨다.

① 질소산화물(NO_x): 대부분 자동차 배기가스에서 발생하며 연소과정에서 질소와 산소가 반응하여 니트로산과 질산으로 변하고 산성비를 발생한다.

② 황산화물(SO_x): 대부분 화력발전 공장에서 연료가 완전연소 되지 않았을 때 발생하는 공해물질로 수분(수증기)과 반응하여 산성비를 발생한다. 가성소다와 반응시 황산을 생성하고, 석회는 황산칼슘을 생성한다.

(2) 2차 대기오염 물질

1차 대기오염물질과 화학 반응을 일으켜 생기는 물질을 말하며, 매연(초미세먼지 등)은 탄화수소가 분해 연소할 경우 미연의 탄소입자가 모여서 생성한다.

(3) 매연

① 매연 발생 원인
  ㉠ 연소시 공기 또는 연료 공급이 불량하거나 **연소실 온도가 낮을 때** 발생한다.
  ㉡ 통풍력이 과하게 강하거나, 약할 때 발생한다.
  ㉢ 연료의 예열온도가 맞지 않고, 공기비가 맞지 않을 때 발생한다.
  ㉣ 연소실 용적(크기)이 작고, 연소장치가 불량할 때 발생한다.
  ㉤ 연소장치 조작기술의 미숙으로 원활한 연소가 진행되지 못할때 발생한다.

② 매연 발생에 영향을 미치는 요인
  ㉠ 공기비: 공기비가 크거나 작을 경우 불완전 연소가 일어나며 매연이 가장 많이 생성된다.
  ㉡ 연소속도: 빠른 연소속도로 연료가 완전연소가 되기 전에 배출되어 매연이 발생힌다.
  ㉢ 발열량: 발열량이 높은 연료는 완전연소시 필요공기량이 높아 공기비에 따라 매연이 발생한다.
  ㉣ 착화온도: 공급되는 연료의 착화온도가 낮으면 불완전연소로 이어져 매연이 발생한다.

+ 심화 링겔만 농도표

(1) 측정대상: 배출가스 중 CO_2 농도

(2) 구분: NO 0~5번 (6종) ← 0도에 가까울수록 통과 광선율이 높다.

(3) 농도율(%)

$$\rho = \frac{A_a}{m_a} \times 20\%$$

ρ: 농도율(%), A_a: 총 매연값(도수×측정시간), m_a: 총 측정시간(min)

 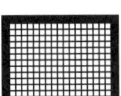    

2. 집진장치

(1) 건식 집진장치

① 중력식 집진장치

㉠ 건식 집진방식(중력식, 원심력식, 여과식 등)의 하나로, 큰 입자가 중력에 의해 침강하여 제거된다.

㉡ 특징은 다음과 같다.
- 다른 집진장치에 비해 구조가 단순하여 낮은 투자비용과 설치 및 유지보수 비용이 저렴하다.
- 오염물질이 중력으로 침강되어 고온과 고압의 가스 환경에서도 안정적으로 사용이 가능하다.
- 집진시 화학물질이나 필터가 필요없어 환경에 대한 부담이 적다.
- 미립화된 미세 먼지의 제거는 어려우며 먼지 부하 및 유량의 변동 적응성이 낮다.

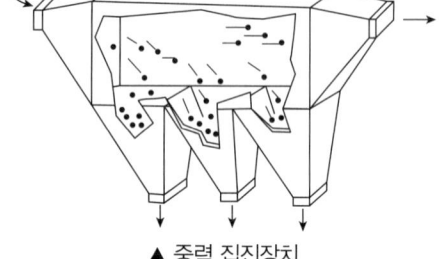

▲ 중력 집진장치

② 원심력 집진장치

㉠ 원심력(Cyclone)을 이용하여 입자를 벽으로 붙여 제거한다.

㉡ 사이클론은 '회오리'를 뜻하며 선회운동을 일으켜 원심력을 통해 입자와 가스를 분리시키는 원리를 가진다.

㉢ 대표적으로 소형 사이클론을 직렬로 연결한 다단사이클론과 병렬로 연결한 멀티 사이클론이 있다.

㉣ 특징은 다음과 같다.
- 고온에서 운전이 가능하며, 사용범위가 넓다.
- 구조가 간단하고 설치 및 유지 비용이 저렴하다.
- 미세입자에 대한 집진효율이 낮아 운전 비용이 증가한다.
- 사이클론 전체로서의 압력손실은 입구 헤드의 4배 정도이다.

③ 관성력 집진장치

㉠ 방해판 충돌 또는 기류의 방향전환으로 발생하는 입자의 관성력을 이용하여 포집하는 장치로 충돌 직전 처리가스 속도가 빠를수록, 충돌 후 출구가스 속도가 느릴수록 좋다.

▲ 원심력 집진장치

㉡ 특징은 다음과 같다.
- 구조가 간단하고 설치비, 운전비용이 저렴하다.
- 중력식 집진장치보다 성능이 우수하며, 고온가스 처리가 가능하다.
- 기계적 장치가 없어 고장 발생률이 적다.
- 곡률 반경이 작을수록 미립자 포집이 가능하나 미세입자 집진효율은 낮다.

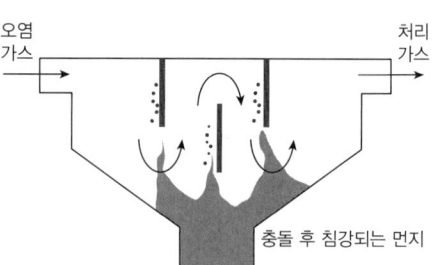

▲ 관성력집진시설

ⓒ 종류

배플형(Baffle Type)	고속의 기류가 배플에 부딪혀서 입자를 분리한다.
충돌판형(Impinger Type)	가스 속 먼지가 판에 직접 충돌하며 분리한다.
이중 밴딩형(Double Bend Type)	기체의 흐름을 급격하게 꺾어 입자를 낙하시킨다.
전방 격벽형(Shrouded Inlet Type)	회전력과 관성력을 이용해 분리하여 효율을 향상시킨다.

④ 여과 집진장치

㉠ 여과재(Filter)를 통해 분진입자를 분리 및 포착하여 가장 높은 효율을 내며, 대표적으로 Bag Filter가 있다.

㉡ 수분이 함유된 함진 가스인 경우 입자의 제거가 곤란하다.

㉢ 분진 종류로는 목면, 글라스(글라스울, 유리섬유), 테프론, 비닐론, 나일론, 사란, 양모 등이 있다.

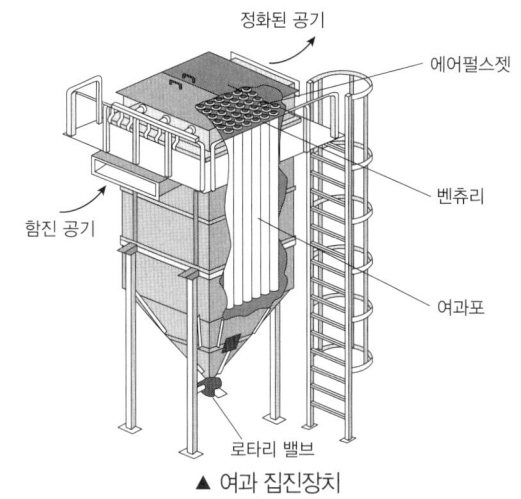

▲ 여과 집진장치

> **+ 기초** **백필터**(Bag Filter)
> - 백의 밑에서 가스백 내부로 송입하여 집진한다.
> - 집진장치 중 높은 효율을 가지며, 직물로 된 여포재에 더스트 일차 부착층이 형성되면 함진 가스를 통과시킬 때 집진율이 우수해진다.
> - 여과면의 가스 유속은 미세한 더스트일수록 작게 한다.
> - 더스트 부하가 클수록 집진율은 커진다.

(2) 습식 집진장치(세정식 집진장치)

배기가스 내의 분진을 세정액이나 액막(수분) 등에 충돌 또는 흡수하여 액체로 포집하는 방식으로, 회전식, 가압수식, 유수식 등이 있다.

집진형식	종류
유수식	임펠러형, 회전형, 분수형, S형 등
회전식	타이젠 와셔, 충격식 스크러버 등
가압수식	벤츄리, 제트, 사이클론 스크러버, 충전탑, 분무탑 등

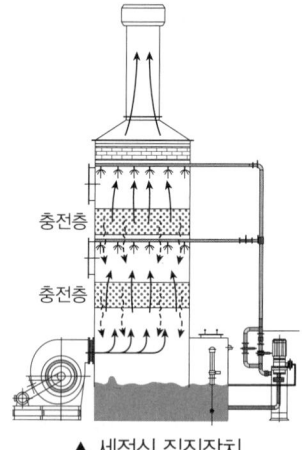

▲ 세정식 집진장치

+ 심화 벤투리 스크러버

1) 개요

습식 집진장치 중 하나로 함진가스를 벤츄리관의 목 부분에 공급하여 미립자와 물방울(세정액)을 동시에 심한 난류상태로 만들어 포집하는 방식이다.

2) 구조 및 구성 요소
  - 수축부(벤츄리관): 유체 속도가 증가하고 압력이 낮아진다.
  - 목부(Throat): 유체의 속도가 최고치가 되며 미립자와 물방울이 충돌하는 지점을 말한다.
  - 확대부(Diffuser): 유체의 속도가 감소하고 압력이 높아진다.
  - 사이클론: 스크럽된 물방울을 제거하는 후단 장치이다.

(3) 전기식 집진장치 ← 전기식 집진장치에는 코트렐식이 있으며, 효율이 높다.

① 집진시 포집입자의 직경은 $0.1\mu m$ 정도로 미세한 크기를 가진다.

② 전기식 집진장치는 대치시킨 2개의 전극사이에 고압(특고압)의 직류 전장을 가하며, 통과하는 미립자는 대전되어 집진극에 모여 표면에서 퇴적한다.

③ 특징은 다음과 같다.
  ㉠ 미세입자에 대한 집진효율이 매우 우수하다.
  ㉡ 적은 압력손실로 대량의 함진가스 처리작업이 가능하다.
  ㉢ 별도의 정전설비가 필요하며 설치면적이 넓어 설치비가 많이 든다.
  ㉣ 저항을 가진 큰 분진을 포집하기가 어렵다.

+ 심화 집진장치의 효율

(1) 집진효율(η)

$$\eta = 1 - \frac{C_o}{C_i}$$

C_i: 입구농도(mg/L), C_o: 출구농도(mg/L)

(2) 총 집진효율(η_o)

직렬 방식	병렬 방식
$\eta_o = 1 - (1-\eta_1) \times (1-\eta_2)$	$\eta_o = 1 - (1-\eta_1) \times \left(1 - \frac{\eta_2 + \eta_3}{2}\right)$

8 연소안전

1. 점화 및 화염 검출

(1) 점화
① 연료에 불을 붙이는 작업으로, 충분한 에너지를 제공하여 점화시킨다.
② 점화의 영향인자는 다음과 같다.
   ㉠ 연료가스의 속도가 빠르면 실화(선화)가 발생하고, 느리면 역화가 발생한다.
   ㉡ 연소실의 온도가 낮으면 연료의 확산이 불량해진다.
   ㉢ 연료의 예열온도가 낮으면 무화불량이 발생한다.
   ㉣ 점화시간이 늦으면 연소실 내로 역화가 발생한다.
③ 버너 역화 방지대책은 다음과 같다.
   ㉠ 버너온도를 높게 유지하면 과열로 인한 역화 및 파열 현상이 일어날 위험이 있으므로 버너온도를 낮게 유지 한다.
   ㉡ 리프트 한계가 큰 버너를 사용하여 연소의 안정성을 높인다.
   ㉢ 다공 버너는 각각의 연료분출구를 작게 하여 역화를 방지한다.
   ㉣ 1차 공기를 착화범위보다 적게 공급하기 위해 연소용 공기를 분할하여 공급한다.

> **+심화 에어레지스터(Air register)**
> 버너의 확실한 착화와 화염의 안정을 도모하기 위한 공기조절장치이다. 분무기로 노 내에 분사된 연료에 연소용 공기를 유효하게 조절하며 공급하여 연소를 좋게 한다.

(2) 화염검출장치
① 플레임아이: 광전관이라고도 하며 화염의 빛(발광)을 이용한다.
② 스택스위치: 화염의 열(발열)을 이용하여 내장되어 있는 바이메탈의 신축작용으로 검출하며, 소용량 보일러에 사용한다.
③ 플레임로드: 화염의 전기전도성(이온화 현상)을 이용하며 주로 가스연료 점화버너에 사용한다.

2. 경보장치

고·저수위경보장치(수위 제어 검출 방식)가 대표적이다.
① 보일러 드럼 내 수위 확인을 위해 설치하며, 적당한 범위를 유지시켜주는 장치로 이상 상황 발생시 경보를 울린다.
② 형식은 플로트식(맥도널식), 전극식, 열팽창식 등이 있다.
   ㉠ 기계식 경보장치: 유량 및 온도 등 물리적 변화에 반응하여 경고하는 방식으로 내구성이 우수하고 설치가 간편하나 정밀도가 낮고 반응속도가 느리다.
   ㉡ 전기식 경보장치: 전기적 신호에 의해 경고하는 방식으로 정밀도가 높고 반응 속도가 우수하나 설치가 복잡하고 고장 발생시 대처가 어렵다.

> **+심화 수위 제어 방식**
> 단요소식(1요소식), 2요소식, 3요소식 및 모듈식으로 구성되어 있다.
> • 단요소식: 수위
> • 2요소식: 수위, 증기
> • 3요소식: 수위, 증기, 급수

9 화재 및 폭발 이론

1. 폭발

(1) 폭발의 종류

① 기상폭발
  ㉠ 기상(기체)의 물질 상태에서 폭발이 발생하는 것을 말한다.
  ㉡ 종류로는 가스, 분해, 분진, 분무, 박막, 증기운 폭발 등이 있다.

> **+ 심화 폭발한계 측정 영향요소**
> - 압력이 높을수록 폭발범위는 넓어진다.
> - 산소농도가 클수록 연소상한값이 커진다.
> - 온도가 높아지면 폭발하한값은 낮아지고 상한값은 높아지므로 폭발범위는 넓어진다.

② 응상폭발
  ㉠ 고체 또는 액체의 물질 상태에서 폭발이 발생하는 것을 말한다.
  ㉡ 종류로는 수증기, 증기, 전선, 고체상태 간 전이 폭발 등이 있다.

③ 화학적 폭발
  ㉠ 화학적 원인으로 폭발이 발생하는 것을 말한다.
  ㉡ 종류로는 분진폭발, 분해폭발, 산화폭발, 촉매폭발 등이 있다.

(2) 증기운 폭발

① 다량의 가연성 증기가 대기 중에 방출 또는 유출되면 공기와 혼합가스를 형성한 폭발성 증기구름을 형성하게 된다. 이때 물질의 연소하한계 이상의 상태에서 점화원에 의해 화재가 발생하면 거대한 화구를 형성하며 폭발한다.

② 폭발보다 화재가 많이 발생되며, 연소 에너지의 약 20% 정도가 폭풍파로 변화한다.

③ 점화 위치가 방출점에서 멀수록 증기운의 크기가 커지거나 확산되어 점화될 가능성이 커진다.

> **+ 기초 증기운 폭발 방지대책**
> - 가스 검지기 설치로 조기 가스 누출을 감지한다.
> - 긴급차단밸브를 연동시켜 가스 누출시 작동하게 한다.
> - 재고량을 낮게 유지한다.
> - 증기운이 잘 확산되도록 장해물이 없도록 한다.

(3) 폭굉(데토네이션, Detonation)

① 확산이나 열전도가 아닌 화염의 빠른전파(초음속)로 발생하는 충격파에 의한 역학적 현상으로 파괴작용을 일으키는 현상을 말한다.

② 음속 340m/s, 폭굉 1,000~3,500m/s로, 가스 화염 전파속도가 음속보다 큰 경우 압력에 의해 충격파로 파괴작용을 일으킨다.

③ 폭굉유도거리(DID)는 최초의 완만한 연소가 격렬한 폭굉으로 발전할 때까지의 거리이다.
  ㉠ 정상 연소속도가 큰 혼합가스일수록 DID가 짧아진다.
  ㉡ 관 속에 방해물이 있거나 관지름이 가늘수록 DID가 짧아진다.
  ㉢ 압력이 높을수록 DID가 짧아진다.
  ㉣ 점화원의 에너지가 클수록 DID가 짧아진다.

(4) 가스 폭발 위험장소

Zone 0 → Zone 1 → Zone 2로 갈수록 폭발가능성이 낮아진다.

0종 장소(Zone 0)	폭발성 가스분위기가 연속적으로 장기간 또는 빈번하게 존재할 수 있는 장소
1종 장소(Zone 1)	폭발성 가스분위기가 정상작동 중 주기적 또는 빈번하게 생성되는 장소
2종 장소(Zone 2)	폭발성 가스분위기가 정상작동 중 조성되지 않거나 조성된다 하더라도 짧은 기간에만 지속될 수 있는 장소

+심화 연료종류별 폭발범위

- 아세틸렌(C_2H_2): 2.5~81%
- 수소(H_2): 4~75%
- 에틸렌(C_2H_4): 2.7~36%
- 메탄(CH_4): 5~15%
- 프로판(C_3H_8): 2.2~9.5%
- 벤젠(C_6H_6): 1.4~7.9%
- 메틸알코올(CH_3OH): 7.3~36%

2. 관련 공식

(1) 폭발 범위

폭발 범위는 넓을수록 위험하며, 연소 상한계, 하한계를 이용한 르샤틀리에 공식은 다음과 같다.

$$\frac{100}{L} = \frac{V_1}{L_1} + \frac{V_2}{L_2} + \frac{V_3}{L_3} + \cdots$$

V: 부피 백분율(%), L: 연소 상한계 또는 연소 하한계(%)

(2) 위험도

$$위험도 = \frac{U-L}{L}$$

U: 폭발범위 상한값(%), L: 폭발범위 하한값(%)

(3) 중력침강속도

Stokes 공식을 이용하여 계산한다.

$$V_g = \frac{d^2(\rho_s - \rho)g}{18\mu}$$

V_g: 중력침강속도(m/s), d: 직경(m), ρ_s: 입자의 밀도(kg/m^3), ρ: 가스의 밀도(kg/m^3), g: 중력가속도(9.8m/s^2), μ: 점성계수(점도)(kg/m·s)

+심화 중력침강속도

- 밀도차에 비례한다.
- 점도에 반비례한다.
- 중력가속도에 비례한다.
- 입자직경의 제곱에 비례한다.

SUBJECT 2 열역학

핵심 KEYWORD
- 평형상태
- 엔트로피
- 정압비열, 정적비열
- 열역학 제1,2,3법칙
- 보일–샤를의 법칙
- 이상기체
- 사이클

1 열역학적 상태

1. 열역학의 기초

(1) 계(System)

물질과 에너지를 포함하는 특정된 공간(영역)을 말한다.

종류	물질	일	열	정의	예시
개방계(열린계)	○	○	○	주변의 질량(물질) 및 에너지 교환이 모두 일어난다.	증기기관
밀폐계(닫힌계)	×	○	○	주변의 질량(물질)은 교환되지 않고 에너지가 이동한다.	피스톤 실린더
고립계(절연계)	×	×	×	주변의 질량(물질) 및 에너지교환이 단절된다.	—

▲ 계

+심화 Gibbs의 상률(상법칙)

1) **자유도(F, Degree of freedom)**
   어떠한 물질과 에너지를 포함한 계(System)의 설명을 위한 독립적인 변수를 말한다.

2) **Gibbs의 상률(상법칙) 공식**

$$F = C - P + 2$$

F: 자유도, C: 구성성분의 수, P: 상의 수, 2: 독립변수(온도, 압력)

---

(2) 물질의 상태

① 정상상태: 시간에 따라 유체의 흐르는 상태량이 가진 속도, 압력, 온도 등의 성질이 변하지 않는다.
② 평형상태: 시간적, 공간적으로 유체의 흐르는 상태량이 항상 같은 상태로 변하지 않는다.
③ 상태량에 따라 **강도성 상태량**과 **용량성 상태량**으로 구분할 수 있다.
   ㉠ 용량성 상태량: 크기의 상태량이라고도 하며, 질량에 비례하는 특성을 가진다.
      예 질량(m), 부피(체적, V), 일(W), 내부에너지(U), 엔탈피(H), 엔트로피(S) 등
   ㉡ 강도성 상태량: 세기의 상태량이라고도 하며, 질량과 관계없다.
      예 온도(T), 압력(P), 밀도(ρ), 비체적(v), 비열(C), 열전달률(k) 등

2. 기본 용어

(1) 온도(Temperature)

어느 물질의 입자들이 열 이동으로 차고 뜨거운 정도를 나타낸 물리량을 말한다.

① 섭씨 온도(°C): 스웨덴 천문학자 Celsius 이름에서 유래되었으며, 표준 대기압의 상태에서 물이 끓는 점(100°C)과 물이 어는점 또는 빙점(0°C)을 100등분 하였을 때 1등분을 1°C로 표현한다.

② 화씨 온도(°F): 독일 물리학자 Fahrenheit 이름에서 유래되었으며, 물이 끓는 점(212°F)과 물이 어는점 또는 빙점(32°F)를 180등분하였을 때 1등분을 1°F로 표현한다.

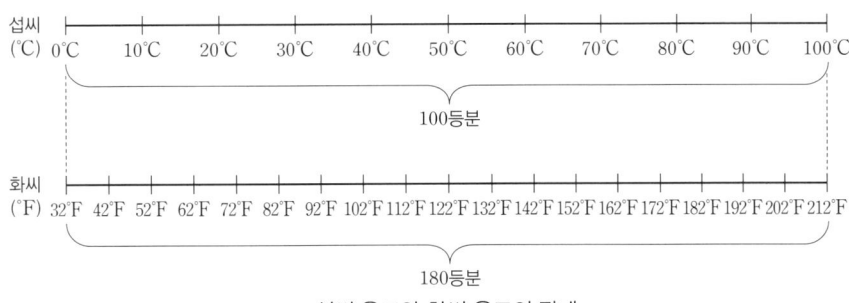

▲ 섭씨 온도와 화씨 온도의 관계

- $°F = \left(°C \times \dfrac{9}{5}\right) + 32$
- $°C = (°F - 32) \times \dfrac{5}{9}$

③ 절대 온도(K): 온도의 국제 표준 SI기본단위로, 물의 삼중점을 기준으로 273.16K(0.01°C)으로 정하고 이상기체의 부피가 0이 되어 운동이 정지되는 최저온도로 절대 영도(Absolute Zero)에 해당한다.

㉠ 켈빈 온도(K) = °C + 273 = $\dfrac{°R}{1.8}$

㉡ 랭킨 온도(°R) = °F + 459.67(≒460) = K × 1.8

> **+ 심화 물의 삼중점**
>
> - 삼중점: 물이 고체, 액체, 기체 중 어느 상태로도 존재할 수 있는 온도와 압력인 점을 말하며, 273.16K(0.01°C), 0.61kPa이다.
> - 임계점: 물질이 액체와 기체 두상 간의 경계가 사라지는 평형 상태로 존재할 수 있는 최고온도 및 최고압력으로 특정 값(임계온도(T_c), 임계압력(P_c))을 초과하면 액상과 기상을 구분할 수 없다.
> - 초임계 상태: 기상과 액상의 구분할 수 없는 단일한 상태를 말한다. 밀도상 액상과 가까우며, 점도는 기상과 가까운 상태의 혼재된 상태를 말한다.
>
>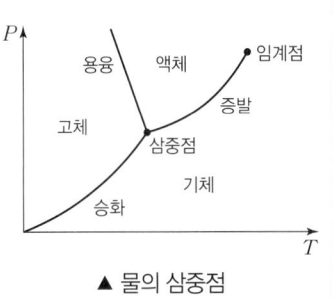
>
> ▲ 물의 삼중점

(2) 압력(Pressure) 1Pa=1N/m²

① 힘이 작용하는 면적(A)당 수직으로 가해지는 힘(F)을 나타내는 물리적인 양을 말한다.

$$압력(P) = \frac{힘(F)}{면적(A)}$$

P: 압력(Pa), F: 힘(N), A: 면적(m²)

㉠ 표준대기압(Atmospheric Pressure): 기압의 표준값으로, 기준(0°C, 위도 45°, 지구의 중력 9.81 m/s²)에 맞춰 수은주 760mmHg가 표시되는 순간 압력을 말한다.
- 1atm=76cmHg=760mmHg(760torr)=10,332mmAq=10,332kgf/m²=1.0332kgf/cm²
  =101,325Pa=101.325kPa=0.101325MPa=1.01325bar=14.7psi

㉡ 게이지압력(계기압력): 대기압(1atm)의 상태를 기준으로 일반적인 압력계의 지시된 압력을 말한다.

㉢ 절대압력: 절대진공(0Pa)의 상태를 기준으로 측정한 압력으로 변하지 않는 압력을 말한다.
- **절대압력＝대기압＋게이지압력**
  ＝대기압－진공압력
- 절대압력비(P)＝$\frac{P_1}{P_2} = \frac{100+5x}{100+2x}$

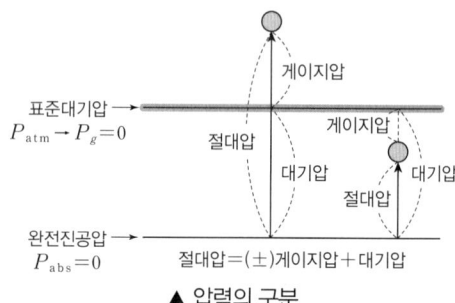

▲ 압력의 구분

㉣ 진공압력: 대기압의 상태에서 낮은 압력을 진공압, 절대압이 0인 구간을 완전 진공으로 표현한다. ← 진공은 공기가 없는 상태를 말하며, 부압이라고도 한다.

+심화 물의 임계압력

- 물의 압력을 가해서 증발이 진행되지 않고 바로 수증기로 변환하는 데 필요한 압력을 의미한다.
- 물의 임계압력에서는 더 이상 증발이 일어나지 않아, 증발잠열은 0이다.
- 물의 임계온도(T_c): 374.15°C, 물의 임계압력(P_c): 225.65kgf/cm²

(3) 비체적: 단위 질량당 체적을 뜻한다.

$$V_s = \frac{V}{m} = \frac{1}{\rho}$$

V_s: 비체적(m³/kg), V: 체적(m³), m: 질량(kg), ρ: 밀도(kg/m³)

+심화 체적팽창계수

물질이 일정한 압력(등압)상태에서 단위온도만큼 상승시킬 때 생기는 체적(부피)변화값으로, 다음과 같은 식으로 정리한다.

$$\beta = \frac{1}{V}\left(\frac{\partial V}{\partial T}\right)_p$$

V: 부피, T: 온도, p: 압력

(4) 밀도(Density): 물질의 단위 체적(부피)당 질량을 의미하고, 단위는 kg/m³, N·s²/m⁴ 등이 있다.

$$\rho = \frac{m}{V}$$

ρ: 밀도(kg/m³), m: 질량(kg), V: 체적(m³)

(5) 비중(SG, Specific Gravity)
① 상대밀도라고도 하며, 어떤 물질을 기준 물질의 밀도와 비교한 비율을 말한다.
② 고체, 액체는 보통 물(4℃, 1기압)의 밀도를 기준으로 하며, 기체는 공기의 밀도를 기준으로 한다.
③ 비중(G) = $\dfrac{\text{물질의 밀도}}{\text{기준 물질의 밀도}}$ 이며, 단위는 없다.

(6) 비중량(SW, Specific Weight)
① 단위 부피(체적)당 물질의 무게(중량) 나타낸다.
② 비중에 중력가속도(9.81m/s²)를 곱해준 값을 말하며, 4℃ 물의 비중량은 1g/cm³ = 1,000kg/m³ = 1kg/L이다.

$$\gamma = \frac{W}{V}$$

γ: 비중량(kg/m³), W: 무게(kg), V: 체적(m³)

(7) 동력(Power)
① 단위 시간당 수행되는 일의 양 또는 단위 시간당 에너지의 양을 의미하며, 에너지 전달 또는 변환이 이루어지는 속도를 말한다.

$$P = \frac{W}{t}$$

P: 동력(W), W: 일(J), t: 시간(s)

> **+기초 동력의 단위**
> - 1kW = 860kcal/h = 102kgf·m/s
> - 1HP = 641kcal/h = 76kgf·m/s
> - 1PS = 632kcal/h = 75kgf·m/s

② 동력의 효율 공식은 다음과 같다.

$$\eta = \frac{P_o}{P_i}$$

η: 효율, P_i: 입력 동력(kW), P_o: 출력 동력(kW)

3. 일 및 열에너지

(1) 일

① 힘이 작용하여 물체를 이동시킬 때 발생하는 에너지를 말한다.

② 절대단위는 $J = N \cdot m = kg \cdot m^2/s^2$이다.

③ 중력단위는 중력가속도($9.81 m/s^2$)를 곱해준 값으로 $kgf \cdot m = 9.8J$이다.

$$W = F \times d = \int_{V_1}^{V_2} PdV$$

W: 일(J), F: 힘(N), d: 물체 이동거리(m)

(2) 열에너지(Q, Heat)

① 물질 내부의 입자 운동에 인한 에너지로, 온도와 관련되어 있다. ← 열평형은 두 개의 물질이 접촉된 상태에서 저온이 고온이 되고, 고온이 저온이 되면서 두 물질의 온도가 같게 되는 것을 말한다.

② 열의 단위는 cal(Calorie)와 J(Joule)이 많이 사용된다.

　㉠ 1g의 물을 1℃ 상승시키기 위해 필요한 열량을 1cal, 1kg의 물은 1kcal의 열량이 필요하다.

　㉡ 1lb의 물을 1°F 상승시키기 위해 필요한 열량은 BTU(1°F)이다.

> **+ 기초 잠열과 현열**
> - 잠열: 물체의 온도 변화없이 상태변화만 일으키는데 필요한 열량을 말한다.
> - 현열: 물체의 상태 변화없이 온도변화만 일으키는데 필요한 열량을 말한다.
> - 전열: 현열과 잠열을 합한 총열량을 말한다.

$$Q = C \cdot m \cdot \Delta T$$

Q: 열량(kcal), C: 비열(kcal/kg·K), m: 질량(kg), ΔT: 온도차(K)

(3) 비열

① 물질 1kg을 1℃(또는 1K) 올리는 데 필요한 열량으로, 단위는 J/kg·K, cal/g·℃이다.

		+ 기초 정적비열과 정압비열의 관계
정압비열 (C_p, Specific Heat at Constant Pressure)	일정한 압력에서 1kg의 물질을 1℃ 또는 1K만큼 올리는데 필요한 열량 $C_p = \dfrac{k}{k-1} R$ (R: 기체상수)	• $C_p - C_v = R$ • $k = \dfrac{C_p}{C_v} = \dfrac{C_v + R}{C_v}$
정적비열 (C_v, Specific Heat at Constant Volume)	일정한 부피에서 1kg의 물질을 1℃ 또는 1K만큼 올리는데 필요한 열량 $C_v = \dfrac{1}{k-1} R$ (R: 기체상수)	

(4) 열용량: 어느 물질의 온도를 1℃로 상승시키기 위해 필요한 열량으로, 단위는 kcal/℃, cal/℃이다.

$$q = G \times C_p$$

q: 열용량(kcal/℃), G: 중량(kg), C_p: 정압비열(kcal/kg·℃)

(5) 비열비: 정압비열(C_p)과 정적비열의(C_v) 비율로, 정압비열(C_p)이 정적비열(C_v)보다 항상 크기 때문에 비열비(k)는 항상 1보다 크다. ← 단원자 기체일수록 비열비는 크다.

$$k = \dfrac{C_p}{C_v}$$

k: 비열비, C_p: 정압비열(J/kg·K), C_v: 정적비열(J/kg·K)

2 열역학 법칙

1. 개요

(1) 내부에너지

① 어떤 물체가 가진 에너지의 자체를 말하며, 운동에너지와 위치에너지를 합한 역학적 에너지의 합으로 구성된다.

② 외부와 관계없는 자체적인 에너지이지만 외부로부터 열이나 일을 받아 상태가 변화할 때 내부에너지도 변한다.

③ 물질 1kg에 대한 내부에너지의 변화량은 다음과 같다.

$$\Delta U = Q - W$$

U : 내부에너지(kJ), Q : 열(kJ), W : 일(kJ)

> **+ 심화 열과 일의 상호관계**
>
> $$Q = A \cdot W \qquad\qquad W = J \cdot Q$$
>
> Q : 열량(kcal), W : 열량(kgf·m),
> A : 일의 열당량$\left(\dfrac{1}{427}\text{kcal/kgf·m}\right)$, J : 일의 열당량(427kgf·m/kcal)

(2) 엔탈피

① 계의 성질로 일정한 압력 조건이 주어졌을 때 어떠한 반응 또는 계가 얻거나(흡수) 잃는(방출) 열의 에너지를 나타내는 상태량을 말한다.

② 계가 열을 받으면 엔탈피가 증가하고($\Delta H > 0$(흡열반응)), 잃으면 엔탈피가 감소한다.($\Delta H < 0$(발열반응))

③ 엔탈피 공식은 다음과 같다.

$$H = U + PV$$

H : 엔탈피(kcal), U : 내부에너지(kcal), P : 압력(kPa), V : 비체적(m³/kg)

④ 건도에 대한 엔탈피 공식은 다음과 같다.

$$h_x = h_f + x(h_{fg}) = h_f + x(h_f - h_g)$$

h_x : 엔탈피(kcal/kg), h_{fg} : 증발잠열(2,257kJ/kg=539kcal/kg), h_f : 포화증기의 엔탈피(kcal/kg), x : 수증기 건도, h_g : 포화액(물)의 비엔탈피(kcal/kg)

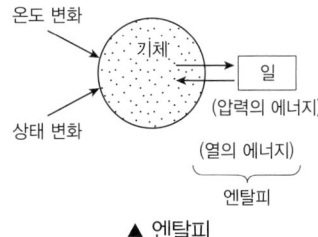

▲ 엔탈피

2. 열역학 법칙의 의미

(1) 계로 출입하는 열의 흐름 또는 온도 변화의 개념을 에너지원에서 열과 기타의 형태로 전달 및 변환을 진행하는 법칙을 말한다.

(2) 열평형 상태에서 시작되는 열역학적 상태량(온도, 에너지, 엔트로피 등)의 관계를 증명하는 4가지 법칙은 다음과 같다.
① 열역학 제0법칙: 열평형 법칙
② 열역학 제1법칙: 에너지보존 법칙
③ 열역학 제2법칙: 열의 방향성 법칙
④ 열역학 제3법칙: 절대 0도 불가능성의 법칙

3. 열역학 제0법칙

① 열역학 제0법칙은 두 계 사이의 열적 평형을 다룬다.
② 어떤 계 A와 B 사이에 열의 흐름이 없다면, 각 계의 온도는 같은 온도를 가진다.
③ 모든 계(물체)는 온도의 특성을 가지고 있으며, 온도의 존재를 설명해주는 열역학의 상징성을 가진 법칙이다.

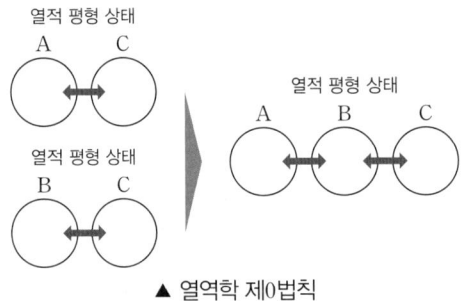

▲ 열역학 제0법칙

4. 열역학 제1법칙

(1) 개요

① 에너지 보존의 법칙으로 제1종 연구기관 즉, 열 에너지의 공급 없이 일을 하는 열기관은 실현이 불가능하다. 다만, 한 형태에서 다른 형태로 바뀌는 건 가능하여 열과 일 사이에는 에너지 보존의 법칙이 성립된다.

② 열을 일로 변환할 때 또는 일을 열로 변환할 때 전체 계의 열 에너지 총량은 변하지 않고 일정하다.

③ 관련 공식은 아래와 같다.

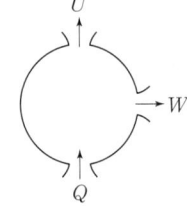

▲ 열역학 제1법칙

$$\delta_q = du + \delta_w$$
$$dQ = dU + P \cdot dV$$

δ_q: 계가 흡수(방출)한 열, du: 계 내부 에너지의 변화, δ_w: 계 외부 에너지의 한일, Q: 계에 주어진 열량, U: 내부에너지, P: 압력

(2) 에너지 보존식

① 비유동에 대한 일반에너지식: 열역학 1법칙에 밀폐계에서 운동에너지와 위치에너지가 없는 상태로 내부에너지와 열량 그리고 일이 있는 상태를 말한다.

㉠ 열에너지 변화는 다음과 같다.

$$_1Q_2 = {_1U_2} + {_1W_2} = dQ = dU + dW$$

Q: 열량, U: 내부에너지, W: 일

㉡ 절대일에 대한 공식은 다음과 같다.

$$_1W_2 = \int_1^2 PdV = P(V_2 - V_1) = P_2V_2 - P_1V_1$$

W: 일, P: 압력, V: 부피

② 정상유동에 대한 일반 에너지식: 열역학 1법칙에 개방계에서 운동에너지와 위치에너지가 존재하는 상태로 내부에너지와 열량과 일이 있는 상태를 말한다.

$$\left(h_1 + \frac{v_1^2}{2} + gz_1\right) + Q - W = \left(h_2 + \frac{v_2^2}{2} + gz_2\right)$$

h: 엔탈피(J/kg), v: 속도(m/s), z: 위치(m), g: 중력가속도(9.8m/s²), Q: 열량(J/kg), W: 일(J/kg)

5. 열역학 제2법칙

(1) 개요

① 열 이동 및 에너지 방향 전환에 관한 법칙으로 **열은 고온부에서 저온부로 자연적으로 전달되며**, 저온부로부터 고온부로 자연적으로 전달되지 않는다.

② **100%의 열효율을 갖는 기관은 존재할 수 없으며**, 이상적 카르노 사이클 기관도 존재할 수 없다.

③ 공급된 열을 모든 일로 바꾸는 열기관은 없으며, 불가능한 일이다. ← 고립계에서는 엔트로피가 감소하지 않으며, 증가하거나 일정하게 보존된다.

+ 기초 가역 과정과 비가역 과정

1) 가역과정
등엔트로피과정에 해당되며, 기체의 부피가 증가하고 이때 기체의 내부에너지가 감소한다. 내부에너지는 직접적으로 연결되어진 온도의 처음 상태보다 낮게 감소된다.

2) 비가역 과정
엔트로피는 열역학 제2법칙에 준하며 자연계에서는 항상 증가하는 성질을 가지고 있으나 이상적인 가역과정에서는 평형상태로 변하지 않는다.

(2) 엔트로피

① 함수로 계의 열적상태를 표현하며, 가역과정 뿐만 아니라 비가역 과정도 포함된 무질서도를 말한다.

② 비가역상태에서는 엔트로피가 증가하는 방향으로 흐르고, 가역상태에서는 엔트로피가 감소하는 방향으로 흐른다.

③ 우주의 모든 현상은 총 엔트로피가 증가하는 방향으로 진행된다는 것을 말한다.

④ 완전기체(가스)의 엔트로피 상태 변화식은 다음과 같다.

상태	공식	
등온(정온)과정	$\Delta S = \dfrac{\Delta Q}{T}$	
단열과정 (등엔트로피, 열출입이 없는 과정)	$\Delta S = \dfrac{\Delta Q}{T} = 0$	ΔS: 엔트로피, ΔQ: 열량, T: 온도 C_v: 정적비열, C_p: 정압비열 C: 비열, n: 폴리트로픽 지수
등적(정적)과정	$\Delta S = C_v \times \ln\left(\dfrac{T_2}{T_1}\right)$	
등압(정압)과정	$\Delta S = C_p \times \ln\left(\dfrac{T_2}{T_1}\right)$	
폴리트로픽 과정	$\Delta S = C_n \times \ln\left(\dfrac{T_2}{T_1}\right)$	

+ 기초 엔트로피(무질서도의 척도)

- 혼합되지 않은 기체의 상태는 안정을 유지하고 있으며, 각각의 기체가 혼합될 경우 무질서도가 증가한다.
- 무질서도가 높아지면, 여러 종류의 기체가 확산, 팽창, 혼합 등의 비가역변화가 일어나므로 엔트로피는 증가한다.

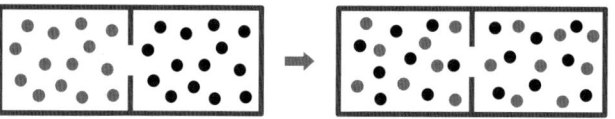

▲ 기체 분자의 자발적인 확산과 혼합

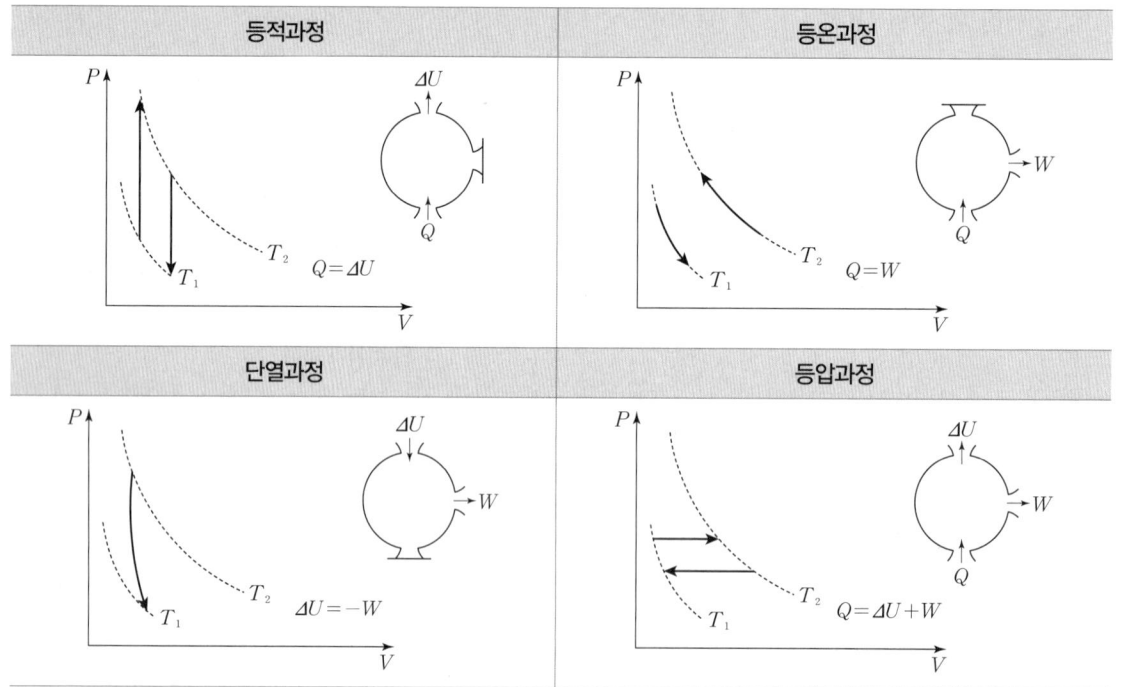

(3) 클라우시우스(클라시우스, Clausius)
① 열은 고온부에서 저온부로 자연스럽게 흐르며, 저온부에서 고온부로 흐르게 하기 위해 외부에너지원을 활용한다.
  ㉠ 가역사이클일 경우: $\oint_{가역} \frac{dQ}{T} = 0$
  ㉡ 비가역사이클일 경우: $\oint_{비가역} \frac{dQ}{T} < 0$
② 클라우시우스의 적분은 가역상태에서 적분은 영(0)이며, 비가역상태에서는 영(0)보다 낮다.

6. 열역학 제3법칙
① 절대 0도에 가까워질수록 엔트로피의 변화량은 0에 가까워진다는 이론이다.
② 어떠한 계 내에서 상태변화 없이 절대온도 0도는 불가능하다는 것을 설명하는 법칙이다.
③ Nernst의 열역학 제3법칙: 절대온도 0K에 가까운 상태에서, 계 내부의 모든 반응은 엔트로피 변화 없이 일어난다.
④ Planck의 열역학 제3법칙: 절대온도 0K에서 열역학적 평형 상태에 있는 모든 완전 결정체의 엔트로피는 0이다.

3 이상기체

1. 기초 법칙
기체의 흐름과 상태를 다루며, 기체는 압력, 부피, 온도와 서로 밀접한 관계를 형성한다.

아보가드로 법칙	동일한 온도와 압력에서 동일한 부피의 기체는 종류와 관계없이 동일한 수의 분자(또는 원자)를 가진다. 즉, 기체의 부피는 몰수에 비례한다. (아보가드로 수: $1mol = 6.02 \times 10^{23}$개)
보일의 법칙	온도가 일정한 경우, 압력과 부피는 서로 반비례 관계를 가진다. 용기의 부피가 감소하면, 용기 내 압력이 형성되어 기체의 압력이 증가한다. $PV = $일정, $P_1V_1 = P_2V_2$
샤를의 법칙	압력이 일정한 경우, 기체의 부피는 온도와 비례 관계를 가진다. 용기 내의 온도가 증가하면 기체의 부피는 증가한다. $\frac{V}{T} = $일정, $\frac{V_1}{T_1} = \frac{V_2}{T_2}$
보일-샤를의 법칙	보일의 법칙과 샤를의 법칙을 합친 법칙으로 온도, 압력 그리고 부피가 동시에 변화될 때의 관계를 나타낸 식을 말한다. $\frac{PV}{T} = $일정, $\frac{P_1V_1}{T_1} = \frac{P_2V_2}{T_2}$
돌턴의 분압 법칙	혼합기체 전압은 기체가 각자 존재했을 때 압력(분압)의 합과 같다. $P_{total} = P_1 + P_2 + \cdots + P_n$
줄의 법칙	이상기체의 내부에너지는 기체가 등온팽창을 할 때, 내부에너지는 변하지 않는다는 것을 의미한다. 온도가 변하지 않으면 내부에너지와 엔탈피는 일정하다. 줄의 2법칙: $U = f(T)$

2. 이상기체 상태방정식

① 상태방정식으로 압력(P), 온도(T), 기체의 몰수(n) 그리고 부피(V)의 사이 관계를 나타낸 수식을 말한다.

② 기체상수(R)는 볼츠만 상수와 아보가드로 상수의 곱으로, 체적에 함유된 기체의 단위 mol당 그 압력, 온도의 에너지를 의미하며, $R = 8.3144598 ≒ 8.314\,\text{J/mol}\cdot\text{K}$이다.

$$PV = mRT$$

P: 압력(kPa), V: 부피(m^3), m: 질량(kg), R: 기체상수($\text{kJ/kg}\cdot\text{K}$), T: 온도(K)

3. 이상기체 상태변화

(1) 정압변화

① 압력이 일정한 상태에서 기체가 열을 흡수하면 온도가 상승하고, 부피가 증가하며 외부에 대한 일을 한다. 이 과정은 '흡열반응'이며 내부에너지와 일의 총합은 흡열에 해당한다.

② $\dfrac{V}{T}$=일정이므로, $P-V-T$ 관계식은 $\dfrac{V_1}{T_1} = \dfrac{V_2}{T_2}$가 성립한다.

③ 외부에 한 일에 대한 공식은 다음과 같다.

$$_1W_2 = \int_1^2 PdV = P(V_2 - V_1) = mR(T_2 - T_1)$$

W: 일(kJ), P: 압력(kPa), V: 부피(m^3), m: 질량(kg), R: 기체상수($\text{kJ/kg}\cdot\text{K}$), T: 온도(K)

④ 공업일에 대한 공식은 다음과 같다.

$$W_t = -\int_1^2 VdP = -V(P_2 - P_1) = 0$$

W: 일(kJ), P: 압력(kPa), V: 부피(m^3)

⑤ 내부에너지 변화량에 대한 공식은 다음과 같다.

$$\Delta u = \int_1^2 C_v dT = C_v(T_2 - T_1)$$

Δu: 내부에너지 변화량(kJ/kg), C_v: 정적비열($\text{kJ/kg}\cdot\text{K}$), T: 온도(K)

⑥ 엔탈피 변화량에 대한 공식은 다음과 같다.

$$\Delta h = \int_1^2 C_p dT = C_p(T_2 - T_1)$$

Δh: 엔탈피 변화량(kJ/kg), C_p: 정압비열($\text{kJ/kg}\cdot\text{K}$), T: 온도(K)

⑦ 열량 변화량에 대한 공식은 다음과 같다. ← 정압과정에서 열량과 엔탈피 변화량은 같다.

$$\Delta q = \int_1^2 C_p dT = C_p(T_2 - T_1)$$

Δq: 열량 변화량(kJ/kg), C_p: 정압비열($\text{kJ/kg}\cdot\text{K}$), T: 온도(K)

(2) 정적 변화

① 부피가 일정한 상태에서 기체가 열을 흡수하면 온도가 상승하고 이때 내부에너지가 증가한다.

② $\dfrac{P}{T}=$ 일정이므로, $P-V-T$ 관계식은 $\dfrac{P_1}{T_1}=\dfrac{P_2}{T_2}$ 가 성립한다.

③ 외부에 한 일에 대한 공식은 다음과 같다.

$$_1W_2 = \int_1^2 PdV = 0$$

W: 일(kJ), P: 압력(kPa), V: 부피(m³)

④ 공업일에 대한 공식은 다음과 같다.

$$W_t = -\int_1^2 VdP = -V(P_2-P_1) = V(P_1-P_2) = mR(T_1-T_2)$$

W: 일(kJ), P: 압력(kPa), V: 부피(m³), m: 질량(kg), R: 기체상수(kJ/kg·K), T: 온도(K)

⑤ 내부에너지 변화량에 대한 공식은 다음과 같다.

$$\Delta u = \int_1^2 C_v dT = C_v(T_2-T_1)$$

Δu: 내부에너지 변화량(kJ/kg), C_v: 정적비열(kJ/kg·K), T: 온도(K)

⑥ 엔탈피 변화량에 대한 공식은 다음과 같다.

$$\Delta h = \int_1^2 C_p dT = C_p(T_2-T_1)$$

Δh: 엔탈피 변화량(kJ/kg), C_p: 정압비열(kJ/kg·K), T: 온도(K)

⑦ 열량 변화량에 대한 공식은 다음과 같다.

$$\Delta q = \Delta u$$

Δq: 열량 변화량(kJ/kg), Δu: 엔탈피 변화량(kJ/kg)

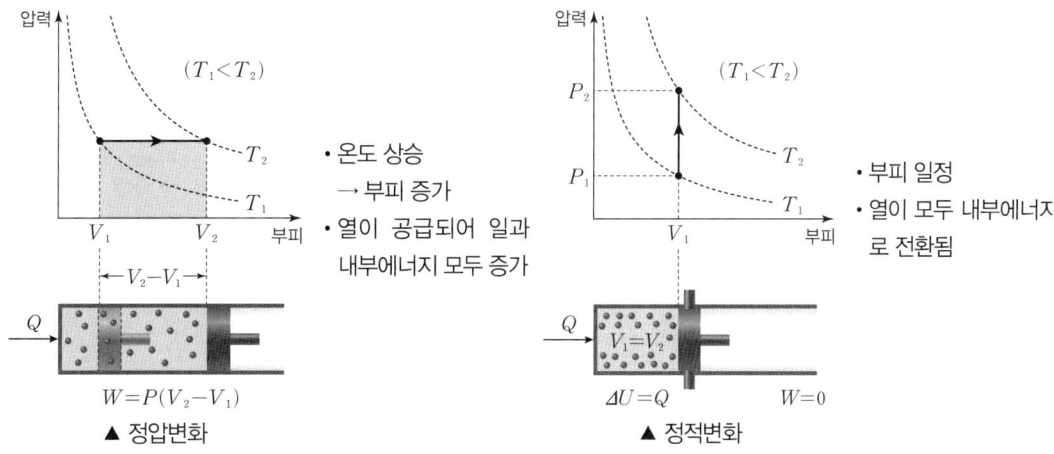

▲ 정압변화   ▲ 정적변화

(3) 등온 변화
　① 온도 변화가 없는 일정한 상태로, 이상기체는 부피가 증가(팽창)하면 기체가 일을 하고, 내부에너지 변화는 0(일정)이 된다.
　② $PV=$ 일정이므로, $P-V-T$ 관계식은 $P_1V_1=P_2V_2$가 성립한다.
　③ 외부에 한 일에 대한 공식은 다음과 같다.

$$_1W_2 = \int_1^2 PdV = mRT_1 \ln \frac{V_2}{V_1} = mRT_1 \ln \frac{P_1}{P_2} = P_1V_1 \ln \frac{V_2}{V_1} = P_1V_1 \ln \frac{P_1}{P_2}$$

　　　W: 일(kJ), P: 압력(kPa), V: 부피(m³), m: 질량(kg), R: 기체상수(kJ/kg·K), T: 온도(K)

　④ 공업일에 대한 공식은 다음과 같다. ← 등온과정에서 공업일과 외부에 한 일은 같다.

$$W_t = -\int_1^2 VdP = -mRT_1 \ln \frac{P_2}{P_1} = -mRT_1 \ln \frac{V_1}{V_2} = P_1V_1 \ln \frac{P_1}{P_2} = P_1V_1 \ln \frac{V_2}{V_1}$$

　　　W: 일(kJ), P: 압력(kPa), V: 부피(m³), m: 질량(kg), R: 기체상수(kJ/kg·K), T: 온도(K)

　⑤ 내부에너지 변화량에 대한 공식은 다음과 같다. ← 내부에너지의 변화는 온도만의 함수이므로, 내부에너지의 변화량은 0이다.

$$\Delta u = 0$$

　　　Δu: 내부에너지 변화량(kJ/kg)

　⑥ 엔탈피 변화량에 대한 공식은 다음과 같다. ← 엔탈피의 변화는 온도만의 함수이므로, 엔탈피의 변화량은 0이다.

$$\Delta h = 0$$

　　　Δh: 엔탈피 변화량(kJ/kg)

　⑦ 열량 변화량에 대한 공식은 다음과 같다. ← 등온 변화에서 열량과 일은 같다.

$$\Delta q = {_1W_2} = PdV = W_t$$

　　　Δq: 열량 변화량(kJ/kg), W: 일(kJ), P: 압력(kPa), V: 부피(m³)

(4) 단열 변화
① 외부의 열 교환이 차단되는 과정으로 부피가 증가하면 기체가 일을 하고, 온도가 감소하면 내부에너지가 감소한다.

② $P_1V_1^k = P_2V_2^k$ (k: 비열비)로, $P-V-T$ 관계식은 $\dfrac{T_2}{T_1} = \left(\dfrac{V_1}{V_2}\right)^{k-1} = \left(\dfrac{P_2}{P_1}\right)^{\frac{k-1}{k}}$ 가 성립한다.

③ 외부에 한 일에 대한 공식은 다음과 같다.

$$_1W_2 = \int_1^2 PdV = \dfrac{1}{k-1}(P_1V_1 - P_2V_2) = \dfrac{P_1V_1}{k-1}\left[1 - \left(\dfrac{V_1}{V_2}\right)^{k-1}\right] = \dfrac{P_1V_1}{k-1}\left[1 - \left(\dfrac{P_2}{P_1}\right)^{\frac{k-1}{k}}\right]$$

W: 일(kJ), P: 압력(kPa), V: 부피(m³), k: 비열비

④ 공업일에 대한 공식은 다음과 같다. ← 외부에 한 일에 비열비를 곱한 값이다.

$$W_t = -\int_1^2 VdP = \dfrac{k}{k-1}P_1V_1\left(1 - \dfrac{T_2}{T_1}\right)$$

W: 일(kJ), P: 압력(kPa), V: 부피(m³), k: 비열비, T: 온도(K)

⑤ 내부에너지 변화량에 대한 공식은 다음과 같다. ← 외부에 한 일의 음수 값이다.

$$\Delta u = C_v(T_2 - T_1)$$

Δu: 내부에너지 변화량(kJ/kg), C_v: 정적비열(kJ/kg·K), T: 온도(K)

⑥ 엔탈피 변화량에 대한 공식은 다음과 같다. ← 공업일의 음수 값이다.

$$\Delta h = C_p(T_2 - T_1)$$

Δh: 엔탈피 변화량(kJ/kg), C_p: 정압비열(kJ/kg·K), T: 온도(K)

⑦ 열량 변화량에 대한 공식은 다음과 같다. ← 단열 변화에서는 열의 이동이 없으므로 열량 변화량은 0이다.

$$\Delta q = 0$$

Δq: 열량 변화량(kJ/kg)

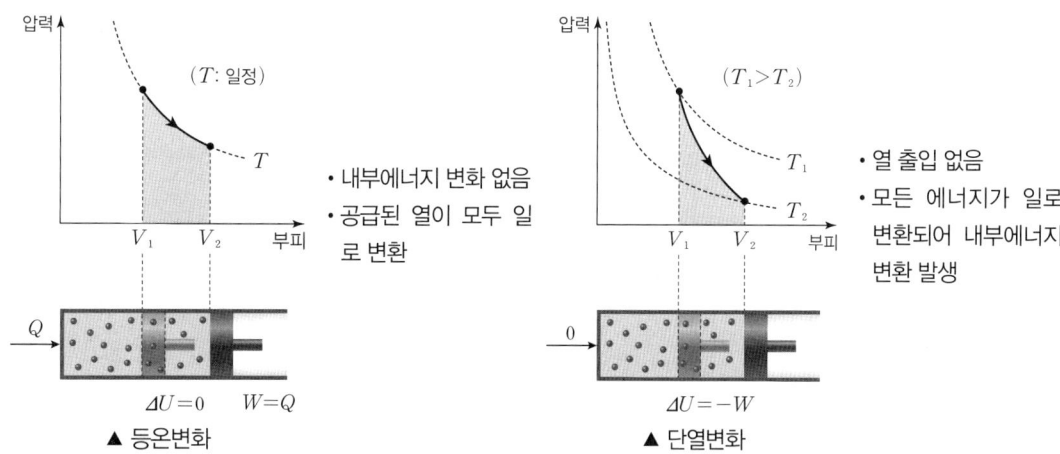

▲ 등온변화   ▲ 단열변화

(5) 폴리트로픽 변화

① 폴리트로픽 지수(n)의 범위에 따른 상태변화 및 이상기체과정 중 PV^n=일정(Constant) 유지하는 기체의 열역학 과정을 말한다.

② 다양한 열역학 과정(등압, 등온, 단열, 정적) 중 하나를 일반식으로 포괄하며, 단위질량당 외부에 대한 일을 말한다.

③ PV^n=일정, $P-V-T$ 관계식은 $\dfrac{T_2}{T_1}=\left(\dfrac{V_1}{V_2}\right)^{n-1}=\left(\dfrac{P_2}{P_1}\right)^{\frac{n-1}{n}}$ 가 성립한다.

④ 외부에 한 일에 대한 공식은 다음과 같다.

$$_1W_2=\int_1^2 PdV=\dfrac{1}{n-1}(P_1V_1-P_2V_2)=\dfrac{R}{n-1}(T_1-T_2)$$

W: 일(kJ), P: 압력(kPa), V: 부피(m³), n: 폴리트로픽 지수

⑤ 공업일에 대한 공식은 다음과 같다. ← 외부에 한 일에 폴리트로픽 지수를 곱한 값이다.

$$W_t=-\int_1^2 VdV=\dfrac{n}{n-1}(P_1V_1-P_2V_2)=\dfrac{nR}{n-1}(T_1-T_2)$$

W: 일(kJ), P: 압력(kPa), V: 부피(m³), T: 온도(K)

⑥ 내부에너지 변화량에 대한 공식은 다음과 같다. ← 외부에 한 일의 음수 값이다.

$$\Delta u=C_v(T_2-T_1)$$

Δu: 내부에너지 변화량(kJ/kg), C_v: 정적비열(kJ/kg·K), 온도(K)

⑦ 엔탈피 변화량에 대한 공식은 다음과 같다. ← 공업일의 음수 값이다.

$$\Delta h=C_p(T_2-T_1)$$

Δh: 엔탈피 변화량(kJ/kg), C_p: 정압비열(kJ/kg·K), 온도(K)

⑧ 열량 변화량에 대한 공식은 다음과 같다.

$$\Delta q=Cn(T_2-T_1)=\left(\dfrac{n-k}{n-1}\right)C_v(T_2-T_1)$$

Δq: 열량 변화량(kJ/kg), C: 비열, n: 폴리트로픽 지수, k: 비열비, C_v: 정적비열(kJ/kg·K), T: 온도(K)

⑨ 폴리트로픽 지수에 따른 상태 변화는 다음과 같다.

PV^n=일정	
$n=0$일 때	정압과정
$n=1$일 때	등온과정
$1<n<k$일 때	폴리트로픽과정
$n=k$일 때	단열과정
$n=\infty$일 때	정적과정

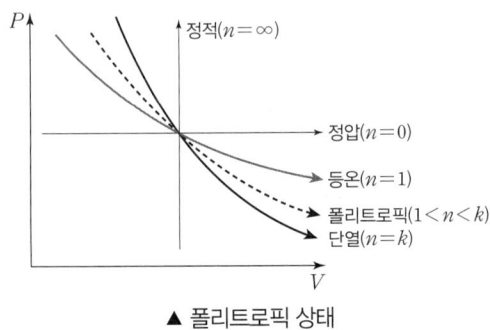

▲ 폴리트로픽 상태

> **+심화** 줄톰슨 계수(μ)
>
> ① 엔탈피가 일정한 과정에서 기체의 압력 변화에 따른 온도 변화를 설명하는 열역학적 특성을 나타낸다.
> ② 기체를 팽창시킬 때 냉각 또는 가열효과를 판단할 수 있다.
>
> | | |
> |---|---|
> | $\mu > 0$ | 압력 감소에 따른 온도 감소(냉각효과) |
> | $\mu = 0$ | 압력 감소시 온도 유지(이상기체) |
> | $\mu < 0$ | 압력 감소에 따른 온도 증가(가열효과) |
> | $\mu \neq 0$ | 압력 변화에 따른 온도 변화(실제기체 현상) |

> **+심화** 유효에너지와 무효에너지
>
> (1) 유효에너지
>   열에너지가 일로 변환되는 유효한 형태의 에너지를 말한다.
>
> $$E_o = \eta \times E$$
>
> E_o: 유효에너지(kJ), η: 효율(%), E: 총 공급에너지(kJ)
>
> (2) 무효에너지
>   열원으로부터 받은 열에너지 중 주위에 방열되는 에너지를 말한다.
>
> $$E_u = (1-\eta)E = E - E_o$$
>
> E_u: 무효에너지(kJ), E_o: 유효에너지(kJ), η: 효율(%), E: 총 공급에너지(kJ)

4 기체 동력 사이클

1. 열기관 사이클

① 열기관이란 외부로부터 받은 열에너지(Q)를 기계적 일(W)로 변환하는 장치를 말한다.
② 열역학 제2법칙과 같이 열 전체를 100% 일로 바꾸는 것은 불가능하며, 열기관은 고온의 열원에서 열을 흡수하고 저온부로 열을 방출하면서 일을 생산한다.
③ 열기관의 효율은 다음과 같다.

$$\eta = \frac{W}{Q_1} = \frac{Q_1 - Q_2}{Q_1} = 1 - \frac{Q_2}{Q_1}$$

η: 효율(%), W: 유효 출력량(kW), Q_1: 공급열량(kW), Q_2: 방출열량(kW)

2. 카르노 사이클

(1) 개요

① 열효율이 고열원과 저열원의 온도만으로 결정될 수 있으며, 2개의 단열과정, 2개의 등온과정으로 구성된 이상적인 가역 사이클이다. 실제 기계에서는 구현이 불가능하다. ← 역카르노 사이클은 카르노 사이클과 반대방향으로 냉동기의 이상적인 사이클이다.

② 카르노 사이클의 열효율 공식은 다음과 같다.

$$\eta = 1 - \frac{Q_2}{Q_1} = 1 - \frac{T_2}{T_1}$$

η: 효율(%), Q_1: 공급열량(kW), Q_2: 방출열량(kW), T_1: 최고온도(K), T_2: 최저온도(K)

(2) 사이클의 순서

① 가역 등온(정온)팽창: 고온의 열원(저장조)과 열 교환이 이루어지는 구간을 말한다. 일정한 고온 상태의 열을 흡수하며 부피가 증가함에 따라 압력은 감소하나 온도는 일정하다.

② 가역 단열팽창: 열의 출입 없이 작동유체가 고온의 열원(저장조)에서 저온의 열원(저장조)으로 떨어지는 구간을 말한다. 부피가 증가하며 팽창하는 과정으로 압력과 온도는 모두 감소하고, 일이 발생한다.

③ 가역 등온(정온)압축: 저온의 열원(저장조)과 열 교환이 이루어지는 구간을 말한다. 일정한 저온 상태에서 열을 방출하며 부피가 감소하고 압력은 증가하나 온도는 일정하다.

④ 가역 단열압축: 열의 출입 없이 작동유체가 저온의 열원(저장조)에서 고온의 열원(저장조)으로 높아지는 구간을 말한다. 내부에너지가 증가하며, 압력과 온도도 증가하고 일을 흡수한다.

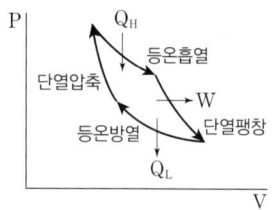

▲ 카르노사이클의 P-V 선도

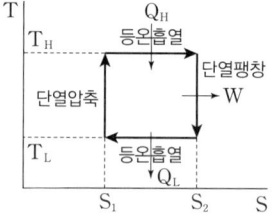

▲ 카르노사이클의 T-S 선도

+ 심화   4사이클 기관

- 상사점과 하사점(TDC; Top Dead Center, BDC; Bottom Dead Center): 피스톤의 위치가 실린더의 체적이 최소가 되는 부분을 상사점, 최대가 되는 부분을 하사점이라한다.
- 행정: 체적이 최소가 되는 부분과 최대가 되는 부분, 즉 상사점과 하사점 사이의 거리로 피스톤이 움직이는 거리를 말한다. 행정거리=BDC−TDC
- 압축비: 실린더 내에서 최대 체적과 최소 체적의 비를 말한다.

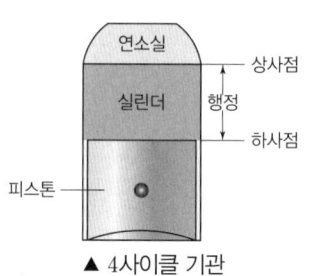

▲ 4사이클 기관

3. 기체 사이클 ← 효율은 카르노 사이클＞오토사이클＞사바테사이클＞디젤사이클 순으로 높다.

(1) 오토사이클(정적 사이클)

① 가솔린 기관의 기본으로 전기 점화기관의 이상적인 열역학 사이클이다. 2개의 단열과정과 2개의 정적과정으로 구성된다.

② 가열과정은 일정한 체적 하에서, 팽창과정은 단열 상태에서 이루어진다.

③ 오토사이클의 과정: 흡입행정, 단열압축, 정적가열, 단열팽창, 정적방열, 배기행정 순으로 작동한다.

단열압축(1 → 2)	피스톤이 하사점에서 상사점으로 상승하면서 실린더 내의 혼합기가 단열상태로 압축하여 온도와 압력이 상승하지만 열교환은 발생하지 않는다.
정적가열(2 → 3)	혼합기가 점화되어 연소가 일어나며, 부피(체적)는 일정하게 유지되고 내부에너지의 급격한 증가로 온도와 압력이 급격히 상승한다.
단열팽창(3 → 4)	점화로 연소된 가스가 팽창하며 피스톤을 하사점 방향으로 밀어내 하강되고, 동력(일)이 생성된다. 이때 온도와 압력이 감소하지만 열교환은 진행되지 않는다.
정적방열(4 → 1)	배기 밸브가 열리면서 연소 후 고온 가스가 배출되고 피스톤이 움직이지 않아 부피(체적)은 일정하고 온도와 압력이 감소한다.

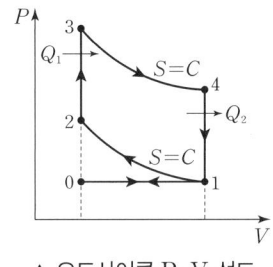

▲ 오토사이클 P-V 선도

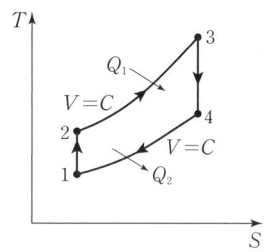

▲ 오토사이클 T-S 선도

④ 오토사이클의 효율 공식은 다음과 같다. ← 압축비가 클수록 효율은 증가한다.

$$\eta = 1 - \left(\frac{1}{r}\right)^{k-1} = 1 - r\left(\frac{1}{r}\right)^k$$

η: 효율(%), r: 압축비, k: 비열비

(2) 디젤사이클(정압 사이클)

① 디젤 기관(저·중속)의 공기 표준 열역학적 사이클이다. 2개의 단열과정(압축, 팽창)과 1개의 정압과정, 1개의 정적과정으로 구성된다.

② 오토사이클(가솔린 기관)과 달리 공기만을 흡입하여 높은 압축비로 단열 압축한다.

③ 디젤사이클의 과정: 외기 흡입, 단열압축, 정압가열, 단열팽창, 정적방열, 연소가스 배출 순으로 작동한다.

단열압축(1 → 2)	피스톤이 외부의 일을 통해 기체(공기)를 압축하여, 열교환 없이 온도와 압력 상승한다.
정압가열(2 → 3)	연료 분사로 일정한 압력 하에서 연소가 진행되며 부피(체적)가 증가하고 온도가 함께 상승한다.
단열팽창(3 → 4)	연소된 고온, 고압 가스가 팽창하여 피스톤을 밀어내 일을 하고, 체적(부피)이 증가하면서 온도와 압력이 감소한다.
정적방열(4 → 1)	배기 밸브가 개방되어 고온의 가스가 일정한 부피(체적)기준에서 배출되고, 온도와 압력은 감소하는 과정이다.

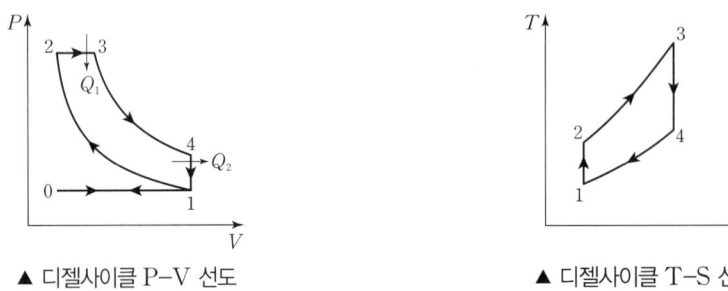

▲ 디젤사이클 P-V 선도   ▲ 디젤사이클 T-S 선도

④ 디젤사이클의 효율 공식은 다음과 같다. ← 디젤사이클 기관의 압축비는 20~30 정도로, 오토사이클 기관 압축비(5~10)보다 높다.

$$\eta = 1 - \left(\frac{1}{r}\right)^{k-1} \times \frac{\sigma^k - 1}{k(\sigma - 1)}$$

η: 효율(%), r: 압축비, k: 비열비, σ: 차단비

㉠ 압축비가 클수록, 차단비가 작을수록 효율은 증가한다.
㉡ 압축비가 같을 경우, 오토사이클의 효율보다 크다.

(3) 사바테사이클(복합 사이클)
① 디젤 기관 중 고속 디젤 기관의 이상사이클로 짧은 시간 내에 연료를 연소시키며, 연료 공급시 등적(정적)폭발 및 연소, 등압(정압)연소로 진행한다.
② 복합연소 사이클 이라고도 하며, 등적(정적)과 등압(정압)연소가 연속적으로 진행된다.
③ 사바테사이클의 과정: 흡입, 단열압축, 정적가열, 정압가열, 단열팽창, 정적방열, 배기 순으로 작동한다.

단열압축(1 → 2)	흡입된 공기(기체)를 피스톤이 압축하여 부피(체적)는 감소하고 고온 고압 상태가 된다.
정적가열(2 → 3)	압축된 공기상태에서 폭발적 연소가 일어나며, 부피(체적)가 일정한 상태에서 온도와 압력이 상승한다.
정압가열(3 → 4)	연료 공급으로 연소가 계속 진행되며, 압력이 일정한 상태에서 부피(체적)가 팽창(증가)하며 열이 공급되어 온도가 상승한다.
단열팽창(4 → 5)	연소가 완료된 후, 연소가스(기체)가 열손실 없이 팽창하고 피스톤을 밀어내면서 부피(체적)는 증가하고 온도와 압력은 감소한다.
정적방열(5 → 1)	배기 밸브를 개방하고 폐열을 방출하는 과정이며, 부피가 일정한 상태에서 온도와 압력이 감소한다.

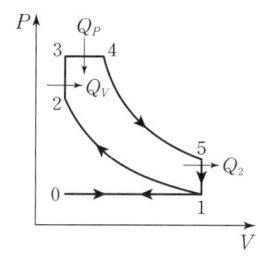
▲ 사바테사이클 P-V 선도

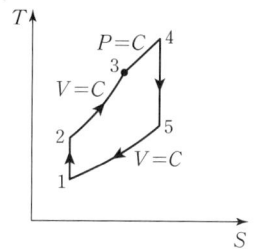
▲ 사바테사이클 T-S 선도

④ 사바테사이클의 효율 공식은 다음과 같다. ← 사바테사이클의 압축비는 15~20 정도이다.

$$\eta = 1 - \left(\frac{1}{r}\right)^{k-1} \times \frac{\rho\sigma^k - 1}{(\rho-1)\rho + k(\sigma-1)}$$

η: 효율(%), r: 압축비, k: 비열비, ρ: 폭발비, σ: 차단비

㉠ 압축비가 클수록 효율은 증가한다.

㉡ 비열비가 일정할 경우, 압축비와 폭발비가 클수록 효율은 증가한다.

㉢ 차단비=1이면 오토사이클의 효율, 폭발비=1이면 디젤사이클의 효율이 된다.

(4) 가스터빈 사이클

① 브레이턴 사이클

㉠ 대표적인 가스터빈 사이클로 2개의 단열과정과 2개의 정압과정으로 이루어진 가스터빈의 이상 사이클이다.

㉡ 가스터빈의 효율 공식은 다음과 같다.

$$\eta = \frac{T_4 - T_1}{T_3 - T_2} = 1 - \left(\frac{1}{\phi}\right)^{\frac{k-1}{k}}$$

η: 효율(%), T: 온도(K), k: 비열비, ϕ: 압축비

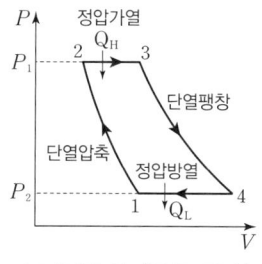
▲ 브레이턴 사이클 P-V 선도

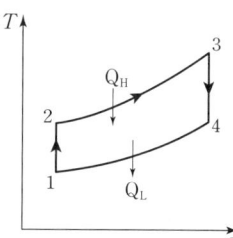
▲ 브레이턴 사이클 T-S 선도

② 에릭슨 사이클: 브레이턴 사이클의 단열과정을 등온과정으로 바꾼 과정으로 가스터빈의 이상 사이클이자, 실현이 곤란한 사이클이기도 하며, 2개의 등온과정과 2개의 정압과정으로 구성된다.(등온압축, 등압가열, 등온팽창, 등압냉각)

③ 스털링 사이클: 외연기관에 속하며, 실린더 외부에서 연소가 이루어지고 열이 전달된다. 2개의 등온과정과 2개의 정적과정의 내부 동작 사이클로 폐쇄형 사이클이라고도 한다.(등온팽창, 등적냉각, 등온압축, 등적가열)

5 증기 및 증기 동력 사이클

1. 증기

(1) 개요

① 증기: 기체가 끓는점 이상의 온도로 가열시 발생되는 기체로 크게 건증기(포화증기)와 습증기가 있다.

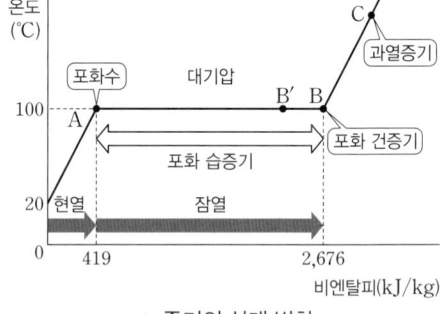

▲ 증기의 상태 변화

㉠ 건증기(포화증기): 모든 물(액체) 분자가 기체 상태로 존재할 때를 말한다.

㉡ 습증기: 일부 물(액체) 분자가 가진 잠열(에너지)을 방출하여 작은 물방울을 형성할 때를 말한다.

② 과열증기: 포화온도보다 증기온도가 21℃ 높기 때문에 온도, 체적이 증가된 상태에 해당한다.

㉠ 포화 온도: 어느 일정한 압력 하에서 물질(물)을 가열하면 그 이상 상승하지 않는 일정한 온도(상태점)에 도달할 때의 온도를 말한다.

㉡ 포화 압력: 임계온도에 따라 변화하는 힘을 말한다.

(2) 증기의 특징

① 증기의 압력(온도)이 높아지면 비체적은 감소한다.
② 증기의 압력이 높아지면 엔탈피가 커지고 포화 온도는 상승한다.
③ 증발 잠열은 포화 압력이 높아질수록 작아진다.
④ 동일압력에서 포화증기와 포화수의 온도는 동일한 조건을 가진다.

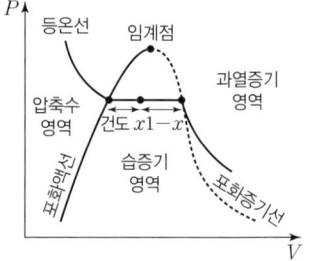

(3) 증기의 건도 및 열량

① 건도: 건조도라고도 하며, 증기에 함유된 물방울의 혼재율을 나타낸다.

$$\chi = \frac{S_1}{S_2} \times 100$$

χ: 건도(%), S_1: 포화증기 질량, S_2: 습증기 전체질량(물+증기)

㉠ 건조도(χ)가 1인 경우: 건포화증기
㉡ 건조도(χ)가 0인 경우: 포화수
㉢ 건조도(χ)가 $0<\chi<1$인 경우: 습증기
㉣ 건조도(χ)가 $\chi>1$인 경우: 과열증기

② 건조도 상승 방법
　㉠ 증기관 내 수분 제거를 위해 드레인기능과 기수분리기 또는 O−트랩(스팀트랩)을 설치한다.
　㉡ 주증기 밸브 급개시할 경우 발생하는 프라이밍(비수)를 방지하기 위해 비수방지관을 설치한다.
　㉢ 증기 내 공기를 제거하기 위해 에어벤트를 설치한다.
　㉣ 고압의 증기를 저압으로 감압하여 사용한다.

③ 포화증기
　㉠ 액체가 증발하여 기화가 완전히 되는 임계점 직전 상태의 증기를 의미한다.
　㉡ 포화상태에서 열을 가하면 과열증기가 되고, 열을 뺏으면 포화수(액체)가 된다.
　㉢ 건조포화증기: 수분을 포함하지 않는 순수한 포화증기를 말하며, 습증기에서 수분을 제거해 도달할 수 있다.
　㉣ 잠열: 포화증기는 물과 공존하는 상태로, 물이 증발하거나 응축할 때 잠열을 주고 받는다.

④ 물의 증발잠열
　㉠ 물 1kg이 액체에서 증기로 변할 때 필요로 하게되는 열량을 의미한다.
　㉡ 100℃, 1기압(표준상태)에서 물의 증발잠열은 2,257(kJ/kg) 또는 539(kcal/kg)이다.

⑤ 습증기와 관련된 공식은 다음과 같다.
　㉠ 습증기 비체적(v)

$$v = \chi \times v_g + (1-\chi) \times v_f$$

χ:건도, v_f: 포화수 비체적, v_g: 포화증기 비체적

　㉡ 습증기 비엔탈피(h)

$$h = h_f + \chi \times h_{fg}$$

h_f:포화수 비엔탈피, h_{fg}:포화증기 비엔탈피−포화수 비엔탈피

　㉢ 습증기 비엔트로피(s)

$$s = s_f + \chi \times s_{fg}$$

s_f:포화수 비엔트로피, s_{fg}:포화증기 비엔트로피−포화수 비엔트로피

+ 심화 　노즐 출구에서의 유속 공식

$$w_o = \sqrt{2(h_1 - h_2)}$$

w_o: 노즐 출구 유속(m/s), h_1: 노즐 입구 엔탈피(J/kg), h_2: 노즐 출구 엔탈피(J/kg)

---

(4) 랭킨 사이클
① 팽창증기를 활용한 재열기로 열효율 개선을 위해 재열을 활용한다. 2개의 정압과정과 2개의 단열과정으로 구성된 증기 동력 사이클이다.
② 연소열로부터 발생된 수증기를 작동유체로 하며, 증기원동소라고도 한다.

③ 유체의 흐름은 **펌프(단열압축) → 보일러(정압가열) → 터빈(단열팽창) → 응축기(정압응축) → 펌프** 순으로 작동한다.

단열압축(1 → 2)	보일러가 급수하는 구간으로 포화수는 급수펌프의 단열압축(등엔트로피)과정을 거친다.
등압가열(2 → 3)	보일러가 작동하면서 증기 발생구간으로 펌프에서 압축된 급수를 등압가열로 온도가 상승해 포화수가 되었다가 계속 증발하는 과정을 거친다.
단열팽창(3 → 4)	습증기가 되는 구간으로 건포화 증기가 터빈에서 단열팽창으로 일을 하여 습증기가 터빈 출구로 배출하는 과정(등엔트로피)을 거친다.
등압방열(4 → 1)	처음의 포화수로 되돌아가는 구간으로 습증기는 복수기(응축기)에서 등압방열과정을 통해 냉각, 응축되는 과정을 거친다.

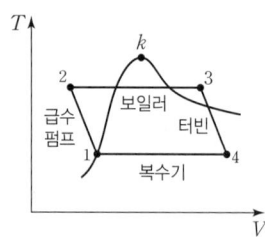 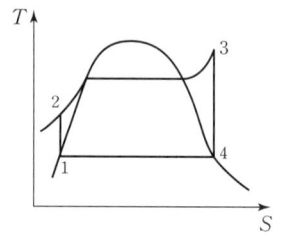 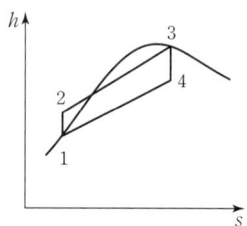

④ 랭킨 사이클의 효율 공식은 다음과 같다.

$$\eta = \frac{W}{Q_1} = \frac{(h_3 - h_4) - (h_2 - h_1)}{(h_3 - h_2)}$$

η: 효율(%), W: 유효일량, Q: 공급일량, h_1: 펌프입구 엔탈피(kJ/kg), h_2: 보일러입구 엔탈피(kJ/kg), h_3: 터빈입구 엔탈피(kJ/kg), h_4: 응축기입구 엔탈피(kJ/kg)

⑤ 랭킨 사이클은 보일러, 과열기, 터빈, 복수기, 급수펌프 등으로 구성되어 있다.

장치	열역학적 과정	상태 변화	역할
① 보일러	정압가열	물 → 포화증기	연소로 인한 공급열을 이용해 급수를 증기로 바꾼다.
② 과열기	정압가열	포화증기 → 과열증기	증기의 온도를 높여 엔탈피를 상승시키며 터빈 효율을 상승시킨다.
③ 터빈	단열팽창	고온, 고압증기 → 저온, 저압증기	증기의 팽창 에너지를 회전 운동으로 변환시켜 기계적 일을 한다.
④ 복수기	정압냉각	증기 → 포화수	증기를 사용 후 냉각시켜 물로 응축하여 급수로 순환시킨다.
⑤ 급수펌프	단열압축	저압 포화수 → 고압수	보일러로 보내기 위해 고압으로 압송한다.

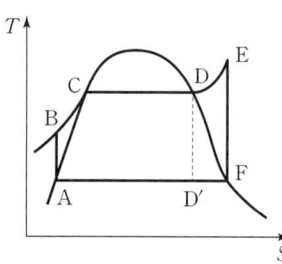

A → B: 단열압축
B → C: 정압가열
C → D: 가열
D → D': 보일러 사용안함
D → E: 등압가열
E → F: 단열팽창
F → A: 정압방열

(5) 재열사이클
　① 터빈을 고압과 저압으로 분할한 구조를 가지며, 중간에 증기를 다시 가열(재열)하는 방식을 말한다.
　② 증기의 초압을 상승할 수 있도록 팽창 후 증기의 건조도를 유지시켜 터빈의 수명을 연장한다.
　③ 보일러, 과열기, 터빈, 재열기, 터빈, 복수기, 급수펌프 순으로 구성되어 있다.
　④ 고압 터빈 및 저압 터빈의 터빈 분할 구조로 에너지 회수 효율성을 극대화하였다.

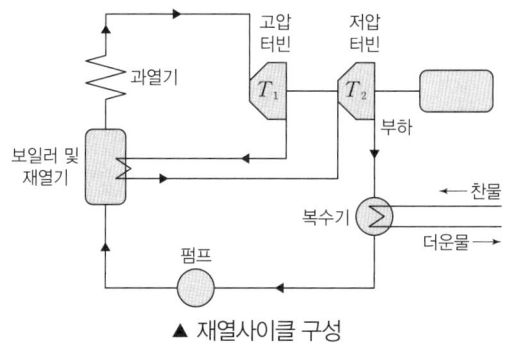
▲ 재열사이클 구성

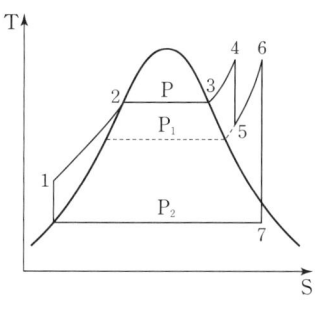
▲ 재열사이클 T-S 선도

(6) 재생 사이클
　① 터빈에서 일부 팽창중인 증기를 배출하여 급수를 예열하고 보일러에 공급되기 전에 급수 온도를 높일 수 있게 도와주는 열효율 향상 사이클로 사용한다.
　② 급수예열기는 추출증기와 급수가 직접적으로 혼합되는 개방형과 금속관을 사이에 두고 간접적인 폐쇄형으로 구분된다.

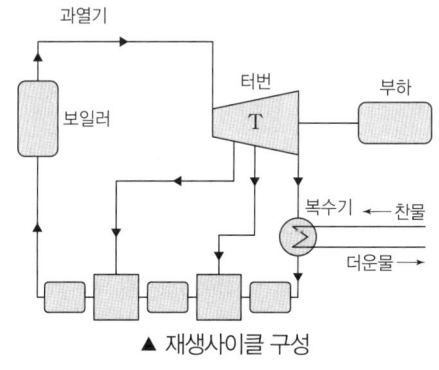
▲ 재생사이클 구성

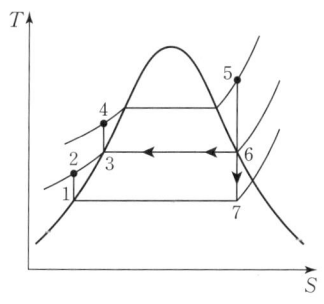
▲ 재생사이클 T-S 선도

+ 심화 증기 소비량과 열 소비량

(1) 증기 소비량(SR; Steam Rate): 1kWh(1PSh)의 에너지를 얻기위해 소비되는 증기량을 말한다.

$$SR = \frac{3{,}600}{w}$$

SR: 증기 소비량(kg/kWh), w: 유효일(kJ/kg)

(2) 열 소비량(HR; Heat Rate): 1kWh(1PSh)의 에너지를 얻기위해 소비되는 열량을 말한다.

$$HR = \frac{3{,}600}{n}$$

HR: 열 소비량(kg/kWh), n: 열효율(%)

6 냉매 및 냉동사이클

1. 냉매와 열역학 특성

(1) 냉매

① 냉각작용을 일으키는 물질로 냉동기 등의 장비의 내부를 순환하면서 기화열로 온도를 낮추는 유체(기체)를 말한다.

② 냉매의 구비조건은 다음과 같다.
  ㉠ 증발열이 크고 임계온도(임계점)가 높아야 한다.
  ㉡ 비체적과 비열비가 작아야 한다.
  ㉢ 인화 및 폭발의 위험성이 낮아야 한다.
  ㉣ 저온, 저압에서 응축이 잘되어야 한다.

③ 냉매의 전열이 양호한 순서: 암모니아(NH_3) > 물(H_2O) > 프레온(할로겐화탄소) > 공기 > 이산화탄소(CO_2)

> **+ 기초** 냉매의 종류
>
> 1) 유기 화합물
>   - 할로겐(할론겐) 냉매: CFC, HCFC 등
>   - 탄화수소 냉매: 메탄, 에탄, 프로판, 부탄, 이소부탄 등
>   - 혼합 냉매: 공비 혼합냉매(R-500번대), 비공비 혼합냉매(R-400번대)
> 2) 무기 화합물
>   - 암모니아, 탄산가스, 아황산가스, 물 등

2. 냉동기 및 사이클

(1) 냉동 기본 사이클

단열압축(1 → 2)	증발기에서 발생한 과열증기가 압축기에서 압축과정을 거치고 응축기로 이동한다. 이때 원활한 냉매 순환을 위해 저온·저압의 기체가 고온·고압의 기체로 진행된다.	압축기
등온압축(2 → 3)	압축기에서 압축된 증기가 기체에서 액체로 응축과정을 거치고 팽창과정으로 이동한다. 이때 냉매는 기체에서 액체로 응축이 진행되다가 100% 액체냉매가 되는 지점에 도달한다.	응축기
단열팽창(3 → 4)	응축기에서 응축된 냉매가 쉽게 증발할 수 있도록 압력을 팽창하는 과정으로 압력을 저하시켜 증발기로 이동된다. 이때 냉매는 고온·고압의 포화 액체에서 저온·저압의 액체 또는 기체 혼합물(냉매)로 유량 조절이 진행된다.	팽창밸브
등온팽창(4 → 1)	팽창밸브에서 저압의 액체 또는 기체 혼합물(냉매)은 주변 실내공기의 열을 흡수하면서 증발과정을 통해 열을 빼앗고 압축과정으로 이동하며, 이때 냉매가 액체에서 기체로 증발이 진행된다.	증발기

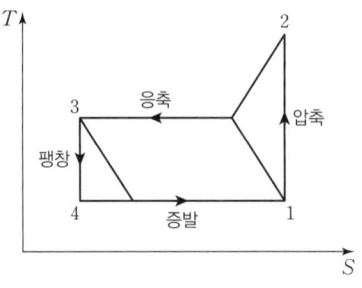

▲ 냉동 사이클 T-S 선도

(2) 냉동기 성능 지표

① 냉동능력: 0℃의 물 1,000kg(1ton)을 24시간 동안에 0℃의 얼음으로 만드는 능력을 말한다.

② 냉매 순환량: 냉동능력을 냉동효과로 나눈 값을 말한다.

$$Q = G \cdot C \cdot \Delta T$$

Q: 열량(kcal/h), G: 냉매순환량(kg/h), C: 비열(kJ/kg·K), ΔT: 온도차(K)

③ 성능계수(COP, Coefficient of Performance): 냉동기나 열펌프의 효율을 나타내며, 에너지를 효과적으로 사용하는지 평가한다.

㉠ 냉동기 성능계수(COP_1) ← 역카르노 사이클 성능계수라고도 한다.

$$COP_1 = \frac{Q_2}{w} = \frac{Q_2}{Q_1 - Q_2} = \frac{T_2}{T_1 - T_2}$$

Q_1: 고열원으로부터의 방출열량(kJ), Q_2: 저열원으로부터의 흡수열량(kJ), w: 압축일량(kJ),
T_1: 고온부 온도(K), T_2: 저온부 온도(K)

㉡ 열펌프의 성능계수(COP_2) ← 성적계수라고도 한다.

$$COP_2 = \frac{Q_1}{w} = \frac{Q_1}{Q_1 - Q_2} = \frac{T_1}{T_1 - T_2}$$

Q_1: 고열원으로부터의 흡수열량(kJ), Q_2: 저열원으로부터의 흡수열량(kJ), w: 압축일량(kJ),
T_1: 고온부 온도(K), T_2: 저온부 온도(K)

㉢ 냉동기 성능계수와 열펌프 성능계수의 관계

$$COP_1 + 1 = COP_2$$

+ 기초 냉방 성적계수(COP_c)와 난방 성적계수(COP_h)

1) 냉방 성적계수(COP_c): 저열원에서 열을 흡수하여 온도를 낮추는 효율을 말한다.

$$COP_c = \frac{Q_2}{W}$$

Q_2: 저열원으로부터의 흡수열량(kJ), W: 공급일(kJ)

2) 난방 성적계수(COP_h): 고열원에서 열을 방출하여 온도를 높이는 효율을 말한다.

$$COP_h = \frac{Q_1}{W}$$

Q_1: 고열원으로부터의 방출열량(kJ), W: 공급일(kJ)

03 계측방법

> **핵심 KEYWORD**
> • 기본 단위 • 오차 • 피드백 제어
> • 보일러 자동제어 • 압력계 • 유량계
> • 액면계 • 가스크로마토그래피
> • 온도계

1 계측의 개요

1. 단위 및 차원

(1) 단위의 종류

① **기본단위**: 국제단위계에서 정한 단위로 길이(m), 질량(kg), 시간(s), 물질의 양(mol), 절대온도(K), 광도(cd), 전류(A) 총 7개가 있다. ← 미터(m)는 1,983년 빛이 진공에서 1/299,792,458초 동안 이동한 거리로 정의된다.

② 유도단위: 국제단위계에서 기본단위를 조합하여 유도하는 형성단위이다. 속도(m/s), 가속도(m/s^2), 힘($kg·m/s^2$), 압력(N/m^2), 열량(J), 비열($J/kg·K$) 등이 있다.

③ 보조단위: 기본단위와 유도단위의 사용상 편의를 위한 특별한 단위로, 섭씨(℃), 화씨(℉), 라디안(rad) 등이 있다.

④ 특수단위: 기본, 보조, 유도단위 외 계측하기 어렵거나 특수한 용도에 편리하도록 정의된 단위로, 에너지, 비중, 습도, 인장강도, 방사능 등이 있다.

+ 기초 SI 기본단위 및 물리량

물리량	SI기본단위	기호
길이	미터	m
질량	킬로그램	kg
시간	초	s
전류	암페어	A
온도	켈빈	K
물질의 양	몰	mol
광도	칸델라	cd

(2) 단위계

① 절대(질량)단위계(MLT계): 질량(Mass), 길이(Length), 시간(Time)
② 공학(중력)단위계(FLT계): 힘(Force), 길이(Length), 시간(Time)
③ CGS 단위계: cm-g-sec
④ MKS 단위계: m-kg-sec

+ 심화 물리량 단위

유도량	명칭	기호	SI 기본단위
힘	뉴턴	N	$kg·m/s^2$
압력	파스칼	Pa	$kg/m·s^2$
에너지	줄	J	$kg·m^2/s^2$
일률	와트	W	$kg·m^2/s^3$
전하량	쿨롱	C	$s·A$
전위차	볼트	V	$kg·m^2/s^3·A$
전기 저항	옴	Ω	$kg·m^2/s^3·A^2$

2. 측정

(1) 측정의 종류

① 직접측정: 측정기(자, 버니어캘리퍼스, 각도기 등)를 활용하여 일정한 길이, 각도 등의 눈금 또는 측정값을 직접 읽을 수 있는 방법이다.

② 간접측정: 계산을 포함한 측정방법으로 측정량과 일정한 관계가 있으며 측정물의 형태를 수학적이나 기하학적인 관계에 의해 얻는 방법이다.

③ 비교측정: 측정 대상과 기준물을 놓고 측정된 치수를 기준과 비교하는 방법이다.

(2) 측정의 방식과 특성

보상법	측정량과 크기가 거의 같은 양(미리 알고 있는 양)의 분동을 준비하여 분동과 측정량의 차이를 측정하여 최종 값을 구한다.
편위법	조작이 간단하며 측정을 진행할 때 계측기의 편위량을 직접적으로 눈금과 비교하여 측정하는 방법으로 정밀도가 낮다.
영위법	기준물의 크기를 측정물과 일치하도록 조정 준비하고 측정시 평행상 계측기의 지시가 0에 위치할 때 기준량의 크기와 측정량의 크기를 비교하여 측정한다.
치환법	사전에 미리 아는 측정량을 다이얼게이지를 사용한 측정값(두께)과 비교하여 피측정물의 높이 또는 두께를 지시된 양의 차로 측정한다.

(3) 측정의 오차 ← 오차란 측정값과 참값의 차이를 말하며, 오차가 작을수록 정확도는 높다.

① 계통오차: 특정한 원인(측정 기기의 오차, 눈금 불균형 등)에 의해 일정하고 지속적인 발생이 일어나는 오차이다.

　㉠ 계기오차: 계량기의 오류(구조적 문제)로 측정된 값과 실제 값 사이의 차이가 발생한다.

　㉡ 개인오차: 측정자의 숙련도나 개인적인 판단에서 비롯하는 오차를 말한다.

　㉢ 환경오차: 측정시 주변환경(온도, 습도 등)에 따라 실험환경이 바뀌는 오차를 말한다.

② 우연오차: 불규칙한 오차로 발생시 원인을 명확히 알 수 없어 보정이 불가능하다고 판단하여 여러 차례의 반복 측정으로 통계를 내려 값을 측정한다.

③ 과실오차: 측정자의 부주의나 실수로 인해 발생하는 오차를 말한다.

+기초 오차

1) 절대오차
   절대오차 = 측정값 − 참값

2) 상대오차
   상대오차 = $\dfrac{\text{절대오차}}{\text{참값}}$

3) 오차율
   오차율 = $\dfrac{\text{측정값} - \text{참값}}{\text{참값}} \times 100$

(4) 측정의 정도

① 보정

　㉠ 측정에서 정확성은 중요한 요소이며, 정확성에 값이 가까울 수 있도록 계측기의 수치를 가감하는 것을 말한다. ← 오차의 음의 값으로, 참값-측정값으로 구한다.

　㉡ 참값: 완벽하게 이론적으로 정확한 값으로 나이, 번호 등 정확하게 떨어지는 실제 값을 말한다.

　㉢ 측정값: 측정기구를 활용하여 측정한 값을 말한다.

② 정도: 측정 및 계측 또는 가공 작업을 진행할 때 정확도, 정밀성, 신뢰도의 수준을 표현한다.

　㉠ 정확도: 측정 및 계측으로 계산된 값이 실제값과 차이가 얼마만큼 나는지의 정도를 나타낸다.

　㉡ 정밀도: 측정 및 계측을 여러번 진행하여 측정한 결과값의 흩어진 정도로, 흩어짐이 작은 측정을 정밀하다고 한다.

2 계측계와 계측제어

1. 계측계

(1) 계측계의 구성 ← 기록부는 자동제어계와 직접적인 관련은 없다.

검출부	시스템의 현재 상태를 감지하고 측정하는 과정으로 측정된 값을 비교부에 전달한다.
비교부	검출부에서 측정된 값과 목표값을 비교하여 오차를 계산하고 조절부로 전달한다.
조절부	계산된 오차를 기반으로 제어프로세스를 통해 시스템제어 출력값을 결정한다.
조작부	조절부에서 생성된 제어 신호를 기반으로 출력값이 목표값에 도달하도록 결정한다.

(2) 계측계의 특성
① 정적 특성: 측정된 계측대상의 시간적인 변화가 없을 때 계측계가 나타내는 입력과 출력의 값의 사이를 나타내며, 정확도, 감도 등의 특성을 나타낸다.
  ⓔ 감도, 직선성, 정밀도 등
② 동적 특성: 자동제어계에서의 측정량이 시간에 따른 변동에 대해 계측기의 지시에 따라 변하는 대응관계를 나타낸다.
  ⓔ 응답, 시간지연, 동오차, 안정도 등

> **+ 기초 오버슈트(Over Shoot)**
> 제어량의 최종적인 정상상태의 값(목표값)이 일시적으로 더 크게 반응한 정도를 의미한다.

2. 자동제어

(1) 동작 순서
① 검출: 제어대상 계측기의 상태를 파악한 데이터를 제공한다.
② 비교: 목표값과 검출된 현재상태를 비교한다.
③ 판단: 제어량의 차이에 따라 조치를 판단한다.
④ 조작: 판단된 제어량의 차이를 목표값으로 유지한다.

(2) 종류
① 피드백 제어(Feedback Control)
  ㉠ 폐루프제어, 되먹임제어라고도 하며, 보일러 급수, 온도, 압력제어 등 운영에 필요한 폐회로 제어방식을 말한다.
  ㉡ 출력값을 입력 측으로 되돌림(피드백)하여 현재의 제어량과 설정된 목표값을 비교하고, 그 차이(오차)를 기준으로 출력값이 설정 범위에 들도록 지속적인 수정 동작을 진행하여 다른 제어계보다 제어 폭이 증가한다.
  ㉢ 유연성이 있어 외부 조건에 적응성이 뛰어나 정밀한 목표값에 도달하지만 회로 및 구조가 복잡하다.
② 시퀀스 제어(Sequence Control)
  ㉠ 미리 정해진 순서(논리적 흐름)에 맞춰진 순차적 제어방식으로 목표된 제어 값에 도달하여 결과값을 검출하고 종료한다.
  ㉡ 조건이 충족되면 자동으로 다음단계로 진행되며, 점화 및 소화, 충전 등 순차적인 개회로 제어방식을 말한다.

③ 피드 포워드 제어(Feed Forward Control)
  ㉠ 미리 정해진 제어량의 변화를 예측하여 즉각 빠른 응답으로 제어하는 방식의 동작을 말한다.
  ㉡ 외란 발생에 대비하기 위해 정확한 예측을 해야 하며, 단독사용의 한계로 인해 일반적으로 피드백 제어와 병용하여 사용한다.

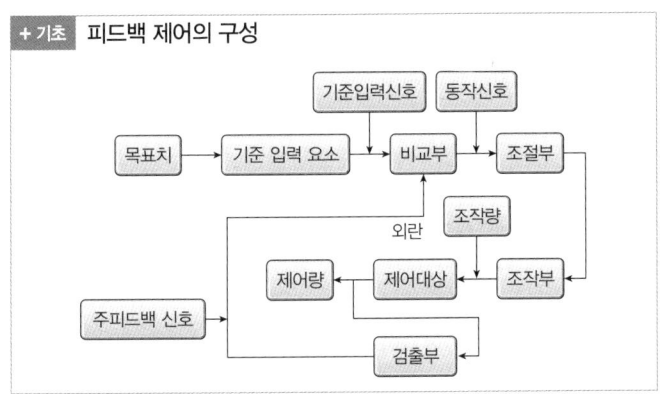

+기초 **피드백 제어의 구성**

+기초 **외란**
시스템에 의도하지 않게 작용하여 출력값(제어량)에 영향을 주는 외부 요인이나 내부 변화를 의미한다.

3. 제어동작

(1) 연속 제어동작

① PID 제어시스템이라고도 하며, on−off 제어의 정확도를 높이기 위한 자동제어를 말한다.
  ㉠ P 동작(비례제어, Proportional): 제어편차(오차)에 비례하여 연속적으로 조정된다. 피드백 경로 전달 특성이 비례적이며, 제어 오차가 '0'이 되더라도 잔류편차(Off Set)이 생긴다.
  ㉡ I 동작(적분제어, Integral): 시간에 따라 누적된 제어편차를 출력에 반영하여 잔류편차를 제거하는 제어동작이다.
  ㉢ D 동작(미분동작, Differential): 제어 편차가 급격하게 발생시 예측하여 보정작용을 하며, 조절계의 출력 변화가 벗어나기 시작하는 편차의 응답속도에 비례하는 동작이다.

② PI 동작(비례−적분 제어): **I 제어의 잔류 오차를 줄이고, P 제어의 설정값에 빠르게 도달하도록 결합한 연속적 제어**로 계단변화에 대한 잔류오차가 적어 반응속도가 빠르거나 느린 프로세스에 사용한다.

③ PD 동작(비례−미분제어): D 제어의 시스템 예측 응답속도를 개선하고 P 제어의 설정값에 빠르게 도달하도록 결합한 연속제어로 정상상태 오차(잔류오차)는 개선이 불가능한 연속 제어이다.

④ PID 동작
  ㉠ PID 제어는 기본적인 피드백 제어의 형태를 가지며, 제어 대상의 측정된 출력값을 설정값과 비교하고 오차를 계산하여 발생된 오차값으로 제어값을 계산하는 구조로 구성된다.
  ㉡ P, PI, PD 동작의 제어를 모두 사용하여, 반응속도가 빠르고 잔류오차를 줄여준다.
    • P: 제어 출력에 비례하여 증가하고 즉각적인 반응을 제공한다.
    • I: 누적된 오차에 비례한 출력이 증가하고 잔류오차를 제거한다.
    • D: 오차의 증강에 미리 반응하여 제어 출력을 조정, 억제한다.

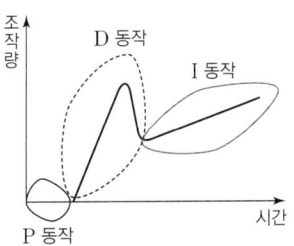

▲ PID 복합 동작

> **+ 심화** 제어의 종류
>
> 1) **정치제어**(Constant Control)
>   제어대상의 시간에 따라 목표값이 변하지 않고 일정한 값을 가진다.
> 2) **추종제어**(Tracking Control)
>   제어대상의 시간에 따라 임의로 변화하는 값으로 목표값이 주어진다.
> 3) **추치제어**(Adaptive Control)
>   시스템 시간에 따라 변화하는 값(환경, 조건 등)으로 목표값이 변화한다.
> 4) **프로그램제어**(Program Control)
>   미리 정해진 시간에 따라 순서대로 프로그램 제어 신호를 목표값에 맞춰 진행한다.
> 5) **비율제어**(Ratio Control)
>   기준 값에 대한 어떤 다른 값과 일정한 비율에 맞춰 유지하도록 목표값이 변화한다.
> 6) **캐스케이드제어**(C.C, Cascade Control)
>   - 내부 제어루프와 외부 제어루프가 존재하는 다단제어라고 한다.
>   - 1차(주) 제어 장치가 전체 제어 목표로 제어량을 측정한다. 이때 제어 명령과 함께 2차(보조) 제어장치가 캐스케이드의 출력을 바탕으로 제어량을 정밀하게 조절한다.

(2) 불연속 제어동작
   ① 제어 출력이 연속적으로 변화하지 않고 단계적으로 변하는 제어방식을 말한다.
   ② **ON-OFF 동작(2위치 동작)**: 제어시스템에서 조작량이 제어편차에 의해 정해진 두 개의 값(+, -)이 최대, 최소가 되어 어느 편인가를 택하는 가장 단순한 형태의 제어방식의 동작을 말한다.
   ③ 다위치동작: 출력 상태가 3위치 이상의 제어장치를 조작하여 제어하는 방식의 동작을 말한다.
   ④ 불연속 속도 동작(부동제어, 단속도 제어동작): 2위치와 다위치 동작처럼 정해진 조작량과는 다르게 일정 편차 이상일 때 제어하는 방식의 동작을 말한다.

4. 보일러의 자동제어 ← 운전의 안전성 확보, 연료 절감, 설비 수명 연장을 주된 목적으로 하며, 자동화된 운전은 인건비 절감과 작업 능률 향상에도 기여한다.

(1) 인터록
   운전(작동)중인 보일러가 원활한 작동이 이루어지지 않을 경우 다음 동작의 진행 여부를 사전에 차단 또는 정지시켜 보일러에서 발생가능한 사고를 미연에 방지하는 안전제어 관리장치이다.

압력초과 인터록	작동 중인 보일러의 운전압력이 설정한 압력의 한계를 초과할 경우 보일러를 자동 정지시켜 사고를 사전에 예방한다.
저수위 인터록	작동 중인 보일러의 수위가 최저 안전 수위의 범위를 넘을 경우 부저와 함께 보일러를 정지시켜 사고를 사전에 예방한다.
저연소 인터록	초기 운전시 최대 부하의 약 30% 수준에서 안정적으로 연소를 진행하는데, 부하의 증가없이 급격한 연소가 진행되어 불안정한 저연소 상태가 감지되면, 연소 차단과 함께 보일러를 정지시켜 사고를 사전에 예방한다.
불착화 인터록	보일러 점화 시 착화에 실패할 경우 발생할 수 있는 미연소가스로 인한 폭발, 역화를 방지하기 위해 연료공급 차단과 함께 보일러를 정지시켜 사고를 사전에 예방한다.
프리퍼지 인터록	연소에 필요한 공기가 송풍기 고장 또는 통풍 불능 등으로 충분한 공기가 유입되지 않을 때 연료공급 차단과 함께 연료공급 전자밸브를 열지 않고 보일러를 정지시켜 사고를 사전에 예방한다.

(2) 자동제어의 효과

① 사전 예방으로 안전한 보일러 운전이 가능하다.
② 제어 자동화를 통해 경제적이고 효율적인 운전으로 보일러의 수명을 연장한다.
③ 수동 조작을 최소화하여 운전 인건비와 연료를 절감한다.
④ 필요한 시점에 필요한 온도와 압력을 안정적으로 공급하여 경제적인 열매체를 얻는다.

(3) 자동제어의 특성

응답	동특성에 해당한 입력신호로 출력 및 반응을 나타내며, 빠른 응답은 제어 성능의 우수함을 의미한다.
과도응답	시스템이 정상상태로 도달하기 전, 과도한 입력을 가했을 때 생기는 출력변화 즉, 과잉입력신호로 생기는 변화를 말한다.
정상상태 응답	시스템의 출력이 일정한 시간이 흘러도 일정하게 안정된 값을 유지하는 상태를 말한다.
쇠퇴비 (감쇠비)	시스템의 진동성 응답의 연속적인 비율의 비로 값이 크면 진동이 빨리 줄고, 값이 작으면 진동이 오래 지속된다.
응답시간	입력된 신호가 출력에 도달하여 반영되기까지의 걸리는 시간을 말한다.

(4) 보일러 자동제어 명칭 및 조작(A.B.C(Automatic Boiler Control))

① 급수제어 (F.W.C. Feed Water Control)
㉠ 연속 운전되는 보일러의 증기 및 온수로 인해 수위 부하가 변동할 시(증기 사용량 변화) 일정 수위를 유지할 수 있도록 급수량을 자동 조절한다.
㉡ 수위제어 검출방식: 플루우트식(맥도널식), 전극식, 차압식, 열팽창식 등이 있다.
㉢ 수위제어 방식: 1요소식(단), 2요소식, 3요소식, 모듈식 등이 있다.
• 단요소식: 수위만 검출, 간단한 구조로 중·소형보일러에 사용한다.
• 2요소식: 수위와 증기유량 검출, 보일러 용량이 크고 수위변동이 있는 중·대형 보일러에 사용한다.
• 3요소식: 수위와 증기유량, 급수유량 검출, 정밀 제어가 필요하며, 증기 부하변동이 매우 심한 대형 수관식 보일러에 사용한다.

② 증기온도제어 (S.T.C. Steam Temperature Control): 과열된 증기의 온도를 자동으로 조절한다.
③ 증기압력제어(S.P.C. Steam Pressure Control): 증기 압력이 일정한 설정값을 가질 수 있도록 자동으로 조절한다.
㉠ 증기압력제한기: 검출단계에서 증기 압력을 설정한 사용압력으로 연소를 정지시키는 것을 말한다.
㉡ 증기압력조절기: 검출단계에서 증기 압력을 조절기 내의 밸로우즈의 신축 움직임에 따라 고, 저 연소로 자동전환하는 것을 말한다.
④ 자동연소제어 (A.C.C. Automatic Combustion Control): 보일러에서 발생되는 증기 또는 온수의 압력, 온도 부하 등의 변화를 제어하고 공기량, 연료량, 연소가스 배출량을 조작하여 최적의 연소상태를 유지한다.

3 압력 측정

1. 압력

(1) 개요

① 물체의 단위면적(A)당 수직으로 작용되는 힘(F)을 말한다. ← 넓은 면적에 작용할수록 압력은 작아지고, 같은 힘이라도 좁은 면적에 작용하면 압력은 커진다.

② 압력을 구하는 식은 다음과 정의한다.

$$P = \frac{F}{A}$$

P: 압력(N/m^2), F: 힘(N), A: 면적(m^2)

(2) 압력의 분류

① 대기압: 지구 해수면 근처에서 측정한 압력을 기준으로 공기의 무게로 생기는 지구 대기의 압력을 말한다.(1기압 = 760mmHg = 0.1013MPa = 1.033kgf/cm²)

② 게이지 압력: 대기압을 기준으로 측정한 압력으로, 절대압력과 대기압의 차이를 말한다.

③ 절대 압력: 진공(절대 진공) 상태에서 측정한 압력을 말한다. ← 절대압력=대기압+게이지 압력이다.

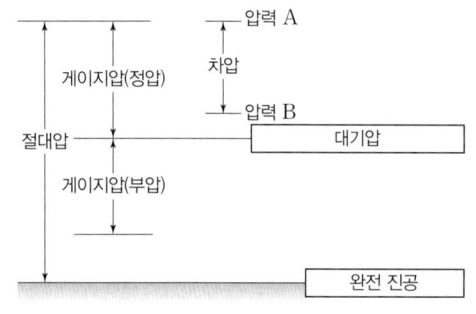

▲ 압력의 분류

+기초 정압, 동압, 전압

- 정압: 유체가 정지하고 있는 상태에서 작용하는 압력을 말한다.
- 동압: 유체가 유동하고 있는 상태에서 흐름 방향으로 작용하는 압력을 말한다.
- 전압: 유체의 압력에너지는 전압으로 구성되며, 정압과 동압을 합한 값을 말한다.

2. 1차 압력계 ← 압력, 액주의 평형 등 측정성능을 무게 또는 힘을 활용하여 직접 측정하는 압력계이다.

(1) 액주식 압력계

① 구부러진 유리관(U자, L자형)에 기름, 물, 수은 등 액체를 넣고 한쪽 끝부분에 압력을 도입하여 양쪽 액면의 높이 차를 이용하여 압력을 측정한다.

② 주로 통풍력 측정에 사용되며, 마노미터(Manometer)라고도 한다.

③ 측정을 위한 보정요소: 모세관 현상, 온도, 중력, 압력 등

④ 액주의 구비조건

㉠ 온도 변화에 따른 오차를 줄이기 위해 열팽창계수와 밀도변화가 작아야 한다.

㉡ 액면이 휘어지지 않아야 하며 모세관현상과 표면장력이 작아야 한다.

㉢ 일정한 화학성분을 가지고 있으며, 화학적으로 안정적이어야 한다.

㉣ 기화나 오염에 강하고 점도(점성)가 작고 휘발성 및 흡수성도 작아야 한다.

⑤ 액주식 압력계의 종류는 다음과 같다.
　㉠ U자관 압력계
　　• U자형 유리 튜브에 밀도가 높은 액체를 봉입하여 액주의 높이차를 이용하여 압력을 측정한다.
　　• 측정범위는 약 $0.1 \sim 20 \text{kPa}$(약 $10 \sim 2,000 \text{mmH}_2\text{O}$)이다.
　　• 정도는 $\pm 0.5 \text{mmH}_2\text{O}$이다.
　　• 절대압력의 측정이 가능하며, 통풍계(통풍력 측정기)로 사용할 수 있다.
　　• U자관 압력 공식은 아래와 같다. ← 파스칼의 원리를 응용하며, 액주 하단부 경계면의 수평선에 작용하는 압력은 동일하다.

$$P_b = P_a + \gamma h$$

P_a: 대기압(mmH_2O), P_b: 측정 압력(mmH_2O), γ: 비중량(kg/m^3), h: 높이(m)

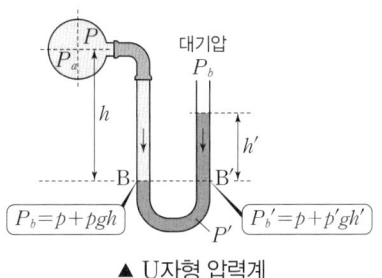

▲ U자형 압력계

　㉡ 환상천평식(링밸런스식) 압력계
　　• U자형 액주식 압력계에 일종이다.
　　• 동그란 링이 회전시 회전각의 압력차에 비례한 값으로 측정하고 저압가스의 압력측정에 사용된다.

　㉢ 경사관식 압력계
　　• 단관식의 원리를 이용하며, 경사지게 관을 부착하여 압력을 측정한다.
　　• U자관보다 액주의 높이 변화가 크므로 정밀도가 높아 미세압 측정이 가능하다.
　　• 측정범위는 약 $0 \sim 50 \text{mmH}_2\text{O}$이다.
　　• 경사관식 압력 공식: 액체의 미세한 압력차를 측정하기 위해 높이 차이와 관의 경사각을 고려해야한다.

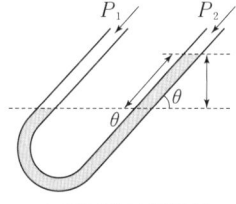

▲ 경사관식 압력계

$$P_b = P_a + \gamma L \sin\theta$$

P_a: 대기압(mmH_2O), P_b: 측정 압력(mmH_2O), γ: 비중량(kg/m^3), L: 눈금(m)$\left(L = \dfrac{h}{\sin\theta}\right)$, θ: 경사각

ㄹ 상자형 액주식 압력계
- 넓은 단면적의 저장용기와 좁은 단면적의 U자관 또는 수직으로 되어 있는 관이 설치되어 체적보존의 원리를 활용한다.
- 넓은 면적의 높이 변화와 좁은 면적의 넓은 높이 변화의 원리를 이용하여 압력차를 계산한다.
- 상자형 액주식 압력 공식은 아래와 같다.

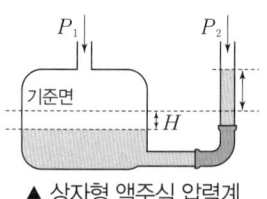
▲ 상자형 액주식 압력계

$$P_1 - P_2 = (H+h)\rho g$$

P_1: 상자 내 압력, P_2: 유리관 내 압력, H: 상자 내 액면 하강량 $\left(H = \dfrac{ah}{A}\right)$, A: 저장용기 단면적, a: 유리관 단면적, h: 유리관 내 액면 하강량, ρ: 액체 밀도, g: 중력가속도

ㅁ 단관식 압력계
- 액체가 담긴 용기에 수직으로 연결한 유리관(단일관)으로 액면의 차압을 측정한다.
- 구조가 작아 U자관보다 작은 공간에 사용한다.
- 단관식 압력 공식은 아래와 같다.

$$P_b = P_a + \gamma h$$

P_a: 대기압(mmH$_2$O), P_b: 측정 압력(mmH$_2$O), γ: 비중량(kg/m^3), h: 높이(m)

ㅂ 차압(시차식)마노미터
- U자관의 물보다 무거운 제3의 액체(수은, 오일 등)를 넣어 양쪽에 서로 다른 압력을 가하여 액면의 차이로 측정한다.
- **측정하고자 하는 유체의 밀도는 무관하고**, 중간 액체의 밀도와 관계가 있다.

(2) 분동식 압력계
① 분동에 의한 압력을 측정하는 압력계로 **탄성식 압력계의 검사를 진행하는데 사용한다.**
② 램, 실린더, 기름탱크, 가압펌프 등으로 구성되어 있다.
③ 분동식 압력계 액체 조건은 다음과 같다.
  ㄱ 밀도가 높고, 점성이 적어야 한다.
  ㄴ 표면장력이 적고 화학적으로 안정해야 한다.
  ㄷ 압력범위는 300MPa(3,000kg/cm^2) 이상이 적합하다.
  ㄹ 가격이 저렴해야 한다.

+기초 **분동식 압력계의 사용압력**
- 경유: 40~100kg/cm^2
- 스핀들유, 피마자유: 100~1,000kg/cm^2
- 모빌유: 3,000kg/cm^2 이상

(3) 침종식 압력계
① 아르키메데스의 원리를 이용하며, 액체에 압력을 가하면 액체 속 일부분에 잠긴 침종이 힘에 의해 이동하고 평형을 유지하면서 부력변화로 압력을 측정한다.
② 주로 저압가스의 유량을 측정하며, 미세차압 측정이 가능하다.

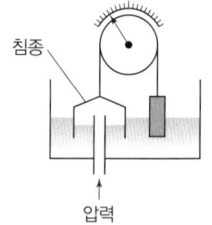
▲ 침종식 압력계

3. 2차 압력계 ← 압력에 의한 물질의 성질 변화를 활용하여 간접 측정하는 압력계이다.

(1) 탄성식 압력계

① 유체의 수압부 압력에 의해 변형되는 탄성체를 이용하여 측정하고자 하는 압력과 비례한 압력의 변화량을 파악하여 측정하는 압력계이다.

② 종류는 다음과 같다.

㉠ 부르동관(튜브) 압력계
- 코일형 또는 구부러진 튜브 모양의 곡관으로 내부에 유체가 통과할 때 압력의 변화에 따라 튜브의 굽어진 부분이 팽창, 수축하는 원리를 활용하여 측정하는 압력계를 말한다.
- 종류로는 C형, 나선형, 헬리칼형(수직나선형), 버튼형 등이 있다. ← 헬리칼형은 강한 압력이 필요한 곳에 사용한다.
- 응답의 속도는 우수하나 진동, 충격, 온도변화가 적은 장소에 설치해야 한다.
- 미세한 압력 측정과 부식성 유체의 측정도 가능하다.
- 측정범위는 약 20~5,000mmH$_2$O으로 높은 압력을 측정할 수 있다.

▲ C형　　　▲ 나선형　　　▲ 헬리칼형

㉡ 다이어프램식(격막) 압력계
- 기밀을 유지하기 위한 패킹이 불필요하고 금속 부분이 부식될 염려가 없어 산, 염기 등의 화학약품을 차단하는데 주로 사용되는 밸브이다.
- 유체의 압력을 전달하고 탄성체 박판(다이어프램, 얇고 유연한 판)이 움직이며 유체의 반대쪽으로 오일을 움직여 측정한다.
- 먼지가 함유되거나 부식성이 강한 액체에 사용하고, 대기압과의 차이가 적은 미소 압력 측정에 사용한다.
- 고주파 잡음 완충 역할을 하며, 순간 압력이 미세한 작은 구멍을 통해 고압측에서 저압측으로 이동하여 시간지연과 압력을 낮춰 파손을 방지한다.
- 탄성체 박판은 고무, 스테인리스 등 얇은 판이 사용된다.

▲ 다이어프램식 압력계

+ 심화　다이어프램 압력계 압력이 증가할 경우 발생하는 현상
- 다이어프램에 가해진 압력에 의해 격막의 변위 발생으로 수축한다.
- 링크가 위쪽 방향으로 회전하여 톱니판이 회전을 시작한다.
- 섹터기어가 시계반대 방향, 피니언은 시계방향으로 회전한다.

㉢ 벨로우즈 압력계
- 주름이 있는 금속박판 원통인 벨로우즈가 유체 압력에 의해 팽창하여 발생하는 변위량(팽창과 수축)을 측정하는 방식의 압력계이다.
- 재질은 황동, 인청동, 스테인리스강 등이 쓰인다.
- 압력변동시 적응성이 떨어져 저압측정용에 사용된다.
- 측정하는 유체의 이물질의 영향을 적게 받는다.
- **보조 코일 스프링은 히스테리시스 현상을 없애기 위하여 활용한다.** ← 히스테리시스 현상은 이력현상이라고 불리며 과거 상태의 입력과 출력 관계 시스템을 의존하는 현상이다.

(2) 전기식 압력계
① 외부 압력의 변형에 의하여 생기는 전기저항의 변화를 브릿지 회로에서 측정하는 압력계이다.

$$C = 0.0885 \cdot \epsilon \cdot \frac{A}{L}$$

C : 전기 용량(F), ϵ : 유전체의 유전율(F/cm), A : 평판의 면적(cm²), L : 두 평판 사이의 거리(cm)

② 종류는 다음과 같다.
  ㉠ 스트레인 게이지(Strain gauge) 압력계
    - 금속 재질의 센서가 압력에 의해 기계적 변형이 생김과 동시에 전기 저항의 변화의 특성을 이용하여 압력을 측정한다.
    - 정밀하여 저압에서 고압까지 측정범위가 넓다.
  ㉡ 전기저항식 압력계
    - 전기식 압력계의 일종으로, 압력변화로 인한 저항변화를 이용하여 초고압 측정에 사용한다.
    - 압력변동에 적응성이 약하다.
    - 유체 내 먼지의 영향을 적게 받는다.
  ㉢ 피에조 전기 압력계
    - 결정체의 특정 방향에 압력을 가해 기전력을 발생시킨 후 이때 발생한 전기량은 압력에 비례한다.
    - 순간적인 가스 폭발이나 압력 변화 측정에 사용된다.
  ㉣ 용량형 압력계
    - 평판형과 원통형 구조가 있고 정압과 동압의 측정에 사용한다.
    - 다이어프램을 이용하여 받은 압력으로 위치의 변화를 통해 전기용량의 변화가 생긴 값으로 출력을 받아 측정한다.

+ 심화　압력 신호

1) 공기압식 신호
   - 공기는 압축성 유체이며 관로 저항으로 전송지연이 생긴다.
   - 공기압의 신호를 안정적으로 전달하기 위해 관로 제습, 제진 등을 요구한다.
   - 공기식 증폭기가 필요하고 공기압 신호는 0.2~1.0kg/cm²이다.
   - 신호의 전송거리는 100~150m정도로 여러 신호방법 중 가장 짧다.

2) 유압식 신호
   - 유압은 조작력이 크며 전송지연이 적어 응답이 우수하다.
   - 온도 변화에 따라 유체의 점도가 변하면서 유동 저항 및 유체 누설의 위험이 있다.
   - 유체가 윤활 역할을 하여 관내의 녹이 쉽게 발생하지 않으며, 시스템 전체의 조작속도가 빠르다.
   - 유압신호의 전송거리는 약 300m 정도의 거리를 가진다.

3) 전기식 신호
   - 폭발 위험이 있는 현장에는 방폭시설의 구축이 필요하며, 일정 수준의 전기 취급 기술을 요한다.
   - 배선 설치 및 변경이 용이하며, 제어대상이 많은 대규모 설비에 적합하다.
   - 전기 신호는 물과 습기에 취약하므로 주의가 필요하다.
   - 전송거리는 수 km로 가장 길고 장거리 전송이 가능하며, 신호 지연이 거의 발생하지 않는다.

4 유량 측정

1. 유량 및 유속

(1) 유량

① 유체가 흐르는 공간의 단면적을 통과하는 유체의 체적 및 질량을 시간(초)의 비율로 표현한다.

② 체적 유량: 체적으로 단위시간당 유량을 산출하는 방법으로 일반적인 유량측정에 활용한다.

$$Q = A \times V$$

Q: 유량(m³/sec), A: 면적(m²), V: 유속(m/s)

③ 질량 유량: 질량으로 단위시간당 유량을 산출하는 방법으로 유량측정에 활용한다.

$$Q_m = \rho \cdot A \cdot V$$

Q_m: 질량유량(kg/s), ρ: 밀도(kg/m³), A: 면적(m²), V: 유속(m/s)

(2) 유속

① 관 또는 하천에서 단위 시간(초)당 이동하는 평균속도를 말한다.

② 유속은 유량과 비례하며, 유량이 일정한 상태에서 단면적이 증가하면 유속은 그에 반비례하여 감소한다.

③ 이중관에서의 유속은 $Q_1 = Q_2$를 이용한다.

> **+기초 레이놀즈 수**
>
> 유체역학에서 사용하는 무차원량으로 관성력과 점성력의 비로, 유체의 유동상태(층류, 난류 등)를 파악할 수 있다.
>
> $$Re = \frac{\rho \times V \times D}{\mu} = \frac{D \times V}{\nu}$$
>
> Re: 레이놀즈 수, ρ: 밀도(kg/m³), V: 유속(m/s), D: 직경(m), μ: 점도(kg/m·s), ν: 동점성계수(m²/s)
>
> | 구분 | 레이놀즈 수 |
> | --- | --- |
> | 층류 | Re < 2,100(2,320) 미만의 흐름 |
> | 천이영역 | 2,100(2,320) ≤ Re ≤ 4,000으로 층류와 난류 사이의 흐름 |
> | 난류 | Re > 4,000 초과의 흐름 |

2. 유량계

(1) 차압식 유량계

① 비압축성 유체가 관내를 흐를 때 관내에 생기는 차압으로 유량을 측정하고 구조가 간단하며 <mark>정도가 좋아 측정범위가 넓다.</mark>

② 관 내부에 교축기계(오리피스, 노즐, 벤츄리)를 넣고 유체가 좁은 구간을 통과할 때 생기는 차압(전후 압력차)을 베르누이 정리를 계산하여 유량을 측정한다.

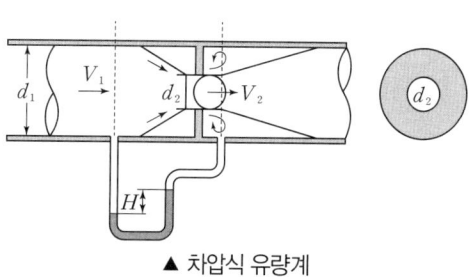

▲ 차압식 유량계

③ 유량은 교축기구 차압(전후 압력차)의 제곱근에 비례 관계를 갖는다.
④ 대표적으로 오리피스, 벤츄리미터, 플로우 노즐, 다이아프램 등이 있다. ← 압력손실은 오리피스, 노즐, 벤튜리미터 순으로 크다.

   ⊙ 오리피스
     • 관 내의 조리개(교축기구)를 설치하여 유체의 유속을 측정하며, 베나탭, 코너탭, 플랜지탭, 베벨탭 등이 있다.

베나탭	유량이 유입되는 전면부와 후면부의 흐름 단면적이 작아지는 유속지점에 설치하여 차압을 측정한다.
코너탭	교축기구를 이용한 유량 측정에서 유량이 유입되는 직전과 직후를 측정하며 직경이 작은 배관에 유리하다.
압력탭	정압과 동압의 압력을 측정하는 탭으로 고압측정용과 저압측정용으로 구분한다.
플랜지탭	플랜지를 상, 하류 부분에 설치하여 측정한다.

     • 유체의 흐름을 강제로 좁은 공간을 통과해서 발생하는 차압(전후 압력차)을 이용하여 측정한다.
     • 베르누이의 정리를 응용한 유량계로, 기체와 액체에 모두 사용이 가능하다.
     • 구조가 간단하므로 작은 구경의 관 또는 협소한 장소에 설치가 가능하다.
     • 압력손실로 에너지 손실 및 침전물이 많이 생성된다.
     • 오리피스의 차압의 크기가 유체속도의 크기에 비례한다.

$$Q = C \times A \times \sqrt{\frac{2\Delta P}{\rho}}$$

Q: 유량(m^3/s), C: 유량 계수, A: 오리피스 단면적(m^2), ΔP: 압력차(Pa), ρ: 밀도(kg/m^3)

   ⓒ 플로우노즐: 유체의 유속에 비례한 압력 차이를 감지하여 차압을 유량으로 계산한다.
   ⓒ 벤튜리미터
     • 구조가 복잡하고 대형이며, 설치공간이 충분해야 한다.
     • 내구성과 정밀도가 높으며, 압력손실이 적다.

⑤ 유량 공식은 다음과 같다.

$$Q = \frac{C \cdot A}{\sqrt{1-(d_2/d_1)^4}} \times \sqrt{2g\frac{\Delta P}{\gamma}}$$

Q: 유량(m^3/s), C: 유량 계수, A: 오리피스 단면적(m^2), d: 내경(m), g: 중력가속도(9.8m/s^2), ΔP: 압력차(Pa), γ: 밀도(kg/m^3), d_2: 오리피스 직경, d_1: 관로(배관) 직경

(2) 면적식 유량계
  ① 배관 내에서 조리개 전후의 압력차를 일정하게 유지하며 조리개 면적 변화를 통해 유량을 측정한다.
  ② 유체의 흐름에 따라 변하는 면적을 이용하고 점도가 높은 고점도의 유체나 소량의 유체도 측정 가능하다.

③ 종류는 로터미터, 부자식(플로트식) 등이 있다.
   ㉠ 로터미터: 면적식 유량계로 유체의 흐르는 단면적이 변함과 동시에 교축기구(로터미터) 및 부표(플로트)의 상하 움직임으로 부표의 위치에 따라 유량을 측정한다.
   ㉡ 부자식 면적 유량계(플로트식 유량계): 수직으로 설치된 관에서 부자의 상하 움직임을 측정하며, 액면이 심하게 움직이는 곳은 사용이 어렵다.

(3) 용적식 유량계(PD, Positive Displacement meter)
   ① 내부 회전체나 챔버를 활용하여 유체의 부피를 직접 계량하는 방법이다.
   ② 주로 액체 유량을 누적하는 정량 측정에 사용되며, 계량 방법상 적산유량계의 일종으로 분류된다.
   ③ 종류는 오벌미터(기어), 루트, 로터리 피스톤 유량계 등이 있다. ← 오벌유량계는 일정한 부피의 유체가 통과하는 적산식 유량계이다.

(4) 전자식 유량계
   ① 페러데이의 전자유도 법칙을 활용한 유도기전력으로 유체에 생기는 기전력을 활용하여 유속과 유량을 측정한다.
   ② 유속 검출에 지연이 없고 전기 신호를 즉각 감지하여 응답속도가 빠르다.
   ③ 유로에 유체의 흐름을 방해하는 장애물이 거의 없어 압력손실이 적다.
   ④ 비금속 라이너(고무, 테프론 등) 및 내식성이 높은 재질로 만들어져 내식성이 뛰어나다.
   ⑤ 비전도성 액체와 전도성이 낮은 액체, 가스 등은 측정할 수 없다.
   ⑥ 유체의 밀도와 점성의 영향을 받지 않으며 다른 물질이 섞여 있거나 기포가 있는 액체도 측정이 가능하다.

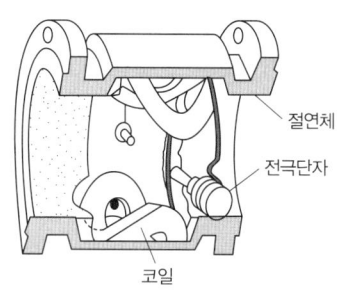

▲ 전자식 압력계

(5) 피토관식 유량계
   ① 베르누이 정리를 응용하여 측정하며, 대표적으로 비행장치(항공기)에 유속을 측정하는 유량계로 활용된다.
   ② 피토관의 머리 부분은 유체의 방향에 대하여 평행하게 부착하고, 유량의 총압과 정압의 차로 순간 유량을 계산한다.
   ③ 피토관은 막힘에 취약하여 불순물이 많은 유체 및 유속이 5m/s 이하 유체는 측정이 곤란하다.
   ④ 유량측정이 간단하지만 노즐부분에 따른 오차가 발생하기 때문에 기계적 오차 및 빠른 유속에 충분한 강도를 가져야 한다.
   ⑤ 피토관에 의한 유속 측정식은 다음과 같다.

$$V = \sqrt{\frac{2g(P_1-P_2)}{\gamma}}$$

V: 유속(m/s), g: 중력가속도(m/s^2), P_1: 전압(Pa), P_2: 정압(Pa), γ: 비중량(kg/m^3)

> **+ 심화** 베르누이 방정식
>
> 이상적인 유체(비압축성, 비점성)의 흐름을 해석하기 위한 원리로, 유량계 계산(벤투리미터, 오리피스 등), 펌프와 송풍기 성능 분석, 관로 유속 측정 등에 활용하는 공식이다.
>
> $$\frac{v_1^2}{2g}+\frac{P_1}{\gamma}+z_1=\frac{v_2^2}{2g}+\frac{P_2}{\gamma}+z_2$$
>
> v: 유속(m/s), g: 중력가속도(m/s^2), P: 압력(kgf/m^2), z: 높이(m)

(6) 와류식 유량계

델타 유량계, 스와르 미터, 카르만 유량계 등 유체가 장애물을 지나가면서 생기는 와류현상의 주기적인 발생현상을 이용하며, 와류 발생 주파수가 유속에 비례하는 특성으로 유량을 측정한다.

5 액면 및 가스 측정

1. 액면 측정

(1) 액면의 높이 측정 방법

① 직접법: 게이지 글라스, 플로트 등을 이용하여 직접적으로 액면의 변화를 물리적으로 측정하는 직접적인 방법이다.
  - ⑩ 부자식(플로트식), 검척식, 유리관식(직관식)

② 간접법: 액면 높이에 따른 물리량의 변화를 간접적인 방법(초음파, 압력차 등)으로 측정하는 방법이다.
  - ⑩ 액압측정식(압력식), 정전용량식, 초음파식(음향식), 방사선식, 차압식, 다이어프램식, 편위식, 기포식 등

> **+ 기초** 액면계 구비조건
> - 측정 대상 유체에 대한 내식성이 있어야 한다.
> - 구조가 간단하고 취급이 용이해야 한다.
> - 자동제어 장치에 적용이 가능해야 한다.
> - 고온 고압 환경에 견뎌야 한다.
> - 연속으로 측정할 수 있어야 한다.
> - 원격 측정을 할 수 있어야 한다.

③ 탱크 내 액면 높이 구하는 공식은 아래와 같다.

$$h=\frac{P}{\rho g}$$

h: 높이(m), P: 압력(Pa), ρ: 밀도(kg/m^3), g: 중력가속도(m/s^2)

(2) 액면계

① 유리관식(직관식) 액면계
  ㉠ 유리관을 용기(탱크) 내부에 수직으로 직접 부착하여 시각적으로 직접 확인이 가능하다.
  ㉡ 구조가 간단하고 저비용으로 유지관리가 용이하나, 고온 고압 환경에서 적용이 제한된다.

② 부자식(플로트식) 액면계
  ㉠ 용기(탱크) 내의 액면 위에 플로트를 위치시켜 액면의 높이를 직접 확인하여 측정한다.
  ㉡ 원리 및 구조가 간단하며, 내압형 구조로 고압에도 사용할 수 있다.
  ㉢ 액면 상·하한계에 경보용 리미트 스위치를 설치할 수 있다.

③ 검척식 액면계: 용기 내부에 직접 자를 설치하여 자의 눈금을 읽으며, 정밀도는 낮지만 현장 확인용으로 유용하다.

④ 액압측정식(압력식) 액면계: 용기 외부에 설치하여 내부 액체의 높이 변화를 탱크 바닥 압력을 통해 측정한다.
⑤ 정전용량식 액면계: 전자회로를 통해 탐침과 탱크벽 사이의 정전용량 변화를 측정한다. 서로 맞서 있는 2개의 전극 사이의 정전 용량은 전극사이에 있는 물질 유전율의 함수이다.
⑥ 기포식 액면계: 기포관을 탱크 속에 삽입하고 압축공기로 기포를 일으키는데 이때 필요한 압력값으로 액면의 높이를 측정한다.
⑦ 초음파식 액면계: 초음파가 발신기와 수신기 사이를 왕복하는 시간을 측정하여 높이를 산출하며, 대형 원유 탱크의 액면을 측정하는 데 주로 사용한다.
⑧ 편위식 액면계: 플로트(부자)가 측정액 중에 잠기는 깊이에 의한 부력으로 액면을 측정한다.

← 아르키메데스의 부력원리를 이용한다.

2. 가스 측정

(1) 가스 분석방법
① 다양한 선택성에 대한 고려가 필요하며 검출기를 특성에 맞춰 사용해야 한다.
② 가스 분석계 가스채취 시 주의사항: 기밀에 특별히 주의하며, 가스 채취구는 외부 공기와 차단된 환경에서 외기혼입을 방지하며 진행해야 한다.
③ 가스분석계에서의 연소가스 분석: 연소가스 중에 가장 많은 비율을 차지하는 CO_2가 가장 용이하며, NO_2, SO_2는 비중이 공기보다는 크지만 극히 소량 존재하여 연소가스 총 조성 중 영향이 작다.

(2) 물리적 가스분석계
① 가스 크로마토그래피(GC, Gas Chromatography)
  ㉠ 가스가 기기를 통해 시료를 운반하며 기체의 확산속도(성분의 흡수력, 흡착력)의 특성을 이용한 분석장치로 복잡한 화학물에 화학성분을 분리, 식별하는데 사용된다.
  ㉡ 고감도의 측정이 가능하며, 미량성분 분석이 가능하다.
  ㉢ 흡착제는 활성탄, 활성알루미나, 실리카겔 등을 사용한다.
  ㉣ 한 대의 장치로 산소와 질소산화물을 제외한 여러 가지 가스 분석이 가능하다.
  ㉤ 가스 크로마토그래피 구성요소
    • 캐리어가스(H_2, He, N_2, Ar) 가스통
    • 칼럼, (칼럼)검출기, 주사기
    • 각종 계측기(전위계, 기록계, 유량계 등)

> **+기초** 가스크로마토그래피 검출기
> • FID(Flame Ionization Detector): 수소염이온화 검출기
> • ECD(Electronic Capture Detector): 전자포획형 검출기
> • FPD(Flame Photometric Detector): 불꽃광도 검출기

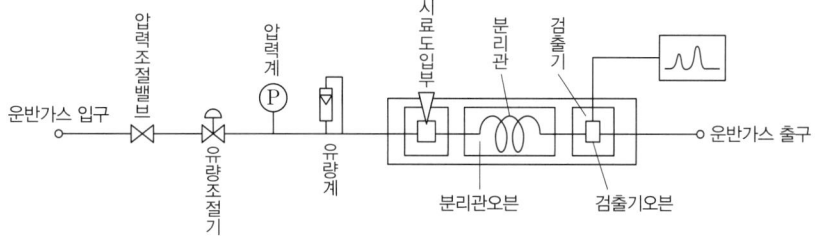

▲ 가스 크로마토그래피 분석장치

② 세라믹식 O_2계
  ㉠ 전기화학전지의 기전력의 원리로 가스 중의 산소(O_2)농도를 분석하며, 고체 전해질의 지르코니아(ZrO_2)를 원료로 사용한다.
  ㉡ 연속측정이 가능하며, 측정범위가 넓다.
  ㉢ 측정부 온도를 일정하게 하기 위해 온도조절용 전기로를 활용한다.
③ 자기식 O_2계: 자기장 흡입 특성으로 강한 자성을 이용한다. ← 대표적으로 자기풍, 흡입력, 계면압력 등이 해당된다.
④ 열전도율형 CO_2 분석계
  ㉠ 두 개의 가스셀을 사용하여 CO_2 농도를 측정하는 가스분석계로 CO_2보다 열전도율이 높은 H_2가 혼입되면 측정값의 차이가 발생하여 정확도가 낮아진다.
  ㉡ 분자량이 작을수록 열전도율이 큰 기체가 되는데, 수소는 분자량이 2로 가장 작은 분자량을 가지고 있어 열전도율이 가장 큰 기체가 된다. ← 열전도율은 수소(H_2)>산소(O_2)>질소(N_2)>이산화탄소(CO_2) 순으로 크다.
  ㉢ 열전도율형 CO_2 분석계의 사용 시 주의사항
    • 공급 전류의 점검을 확실히 해야 한다.
    • 셀 주변부와 분석 대상 가스의 온도를 같게 유지해야 한다.
    • 측정 대상 가스의 유속은 일정하게 유지해야 한다.
⑤ 밀도식 CO_2계: 기체의 밀도 차를 이용한 분석법으로 공기보다 큰 밀도를 가진 CO_2를 이용한다.
⑥ 적외선식 분석계: CO, CO_2 등 적외선 가스를 각각의 고유한 적외선 흡수스펙트럼으로 적외선을 흡수하여 농도를 분석한다. ← 단원자 분자, 2원자 분자(N_2, O_2, H_2 등)은 분석할 수 없다.

(3) 화학적 가스분석계
  ① 오르자트(Orsat)법
    ㉠ 연소가스의 주성분을 분석하는 방법으로 주로 화학적 흡수법을 이용하여 가스성분을 측정한다.
    ㉡ 분석순서는 이산화탄소(CO_2), 산소(O_2), 일산화탄소(CO) 순으로 분석하고 나머지 양으로 질소(N_2)를 측정한다.

이산화탄소(CO_2)	KOH(수산화칼륨) 30% 수용액
산소(O_2)	알칼리성 피로갈롤 용액
일산화탄소(CO)	암모니아성 염화 제1구리 용액

    ㉢ 전원 없이 수동 작동으로 구조가 간단하고 취급이 쉽다.
    ㉣ 분석순서가 중요하며 변경 시 오차가 발생한다.
    ㉤ 분석온도 약 20℃ 정도의 실온 조건에서 정확한 분석이 가능하며, 수분은 분석하기 어렵다.
  ② 헴펠식(헴펠법)
    ㉠ 사용되는 연료가스의 성분을 분석하는 방법으로 흡수법과 폭발법이 있다.
    ㉡ 분석순서는 이산화탄소(CO_2) → 탄화수소(C_mH_n) → 산소(O_2) → 일산화탄소(CO) 순으로 분석한다.

이산화탄소(CO_2)	KOH(수산화칼륨) 30% 수용액
탄화수소(C_mH_n)	발연 황산 용액
산소(O_2)	알칼리성 피로갈롤 용액
일산화탄소(CO)	암모니아성 염화 제1구리 용액

③ 게겔법: 탄화수소계열의 주요 성분 분석용으로 사용한다.

이산화탄소(CO_2)	KOH(수산화칼륨) 33% 수용액
아세틸렌(C_2H_2)	요오드수은 칼륨 용액
프로필렌(C_3H_6)	87% H_2SO_4(황산) 용액
에틸렌(C_2H_4)	HBr(브롬화수소) 수용액
산소(O_2)	알칼리성 피로갈롤 용액
일산화탄소(CO)	암모니아성 염화 제1구리 용액

④ 자동화학식 CO_2계: 자동화식으로 오르자트 가스 분석계를 활용하였으며, KOH(수산화칼륨) 용액을 활용하여 CO_2를 흡수시킨다.

⑤ 연소식 O_2계: 가연성가스를 측정 대상인 가스와 수소 등을 혼합시켜 연소시키고 산소 농도에 따라 변화되는 반응열을 통해 측정한다.

6 온도 측정

1. 온도

(1) 개요

① 어느 물질의 입자들의 평균속도를 측정하는 척도로 차갑거나 뜨거운 정도를 나타낸다.
② 절대온도(K)=섭씨온도(℃)+273.15
③ 섭씨와 화씨의 관계
 ㉠ 섭씨와 화씨가 눈금이 같은 온도는 **영하 40도(−40℃)**이다.
 ㉡ 섭씨에서 화씨로 변환하는 공식: [℉]=([℃]×1.8)+32
 ㉢ 화씨에서 섭씨로 변환하는 공식: [℃] = ([℉]−32)/1.8

(2) 온도 측정방법

구분	온도계	측정원리
접촉식	압력식 온도계	압력의 변화
	유리제 봉입식 온도계, 바이메탈 온도계	열팽창
	열전대 온도계	열기전력
	전기저항 온도계, 서미스터	전기저항의 변화
	제겔콘, 서모컬러	상태변화
비접촉식	색 온도계, 광고온계, 광전관 온도계	단파장 에너지
	방사온도계	전방사 에너지

2. 온도계

(1) 접촉식 온도계

온도계를 물체의 측정 부위에 직접 접촉시켜 열적 평형을 이루었을 때 측정한다.

① 열전대 온도계

㉠ 두 금속 접합점의 온도 차이에 의해 발생하는 기전력으로 측정하는 온도계로 측정범위는 −200~1,600℃이고, 고온 측정에 적합하다.

㉡ 내열성과 내구성, 내식성이 우수하여 다양한 환경에서 사용이 가능하다.

㉢ 흡습 등으로 열화되며 온도계 사용한계에 주의해야 한다.

㉣ 접촉면의 열적평형을 이용한 것으로 전원이 필요하지 않아 기록이 용이하다.

㉤ 냉접점 또는 보상도선으로 오차가 발생되며, 자기가열에 주의해야 한다. ← 단자(+, −)와 보상도선의 +, −는 극성이 일치해야 감온부의 열팽창에 의한 오차가 적게 발생된다.

+기초 **열전대 구비조건**
- 열기전력이 크고 온도 증가에 따라 연속적으로 상승할 수 있어야 한다.
- 열전도율과 전기저항이 작아야 한다.
- 내식성이 크고 주위 고온체로부터 복사열을 받지 않아야 한다.
- 저항온도계수가 작아야 한다.
- 재료 구입이 쉬워야하며, 가공이 용이하여야 한다.
- 장시간 사용해도 변형이 없어야 하며, 기계적 강도가 커야 한다.

㉥ 열전대의 종류는 다음과 같다. ← 기전력의 크기: 철-콘스탄탄(IC) > 동-콘스탄탄(CC) > 크로멜-알루멜(CA) > 백금-백금로듐(PR) 순으로 크다.

열전대(기호)	측정온도 범위
동-콘스탄탄(C−C)	−200~350℃
크로멜-알루멜(C−A)	−20~1,200℃
철-콘스탄탄(I−C)	−20~800℃
백금-백금로듐(P−R)	0~1,600℃

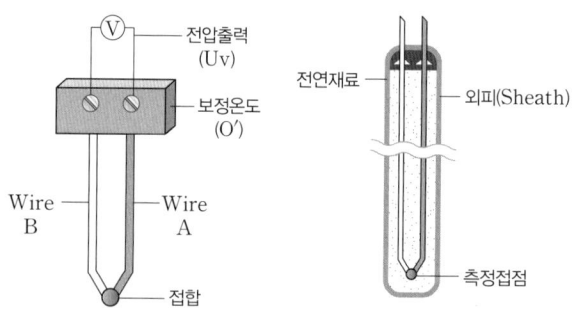

▲ 열전대 온도계

㉦ 열전대 온도계 보호관의 재질별 상용온도는 다음과 같다.

보호관 재질	상용온도
자기관	1,450~1,600℃
석영관	1,000℃
내열강관	1,050℃
13Cr강관	800℃
연강관	600℃
동관	400℃

+기초 **시즈 열전대 온도계**
- 열전대와 보호관으로 구성되어 있는 온도계로 국부적인 온도측정, 진동이 심한 곳 등에 사용한다.
- 관의 직경은 0.25~12mm 정도로 가늘게 만든 보호관이다.
- 보호관에 마그네시아(MgO), 알루미나(Al_2O_3)가 들어있다.
- 국부적인 온도측정에 유리하고 응답속도가 빠르다.
- 진동이 심한 곳에서도 사용이 가능하며 피측온체의 온도저하 없이 측정할 수 있다.

> **+ 심화** **열전효과** ← 열에너지와 전기에너지 사이의 상호 변환 현상을 의미한다.
>
> • 제백효과: 어떤 두 금속이 접합한 후 각 접합점의 온도차로 인해 폐회로 상에 전위차가 발생하는 효과를 말한다.
> • 펠티에 효과: 제백효과와는 반대로 어떤 물체와 물체 사이에 전위차가 발생되어 한쪽은 흡열, 다른 한쪽은 발열하며 온도차가 생기는 현상을 말한다.
> • 톰슨효과: 어떤 동일한 금속에 온도차가 부분별로 발생하고 있을 때 전류를 흘려 발열 또는 흡열이 생기는 현상을 말한다.

② 저항식 온도계
　㉠ 주로 백금계 금속의 전기저항을 이용하여 변화하는 성질로 온도를 측정한다.
　㉡ 측정범위는 $-200 \sim 500°C$이며, 특히 백금저항온도계가 가장 우수한 측정범위를 가지고 있고, 안정성 및 재현성이 뛰어나며 고온에서 열화가 적다. ← 백금(-200~500℃), 니켈(-50~150℃), 구리(0~120℃)가 있다.

> **+ 기초** **측온저항체 구비조건**
>
> • 일정한 유속을 가진 곳에 설치해야 한다.
> • 온도와 저항의 관계가 연속적이고 호환성을 가져야 한다.
> • 저항 값이 온도 이외의 조건(습기, 진동 등)에서 변하지 않아야 한다.
> • 저항의 온도계수는 커야 한다.

　㉢ 원격측정 및 자동제어 적용이 가능하다.
　㉣ 검출시간에 지연이 있으나 자동제어, 기록 등이 가능하다.
　㉤ 측온체의 줄열(Joule Heat)에 의한 자기가열 오차가 발생되어 보정이 필요하며, 이때 측온저항체가 단선되기 쉬우니 주의가 필요하다.
　㉥ $500°C$ 정도의 비교적 낮은 온도 측정에서 정밀측정이 가능하다.

> **+ 심화** **서미스터 온도계** ← 열(Thermal)+저항기(Resistor) 합성어
>
> • 저항체의 종류로 변화된 온도를 전기저항으로 만들어 온도변화를 측정한다.
> • 온도 측정범위는 $-100 \sim 300°C$이다.
> • 서미스터의 재질은 Ni(니켈), Co(코발트), Mn(망간), Cu(구리), Fe(철) 등의 도체인 금속을 사용한다.
> • 전기저항으로 측정하여 응답이 빠르고 감도가 높아 도선 저항에 의한 오차의 발생이 적다.
> • 흡습 및 고온 노출 등으로 발생한 열화로 인해 재현성이 저하된다.
> • 측온부를 작게 하여 소형으로 만들 수 있어 좁은 장소에 설치가 가능하고 사용이 편리하다.

③ 압력식 온도계
　㉠ 온도의 변화에 따른 압력 변화를 활용하여 온도를 계측한다.
　㉡ 종류는 액체 팽창식, 기체(가스) 팽창식, 증기 팽창식 등이 있다.
　㉢ 측정범위는 $-30 \sim 600°C$로 저온 측정에 적합하다.
　㉣ 구성은 지시부, 감응부, 모세관으로 되어있으며 원거리에서도 온도 측정이 가능하다.

④ 바이메탈식 온도계
　㉠ <u>서로 다른 열팽창계수를 가진 2개의 물질을 마주 접합한 것</u>으로 온도변화에 따라 선팽창계수(열팽창계수)가 달라 물질의 휘어지는 현상을 이용한 고체팽창식 온도계이다.
　㉡ 측정범위는 약 $-50°C \sim 600°C$까지 온도 측정이 가능하다.
　㉢ 견고하며 구조가 간단하여 유지보수가 쉽다.
　㉣ 유리 온도계보다 견고(내구성)하고 표시 직독이 우수하다.
　㉤ 히스테리시스(Hysteresis)의 오차발생 및 온도변화에 대한 응답이 느리다.
　㉥ 온도조절 스위치(온오프제어)나 자동기록 장치에 사용된다.

⑤ 제겔콘 온도계
　　㉠ 내화성 금속산화물(점토, 규석질 등)을 배합하여 만든 삼각추형 시편으로 가열 시 일정온도에서 휘어지는(연화) 변형현상을 이용해 온도를 측정한다.
　　㉡ 내화물의 소성온도나 내화도를 판단하는데 활용되며, 측정온도는 약 50~2,000°C이다.

(2) 비접촉식 온도계

측정되는 물체에 직접적으로 접촉하지 않고 파장, 방사열 등을 이용하여 측정한다.

① 방사(복사)온도계
　　㉠ 어느 물체와 접촉하지 않고 적외선의 방사율을 통해 온도를 측정하는 온도계이다.
　　㉡ 측정범위는 약 50~3,000°C이며, 열전대 온도계가 측정할 수 없는 온도인 약 2,000°C 이상의 고온영역 측정에 적합하다.
　　㉢ 방사에너지는 스테판-볼츠만의 법칙을 이용하여 구한다.
　　㉣ 연속측정과 기록측정, 공정 제어 및 이동하는 물체도 온도 측정이 가능하나, 먼지, 연기 등의 이물질이 있으면 정확한 측정이 곤란하다.

> **+기초　스테판 볼츠만 법칙**
> 열복사 에너지(E)는 절대온도(T)의 4승에 비례한다.
> $$\frac{E_2}{E_1} \propto \left(\frac{T_2}{T_1}\right)^4$$

② 색온도계
　　㉠ 발광체의 밝고 어두운 색을 광감지기를 통해 빛의 파장으로 감지하여 측정한다.
　　㉡ 응답 속도가 빠르고, 광흡수에 대한 영향이 적다.
　　㉢ 구조가 복잡하여 주위로부터 빛 반사의 영향을 받는다.

③ **광온도계(광고온계)**
　　㉠ 고온 물체로부터 방사되는 특정 파장을 온도계 속으로 통과시켜 온도를 측정하며, 온도계 내부 전구 필라멘트의 휘도를 육안으로 직접 비교하여 온도를 측정한다.
　　㉡ 측정범위 700~3,000°C이며, 온도계 중에 가장 높은 온도를 측정할 수 있다.
　　㉢ 비접촉식 온도계 중 가장 정확한 측정이 가능하다.
　　㉣ 고온 물체의 방사되는 가시광선을 이용하므로, 저온(700°C) 이하 물체는 온도측정이 곤란하다.
　　㉤ 측청하는 위치와 각도는 같은 조건으로 하며, 측정 물체의 청결 상태를 유지해야 한다.

7 열량 및 습도 측정

1. 열량계

(1) 빙열량계

최초의 열량계로, 열의 양을 확인하기 위한 흐름 반응 또는 물리적 변화를 측정한다.

(2) 봄브식 열량계

밀폐된 용기안에서 급속한 연소시 발생 열량을 측정하는 장치로, 주로 고체 및 액체연료의 발열량을 측정한다.

(3) 융커스식 열량계

시그마식, 융커스식 유수형 열량계로 구분하고 가스(기체)의 발열량 측정에 활용되며, 열량은 배기온도로 측정한다.

2. 습도 측정

(1) 습도

공기에 포함된 수증기의 양 또는 다른 기체에 수증기 양의 정도를 말한다.

① 절대습도: 일정한 공기 또는 기체의 양 속에 최대로 포함될 수 있는 수증기의 양을 말한다.

$$X = \frac{G_w}{G_a}$$

X: 절대습도, G_w: 수증기 중량, G_a: 건공기의 중량($G-G_w$), G: 습공기의 중량

② 상대습도: 현재 공기 또는 기체의 양과 그 속에 최대로 포함될 수 있는 수증기의 양을 비율로 나타낸 것을 말하며, 온도에 따라 포화 수증기량이 변한다.

$$Y = \frac{P_w}{P_s} \times 100$$

Y: 상대습도, P_w: 현재 수증기의 압($P-P_a$), P_a: 건공기의 분압, P_s: 포화수증기의 압

(2) 습도계

① 듀셀(가열식) 노점계

㉠ **염화리튬 용액의 흡습과 증발 작용의 원리**를 이용하여 습도 또는 노점을 측정하는 장치로, 가열식 노점계라고 한다.

㉡ 고압의 환경 상태에서도 측정이 가능하며 정확성이 높다.

㉢ 연속 기록, 원격 측정 및 자동 교정이 가능하다.

㉣ 저습도 영역에서 정확도가 낮아질 수 있다.

㉤ 내구성이 우수하나 특수 환경에 따라 염화리튬 재충전이 필요하다.

> **+기초 노점**
>
> 공기 중의 수증기가 혼합되며 응결이 시작되는 온도로 수증기의 분압에 해당하는 수증기의 포화온도이다.

② 건습구 습도계
　㉠ 2개의 수은 유리제 온도계를 사용하여 공기의 온도, 습구온도 및 상대습도를 측정한다.
　　• 통풍형 건습구 습도계: 건구와 습구 온도계를 일정한 풍속 조건에서 측정타이머로 팬을 가동시키고 건습구에 통풍하는 방식이다.
　　• 간이 건습구 습도계: 별도의 팬이나 기계적 통풍장치 없이 통풍하는 자연 통풍 방법에 해당된다.

> **+ 심화** 야스만 습도계
> • 건구 온도와 습구 온도의 차이를 이용한 상대습도계로 실내외 습도 측정에 사용한다.
> • 일정한 풍속을 유지하기 위해 통풍장치가 있는 **통풍형 건습구 습도계에 해당된다.**

③ 모발습도계
　모발(머리카락)에 지방 성분을 제거하고 상대습도에 따라 수분의 함유량에 따라 모발의 길이 변화를 확인하고, 모발의 교체 주기는 약 2년마다 교체해주어야 한다.

④ 저항식(전기저항식) 습도계
　㉠ 절연판에 염화리튬 용액을 도포하고 교류전압을 사용하여 상대습도에 따른 저항을 측정하고 습도를 구한다.
　㉡ 교류전압을 사용하며, 응답이 빠르고 측정의 정밀도와 안전성이 우수하다.
　㉢ 저온 환경에서 측정이 가능하다.
　㉣ 연속 기록, 원격 측정, 자동 제어 시스템 등 다양한 제어에 활용된다.
　㉤ 흡습에 따라 변화하는 전기저항 값을 회로에서 감지하여, 이를 상대습도로 환산하여 표시한다.

⑤ 광전관식 노점계
　㉠ 거울 표면에 공기 중 응축된 수증기가 이슬로 맺히는 시점을 광전관으로 감지한다.
　㉡ 정밀도가 우수하여 정확한 습도 측정이 필요할 때 사용한다.

⑥ 습도센서
　㉠ 서미스터 습도센서: 온도변화(건조공기의 열전도율)에 따른 공기의 열전도율 차이와 습도 변화(물을 함유한 공기)의 차이를 전기저항값으로 측정한다.
　㉡ 고분자 습도센서: 공조시스템, 자동화 설비 등에 자주 사용되며 도전성 고분자 재질로 반응속도가 빠르고 물질의 흡습성을 이용한다.
　㉢ 염화리튬 습도센서: 상대습도를 측정하는 염화리튬(LiCl)은 습기를 흡수하고 전기저항의 변화를 이용하여 상대습도를 측정한다.

ENERGY

목표가 있는 사람은 성공한다.
어디로 가고 있는지 알기 때문이다.

– 얼 나이팅게일(Earl Nightingale)

04 열설비 재료 및 관계법규

핵심 KEYWORD
- 요로
- 코크스
- 내화물
- 단열재 및 보온재
- 강관
- 이음
- 배관 및 밸브

1 요로

1. 요로의 개요

(1) 정의

① 전열을 통해 고온으로 가열하여 용융, 소성을 진행하는 장치로 가열물 주변에 고온가스가 체류하는 구조가 적합하다.

② 연료의 연소나 전기에너지와 같은 열원의 발열반응을 이용하며, 물리적 구조 및 화학적 변화를 유도한다.

③ 요로를 균일하게 가열하는 방법은 충분한 시간동안 직접 가열하는 것이 중요하며 국부과열 및 온도분포 불균일의 위험이 있을 시 간접가열 방식을 사용한다.

> **+기초** 열의 전열(전달)방법
> - 복사
> - 전도
> - 대류

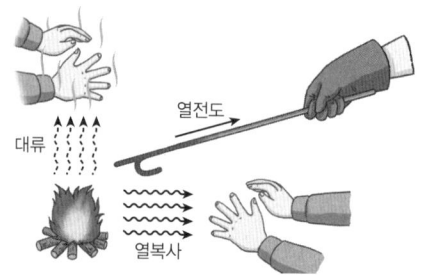

▲ 열의 전열방법

(2) 분류방법

구분	종류
작업(조업)진행 방법에 따른 분류	연속요, 반연속요, 불연속요 등
전기로의 가열방식에 따른 분류	저항로(식), 아크로(식), 유도로(식) 등
사용목적에 따른 분류	고로, 소둔로, 소성로, 용해로, 균열로, 가열로, 평로 등
불꽃의 진행 방식에 따른 분류	횡염식요, 승염식요, 도염식요 등
가열방법에 따른 분류	직화식(직접가열식), 머플식(간접가열식), 반간접가열식(반머플식) 등
요의 구조 및 형상에 따른 분류	터널요, 셔틀요, 횡요, 등요, 윤요, 원요, 견요, 연속식 가마 등

> **+기초** 연속요, 반연속요, 불연속요
>
> | 연속요 | 윤요(고리가마), 터널요, 견요, 회전요 |
> |---|---|
> | 반연속요 | 등요, 셔틀요 |
> | 불연속요 | 횡염식요(옆 불꽃), 승염식요(오름 불꽃), 도염식요(꺾임 불꽃) |

2. 요로의 종류

(1) 연속식

강괴, 강편을 생산하는 압연공장의 가열로로 사용하며, 연속적으로 작업이 이루어지므로 열손실이 적고 연료가 절약되어 대량 제품 생산에 적합하다.

① 윤요
- ㉠ 고리가마로도 부르며 벽돌, 기와 등 건축재료의 소성으로 사용된다.
- ㉡ 단가마에 비해 열효율이 우수하며 가마 내의 소성실에 설치된 종이 칸막이를 옮겨가며 사용한다.
- ㉢ 열 순환의 구획마다 온도차가 발생하여 소성이 불균일하다.
- ㉣ 폐가스의 수증기나 아황산가스에 의해 손상될 수 있다.
- ㉤ 개폐밸브로 연소가스 흐름 방향을 전환할 수 있다.

② 터널요
- ㉠ 터널형 구조의 가마로 피소성체를 연속적으로 통과시켜 순차적으로 예열, 소성, 냉각공정을 진행한다.
- ㉡ 사용 연료의 종류에 따라 제한을 받으므로 전력 소비가 크다.
- ㉢ 소성 시간이 짧고 열분포가 균일하여 제품의 품질이 좋다.
- ㉣ 배기가스 현열로 예열을 하며, 열효율이 좋아 연료비가 절감된다.
- ㉤ 유연한 생산량 조정이 힘들며, 소량생산에 적합하지 않다.
- ㉥ 연속적으로 처리할 수 있는 시설이 필요하며, 초기 건설비가 비싸다.
- ㉦ 온도 조절 기능을 자동화로 활용할 수 있다. ← 내부의 고온 열가스와 저온의 차축부간의 열전열 역할을 위해 샌드시일을 설치한다.

③ 견요
- ㉠ 석회소성용(클링커 제조)으로 사용된다.
- ㉡ 상부에서 연료를 투입하여 점차 중력에 의해 아래로 하강하는 방식이다.
- ㉢ 상부에서 연료를 장입하고, 하부에서는 외부 공기가 흡입되어 연소가 진행된다.
- ㉣ 하부에서 배출되는 제품의 열을 이용하여 연소용 공기를 예열한다.
- ㉤ 화염은 오류불꽃 형태이며 직화식이다.

④ 회전식요
- ㉠ 원료를 소성하는 구간으로 황산염이 함유된 원료를 소성하여 생석회(클링커) 제조에 사용된다.
- ㉡ 가마부분의 가열 온도에 따라 건조대, 예열대, 하소대, 소성대, 냉각대 등으로 구분된다.

하소대	고온으로 가열해서 광석원료에 결합된 수분이나 탄산염을 분해 제거하는 구역이다.
건조대	원료의 수분을 탈수(증발)하여 점토가 분해되는 구역이다.
예열대	상부에서 소성시 발생된 배기가스의 열을 활용해 원료를 예열시키는 구역이다.
소성대	석회석이 분해되는 구역으로, 이산화탄소 발생과 생석회(클링커)가 생산된다.
냉각대	공기와 물 냉각방식으로 분류되며, 생석회(클링커)를 냉각시키는 구역이다.

(2) 불연속식

도예가들의 가스가마로 단가마라고도 하며, 일정한 소성사이클을 마친 후 가마를 냉각하여 식힌 뒤 가마내기를 행한다. ← 가마내기란 가마의 내부 온도를 충분히 낮추고 도자기를 꺼내는 과정을 말한다.

① 횡염식
  ㉠ 연소실에서 생성된 불꽃이 가마의 측면을 순회하며 소성하는 옆 불꽃 형식의 가마를 말한다.
  ㉡ 도관류 및 도자기 제조하는 데 사용한다.

② 승염식
  ㉠ 연소실에서 생성된 불꽃이 가마 내부 상부로 상승하며 소성하는 오름 불꽃 형식의 가마를 말한다.
  ㉡ 석회석 및 도자기 제조용으로 사용되며 손실열량이 많다.

③ 도염식
  ㉠ 연소실에서 생성된 불꽃이 측벽을 따라 위로 돌아 천장 가운데로 모이고 바닥의 흡입공으로 빠져나가며 소성하는 꺾임 불꽃 형식의 가마를 말한다.
  ㉡ 흡입구, 지연도(가지연도), 화교, 냉각구멍, 화구, 소성실 등으로 구성된다.

▲ 횡염식 가마   ▲ 승염식 가마   ▲ 도염식 가마

(3) 반연속식

연속적인 작업이 이루어지고 일정 구간 이후 불연속적 요소를 병행하여 소성작업을 하는 가마를 말한다.

① 셔틀요
  ㉠ 단가마의 단점을 보완하였으며, 가마 1개당 2대 이상의 여러 대차를 이용하여 교대식으로 소성시킨 제품을 냉각하여 꺼내는 방식의 가마이다.
  ㉡ 작업이 간편하고 도자기나 소형 세라믹 제조용으로 쓰인다.
  ㉢ 조업주기가 단축되며 요체의 보유열을 이용할 수 있어 경제적이다.

② 등요: 오름가마라고 하며, 약 10도의 경사면에 타원형이나 장방형의 터널형 구조인 가마이다.

2 로

1. 철강용 로

(1) 용광로

① 철광석을 환원시켜 선철을 생산하고자 높은 온도로 광석을 녹여 쇳물을 제련하고 생산하는 공업용 요로이다.

② 상부(Top)부터 원료투입으로 노구(Throat) → 샤프트(Shaft) → 보시(Bosh) → 노상(Hearth) 부분으로 구성된다.

③ 용광로 선철을 제조할 때 주원료 및 부재료는 다음과 같다.
  ㉠ 석회석: 용융제 역할로 철광석 중 포함된 불순물(이산화규소, 인 등)을 슬래그로 흡수하고 선철 위에서 철과 불순물을 분리하는 역할을 한다.

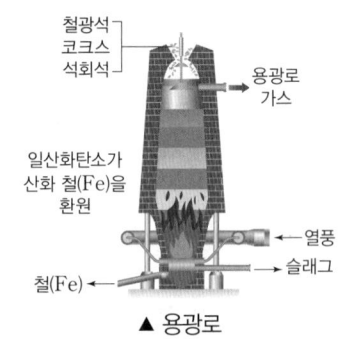

▲ 용광로

ⓒ 철광석: 용광로에서 선철을 제조하는데 주된 철 성분을 공급하는 대표적인 원료이다.
　　　ⓒ 코크스: 용광로에서 연료의 역할을 수행하고 연소과정에서 생성되는 환원성가스(CO)에 의해 산화철을 환원시킨다.
　　　ⓔ 망간광석: 탈황 및 탈산 역할을 한다.

> **+심화** **코크스의 역할**
>
> 1) **코크스**
> 　선철을 제조하는 열원으로 사용되며, 연소시 생성되는 환원성 가스에 의해 산화철을 환원시킴과 동시에 탄소(C)의 일부는 선철 중 흡입되어 흡탄작용을 일으킨다.
> 2) **코크스의 역할**
> 　• 흡탄작용: 열원과 환원제의 역할로 사용되는 코크스의 역할로 탄소의 함량을 조절한다.
> 　• 탈황 및 탈산 작용: 환원을 통해 황, 산소를 제거하며, 필요한 경우 망간광석 등을 첨가하여 보조 역할로 활용한다.
> 　• 매용제: 철광석 중 포함된 불순물(이산화규소, 인 등)이 분리되는 역할로 석회석을 활용한다.

　(2) 배소로
　　① 용광로에서 제련하기 전 여러 가지 광석의 불순물 제거 및 산화 처리를 위해 산화광물로 만든 화로로 건식법과 습식법으로 분류한다.
　　② 배소로의 사용 목적은 다음과 같다.
　　　ⓐ 화합수(결정수) 및 탄산염의 분해를 고온에서 촉진시키면 용광로의 능률이 향상된다.
　　　ⓑ 광석의 산화상태를 조절하여 제련을 용이하게 한다.
　　　ⓒ 유해성분(황(S), 비소(As), 납(Pb) 등)을 제거하여 균열 등 물리적인 변화를 예방한다.

2. 제강로 ← 고로에서 생산된 선철을 활용하여 제강공정(강철제조)을 진행한다.

　(1) 전로
　　① 철을 강철로 만드는 과정에서 연료를 사용하지 않고 선철에 고압의 공기나 산소를 주입시켜 용선 내의 불순물과 반응시키고 발생한 산화열 또는 보유열을 활용하여 노 내의 온도를 유지하며 용강을 생산한다.
　　② 전로에서 산소와 산화반응에서 발생한 발열로 제강을 수행하여 별도의 연료가 필요없다.

　(2) 평로
　　① 고온의 복사열을 활용하며, 선철과 강철 등을 넣어 선철을 천천히 용융시켜 강을 제조한다.
　　② 대규모 구조이며, 대량으로 생산이 가능하다.
　　③ 가스 발생로에서 제조되는 생성가스나 중유를 사용한다.

> **+기초** **평로의 축열실**
>
> 내화벽돌을 활용하여 격자로 쌓아 만든 고온 축열 장치로, 제강평로(공업용 평로)에 채용되고 있는 배열회수방법으로서 배기가스의 현열을 흡수하여 공기나 연료가스 예열을 이용하는 열교환장치로 활용된다.

　(3) 전기로
　　① 전기에너지(전극간의 아크 방전)를 고온의 열로 변환해 금속이나 재료를 가열·용해하는 장치를 말한다.
　　② 온도 제어를 정밀하게 할 수 있으며, 다양한 제조에 적합한 장점을 가진다.
　　③ 초기 설비 구축 비용이 크고, 운전시 발생하는 전력 비용이 크다.

3. 주물 용해로

(1) 용선로
  ① 주철 주물 용해로 큐폴라(Cupola)라고도 하며 외부는 강판으로, 내부는 내화벽돌과 내화점토를 원형 구조로 쌓아 고온에 견딜 수 있는 구조로 되어있다.
  ② 직접형 노로 가장 많이 사용되며 연속적으로 대량생산이 가능하다.
  ③ 고압 송풍을 통해 연소를 촉진하여 용해시간이 빠르고 열효율이 높다.
  ④ 코크스, 선철, 석회석 순으로 장입하고 코크스를 연소시켜 주물을 용해한다.
  ⑤ 탄소, 황, 인 등 불순물이 들어가기 쉽다.

(2) 반사로
  ① 연소가 시작될 때 고온의 불꽃과 연소가스가 낮은 천장에 부딪히면서 용해실 내에 장입물을 복사에 의한 반사열과 반응열로 가열한다.
  ② 불꽃이 직접 장입물에 닿지 않기 때문에 온도조절이 용이하고, 연소가스 배출온도가 높아 폐가스의 열회수장치를 필요로 한다.

(3) 비철금속 용해로
  ① 비철금속을 용해하거나 합금을 제조하는데 사용된다.
  ② 도가니로, 알루미늄 반사로가 해당된다.

> **+심화 금속가열 열처리로**
>
> 1) 금속가열로
>   • 압연이나 단조 등 열가공을 위해 금속을 가열하는 설비로 액체연료(중유, 경유 등)를 활용하여 연소한다.
>   • 금속 압연 가열로, 단조 가열로, 금속용 열처리, 건조로 등으로 구성되어 있다.
>
> 2) **풀림로**
>   가열된 금속을 냉각시키는 작업으로 강의 조직을 연화시키고 내부응력을 제거하는 열처리 작업이며, 소둔로라고도 한다.

4. 축요

(1) 축요 적부시험
  ① 내화물 벽돌이나 돌(석재)을 쌓아 올려 가마, 굴뚝, 화덕 등을 설치하는 공사로 구조물의 안정성 확보를 위해 기초 지반의 적부시험이 중요하다.
  ② 지하구조를 확인하는 지하탐사, 토양의 입도와 수분함량 등을 측정하는 토질시험, 지반의 허용 지지력을 판단하는 지내력 시험이 해당된다.

(2) 축요 순서

| 기초공사 | → | 내화물 벽돌쌓기 | → | 가마의 보강(보수) | → | 굴뚝 시공 |

(3) 축요 시 지반 선택 조건
  ① 지반이 튼튼할 것
  ② 배수 및 하수처리가 수월할 것
  ③ 지하수가 생기지 않을 것
  ④ 가마의 위치는 제조, 조립이 편리할 것

3 내화물 및 단열재, 보온재

1. 내화물의 개요

(1) 정의

고온에서 사용되기 위해 녹지 않고 기계적 강도를 유지하는 불연성, 난연성 재료로 화학적 작용(산화, 침식 등)에도 견딜 수 있는 물질을 말한다.

(2) 내화물의 특징

① 내화물의 구비조건은 다음과 같다.

㉠ 고온 및 재가열시 수축 및 열팽창이 최소화 되어야 한다.
㉡ 상온에서는 높은 압축강도를 가져야 하며, 구조적 안정성을 가져야 한다.
㉢ 고온에서 내마모성 및 내침식성이 우수해야 한다.
㉣ 사용 목적에 맞는 적절한 열전도율을 가져야 한다.
㉤ 급격한 온도 변화에도 스폴링 현상이 적고 사용온도에 연화, 변형되지 않아야 한다.

② 내화물의 분류방법은 다음과 같다.

화학적 조성에 따른 분류	산성 내화물	샤모트질, 규석질, 반규석질, 납석질 등
	중성 내화물	고알루미나질, 크롬질, 탄소질, 탄화규소질 등
	염기성 내화물	마그네시아질, 마그네시아-크롬질, 폴스테라이트질 등
원료에 따른 분류		규석질, 반규석질, 마그네시아질, 알루미나질 등
형상에 따른 분류		정형 내화물, 부정형 내화물
내화도에 따른 분류		SK 26~30(저급), SK 31~33(중급), SK 34 이상(고급)
가열처리에 따른 분류		소성 내화물, 불소성 내화물, 용융 내화물

※이 외에도 조성(화학) 광물에 의한 분류, 용도에 의한 분류 등으로 분류된다.

③ 내화물의 부피 비중은 다음과 같이 구한다.

$$부피\ 비중 = \frac{건조무게}{함수무게 - 수중무게}$$

+ 심화 내화물 번호별 용융온도 ← SK 21~25번의 내화도의 번호는 존재하지 않으며, SK 20(1,530℃)과 SK 26(1,580℃) 이상의 내화도로 표현한다.

내화물 번호	용융온도(℃)	내화물 번호	용융온도(℃)
SK 20	1,530℃	SK 30	1,670℃
SK 26	1,580℃	SK 31	1,690℃
SK 27	1,610℃	SK 32	1,710℃
SK 28	1,630℃	SK 33	1,730℃
SK 29	1,650℃	SK 34	1,750℃

(3) 현상

① 스폴링 현상: 박리현상 또는 박락현상이라고도 말하며, 내화벽돌 사용 중 온도변화, 충격, 구조상 응력 등으로 인해 균열이 발생하거나 갈라져 떨어지는 현상을 말한다.

열적 스폴링	급변하는 온도변화에 노출된 내화물이 열팽창 차로 인한 생기는 변형에 따라 균열 또는 표면 박리 현상이 일어나는 것을 말한다.
기계적 스폴링	타격, 진동 등 기계적 충격에 의해 균열이 생기는 현상으로 조직 변화가 발생한다.
구조적 스폴링	응력 불균형, 고정불량 등 구조적 변화에 의해 균열이 생기는 현상으로 구조적 응력 변화가 발생한다.

② 슬래킹: 돌로마이트질, 마그네시아질 등 염기성 성분이 공기 중의 수분을 흡수하면서 수산화물($Ca(OH)_2$, $Mg(OH)_2$)로 변질되어 비중 변화와 체적팽창을 일으켜 균열, 붕괴되는 현상을 말한다.

③ 버스팅: 크롬을 함유한 내화물이 약 1,600℃ 이상의 산화철(Fe_2O_3)을 흡수하면서 체적이 급격히 팽창하여 표면이 부풀어 오르며 떨어져 나가는 현상을 말한다.

> **+심화** 스폴링(Spalling) 시험방법
> - 시험체는 표준형 벽돌을 110±5℃에서 건조하고, 전 기공률 45% 이상 다공질 내화벽돌의 경우 공랭법으로 시험한다.
> - 노 내에 시험편을 삽입한 후 시험 온도에 도달하면 약 15분간 가열한 뒤 공랭을 반복한 후 시험한다.
> - 공랭법은 수냉법보다 높은 온도로 가열하여 공기 중에 노출시키거나 공기를 자연 또는 강제로 공급하여 급랭을 진행시켜 파괴된 횟수의 비율로 내스폴링성을 확인한다.
>
> | | |
> |---|---|
> | 공랭법 | • 공기를 이용하여 열을 방출하는 방식을 말한다.
• 공기의 열전달 효율이 낮다.
• 일반적으로 작은 설치 공간에도 설치가 가능하며, 설치비가 저렴하다. |
> | 수랭법 | • 물(냉각수)의 순환으로 열을 흡수한다.
• 열전달 효율이 높다.
• 초기 설치비가 비교적 고가이며, 설치 공간이 넓어야 한다. |

2. 내화물의 종류

(1) 산성 내화물

① 산성성분이 주성분으로 포함된 내화재료로 산성물질에 내식성을 가지며 고온에서 내화성을 가진다.

② 이산화규소(SiO_2), 산화지르코늄(ZrO_2) 등 RO형의 산화물을 주체로 하며 규석질, 납석질, 점토질, 지르콘질, 탄화규소질 등이 해당한다.

③ 산성내화물의 종류는 다음과 같다.

㉠ 샤모트질 내화물
- 고온에 견딜 수 있도록 제작된 점토계 내화 재료로 일반 가마, 보일러에 주로 사용된다.
- 다공질 구조로 비교적 낮은 온도에서 내스폴링성이 우수하다.
- 골재 원료는 샤모트 벽돌을 사용하고, 미세한 부분은 가소성 생점토(10~30%)를 첨가하여 성형성 및 소결성을 좋게 한다.

㉡ 규석질 내화물
- 석영, 규사 등 원료를 약 900℃로 가열하고 안정화하여 분쇄를 진행하고 결합체를 형성한 재료를 말한다.

- 내화도가 SK 31~34로 높고 고온강도가 매우 우수하다.
- 저온에서 스폴링이 발생되고, 고온에서는 비교적 안정적인 구조를 가지나 열충격에 약하다.

ⓒ 반규석질 내화물
- 점토질에 규석과 샤모트를 활용하고 실리카질 내화물을 약 50~80% 포함한다.
- 규석질, 점토질 내화물의 절충형으로 내스폴링성이 크며, 가격이 저렴하다.
- 수축 팽창이 적고 저온에서 높은 강도를 유지한다.

ⓓ 납석질 내화물
- 납석을 포함한 점토와 천연 납석을 분쇄하고 가소성 점토 등 유사 조성의 물질을 섞어 가소성을 부여한다.
- 압축 및 고온 강도가 우수하며, 슬래그나 용융 금속에 내침성이 우수하다.
- 흡수율이 낮고, 열팽창률 및 열전도율이 작다.

(2) 염기성 내화물
① 염기성 내화물은 석회, 마그네시아 등을 주성분으로 하며 염기성 환경이나 슬래그의 접촉에는 안정성을 가지고 있지만 산성 용융물에 내식성이 떨어져 침식된다.
② 산화마그네슘(MgO), 산화칼슘(CaO) 등의 RO형 염기성 산화물이 사용되며, 돌로마이트질, 마그네시아질, 크롬-마그네이사질 등의 내화물이 포함된다.
③ 대표적인 구성물질인 포스터나이트(Forsterite)의 주성분은 $2MgO \cdot SiO_2$ 또는 Mg_2SiO_4이며, 내식성이 우수하고 기공률이 크다.
④ 염기성 내화물은 하중연화점은 크고 내화도는 SK 35~38로 구조적으로 고온 안정성과 내열성이 높은 편이다.
⑤ 염기성 내화물의 종류는 다음과 같다.

ⓐ 마그네시아질 내화물
- 산화마그네슘(MgO)과 마그네사이트가 주성분인 내화물로 내화도와 내식성이 우수하다.
- 내화도기 SK 36 이상으로 높으며 용융금속에 대해 저항성이 크다.
- 열팽창성이 높으며, 열전도율 및 내스폴링성이 작다.
- 불소성 마그네시아 내화물: 소성을 진행하지 않은 마그네시아를 화학적으로 결합 또는 응결 경화 시키는 방식으로 가마가 필요없어 소성시간과 에너지가 절감된다.
- 개량 마그네시아 내화물: 마그네시아의 특성을 개선한 내화물로, 일정 입도로 클링커를 미분쇄하고 알루미나의 함량 조절을 위해 보크사이트를 2~6% 첨가한다.

+심화 **마그네시아(산화마그네슘)제조 식**
- $MgCO_3 + Ca(OH)_2 \rightarrow Mg(OH)_2 + CaCO_3$
- $MgCO_3 + 2NaOH \rightarrow Mg(OH)_2 + Na_2CO_3$

ⓑ 돌로마이트질 내화물: CaO-MgO계의 주성분으로 백운석($CaCO_3 \cdot MgCO_3$)이라고도 하며, 내화도는 SK 36~39으로 고온강도가 강하다.

(3) 중성 내화물
① 알루미나와 크롬산염을 주성분으로 산성 및 염기성 환경에 모두 안정적이므로 침식 방지용 내화재로 사용한다.
② 산화알루미늄(Al_2O_3), 산화크롬(Cr_2O_3) 등의 산화물이 주성분이며 내화물로 고알루미나질, 크롬질, 탄화규소질 등을 포함한다.

③ 중성 내화물의 종류는 다음과 같다.
  ㉠ 고알루미나질 내화물
    - 산화알루미늄(Al_2O_3) 함량이 45% 이상인 내화벽돌로 다양한 사용 조건에서 안정적이며, 각종 요로의 가혹한 부위에 주로 사용된다.
    - 하중연화 온도가 높고, 고온에서 부피변화가 작으며, 내식성 및 내마모성이 크다.
    - 급열, 급냉에 대한 저항성이 상대적으로 낮다.
  ㉡ 크롬질 내화물
    - 산화크롬(Cr_2O_3) 또는 크롬철석을 주성분으로 한다.
    - 주로 중성 또는 약염기성 내화물에 속하며, 1,800~2,000℃의 고온에서 내화성을 가진다.
    - 전기로, 폐열 보일러와 같이 산화, 환원이 반복되는 고온 환경에서 주로 사용된다.
  ㉢ 탄화규소질 내화물
    - 탄소와 규소가 주성분으로 화학적으로 중성이고 열전도율이 높다.
    - 2,000~2,200℃의 고온에서 안정된 내화성을 가지며, 내화도, 내스폴링성, 내열충격성이 우수하다.

(4) 부정형 내화물 및 특수 내화물
  ① 부정형 내화물
    ㉠ 캐스터블 내화물
      - 점토질 샤모트와 경화제 역할의 수경성 알루미나 시멘트를 주성분(원료)으로 하는 내화물로, 노내 온도변동에 의한 스폴링이 잘 발생하지 않는다.
      - 부정형으로 소성할 필요가 없다.
      - 접합부가 없어 내화 구조체를 구축할 수 있으며, 사용 현장에서 필요한 형상으로 성형할 수 있다.
      - 건조 및 소성과정에서 수축이 적어 구조 안정성이 우수하나, 급열 급랭시 내스폴링성이 상대적으로 낮다.

> **+기초 내화모르타르 구비조건**
> - 건조, 가열, 소성 과정에 의한 수축, 팽창이 적어야 한다.
> - 사용 조건에 따라 시공성 및 접착성이 우수해야 한다.
> - 화학성분 및 광물 조성이 내화벽돌과 유사한 동질재료로 구성되어야 한다.
> - 사용 조건에 적합한 내화도를 가져야 한다.

    ㉡ 내화모르타르
      - 내화벽돌 시공의 보조 재료로 내화벽돌을 시공 및 보수 작업에 결합제로 활용된다.
      - 종류는 열에 경화되는 열경성, 공기 중 굳는 기경성, 물과 반응하는 수경성으로 분류된다.
  ② 특수 내화물: 고온에서도 우수한 내화성과 화학적 안정성을 유지하는 내화재로 지르코니아, 베릴리아, 토리아, 지르콘 등이 있다.
    ㉠ 지르콘 내화물
      - 산성 내화물로 산성 용재에 대한 저항성이 강하며, 내화도는 SK 37~38 정도의 고온에 우수하다.
      - 물, 유리 등 결합재를 첨가하여 성형하며, 실험용 도가니, 연소관 등 고온 내화장치에 사용된다.
    ㉡ 지르코니아 내화물
      - 천연 광석을 화학적으로 정제한 후, 안정화제로 마그네슘(MgO)을 소량 배합하여 소성한 내화물이다.
      - 내식성이 우수하며, 고온에서 전기전도성이 낮으며, 열전도율이 낮다.

3. 단열재

(1) 개요

① 정의

㉠ 열전도계수 및 열확산계수가 낮은 재료를 사용하기 때문에 노내 온도를 균일하게 유지하고 불필요한 열손실을 줄여 스폴링 현상을 방지한다.

㉡ 850~1,200℃의 고온 환경에서 단열효과가 있는 재료를 내화벽과 외벽 사이에 사용하여 열손실을 줄인다.

② 사용온도에 의한 분류: 저온용(900~1,200℃), 고온용(1,300~1,500℃)

(2) 단열재의 종류 및 특성

① 규조토질 단열재

㉠ 규조토에 톱밥, 가소성 점토 등을 혼합·소성시킨 다공성 단열재를 말한다.

㉡ 안전 사용온도는 800℃~1,200℃로, 중저온의 요로나 건조로 단열에 사용한다.

㉢ 열팽창률이 다소 크지만, 응력 분산으로 내스폴링성이 우수하고, 가격도 저렴하다.

② 점토질 단열재

㉠ 산화 알루미늄(Al_2O_3)와 실리카(SiO_2)를 주성분으로 섞어 만든 단열재이며 내스폴링성이 크다.

㉡ 화학적으로 산성 또는 중성 내화물로 분류되며, 화학반응 내식성이 비교적 안정하다.

㉢ 안전사용온도는 1,300~1,500℃로 내화재와 단열재 역할을 모두 한다.

4. 보온재

(1) 개요

① 정의: 기계장치 및 설비, 배관 등 설비 운영에 있어서 외부로 열손실 발생을 방지하고 제품의 품질을 일정하게 유지하며, 동파 방지, 소음을 차단하는 효과를 기대할 수 있다.

② 보온재의 구비 조건

㉠ 변형이나 화학반응을 일으키지 않는 내열 및 내약품성이 있어야 한다.

㉡ 수분에 대한 흡수성이 작아야 한다.

㉢ 장시간 사용시 열화(변질)되지 않아야 한다.

㉣ 열전도율과 비중, 밀도가 작아야 효과적이다. ← 열전도율은 재료의 온도 및 밀도에 비례한다.

㉤ 다공질 구조로 불연성이며 견고하고 시공이 용이해야 한다.

③ 보온재 시공시 주의사항

㉠ 경제성과 보온효과를 고려하여 적절한 두께를 선택해야 한다.

㉡ 관(배관)의 진동이나 기계적 충격 등을 고려하여 보강해야 한다.

㉢ 적용 부위의 온도 조건에 맞는 보온재를 선택해야 한다.

㉣ 보온재의 열전도율과 내열성 등 열적 성질을 충분히 고려한 후 선정해야 한다.

㉤ 설치 장소의 구조, 크기, 위치 등에 적합한 형상과 규격으로 해야 한다.

㉥ 보온재의 기계적 강도와 내구성 등을 고려하여 선택해야 한다.

(2) 보온재의 종류 및 특성 ← 일반적으로 고온용 보온재는 무기질 보온재, 저온용 보온재는 유기질 보온재를 사용한다.

① 유기질 보온재: 화학적으로 합성된 유기 고분자 재질로, 독립된 기포 구조를 가져 단열성이 우수하며 흡습성이 낮고 시공성이 우수하나 고온에서 열적 안정성이 떨어진다.
  ㉠ 펠트: 양모펠트, 우모펠트, 압축펠트, 제직펠트 등으로 구분하며, 아스팔트를 도포하여 방수성과 단열성을 강화한 형태로 −60℃까지도 버틸 수 있어 보냉용으로도 사용된다.
  ㉡ 코르크: 보냉성과 보온성이 우수하며, 액체와 기체 침투를 차단하는 특성을 가진다.
  ㉢ 기포성 수지: 고무질, 합성수지 등을 재료를 사용해 다공질 제품으로 제작되어 우수한 단열성을 갖춘다.

② 무기질 보온재: 광물성 재료를 기반으로 난연성에 특히 뛰어나 고온에서도 안정적으로 사용이 가능하며, 열전도율이 낮고 내열성, 내화성, 내구성이 뛰어나 건축물에 사용된다.
  ㉠ 석면
    • 천연으로 생산된 광물섬유로 마그네슘과 규산염의 광물이 대표적으로 사용된다.
    • 관이나 탱크 노벽 등의 보온재로 사용되며 약 450℃ 이하에서 안정적인 보온성이 있으나 약 800℃ 이상에서는 구조적 강도와 보온성이 급격히 떨어져 사용이 부적합하다.
    • 섬유경(섬유 굵기)은 0.03~10μm로, 기계적 강도는 약하지만 화학약품에 대한 내성이 뛰어나 내화성과 내약품성이 필요한 곳에 사용이 적합하다.
  ㉡ 암면
    • 인조 무기섬유로 암석(안산암, 현무암 등)과 광재(니켈, 망간 등)를 주원료로 하며, 석회석 등을 혼합하여 고온에서 용융한 섬유 형태의 보온재를 말한다.
    • 안전하게 사용할 수 있는 온도는 약 500℃ 정도로, 가격이 저렴하고 알칼리에 강하나, 강산에는 약한 특성을 보인다.
    • 섬유경(섬유 굵기)은 2~20μm 정도이며, 우수한 내화성능과 높은 흡음 성능을 가진다.
  ㉢ 세라믹 파이버(화이버): 석영 등을 원료로 제조한 고온용 보온재로, 내열성과 내약품성이 뛰어나며 약 1,100~1,300℃ 범위의 고온에서 안정적으로 사용된다.
  ㉣ 탄산마그네슘: 염기성 탄산마그네슘과 석면을 주성분으로, 석면의 혼합량에 따라 열전도율이 다르며, 안전 사용온도는 약 250℃ 이하로 주로 저온 영역에서 활용된다.
  ㉤ 규산칼슘 보온재(칼슘실리케이트)
    • 규조토와 석회, 무기질 섬유(3~15%)를 혼합한 후 고온 고압의 수증기 처리로 경화시켜 제조한다.
    • **낮은 열전도율과 불연성으로 산업 플랜트, 발전소 등의 고온조건에 널리 사용된다.**
    • 고온용 무기질 보온재로 경량이면서도 우수한 기계적 강도와 내열성, 내수성이 크고 내마모성을 보유하여 탱크 노벽 등 고온 장비의 단열에 적합하다.

> **+기초** 규산칼슘 보온재 특징
> • 높은 압축강도를 가지고 있어 반영구적으로 사용이 가능하다.
> • 우수한 내수성, 내구성으로 시공이 편리하다.
> • 안전사용온도는 650℃로 고온 환경 조건에서 안정적이다.
> • 열전도율이 0.053~0.065kcal/h · m · ℃로 낮으며, 쉽게 불이 붙지 않는 불연성 재료이다.

(3) 관련 공식
① 보온재 보온 효율(η)

$$\eta = \frac{Q_a - Q_b}{Q_a}$$

η: 효율(%), Q_a: 보온 전 손실열량(kcal/h), Q_b: 보온 후 손실열량(kcal/h)

② 보온전 방산열량

$$Q = K \times F \times \Delta T = \frac{1}{a} \times F \times \Delta T$$

Q: 열량(W), K: 열관류율(W/m²·K), F: 면적(m²), ΔT: 평균온도차(K), a: 열전도저항(m²·K/W)

③ 보온재의 열저항

$$R = \frac{d}{k}$$

R: 열저항(m²·K/W), d: 보온재의 두께(m), k: 열전도율(W/m·K)

> **+ 기초 보온재의 열전도율 영향인자**
> - 온도가 상승하면 열전도율은 증가한다.
> - 밀도가 증가하면 열전도율은 증가한다.
> - 흡수성이 증가하면 열전도율은 증가한다.
> - 기공의 크기가 작고 균일할수록 열전도율은 감소한다.

4. 배관 및 밸브

(1) 배관 ← 유체, 기체 등 관을 통해 공급 및 배선 등의 보호 목적으로 설치한다.

① 강관
  ㉠ 긴 봉형태로 구성된 철강제품으로 철 중 탄소 함유량이 0.04~0.6인 것을 말한다.
  ㉡ 강관 이음(접합) 방법은 나사이음, 용접이음, 플랜지이음 등이 있다.
  ㉢ 부식이 발생하기 쉽고 배관 수명이 짧다.
  ㉣ 강관의 분류는 다음과 같다.

> **+ 심화 강관 연결 종류**
> - 이경관 연결: 이경엘보, 이경소켓, 이경티, 부싱, 리듀서(레듀샤)
> - 관직선 연결: 소켓, 유니언, 플랜지, 니플
> - 분기 연결: 티, Y티, 크로스티

제조방법에 따른 분류	이음매 없는 관(심리스 제조), 이음매 있는 관(용접관)
재질에 따른 분류	탄소강관, 합금강관, 스테인리스관 등
표면처리에 따른 분류	흑관, 백관(아연도금)

ⓜ 강관의 종류는 다음과 같다.

배관용 탄소강관(SPP)	• 사용압력은 10kg/cm² 이하이다. • 증기, 물, 기름, 가스 및 공기 등 널리 사용한다.
압력배관용 탄소강관(SPPS)	• 보일러의 증기관, 유압관, 수압관 등의 압력배관에 사용된다. • 사용압력은 10~100kg/cm², 온도는 350℃ 이하이다.
고온 배관용 탄소강관(SPPH)	• 350℃ 온도의 과열증기 등의 배관용으로 사용된다.
저온 배관용 탄소강관(SPLT)	• 빙점 0℃ 이하 낮은 온도에서 사용된다.
수도용 아연도금 강관(SPPW)	• 주로 정수두 100m 이하의 급수배관용으로 사용된다.
배관용 아크용접 탄소강관(SPW)	• 사용압력 10kg/cm²의 낮은 증기, 물 기름 등에 사용한다.
배관용 합금강관(SPA)	• 합금강을 말하며, 주로 고온, 고압에 사용된다.

> **+ 기초 스케줄 번호**
>
> 배관의 두께를 표기하는 방법으로 관을 지나가는 유체의 사용압력과 허용응력의 비를 말하며, 공식은 아래와 같다.
>
> $$Sch = \frac{P}{S} \times 10$$
>
> Sch: 스케줄 번호, P: 사용압력(kg/cm²), S: 허용응력(kg/cm²) $\left(=\dfrac{\text{인장강도}}{\text{안전율}}\right)$

② 동관
  ㉠ 양도체(전기와 열)이며 내식성, 굴곡성, 내압성이 우수하여 열교환기의 내관 및 화학공업용으로 사용된다.
  ㉡ 이음 방법은 납땜, 용접, 플레어이음, 플랜지이음 등이 있다.
  ㉢ 열전도율 및 가공성이 뛰어나 배관 시공이 용이하다.
  ㉣ 동관의 분류는 다음과 같다.

> **+ 심화 CM, CF 어댑터**
>
> • 이중관을 체결할 수 있도록 돕는 부속으로 한쪽은 나사, 한쪽은 동관으로 하여 용접 시공을 진행한다.
> • CM은 바깥나사(숫나사), CF는 안쪽나사(암나사)를 의미한다.

소재에 따른 분류	인탈산동관, 인성동관, 무산소 동관, 동합금강 등
재질에 따른 분류	연질관, 반연질관, 반경질관, 경질관 등
두께에 따른 분류	• K형: 두께가 가장 두꺼운 동관으로 고압용 배관에 적합하다. • L형: 두께 중 중간 크기로 지하매설, 냉온수 급수(옥내외), 상수도, 증기난방 등의 사용에 적합하다. • M형: 가장 얇은 두께로 온냉수 급수관, 저압 증기난방 등의 사용에 적합하다.

③ 주철관 ← 주철은 인장강도에 따라 보통 주철과 고급 주철로 분류된다.
  ㉠ 수도관, 급수 및 배수관, 케이블 매설관 등 다양한 분야에서 사용한다.
  ㉡ 인성이 약하여 주로 플랜지 이음방식이 적합하다.
  ㉢ 내마모성, 내압축성 및 내식성이 크고 가격이 저렴하여 경제적으로 유리하다.

(2) 배관의 신축이음

고온의 유체를 수송하는 급탕, 스팀 배관 등에서 온도 변화로 인해 발생하는 배관의 신축을 흡수하고, 이때 신축에서 발생되는 인장력(텐션) 등을 받아 분산시켜 구조적 손상(열팽창)을 방지하는 이음 방법이다.

① 슬리브형 이음
  ㉠ 본체와 슬리브 사이에 패킹으로 밀착시켜 유체의 누설을 방지하는 구조이지만 고온이나 고압에는 사용이 제한된다.
  ㉡ 단식과 복식 2가지 구조로 구분되며, 배관의 신축에 의한 자체 응력이 거의 발생되지 않는다.

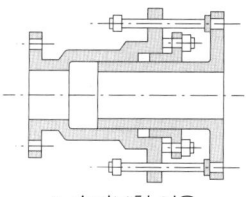
▲ 슬리브형 이음

② 스위블형 이음
  ㉠ 배관 부속 중 엘보(L)를 사용하여 배관의 굴곡을 형성하고 저압용 신축이음 방법으로 활용된다.
  ㉡ 엘보와 유니언을 조합하여 구조가 간단하고 시공이 쉽다.

③ 벨로우즈형 이음
  ㉠ 금속으로 된 긴 주름관(벨로우즈) 구조로 된 부분에서 열팽창 및 수축을 흡수하며, 팩리스 신축이음이라고도 한다.
  ㉡ 저압 배관에 적합하고, 고압에는 사용이 제한된다.
  ㉢ 소형 구조로 설치장소가 작고 응력이 작다.

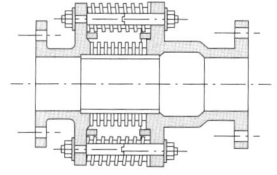
▲ 벨로우즈형 이음

④ 신축곡관형 이음
  ㉠ 파이프를 ㄷ자형의 곡관 구조로 중간에 설치하여 열팽창에 따른 변위를 흡수한다.
  ㉡ 구조가 단순하나 넓은 설치공간이 필요하고 고압용으로 적합하다.

> **+기초** 관의 신축길이
>
> 관의 열팽창계수는 길이, 온도차에 비례한다.
>
> $$\Delta L = L_0 \times \alpha \times \Delta T$$
>
> ΔL: 관의 신축길이(mm), L_0: 관의 길이(mm), α: 선팽창계수(1/℃), ΔT: 온도차(℃)

(3) 배관의 지지장치

설비 시공 중 배관의 유체의 흐름, 외부 환경 등에 의하여 발생되는 진동, 열팽창 등의 변위를 제어하고 구속하기 위해 설치하는 지지장치를 말한다.

① 배관 설비지지 조건
  ㉠ 배관 신축은 온도 변화에 따른 팽창과 수축을 충분히 고려하여야 한다.
  ㉡ 배관 기울기는 시공시 배수 및 공기 배출이 용이하게 조정하여야 한다.
  ㉢ 배관설비 운용 및 수격현상 등에 발생하는 소음과 진동에 대해 견고하게 설치해야 한다.

② 지지장치의 종류

행거	배관의 무게를 위쪽에서 지탱하는 장치로, 리지드 행거, 스프링 행거, 콘스탄트 행거 등이 있다.
서포트	배관의 아래에서 무게를 감당하는 장치로, 파이프 슈, 리지드 서포트, 스프링 서포트, 롤러 서포트 등이 있다.
리스트(레스트) 레인트	관의 전체적인 방향(상하, 좌우)의 움직임을 고정하는 장치로, 앵커, 스톱, 가이드 등이 있다. • 앵커: 배관이동이나 회전을 모두 구속하는 장치이다. • 스톱: 특정 방향에 대한 이동과 회전을 구속하고 그 외 나머지 방향은 자유롭게 이동할 수 있는 구속장치이다. • 가이드: 배관의 축과 직각방향의 이동을 구속하고 안내역할을 하는 장치이다
브레이스 (Brace)	배관의 진동을 방지하거나 감쇠시키는 장치로, 지진 하중 및 수격 등 외력에 의한 진동으로부터 배관을 보호하는 장치를 말한다.

(4) 패킹

① 천연고무: 내열도가 약 −55~100°C이며, 탄성이 좋고, 내알칼리성이 우수하지만 열과 기름에 취약하다.

② 합성고무: 천연고무의 단점을 개선한 것으로 내열도가 약 −45~121°C이며, 내산성, 내유성, 내산성과 기계적 성질이 우수하며, 증기, 기름 등 다양한 유체로 사용된다.

③ 합성수지 패킹: 테프론 등의 합성수지로 만들었으며, 내열도가 약 −260~260°C로, 공압 및 유압 배관의 이음새로 사용되고 기름 침식에 대한 저항성이 강하다.

④ 석면·비석면 패킹: 광물성 재질로 구성되고, 내열도 약 450°C로 고온의 증기, 온수, 기름 등에 적합하며 패킹으로 볼트구멍이 있는 FF타입과 볼트구멍이 없고 링으로 된 RF 타입으로 구분된다.

> **+ 기초** **패킹과 가스켓**
>
> 1) 패킹
> • 회전축 등의 움직임는 부분에서 제공하여 유체 또는 기체가 새지 않도록 하는 밀봉 부재를 말한다.
> • 사용도: 회전축, 피스톤 등
>
> 2) 가스켓
> • 고정된 부품 부분에 접합 시 생기는 사이로 유체 또는 기체가 누설되지 않도록 한다.
> • 사용도: 배관, 플랜지, 압력용기 등

(5) 배관 관련 공식

① 관 마찰계수

$$f_a = \frac{64}{Re}$$

f_a: 관 마찰계수, Re: 레이놀즈 수

② 배관의 인장응력

㉠ 축 방향

$$\sigma = \frac{PD}{4t}$$

σ: 인장응력(kg/cm²), D: 내경(cm), P: 압력(kPa), t: 두께(cm)

ⓒ 원주 방향

$$\sigma = \frac{PD}{2t}$$

σ: 인장응력(kg/cm^2), D: 내경(cm), P: 압력(kPa), t: 두께(cm)

(6) 밸브

① 급수밸브: 보일러 또는 특정 설비의 급수를 공급 및 차단하는 기능을 가진 밸브를 말한다.

② 체크밸브: 유체가 한 방향으로 흐르도록 하여 반대방향의 흐름(역류)을 제어하는 밸브를 말한다.

③ 게이트밸브

　ⓐ 디스크 형태의 게이트가 밸브 개폐 여부에 따라 상하로 이동하여 유체의 흐름을 차단하거나 개방하는 방식의 밸브를 말한다.

　ⓑ 일반적으로 완전히 열거나 닫는 용도로 사용되어야 하며, 부분 개방시 캐비테이션(공동) 현상 또는 와류 현상이 발생한다.

> **+ 심화　급수밸브 및 체크밸브 설치 기준**
> - 전열면적이 10m^2 이하인 보일러에서는 급수밸브와 체크 밸브의 관 호칭은 15A 이상이어야 한다.
> - 전열면적이 10m^2 초과인 보일러에서는 급수밸브와 체크밸브의 관 호칭은 20A 이상이어야 한다.

④ 글로브 밸브

　ⓐ 구 모양(둥근 달걀형)의 외관을 가진 밸브로 유량 조절과 차단에 사용된다.

　ⓑ 내부 유로가 S자 형태로 유체 저항이 크기 때문에 고압의 대구경보다 소구경 배관에 적합하다.

⑤ 볼 밸브

　ⓐ 구형의 디스크(볼)가 회전하여 유로를 개폐하는 방식으로 조작이 용이하고 기밀성이 우수하다.

　ⓑ 빠른 개폐가 가능하고, 작동 토크로도 작동이 가능하나 시트 재질에 따라 사용온도 제한이 있다.

⑥ 다이어프램 밸브

　ⓐ 내열성과 내약품성이 우수한 고무제의 막판을 사용하여 패킹이 불필요하며, 금속 부분의 부식 염려가 적어 산 등의 화학약품을 차단하는데 사용한다.

　ⓑ 밸브 내의 둑과 막판(내열, 내약품 고무제)인 맞닿은 구조이며 다이어프램이 상접하는 구조의 밸브로 탄성력이 좋다.

⑦ 버터플라이 밸브(나비형 밸브)

　ⓐ 원통형 본체 안에 원반 형태로 된 디스크가 회전하면서 유량, 압력을 조절하지만 기밀의 완전폐쇄는 불가능하다.

　ⓑ 완전 열림시 유체의 흐름을 방해가 적어 유체저항이 적다.

⑧ 감압밸브 ← 증기용 감압밸브는 유출측(출구측)에는 안전밸브를 설치하여야 한다.

　ⓐ 컨트롤 밸브의 일종으로, 유체의 높은 압력을 설정 압력 이하로 낮추며, 배관과 설비(모터, 펌프 등)의 심한 침식 부식, 파손을 방지한다.

　ⓑ 작동방식은 직동식, 파일럿식 등이 있다.

　ⓒ 갑작스런 압력상승으로 인한 수격현상 발생을 방지하고 유량을 조절한다.

4 에너지관계법규

1. 에너지법

(1) 목적「제1조」

이 법은 안정적이고 효율적이며 환경친화적인 에너지 수급(需給) 구조를 실현하기 위한 에너지정책 및 에너지 관련 계획의 수립·시행에 관한 기본적인 사항을 정함으로써 국민경제의 지속가능한 발전과 국민의 복리(福利) 향상에 이바지하는 것을 목적으로 한다.

(2) 정의「제2조」

① "에너지"란 연료·열 및 전기를 말한다.

② "연료"란 석유·가스·석탄, 그 밖에 열을 발생하는 열원(熱源)을 말한다. 다만, 제품의 원료로 사용되는 것은 제외한다.

③ "신·재생에너지"란 「신에너지 및 재생에너지 개발·이용·보급 촉진법」에 따른 에너지를 말한다.

④ "에너지사용시설"이란 에너지를 사용하는 공장·사업장 등의 시설이나 에너지를 전환하여 사용하는 시설을 말한다.

⑤ "에너지사용자"란 에너지사용시설의 소유자 또는 관리자를 말한다.

⑥ "에너지공급설비"란 에너지를 생산·전환·수송 또는 저장하기 위하여 설치하는 설비를 말한다.

⑦ "에너지공급자"란 에너지를 생산·수입·전환·수송·저장 또는 판매하는 사업자를 말한다.

⑧ "에너지이용권"이란 저소득층 등 에너지 이용에서 소외되기 쉬운 계층의 사람이 에너지공급자에게 제시하여 냉방 및 난방 등에 필요한 에너지를 공급받을 수 있도록 일정한 금액이 기재(전자적 또는 자기적 방법에 의한 기록을 포함한다)된 증표를 말한다.

⑨ "에너지사용기자재"란 열사용기자재나 그 밖에 에너지를 사용하는 기자재를 말한다.

⑩ "열사용기자재"란 연료 및 열을 사용하는 기기, 축열식 전기기기와 단열성(斷熱性) 자재로서 산업통상자원부령으로 정하는 것을 말한다.

⑪ "온실가스"란 「기후위기 대응을 위한 탄소중립·녹색성장 기본법」에 따른 온실가스를 말한다.

(3) 지역에너지계획의 수립「제7조」

① 특별시장·광역시장·특별자치시장·도지사 또는 특별자치도지사는 관할 구역의 지역적 특성을 고려하여 에너지기본계획의 효율적인 달성과 지역경제의 발전을 위한 지역에너지계획을 5년마다 5년 이상을 계획기간으로 하여 수립·시행하여야 한다.

② 지역계획에는 해당 지역에 대한 다음의 사항이 포함되어야 한다.

㉠ 에너지 수급의 추이와 전망에 관한 사항

㉡ 에너지의 안정적 공급을 위한 대책에 관한 사항

㉢ 신·재생에너지 등 환경친화적 에너지 사용을 위한 대책에 관한 사항

㉣ 에너지 사용의 합리화와 이를 통한 온실가스의 배출감소를 위한 대책에 관한 사항

㉤ 집단에너지공급대상지역으로 지정된 지역의 경우 그 지역의 집단에너지 공급을 위한 대책에 관한 사항

㉥ 미활용 에너지원의 개발·사용을 위한 대책에 관한 사항

㉦ 그 밖에 에너지시책 및 관련 사업을 위하여 시·도지사가 필요하다고 인정하는 사항

(4) 에너지기술 개발 투자 등의 권고「시행령 제12조」

에너지 관련 사업자는 다음의 자 중에서 산업통상자원부장관이 정하는 자로 한다.

① 에너지공급자

② 에너지사용기자재의 제조업자

③ 공공기관 중 에너지와 관련된 공공기관

(5) 에너지 관련 통계 및 에너지 총조사「시행령 제15조」

① 에너지 수급에 관한 통계를 작성하는 경우에는 산업통상자원부령으로 정하는 에너지열량 환산기준을 적용하여야 한다.

② 에너지 총조사는 3년마다 실시하되, 산업통상자원부장관이 필요하다고 인정할 때에는 간이조사를 실시할 수 있다.

(6) 에너지환산기준「시행규칙 제5조」

에너지열량 환산기준은 5년마다 작성하되, 산업통상자원부장관이 필요하다고 인정하는 경우에는 수시로 작성할 수 있다.

(7) 에너지열량 환산기준「시행규칙 별표」

에너지원	단위	총발열량		순발열량	
		MJ	kcal	MJ	kcal
휘발유	L	32.4	7,750	30.1	7,200
등유	L	36.6	8,740	34.1	8,150
경유	L	37.8	9,020	35.3	8,420
항공유	L	36.5	8,720	34.0	8,120
B-C유	L	41.8	9,980	39.3	9,390
천연가스(LNG)	kg	54.7	13,080	49.4	11,800
도시가스(LNG)	Nm^3	42.7	10,190	38.5	9,190
도시가스(LPG)	Nm^3	63.4	15,150	58.3	13,920
코크스	kg	28.6	6,840	28.5	6,810

2. 에너지이용 합리화법

(1) 목적「제1조」

이 법은 에너지의 수급(需給)을 안정시키고 에너지의 합리적이고 효율적인 이용을 증진하며 에너지소비로 인한 환경피해를 줄임으로써 국민경제의 건전한 발전 및 국민복지의 증진과 지구온난화의 최소화에 이바지함을 목적으로 한다.

(2) 에너지이용 합리화 실시계획「제6조」

① 관계 행정기관의 장과 특별시장·광역시장·도지사 또는 특별자치도지사는 기본계획에 따라 에너지이용 합리화에 관한 실시계획을 수립하고 시행하여야 한다.

② 관계 행정기관의 장 및 시·도지사는 제1항에 따른 실시계획과 그 시행 결과를 산업통상자원부장관에게 제출하여야 한다.

③ 산업통상자원부장관은 위원회의 심의를 거쳐 제2항에 따라 제출된 실시계획을 종합·조정하고 추진상황을 점검·평가하여야 한다. 이 경우 평가업무의 효과적인 수행을 위하여 대통령령으로 정하는 바에 따라 관계 연구기관 등에 그 업무를 대행하도록 할 수 있다.

(3) 수급안정을 위한 조치「제7조」
　① 산업통상자원부장관은 국내외 에너지사정의 변동에 따른 에너지의 수급차질에 대비하기 위하여 대통령령으로 정하는 주요 에너지사용자와 에너지공급자에게 에너지저장시설을 보유하고 에너지를 저장하는 의무를 부과할 수 있다.
　② 산업통상자원부장관은 국내외 에너지사정의 변동으로 에너지수급에 중대한 차질이 발생하거나 발생할 우려가 있다고 인정되면 에너지수급의 안정을 기하기 위하여 필요한 범위에서 에너지사용자·에너지공급자 또는 에너지사용기자재의 소유자와 관리자에게 다음 사항에 관한 조정·명령, 그 밖에 필요한 조치를 할 수 있다.
　　㉠ 지역별·주요 수급자별 에너지 할당
　　㉡ 에너지공급설비의 가동 및 조업
　　㉢ 에너지의 비축과 저장
　　㉣ 에너지의 도입·수출입 및 위탁가공
　　㉤ 에너지공급자 상호 간의 에너지의 교환 또는 분배 사용
　　㉥ 에너지의 유통시설과 그 사용 및 유통경로
　　㉦ 에너지의 배급
　　㉧ 에너지의 양도·양수의 제한 또는 금지
　　㉨ 에너지사용의 시기·방법 및 에너지사용기자재의 사용 제한 또는 금지 등 대통령령으로 정하는 사항
　　㉩ 그 밖에 에너지수급을 안정시키기 위하여 대통령령으로 정하는 사항
　③ 산업통상자원부장관은 조치를 시행하기 위하여 관계 행정기관의 장이나 지방자치단체의 장에게 필요한 협조를 요청할 수 있으며 관계 행정기관의 장이나 지방자치단체의 장은 이에 협조하여야 한다.
　④ 산업통상자원부장관은 제2항에 따른 조치를 한 사유가 소멸되었다고 인정하면 지체 없이 이를 해제하여야 한다.

(4) 효율관리기자재의 지정 등「제15조」
　① 산업통상자원부장관은 에너지이용 합리화를 위하여 필요하다고 인정하는 경우에는 일반적으로 널리 보급되어 있는 에너지사용기자재 또는 에너지관련기자재로서 산업통상자원부령으로 정하는 기자재에 대하여 다음의 사항을 정하여 고시하여야 한다. 다만, 에너지관련기자재 중 건축물에 고정되어 설치·이용되는 기자재 및 자동차부품을 효율관리기자재로 정하려는 경우에는 국토교통부장관과 협의한 후 다음의 사항을 공동으로 정하여 고시하여야 한다.
　　㉠ 에너지의 목표소비효율 또는 목표사용량의 기준
　　㉡ 에너지의 최저소비효율 또는 최대사용량의 기준
　　㉢ 에너지의 소비효율 또는 사용량의 표시
　　㉣ 에너지의 소비효율 등급기준 및 등급표시
　　㉤ 에너지의 소비효율 또는 사용량의 측정방법
　　㉥ 그 밖에 효율관리기자재의 관리에 필요한 사항으로서 산업통상자원부령으로 정하는 사항
　② 효율관리기자재의 제조업자·수입업자 또는 판매업자가 산업통상자원부령으로 정하는 광고매체를 이용하여 효율관리기자재의 광고를 하는 경우에는 그 광고내용에 에너지소비효율등급 또는 에너지소비효율을 포함하여야 한다.

(5) 에너지다소비사업자의 신고 등 「제31조」
   ① 에너지사용량이 대통령령으로 정하는 기준량 이상인 자는 다음 사항을 산업통상자원부령으로 정하는 바에 따라 매년 1월 31일까지 그 에너지사용시설이 있는 지역을 관할하는 시·도지사에게 신고하여야 한다.
      ㉠ 전년도의 분기별 에너지사용량·제품생산량
      ㉡ 해당 연도의 분기별 에너지사용예정량·제품생산예정량
      ㉢ 에너지사용기자재의 현황
      ㉣ 전년도의 분기별 에너지이용 합리화 실적 및 해당 연도의 분기별 계획
      ㉤ 위 사항에 관한 업무를 담당하는 자의 현황
   ② 시·도지사는 제1항에 따른 신고를 받으면 이를 매년 2월 말일까지 산업통상자원부장관에게 통보하여야 한다.
   ③ 산업통상자원부장관 및 시·도지사는 에너지다소비사업자가 신고한 제1항 각 사항을 확인하기 위하여 필요한 경우 다음 어느 하나에 해당하는 자에 대하여 에너지다소비사업자에게 공급한 에너지의 공급량 자료를 제출하도록 요구할 수 있다
      ㉠ 「한국전력공사법」에 따른 한국전력공사
      ㉡ 「한국가스공사법」에 따른 한국가스공사
      ㉢ 「도시가스사업법」에 따른 도시가스사업자
      ㉣ 「집단에너지사업법」에 따른 사업자 및 한국지역난방공사
      ㉤ 그 밖에 대통령령으로 정하는 에너지공급기관 또는 관리기관

> **+ 심화** 벌칙 및 과태료 「에너지이용 합리화법 제72~78조」
>
> 1) 벌칙 「제72조」
>   다음의 어느 하나에 해당하는 자는 2년 이하의 징역 또는 2천만원 이하의 벌금에 처한다.
>   - 에너지저장시설의 보유 또는 저장의무의 부과시 정당한 이유 없이 이를 거부하거나 이행하지 아니한 자
>   - 조정·명령 등의 조치를 위반한 자
>   - 직무상 알게 된 비밀을 누설하거나 도용한 자
>
> 2) 벌칙 「제73조」
>   다음의 어느 하나에 해당하는 자는 1년 이하의 징역 또는 1천만원 이하의 벌금에 처한다.
>   - 검사대상기기의 검사를 받지 아니한 자
>   - 검사대상기기를 사용한 자
>   - 검사대상기기를 수입한 자
>
> 3) 벌칙 「제76조」
>   다음의 어느 하나에 해당하는 자는 500만원 이하의 벌금에 처한다.
>   - 효율관리기자재에 대한 에너지사용량의 측정결과를 신고하지 아니한 자
>   - 대기전력경고표지대상제품에 대한 측정결과를 신고하지 아니한 자
>   - 대기전력경고표지를 하지 아니한 자
>   - 대기전력저감우수제품임을 표시하거나 거짓 표시를 한 자
>   - 시정명령을 정당한 사유 없이 이행하지 아니한 자
>   - 인증 표시를 한 자
>
> 4) 과태료 「제78조」
>   - 에너지사용의 제한 또는 금지에 관한 조정·명령, 그 밖에 필요한 조치를 위반한 자에게는 300만원 이하의 과태료를 부과한다.
>   - 효율관리기자재에 대한 에너지소비효율등급 또는 에너지소비효율을 표시하지 아니하거나 거짓으로 표시를 한 자는 2천만원 이하의 과태료를 부과한다.

(6) 에너지이용 합리화 기본계획 등 「시행령 제3조」
   ① 산업통상자원부장관은 5년마다 법 제4조제1항에 따른 에너지이용 합리화에 관한 기본계획을 수립하여야 한다.
   ② 관계 행정기관의 장과 특별시장·광역시장·도지사 또는 특별자치도지사는 매년 실시계획을 수립하고 그 계획을 해당 연도 1월 31일까지, 그 시행 결과를 다음 연도 2월 말일까지 각각 산업통상자원부장관에게 제출하여야 한다.

(7) 에너지저장의무 부과대상자 「시행령 제12조」
   산업통상자원부장관이 에너지저장의무를 부과할 수 있는 대상자는 다음과 같다.
   ① 「전기사업법」에 따른 전기사업자
   ② 「도시가스사업법」에 따른 도시가스사업자
   ③ 「석탄산업법」에 따른 석탄가공업자
   ④ 「집단에너지사업법」에 따른 집단에너지사업자
   ⑤ 연간 2만 석유환산톤 이상의 에너지를 사용하는 자

(8) 에너지사용의 제한 또는 금지 「시행령 제14조」
   ① "에너지사용의 시기·방법 및 에너지사용기자재의 사용제한 또는 금지 등 대통령령으로 정하는 사항"이란 다음의 사항을 말한다.
      ㉠ 에너지사용시설 및 에너지사용기자재에 사용할 에너지의 지정 및 사용 에너지의 전환
      ㉡ 위생 접객업소 및 그 밖의 에너지사용시설에 대한 에너지사용의 제한
      ㉢ 차량 등 에너지사용기자재의 사용제한
      ㉣ 에너지사용의 시기 및 방법의 제한
      ㉤ 특정 지역에 대한 에너지사용의 제한
   ② 산업통상자원부장관이 사용 에너지의 지정 및 전환에 관한 조치를 할 때에는 에너지원 간의 수급 상황을 고려하여 에너지사용시설 및 에너지사용기자재의 소유자 또는 관리인이 이에 대한 준비를 할 수 있도록 충분한 준비기간을 설정하여 예고하여야 한다.
   ③ 산업통상자원부장관이 에너지사용의 제한조치를 할 때에는 조치를 하기 7일 이전에 제한 내용을 예고하여야 한다. 다만, 긴급히 제한할 필요가 있을 때에는 그 제한 전일까지 이를 공고할 수 있다.

(9) 에너지공급자의 수요관리투자계획 「시행령 제16조」
   ① "대통령령으로 정하는 에너지공급자"란 다음에 해당하는 자를 말한다.
      ㉠ 「한국전력공사법」에 따른 한국전력공사
      ㉡ 「한국가스공사법」에 따른 한국가스공사
      ㉢ 「집단에너지사업법」에 따른 한국지역난방공사
      ㉣ 그 밖에 대량의 에너지를 공급하는 자로서 에너지 수요관리투자를 촉진하기 위하여 산업통상자원부장관이 특히 필요하다고 인정하여 지정하는 자
   ② 에너지공급자는 연차별 수요관리투자계획을 해당 연도 개시 2개월 전까지, 그 시행 결과를 다음 연도 2월 말일까지 산업통상자원부장관에게 제출하여야 하며, 제출된 투자계획을 변경하는 경우에는 그 변경한 날부터 15일 이내에 산업통상자원부장관에게 그 변경된 사항을 제출하여야 한다.

(10) 에너지사용계획의 제출 등 「시행령 제20조」
   ① 에너지사용계획을 수립하여 산업통상자원부장관에게 제출하여야 하는 사업주관자는 다음의 어느 하나에 해당하는 사업을 실시하려는 자로 한다.

　　　　㉠ 도시개발사업　　　　　　　　㉡ 산업단지개발사업
　　　　㉢ 에너지개발사업　　　　　　　㉣ 항만건설사업
　　　　㉤ 철도건설사업　　　　　　　　㉥ 공항건설사업
　　　　㉦ 관광단지개발사업　　　　　　㉧ 개발촉진지구개발사업 또는 지역종합개발사업
　② 에너지사용계획을 수립하여 산업통상자원부장관에게 제출하여야 하는 **공공사업주관자**는 다음의 어느 하나에 해당하는 시설을 설치하려는 자로 한다.
　　　㉠ **연간 2천5백 티오이 이상의 연료 및 열을 사용하는 시설**
　　　㉡ **연간 1천만 킬로와트시 이상의 전력을 사용하는 시설**

⑪ 에너지다소비사업자「시행령 제35조」
　　"대통령령으로 정하는 기준량 이상인 자"란 연료 · 열 및 전력의 연간 사용량의 합계가 2천 티오이 이상인 자를 말한다.

⑫ 개선명령의 요건 및 절차 등「시행령 제40조」
　　산업통상자원부장관이 에너지다소비사업자에게 개선명령을 할 수 있는 경우는 에너지관리지도 결과 **10퍼센트 이상의 에너지효율 개선이 기대되고 효율 개선을 위한 투자의 경제성이 있다고 인정되는 경우**로 한다.

⑬ 냉난방온도의 제한 대상 건물 등「시행령 제42조의2」
　① "대통령령으로 정하는 기준량 이상인 건물"이란 연간 에너지사용량이 2천티오이 이상인 건물을 말한다.
　② 산업통상자원부장관은 고시를 하려는 경우에는 해당 고시 내용을 고시예정일 7일 이전에 통지 대상자에게 예고하여야 한다.

⑭ 효율관리기자재 측정 결과의 신고「시행규칙 제9조」
　　효율관리기자재의 제조업자 또는 수입업자는 효율관리시험기관으로부터 측정 결과를 통보받은 날 또는 자체측정을 완료한 날부터 각각 90일 이내에 그 측정 결과를 한국에너지공단에 신고하여야 한다. 이 경우 측정 결과 신고는 해당 효율관리기자재의 출고 또는 통관 전에 모델별로 하여야 한다.

⑮ 검사대상기기관리사의 신임신고 등「시행규칙 제31조의28」
　① 검사대상기기의 설치자는 **검사대상기기관리자를 선임 · 해임**하거나 검사대상기기관리자가 **퇴직한 경우**에는 검사대상기기관리자 선임(해임, 퇴직)신고서에 자격증수첩과 관리할 검사대상기기 검사증을 첨부하여 공단이사장에게 제출하여야 한다. 다만, 국방부장관이 관장하고 있는 검사대상기기관리자의 경우에는 국방부장관이 정하는 바에 따른다.

> **+기초　냉난방온도의 제한온도 기준**
>
> 「에너지이용 합리화법 시행규칙 제31조의2」
> 냉난방온도의 제한온도를 정하는 기준은 다음과 같다. 다만, 판매시설 및 공항의 경우에 냉방온도는 25℃ 이상으로 한다.
> • 냉방: 26℃ 이상
> • 난방: 20℃ 이하

　② **신고는 신고 사유가 발생한 날부터 30일 이내에 하여야 한다.**

⑯ 검사대상기기 관리대행기관의 지정 등「시행규칙 제31조의29」
　① 검사대상기기관리자의 업무를 위탁할 수 있는 관리대행기관은 검사대상기기 관리대행기관 지정요건을 갖추어 산업통상자원부장관의 지정을 받은 자로 한다.
　② 검사대상기기 관리대행기관의 지정을 받은 자가 그 지정내용을 변경하려는 경우에는 변경지정을 받아야 한다.

③ 검사대상기기 관리대행기관으로 지정받거나 변경지정을 받으려는 자는 검사대상기기 관리대행기관 지정(변경지정)신청서에 다음 각 호의 서류를 첨부하여 산업통상자원부장관에게 제출하여야 한다.
  ㉠ 장비명세서 및 기술인력명세서
  ㉡ 향후 1년 간의 안전관리대행 사업계획서
  ㉢ 변경사항을 증명할 수 있는 서류(변경지정의 경우만 해당한다)

(17) 열사용기자재「시행규칙 별표1」

구분	내용
강철제 보일러, 주철제 보일러	• 1종 관류보일러: 강철제 보일러 중 헤더(여러 관이 붙어 있는 용기)의 안지름이 150미리미터 이하이고, 전열면적이 5제곱미터 초과 10제곱미터 이하이며, 최고사용압력이 1MPa 이하인 관류보일러(기수분리기를 장치한 경우에는 기수분리기의 안지름이 300미리미터 이하이고, 그 내부 부피가 0.07세제곱미터 이하인 것만 해당한다) • 2종 관류보일러: 강철제 보일러 중 헤더의 안지름이 150미리미터 이하이고, 전열면적이 5제곱미터 이하이며, 최고사용압력이 1MPa 이하인 관류보일러(기수분리기를 장치한 경우에는 기수분리기의 안지름이 200미리미터 이하이고, 그 내부 부피가 0.02세제곱미터 이하인 것에 한정한다) • 제1호 및 제2호 외의 금속(주철을 포함한다)으로 만든 것. 다만, 소형 온수보일러·구멍탄용 온수보일러·축열식 전기보일러 및 가정용 화목보일러는 제외한다.
소형 온수 보일러	전열면적이 14제곱미터 이하이고, 최고사용압력이 0.35MPa 이하의 온수를 발생하는 것. 다만, 구멍탄용 온수보일러·축열식 전기보일러·가정용 화목보일러 및 가스사용량이 17kg/h(도시가스는 232.6킬로와트) 이하인 가스용 온수보일러는 제외한다.
축열식 전기보일러	심야전력을 사용하여 온수를 발생시켜 축열조에 저장한 후 난방에 이용하는 것으로서 정격(기기의 사용조건 및 성능의 범위)소비전력이 30킬로와트 이하이고, 최고사용압력이 0.35MPa 이하인 것
1종 압력용기	최고사용압력(MPa)과 내부 부피(㎥)를 곱한 수치가 0.004를 초과하는 다음의 어느 하나에 해당하는 것 • 증기 그 밖의 열매체를 받아들이거나 증기를 발생시켜 고체 또는 액체를 가열하는 기기로서 용기안의 압력이 대기압을 넘는 것 • 용기 안의 화학반응에 따라 증기를 발생시키는 용기로서 용기 안의 압력이 대기압을 넘는 것 • 용기 안의 액체의 성분을 분리하기 위하여 해당 액체를 가열하거나 증기를 발생시키는 용기로서 용기 안의 압력이 대기압을 넘는 것 • 용기 안의 액체의 온도가 대기압에서의 끓는 점을 넘는 것
2종 압력용기	최고사용압력이 0.2MPa를 초과하는 기체를 그 안에 보유하는 용기로서 다음 각 호의 어느 하나에 해당하는 것 • 내부 부피가 0.04세제곱미터 이상인 것 • 동체의 안지름이 200미리미터 이상(증기헤더의 경우에는 동체의 안지름이 300미리미터 초과)이고, 그 길이가 1천미리미터 이상인 것

(18) 특정열사용기자재「시행규칙 별표 3의2」

구분	품목명
보일러	강철제 보일러, 주철제 보일러, 온수보일러, 구멍탄용 온수보일러, 축열식 전기보일러, 캐스케이드 보일러, 가정용 화목보일러
태양열 집열기	태양열 집열기
압력용기	1종 압력용기, 2종 압력용기
요업요로	연속식유리용융가마, 불연속식유리용융가마, 유리용융도가니가마, 터널가마, 도염식각가마, 셔틀가마, 회전가마, 석회용선가마
금속요로	용선로, 비철금속용융로, 금속소둔로, 철금속가열로, 금속균열로

⑲ 검사대상기기「시행규칙 별표 3의3」
  ① 강철제 보일러, 주철제 보일러
    다음 각 호의 어느 하나에 해당하는 것은 제외한다.
    ㉠ 최고사용압력이 0.1MPa 이하이고, 동체의 안지름이 300미리미터 이하이며, 길이가 600미리미터 이하인 것
    ㉡ 최고사용압력이 0.1MPa 이하이고, 전열면적이 5제곱미터 이하인 것
    ㉢ 2종 관류보일러
    ㉣ 온수를 발생시키는 보일러로서 대기개방형인 것
  ② 소형 온수보일러: 가스를 사용하는 것으로서 가스사용량이 17kg/h(도시가스는 232.6킬로와트)를 초과하는 것
  ③ 철금속가열로: 정격용량이 0.58MW를 초과하는 것
⑳ 검사의 종류 및 적용대상「시행규칙 별표 3의4」

검사의 종류		적용대상
제조검사	용접검사	동체·경판(동체의 양 끝부분에 부착하는 판) 및 이와 유사한 부분을 용접으로 제조하는 경우의 검사
	구조검사	강판·관 또는 주물류를 용접·확대·조립·주조 등에 따라 제조하는 경우의 검사
설치검사		신설한 경우의 검사(사용연료의 변경에 의하여 검사대상이 아닌 보일러가 검사대상으로 되는 경우의 검사를 포함한다)
개조검사		다음의 어느 하나에 해당하는 경우의 검사 • 증기보일러를 온수보일러로 개조하는 경우 • 보일러 섹션의 증감에 의하여 용량을 변경하는 경우 • 동체·돔·노통·연소실·경판·천정판·관판·관모음 또는 스테이의 변경으로서 산업통상자원부장관이 정하여 고시하는 대수리의 경우 • 연료 또는 연소방법을 변경하는 경우 • 철금속가열로서 산업통상자원부장관이 정하여 고시하는 경우의 수리
설치장소 변경검사		설치장소를 변경한 경우의 검사. 다만, 이동식 검사대상기기를 제외한다.
재사용검사		사용중지 후 재사용하고자 하는 경우의 검사
계속사용 검사	안전검사	설치검사·개조검사·설치장소 변경검사 또는 재사용검사 후 안전부문에 대한 유효기간을 연장하고자 하는 경우의 검사
	운전성능 검사	다음의 어느 하나에 해당하는 기기에 대한 검사로서 설치검사 후 운전성능부문에 대한 유효기간을 연장하고자 하는 경우의 검사 • 용량이 1t/h(난방용의 경우에는 5t/h) 이상인 강철제보일러 및 주철제보일러 • 철금속가열로

㉑ 검사의 종류 및 적용대상「시행규칙 별표 3의5」

검사의 종류		검사유효기간
설치검사		• 보일러: 1년. 다만, 운전성능 부문의 경우에는 3년 1개월로 한다. • 캐스케이드 보일러, 압력용기 및 철금속가열로: 2년
개조검사		• 보일러: 1년 • 캐스케이드 보일러, 압력용기 및 철금속가열로: 2년
설치장소 변경검사		• 보일러: 1년 • 캐스케이드 보일러, 압력용기 및 철금속가열로: 2년
재사용검사		• 보일러: 1년 • 캐스케이드 보일러, 압력용기 및 철금속가열로: 2년
계속사용 검사	안전검사	• 보일러: 1년 • 캐스케이드 보일러 및 압력용기: 2년
	운전성능 검사	• 보일러: 1년 • 철금속가열로: 2년

① 보일러의 계속사용검사 중 운전성능검사에 대한 검사유효기간은 해당 보일러가 산업통상자원부장관이 정하여 고시하는 기준에 적합한 경우에는 2년으로 한다.
② 설치 후 3년이 지난 보일러로서 설치장소 변경검사 또는 재사용검사를 받은 보일러는 검사 후 1개월 이내에 운전성능검사를 받아야 한다.
③ 개조검사 중 연료 또는 연소방법의 변경에 따른 개조검사의 경우에는 검사유효기간을 적용하지 않는다.

㉒ 검사의 면제대상 범위「시행규칙 별표 3의6」

검사대상 기기명	대상범위	면제되는 검사
강철제 보일러, 주철제 보일러	• 강철제 보일러 중 전열면적이 5제곱미터 이하이고, 최고사용압력이 0.35MPa 이하인 것 • 주철제 보일러 • 1종 관류보일러 • 온수보일러 중 전열면적이 18제곱미터 이하이고, 최고사용압력이 0.35MPa 이하인 것	용접검사
	주철제 보일러	구조검사
	• 가스 외의 연료를 사용하는 1종 관류보일러 • 전열면적 30제곱미터 이하의 유류용 주철제 증기보일러	설치검사
	• 전열면적 5제곱미터 이하의 증기보일러로서 다음의 어느 하나에 해당하는 것 – 대기에 개방된 안지름이 25미리미터이상인 증기관이 부착된 것 – 수두압이 5미터 이하이며 안지름이 25미리미터 이상인 대기에 개방된 U자형 입관이 보일러의 증기부에 부착된 것 • 온수보일러로서 다음의 어느 하나에 해당하는 것 – 유류·가스 외의 연료를 사용하는 것으로서 전열면적이 30제곱미터 이하인 것 – 가스 외의 연료를 사용하는 주철제 보일러	계속사용검사

소형 온수보일러	가스사용량이 17kg/h(도시가스는 232.6kW)를 초과하는 가스용 소형 온수보일러	제조검사
캐스케이드 보일러	캐스케이드 보일러	제조검사
1종 압력용기, 2종 압력용기	• 용접이음(동체와 플랜지와의 용접이음은 제외한다)이 없는 강관을 동체로 한 헤더 • 압력용기 중 동체의 두께가 6미리미터 미만인 것으로서 **최고사용압력(MPa)과 내부 부피(m³)를 곱한 수치가 0.02 이하**(난방용의 경우에는 0.05 이하)인 것 • 전열교환식인 것으로서 최고사용압력이 0.35MPa 이하이고, 동체의 안지름이 600미리미터 이하인 것	용접검사
	- 2종 압력용기 및 온수탱크 - 압력용기 중 동체의 두께가 6미리미터 미만인 것으로서 최고사용압력(MPa)과 내부 부피(m³)를 곱한 수치가 0.02 이하(난방용의 경우에는 0.05 이하)인 것 - 압력용기 중 동체의 최고사용압력이 0.5MPa 이하인 난방용 압력용기 - 압력용기 중 동체의 최고사용압력이 0.15MPa 이하인 취사용 압력용기	설치검사 및 계속 사용검사
철금속가열로	철금속가열로	제조검사, 재사용검사 및 계속사용검사 중 안전검사

㉓ 검사대상기기관리자의 자격 및 조종범위「시행규칙 별표 3의9」

관리자의 자격	관리범위
에너지관리기능장 또는 에너지관리기사	용량이 30t/h를 초과하는 보일러
에너지관리기능장, 에너지관리기사 또는 에너지관리산업기사	용량이 10t/h를 초과하고 30t/h 이하인 보일러
에너지관리기능장, 에너지관리기사, 에너지관리산업기사 또는 에너지관리기능사	용량이 10t/h 이하인 보일러
에너지관리기능장, 에너지관리기사, 에너지관리산업기사, 에너지관리기능사 또는 인정검사대상기기관리자의 교육을 이수한 자	• 증기보일러로서 최고사용압력이 1MPa 이하이고, 전열면적이 10제곱미터 이하인 것 • 온수발생 및 열매체를 가열하는 보일러로서 용량이 581.5킬로와트 이하인 것 • 압력용기

① 온수발생 및 열매체를 가열하는 보일러의 용량은 697.8킬로와트를 1t/h로 본다.
② 가스 연료를 사용하는 1종 관류보일러의 용량은 이를 구성하는 보일러의 개별 용량을 합산한 값으로 한다.
③ 계속사용검사 중 안전검사를 실시하지 않는 검사대상기기 또는 가스 외의 연료를 사용하는 1종 관류보일러의 경우에는 검사대상기기관리자의 자격에 제한을 두지 아니한다.
④ 가스를 연료로 사용하는 보일러의 검사대상기기관리자의 자격은 위 표에 따른 자격을 가진 사람으로서 산업통상자원부장관이 정하는 관련 교육을 이수한 사람 또는 「도시가스사업법 시행령」에 따른 특정가스사용시설의 안전관리 책임자의 자격을 가진 사람으로 한다.

3. 신에너지 및 재생에너지 개발·이용·보급 촉진법

(1) 바이오에너지 등의 기준 및 범위 「시행령 별표 1」

석탄을 액화·가스화한 에너지	기준	석탄을 액화 및 가스화하여 얻어지는 에너지로서 다른 화합물과 혼합되지 않은 에너지
	범위	• 증기 공급용 에너지 • 발전용 에너지
중질잔사유(重質殘渣油)를 가스화한 에너지	기준	(1) 중질잔사유(원유를 정제하고 남은 최종 잔재물로서 감압증류 과정에서 나오는 감압잔사유, 아스팔트와 열분해 공정에서 나오는 코크, 타르 및 피치 등을 말한다)를 가스화한 공정에서 얻어지는 연료 (2) (1)의 연료를 연소 또는 변환하여 얻어지는 에너지
	범위	합성가스
바이오에너지	기준	(1) 생물유기체를 변환시켜 얻어지는 기체, 액체 또는 고체의 연료 (2) (1)의 연료를 연소 또는 변환시켜 얻어지는 에너지 ※ (1) 또는 (2)의 에너지가 신·재생에너지가 아닌 석유제품 등과 혼합된 경우에는 생물유기체로부터 생산된 부분만을 바이오에너지로 본다.
	범위	• 생물유기체를 변환시킨 바이오가스, 바이오에탄올, 바이오액화유 및 합성가스 • 쓰레기매립장의 유기성폐기물을 변환시킨 매립지가스 • 동물·식물의 유지(油脂)를 변환시킨 바이오디젤 및 바이오중유 • 생물유기체를 변환시킨 땔감, 목재칩, 펠릿 및 숯 등의 고체연료
폐기물 에너지	기준	(1) 폐기물을 변환시켜 얻어지는 기체, 액체 또는 고체의 연료 (2) (1)의 연료를 연소 또는 변환시켜 얻어지는 에너지 (3) 폐기물의 소각열을 변환시킨 에너지 ※ (1)부터 (3)까지의 에너지가 신·재생에너지가 아닌 석유제품 등과 혼합되는 경우에는 폐기물로부터 생산된 부분만을 폐기물에너지로 보고, (1)부터 (3)까지의 에너지 중 비재생폐기물(석유, 석탄 등 화석연료에 기원한 화학섬유, 인조가죽, 비닐 등으로서 생물 기원이 아닌 폐기물을 말한다)로부터 생산된 것은 제외한다.
수열에너지	기준	물의 열을 히트펌프(heat pump)를 사용하여 변환시켜 얻어지는 에너지
	범위	해수(海水)의 표층 및 하천수의 열을 변환시켜 얻어지는 에너지

(2) 신·재생에너지의 종류 「시행령 별표 4」

신재생에너지의 종류는 태양에너지(태양의 빛에너지를 변환시켜 전기를 생산하는 방식에 한정한다)이다.

SUBJECT 05 열설비설계

> **핵심 KEYWORD**
> - 보일러
> - 증발량
> - 배관 및 용접 설치 기준
> - 수질 및 급수처리
> - 보일러의 장치
> - 보일러의 설치 기준
> - 열전달
> - 부식

1 보일러의 개요

1. 보일러의 정의 및 구분

(1) 정의

동체 내부에 공급된 물 또는 열매체 등을 연료의 연소열로 가열하여 증기나 온수를 얻어 사용하고자 하는 장소에 공급하는 장치이다.

(2) 보일러의 3대 구성

① 보일러 본체: 연소실의 핵심 구조물로 동체라고도 하며, 연소열을 통해 증기(온수)를 발생시키고 노통, 노벽, 수관(관군), 드럼 등으로 구성된다.

② 연소장치: 연료를 연소하여 고온의 화염을 발생시키는 장치로 연소실과 연도 등으로 구성된다.

③ 부속장치: 안전하고 효율적인 보일러 운전에 필요한 각종 제어장치를 포함한 장치로 안전장치, 급수장치, 폐열회수장치 등으로 구성된다.

　㉠ 안전장치: 압력방출장치(안전밸브), 고·저수위 경보기, 화염검출기, 방폭문 등
　㉡ 급수장치: 원심펌프, 왕복펌프, 인젝터, 급수내관 등
　㉢ 송기장치: 증기밸브, 증기내관, 증기트랩, 기수분리기 등
　㉣ 통풍장치: 댐퍼, 연도, 연돌, 송풍기 등
　㉤ 폐열회수장치: 과열기, 재열기, 절탄기, 공기예열기 등

(3) 분류방법

구분	종류
용도에 따른 분류	가정용 보일러, 산업용 보일러, 발전용 보일러 등
재질에 따른 분류	강판재 보일러, 주철제 보일러 등
사용매체에 따른 분류	증기 보일러, 온수 보일러, 열매체 보일러 등
사용연료에 따른 분류	가스 보일러, 목재 보일러, 석탄 보일러, 유류 보일러, 폐열 보일러, 특수연료 보일러 등
순환방식에 따른 분류	자연 순환식 보일러, 강제 순환식 보일러 등

2 보일러의 종류

1. 원통형 보일러

(1) 원통형 보일러의 특징

① 본체가 큰 동으로 구성된 보일러로, 강도상 유리한 구조인 원통형으로 되어 있다.
② 구조가 단순하고, 내부 청소 및 검사가 용이하다.
③ 설치 장소가 작으며, 구조가 간단하여 취급이 쉽다.
④ 보일러의 전열면적이 작기 때문에 고압 및 대용량에는 부적합하다.
⑤ 수관식 보일러에 비해 급수처리(수질관리)가 용이하나 열효율이 낮다.
⑥ 보일러 내부 드럼에 보유수량이 많아 파열사고 발생시 피해가 크게 발생한다.

(2) 원통형 보일러의 종류

① 입형 보일러

㉠ 입형(립형) 또는 수직형 보일러라고도 하며, 보일러 동체에 감겨진 코일을 통해 가열하여 온수를 얻는 보일러이다.
㉡ 주로 주택, 점포, 소규모 건물 용도로 사용된다.
㉢ 원통형의 본체가 수직 구조로 있으며, 하부에 연소실이 배치되어 있다.
㉣ 설치면적이 작고, 구조가 간단하여 취급이 간단하다.
㉤ 전열면적이 작고 소용량(소형)으로, 열효율이 낮다.
㉥ 증발량이 적고, 습증기가 발생하기 쉬우며 건조증기를 얻기 어렵다.
㉦ 증기실이 작아 내부 청소 및 검사가 어렵다.
㉧ 종류는 다음과 같다.

입형횡관 보일러	횡관(수평관) 2~3개를 연소실 내부에 수부를 연결하여 전열 면적이 증가하고 구조 강도 보강으로 안전성 향상 및 관수의 양호한 순환이 이루어진다.
입형연관 보일러	수직 방향으로 된 다수의 연관을 설치하여 전열면이 증가하고 효율이 좋다.
입형횡연관 보일러	다수의 연관을 수평으로 배치한 구조로, 관의 배열을 바둑판 모양으로 규칙적인 배열을 통해 물의 원활한 순환을 가진다. 예 코크란 보일러 등

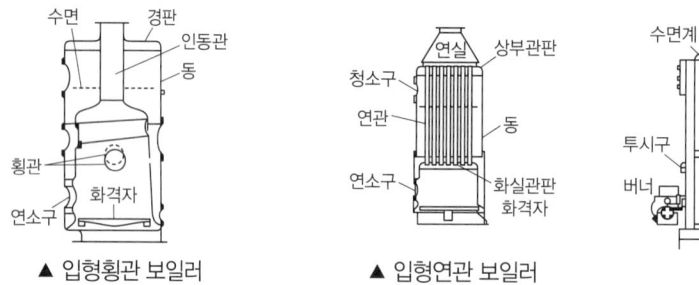

▲ 입형횡관 보일러   ▲ 입형연관 보일러   ▲ 코크란 보일러

② 횡형 보일러
　㉠ 드럼을 수평으로 배치하여 전열면적을 증가시키며 입형 보일러에 비해 효율이 좋으므로 대용량 고압 운전에 적합하다.
　㉡ 종류는 다음과 같다.

노통보일러	• 큰 동체(동)를 가지고 있는 보일러로 보유수량이 많아 증기발생 소요시간이 길다. • 구조가 간단하고 청소 및 검사가 용이하다. • 전열면적이 크고, 열효율이 우수하다. • 보일러의 종류는 노통이 1개인 코르니쉬 보일러, 노통이 2개인 랭커셔 보일러가 있다. • 노통의 종류는 다음과 같다. ← 파형노통은 평형노통에 비하여 전열면적이 크고, 열의 신축에 의한 탄력성이 좋으나 파형으로 되어있어 통풍저항이 크다. 　– 평형 노통: 원통형 구조의 기본적인 노통 보일러로 저압용에 적합하다. 　– 파형 노통: 노통 표면을 파형으로 제작하여 전열면적을 증가시키고 열팽창에 의한 신축성과 외부 압력에 강하다. • 아담슨조인트(Adamson Joint): 아담슨 이음이라고 하며, 일체형의 평형 노통 제작시 강도가 약한 점을 보완하기 위해 여러 개의 노통으로 분할하여 제작하고 접합시 플랜지형으로 윤판을 넣어 보강한다. • 갤로웨이관: 보강을 위해 노통에 2~3개 정도의 관을 설치하며, 보일러 수의 순환을 도우며, 전열면적을 증가시켜 열전달 효율을 향상한다.
연관보일러	• 다수의 수평으로 된 연관을 설치하여 전열면적을 증가시킨 외분식 구조, 기관차용 보일러, 케와니 보일러 등이 해당한다. • 연관을 바둑판처럼 배치하여 구조가 복잡하지만 보일러 수의 순환이 빠르다. • 전열면적이 크고, 노통 보일러보다 열효율이 좋으며, 보유수량이 적어 증기 발생이 빠르다. • 연관 내부가 많아 청소 및 내부 검사가 곤란하다. • 연관의 최소 피치 공식은 다음과 같다. $$P_{min} = \left(1 + \frac{4.5}{t}\right)D$$ P_{min}: 최소피치(mm), t: 두께(mm), D: 지름(mm)
노통연관보일러	• 노통과 연관이 동시에 있는 내분식 구조의 보일러로 연관보일러보다 효율이 우수하며, 패키지형태 제작이 가능하다. • 종류로 스코치, 하우덴존슨, 노통연관 패키지 등이 있다. • 운반과 설치, 취급이 용이하나 복잡한 구조로 인해 청소, 검사 등이 어렵다. • 양질의 급수가 필요하며, 증발속도가 빨라 스케일 부착이 쉽게 이루어진다.

> **+ 심화** 랭커셔 보일러
> • 다수의 연관으로 구성된 연관식 보일러에 비해 급수처리가 간단하다.
> • 노통이 2개로 구성되어 있고 부하변동 시 압력변화가 적다.
> • 간단한 구조로 청소나 검사, 수리가 쉽고 제작도 간편하여 수명이 길다.
> • 내분식 구조라 연소실 크기에 제한을 받으며, 양질의 연료를 필요로 한다.
> • 전열면적이 작아서 열효율이 낮으며, 고압 대용량 운전에는 부적당하다.

2. 수관식 보일러

(1) 수관식 보일러의 특징
① 직경이 작은 드럼과 여러 수관군의 전열면적을 극대화할 수 있게 설계한 보일러를 말한다.
② 고압의 증기를 짧은 시간에 대량으로 발생시킬 수 있으며, 파열시 피해가 적다.
③ 전열면적이 크고, 열효율이 높다.
④ 제작시 가격이 비싸며, 고압, 대용량 운전에 적합하다.
⑤ 부하변동시 압력 변화가 심하다.
⑥ 일반적으로 수관식은 1MPa(약 10kg/cm^2) 이상인 고압에서 사용되며, 대용량 보일러에 적합하다.
⑦ 보일러 수의 순환이 원활하여 전열면적이 크고 열효율이 높다.
⑧ 구조가 복잡하여 청소와 검사, 수리가 어렵고 급수 수질관리시 관수처리와 스케일 부착에 주의가 필요하다.

> **+심화 수냉 노벽의 설치 목적**
> - 고온의 연소열에 의해 노벽의 내화물이 연화(약해짐)되거나 변형되는 것을 방지한다.
> - 복사열을 수관이 흡수시켜 복사에 의한 열 손실을 줄인다.
> - 전열면적을 증가시켜 전열효율 및 보일러 효율을 상승시킨다.
> - 노벽 내화물의 과열 방지를 위해 내구성을 유지한다.

(2) 수관식 보일러의 종류
① 자연순환식 보일러
  ㉠ 가열에 의해 발생하는 포화수와 포화증기의 비중차를 이용하여 물의 순환을 원활하게 한다.
  ㉡ 대표적으로 다쿠마, 스털링, 스네기찌, 야로우, 바브콕, 2동(D형) 보일러 등이 있다.
  ㉢ 중력과 밀도차만으로 물의 순환이 자연스럽게 이루어지도록 설계 조건을 갖추어야 한다.
  ㉣ 수관의 배열을 최대한 수직에 가깝게 경사지게 하고, 순환 저항을 줄이기 위해 지름이 큰 수관을 사용한다.
  ㉤ 발생증기의 압력이 높을수록 포화수와 증기의 비중차가 줄어들어 자연순환력이 약해진다.

② 강제순환식 보일러
  ㉠ 순환 펌프를 활용하여 관수를 강제 순환시키는 방식으로 물의 순환을 원활하게 한다.
  ㉡ 대표적으로 라몬트, 배록스 보일러 등이 있다.
  ㉢ 펌프 구동시 동력소비가 높아 유지비가 비교적 많이 소모된다.
  ㉣ 자유로운 구조의 선택이 가능하고 관의 배치도 자유롭다.
  ㉤ 보일러 수 순환이 중요하며, 불균일할 경우 관내 과열이 발생해 사고우려가 생긴다.
  ㉥ 물의 순환 조절이 용이하고 관경이 작고 두께를 얇게 할 수 있다.
  ㉦ 열전달이 우수하고, 증기발생 소요시간이 짧아 고압보일러의 운전 시에도 효율이 양호하다.

③ 관류식 보일러
  ㉠ 급수펌프로 의해 급수가 압입되어 하나로 연결된 연속관에서 가열(예열) → 증발 → 과열 과정이 순차적(예열부, 증기부, 과열부)으로 진행된다.
  ㉡ 드럼이 없는 강제 순환식 보일러로, 대표적으로 벤슨, 슬저, 소형 관류 보일러 등이 있다. ← 1개의 연속관으로 이루어진 관류보일러로 드럼이 없는 구조의 보일러이다.
  ㉢ 자유로운 관 배치로 소형화 제작이 용이하다.
  ㉣ 부하변동에 따라 압력 변화 및 보유 수량 변동이 크다.
  ㉤ 내부 점검, 보수, 청소가 어렵고 수명이 짧다.
  ㉥ 연속관이 하나로 구성되어 구조가 간단하고, 고압에 우수하며 보유수량이 적어 파열시 위험이 적다.

+기초	수관식 보일러와 비교한 원통형 보일러와 노통연관식 보일러의 특징
원통형 보일러 (수관식 보일러와 비교)	• 구조상 전열면적이 작기 때문에 고압용 및 대용량의 부적합하다. • 구조가 단순하고 제작, 취급, 운전이 비교적 용이하다. • 전열면적당 보유 수분량이 수관보일러에 비해 크다. • 저압, 소규모 증기 생산용 보일러에 적합하다.
노통연관식 보일러 (수관식 보일러와 비교)	• 제작, 운반, 설치, 취급이 용이한 패키지 형태의 구조이다. • 연소실을 자유로운 형상으로 설계하기 어려워 제한된 형태를 갖는다. • 구조상 고압 및 대용량 제작이 어려워 설치면적이 작다. • 구조상 청소, 검사, 수리가 어려우나 수관식보다는 편하다.

3. 기타 보일러

(1) 주철제 보일러
① 주로 난방용이나 급탕용으로 사용되며, 탄소함유량이 높은 주철로 구성되어 있다.
② 재료 특성상 연성이 낮으므로 인장 및 충격에 약하다.
③ 구조의 제약이 없어 복잡한 구조도 제작이 가능하다.
④ 내식성과 내열성이 우수하고, 전열면적이 크고 효율이 높다.
⑤ 구조 특성상 대용량 또는 고압용으로 부적합하다.
⑥ 보일러 섹션의 수를 증감할 경우 용량 조절이 가능하다.
⑦ 조립식 구조로 설치 및 해체가 용이하나 구조가 복잡하여 청소, 검사, 수리 등 작업이 어렵다.

(2) 특수 열매체 보일러
① 특수가열유체를 사용하여 낮은 압력에서도 고온의 증기를 얻는 구조를 가진다.
② 열매체의 종류는 다양하며, 열매체에 따라 사용온도한계가 각각 다르다. ← 특수열매체(유체) 종류는 다우섬, 세큐리티, 모빌썸, 카네크롤, 수은 등이 있나.
③ 저압 운전으로 고온의 증기를 얻을 수 있다.
④ 일반적으로 물이나 스팀보다 전열특성이 다소 떨어지고, 겨울철 사용시 동결 우려가 적다.

(3) 전기보일러
전기에너지를 활용하여 열을 생성하고, 생성한 열로 온수 또는 증기를 사용하는 보일러이다.
① 순간식 전기보일러: 전력 사용시 즉시 온수 또는 증기를 발생시키는 방식으로, 반응속도가 빠르다.
② 축열식 전기보일러: 심야시간대 저렴한 전력을 이용해 열을 저장하고, 주간에 필요한 열을 사용하는 방식으로 에너지 비용 절감에 유리하다.

+심화	보일러 효율
관류 보일러 > 수관 보일러 > 노통연관 보일러 > 연관 보일러 > 노통 보일러 > 입형 보일러	

3 보일러의 부속장치

1. 급수장치

(1) 급수펌프

① 원심펌프: 원심력을 얻기 위해 밀폐된 공간에서 한 개 또는 여러개의 임펠러를 회전시켜 액체를 이송하며, 볼류트 펌프, 터빈펌프 등이 해당된다.

② 왕복펌프: 왕복운동으로 액체의 압력을 얻기 위해 피스톤 또는 플런저를 활용하여 액체를 압축하고 이송하며, 워싱턴 펌프, 피스톤 펌프, 플런저 펌프 등이 해당된다.

③ 축동력 공식은 다음과 같다.

㉠ kW 기준 ← 1kW=102Kg · m/s이다.

$$축동력(kW) = \frac{\gamma \times Q \times H}{102\eta}$$

γ: 액체의 비중량(kg/m³), Q: 유량(m³/s), H: 전양정(m), η: 효율

㉡ PS 기준 ← 1PS=75Kg · m/s이다

$$축동력(PS) = \frac{\gamma \times Q \times H}{75\eta}$$

γ: 액체의 비중량(kg/m³), Q: 유량(m³/s), H: 전양정(m), η: 효율

(2) 인젝터

① 정의 및 특징

㉠ 유체(급수)를 이동시키거나 압력을 높이기 위해 증기를 노즐에서 분출시켜 보유한 열에너지를 이용하여 작동시키는 장치를 말한다.

㉡ 별도의 동력원이 필요없는 비동력 장치로, 흡입 양정이 작고 효율이 낮다.

㉢ 구조가 간단하고 가격이 저렴하여 주로 소형 보일러 급수 등에 사용된다.

㉣ 급수의 예열효과로 열효율이 상승하나 증기압력, 급수온도가 부적당할 경우 급수가 불량해진다.

② 작동순서 ← 닫는 순서는 반대순으로 시행한다.

㉠ 인젝터의 정지변(밸브)을 연다.

㉡ 급수변(밸브)를 연다.

㉢ 증기변(밸브)를 연다.

㉣ 인젝터 핸들을 연다. ← 실제 급수 시작되는 단계

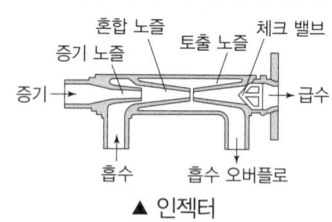

▲ 인젝터

③ 인젝터 작동 불능의 원인

㉠ 증기압력이 낮거나, 증기의 수분이 많을 경우 정상 급수가 이루어지지 않는다.

㉡ 인젝터가 과열되거나 체크밸브가 고장날 경우 발생된다.

㉢ 흡입 측의 공기 누입이 발생할 경우 급수가 정상적으로 이루어지지 않는다.

㉣ 50도 이상 급수의 온도가 높을 경우, 급수압력과 증기 혼합이 이루어지지 않아 이상이 생긴다.

(3) 급수내관
① 정의: 안전저수위보다 50mm 정도 아래에 설치하는 관으로, 부동팽창의 영향을 완화하고 급수가 원활하게 이루어질 수 있게 하는 장치를 말한다.
② 효과
㉠ 급수에 의해 발생할 수 있는 온도차로 인한 부동 팽창(불규칙한 팽창)을 방지한다.
㉡ 보일러의 급수를 미리 예열하여 증기 발생시 열손실을 줄인다.
㉢ 급수 도입 시 관내 온도의 급격한 변화를 방지하여 관이나 드럼의 손상을 방지한다.

> **+ 심화 급수밸브**
> 1) 정지밸브
>   • 유량조절용: 글로브 밸브, 스탑 밸브 등 ← 유체 흐름을 세밀하게 조절할 수 있다.
>   • 유체차단용: 슬루스 밸브, 게이트 밸브 등 ← 유체 흐름을 완전히 열거나 닫는데 사용한다.
> 2) 역정지밸브: 체크 밸브(스윙식 밸브, 리프트식 밸브 등)

2. 송기장치
(1) 증기밸브
① 주증기밸브: 글로브 밸브 또는 앵글 밸브를 활용하며 보일러에서 발생된 증기를 원활하게 외부로 송기하거나 정지시키기 위해 보일러 상단에 설치한 밸브이다.
② 신축이음: 온도가 높은 유체를 수송하는 급탕, 스팀배관 등은 온도 변화로 인해 배관의 신축(팽창, 수축)이 발생되는데 이때 신축에서 발생되는 텐션(응력) 등을 받아주는 이음 방법이다. 종류는 슬리브형, 스위블형, 벨로우즈형, 신축곡관형이 있다.

> **+ 기초 증기트랩 부착효과**
> • 응축수 제거를 통해 증기관의 부식을 방지한다.
> • 응축수 배출로 수격작용을 억제하여, 배관 및 장치 손상을 방지한다..
> • 유체 흐름에 대한 마찰 저항 감소시켜, 열효율과 운전 안정성을 높인다.

③ 감압밸브: 부하가 생기는 증기의 압력을 내려 일정한 압력을 유지하며, 고압과 저압 배관 사이에 설치한다.
④ 증기헤더: 증기관(주증기관, 분배관)이 모이는 공간으로 사용처로 송기하는 장치이다.

(2) 증기트랩
증기관 도중이나 말단에 응축수가 고이기 쉬운 장소에 설치하여 증기와 응축수를 분리하고 자동적으로 배출시켜 증기의 품질을 유지 및 수격작용 방지하여 증기의 건도를 높인다.
① 기계식 트랩
㉠ 플로트, 버킷의 부력차이를 이용하여 응축수가 생성된 것을 배출하며, 증기와 응축수 사이의 밀도차를 활용한다.
㉡ 종류는 버킷식(상향식, 하향식), 플로트식 등이 있다.
② 온도조절식 트랩
㉠ 금속의 신축성에 의해 밸브를 열고 닫으며, 응축수가 충분히 냉각된 후에 밸브를 열어 배출하고, 고온증기에서 밸브를 닫아 증기를 빠져나가지 못하게 하는 트랩으로, 증기와 응축수의 온도차를 활용한다.
㉡ 종류는 바이메탈식, 압력평형식, 벨로즈식 등이 있다.

> **+ 심화 바이메탈 트랩**
> - 응축수의 온도에 따라 작동 및 조작이 가능하다.
> - 증기의 누설이 거의 없고 구조상 고압에 적당하여 배압이 높아도 작동이 양호하다.
> - 온도변화에 따른 반응시간이 필요하여 급변 상황에서의 작동이 다소 어렵거나 느릴 수 있다.
> - 공기 및 가스의 자유로운 배출로 배기능력이 탁월하다.

③ 열역학적 트랩
  ㉠ 유체역학의 특성을 활용하여 운동에너지의 차이를 활용하기 위해 증기와 응축수의 속도차를 이용한다.
  ㉡ 종류는 오리피스식, 디스크식 등이 있다.
④ **플로트식 트랩**: 에어벤트가 내장되어 있어 가동시 공기빼기를 할 필요가 없으며, 다량의 드레인을 연속적으로 배출 처리하여 증기 누출이 거의 없으나 수격작용에 민감하다.

(3) 증기내관
  ① 비수 방지관: 캐리오버 현상을 방지하기 위해 보일러의 동체 내부 또는 증기 취출구에 설치한다.
  ② **기수분리기**: 보일러에서 발생한 증기 중에 포함된 수분을 제거하고 고가의 밸브류, 피팅류 등의 부식 및 침식을 방지하기 위해 설치한다.

스크레버식(스크러버식)	파도물결형의 다수 장애판(강판)을 이용한다.
건조 스크린식	미세한 금속 그물망판을 이용한다.
배플식(장애판)	배플식판을 이용하여 증기의 진행방향을 전환한다.
싸이클론식	회전 운동을 통해 원심분리기의 원심력을 이용한다.
다공판식	다수의 구멍이 뚫려있는 구멍판을 이용한다.

(4) 증기축열기
저부하 및 변동부하로 발생된 잉여 증기를 저장하고 부하가 증가하는 과부하 시기에 저장된 증기를 공급하여 증기 부족 현상을 해결한다.

(5) 응축수 탱크
고온의 응축수를 온도 강하 없이 보일러에 급수할 수 있는 장치로, 수처리 비용 및 연료가 절감한다.

3. 폐열회수장치 ← 여열회수장치라고도 한다.
(1) 과열기
  ① 개요
    ㉠ 보일러 동체(본체)에서 발생된 포화증기를 추가로 가열하여 과열증기로 만든다.
    ㉡ 높은 온도의 포화증기로 터빈의 열효율이 향상된다.
    ㉢ 과열증기를 사용하여 마찰저항이 감소하고, 관 내 부식을 방지한다.
    ㉣ 증기의 엔탈피가 증가하여 증기소비량이 감소한다.
    ㉤ 과열증기를 만들어 구동 기기의 효율이 향상되어 발전 효율을 높인다.

② 분류

전열(열가스 접촉)과 증기의 열전달 방식에 따라 다음과 같이 분류한다.

복사과열기	연소가스가 발생하는 온도가 높은 노 상부에 설치하여 복사열을 받으며, 부하 증가에 따라 증기온도가 떨어진다.
대류과열기	연소가스가 흐르는 통로에 설치하여 대류작용에 의해 열전달이 이루어지며, 부하 증가에 따라 증기온도가 상승한다.
복사-대류과열기	노출구 고온부분에 설치하여 복사열과 대류열을 동시에 받고 부하가 증가 또는 감소하여도 비교적 일정하게 유지한다.

(2) 재열기

① 고압터빈(High pressure Turbine)을 통과하여 팽창된 열로 압력과 온도가 저하된 증기를 다시 재가열하여 과열증기로 만드는 장치를 말한다.
② 과열증기를 저압터빈으로 보내어 터빈블레이드(날개부)의 부식을 감소하기 위하여 설치한다.
③ 발전소의 전체적인 사이클의 열효율을 증가시킨다.

(3) 절탄기(급수예열기)

① 이코노마이저 또는 폐열회수장치라고 하며 보일러 가동 시 나온 연도의 배기가스에서 버려지는 폐열을 회수하여 급수를 예열하는 장치를 말한다.
② 열응력 및 스케일이 감소하여 장치의 수명이 연장된다.
③ 급수를 예열하여 연료소비량이 감소되고 급수온도가 높아 보일러 증발량도 증가하여 출력이 높아진다.

> **+ 심화** 주철관식 절탄기
> - $2kg/cm^2$ 이하의 저압 증기 보일러 시스템에 적합하다.
> - 절탄기로 공급되는 급수의 온도는 50℃이다.
> - 내식성, 내구성이 좋으며, 청소 및 유지보수가 용이한 구조이다.

(4) 공기예열기

① 절탄기를 지난 연소가스의 여열을 통해 연소용 공기(2차공기)를 예열하는 장치로, 예열된 공기로 과잉공기를 줄인다.
② 가열된 공기로 연소효율이 증가하여 연료 소비량이 감소하고 보일러 전체 열효율이 향상된다.
③ 열교환기 구조로 배기가스 흐름에 공기와 열을 교환하면 배기저항이 증가할 수 있다.
④ 저질탄(열량이 낮은 연료)을 사용할 때에도 연소가 효과적이다.
⑤ 연도의 구조가 복잡해져 청소 및 검사 점검이 곤란하다.
⑥ 종류는 다음과 같다.

전열식	금속으로 된 벽면을 통과한 연소가스로부터의 공기가 열을 교환하는 방식의 판형과 열교환기를 활용한 관형으로 구분한다.
재생식	파형식 또는 평형식 강판으로 구성된 전열체를 원통용기에 넣고 열저장체 또는 공기 흐름을 회전시켜 공기를 예열하는 방식으로 회전식과 축열식으로 분류한다.
히트 파이프식	알루미늄 핀튜브를 배관 표면에 부착시키고 관 내부를 진공상태로 하여 열매체인 증류수를 넣고 봉입한 방식으로 증발과 응축 작용을 이용해 열을 전달한다.

4. 안전장치

(1) 안전밸브
  ① 보일러 내부의 증기압력이 기준압 이상으로 상승될 경우에 증기가 외부로 배출될 수 있게 하여 사전에 보일러의 압력 상승 및 파열사고를 방지한다.
  ② 종류는 중추식, 지렛대식, 스프링식 등이 있다.

(2) 화염검출기
  연소의 상태를 감시하여 비정상연소(연소중단, 불완전연소 등)가 진행될 경우 자동으로 연료 공급을 차단하여 미연소가스로 인한 폭발사고 등을 방지한다.

플레임아이	화염의 빛(발광)을 감지하여 연소 유무를 판단한다.
스택스위치	화염의 열(온도 변화)을 이용, 바이메탈의 신축작용으로 검출한다.
플레임로드	화염의 전기전도성을 감지하여 연소상태를 판단하며, 주로 가스연료 점화버너에 사용한다.

(3) 고·저수위 경보기
  보일러 드럼 내 수위를 적당한 범위 내에서 유지하도록 감시하고, 이상 상황 발생시 경보를 울려 조치를 유도하는 장치를 말한다.

(4) 가용전
  주석과 납의 합금으로 구성되어 있으며, 노통의 화실 윗 부분(천정부)을 시공하고 관수의 문제를 감지하여 과열상태를 방지한다.

(5) 증기 압력 제어기
  보일러 내에 발생된 증기 압력을 설정된 값으로 유지시켜주는 장치로, 압력 이상 시 연료를 차단하여 보일러 파열사고를 방지한다.

(6) 방폭문
  ① 연소실 내에서 잔류 미연소가스의 폭발 또는 역화시 내부압력 및 폭발압을 신속히 외부로 배출하여 동체의 파열사고를 방지한다.
  ② 연소실 후부 방향 또는 좌, 우측에 설치하며, 종류는 개방형(스윙형), 밀폐형(스프링식)이 있다.

5. 기타 장치

(1) 압력계
  보일러 내부의 압력을 측정하는 기구를 말하며, 압력계 연결관은 황동관(동관), 강관, 사이펀관을 사용한다.

> **+ 심화** **부르동관 압력계** ← 금속으로 만든 탄성관이 내부 압력변화에 따라 휘어짐으로 압력 지침을 표시한다.
> - 증기보일러의 부착시 사이펀관에 물을 채워 고온의 증기로부터 직접 접촉 보호를 받는다.
> - 눈금은 보일러의 최고사용압력의 1.5배 이상 최대 3배 이하의 것을 사용해야 한다.
> - 압력계 바깥 지름은 100mm 이상으로 해야 한다.

(2) 온도계
  ① 보일러 내 온도를 측정하여 운전상태를 관리하고 안전 운전을 확보하는 장치를 말한다.
  ② 설치검사 기준 설치장소는 다음과 같다.
    ㉠ 급수온도계(급수입구)
    ㉡ 급유온도계(버너입구)
    ㉢ 출구온도계(과열기 또는 절탄기)

(3) 분출장치
  ① 급수시 불순물 또는 처리약제에서 발생되는 고형물질 등 관내 농축으로 생긴 슬러지가 하부로 침전되거나 스케일로 부착될 경우 장해(효율저하, 캐리오버 등)를 발생시키므로 연속 또는 간헐적으로 제거작업이 필요하다.
  ② 종류는 다음과 같다.
    ㉠ 수면분출장치(연속블로우다운)
      • 보일러 상부 안전저수위 부위에 설치하며, 수면 위에 떠 있는 불순물(유지물, 기름 등)을 배출하여 사전에 프라이밍 및 포밍 발생을 방지한다.
      • 보일러 상부 정상수위보다 12.7mm 낮게 설치해야 한다.
    ㉡ 수저분출장치(단속블로우)
      • 보일러 하부(동체 하부)에서 발생된 불순물(침전물, 슬러지 등)을 밖으로 분출하여 관석 및 고착물의 발생을 방지한다.

> **+심화 분출장치**
>
> 1) 분출장치의 설치목적
>   • 보일러수의 농축 및 스케일 생성을 방지한다.
>   • 관수의 순환을 원활하게 하고 pH 조정으로 가성취화를 예방한다.
>   • 프라이밍이나 포밍 방지 및 고수위 운전을 예방한다.
> 2) 분출시기
>   • 1일 1회 보일러 점화 전 실시하여, 전날 침전된 슬러지를 제거한다.
>   • 프라이밍 및 포밍 현상 또는 고수위일 경우 실시한다.
>   • 관수 농축이 발생되었을 경우 분출하여 수질을 정상화한다.

(4) 수면계
  ① 보일러 드럼 내 수면의 높이를 시각적으로 측정하는 기구를 말한다.
  ② 유리관식 수면계는 2개 이상, 수면계 유리관 하부가 보일러 안전 저수위와 일치하게 설치해야 한다.
  ③ 보일러에 따라 수면계 최하단부의 부착 위치가 결정된다.

구분	수면계 최하단부의 부착위치
입형횡관보일러(직립횡관) 안전저수위	연소실천장판 최고부로부터 75mm 위
연관보일러(직립연관) 안전저수위	연소실 천장판 최고부 위 연관길이의 1/3 지점
노통보일러 안전저수위	통 최고부위 100mm 상방
노통연관보일러 안전저수위	연관의 최고부 위 75mm, 노통최고부 위 100mm

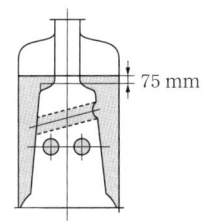
▲ 직립형 황관식보일러

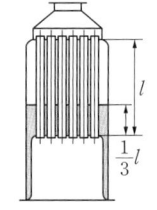
▲ 직립형 연관보일러

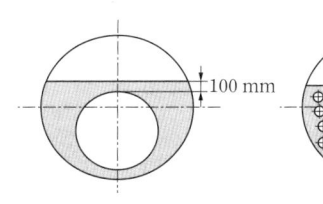
▲ 노통보일러

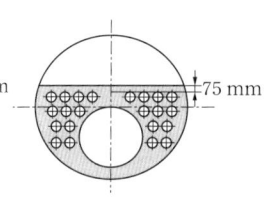
▲ 노통연관보일러

(5) 유량계

보일러의 급수장치 또는 연료(기름, 가스 등)의 사용량을 정확하게 측정하기 위해 설치하는 계측기를 말한다.

(6) 수트블로어

① 보일러 외부 배기가스와 접촉되는 전열면 외측, 수관부에 증기나 압축공기를 직접적으로 분사하여 보일러에 회분, 그을음 등 퇴적물을 청소하여 열전달을 막는다.

② 종류는 다음과 같다.
  ㉠ 로터리형(회전형): 분사 노즐이 회전하면서 넓은 면적에 증기나 압축공기를 분사하는 형태로, 주로 연도 등 고온부 전열면에 사용된다.
  ㉡ 예열기(에어히터) 클리너형: 공기예열기의 전열면에 쌓인 회분, 먼지, 그을음 등을 제거하는 클리너로 활용한다. ← 이외에도 쇼트 리트랙터블형, 롱 리트랙터블형, 건형 등이 있다.

+ 심화   열교환기

1) 개요

두 개 또는 그 이상의 유체를 가지고, 한 매체에서 다른 매체로 열을 전달하여 열을 교환할 수 있게 만든 장치를 말한다.

스파이럴식	• 두 개의 금속판을 나선형으로 감아 만든 통로를 따라 서로 다른 유체가 반대 방향으로 흐르면서 열을 교환하는 구조를 말한다. • 플랜지 이음방식으로 구조가 단순하여 내부 점검 및 수리가 용이하다.
유동두식	• 동체와 다수의 튜브로 구성된 열교환기로 열팽창 문제를 해결한다. • 제작비가 다소 증가하나, 흐름의 통과수를 결정할 수 있어 유체 유속을 합리적으로 설계하면 높은 효율을 얻을 수 있다.
플레이트식	• 얇은 금속판을 다층으로 적층하여 각 층 사이에 유체를 흐르게 하여 열을 교환하는 구조를 말한다. • 높은 열효율과 작은 공간에 적합하고 구조상 압력손실이 크며, 내압성이 작다.

2) 열교환기 효율향상 조건
  • 열 교환이 필요한 유체의 유속을 증가시킨다.
  • 열 교환시 열전도율이 높은 재료(구리, 알루미늄)를 활용한다.
  • 두 개의 유체의 온도차를 크게 만든다.
  • 전열면적을 크게 하여 열교환 용량을 증가시킨다.

3) **대수평균온도차(LMTD)**

대향류 열교환기에서의 대수평균온도차는 다음의 식을 통해 구한다.

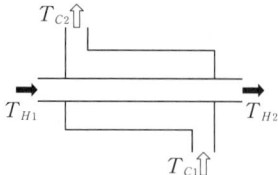

$$\Delta T_m = \frac{\Delta T_1 - \Delta T_2}{\ln\left(\frac{\Delta T_1}{\Delta T_2}\right)}$$

ΔT_m: 대수평균온도차, ΔT_1: 열교환기 입구에서의 온도차($T_{H_1} - T_{C_1}$)
ΔT_2: 열교환기 출구에서의 온도차($T_{H_2} - T_{C_2}$)

4 열용량 및 설계

1. 열사용기자재의 용량 및 증발량

(1) 보일러의 용량

① 보일러가 연속적인 부하가 걸린 상태에서 1시간 동안 발생하는 증발량(정격 증발량)으로 나타낸다.

② 보일러의 용량 산출 단위는 다음과 같다.
- ㉠ 시간당 최대발열량(kcal/h)
- ㉡ 상당 증발량(kg/h)
- ㉢ 최고 사용압력(kg/cm²)
- ㉣ 보일러 마력(B-HP)
- ㉤ 전열면적(m²)
- ㉥ 과열증기온도(℃)

(2) 보일러의 성능

① 실제증발량: 실제로 보일러에 공급되는 급수의 양에서 실제 증발한 양이다.

+기초 증발잠열
100℃ 액체(물)가 100℃ 기체(증기)로 상태변화를 일으킬 때 필요한 열량을 말한다.(물의 증발잠열: 539kcal/kg)

② 상당(환산)증발량: 1시간을 기준으로 표준 대기압 상태에서의 100℃의 포화수를 100℃의 건포화증기로 발생(증발)시킬 수 있는 양을 나타낸다.

$$G_e = \frac{G_a(h_2 - h_1)}{539}$$

G_e: 상당증발량(kg/h), G_a: 실제증발량(kg/h), h_1: 급수엔탈피(kcal/kg), h_2: 습포화증기 엔탈피(kcal/kg)

③ 보일러 마력: B-HP는 보일러의 마력을 측정하는 단위로, 100℃의 물을 1시간당 15.65kg의 상당(환산)증발량을 보유한 보일러의 출력을 1B-HP(1 보일러 마력)로 나타낸다.

$$보일러마력 = \frac{G_e}{15.65} = \frac{G_a(h_2 - h_1)}{539 \times 15.65}$$

G_e: 상당증발량(kg/h), G_a: 실제증발량(kg/h), h_1: 급수엔탈피(kcal/kg), h_2: 습포화증기 엔탈피(kcal/kg)

④ 보일러 부하율: 1시간 동안 연료의 연소 중 실제로 발생되는 증발량과 최대연속증발량의 비이다.

$$보일러 부하율 = \frac{G_a}{정격용량(최대연속증발량)} \times 100$$

G_a: 실제증발량(kg/h)

⑤ 증발계수: 상당증발량과 실제증발량의 비이다.

$$증발계수 = \frac{G_e}{G_a} = \frac{(h_2 - h_1)}{539}$$

G_e: 상당증발량(kg/h), G_a: 실제증발량(kg/h), h_1: 급수엔탈피(kcal/kg), h_2: 습포화증기 엔탈피(kcal/kg)

⑥ 증발배수: 실제증발량과 연료소비량의 비이다. ← 연소사용량은 전연료소비량/시험시간으로 구한다.

$$증발배수 = \frac{G_a}{G_f} = \frac{539}{G_f \times (h_2 - h_1)}$$

G_a: 실제증발량(kg/h), G_f: 연료소비량(kg/h), h_1: 급수엔탈피(kcal/kg), h_2: 습포화증기 엔탈피(kcal/kg)

⑦ 증발률(전열면 증발률): 1시간동안 보일러 전열면적 $1m^2$에 대한 실제증발량의 비이다.

$$증발률 = \frac{G_a}{A}$$

G_a: 실제증발량(kg/h), A: 전열면적(m^2)

⑧ 환산증발률(전열면 환산증발률): 1시간동안 보일러 전열면적 $1m^2$에 대한 상당증발량의 비이다.

$$환산증발률 = \frac{G_e}{A} = \frac{G_a(h_2-h_1)}{539 \times A}$$

G_e: 상당증발량(kg/h), G_a: 실제증발량(kg/h), A: 전열면적(m^2),
h_1: 급수엔탈피(kcal/kg), h_2: 습포화증기 엔탈피(kcal/kg)

⑨ 전열면 열부하($kcal/m^2 \cdot h$): 1시간동안 보일러 전열면적 $1m^2$에 대한 증기 발생에 반응한 열량의 비이다.

$$전열면 열부하 = \frac{G_a(h_2-h_1)}{A}$$

G_a: 실제증발량(kg/h), A: 전열면적(m^2), h_1: 급수엔탈피(kcal/kg), h_2: 습포화증기 엔탈피(kcal/kg)

⑩ 연소실 열부하($kcal/m^3 \cdot h$): 1시간동안 발생되는 열량과 연소실 체적의 비이다.

$$연소실열부하 = \frac{G_f(H_l+Q_1+Q_2)}{V}$$

G_f: 연료소비량(kg/h), H_l: 저위발열량(kcal/kg), Q_1: 연료의 현열(kcal/kg), Q_2: 공기의 현열(kcal/kg), V: 연소실 체적(m^3)

⑪ 보일러의 효율

$$\eta = \frac{G_a(h_2-h_1)}{G_f \times H_l} \times 100 = \frac{539 G_e}{G_f \times H_l} \times 100 = (연소효율 \times 전열효율) \times 100$$

η: 효율(%), G_e: 상당증발량(kg/h), G_f: 연료소비량(kg/h), G_a: 실제증발량(kg/h),
H_l: 저위발열량(kcal/kg), h_1: 급수엔탈피(kcal/kg), h_2: 습포화증기 엔탈피(kcal/kg)

2. 보일러 설계

(1) 개요

① 보일러 설치사항

㉠ 철(강)로 된 구조물(보일러 포함)은 바닥에 앵커 등으로 견고하게 고정하여 가동 중 움직임이 없어야 하며, 바닥과 접지(접지선)가 연결되어야 한다.

㉡ 습기, 증기 또는 빗물로 인한 부식이 발생되지 않도록 보호조치(방수, 코팅 등)를 해야 한다.

㉢ 안전장치를 설치하고 어떤 상황에서도 최고사용압력을 넘지 않도록 조치해야 한다.

② 보일러 옥내 설치 기준
　㉠ 보일러 동체 최상부로부터(보일러 검사 및 취급에 지장이 없도록 작업대를 설치한 경우 작업대로부터) 천장, 배관 등 보일러 상부에 있는 구조물까지의 거리는 1.2m 이상이어야 한다. 다만, 소형보일러 및 주철제 보일러의 경우에는 0.6m 이상으로 할 수 있다.

> **+기초 연소실의 체적을 결정할 때 고려사항**
> • 연소실의 열부하
> • 열발생률
> • 연료의 연소량

　㉡ 보일러 동체에서 벽, 배관, 기타 보일러 측부에 있는 구조물(검사 및 청소에 지장이 없는 것은 제외)까지 거리는 0.45m 이상이어야 한다. 다만, 소형보일러는 0.3m 이상으로 할 수 있다.
　㉢ 보일러 및 보일러에 부설된 금속제의 굴뚝 또는 연도의 외측으로부터 0.3m 이내에 있는 가연성 물체에 대하여는 금속 이외의 불연성 재료로 피복하여야 한다.
　㉣ 연료를 저장할 때에는 보일러 외측으로부터 2m 이상 거리를 두거나 방화격벽을 설치하여야 한다. 다만, 소형보일러의 경우에는 1m 이상 거리를 두거나 반격벽으로 할 수 있다.

③ 전열면적
　㉠ 수관식 보일러의 전열면적 공식

• 완전나관인 경우
$$A = \pi \times D \times L \times n$$

• 나관인 경우
$$A = \frac{\pi}{2} \times D \times L \times n$$

A: 전열면적(m^2), D: 수관의 외경(m)(=안지름+$2 \times t$(두께)), L: 수관의 길이(m), n: 수관의 개수

　㉡ 원통형 보일러의 전열면적 공식
　　• 코니쉬 보일러

$$A = \pi \times D \times L$$

A: 전열면적(m^2), D: 동체의 외경(m)(=안지름+$2 \times t$(두께)), L: 동체의 길이(m)

　　• 랭커셔 보일러

$$A = 4 \times D \times L$$

A: 전열면적(m^2), D: 동체의 외경(m)(=안지름+$2 \times t$(두께)), L: 동체의 길이(m)

　　• 횡연관 보일러

$$A = \pi \times L \times \left(\frac{D}{2} + d \cdot n\right) + D^2$$

A: 전열면적(m^2), D: 동체의 외경(m)(=안지름+$2 \times t$(두께)), L: 동체의 길이(m), n: 연관의 개수, d: 연관의 내경(m)

(2) 연관보일러
① 연관보일러 관판의 최소두께
㉠ 일반적인 관판의 최소두께

관판의 바깥지름(mm)	최소두께(mm)
1,350mm 이하	10
1,350mm 초과 1,850mm 이하	12
1,850mm 초과	14

㉡ 연관의 바깥지름이 38~102mm인 경우는 다음의 식을 따른다.

$$t=5+\left(\frac{d}{10}\right)$$

t: 두께(mm), d: 관 구멍의 지름(mm)

② 연관보일러 연관의 최소 피치

$$P=\left(1+\frac{4.5}{t}\right)\times d$$

P: 최소피치(mm), t: 두께(mm), d: 관 구멍의 지름(mm)

(3) 화실 및 노통
① 노통과 연관의 틈새
㉠ 노통연관 보일러의 노통 바깥면과 가장 가까운 연관의 면과는 50mm 이상의 틈을 두어야 한다.
㉡ 노통에 파형 또는 보강링 등의 돌기를 설치하는 경우에는 돌기의 바깥면과 이것에 가장 가까운 연관의 틈새는 30mm 이상으로 하여도 지장이 없다.
② 파형 노통의 최소 두께

$$P\times D=C\times t$$

P: 최고사용압력(MPa), D: 노통의 평균지름(mm), C: 설계정수, t: 노통의 최소두께(mm)

+ 심화 파형노통 종류별 피치 및 골의 깊이

종류	피치(mm)	골의 깊이(mm)
모리슨형	200mm 이하	32mm 이상
폭스형	200mm 이하	38mm 이상
데이톤형	200mm 이하	38mm 이상
리즈포지형	200mm 이하	57mm 이상
파브스형	230mm 이하	35mm 이상
브라운형	230mm 이하	41mm 이상

③ 용융강제보일러 경판의 최소 두께

$$t = \frac{PR}{1.5\sigma_a \eta} + A$$

t: 최소 두께(mm), P: 최고 사용압력(kg/cm²), R: 접시모양 경판의 중앙부에서의 내면 반지름(mm), σ_a: 재료의 허용 인장응력(kg/mm²), η: 이음효율(%), A: 부식 여유(mm)

(4) 관 및 동체
① 관스테이 최소 단면적 계산

$$S = 2(A - \alpha)P$$

S: 관스테이 최소 단면적(cm²), A: 관(1개)스테이지 지지면적(cm²), α: 관 구멍의 합계 면적(cm²), P: 최고사용압력(MPa)

② 핀이음에 따른 길이 스테이 부착
  ㉠ 스테이(길이, 경사) 핀 이음으로 부착시 핀이 2곳에서 전달력을 받아야 한다.
  ㉡ 핀의 단면적은 스테이 소요 단면적의 3/4 이상으로 한다.
  ㉢ 스테이 휠 부분의 단면적은 1.25배 이상으로 한다.

+심화 **가셋스테이(Gusset Stay)**
보일러나 압력용기의 지지구조물로 구조적 강도를 보강하는 역할을 한다.

③ 동체의 최소 두께

육용 강재 보일러의 안지름	동체의 최소 두께
900mm 이하	6mm (단, 스테이 부착시 8mm)
900mm 초과 1,350mm 이하	8mm
1,350mm 초과 1,850mm 이하	10mm
1,850mm 초과	12mm

④ 동체의 두께
  ㉠ 외경 기준

$$t = \frac{P \times D}{200\sigma\eta - 2kP} + \alpha$$

t: 최소 두께(mm), P: 최고사용압력(MPa), D: 동체의 외경(mm), η: 이음효율, σ: 허용응력(N/mm²), k: 동체의 증기 온도에 대응하는 상수, α: 부식여유

  ㉡ 내경 기준

$$t = \frac{P \times D}{200\sigma\eta - 2P(1-k)} + \alpha$$

t: 최소 두께(mm), P: 최고사용압력(MPa), D: 동체의 내경(mm), η: 이음효율, σ: 허용응력(N/mm²), k: 동체의 증기 온도에 대응하는 상수, α: 부식여유

> **+ 심화** 압력용기
>
> 1) **압력용기의 옥내 설치 기준**
>   - 인접한 압력용기와의 거리는 최소 0.3m 이상이어야 한다. 단, 2개 이상의 압력용기가 한 장치를 이룬 경우에는 예외로 한다.
>   - 유독성 물질을 취급하는 압력용기는 2개 이상의 출입구 및 환기장치가 있어야 한다.
> 2) **최소두께**
>   보일러와 압력용기 등 계산시 사용되는 부식 마모에 대한 여유를 포함한 두께를 말한다.
> 3) **압력용기의 설치상태**
>   압력용기의 본체는 바닥보다 100mm 이상 높게 설치되어야 한다.
> 4) **압력용기 제조 검사기준**
>   시험수압시험은 규정된 압력의 6% 이상 초과하지 않도록 조치한다.

(5) 보일러 동체의 설계

① 응력: 재료의 단위 면적당 작용하는 힘(하중)으로 외부의 힘을 저항하기 위해 발생하는 힘이다.

$$\sigma = \frac{F}{A}$$

σ: 응력(kg/cm²), F: 무게(kg), A: 단면적(cm²)

- 원주방향 인장응력

$$\sigma = \frac{PD}{2t}$$

- 길이방향 또는 축방향 인장응력

$$\sigma = \frac{PD}{4t}$$

σ: 인장응력(kg/cm²), P: 최고사용압력(MPa), D: 동체의 내경(mm), t: 동체의 두께(mm)

② 압축응력: 어느 한 물체에 작용하는 외력(압력)이 물체를 누르는 방향으로 작용할 때, 그에 저항하여 물체 내부에 발생하는 저항력으로 재료 압축시 구조 안정성을 평가하는데 사용한다.

③ 압축강도: 어느 한 물체가 외력(압력)을 받을 때 파괴되지 않고 견딜 수 있는 최대 응력 값을 말한다.

  ㉠ 원통형 동체의 최소두께 및 최고사용압력 공식은 다음과 같다.

$$P \times D = 200 \times \sigma \times (t - \alpha) \times \eta$$

P: 최고사용압력(MPa), D: 동체의 내경(mm), σ: 허용응력(N/mm²) $\left(= \dfrac{\text{인장강도}}{\text{안전계수}}\right)$,
t: 동체의 최소 두께(mm), η: 이음효율, α: 부식여유

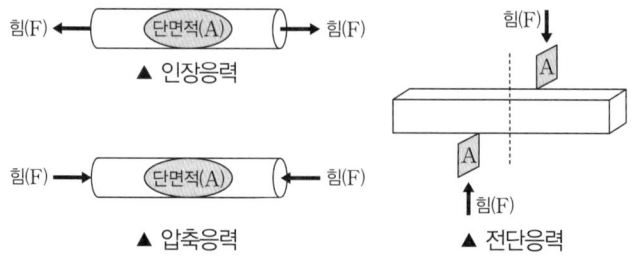

▲ 인장응력

▲ 압축응력

▲ 전단응력

④ 완충폭(브레이징 스페이스)
  ㉠ 완충 구역이라고도 하며 온도차에 따른 신축작용에 의해 응력 발생시 경판의 손상을 방지하고 탄성 흡수 작용을 한다.
  ㉡ 경판과의 부착부(가셋 스테이) 하단과 노통 상부 사이의 거리(여유공간)를 말한다.
  ㉢ 최소한 230mm의 경판 두께를 유지해야한다.
  ㉣ 노통보일러의 설계 압력에 따른 완충폭은 다음 표와 같다.

경판의 두께	완충 폭
13mm 이하	230mm 이상
15mm 이하	260mm 이상
17mm 이하	280mm 이상
19mm 이하	300mm 이상
19mm 초과	320mm 이상

3. 관 및 용접의 설계

(1) 배관의 설계 및 기준

① 배관은 플랜트 설비에 유체(액체·기체)를 운송하는 관으로, 온도, 압력, 외기의 영향 등을 고려해야 한다.

② 증기배관 관경 산정시 고려사항: 배관 재질 가격, 열손실, 압력손실, 유속 등

③ 배관의 외경을 구하는 식은 다음과 같다.

- 일반적인 경우
$$D = 2\pi r$$

- 외경의 두께를 포함하는 경우
$$D = r + (2 \times t)$$

D: 외경(mm), r: 내경(mm), t: 관의 두께(mm)

④ 배관 이음부와 전기설비 설치 기준
  ㉠ 전기계량기 및 전기개폐기는 60cm 이상 배관이음부(용접 제외)와 떨어져 설치하여야 한다.
  ㉡ 전기점멸기 및 전기접속기는 30cm 이상 배관이음부(용접 제외)와 떨어져 설치하여야 한다.
  ㉢ 절연되지 않은 전선 15cm 이상, 절연된 전선 10cm 이상 배관이음부(용접 제외)와 떨어져 설치하여야 한다.

> **+ 심화** 다르시-바이스바흐 방정식
>
> $$\Delta P = \frac{f \times L \times \rho \times v^2}{2D}$$
>
> ΔP: 압력손실(Pa), f: 마찰계수, L: 관의 길이(m), ρ: 유체의 밀도(kg/m³), v: 유속(m/s), D: 관의 내경(m)
>
> - 압력손실은 마찰계수(f), 관의 길이(L)에 비례한다.
> - 압력손실은 유속(v)의 제곱에 비례한다.
> - 압력손실은 관의 지름(내경, D)에 반비례한다.

(2) 파이프의 설계
① 파이프의 내경

$$Q = A \times V = \left(\frac{\pi \times D^2}{4}\right) \times V$$

Q: 유량(m^3/s), A: 면적(m^2), V: 유속(m/s), D: 파이프의 내경(m)

② 열저항
㉠ 강관의 열저항을 구하는 공식은 다음과 같다.

$$R_p = \frac{\ln\left(\frac{R_o}{R_i}\right)}{2\pi \times k \times L}$$

L: 강관의 길이(m), R_i: 강관의 내경(m), R_o: 강관의 외경(m), k: 열전도율 (kcal/m·℃)

㉡ 단열재의 열저항을 구하는 공식은 다음과 같다.

$$R_e = \frac{\ln\left(\frac{e_o}{R_o}\right)}{2\pi \times k \times L}$$

L: 단열재의 길이(m), R_o: 강관의 외경(m, 단열재의 내경), e_o: 단열재의 외경(m), k: 열전도율 (kcal/m·℃)

(3) 용접
① 접합하고자 하는 2개 이상 금속 모재의 접합면 부위를 열과 압력을 가하여 재료를 용융 또는 반용융 상태로 만들어 서로 일체화되도록 결합하는 접합 기술을 말한다.
② 용접법의 분류
  ㉠ 용접은 크게 융접, 압접, 납땜으로 분류한다.
    • 융접: 모재를 융해시켜 결합시키는 용접법으로 피복아크 용접, 스터드 용접, 서브머지드 아크 용접, 일렉트로 슬래그 용접이 해당한다.
    • 압접: 모재를 소성변형시켜 접합시키는 용접법으로 저항용접, 마찰용접 등이 해당한다.
    • 납땜: 모재는 녹이지 않고 용가재만 녹여서 접합시키는 용접방법으로 솔더링과 브레이징 등이 해당한다.
③ 접합의 분류
  ㉠ 야금적 접합
    • 두 재료를 가열 또는 압력을 가하여 결합을 위해 용융, 반용융하여 원자간 일체화 결합을 한다.
    • 방식: 융접, 압접, 납땜 등
  ㉡ 기계적 접합
    • 별도 가공 또는 부품을 이용하여 물리적으로 결합한다.
    • 방식: 리벳이음, 볼트 이음, 접어잇기 등

④ 용접의 종류는 다음과 같다.
   ㉠ 피복 아크용접(SMAW): 스틱으로 된 피복 용접봉을 사용하여 용접봉의 심선과 모재 사이에서 발생하는 아크 열로 심선과 모재를 함께 녹여 접합하는 용극식 아크용접 방법이다.
   ㉡ 가스텅스텐 아크용접(GTAW(TIG)): 비소모성 텅스텐 전극과 아르곤(Ar), 헬륨(He) 등의 불활성 가스를 사용하여 아크를 발생시키고, 필요에 따라 용가재를 추가하여 용접하는 방식이다.
   ㉢ 가스금속 아크용접(GMAW/MIG/MAG): 소모성 와이어 전극을 연속적으로 공급하면서 아크를 발생시키고, 보호 가스를 사용하여 용접하는 방식으로 반자동 용접이라고도 하며, 용접 건을 통해 와이어가 송출되어 용접이 진행된다.
      • 플럭스코어드 아크용접(FCAW): 플럭스가 채워진 관형 와이어 전극을 사용하여 아크를 발생시키고, 필요에 따라 보호 가스를 추가하여 용접하는 방식이다.
   ㉣ 서브머지드 아크용접(SAW): 용접 부위를 플럭스 가루로 덮은 상태에서 아크를 발생시켜 용접하는 자동 또는 반자동 용접 방식이다.
   ㉤ 테르밋 용접(TW): 알루미늄과 산화철 분말을 1:3 비율로 혼합하여 생기는 테르밋 반응(산화환원반응)에 의해 생기는 강한 열로 용접하는 방법이다.
⑤ 용접부 부분 방사선 투과시험(RT)에서 방사선 검사길이의 계산은 300mm 단위이다.
   (단, 300mm 미만은 300mm로 한다.)

> **+ 심화 용접봉 피복제**
> • 용착금속에 필요한 원소를 첨가하고 탈산과 정련작용을 한다.
> • 아크를 안정시키고 스패터의 발생을 적게 하며, 강도를 증가시킨다.
> • 용융점이 낮은 슬래그를 생성하고 용착금속의 급랭을 방지한다.

(4) 용접이음 및 맞대기 용접이음 ← 종류로는 맞대기 용접, 필렛 용접, 플러그 용접 등이 있다.
   ① 강판의 두께와 상관없이 이을 수 있으며, 접합기술 중 이음효율이 가장 우수하다.
   ② 용접시 재료가 절약되며, 재료의 두께 제한 없이 작업이 가능하다.
   ③ 설계, 시공이 부적합할 경우 재질의 변형에 따른 수축, 잔류응력 등이 발생한다.
   ④ 국부적인 응력집중에 민감하여 크랙이 발생한다.
   ⑤ 접합하려는 강판의 두께에 따라 그루브의 형상을 만들어야 한다.

강판의 두께	그루브의 형상
6mm 이상 16mm 이하	V, R, J형
12mm 이상 38mm 이하	X, K, 양면 J, 양면 U형
19mm 이상	H형

⑥ 맞대기 용접이음의 인장응력 구하는 공식은 다음과 같다.

$$\sigma = \frac{W}{h \times l}$$

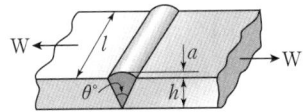

σ: 인장응력(kg/cm²), W: 인장하중(kg), h: 모재의 두께(cm), l: 용접부의 길이(cm)

(5) 리벳이음 ← 리벳이음은 기계적 접합의 한 형태로 결합용 기계요소이다.

① 리벳의 개수를 구하는 공식은 다음과 같다.

$$n = \frac{F}{F_r}$$

n: 리벳의 개수, F: 인장하중(N), F_r: 리벳의 전단하중($=\tau \times A$), τ: 리벳의 전단응력(N/mm²), A: 단면적(m²)

② 강판의 효율 공식은 다음과 같다.

$$\eta = 1 - \frac{d}{P}$$

η: 효율(%), d: 리벳의 직경(mm), P: 리벳의 피치(mm)

③ 강판에 생기는 인장응력 공식은 다음과 같다.

$$\sigma = \frac{W}{(P-d)t}$$

σ: 인장응력(kg/cm²), d: 리벳의 직경(mm), P: 리벳의 피치(mm), t: 두께(mm)

5 열의 흐름

1. 열전달

(1) 개요

① 열전달 이론: 열역학 제0법칙에 따르면 온도가 다른 두 물체를 접촉하면 동일한 온도를 가진다. 고온의 물체에서 저온의 물체로 열이 이동하여 결국 두 물체의 온도가 같아지는 열평형을 이루는 열역학 제2법칙의 상태가 된다. 이러한 과정에서 열은 물체의 단면을 따라 통과하게 되므로, 최종적으로 양쪽 물체의 온도가 같아지는 열평형 상태에 도달하게 된다.

② 열전달의 구성

전도	고체 내부에서 자유전자의 진동과 운동에서 나타나는 열전달 현상으로, 물체에 접촉된 상태에서 열이 전달되는 방식을 말한다. ⑩ 뜨거운 물체에 쇠막대를 접촉시켜 놓으면, 열이 쇠막대 내부를 따라 점차 가열되어 막대 전체가 점점 뜨거워지는 현상
대류	액체나 기체와 같은 유체성 물질에서 열이 전달되는 현상으로 열을 받은 유체 자체가 직접 이동하여 열을 전달하는 방식을 말한다. ⑩ 물을 끓일 때 아래쪽에서 열을 받은 물이 먼저 가열되어 위로 상승하고 상부의 차가운 물이 하강하여 냄비 전체의 물이 고르게 뜨거워지는 현상
복사	별도의 매개물질이 없이도 열이 직접적으로 전달되는 방식으로 진공에서도 열전달이 가능하다.(전도, 대류, 복사 중 전달 속도가 가장 우수하다.) ⑩ 태양으로부터 방출되는 열이 진공 상태인 우주를 통과하여 지구에 도달하여 빛을 전달하는 현상

③ 열전달과 관련된 무차원수
  ㉠ Nusselt 수

$$N = \frac{UL}{k}$$

  U: 열관류율(W/m² · ℃), L: 길이(m), k: 열전도율(W/m · K)

  ㉡ 레이놀즈 수

$$Re = \frac{\rho v L}{\mu} = \frac{vL}{\nu}$$

  ρ: 밀도(kg/m³), v: 유체속도(m/s), L: 길이(m), μ: 동점도(kg/m · s), ν: 운동점도(m²/s)

  ㉢ Prandtl 수

$$Pr = \frac{c_p \mu}{k} = \frac{\nu}{\alpha}$$

  c_p: 정압비열(kJ/kg · K), v: 동점도(kg/m · s), k: 열전도율(W/m · K), μ: 운동점도(m²/s), ν: 열확산율(m²/s)

  ㉣ Stanton 수

$$St = \frac{U}{\rho c_p v} = \frac{Nu}{Re \cdot Pr}$$

  U: 열전달계수(W/m² · K), ρ: 밀도(kg/m³), c_p: 정압비열(kJ/kg · K), v: 유체속도(m/s)

(2) 열의 흐름
  ① 열전도율(Thermal Conductivity)
    ㉠ 물질이 열을 전도하는 능력을 말하며, 1m² 단위 면적과 1m 단위 두께를 가진 물질의 양면 온도 차가 1℃일 때, 1초 동안 전달된 열량(열유속)을 말한다.
    ㉡ 열전도율이 클수록 열전달이 원활하며, 작아지면 열 차단 능력이 우수해진다.
    ㉢ 열전도율 (배관 단열, 단열재 계산 등)

$$\lambda = \frac{t}{R}$$

      λ: 열전도율(W/m · K), t: 두께(m), R: 열저항(m² · K/W)

    ㉣ 푸리에의 열전도 법칙

$$q = -k \frac{dT}{dx}$$

      ρ: 열유속(W/m²), λ: 열전도율(W/m · K), T: 온도(K), x: 두께(m), R: 열저항(m² · K/W)

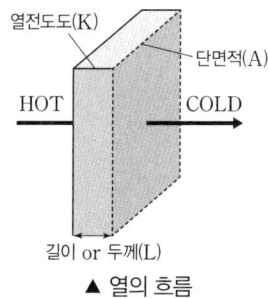

▲ 열의 흐름

② 열저항(Thermal Resistance)
  ㉠ 물질이 열의 이동 또는 전달을 방해하는 특성을 수치화한 값을 말하며, 열의 흐름에 대한 저항 정도를 나타낸다.
  ㉡ 다층 열저항 공식은 다음과 같다.

$$R = a + \frac{t_1}{\lambda_1} + \frac{t_2}{\lambda_2} + \cdots + \frac{t_n}{\lambda_n}$$

R: 열저항($m^2 \cdot K/W$), a: 표면 열전달저항($m^2 \cdot K/W$), t: 재료의 두께(m), λ: 재료의 열전달률($W/m \cdot K$)

  ㉢ 표면열전달저항은 공기 중 열교환과정에서 발생하는 저항을 나타내며, 대류열 저항과 복사열 저항을 합한 값이다.

③ 열관류율(=열전달률(Thermal transmittance))
  ㉠ 건물의 벽, 창문, 지붕 등의 매체의 요소를 통해 측정값을 단위시간(1시간 또는 1초)동안 단위면적당 전달되는 열의 양을 수치적으로 나타낸다.
  ㉡ 재료의 열전달 능력이 높을수록 열은 쉽게 통과하며, 열관류율이 증가하고 단열 성능은 감소한다.
  ㉢ 매체의 두께가 두꺼울수록 그 요소가 가진 자체적인 열저항(R)이 커지며, 열관류율은 감소한다. 또한, 단열효과가 증가하므로 효율적인 단열설계를 위해서는 적절한 두께와 열 저항이 큰 재료를 사용해야 한다.

$$K = \frac{1}{R} = \frac{1}{\frac{1}{\alpha_1} + \frac{b}{\lambda} + \frac{1}{\alpha_2}}$$

k: 열관류율($W/m^2 \cdot ℃$), R: 열저항($m^2 \cdot K/W$), α_1, α_2: 실내, 실외열전달저항($m^2 \cdot K/W$), b: 두께(m), λ: 재료의 열전달률($W/m \cdot K$)

④ 열전달량(전열량)
  ㉠ 온도차에 의해 물체 간 또는 물체 내부에서 시간동안 전달된 총 열 에너지를 의미한다.
  ㉡ 열은 세 가지 방식(전도, 대류, 복사)을 통해 이동하며, 열전달량은 전달된 총 에너지를 의미한다. 단위는 줄(J), kcal, 또는 kJ 등으로 표현된다.
  ㉢ 열전달량은 시간(t)동안 전달된 열전달률의 총합을 말한다.

$$Q = K \times t$$

Q: 열전달량(kcal), K: 열관류율(J/s), t: 시간(s,h)

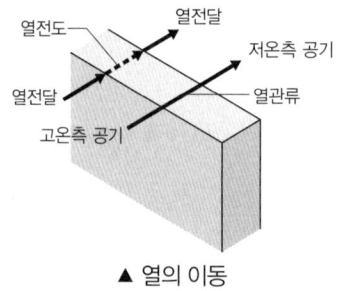

▲ 열의 이동

> **+ 심화 열교환기의 전열량**
>
> 1) 개요
>   온도가 서로 다른 두 물질의 효율적으로 열을 전달하여 고온의 물체에서 저온의 물체로 이동하도록 설계된 장치이다.
>   - 병류식(병행류식): 고온의 물체와 저온의 물체의 흐름방향이 같은 방향으로 흐른다. ← 초기 열교환량은 크나, 유체 온도차가 빠르게 줄어 전열면 전체를 활용하기 어렵고 효율이 낮다.
>   - 역류식(향류식): 고온의 물체와 저온의 물체의 흐름이 서로 반대방향이며, 일반적으로 향류식을 사용한다. ← 전열면 전체에서 비교적 일정한 온도차를 유지하여 전열효율이 높고 동일한 조건에서 병류식보다 높은 열전달량 확보가 가능하여 일반적으로 향류식이 많이 사용된다.
>
> 2) 열교환기의 전열량 공식
>
> $$Q = K \cdot A \cdot \Delta T_m$$
>
> Q: 열량(kcal/h), K: 열관류율(kcal/m² · hr · ℃), A: 전열면적(m²), ΔT_m: 대수평균온도차(℃)

2. 열정산

(1) 개요

① 열정산의 목적
  ㉠ 열사용 기자재 관리규칙에 의거한 정보와 열 관련 정보 등을 얻을 수 있다.
  ㉡ 열의 이동 경로 및 열 효율을 알 수 있다.
  ㉢ 성능 진단, 구조 검사 등의 개선 방법을 파악할 수 있다.
  ㉣ 열의 손실을 파악하여 조업 방법 및 에너지 절감을 개선할 수 있다.

② 보일러 열정산의 기준
  ㉠ 열정산 시험 전에 보일러의 각 부분(보일러 본체, 버너, 계측기, 급수장치 등)의 작동여부를 점검하여야 한다.
  ㉡ 최대 출력(출열량)을 시험할 경우에는 반드시 보일러의 정격부하상태에서 시험한다.
  ㉢ 시험을 진행할 때 증기의 건도는 98% 이상을 원칙으로 한다. ← 건도가 낮으면 오류가 발생한다.
  ㉣ 설비의 정격부하 이상에서 2시간 이상의 정상상태 운전의 결과를 원칙으로 한다.
  ㉤ 성능검사에 있어 측정 주기는 10분에 1회 실시하는 것을 원칙으로 한다.
  ㉥ 발열량의 계산은 사용에 따른 연료의 총발열량(고위발열량)을 기준으로 한다.

> **+ 기초 입열과 출열항목**
>
> 1) 입열항목
>   배기가스 보유열량(증기보유열량, 발생증기열), 불완전연소의 손실열, 미연부에 의한 손실열 등
> 2) 출열항목
>   연료의 발열량(연소열), 연료의 현열, 연소 공기의 현열, 급수의 현열, 공급 공기(증기, 온수)의 현열 등

(2) 손실열
  ① 에너지의 전달 및 변환과정에서 목적을 달성하지 못하고 외부로 열이 유출 혹은 소비되는 것을 말한다.
    ㉠ 보일러: 미연소로 발생하는 열량 및 배기가스와 함께 배출되는 열 등을 말한다.
    ㉡ 신체: 체온 조절 과정에서 복사, 전도, 대류, 증발 등으로 열이 유출된다.
    ㉢ 주택: 외벽, 창호 등 단열 취약 부위에서 난방열 등이 외부로 유출된다.
    ㉣ 전기: 전류가 흐르는 도전체의 전선의 저항성분에서 열손실이 발생한다.

② 보일러의 손실열의 종류
㉠ 방열손실: 보일러가 정지 또는 운전 상태에서 방열되는 손실을 말한다.
㉡ 통풍손실: 보일러가 정지 후, 연소실 내에 남아 있는 열이 자연통풍(자연기류)에 의해 연도로 방출되는 손실을 말한다.
㉢ 과잉공기 연소손실: ON-OFF의 반복 등 연소과정에서 이론공기량보다 많은 과잉 공기가 공급되어 연료와 반응하지 않은 공기가 배기가스의 온도를 상승시킬 때 불필요한 열이 배기가스를 통해 배출되어 발생하는 손실을 말한다.

(3) 열효율
① 내연기관, 증기터빈, 증기기관, 보일러, 요로 등 열에너지를 사용하는 기기에서 사용된 총에너지 중 실제 유효에너지로 전환된 비를 말한다.
② 향류형은 열교환시 고온유체와 저온유체가 반대로 흘러 전체 열교환 면적에서 높은 평균 온도차를 유지할 수 있으므로 온도효율이 가장 높다.
③ 직교류형은 두 유체가 직각의 방향으로 교차하며 흘러 온도 효율은 중간이다.
④ 병류형은 두 유체가 같은 방향으로 흘러 평균온도차가 작아져 온도 효율이 낮다.
⑤ 열효율의 공식은 다음과 같다.

$$\eta = \frac{W}{Q_1} = \frac{Q_1 - Q_2}{Q_1}$$

W: 일(kcal), Q_1: 고온체의 열량(kcal), Q_2: 저온체의 열량(kcal),

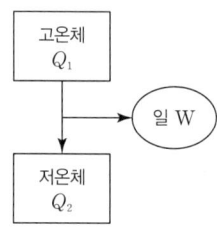

6 급수 및 안전관리

1. 급수의 성질

(1) 수질의 개요
① 수질의 단위
㉠ ppm: 물 1L 중 함유한 시료의 양을 mg으로 백만분율을 의미한다.
㉡ epm: 당량농도라 하고 용액 1kg(L) 중에 용존되어 있는 물질의 meq/kg당량수를 의미한다.
② 수질의 용어
㉠ 농도: 물의 구성 성분의 양의 정도를 백만분율인 ppm을 활용하여 mg/L 단위로 나타낸다.
㉡ 탁도: 증류수 1L 속에 정제카올린 1mg을 함유하고 있는 색과 동일한 색의 물은 탁도 1도의 물로 나타낸다.
㉢ 경도: 보일러 급수에 함유된 칼슘 및 마그네슘 이온 농도의 척도로 ppm 단위로 나타낸다.
㉣ BOD: 보일러 수에 녹아 있는 유기물이 분해되며 소비하는 산소량을 나타낸다.
㉤ pH: 보일러 수에 함유된 수소이온농도에 따라 산성도, 알칼리도를 나타낸다.

(2) 불순물
① 불순물의 종류
㉠ 용존가스: 보일러 부식의 원인으로 대기중에 존재하는 기체성분과 유사한 물질을 말하며, 산소, 탄산가스, 아르곤 등이 있다.

ⓒ 염류: 슬러지 생성 및 부식의 원인이며 소금의 수용성 무기 이온류 물질로, 칼슘, 마그네슘 등이 있다.
- 중탄산 칼슘: 슬러지 성분은 낮은 온도에서 형성하며, 보일러 내부 침전물로 장애가 발생한다.
- 중탄산 마그네슘: 열분해가 발생할 경우 보일러 내부에 슬러지(탄산마그네슘, 수산화마그네슘)로 형성되어 장애가 발생한다.
- 그 외 염류: 황산마그네슘, 염화칼슘, 염화마그네슘 등이 있다.

ⓒ 고형 협착물: 보일러 수에서 또는 급수과정에서 생기는 고형물로 흙탕, 유지분 등이 있고 스케일 형성 및 밸브 막힘 등의 문제가 발생한다.

② 실리카(이산화규소): 보일러 수에 포함된 규소의 산화물로 고온에서 물이 증발함과 동시에 스케일이 형성되고 열효율 저하를 가져온다.

② 불순물에 의한 장애 발생 원인

㉠ 스케일: 관석이라고 하며, 보일러 수에 용해된 다양한 불순물(칼슘염, 규산염, 마그네슘염 등)이 농축되어 고형물의 형태로 보일러 관 내벽에 단단히 부착되는 물질을 말한다.

㉡ 슬러지: 불순물이 관에 붙지 않고 보일러 수와 함께 드럼(동), 분배되는 해더 등 부분에서 아래로 내려가 침전물 형태로 되어 보일러 순환을 고르지 못하게 방해하는 것을 말한다.

㉢ 부유물: 보일러 수 중에 함유되어 비등과 함께 포밍 또는 수면으로 심하게 솟는 캐리오버 현상을 발생시킬 수 있는 불용성 물질 또는 불용성 현탁물을 말한다.

㉣ 용존산소: 용존산소가 높을 때는 금속 산화 반응을 유도하여, 일반부식 또는 전면부식이 보일러 관의 수명을 단축시킨다.

㉤ 용존 탄산가스: 물과 반응하여 탄산을 형성하고, 이로 인해 수소 이온 농도가 증가되면 보일러 관내에 반점 모양의 구멍을 형성하는 점식부식을 발생시킨다.

㉥ 철(철분): 배관 또는 부식된 금속 표면에서 용출되는 보일러 수가 산화되어 적갈색 녹물 발생으로 스케일과 슬러지가 생산되어 보일러 수의 순환 및 열교환 장애를 발생시킨다.

+ 기초 **스케일(Scale)**

1) 스케일의 종류
   - 경질 스케일: 황산칼슘($CaSO_4$), 규산칼슘($CaSiO_3$), 염화칼슘($CaCl_2$) 등
   - 연질 스케일: 탄산칼슘($Ca(HCO_3)_2$), 탄산마그네슘($Mg(HCO_3)_2$), 철(Ⅱ)중탄산염($Fe(HCO_3)_2$) 등

2) 스케일의 영향
   - 국부과열로 인한 전열면 파열사고가 발생할 수 있다.
   - 연료소비가 많아지며, 배기가스의 온도가 높아진다. ← 열전달 저해로 연소효율 저하를 유도한다.
   - 주성분은 규산칼슘과 황산칼슘으로 보일러수의 순환을 방해하여 연락관 막힘현상으로 이어진다.
   - 보일러 수의 원활한 순환이 되지 않아 열전도율과 열효율이 저하된다.

3) 스케일 두께에 따른 연료손실

스케일 두께	0.5mm	1mm	2mm	3mm	4mm	5mm	6mm
연료손실	1.2%	2.2%	4%	4.7%	6.3%	6.8%	8.2%

③ 불순물에 의한 장애 발생 현상
  ㉠ 프라이밍(비수): 보일러 부하의 급변으로 수위가 급상승하여 수면에서 작은 입자의 물방울이 증기와 함께 심하게 솟아 오르거나 요동치는 현상이다. ← 수면의 요동으로 수위확인이 어렵고 수격작용이 발생되어 계기류의 기능을 방해한다.
  ㉡ 포밍(Foaming): 부유물(유지분, 유지물 등)에 의하여 보일러 수의 비등과 함께 수면부에 기포가 발생하는 현상을 말한다.
  ㉢ 캐리오버(Carryover): 보일러 수에 함유된 고형물(용해 고형물, 현탁 고형물)이 증기와 함께 혼합된 상태로 보일러 밖으로 나가는 현상을 말한다. ← 캐리오버된 불순물은 설비 손상이나 열효율 저하를 유발한다.
  ㉣ 수지산화: 이온교환수지가 고온, 산소 등의 외부 요인에 의해 화학적으로 산화되거나 구조적으로 열화되는 현상을 말하며, 이로 인해 이온교환 능력이 저하되고 수지의 물리적 손상이 발생할 수 있다.

> **+ 심화 각 현상의 방지대책**
>
> 1) 프라이밍 및 포밍 방지대책
>   - 안전밸브를 개방하면 급격한 압력 강하로 인해 프라이밍 포밍 현상이 더 심해질 수 있다.
>   - 연소량과 공기량을 서서히 줄이면서 차단한다. ← 급격한 연소 차단은 증기 부하 변동으로 수면교란을 발생시킨다.
>   - 보일러 수의 일부를 분출시키고 새로운 보일러 수를 넣어 불순물 농도를 낮춘다.
>   - 계기류 및 안전밸브 등 점검한다.
> 2) 캐리오버 방지대책
>   - 주증기 밸브를 급격하게 열지 않고 서서히 연다.
>   - 관수(보일러수)의 농축을 방지하기 위해 정기적인 블로우 다운을 실시한다.
>   - 과부하 및 고수위 운전을 하지 않는다.
>   - 비수방지관을 설치하여, 습증기 제거 및 수격작용 예방이 된다.
>   - 압력을 일정한 규정압력으로 유지한다.

2. 급수처리

(1) 급수처리 방법 ← 보일러에 공급되는 물을 급수라고 하며, 급수 내 불순물, 산소, 경도 성분, 슬러지 형성물 등을 제거 및 열효율 저하를 방지해야 한다.

① 급수 외처리 방법
  ㉠ 탈기법: 가열 탈기장치, 진공 탈기장치, 막식 탈기장치 등을 이용하여 급수 속 이산화탄소와 용존산소를 분리 제거한다.
  ㉡ 기폭법: 급수를 기계적으로 분사 및 폭기시켜, 용존가스(탄산가스, 황화수소, 암모니아 등)에 공기를 흡입시키거나 물을 내려 제거한다. ← 헨리의 법칙을 기반으로 한다.
  ㉢ 침전법: 현탁질 고형물(물에 용해되지 않는 물질)을 약품으로 제거하는 방법으로 고형물을 바닥에 응집, 침전시켜 분리하여 제거한다.
  ㉣ 증류법: 증발기를 사용하여 물을 증발시킨 뒤 다시 응축하는 증류방식으로 고순도 급수가 요구되는 특수한 상황에 사용된다. ← 에너지 소모가 커서 경제성이 낮다.

② 보일러 용수 급수처리 방법
  ㉠ 화학적(용해고형물) 처리: 석회소다법(약품첨가법), 이온교환법 등
  ㉡ 물리적(고체형) 처리: 증류법, 가열연화법, 여과법, 탈기법, 응집침전법 등

③ 보일러 내처리제(청관제)의 종류 및 약품

pH 및 알칼리 조정제	수산화나트륨, 탄산나트륨, 인산나트륨, 인산, 암모니아
연화제	수산화나트륨(가성소다), 탄산나트륨(탄산소다), 인산나트륨(인산소다)
슬러지조정제	탄닌, 리그닌, 전분
탈산소제	아황산나트륨, 히드라진(하이드라진), 탄닌
가성취화방지제	황산나트륨, 인산나트륨, 질산나트륨, 탄닌, 리그닌
기포방지제	고급 지방산 폴리아민, 고급지방산 폴리알콜

(2) 보일러 수의 분출
　① 분출 목적
　　㉠ 슬러지 축적 및 스케일 형성을 방지한다.
　　㉡ 관수의 농축을 방지하고 순환을 양호하게 유지한다.
　　㉢ 물의 순환을 촉진하여 가성취화 및 고수위를 운전을 방지한다.
　　㉣ 프라이밍 및 포밍을 방지한다.
　　㉤ 관수의 pH를 조절한다.
　② 보일러수의 분출시기
　　㉠ 보일러 가동 전 관수가 정지되었을 때
　　㉡ 연속운전일 경우 부하가 가벼울 때
　　㉢ 프라이밍 및 포밍이 발생할 때
　　㉣ 수위가 지나치게 높아졌을 때

3. 보일러 정비

(1) 보일러 성능시험방법 및 기준
　① 증기건도 기준은 강철제 보일러 0.98, 주철제 보일러 0.97에 따르되 실측이 가능한 경우 실측한다.
　② 측정 주기는 매 10분마다 실시한다.
　③ 수위 시험은 최초 측정치와 최종 측정치가 일치하여야 하며, 이상 수위 변동이 없어야 한다.
　④ 측정기록 및 계산양식은 공인 검사기관에서 따로 지정이 가능하다.

> **+기초** 보일러 일상점검 계획사항
> 수면계의 수위, 급수장치, 분출장치, 압력계의 지침상태, 자동제어장치

(2) 보일러의 보존 방법
   ① 건조보존법
      ㉠ 6개월 이상인 경우 흡습제를 첨가하고 밀폐시켜 보존해야 한다.
      ㉡ 약품의 상태는 1~2주기로 점검하고 동체 내부 산소 제거는 숯불을 용기에 넣어 제거한다.
      ㉢ 1년 이상 보존할 경우 방청도료를 도포해주어야 한다.
      ㉣ 종류: 석회밀폐식, 장기보존법식 등이 있다.
   ② 질소건조법(기체보존법)
      ㉠ 장기 휴지 및 중지한 보일러 방치 시 내외부 부식의 발생을 방지하기 위해 보일러 수의 완전한 배출로 보일러 내부를 건조시킨다.
      ㉡ 질소가스 봉입 압력 0.06MPa로 가압하여 내부 산소를 제거함으로써 부식을 방지한다.
   ③ 만수보존법
      ㉠ 2~3개월 이내의 단기보존법이다.
      ㉡ 알칼리 성분과 탈산소제 약품을 관수 pH 11~12 정도의 약알칼리성으로 보존한다.

4. 보일러 안전사고 및 진단·예방

(1) 보일러의 사고 원인
   ① 제작상의 원인
      ㉠ 구조, 설계, 용접, 재료 불량 등
      ㉡ 강도 부족
      ㉢ 부속장치의 미비
   ② 취급상의 원인
      ㉠ 압력 초과, 저수위 사고, 급수처리 불량
      ㉡ 부식 과열, 가스폭발
      ㉢ 부속장치 정비 불량 등

> **+기초 저수위 사고의 원인**
> - 보일러의 부하가 너무 클 때 과다한 증기 사용으로 수위 저하가 발생된다.
> - 급수펌프의 고장 및 수위 검출기 이상시 급수가 지연되어 수위 저하가 발생된다.
> - 수면계의 연락관 또는 급수내관이 스케일로 막혔을 때 수위 표시 오류 등 상태가 발생된다.
> - 운전자가 수면계의 수위 오판시 발생된다.
> - 분출장치 및 안전장치의 누수 또는 이상 발견시 발생된다.

(2) 보일러의 안전사고
   ① 보일러 강판의 손상
      ㉠ 응력 부식균열: 반복되는 기계적 응력을 집중되게 받아 이음 부분에 균열(Crack)이 생기는 현상을 말한다.
      ㉡ 압궤(Collapse): 원통으로 된 노통 또는 화실, 연관 부분의 바깥쪽(외측)이 압력에 견디지 못하고 찌그러지는 현상을 말한다. ← 압궤의 압축응력을 받는 부위는 노통 상부, 화실 천장, 연관(연소실 내) 등이다.
      ㉢ 라미네이션(Lamination): 압연(보일러) 강판 또는 관의 두께 속에 제조 시 생성된 가스가 존재하여 2개 이상의 층간 형성을 하는 현상을 말한다.
      ㉣ 블리스터(Blister): 라미네이션 된 강판이 열을 받아 내부에 불순물(기포 포함)이 존재할 경우, 열에 의해 팽창해 표면에 혹처럼 부풀어 올라 돌출되는 현상을 말한다.
      ㉤ 팽출: 동체, 수관, 겔로웨이 관 등 고압 부위에서 인장응력을 받아 압력을 견딜 수 없을 때, 해당 부위가 바깥쪽으로 볼록하게 부풀어 튀어나오는 현상을 말한다.

② 보일러의 부식

	저온부식	고온부식
현상	• 연료 연소시 이산화황(SO_2)이 생성되며 발생한다. • 중유 속에 함유된 유황분이 연소되어 아황산가스가 생산되고, 과잉공기와 반응하여 무수황산이 되어 수증기와 융합되며 황산(H_2SO_4)이 되고 이는 절탄기나 공기예열기에 저온으로 전열면에 응축되어 부식을 유발한다.	• 가스나, 중질유 연소 등에서 회분에 포함된 바나듐이 많이 함유되어 발생한다. ← 회분에는 바나듐(V), 나트륨(Na), 황(S) 등이 포함되어 고온에서 취약하다. • 바나듐이 연소시 고온의 오산화바나듐이 되어 부식성이 강한 슬래그를 형성하고 금속 전열면에 융착되어 강한 고온부식을 일으킨다.
방지 대책	• 연료에 노점온도를 낮추기 위해 첨가제를 활용하며, 연료 속 황분을 제거해야 한다. • 낮은 온도의 연소 배기가스는 노점온도 이상으로 유지해야 한다. • 연소 시 사용되는 공기는 과잉공기보다 최소한으로 조정하여 연소해야 한다. • 연소가 진행될 때 완전연소가 될 수 있도록 개선된 연소방법을 사용해야 한다. • 과잉공기를 줄여 배기가스에 산소를 감소시키고 공기예열기로 전열면온도를 높인다.	• 연료에 첨가제(마그네슘(MgO), 칼슘(CaO)계 바나듐 중화제)를 사용하여 바나듐의 융점을 높인다. • 연료를 전처리 또는 연료 정제(탈황, 탈염 등)를 통해 바나듐, 나트륨, 황분을 제거한다. • 배기가스온도를 550℃ 이하로 유지하여 바나듐의 점성 증대 및 융착을 방지한다. • 전열면을 내식재료(크롬·니켈 합금, 스테인리스 강 등)로 피복한다.

> **+ 심화 점식**
> • 피팅 부식이라고도 하며, 보호피막 내 산화철이 파괴되고 산소(O_2), 이산화탄소(CO_2) 등이 전기화학적 작용이 집중되어 내부로 깊이 파고 들며 부식의 진행 상태가 매우 빠르다.
> • 보호 피막이 파괴되었거나 고온 고압의 열을 받은 전열면 부분에서 점식이 발생되기 쉽다.
> • 수중 용존산소를 제거하면 점식 발생을 방지할 수 있다.

(3) **수압시험** ← 수압시험 절차는 공기를 빼고 물을 채운 후 천천히 압력을 상승시키고 수압 도달 후 30분간가 뒤 검사를 진행한다.

① 주철제

  ㉠ 보일러의 최고사용압력 0.43MPa(4.3kg/cm^2) 이하의 시험 압력은 최고사용압력의 2배로 한다. ← 시험압력=최고사용압력×2배

  ㉡ 보일러의 최고사용압력 0.43MPa(4.3kg/cm^2) 초과의 시험 압력은 최고사용압력의 1.3배+0.3 MPa(3kg/cm^2)로 한다. ← 시험압력 = 최고사용압력×1.3+0.3MPa

> **+ 기초 압력용기 제조 검사 기준**
> • 강철 또는 비철금속제 압력용기는 최고 사용압력의 1.5배의 압력에 온도를 보정한 압력이다.
> • 최고 사용압력이 0.1MPa 이상의 주철제 압력용기는 최고 사용압력의 2배이다.
> • 최고 사용압력이 0.11MPa 이하의 주철제 압력용기는 시험 압력은 0.2MPa이다.
> • 법랑 또는 유리 라이닝한 압력용기는 최고 사용압력이다.

② 강철제

  ㉠ 보일러의 최고사용압력 0.43MPa(4.3kg/cm^2) 이하의 시험 압력은 최고사용압력의 2배로 한다. ← 시험압력=최고사용압력×2배

  ㉡ 보일러의 최고사용압력 0.43MPa(4.3kg/cm^2) 초과 1.5MPa(15kg/cm^2) 이하의 시험 압력은 최고사용압력의 1.3배+0.3MPa(3kg/cm^2)로 한다. ← 시험압력=최고사용압력×1.3+0.3MPa

  ㉢ 보일러의 최고사용압력 1.5MPa(1.5kg/cm^2) 초과의 시험 압력은 최고사용압력의 1.5배로 한다. ← 시험압력=최고사용압력×1.5배

Engineer Energy Management

최신 3개년 기출

| 2025년 기출문제 | 1회 | 220 |
| | 2회 | 247 |

2024년 기출문제	1회	276
	2회	304
	3회	332

2023년 기출문제	1회	362
	2회	390
	4회	418

약 75%
2024년 2회 기출문제 중 기존 기출문제에서 출제된 비율

출제경향 분석
에너지관리기사 필기시험은 2022년 4회 시험부터 CBT 시험방식으로 시행되고 있습니다. 이에 본 교재는 내부에서 시험을 직접 응시하고 복원하여 수록하였습니다.
에너지관리기사 필기시험은 문제은행식 출제방식으로, 기출문제의 선지 순서가 바뀌어서 나오거나 선지의 내용 또는 조건 일부가 변형되어 출제되는 문제가 많습니다. 따라서, CBT 시험방식으로 변경됨에 따라 기출문제의 학습이 더욱 중요해졌습니다.

학습 TIP
에너지관리기사 필기시험을 단기간에 합격하기 위해서는 기출문제 위주의 반복학습하는 전략이 필요하며, 자주 출제된 기출문제와 기본공식만 암기하면 풀 수 있는 문제는 반드시 맞혀야하는 문제라고 생각하고 학습해야 합니다.
에듀윌 에너지관리기사 필기 교재에는 빈출도에 따라 전문항 별표로 표기하였습니다. 또한 해설과 함께 확장된 개념이 들어간 관련개념을 학습하여 효율적인 학습이 가능합니다.

2025년 1회 CBT 복원문제

연소공학

01 빈출도 ★★

세정 집진장치의 입자 포집원리에 대한 설명으로 틀린 것은?

① 액적에 입자가 충돌하여 부착한다.
② 입자를 핵으로 한 증기의 응결에 의하여 응집성을 증가시킨다.
③ 미립자의 확산에 의하여 액적과의 접촉을 좋게 한다.
④ 배기의 습도 감소에 의하여 입자가 서로 응집한다.

해설

배기의 습도(수분) 증가함에 따라 분진 입자의 부착력 증가하여 응집에 도움을 준다.

관련개념 세정 집진장치

배기가스 내 분진을 세정액이나 액막(수분) 등에 충돌 또는 흡수하여 포집하는 방식이다.

집진형식	종류
유수식	임펠러형, 회전형, 분수형, S형 등
회전식	타이젠 와셔, 충격식 스크러버 등
가압수식	벤츄리 스크러버, 제트 스크러버, 사이클론 스크러버, 분무탑, 충전탑 등

정답 | ④

02 빈출도 ★★

증기운 폭발의 특징에 대한 설명으로 틀린 것은?

① 점화위치가 방출점에서 가까울수록 폭발위력이 크다.
② 증기운의 크기가 클수록 점화될 가능성이 커진다.
③ 연소에너지의 약 20%만 폭풍파로 변한다.
④ 폭발보다 화재가 많다.

해설

점화 위치가 방출점에서 멀수록 많이 누출되어 확산하기 때문에 폭발 위력이 크다.

관련개념 증기운 폭발

(1) 개요

다량의 가연성 증기가 대기 중에 방출 또는 유출되면 공기와 혼합가스로 폭발성 증기구름을 형성하게 된다. 이때 물질의 연소하한계 이상의 상태에서 점화원에 의해 거대한 화구를 형성하며 폭발한다.

(2) 증기운 폭발 방지대책
- 가스 검지기 설치로 조기 가스누출을 감지한다.
- 긴급차단밸브를 연동 시켜 가스 누출 시 작동 하도록 한다.
- 재고량을 낮게 유지한다.
- 증기운이 잘 확산되도록 장해물이 없도록 한다.

정답 | ①

03 빈출도 ★★

과잉공기량이 증가할 때 나타나는 현상이 아닌 것은?

① 연소가스 중의 질소산화물 발생이 심하여 대기오염을 초래한다.
② 연소가스 중의 SO_3이 현저히 줄어 저온부식이 촉진된다.
③ 배기가스에 의한 열손실이 많아진다.
④ 연소실의 온도가 저하된다.

해설

과잉공기량이 증가하면 연소가스 중의 SO_3이 현저히 늘어 저온부식이 촉진된다.

$$SO_2 + \frac{1}{2}O_2 \rightarrow SO_3$$

정답 | ②

---

04 빈출도 ★★★

연소가스 중의 질소산화물 생성을 억제하기 위한 방법으로 틀린 것은?

① 배기가스 재순환 연소
② 농담 연소
③ 고온 연소
④ 2단 연소

해설

고온 조건에서 질소는 산소와 결합하고 반응하면 일산화질소, 이산화질소 등의 질소산화물(NO_x)이 생성되고 매연이 발생한다.

관련개념 질소산화물 생성 방지대책

- 연소온도와 노내압을 낮춘다.
- 노 내의 가스 잔류시간 및 고온 유지시간을 짧게 한다.
- 2단연소 및 저산소연소, 배기의 재순환 연소법을 사용한다.
- 질소함량이 적은 연료를 사용한다.
- 과잉공기를 연료에 혼합하여 연소한다.

정답 | ③

---

05 빈출도 ★

등유($C_{10}H_{20}$)를 연소시킬 때 필요한 이론공기량은 약 몇 Nm^3/kg인가?

① 9.2
② 11.4
③ 13.5
④ 15.6

해설

$C_{10}H_{20} + 15O_2 \rightarrow 10H_2O + 10CO_2$

$C_{10}O_{20}$과 O_2은 1 : 15 반응이므로 이를 이용하여 이론산소량을 구한다.

$C_{10}H_{20}$의 몰질량 $= (12 \times 10) + (1 \times 20) = 140g/mol$

$1mol : 15mol = 140g/mol : 15 \times 22.4Nm^3$

$$A_o = \frac{O_o}{0.21}$$

A_o: 이론공기량(Nm^3/kg), O_o: 이론산소량(Nm^3/kg)

$$A_o = \frac{O_o}{0.21} = \frac{\frac{15 \times 22.4}{140}}{0.21} = 11.43 Nm^3/kg$$

정답 | ②

---

06 빈출도 ★

기체연료의 일반적인 특징에 대한 설명으로 틀린 것은?

① 화염온도의 상승이 비교적 용이하다.
② 액체연료에 비해 연소공기비가 적다.
③ 연소 후에 유해성분의 잔류가 거의 없다.
④ 연소장치의 온도 및 온도분포의 조절이 어렵다.

해설

연소장치의 온도 및 온도 분포의 조절이 용이하다.

관련개념 기체연료 특징

- 적은 과잉공기로 완전연소가 가능하여 연소효율이 높아진다.
- 부하변동 범위가 넓어 저발열량의 연료로 고온을 얻는다.
- 연소가 균일하고 조절이 용이하며 매연이 발생하지 않는다.
- 저장 및 수송이 불편하고 설비비 및 연료비가 많이 든다.
- 취급 시 폭발 위험과 일산화탄소(CO) 등 유해가스의 노출위험이 있다.

정답 | ④

07 빈출도 ★★

표준 상태인 공기 중에서 완전 연소비로 아세틸렌이 함유되어 있을 때 이 혼합기체 1L당 발열량(kJ)은 얼마인가? (단, 아세틸렌의 발열량은 1,308kJ/mol 이다.)

① 4.1　　　② 4.5
③ 5.1　　　④ 5.5

해설

아세틸렌 완전연소반응식
$C_2H_2 + 2.5O_2 \rightarrow 2CO_2 + H_2O$
완전연소시 이론공기량의 몰수는 다음과 같이 구한다.

$$A_o = \frac{O_o}{0.21}$$

$A_o = \frac{2.5}{0.21} = 11.905 \text{mol}$

혼합기체의 몰수는 아세틸렌 몰수와 공기의 몰수를 합해야 한다.
$n_T = 1 + 11.905 = 12.905 \text{mol}$
혼합기체 1L당 발열량을 구하면

$\frac{1,308\text{kJ}}{\text{mol}_{-\text{아세틸렌}}} \times \frac{1\text{mol}_{-\text{아세틸렌}}}{12.905\text{mol}_{-\text{혼합기체}}} \times \frac{1\text{mol}_{-\text{혼합기체}}}{22.4\text{L}} = 4.52\text{kJ/L}$

정답 | ②

08 빈출도 ★★

질량비로 프로판 45%, 공기 55%인 혼합가스가 있다. 프로판 가스의 발열량이 100MJ/Nm^3일 때 혼합가스의 발열량은 약 몇 MJ/Nm^3인가? (단, 공기의 발열량은 무시한다.)

① 35　　　② 33
③ 31　　　④ 29

해설

발열량을 구하기 위해서는 혼합가스의 부피를 알아야 한다.
프로판 부피(분자량 44) $= \frac{22.4}{44} = 0.509\text{Nm}^3$
공기 부피(분자량 29) $= \frac{22.4}{29} = 0.772\text{Nm}^3$
혼합가스 발열량(Q) $= Q_{\text{프로판}} \times \frac{C_3H_8 \text{ 부피}}{\text{전체 부피}}$
$Q = 100 \times \frac{(0.509 \times 0.45)}{(0.509 \times 0.45) + (0.772 \times 0.55)}$
　$= 35.04 \text{MJ/Nm}^3$

정답 | ①

09 빈출도 ★★

가연성 혼합기의 공기비가 1.0일 때 당량비는?

① 0.5　　　② 1.0
③ 1.5　　　④ 2.0

해설

당량비(ϕ) $= \frac{\text{실제연공비}}{\text{이론연공비}} = \frac{\text{이론공기량} \times \text{실제연료량}}{\text{실제공기량} \times \text{이론연료량}}$

이상적인 연소에서 실제연료량과 이론연료량은 같다.

$\phi = \frac{\text{이론공기량}}{\text{실제공기량}} = \frac{1}{m} = \frac{1}{1} = 1.0$

관련개념 연공비, 공연비, 당량비 및 공기비

- 연공비라 함은 연료와 공기의 질량비로 정의된다.
- 공연비라 함은 공기와 연료의 질량비로 정의된다.
- 당량비는 실제연공비와 이론연공비의 비로 정의된다.
- 공기비는 당량비의 역수와 같다.

정답 | ②

10 빈출도 ★

연소가스를 분석한 결과 CO_2: 12.5%, O_2: 3.0%일 때, $(CO_2)_{max}$%는? (단, 해당 연소가스에 CO는 없는 것으로 가정한다.)

① 12.62　　　② 13.45
③ 14.58　　　④ 15.03

해설

공기비(m) 공식을 통해 $(CO_2)_{max}$를 구한다.

$$m = \frac{CO_2 \text{ 최대량}}{CO_2} = \frac{21}{21 - O_2}$$

문제에서 CO가 0이므로 완전연소일 경우, O_2로만 계산할 수 있다.

$m = \frac{(CO_2)_{max}}{12.5} = \frac{21}{21-3}$

$(CO_2)_{max} = \frac{21}{21-3} \times 12.5 = 14.58\%$

정답 | ③

11 빈출도 ★

중량비가 C: 87%, H: 11%, S: 2%인 중유를 공기비 1.3으로 연소할 때 건조배출가스 중 CO_2의 부피비는 약 몇 %인가?

① 8.7
② 10.5
③ 12.2
④ 15.6

해설

중량비 조성의 이론공기량을 구하는 식은 다음과 같다.

$$A_o = \frac{O_o}{0.21}$$

$$O_o = 1.867C + 5.6H + 0.7S$$

A_o: 이론공기량, O_o: 이론산소량

$$A_o = \frac{(1.867 \times 0.87) + (5.6 \times 0.11) + (0.7 \times 0.02)}{0.21}$$

$= 10.735 \text{Nm}^3/\text{kg}$

이론건연소가스량을 구하는 공식은 다음과 같다.

$$G_{od} = (1-0.21)A_o + \text{생성된 } CO_2 + \text{생성된 } SO_2$$

A_o: 이론 공기량

$G_{od} = (1-0.21) \times A_o + 1.867C + 0.7S$
$= (1-0.21) \times 10.735 + (1.867 \times 0.87) + (0.7 \times 0.02)$
$= 10.119 \text{Nm}^3/\text{kg}$

실제건연소가스량은 다음과 같이 구한다.

$$G_d = G_{od} + (m-1)A_o$$

$G_d = 10.119 + (1.3-1) \times 10.735 = 13.339 \text{Nm}^3/\text{kg}$

따라서, 건조배출가스 중 CO_2의 부피비

$= \frac{CO_2 \text{ 생산량}}{G_d} = \frac{1.867 \times 0.87}{13.339} = 0.122 = 12.2\%$

정답 ③

12 빈출도 ★

연소 배출가스 중 CO_2 함량을 분석하는 이유로 가장 거리가 먼 것은?

① 열효율을 높이기 위하여
② 공기비를 계산하기 위하여
③ CO 농도를 판단하기 위하여
④ 연소상태를 판단하기 위하여

해설

CO_2, O_2, N_2의 농도를 확인함으로써 연소상태 판단할 수 있으며 공기비를 계산하고 열효율을 높여 연료소비량을 줄일 수 있다.

정답 ③

13 빈출도 ★

다음 중 고체연료의 공업분석에서 계산만으로 산출되는 것은?

① 고정탄소
② 휘발분
③ 회분
④ 수분

해설

고정탄소(C_o) = 100 − (수분(%) + 회분(%) + 휘발분(%))

정답 ①

14 빈출도 ★★

고체연료 연소장치 중 쓰레기 소각에 적합한 스토커는?

① 산포식 스토커
② 고정식 스토커
③ 계단식 스토커
④ 하압식 스토커

해설

계단식 스토커는 계단식 배열로 된 투입구에 고체연료를 넣어 착화 연소시키는 방식으로 쓰레기 소각, 저질탄 연소 등에 적합하다.

정답 ③

15 빈출도 ★

다음과 같이 조성된 발생로 내 가스를 15%의 과잉공기로 완전 연소시켰을 때 건연소가스량(Sm^3/Sm^3)은? (단, 발생로 가스의 조성은 CO 31.3%, CH_4 2.4%, H_2 6.3%, CO_2 0.7%, N_2 59.3%이다.)

① 1.47　　② 1.99
③ 2.87　　④ 3.01

해설

이론공기량을 구하기 위해 가연성분 연소에 필요한 산소량을 구하여야 한다.
가연성분 완전연소반응식

$H_2 + \frac{1}{2}O_2 \rightarrow H_2O$

$CO + \frac{1}{2}O_2 \rightarrow CO_2$

$CH_4 + 2O_2 \rightarrow CO_2 + 2H_2O$

$$O_o = (0.5 \times H_2 + 0.5 \times CO + 2 \times CH_4) - O_2$$

$O_o = 0.5 \times 0.063 + 0.5 \times 0.313 + 2 \times 0.024 = 0.236 Sm^3/Sm^3$

실제건연소가스량을 구하기 위해서는 이론공기량을 알아야한다.

$$A_o = \frac{O_o}{0.21}$$

$A_o = \frac{0.236}{0.21} = 1.124 Sm^3/Sm^3$

실제건연소가스량을 구하는 공식은 다음과 같다.

$$G_d = \text{연료 } CO_2 + N_2 + (m - 0.21)A_o + \text{생성된 } CO_2$$

$G_d = 0.007 + 0.593 + (1.15 - 0.21) \times 1.124$
　　$+ (1 \times 0.313 + 1 \times 0.024)$
　　$= 1.99 Sm^3/Sm^3$

정답 | ②

16 빈출도 ★★

1차, 2차 연소 중 2차 연소에 대한 설명으로 가장 적절한 것은?

① 점화할 때 착화가 늦었을 경우 재점화에 의해서 연소하는 것
② 완전연소에 의한 연소가스가 2차 공기에 의해서 폭발되는 것
③ 공기보다 먼저 연료를 공급했을 경우 1차, 2차 반응에 의해서 연소하는 것
④ 불완전연소에 의해 발생한 미연가스가 연도 내에서 다시 연소하는 것

해설

2차 연소는 불완전연소에 의해 발생한 미연가스(CO)가 연도 내에서 다시 연소할 수 있도록 하여 완전연소를 유도한다.

정답 | ④

17 빈출도 ★★

다음의 무게조성을 가진 중유의 저위발열량은 약 몇 kcal/kg인가? (단, 아래의 조성은 중유 1kg당 함유된 각 성분의 양이다.)

| C: 84%, H: 13%, S: 2%, W: 0.5%, O: 0.5% |

① 8,600　　② 10,590
③ 13,600　　④ 17,600

해설

무게 조성의 저위발열량 구하는 공식은 다음과 같다.

$$H_L = 8,100C + 28,600\left(H - \frac{O}{8}\right) + 2,500S - 600\left(W + \frac{9}{8}O\right)$$

$H_L = 8,100 \times 0.84 + 28,600\left(0.13 - \frac{0.005}{8}\right)$
　　$+ 2,500 \times 0.02 - 600\left(0.005 + \frac{9}{8} \times 0.005\right)$
　　$= 10,547.75 kcal/kg$

정답 | ②

18 빈출도 ★

연소 배기가스 중 가장 많이 포함된 기체는?

① O_2
② N_2
③ CO_2
④ SO_2

해설

연료가 완전연소하였을 경우 배출된 배기가스에는 과잉산소(O_2), 탄산가스(CO_2), 아황산가스(SO_2), 질소(N_2), 수증기(H_2O) 등이 있다. 이때, 공기 중의 질소(N_2)는 불연성이기 때문에 반응하지 않아 가장 많이 포함되어 있다.

정답 | ②

19 빈출도 ★

황(S) 1kg을 이론공기량으로 완전연소시켰을 때 발생하는 연소가스량은 약 몇 Nm^3인가?

① 0.70
② 2.00
③ 2.63
④ 3.33

해설

황(S)의 완전연소반응식
$S + O_2 \rightarrow SO_2$
S와 O_2은 1 : 1 반응이므로 이를 이용하여 이론산소량을 구한다.
S : O_2
1mol : 1mol = 32kg : 1×22.4Nm^3

따라서, 이론산소량 = $\frac{1 \times 22.4 Nm^3}{32 kg}$ = 0.7Nm^3/kg

연소가스량을 구하는 공식은 다음과 같다.

$$G_o = (1-0.21)A_o + \text{생성된 } SO_2$$
$$A_o = \frac{O_o}{0.21}$$

A_o: 이론공기량, O_o: 이론산소량

$G_o = (1-0.21) \times \frac{0.7}{0.21} + 0.7 = 3.33 Nm^3/kg$

정답 | ④

20 빈출도 ★★

연돌내의 배기가스 비중량 γ_1, 외기 비중량 γ_2, 연돌의 높이가 H일 때 연돌의 이론 통풍력(Z)를 구하는 식은?

① $Z = \frac{H}{\gamma_1 - \gamma_2}$
② $Z = \frac{\gamma_2 - \gamma_1}{H}$
③ $Z = \frac{\gamma_2 - 2\gamma_1}{2H}$
④ $Z = (\gamma_2 - \gamma_1) \times H$

해설

비중량과 압력을 이용한 이론 통풍력 공식은 다음과 같다.

$$Z = P_2 - P_1 = (\gamma_2 - \gamma_1) \times H$$

Z: 통풍력(mmAq) P_1: 굴뚝 유입구 압력, P_2: 외기의 압력,
γ_1: 배기가스의 비중(kg/m^3), γ_2: 외기의 비중(kg/m^3)

정답 | ④

열역학

21 빈출도 ★★

밀폐계에서 비가역 단열과정에 대한 엔트로피 변화를 옳게 나타낸 식은? (단, S는 엔트로피, C_P는 정압비열, T는 온도, R은 기체상수, P는 압력, Q는 열량을 나타낸다.)

① $dS = 0$
② $dS > 0$
③ $dS = C_P \frac{dT}{T} - R \frac{dP}{P}$
④ $dS = \frac{\delta Q}{T}$

해설

- $dS = 0$: 단열 가역 변화
- $dS > 0$: 단열 비가역 변화

정답 | ②

22 빈출도 ★

물의 경우 고온, 고압에서 포화액과 포화증기의 구분이 없어지는 상태가 나타난다. 이 상태를 무엇이라 하는가?

① 삼중점 ② 포화점
③ 임계점 ④ 비등점

해설

임계점은 물질이 액체와 기체 두 상 간의 경계가 사라지는 평형상태로 존재할 수 있는 최고온도 및 최고압력으로, 액상과 기상을 구분할 수 없다.

정답 | ③

23 빈출도 ★★★

열역학 제2법칙을 설명한 것이 아닌 것은?

① 사이클로 작동하면서 하나의 열원으로부터 열을 받아서 이 열을 전부 일로 바꾸는 것은 불가능하다.
② 에너지는 한 형태에서 다른 형태로 바뀔뿐이다.
③ 제2종 영구기관을 만든다는 것은 불가능하다.
④ 주위에 아무런 변화를 남기지 않고 열을 저온의 열원으로부터 고온의 열원으로 전달하는 것은 불가능하다.

선지분석

① 열역학 제2법칙으로, 공급된 열을 전부 일로 바꾸는 것은 불가능하다.
② 열역학 제1법칙으로, 제1종 영구기관 즉, 에너지의 공급없이 일을 하는 열기관은 실현이 불가능하다. 다만 한 형태에서 다른 형태로 바뀌는 건 가능하여 열과 일 사이에는 에너지 보존의 법칙이 성립된다.
③ 열역학 제2법칙으로, 제2종 영구기관을 만드는 것은 불가능하다.
④ 열역학 제2법칙으로, 주위에 아무런 변화를 남기지 않고 열이동 및 에너지방향 전환이 불가능한 법칙으로 계가 흡수한 열을 완전히 일로 전환할 수 있는 장치는 없다.

정답 | ②

24 빈출도 ★

400K, 1MPa의 이상기체 1 kmol이 700K, 1MPa으로 정압팽창할 때 엔트로피 변화는 약 몇 kJ/K인가? (단, 정압비열은 28kJ/kmol·K이다.)

① 15.7 ② 19.4
③ 24.3 ④ 39.4

해설

이상기체의 정압과정에서의 엔트로피 변화 공식은 다음과 같다.

$$\Delta S = m \times C_p \times \ln\left(\frac{T_2}{T_1}\right)$$

ΔS: 엔트로피 변화량(kJ/K), m: 몰(kmol),
C_p: 정압비열(kJ/kmol·K), T_1: 초기 온도(K),
T_2: 최종 온도(K)

$$\Delta S = 1 \times 28 \times \ln\left(\frac{700}{400}\right) = 15.7 \text{kJ/K}$$

정답 | ①

25 빈출도 ★

Otto Cycle에서 압축비가 8일 때 열효율은 약 몇 (%)인가? (단, 비열비는 1.4이다.)

① 26.5 ② 36.5
③ 46.5 ④ 56.5

해설

오토 사이클 열효율은 다음과 같이 구한다.

$$\eta = 1 - \left(\frac{1}{\epsilon}\right)^{k-1}$$

η: 효율(%), ϵ: 압축비, k: 비열비

$$\eta = 1 - \left(\frac{1}{8}\right)^{1.4-1} = 0.565 \times 100 = 56.5\%$$

정답 | ④

26 빈출도 ★★

30°C에서 기화잠열이 173kJ/kg인 어떤 냉매의 포화액-포화증기 혼합물 4kg을 가열하여 건도가 20%에서 70%로 증가되었다. 이 과정에서 냉매의 엔트로피 증가량은 약 몇 kJ/K인가?

① 0.29
② 1.14
③ 11.5
④ 2.31

해설

엔트로피 증가 공식은 다음과 같다.

$$\Delta S = m \times (x_2 - x_1) \times \frac{L}{T}$$

ΔS: 엔트로피 증가량(kJ/K), m: 질량(kg), x: 건도, L: 기화잠열(kJ/kg), T: 온도(K)

$$\Delta S = 4 \times (0.7 - 0.2) \times \frac{173}{273 + 30} = 1.14 \text{kJ/K}$$

정답 | ②

27 빈출도 ★

랭킨 사이클에 과열기를 설치할 경우 과열기의 영향으로 발생하는 현상에 대한 설명으로 틀린 것은?

① 열효율이 증가한다.
② 펌프일이 증가한다.
③ 터빈 출구의 건도가 높아진다.
④ 열이 공급되는 평균 온도가 상승한다.

해설

랭킨 사이클 T-S선도에서 펌프일은 변화가 없다.

관련개념 랭킨 사이클(Rankine Cycle)

A → B: 단열압축
B → C: 정압가열
C → D: 가열
D → D′: 보일러 사용안함
D → E: 등압가열
E → F: 단열팽창
F → A: 정압냉각

정답 | ②

28 빈출도 ★

노점온도(dew point temperature)에 대한 설명으로 옳은 것은?

① 공기, 수증기의 혼합물에서 수증기의 분압에 대한 수증기 과열상태 온도
② 공기, 가스의 혼합물에서 가스의 분압에 대한 가스의 과냉상태 온도
③ 공기, 수증기의 혼합물을 가열시켰을 때 증기가 없어지는 온도
④ 공기, 수증기의 혼합물에서 수증기의 분압에 해당하는 수증기의 포화온도

해설

노점온도는 공기가 포화되어 수증기가 액체상태가 되는 온도 즉, 수증기의 포화온도를 말한다.

정답 | ④

29 빈출도 ★

동일한 압력에서 100°C, 3kg의 수증기와 0°C, 3kg의 물의 엔탈피 차이를 몇 kJ인가? (평균정압비열은 4.18kJ/kg · K이고, 100°C에서 증발잠열은 2,250kJ/kg이다.)

① 638
② 1,918
③ 2,668
④ 8,005

해설

수증기와 물의 엔탈피 구하는 공식은 다음과 같다.

$$H_a = Q_h + R_W = m \times C_p \times \Delta T + m \times R_W$$

Q_h: 현열, m: 질량(kg), C_p: 정압비열(kJ/kg · K), ΔT: 온도차(K), R_W: 증발잠열(kcal/kg)

$H_a = 3 \times 4.18 \times (100 - 0) + 3 \times 2,250 = 8,005 \text{kJ}$

정답 | ④

30 빈출도 ★★

20°C의 물 10kg을 대기압 하에서 100°C의 수증기로 완전히 증발시키는데 필요한 열량은 약 몇 kJ인가? (단, 수증기의 증발 잠열은 2,257kJ/kg이고 물의 평균비열은 4.2kJ/kg·K이다.)

① 800
② 6,190
③ 25,930
④ 61,900

해설

총열량=현열+잠열
현열(Q_h)을 구하는 공식은 아래와 같다.

$$Q_h = m \times C_p \times \Delta T$$

Q_h: 현열(kJ), m: 질량(kg), C_p: 정압비열(kJ/kg·K), ΔT: 온도차(K)

$Q_h = 10 \times 4.2 \times (100-20) = 3,360$ kJ

잠열(Q_s)을 구하는 공식은 아래와 같다.

$$Q_s = m \times R_w$$

Q_s: 잠열(kJ), m: 질량(kg), R: 증발잠열(kJ/kg)

$Q_s = 10 \times 2,257 = 22,570$ kJ
따라서, 총열량(Q) = 3,360 + 22,570 = 25,930 kJ

정답 | ③

31 빈출도 ★

성능계수(Coefficient of perfoance)가 2.5인 냉동기가 있다. 15냉동톤(refrigeration ton)의 냉동용량을 얻기 위해서 냉동기에 공급해야할 동력(kW)은? (단, 1냉동톤은 3.861kW이다.)

① 29.7
② 27.5
③ 23.2
④ 20.5

해설

성능계수 공식은 다음과 같다.

$$COP = \frac{Q}{W}$$

COP: 성능계수, W: 소요동력(kW), Q: 냉동능력(kW)

$$2.5 = \frac{15\text{RT}}{W} = \frac{15\text{RT} \times \frac{3.861\text{kW}}{1\text{RT}}}{W}$$

$W = 23.166$ kW

정답 | ③

32 빈출도 ★

어떤 도체의 단면을 0.5초간에 0.032C의 전하가 이동했을 때, 흐르는 전류(I)의 크기(mA)는?

① 16
② 32
③ 64
④ 128

해설

전류의 크기를 구하는 공식은 다음과 같다.

$$I = \frac{Q}{t}$$

I: 전류(mA), Q: 이동한 전하량(C), t: 시간(sec)

$I = \frac{0.032}{0.5} = 64$ mA

정답 | ③

33 빈출도 ★

온도가 400°C인 열원과 300°C인 열원 사이에서 작동하는 카르노 열기관이 있다. 이 열기관에서 방출되는 300°C의 열은 또 다른 카르노 열기관으로 공급되어, 300°C의 열원과 100°C의 열원 사이에서 작동한다. 이와 같은 복합 카르노 열기관의 전체 효율은 약 몇 %인가?

① 44.57%
② 59.43%
③ 74.29%
④ 29.72%

해설

$$\eta = 1 - \frac{T_1}{T_2}$$

η: 효율(%), T: 온도(K)

(1) 첫 번째 열기관 효율(%)

$$\eta_1 = 1 - \frac{T_{L_1}}{T_{H_1}} = 1 - \frac{573}{673} = 0.1486$$

(2) 두 번째 열기관 효율(%)

$$\eta_2 = 1 - \frac{T_{L_2}}{T_{H_2}} = 1 - \frac{373}{573} = 0.3490$$

(3) 전체 열기관 효율(%)

$$\eta_t = 1 - [(1-\eta_1) \times (1-\eta_2)]$$
$$= 1 - [(1-0.1486) \times (1-0.3490)]$$
$$= 0.4457 = 44.57\%$$

정답 | ①

34 빈출도 ★★

일반적으로 사용되는 냉매로 가장 거리가 먼 것은?

① 암모니아
② 프레온
③ 이산화탄소
④ 오산화인

해설

냉매는 저온부로부터 받은 열을 흡수하여 고온부로 열을 운반하는 작업유체를 의미하며 일반적으로 암모니아, 프레온, 이산화탄소 등이 있다. 오산화인(P_2O_5)은 공기 중 습기를 잘 빨아 들이는 흡습성의 성질을 가지고 있어 흡습제, 건조제, 탈수제 등으로 사용되며 냉매로는 부적합하다.

정답 | ④

35 빈출도 ★

피스톤이 장치된 용기 속의 온도 100°C, 압력 200 kPa, 체적 0.1m³의 이상기체 0.5kg이 압력이 일정한 과정으로 체적이 0.2m³으로 되었다. 이때 전달된 열량은 약 몇 kJ인가? (단, 이 기체의 정압비열은 5kJ/(kg·K)이다.)

① 200
② 250
③ 746
④ 933

해설

보일-샤를의 법칙 $\frac{P_1V_1}{T_1} = \frac{P_2V_2}{T_2}$에 따라 최종 온도($T_2$)를 구한다. 문제에서 압력이 일정한 과정인 정압과정이라고 하였으므로 $P_1 = P_2$이기 때문에 $\frac{P_1V_1}{T_1} = \frac{P_1V_2}{T_2}$이다.

$$T_2 = T_1 \times \frac{V_2}{V_1} = T_2 = 373.15K \times \frac{0.2m^3}{0.1m^3} = 746.3K$$

열역학 제1법칙에 따라 열량에 대한 식은 다음과 같다.

$$Q = mC(T_2 - T_1)$$

Q: 열량(kJ), m: 질량(kg), C: 비열량(kJ/kg·°C),
T_2: 나중 온도(°C), T_1: 처음 온도(°C)

$Q = 0.5kg \times 5kJ/kg \cdot K \times (746.3K - (100+73.15)K)$
$= 933kJ$

정답 | ④

36 빈출도 ★

발화요인 분류 중 화학적 요인에 해당되지 않는 것은?

① 물리적 폭발
② 혼촉발화
③ 자연발화
④ 금수성 물질이 물과 접촉

해설

물리적 폭발은 기체, 액체, 증기 등이 압력용기나 밀폐 공간에서 화학적 반응 없이 외부적인 힘과 환경의 변화로 인해 압력의 급격한 변화가 발생하는 폭발을 말한다.

정답 | ①

37 빈출도 ★

다음 중 이상기체에 대한 식으로 옳은 것은? (단, 각 기호에 대한 설명은 아래와 같다.)

- u: 단위질량당 내부에너지
- h: 비엔탈피
- T: 온도
- R: 기체상수
- P: 압력
- v: 비체적
- k: 비열비
- C_V: 정적비열
- C_P: 정압비열

① $\dfrac{du}{dT} - \dfrac{dh}{dT} = R$ ② $h = u + \dfrac{Pv}{RT}$

③ $C_V = \dfrac{R}{k-1}$ ④ $C_P = \dfrac{kC_V}{k-1}$

해설

이상기체와 정적비열(C_v)과 정압비열(C_p)의 관계는 $C_p - C_v = R$이다.

$k = \dfrac{C_p}{C_v}$이므로,

$kC_v - C_v = R$

$(k-1)C_v = R$

$C_v = \dfrac{R}{k-1}$

관련개념 정적비열과 정압비열

(1) **정적비열(C_v)**

부피 또는 체적을 일정하게 유지하면서 물질 1kg을 온도 1℃ 높이는데 필요한 열량을 말한다.

$$C_v = \dfrac{1}{k-1}R$$

(2) **정압비열(C_p)**

압력을 일정하게 유지하면서 물질 1kg을 온도 1℃ 높이는데 필요한 열량을 말한다.

$$C_p = \dfrac{k}{k-1}R$$

정답 ③

38 빈출도 ★

보일러에서 송풍기 입구의 공기가 15℃, 100kPa 상태에서 공기예열기로 500m³/min가 들어가 일정한 압력하에서 140℃까지 온도가 올라갔을 때 출구에서의 공기유량은 약 몇 m³/min인가? (단, 이상기체로 가정한다.)

① 617   ② 717
③ 817   ④ 917

해설

보일-샤를의 법칙 $\dfrac{P_1 V_1}{T_1} = \dfrac{P_2 V_2}{T_2}$에서

문제 조건 정압과정이라고 하였으므로 $P_1 = P_2$

$\dfrac{V_2}{V_1} = \dfrac{T_2}{T_1}$

$V_2 = V_1 \times \dfrac{T_2}{T_1} = 500 \times \dfrac{413}{288} = 717 \text{m}^3/\text{min}$

정답 ②

39 빈출도 ★

증기에 대한 설명 중 틀린 것은?

① 동일압력에서 과열증기는 건포화 증기보다 온도가 높다.
② 동일압력에서 건포화 증기를 가열한 것이 과열증기이다.
③ 동일압력에서 습포화 증기와 건포화 증기는 온도가 같다.
④ 동일압력에서 포화수보다 포화증기는 온도가 높다.

해설

동일압력에서 포화증기와 포화수의 온도는 같다.

정답 ④

40 빈출도 ★★

그림과 같은 브레이튼 사이클에서 열효율(η)은? (단, P는 압력, v는 비체적이며, T_1, T_2, T_3, T_4는 각각의 지점에서의 온도이다. 또한, q_{in}과 q_{out}은 사이클에서 열이 들어오고 나감을 의미한다.)

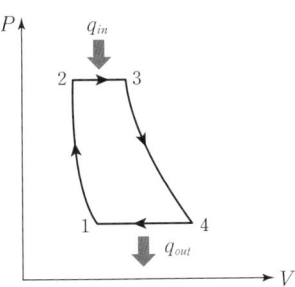

① $\eta = 1 - \dfrac{T_3 - T_2}{T_4 - T_1}$ ② $\eta = 1 - \dfrac{T_1 - T_2}{T_3 - T_4}$

③ $\eta = 1 - \dfrac{T_4 - T_1}{T_3 - T_2}$ ④ $\eta = 1 - \dfrac{T_3 - T_4}{T_1 - T_2}$

해설

브레이턴 사이클은 가스터빈 기관에서 이상적인 사이클로, 열효율 공식은 다음과 같다.

$$\eta = \dfrac{Q_1 - Q_2}{Q_1} = 1 - \dfrac{Q_2}{Q_1}$$

η: 효율, Q_1: 공급열량, Q_2: 방출열량

공급열량(Q_1) = $C_p(T_3 - T_2)$
방출열량(Q_2) = $C_p(T_4 - T_1)$
따라서, 대입하여 정리하면
$\eta = 1 - \dfrac{C_p(T_4 - T_1)}{C_p(T_3 - T_2)} = 1 - \dfrac{T_4 - T_1}{T_3 - T_2}$

정답 | ③

계측방법

41 빈출도 ★★★

액주식 압력계에 필요한 액체의 조건으로 틀린 것은?

① 모세관현상이 작을 것
② 열팽창계수가 작을 것
③ 성분이 일정할 것
④ 점성이 클 것

해설

점도가 작고 휘발성 및 흡수성도 낮아야 한다.

관련개념 액주식 압력계

(1) 개요
주로 통풍력 측정에 사용되며 구부러진 유리관에 기름, 물, 수은 등의 액체를 넣고 한쪽 끝 부분에 압력을 도입하여 발생하는 양액면의 높이 차를 이용하여 압력을 측정한다.

(2) 액주의 구비조건
• 열팽창계수가 작아야 한다.
• 모세관현상이 적어야 한다.
• 일정한 화학성분을 가지고 안정적이어야 한다.
• 점도가 작고 휘발성 및 흡수성도 낮아야 한다.

정답 | ④

42 빈출도 ★★★

차압식 유량계의 종류가 아닌 것은?

① 벤투리   ② 오리피스
③ 터빈유량계   ④ 플로우 노즐

해설

차압식 유량계는 비압축성 유체가 관내를 흐를 때 관내에 생기는 차압으로 유량을 측정하는 측정기구로, 정도가 좋아 측정범위가 넓다. 종류로는 오리피스, 벤투리, 플로우 노즐이 있다.
터빈유량계는 기계식 유량계로, 유체의 흐름에 따라 터빈이 회전하고 그 회전수를 이용해 유량을 측정한다.

정답 | ③

43 빈출도 ★

관의 유속을 피토관으로 측정할 때 마노미터의 수주가 50cm였다. 이때 유속은 약 몇 m/s인가?

① 1.0
② 2.21
③ 3.13
④ 7.07

해설

$$v = C_p\sqrt{2gh}$$

v: 유속(m/s), C_p: 피토관 계수(별도의 조건이 없으면 1로 함), g: 중력가속도(m/s²), h: 높이(m)

$v = 1 \times \sqrt{2 \times 9.8 \times 0.5} = 3.13\text{m/s}$

정답 | ③

44 빈출도 ★★

열전대 온도계에 대한 설명으로 옳은 것은?

① 흡습 등으로 열화된다.
② 밀도차를 이용한 것이다.
③ 자기가열에 주의해야 한다.
④ 온도에 대한 열기전력이 크며 내구성이 좋다.

해설

열전대 온도계는 온도 변화로 발생하는 기전력인 전위차로 측정하는 온도계로, 온도에 대한 열기전력이 크며 내구성이 좋다.

정답 | ④

45 빈출도 ★★

다음에서 설명하는 제어동작은?

- 부하변화가 커도 잔류편차가 생기지 않는다.
- 급변할 때 큰 진동이 생긴다.
- 전달느림이나 쓸모없는 시간이 크면 사이클링의 주기가 커진다.

① D 동작
② PI 동작
③ PD 동작
④ P 동작

해설

PI 동작은 비례제어(P제어)에서 잔류편차(Offset)를 줄이고자 적분동작(I동작)을 합친 제어이다.

정답 | ②

46 빈출도 ★

관로에 설치한 오리피스 전·후의 차압이 1.936 mmH₂O일 때 유량이 22m³/h이다. 차압이 1.024 mmH₂O이면 유량은 몇 m³/h인가?

① 15
② 16
③ 17
④ 18

해설

유량과 압력의 관계식인 $Q = AV$에서

$Q = AV = \dfrac{\pi D^2}{4} \times \sqrt{2gh} = \dfrac{\pi D^2}{4} \times \sqrt{\dfrac{2g \times \Delta P}{\gamma}}$이며,

$\dfrac{Q_1}{Q_2} = \sqrt{\dfrac{\Delta P_1}{\Delta P_2}}$ 유량은 동압의 제곱근에 비례한다는 비례식을 세울 수 있다.

$Q_2 = Q_1 \times \sqrt{\dfrac{\Delta P_2}{\Delta P_1}} = 22 \times \sqrt{\dfrac{1.024}{1.936}} = 16\text{m}^3/\text{h}$

정답 | ②

47 빈출도 ★

20L인 물의 온도를 15℃에서 80℃로 상승시키는데 필요한 열량은 약 몇 kJ인가?

① 6,900 ② 6,300
③ 5,400 ④ 4,200

해설

$$Q = mC(T_1 - T_2)$$

Q: 열량(kJ), m: 질량(kg), C: 비열량(kcal/kg·℃),
T_2: 나중 온도(℃), T_1: 처음 온도(℃)

$m = 20L \times \frac{1,000kg}{m^3} \times \frac{1m^3}{1,000L} = 20kg$

$Q = 20kg \times \frac{1kcal}{kg \cdot ℃} \times (80-15)℃ \times \frac{4.186kJ}{1kcal} = 5,442kJ$

※ 물의 비열 = 1kcal/kg·℃
※ 1kcal = 4.186kJ

정답 | ③

48 빈출도 ★★

다음 중 광고온계의 측정원리는?

① 열에 의한 금속팽창을 이용하여 측정
② 피측정물의 휘도와 전구의 휘도를 비교하여 측정
③ 피측정물의 전파장의 복사 에너지를 열전대로 측정
④ 이종금속 접합점의 온도차에 따른 열기전력을 측정

해설

광고온계는 700~3,000℃의 측정범위로, 고온 물체로부터 방사되는 특정파장을 온도계에서 통과시켜 전구 필라멘트의 휘도와 물체의 휘도를 육안으로 직접 비교하여 온도를 측정한다.

정답 | ②

49 빈출도 ★★

측정량과 크기가 거의 같은 미리 알고 있는 양의 분동을 준비하여 분동과 측정량의 차이로부터 측정량을 구하는 방식은?

① 편위법 ② 보상법
③ 치환법 ④ 영위법

해설

보상법은 측정량과 크기가 거의 같은 사전에 알고 있는 양(미리 알고 있는 양)의 분동을 준비하여 분동과 측정량의 차이를 측정한다.

정답 | ②

50 빈출도 ★★

다음 중에서 비접촉식 온도 측정 방법이 아닌 것은?

① 광고온계 ② 색온도계
③ 서미스터 ④ 광전관식 온도계

해설

서미스터는 접촉식 온도계에 해당된다.

관련개념 접촉식 온도계와 비접촉식 온도계

	접촉식 온도계	비접촉식 온도계
원리	측정하고자 하는 물체에 온도계를 직접 접촉시키고 열적 평형을 일으킬 때 온도를 측정한다.	측정되는 물체에 접촉하지 않고 파장, 방사열 등을 이용하여 측정한다.
종류	열전대 온도계, 저항식 온도계(서미스터, 니켈, 구리, 백금 저항소자), 압력식 온도계, 바이메탈 온도계, 액체봉입유리 온도계, 제겔콘 등	적외선 온도계, 방사 온도계, 색온도계, 광고온계, 광전관식 온도계 등

정답 | ③

51

자동제어계에서 안정성의 척도가 되는 것은?

① 감쇠
② 정상편차
③ 지연시간
④ 오버슈트(Overshoot)

해설

오버슈트는 제어시스템의 계단변화가 도입된 후 제어량의 최종적인 값(목표값) 초과 시 나타나는 최대초과량을 의미한다. 제어시스템의 안전성과 성능을 평가하는 척도로 활용한다.

정답 | ④

52

화염검출방식으로 가장 거리가 먼 것은?

① 화염의 열을 이용
② 화염의 빛을 이용
③ 화염의 색을 이용
④ 화염의 전기전도성을 이용

선지분석

① 스택스위치: 화염의 열을 이용하여 바이메탈의 신축작용으로 검출한다.
② 플레임아이: 화염의 빛(발광)을 이용한다.
④ 플레임로드: 화염의 전기전도성을 이용하며 주로 가스연료 점화버너에 사용된다.

정답 | ③

53

부자식(float) 면적 유량계에 대한 설명으로 틀린 것은?

① 압력손실이 적다.
② 정밀측정에는 부적합하다.
③ 대유량의 측정에 적합하다.
④ 수직배관에만 적용이 가능하다.

해설

부자식 면적 유량계는 플루트식 유량계라고도 하며, 수직으로 설치된 관에서 부자의 움직임의 상하 차이를 측정한다. 액면이 심하게 움직이는 곳(대유량 등)에 사용이 어렵다.

정답 | ③

54

개방형 마노미터로 측정한 공기의 압력은 $150\ \text{mmH}_2\text{O}$일 때, 이 공기의 절대압력($\text{kg/m}^2$)은?

① 약 150
② 약 159
③ 약 1580
④ 약 10,480

해설

절대압력=대기압+게이지압이므로
$150+10{,}332=10{,}482\ \text{mmH}_2\text{O}$
절대압력
$=10{,}482\ \text{mmH}_2\text{O} \times \dfrac{1.033227\ \text{kgf/cm}^2}{10{,}332\ \text{mmH}_2\text{O}} \times \dfrac{(100\text{cm})^2}{1\text{m}^2}$

※ 대기압 $=10{,}332\ \text{mmH}_2\text{O}$
※ $1\text{atm}=10{,}332\ \text{mmH}_2\text{O}$
$\qquad =1.033227\ \text{kgf/cm}^2=101.325\ \text{kPa}$

정답 | ④

55 빈출도 ★

가스분석계의 특징에 관한 설명으로 틀린 것은?

① 선택성에 대한 고려가 필요 없다.
② 적정한 시료가스의 채취장치가 필요하다.
③ 시료가스의 온도 및 압력의 변화로 측정오차를 유발할 우려가 있다.
④ 계기의 교정에는 화학분석에 의해 검정된 표준시료가스를 이용한다.

해설

다양한 선택성에 대한 고려가 필요하다.

정답 | ①

57 빈출도 ★★

다음 중 가스분석 측정법이 아닌 것은?

① 오르사트법 ② 적외선 흡수법
③ 플로우 노즐법 ④ 가스크로마토그래피법

해설

플로우 노즐법은 유량 측정법이다.

관련개념 가스분석계 측정법

성질	측정법
물리적	가스크로마토그래피법, 세라믹식, 자기식, 밀도법, 적외선식, 열전도율법, 도전율법 등
화학적	연소열식 O_2계, 연소식 O_2계, 자동화학식 CO_2계, 오르사트 분석기(자동오르사트), 헴펠법, 게겔법 등

정답 | ③

56 빈출도 ★★

보일러의 자동제어 중에서 A.C.C.이 나타내는 것은 무엇인가?

① 연소제어 ② 급수제어
③ 온도제어 ④ 유압제어

해설

연소제어(A.C.C. Automatic Combustion Control)는 발생되는 증기 또는 온수의 압력(온도)까지 일정한 값을 유지하도록 연소의 양을 자동제어한다.

정답 | ①

58 빈출도 ★★

가스분석 방법 중 CO_2의 농도를 측정할 수 없는 방법은?

① 자기법 ② 도전율법
③ 적외선법 ④ 열도전율법

해설

자기법(자기식) 가스분석계는 자기장 흡입 특성을 이용하여 측정하는 분석계로, 자성을 거의 지니지 않는 이산화탄소의 농도를 측정할 수 없다.

정답 | ①

59 빈출도 ★

공기압식 조절계에 대한 설명으로 틀린 것은?

① 관로저항으로 전송지연이 생길 수 있다.
② 실용상 2,000m 이내에서는 전송지연이 없다.
③ 신호 공기압은 충분히 제습, 제진한 것이 요구된다.
④ 신호로 사용되는 공기압은 약 0.2~1.0kg/cm²이다.

해설

실용상 2,000m 이내에서는 전송지연이 발생한다.

관련개념 공기압식 조절계

- 공기는 압축성 유체로 관로 저항으로 전송지연이 생긴다.
- 공기압의 신호를 위해 관로 제습, 제진 등이 필요하다.
- 신호의 전송거리는 약 100~150m 정도로 신호방법 중 가장 짧다.

정답 | ②

60 빈출도 ★

1,500K의 완전방사체 표면으로부터 방출되는 전방사에너지는 약 몇 W/cm²인가? (단, 스테판–볼츠만 상수는 5.67×10^{-12} W/cm²·K⁴이다.)

① 26.7　　② 28.7
③ 30.7　　④ 32.7

해설

스테판 볼츠만 공식은 다음과 같다.

$$E = \sigma \times T_a^4$$

전방사에너지(W/cm²), σ: 스테판–볼츠만 상수(W/cm²·K⁴),
T_a: 진온도(K)

$E = (5.67 \times 10^{-12}) \times 1{,}500^4 = 28.7$ W/cm²

정답 | ②

열설비재료 및 관계법규

61 빈출도 ★★

작업이 간편하고 조업주기가 단축되며 요체의 보유열을 이용할 수 있어 경제적인 반연속식 요는?

① 셔틀요　　② 윤요
③ 터널요　　④ 도염식요

해설

셔틀요는 작업이 간편하여 조업주기가 단축되며 반연속식 요에 해당된다.

관련개념 작업방식에 따른 요로 분류

작업방식	종류
연속식	윤요(고리가마), 터널요, 견요, 회전요
반연속식	등요, 셔틀요
불연속식	횡염식요, 승염식요, 도염식요

정답 | ①

62 빈출도 ★

아래는 에너지이용 합리화법령상 에너지의 수급차질에 대비하기 위하여 산업통상자원부장관이 에너지저장의무를 부과할 수 있는 대상자의 기준이다. ( )에 들어갈 용어는?

연간 ( ) 석유환산톤 이상의 에너지를 사용하는 자

① 1천　　② 5천
③ 1만　　④ 2만

해설

「에너지이용 합리화법 시행령 제12조」
연간 2만 석유환산톤 이상의 에너지를 사용하는 자는 산업통상자원부장관이 에너지저장의무를 부과할 수 있는 대상자이다.

정답 | ④

63 빈출도 ★

에너지이용 합리화법령에 따라 에너지관리산업기사 자격을 가진 자는 관리가 가능하나, 에너지관리기능사 자격을 가진 자는 관리할 수 없는 보일러 용량의 범위는?

① 5t/h 초과 10t/h 이하
② 10t/h 초과 30t/h 이하
③ 20t/h 초과 40t/h 이하
④ 30t/h 초과 60t/h 이하

해설

「에너지이용 합리화법 시행규칙 별표 3의9」
검사대상기기관리자의 자격 및 조종범위

관리자의 자격	관리범위
에너지관리기능장, 에너지관리기사 또는 에너지관리산업기사	용량이 10t/h를 초과하고 30t/h 이하인 보일러

정답 | ②

64 빈출도 ★★★

에너지이용 합리화법령에 따라 효율관리기자재의 제조업자는 효율관리시험기관으로부터 측정 결과를 통보받은 날부터 며칠 이내에 그 측정 결과를 한국에너지공단에 신고하여야 하는가?

① 15일 ② 30일
③ 60일 ④ 90일

해설

「에너지이용 합리화법 시행규칙 제9조」
효율관리기자재의 제조업자 또는 수입업자는 효율관리시험기관으로부터 측정 결과를 통보받은 날 또는 자체측정을 완료한 날부터 각각 90일 이내에 그 측정 결과를 법 제45조에 따른 한국에너지공단에 신고하여야 한다. 이 경우 측정 결과 신고는 해당 효율관리기자재의 출고 또는 통관 전에 모델별로 하여야 한다.

정답 | ④

65 빈출도 ★★

고알루미나(High alumina)질 내화물의 특성에 대한 설명으로 옳은 것은?

① 급열, 급냉에 대한 저항성이 적다.
② 고온에서 부피변화가 크다.
③ 하중 연화온도가 높다.
④ 내마모성이 적다.

해설

고알루미나질은 Al_2O_3 함량이 45% 이상인 내화벽돌로 다양한 조건에 안정적이고 각종 요로의 가혹한 부위에 주로 사용된다. 하중연화 온도가 높으며, 내식성 및 내마모성이 크다.

정답 | ③

66 빈출도 ★★

에너지이용 합리화법령상 에너지사용계획의 협의대상사업 범위 기준으로 옳은 것은?

① 택지의 개발사업 중 면적이 10만m² 이상
② 도시개발사업 중 면적이 30만m² 이상
③ 공항개발사업 중 면적이 20만m² 이상
④ 국가산업단지의 개발사업 중 면적이 5만m² 이상

선지분석

「에너지이용 합리화법 시행령 별표 1」
① 택지의 개발사업 중 면적이 30만m² 이상 (다만, 민간 사업주관자의 경우에는 면적이 60만m² 이상)
③ 공항개발사업 중 면적이 40만m² 이상(다만, 여객터미널의 신축, 개축이 포함되지 아니하는 건설사업은 제외한다.)
④ 국가산업단지의 개발사업 중 면적이 15만m² 이상(다만, 민간 사업주관자의 경우에는 면적이 30만 제곱미터 이상인 것만 해당한다.)

정답 | ②

67 빈출도 ★

다음 중 에너지이용 합리화법령에 따른 검사대상기기에 해당하는 것은?

① 정격용량이 0.5MW인 철금속가열로
② 가스사용량이 20kg/h인 소형 온수보일러
③ 최고사용압력이 0.1MPa이고, 전열면적이 4m²인 강철제 보일러
④ 최고사용압력이 0.1MPa이고, 동체 안지름이 300mm이며, 길이가 500mm인 강철제 보일러

해설

「에너지이용 합리화법 시행규칙 별표 3의3」
(1) **강철제 보일러, 주철제 보일러**
 다음 각 호의 어느 하나에 해당하는 것은 제외한다.
 - 최고사용압력이 0.1MPa 이하이고, 동체의 안지름이 300미리미터 이하이며, 길이가 600미리미터 이하인 것
 - 최고사용압력이 0.1MPa 이하이고, 전열면적이 5제곱미터 이하인 것
 - 2종 관류보일러
 - 온수를 발생시키는 보일러로서 대기개방형인 것
(2) **소형 온수보일러**
 가스를 사용하는 것으로서 가스사용량이 17kg/h(도시가스는 232.6킬로와트)를 초과하는 것
(3) **철금속가열로**
 정격용량이 0.58MW를 초과하는 것

정답 | ②

68 빈출도 ★

에너지이용 합리화법령상 검사의 종류가 아닌 것은?

① 설계검사 ② 제조검사
③ 계속사용검사 ④ 개조검사

해설

「에너지이용 합리화법 시행규칙 별표 3의4」
검사의 종류에는 제조검사(용접검사, 구조검사), 설치검사, 개조검사, 설치장소 변경검사, 재사용검사, 계속사용검사(안전검사, 운전성능검사)가 있다.

정답 | ①

69 빈출도 ★★

에너지이용 합리화법령상 에너지사용계획을 수립하여 제출하여야 하는 사업주관자로서 해당되지 않는 사업은?

① 항만건설사업 ② 공항건설사업
③ 철도건설사업 ④ 도로건설사업

해설

「에너지이용 합리화법 시행령 제20조」
- 도시개발사업
- 산업단지개발사업
- 에너지개발사업
- 항만건설사업
- 철도건설사업
- 공항건설사업
- 관광단지개발사업
- 개발촉진지구개발사업 또는 지역종합개발사업

정답 | ④

70 빈출도 ★★

다음 강관의 표시기호 중 배관용 합금강 강관은?

① SPPH ② SPHT
③ SPA ④ STA

해설

배관의 종류	용도별 특징
일반 배관용 탄소강관(SPP)	• 사용압력은 10kg/cm² 이하이다. • 증기, 물, 기름, 가스 및 공기 등 널리 사용한다.
압력배관용 탄소강관(SPPS)	• 보일러의 증기관, 유압관, 수압관 등의 압력배관에 사용된다. • 사용압력은 10~100kg/cm², 온도는 350℃ 이하이다.
고온 배관용 탄소강관(SPPH)	350℃ 온도의 과열증기 등의 배관용으로 사용된다.
저온 배관용 탄소강관(SPLT)	빙점 0℃ 이하 낮은 온도에서 사용된다.
수도용 아연도금 강관(SPPW)	주로 정수두 100m 이하의 급수배관용으로 사용된다.
배관용 아크용접 탄소강관(SPW)	사용압력 10kg/cm²의 낮은 증기, 물 기름 등에 사용한다.
배관용 합금강관(SPA)	합금강을 말하며, 주로 고온, 고압에 사용된다.

정답 | ③

71 빈출도 ★★

에너지법에서 정한 용어의 정의에 대한 설명으로 틀린 것은?

① 에너지란 연료·열 및 전기를 말한다.
② 연료란 석유·가스·석탄, 그 밖에 열을 발생하는 열원을 말한다.
③ 에너지사용자란 에너지를 전환하여 사용하는 자를 말한다.
④ 에너지사용기자재란 열사용기자재나 그 밖에 에너지를 사용하는 기자재를 말한다.

해설

에너지사용자란 에너지사용시설의 소유자 또는 관리자를 말한다.

관련개념 「에너지법 제2조」 용어의 정의

- "에너지"란 연료·열 및 전기를 말한다.
- "연료"란 석유·가스·석탄, 그 밖에 열을 발생하는 열원(熱源)을 말한다. 다만, 제품의 원료로 사용되는 것은 제외한다.
- "에너지사용시설"이란 에너지를 사용하는 공장·사업장 등의 시설이나 에너지를 전환하여 사용하는 시설을 말한다.
- "에너지공급설비"란 에너지를 생산·전환·수송 또는 저장하기 위하여 설치하는 설비를 말한다.
- "에너지공급자"란 에너지를 생산·수입·전환·수송·저장 또는 판매하는 사업자를 말한다.
- "에너지사용기자재"란 열사용기자재나 그 밖에 에너지를 사용하는 기자재를 말한다.
- "열사용기자재"란 연료 및 열을 사용하는 기기, 축열식 전기기기와 단열성(斷熱性) 자재로서 산업통상자원부령으로 정하는 것을 말한다.

정답 | ③

72 빈출도 ★

다음 밸브 중 유체가 역류하지 않고 한쪽방향으로만 흐르게 하는 밸브는?

① 감압밸브
② 체크밸브
③ 팽창밸브
④ 릴리프밸브

해설

체크밸브는 유체가 한 방향으로 흐르도록 제어하는 밸브로 역류를 방지하기 위한 장치이다.

정답 | ②

73 빈출도 ★

용광로를 고로라고도 하는데, 이는 무엇을 제조하는 데 사용되는가?

① 주철
② 수강
③ 선철
④ 포금

해설

용광로(고로)는 제련로를 뜻하며, 철광석을 녹여 선철을 생산하는 데 사용된다.

관련개념 요로

상부(Top)부터 원료투입으로 노구(throat) → 샤프트(Shaft) → 보시(Bosh) → 노상(hearth)로 구성된다.

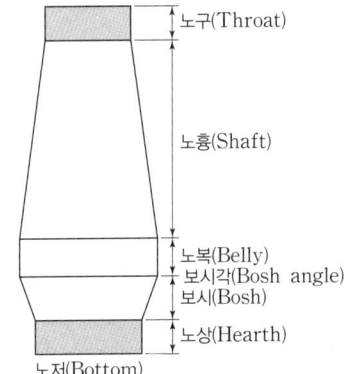

▲ 고로의 구조

정답 | ③

74 빈출도 ★★

폴스테라이트에 대한 설명으로 옳은 것은?

① 주성분은 Mg_2SiO_4이다.
② 내식성이 나쁘고 기공률은 작다.
③ 돌로마이트에 비해 소화성이 크다.
④ 하중연화점은 크나 내화도는 SK 28로 작다.

선지분석
② 내식성이 우수하고 기공률이 크다.
③ 돌로마이트에 비해 소화성이 작다.
④ 하중연화점이 크고 내화도는 SK 35~38로 높다.

정답 | ①

75 빈출도 ★★

길이 7m, 외경 200mm, 내경 190mm의 탄소강관에 360°C 과열증기를 통과시키면 이때 늘어나는 관의 길이는 몇 mm인가? (단, 주위온도는 20°C이고, 관의 선팽창계수는 0.000013mm/mm·°C이다.)

① 21.15
② 25.71
③ 30.94
④ 36.48

해설
선팽창계수를 이용하여 온도변화에 따른 탄소강관의 늘어난 길이를 확인한다.

$$\Delta L = L_0 \times \alpha \times \Delta T$$

L: 길이(mm), α: 선팽창계수(mm/mm·°C), ΔT: 온도차(°C)

$\Delta L = 7,000 \times 0.000013 \times 340 = 30.94$mm

정답 | ③

76 빈출도 ★★

샤모트(Chamotte)벽돌에 대한 설명으로 옳은 것은?

① 일반적으로 기공률이 크고 비교적 낮은 온도에서 연화되며 내스폴링성이 좋다.
② 흑연질 등을 사용하며 내화도와 하중연화점이 높고 열 및 전기전도도가 크다.
③ 내식성과 내마모성이 크며 내화도는 SK35 이상으로 주로 고온부에 사용된다.
④ 하중 연화점이 높고 가소성이 커 염기성 제강로에 주로 사용된다.

해설
비교적 낮은 온도에서 내스폴링성이 좋다.

관련개념 샤모트(chamotte) 벽돌
- 골재 원료로 고온에 견딜 수 있도록 제작된 내화재료이다.
- 생점토가 적을수록 수축과 기공률이 작다.
- 비교적 낮은 온도에서 내스폴링성이 좋다.
- 벽돌의 10~30% 가소성 생점토를 첨가하여 성형 및 소결성을 우수하게 한다.

정답 | ①

77

에너지이용 합리화법령에 따른 한국에너지공단의 사업이 아닌 것은?

① 에너지의 안정적 공급
② 열사용기자재의 안전관리
③ 신에너지 및 재생에너지 개발사업의 촉진
④ 집단에너지 사업의 촉진을 위한 지원 및 관리

해설

에너지의 안정적 공급은 시도지사의 지역에너지계획에 포함된다.

관련개념 한국에너지공단의 사업

「에너지이용 합리화법 제57조」
- 에너지이용 합리화 및 이를 통한 온실가스의 배출을 줄이기 위한 사업과 국제협력
- 에너지기술의 개발 · 도입 · 지도 및 보급
- 에너지이용 합리화, 신에너지 및 재생에너지의 개발과 보급, 집단에너지공급사업을 위한 자금의 융자 및 지원
- 에너지진단 및 에너지관리지도
- 신에너지 및 재생에너지 개발사업의 촉진
- 에너지관리에 관한 조사 · 연구 · 교육 및 홍보
- 에너지이용 합리화사업을 위한 토지 · 건물 및 시설 등의 취득 · 설치 · 운영 · 대여 및 양도
- 집단에너지사업의 촉진을 위한 지원 및 관리
- 에너지사용기자재 · 에너지관련기자재의 효율관리 및 열사용기자재의 안전관리
- 사회취약계층의 에너지이용 지원
- 산업통상자원부장관, 시 · 도지사, 그 밖의 기관 등이 위탁하는 에너지이용의 합리화와 온실가스의 배출을 줄이기 위한 사업

정답 | ①

78

에너지이용 합리화법령에서 규정한 수요관리 전문기관에 해당하는 것은?

① 한국가스안전공사
② 한국에너지공단
③ 한국전력공사
④ 전기안전공사

해설

「에너지이용 합리화법 시행령 제18조」
대통령령으로 정하는 수요관리전문기관이란 다음 어느 하나에 해당하는 기관을 말한다.
- 한국에너지공단
- 수요관리사업의 수행능력이 있다고 인정되는 기관으로서 산업통상자원부령으로 정하는 기관

정답 | ②

79

용광로에 장입하는 코크스의 역할이 아닌 것은?

① 연소 시 환원성가스를 발생시켜 철의 환원을 도모
② 선철을 제조하는데 필요한 열원을 공급
③ 가스상태로 선철 중에 흡수
④ 철광석 중의 황분을 제거

해설

탈황 및 탈산을 위해 첨가하는 광석은 망간광석이다.
코크스는 선철을 제조하는 열원으로 사용되며, 연소 시 생성되는 환원성 가스에 의해 산화철을 환원시키고 탄소의 일부는 선철 중 흡수되어 흡탄작용을 일으킨다.

정답 | ④

80 빈출도 ★★

에너지이용 합리화법령에 따라 냉난방온도의 제한 대상 건물에 해당하는 것은?

① 연간 에너지사용량이 5백 티오이 이상인 건물
② 연간 에너지사용량이 1천 티오이 이상인 건물
③ 연간 에너지사용량이 1천5백 티오이 이상인 건물
④ 연간 에너지사용량이 2천 티오이 이상인 건물

해설

「에너지이용 합리화법 시행령 제42조2」
냉난방온도를 제한하는 건물이란 연간 에너지사용량이 2천 티오이 이상인 건물을 말한다.

정답 | ④

열설비설계

81 빈출도 ★★

증기압력 120kPa의 포화증기(포화온도 104.25℃, 증발잠열 2,245kJ/kg)를 내경 52.9mm, 길이 50m인 강관을 통해 이송하고자 할 때 트랩 선정에 필요한 응축수량(kg)은? (단, 외부온도 0℃, 강관의 질량 300kg, 강관비열 0.46kJ/kg·℃이다.)

① 4.4
② 6.4
③ 8.4
④ 10.4

해설

열보존법칙에 의해 포화수가 잃은 열손실량과 응축수가 얻은 응축수량은 같다.
열손실량 = 비열(C) × 질량(m) × 온도차(ΔT)
     = 0.46kJ/kg·℃ × 300kg × (104.25 − 0)℃
     = 14,386.5kJ/℃
열손실량 = 응축수량
응축수가 얻은 응축수량 = 필요한 응축수량(m) × 증발잠열(R)
14,386.5 = m × 2,245kJ/kg
m = 6.4kg

정답 | ②

---

82 빈출도 ★★

연관의 안지름이 140mm이고, 두께가 5mm일 때 연관의 최고사용압력은 약 몇 MPa인가?

① 1.12
② 1.63
③ 2.25
④ 2.83

해설

연관의 바깥지름이 150mm 이하인 경우, 연관의 최소두께를 구하는 공식은 아래와 같다.

$$t = \frac{PR}{70} + 1.5$$

t: 최소 두께(mm), P: 최고 사용압력(MPa), R: 연관의 바깥지름(mm)

$5 = \frac{P \times (140 + 2 \times 5)}{70} + 1.5$

$P = \frac{70 \times (5 - 1.5)}{150} = 1.63\text{MPa}$

※ 연관의 바깥지름(R)은 안지름 + 2 × 두께로 구한다.

정답 | ②

---

83 빈출도 ★

다음 중 안전밸브에 대한 설명으로 틀린 것은?

① 안전밸브는 보일러 동체에 직접 부착시킨다.
② 안전밸브의 방출관은 단독으로 설치하여야 한다.
③ 증기보일러는 2개 이상의 안전밸브를 설치해야 한다.
④ 안전밸브 및 압력방출장치의 크기는 호칭 지름 50mm 이상으로 하여야 한다.

해설

최고사용압력 0.1MPa(1kg/cm^2) 이하의 보일러, 최고사용압력 0.5MPa(5kg/cm^2) 이하의 보일러로 동체의 안지름이 500mm 이하이며 동체의 길이가 1,000mm 이하의 것에서는 호칭지름 20A 이상으로 할 수 있다.

정답 | ④

84 빈출도 ★

다음 중 수관식 보일러의 장점이 아닌 것은?

① 드럼이 작아 구조상 고온 고압의 대용량에 적합하다.
② 연소실 설계가 자유롭고 연료의 선택범위가 넓다.
③ 보일러수의 순환이 좋고 전열면 증발율이 크다.
④ 보유수량이 많아 부하변동에 대하여 압력변동이 적다.

해설

보유수량이 적어 부하변동에 대한 압력변동이 작다.

관련개념 수관식 보일러의 특징

- 보유수량이 적어 부하변동에 대한 압력변동이 적다.
- 고압 대용량으로 쓰이며, 패키지형으로 제작이 가능하다.
- 연소실 설계가 자유롭고 수관의 배열이 용이하다.
- 드럼이 작고 구조상 고온 고압에 적합하다.
- 구조가 복잡하여 청소 및 검사, 수리가 어렵다.
- 관수처리와 스케일 부착에 주의해야 한다.
- 보일러수의 순환이 좋아 전열면적이 크고 열효율이 높다.

정답 | ④

85 빈출도 ★★

보일러에서 용접 후에 풀림처리를 하는 주된 이유는?

① 용접부의 균열을 제거하기 위해
② 용접부의 열응력을 제거하기 위해
③ 용접부의 강도를 증가시키기 위해
④ 용접부의 연신률을 증가시키기 위해

해설

용접 시 고열이 발생하며 이 열로 인해 내부에 잔류응력과 용접부의 열응력이 발생하고 이를 제거하기 위해 결정조직을 조정하고 연화하기 위한 열처리 조작으로 서서히 냉각시키는 것을 풀림처리라고 한다.

정답 | ②

86 빈출도 ★★★

육용 강재 보일러의 구조에 있어서 동체의 최소 두께 기준으로 틀린 것은?

① 안지름이 900mm 이하인 것은 4mm
② 안지름이 900mm 초과, 1,350mm 이하인 것은 8mm
③ 안지름이 1,350mm 초과, 1,850mm 이하인 것은 10mm
④ 안지름이 1,850mm를 초과하는 것은 12mm

해설

육용 강재 보일러의 안지름	동체의 최소 두께
900mm 이하	6mm (단, 스테이 부착시 8mm)
900mm 초과 1,350mm 이하	8mm
1,350mm 초과 1,850mm 이하	10mm
1,850mm 초과	12mm

정답 | ①

87 빈출도 ★

보일러에서 사용하는 안전밸브의 방식으로 가장 거리가 먼 것은?

① 중추식
② 탄성식
③ 지렛대식
④ 스프링식

해설

안전밸브의 종류에는 중추식, 지렛대식(레버식), 스프링식이 있다.

정답 | ②

88 빈출도 ★★

급수조절기를 사용할 경우 수압시험 또는 보일러를 시동할 때 조절기가 작동하지 않게 하거나, 모든 자동 또는 수동제어 밸브 주위에 수리, 교체하는 경우를 위하여 설치하는 설비는?

① 블로우 오프관
② 바이패스관
③ 과열 저감기
④ 수면계

해설

급수조절기를 사용할 경우 수압시험 및 보일러 시동 시 조절기가 작동하지 않게 하며, 수동제어 밸브 주위에 수리, 교체를 위해 바이패스관을 설치한다.

정답 | ②

89 빈출도 ★★

급수펌프인 인젝터의 특징에 대한 설명으로 틀린 것은?

① 송수량의 조절이 용이하다.
② 별도의 소요동력이 필요하지 않다.
③ 구조가 간단하여 소형에 사용된다.
④ 소량의 고압증기로 다량의 급수가 가능하다.

해설

급수용량이 부족하여 송수량의 조절이 어렵다.

관련개념 인젝터

- 구조가 간단하고 가격이 저렴하여 소형에 사용된다.
- 별도의 소요동력이 필요하지 않다.
- 급수의 예열로 열효율이 상승하나 증기압력, 급수온도에 따라 급수 불량이 발생할 수 있다.
- 흡입양정이 작고 효율이 낮다.

정답 | ①

90 빈출도 ★

다음 중 보일러의 전열효율을 향상시키기 위한 장치로 가장 거리가 먼 것은?

① 인젝터
② 절탄기
③ 공기예열기
④ 수트 블로어

해설

인젝터는 증기를 노즐에서 분출시켜 보유한 열을 이용하여 다른 유체를 이동시키거나 압력을 높이는 장치로 보일러의 전열효율을 향상시키는 장치와는 거리가 멀다.

정답 | ①

91 빈출도 ★★

다음 중 보일러 안전장치로 가장 거리가 먼 것은?

① 방폭문
② 안전밸브
③ 체크밸브
④ 고저수위경보기

해설

체크밸브는 유체가 한 방향으로 흐르도록 하여 역류를 방지하기 위한 장치로 보일러 안전장치와는 거리가 멀다.

관련개념 보일러 안전장치

장치	의미
안전밸브	보일러 내부의 증기압력이 기준압 이상으로 상승될 경우에 증기가 외부로 배출될 수 있게 하여 사전에 보일러의 압력 상승 및 파열사고를 방지한다.
화염검출기	연소에 상태를 감시하여 비정상연소(연소중단, 불완전연소 등)가 진행될 경우 자동으로 연료 공급을차단하여 미연소가스로 인한 폭발사고 등을 방지한다.
고·저수위 경보기	보일러 드럼 내 수위를 적당한 범위 내에서 유지하도록 감시하고, 이상 상황 발생시 경보를 울려 조치를 유도하는 장치를 말한다.
방폭문	연소실 내에서 잔류 미연소가스의 폭발 또는 역화시 내부압력 및 폭발압을 신속히 외부로 배출하여 동체의 파열사고를 방지한다.

정답 | ③

92 빈출도 ★★

보일러의 만수보존법에 대한 설명으로 틀린 것은?

① 밀폐 보존방식이다.
② 겨울철 동결에 주의하여야 한다.
③ 보통 2~3개월의 단기보존에 사용된다.
④ 보일러수는 pH6 정도 유지되도록 한다.

해설

알칼리 성분과 탈산소제 약품을 넣어 관수 pH12 정도의 약알칼리성으로 보존한다.

정답 | ④

93 빈출도 ★

직경 200mm 철관을 이용하여 매분 1,500L의 물을 흘려보낼 때 철관 내의 유속(m/s)은?

① 0.79
② 0.99
③ 1.19
④ 1.29

해설

$$Q = A \times v = \left(\frac{\pi D^2}{4}\right) \times v$$

Q: 유량(m²/s), A: 면적(m²), v: 유속(m/s), D: 내경(m)

$$v = \frac{Q}{A} = \frac{\frac{1,500L}{min} \times \frac{1m^3}{1,000} \times \frac{1min}{60sec}}{\pi \times \frac{(0.2m)^2}{4}} = 0.7958 m/s$$

※ $1m^3 = 1,000L$

정답 | ①

94 빈출도 ★

급수 및 보일러수의 순도 표시방법에 대한 설명으로 틀린 것은?

① epm은 당량농도라 하고 용액 1kg 중에 용존되어 있는 물질의 mg 당량수를 의미한다.
② 알칼리도는 수중에 함유하는 탄산염 등의 알칼리성 성분의 농도를 표시하는 척도이다.
③ 보일러수에서는 재료의 부식을 방지하기 위하여 pH가 7인 중성을 유지하여야 한다.
④ ppm의 단위는 100만분의 1의 단위이다.

해설

보일러수에서는 재료의 부식을 방지하기 위하여 pH가 10.5~11.5 사이의 약알칼리성을 유지하여야 한다.

정답 | ③

95 빈출도 ★★

다음 중 보일러 내처리에 사용하는 pH 조정제가 아닌 것은?

① 수산화나트륨
② 탄닌
③ 암모니아
④ 제3인산나트륨

해설

탄닌은 슬러지조정제로 쓰인다.

관련개념 보일러 내처리제(청관제)의 종류 및 약품

구분	약품명
pH 및 알칼리 조정제	수산화나트륨, 탄산나트륨, 인산나트륨, 인산, 암모니아
연화제	수산화나트륨, 탄산나트륨, 인산나트륨
슬러지조정제	탄닌, 리그닌, 전분
탈산소제	아황산나트륨, 히드라진, 탄닌
가성취화방지제	황산나트륨, 인산나트륨, 질산나트륨, 탄닌, 리그닌
기포방지제	고급 지방산 폴리아민, 고급지방산 폴리알콜

정답 | ②

96 빈출도 ★

흑체로부터의 복사에너지는 절대온도의 몇 제곱에 비례하는가?

① $\sqrt{2}$ ② 2
③ 3   ④ 4

해설

스테판 볼츠만 법칙
열복사 에너지(E)는 절대온도(T)의 4승에 비례한다.

$$\frac{E_2}{E_1} \propto \left(\frac{T_2}{T_1}\right)^4$$

정답 | ④

97 빈출도 ★

줄-톰슨계수(Joule-Thomson coefficient, μ)에 대한 설명으로 옳은 것은?

① μ의 부호는 열량의 함수이다.
② μ의 부호는 온도의 함수이다.
③ μ가 (-)일 때 유체의 온도는 교축과정 동안 내려간다.
④ μ가 (+)일 때 유체의 온도는 교축과정 동안 일정하게 유지된다.

해설

줄톰슨계수(μ)는 압력변화에 따른 온도변화를 설명하는 열역학적 특성으로 실제 기체가 고압에서 저압으로 교축밸브를 지나면서 연속적으로 단열팽창시키며 압력과 온도가 비례관계이다.
- $\mu > 0$: 온도 감소
- $\mu = 0$: 온도 불변
- $\mu < 0$: 온도 증가

정답 | ②

98 빈출도 ★

보일러의 증발량이 20ton/h이고, 보일러 본체의 전열면적이 450m²일 때, 보일러의 증발률(kg/m²·h)은?

① 24   ② 34
③ 44   ④ 54

해설

$$e = \frac{W}{A}$$

e: 보일러 증발률(kg/m²·h), W: 실제 증발량(kg/h), A: 면적(m²)

$$e = \frac{20 \times 10^3 \text{kg/h}}{450\text{m}^2} = \frac{20,000\text{kg/h}}{450\text{m}^2} = 44\text{kg/m}^2 \cdot \text{h}$$

정답 | ③

99 빈출도 ★

동일 조건에서 열교환기의 온도효율이 높은 순서대로 나열한 것은?

① 향류 > 직교류 > 병류   ② 병류 > 직교류 > 향류
③ 직교류 > 향류 > 병류   ④ 직교류 > 병류 > 향류

해설

향류는 열교환 시 유체와 열매가 반대로 흘러 온도효율이 가장 높다. 병류형은 같은 방향으로 유체와 열매가 흘러 온도효율이 낮다. (향류 > 직교류 > 병류)

정답 | ①

100 빈출도 ★

보일러 응축수 탱크의 가장 적절한 설치위치는?

① 보일러 상단부와 응축수 탱크의 하단부를 일치시킨다.
② 보일러 하단부와 응축수 탱크의 하단부를 일치시킨다.
③ 응축수 탱크는 응축수 회수배관보다 낮게 설치한다.
④ 응축수 탱크는 송출 증기관과 동일한 양정을 갖는 위치에 설치한다.

해설

응축수 탱크는 응축수 회수 배관보다 낮게 설치하여 증기사용 배관의 응축수가 중력 작용으로 응축수 탱크 하부에 모일 수 있게 한다.

정답 | ③

2025년 2회 CBT 복원문제

연소공학

01 빈출도 ★

순수한 CH_4를 건조 공기로 연소시키고 난 기체 화합물을 응축기로 보내 수증기를 제거시킨 다음, 나머지 기체를 Orsat법으로 분석한 결과, 부피비로 CO_2가 8.21%, CO가 0.41%, O_2가 5.02%, N_2가 86.36%이었다. CH_4 1kg-mol 당 약 몇 kg-mol의 건조 공기가 필요한가?

① 7.3
② 8.5
③ 10.3
④ 12.1

해설

메탄(CH_4)의 완전연소반응식
$CH_4 + 2O_2 \rightarrow CO_2 + 2H_2O$
CH_4과 O_2은 1 : 2 반응이므로 이를 이용하여 실제산소량을 구한다.

$$A = m \times \frac{O_o}{0.21}$$

A : 실제공기량, m : 공기비, O_o : 이론산소량

연소가스 조성 공기비(m) 공식은 다음과 같다.

$$m = \frac{N_2}{N_2 - 3.76(O_2 - 0.5 \times CO)}$$

$m = \frac{86.36}{86.36 - 3.76 \times (5.02 - 0.5 \times 0.41)} = 1.265$

$A = m \times \frac{O_o}{0.21} = 1.265 \times \frac{2}{0.21} = 12$ kg-mol

정답 | ④

02 빈출도 ★

다음 중 연소 전에 연료와 공기를 혼합하여 버너에서 연소하는 방식인 예혼합 연소방식 버너의 종류가 아닌 것은?

① 저압버너
② 중압버너
③ 고압버너
④ 송풍버너

해설

예혼합 연소방식 버너의 종류로 고압버너($2kg/cm^2$ 이상), 저압버너($0.01kg/cm^2$ 이상), 송풍버너가 있다.

정답 | ②

03 빈출도 ★★

프로판가스(C_3H_8) $1Nm^3$을 완전연소시키는 데 필요한 이론공기량은 약 몇 Nm^3인가?

① 23.8
② 11.9
③ 9.52
④ 5

해설

프로판(C_3H_8)의 완전연소반응식
$C_3H_8 + 5O_2 \rightarrow 3CO_2 + 4H_2O$
C_3H_8과 O_2은 1 : 5 반응이므로 이를 이용하여 이론산소량을 구한다.
$1mol : 5mol = 1 \times 22.4Nm^3 : 5 \times 22.4Nm^3$

$$A_o = \frac{O_o}{0.21}$$

A_o : 이론공기량, O_o : 이론산소량

$A_o = \frac{O_o}{0.21} = \frac{\frac{5 \times 22.4Nm^3}{1 \times 22.4Nm^3}}{0.21} = \frac{5}{0.21} = 23.8 Nm^3/Nm^3$

정답 | ①

04 빈출도 ★

석탄을 완전 연소시키기 위하여 필요한 조건에 대한 설명 중 틀린 것은?

① 공기를 예열한다.
② 통풍력을 좋게 한다.
③ 연료를 착화온도 이하로 유지한다.
④ 공기를 적당하게 보내 피연물과 잘 접촉시킨다.

해설

연료를 완전연소하기 위해서는 착화온도 이상으로 유지해야 한다.

정답 | ③

05 빈출도 ★

다음 중 폭발의 원인이 나머지 셋과 크게 다른 것은?

① 분진 폭발
② 분해 폭발
③ 산화 폭발
④ 증기 폭발

해설

증기폭발은 물리적 폭발의 한 종류로 가열된 액체가 빠르게 증발되면서 생기는 증기가 폭발한다.

관련개념 물리적 폭발과 화학적 폭발

물리적 폭발	수증기 폭발, 증기 폭발, 보일러 폭발 등
화학적 폭발	분진폭발, 분해폭발, 산화폭발, 촉매폭발 등

정답 | ④

06 빈출도 ★★

배기가스 출구 연도에 댐퍼를 부착하는 주된 이유가 아닌 것은?

① 통풍력을 조절한다.
② 과잉공기를 조절한다.
③ 가스의 흐름을 차단한다.
④ 주연도, 부연도가 있는 경우에는 가스의 흐름을 바꾼다.

해설

연소용 공기의 풍량조절(과잉공기 조절)은 송풍기로 한다.

정답 | ②

07 빈출도 ★

연소 배기가스량의 계산식(Nm^3/kg)으로 틀린 것은? (단, 습연소가스량 V, 건연소가스량 V', 공기비 m, 이론공기량 A이고, H, O, N, C, S는 원소, W는 수분이다.)

① $V=mA+5.4H+0.70O+0.8N+1.25W$
② $V=(m-0.21)A+1.87C+11.2H+0.7S+0.8N+1.25W$
③ $V'=mA-5.6H-0.7O+0.8N$
④ $V'=(m-0.21)A+1.87C+0.7S+0.8N$

해설

건연소가스량(V')$=mA-5.6H+0.7O+0.8N$

관련개념 배기가스량 계산식

- 실제건연소가스량
  $V'=(m-0.21)A+1.87C+0.7S+0.8N$
- 실제습연소가스량
  $V=(m-0.21)A+1.87C+11.2H+0.7S+0.8N+1.25W$

정답 | ③

08 빈출도 ★

링겔만 농도표의 측정 대상은?

① 배출가스 중 매연 농도
② 배출가스 중 CO 농도
③ 배출가스 중 CO_2 농도
④ 화염의 투명도

해설

링겔만 농도표는 배출가스 중 매연 농도를 측정하는 방법으로 6개의 농도표를 이용하여 결과를 낸다.

관련개념 링겔만의 매연농도 식

$$\rho = \frac{A_a}{m_a} \times 20\%$$

ρ: 매연율(%), A_a: 총 매연값(도수×측정시간),
m_a: 총 측정시간(min)

정답 | ①

09 빈출도 ★

1Nm³의 질량이 2.59kg인 기체는 무엇인가?

① 메탄(CH_4)
② 에탄(C_2H_6)
③ 프로판(C_3H_8)
④ 부탄(C_4H_{10})

해설

탄화수소계 C_mH_n 22.4Nm³ = $x$kg이며,
1Nm³ = 2.59kg를 비례식을 세워 m, n을 구한다.
22.4Nm³ : $x$kg = 1Nm³ : 2.59kg
x = 22.4 × 2.59 = 58kg
분자량이 58인 탄화수소계 기체는
부탄(C_4H_{10})(분자량 12×4+1×10=58)이다.

정답 | ④

10 빈출도 ★★

다음의 무게조성을 가진 중유의 저위발열량은 약 몇 kcal/kg인가? (단, 아래의 조성은 중유 1kg당 함유된 각 성분의 양이다.)

C: 84%, H: 13%, O: 0.5%, S: 2%, W: 0.5%

① 8,600
② 10,590
③ 13,600
④ 17,600

해설

무게 조성의 저위발열량 구하는 공식은 다음과 같다.

$$H_L = 8,100C + 28,600\left(H - \frac{O}{8}\right) + 2,500S - 600\left(W + \frac{9}{8}O\right)$$

$H_L = 8,100 × 0.84 + 28,600\left(0.13 - \frac{0.005}{8}\right)$
$\quad + 2,500 × 0.02 - 600\left(0.005 + \frac{9}{8} × 0.005\right)$
$\quad = 10,547.75$kcal/kg

정답 | ②

11 빈출도 ★★

가연성 혼합기의 공기비가 1.0 일 때 당량비는?

① 0
② 0.5
③ 1.0
④ 1.5

해설

당량비(ϕ) = $\frac{실제연공비}{이론연공비}$ = $\frac{이론공기량 × 실제연료량}{실제공기량 × 이론연료량}$

이상적인 연소에서 실제연료량과 이론연료량은 같다.

$\phi = \frac{이론공기량}{실제공기량} = \frac{1}{m} = \frac{1}{1} = 1.0$

관련개념 연공비, 공연비, 당량비 및 공기비

- 연공비라 함은 연료와 공기의 질량비로 정의된다.
- 공연비라 함은 공기와 연료의 질량비로 정의된다.
- 당량비는 실제연공비와 이론연공비의 비로 정의된다.
- 공기비는 당량비의 역수와 같다.

정답 | ③

12 빈출도 ★

기체연료의 장점이 아닌 것은?

① 열효율이 높다.
② 연소의 조절이 용이하다.
③ 다른 연료에 비하여 제조비용이 싸다.
④ 다른 연료에 비하여 회분이나 매연이 나오지 않고 청결하다.

해설

다른 연료에 비하여 저장 및 수송이 불편하고 설비비 및 연료비가 많이 든다.

관련개념 기체연료 특징

- 적은 과잉공기로 완전연소가 가능하여 연소효율이 높아진다.
- 부하변동 범위가 넓어 저발열량의 연료로 고온을 얻는다.
- 연소가 균일하고 조절이 용이하며, 매연이 발생하지 않는다.
- 저장 및 수송이 불편하고, 설비비 및 연료비가 많이 든다.
- 취급 시 폭발 위험과 일산화탄소(CO) 등 유해가스에 대한 노출위험이 있다.

정답 | ③

13 빈출도 ★

다음 반응식을 가지고 CH_4의 생성엔탈피를 구하면 몇 kJ 인가?

$$C + O_2 \rightarrow CO_2 + 394kJ$$
$$H_2 + \frac{1}{2}O_2 \rightarrow H_2O + 241kJ$$
$$CH_4 + 2O_2 \rightarrow CO_2 + 2H_2O + 802kJ$$

① −66　　② −70
③ −74　　④ −78

해설

메탄(CH_4)의 생성엔탈피 반응식
$CH_4 + 2O_2 \rightarrow CO_2 + 2H_2O + Q_a$
$802 = 394 + (2 \times 241) + Q_a$
$Q_a = 802 - 394 - 482 = -74kJ$

정답 | ③

14 빈출도 ★

연돌의 실제 통풍압이 $35mmH_2O$ 송풍기의 효율은 70%, 연소가스량이 $200m^3/min$일 때 송풍기의 소요 동력은 약 몇 kW인가?

① 0.84　　② 1.15
③ 1.63　　④ 2.21

해설

송풍기의 소요 동력 공식은 다음과 같다.

$$W = \frac{9.8 \times Z \times Q}{\eta}$$

W: 동력(kW), Z: 통풍압(mmH_2O), Q: 가스량(m^3/sec), η: 효율

$$W = \frac{9.8 \times 35mmH_2O \times \frac{200m^3}{min} \times \frac{1m}{1,000mm} \times \frac{1min}{60sec}}{0.7}$$
$= 1.63kW$

정답 | ③

15 빈출도 ★

매연을 발생시키는 원인이 아닌 것은?

① 통풍력이 부족할 때
② 연소실 온도가 높을 때
③ 연료를 너무 많이 투입했을 때
④ 공기와 연료가 잘 혼합되지 않을 때

해설

연소실 온도가 높으면 완전연소에 도움을 준다.

관련개념 매연 발생 원인

- 연소실 온도가 낮을 경우
- 통풍력이 과하게 강하거나 작을 경우
- 연료의 예열온도가 적절하지 않을 경우
- 연소실 용적(크기)이 작고, 연소장치가 불량할 경우
- 공기비가 적절하지 않은 경우

정답 | ②

16 빈출도 ★★

고체연료의 공업분석에서 고정탄소를 산출하는 식은?

① 100−[수분(%)+회분(%)+질소(%)]
② 100−[수분(%)+회분(%)+황분(%)]
③ 100−[수분(%)+황분(%)+휘발분(%)]
④ 100−[수분(%)+회분(%)+휘발분(%)]

해설

고정탄소(C_O)산출식
$C_O = 100 - [수분(\%) + 회분(\%) + 휘발분(\%)]$

관련개념 공업분석에서의 산출식

- 회분 함유율($A \times O$)산출식

  $A_O = \frac{잔류회분량}{시료무게} \times 100$

- 수분 함유율(W_O)산출식

  $W_O = \frac{건조감량}{시료무게} \times 100$

- 휘발유 함유율(G_O)산출식

  $G_O = \left(\frac{가열감량}{시료무게} \times 100\right) - 수분(\%)$

정답 | ④

17 빈출도 ★

고체연료에 비해 액체연료의 장점에 대한 설명으로 틀린 것은?

① 화재, 역화 등의 위험이 적다.
② 회분이 거의 없다.
③ 연소효율 및 열효율이 좋다.
④ 저장운반이 용이하다.

해설

액체연료는 고체연료의 비해 인화성을 가지고 있어 화재, 역화 등의 위험이 높아 취급 시 주의하여야 한다.

정답 | ①

18 빈출도 ★

부탄(C_4H_{10}) 1kg의 이론 습배기가스량은 약 몇 Nm^2/kg인가?

① 10
② 13
③ 16
④ 19

해설

이론습연소가스량을 구하는 공식은 다음과 같다.

G_{ow} = 이론공기 중 질소량(N_2) + 생성된 CO_2 + 생성된 H_2O

부탄(C_2H_4)의 완전연소반응식
$C_4H_{10} + 6.5O_2 \rightarrow 4CO_2 + 5H_2O$
부탄의 분자량 = $(12 \times 4) + (1 \times 10) = 58$

이론공기량 = $\dfrac{\text{이론산소량}}{0.21} = \dfrac{6.5}{0.21} = 30.9524Nm^3$

이론공기 중 질소량 = 이론공기량 × 0.79
= $30.9524 \times 0.79 = 24.4524Nm^3$

이론 생성물 = 생성된 CO_2 + 생성된 H_2O
= $4 + 5 = 9Nm^3$

이론습배기가스량 = $24.4524 + 9 = 33.4524Nm^3$

부탄 1kg의 이론 습배기가스량
= $\dfrac{33.4524Nm^3}{58kg} \times \dfrac{22.4Nm^3}{1Nm^3} = 12.920Nm^3/kg$

정답 | ②

19 빈출도 ★

액체연료 중 고온 건류하여 얻은 타르계 중유의 특징에 대한 설명으로 틀린 것은?

① 화염의 방사율이 크다.
② 황의 영향이 적다.
③ 슬러지를 발생시킨다.
④ 석유계 액체연료이다.

해설

타르계 중유는 원유인 휘발유, 등유, 경유 등을 통해 얻어진 물질로, 비점이 300℃ 이상인 암적색의 점성유(타르계) 액체이다.

정답 | ④

20 빈출도 ★

액체연료 연소장치 중 회전식 버너의 특징에 대한 설명으로 틀린 것은?

① 분무각은 10~40° 정도이다.
② 유량조절범위는 1 : 5 정도이다.
③ 자동제어에 편리한 구조로 되어있다.
④ 부속설비가 없으며 화염이 짧고 안정한 연소를 얻을 수 있다.

해설

분무각은 40~80도 정도로 넓은 각도로 연료를 분무한다.

관련개념 회전식 버너

- 로터리 버너라고하며 중소형 보일러에 사용된다.
- 고속회전을 분당 3,000~7,000회를 이용하여 원심력으로 기름을 연소시킨다.
- 분무각은 40~80도 정도이다.
- 유량조절범위는 1 : 5 정도이다.
- 자동제어에 편리한 구조로 되어있다.
- 부속설비가 없으며 화염이 짧고 안정적인 연소를 한다.
- 연료 사용 유압은 0.3~0.5kgf/cm^2(30~50kPa) 정도로 가압하여 공급한다.

정답 | ①

열역학

21 빈출도 ★

이상기체를 가역단열 팽창시킨 후의 온도는?

① 처음상태보다 낮게 된다.
② 처음상태보다 높게 된다.
③ 변함이 없다.
④ 높을 때도 있고 낮을 때도 있다.

해설

가역단열과정은 엔트로피가 변하지 않는 등엔트피과정에 해당된다. 기체의 부피가 증가되며 이때 기체의 내부에너지가 감소되고 내부에너지는 온도에 직접적인 연결되어 온도가 처음상태보다 낮게 된다.

정답 | ①

22 빈출도 ★

온도가 T_1인 이상기체를 가열단열과정으로 압축하였다. 압력이 P_1에서 P_2로 변하였을 때, 압축 후의 온도 T_2를 옳게 나타낸 것은? (단, k는 이상기체의 비열비를 나타낸다.)

① $T_2 = T_1 \left(\dfrac{P_2}{P_1}\right)^{\frac{k}{k-1}}$ ② $T_2 = T_1 \left(\dfrac{P_2}{P_1}\right)^{\frac{k}{1-k}}$

③ $T_2 = T_1 \left(\dfrac{P_2}{P_1}\right)^{\frac{k-1}{k}}$ ④ $T_2 = T_1 \left(\dfrac{P_2}{P_1}\right)^{\frac{1-k}{k}}$

해설

가역단열과정에서 온도와 압력과의 관계식은 다음과 같다.

$$\dfrac{T_2}{T_1} = \left(\dfrac{P_2}{P_1}\right)^{\frac{k-1}{k}}$$

T_1: 초기 온도(K), T_2: 최종 온도(K), P_1: 초기 압력(atm),
P_2: 최종 압력(atm), k: 비열비$\left(\dfrac{C_p}{C_v}\right)$,
C_p: 정압비열(kJ/kg·K), C_v: 정적비열(kJ/kg·K)

정답 | ③

23 빈출도 ★

밀폐계의 등온과정에서 이상기체가 행한 단위 질량당 일은? (단, 압력과 부피는 P_1, V_1에서 P_2, V_2로 변하며 T는 온도, R은 기체상수이다.)

① $RT \ln\left(\dfrac{P_1}{P_2}\right)$ ② $\ln\left(\dfrac{V_1}{V_2}\right)$

③ $(P_2-P_1)(V_2 V_1)$ ④ $R \ln\left(\dfrac{P_1}{P_2}\right)$

해설

$$PV = mRT$$

P: 압력(kPa), V: 부피(m³), m: 질량(kg),
R: 기체상수(kJ/kg·K), T: 온도(K)

$$Q = W_t = \int P dV = \int \dfrac{mRT}{V} dV$$

$$Q = mRT \int \dfrac{1}{V} dV = mRT \times \ln\left(\dfrac{V_2}{V_1}\right)$$

단위질량당 일이라고 하였으므로 $m=1$

보일-샤를 법칙 $\dfrac{P_1 V_1}{T_1} = \dfrac{P_2 V_2}{T_2}$에 따라 등온상태이므로

$$\dfrac{P_1}{P_2} = \dfrac{V_2}{V_1}$$

$$Q = RT \times \ln\left(\dfrac{P_1}{P_2}\right)$$

정답 | ①

24 빈출도 ★

1kg의 이상기체($C_p=1.0$kJ/kg·K, $C_v=0.71$kJ/kg·K)가 가역단열과정으로 $P_1=1$Mpa, $V_1=0.6$[m³]에서 $P_2=100$KPa으로 변한다. 가역단열과정 후 이 기체의 부피 V_2와 온도 T_2는 각각 얼마인가?

① $V_2=2.24$m³, $T_2=1,000$K
② $V_2=3.08$m³, $T_2=1,000$K
③ $V_2=2.24$m³, $T_2=1,060$K
④ $V_2=3.08$m³, $T_2=1,060$K

해설

먼저, 비열비(K)를 구한다.

$$k=\frac{C_p}{C_v}=\frac{1}{0.71}=1.408$$

여기서, 이상기체상태방정식 $PV=mRT$에 의해 초기온도(T_1)을 구할 수 있다.

$$T_1=\frac{P_1V_1}{mR}=\frac{P_1V_1}{m(C_p-C_v)}=\frac{1,000\times0.6}{1\times(1.0-0.71)}=2,068.966\text{K}$$

단열과정에서 온도와 압력 관계는 다음과 같이 성립된다.

$$\frac{T_2}{T_1}=\left(\frac{P_2}{P_1}\right)^{\frac{k-1}{k}}$$

T_1: 초기온도(K), T_2: 최종 온도(K), P_1: 초기 압력(atm),
P_2: 최종 압력(atm), k: 비열비

$$\frac{T_2}{2,068.966}=\left(\frac{100}{1,000}\right)^{\frac{1.41-1}{1.41}}$$

$$T_2=2,068.966\times\left(\frac{100}{1,000}\right)^{\frac{1.41-1}{1.41}}=1,059.2\text{K}$$

단열과정에서 온도와 부피 관계는 다음과 같이 성립된다.

$$T_1V_1^{k-1}=T_2V_2^{k-1}$$

T_1: 초기 온도(K), T_2: 최종 온도(K), k: 비열비$\left(\frac{C_p}{C_v}\right)$,
C_p: 정압비열(kJ/kg·K), C_v: 정적비열(kJ/kg·K)
V_1: 초기 부피(m³), V_2: 최종 부피(m³)

따라서, 최종 부피(V_2)를 구하면
$2,068.966\times0.6^{1.41-1}=5,059.2\times V_2^{1.41-1}$
$V_2=3.072$m³

정답 | ④

25 빈출도 ★

랭킨 사이클의 구성요소 중 단열압축이 일어나는 곳은?

① 보일러
② 터빈
③ 펌프
④ 응축기

해설

작은 부피의 액체를 높은 압력으로 만드는 단열압축은 펌프에서 일어난다.

관련개념 랭킨 사이클(Rankine Cycle)

- 2개의 정압과정, 2개의 단열변화로 증기 동력사이클의 기본 사이클이며, 가장 널리 사용된다.
- 작동 유체(물, 수증기)의 흐름은 펌프(단열압축) → 보일러(정압가열) → 터빈(단열팽창) → 응축기(정압냉각) → 펌프 순으로 나타낸다.

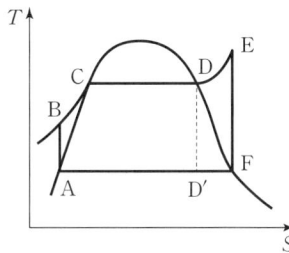

A → B: 단열압축
B → C: 정압가열
C → D: 가열
D → D': 보일러 사용안함
D → E: 등압가열
E → F: 단열팽창
F → A: 정압냉각

정답 | ③

26 빈출도 ★

열역학 제1법칙은 기본적으로 무엇에 관한 내용인가?

① 열의 전달
② 온도의 정의
③ 엔트로피의 정의
④ 에너지의 보존

해설

열역학 제1법칙은 에너지 보존의 법칙이며, 제1종 영구기관 즉 에너지의 공급없이 일을하는 열기관은 실현이 불가능하다는 법칙이다.

정답 | ④

27 빈출도 ★

저위발열량 40,000kJ/kg인 연료를 쓰고 있는 열기관에서 이 열이 전부 일로 바꾸어지고, 연료 소비량이 20kg/h이라면 발생되는 동력은 약 몇 kW인가?

① 110
② 222
③ 346
④ 820

해설

동력$(P) = \dfrac{20\text{kg}}{\text{h}} \times \dfrac{40,000\text{kJ}}{\text{kg}} \times \dfrac{1\text{kW}}{3,600\text{kJ/h}} = 222\text{kW}$

※ 1kW = 860kcal/h = 3,600kJ/h

정답 | ②

28 빈출도 ★

이상기체로 구성된 밀폐계의 변화과정을 나타낸 것 중 틀린 것은? (단, δ_q는 계로 들어온 순 열량, dh는 엔탈피 변화량, δ_w는 계가 한 순일, du는 내부 에너지의 변화량, ds는 엔트로피 변화량을 나타낸다.)

① 등온과정에서 $\delta_q = \delta_w$
② 단열과정에서 $\delta_q = 0$
③ 정압과정에서 $\delta_q = ds$
④ 정적과정에서 $\delta_q = \delta u$

해설

정압과정에서 $\delta_q = du + \delta_w$, $h = u + pv$ 이므로
$u = h - pv$를 대입하면 $\delta q = d(h - pv) + p \cdot dv = dh - vdP$

선지분석

① 등온과정: $du = 0$
② 단열과정: $\delta q = 0$
③ 정압과정: $dp = 0$
④ 정적과정: $dv = 0$

정답 | ③

29 빈출도 ★

100kPa의 포화액이 펌프를 통과하여 1,000kPa까지 단열압축된다. 이 때 필요한 펌프의 단위 질량당 일은 약 몇 kJ/kg인가? (단, 포화액의 비체적은 0.001m³/kg으로 일정하다.)

① 0.9
② 1.0
③ 900
④ 1,000

해설

단위 질량당 일 공식은 다음과 같다.

$$W = V \times P$$

W: 단위 질량당 일(kJ/kg), V: 비체적(m³/kg), P: 압력(kPa)

여기서, 압력(P)은 압축에 필요한 압력을 구해야 하므로 1,000kPa − 100kPa = 900kPa이다.
$W \equiv 0.001 \times (1,000 - 100) = 0.9\text{kJ/kg}$

정답 | ①

30 빈출도 ★

성능계수가 4.8인 증기압축냉동기의 냉동능력 1kW당 소요동력(kW)은?

① 0.21
② 1.0
③ 2.3
④ 4.8

해설

증기압축냉동기의 성능계수 공식은 다음과 같다.

$$COP = \dfrac{Q}{W}$$

COP: 성능계수, W: 소요동력(kW), Q: 냉동능력(kW)

$W = \dfrac{Q}{COP} = \dfrac{1}{4.8} = 0.21\text{kW}$

정답 | ①

31 빈출도 ★

체적 4m³, 온도 290K의 어떤 기체가 가역 단열과정으로 압축되어 체적 2m³, 온도 340K로 되었다. 이상기체라고 가정하면 기체의 비열비는 약 얼마인가?

① 1.091
② 1.229
③ 1.407
④ 1.667

해설

단열변화에서 T-P-V 관계식은 다음과 같다.

$$\frac{T_2}{T_1} = \left(\frac{V_2}{V_1}\right)^{\gamma} = \left(\frac{P_2}{P_1}\right)^{\frac{\gamma-1}{\gamma}}$$

T_1: 초기 온도(K), T_2: 최종 온도(K), V_1: 초기 체적(m³), V_2: 최종 체적(m³), P_1: 초기 압력(kPa), P_2: 최종 압력(kPa), γ: 비열비$\left(\frac{C_p}{C_v}\right)$, C_p: 정압비열(kJ/kg·K), C_v: 정적비열(kJ/kg·K)

$$\left(\frac{V_2}{V_1}\right) = \left(\frac{T_1}{T_2}\right)^{\frac{1}{\gamma-1}}$$

$$\left(\frac{2}{4}\right) = \left(\frac{290}{340}\right)^{\frac{1}{\gamma-1}}$$

$\gamma = 1.229$

단열과정은 $PV^\gamma = Const.$(일정)이므로 $P_1 V_1^\gamma = P_2 V_2^\gamma$

$$\frac{P_2}{P_1} = \left(\frac{V_1}{V_2}\right)^\gamma$$

$$\frac{T_2}{T_1} = \frac{P_2 V_2}{P_1 V_1} = \left(\frac{V_1}{V_2}\right)^{\gamma-1}$$

$$\left(\frac{T_2}{T_1}\right) = \left(\frac{340}{290}\right) = \left(\frac{V_1}{V_2}\right)^{\gamma-1} = \left(\frac{4}{2}\right)^{\gamma-1}$$

$$\gamma = \frac{\log(340/290)}{\log(4/2)} + 1 = 1.229$$

정답 ②

32 빈출도 ★

다음 중 포화액과 포화증기의 비엔트로피 변화량에 대한 설명으로 옳은 것은?

① 온도가 올라가면 포화액의 비엔트로피는 감소하고 포화증기의 비엔트로피는 증가한다.
② 온도가 올라가면 포화액의 비엔트로피는 증가하고 포화증기의 비엔트로피는 감소한다.
③ 온도가 올라가면 포화액과 포화증기의 비엔트로피는 감소한다.
④ 온도가 올라가면 포화액과 포화증기의 비엔트로피는 증가한다.

해설

온도가 올라가면 포화액의 비엔트로피는 증가하고 포화증기의 비엔트로피는 감소한다.

정답 ②

33 빈출도 ★★★

열역학 제2법칙에 관한 다음 설명 중 옳지 않은 것은?

① 100%의 열효율을 갖는 열기관은 존재할 수 없다.
② 단일열원으로부터 열을 전달받아 사이클 과정을 통해 모두 일로 변화시킬 수 있는 열기관이 존재할 수 있다.
③ 열은 저온부로부터 고온부로 자연적으로 전달되지는 않는다
④ 고립계에서 엔트로피는 항상 증가하거나 일정하게 보존된다.

해설
열역학 제2법칙은 열이동 및 에너지방향 전환에 관한 법칙으로, 공급된 열을 모든 일로 바꾸는 열기관은 존재하지 않는다.

관련개념 열역학 제2법칙
- 에너지변환(전환) 방향성의 법칙(열 이동의 법칙)이라고도 한다.
- 열은 항상 고온에서 저온으로 흐른다.(저온에서 고온으로 옮길 수 없다.)
- 열에너지를 완전하게 일로 바꾸는 것이 불가능하다.(모든 열기관은 일부 에너지를 열로 방출한다.)
- 고립계에서는 엔트로피가 감소하지 않으며, 증가하거나 일정하게 보존된다.
- 100%의 열효율을 갖는 기관은 존재할 수 없으며, 카르노 사이클 기관의 이상적 경우도 불가능하다.

정답 | ②

34 빈출도 ★

열펌프 사이클에 대한 성능계수(COP)는 다음 중 어느 것을 입력 일(Work Input)로 나누어 준 것인가?

① 고온부 방출열
② 저온부 흡수열
③ 고온부가 가진 총 에너지
④ 저온부가 가진 총 에너지

해설
$$COP_H = \frac{Q_H}{W} = \frac{Q_H}{Q_H - Q_L}$$

COP_H: 고온체 성능계수, W: 입력 일(kW), Q_H: 고온체 방출 열(kW), Q_L: 저온체 흡수 열(kW)

정답 | ①

35 빈출도 ★

압력이 1,000kPa이고 온도가 400°C인 과열증기의 엔탈피는 약 몇 kJ/kg인가? (단, 압력이 1,000kPa일 때 포화온도는 179.1°C, 포화증기의 엔탈피는 2,775kJ/kg이고, 과열증기의 평균비열은 2.2kJ/(kg·K)이다.)

① 1,547
② 2,452
③ 3,261
④ 4,453

해설
과열증기의 엔탈피 식은 다음과 같다.

$$h_2'' = h_1 + C_p \times (T_2'' - T_1)$$

h_2'': 과열증기의 엔탈피(kJ/kg), h_1: 포화증기의 엔탈피(kJ/kg), C_p: 정압비열(kJ/kg·K), T_2'': 과열증기의 온도(K), T_1: 포화증기의 온도(K)

$h_2'' = 2,775 + 2.2 \times ((400+273) - (179.1+273))$
$= 3,261 \text{kJ/kg}$

정답 | ③

36 빈출도 ★

압력 1MPa, 온도 210°C 인 증기는 어떤 상태의 증기인가? (단, 1MPa에서의 포화온도는 179°C이다.)

① 과열증기
② 포화증기
③ 건포화증기
④ 습증기

해설
아래 그래프와 같이 포화온도보다 증기온도가 21°C 높기 때문에 온도, 체적이 증가된 과열증기 상태에 해당된다.

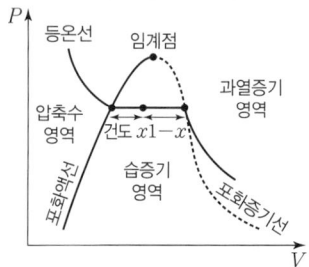

정답 | ①

37 빈출도 ★

어떤 기체의 정압비열(c_p)이 다음 식으로 표현될 때 $32°C$와 $800°C$ 사이에서 이 기체의 평균정압비열 ($\overline{c_p}$)은 약 몇 $kJ/(kg \cdot °C)$인가? (단, c_p의 단위는 $kJ/(kg \cdot °C)$이고, T의 단위는 $°C$이다.)

$$C_p = 353 + 0.24T - 0.9 \times 10^{-4}T^2$$

① 353　　　　　② 433
③ 574　　　　　④ 698

해설

기체의 비열은 온도에 따라 변하며 엔탈피도 변한다.

$$\Delta H = \int_1^2 C_p dT$$
$$= \int_{32}^{800} (353 + 0.24T - 0.9 \times 10^{-4}T^2) dT$$
$$= \left[353T + \frac{0.24}{2}T^2 - \frac{0.9}{3 \times 10^4}T^3\right]_{32}^{800}$$
$$= 353 \times (800-32) + \frac{0.24}{2}(800^2 - 32^2)$$
$$- \frac{0.9}{3 \times 10^4}(800^3 - 32^3) = 332,422.1 \text{ kJ}$$

$$\Delta H = m \cdot C_p \cdot \Delta t$$

ΔH: 엔탈피(kJ), m: 질량(kg), C_p: 정압비열($kJ/kg \cdot °C$), Δt: 온도 차($°C$)

$$C_p = \frac{\Delta H}{m \times \Delta t} = \frac{332,422.1}{1\text{kg} \times (800-32)°C} = 432.84 \text{ kJ/kg} \cdot °C$$

정답 | ②

38 빈출도 ★

냉동 사이클에서 냉매의 구비조건으로 가장 거리가 먼 것은?

① 임계온도가 높을 것
② 증발열이 클 것
③ 인화 및 폭발의 위험성이 낮을 것
④ 저온, 저압에서 응축이 잘 되지 않을 것

해설

비교적 저온, 저압에서 응축이 잘 되어야 한다.

관련개념 냉매의 구비조건

- 증발열이 크고 임계온도(임계점)가 높아야 한다.
- 비체적과 비열비가 작아야 한다.
- 인화 및 폭발의 위험성이 낮아야 한다.
- 비교적 저온, 저압에서 응축이 잘 되어야 한다.
- 구입이 용이하고 가격이 저렴해야 한다.
- 점성 및 표면장력이 작고 상용압력범위가 낮아야 한다.

정답 | ④

39 빈출도 ★

폴리트로픽 과정을 나타내는 다음 식에서 폴리트로픽 지수와 관련하여 옳은 것은? (단, P는 압력, V는 부피이고, C는 상수이다. 또한, k는 비열비이다.)

$$PV^n = C$$

① $n = \infty$: 단열과정　　② $n = 0$: 정압과정
③ $n = k$: 등온과정　　④ $n = 1$: 정적과정

해설

n의 조건	계산과정	결과
$n = 0$	$P = C$	정압과정
$n = 1$	$PV = C$	등온과정
$1 < n < k$	$PV^n = C$	폴리트로픽과정
$n = k$	$PV^k = C$	단열과정 (등엔트로피과정)
$n = \infty$	$PV^\infty = PV^{\frac{1}{\infty}} = P^0V = V = C$	정적과정

정답 | ②

40 빈출도 ★

그림과 같이 역 카르노사이클로 운전하는 냉동기의 성능계수(COP)는 약 얼마인가? (단, T_1는 24℃, T_2는 −6℃이다.)

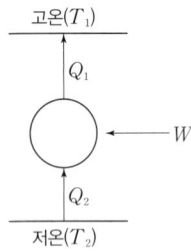

① 7.124
② 8.905
③ 10.048
④ 12.845

해설

$$COP = \frac{Q_2}{W} = \frac{Q_2}{Q_1 - Q_2} = \frac{T_2}{T_1 - T_2}$$

COP: 성능계수, W: 입력 일(kW), Q_1: 고온체 방출 열(kW),
Q_2: 저온체 흡수 열(kW), T_1: 고온체 온도(K),
T_2: 저온체 온도(K).

역 카르노사이클의 냉동기 성능계수는 온도로도 표현할 수 있으므로

$$COP = \frac{Q_2}{Q_1 - Q_2} = \frac{T_2}{T_1 - T_2}$$
$$= \frac{-6 + 273}{(24 + 273) - (-6 + 273)} = 8.9$$

정답 | ②

계측방법

41 빈출도 ★

다음은 피드백 제어계의 구성을 나타낸 것이다. ( ) 안에 가장 적절한 것은?

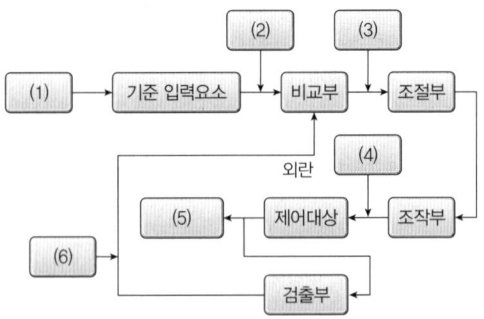

① (1) 조작량 (2) 동작신호 (3) 목표치
　(4) 기준입력신호 (5) 제어편차 (6) 제어량
② (1) 목표치 (2) 기준입력신호 (3) 동작신호
　(4) 조작량 (5) 제어량 (6) 주피드백 신호
③ (1) 동작신호 (2) 오프셋 (3) 조작량
　(4) 목표치 (5) 제어량 (6) 설정신호
④ (1) 목표치 (2) 설정신호 (3) 동작신호
　(4) 오프셋 (5) 제어량 (6) 주피드백 신호

해설

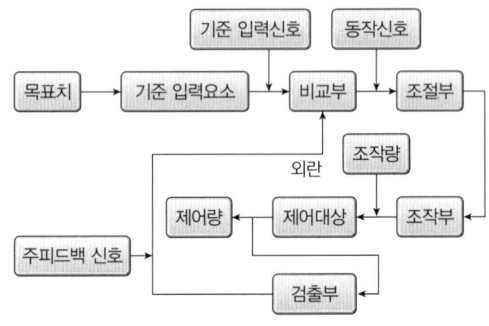

정답 | ②

42 빈출도 ★

오르사트식 가스분석계로 CO를 흡수제에 흡수시켜 조성을 정량하려 한다. 이 때 흡수제의 성분으로 옳은 것은?

① 발연 황산액
② 수산화칼륨 30% 수용액
③ 알칼리성 피로갈롤 용액
④ 암모니아성 염화 제1구리 용액

해설

CO는 암모니아성 염화 제1구리(동) 용액으로 흡수한다.

관련개념 가스분석장치의 흡수가스와 흡수제

- CO_2: KOH 30% 수용액
- C_mH_n: 발연황산(진한 황산)
- O_2: 알칼리성 피로갈롤 용액
- CO: 암모니아성 염화 제1구리 용액

정답 | ④

43 빈출도 ★

제백(Seebeck)효과에 대하여 가장 바르게 설명한 것은?

① 어떤 결정체를 압축하면 기전력이 일어난다.
② 성질이 다른 두 금속의 접점에 온도차를 두면 열기 전력이 일어난다.
③ 고온체로부터 모든 파장의 전방사 에너지는 절대온도의 4승에 비례하여 커진다.
④ 고체가 고온이 되면 단파장 성분이 많아진다.

선지분석

① 압전효과: 어떤 결정체를 압축하거나 변형 시 내부 전하 분포가 변하면서 기전력이 일어난다.
② 제백효과: 성질이 다른 두 금속(2종 금속) 또는 반도체 폐로가 되도록 접점에 접속하여 두 점 사이에 온도차를 주면 기전력이 발생하는 현상을 말한다.
③ 스테판-볼츠만 법칙: 흑체의 단위 면적당 전방사 에너지는 절대온도의 4승에 비례한다.
④ 빈의 변위 법칙: 물체의 온도가 높아질수록 최대복사에너지의 파장은 짧아지고 이는 단파장 영역으로 이동한다.

정답 | ②

44 빈출도 ★★

다음 중 유도단위 대상에 속하지 않는 것은?

① 비열   ② 압력
③ 습도   ④ 열량

해설

습도는 특수단위에 해당된다.

관련개념 계량 단위

- 유도단위: 국제단위계에서 기본단위를 조합하여 유도한 형성 단위이다. 속도, 가속도, 힘, 압력, 열량, 비열 등이 있다.
- 보조단위: 기본단위와 유도단위의 사용상 편의를 위한 특별한 단위로, ℃, ℉, rad 등이 있다.
- 특수단위: 기본, 보조, 유도단위 외 계측하기 어렵거나 특수한 용도에 편리하도록 정의된 단위로, 에너지, 비중, 습도, 인장강도, 방사능 등이 있다.

정답 | ③

45 빈출도 ★

열전대(Theocouple)는 어떤 원리를 이용한 온도계인가?

① 열팽창율 차   ② 전위 차
③ 압력 차   ④ 선기저항 자

해설

열전대 온도계는 온도 변화로 발생하는 기전력인 전위차로 측정한다.

관련개념 열전대 온도계

- 고온 측정에 적합하고 금속으로 되어 있어 내열성과 내구성, 내식성이 우수하다.
- 열전대에서 발생한 열전압을 활용하여 측정한다.
- 보호관 선택 및 유지관리에 주의한다.
- 단자의 +, -는 각각의 전기회로 +, -에 연결한다.
- 주위 고온체로부터 받은 복사열의 영향으로 인한 오차가 생길 수도 있어 주의해야 한다.
- 측정하고자 하는 곳에 정확히 삽입하고 삽입한 구멍을 통해 냉기가 들어가지 않게 한다.

정답 | ②

46 빈출도 ★★★

안지름 1,000mm의 원통형 물탱크에서 안지름 150mm인 파이프로 물을 수송할 때 파이프의 평균 유속이 3m/s이었다. 이 때 유량(Q)과 물탱크 속의 수면이 내려가는 속도(V)는 약 얼마인가?

① $Q=0.053\text{m}^3/\text{s}$, $V=6.75\text{cm/s}$
② $Q=0.831\text{m}^3/\text{s}$, $V=6.75\text{cm/s}$
③ $Q=0.053\text{m}^3/\text{s}$, $V=8.31\text{cm/s}$
④ $Q=0.831\text{m}^3/\text{s}$, $V=8.31\text{cm/s}$

해설

$$Q=AV$$

Q: 유량(m³/s), A: 면적(m²), V: 유속(m/s)

$$Q=\left(\frac{\pi D^2}{4}\right)\times V=\left(\frac{\pi\times(0.15\text{m})^2}{4}\right)\times 3\text{m/s}=0.053\text{m}^3/\text{s}$$

유량보존법칙에 의해 물탱크에서의 유량과 파이프에서의 유량은 같다.

$Q_1=Q_2=A_1V_1=A_2V_2$

$0.053\text{m}^3/\text{s}=\left(\frac{\pi\times(1\text{m})^2}{4}\right)\times V_2$

$V_2=0.06748\text{m/s}=6.75\text{cm/s}$

정답 | ①

47 빈출도 ★★

다이어프램 압력계의 특징이 아닌 것은?

① 점도가 높은 액체에 부적합하다.
② 먼지가 함유된 액체에 적합하다.
③ 대기압과의 차가 적은 미소압력의 측정에 사용한다.
④ 다이어프램으로 고무, 스테인리스 등의 탄성체 박판이 사용된다.

해설

다이어프램 압력계(Diaphragm pressure gauge)는 탄성체 박판이 움직이면서 유체의 압력이 반대쪽에 전달되어 측정한다. 또한, 점도가 높은 고점도 액체의 압력측정에도 적합하다.

정답 | ①

48 빈출도 ★

공기 중에 있는 수증기 양과 그때의 온도에서 공기 중에 최대로 포함할 수 있는 수증기의 양을 백분율로 나타낸 것은?

① 절대습도
② 상대습도
③ 포화 증기압
④ 혼합비

해설

상대습도는 다음과 같이 구한다.

상대습도(%) = $\dfrac{\text{공기중에 있는 현재 수증기양}}{\text{공기중에 최대로 포함할 수 있는 수증기}} \times 100$

정답 | ②

49 빈출도 ★

다음 중 그림과 같은 조작량 변화 동작은?

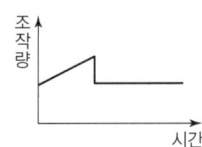

① P.I 동작
② ON-OFF 동작
③ P.I.D 동작
④ P.D 동작

해설

PID 제어는 기본적인 피드백제어의 형태를 가지며 측정된 출력값을 설정값(참조값)과 비교하여 발생한 오차값으로 제어값을 계산하는 구조이다.

관련개념 P.I.D 동작(비례적분미분 동작)

- P: 조작량이 일정한 부분을 의미한다.
- I: 가속도로 증가되고 소량 감소된 부분을 의미한다.
- D: 일정하게 증가하는 직선부를 의미한다.

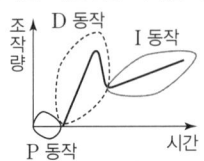

▲ P.I.D 동작

정답 | ③

50 빈출도 ★

시스(Sheath) 열전대 온도계에서 열전대가 있는 보호관 속에 충전되는 물질로 구성된 것은?

① 실리카, 마그네시아
② 마그네시아, 알루미나
③ 알루미나, 보크사이트
④ 보크사이트, 실리카

해설

시스 열전대 온도계는 열전대와 보호관으로 구성되어있는 온도계로 보호관의 충전물질은 마그네시아, 알루미나 등이 있다. 외부 환경의 영향을 받지 않아 국부적인 온도 측정이 가능하고 진동이 심한곳 등에서도 사용이 가능하다.

정답 | ②

51 빈출도 ★

제어시스템에서 응답이 계단변화가 도입된 후에 얻게 될 최종적인 값을 얼마나 초과하게 되는지를 나타내는 척도는?

① 오프셋
② 쇠퇴비
③ 오버슈트
④ 응답시간

선지분석

① 오프셋: 목표값에 도달하지 못한 오차를 의미하며, 비례동작과 적분동작을 같이 사용하면 오차를 제거할 수 있는 문제에 해당된다.
② 쇠퇴비: 진동성 응답의 연속적인 비율의 비를 의미한다.
③ 오버슈트: 제어시스템의 계단변화 도입된 후 제어량의 최종적인 값(목표값)을 초과 시 나타나는 최대초과량을 의미한다. 제어시스템의 안전성과 성능을 평가하는 척도로 활용한다.
④ 응답시간: 입력된 신호가 출력에 도달하는 시간을 의미한다.

정답 | ③

52 빈출도 ★

1차 제어 장치가 제어량을 측정하여 제어 명령을 발하고 2차 제어 장치가 이 명령을 바탕으로 제어량을 조절할 때, 다음 중 측정 제어로 가장 적절한 것은?

① 주치제어
② 프로그램제어
③ 캐스케이드제어
④ 시퀀스제어

해설

캐스케이드제어(C.C/Cascade Control)는 내부제어루프와 외부제어루프가 존재하는 다단제어라고하며, 1차 제어 장치가 제어량을 측정한다. 이때 제어명령과 함께 2차 제어 장치가 캐스케이드의 명령을 바탕으로 제어량을 조절한다.

정답 | ③

53 빈출도 ★

다음 중 접촉식 온도계가 아닌 것은?

① 저항온도계
② 방사온도계
③ 열전온도계
④ 유리온도계

해설

접촉식 온도계는 온도계를 물체의 측정 부위에 직접 접촉시켜 열적 평형을 이루었을 때 측정한다. 열전대온도계, 저항식온도계, 바이메탈식(열팽창식)온도계, 압력식온도계, 액체봉입유리 온도계 등이 있다.

관련개념 접촉식 온도계와 비접촉식 온도계

접촉식 온도계	열전대온도계, 저항식온도계, 바이메탈식(열팽창식)온도계, 압력식온도계, 액체봉입유리 온도계
비접촉식 온도계	적외선온도계, 방사온도계, 색온도계, 광고온계, 광전관식온도계(적방색광)

정답 | ②

54 빈출도 ★★

다음 중 광고온계의 측정원리는?

① 열에 의한 금속팽창을 이용하여 측정
② 이종금속 접합점의 온도차에 따른 열기전력을 측정
③ 피측정물의 전파장의 복사 에너지를 열전대로 측정
④ 피측정물의 휘도와 전구의 휘도를 비교하여 측정

해설

광고온계는 700~3,000℃의 측정범위로, 고온 물체로부터 방사되는 특정파장을 온도계에서 통과시켜 전구 필라멘트의 휘도와 물체의 휘도를 육안으로 직접 비교하여 온도를 측정한다.

정답 | ④

55 빈출도 ★

유량 측정기기 중 유체가 흐르는 단면적이 변함으로써 직접 유체의 유량을 읽을 수 있는 기기, 즉 압력차를 측정할 필요가 없는 장치는?

① 피토 튜브
② 로터미터
③ 벤투리 미터
④ 오리피스 미터

해설

로터미터는 면적식 유량계로 유체의 흐르는 단면적이 변함과 동시에 교축기구(로터미터), 부표(플로트)의 움직임으로 유량을 읽을 수 있다.

정답 | ②

56 빈출도 ★

연소 가스 중의 CO와 H_2의 측정에 주로 사용되는 가스 분석계는?

① 과잉공기계
② 질소가스계
③ 미연소가스계
④ 탄산가스계

해설

미연소가스계는 시료가스에 산소를 공급하여 미연소가스의 양에 따라 온도 상승의 저항으로 CO, H_2를 분석한다.

정답 | ③

57 빈출도 ★

다음 중 가장 높은 압력을 측정할 수 있는 압력계는?

① 부르동관 압력계
② 다이어프램식 압력계
③ 벨로스식 압력계
④ 링밸런스식 압력계

선지분석

① 부르동관 압력계: 0.5~300kg/cm^2
② 다이어프램식 압력계: 0.002~0.5kg/cm^2
③ 벨로스식 압력계: 0.01~10kg/cm^2
④ 링밸런스식 압력계: 0.3kg/cm^2 이하

정답 | ①

58 빈출도 ★

다음 중 바이메탈온도계의 측온 범위는?

① $-200℃\sim200℃$
② $-30℃\sim360℃$
③ $-50℃\sim500℃$
④ $-100℃\sim700℃$

해설

바이메탈 온도계 측온 범위는 $-50℃\sim500℃$이다.

관련개념 바이메탈 온도계

(1) 개요

바이메탈 온도계는 서로 다른 열팽창계수의 2개의 물질을 마주 접합한 것으로 온도변화에 의해 선팽창 계수(열팽창 계수)가 달라 물질의 휘어지는 현상을 이용한 고체팽창식 온도계이다.

(2) 특징
- 구조가 간단하여 유지보수가 쉽다.
- 유리온도계보다 견고하고 표시 직독이 우수하다.
- 히스테리스의 오차발생 및 온도변화에 대한 응답이 느리다.
- 온도조절 스위치나 자동기록 장치에 사용된다.

정답 | ③

60 빈출도 ★

다음 그림과 같은 경사관식 압력계에서 P_2는 50kgf/m^2일 때 측정압력 P_1은 약 몇 kg/m^2인가? (단, 액체의 비중은 1이다.)

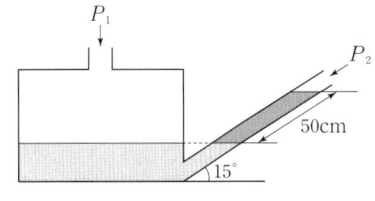

① 130
② 180
③ 320
④ 530

해설

$$P_1 = P_2 + \gamma \cdot h$$

P: 압력(kg/m^2), γ: 비중량(kg/m^3), h: 높이(m)

여기서, 경사관 액주의 높이 차(h)=$r \times \sin\theta$이므로,

$P_1 = 50\text{kg/m}^2 + 1,000\text{kg/m}^3 \times (0.5\text{m} \times \sin 15°)$
$= 179.41\text{kg/m}^2$

정답 | ②

59 빈출도 ★

다이어프램식 압력계의 압력증가 현상에 대한 설명으로 옳은 것은?

① 다이어프램에 가해진 압력에 의해 격막이 팽창한다.
② 링크가 아래 방향으로 회전한다.
③ 섹터기어가 시계방향으로 회전한다.
④ 피니언은 시계방향으로 회전한다.

선지분석

① 다이어프램에 가해진 압력에 의해 격막에 변위가 발생하여 수축한다.
② 링크가 위쪽 방향으로 회전한다.
③ 섹터기어가 시계반대 방향으로 회전한다.
④ 피니언은 시계방향으로 회전한다.

정답 | ④

열설비재료 및 관계법규

61 빈출도 ★★

배관 내 유체의 흐름을 나타내는 무차원 수인 레이놀즈 수(Re)의 층류 흐름 기준은?

① Re<1,000
② Re<2,100
③ 2,100<Re
④ 2,100<Re<4,000

해설

레이놀즈 수(Re, Reynolds number)는 유체역학에서 사용하는 무차원 수로 관성력과 점성력의 비를 말한다.

층류	Re<2,100(2,320) 흐름
임계영역	2,100(2,320)≤Re≤4,000
난류	Re<4,000 흐름

정답 | ②

62 빈출도 ★

산성 내화물이 아닌 것은?

① 규석질 내화물
② 납석질 내화물
③ 샤모트질 내화물
④ 마그네시아 내화물

해설

산성 내화물은 산성성분이 포함된 내화재료로, 산성물질에 저항성이 강하고 고온에서 내화성을 가진다. 규석질, 납석질, 샤모트질 등이 있다.

관련개념 내화물

구분	내화물
산성 내화물	규석질, 납석질, 샤모트질
염기성 내화물	마그네시아질, 불소성마그네시아, 돌로마이트질, 포스테라이트질, 개량 마그네시아질 등
중성 내화물	고알루미나질, 크롬질, 탄소질, 탄화규소질 등
특수 내화물	지르코니아질, 베릴리아, 토리아, 지르콘 등

정답 | ④

63 빈출도 ★

요로를 균일하게 가열하는 방법이 아닌 것은?

① 노내 가스를 순환시켜 연소 가스량을 많게 한다.
② 가열시간을 되도록 짧게 한다.
③ 장염이나 축차연소를 행한다.
④ 벽으로부터의 방사열을 적절히 이용한다.

해설

요로를 균일하게 가열하는 방법은 충분한 시간동안 가열하는 것이 중요하며 이때, 직접가열방식은 국부과열 및 균일의 위험이 있어 간접가열방식을 활용해야 한다.

정답 | ②

64 빈출도 ★

글로브 밸브(Globe Valve)에 대한 설명으로 틀린 것은?

① 유량조절이 용이하므로 자동조절밸브 등에 응용시킬 수 있다.
② 유체의 흐름방향이 밸브 몸통 내부에서 변한다.
③ 디스크 형상에 따라 앵글밸브, Y형밸브, 니들밸브 등으로 분류된다.
④ 조작력이 적어 고압의 대구경 밸브에 적합하다.

해설

글로브 밸브(Globe Valve)는 구모양의 외관으로 몸통은 둥근 달걀형이고 유량 조절과 차단에 사용되는 밸브이다. 내부에는 S자로 유체가 지나는 구간의 저항이 높아 고압의 대구경보다 소구경 밸브가 적합하다.

정답 | ④

65 빈출도 ★★

주철관에 대한 설명으로 틀린 것은?

① 제조방법은 수직법과 원심력법이 있다.
② 수도용, 배수용, 가스용으로 사용된다.
③ 인성이 풍부하여 나사이음과 용접이음에 적합하다.
④ 주철은 인장강도에 따라 보통 주철과 고급주철로 분류된다.

해설
인성이 약하여 플랜지 이음에 적합하다.

관련개념 주철관의 특징
- 탄소강에 비해 탄소와 규소가 많이 함유되어 있는 관이다.
- 인장강도에 따라 보통 주철과 고급 주철로 분류된다.
- 인성이 약하여 플랜지 이음에 적합하다.
- 수도, 배수, 가스 등 매설관 전용으로 사용된다.
- 내식성이 크고 가격이 저렴하다.

정답 | ③

66 빈출도 ★★★

샤모트(Chamotte) 벽돌의 원료로서 샤모트 이외에 가소성 생점토(生粘土)를 가하는 주된 이유는?

① 치수 안정을 위하여
② 열전도성을 좋게 하기 위하여
③ 성형 및 소결성을 좋게 하기 위하여
④ 건조 소성, 수축을 미연에 방지하기 위하여

해설
샤모트 벽돌의 10~30% 가소성 생점토를 첨가하여 성형 및 소결성을 우수하게 한다.

관련개념 샤모트(chamotte) 벽돌
- 골재 원료로 고온에 견딜 수 있도록 제작된 내화재료이다.
- 생점토가 적을수록 수축과 기공률이 작다.
- 비교적 낮은 온도에서 내스폴링성이 좋다.

정답 | ③

67 빈출도 ★★

에너지이용 합리화법에 따라 산업통상자원부 장관이 국내외 에너지 사정의 변동으로 에너지 수급에 중대한 차질이 발생될 경우 수급안정을 위해 취할 수 있는 조치 사항이 아닌 것은?

① 에너지의 배급
② 에너지의 비축과 저장
③ 에너지의 양도·양수의 제한 또는 금지
④ 에너지 수급의 안정을 위하여 산업통상자원부령으로 정하는 사항

해설
「에너지이용 합리화법 시행령 제7조」
산업통상자원부장관은 국내외 에너지사정의 변동으로 에너지수급에 중대한 차질이 발생하거나 발생할 우려가 있다고 인정되면 에너지수급의 안정을 기하기 위하여 필요한 범위에서 에너지사용자·에너지공급자 또는 에너지사용기자재의 소유자와 관리자에게 다음 사항에 관한 조정·명령, 그 밖에 필요한 조치를 할 수 있다.
- 지역별·주요 수급자별 에너지 할당
- 에너지공급설비의 가동 및 조업
- 에너지의 비축과 저장
- 에너지의 도입·수출입 및 위탁가공
- 에너지공급자 상호 간의 에너지의 교환 또는 분배 사용
- 에너지의 유통시설과 그 사용 및 유통경로
- 에너지의 배급
- 에너지의 양도·양수의 제한 또는 금지
- 에너지사용의 시기·방법 및 에너지사용기자재의 사용 제한 또는 금지 등 대통령령으로 정하는 사항
- 그 밖에 에너지수급을 안정시키기 위하여 대통령령으로 정하는 사항

정답 | ④

68 빈출도 ★★

에너지이용 합리화법에 따라 검사대상기기의 적용범위에 해당하는 것은?

① 최고사용압력이 0.05MPa 이고, 동체의 안지름이 300mm 이며, 길이가 500mm인 강철제보일러
② 정격용량이 0.3MW인 철금속가열로
③ 내용적 0.05m³, 최고사용압력이 0.3Mpa인 기체를 보유하는 2종 압력용기
④ 가스사용량이 10kg/h인 소형온수보일러

해설

「에너지이용 합리화법 시행규칙 별표 3의3」
(1) **강철제 보일러, 주철제 보일러**
다음 각 호의 어느 하나에 해당하는 것은 제외한다.
- 최고사용압력이 0.1MPa 이하이고, 동체의 안지름이 300 미리미터 이하이며, 길이가 600미리미터 이하인 것
- 최고사용압력이 0.1MPa 이하이고, 전열면적이 5제곱미터 이하인 것
- 2종 관류보일러
- 온수를 발생시키는 보일러로서 대기개방형인 것

(2) **소형 온수보일러**
가스를 사용하는 것으로서 가스사용량이 17kg/h(도시가스는 232.6킬로와트)를 초과하는 것

(3) **철금속가열로**
정격용량이 0.58MW를 초과하는 것

정답 | ③

69 빈출도 ★★

에너지이용 합리화법에 따라 산업통상자원부장관은 에너지를 합리적으로 이용하게 하기 위하여 몇 년 마다 에너지이용 합리화에 관한 기본계획을 수립하여야 하는가?

① 2년 ② 3년
③ 5년 ④ 10년

해설

「에너지이용 합리화법 시행령 제3조」
- 산업통상자원부장관은 5년마다 에너지이용 합리화에 관한 기본계획을 수립하여야 한다.
- 관계 행정기관의 장과 특별시장·광역시장·도지사 또는 특별자치도지사는 매년 실시계획을 수립하고 그 계획을 해당 연도 1월 31일까지, 그 시행 결과를 다음 연도 2월 말일까지 각각 산업통상자원부장관에게 제출하여야 한다.
- 산업통상자원부장관은 받은 시행 결과를 평가하고, 해당 관계 행정기관의 장과 시·도지사에게 그 평가 내용을 통보하여야 한다.

정답 | ③

70 빈출도 ★

노통 연관보일러에서 파형노통에 대한 설명으로 틀린 것은?

① 강도가 크다.
② 제작비가 비싸다.
③ 스케일의 생성이 쉽다.
④ 열의 신축에 의한 탄력성이 나쁘다.

해설

파형노통은 평형노통에 비하여 전열면적이 크고, 열의 신축에 의한 탄력성이 좋으나 파형으로 되어있어 통풍저항이 크다.

정답 | ④

71 빈출도 ★

에너지이용 합리화법에 따라 에너지이용 합리화 기본계획에 대한 설명으로 틀린 것은?

① 기본계획에는 에너지이용효율의 증대에 관한 사항이 포함되어야 한다.
② 기본계획에는 에너지절약형 경제구조로의 전환에 관한 사항이 포함되어야 한다.
③ 산업통상자원부장관은 기본계획을 수립하기 위하여 필요하다고 인정하는 경우 관계 행정기관의 장에게 필요자료 제출을 요청할 수 있다.
④ 시·도지사는 기본계획을 수립하려면 관계 행정기관의 장과 협의한 후 산업통상자원부장관의 심의를 거쳐야 한다.

해설
「에너지이용 합리화법 제4조」
산업통상자원부장관이 기본계획을 수립하려면 관계 행정기관의 장과 협의한 후 에너지위원회의 심의를 거쳐야 한다.

정답 | ④

72 빈출도 ★★

에너지이용 합리화법에 따라 에너지사용안정을 위한 에너지저장의무 부과대상자에 해당되지 않는 사업자는?

① 전기사업법에 따른 전기사업자
② 석탄산업법에 따른 석탄가공업자
③ 집단에너지사업법에 따른 집단에너지사업자
④ 액화석유가스사업법에 따른 액화석유가스사업자

해설
「에너지이용 합리화법 시행령 제12조」
- 전기사업법에 따른 전기사업자
- 도시가스사업법에 따른 도시가스사업자
- 석탄산업법에 따른 석탄가공업자
- 집단에너지사업법에 따른 집단에너지사업자
- 연간 2만 석유환산톤(「에너지법 시행령」에 따라 석유를 중심으로 환산한 단위를 말한다. 이하 "티오이"라 한다) 이상의 에너지를 사용하는 자

정답 | ④

73 빈출도 ★★

제철 및 제강공정 중 배소로의 사용 목적으로 가장 거리가 먼 것은?

① 유해성분의 제거
② 산화도의 변화
③ 분상광석의 괴상으로의 소결
④ 원광석의 결합수의 제거와 탄산염의 분해

해설
분상광석의 괴상은 괴상화용로를 설치하여 소결시켜야 한다.

관련개념 배소로
(1) 개요
용광로에 들어가기 전 제련에 제공되는 여러 가지 광석을 배소하여 산화광물로 만드는 화로로 건식법과 습식법으로 나누어진다.
(2) 사용목적
- 화합수 및 탄산염의 분해를 촉진시켜 용광로의 능률이 향상된다.
- 산화도를 변화시켜 제련을 용이하게 한다.
- 유해성분을 제거하고 균열 등 물리적인 변화를 방지한다.

정답 | ③

74 빈출도 ★★

보온재의 열전도율에 대한 설명으로 옳은 것은?

① 배관 내 유체의 온도가 높을수록 열전도율은 감소한다.
② 재질 내 수분이 많을 경우 열전도율은 감소한다.
③ 비중이 클수록 열전도율은 감소한다.
④ 밀도가 작을수록 열전도율은 감소한다.

해설
재료의 온도, 습도, 밀도, 비중에 비례하기 때문에 밀도가 작을수록 열전도율도 작아진다.

관련개념 보온재의 열전도율
- 재료의 온도가 높을수록 열전도율이 커진다.
- 재질 내 수분이 많을수록 열전도율이 커진다.
- 재료의 두께가 얇을수록 열전도율이 커진다.
- 재료의 밀도가 클수록 열전도율이 커진다.
- 재료의 비중이 클수록 열전도율이 커진다.

정답 | ④

75 빈출도 ★

에너지이용 합리화법에 따라 검사대상기기에 해당되지 않는 것은?

① 정격용량이 0.4MW인 철금속가열로
② 가스사용량이 18kg/h인 소형온수보일러
③ 최고사용압력이 0.1MPa이고, 전열면적이 5m²인 주철제보일러
④ 최고사용압력이 0.1MPa이고, 동체의 안지름이 300 mm이며, 길이가 600mm인 강철제보일러

해설

「에너지이용 합리화법 시행규칙 별표 3의3」
(1) 강철제 보일러, 주철제 보일러
   다음 각 호의 어느 하나에 해당하는 것은 제외한다.
   • 최고사용압력이 0.1MPa 이하이고, 동체의 안지름이 300 미리미터 이하이며, 길이가 600미리미터 이하인 것
   • 최고사용압력이 0.1MPa 이하이고, 전열면적이 5제곱미터 이하인 것
   • 2종 관류보일러
   • 온수를 발생시키는 보일러로서 대기개방형인 것
(2) 소형 온수보일러
   가스를 사용하는 것으로서 가스사용량이 17kg/h(도시가스는 232.6킬로와트)를 초과하는 것
(3) 철금속가열로
   정격용량이 0.58MW를 초과하는 것

정답 | ①

76 빈출도 ★★

다음 보온재 중 최고안전사용온도가 가장 낮은 것은?

① 석면   ② 규조토
③ 우레탄폼   ④ 펄라이트

선지분석

① 석면: 350~550℃
② 규조토: 500℃
③ 우레탄폼: 80℃
④ 펄라이트: 600℃

정답 | ③

77 빈출도 ★

다음 중 전기로에 해당되지 않는 것은?

① 푸셔로   ② 아크로
③ 저항로   ④ 유도로

해설

푸셔로는 연소식 강제 가열로에 해당된다.

정답 | ①

78 빈출도 ★

에너지이용 합리화법에 따라 온수발생 및 열매체를 가열하는 보일러의 용량은 몇 kW를 1t/h로 구분하는가?

① 477.8   ② 581.5
③ 697.8   ④ 789.5

해설

「에너지이용 합리화법 시행규칙 별표 3의9」
온수발생 및 열매체를 가열하는 보일러의 용량은 697.8킬로와트를 1t/h로 본다.

정답 | ③

79 빈출도 ★★

다음 중 중성내화물에 속하는 것은?

① 납석질 내화물   ② 고알루미나질 내화물
③ 반규석질 내화물   ④ 샤모트질 내화물

해설

구분	내화물
염기성 내화물	마그네시아질, 불소성 마그네시아질, 돌로마이트질, 포스테라이트질, 개량 마그네시아질 등
중성 내화물	고알루미나질, 크롬질, 탄소질, 탄화규소질 등
특수 내화물	지르코니아질, 베릴리아질, 토리아질, 지르콘질 등

정답 | ②

80 빈출도 ★★★

에너지법에서 정의하는 용어에 대한 설명으로 틀린 것은?

① "에너지사용자"란 에너지사용시설의 소유자 또는 관리자를 말한다.
② "에너지사용시설"이란 에너지를 사용하는 공장, 사업장 등의 시설이나 에너지를 전환하여 사용하는 시설을 말한다.
③ "에너지공급자"란 에너지를 생산, 수입, 전환, 수송, 저장, 판매하는 사업자를 말한다.
④ "연료"란 석유, 석탄, 대체에너지 기타 열 등으로 제품의 원료로 사용되는 것을 말한다.

해설

「에너지법 제2조」
- 에너지란 연료·열 및 전기를 말한다.
- 연료란 석유·가스·석탄, 그 밖에 열을 발생하는 열원(熱源)을 말한다. 다만, 제품의 원료로 사용되는 것은 제외한다.
- 에너지사용시설이란 에너지를 사용하는 공장·사업장 등의 시설이나 에너지를 전환하여 사용하는 시설을 말한다.
- 에너지공급설비란 에너지를 생산·전환·수송 또는 저장하기 위하여 설치하는 설비를 말한다.
- 에너지공급자란 에너지를 생산·수입·전환·수송·저장 또는 판매하는 사업자를 말한다.
- 에너지사용기자재란 열사용기자재나 그 밖에 에너지를 사용하는 기자재를 말한다.
- 열사용기자재란 연료 및 열을 사용하는 기기, 축열식 전기기기와 단열성(斷熱性) 자재로서 산업통상자원부령으로 정하는 것을 말한다.

정답 | ④

열설비설계

81 빈출도 ★★

급수조절기를 사용할 경우 수압시험 또는 보일러를 시동할 때 조절기가 작동하지 않게 하거나, 모든 자동 또는 수동제어 밸브 주위에 수리, 교체하는 경우를 위하여 설치하는 설비는?

① 블로우 오프관
② 바이패스관
③ 과열 저감기
④ 수면계

해설

급수조절기 사용 시 수압시험 및 보일러 시동 시 조절기가 작동하지 않게 하며, 수동제어 밸브 주위에 수리, 교체를 위해 바이패스관을 설치한다.

정답 | ②

82 빈출도 ★

다음 중 용해 경도성분 제거방법으로 적절하지 않은 것은?

① 침전법
② 소답법
③ 석회법
④ 이온법

해설

침전법은 현탁질 고형물 제거 방법으로 보일러수 중 불순물을 제거하는 방법에 해당한다.

관련개념 보일러 용수 급수처리 방법

물리적 처리	증류법, 가열연화법, 여과법, 탈기법
화학적 처리	석회소다법(약품첨가법), 이온교환법

정답 | ①

83 빈출도 ★★

노통보일러에서 브레이징 스페이스란 무엇을 말하는가?

① 노통과 가셋트 스테이와의 거리
② 관군과 가셋트 스테이 사이의 거리
③ 동체와 노통 사이의 최소거리
④ 가셋트 스테이간의 거리

해설

- 하단과 노통 상부 사이의 거리를 말한다.
- 경판과의 부착부 하단과 노통 상부 사이에 있어야 하며, 경판의 적절한 탄성을 유지하기 위한 완충폭이다.

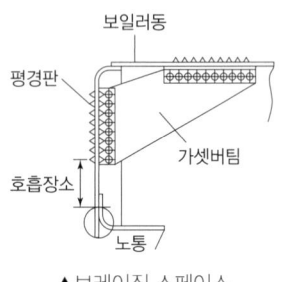

▲브레이징 스페이스

정답 | ①

84 빈출도 ★★

급수펌프인 인젝터의 특징에 대한 설명으로 틀린 것은?

① 구조가 간단하여 소형에 사용된다.
② 별도의 소요동력이 필요하지 않다.
③ 송수량의 조절이 용이하다.
④ 소량의 고압증기로 다량의 급수가 가능하다.

해설

급수용량이 부족하여 송수량의 조절이 어렵다.

관련개념 인젝터

- 구조가 간단하고 가격이 저렴하여 소형에 사용된다.
- 별도의 소요동력이 필요하지 않다.
- 급수의 예열로 열효율이 상승하나 증기압력, 급수온도에 따라 급수 불량이 발생할 수 있다.
- 흡입양정이 작고 효율이 낮다.

정답 | ③

85 빈출도 ★

보일러 사용 중 저수위 사고의 원인으로 가장 거리가 먼 것은?

① 급수펌프가 고장이 났을 때
② 급수내관이 스케일로 막혔을 때
③ 보일러의 부하가 너무 작을 때
④ 수위 검출기가 이상이 있을 때

해설

보일러의 부하가 너무 클 때 저수위 사고가 발생한다.

관련개념 보일러의 저수위 사고 원인

저수위 사고 원인	· 수면계의 유리 오손으로 인해 수위를 오인했을 때 · 보일러의 부하가 너무 클 때 · 수면계의 연락관 또는 급수내관이 스케일로 막혔을 때 · 급수펌프의 고장 및 수위검출기에 이상이 발생했을 때 · 정전사고 등 사고가 발생했을 때 · 분출장치 및 안전장치에 누수 및 기타 이상이 발생했을 때

정답 | ③

86 빈출도 ★

10kg/cm^2의 압력하에 $2,000\text{kg/h}$로 증발하고 있는 보일러의 급수온도가 $20°\text{C}$일 때 환산증발량은? (단, 발생증기의 엔탈피는 600kcal/kg이다.)

① 2,152kg/h
② 3,124kg/h
③ 4,562kg/h
④ 5,260kg/h

해설

보일러 상당 증발량(W_e) 공식은 다음과 같다.

$$W_e = \frac{\text{발생증기 보유열}}{539} = \frac{W \times (h_1 - h_2)}{539}$$

W: 증발량(kg/h), h_1: 증기 엔탈피(kcal/kg), h_2: 급수 엔탈피(kcal/kg)

$$W_e = \frac{2,000 \times (600 - 20)}{539} = \frac{1}{5} = 2,152(\text{kg/h})$$

정답 | ①

87 ★★

그림과 같이 가로×세로×높이가 $3m \times 1.5m \times 0.03$ m인 탄소 강판이 놓여 있다. 강판의 열전도율은 43 W/m·K이고, 탄소강판 아래 면에 열유속 700 W/m^2을 가한 후, 정상상태가 되었다면 탄소강판의 윗면과 아랫면의 표면온도 차이는 약 몇 ℃인가? (단, 열유속은 아래에서 위 방향으로만 진행한다.)

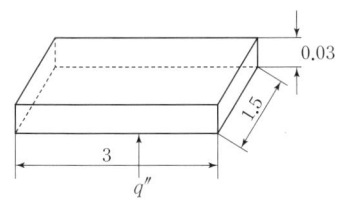

① 0.243　　② 0.264
③ 0.488　　④ 1.973

해설

열 전달량 공식은 다음과 같다.

$$Q = \frac{k \times \Delta T \times A}{d}$$

Q: 열 전달량(kcal/m^2·h), d: 벽 두께(m),
k: 열 전도율(kcal/m·h·℃), ΔT: 온도 차(℃), A: 면적(m^2)

$$700 = \frac{43 \times \Delta T \times 1}{0.03}$$

$$\Delta T = \frac{700 \times 0.03}{43 \times 1} = 0.488℃$$

※ 열유속에 대한 면적은 단위면적으로 계산한다.

정답 | ③

88 ★★

보일러의 용량을 산출하거나 표시하는 값으로 틀린 것은?

① 상당증발량　　② 보일러마력
③ 재열계수　　④ 전열면적

해설

보일러의 용량을 산출하거나 표시하는 값으로는 시간당 최대발열량(kcal/h), 상당증발량(kg/h), 최고 사용압력(kgf/cm^2), 보일러 마력(BHP), 전열면적(m^2) 등이 있다.

정답 | ③

89 ★

두께 150mm인 적벽돌과 100mm인 단열벽돌로 구성되어 있는 내화벽돌의 노벽이 있다. 적벽돌과 단열벽돌의 열전도율은 각각 1.4W/m·℃, 0.07W/m·℃일 때 단위면적당 손실열량은 약 몇 W/m^2인가? (단, 노 내 벽면의 온도는 800℃이고, 외벽면의 온도는 100℃이다.)

① 336　　② 456
③ 587　　④ 635

해설

평면 벽에서의 총괄전열계수에 대한 공식은 다음과 같다.

$$Q = F \times K \times \Delta t_m$$

Q: 열손실(kcal/hr), F: 전열면적(m^2),
K: 총괄전열계수(W/m^2·K), Δt_m: 평균 온도차(K)

총괄전열계수$(K) = \dfrac{1}{\dfrac{두께(d)}{열전도도(\lambda)}}$로 나타낼 수 있다.

$$Q = \frac{F \times \Delta t_m}{\dfrac{d_1}{\lambda_1} + \dfrac{d_2}{\lambda_2}} = \frac{(800-100) \times 1}{\dfrac{0.15}{1.4} + \dfrac{0.1}{0.07}} = 456 W/m^2$$

정답 | ②

90 빈출도 ★★

노통보일러 중 원통형의 노통이 2개 설치된 보일러를 무엇이라고 하는가?

① 랭커셔 보일러 ② 라몬트 보일러
③ 바브콕 보일러 ④ 다우삼 보일러

해설

랭커셔 보일러는 노통이 2개로 구성되어 있고 부하변동 시 압력 변화가 적다.

관련개념 랭커셔 보일러

- 간단한 구조로 청소나 검사, 수리가 쉽고 제작도 간편하여 수명이 길다.
- 급수처리가 원활하며, 부하변동에 따른 압력 변화도 적다.
- 내분식이라 연소실 크기에 제한을 받으며, 양질의 연료를 필요로 한다.
- 전열면적이 작아서 효율이 낮아 고압 대용량에는 부적합하다.

정답 | ①

91 빈출도 ★★

보일러와 압력용기에서 일반적으로 사용되는 계산식에 의해 산정되는 두께에 부식여유를 포함한 두께를 무엇이라 하는가?

① 계산 두께 ② 실제 두께
③ 최소 두께 ④ 최대 두께

해설

최소 두께는 보일러와 압력용기 등 계산 시 사용되는 부식 마모에 대한 여유를 포함한 두께를 말한다.

정답 | ③

92 빈출도 ★

수관보일러에서 수냉 노벽의 설치 목적으로 가장 거리가 먼 것은?

① 고온의 연소열에 의해 내화물이 연화, 변형되는 것을 방지하기 위하여
② 물의 순환을 좋게 하고 수관의 변형을 방지하기 위하여
③ 복사열을 흡수시켜 복사에 의한 열손실을 줄이기 위하여
④ 전열면적을 증가시켜 전열효율을 상승시키고 보일러 효율을 높이기 위하여

해설

노벽 내화물의 과열이 수관의 변형을 방지할 수 있다.

정답 | ②

93 빈출도 ★

내압을 받는 어떤 원통형 탱크의 압력은 3kgf/cm^2, 직경은 5m, 강판 두께는 10mm이다. 이 탱크의 이음 효율을 75%로 할 때, 강판의 인장강도(kg/mm^2)는 얼마로 하여야 하는가?

① 10 ② 20
③ 300 ④ 400

해설

$$P \times D = 200 \times \frac{\sigma_a}{S} \times (t-C) \times \eta$$

P: 압력(kgf/cm^2), D: 직경(mm), σ_a: 인장강도(kg/mm^2), S: 안전율(보통 1로 함), t: 강판 두께(mm), C: 부식여유, η: 효율(%)

$$3 \times 5{,}000 = 200 \times \frac{\sigma_a}{1} \times (10-0) \times 0.75$$

$$= \frac{3 \times 5{,}000}{200 \times (10-0) \times 0.75} = \frac{\sigma_a}{1} = \frac{15{,}000}{1{,}500}$$

$$= 10\text{kg/mm}^2$$

※ 여기서, 부식여유는 0이다.

정답 | ①

94 빈출도 ★★
보일러의 만수보존법에 대한 설명으로 틀린 것은?

① 밀폐 보존방식이다.
② 겨울철 동결에 주의하여야 한다.
③ 보통 2~3개월의 단기보존에 사용된다.
④ 보일러수는 pH6 정도 유지되도록 한다.

해설

알칼리 성분과 탈산소제 약품을 넣어 관수 pH12 정도의 약알칼리성으로 보존한다.

정답 | ④

95 빈출도 ★★
저온가스 부식을 억제하기 위한 방법이 아닌 것은?

① 연료중의 유황성분을 제거한다.
② 첨가제를 사용한다.
③ 공기예열기 전열면 온도를 높인다.
④ 배기가스 중 바나듐의 성분을 제거한다.

해설

바나듐은 고온가스 부식의 주원인이다.

관련개념 고온부식과 저온부식

고온부식	저온부식
• 가스나 중질유 연소 등에서 회분에 포함된 바나듐이 많이 함유되어 고온전열면의 부식, 이른바 고온부식을 초래한다. • 바나듐이 연소 시 고온의 오산화바나듐이 되어 전열면에 융착되는 부작용이 일어난다.	• 중유속에 함유된 유황분이 연소되어 아황산가스가 생산된다. • 과잉공기와 반응하여 무수황산이 되고 수증기와 융합되어 황산증기가 된다. • 황산은 절탄기나 공기예열기에 저온으로 전열면에 응축되어 부식이 생긴다.

정답 | ④

96 빈출도 ★★
라미네이션의 재료가 외부로부터 강하게 열을 받아 소손되어 부풀어 오르는 현상을 무엇이라고 하는가?

① 크랙   ② 압궤
③ 블라스터   ④ 만곡

해설

블라스터(Blister)는 라미네이션의 재료가 외부로부터 강하게 열(화염)을 받아 소손 또는 파열된 부분이 부풀어 오르는 현상이 발생한다.

관련개념 보일러 손상 종류

응력부식 균열	반복되는 응력으로 인해 이음부분에 균열(Crack)이 생기는 현상을 말한다.
팽출 (Bulge)	인장을 받는 부분(동체, 갤로웨이관, 수관 등)이 압력에 견디지 못하고 바깥쪽으로 부풀어 오르거나 튀어나오는 현상을 말한다.
압궤 (Collapse)	원통으로된 노통 또는 화실 부분의 바깥쪽 부분이 압력에 견디지 못하고 짓눌려지는 현상을 말한다.
라미네이션 (Lamination)	압연(보일러)강판, 관의 두께 속에서 제조(가공) 당시의 가스가 존재하여 2개의 층을 형성하는 현상을 말한다.
블라스터 (Blister)	라미네이션의 재료가 외부로부터 강하게 열(화염)을 받아 소손 또는 파열된 부분이 부풀어 오르는 현상이 발생한다.

정답 | ③

97 빈출도 ★★

보일러의 성능시험방법 및 기준에 대한 설명으로 옳은 것은?

① 증기건도의 기준은 강철제 또는 주철제로 나누어 정해져 있다.
② 측정은 매 1시간마다 실시한다.
③ 수위는 최초 측정치에 비해서 최종 측정치가 적어야 한다.
④ 측정기록 및 계산양식은 제조사에서 정해진 것을 사용한다.

선지분석
① 증기건도 기준은 강철제 보일러 0.98, 주철제 보일러 0.97에 따르되 실측이 가능한 경우 실측한다.
② 측정은 매 10분마다 실시한다.
③ 수위는 최초 측정치와 최종 측정치가 동일(일치)하여야 한다.
④ 측정기록 및 계산양식은 검사기관에서 따로 지정이 가능하다.

정답 | ①

98 빈출도 ★★

보일러 사고의 원인 중 제작상의 원인으로 가장 거리가 먼 것은?

① 재료불량
② 구조 및 설계불량
③ 용접불량
④ 급수처리 불량

해설
급수처리 불량은 취급상의 원인에 해당한다.

관련개념 보일러 사고의 원인
(1) **제작상의 원인**
 • 구조, 설계, 용접, 재료 불량
 • 강도부족
 • 부속장치의 미비
(2) **취급상의 원인**
 • 압력초과, 저수위사고, 급수처리 불량
 • 부식 과열, 가스폭발
 • 부속장치 정비불량 등

정답 | ④

99 빈출도 ★

내경 800mm이고, 최고사용압력이 12kg/cm^2인 보일러의 동체를 설계하고자 한다. 세로이음에서 동체판의 두께(mm)는 얼마이어야 하는가? (단, 강판의 인장강도는 35kg/mm^2, 안전계수는 5, 이음효율은 85%, 부식여유는 1mm로 한다.)

① 7
② 8
③ 9
④ 10

해설

압축강도 계산공식은 아래와 같다.

$$P \times D = 200 \times \sigma \times (t-C) \times \eta$$

P: 최고사용압력(kg/cm²), D: 안지름(mm),
σ: 허용응력(kg/cm²), t: 두께(mm), C: 부식여유(mm),
η: 효율(%)

허용응력(σ)은 다음과 같이 관계식이 성립된다.

$$\sigma = \frac{\sigma_a}{S}$$

σ_a: 인장강도(kg/mm²), S: 안전율

$$P \times D = 200 \times \frac{\sigma_a}{1} \times (t-C) \times \eta$$

$$t = \left(\frac{12 \times 800}{200 \times 7 \times 0.85} + 1\right) = \frac{9,600}{1,191} + 1 = 9\text{mm}$$

정답 | ③

100 빈출도 ★★★

유속을 일정하게 하고 관의 직경을 2배로 증가시켰을 경우 유량은 어떻게 변하는가?

① 2배로 증가
② 4배로 증가
③ 6배로 증가
④ 8배로 증가

해설

$$Q = AV$$

Q: 유량(m²/s), A: 면적(m²), V: 유속(m/s)

원형 면적의 공식은 아래와 같다.

$$A = \frac{\pi D^2}{4}$$

$$Q = \left(\frac{\pi D^2}{4}\right) \times V$$

위 공식에서 유량(Q)은 직경(D)의 제곱과 비례한다($Q \propto D^2$)는 관계식을 알 수 있다.

따라서, 직경이 2배 증가하면 유량은 $2^2 = 4$배가 증가한다.

정답 | ②

2024년 1회 CBT 복원문제

연소공학

01 빈출도 ★★

$(CO_2)_{max}$에 대한 식으로 맞는 것은?

① $(CO_2)_{max} = \dfrac{21(CO_2)}{21-(O_2)}$

② $(CO_2)_{max} = \dfrac{21(CO_2)}{(O_2)-21}$

③ $(CO_2)_{max} = \dfrac{21(O_2)}{(CO_2)-21}$

④ $(CO_2)_{max} = \dfrac{21(O_2)}{21-(CO_2)}$

해설

$C + O_2 \rightarrow CO_2$

연료용 공기가 이론공기량 이상일 경우 연료를 완전연소시키기 위해 과잉공기가 생기기 때문에 $CO_{2\,max}$에서 CO_2의 함유율이 낮아지게 된다. $CO_{2\,max}$를 백분율로 표현하기 위해서는 이론공기량으로 연료를 완전연소 시켰을 경우로 환산해야 한다. 관련 공식은 다음과 같다.

$$\dfrac{CO_2\ 최대량}{CO_2} = \dfrac{21}{21-O_2}$$

정답 ①

02 빈출도 ★★

메탄 50V%, 에탄 25V%, 프로판 25V%가 섞여 있는 혼합 기체의 공기 중에서 연소하한계는 약 몇 %인가? (단, 메탄, 에탄, 프로판의 연소하한계는 각각 5V%, 3V%, 2.1V% 이다.)

① 2.3 ② 3.3
③ 4.3 ④ 5.3

해설

혼합가스 연소하한계(LFL) 르샤틀리에 공식은 아래와 같다.

$$\dfrac{100}{L} = \dfrac{V_1}{L_1} + \dfrac{V_2}{L_2} + \dfrac{V_3}{L_3} + \cdots$$

V: 각 성분 부피 백분율(%), L: 각 성분 연소 하한계(%)

$$\dfrac{100}{L} = \dfrac{50}{5} + \dfrac{25}{3} + \dfrac{25}{2.1} = 30.2381$$

$$L = \dfrac{100}{30.2381} = 3.31\%$$

정답 ②

03 빈출도 ★

연소속도는 다음 중 어느 것의 영향을 가장 많이 받는가?

① 공기비
② 연료의 조성
③ 공급되는 연료의 현열
④ 1차 공기와 2차 공기의 비율

해설

연소속도는 공기와 연료의 혼합비로 공기비로 인한 영향이 크다. 공기비가 높을수록 연소속도가 빨라진다.

정답 ①

04 빈출도 ★★

저위발열량이 $1,784\text{kcal/kg}$의 석탄을 연소시켜 $13,200\text{kg/h}$의 증기를 발생시키는 보일러의 효율은? (단, 석탄의 공급량은 $6,040\text{kcal/kg}$이고, 증기의 엔탈피는 742kcal/kg, 급수의 엔탈피는 23kcal/kg이다.)

① 64%
② 74%
③ 88%
④ 94%

해설

효율 = $\dfrac{\text{유효출열}}{\text{총입열량}} \times 100$

여기서, 유효출열 = 증기 발생량 × 엔탈피 차
$= \dfrac{13,200\text{kg}}{\text{h}} \times \dfrac{(742-23)\text{kcal}}{\text{kg}} = 9,490,800\text{kcal/h}$

총입열량 = 석탄 공급량 × 저위발열량
$= 6,040\text{kg/h} \times 1,784\text{kcal/kg} = 10,557,920\text{kcal/h}$

따라서, 효율 $\eta = \dfrac{9,490,800}{10,557,920} \times 100 = 89.89\%$

정답 | ③

05 빈출도 ★★

연료의 발열량에 대한 설명으로 틀린 것은?

① 기체연료는 그 성분으로부터 발열량을 계산할 수 있다.
② 발열량의 단위는 고체와 액체연료의 경우 단위중량당(통상 연료 kg당) 발열량으로 표시한다.
③ 고위발열량은 연료의 측정열량에 수증기 증발잠열을 포함한 연소열량이다.
④ 일반적으로 액체연료는 비중이 크면 체적당 발열량은 감소하고, 중량당 발열량은 증가한다.

해설

일반적인 액체연료는 비중이 크면 체적당 발열량은 증가하고, 중량당 발열량은 감소한다.

정답 | ④

06 빈출도 ★★

어떤 고체연료를 분석하니 중량비로 수소 10%, 탄소 80%, 회분 10%이었다. 이 연료 100kg을 완전연소시키기 위하여 필요한 이론공기량은 약 몇 Nm^3인가?

① 206
② 412
③ 490
④ 978

해설

중량비 조성의 이론공기량을 구하는 식은 다음과 같다.

$$A_o = \dfrac{O_o}{0.21}$$

$$O_o = 1.867C + 5.6H + 0.7S$$

A_o: 이론공기량, O_o: 이론산소량

$A_o = \dfrac{(1.867 \times 0.8) + (5.6 \times 0.1)}{0.21} = 9.78\text{Nm}^3/\text{kg}$

여기서, 연료는 100kg이므로
$9.78\text{Nm}^3/\text{kg} \times 100\text{kg} = 978\text{Nm}^3$

정답 | ④

07 빈출도 ★★

액화석유가스(LPG)의 성질에 대한 설명으로 틀린 것은?

① 인화폭발의 위험성이 크다.
② 상온, 대기압에서는 액체이다.
③ 가스의 비중은 공기보다 무겁다.
④ 기화잠열이 커서 냉각제로도 이용 가능하다.

해설

상온, 대기압에서는 기체이다.

관련개념 액화석유가스(LPG) 특징

- 공기보다 비중이 무거우므로 폭발 방지를 위해 가스경보기를 바닥 가까이 부착한다.
- 무색 무취이며, 물에 녹지 않고 유기용매에 녹는다.
- 천연고무나 페인트 등을 용해시키므로 이를 방지하기 위해 누설장치를 설치해야 한다.

정답 | ②

08 빈출도 ★★

표준 상태인 공기 중에서 완전 연소비로 아세틸렌이 함유되어 있을 때 이 혼합기체 1L당 발열량(kJ)은 얼마인가? (단, 아세틸렌의 발열량은 1,308kJ/mol 이다.)

① 4.1
② 4.5
③ 5.1
④ 5.5

해설

아세틸렌 완전연소반응식
$C_2H_2 + 2.5O_2 \rightarrow 2CO_2 + H_2O$
완전연소시 이론공기량의 몰수는 다음과 같이 구한다.

$$A_o = \frac{O_o}{0.21}$$

$A_o = \frac{2.5}{0.21} = 11.905 \text{mol}$

혼합기체의 몰수는 아세틸렌 몰수와 공기의 몰수를 합해야 한다.
$n_T = 1 + 11.905 = 12.905 \text{mol}$
따라서, 혼합기체 1L당 발열량을 구하면

$\frac{1,308\text{kJ}}{\text{mol}_{-아세틸렌}} \times \frac{1\text{mol}_{-아세틸렌}}{12.905\text{mol}_{-혼합기체}} \times \frac{1\text{mol}_{-혼합기체}}{22.4\text{L}} = 4.52\text{kJ/L}$

정답 | ②

10 빈출도 ★

열병합 발전소에서 배기가스를 사이클론에서 전처리하고 전기 집진장치에서 먼지를 제거하고 있다. 사이클론 입구, 전기집진기 입구와 출구에서의 먼지 농도가 각각 95, 10, 0.5g/Nm³일 때 종합 집집율은?

① 85.7%
② 90.8%
③ 95.0%
④ 99.5%

해설

집진장치의 총 집진효율을 구하는 공식은 아래와 같다.

$$\eta_0 = \eta_1 + \eta_2 - \eta_1 \times \eta_2$$

1: 사이클론, 2: 전기집진기

$\eta_1 = \frac{95 - 10}{95} = 0.895$

$\eta_2 = \frac{10 - 0.5}{10} = 0.95$

$\eta_0 = 0.895 + 0.95 - 0.895 \times 0.95 = 0.895 + 0.95 - 0.85$
$= 0.995 = 99.5\%$

정답 | ④

09 빈출도 ★★★

연돌내의 배기가스 비중량 γ_1, 외기 비중량 γ_2, 연돌의 높이가 H일 때 연돌의 이론 통풍력(Z)를 구하는 식은?

① $Z = \frac{H}{\gamma_1 - \gamma_2}$
② $Z = \frac{\gamma_2 - \gamma_1}{H}$
③ $Z = \frac{\gamma_2 - 2\gamma_1}{2H}$
④ $Z = (\gamma_2 - \gamma_1) \times H$

해설

비중량과 압력을 이용한 이론 통풍력 공식은 다음과 같다.

$$Z = P_2 - P_1 = (\gamma_2 - \gamma_1) \times H$$

Z: 통풍력(mmAq), P_1: 굴뚝 유입구 압력, P_2: 외기의 압력, γ_1: 배기가스의 비중량(kgf/m³), γ_2: 외기의 비중량(kgf/m³)

정답 | ④

11 빈출도 ★

다음 중 배기가스와 접촉되는 보일러 전열면으로 증기나 압축공기를 직접 분사시켜서 보일러에 회분, 그을음 등 열전달을 막는 퇴적물을 청소하고 쌓이지 않도록 유지하는 설비는?

① 수트블로워
② 압입통풍 시스템
③ 흡입통풍 시스템
④ 평형통풍 시스템

해설

수트(슈트)블로워는 보일러 내부에서 배기가스와 접촉되는 전열면 외측, 수관부에 증기나 압축공기를 직접 분사하여 보일러에 회분, 그을음 등의 퇴적물을 청소하여 열전달을 막는다.

정답 | ①

12 빈출도 ★★★

메탄가스 8kg을 연소시키는데 소요되는 이론공기량은 약 몇 Sm^3인가?

① 46
② 69
③ 86
④ 107

해설

$CH_4 + 2O_2 \rightarrow CO_2 + 2H_2O$

CH_4과 O_2은 1 : 2 반응이므로 이를 이용하여 이론산소량을 구한다.

CH_4 : $2O_2$
1mol : 2mol = 16kg : $2 \times 22.4 Sm^3$

$$A_o = \frac{O_o}{0.21}$$

A_o: 이론공기량(Sm^3/kg), O_o: 이론산소량(Sm^3/kg)

$$A_o = \frac{O_o}{0.21} = \frac{\frac{2 \times 22.4 Sm^3}{16 kg}}{0.21} = \frac{2.8}{0.21} = 13.33 Sm^3/kg$$

메탄가스 8kg일 때, $13.33 \times 8kg = 106.64 Sm^3/kg$

정답 | ④

13 빈출도 ★

연소계산에서 열정산에 대한 정의로 옳은 것은?

① 발생하는 모든 발열량의 합계
② 발생하는 모든 열의 이용 효율
③ 발생하는 모든 입열과 출열의 수지계산
④ 연소장치에서 손실되는 모든 열량의 합계

해설

연소 과정에서 발생하는 모든 입열과 출열을 비교하여 에너지 흐름을 분석하고, 이를 통해 열수지 계산을 수행한다.

정답 | ③

14 빈출도 ★

연소장치의 연돌통풍에 대한 설명으로 틀린 것은?

① 연돌의 단면적은 연도의 경우와 마찬가지로 연소량과 가스의 유속에 관계한다.
② 연돌의 통풍력은 외기온도가 높아짐에 따라 통풍력이 감소하므로 주의가 필요하다.
③ 연돌의 통풍력은 공기의 습도 및 기압에 관계없이 외기온도에 따라 달라진다.
④ 연돌의 설계에서 연돌 상부 단면적을 하부 단면적보다 작게 한다.

해설

공기의 습도와 기압이 높을수록 통풍력이 증가한다.

관련개념 통풍력 증가 조건

- 연돌의 높이를 높게 하고 단면적을 크게 한다.
- 연돌의 굴곡부를 작게 하며, 길이를 짧게 한다.
- 배기가스 온도를 높게 한다.
- 외기온도와 습도를 낮게 한다.
- 공기의 습도와 기압을 높게 한다.

정답 | ③

15 빈출도 ★★

$(CO_{2\,max})$가 24.0%, (CO_2)가 14.2% (CO)가 3.0%라면 연소가스 중의 산소는 약 몇 %인가?

① 3.8
② 5.0
③ 7.1
④ 10.1

해설

$$(CO_2)_{max} = \frac{21 \times (CO_2 + CO)}{21 - O_2 + 0.395 \times CO}$$

CO_2: CO_2 함유율(%), O_2: 산소 함유율(%),
CO: 일산화탄소 함유율(%)

$$24 = \frac{21 \times (14.2 + 3)}{21 - O_2 + 0.395 \times 3}$$

$$= \frac{361.2}{21 - O_2 + 1.185}$$

$O_2 = 7.135\%$

정답 | ③

16 빈출도 ★★

어떤 굴뚝가스가 50mol% N_2, 20mol% CO_2, 10mol% O_2와 나머지가 H_2O인 조성을 가지고 있다. 이 기체 중 CO_2 가스의 건기준의 몰분율은?

① 0.2
② 0.25
③ 0.1
④ 0.15

해설

전체 가스를 100mol이라고 했을 때, N_2 50mol, CO_2 20mol, O_2 10mol, H_2O 20mol이다.
따라서, CO_2 가스의 건기준의 몰분율은
$$\frac{CO_2}{\text{전체 건가스}(N_2, CO_2, O_2)} = \frac{20}{80} = 0.25$$

정답 | ②

17 빈출도 ★

연료 소비량이 50kg/h인 로(爐)의 연소실 체적이 50m³, 사용연료의 저위발열량이 5,400kcal/kg이라 할 때 연소실의 열발생율 kcal/m³·h은? (단, 공기의 예열온도에 의한 열량은 무시한다.)

① 5,400
② 6,800
③ 7,200
④ 8,400

해설

$$q = \frac{Q}{V}$$

q : 열발생율(kcal/m³·h), Q : 열발생량(kcal/h), V : 체적(m³)

Q = 연료소비량 × 저위발열량 = 50 × 5,400 = 270,000kcal/h
$q = \frac{270,000}{50} = 5,400$ kcal/m³·h

정답 | ①

18 빈출도 ★

보일러 연소장치에 과잉공기 10%가 필요한 연료를 완전연소할 경우 실제 건연소 가스량(Nm^3/kg)은 얼마인가? (단, 연료의 이론공기량 및 이론 건연소 가스량은 각각 10.5, 9.9(Nm^3/kg)이다.)

① 12.03
② 11.84
③ 10.95
④ 9.98

해설

실제 건연소 가스량은 다음과 같이 구한다.

$$G_d = G_{od} + A$$

G_{od} : 이론건연소가스량(Nm^3/kg), A_o : 과잉공기량(Nm^3/kg)

$$A = (m-1) \times A_o$$

A : 과잉공기량(Nm^3/kg), m : 공기비, A_o : 이론공기량(Nm^3/kg)

$A = (1.1-1) \times 10.5 = 1.05 Nm^3/kg$
$G_d = 9.9 + 1.05 = 10.95 Nm^3/kg$

정답 | ③

19 빈출도 ★★

기체연료의 일반적인 특징에 대한 설명으로 틀린 것은?

① 화염온도의 상승이 비교적 용이하다.
② 액체연료에 비해 연소공기비가 적다.
③ 연소 후에 유해성분의 잔류가 거의 없다.
④ 연소장치의 온도 및 온도분포의 조절이 어렵다.

해설

연소장치의 온도 및 온도 분포의 조절이 용이하다.

정답 | ④

20 빈출도 ★★

유압분무식 버너의 특징에 대한 설명으로 틀린 것은?

① 구조가 간단하다.
② 소음 발생이 적다.
③ 유량조절 범위가 넓다.
④ 보일러 기동 중 버너 교환이 용이하다.

해설

유량조절 범위가 좁다.

관련개념 유압분무식 버너

- 연료에 압력을 가해 미세한 고속 분사로 연소하는 방식이다.
- 노즐을 통해 유압의 압력 5~20kg/cm²의 가압된 압력으로 연소실 내부로 보내 연소 한다.
- 구조가 간단하며, 대용량 버너에 용이하다.
- 분무각도 40~90°이다.
- 유량조절범위는 환류식 1 : 3, 비환류식 1 : 2
- 연료의 점도가 크거나 유압이 5kg/cm² 이하로 낮아지면 분무가 불안정해진다.
- 유량조절 범위가 좁으며, 연소의 제어범위가 좁다.

정답 | ③

열역학

21 빈출도 ★

압력 500kPa, 온도 423K의 공기 1kg이 압력이 일정한 상태로 변하고 있다. 공기의 일이 122kJ이라면 공기에 전달된 열량(kJ)은 얼마인가? (단, 공기의 정적비열은 0.7165kJ/kg·K, 기체상수는 0.287kJ/kg·K이다.)

① 426
② 526
③ 626
④ 726

해설

이상기체상태방정식 $PV=mRT$에 따라
처음 부피(V_1)을 구할 수 있다.

$$V_1=\frac{mRT_1}{P_1}=\frac{1\times0.287\times423}{500}=0.2428$$

일을 구하는 공식으로 나중 부피를 계산한다.

$$W=P\times(V_2-V_1)$$

W: 일(kJ), P: 압력(kPa), V: 부피(m³)

$W=122\text{kJ}=500\times(V_2-0.2428)$
$V_2=0.4868\text{m}^3$

보일-샤를 법칙 $\frac{V_1}{V_2}=\frac{T_1}{T_2}$에 따라 나중 온도를 구하면

$$\frac{0.2428}{0.4868}=\frac{423}{T_2}$$

$T_2=848.091\text{K}$

정적과정에서 전달열량을 구하는 공식은 아래와 같다.

$$Q=m\times C_p\times \Delta T$$

Q: 열량(kJ/kg), m: 질량(kg), C_p: 정압비열(kJ/kg·K), ΔT: 온도차(K)

정압비열과 이상기체상수와의 관계식은 아래와 같다.

$$C_p-C_v=R$$

C_p: 정압비열(kJ/kg·K), C_v: 정적비열(kJ/kg·K), R: 기체상수(kJ/kg·K)

따라서, 전달열량의 공식을 정리하면,
$Q=m(C_v+R)(T_2-T_1)$
$\quad=1\times(0.7165+0.287)\times(848-423)=426\text{kJ}$

정답 | ①

22 빈출도 ★★

열역학 제1법칙에 대한 설명으로 틀린 것은?

① 열은 에너지의 한 형태이다.
② 일을 열로 또는 열을 일로 변환할 때 그 에너지 총량은 변하지 않고 일정하다.
③ 제1종의 영구기관을 만드는 것은 불가능하다.
④ 제1종의 영구기관은 공급된 열에너지를 모두 일로 전환하는 가상적인 기관이다.

해설

열역학 제1법칙은 에너지 보존의 법칙이며, 제1종 영구기관 즉 에너지의 공급없이 일을 하는 열기관은 실현이 불가능하다는 법칙이다. 열을 일로 변환할 때 또는 일을 열로 변환할 때 전체 계의 에너지 총량은 변하지 않고 일정하다.
선지 ④번은 제2종 영구기관과 관련된 내용이다.

정답 | ④

23 빈출도 ★★★

냉동용량이 $6RT$(냉동톤)인 냉동기의 성능계수가 2.4이다. 이 냉동기를 작동하는 데 필요한 동력은 약 몇 kW인가? (단, 1RT(냉동톤)은 $3.86kW$이다.)

① 3.33   ② 5.74
③ 9.65   ④ 18.42

해설

성능계수 공식은 다음과 같다.

$$COP = \frac{Q}{W}$$

COP: 성능계수, W: 소요동력(kW), Q: 냉동능력(kW)

$$2.4 = \frac{6RT}{W} = \frac{6RT \times \frac{3.86kW}{1RT}}{W}$$

$W = 9.65kW$

정답 | ③

24 빈출도 ★★

"PV^n = 일정"인 과정에서 밀폐계가 하는 일을 나타낸 것은? (단, P는 압력, V는 부피, n은 상수이며, 첨자 1, 2는 각각 과정 전·후 상태를 나타낸다.)

① $P_2V_2 - P_1V_1$
② $\dfrac{P_1V_1 - P_2V_2}{n-1}$
③ $\dfrac{P_2V_2^{n-1}P_1V_1^{n-1}}{n-1}$
④ $P_1V_1^n(V_2 - V_1)$

해설

"PV^n = 일정"인 과정에서 밀폐계가 하는 일 공식은 다음과 같다.

$$W = \frac{1}{n-1}(P_1V_1 - P_2V_2)$$

정답 | ②

25 빈출도 ★★

$100kPa$, $20°C$의 공기를 $0.1kg/s$의 유량으로 $900kPa$까지 등온 압축할 때 필요한 공기압축기의 동력(kW)은? (단, 공기의 기체상수는 $0.287kJ/kg\cdot K$이다.)

① 18.5   ② 64.5
③ 75.7   ④ 185

해설

등온과정에서의 이상기체상태방정식을 이용한 일(W)공식은 다음과 같다.

$$W = mRT_1 \ln\left(\frac{V_1}{V_2}\right) = mRT_1 \ln\left(\frac{P_2}{P_1}\right)$$

P: 압력(kPa), V: 부피(m³), m: 질량유량(kJ/s), R: 기체상수(kJ/kg·K), T: 온도(K)

$$W = 0.1 \times 0.287 \times (20+273) \times \ln\left(\frac{900}{100}\right) = 18.5kW$$

정답 | ①

26 빈출도 ★

그림과 같은 카르노 열기관의 사이클 $P-V$ 선도에서 $d \to a$ 과정이 나타내는 것은?

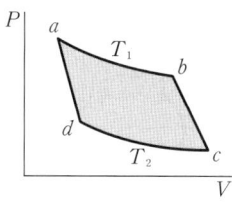

① 등적과정
② 등온과정
③ 등엔탈피과정
④ 등엔트로피과정

해설

등엔트로피 과정은 엔트로피가 일정한 단열과정으로 압축 팽창 과정이 진행된다.

정답 | ④

27 빈출도 ★★★

공기 100kg을 400℃에서 120℃로 냉각할 때 엔탈피(kJ) 변화는? (단, 일정 정압비열은 1.0kJ/kg·K 이다.)

① -24,000
② -26,000
③ -28,000
④ -30,000

해설

$$\Delta H = m \cdot C_p \cdot \Delta t$$

ΔH: 엔탈피(kJ), m: 질량(kg), C_p: 정압비열(kJ/kg·℃), Δt: 온도 차(℃)

$\Delta H = 100 \times 1.0 \times ((120+273)-(400+273))$
$= 100 \times 1.0 \times (-280)$
$= -28,000$ kJ

※ 여기서 (-) 부호는 방출을 의미한다.

정답 | ③

28 빈출도 ★

100℃ 건포화증기 2kg이 온도 30℃인 주위로 열을 방출하여 100℃ 포화액으로 되었다. 전체(증기 및 주위)의 엔트로피 변화는 약 얼마인가? (단, 100℃에서의 증발잠열은 2,257kJ/kg이다.)

① -12.1kJ/K
② 2.8kJ/K
③ 12.1kJ/K
④ 24.2kJ/K

해설

$$ds = \frac{dQ}{T}$$

ds: 엔트로피 변화량(kJ/K), dQ: 열량 변화량(kJ), T: 온도(K)

포화증기 엔트로피 변화량(ds_1)
$ds_1 = \frac{dQ}{T} = \frac{-2,257\text{kJ/kg} \times 2\text{kg}}{(100+273)\text{K}} = -12.1\text{kJ/K}$

※ 방출되어나가는 열량이므로 (-)부호가 된다.

주위증기 엔트로피 변화량(ds_2)
$ds_2 = \frac{dQ}{T} = \frac{2,257\text{kJ/kg} \times 2\text{kg}}{(30+273)\text{K}} = 14.9\text{kJ/K}$

따라서, 전체 엔트로피 변화량은
$\Delta S = ds_1 + ds_2 = -12.1 + 14.9 = 2.8\text{kJ/K}$

정답 | ②

29 빈출도 ★★

정상상태(Steady state)에 대한 설명으로 옳은 것은?

① 특정 위치에서만 물성값을 알 수 있다.
② 모든 위치에서 열역학적 함수값이 같다.
③ 열역학적 함수값은 시간에 따라 변하기도 한다.
④ 유체 물성이 시간에 따라 변하지 않는다.

해설

정상상태는 시간에 따라 유체물성의 흐름특성을 가진 속도, 압력, 온도 등의 성질이 변하지 않는다. 반면, 평형상태는 시간에 관계없이 유체물성의 흐름특성이 항상 같은 상태를 유지한다.

정답 | ④

30 빈출도 ★★

$-35℃$, 22MPa의 질소를 가역단열과정으로 500 kPa까지 팽창했을 때의 온도(℃)는? (단, 비열비는 1.41이고 질소를 이상기체로 가정한다.)

① -180 ② -194
③ -200 ④ -206

해설

가역단열과정에서 다음과 같은 관계식이 성립된다.

$$\frac{T_2}{T_1}=\left(\frac{P_2}{P_1}\right)^{\frac{\gamma-1}{\gamma}}$$

T_1: 초기 온도(K), T_2: 최종 온도(K), P_1: 초기 압력(mPa),
P_2: 최종 압력(mPa), γ: 비열비$\left(\frac{C_p}{C_v}\right)$,
C_p: 정압비열(kJ/kg·K), C_v: 정적비열(kJ/kg·K)

$$\frac{T_2}{(-35+273)}=\left(\frac{0.5}{22}\right)^{\frac{1.41-1}{1.41}}$$

$T_2=79.201\text{K}-273=-193.806℃$

정답 | ②

31 빈출도 ★

출력 50kW의 가솔린 엔진이 매시간 10kg의 가솔린을 소모한다. 이 엔진의 효율[%]은? (단, 가솔린의 발열량은 42,000kJ/kg이다.)

① 21 ② 32
③ 43 ④ 60

해설

효율$(\eta)=\frac{\text{유효출력}}{\text{공급열량}}\times 100$ 이며,

여기서
공급열량$(Q_i)=$ 연료 소비량$\times$ 발열량
$= 10 \times 42,000 = 420,000$kJ/h

따라서, 효율$(\eta)=\dfrac{50\text{kW}\times \dfrac{3,600\text{sec}}{1\text{hr}}}{420,000\text{kJ/h}}\times 100 = 43\%$

정답 | ③

32 빈출도 ★

다음 T-S 선도에서 냉동사이클의 성능계수를 옳게 나타낸 것은? (단, u는 내부에너지, h는 엔탈피를 나타낸다.)

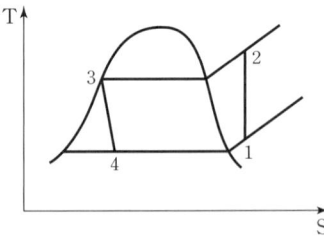

① $\dfrac{h_1-h_4}{h_2-h_1}$ ② $\dfrac{h_2-h_1}{h_1-h_4}$
③ $\dfrac{u_1-u_4}{u_2-u_1}$ ④ $\dfrac{u_2-u_1}{u_1-u_4}$

해설

$$COP=\frac{Q_2(\text{냉동능력})}{W_c(\text{압축일량})}=\frac{h_1-h_4}{h_2-h_1}$$

정답 | ①

33 빈출도 ★★

온도 127℃에서 포화수 엔탈피는 560kJ/kg, 포화증기의 엔탈피는 2,720kJ/kg일 때 포화수 1kg가 포화증기로 변화하는 데 따르는 엔트로피의 증가는 몇 kJ/K인가?

① 1.4 ② 5.4
③ 9.8 ④ 21.4

해설

$$ds=\frac{dQ}{T}$$

ds: 엔트로피 변화량(kJ/K), dQ: 열량 변화량(kJ), T: 온도(K)

$ds=\dfrac{\text{가열된 열량}}{T}=\dfrac{2,720\text{kJ}-560\text{kJ}}{(127+273)\text{K}}=5.4$kJ/K·kg

정답 | ②

34 빈출도 ★★

이상기체의 단위 질량당 내부에너지 u, 비엔탈피 h, 비엔트로피 s에 관한 다음의 관계식 중에서 모두 옳은 것은? (단, T는 온도, p는 압력, v는 비체적을 나타낸다.)

① $Tds=du-vdp$, $Tds=dh-pdv$
② $Tds=du+pdv$, $Tds=dh-vdp$
③ $Tds=du-vdp$, $Tds=dh+pdv$
④ $Tds=du+pdv$, $Tds=dh+vdp$

해설

열역학 제1법칙에 따른 식은 아래와 같다.

$$dQ=dU+P\cdot dV$$

Q: 열, U: 내부에너지, P: 압력, V: 비체적

여기서, 엔탈피와 엔트로피 변화량에 대한 공식을 이용한다.

$$H=U+PV$$
$$ds=\frac{dQ}{T}$$

H: 엔탈피, ds: 엔트로피 변화량, dQ: 열량, T: 온도

$dQ=T\cdot ds=dU+P\cdot dV$
$T\cdot ds=d(H-PV)+P\cdot dV$
$\qquad =dH-P\cdot dV-V\cdot dP+P\cdot dV$
$\qquad =dH-VdP$

정답 | ②

35 빈출도 ★

공기를 작동유체로 하는 Diesel cycle의 온도범위가 32℃~3,200℃이고, 이 cycle의 최고 압력이 6.5MPa, 최초 압력이 160kPa일 경우 열효율은 약 얼마인가? (단, 공기의 비열비는 1.4이다.)

① 41.4%   ② 46.5%
③ 50.9%   ④ 55.8%

해설

Diesel cycle 열 효율은 다음과 같이 구한다.

$$\eta=1-\left(\frac{1}{\epsilon}\right)^{k-1}\times\frac{\sigma^k-1}{k(\sigma-1)}$$

$$\epsilon=\frac{V_1}{V_2}=\left(\frac{T_2}{T_1}\right)^{\frac{1}{k-1}}$$

η: 효율(%), ϵ: 압축비, k: 비열비, σ: 연료차단비

단열압축 변화에서의 P-T관계는 다음과 같다.

$$\frac{T_1}{T_2}=\left(\frac{P_1}{P_2}\right)^{\frac{k-1}{k}}$$

$$\frac{(32+273)\text{K}}{T_2}=\left(\frac{0.16\text{MPa}}{6.5\text{MPa}}\right)^{\frac{1.4-1}{1.4}}$$

$T_2=878.93\text{K}$

$$\epsilon=\frac{V_1}{V_2}=\left(\frac{T_2}{T_1}\right)^{\frac{1}{k-1}}=\left(\frac{878.93}{32+273}\right)^{\frac{1}{1.4-1}}=14.09$$

$$\sigma=\frac{T_3}{T_2}=\frac{(3,200+273)\text{K}}{878.93\text{K}}=3.95$$

이에 열 효율(η)을 구하면,

$$\eta=1-\left(\frac{1}{14.09}\right)^{1.4-1}\times\left(\frac{3.95^{1.4}-1}{1.4\times(3.95-1)}\right)=0.509=50.9\%$$

정답 | ③

36 빈출도 ★★

다음 엔트로피에 관한 설명으로 옳은 것은?

① 비가역 사이클에서 클라우시우스(Clausius)의 적분은 영(0)이다.
② 두 상태 사이의 엔트로피 변화는 경로에는 무관하다.
③ 여러 종류의 기체가 서로 확산되어 혼합하는 과정은 엔트로피가 감소한다고 볼 수 있다.
④ 우주 전체의 엔트로피는 궁극적으로 감소되는 방향으로 변화한다.

선지분석
① 클라우시우스의 적분은 가역상태에서 적분은 영(0)이며, 비가역상태에서는 영(0)보다 낮다.
③ 여러 종류의 기체가 확산, 팽창 혼합 등의 비가역과정은 비가역 변화에 속하므로 엔트로피는 증가한다.
④ 우주의 넓은 현상 속에 가역과정은 엔트로피가 일정하고, 비가역 단열과정은 엔트로피가 증가한다.

관련개념 엔트로피 공식

$ds = \dfrac{\delta Q}{T}$

· 경로(δ)함수: 계의 과정
· 상태(d)함수: 계의 성질

정답 | ②

37 빈출도 ★

열펌프(Heat Pump)의 성능계수에 대한 설명으로 옳은 것은?

① 냉동 사이클의 성능계수와 같다.
② 가해준 일에 의해 발생한 저온체에서 흡수한 열량과의 비이다.
③ 가해준 일에 의해 발생한 고온체에 방출한 열량과의 비이다.
④ 열 펌프의 성능계수는 1보다 작다.

해설
열펌프의 성능계수 = $\dfrac{\text{고온체에서 방출한 열량}(Q)}{\text{압축기에서 가한 일량}(W)}$

정답 | ③

38 빈출도 ★★

이상기체 5kg이 250°C에서 120°C까지 정적과정을 변화한다. 엔트로피 감소량은 약 몇 kJ/K인가? (단, 정적비열은 0.653kJ/(kg·K)이다.)

① 0.933
② 0.439
③ 0.274
④ 0.187

해설
이상기체 엔트로피 변화계산 공식은 다음과 같다.

$$\Delta S = m \times C_p \times \ln\left(\dfrac{T_2}{T_1}\right)$$

ΔS: 엔트로피 변화량(kJ/K), m: 질량(kg),
C_p: 정압비열(kJ/kg·K), T_1: 초기 온도(K), T_2: 최종 온도(K)

$\Delta S = 5 \times 0.653 \times \ln\left(\dfrac{120+273}{250+273}\right) = -0.933$ kJ/K

※ (−) 부호는 감소를 의미한다.

관련개념 열역학 제2법칙

열역학 제2법칙에 의해 상태 과정에서의 엔트로피 변화량(ΔS)은 다음과 같다. (C_v: 정적비열, C_p: 정압비열)

등온 과정(일정한 온도)	$\Delta S = \dfrac{Q}{T}$
정적 과정(일정한 부피)	$\Delta S = m \times C_v \times \ln\left(\dfrac{T_2}{T_1}\right)$
정압 과정(일정한 압력)	$\Delta S = m \times C_p \times \ln\left(\dfrac{T_2}{T_1}\right)$

정답 | ①

39 빈출도 ★★

체적 0.4m^3인 단단한 용기 안에 $100°C$의 물 2kg이 들어있다. 이 물의 건도는 얼마인가? (단, $100°C$의 물에 대해 포화수 비체적 $v_f=0.00104\text{m}^3/\text{kg}$, 건포화증기 비체적 $v_g=1.672\text{m}^3/\text{kg}$ 이다.)

① 11.9% ② 10.4%
③ 9.9%   ④ 8.4%

해설

건도를 구하는 식은 다음과 같다.

$$v_x = v_1 + x \times (v_2 - v_1)$$

v_x: 수증기 비체적(m^3/kg), v_1: 포화액 비체적(m^3/kg),
x: 건도, v_2: 포화증기 비체적(m^3/kg)

여기서, 수증기 비체적(v_x)은 체적/질량 으로 구할 수 있다.

$v_x = \dfrac{체적}{질량} = \dfrac{0.4\text{m}^3}{2\text{kg}} = 0.2\text{m}^3/\text{kg}$

$0.2 = 0.00104 + x \times (1.672 - 0.00104)$

$x = 0.119 = 11.9\%$

정답 | ①

40 빈출도 ★

체적 V와 온도 T를 유지하고 있는 고압 용기에 이상기체가 들어 있다. 면적이 A인 아주 작은 구멍을 통해 기체가 새고 있을 때 시간에 따른 용기 압력을 옳게 나타낸 것은? (단, 외기압은 충분히 낮다.)

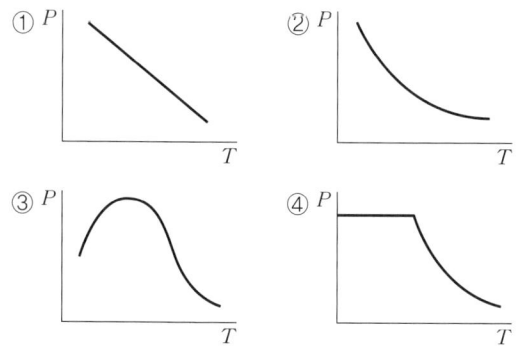

해설

체적 V와 온도 T는 고정된 상태이기 때문에 이상기체 법칙($PV=nRT$) 적용이 가능하다.
따라서 압력은 몰수에 비례하므로, 기체가 새고 있는 경우, 기체의 몰수는 감소하고 압력이 감소하며, 일정 시간이 되면 점차 완만해진다.

정답 | ①

계측방법

41 빈출도 ★★

부자식(Float) 면적 유량계에 대한 설명으로 틀린 것은?

① 압력손실이 적다.
② 정밀측정에는 부적합하다.
③ 대유량의 측정에 적합하다.
④ 수직배관에만 적용이 가능하다.

해설

부자식 면적 유량계는 플루트식 유량계라고도 하며, 수직으로 설치된 관에서 부자의 움직임의 상하차이로 측정한다. 액면이 심하게 움직이는 곳에(대유량 등) 사용이 어렵다.

정답 | ③

42 빈출도 ★★

자동제어계에서 응답을 나타낼 때 목표치를 기준한 앞뒤의 진동으로 시간의 지연을 필요로 하는 시간적 동작의 특성을 의미하는 것은?

① 동특성
② 스텝응답
③ 정특성
④ 과도응답

선지분석

① 동특성: 자동제어계에서 응답을 나타낼 때 목표치를 기준으로 한 앞뒤의 진동으로 시간의 지연을 필요로 하는 시간적 동작의 특성을 말한다.
② 스텝응답: 입력된 신호가 갑자기 스텝상으로 변환되었을 때의 과도응답을 말한다.
③ 정특성: 감도, 밀도 등을 측정할 때 일정한 입력 신호에 대해 시간이 지나면서 변하지 않는 동작을 나타내는 특성을 말한다.
④ 과도응답: 자동제어시스템의 정상상태에 있는 계에 격한 변화의 입력을 가했을 때 생기는 출력변화로 과잉입력신호로 생기는 변화를 말한다.

정답 | ①

43 빈출도 ★★

배관의 유속을 피토관으로 측정한 결과 마노미터 수주의 높이가 29cm일 때 유속은?

① 1.69m/s
② 2.38m/s
③ 2.94m/s
④ 3.42m/s

해설

$$v = C_p\sqrt{2gh}$$

v: 유속(m/s), C_p: 피토관 계수(별도의 조건이 없으면 1로 함),
g: 중력가속도(m/s²), h: 높이(m)

$V = 1 \times \sqrt{2 \times 9.8 \times 0.29} = 2.38\text{m/s}$

정답 | ②

44 빈출도 ★★

다음에서 열전온도계 종류가 아닌 것은?

① 철과 콘스탄탄을 이용한 것
② 백금과 백금·로듐을 이용한 것
③ 철과 알루미늄을 이용한 것
④ 동과 콘스탄탄을 이용한 것

해설

열전대(기호)	측정온도 범위
동-콘스탄탄(C-C)	-200~350℃
크로멜-알루멜(C-A)	-20~1,200℃
철-콘스탄탄(I-C)	-20~800℃
백금로듐-백금(P-R)	0~1,600℃

정답 | ③

45 빈출도 ★★

아르키메데스의 부력 원리를 이용한 액면측정 기기는?

① 차압식 액면계
② 퍼지식 액면계
③ 기포식 액면계
④ 편위식 액면계

해설

편위식(Displacement) 액면계는 아르키메데스의 부력 원리를 이용한 측정기기로 플로트가 측정액에 잠기는 깊이에 의해 생기는 부력으로 액면을 측정한다.

관련개념 액면계

분류	측정법
직접법	부자식(플로트식), 검척식, 유리관식(직관식) 등
간접법	압력식, 정전용량식, 초음파식, 방사선식, 차압식, 다이어프램식, 편위식, 기포식, 저항전극식 등

정답 | ④

46 빈출도 ★★★

국제단위계(SI)에서 길이단위의 설명으로 틀린 것은?

① 기본단위이다.
② 기호는 K이다.
③ 명칭은 미터이다.
④ 빛이 진공에서 1/229,792,458초 동안 진행한 경로의 길이이다.

해설

기본단위의 하나인 SI 단위의 길이는 m(미터)이며 K는 온도의 단위인 켈빈을 나타낸다.

정답 | ②

47 빈출도 ★

다음 중 피토관의 유속 $V(m/s)$를 구하는 식은? (단, g: 중력가속도$[9.8m/s^2]$, P_t: 전압$[kg/m^2]$, P_s: 정압$[kg/m^2]$, r: 유체의 비중량$[kg/m^3]$)

① $V=\sqrt{2g(P_t \times P_s)/r}$ ② $V=\sqrt{2g(P_s \times P_t)/r}$
③ $V=\sqrt{2g(P_t - P_s)/r}$ ④ $V=\sqrt{2g(P_s - P_t)/r}$

해설

피토관의 유속(V)은 전압과 정압 차이를 이용하여 측정하며, 식은 다음과 같다.

$$V = \sqrt{\frac{2g(P_t - P_s)}{\gamma}}$$

P_t: 전압(kg/m^2), g: 중력가속도$(9.8m/s^2)$, P_s: 전압(kg/m^2), P_s: 정압(kg/m^2), γ: 비중량(kg/m^3)

정답 | ③

48 빈출도 ★★

다음 가스 분석법 중 흡수식인 것은?

① 오르자트법 ② 밀도법
③ 자기법 ④ 음향법

해설

흡수식 가스분석은 주로 화학적 흡수법을 이용하여 가스성분을 측정하며, 오르자트법, 게겔법 등이 해당된다.

정답 | ①

49 빈출도 ★★

직경 $80mm$인 원관내에 비중 0.9인 기름이 유속 $4m/s$로 흐를 때 질량유량은 약 몇 kg/s인가?

① 18 ② 24
③ 30 ④ 36

해설

$$\dot{m} = \rho A v$$

$\dot{m}$: 질량유량(kg/s), ρ: 밀도(kg/m^3), A: 단면적(m^2), v: 평균속도(m/s)

$$\dot{m} = 900 \times \left(\frac{\pi \times (0.08)^2}{4}\right) \times 4 = 18kg/s$$

정답 | ①

50 빈출도 ★

면적식 유량계(Variable area flow meter)의 구성 장치로만 바르게 나열된 것은?

① 수평관, 조리개
② U자관, 플로우트(float)
③ 테이퍼관(taper tube), U자관
④ 테이퍼관(taper tube), 플로우트

해설

면적식 유량계는 유체의 흐름에 따라 변하는 면적을 이용해 유량을 측정하는 방법으로, 플로트(플로우트), 테이퍼관(Taper tube, 테이퍼진 투명한 유리 또는 플라스틱관)으로 구성된다.

정답 | ④

51 빈출도 ★

100mL 시료가스를 CO_2, O_2, CO순으로 흡수 시켰더니 남은 부피가 각각 50mL, 30mL, 20mL이었으며 최종 질소가스가 남았다. 이 때 가스 조성으로 옳은 것은?

① CO_2 50%
② O_2 30%
③ CO 20%
④ N_2 10%

선지분석

분석계를 이용한 시료가스의 분석은 이산화탄소(CO_2) → 산소(O_2) → 일산화탄소(CO)로 선택적으로 흡수하고 나머지는 N_2이다.

① $CO_2 = \dfrac{(100-50)\text{mL}}{100\text{mL}} = 0.5$

② $O_2 = \dfrac{(50-30)\text{mL}}{100\text{mL}} = 0.2$

③ $CO = \dfrac{(30-20)\text{mL}}{100\text{mL}} = 0.1$

④ $N_2 = \dfrac{20\text{mL}}{100\text{mL}} = 0.2$

정답 | ①

52 빈출도 ★★

특정파장을 온도계 내에 통과시켜 온도계 내의 전구 필라멘트의 휘도를 육안으로 직접 비교하여 온도를 측정하므로 정밀도는 높지만 측정인력이 필요한 비접촉 온도계는?

① 광고온계
② 방사온도계
③ 열전대온도계
④ 저항온도계

해설

광고온계는 700~3,000℃의 측정범위로, 고온 물체로부터 방사되는 특정파장을 온도계에서 통과시켜 전구 필라멘트의 휘도와 물체의 휘도를 육안으로 직접 비교하여 온도를 측정한다.

정답 | ①

53 빈출도 ★

전자유량계에서 안지름이 4cm인 파이프에 3L/s의 액체가 흐르고, 자속밀도 1000gauss의 평등자계 내에 있다면 이 때 검출되는 전압은 약 mV인가? (단, 자속분포의 수정 계수는 1이고, 액체의 비중은 1이다.)

① 5.5
② 7.5
③ 9.5
④ 11.5

해설

검출되는 전압 공식은 아래와 같다.

$$E = k \times B \times D \times v$$

E: 전압(V), k: 자속분포의 수정계수, B: 자속밀도(T), D: 지름(m), v: 유속(m/s)

이때, 유속 = $\dfrac{\text{유량}(Q)}{\text{면적}(A)}$ 이므로,

$E = k \times B \times D \times v = k \times B \times D \times \left(\dfrac{Q}{\dfrac{\pi D^2}{4}}\right)$

$= 1 \times 0.1\text{T} \times 0.04\text{m} \times \left(\dfrac{0.003\text{m}^3/\text{s}}{\dfrac{\pi \times (0.04\text{m})^2}{4}}\right)$

$= 0.00955\text{V} = 9.56\text{mV}$

※ $1\text{T} = 10^4 \text{gauss}$
※ $1\text{V} = 1,000\text{mV}$

정답 | ③

54 빈출도 ★★

유량계의 교정방법 중 기체 유량계의 교정에 가장 적합한 방법은?

① 밸런스를 사용하여 교정한다.
② 기준 탱크를 사용하여 교정한다.
③ 기준 유량계를 사용하여 교정한다.
④ 기준 체적관을 사용하여 교정한다.

해설

기체의 유량측정시 온도와 압력에 따라 체적변화가 심하기 때문에 시험 및 교정에는 기준 체적관을 사용한다.

정답 | ④

55 빈출도 ★★★

국제단위계(SI)를 분류한 것으로 옳지 않은 것은?

① 기본단위
② 유도단위
③ 보조단위
④ 응용단위

해설

- 기본단위: 국제단위계에서 정한 단위로 길이(m), 질량(kg), 시간(s), 물질량(mol), 절대온도(K), 광도(cd), 전류(A) 총 7개가 있다.
- 유도단위: 국제단위계에서 기본단위를 조합하여 유도하는 형성단위이다. 속도(m/s), 가속도(m/s^2), 힘($kg \cdot m/s$), 압력(N/m^2), 열량(J), 비열($J/kg \cdot K$) 등이 있다.
- 보조단위: 기본단위와 유도단위의 사용상 편의를 위한 특별한 단위로, ℃, ℉, rad 등이 있다.
- 특수단위: 기본, 보조, 유도단위 외 계측하기 어렵거나 특수한 용도에 편리하도록 정의된 단위로, 에너지, 비중, 습도, 인장강도, 방사능 등이 있다.

정답 | ④

56 빈출도 ★

가스의 상자성을 이용하여 만든 세라믹식 가스분석계는?

① O_2 가스계
② CO_2 가스계
③ SO_2 가스계
④ 가스크로마토그래피

해설

세라믹식 O_2 가스계는 산소이온을 통과하며 상자성 성질을 측정하는 방식으로 가연성 가스가 포함된 O_2 가스를 측정할 수 없다. 여기서, 가스의 상자성은 자기적 성질을 말하며, 외부의 자기장이 존재하면 자기적 성질을 가지고 자기장이 사라지면 자기적 성질이 손실되는 현상을 말한다.

정답 | ①

57 빈출도 ★

자동제어계와 직접 관련이 없는 장치는?

① 기록부
② 검출부
③ 조절부
④ 조작부

해설

기록부(기록장치)는 자동제어계와 직접적인 관련이 없다.

관련개념 자동제어계 구성

- 검출부: 시스템의 현재 감지하고 측정하는 과정으로 측정된 값을 비교부에 전달한다.
- 비교부: 검출부에서 측정된 값과 목표값을 비교하여 오차를 계산하고 조절부로 전달한다.
- 조절부: 계산된 오차를 기반으로 제어프로세스를 통해 시스템 제어 출력값을 결정한다.
- 조작부: 조절부에서 생성된 제어 신호를 기반으로 출력값이 목표값에 도달하도록 결정한다.

정답 | ①

58 빈출도 ★★

피토관에 대한 설명으로 틀린 것은?

① 5m/s 이하의 기체에서는 적용하기 힘들다.
② 먼지나 부유물이 많은 유체에는 부적당하다.
③ 피토관의 머리 부분은 유체의 방향에 대하여 수직으로 부착한다.
④ 흐름에 대하여 충분한 강도를 가져야 한다.

해설

피토관의 머리 부분은 유체의 방향에 대하여 평행하게 부착한다.

관련개념 피토관

- 베르누이 정리를 응용한 유량측정을 한다.
- 액체의 전압과 정압의 차로 순간치 유량을 측정한다.

$$v = \sqrt{2gh}$$

v: 유속 (m/s), g: 중력 가속도($9.8m/s^2$), h: 수두(m)

정답 | ③

59 빈출도 ★★

다음 각 압력계에 대한 설명으로 틀린 것은?

① 벨로즈 압력계는 탄성식 압력계이다.
② 다이어프램 압력계의 박판재료로 인청동, 고무를 사용할 수 있다.
③ 침종식 압력계는 압력이 낮은 기체의 압력 측정에 적당하다.
④ 탄성식 압력계의 일반교정용 시험기로는 전기식 표준압력계가 주로 사용된다.

해설

탄성식 압력계의 일반 교정용 시험기로는 분동식 압력계가 주로 사용된다.

관련개념 분동식 압력계
- 높은 정확도와 재현성을 제공하며 분동에 의해 추의 무게와 실린더 단면적의 비율로 측정한다.
- 구성은 램, 실린더, 기름탱크, 가압펌프로 되어있다.
- 탄성식 압력계의 일반교정용 검사에도 이용된다.

정답 | ④

60 빈출도 ★★★

대기압 750mmHg에서 계기압력이 325kPa이다. 이 때 절대압력은 약 몇 kPa인가?

① 223
② 327
③ 425
④ 501

해설

절대압력 = 대기압 + 게이지압

$$= 750\text{mmHg} \times \frac{101.325\text{kPa}}{760\text{mmHg}} + 325\text{kPa} = 425\text{kPa}$$

※ $1\text{atm} = 760\text{mmHg} = 101.325\text{kPa}$

정답 | ③

열설비재료 및 관계법규

61 빈출도 ★★★

에너지법에서 정한 용어의 정의에 대한 설명으로 틀린 것은?

① 에너지란 연료·열 및 전기를 말한다.
② 연료란 석유·가스·석탄, 그 밖에 열을 발생하는 열원을 말한다.
③ 에너지사용자란 에너지를 전환하여 사용하는 자를 말한다.
④ 에너지사용기자재란 열사용기자재나 그 밖에 에너지를 사용하는 기자재를 말한다.

해설

"에너지사용자"란 에너지사용시설의 소유자 또는 관리자를 말한다.

관련개념 「에너지법 제2조」 용어의 정의
- "에너지"란 연료·열 및 전기를 말한다.
- "연료"란 석유·가스·석탄, 그 밖에 열을 발생하는 열원(熱源)을 말한다. 다만, 제품의 원료로 사용되는 것은 제외한다.
- "에너지사용시설"이란 에너지를 사용하는 공장·사업장 등의 시설이나 에너지를 전환하여 사용하는 시설을 말한다.
- "에너지공급설비"란 에너지를 생산·전환·수송 또는 저장하기 위하여 설치하는 설비를 말한다.
- "에너지공급자"란 에너지를 생산·수입·전환·수송·저장 또는 판매하는 사업자를 말한다.
- "에너지사용기자재"란 열사용기자재나 그 밖에 에너지를 사용하는 기자재를 말한다.
- "열사용기자재"란 연료 및 열을 사용하는 기기, 축열식 전기기기와 단열성(斷熱性) 자재로서 산업통상자원부령으로 정하는 것을 말한다.

정답 | ③

62 빈출도 ★★

에너지이용 합리화법상 에너지다소비사업자의 신고와 관련하여 다음 ( )에 들어갈 수 없는 것은? (단, 대통령령은 제외한다.)

> 산업통상자원부장관 및 시·도지사는 에너지다소비사업자가 신고한 사항을 확인하기 위하여 필요한 경우 ( )에 대하여 에너지다소비사업자에게 공급한 에너지의 공급량 자료를 제출하도록 요구할 수 있다.

① 한국전력공사　　② 한국가스공사
③ 한국가스안전공사　④ 한국지역난방공사

해설

「에너지이용 합리화법 제31조」
산업통상자원부장관 및 시·도지사는 에너지다소비사업자가 신고한 제1항 각 호의 사항을 확인하기 위하여 필요한 경우 다음 하나에 해당하는 자에 대하여 에너지다소비사업자에게 공급한 에너지의 공급량 자료를 제출하도록 요구할 수 있다.
- 한국전력공사
- 한국가스공사
- 도시가스사업자
- 한국지역난방공사
- 그 밖에 대통령령으로 정하는 에너지공급기관 또는 관리기관

정답 ③

63 빈출도 ★★

다음 중 보냉재가 구비해야 할 조건이 아닌 것은?

① 탄력성이 있고 가벼워야 한다.
② 흡수성이 적어야 한다.
③ 열전도율이 적어야 한다.
④ 복사열의 투과에 대한 저항성이 없어야 한다.

해설

복사열의 투과에 대한 저항성이 높아야 한다.

정답 ④

64 빈출도 ★★★

에너지이용 합리화법에 따라 용접검사가 면제되는 대상범위에 해당되지 않는 것은?

① 용접이음이 없는 강관을 동체로 한 헤더
② 최고사용압력이 0.35MPa 이하이고, 동체의 안지름이 600mm인 전열교환식 1종 압력용기
③ 전열면적이 30m² 이하의 유류용 강철제 증기보일러
④ 전열면적이 18m² 이하이고, 최고사용압력이 0.35MPa인 온수보일러

해설

강철제 보일러 중 전열면적이 5m² 이하이고, 최고사용압력이 0.35MPa 이하여야 하므로, 전열면적이 30m² 이하의 유류용 강철제 증기보일러는 용접검사 면제 대상 범위에 해당하지 않는다.

관련개념 용접검사 면제 대상범위

「에너지이용 합리화법 시행규칙 별표 3의6」

(1) **강철제 보일러, 주철제 보일러**
- 강철제 보일러 중 전열면적이 5제곱미터 이하이고, 최고사용압력이 0.35MPa 이하인 것
- 주철제 보일러
- 1종 관류보일러
- 온수보일러 중 전열면적이 18제곱미터 이하이고, 최고사용압력이 0.35MPa 이하인 것

(2) **1종 압력용기, 2종 압력용기**
- 용접이음(동체와 플랜지와의 용접이음은 제외한다)이 없는 강관을 동체로 한 헤더
- 압력용기 중 동체의 두께가 6미리미터 미만인 것으로서 최고사용압력(MPa)과 내부 부피(m³)를 곱한 수치가 0.02 이하(난방용의 경우에는 0.05 이하)인 것
- 전열교환식인 것으로서 최고사용압력이 0.35MPa 이하이고, 동체의 안지름이 600미리미터 이하인 것

정답 ③

65 빈출도 ★

진주암, 흑석 등을 소성, 팽창시켜 다공질로 하여 접착제와 3~15%의 석면 등과 같은 무기질 섬유를 배합하여 성형한 고온용 무기질 보온재는?

① 펄라이트
② 세라믹화이버
③ 유리섬유 보온재
④ 규산칼슘 보온재

해설

펄라이트 보온재(Perlite Insulation)는 무기질 보온재로, 진주암, 흑석 등을 고온에서 소성, 팽창시켜 다공질 구조를 형성하고 석면 3~15%와 같은 무기질 섬유를 배합하여 성형할 수 있다.

정답 ①

66 빈출도 ★★★

열팽창에 의한 배관의 측면 이동을 구속 또는 제한하는 장치가 아닌 것은?

① 앵커   ② 스토퍼
③ 브레이스   ④ 가이드

해설

브레이스(Brace)는 배관의 진동을 방지하거나 감쇠시키는 장치이다.

관련개념 배관의 구속 및 제한 장치

열팽창이 있을 때, 배관의 이동을 조절 및 제한하는 장치를 레스트레인트라고 하며, 종류는 다음과 같다.
- 앵커: 배관이동이나 회전을 모두 구속하는 장치이다.
- 스톱: 특정방향에 대한 이동과 회전을 구속하고 그 외 나머지 방향은 자유롭게 이동할 수 있는 구속장치이다.
- 가이드: 배관의 축과 수직 이동을 구속하고 안내역할을 하는 장치이다.

정답 ③

67 빈출도 ★★

에너지이용 합리화법령상 에너지사용계획의 협의대상사업 범위 기준으로 옳은 것은?

① 택지의 개발사업 중 면적이 10만m^2 이상
② 도시개발사업 중 면적이 30만m^2 이상
③ 공항개발사업 중 면적이 20만m^2 이상
④ 국가산업단지의 개발사업 중 면적이 5만m^2 이상

선지분석

「에너지이용 합리화법 시행령 별표 1」
① 택지의 개발사업 중 면적이 30만m^2 이상 (다만, 민간 사업주관자의 경우에는 면적이 60만m^2 이상)
③ 공항개발사업 중 면적이 40만m^2 이상(다만, 여객터미널의 신축, 개축이 포함되지 아니하는 건설사업은 제외한다.)
④ 국가산업단지의 개발사업 중 면적이 15만m^2 이상(다만, 민간 사업주관자의 경우에는 면적이 30만m^2 이상인 것만 해당한다.)

정답 ②

68 빈출도 ★★

샤모트(Chamotte) 벽돌의 원료로서 샤모트 이외에 가소성 생점토(生粘土)를 가하는 주된 이유는?

① 치수 안정을 위하여
② 열전도성을 좋게 하기 위하여
③ 성형 및 소결성을 좋게 하기 위하여
④ 건조 소성, 수축을 미연에 방지하기 위하여

해설

샤모트 벽돌의 10~30% 가소성 생점토를 첨가하여 성형 및 소결성을 우수하게 한다.

관련개념 샤모트(chamotte) 벽돌
- 골재 원료로 고온에 견딜 수 있도록 제작된 내화재료이다.
- 알루미나 함량이 많을수록 내화도가 높아지고 일반적으로 기공률이 크다.
- 비교적 낮은 온도에서 연화되며 내스폴링성이 좋다.
- 벽돌의 10~30% 가소성 생점토를 첨가하여 성형 및 소결성을 우수하게 한다.

정답 ③

69 빈출도 ★★★

에너지이용 합리화법에 따라 인정검사대상기기 조종자의 교육을 이수한 자가 조종할 수 없는 것은?

① 압력 용기
② 용량이 581.5 킬로와트인 열매체를 가열하는 보일러
③ 용량이 700 킬로와트의 온수발생 보일러
④ 최고사용압력이 1MPa 이하이고, 전열면적이 10 제곱미터 이하인 증기보일러

해설

「에너지이용합리화법 시행규칙 별표 3의9」
검사대상기기관리자의 자격 및 조종범위

관리자의 자격	관리범위
에너지관리기능장 또는 에너지관리기사	용량이 30t/h를 초과하는 보일러
에너지관리기능장, 에너지관리기사 또는 에너지관리산업기사	용량이 10t/h를 초과하고 30t/h 이하인 보일러
에너지관리기능장, 에너지관리기사, 에너지관리산업기사 또는 에너지관리기능사	용량이 10t/h 이하인 보일러
에너지관리기능장, 에너지관리기사, 에너지관리산업기사, 에너지관리기능사 또는 인정검사대상기기관리자의 교육을 이수한 자	• 증기보일러로서 최고사용압력이 1MPa 이하이고, 전열면적이 10 제곱미터 이하인 것 • 온수발생 및 열매체를 가열하는 보일러로서 용량이 581.5킬로와트 이하인 것 • 압력용기

정답 | ③

70 빈출도 ★★

고압 배관용 탄소 강관(KS D 3564)의 호칭지름의 기준이 되는 것은?

① 배관의 안지름
② 배관의 바깥지름
③ 배관의 $\dfrac{\text{안지름}+\text{바깥지름}}{2}$
④ 배관나사의 바깥지름

해설

고온 배관용 탄소 강관의 호칭 지름은 A, B가 있으며, 배관의 바깥지름 기준으로 A는 단위 mm, B는 단위 inch이다.

정답 | ②

71 빈출도 ★

가마를 축조할 때 단열재를 사용함으로써 얻을 수 있는 효과로 틀린 것은?

① 작업 온도까지 가마의 온도를 빨리 올릴 수 있다.
② 가마의 벽을 얇게 할 수 있다.
③ 가마내의 온도 분포가 균일하게 된다.
④ 내화벽돌의 내·외부 온도가 급격히 상승한다.

해설

내화벽돌은 스폴링 현상으로부터 안정성이 있어 내·외부 온도의 급격한 상승을 방지할 수 있다.

관련개념 스폴링(Spalling) 현상

• 열적 스폴링이라고도 하며, 온도가 급변하는 내화물이 열팽창차로 인한 변형에 따라 균열이 생긴다.
• 기계적 충격에 의해 균열이 생기는 현상인 기계적 스폴링과 구조적 변화에 의해 균열이 생기는 현상인 구조적 스폴링이 있다.

정답 | ④

72 빈출도 ★★

내화물에 대한 설명으로 틀린 것은?

① 샤모트질 벽돌은 카올린을 미리 SK 10~14 정도로 1차 소성하여 탈수 후 분쇄한 것으로서 고온에서 광물상을 안정화한 것이다.
② 제겔콘 22번의 내화도는 1,530℃이며, 내화물은 제겔콘 26번 이상의 내화도를 가진 벽돌을 말한다.
③ 중성질 내화물은 고알루미나질, 탄소질, 탄화규소질, 크롬질 내화물이 있다.
④ 용융내화물은 원료를 일단 용융상태로 한 다음에 주조한 내화물이다.

해설

SK 21~25번의 내화도의 번호는 존재하지 않으며, SK 20번(1,530℃)과 SK 26번(1,580℃) 이상의 내화도로 표현된다.

정답 | ②

73 빈출도 ★★

에너지이용 합리화법령상 산업통상자원부장관이 에너지다소비사업자에게 개선명령을 할 수 있는 경우는 에너지관리지도 결과 몇 %이상의 에너지 효율개선이 기대될 때로 규정하고 있는가?

① 10
② 20
③ 30
④ 50

해설

「에너지이용합리화법 시행령 제40조」
산업통상자원부장관이 에너지다소비사업자에게 개선명령을 할 수 있는 경우는 에너지관리지도 결과 10퍼센트 이상의 에너지효율 개선이 기대되고 효율 개선을 위한 투자의 경제성이 있다고 인정되는 경우로 한다.

정답 | ①

74 빈출도 ★★

에너지이용 합리화법에 따라 산업통상자원부장관이 국내외 에너지 사정의 변동으로 에너지 수급에 중대한 차질이 발생될 경우 수급안정을 위해 취할 수 있는 조치 사항이 아닌 것은?

① 에너지의 배급
② 에너지의 비축과 저장
③ 에너지의 양도·양수의 제한 또는 금지
④ 에너지 수급의 안정을 위하여 산업통상자원부령으로 정하는 사항

해설

「에너지이용 합리화법 제7조」
산업통상자원부장관은 국내외 에너지사정의 변동으로 에너지수급에 중대한 차질이 발생하거나 발생할 우려가 있다고 인정되면 에너지수급의 안정을 기하기 위하여 필요한 범위에서 에너지사용자·에너지공급자 또는 에너지사용기자재의 소유자와 관리자에게 다음 각 사항에 관한 조정·명령, 그 밖에 필요한 조치를 할 수 있다.

- 지역별·주요 수급자별 에너지 할당
- 에너지공급설비의 가동 및 조업
- 에너지의 비축과 저장
- 에너지의 도입·수출입 및 위탁가공
- 에너지공급자 상호 간의 에너지의 교환 또는 분배 사용
- 에너지의 유통시설과 그 사용 및 유통경로
- 에너지의 배급
- 에너지의 양도·양수의 제한 또는 금지
- 에너지사용의 시기·방법 및 에너지사용기자재의 사용 제한 또는 금지 등 대통령령으로 정하는 사항
- 그 밖에 에너지수급을 안정시키기 위하여 대통령령으로 정하는 사항

정답 | ④

75 빈출도 ★★

산화 탈산을 방지하는 공구류의 담금질에 가장 적합한 로는?

① 용융염류 가열로 ② 직접저항 가열로
③ 간접저항 가열로 ④ 아크 가열로

해설

공구류의 경도를 높이는 담금질로 용융염류 가열로가 적합하게 사용된다.

정답 | ①

76 빈출도 ★★

터널가마에서 샌드 시일(Sand seal)장치가 마련되어 있는 주된 이유는?

① 내화벽돌 조각이 아래로 떨어지는 것을 막기 위하여
② 열 절연의 역할을 하기 위하여
③ 찬바람이 가마 내로 들어가지 않도록 하기 위하여
④ 요차를 잘 움직이게 하기 위하여

해설

내부의 고온 열가스와 저온의 차축부간의 열 절연 역할을 위해 설치한다.

정답 | ②

77 빈출도 ★★

고압 증기의 옥외배관에 가장 적당한 신축이음 방법은?

① 오프셋형 ② 벨로즈형
③ 루프형   ④ 슬리브형

해설

신축이음은 파이프의 온도변화에 의한 열팽창에 대응하기 위해 설치하는 이음으로 슬리브형, 벨로즈형, 스위블이음형, 볼조인트형, 루프형 등이 있다.
루프형은 신축성과 내구성이 좋아 고온, 고압배관이나 옥외 배관으로 사용한다.

정답 | ③

78 빈출도 ★★

다음 보온재 중 재질이 유기질 보온재에 속하는 것은?

① 우레탄폼
② 펄라이트
③ 세라믹 화이버
④ 규산칼슘 보온재

해설

일반적으로 고온용 보온재는 무기질 보온재를, 저온용 보온재는 유기질 보온재를 사용한다.

특성	종류
유기질 보온재	펠트(우모펠트), 우레탄폼, 코르크, 양모, 펄프, 기포성 수지 등
무기질 보온재	석면, 암면, 규조토, 탄산마그네슘, 규산칼슘, 세라믹화이버, 펄라이트, 유리섬유 등

정답 | ①

79 빈출도 ★★★

에너지이용 합리화법령에 따라 에너지사용량이 대통령령이 정하는 기준량 이상이 되는 에너지다소비사업자는 전년도의 분기별 에너지사용량·제품생산량 등의 사항을 언제까지 신고하여야 하는가?

① 매년 1월 31일 ② 매년 3월 31일
③ 매년 6월 30일 ④ 매년 12월 31일

해설

「에너지이용 합리화법 제31조」
에너지사용량이 대통령령으로 정하는 기준량 이상인 자는 다음 사항을 산업통상자원부령으로 정하는 바에 따라 매년 1월 31일까지 그 에너지사용시설이 있는 지역을 관할하는 시·도지사에게 신고하여야 한다.

정답 | ①

80 빈출도 ★★★

에너지이용 합리화법령상 에너지사용계획을 수립하여 제출하여야 하는 사업주관자로서 해당되지 않는 사업은?

① 항만건설사업　② 도로건설사업
③ 철도건설사업　④ 공항건설사업

해설

「에너지이용 합리화법 시행령 제20조」
- 도시개발사업
- 철도건설사업
- 산업단지개발사업
- 공항건설사업
- 에너지개발사업
- 관광단지개발사업
- 항만건설사업
- 개발촉진지구개발사업 또는 지역종합개발사업

정답 | ②

열설비설계

81 빈출도 ★★

관석(Scale)에 대한 설명으로 틀린 것은?

① 규산칼슘, 황산칼슘 등이 관석의 주성분이다.
② 관석에 의해 배기가스의 온도가 올라간다.
③ 관석에 의해 관내수의 순환이 불량해 진다.
④ 관석의 열전도율이 아주 높아 전열면이 과열되어 각종 부작용을 일으킨다.

해설

스케일은 관석이라고 하며, 보일러 수에 용해된 다양한 불순물(칼슘염, 규산염, 마그네슘염 등)이 농축된 고형물이 보일러 내면에 딱딱하게 부착하여 열전도를 방해한다. 관석에 의해 열전도율이 저하되며 전열량이 감소한다.

관련개념 스케일 및 슬러지 생성 시 나타나는 현상
- 배기가스 온도가 높아지게 된다.
- 열전도율과 열효율이 저하된다.
- 전열량이 감소하기 때문에 전열 성능이 감소한다.
- 연료소비량이 증대된다.

정답 | ④

82 빈출도 ★★

내부로부터 $155mm$, $97mm$, $224mm$의 두께를 가지는 3층의 노벽이 있다. 이들의 열전도율($W/m \cdot ℃$)은 각각 0.121, 0.069, 1.21이다. 내부의 온도 $710℃$, 외벽의 온도 $23℃$일 때, $1m^2$ 당 열손실량(W/m^2)은?

① 58　② 120
③ 239　④ 564

해설

평면 벽에서의 총괄전열계수에 대한 공식은 다음과 같다.

$$Q = F \times K \times \Delta t_m$$

Q: 열손실(kcal/hr), F: 전열면적(m^2),
K: 총괄전열계수($W/m^2 \cdot K$), Δt_m: 평균 온도차(K)

$K = \dfrac{1}{\dfrac{두께(d)}{열전도도(\lambda)}}$로 나타낼 수 있다.

$$Q = \dfrac{F \times \Delta t_m}{\dfrac{d_1}{\lambda_1} + \dfrac{d_2}{\lambda_2} + \dfrac{d_3}{\lambda_3}}$$

$$= \dfrac{1 \times (710-23)}{\dfrac{0.155}{0.121} + \dfrac{0.097}{0.069} + \dfrac{0.224}{1.21}} = 239.21 W/m^2$$

정답 | ③

83 빈출도 ★

상향 버킷식 증기트랩에 대한 설명으로 틀린 것은?

① 응축수의 유입구와 유출구의 차압이 없어도 배출이 가능하다.
② 가동 시 공기 빼기를 하여야 하며 겨울철 동결우려가 있다.
③ 배관계통에 설치하여 배출용으로 사용된다.
④ 장치의 설치는 수평으로 한다.

해설

응축수의 유입구와 유출구의 $0.1kg/cm^2$ 이상의 차압이 있어야 배출이 가능하다.

정답 | ①

84 빈출도 ★★

다음 중 보일러 내처리에 사용하는 pH 조정제가 아닌 것은?

① 수산화나트륨 ② 탄닌
③ 암모니아 ④ 제3인산나트륨

해설

탄닌은 슬러지 조정제 및 탈산소제, 가성취화방지제로 쓰인다.

관련개념 보일러 내처리제(청관제)의 종류 및 약품

구분	약품명
pH 및 알칼리 조정제	수산화나트륨, 탄산나트륨, 인산나트륨, 인산, 암모니아
연화제	수산화나트륨, 탄산나트륨, 인산나트륨
슬러지조정제	탄닌, 리그닌, 전분
탈산소제	아황산나트륨, 히드라진, 탄닌
가성취화방지제	황산나트륨, 인산나트륨, 질산나트륨, 탄닌, 리그닌
기포방지제	고급 지방산 폴리아미, 고급지방산 폴리알콜

정답 | ②

85 빈출도 ★★

용접부에서 부분 방사선 투과시험의 검사길이 계산은 몇 mm 단위로 하는가?

① 50 ② 100
③ 200 ④ 300

해설

방사선 검사길이 계산: 300mm 단위(300mm 미만은 300mm로 한다.)

정답 | ④

86 빈출도 ★★

그림과 같이 내경과 외경이 D_i, D_o일 때, 온도는 각각 T_i, T_o, 관 길이가 L인 중공 원관이 있다. 관 재질에 대한 열전도율을 k라 할 때, 열저항 R을 나타낸 식으로 옳은 것은? (단, 전열량(W)은 $Q=\dfrac{T_i-T_o}{R}$로 나타낸다.)

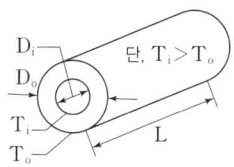

① $\dfrac{D_o-D_i}{2}$

② $\dfrac{D_o-D_i}{2\pi(D_o-D_i)Lk}$

③ $\dfrac{D_o-D_i}{2\pi(D_o+D_i)Lk}$

④ $\dfrac{\ln\dfrac{D_o}{D_i}}{2\pi Lk}$

해설

원통형 배관에서의 전열량은 $Q=\dfrac{T_i-T_o}{R}$이다.

$$R=\dfrac{T_i-T_o}{Q}=\dfrac{T_i-T_o}{\dfrac{2\pi L(T_i-T_o)}{\dfrac{1}{k}\times \ln\dfrac{r_o}{r_i}}}$$

$$=\dfrac{\ln\left(\dfrac{D_o}{D_i}\right)}{2\pi kL}=\dfrac{\ln\left(\dfrac{관의\ 외경}{관의\ 내경}\right)}{2\pi \times 열전도율 \times 관의\ 길이}$$

정답 | ④

87 빈출도 ★

두께 4mm강의 평판에서 고온측 면의 온도가 100℃이고 저온측 면의 온도가 80℃이며 단위면적당 매분 30,000kJ의 전열을 한다고 하면 이 강판의 열전도율(W/m · K)은?

① 5
② 100
③ 150
④ 200

해설

손실열량 공식을 이용하여 열전도율을 구한다.

$$Q = \frac{\lambda \times \Delta T \times A}{d}$$

λ: 열전도율(W/m · K), ΔT: 온도차(K), A: 면적(m²), d: 두께(m)

$$Q = \frac{\lambda \times \Delta T \times A}{d}$$

$$\frac{30,000 \times 10^3 \text{J}}{\text{min}} \times \frac{1\text{min}}{60\text{sec}}$$
$$= \frac{\lambda \times ((100+273)-(80+273))\text{K} \times 1\text{m}^2}{0.004\text{m}}$$

$\lambda = 100 \text{W/m} \cdot \text{K}$

정답 | ②

88 빈출도 ★

지름이 d, 두께가 t인 얇은 살두께의 원통안에 압력 P가 작용할 때 원통에 발생하는 길이방향의 인장응력은?

① $\dfrac{\pi d P}{4t}$
② $\dfrac{\pi d P}{t}$
③ $\dfrac{dP}{4t}$
④ $\dfrac{dP}{2t}$

해설

- 길이 방향의 인장응력
  $\sigma = \dfrac{dP}{4t}$
- 원주방향의 인장응력
  $\sigma = \dfrac{dP}{2t}$

정답 | ③

89 빈출도 ★★

epm(Equivalents per million)에 대한 설명으로 옳은 것은?

① 물 1L에 함유되어 있는 불순물의 양을 mg으로 나타낸 것
② 물 1톤에 함유되어 있는 불순물의 양을 mg으로 나타낸 것
③ 물 1L 중에 용해되어 있는 물질을 mg 당량수로 나타낸 것
④ 물 1 gallon 중에 함유된 grain의 양을 나타낸 것

해설

epm(Equivalents per million)은 당량농도로, 용액 1kg(또는 1L) 중에 용존되어 있는 물질의 mg 당량수를 의미한다.

정답 | ③

90 빈출도 ★

보일러 사용 중 이상 감수(저수위사고)의 원인으로 가장 거리가 먼 것은?

① 증기의 발생량이 많을 때
② 급수펌프가 고장이 났을 때
③ 수면계의 연락관이 막혀 수위를 모를 때
④ 방출콕 또는 분출장치에서 누설이 될 때

해설

증기의 발생량이 많아지면 내부 수위가 높아진다.

관련개념 보일러의 저수위 사고 원인

저수위 사고 원인	• 수면계의 유리 오손으로 인해 수위를 오인했을 때 • 보일러의 부하가 너무 클 때 • 수면계의 연락관 또는 급수내관이 스케일로 막혔을 때 • 급수펌프의 고장 및 수위검출기에 이상이 발생했을 때 • 정전사고 등 사고가 발생했을 때 • 분출장치 및 안전장치에 누수 및 기타 이상이 발생했을 때

정답 | ①

91 빈출도 ★★

부식 중 점식에 대한 설명으로 틀린 것은?

① 전기화학적으로 일어나는 부식이다.
② 국부 부식으로서 그 진행상태가 느리다.
③ 보호피막이 파괴되었거나 고열을 받은 수열면 부분에 발생되기 쉽다.
④ 수중 용존산소를 제거하면 점식 발생을 방지할 수 있다.

해설

점식은 피팅 부식이라고도 하며, 보호피막 내 산화철이 파괴되고 O_2, CO_2 등이 전기화학적 작용으로 인해 보일러 수에 의한 부식으로서 진행상태가 매우 빠르다.

정답 | ②

92 빈출도 ★

연관식 패키지 보일러와 랭커셔 보일러의 장·단점에 대한 비교 설명으로 틀린 것은?

① 열효율은 연관식 패키지 보일러가 좋다.
② 부하변동에 대한 대응성은 랭커셔 보일러가 좋다.
③ 설치 면적당의 증발량은 연관식 패키지 보일러가 크다.
④ 수처리는 연관식 패키지 보일러가 더 간단하다.

해설

연관으로 구성된 연관식 보일보다 노통으로 이어진 랭커셔 보일러의 수처리가 비교적 간단하다.

관련개념 연관식 패키지 보일러와 랭커셔 보일러

연관식 패키지 보일러	• 연관을 바둑판처럼 배치하여 구조가 어렵지만 보일러수 순환이 빠르다. • 전열면적이 크고 노통 보일러보다 효율이 좋으며, 보유 수량이 적어 증기 발생이 빠르다. • 동일 용량에 타 보일러에 비해 설치시 면적을 작게하며, 연소실 증감이 자유롭다. • 청소 및 내부 검사가 곤란하며, 급수처리를 까다롭게 해야 한다.
랭커셔 보일러	• 간단한 구조로 청소나 검사, 수리가 쉽고 제작도 간편하여 수명이 길다. • 급수처리가 까다롭지 않으며, 부하 변동에 따른 압력 변화도 적다. • 내분식이라 연소실 크기에 제한을 받으며, 양질의 연료를 필요로 한다. • 전열면적이 작아 효율이 낮으며, 고압 대용량에는 부적당하다.

정답 | ④

93 빈출도 ★

다음 중 보일러 구성의 3대 요소에 해당되지 않는 것은?

① 본체 ② 분출장치
③ 연소장치 ④ 부속장치

해설

보일러 구성 3대 요소에는 본체, 연소장치, 부속장치가 있다.

정답 | ②

94 빈출도 ★

수평가열관 중에 정상상태로 흐르고 있는 액체가 40°C에서 질량유속 2kg/s로 유입되어 140°C로 배출된다. 액체의 평균열용량은 4.2kJ/kg·°C일 때 관벽을 통하여 전달되는 열전달속도는 약 몇 kW인가?

① 105 ② 210
③ 420 ④ 840

해설

$$Q = mC(T_1 - T_2)$$

Q: 열전달속도(kW), m: 질량유량(kg/s),
C: 평균열용량(kJ/kg·°C), T_2: 나중 온도(°C),
T_1: 처음 온도(°C)

$Q = 2 \times 4.2 \times (140 - 40) = 840 \text{kJ/s} = 840 \text{kW}$

정답 | ④

95 빈출도 ★★

다음 중 특수열매체 보일러에서 가열 유체로 사용되는 것은?

① 폴리아미드 ② 다우섬
③ 덱스트린 ④ 에스테르

해설

특수열매체 보일러는 특수가열유체를 사용하여 낮은 압력으로 고온의 증기를 얻는 구조를 가진 보일러를 말하며, 다우섬, 세큐리티, 모빌썸, 수은 등이 가열 유체로 사용된다.

정답 | ②

96 빈출도 ★★

노통연관식 보일러의 특징에 대한 설명으로 옳은 것은?

① 외분식이므로 방산손실열량이 크다.
② 고압이나 대용량보일러로 적당하다.
③ 내부청소가 간단하므로 급수처리가 필요없다.
④ 보일러의 크기에 비하여 전열면적이 크고 효율이 좋다.

선지분석

① 노벽의 복사열 흡수가 큰 내분식이므로 방산손실열량이 작다.
② 고압이나 대용량보일러로 적당하지 않다.
③ 구조는 복잡하여 내부청소가 힘들고 증기발생 속도가 빨라 급수처리가 필요하다.
④ 보일러의 크기에 비하여 전열면적이 크고 효율이 우수하다.

정답 | ④

97 빈출도 ★★

강제 순환식 수관 보일러는?

① 라몬트(Lamont) 보일러
② 타쿠마(Takuma) 보일러
③ 슐저(Sulzer) 보일러
④ 벤슨(Benson) 보일러

해설

수관보일러 종류로는 강제순환식, 자연순환식, 관류식이 있다.

강제순환식	라몬트, 배록스
자연순환식	바브콕, 타쿠마, 쓰네가찌, 야로, 가르베
관류식	람진, 벤슨, 앤모스, 슐저

정답 | ①

98 빈출도 ★★

배관 내 유체의 흐름을 나타내는 무차원 수인 레이놀즈 수(Re)의 층류 흐름 기준은?

① $Re < 1,000$
② $Re < 2,100$
③ $2,100 < Re$
④ $2,100 < Re < 4,000$

해설

레이놀즈 수(Re, Reynolds number)는 유체역학에서 사용하는 무차원 수로 관성력과 점성력의 비를 말한다.

층류	$Re < 2,100(2,320)$ 흐름
임계영역	$2,100(2,320) \leq Re \leq 4,000$
난류	$Re > 4,000$ 흐름

정답 | ②

99 빈출도 ★

보일러 형식에 따른 분류 중 원통형보일러에 해당하지 않는 것은?

① 관류보일러
② 노통보일러
③ 입형보일러
④ 노통연관식보일러

해설

원통형 보일러	직립식		직립횡관식, 직립 연관식, 코크란보일러
	수평형	노통형	코르니스, 랭커셔
		연관	기관차, 케와니
		노통 연관	스코치, 하우덴존슨, 노통연관 패키지

정답 | ①

100 빈출도 ★★★

보일러 수의 분출 목적이 아닌 것은?

① 물의 순환을 촉진한다.
② 가성취화를 방지한다.
③ 프라이밍 및 포밍을 촉진한다.
④ 관수의 pH를 조절한다.

해설

프라이밍 및 포밍을 방지하기 위해 보일러 수를 분출한다.

정답 | ③

2024년 2회 CBT 복원문제

연소공학

01 빈출도 ★★

상온, 상압에서 프로판-공기의 가연성 혼합기체를 완전 연소시킬 때 프로판 1kg을 연소시키기 위하여 공기는 약 몇 kg이 필요한가? (단, 공기 중 산소는 23.15wt%이다.)

① 13.6
② 15.7
③ 17.3
④ 19.2

해설

프로판(C_3H_8)의 완전연소반응식
$C_3H_8 + 5O_2 \rightarrow 3CO_2 + 4H_2O$
C_3H_8과 O_2은 1 : 5 반응이므로 이를 이용하여 이론산소량을 구한다.
$C_3H_8 : 5O_2$
1mol : 5mol = 44kg : 5×32kg

$$A_o = \frac{O_o}{0.23}$$

A_o: 이론공기량(kg/kg), O_o: 이론산소량(kg/kg)

$$A_o = \frac{O_o}{0.23} = \frac{\frac{5 \times 32kg}{44kg}}{0.23} = 15.7 kg/kg$$

정답 | ②

02 빈출도 ★★

N_2와 O_2의 가스정수가 다음과 같을 때, N_2가 70%인 N_2와 O_2의 혼합가스의 가스정수는 약 몇 kgf·m/kg·K인가? (단, 가스정수는 N_2: 30.26kgf·m/kg·K, O_2: 26.49kgf·m/kg·K이다.)

① 19.24
② 23.24
③ 29.13
④ 34.47

해설

$$R_m = \frac{(R_N \times M_N) + (R_O \times M_O)}{M_N + M_O}$$

R_m: 혼합가스의 가스정수, R_N: N_2의 가스정수, M_N: N_2의 중량, R_O: O_2의 가스정수, M_O: O_2의 중량

$$R_m = \frac{30.26 \times 0.7 + 26.49 \times 0.3}{0.7 + 0.3} = 29.129 kgf \cdot m/kg \cdot K$$

정답 | ③

03 빈출도 ★★

다음 중 중유의 성질에 대한 설명으로 옳은 것은?

① 점도에 따라 1, 2, 3급 중유로 구분한다.
② 원소 조성은 H가 가장 많다.
③ 비중은 약 0.72~0.76 정도이다.
④ 인화점은 약 60~150℃ 정도이다.

선지분석

① 점성도에 따라 CA중유, B중유, C중유(벙커C유)로 구분한다.
② 원소 조성은 C(탄소)가 약 85%로 가장 많다.
③ 비중은 약 0.89~0.99 정도이다.

정답 | ④

04 빈출도 ★★

도시가스의 호환성을 판단하는데 사용되는 지수는?

① 웨버지수(Wobbe index)
② 듀롱지수(Dulong index)
③ 릴리지수(Lilly index)
④ 제이도비흐지수(Zeldovich index)

해설

도시가스의 호환성을 판단하는데 사용되는 지수는 웨버지수로 52.75~57.78MJ/Nm³(12,600~14,000Btu/ft³) 범위이다.

웨버지수(Wobbe index) = $\dfrac{\text{가스(도시가스)의 총발열량}}{\sqrt{\text{가스의 비중}}}$

선지분석

② 듀롱지수: $\dfrac{\text{가스(도시가스)의 총발열량}}{\text{가스의 비중}}$

③ 릴리지수: $\dfrac{\text{가스(도시가스)의 총발열량}}{\text{가스의 비중} \times \frac{2}{3}}$

④ 제이도비흐지수: $\dfrac{\text{가스(도시가스)의 총발열량}}{\text{가스의 비중} \times \frac{3}{4}}$

정답 | ①

05 빈출도 ★★

통풍방식 중 평형통풍에 대한 설명으로 틀린 것은?

① 통풍력이 커서 소음이 심하다.
② 안정한 연소를 유지할 수 있다.
③ 노내 정압을 임의로 조절할 수 있다.
④ 중형 이상의 보일러에는 사용할 수 없다.

해설

평형통풍은 대형보일러에 적합하다.

관련개념 평형통풍의 특징

- 압입통풍과 흡입통풍을 병행한다.
- 대형보일러에 적합하며, 통풍력 손실이 큰 보일러에도 사용이 가능하다.
- 동력소비가 커 유지비용이 크며, 초기설비비가 많이 든다.
- 연소실 압력을 정압, 부압으로 조절할 수 있다.
- 강한 통풍력을 가지고 있으며 소음이 크다.

정답 | ④

06 빈출도 ★★

공기비 1.3에서 메탄을 연소시킨 경우 단열연소온도는 약 몇 K인가? (단, 메탄의 저발열량은 49MJ/kg, 배기가스의 평균비열은 1.29kJ/kg·K이고 고온에서의 열분해는 무시하고, 연소 전 온도는 25℃이다.)

① 1,663
② 1,932
③ 1,965
④ 2,230

해설

저위발열량(H_l)을 이용한 연소온도 구하는 식은 다음과 같다.

$$t_c = \dfrac{H_l}{G \times C} + t_0$$

t_c: 연소온도(K), H_l: 저위발열량(kJ/kg),
G: 연소가스량(kg/kg), C: 비열(kJ/kg·K), t_0: 초기 온도(K)

이때 연소가스량(G)을 구하여야 한다.

$$G = (m - 0.23)A_0 + \text{생성된 } CO_2 + \text{생성된 } H_2O$$

m: 공기비, A_0: 이론공기량

메탄(CH_4) 1kg 연소 질량을 계산한다.
메탄(CH_4)의 완전연소반응식
$CH_4 + 2O_2 \rightarrow CO_2 + 2H_2O$
CH_4의 분자량 = $(1 \times 12) + (1 \times 4) = 16$kg/kmol
CO_2 배출량
CH_4와 CO_2는 1:1반응이므로 CH_4 1kg 반응하면 CO_2는
$\dfrac{1 \times 44}{16} = 2.75$kg이다.
H_2O 배출량
CH_4와 H_2O는 1:2반응이므로 CH_4 1kg 반응하면 H_2O는
$\dfrac{1 \times 2 \times 18}{16} = 2.25$kg이다.

$G = (1.3 - 0.2337) \times \dfrac{\frac{2 \times 32}{16}}{0.2337} + 2.75 + 2.25 = 23.2507$

$t_c = \dfrac{H_l}{G \times C} + t_0 = \dfrac{49,000}{23.2507 \times 1.29} + (25 + 273) = 1,931.69$K

정답 | ②

07 빈출도 ★★

연료의 조성(wt%)이 다음과 같을 때 고위발열량은 약 몇 kcal/kg인가? (단, C, H, S의 고위발열량은 각각 8,100kcal/kg, 34,200kcal/kg, 2,500kcal/kg이다.)

> C: 47.20, H: 3.96, O: 8.36, S: 2.79,
> N: 0.61, H₂O: 14.54, Ash: 22.54

① 4,129
② 4,329
③ 4,890
④ 4,998

해설

연료 조성의 고위발열량(H_h) 공식은 다음과 같다.

$$H_h = 8{,}100C + 34{,}200\left(H - \frac{O}{8}\right) + 2{,}500S$$

$$H_h = 8{,}100 \times 0.472 + 34{,}200\left(0.0396 - \frac{0.0836}{8}\right)$$
$$+ 2{,}500 \times 0.0279 = 4{,}890 \text{kcal/kg}$$

정답 | ③

08 빈출도 ★

보일러의 연소용 공기 압입 터보형 송풍기가 풍압이 부족하여 송풍기의 회전수를 1,800rpm에서 2,100rpm으로 올렸다. 이 때 회전수 증가에 의한 풍압은 약 몇 % 상승하겠는가?

① 14
② 16
③ 36
④ 42

해설

풍압은 회전수의 제곱에 비례한다.

$$\frac{P_2}{P_1} = \left(\frac{N_2}{N_1}\right)^2 = \left(\frac{2{,}100}{1{,}800}\right)^2 = 1.361$$

따라서, 증가율은 $1.361 - 1 = 0.361 = 36.1\%$

정답 | ③

09 빈출도 ★★★

연소가스 중의 질소산화물 생성을 억제하기 위한 방법으로 틀린 것은?

① 2단 연소
② 고온 연소
③ 농담 연소
④ 배기가스 재순환 연소

해설

고온 조건에서 질소는 산소와 결합하고 반응하면 일산화질소, 이산화질소 등의 질소산화물(NO_x)이 생성되고 매연이 발생한다.

관련개념 질소산화물 생성 방지대책

- 연소온도와 노내압을 낮춘다.
- 노 내의 가스 잔류시간 및 고온 유지시간을 짧게 한다.
- 2단연소 및 저산소연소, 배기의 재순환 연소법을 사용한다.
- 질소함량이 적은 연료를 사용한다.
- 과잉공기를 연료에 혼합하여 연소한다.

정답 | ②

10 빈출도 ★

다음 중 중유의 착화온도(°C)로 가장 적합한 것은?

① 250~300
② 325~400
③ 400~440
④ 530~580

해설

연료	착화온도	연료	착화온도
목재	250~300°C	목탄	320~370°C
무연탄	450~500°C	프로판	500°C
중유	530~580°C	수소	580~600°C
메탄	650~750°C	탄소	800°C

정답 | ④

11 빈출도 ★★★

프로판(Propane)가스 2kg을 완전 연소시킬 때 필요한 이론공기량은 약 몇 Nm^3인가?

① 6
② 8
③ 16
④ 24

해설

$C_3H_8 + 5O_2 \rightarrow 3CO_2 + 4H_2O$

C_3H_8과 O_2은 1 : 5 반응이므로 이를 이용하여 이론산소량을 구한다.

C_3H_8의 몰질량 = (12×3)+(1×8) = 44g/mol

$C_3H_8 : 5O_2$
1mol : 5mol = 44kg : 5×22.4Nm³

$$A_o = \frac{O_o}{0.21}$$

A_o : 이론공기량(Sm³/kg), O_o : 이론산소량(Sm³/kg)

$$A_o = \frac{O_0}{0.21} = \frac{\frac{5 \times 22.4}{44}}{0.21} = 12.1 Nm^3/kg$$

프로판(Propane)가스 2kg일 때, 12.1×2kg = 24.2Nm³

정답 | ④

12 빈출도 ★

석탄의 저장 시 자연발화를 방지하기 위하여 탄층 1m 깊이의 온도를 측정하여 몇 ℃ 이하가 되도록 하는 것이 가장 적당한가?

① 40
② 60
③ 80
④ 100

해설

자연발화를 방지하기 위해 탄층 1m 깊이의 온도는 60℃ 이하로 유지하는 것이 적당하다. 온도가 낮을 경우 석탄의 수분 함유량이 증가되고, 온도가 높을 경우 자연발화가 발생할 확률이 높아진다.

정답 | ②

13 빈출도 ★

발열량이 5,000kcal/kg인 고체연료를 연소할 때 불완전연소에 의한 열손실이 5% 연소재에 의한 열손실이 5%이었다면 연소효율은 약 몇 %인가?

① 85%
② 95%
③ 80%
④ 90%

해설

$$연소효율 = \frac{연소열}{발열량} = \frac{발열량 - 손실열}{발열량}$$

여기서, 손실열은 미연분손실과 불완전연소에 따른 손실을 합한 값이므로

$$연소효율 = \frac{발열량 - (미연분손실 + 불완전연소에 따른 손실)}{발열량}$$

$= 100 - (미연분손실\% + 불완전연소에 따른 손실\%)$

로 나타낼 수 있다.

$\eta = 100\% - (불완전연소열손실 + 연소재열손실)$
$= 100\% - (5\% + 5\%) = 90\%$

정답 | ④

14 빈출도 ★

포화탄화수소계의 기체 연료에서 탄소 원자수($C_1 \sim C_4$)가 증가할 때에 대한 설명으로 옳은 것은?

① 연료 중의 수소분이 증가한다.
② 발열량(J/m^3)이 감소한다.
③ 연소범위가 넓어진다.
④ 발화온도가 낮아진다.

해설

분자의 크기가 증가하면서 분자내 화학결합이 많아지므로 연소 시 발화온도가 낮아진다.

정답 | ④

15 빈출도 ★★

298.15K, 0.1MPa 상태의 일산화탄소를 같은 온도의 이론공기량으로 정상유동 과정으로 연소시킬 때 생성물의 단열화염 온도를 주어진 표를 이용하여 구하면 약 몇 K 인가? (단, 이 조건에서 CO 및 CO_2의 생성 엔탈피는 각각 $-110,529$ kJ/kmol, $-393,522$ kJ/kmol이다.)

CO_2의 기준상태에서 각각의 온도까지 엔탈피 차	
온도(K)	엔탈피 차(kJ/kmol)
4,800	266,500
5,000	279,295
5,200	292,123

① 4,835   ② 5,058
③ 5,194   ④ 5,306

해설

일산화탄소(CO)의 완전연소반응식

$CO + \frac{1}{2}O_2 \rightarrow CO_2 + \Delta H$

$-110,529 = -393,522 + \Delta H$

$\Delta H = 393,522 - 110,529 = 282,993$ kJ/kmol

※ 여기서, 엔탈피 (−) 부호는 발열을 의미한다.
보간법에 의해 온도를 계산한다.

$f(x) = f(x_1) + \frac{f(x_2) - f(x_1)}{x_2 - x_1}(x - x_1)$

$f = 5,000K + \frac{5,200 - 5,000}{292,123 - 279,295} \times (282,993 - 279,295)$

$= 5,058K$

정답 | ②

16 빈출도 ★

고위발열량과 저위발열량의 차이는 어떤 성분과 관련이 있는가?

① 황 S
② 탄소 C
③ 질소 N_2
④ 수소 H_2

해설

고위발열량(H_h)은 저위발열량(H_l)에서 연료 중 수분 및 수소가 포함된 값을 더한 값이다.
$H_h = H_l +$ 물의 증발잠열

정답 | ④

17 빈출도 ★★

기체연료용 버너의 구성요소가 아닌 것은?

① 가스량 조절부   ② 공기/가스 혼합부
③ 보염부   ④ 통풍구

해설

기체연료용 버너는 공기량 조절부, 가스량 조절부, 공기/가스 혼합부, 보염부 등으로 구성한다. 통풍구는 공기(기체)가 통하도록 만든 구멍으로 송풍기, 댐퍼, 연도, 연돌 등이 있다.

정답 | ④

18 빈출도 ★

가연성 혼합기의 폭발방지를 위한 방법으로 가장 거리가 먼 것은?

① 이중용기 사용
② 산소농도의 최소화
③ 불활성 가스의 치환
④ 불활성 가스의 첨가

해설

이중용기는 혼합기의 폭발 방지보다 물리적 안전성을 위한 방법이다.

정답 | ①

19 빈출도 ★

예혼합 연소방식의 특징으로 틀린 것은?

① 내부 혼합형이다.
② 역화 위험이 없다.
③ 가스와 공기의 사전 혼합형이다.
④ 불꽃의 길이가 확산 연소방식보다 짧다.

해설

예혼합연소는 버너에서 가연성 연료(가스)를 공기를 미리 혼합시킨 후 분사하여 연소시키는 방식으로 화염의 온도가 높고 역화의 위험성이 큰 연소방식으로서 설비의 시동 및 정지 시에 폭발 및 화재에 대비한 안전확보가 필요하다.

정답 | ②

20 빈출도 ★★

C_8H_{18} 1mol을 공기비 2로 연소시킬 때 연소가스 중 산소의 몰분율은?

① 0.065
② 0.073
③ 0.086
④ 0.101

해설

옥탄(C_8H_{18})의 완전연소반응식
$C_8H_{18} + 12.5O_2 \rightarrow 8CO_2 + 9H_2O$
연소가스량을 구하는 공식은 아래와 같다.

$$G = (m - 0.21)A_o + 생성된\ CO_2 + 생성된\ H_2O$$

m: 공기비, A_o: 이론공기량 $\left(A_o = \dfrac{O_o}{0.21}\right)$

$G = (2 - 0.21) \times \dfrac{12.5}{0.21} + 8 + 9 = 123.548 \text{Nm}^3/\text{Nm}^3$

연소가스 O_2의 몰분율 $= \dfrac{O_2}{G} = \dfrac{12.5}{123.548} = 0.101$

정답 | ④

열역학

21 빈출도 ★★

그림과 같은 압력-부피선도(P-V선도)에서 A에서 C로의 정압과정 중 계는 50J의 일을 받아들이고 25J의 열을 방출하며, C에서 B로의 정적과정 중 75J의 열을 받아들인다면, B에서 A로의 과정이 단열일 때 계가 얼마의 일(J)을 하겠는가?

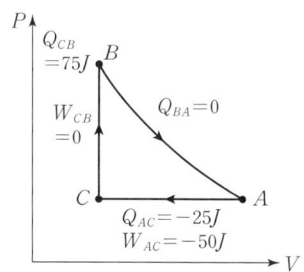

① 25
② 50
③ 75
④ 100

해설

에너지 보존의 법칙(열역학 제1법칙)에 따르면,
(1) A → C과정: 50J의 일을 받아 25J의 열을 방출하였다.
(2) 계의 남아 있는 열량은 25J이다.
(3) C → B과정: 75J의 열을 받아들였다.
(4) B → A과정: 남아있는 열량과 받아들인 열을 더한다.
(5) W_{BA}: 25 + 75 = 100J

정답 | ④

22 빈출도 ★

$\int F dx$는 무엇을 나타내는가? (단, F는 힘, x는 변위를 나타낸다.)

① 일
② 열
③ 엔트로피
④ 운동에너지

해설

$\int F dx$는 힘(F)과 변위(x)를 적분하는 것으로, 힘을 작용하면서 물체를 이동시키는데 수행된 일의 크기를 나타낸다.

정답 | ①

23 빈출도 ★★

압력 100kPa, 체적 3m³인 이상기체가 등엔트로피 과정을 통하여 체적이 2m³으로 변하였다. 이 과정 중에 기체가 한 일은 약 몇 kJ인가? (단, 기체상수는 0.488kJ/(kg·K), 정적비열은 1.642kJ/(kg·K)이다.)

① −113
② −129
③ −137
④ −143

해설

단열과정이며, 열역학 제1법칙에 의한 기체가 한 일을 구하는 식은 다음과 같다.

$$W = -C_v \times (T_b - T_a) \times m$$

W: 일(kJ), C_v: 정적비열(kJ/kg·K), T_b: 나중 온도(K), T_a: 처음 온도(K), m: 질량(kg)

여기서, 비열비(k) 공식을 통해 정압비열을 구한다.

$$k = \frac{C_p}{C_v} = \frac{C_v + R}{C_v}$$

k: 비열비, C_p: 정압비열(kJ/kg·K), C_v: 정적비열(kJ/kg·K), R: 기체상수(kJ/(kg·K))

$$k = \frac{1.642 + 0.488}{1.642} = \frac{2.13}{1.642} = 1.297$$

처음 온도(T_a)는 이상기체방정식 $T_a = \frac{P_a V_a}{mR}$을 통해 구한다.

$$T_a = \frac{100 \times 3}{1 \times 0.488} = 614.754 \text{K}$$

나중 온도(T_b)는 단열과정의 TV공식 $T_1 \cdot V_1^{k-1} = T_2 \cdot V_2^{k-1}$을 이용하여 구한다.

$T_a \times V_a^{k-1} = T_b \times V_b^{k-1}$
$614.75 \times 3^{1.297-1} = T_b \times 2^{1.297-1}$
$T_b = 693.189$

따라서, 기체가 한 일(W)은 다음과 같다.
$W = -1.642 \times (693.189 - 614.754) = -129$

정답 | ②

24 빈출도 ★★★

열역학 제2법칙을 설명한 것이 아닌 것은?

① 사이클로 작동하면서 하나의 열원으로부터 열을 받아서 이 열을 전부 일로 바꾸는 것은 불가능하다.
② 에너지는 한 형태에서 다른 형태로 바뀔뿐이다.
③ 제2종 영구기관을 만든다는 것은 불가능하다.
④ 주위에 아무런 변화를 남기지 않고 열을 저온의 열원으로부터 고온의 열원으로 전달하는 것은 불가능하다.

선지분석

① 열역학 제2법칙으로, 공급된 열을 전부 일로 바꾸는 것은 불가능하다.
② 열역학 제1법칙으로, 제1종 영구기관 즉, 에너지의 공급없이 일을 하는 열기관은 실현이 불가능하다. 다만 한형태에서 다른 형태로 바뀌는 건 가능하여 열과 일 사이에는 에너지 보존의 법칙이 성립된다.
③ 열역학 제2법칙으로, 제2종 영구기관을 만드는 것은 불가능하다.
④ 열역학 제2법칙으로, 주위에 아무런 변화를 남기지 않고 열이동 및 에너지 방향전환이 불가능하다는 법칙으로 계가 흡수한 열을 완전히 일로 전환할 수 있는 장치는 없다.

정답 | ②

25 빈출도 ★

다음의 열역학 선도 중 몰리에 선도(Mollier chart)를 나타낸 것은?

① P−V
② T−S
③ H−P
④ H−S

해설

몰리에르(몰리에, Mollier) 선도는 열역학적 상태로 H−S선도라고 하며, 엔탈피(H)−엔트로피(S)의 관계를 나타내며, 증기 및 냉매의 상태변화분석에 활용된다.

정답 | ④

26 빈출도 ★

카르노사이클에서 공기 1kg이 1사이클마다 하는 일이 100kJ이고 고온 227℃, 저온 27℃ 사이에서 작용한다. 이 사이클의 작동 과정에서 생기는 저온 열원의 엔트로피 증가(kJ/K)는?

① 0.2
② 0.4
③ 0.5
④ 0.8

해설

카르노사이클 효율 공식은 아래와 같다.

$$\eta = \frac{W}{Q_1} = \frac{Q_1 - Q_2}{Q_1} = 1 - \frac{Q_2}{Q_1} = 1 - \frac{T_2}{T_1}$$

η: 효율(%), W: 일, Q_1: 고온부 흡수 열, Q_2: 저온부 흡수 열, T_1: 고온부 온도(K), T_2: 저온부 온도(K)

$$\frac{100kJ}{Q_1} = 1 - \frac{27+273}{227+273}$$

$Q_1 = \frac{100}{0.4} = 250kJ$

에너지보존법칙에 의해 $Q_1 = Q_2 + W$ 이므로
$Q_2 = Q_1 - W = 250 - 100 = 150kJ$

엔트로피변화량 $= \frac{Q_2}{T_2} = \frac{150}{300} = 0.5 kJ/K$

정답 | ③

27 빈출도 ★★

다음과 관계있는 법칙은?

> "계가 흡수한 열을 완전히 일로 전환할 수 있는 장치는 없다."

① 열역학 제3법칙
② 열역학 제2법칙
③ 열역학 제1법칙
④ 열역학 제0법칙

해설

열역학 2법칙은 열이동 및 에너지방향 전환에 관한 법칙으로, 공급된 열을 모든 일로 바꾸는 열기관은 존재하지 않는다.

정답 | ②

28 빈출도 ★★

단열 밀폐되어 있는 탱크 A, B가 밸브로 연결되어 있다. 두 탱크에 들어있는 공기(이상기체)의 질량은 같고, A탱크의 체적은 B탱크 체적의 2배, A탱크의 압력 200kPa, B탱크의 압력은 100kPa이다. 밸브를 열어서 평형이 이루어진 후 최종 압력은 약 몇 kPa인가?

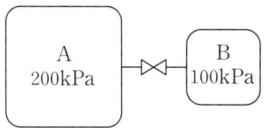

① 120
② 133
③ 150
④ 167

해설

최종압력 $(P_f) = \frac{P_a V_a + P_b V_b}{V_a + V_b}$

탱크 A의 압력 $(P_a) = 200kPa$, 탱크 B의 압력 $(P_b) = 100kPa$

$P_f = \frac{(200 \times 2V_b) + (100 \times V_b)}{2V_b + V_b}$

$= \frac{400V_b + 100V_b}{3V_b} = 166.67kPa$

정답 | ④

29 빈출도 ★★

정상상태로 흐르는 유체의 에너지방정식을 다음과 같이 표현할 때 ( ) 안에 들어갈 용어로 옳은 것은? (단, 유체에 대한 기호의 의미는 아래와 같고, 첨자 1과 2는 각각 입·출구를 나타낸다.)

$$\dot{Q}+\dot{m}\left[h_1+\frac{V_1^2}{2}+(\ )_1\right]=\dot{W}_s+\dot{m}\left[h_2+\frac{V_2^2}{2}+(\ )_2\right]$$

기호	의미	기호	의미
$\dot{Q}$	시간당 받는 열량	$\dot{W}_s$	시간당 주는 일량
$\dot{m}$	질량유량	s	비엔트로피
h	비엔탈피	u	비내부에너지
V	속도	P	압력
g	중력가속도	z	높이

① s
② u
③ gz
④ P

해설

정상상태에 흐르는 유체의 에너지 방정식은 다음과 같다.

$$\dot{Q}+\dot{m}\left[h_1+\frac{V_1^2}{2}+gz_1\right]=\dot{W}_s+\dot{m}\left[h_2+\frac{V_2^2}{2}+gz_2\right]$$

정답 | ③

30 빈출도 ★★★

성능계수가 5이며, 30kW의 냉동능력을 가진 냉동장치의 이론 소요동력은 몇 kW인가?

① 5
② 6
③ 30
④ 150

해설

성능계수 공식은 다음과 같다.

$$COP=\frac{Q}{W}$$

COP: 성능계수, W: 소요동력(kW), Q: 냉동능력(kW)

$$W=\frac{Q}{COP}=\frac{30}{5}=6\text{kW}$$

정답 | ②

31 빈출도 ★★

분자량이 29인 1kg의 이상기체가 실린더 내부에 채워져 있다. 처음에 압력 400kPa, 체적 0.2m³인 이 기체를 가열하여 체적 0.076 m³, 온도 100°C가 되었다. 이 과정에서 받은 일(kJ)은? (단, 폴리트로픽 과정으로 가열한다.)

① 90
② 95
③ 100
④ 104

해설

이상기체방정식을 통해 처음 온도(T_1)를 구한다.

$$PV=mRT$$

P: 압력(kPa), V: 부피(m³), m: 질량(kg), R: 기체상수(kJ/kg·K), T: 온도(K)

$$T_1=\frac{P_1V_1}{mR}=\frac{400\times 0.2}{1\times 0.287}=278.746\text{K}$$

폴리트로픽 과정에서 압력, 부피, 온도 관계식은 다음과 같다.

$$\frac{P_1}{P_2}=\left(\frac{V_2}{V_1}\right)^n=\left(\frac{T_1}{T_2}\right)^{\frac{n}{n-1}}$$

n: 폴리트로픽 지수

$$\left(\frac{V_2}{V_1}\right)^n=\left(\frac{T_1}{T_2}\right)^{\frac{n}{n-1}}$$

$$\frac{0.076}{0.2}=\left(\frac{279}{373}\right)^{\frac{1}{n-1}}$$

$n=1.3$

폴리트로픽 과정에서 일에 대한 식은 다음과 같다.

$$W=\frac{P_2V_2-P_1V_1}{1-n}$$

$\frac{P_1V_1}{T_1}=\frac{P_2V_2}{T_2}$에 따라 $P_2=\frac{P_1V_1T_2}{T_1V_2}$이다.

$$P_2=\frac{400\times 0.2\times 373}{279\times 0.076}$$

$$W=\frac{1,407\times 0.076-400\times 0.2}{1-1.3}=-90\text{kJ}$$

※ 여기서, (−)부호는 외부로부터 압축 시 일을 받은 것을 의미한다.

정답 | ①

32 빈출도 ★

30°C에서 기화잠열이 173kJ/kg 인 어떤 냉매의 포화액-포화증기 혼합물 4kg을 가열하여 건도가 20%에서 70%로 증가되었다. 이 과정에서 냉매의 엔트로피 증가량은 약 몇 kJ/K인가?

① 11.5　　② 2.31
③ 1.14　　④ 0.29

해설

엔트로피 증가 공식은 다음과 같다.

$$\Delta S = m \times (x_2 - x_1) \times \frac{L}{T}$$

ΔS: 엔트로피 증가량(kJ/K), m: 질량(kg), x: 건도,
L: 기화잠열(kJ/kg), T: 온도(K)

$$\Delta S = 4 \times (0.7 - 0.2) \times \frac{173}{273 + 30} = 1.14 \text{kJ/K}$$

정답 | ③

33 빈출도 ★★

그림과 같은 피스톤-실린더 장치에서 피스톤의 질량은 40kg이고, 피스톤 면적이 0.05m^2일 때 실린더 내의 절대압력은 약 몇 bar인가? (단, 국소 대기압은 0.96bar 이다.)

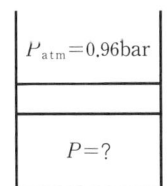

① 0.964　　② 0.982
③ 1.038　　④ 1.122

해설

$$P_{게이지압} = \frac{F_{피스톤}}{A} = \frac{40 \times 9.8}{0.05} = 7,840 \text{N/m}^2$$

$$= 7,840 \text{Pa} \times \frac{1.101325 \text{bar}}{101,325 \text{Pa}} = 0.0784 \text{bar}$$

$P_{대기압} = 0.96 \text{bar}$

절대압력(P) = 0.96 + 0.0784 = 1.038bar

정답 | ③

34 빈출도 ★★

압력 3,000kPa, 온도 400°C인 증기의 내부에너지가 2,926kJ/kg이고 엔탈피는 3,230kJ/kg이다. 이 상태에서 비체적은 약 몇 m^3/kg인가?

① 0.0303　　② 0.0606
③ 0.101　　④ 0.303

해설

엔탈피 공식은 다음과 같다.

$$h = u + P \times v$$

h: 엔탈피(kJ/kg), u: 내부에너지(kJ/kg), P: 압력(kPa),
v: 비체적(m^3/kg)

$$v = \frac{h - u}{P} = \frac{3,230 - 2,926}{3,000} = 0.101 \text{m}^3/\text{kg}$$

정답 | ③

35 빈출도 ★★

처음 온도, 압축비, 공급 열량이 같을 경우 열효율의 크기를 옳게 나열한 것은?

① Otto cycle > Sabathe cycle > Diesel cycle
② Sabathe cycle > Diesel cycle > Otto cycle
③ Diesel cycle > Sabathe cycle > Otto cycle
④ Sabathe cycle > Otto cycle > Diesel cycle

해설

각 사이클의 열효율(이론열효율) 크기
Otto cycle(오토 사이클) > Sabathe cycle(사바테 사이클) > Diesel cycle (디젤 사이클)

정답 | ①

36 빈출도 ★

압력을 일정하게 유지하면서 15kg의 이상 기체를 300K에서 500K까지 가열하였다. 엔트로피 변화는 몇 kJ/K인가? (단, 기체상수는 0.189kJ/kg·K, 비열비는 1.289이다.)

① 5.27　　② 6.46
③ 7.44　　④ 8.18

해설

이상기체 엔트로피 변화계산 공식은 다음과 같다.

$$\Delta S = m \times R \times \ln\left(\frac{P_1}{P_2}\right) = m \times R \times \ln\left(\frac{T_2}{T_1}\right)$$

ΔS: 엔트로피 변화량(kJ/k), m: 질량(kg), R: 기체상수,
P_1: 초기 압력(kPa), P_2: 최종 부피(kPa),
T_1: 초기 온도(K), T_2: 최종 온도(K)

여기서, 비열비(k) 공식을 통해 기체상수를 구한다.

$$k = \frac{C_p}{C_v} = \frac{C_v + R}{C_v}$$

k: 비열비, C_p: 정적비열(kJ/kg·K), C_v: 정압비열(kJ/kg·K),
R: 기체상수(kJ/kg·K)

$$C_p = \frac{k \times R}{k-1} = \frac{1.289 \times 0.189}{1.289 - 1} = 0.843 \text{kJ/kg·K}$$

$$\Delta S = 15 \times 0.843 \times \ln\left(\frac{500}{300}\right) = 6.46 \text{kJ/K}$$

정답 | ②

37 빈출도 ★

그림과 같은 열펌프사이클에서 성능계수는? (단, P는 압력, H는 엔탈피이다.)

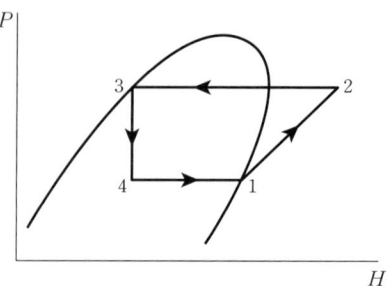

① $\dfrac{H_2 - H_3}{H_2 - H_1}$　　② $\dfrac{H_1 - H_4}{H_2 - H_1}$

③ $\dfrac{H_1 - H_3}{H_2 - H_1}$　　④ $\dfrac{H_3 - H_4}{H_2 - H_1}$

해설

열펌프의 성능계수 = $\dfrac{\text{고온체에서 방출 열량}(Q)}{\text{압축기에서 가한 일량}(W)}$

여기서, h_1: 증발기 출구 엔탈피, h_2: 압축기 출구 엔탈피, h_3: 응축기 출구 엔탈피

따라서, 열펌프 성능계수$(COP_h) = \dfrac{h_2 - h_3}{h_2 - h_1}$

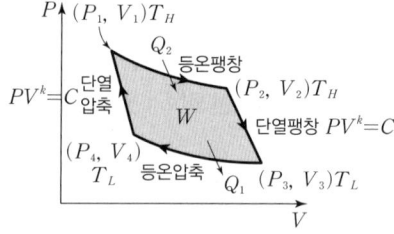

▲ 증기 동력 사이클

정답 | ①

38 빈출도 ★

간극 체적이 피스톤 행정 체적의 8%인 피스톤 기관의 압축비는?

① 0.08
② 1.08
③ 12.5
④ 13.5

해설

내연기관에서 피스톤 행정 변화에 따른 체적 비율, 즉 압축비를 구하는 공식은 다음과 같다.

$$r = \frac{V_t + V_c}{V_c}$$

V_t: 행정 체적, V_c: 간극 체적

$V_c = 8\% = 0.08 V_t$
$r = \frac{V_t + V_c}{V_c} = \frac{V_t + 0.08 V_t}{0.08 V_t} = \frac{1.08 V_t}{0.08 V_t} = 13.5$

관련개념 간극 체적과 행정 체적

- 간극 체적: 피스톤이 최상점에 위치하고 있을 때 남아있는 체적
- 행정 체적: 피스톤의 최하점에서 최상점까지 이동 시 변하는 체적

정답 | ④

39 빈출도 ★★

Carnot 사이클로 작동하는 가역기관이 800℃의 고온열원으로부터 5,000kW의 열을 받고 30℃의 저온열원에 열을 배출할 때 동력은 약 몇 kW인가?

① 440
② 1,600
③ 3,590
④ 4,560

해설

카르노 사이클에서의 효율을 구하는 공식은 다음과 같다.

$$\eta_T = 1 - \frac{T_1}{T_2}$$

η: 효율(%), T: 온도(K)

$\eta_T = 1 - \frac{(30+273)}{(800+273)} = 1 - 0.282 = 0.718$

따라서, 동력 $= 5,000 \text{kW} \times 0.718 = 3,590 \text{kW}$

정답 | ③

40 빈출도 ★★★

10℃와 80℃ 사이에서 작동되는 카르노(Carnot)냉동기의 성능계수(COP)는 얼마인가?

① 8.00
② 6.51
③ 5.64
④ 4.04

해설

온도차를 이용한 성능계수 구하는 공식은 다음과 같다.

$$COP = \frac{T_L}{T_H - T_L}$$

COP: 성능계수, T_L: 저온도(K), T_H: 고온도(K)

$COP = \frac{(10+273)}{(80+273)-(10+273)} = \frac{283}{70} = 4.04$

정답 | ④

계측방법

41 빈출도 ★★

원인을 알 수 없는 오차로서 측정할 때마다 측정값이 일정하지 않고 분포현상을 일으키는 오차는?

① 과오에 의한 오차
② 계통적 오차
③ 계량기 오차
④ 우연 오차

선지분석

① 과오에 의한 오차: 우연오차보다 적게 발생되며 측정순서의 오차, 기록오류 등 측정자의 실수에 의해 생기는 현상으로 실수에 의한 오차라고도 한다.
② 계통적 오차: 계량기 오차와 비슷하며 개인의 실수와 기계의 오차를 비롯한 오차를 말한다.
③ 계량기 오차: 계량기의 오류로 측정된 값과 실제 값의 사이의 오차가 발생된다.
④ 우연오차: 오차 발생 시 원인을 명확히 알 수 없고 보정이 불가능하다고 판단하여, 여러번 반복측정하여 통계를 내려 값을 측정한다.

정답 | ④

42 빈출도 ★★

열전대용 보호관으로 사용되는 재료 중 상용 사용온도가 높은 순으로 나열한 것은?

① 석영관＞자기관＞동관
② 석영관＞동관＞자기관
③ 자기관＞석영관＞동관
④ 동관＞자기관＞석영관

해설

자기관(1,450℃)＞석영관(1,000℃)＞동관(400℃)

정답 | ③

43 빈출도 ★★★

물리량과 SI 기본단위의 기호가 틀린 것은?

① 질량: kg
② 온도: ℃
③ 물질량: mol
④ 광도: cd

해설

SI 단위계에서 온도의 기본단위는 K이다.

관련개념 SI 기본단위 및 물리량

물리량	SI 기본단위	기호
길이	미터	m
질량	킬로그램	kg
시간	초	s
전류	암페어	A
온도	켈빈	K
물질의 양	몰	mol
광도	칸델라	cd

정답 | ②

44 빈출도 ★

U-자관에 수은이 채워져 있다. 여기에 어떤 액체를 넣었는데 이 액체 20cm와 수은 4cm가 평형을 이루었다면 이 액체의 비중은? (단, 수은의 비중은 13.6이다.)

① 6.82
② 3.44
③ 2.72
④ 0.59

해설

파스칼의 원리에 따라 액주 경계면의 수평선에 작용하는 압력은 서로 같다.

$h_1 \times S_l = h_2 \times S_H$

$20 \times S_l = 4 \times 13.6$

$S_l = \dfrac{4 \times 13.6}{20} = 2.72$

정답 | ③

45 빈출도 ★

유속 측정을 위해 피토관을 사용하는 경우 양쪽관 높이의 차(Δh)를 측정하여 유속(V)를 구하는데 이 때 V는 Δh와 어떤 관계가 있는가?

① Δh에 비례
② $1/\Delta h$에 비례
③ $\sqrt{\Delta h}$에 비례
④ Δh 제곱에 비례

해설

베르누이 방정식을 적용한다.

$$P_1 + \dfrac{1}{2}\rho V^2 = P_2$$

P_1: 동압, ρ: 유체의 밀도, V: 유속, P_2: 정압

이를 피토관의 원리에 따라 유속(V)에 대한 식은 아래와 같다.

$$V = \sqrt{2g\Delta h} = \sqrt{\dfrac{2\Delta P}{\rho}}$$

Δh: 높이차, ρ: 액체의 밀도

따라서, 유속(V)은 높이차(Δh) 제곱근에 비례한다.

정답 | ③

46 빈출도 ★

압력센서인 스트레인게이지의 응용원리로 옳은 것은?

① 온도의 변화 ② 전압의 변화
③ 저항의 변화 ④ 금속선의 굵기 변화

해설

스트레인 게이지(Strain gauge) 압력계는 전기식 압력계의 일종으로, 금속이 변형이 생기면서 동시에 저항의 변화의 특성을 이용하여 압력을 측정한다.

정답 | ③

47 빈출도 ★

미리 정해진 순서에 따라 순차적으로 진행하는 제어 방식은?

① 시퀀스 제어 ② 피드백 제어
③ 피드포워드 제어 ④ 적분 제어

선지분석

① 시퀀스 제어: 미리 정해진 순서에 따라 순차적으로 진행하는 자동제어 방식의 동작을 말한다.
② 피드백 제어(Feedback Control): 출력과 입력에 영향을 주는 제어로 목표값과 비교값이 일치하도록 반복동작을 말한다.
③ 피드포워드제어(Feed Forward Control): 일반적으로 피드백 제어와 병용하여 사용되며, 미리 정해진 제어량의 변화를 대응하여 빠른 응답으로 제어하는 방식의 동작을 말한다.
④ 적분제어(Integral Control, I 동작): 적분값에 비례하는 제어동작으로 동작 시 출력의 변화된 속도값이 편차에 비례한 동작을 말하며, 잔류편차가 제어되나 제어 안정성은 떨어지는 특성을 가진다.

정답 | ①

48 빈출도 ★★

물체의 온도를 측정하는 방사고온계에서 이용하는 원리는?

① 제백 효과
② 필터 효과
③ 윈 – 프랑크의 법칙
④ 스테판 – 볼츠만의 법칙

해설

스테판 볼츠만 법칙

열복사 에너지(E)는 절대온도(T)의 4승에 비례한다.

$$\frac{E_2}{E_1} \propto \left(\frac{T_2}{T_1}\right)^4$$

정답 | ④

49 빈출도 ★

다음 각 가스별 시험방법 등의 연결이 잘못된 것은?

① 염소 – 염화팔라듐지 – 적색
② 황화수소 – 연당지 – 흑갈색
③ 암모니아 – 리트머스시험지 – 청색
④ 시안화수소 – 질산구리벤젠지 – 청색

해설

일산화탄소 – 염화팔라듐지 – 흑색

관련개념 기체분석 시험지법

가스	시험지	반응
암모니아(NH_4)	적색 리트머스지	청색
포스겐($COCl_2$)	헤리슨 시험지	유자색
황화수소(H_2S)	연당지	회흑색
아세틸렌(C_2H_2)	염화 제1동 착염지	적갈색
일산화탄소(CO)	염화팔라듐지	흑색
시안화수소(HCN)	초산벤젠지	청색
염소(Cl_2)	KI – 전분지	청갈색

정답 | ①

50 빈출도 ★★

피토관으로 측정한 동압이 10mmH₂O일 때 유속이 15m/s이었다면 동압이 20mmH₂O일 때의 유속은 약 몇 m/s인가? (단, 중력가속도는 9.8m/s²이다.)

① 18
② 21.2
③ 30
④ 40.2

해설

피토관 유속 공식 $v=\sqrt{2gh}=\sqrt{\dfrac{2 \times g \times h}{\rho}}$ 에서

$\dfrac{v_2}{v_1}=\sqrt{\dfrac{h_2}{h_1}}$ 유속은 동압의 제곱근에 비례한다는 비례식을 세울 수 있다.

※ 여기서, h는 수두차에 의한 동압 높이를 말한다.

따라서, $\dfrac{v_2}{v_1}=\sqrt{\dfrac{h_2}{h_1}}=\dfrac{v_2}{15}=\sqrt{\dfrac{20}{10}}=\dfrac{v_2}{15}=\sqrt{2}$

$v_2=15 \times \sqrt{2}=21.21 \text{m/s}$

정답 ②

51 빈출도 ★★★

지름이 10cm 되는 관 속을 흐르는 유체의 유속이 16m/s이었다면 유량은 약 몇 m³/s인가?

① 0.125
② 0.525
③ 1.605
④ 1.725

해설

$$Q=AV$$

Q: 유량(m³/s), A: 면적(m²), V: 유속(m/s)

먼저 원형 면적을 구한다.

$A=\dfrac{\pi D^2}{4}=\dfrac{\pi \times 0.1^2}{4}=7.85 \times 10^{-3} \text{m}^2$

$Q=(7.85 \times 10^{-3}) \times 16 = 0.125 \text{m}^3/\text{s}$

정답 ①

52 빈출도 ★

베르누이 방정식을 적용할 수 있는 가정으로 옳게 나열된 것은?

① 무마찰, 압축성유체, 정상상태
② 비점성유체, 등유속, 비정상상태
③ 뉴턴유체, 비압축성유체, 정상상태
④ 비점성유체, 비압축성유체, 정상상태

해설

베르누이방정식
- 비점성유체: 점성효과가 없는 이상적인 유체
- 비압축성유체: 속도가 낮고 압력차이가 적은 비압축성으로 사용
- 정상상태: 속도, 압력의 변화가 없는 정상유도 상태에서 적용 가능

정답 ④

53 빈출도 ★★

다음 중 융해열을 측정할 수 있는 열량계는?

① 금속 열량계
② 융커스형 열량계
③ 시차주사 열량계
④ 디페닐에테르 열량계

해설

시차주사 열량계(Diffrential Scanning Calorimetry, DSC)는 다양항 분야의 시료의 융해열을 측정하며 시료와 기준 물질을 동시에 동일한 온도로 가열 또는 냉각하여 열출입(열유속)을 측정한다.

정답 ③

54 빈출도 ★★★

물을 함유한 공기와 건조공기의 열전도율 차이를 이용하여 습도를 측정하는 것은?

① 고분자 습도센서
② 염화리튬 습도센서
③ 서미스터 습도센서
④ 수정진동자 습도센서

해설

서미스터 습도센서는 온도에 따라 변하는 저항값과 습도 변화의 차이를 이용한 기기로, 물을 함유한 공기와 건조공기의 열전도율의 차이를 이용하여 습도를 측정한다.

정답 ③

55. 다음 중 용적식 유량계에 해당하는 것은?

① 오리피스미터
② 습식가스미터
③ 로터미터
④ 피토관

해설

습식가스미터는 용적식 유량계에 해당된다. 용적식 유량계는 주로 액체 유량의 정량 측정에 사용하며 계량 방법상 적산유량계의 일종으로 분류된다.

정답 | ②

56. 하겐 포아젤 방정식의 원리를 이용한 점도계는?

① 낙구식 점도계
② 모세관 점도계
③ 회전식 점도계
④ 오스트발트 점도계

해설

오스트발트 점도계는 회전식 모세관 점도계로, 기준이 되는 액체의 점도를 시료의 측정값과 함께 비교하여 실측하는 원리로 유체의 흐름에 영향이 적은 특징을 가진다.

관련개념 하겐 포아젤의 법칙

유체의 점성계수, 온도, 관의 벽면과 유체의 접촉면적에 점도가 비례한다는 법칙으로 관계식은 아래와 같다.

$$\Delta P = \frac{8\pi\mu LQ}{A^2}$$

ΔP: 양 끝 압력 차, L: 관의 길이, Q: 부피흐름률, A: 단면적

정답 | ④

57. 다음 중 화학적 가스 분석계에 해당하는 것은?

① 고체 흡수제를 이용하는 것
② 가스의 밀도와 점도를 이용하는 것
③ 흡수용액의 전기전도도를 이용하는 것
④ 가스의 자기적 성질을 이용하는 것

해설

물리적 가스 분석계	화학적 가스 분석계
• 가스의 밀도, 점도차 • 가스의 자기적 성질 • 가스의 열전도율 • 가스의 반응성, 광학성질 • 흡수용액의 전기전도도	• 연소열 • 용액흡수제 • 고체흡수제

정답 | ①

58. 다음 중 보일러 자동제어를 의미하는 약칭은?

① A.B.C
② A.C.C
③ F.W.C
④ S.T.C

선지분석

① A.B.C: 보일러 자동제어 장치
② A.C.C: 자동연소제어
③ F.W.C: 급수제어
④ S.T.C: 증기온도제어

정답 | ①

59 빈출도 ★

가스의 자기성(磁氣性)을 이용한 분석계는?

① O_2계
② CO_2계
③ SO_2계
④ 가스 크로마토그래피

해설

산소(O_2)는 자기성을 가진 강한 기체로 자기성(자기식) 분석법에 적합하다.

정답 | ①

60 빈출도 ★★

서로 다른 2개의 금속판을 접합시켜서 만든 바이메탈 온도계의 기본 작동원리는?

① 두 금속판의 비열의 차
② 두 금속판의 열전도도의 차
③ 두 금속판의 열팽창계수의 차
④ 두 금속판의 기계적 강도의 차

해설

바이메탈 온도계는 서로 다른 금속간의 열팽창율의 차이를 이용하며, 온도변화에 의한 응답이 낮고 정확도가 낮아 신호전송용보다는 온오프제어에 사용된다.

정답 | ③

열설비재료 및 관계법규

61 빈출도 ★★★

에너지이용 합리화법에 따른 에너지 저장의무 부과대상자가 아닌 것은?

① 전기사업자
② 석탄생산자
③ 도시가스사업자
④ 연간 2만 석유환산톤 이상의 에너지를 사용하는 자

해설

「에너지이용합리화법 시행령 제12조」
산업통상자원부장관이 에너지저장의무를 부과할 수 있는 대상자는 다음과 같다.
- 「전기사업법」에 따른 전기사업자
- 「도시가스사업법」에 따른 도시가스사업자
- 「석탄산업법」에 따른 석탄가공업자
- 「집단에너지사업법」에 따른 집단에너지사업자
- 연간 2만 석유환산톤 이상의 에너지를 사용하는 자

정답 | ②

62 빈출도 ★

중성 내화물 중 내마모성이 크며 스폴링을 일으키기 쉬운 것으로 염기성 평로에서 산성 벽돌과 염기성벽돌을 섞어서 축로할 때 서로의 침식을 방지하는 목적으로 사용하는 것은?

① 탄소질 벽돌
② 크롬질 벽돌
③ 탄화규소질 벽돌
④ 폴스테라이트 벽돌

해설

크롬질 벽돌은 내마모성이 크며, 스폴링을 일으키기 쉬운 것으로 염기성 평로에서 산성 벽돌과 염기성 벽돌을 섞어서 축로할 때 서로의 침식을 방지하는 목적으로 사용된다.

정답 | ②

63 빈출도 ★

에너지이용 합리화법상의 "목표에너지원단위"란?

① 열사용기기당 단위시간에 사용할 열의 사용목표량
② 각 회사마다 단위기간 동안 사용할 열의 사용목표량
③ 에너지를 사용하여 만드는 제품의 단위당 에너지사용목표량
④ 보일러에서 증기 1톤을 발생할 때 사용할 연료의 사용목표량

해설

「에너지이용 합리화법 제35조」
산업통상자원부장관은 에너지의 이용효율을 높이기 위하여 필요하다고 인정하면 관계 행정기관의 장과 협의하여 에너지를 사용하여 만드는 제품의 단위당 에너지사용목표량 또는 건축물의 단위면적당 에너지사용목표량(이하 "목표에너지원단위"라 한다)을 정하여 고시하여야 한다.

정답 | ③

64 빈출도 ★★

에너지이용 합리화법에 따라 자발적 협약체결기업에 대한 지원을 받기 위해 에너지 사용자와 정부 간 자발적 협약의 평가기준에 해당하지 않는 것은?

① 에너지 절감량 또는 온실가스 배출 감축량
② 계획 대비 달성률 및 투자실적
③ 자원 및 에너지의 재활용 노력
④ 에너지이용합리화자금 활용실적

해설

「에너지이용 합리화법 시행규칙 제26조」
자발적 협약의 평가기준은 다음과 같다.
- 에너지절감량 또는 에너지의 합리적인 이용을 통한 온실가스 배출 감축량
- 계획 대비 달성률 및 투자실적
- 자원 및 에너지의 재활용 노력
- 그 밖에 에너지절감 또는 에너지의 합리적인 이용을 통한 온실가스배출 감축에 관한 사항

정답 | ④

65 빈출도 ★

보온면의 방산열량 $1,100\,kJ/m^2$, 나면의 방산열량 $1,600\,kJ/m^2$일 때 보온재의 보온 효율은 약 몇 %인가?

① 25%
② 31%
③ 45%
④ 69%

해설

$$보온효율(\eta) = \frac{보온전손실열량 - 보온후손실열량}{보온전손실열량}$$
$$= \frac{1,600 - 1,100}{1,600} \times 100 = 31\%$$

정답 | ②

66 빈출도 ★

에너지이용 합리화법에서 정한 에너지다소비사업자의 에너지관리기준이란?

① 에너지를 효율적으로 관리하기 위하여 필요한 기준
② 에너지관리 현황 조사에 대한 필요한 기준
③ 에너지 사용량 및 제품 생산량에 맞게 에너지를 소비하도록 만든 기준
④ 에너지관리 진단 결과 손실요인을 줄이기 위하여 필요한 기준

해설

「에너지이용 합리화법 제32조」
산업통상자원부장관은 관계 행정기관의 장과 협의하여 에너지다소비사업자가 에너지를 효율적으로 관리하기 위하여 필요한 기준(이하 "에너지관리기준"이라 한다)을 부문별로 정하여 고시하여야 한다.

정답 | ①

67 빈출도 ★

에너지이용 합리화법에 따라 고효율에너지 인증대상 기자재에 해당되지 않는 것은?

① 펌프
② 무정전 전원장치
③ 가정용 가스보일러
④ 발광다이오드 등 조명기기

해설

「에너지이용 합리화법 시행규칙 제20조」
고효율에너지인증대상기자재(이하 "고효율에너지인증대상기자재"라 한다)는 다음과 같다.
- 펌프
- 산업건물용 보일러
- 무정전전원장치
- 폐열회수형 환기장치
- 발광다이오드(LED) 등 조명기기
- 그 밖에 산업통상자원부장관이 특히 에너지이용의 효율성이 높아 보급을 촉진할 필요가 있다고 인정하여 고시하는 기자재 및 설비

정답 | ③

68 빈출도 ★★

다음 중 제강로가 아닌 것은?

① 고로
② 전로
③ 평로
④ 전기로

해설

제강로는 고로에서 생산된 선철을 활용하여 제강공정을 하며, 전로, 평로, 전기로 등이 있다.

정답 | ①

69 빈출도 ★★★

에너지이용 합리화법에 따라 열사용기자재 중 2종 압력용기의 적용범위로 옳은 것은?

① 최고사용압력이 0.1MPa를 초과하는 기체를 그 안에 보유하는 용기로서 내부 부피가 $0.5m^3$ 이상인 것
② 최고사용압력이 0.2MPa를 초과하는 기체를 그 안 보유하는 용기로서 내부 부피가 $0.04m^3$ 이상인 것
③ 최고사용압력이 0.1MPa를 초과하는 기체를 그 안에 보유하는 용기로서 내부 부피가 $0.03m^3$ 이상인 것
④ 최고사용압력이 0.2MPa를 초과하는 기체를 그 안에 보유하는 용기로서 내부 부피가 $0.02m^3$ 이상인 것

해설

「에너지이용 합리화법 시행규칙 별표 1」

구분	품목명	적용범위
압력용기	1종 압력용기	최고사용압력(MPa)과 내부 부피(m^3)를 곱한 수치가 0.004를 초과하는 다음의 어느 하나에 해당하는 것 • 증기 그 밖의 열매체를 받아들이거나 증기를 발생시켜 고체 또는 액체를 가열하는 기기로서 용기안의 압력이 대기압을 넘는 것 • 용기 안의 화학반응에 따라 증기를 발생시키는 용기로서 용기 안의 압력이 대기압을 넘는 것 • 용기 안의 액체의 성분을 분리하기 위하여 해당 액체를 가열하거나 증기를 발생시키는 용기로서 용기 안의 압력이 대기압을 넘는 것 • 용기 안의 액체의 온도가 대기압에서의 끓는 점을 넘는 것
	2종 압력용기	최고사용압력이 0.2MPa를 초과하는 기체를 그 안에 보유하는 용기로서 다음의 어느 하나에 해당하는 것 • 내부 부피가 0.04세제곱미터 이상인 것 • 동체의 안지름이 200미리미터 이상(증기 헤더의 경우에는 동체의 안지름이 300미리미터 초과)이고, 그 길이가 1천미리미터 이상인 것

정답 | ②

70 빈출도 ★★★

에너지이용 합리화법령상 에너지사용계획을 수립하여 산업통상자원부장관에게 제출하여야 하는 공공사업주관자가 설치하려는 시설기준으로 옳은 것은?

① 연간 1천 티오이 이상의 연료 및 열을 사용하는 시설
② 연간 2천 티오이 이상의 연료 및 열을 사용하는 시설
③ 연간 2천5백 티오이 이상의 연료 및 열을 사용하는 시설
④ 연간 1만 티오이 이상의 연료 및 열을 사용하는 시설

해설

「에너지이용 합리화법 시행령 제20조」
에너지사용계획을 수립하여 산업통상자원부장관에게 제출하여야 하는 공공사업주관자는 다음의 어느 하나에 해당하는 시설을 설치하려는 자로 한다.
- 연간 2천5백 티오이 이상의 연료 및 열을 사용하는 시설
- 연간 1천만 킬로와트시 이상의 전력을 사용하는 시설

정답 | ③

71 빈출도 ★★

신재생에너지법령상 바이오에너지가 아닌 것은?

① 식물의 유지를 변환시킨 바이오디젤
② 생물유기체를 변환시켜 얻어지는 연료
③ 폐기물의 소각열을 변환시킨 고체의 연료
④ 쓰레기매립장의 유기성폐기물을 변환시킨 매립지가스

해설

「신에너지 및 재생에너지 개발·이용·보급 촉진법 시행령 별표 1」
- 생물유기체를 변환시킨 바이오가스, 바이오에탄올, 바이오액화유 및 합성가스
- 쓰레기매립장의 유기성폐기물을 변환시킨 매립지가스
- 동물·식물의 유지(油脂)를 변환시킨 바이오디젤 및 바이오중유
- 생물유기체를 변환시킨 땔감, 목재칩, 펠릿 및 숯 등의 고체연료

정답 | ③

72 빈출도 ★★

내화물의 부피비중을 바르게 표현한 것은? (단, W_1: 시료의 건조중량(kg), W_2: 함수시료의 수중중량(kg), W_3: 함수시료의 중량(kg)이다.)

① $\dfrac{W_1}{W_3-W_2}$
② $\dfrac{W_3}{W_1-W_2}$
③ $\dfrac{W_3-W_2}{W_1}$
④ $\dfrac{W_2-W_3}{W_1}$

해설

내화물의 부피비중 공식은 다음과 같다.

$$부피비중 = \dfrac{W_1}{W_3-W_2}$$

W_1: 시료의 건조무게(kg), W_2: 함수시료의 수중무게(kg), W_3: 함수시료의 무게(kg)

정답 | ①

73 빈출도 ★★

내화물의 제조공정의 순서로 옳은 것은?

① 혼련 → 성형 → 분쇄 → 소성 → 건조
② 분쇄 → 성형 → 혼련 → 건조 → 소성
③ 혼련 → 분쇄 → 성형 → 소성 → 건조
④ 분쇄 → 혼련 → 성형 → 건조 → 소성

해설

내화물의 제조공정은 분쇄 → 혼련 → 성형 → 건조 → 소성 순이다.

정답 | ④

74 빈출도 ★★

에너지이용 합리화법에 따라 검사대상기기 검사 중 개조검사의 적용 대상이 아닌 것은?

① 온수보일러를 증기보일러로 개조하는 경우
② 보일러 섹션의 증감에 의하여 용량을 변경하는 경우
③ 동체·경판·관판·관모음 또는 스테이의 변경으로서 산업통상자원부장관이 정하여 고시하는 대수리의 경우
④ 연료 또는 연소방법을 변경하는 경우

해설

「에너지이용 합리화법 시행규칙 별표 3의4」

검사의 종류	적용대상
개조 검사	다음 어느 하나에 해당하는 경우의 검사 • 증기보일러를 온수보일러로 개조하는 경우 • 보일러 섹션의 증감에 의하여 용량을 변경하는 경우 • 동체·돔·노통·연소실·경판·천정판·관판·관모음 또는 스테이의 변경으로서 산업통상자원부장관이 정하여 고시하는 대수리의 경우 • 연료 또는 연소방법을 변경하는 경우 • 철금속가열로로서 산업통상자원부장관이 정하여 고시하는 경우의 수리

정답 | ①

75 빈출도 ★★

내식성, 굴곡성이 우수하고 양도체이며 내압성도 있어서 열교환기용 전열관, 급수관 등 화학공업용으로 주로 사용되는 관은?

① 주철관　　　② 동관
③ 강관　　　　④ 알루미늄관

해설

동관은 양도체이며 내식성, 굴곡성, 내압성이 우수하여 열교환기의 내관 및 화학 공업용으로 사용된다.

정답 | ②

76 빈출도 ★★

일반적으로 압력 배관용에 사용되는 강관의 온도 범위는?

① 800℃ 이하　　② 750℃ 이하
③ 550℃ 이하　　④ 350℃ 이하

해설

압력배관용 탄소강관의 온도 범위는 350℃ 이하이다.

관련개념 배관의 종류 및 특징

배관의 종류	용도별 특징
일반 배관용 탄소강관(SPP)	• 사용압력은 10kg/cm² 이하이다. • 증기, 물, 기름, 가스 및 공기 등 널리 사용한다.
압력배관용 탄소강관(SPPS)	• 보일러의 증기관, 유압관, 수압관 등의 압력배관에 사용된다. • 사용압력은 10~100kg/cm², 온도는 350℃ 이하이다.
고온 배관용 탄소강관(SPPH)	350℃ 온도의 과열증기 등의 배관용으로 사용된다.
저온 배관용 탄소강관(SPLT)	빙점 0℃ 이하 낮은 온도에서 사용된다.
수도용 아연도금 강관(SPPW)	주로 정수두 100m 이하의 급수배관용으로 사용된다.
배관용 아크용접 탄소강관(SPW)	사용압력 10kg/cm²의 낮은 증기, 물 기름 등에 사용한다.
배관용 합금강관(SPA)	합금강을 말하며, 주로 고온, 고압에 사용된다.

정답 | ④

77 빈출도 ★

폴리스틸렌폼의 최고 안전 사용온도(K)는?

① 243　　　　② 343
③ 373　　　　④ 33,230

해설

폴리스틸렌 폼의 안전사용온도는 343K(70℃) 고온에 대한 저항이 낮아 높은 온도에서 변형될 수 있다.

정답 | ②

78 빈출도 ★★

감압밸브에 대한 설명으로 틀린 것은?

① 작동방식에는 직동식과 파일럿식이 있다.
② 증기용 감압밸브의 유입측에는 안전밸브를 설치하여야 한다.
③ 감압밸브를 설치할 때는 직관부를 호칭경의 10배 이상으로 하는 것이 좋다.
④ 감압밸브를 2단으로 설치할 경우에는 1단의 설정압력을 2단보다 높게 하는 것이 좋다.

해설

증기용 감압밸브의 유출측에 안전밸브를 설치하여야 한다.

정답 | ②

79 빈출도 ★★

에너지법령상 에너지원별 에너지열량 환산기준으로 총발열량이 가장 낮은 연료는? (단, 1L 기준이다.)

① 윤활유
② 항공유
③ B-C유
④ 휘발유

선지분석

「에너지법 시행규칙 별표」
① 윤활유: 9,450kcal/L
② 항공유: 8,720kcal/L
③ B-C유: 9,980kcal/L
④ 휘발유: 7,750kcal/L

정답 | ④

80 빈출도 ★★

에너지이용 합리화법을 따른 양벌규정 사항에 해당되지 않는 것은?

① 에너지 저장시설의 보유 또는 저장의무의 부과 시 정당한 이유 없이 이를 거부하거나 이행하지 아니한 자
② 검사대상기기의 검사를 받지 아니한 자
③ 검사대상기기관리자를 선임하지 아니한 자
④ 공무원이 효율관리기자재 제조업자 사무소의 서류를 검사할 때 검사를 방해한 자

선지분석

① 제72조: 에너지저장시설의 보유 또는 저장의무의 부과시 정당한 이유 없이 이를 거부하거나 이행하지 아니한 자는 2년 이하의 징역 또는 2천만원 이하의 벌금에 처한다.
② 제73조: 검사대상기기의 검사를 받지 아니한 자는 1년 이하의 징역 또는 1천만원 이하의 벌금에 처한다.
③ 제75조: 검사대상기기관리자를 선임하지 아니한 자는 1천만원 이하의 벌금에 처한다.
④ 제78조: 공무원이 효율관리기자재 제조업자 사무소의 서류를 검사할 때 검사를 방해한 자는 1천만원의 과태료가 부과된다.

관련개념 양벌규정 사항

「에너지이용 합리화법 제77조」
법인의 대표자나 법인 또는 개인의 대리인, 사용인, 그 밖의 종업원이 그 법인 또는 개인의 업무에 관하여 제72조부터 제76조까지의 어느 하나에 해당하는 위반행위를 하면 그 행위자를 벌하는 외에 그 법인 또는 개인에게도 해당 조문의 벌금형을 과한다. 다만, 법인 또는 개인이 그 위반행위를 방지하기 위하여 해당 업무에 관하여 상당한 주의와 감독을 게을리하지 아니한 경우에는 그러하지 아니하다.

정답 | ④

열설비설계

81 빈출도 ★★

보일러의 강도 계산에서 보일러 동체 속에 압력이 생기는 경우 원주방향의 응력은 축방향 응력의 몇 배 정도인가? (단, 동체 두께는 매우 얇다고 가정한다.)

① 2배 ② 4배
③ 8배 ④ 16배

해설

축 방향의 인장응력 공식은 다음과 같다.

$$\sigma = \frac{PD}{4t}$$

σ: 인장응력(kPa), D: 내경(mm), P: 압력(kPa), t: 두께(mm)

원주 방향의 인장응력 공식은 다음과 같다.

$$\sigma = \frac{PD}{2t}$$

σ: 인장응력(kPa), D: 내경(mm), P: 압력(kPa), t: 두께(mm)

축 방향과 원주방향의 인장응력은 2배 정도 차이가 발생한다.

정답 | ①

82 빈출도 ★★

맞대기용접은 용접방법에 따라 그루브를 만들어야 한다. 판의 두께 20mm의 강판을 맞대기 용접 이음할 때 적합한 그루브의 형상은?

① I형 ② J형
③ X형 ④ H형

해설

판의 두께가 20mm인 경우의 적합한 그루브 형상은 H형이다.

관련개념 강판의 두께의 따른 그루브의 형상

그루브 형상	강판 두께
V형, R형, J형	6mm 이상 16mm 이하
X형, K형, 양면 J형, 양면 U형	12mm 이상 38mm 이하
H형	19mm 이상

정답 | ④

83 빈출도 ★★

대향류 열교환기에서 고온 유체의 온도는 T_{H1}에서 T_{H2}로, 저온 유체의 온도는 T_{C1}에서 T_{C2}로 열교환에 의해 변화된다. 열교환기의 대수평균온도차(LMTD)를 옳게 나타낸 것은?

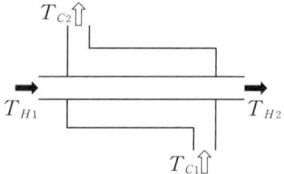

① $\dfrac{T_{H1}-T_{H2}+T_{C2}-T_{C1}}{\ln\left(\dfrac{T_{H1}-T_{C1}}{T_{H2}-T_{C2}}\right)}$

② $\dfrac{T_{H1}+T_{H2}-T_{C2}-T_{C1}}{\ln\left(\dfrac{T_{H1}-T_{H2}}{T_{C2}-T_{C1}}\right)}$

③ $\dfrac{T_{H2}-T_{H1}+T_{C2}-T_{C1}}{\ln\left(\dfrac{T_{H1}-T_{C2}}{T_{H2}-T_{C1}}\right)}$

④ $\dfrac{T_{H1}-T_{H2}+T_{C1}-T_{C2}}{\ln\left(\dfrac{T_{H1}-T_{C2}}{T_{H2}-T_{C1}}\right)}$

해설

대수평균온도차는 다음과 같이 구한다.

$$\Delta T_m = \frac{\Delta T_1 - \Delta T_2}{\ln\left(\dfrac{\Delta T_1}{\Delta T_2}\right)}$$

$$\Delta T_m = \frac{\Delta T_1 - \Delta T_2}{\ln\left(\dfrac{\Delta T_1}{\Delta T_2}\right)} = \frac{(T_{H1}-T_{C2})-(T_{H2}-T_{C1})}{\ln\left(\dfrac{T_{H1}-T_{C2}}{T_{H2}-T_{C1}}\right)}$$

정답 | ④

84 빈출도 ★

다음 무차원 수에 대한 설명으로 틀린 것은?

① Nusselt수는 열전달계수와 관계가 있다.
② Prandtl수는 동점성계수와 관계가 있다.
③ Reynolds수는 층류 및 난류와 관계가 있다.
④ Stanton수는 확산계수와 관계가 있다.

선지분석

① Nusselt(Nu)수: 유체 상 경계를 통과하는 대류열 전달과 전도열 전달의 비로, $N = \dfrac{\text{대류열전달}}{\text{전도열전달}}$로 나타낸다.
② Prandtl수(Pr): 점성도와 열확산도의 비로, $Pr = \dfrac{\text{동점성계수}}{\text{열전도계수}}$로 나타낸다.
③ Reynolds수(Re): 관성력과 점성력의 비율인 무차원수로, $Re = \dfrac{\text{관성력}}{\text{점성력}}$로 나타낸다.
④ Stanton수(St): 유체로 전달되는 열의 비율을 열용량으로 측정하는 무차원수로, $St = \dfrac{Nu수}{Re수 \times Pr수}$로 나타낸다.

정답 | ④

85 빈출도 ★

온수발생보일러에서 안전밸브를 설치해야 할 최소 운전 온도 기준은?

① 80℃ 초과   ② 100℃ 초과
③ 120℃ 초과   ④ 140℃ 초과

해설

운전 시 온도가 120℃를 초과할 경우는 20A(20mm) 이상의 안전밸브를 설치해야 한다.
압력이 최고사용압력에 도달하면 즉시 작동가능한 안전밸브(또는 방출밸브)를 설치해야하며, 단, 손쉽게 검사가 가능한 방출관은 방출밸브로 대용한다.

정답 | ③

86 빈출도 ★★

보일러 전열면에서 연소가스가 1,000℃로 유입하여 500℃로 나가며 보일러수의 온도는 210℃로 일정하다. 열관류율이 150kcal/m²·h·℃일 때, 단위 면적당 열교환량(kcal/m²·h)은? (단, 대수평균온도차를 활용한다.)

① 21,118   ② 46,812
③ 67,135   ④ 74,839

해설

대수평균온도차를 활용한 단위면적당 열교환량 공식은 다음과 같다.

$$Q = U \times A \times \Delta t_m$$

Q: 열교환량(kcal/m²·h), U: 열관류율(kcal/m²·h·℃),
A: 단위면적(1m²), Δt_m: 대수평균온도차(℃)

대수평균온도차는 다음과 같이 구한다.

$$\Delta T_m = \dfrac{\Delta T_1 - \Delta T_2}{\ln\left(\dfrac{\Delta T_1}{\Delta T_2}\right)}$$

$$\Delta T_m = \dfrac{(1{,}000-210)-(500-210)}{\ln\dfrac{1{,}000-210}{500-210}} = 498.93℃$$

$Q = 150 \times 1 \times 498.93 = 74{,}839.5 \text{ kcal/m}^2\cdot\text{h}$

정답 | ④

87 빈출도 ★★

보일러의 일상점검 계획에 해당하지 않는 것은?

① 급수배관 점검   ② 압력계 상태점검
③ 자동제어장치 점검   ④ 연료의 수요량 점검

해설

보일러의 일상점검 계획에는 수면계의 수위, 급수장치, 분출장치, 압력계의 지침상태, 자동제어장치 등이 있다.

정답 | ④

88 빈출도 ★★

100kN의 인장하중을 받는 한쪽 덮개판 맞대기 리벳이음이 있다. 리벳의 지름이 15mm, 리벳의 허용전단력이 60MPa일 때 최소 몇 개의 리벳이 필요한가?

① 10
② 8
③ 6
④ 4

해설

최소 리벳 개수를 구하는 공식은 다음과 같다.

$$\tau = \frac{F}{A} = P \times n$$

τ: 전단력(Pa), F: 하중(N), A: 면적(m²),
P: 전단응력(Pa), n: 개수

$$\frac{100 \times 10^3 \text{N}}{\frac{\pi (0.015\text{m})^2}{4}} = 60 \times 10^6 \text{Pa} \times n$$

$n = 9.43 \rightarrow$ 정수이므로 10개가 필요하다.

정답 | ①

89 빈출도 ★★

스케일(Scale)에 대한 설명으로 틀린 것은?

① 스케일로 인하여 연료소비가 많아진다.
② 스케일은 규산칼슘, 황산칼슘이 주성분이다.
③ 스케일은 보일러에서 열전달을 저하시킨다.
④ 스케일로 인하여 배기가스 온도가 낮아진다.

해설

스케일로 인하여 연료소비가 많아지며, 배기가스의 온도가 높아진다.

정답 | ④

90 빈출도 ★★

라미네이션의 재료가 외부로부터 강하게 열을 받아 소손되어 부풀어 오르는 현상을 무엇이라고 하는가?

① 크랙
② 압궤
③ 블리스터
④ 만곡

해설

블리스터(Blister)는 라미네이션의 재료가 외부로부터 강하게 열(화염)을 받아 소손 또는 파열된 부분이 부풀어 오르는 현상이 발생한다.

관련개념 보일러 손상 종류

구분	설명
응력부식 균열	반복되는 응력으로 인해 이음부분에 균열(Crack)이 생기는 형상을 말한다.
팽출 (Bulge)	인장을 받는 부분(동체, 갤로웨이관, 수관 등)이 압력에 견디지 못하고 바깥쪽으로 부풀어 오르거나 튀어나오는 현상을 말한다.
압궤 (Collapse)	원통으로된 노통 또는 화실 부분의 바깥쪽 부분이 압력에 견디지 못하고 짓눌려지는 현상을 말한다.
라미네이션 (Lamination)	압연(보일러)강판, 관의 두께 속에서 제조(가공) 당시의 가스가 존재하여 2개의 층을 형성하는 현상을 말한다.
블리스터 (Blister)	라미네이션의 재료가 외부로부터 강하게 열(화염)을 받아 소손 또는 파열된 부분이 부풀어 오르는 현상이 발생한다.

정답 | ③

91. 빈출도 ★★

가로 50cm, 세로 70cm인 300°C로 가열된 평판에 20°C의 공기를 불어주고 있다. 열전달계수가 25W/m²·°C때 열전달량은 몇 kW인가?

① 2.45
② 2.72
③ 3.34
④ 3.96

해설

$$Q_1 = \alpha \times T_a \times A$$

Q_1: 열전달량(kW), T_a: 온도차(°C),
α: 열전달율(kcal/m²·h·°C), A: 면적(m²)

$Q_1 = 25 \times (0.5 \times 0.7) \times (300-20)$
$= 2450W \times 10^{-3} = 2.45kW$

정답 | ①

92. 빈출도 ★★

보일러의 효율 향상을 위한 운전 방법으로 틀린 것은?

① 가능한 정격부하로 가동되도록 조업을 계획한다.
② 여러 가지 부하에 대해 열정산을 행하여, 그 결과로 얻은 결과를 통해 연소를 관리한다.
③ 전열면의 오손, 스케일 등을 제거하여 전열효율을 향상시킨다.
④ 블로우 다운을 조업중지 때마다 행하여, 이상 물질이 보일러 내에 없도록 한다.

해설

블로우 다운은 배관 또는 열교환기에 생성된 침전물을 제거하는 작업으로 보일러 효율을 향상시키지만 조업 중지 때마다 행하면 보일러수의 보유열 손실이 발생하여 효율이 저하된다.

정답 | ④

93. 빈출도 ★★

다음 [보기]에서 설명하는 보일러 보존방법은?

- 보존기간이 6개월 이상인 경우 적용한다.
- 1년 이상 보존할 경우 방청도료를 도표한다.
- 약품의 상태는 1~2주마다 점검하여야 한다.
- 동 내부의 산소제거는 숯불 등을 이용한다.

① 석회밀폐 건조보존법
② 만수보존법
③ 질소가스 봉입보존법
④ 가열건조법

해설

건조보존법
- 6개월 이상인 경우 흡습제를 첨가하고 밀폐 시켜 보존해야 하며, 약품의 상태는 12주마다 점검하고 동 내부 산소는 숯불을 용기에 넣어 제거한다. 1년 이상 보존할 경우 방청도료를 도포해주어야 한다.
- 종류로는 석회밀폐식, 장기보존법식 등이 있다.

정답 | ①

94. 빈출도 ★

일반적인 강관에서 스케줄 넘버(Schedule Number)는 무엇을 의미하는가?

① 파이프의 외경
② 파이프의 두께
③ 파이프의 단면적
④ 파이프의 내경 파이프의 단면적

해설

스케줄 넘버(SCH. #)는 관(파이프)의 두께에 따라 분류해놓은 번호를 말한다.

정답 | ②

95 빈출도 ★★

파형노통의 최소 두께가 10mm, 노통의 평균지름이 1200mm 일 때, 최고사용압력은 약 몇 MPa인가? (단, 끝의 평형부 길이가 230mm 미만이며, 정수 C 는 985이다.)

① 0.56
② 0.63
③ 0.82
④ 0.95

해설

파형 노통의 최고사용압력을 구하는 식은 다음과 같다.

$$P = \frac{C \times t}{D}$$

t: 최소 두께(mm), P: 최고사용압력(kg/cm²),
D: 평균 내경(mm), C: 노통의 종류에 따른 상수

$P = \dfrac{985 \times 10}{1,200} = 8.2 \text{kg/cm}^2 = 0.82 \text{MPa}$

※ $1\text{kg/cm}^2 = 0.1\text{MPa}$

정답 | ③

96 빈출도 ★

보일러의 과열에 의한 압궤의 발생부분이 아닌 것은?

① 노통 상부
② 화실 천장
③ 연관
④ 가셋스테이

해설

압궤는 보일러 노통 등 원통부분이 외압의 한계에 이르러 찌그러지거나 찢어짐, 짓눌림현상 등 현상을 말하며, 압축응력을 받는 부위는 노통상부, 화실 천장, 연관(연소실 내) 등이 해당된다.

정답 | ④

97 빈출도 ★★

외경과 내경이 각각 6cm, 4cm이고 길이가 2m인 강관이 두께 2cm인 단열재로 둘러 쌓여있다. 이때 관으로부터 주위공기로의 열손실이 400W라 하면 관 내벽과 단열재 외면의 온도차는? (단, 주어진 강관과 단열재의 열전도율은 각각 15W/m·℃, 0.2W/m·℃이다.)

① 53.5℃
② 82.2℃
③ 120.6℃
④ 155.6℃

해설

열저항 계산 공식은 아래와 같다.

$$Q = \frac{\ln\left(\dfrac{r_o}{r_i}\right)}{2\pi \times R \times L}$$

Q: 열저항(℃/W), r_o: 외반경(m), r_i: 내반경(m),
R: 열 전도율(W/m·℃), L: 관 길이(m)

먼저, 강관의 열저항(Q_p)을 구한다.

$Q_p = \dfrac{\ln\left(\dfrac{0.03}{0.02}\right)}{2\pi \times 15 \times 2} = \dfrac{0.405}{188.496} = 0.00215 \text{℃/W}$

단열재의 열저항(Q_a)을 구한다.
여기서, 단열재의 외경은 관의 외경+단열재의 두께이다.
단열재의 외경 $= 0.03 + 0.02 = 0.05\text{m}$

$Q_a = \dfrac{\ln\left(\dfrac{0.05}{0.03}\right)}{2\pi \times 0.2 \times 2} = \dfrac{0.511}{2.513} = 0.20335 \text{℃/W}$

관 내벽과 단열재의 외면의 온도차(ΔT)는 열손실(q)에 열저항 총값(Q_T)을 곱하여 구한다.
$\Delta T = q \times Q_T = 400 \times (0.00215 + 0.20335) = 82.2\text{℃}$

정답 | ②

98 빈출도 ★★

24,500kW의 증기원동소에 사용하고 있는 석탄의 발열량이 7,200kcal/kg이고 원동소의 열효율이 23%라면, 매시간당 필요한 석탄의 양(ton/h)은? (단, 1kW는 860kcal/h로 한다.)

① 10.5
② 12.7
③ 15.3
④ 18.2

해설

$$\eta = \frac{Q_1}{Q_2} = \frac{Q_1}{m \times H}$$

η: 효율(%), Q_1: 유효출열(kcal/h), Q_2: 총입열량(kcal/h),
m: 연료의 사용량(kg/h), H: 석탄의 발열량(kcal/kg)

$$0.23 = \frac{24,500\text{kW} \times \frac{860\text{kcal/h}}{1\text{kW}}}{m \times 7,200\text{kcal/kg}}$$

$m = 12,723.43$kg/h $= 12.7$ton/h

정답 | ②

99 빈출도 ★★

연소실에서 연도까지 배치된 보일러 부속 설비의 순서를 바르게 나타낸 것은?

① 과열기 → 절탄기 → 공기 예열기
② 절탄기 → 과열기 → 공기 예열기
③ 공기 예열기 → 과열기 → 절탄기
④ 과열기 → 공기 예열기 → 절탄기

해설

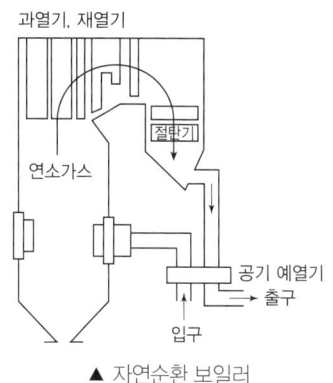

▲ 자연순환 보일러

정답 | ①

100 빈출도 ★★

보일러에 설치된 과열기의 역할로 틀린 것은?

① 포화증기의 압력증가
② 마찰저항 감소 및 관내부식 방지
③ 엔탈피 증가로 증기소비량 감소 효과
④ 과열증기를 만들어 터빈의 효율 증대

해설

과열기는 보일러 동체(본체)에서 발생된 포화증기를 일정한 압력에서 가열하여 온도를 높여 과열증기로 만드는 장치로 포화증기보다 높은 온도로 하여 터빈의 열효율을 향상시킨다.

정답 | ①

2024년 3회 CBT 복원문제

연소공학

01 빈출도 ★★★

배기가스 중 O_2의 계측값이 3%일 때 공기비는? (단, 완전연소로 가정한다.)

① 1.07
② 1.11
③ 1.17
④ 1.24

해설

공기비(m) 공식을 통해 $CO_{2\,max}$를 구한다.

$$m = \frac{CO_2\,최대량}{CO_2} = \frac{21}{21-O_2}$$

문제에서 CO가 0이므로 완전연소일 경우, O_2로만 계산할 수 있다.

$m = \dfrac{21}{21-3} = 1.17$

정답 | ③

02 빈출도 ★★

탄소의 발열량은 약 몇 kcal/kg인가?

$$C + O_2 \rightarrow CO_2 + 97{,}600\,kcal/kmol$$

① 8,133
② 9,760
③ 48,800
④ 97,600

해설

탄소가 완전 연소하여 이산화탄소(CO_2)로 변할 때 방출되는 열량을 탄소의 발열량이라고 한다.
탄소(C)의 분자량 = 12kg/kmol
탄소(C)의 발열량
$= \dfrac{97{,}600\,kcal}{kmol} \times \dfrac{1\,kmol}{12\,kg} = 8{,}133\,kcal/kg$

정답 | ①

03 빈출도 ★★

기체연료의 체적 분석결과 H_2가 45%, CO가 40%, CH_4가 15%이다. 이 연료 $1m^3$를 연소하는데 필요한 이론공기량은 몇 m^3인가? (단, 공기 중의 산소 : 질소의 체적비는 1 : 3.77이다.)

① 3.12
② 2.14
③ 3.46
④ 4.43

해설

이론공기량을 구하기 위해 가연성분 연소에 필요한 산소량을 구하여야 한다.
가연성분 완전연소반응식

$H_2 + \dfrac{1}{2}O_2 \rightarrow H_2O$

$CO + \dfrac{1}{2}O_2 \rightarrow CO_2$

$CH_4 + 2O_2 \rightarrow CO_2 + 2H_2O$

$$O_o = 0.5 \times H_2 + 0.5 \times CO + 2 \times CH_4$$

$O_o = 0.5 \times 0.45 + 0.5 \times 0.4 + 2 \times 0.15 = 0.725\,m^3/m^3$
이론공기량(A_o) = 질소(N_2) + 산소(O_2)
문제의 조건에서 산소:질소의 체적비는 1 : 3.77이라고 하였으므로
질소(N_2) = $3.77 O_2$
이론공기량(A_o) = 질소(N_2) + 산소(O_2) = $4.77 O_2$
$= 4.77 \times 0.725 = 3.458\,m^3/m^3$

정답 | ③

04 빈출도 ★

공기와 연료의 혼합기체의 표시에 대한 설명 중 옳은 것은?

① 공기비는 연공비의 역수와 같다.
② 연공비(fuel air ratio)라 함은 가연 혼합기 중의 공기와 연료의 질량비로 정의된다.
③ 공연비(air fuel ratio)라 함은 가연 혼합기 중의 연료와 공기의 질량비로 정의된다.
④ 당량비(equivalence ratio)는 실제연공비와 이론 연공비의 비로 정의된다

해설

당량비는 실제연공비와 이론연공비의 비로 정의된다.

관련개념 연공비, 공연비, 당량비 및 공기비

- 연공비라 함은 연료와 공기의 질량비로 정의된다.
- 공연비라 함은 공기와 연료의 질량비로 정의된다.
- 당량비는 실제연공비와 이론연공비로 정의된다.
- 공기비는 당량비의 역수와 같다.

정답 | ④

05 빈출도 ★★

다음 중 습식집진장치의 종류가 아닌 것은?

① 멀티클론(multiclone)
② 제트 스크러버(jet scrubber)
③ 사이클론 스크러버(cyclone scrubber)
④ 벤츄리 스크러버(venturi scrubber)

해설

멀티클론은 건식 집진장치이다.

관련개념 세정(습식) 집진장치

배기가스내의 분진을 세정액이나 액막(수분) 등에 충돌 또는 흡수하는 방식으로 액체에 의해 포집하는 방식이다.

집진형식	종류
유수식	임펠러형, 회전형, 분수형, S형 등
회전식	타이젠 와셔, 충격식 스크러버
가압수식	벤츄리, 제트, 사이버클론 스크러버, 세정탑(충전탑)

정답 | ①

06 빈출도 ★

가열실의 이론 효율(E_1)을 옳게 나타낸 식은? (단, t_r: 이론연소온도, t_i: 파열물의 온도이다.)

① $E_1 = \dfrac{t_r + t_i}{t_r}$
② $E_1 = \dfrac{t_r - t_i}{t_r}$
③ $E_1 = \dfrac{t_i - t_r}{t_i}$
④ $E_1 = \dfrac{t_i + t_r}{t_i}$

해설

이론 효율을 구하는 공식은 다음과 같다.

$$E_1 = \dfrac{t_r - t_i}{t_r} \times 100$$

t_r: 이론 연소온도, t_i: 파열물의 온도

이론연소온도가 높을수록, 초기 파열물 온도가 낮을수록 효율이 증가한다.

정답 | ②

07 빈출도 ★★

과잉공기량이 증가할 때 나타나는 현상이 아닌 것은?

① 연소실의 온도가 저하된다.
② 배기가스에 의한 열손실이 많아진다.
③ 연소가스 중의 SO_3이 현저히 줄어 저온부식이 촉진된다.
④ 연소가스 중의 질소산화물 발생이 심하여 대기오염을 초래한다.

해설

과잉공기량이 증가하면 연소가스 중의 SO_3이 현저히 늘어 저온부식이 촉진된다.

$$SO_2 + \dfrac{1}{2}O_2 \rightarrow SO_3$$

정답 | ③

08 빈출도 ★★

코크스로가스를 $100Nm^3$ 연소한 경우 습연소가스량과 건연소가스량의 차이는 약 몇 Nm^3인가? (단, 코크스로가스의 조성(용량%)은 CO_2 3%, CO 8%, CH_4 30%, C_2H_4 4%, H_2 50% 및 N_2 5%)

① 108
② 118
③ 128
④ 138

해설

코크스로가스의 양이 $100Nm^3$이므로 CO_2 $3Nm^3$, CO $8Nm^3$, CH_4 $30Nm^3$, C_2H_4 $4Nm^3$, H_2 $50Nm^3$, N_2 $5Nm^3$이라고 할 수 있다.
습연소가스량(G_{ow})과 건연소가스량(G_{od})의 차이는 가연물(CO, CH_4, C_2H_4, H_2) 연소에서 생성된 물질 중 H_2O의 양이다.

- 일산화탄소(CO) 완전연소반응식
  $CO + \frac{1}{2}O_2 \rightarrow CO_2$
  생성된 $H_2O = 0Nm^3$
- 메탄(CH_4) 완전연소반응식
  $CH_4 + 2O_2 \rightarrow CO_2 + 2H_2O$
  생성된 $H_2O = 30Nm^3 \times 2 = 60Nm^3$
- 에틸렌(C_2H_4) 완전연소반응식
  $C_2H_4 + 3O_2 \rightarrow 2CO_2 + 2H_2O$
  생성된 $H_2O = 4Nm^3 \times 2 = 8Nm^3$
- 수소(H_2) 완전연소반응식
  $H_2 + \frac{1}{2}O_2 \rightarrow H_2O$
  생성된 $H_2O = 50Nm^3 \times 1 = 50Nm^3$
  가연물의 연소에서 생성된 H_2O의 양 $= 60 + 8 + 50 = 118Nm^3$

정답 | ②

09 빈출도 ★

다음 중 역화의 원인이 아닌 것은?

① 가스 분출 압력이 낮을 때
② 기름이 과열되었을 때
③ 버너 내의 가스압력이 낮을 때
④ 기름에 수분, 공기 등이 혼입되었을 때

해설

버너 내의 가스압력이 높을 때 발생한다.

관련개념 역화의 원인

- 가스 분출 압력이 낮을 때 발생한다.
- 2차공기가 부족하거나 통풍이 불량할 때 발생한다.
- 버너 내의 가스압력이 높을 때 발생한다.
- 부식 등으로 염공이 커질 때 발생한다.
- 연료의 수분 및 공기 등 혼입이 되었거나, 과열되었을 때 발생한다.

정답 | ③

10 빈출도 ★★

액화석유가스를 저장하는 가스설비의 내압성능에 대한 설명으로 옳은 것은?

① 최대압력의 1.2배 이상의 압력으로 내압시험을 실시하여 이상이 없어야 한다.
② 상용압력의 1.2배 이상의 압력으로 내압시험을 실시하여 이상이 없어야 한다.
③ 최대압력의 1.5배 이상의 압력으로 내압시험을 실시하여 이상이 없어야 한다.
④ 상용압력의 1.5배 이상의 압력으로 내압시험을 실시하여 이상이 없어야 한다.

해설

액화석유가스 설비 고압가스 안전관리법에 따라 내압 시험 시 상용압력의 1.5배 이상의 압력으로 설정된다.

정답 | ④

11 빈출도 ★★

가연성 액체에서 발생한 증기의 공기 중 농도가 연소범위 내에 있을 경우 불꽃을 접근시키면 불이 붙는데 이때 필요한 최저온도를 무엇이라고 하는가?

① 기화온도
② 인화온도
③ 착화온도
④ 임계온도

해설

인화온도란 인화점이라고도 하며, 가연성 액체에서 발생한 증기의 공기 중 농도가 연소범위 내에 있을 경우 불꽃을 접근시키면 불이 붙는 최저온도를 말한다.

정답 | ②

12 빈출도 ★★

저위발열량 7,470kJ/kg의 석탄을 연소시켜 13,200kg/h의 증기를 발생시키는 보일러의 효율은 약 몇 %인가? (단, 석탄의 공급은 6,040kg/h이고, 증기의 엔탈피는 3,107kJ/kg, 급수의 엔탈피는 96kJ/kg이다.)

① 64
② 74
③ 88
④ 94

해설

효율 = $\dfrac{\text{유효출열}}{\text{총입열량}} \times 100$

유효출열 = 증기 발생량 × 엔탈피 차
= $\dfrac{13{,}200\text{kg}}{\text{h}} \times \dfrac{(3{,}107-96)\text{kJ}}{\text{kg}} = 39{,}745{,}200\text{kJ/h}$

총입열량 = 석탄 공급량 × 저위발열량
= $6{,}040\text{kg/h} \times 7{,}470\text{kJ/kg} = 45{,}118{,}800\text{kJ/h}$

효율(η) = $\dfrac{39{,}745{,}200}{45{,}118{,}800} \times 100 = 88\%$

정답 | ③

13 빈출도 ★

중유를 A급, B급, C급으로 구분하는 기준은 무엇인가?

① 발열량
② 인화점
③ 착화점
④ 점도

해설

점성도에 따라 A중유, B중유, C중유(벙커C유)로 구분한다.

정답 | ④

14 빈출도 ★★

여과 집진장치의 여과재 중 내산성, 내알칼리성 모두 좋은 성질을 지닌 것은?

① 사란
② 테트론
③ 비닐론
④ 글라스

해설

비닐론은 폴리비닐알코올로 된 섬유로 이루어진 재질로 내산성과 내알칼리성, 내마모성이 우수하나 불 또는 열에 약하다.

정답 | ③

15 빈출도 ★★

연소 시 배기가스량을 구하는 식으로 옳은 것은? (단, G: 배기가스량, G_o: 이론배기가스량, A_o: 이론공기량, m: 공기비이다.)

① $G = G_o + (m-1)A_o$
② $G = G_o + (m+1)A_o$
③ $G = G_o - (m+1)A_o$
④ $G = G_o + (1-m)/A_o$

해설

배기가스량(G) = 이론배기가스량 + 과잉공기량
= $G + (m-1)A_o$

정답 | ①

16 빈출도 ★★

프로판(C_3H_8) 및 부탄(C_4H_{10})이 혼합된 LPG를 건조공기로 연소시킨 가스를 분석하였더니 CO_2 11.32%, O_2 3.76%, N_2 84.92%의 부피 조성을 얻었다. LPG 중의 프로판의 부피는 부탄의 약 몇 배인가?

① 8배
② 11배
③ 15배
④ 20배

해설

m몰의 프로판과 n몰의 부탄이 혼합된 LPG 연소화학식

$mC_3H_8 + nC_4H_{10} + x\left(O_2 + \dfrac{79}{21}N_2\right)$

$\rightarrow 11.32CO_2 + 3.76O_2 + yH_2O + 84.92N_2$

프로판(C_3H_8)의 완전연소반응식

$C_3H_8 + 5O_2 \rightarrow 3CO_2 + 4H_2O$

부탄(C_4H_{10})의 완전연소반응식

$C_4H_{10} + 6.5O_2 \rightarrow 4CO_2 + 5H_2O$

혼합가스의 연소화학식과 프로판, 부탄의 완전연소화학식의 원자수는 일치해야한다.

탄소(C): $3m + 4n = 11.32$

수소(H): $8m + 10n = 2y$

질소(N_2): $3.76x = 84.92 \rightarrow x = \dfrac{84.92}{3.76} = 22.585$

산소(O): $2 \times 22.585 = 11.32 \times 2 + 3.76 \times 2 + y \rightarrow y = 15$

탄소와 수소의 관계식을 통해 이차방정식의 계산으로 m, n을 구한다.

탄소(C): $3m + 4n = 11.32$

수소(H): $8m + 10n = 2y \rightarrow 8m + 10n = 30$

$m = 3.4$, $n = 0.28$

프로판과 부탄의 부피비

$\dfrac{3.4}{3.4 + 0.28} : \dfrac{0.28}{3.4 + 0.28} = 0.92 : 0.08$

따라서, 프로판(C_3H_8)과 부탄(C_4H_{10})의 부피비는 약 11배이다.

정답 | ②

17 빈출도 ★★

보일러실에 자연환기가 안될 때 실외로부터 공급하여야 할 공기는 벙커C유 1L 당 최소 몇 Nm^3이 필요한가? (단, 벙커C유의 이론공기량은 $10.24Nm^3/kg$, 비중은 0.96, 연소장치의 공기비는 1.3으로 한다.)

① 11.34
② 12.78
③ 15.69
④ 17.85

해설

$A = mA_o \times F = mA_o \times V\gamma$

A: 실제공기량(m^3), m: 질량(kg), A_o: 이론공기량(m^3/kg),
F: 사용연료량, V: 부피(L), γ: 비중

$A = 1.3 \times 10.24 \times 1 \times 0.96 = 12.78 Nm^3$

정답 | ②

18 빈출도 ★★

폭굉 유도거리(DID)가 짧아지는 조건으로 틀린 것은?

① 관지름이 크다.
② 공급압력이 높다.
③ 관 속에 방해물이 있다.
④ 연소속도가 큰 혼합가스이다.

해설

관지름이 가늘어야 한다.

관련개념 폭굉 현상

(1) 개요
- 가스 화염 전파속도가 음속보다 큰 경우 압력에 의해 충격파로 파괴작용을 일으키는 현상이다.
- 음속 340m/s, 폭굉 1,000~3,500m/s이다.

(2) 폭굉유도거리(DID) 짧아지는 조건

최초의 조용히 타오르던 연소가 귀청 터질듯한 폭발로 돌변하기까지 걸어간 거리로, 짧을수록 위험성이 증가하며, 다음과 같은 조건일 때 폭굉유도거리가 짧아진다.
- 정상 연소속도가 큰 혼합가스일수록 DID가 짧아진다.
- 압력이 높을수록 DID가 짧아진다.
- 점화원의 에너지가 클수록 DID가 짧아진다.
- 관속에 방해물이 있거나 관지름이 가늘수록 DID가 짧아진다.

정답 | ①

19 빈출도 ★

저발열량 11,000kcal/kg인 연료를 연소시켜서 900kW의 동력을 얻기 위해서는 매분당 약 몇 kg의 연료를 연소시켜야 하는가? (단, 연료는 완전연소되며 발생한 열량의 50%가 동력으로 변환된다고 가정한다.)

① 1.37
② 2.34
③ 3.82
④ 4.17

해설

연료소비량을 구하는 식은 다음과 같다.

$$m = \frac{P}{Q_L \times \eta}$$

m: 연료의 소비량, P: 동력(kJ/kg), Q_L: 저발열량(kJ/kg), η: 효율

$$m = \frac{900\text{kW} \times \frac{60\text{s}}{1\text{min}}}{\left(\frac{11,000\text{kcal}}{\text{kg}} \times \frac{4.186\text{kJ}}{1\text{kcal}}\right) \times 0.5} = 2.34\text{kg/min}$$

※ 1kcal = 4.186kJ

정답 | ②

20 빈출도 ★

다음 중 석유제품에 포함된 황분에 대한 시험방법이 아닌 것은?

① 램프식
② 타그식
③ 봄브식
④ 연소관식

선지분석

① 램프식: 시료를 연소하여 황이 함유된 가스를 분석한다.
② 타그식: 석유의 인화점을 측정하여 분석한다.
③ 봄브식: 고압의 봄브에서 완전연소 후 황 함유량을 분석한다.
④ 연소관식: 시료를 연소관에서 연소하여 생성된 황을 분석한다.

정답 | ②

열역학

21 빈출도 ★

물을 20℃에서 50℃까지 가열하는데 사용된 열의 대부분은 무엇으로 변환되었는가?

① 물의 내부에너지
② 물의 운동에너지
③ 물의 유동에너지
④ 물의 위치에너지

해설

물을 가열하는 과정에서 물 분자 운동이 진행됨에 따라 내부에너지로 변환된다.

정답 | ①

22 빈출도 ★★★

다음은 열역학 기본법칙을 설명한 것이다. 0법칙, 1법칙, 2법칙, 3법칙 순으로 옳게 나열한 것은?

㉮ 에너지 보존에 관한 법칙이다.
㉯ 에너지의 전달 방향에 관한 법칙이다.
㉰ 절대온도 0K에서 완전 결정질의 절대 엔트로피는 0이다.
㉱ 시스템 A가 시스템 B와 열적 평형을 이루고 동시에 시스템 C와도 열적 평형을 이룰 때 시스템 B와 C의 온도는 동일하다.

① ㉮-㉯-㉰-㉱
② ㉱-㉮-㉯-㉰
③ ㉰-㉱-㉮-㉯
④ ㉯-㉮-㉱-㉰

선지분석

㉮ 열역학 제1법칙(에너지보존의 법칙)
㉯ 열역학 제2법칙(방향성의 법칙)
㉰ 열역학 제3법칙(절대온도 0K에서 물체의 엔트로피 값은 0이다.)
㉱ 열역학 제0법칙(열평형의 법칙)

정답 | ②

23 빈출도 ★

비열비(k)가 1.4인 공기를 작동유체로 하는 디젤엔진의 최고온도(T_3) 2,500K, 최저온도(T_1)가 300K, 최고압력(P_3)이 4MPa, 최저압력(P_1)이 100kPa 일 때 차단비(cut off ratio; r_c)는 얼마인가?

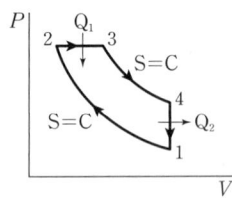

① 2.4
② 2.9
③ 3.1
④ 3.6

해설

차단비 $= \dfrac{T_3}{T_2}$

단열압축 과정의 온도-압력 관계를 통해 T_2를 구한다.

$\dfrac{T_1}{T_2} = \left(\dfrac{P_1}{P_3}\right)^{\frac{k-1}{k}} = \dfrac{300}{T_2} = \left(\dfrac{0.1}{4}\right)^{\frac{1.4-1}{1.4}}$

$T_2 = \dfrac{300}{0.349} = 859.599\text{K}$

차단비 $= \dfrac{T_3}{T_2} = \dfrac{2,500}{859.599} = 2.9$

정답 | ②

24 빈출도 ★★

압력 1MPa인 포화액의 비체적 및 비엔탈피는 각각 0.0012m³/kg, 762.8kJ/kg이고, 포화증기의 비체적 및 비엔탈피는 각각 0.1944m³/kg, 2778.1kJ/kg이다. 이 압력에서 건도가 0.7인 습증기의 단위 질량당 내부에너지는 약 몇 kJ/kg인가?

① 2,037.1
② 2,173.8
③ 2,251.3
④ 2,393.5

해설

수증기의 비체적을 구하는 식은 다음과 같다.

$$v_x = v_f + x \times (v_g - v_f)$$

v_x: 수증기 비체적(m³/kg), v_f: 포화액 비체적(m³/kg),
x: 건도, v_g: 포화증기 비체적(m³/kg)

$v_x = 0.0012 + 0.7 \times (0.1944 - 0.0012) = 0.13644\text{m}^3/\text{kg}$

습증기 엔탈피(h_x)는 다음과 같이 구한다.

$$h_x = h_f - x(h_f - h_f)$$

h_x: 습증기 엔탈피(kJ/kg), h_f: 포화액의 엔탈피(kJ/kg),
x: 수증기 건도, h_g: 포화증기의 비엔탈피(kJ/kg)

$h_x = 762.8 + 0.7 \times (2,778.1 - 762.8) = 2,173.51\text{kJ/kg}$

습증기의 내부에너지는 다음과 같이 구한다.

$$u_x = h_x - P \cdot v_x$$

u_x: 내부에너지(kJ/kg), h_x: 습증기 엔탈피(kJ/kg),
P: 압력(kPa), v_x: 수증기 비체적(m³/kg)

$u_x = 2,173.51 - (1,000 \times 0.13644) = 2,037.1\text{kJ/kg}$

정답 | ①

25 빈출도 ★

밀폐된 피스톤-실린더 장치 안에 들어 있는 기체가 팽창을 하면서 일을 한다. 압력 P[MPa]와 부피 V[L]의 관계가 아래와 같을 때, 내부에 있는 기체의 부피가 5L에서 두배로 팽창하는 경우 이 장치가 외부에 한 일은 약 몇 kJ 인가? (단, $a=3\text{MPa/L}^2$, $b=2\text{MPa/L}$, $c=1\text{MPa}$)

$$P = 5(aV^2 + bV + c)$$

① 4,175 ② 4,375
③ 4,575 ④ 4,775

해설

부피 팽창시 외부에서 발생한 일 공식은 다음과 같다.

$$W = \int_1^2 P dV$$

W: 일(kJ), P: 압력(kPa), V: 부피(L)

처음 부피는 5L, 팽창 후 나중 부피는 2×5=10L이다.

$$W = \int_5^{10} 5(aV^2 + bV + c)dV$$

$$= 5\left[\frac{1}{3}aV^3 + \frac{1}{2}aV^2 + cV\right]_5^{10}$$

$$= 5\left[\frac{1}{3}aV_2^3 + \frac{1}{2}aV_2^2 + cV_2 - \frac{1}{3}aV_1^3 - \frac{1}{2}aV_1^2 - cV_1\right]$$

$$= 5\left[\frac{1}{3}\times 3 \times 10^3 + \frac{1}{2}\times 2 \times 10^2 + 1 \times 10 - \frac{1}{3}\times 3 \times 5^3 \right.$$
$$\left. - \frac{1}{2}\times 2 \times 5^2 - 1 \times 5 \right]$$

$$= 4,775\text{kJ}$$

정답 | ④

26 빈출도 ★★

기체상수가 $0.287\text{kJ/kg}\cdot\text{K}$인 이상기체의 정압비열이 $1.0\text{kJ/kg}\cdot\text{K}$이다. 온도가 10℃ 만큼 상승하면 내부 에너지는 얼마나 증가하는가?

① 0.287 ② 1.0
③ 2.87   ④ 7.13

해설

$$\Delta U = C_v \times \Delta T$$

ΔU: 내부에너지(kJ), C_v: 정적비열(kJ/kg·K), ΔT: 온도차

여기서, 비열비(k) 공식을 이용하여 정적비열을 구한다.

$$k = \frac{C_p}{C_v} = \frac{C_v - R}{C_v}$$

k: 비열비, C_p: 정압비열(kJ/kg·K), C_v: 정적비열(kJ/kg·K), R: 기체상수(kJ/(kg·K))

$C_v = C_p - R = 1.0 - 0.287 = 0.713\text{kJ/kg}\cdot\text{K}$
$\Delta U = 0.713 \times 10 = 7.13\text{kJ/kg}$

정답 | ④

27 빈출도 ★★★

암모니아 냉동기의 증발기 입구의 엔탈피가 377kJ/kg, 증발기 출구의 엔탈피가 1,668kJ/kg이며 응축기 입구의 엔탈피가 1,894kJ/kg이라면 성능계수는 얼마인가?

① 4.44　② 5.71
③ 6.90　④ 9.84

해설

성능계수 공식은 다음과 같다.

$$COP = \frac{Q}{W}$$

COP: 성능계수, W: 소요동력(kW), Q: 냉동능력(kW)

여기서, 냉동능력(Q)은 증발기 출구 엔탈피－증발기 입구 엔탈피로 구한다.
$Q = 1,668 - 377 = 1,291$kJ/kg
압축기 소비동력(W)은 응축기 입구 엔탈피－증발기 출구 엔탈피와 같다.
$W = 1,894 - 1,668 = 226$kJ/kg
$COP = \frac{Q}{W} = \frac{1,291}{226} = 5.71$

정답 | ②

28 빈출도 ★

냉동사이클의 T-S 선도에서 냉매단위질량당 냉각열량 q_L과 압축기의 w를 옳게 나타낸 것은? (단, h는 엔탈피는 나타낸다.)

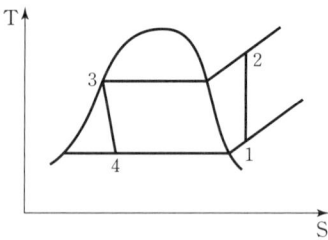

① $q_L = h_3 - h_4$, $w = h_2 - h_1$
② $q_L = h_1 - h_4$, $w = h_2 - h_1$
③ $q_L = h_2 - h_3$, $w = h_1 - h_4$
④ $q_L = h_3 - h_4$, $w = h_1 - h_4$

해설

$$COP = \frac{Q_2(냉동능력)}{W_c(압축일량)} = \frac{h_1 - h_4}{h_2 - h_1}$$

정답 | ②

29 빈출도 ★★

물 1kg이 100℃의 포화액 상태로부터 동일 압력에서 100℃의 건포화증기로 증발할 때까지 2,280kJ을 흡수하였다. 이 때 엔트로피의 증가는 약 몇 kJ/K인가?

① 6.1　② 12.3
③ 18.4　④ 25.6

해설

$$ds = \frac{dQ}{T}$$

ds: 엔트로피 변화량(kJ/K), dQ: 열량(kJ), T: 온도(K)

$ds = \frac{2,280\text{kJ}}{373\text{K}} = 6.1\text{kJ/K}$

정답 | ①

30 빈출도 ★★

1MPa, 400°C인 큰 용기 속의 공기가 노즐을 통하여 100KPa까지 등엔트로피 팽창을 한다. 출구속도는 약 몇 m/s인가? (단, 비열비는 1.4이고, 정압비열은 1.0kJ/(kg·K)이며, 노즐 입구에서의 속도는 무시한다.)

① 569
② 805
③ 910
④ 1107

해설

단열변화에서의 P-T 관계식은 아래와 같다.

$$\frac{T_2}{T_1} = \left(\frac{P_2}{P_1}\right)^{\frac{\gamma-1}{\gamma}}$$

T_1: 초기 온도(K), T_2: 최종 온도(K)
P_1: 초기 압력(atm), P_2: 최종 압력(atm), γ: 비열비

$$T_2 = T_1 \times \left(\frac{100}{1,000}\right)^{\frac{1.4-1}{1.4}} = (400+273) \times \left(\frac{100}{1,000}\right)^{\frac{1.4-1}{1.4}}$$

$= 348.5786$K

등엔트로피 팽창 과정으로 열에너지가 운동에너지로 변화한다.

$$m \times \Delta H = \frac{1}{2}mv^2$$
$$\Delta H = C_p \cdot \Delta t$$

m: 질량(kg), ΔH: 엔탈피 차(kJ/kg), v: 속도(m/s),
C_p: 정압비열(kJ/kg·K), Δt: 온도 차(K)

$v = \sqrt{2 \times \Delta H} = \sqrt{2 \times (H_1 - H_2)} = \sqrt{2 \times C_p(T_1 - T_2)}$
$= \sqrt{2 \times 1.0 \times 10^3 \text{J/kg} \cdot \text{K} \times (673 - 348.5786)} = 805.51 \text{m/s}$

※ $1\text{J/kg} = 1\text{N} \cdot \text{m/kg} = 1\text{m}^2/\text{sec}^2$

정답 | ②

31 빈출도 ★

그림에서 이상기체를 A에서 가역적으로 단열압축시킨 후 정적과정으로 C까지 냉각시키는 과정에 해당되는 것은?

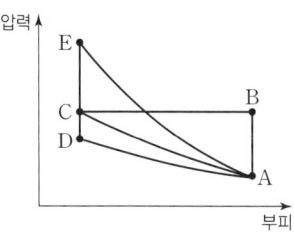

① A-B-C
② A-C
③ A-D-C
④ A-E-C

선지분석

① 정적가열 → 정압방열
② 폴리트로픽 압축
③ 등온압축 → 정적가열
④ 단열압축 → 정적방열

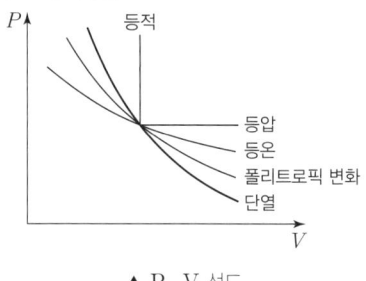

▲ P-V 선도

정답 | ④

32 빈출도 ★★

밀폐계에서 비가역 단열과정에 대한 엔트로피 변화를 옳게 나타낸 식은? (단, S는 엔트로피, C_p는 정압비열, T는 온도, R은 기체상수, P는 압력, Q는 열량을 나타낸다.)

① $dS=0$
② $dS>0$
③ $dS=C_p\dfrac{dT}{T}-R\dfrac{dP}{P}$
④ $dS=\dfrac{\delta Q}{T}$

해설

- $dS=0$: 단열 가역 변화
- $dS>0$: 단열 비가역 변화

정답 | ②

33 빈출도 ★★★

다음 중 열역학적 계에 대한 에너지 보존의 법칙에 해당하는 것은?

① 열역학 제0법칙
② 열역학 제1법칙
③ 열역학 제2법칙
④ 열역학 제3법칙

해설

열역학 제0법칙	에너지 평형의 법칙으로, 열이 고온에서 저온으로 흐를 때 두 물체의 열이 같아지는 것을 의미한다.
열역학 제1법칙	에너지 보존의 법칙이며, 제1종 영구기관 즉 에너지의 공급없이 일을하는 열기관은 실현이 불가능하다는 법칙이다. 고립계의 에너지 총합은 일정하다. $dU=dQ-dW$
열역학 제2법칙	엔트로피의 법칙으로, 엔트로피가 증가하면 무질서도가 증가한다. 비가역 상태는 엔트로피가 증가하는 과정이다.
열역학 제3법칙	자연계에서 절대온도는 절대 0이 될 수 없다.

정답 | ②

34 빈출도 ★★

매시간 2,000kg의 포화수증기를 발생하는 보일러가 있다. 보일러내의 압력은 200kPa이고, 이 보일러에는 매시간 150kg의 연료가 공급된다. 이 보일러의 효율은 약 얼마인가? (단, 보일러에 공급되는 물의 엔탈피는 84kJ/kg이고, 200kPa에서의 포화증기의 엔탈피는 2,700kJ/kg이며, 연료의 발열량은 42,000 kJ/kg 이다.)

① 77%
② 80%
③ 83%
④ 86%

해설

보일러의 효율 공식은 다음과 같다.

$$\eta=\dfrac{G_a\times(h_2-h_1)}{m_f\times H_l}$$

G_a: 시간당 포화수증기(kg/h), h_1: 물의 엔탈피(kJ/kg),
h_2: 포화증기의 엔탈피(kJ/kg), m_f: 연료공급량(kg),
H_l: 발열량(kJ/kg)

$$\eta=\dfrac{2,000\times(2,700-84)}{150\times 42,000}=0.83=83\%$$

정답 | ③

35 빈출도 ★★

초기조건이 100kPa, 60°C인 공기를 정적과정을 통해 가열한 후 정압에서 냉각과정을 통하여 500kPa, 60°C로 냉각할 때 이 과정에서 전체 열량의 변화는 약 몇 kJ/kmol인가? (단, 정적비열은 20kJ/kmol · K, 정압비열은 28kJ/kmol · K이며, 이상기체는 가정한다.)

① -964
② $-1,964$
③ $-10,656$
④ $-20,656$

해설

정적과정($V_1=V_2$)에서 가열 후 온도(T_2)를 구한다.

$$\frac{P_1V_1}{T_1}=\frac{P_2V_2}{T_2}$$에서 $$\frac{T_2}{T_1}=\frac{P_2}{P_1}$$

$$\frac{T_2}{(60+273)K}=\frac{500kPa}{100kPa}$$

$T_2=1,665K$이다.
정적과정(1)에서 열량(Q_1)을 구한다.

$$Q=C_v\times\Delta T$$

Q: 열량(kJ/kmol), C_v: 정적비열(kJ/kmol · K), ΔT: 온도차(K)

$Q_1=C_v\times(T_2-T_1)=20\times(1,665-(60+273))$
$=26,640$kJ/kmol

정압과정(2)에서 열량(Q_2)을 구한다.

$$Q=C_p\times\Delta T$$

Q: 열량(kJ/kmol), C_p: 정압비열(kJ/kmol · K), ΔT: 온도차(K)

$Q_2=C_p\times(T_3-T_2)=28\times((60+273)-1,665)$
$=-37,296$kJ/kmol

따라서,
전체 열량변화 $=26,640+(-37,296)=-10,656$kJ/kmol

정답 | ③

36 빈출도 ★

압력이 1,200kPa인 탱크에 저장된 건포화 증기가 노즐로부터 100kPa로 분출되고 있다. 임계압력 P_c는 몇 kPa인가? (단, 비열비는 1.135이다.)

① 694
② 643
③ 582
④ 525

해설

임계압력 공식은 다음과 같다.

$$P_c=P_1\times\left(\frac{2}{k+1}\right)^{\frac{k}{k-1}}$$

P_c: 임계압력(kPa), P_1: 초기 압력(kPa), k: 비열비

$P_c=1,200\times\left(\frac{2}{1.135+1}\right)^{\frac{1.135}{1.135-1}}$
$=1,200\times0.579=694$kPa

정답 | ①

37 빈출도 ★★

터빈에서 2kg/s의 유량으로 수증기를 팽창시킬 때 터빈의 출력이 1,200kW라면 열손실은 몇 kW인가? (단, 터빈 입구와 출구에서 수증기의 엔탈피는 각각 3,200kJ/kg와 2,500kJ/kg이다.)

① 600
② 400
③ 300
④ 200

해설

열전달량을 구하는 식은 다음과 같다.

$$Q=m(h_2-h_1)$$

Q: 열전달량(kW), m: 질량유량(kg/s), h: 엔탈피(kJ/kg)

$Q=2$kg/s$\times(3,200-2,500)$kJ/kg$=1,400$kJ/s$=1,400$kW
따라서, 열손실은
$1,400$kW$-1,200$kW$=200$kW

정답 | ④

38 빈출도 ★★

다음 그림은 Otto cycle을 기반으로 작동하는 실제 내연기관에서 나타나는 압력(P)−부피(V)선도이다. 다음 중 이 사이클에서 일(work) 생산과정에 해당하는 것은?

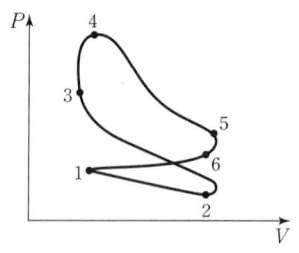

① $2 \to 3$ ② $3 \to 4$
③ $4 \to 5$ ④ $5 \to 6$

해설

$4 \to 5$은 단열팽창($W>0$)으로 일을 생산하는 과정이다.

관련개념 오토 사이클(Otto Cycle)

2개의 단열과정 중 단열팽창($W>0$)은 일을 생산하는 과정이고 단열압축($W<0$)은 일을 소비하는 과정으로 구분된다.

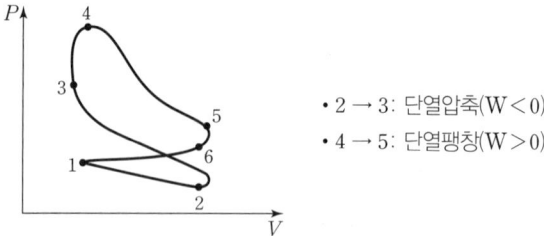

• $2 \to 3$: 단열압축($W<0$)
• $4 \to 5$: 단열팽창($W>0$)

정답 | ③

39 빈출도 ★★

일정 정압비열($C_p=1.0$kJ/kg·K)을 가정하고, 공기 100kg을 400°C에서 120°C로 냉각할 때 엔탈피 변화는?

① $-24,000$kJ   ② $-26,000$kJ
③ $-28,000$kJ   ④ $-30,000$kJ

해설

$$\Delta H = m \cdot C_p \cdot \Delta t$$

ΔH: 엔탈피(kJ), m: 질량(kg), C_p: 정압비열(kJ/kg·°C), Δt: 온도 차(°C)

$\Delta H = 100 \times 1 \times ((120+273)-(400+273))$
$= 100 \times (-280) = -28,000$kJ

정답 | ③

40 빈출도 ★

다음 중 표준(이상)사이클에서 동일 냉동 능력에 대한 냉매순환(kg/h)이 가장 작은 것은?

① NH_3 ② R-12
③ R-22 ④ R-113

해설

냉매 순환량은 냉동효과와 반비례 관계로, 냉동효과가 클수록 냉매 순환량이 적어진다.
보기 중 ① NH_3(암모니아)의 냉동효과가 가장 크며, R-113의 냉동효과가 가장 작다.

정답 | ①

계측방법

41 빈출도 ★

열전대온도계의 재료로 사용되는 콘스탄탄(Constantan)은 어떤 금속의 합금인가?

① 철과 구리
② 로듐과 백금
③ 구리와 니켈
④ 철과 니켈

해설

열전대온도계의 재료 종류와 측정온도 범위는 다음과 같다.

열전대(종류)	측정온도 범위
동(Cu)-콘스탄탄(Cu-Ni)	$-200 \sim 350°C$
크로멜(Ni, Cr)-알루멜(Cu, Ni)	$-20 \sim 1,200°C$
철(Fe)-콘스탄탄(I-C)	$-20 \sim 800°C$
백금로듐(Pt, Ph)-백금(Pt)	$0 \sim 1,600°C$

정답 | ③

42 빈출도 ★

기계연료의 시험방법 중 CO의 흡수액은?

① 발연 황산액
② 수산화칼륨 30% 수용액
③ 알칼리성 피로갈롤 용액
④ 암모니아성 염화 제1동 용액

해설

CO는 암모니아성 염화 제1구리 용액으로 흡수한다.

관련개념 헴펠식 가스분석장치의 흡수가스와 흡수제

- CO_2: KOH 30% 수용액
- C_mH_n: 발연황산(진한 황산)
- O_2: 알칼리성 피로갈롤 용액
- CO: 암모니아성 염화 제1구리 용액

정답 | ④

43 빈출도 ★★

액주에 의한 압력측정에서 정밀 측정을 위한 보정으로 반드시 필요로 하지 않는 것은?

① 모세관 현상의 보정
② 중력의 보정
③ 온도의 보정
④ 높이의 보정

해설

액주식 압력계는 주로 통풍력 측정에 사용되며, 구부러진 유리관에 기름, 물, 수은 등의 액체를 넣고 한쪽 끝 부분에 압력을 도입하여 생기는 양액면의 높이 차를 이용하여 압력을 측정한다. 측정을 위한 보정으로는 모세관 현상, 온도, 중력, 압력이 있다.

정답 | ④

44 빈출도 ★★★

물을 함유한 공기와 건조공기의 열전도율 차이를 이용하여 습도를 측정하는 것은?

① 고분자 습도센서
② 염화리튬 습도센서
③ 서미스터 습도센서
④ 수정진동자 습도센서

해설

서미스터 습도센서는 온도에 따라 변하는 저항값과 습도 변화의 차이를 이용한 기기로, 물을 함유한 공기와 건조공기의 열전도율의 차이를 이용하여 습도를 측정한다.

정답 | ③

45 빈출도 ★★

구조와 원리가 간단하여 고압 밀폐탱크의 액면제어용으로 주로 사용되는 액면계는?

① 편위식 액면계　② 차압식 액면계
③ 기포식 액면계　④ 부자식 액면계

해설

부자식 면적 유량계는 플루트식 유량계라고도 하며, 수직으로 설치된 관에서 부자의 움직임의 상하 차이를 측정한다. 액면이 심하게 움직이는 곳(대유량 등)에 사용이 어렵다.

정답 | ④

46 빈출도 ★★

측정하고자 하는 상태량과 독립적 크기를 조정할 수 있는 기준량과 비교하여 측정, 계측하는 방법은?

① 보상법　② 편위법
③ 치환법　④ 영위법

선지분석

① 보상법: 측정량과 크기가 거의 같은 사전에 있는 양(미리 알고 있는 양)의 분동을 준비하여 분동과 측정량의 차이를 측정하여 구한다.
② 편위법: 조작이 간단하고, 측정하고자 하는 양의 직접적인 작용에 의해 계측기의 지침에 편위를 일으키며 측정량의 정밀도가 낮으며, 눈금과 비교하여 측정한다.
③ 치환법: 알고 있는 양으로 측정량을 파악하는 방법으로 다이얼 게이지를 이용해 길이를 측정할 때 추를 올려놓고 측정 후 측정물을 바꾸어 올렸을 때의 차를 통해 높이를 구한다.
④ 영위법: 측정하고자 하는 양과 같은 종류로서 기준량의 크기를 조정할 수 있도록 준비하고 측정시 평행상 계측기의 지시가 0의 위치 할 때 기준량의 크기와 측정량의 크기를 비교하여 측정한다.

정답 | ④

47 빈출도 ★★

200°C는 화씨온도로 몇 °F인가?

① 79　② 93
③ 392　④ 473

해설

$$°F = \frac{9}{5} \times °C + 32$$
$$= \frac{9}{5} \times 200 + 32 = 360 + 32$$
$$= 392°F$$

관련개념 온도 변환

- $K = °C + 273.15$
- $°F = \frac{9}{5}°C + 32$
- $°R = °F + 460$

정답 | ③

48 빈출도 ★★

피드백(Feedback) 제어계에 관한 설명으로 틀린 것은?

① 입력과 출력을 비교하는 장치는 반드시 필요하다.
② 다른 제어계보다 정확도가 증가된다.
③ 다른 제어계보다 제어 폭이 감소된다.
④ 급수제어에 사용된다.

해설

다른 제어계보다 제어 폭이 증가한다.

관련개념 피드백 제어(신호제어)

- 출력된 신호를 입력측으로 되돌림하여 제어량을 기준으로 설정된 값과 비교한다.
- 제어량이 설정치의 범위에 들도록 제어량에 대한 수정 동작을 계속해서 진행한다.

정답 | ③

49 빈출도 ★★

기준압력과 주 피드백 신호와의 차에 의해서 일정한 신호를 조작요소에 보내는 제어장치는?

① 조절기
② 전송기
③ 조작기
④ 계측기

해설

조절기 (조절부, Controller)	비교부에서 계산된 기준압력과 주 피드백 신호의 오차신호를 바탕으로 적절한 제어명령을 받아 조작부를 제어한다.
전송기 (Transmitter)	센서에서 측정된 온도, 압력, 유량 등의 표준화 된 신호를 변화시켜 제어시스템에 전달한다.
조작기 (조작부, Actuator or final control Element)	조절부의 신호를 받아 물리적 동작으로 조작량 변화를 수행하고 제어목표를 달성한다.

정답 | ①

50 빈출도 ★

보일러를 자동 운전할 경우 송풍기가 작동되지 않으면 연료공급 전자 밸브가 열리지 않는 인터록의 종류는?

① 송풍기 인터록
② 불착화 인터록
③ 프리퍼지 인터록
④ 전자밸브 인터록

해설

프리퍼지 인터록은 보일러 운전 시 송풍기가 작동되지 않거나 고장으로 노 내의 통풍이 진행되지 않을 때 연료공급 전자밸브가 열리지 않고 보일러 운전이 정지된다.

관련개념 인터록 제어

구분	의미
보일러 인터록	보일러 운영에 따른 원활한 작동이 진행되지 않을 경우 다음 동작으로 이행되지 않도록 하여 사고를 미연에 방지한다.
압력초과 인터록	보일러 운전에 따른 증기 압력이 설정된 값을 초과할 경우 보일러 운전을 정지시킨다.
저수위 인터록	보일러 운전에 따른 수위가 일정 이하 일 때 사고 발생 전 경고와 함께 보일러 운전을 정지시킨다.
불착화 인터록	보일러 노 내 분사된 연료가 일정시간이 경과하여도 착화를 못할 경우 미연소 연료에 의한 가스 폭발, 역화 등을 막기 위하여 보일러 운전을 정지시킨다.
저연소 인터록	보일러 노 내 연소 시 시간이 경과될수록 최대 부하를 증가 시킬 때 유량조절 밸브가 저연소 상태가 되지 않으면 부동팽창 등을 막기 위해 보일러 운전을 정지시킨다.

정답 | ③

51 빈출도 ★★★

전자유량계의 특징에 대한 설명 중 틀린 것은?

① 압력손실이 거의 없다.
② 내식성 유지가 곤란하다.
③ 전도성 액체에 한하여 사용할 수 있다.
④ 미소한 측정전압에 대하여 고성능의 증폭기가 필요하다.

선지분석

① 유체의 흐름을 방해가 없어 압력손실이 발생하지 않는다.
② 비금속 라이너 및 내식성이 높은 재질로 만들어져 내식성이 좋다.
③ 유체의 밀도와 점성의 영향을 받지 않으며 다른 물질이 섞여 있거나 기포가 있는 액체도 측정이 가능하다.
④ 미소한 측정 전압에 대하여 고성능의 증폭기가 필요하다.

정답 | ②

52 빈출도 ★★

흡착제에서 관을 통해 각각 기체의 독자적인 이동속도에 의해 분리시키는 방법으로, CO_2, CO, N_2, H_2, CH_4 등을 모두 분석할 수 있어 분리 능력과 선택성이 우수한 가스분석계는?

① 밀도법
② 기체크로마토그래피법
③ 세라믹법
④ 오르자트법

해설

가스(기체)크로마토그래피(GC, Gas Chromatography)는 가스가 기기를 통해 시료를 운반하며 기체의 확산속도를 이용하여 분석하는 장치로, 복잡한 화합물의 화학성분의 분리, 식별에 사용되며 운반가스는 H_2, He, N_2, Ar 등이다. 1대의 장치로 산소와 질소산화물을 제외한 여러 가지 가스 분석이 가능하다.

정답 | ②

53 빈출도 ★

방안의 온도가 25°C인데 온도를 낮추어 20°C에서 물방울이 생성되었다고 하면 방안의 온도가 25°C일 때의 상대습도는 몇 %인가? (단, 20°C에서의 실제 수증기압은 2.23kPa, 25°C에서의 포화 수증기압은 3.15kPa이다.)

① 70.8
② 72.4
③ 73.5
④ 83.2

해설

$$R_H = \frac{P_1}{P_2} \times 100$$

R_H: 상대습도, P_1: 실제 수증기압, P_2: 포화 수증기압

$$R_H = \frac{2.23}{3.15} \times 100 = 70.8\%$$

정답 | ①

54 빈출도 ★★

다음 중 송풍량을 일정하게 공급하려고 할 때 가장 적당한 제어방식은?

① 프로그램제어
② 비율제어
③ 추종제어
④ 정치제어

선지분석

① 프로그램제어: 미리 정해진 시간에 따라 정해진 프로그램으로 목표값에 맞춰 진행된다.
② 비율제어: 어떤 기준이 되는 양과 일정한 비율에 맞춰 목표값이 변화한다.
③ 추종제어: 시간에 따라 임의로 변화되는 값으로 목표값이 주어진다.
④ 정치제어: 시간에 따라 목표값의 변하지 않고 일정한 값을 가지므로 송풍량을 일정하게 공급이 가능하다.

정답 | ④

55 빈출도 ★★★

국제단위계(SI)에서 길이단위의 설명으로 틀린 것은?

① 기본단위이다.
② 기호는 K이다.
③ 명칭은 미터이다.
④ 빛이 진공에서 1/229,792,458초 동안 진행한 경로의 길이이다.

해설

기본단위의 하나인 SI 단위의 길이는 m(미터)이며 K는 온도의 단위인 켈빈을 나타낸다.

정답 | ②

56 빈출도 ★★

1,000℃ 이상인 고온의 노 내 온도측정을 위해 사용되는 온도계로 가장 적합하지 않은 것은?

① 제겔콘(seger cone) 온도계
② 백금저항온도계
③ 방사온도계
④ 광고온계

선지분석

① 제겔콘 온도계: 600~2,000℃
② 백금저항 온도계: -200~500℃
③ 방사 온도계: 50~2,000℃
④ 광고온계: 700~3,000℃

정답 | ②

57 빈출도 ★★

보일러의 계기에 나타난 압력이 $6kg/cm^2$이다. 이를 절대압력으로 표시할 때 가장 가까운 값을 몇 kg/cm^2인가?

① 3
② 5
③ 6
④ 7

해설

절대압력=게이지압력+대기압 이므로
$6+1.0332=7.0332kg/cm^2$
※ 대기압=$1.0332kg/cm^2$

정답 | ④

58 빈출도 ★★

내경 300mm인 원관 내에 3kg/s의 공기가 유입되고 있다. 이 때 관내의 압력 200kPa, 온도 25℃, 공기기체상수는 287J/kg·K이라고 할 때 공기평균속도는 약 몇 m/s인가?

① 14.5
② 18.2
③ 23.5
④ 24.2

해설

이상기체방정식은 다음과 같다.

$$PV=mRT$$

P: 압력(kPa), V: 부피(m^3), m: 질량(kg), R: 기체상수(kJ/kg·K), T: 온도(K)

여기서, 유량에 대한 공식을 이용하여 식을 정리한다.

$$Q=Av$$

Q: 유량(m^3/s), A: 면적(m^2), v: 유속(m/s)

$P \times (Av) = mRT$

면적$(A)=A=\dfrac{\pi D^2}{4}=\dfrac{\pi (0.3m)^2}{4}=0.0706m^2$

$v=\dfrac{3\times 287\times 298}{(20\times 10^4)\times 0.0706}=18.2m/s$

정답 | ②

59 빈출도 ★
다음 연소가스 중 미연소가스계로 측정 가능한 것은?

① CO
② CO_2
③ NH_3
④ CH_4

해설

시료가스에 산소를 공급하여 미연소가스의 양에 따라 온도가 상승하여 CO, H_2를 분석한다.

정답 | ①

60 빈출도 ★
시즈(sheath) 열전대의 특징이 아닌 것은?

① 응답속도가 빠르다.
② 국부적인 온도측정에 적합하다.
③ 피측온체의 온도저하 없이 측정할 수 있다.
④ 매우 가늘어서 진동이 심한 곳에는 사용할 수 없다.

해설

진동이 심한 곳에서도 사용이 가능하다.

관련개념 시즈 열전대 온도계

- 관의 직경은 0.25~12mm정도로 가늘게 만든 보호관이다.
- 보호관에 마그네시아, 알루미나가 들어있다.
- 국부적인 온도측정에 유리하고 응답속도가 빠르다.
- 진동이 심한곳에서도 사용이 가능하며 피측온체의 온도저하 없이 측정할 수 있다.

정답 | ④

열설비재료 및 관계법규

61 빈출도 ★★
제강 평로에서 채용되고 있는 배열회수방법으로서 배기가스의 현열을 흡수하여 공기나 연료가스 예열에 이용될 수 있도록 한 장치는?

① 축열실
② 환열기
③ 폐열 보일러
④ 판형 열교환기

해설

축열실은 내화벽돌을 활용하여 격자로 쌓아 만들었으며, 제강평로(공업용 평로)에 채용되고 있는 배열회수방법으로서 배기가스의 현열을 흡수하여 공기나 연료가스 예열을 이용하는 열교환장치로 활용된다.

정답 | ①

62 빈출도 ★★

에너지이용 합리화법령상 산업통상자원부장관 또는 시·도지사가 한국에너지공단 이사장에게 권한을 위탁한 업무가 아닌 것은?

① 에너지관리지도
② 에너지사용계획의 검토
③ 열사용기자재 제조업의 등록
④ 효율관리기자재의 측정 결과 신고의 접수

해설

「에너지이용 합리화법 제69조」
산업통상자원부장관 또는 시·도지사는 대통령령으로 정하는 바에 따라 다음 업무를 공단·시공업자단체 또는 대통령령으로 정하는 기관에 위탁할 수 있다.
- 에너지사용계획의 검토
- 이행 여부의 점검 및 실태파악
- 효율관리기자재의 측정결과 신고의 접수
- 대기전력경고표지대상제품의 측정결과 신고의 접수
- 대기전력저감대상제품의 측정결과 신고의 접수
- 고효율에너지기자재 인증 신청의 접수 및 인증
- 고효율에너지기자재의 인증취소 또는 인증사용정지 명령
- 에너지절약전문기업의 등록
- 온실가스배출 감축실적의 등록 및 관리
- 에너지다소비사업자 신고의 접수
- 진단기관의 관리·감독
- 에너지관리지도
- 진단기관의 평가 및 그 결과의 공개
- 냉난방온도의 유지·관리 여부에 대한 점검 및 실태 파악
- 검사대상기기의 검사, 검사증의 교부 및 검사대상기기 폐기 등의 신고의 접수
- 검사대상기기의 검사 및 검사증의 교부
- 검사대상기기관리자의 선임·해임 또는 퇴직신고의 접수 및 검사대상기기관리자의 선임기한 연기에 관한 승인

정답 | ③

63 빈출도 ★★★

에너지이용 합리화법에 따라 인정검사 대상기기 조종자의 교육을 이수한 자의 조종 범위에 해당하지 않는 것은?

① 용량이 3t/h인 노통 연관식 보일러
② 압력용기
③ 온수를 발생하는 보일러로서 용량이 300kW인 것
④ 증기 보일러로서 최고사용 압력이 0.5MPa이고 전열면적이 9m^{2}인 것

해설

「에너지이용합리화법 시행규칙 별표 3의9」
검사대상기기관리자의 자격 및 조종범위

관리자의 자격	관리범위
에너지관리기능장 또는 에너지관리기사	용량이 30t/h를 초과하는 보일러
에너지관리기능장, 에너지관리기사 또는 에너지관리산업기사	용량이 10t/h를 초과하고 30t/h 이하인 보일러
에너지관리기능장, 에너지관리기사, 에너지관리산업기사 또는 에너지관리기능사	용량이 10t/h 이하인 보일러
에너지관리기능장, 에너지관리기사, 에너지관리산업기사, 에너지관리기능사 또는 인정검사대상기기관리자의 교육을 이수한 자	• 증기보일러로서 최고사용압력이 1MPa 이하이고, 전열면적이 10 제곱미터 이하인 것 • 온수발생 및 열매체를 가열하는 보일러로서 용량이 581.5킬로와트 이하인 것 • 압력용기

정답 | ①

64 빈출도 ★★

고온용 무기질 보온재로서 경량이고 기계적 강도가 크며 내열성, 내수성이 강하고 내마모성이 있어 탱크, 노벽 등에 적합한 보온재는?

① 암면
② 석면
③ 규산칼슘
④ 탄산마그네슘

해설

규산칼슘은 규조토와 석회, 무기질인 석면섬유를 수증기 처리로 경화시킨 고온용 무기질 보온재로 기계적 강도와 내열성, 내수성이 크고 내마모성을 보유하여 탱크, 노벽 등에 적합하다.

관련개념 규산칼슘 보온재

- 높은 압축강도로 반영구적으로 사용이 가능하다.
- 내수성, 내구성이 좋아 시공이 편리하다.
- 안전사용온도는 650℃로 고온조건에서 사용한다.
- 열전도율 0.053~0.065kcal/h·m·℃로 낮고 쉽게 불이 붙지 않는 불연성 재료이다.

정답 | ③

65 빈출도 ★

염기성 슬래그에 대한 내침식성이 가장 큰 내화물은?

① 납석질 내화로재
② 샤모트질 내화로재
③ 마그네시아질 내화로재
④ 고알루미나질 내화로재

해설

염기성 슬래그는 부식이 강한 물질을 견딜 수 있는 물질을 활용하여야 하며, 마그네시아질, 불소성마그네시아질, 돌로마이트 질, 포스테라질, 개량 마그네시아 등이 속한다. 마그네시아질 MgO로 주성분을 구성한 내화물은 내침식성이 우수하고 고온에서 안정적으로 사용된다.

정답 | ③

66 빈출도 ★★

그림의 배관에서 보온하기 전 표면 열전달율(a)이 $12.3\text{kcal/m}^2 \cdot \text{h} \cdot \text{℃}$이었다. 여기에 글라스울 보온통으로 시공하여 방산열량이 $28\text{kcal/m} \cdot \text{h}$가 되었다면 보온효율은 얼마인가? (단, 외기온도는 20℃이다.)

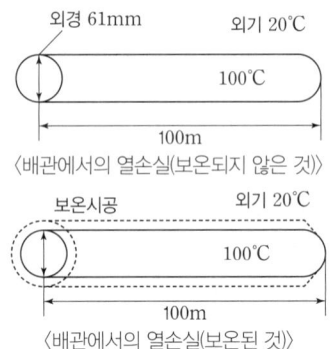

① 44%
② 56%
③ 85%
④ 93%

해설

보온전 방산열량(Q_1)을 구하여야 한다. 공식은 아래와 같다.

$$Q_1 = K \times F \times T_a = \frac{1}{\frac{1}{\alpha}} \times A \times T_a$$

K: 열전도율(h·m³·℃/kcal), F: 면적(m²), T_a: 온도차(℃), α: 열전달율(kcal/m²·h·℃), A: 면적(m²)

$$Q_1 = \frac{1}{\frac{1}{12.3}} \times (0.061 \times 100 \times \pi) \times (100-20)$$

$= 18,857.096\text{kcal/h}$

보온후 방산열량(Q_2)을 구하는 공식은 다음과 같다.

$$Q_2 = \beta \times L$$

β: 단위길이당 방산열량(kcal/m·h), L: 길이(m)

$Q_2 = 28 \times 100 = 2,800\text{kcal/h}$

따라서, 보온 효율(η) $= \frac{18,857.097 - 2,800}{18,857.097} \times 100 = 85.15\%$

정답 | ③

67 빈출도 ★★

다음은 에너지이용 합리화법에서의 보고 및 검사에 관한 내용이다. ⓐ, ⓑ에 들어갈 단어를 나열한 것으로 옳은 것은?

> 공단이사장 또는 검사기관의 장은 매달 검사대상 기기의 검사 실적을 다음 달 (ⓐ)일까지 (ⓑ)에게 보고하여야 한다.

① ⓐ: 5, ⓑ: 시·도지사
② ⓐ: 10, ⓑ: 시·도지사
③ ⓐ: 5, ⓑ: 산업통상자원부장관
④ ⓐ: 10, ⓑ: 산업통상자원부장관

해설

「에너지이용합리화법 시행규칙 제33조」
공단이사장 또는 검사기관의 장은 매달 검사대상기기의 검사 실적을 다음 달 10일까지 별지 제30호서식에 따라 작성하여 시·도지사에게 보고하여야 한다. 다만, 검사 결과 불합격한 경우에는 즉시 그 검사 결과를 시·도지사에게 보고하여야 한다.

정답 | ②

68 빈출도 ★★

다음 보온재 중 최고안전사용온도가 가장 높은 것은?

① 석면
② 펄라이트
③ 폼글라스
④ 탄화마그네슘

선지분석

① 석면: 350~550℃
② 펄라이트: 600℃
③ 폼글라스: 350℃
④ 탄화마그네슘: 250℃

정답 | ②

69 빈출도 ★★

에너지이용 합리화법에 따라 에너지다소비사업자의 신고에 대한 설명으로 옳은 것은?

① 에너지다소비사업자는 매년 12월 31일까지 사무소가 소재하는 지역을 관할하는 시·도지사에게 신고하여야 한다.
② 에너지다소비사업자의 신고를 받은 시·도지사는 이를 매년 2월 말일까지 산업통상자원부장관에게 보고하여야 한다.
③ 에너지다소비사업자의 신고에는 에너지를 사용하여 만드는 제품·부가가치 등의 단위당 에너지이용효율 향상목표 또는 온실가스배출 감소목표 및 이행방법을 포함하여야 한다.
④ 에너지다소비사업자는 연료·열의 연간 사용량의 합계가 2천 티오이 이상이고, 전력의 연간 사용량이 4백만 킬로 와트시 이상인 자를 의미한다.

선지분석

① 에너지다소비사업자는 매년 1월 31일까지 사무소가 소재하는 지역을 관할하는 시·도지사에게 신고하여야 한다.
③ 에너지사용자 또는 에너지공급자가 수립하는 자발적 협약의 이행 계획에는 에너지를 사용하여 만드는 제품·부가가치 등의 단위당 에너지이용효율 향상목표 또는 온실가스배출 감소목표 및 이행방법을 포함하여야 한다.
④ 에너지다소비사업자는 연료·열 및 전력의 연간 사용량의 합계가 2천 티오이 이상인 자를 의미한다.

정답 | ②

70 빈출도 ★★

내화물의 분류방법으로 적합하지 않은 것은?

① 원료에 의한 분류
② 형상에 의한 분류
③ 내화도에 의한 분류
④ 열전도율에 의한 분류

선지분석

① 원료에 의한 분류: 규석질, 마그네시아질, 알루미나질 등
② 형상에 의한 분류: 정형 내화물, 부정형 내화물 등
③ 내화도에 의한 분류: SK 26~30, SK 31~33, SK 34 이상

정답 | ④

71 빈출도 ★★

에너지용 합리화법에 따라 에너지 사용의 제한 또는 금지에 관한 조정·명령, 그 밖에 필요한 조치를 위반한 에너지사용자에 대한 과태료 부과 기준은?

① 300만 원 이하
② 100만 원 이하
③ 50만 원 이하
④ 10만 원 이하

해설

「에너지이용 합리화법 제78조」
에너지사용의 제한 또는 금지에 관한 조정·명령, 그 밖에 필요한 조치를 위반한 자에게는 300만 원 이하의 과태료를 부과한다.

정답 | ①

72 빈출도 ★★

에너지이용 합리화법령에 따라 사용연료를 변경함으로써 검사대상이 아닌 보일러가 검사대상으로 되었을 경우에 해당되는 검사는?

① 구조검사
② 설치검사
③ 개조검사
④ 재사용검사

해설

「에너지이용 합리화법 시행규칙 별표 3의4」
설치검사는 신설한 경우의 검사(사용연료의 변경에 의하여 검사대상이 아닌 보일러가 검사대상으로 되는 경우의 검사를 포함한다)에 해당한다.

정답 | ②

73 빈출도 ★★

다음 중 불연속식 요에 해당하지 않는 것은?

① 횡염식 요
② 승염식 요
③ 터널 요
④ 도염식 요

해설

작업방식	종류
연속식	윤요(고리가마), 터널요, 견요, 회전요
반연속식	등요, 셔틀요
불연속식	횡염식요, 승염식요, 도염식요

정답 | ③

74 빈출도 ★★

관의 신축량에 대한 설명으로 옳은 것은?

① 신축량은 관의 열팽창계수, 길이, 온도차에 반비례한다.
② 신축량은 관의 길이, 온도차에는 비례하지만 열팽창계수에는 반비례한다.
③ 신축량은 관의 열팽창계수, 길이, 온도차에 비례한다.
④ 신축량은 관의 열팽창계수에 비례하고 온도차와 길이에 반비례한다.

해설
관의 신축량은 관의 열팽창계수, 길이, 온도차에 비례한다.

정답 | ③

75 빈출도 ★

다음 열사용기자재에 대한 설명으로 가장 적절한 것은?

① 연료 및 열을 사용하는 기기, 축열식 전기기기와 단열성 자재를 말한다.
② 일명 특정 열사용기자재라고도 한다.
③ 연료 및 열을 사용하는 기기만을 말한다.
④ 기기의 설치 및 시공에 있어 안전관리, 위해방지 또는 에너지이용의 효율관리가 특히 필요하다고 인정되는 기자재를 말한다.

해설
「에너지법 제2조」
"열사용기자재"란 연료 및 열을 사용하는 기기, 축열식 전기기기와 단열성(斷熱性) 자재로서 산업통상자원부령으로 정하는 것을 말한다.

정답 | ①

76 빈출도 ★

보온을 두껍게 하면 방산열량(Q)은 적게 되지만 보온재의 비용(P)은 증대된다. 이 때 경제성을 고려한 최소치의 보온재 두께를 구하는 식은?

① $Q+P$
② Q^2+P
③ $Q+P^2$
④ Q^2+P^2

해설
$Q+P$의 값이 최소일 때 최소치의 보온 두께(보온재 경제적 두께)가 된다.

정답 | ①

77 빈출도 ★★★

마그네시아 또는 돌로마이트를 원료로 하는 내화물이 수증기의 작용을 받아 $Ca(OH)_2$나 $Mg(OH)_2$를 생성하게 된다. 이때 체적변화로 인해 노벽에 균열이 발생하거나 붕괴하는 현상을 무엇이라고 하는가?

① 버스팅
② 스폴링
③ 슬래킹
④ 에로존

해설
슬래킹이란 마그네시아 또는 돌로마이트의 원료가 수증기를 흡수하여 비중 변화로 인한 체적 팽창이 발생함으로써 갈라지거나 부서져 노벽에 균열이 발생하거나 붕괴하는 현상을 말한다.

정답 | ③

78 빈출도 ★★

크롬이나 크롬-마그네시아 벽돌이 고온에서 산화철을 흡수하여 표면이 부풀어 오르고 떨어져 나가는 현상은?

① 버스팅(bursting) ② 스폴링(spalling)
③ 슬래킹(slaking) ④ 큐어링(curing)

해설
버스팅은 약 1,600℃ 이상의 고온에서 크롬을 함유한 내화물이 산화철을 흡수하면서 표면이 부풀어 오르며 박리되는 현상을 말한다.

정답 | ①

79 빈출도 ★★

에너지이용 합리화법령에 따라 산업통상자원부장관이 위생 접객업소 등에 에너지사용의 제한 조치를 할 때에는 며칠 이전에 제한 내용을 예고하여야 하는가?

① 7일   ② 10일
③ 15일   ④ 20일

해설
「에너지이용 합리화법 시행령 제14조」
에너지사용의 제한조치를 할 때에는 조치를 하기 7일 이전에 제한 내용을 예고하여야 한다. 다만, 긴급히 제한할 필요가 있을 때에는 그 제한 전일까지 이를 공고할 수 있다.

정답 | ①

80 빈출도 ★★

에너지이용 합리화법에 따라 검사대상기기 관리대행기관으로 지정(변경지정) 받으려는 자가 첨부하여 제출해야 하는 서류가 아닌 것은?

① 장비명세서
② 기술인력명세서
③ 변경사항을 증명할 수 있는 서류(변경지정의 경우만 해당)
④ 향후 3년 간의 안전관리대행 사업계획서

해설
「에너지이용 합리화법 시행규칙 제31조29」
검사대상기기 관리대행기관으로 지정받거나 변경지정을 받으려는 자는 검사대상기기 관리대행기관 지정(변경지정)신청서에 다음 서류를 첨부하여 산업통상자원부장관에게 제출하여야 한다.
- 장비명세서 및 기술인력명세서
- 향후 1년 간의 안전관리대행 사업계획서
- 변경사항을 증명할 수 있는 서류(변경지정의 경우만 해당한다)

정답 | ④

열설비설계

81 ★★

노통보일러에 가셋트스테이를 부착할 경우 경판과의 부착부 하단과 노통 상부 사이에는 완충폭(브레이징 스페이스)이 있어야 한다. 이 때 경판의 두께가 20mm인 경우 완충폭은 최소 몇 mm 이상이어야 하는가?

① 230
② 280
③ 320
④ 350

해설

경판의 두께	완충 폭
13mm 이하	230mm 이상
15mm 이하	260mm 이상
17mm 이하	280mm 이상
19mm 이하	300mm 이상
19mm 초과	320mm 이상

관련개념 브레이징 스페이스

- 노통과 가셋트 스테이와의 거리를 말한다.
- 경판과의 부착부 하단과 노통 상부 사이에 있어야 하며, 경판의 적절한 탄성을 유지하기 위한 완충 폭이다.

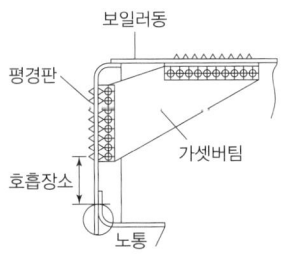

▲ 브레이징 스페이스

정답 | ③

82 ★★

연관의 안지름이 140mm이고, 두께가 5mm일 때 연관의 최고사용압력은 약 몇 MPa 인가?

① 1.12
② 1.63
③ 2.25
④ 2.83

해설

연관의 바깥지름이 150mm 이하인 경우, 연관의 최소두께를 구하는 공식은 아래와 같다.

$$t = \frac{PR}{70} + 1.5$$

t: 최소 두께(mm), P: 최고 사용압력(MPa), R: 연관의 바깥지름(mm)

$$5 = \frac{P \times (140 + 2 \times 5)}{70} + 1.5$$

$$P = \frac{70 \times (5 - 1.5)}{150} = 1.63 \text{MPa}$$

※ 연관의 바깥지름(R)은 안지름+2×두께로 구한다.

정답 | ②

83 ★

다음 중 안전밸브에 대한 설명으로 틀린 것은?

① 안전밸브는 보일러 동체에 직접 부착시킨다.
② 안전밸브의 방출관은 단독으로 설치하여야 한다.
③ 증기보일러는 2개 이상의 안전밸브를 설치해야 한다.
④ 안전밸브 및 압력방출장치의 크기는 호칭 지름 50 mm 이상으로 하여야 한다

해설

최고사용압력 0.1 MPa(1kg/cm²) 이하의 보일러, 최고사용압력 0.5MPa(5kg/cm²) 이하의 보일러로 동체의 안지름이 500mm 이하이며 동체의 길이가 1,000mm 이하의 것에서는 호칭지름 20A 이상으로 할 수 있다.

정답 | ④

84 빈출도 ★★

상당증발량이 5.5t/h, 연료소비량이 350kg/h인 보일러의 효율은 약 몇 %인가? (단, 효율 산정 시 연료의 저위발열량 기준으로 하며, 값은 40,000kJ/kg이다.)

① 38
② 52
③ 65
④ 89

해설

효율 = $\dfrac{\text{유효출열}}{\text{총입열량}} \times 100$

여기서, 유효출열 = 상당 증발량 × 물 1kg 증발 시 필요한 열량

$= \dfrac{5,500\text{kg}}{\text{h}} \times \dfrac{539\text{kcal}}{\text{kg}} \times \dfrac{4.1868\text{kJ}}{1\text{kcal}} = 12,411,768.6\text{kJ/h}$

※ 물의 증발잠열은 539kcal/kg이다.

총입열량 = 연료소비량 × 저위발열량
= 350kg/h × 40,000kJ/kg = 14,000,000kJ/h

효율 (η) = $\dfrac{12,411,768.6}{14,000,000} \times 100 = 89\%$

※ 1kcal = 4.1868kJ

정답 | ④

85 빈출도 ★

전열면적이 50m²인 연관보일러를 5시간 연소시킨 결과 10,000kg의 증기가 발생하였다면 이 보일러의 전열면 증발률(kg/m²·h)은?

① 20
② 30
③ 40
④ 50

해설

전열면 증발률 공식은 다음과 같다.

$$E = \dfrac{M}{A \times t}$$

E: 전열면 증발률(kg/m²·h), M: 총 발생 증기량(kg), A: 전열면적(m²), t: 연소시간(hr)

$E = \dfrac{10,000}{50 \times 5} = \dfrac{10,000}{250} = 40\text{kg/m}^2 \cdot \text{h}$

정답 | ③

86 빈출도 ★★

이상적은 흑체에 대하여 단위면적당 복사에너지 E와 절대온도 T의 관계식으로 옳은 것은? (단, σ는 스테판-볼츠만 상수이다.)

① $E = \sigma T^2$
② $E = \sigma T^4$
③ $E = \sigma T^6$
④ $E = \sigma T^8$

해설

스테판 볼츠만 법칙

열복사 에너지(E)는 절대온도(T)의 4승에 비례한다.

$$\dfrac{E_2}{E_1} \propto \left(\dfrac{T_2}{T_1}\right)^4$$

정답 | ②

87 빈출도 ★

연도 등의 저온의 전열면에 주로 사용되는 수트 블로어의 종류는?

① 삽입형
② 예열기 클리너형
③ 로터리형
④ 건형(Gun type)

해설

로터리형은 회전형이라고도 하며, 연도 등 저온의 전열면에 주로 사용된다.

관련개념 수트블로어(Soot Blower)

(1) 개요
　보일러 전열면에 부착된 그을음을 제거함으로써 열효율이 증가한다.

(2) 종류
　· 로터리형(회전형): 연도 등 저온의 전열면에 주로 사용된다.
　· 예열기(에어히터) 클리너형: 공기예열기의 클리너이다.
　· 그 외 쇼트 리트랙터블형, 롱 리트랙터블형, 건형 등

정답 | ③

88 빈출도 ★★

평노통, 파형노통, 화실 및 적립보일러 화실판의 최고 두께는 몇 mm 이하이어야 하는가? (단, 습식화실 및 조합노통 중 평노통은 제외한다.)

① 12
② 22
③ 32
④ 42

해설

보일러 제조검사 기준에 따라 평노통, 파형노통, 화실 및 적립보일러 화실판의 최고 두께는 22mm 이하이어야 한다. 단, 습식화실, 조합노통 중 평노통은 제외된다.

정답 | ②

89 빈출도 ★★

계속사용검사기준에 따라 설치한 날로부터 15년 이내인 보일러에 대한 순수처리 수질 기준으로 틀린 것은?

① 총경도(mg $CaCO_3/l$): 0
② pH(298K{25℃}에서): 79
③ 실리카(mg SiO_2/l): 흔적이 나타나지 않음
④ 전기 전도율(298K{25℃}에서의): 0.05μs/cm 이하

해설

전기 전도율(298K{25℃}에서의): 0.5μs/cm 이하

정답 | ④

90 빈출도 ★

다음 중 보일러 역화(back fire)의 원인으로 가장 옳은 것은?

① 흡입 통풍이 과대하다.
② 점화 시 착화가 너무 빠르다.
③ 연료가 불완전연소 및 미연소 된다.
④ 연료보다 공기의 공급이 비교적 빠르다.

해설

연료보다 공기의 공급이 적으면 연소되지 않은 연료가 연소실 내에 남아있다가 점화 시 폭발적으로 연소하며 역화가 발생한다.

정답 | ③

91 빈출도 ★

열관류율에 대한 설명으로 옳은 것은?

① 유체의 밀도 차에 의한 열의 이동현상이다.
② 인위적인 장치를 설치하여 강제로 열이 이동되는 현상이다.
③ 고체의 벽을 통하여 고온 유체에서 저온의 유체로 열이 이동되는 현상이다.
④ 어떤 물질을 통하지 않는 열의 직접 이동을 말하며 정지된 공기층에 열 이동이 가장 적다.

해설

열관류율은 열통과율이라고도 하며, 관류에 의한 열량의 계수로 단위표면적을 통해 고체 벽을 통하여 고온 유체에서 저온의 유체로 열이 전달되는 현상을 말한다. 단위는 kcal/$m^2 \cdot h \cdot$℃가 주로 쓰인다.

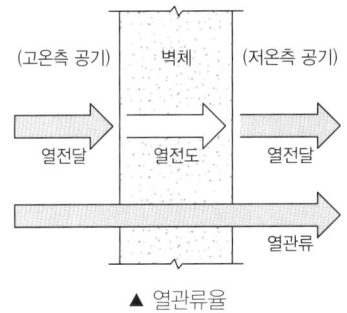

▲ 열관류율

정답 | ③

92 빈출도 ★★

보일러의 부속장치 중 여열장치가 아닌 것은?

① 공기예열기
② 송풍기
③ 재열기
④ 절탄기

해설

여열장치는 보일러에서 발생한 열을 직접적으로 활용하는 장치를 말하며, 종류는 과열기, 재열기, 절탄기, 공기예열기가 있다.

정답 | ②

93 빈출도 ★★

유체의 압력손실에 대한 설명으로 틀린 것은? (단, 관 마찰계수는 일정하다.)

① 유체의 점성으로 인해 압력손실이 생긴다.
② 압력손실은 유속의 제곱에 비례한다.
③ 압력손실은 관의 길이에 반비례한다.
④ 압력손실은 관의 내경에 반비례한다.

해설

유체의 압력손실에 대한 다르시-바이스바흐 방정식은 다음과 같다.

$$\Delta P = \frac{f \times L \times \rho \times v^2}{2D}$$

ΔP: 압력손실(Pa), f: 마찰계수, L: 관의 길이(m), ρ: 밀도(kg/m³), v: 유속(m/s), D: 관의 내경(m)

- 압력손실은 마찰계수(f)에 비례한다.
- 압력손실은 관의 길이(L)에 비례한다.
- 압력손실은 유속(v)에 제곱에 비례한다.
- 압력손실은 관의 지름(D)에 반비례한다.

정답 | ③

94 빈출도 ★

보일러 1마력을 상당 증발량으로 환산하면 약 몇 kg/h가 되는가?

① 3.05
② 15.65
③ 30.05
④ 64.5

해설

100℃의 포화수에서 100℃의 포화증기로 변화는 증발량으로 1마력＝34.5lb/hr＝15.65kg/hr로 환산된다.
(1lb＝0.45359237kg)

정답 | ②

95 빈출도 ★★

수관식 보일러의 특징에 대한 설명 중 틀린 것은?

① 고압, 대용량의 보일러 제작이 가능하다.
② 관수의 순환이 좋아 열응력을 일으킬 염려가 적다.
③ 연소실의 크기 및 형태를 자유롭게 설계할 수 있다.
④ 전열면에 비해 관수보유량이 많아 증기수요에 따른 압력의 변동이 적다.

해설

전열면에 비해 관수보유량이 작아 증기수요에 따른 압력의 변동이 크다.

관련개념 수관식 보일러의 특징

- 보유수량이 적어 부하변동에 대한 압력변동이 적다.
- 고압 대용량으로 쓰이며 패키지형으로 제작이 가능하다
- 연소실 설계가 자유롭고 수관의 배열이 용이하다.
- 드럼이 작고 구조상 고온 고압에 적합하다.
- 구조가 복잡하여 청소 및 검사, 수리가 어렵다.
- 관수처리와 스케일 부착에 주의해야 한다.
- 보일러수의 순환이 좋아 전열면적이 크고 열효율이 높다.

정답 | ④

96 빈출도 ★★

보일러에서 과열기의 역할로 옳은 것은?

① 포화증기의 압력을 높인다.
② 포화증기의 온도를 높인다.
③ 포화증기의 압력과 온도를 높인다.
④ 포화증기의 압력은 낮추고 온도를 높인다.

해설

과열기는 보일러 동체(본체)에서 발생된 포화증기를 가열하여 온도를 높여 과열증기로 만드는 장치로, 포화증기보다 높은 온도로 하여 터빈의 열효율을 향상시킨다.

정답 | ②

97 빈출도 ★

10kg/cm²의 압력하에 2,000kg/h로 증발하고 있는 보일러의 급수온도가 20°C일 때 환산증발량은? (단, 발생증기의 엔탈피는 600kcal/kg이다.)

① 2,152kg/h
② 3,124kg/h
③ 4,562kg/h
④ 5,260kg/h

해설

보일러 상당 증발량(W_e) 공식은 다음과 같다.

$$W_e = \frac{\text{발생증기 보유열}}{539} = \frac{W \times (h_1 - h_2)}{539}$$

W: 증발량(kg/h), h_1: 증기발생 엔탈피(kcal/kg), h_2: 급수 엔탈피(kcal/kg)

$$W_e = \frac{2,000 \times (600 - 20)}{539} = 2,152 \text{kg/h}$$

정답 | ①

98 빈출도 ★★★

프라이밍 및 포밍 발생 시 조치사항에 대한 설명으로 틀린 것은?

① 안전밸브를 전개하여 압력을 강하시킨다.
② 증기 취출을 서서히 한다.
③ 연소량을 줄인다.
④ 수위를 안정시킨 후 보일러수의 농도를 낮춘다.

해설

안전밸브를 전개하면 프라이밍 포밍 현상이 더 심해질 수 있다.

관련개념 프라이밍 및 포밍 조치 방법

- 보일러수를 농축시키지 않는다.
- 보일러수 중의 불순물을 제거한다.
- 과부하가 되지 않도록 한다.
- 증기 취출을 서서히 한다.
- 연소량을 줄인다.
- 압력을 규정압력으로 유지한다.
- 안전밸브, 수면계의 시험과 압력계 연락관을 취출하여 본다.

정답 | ①

99 빈출도 ★

일반적으로 리벳이음과 비교할 때 용접이음의 장점으로 옳은 것은?

① 이음효율이 좋다.
② 잔류응력이 발생되지 않는다.
③ 진동에 대한 감쇠력이 높다.
④ 응력집중에 대하여 민감하지 않다.

해설

용접이음은 강판의 두께와 상관없이 이을 수 있으며, 접합기술 중 이음효율이 가장 우수하다.

관련개념 용접이음의 특징

- 이음시 재료가 절약되며, 재료의 두께 제한 없이 작업이 가능하다.
- 설계, 시공이 부적합할 경우 재질의 변형에 따른 수축, 잔류응력 등이 발생된다.
- 저온부에서 용접부가 깨질 수 있으며, 국부적인 응력집중에 민감하여 크랙이 발생한다.

정답 | ①

100 빈출도 ★★

이온 교환체에 의한 경수의 연화 원리에 대한 설명으로 옳은 것은?

① 수지의 성분과 Na형의 양이온과 결합하여 경도성분 제거
② 산소 원자와 수지가 결합하여 경도성분 제거
③ 물속의 음이온과 양이온이 동시에 수지와 결합하여 경도성분 제거
④ 수지가 물속의 모든 이물질과의 결합하여 경도성분 제거

해설

수지의 성분과 Na형의 양이온이 결합하여 경도성분을 제거한다.

정답 | ①

2023년 1회 CBT 복원문제

회독 CHECK | ☐ 1회독 ☐ 2회독 ☐ 3회독

연소공학

01 빈출도 ★

C(84%), H(12%) 및 S(4%)의 조성으로 되어있는 중유를 공기비 1.1로 연소할 때 건(乾)연소가스량(Nm^3/kg)은?

① 6.1
② 7.5
③ 9.3
④ 11.2

해설

건연소가스량(G)을 구하는 공식은 아래와 같다.

$$G = (m - 0.21)A_o + 생성된\ CO_2 + 생성된\ SO_2$$

m: 공기비, A_o: 이론공기량

이론공기량(A_o)을 구하는 공식은 아래와 같다.

$$A_o = \frac{O_o}{0.21}$$

$$O_o = 1.867C + 5.6H + 0.7S$$

$$A_o = \frac{1.867C + 5.6H + 0.7S}{0.21}$$

$$= \frac{(1.867 \times 0.84) + (5.6 \times 0.12) + (0.7 \times 0.04)}{0.21}$$

$$= 10.8\ Nm^3/kg$$

생성물(CO_2, SO_2)의 양은 $1.867C + 0.7S$로 나타낼 수 있다.

$G_o = (1.1 - 0.21) \times A_o + 1.867C + 0.7S$

$= (0.89 \times 10.8) + (1.867 \times 0.84) + (0.7 \times 0.04)$

$= 11.2\ Nm^3/kg$

정답 | ④

02 빈출도 ★★

석탄에 함유되어 있는 성분중 ㉠ 수분, ㉡ 휘발분, ㉢ 황분이 연소에 미치는 영향을 위 번호에 맞게 나열한 것은?

① ㉠ 매연발생 ㉡ 대기오염 ㉢ 착화 및 연소방해
② ㉠ 발열량 감소 ㉡ 매연발생 ㉢ 연소기관의 부식
③ ㉠ 연소방해 ㉡ 발열량 감소 ㉢ 매연발생
④ ㉠ 매연발생 ㉡ 발열량 감소 ㉢ 점화방해

해설

㉠ 수분: 증발잠열로 인한 발열량 감소로 열손실을 초래한다.
㉡ 휘발분: 연소 시 긴 불꽃 생성되고, 불완전연소 시 매연이 발생한다.
㉢ 황분: 연소기관을 부식시킨다.

정답 | ②

03 빈출도 ★★★

연소가스 중의 질소산화물 생성을 억제하기 위한 방법으로 틀린 것은?

① 2단 연소
② 농담 연소
③ 고온 연소
④ 배기가스 재순환 연소

해설

고온 조건에서 질소는 산소와 결합하면서 일산화질소, 이산화질소 등의 질소산화물(NO_x)이 생성되고 매연이 발생한다.

관련개념 질소산화물 생성 방지대책

- 연소온도와 노내압을 낮춘다.
- 노 내의 가스 잔류시간 및 고온 유지시간을 짧게 한다.
- 2단연소 및 저산소연소, 배기의 재순환 연소법을 사용한다.
- 질소함량이 적은 연료를 사용한다.
- 과잉공기를 연료에 혼합하여 연소한다.

정답 | ③

04 빈출도 ★★

다음 중 연소효율(η_c)을 옳게 나타낸 식은? (단, H_L: 저위발열량, L_i: 불완전연소에 따른 손실열, L_c: 탄찌꺼기 속의 미연탄소분에 의한 손실열이다.)

① $\dfrac{H_L - (L_c + L_i)}{H_L}$ ② $\dfrac{H_L + (L_c + L_i)}{H_L}$

③ $\dfrac{H_L}{H_L + (L_c + L_i)}$ ④ $\dfrac{H_L}{H_L - (L_c + L_i)}$

해설

연소효율 = $\dfrac{\text{연소열}}{\text{발열량}}$ = $\dfrac{\text{발열량} - \text{손실열}}{\text{발열량}}$

손실열은 미연분손실과 불완전연소에 따른 손실을 합한 값이므로

연소효율 = $\dfrac{\text{발열량} - (\text{미연분손실} + \text{불완전연소에 따른 손실})}{\text{발열량}}$

로 나타낼 수 있다.

정답 | ①

05 빈출도 ★

공기비 2.3으로 연소시키는 석탄연소로에서 실제공기량이 11.96Nm³/kg일 때 이론공기량은 약 몇 Nm³/kg인가?

① 5.2 ② 10.4
③ 13.8 ④ 15.8

해설

$$A = mA_o$$

A: 실제공기량, m: 공기비, A_o: 이론공기량

$A_o = \dfrac{A}{m} = \dfrac{11.96}{2.3} = 5.2 \text{Nm}^3/\text{kg}$

정답 | ①

06 빈출도 ★★

1차, 2차 연소 중 2차 연소란 어떤 것을 말하는가?

① 공기보다 먼저 연료를 공급했을 경우 1차, 2차 반응에 의해서 연소하는 것
② 불완전연소에 의해 발생한 미연가스가 연도 내에서 다시 연소하는 것
③ 완전연소에 의한 연소가스가 2차 공기에 의해서 폭발되는 현상
④ 점화할 때 착화가 늦었을 경우 재점화에 의해서 연소 하는 것

해설

2차 연소는 불완전연소에 의해 발생한 미연가스(CO)가 연도 내에서 다시 연소할 수 있도록 하여 완전연소를 유도한다.

정답 | ②

07 빈출도 ★★

연돌의 실제 통풍압이 35mmH₂O, 송풍기의 효율은 70%, 연소가스량이 200m³/min일 때 송풍기의 소요 동력은 약 몇 kW인가?

① 0.45 ② 0.84
③ 1.15 ④ 1.63

해설

송풍기의 소요 동력 공식은 다음과 같다.

$$W = \dfrac{9.8 \times Z \times Q}{\eta}$$

W: 동력(kW), Z: 통풍압(mH₂O), Q: 가스량(m³/sec), η: 효율

$W = \dfrac{9.8 \times 35\text{mmH}_2\text{O} \times \dfrac{200\text{m}^3}{\text{min}} \times \dfrac{1\text{m}}{1,000\text{mm}} \times \dfrac{1\text{min}}{60\text{sec}}}{0.7}$

$= 1.63\text{kW}$

정답 | ④

08 빈출도 ★★★

고체연료의 연료비를 식으로 바르게 나타낸 것은?

① $\dfrac{고정탄소(\%)}{휘발분(\%)}$

② $\dfrac{회분(\%)}{휘발분(\%)}$

③ $\dfrac{고정탄소(\%)}{회분(\%)}$

④ $\dfrac{가연성 \ 성분 \ 중 \ 탄소(\%)}{유리수소(\%)}$

해설

고체연료비 $= \dfrac{고정탄소(\%)}{휘발분(\%)}$

관련개념 고체연료비

- 고체연료의 연료비는 휘발분에 대한 고정탄소의 비로 고체연료비 $= \dfrac{고정탄소(\%)}{휘발분(\%)}$ 로 나타낸다.
- 고정탄소(%) = 100 − (회분+수분+휘발분)
- 회분(%) = 연소 후 남은 무기질 재료
- 휘발분(%) = 연료 시료를 925±20℃의 무산소 환경(공기 차단 상태)에서 7분간 가열했을 때 감소량

정답 | ①

09 빈출도 ★★

기체연료가 다른 연료에 비하여 연소용 공기가 적게 소요되는 가장 큰 이유는?

① 인화가 용이하므로
② 확산연소가 되므로
③ 열전도도가 크므로
④ 착화온도가 낮으므로

해설

기체연료는 확산연소로 공기와 혼합이 용이하게 되므로 과잉공기가 적더라도 완전연소가 가능하다.

정답 | ②

10 빈출도 ★★

액체연료 연소장치 중 회전식 버너의 특징에 대한 설명으로 틀린 것은?

① 분무각은 10~40° 정도이다.
② 유량조절범위는 1 : 5 정도이다.
③ 자동제어에 편리한 구조로 되어있다.
④ 부속설비가 없으며 화염이 짧고 안정한 연소를 얻을 수 있다.

해설

분무각은 40~80° 정도로 넓은 각도로 연료를 분무한다.

관련개념 회전식 버너

- 로터리 버너라고하며, 중소형 보일러에 사용된다.
- 고속회전을 분당 3,000~7,000회를 이용하여 원심력으로 액체 연료를 연소시킨다.
- 분무각은 40~80° 정도이다.
- 유량조절범위는 1 : 5 정도이다.
- 자동제어에 편리한 구조로 되어있다.
- 부속설비가 없으며 화염이 짧고 안정적인 연소를 한다.
- 연료 사용 유압은 0.3~0.5 kgf/cm^2 (30~50kPa) 정도로 가압하여 공급한다.

정답 | ①

11 빈출도 ★

전기식 집진장치에 대한 설명 중 틀린 것은?

① 포집입자의 직경은 30~50 μm 정도이다.
② 집진효율이 90~99.9%로서 높은 편이다.
③ 고전압장치 및 정전설비가 필요하다.
④ 낮은 압력손실로 대량의 가스처리가 가능하다.

해설

포집입자의 직경은 0.1 μm 정도로 미세한 크기를 가진다.

관련개념 전기식 집진장치

- 대치시킨 2개의 전극사이에 고압(특고압)의 직류 전장을 가해 통과하여 대전된 미립자를 집진한다.
- 코로나 방전을 일으키는 것과 관련이 있으며, 종류는 코트렐 집진장치가 있다.
- 집진효율이 우수하다.
- 낮은 압력손실로도 대량의 가스처리가 가능하다.
- 별도의 정전설비가 필요하다.

정답 | ①

12 빈출도 ★★

옥테인(C_8H_{18})이 과잉공기율 2로 연소 시 연소가스 중의 산소 부피비(%)는?

① 6.4 ② 10.1
③ 12.9 ④ 20.2

해설

연소가스 중의 산소 부피비율을 구하는 공식은 다음과 같다.

산소 부피비율 = $\dfrac{O_2}{습연소가스량(G)}$

옥테인(C_8H_{18})의 완전연소반응식
$C_8H_{18} + 12.5O_2 \rightarrow 8CO_2 + 9H_2O$

실제습연소가스량을 구하는 공식은 다음과 같다.

$G = (m - 0.21)A_o + 생성된\ SO_2 + 생성된\ H_2O$

$A_o = \dfrac{O_o}{0.21}$

$G = (2 - 0.21) \times \dfrac{12.5}{0.21} + 8 + 9 = 123.548 Nm^3/Nm^3$

연소가스 중의 산소 부피비율 = $\dfrac{O_2}{습연소가스량(G)}$

$= \dfrac{12.5}{123.548} = 0.101 = 10.1\%$

정답 | ②

13 빈출도 ★★

황 2kg을 완전연소 시키는데 필요한 산소의 양은 Nm^3인가? (단, S의 원자량은 32이다.)

① 0.70 ② 1.40
③ 2.10 ④ 2.83

해설

황(S)의 완전연소반응식
$S + O_2 \rightarrow SO_2$
S와 O_2은 1 : 1 반응이므로 이를 이용하여 이론산소량을 구한다.
S : O_2
1mol : 1mol = 32kg : $1 \times 22.4 Nm^3$

이론산소량 = $\dfrac{1 \times 22.4 Nm^3}{32 kg} = 0.7 Nm^3/kg$

황 2kg이므로, $2 \times 0.7 = 1.4 Nm^3$이다.

정답 | ②

14 빈출도 ★★

가연성 액체에서 발생한 증기의 공기 중 농도가 연소범위 내에 있을 경우 불꽃을 접근시키면 불이 붙는데 이때 필요한 최저온도를 무엇이라고 하는가?

① 기화온도 ② 착화온도
③ 인화온도 ④ 임계온도

선지분석

① 기화온도: 끓는점을 말하며 액체가 기체로 변화는 온도로 증기압력이 외부 압력과 동일할 때 기화현상이 발생한다.
② 착화온도: 충분한 공기가 존재하에 고체연료 가열시 도달된 온도에서 자신의 연소열에 의해 연소를 계속해서 진행하는 온도를 말한다.
③ 인화온도: 인화점이라고도 하며, 가연성 액체에서 발생한 증기의 공기 중 농도가 연소범위 내에 있을 경우 불꽃을 접근시키면 불이 붙는 최저온도를 말한다.
④ 임계온도: 온도에 따라 기체가 액체(액화)로 변화는 최고온도로 도달된 온도에서 변화가 일어나지 않는다.

정답 | ③

15 빈출도 ★★

B중유 5kg을 완전연소시켰을 때 저위발열량은 약 몇 MJ인가? (단, B중유의 고위발열량은 41,900 kJ/kg, 중유 1kg에 수소 H는 0.2kg, 수증기 W는 0.1kg 함유되어 있다.)

① 96 ② 126
③ 156 ④ 186

해설

단위중량당 저위발열량(H_l) 공식은 다음과 같다.

$$H_l = H_h - R_w$$
$$R_w = 600 \times (9H + w)$$

H_l: 저위발열량(kJ/kg), H_h: 고위발열량(kJ/kg),
R_w: 증발잠열(kJ/kg)

$H_L = 41,900 - 600 \times 4.1868 \times (9 \times 0.2 + 0.1)$
$= 37,127.048 kJ/kg$

문제에서 중유 5kg라고 하였으므로
저위발열량 = $37,127.048 kJ/kg \times 5kg$
$= 185,635 kJ = 186 MJ$

※ 1kcal = 4.1868kJ

정답 | ④

16 빈출도 ★

아래 표와 같은 질량분율을 갖는 고체연료의 총 질량이 2.8kg일 때 고위발열량과 저위발열량은 각각 약 몇 MJ인가?

- C(탄소): 80.2%
- H(수소): 12.3%
- S(황): 2.5%
- W(수분): 1.2%
- O(산소): 1.1%
- 회분: 2.7%

반응식	고위발열량 (MJ/kg)	저위발열량 (MJ/kg)
$C+O_2 \rightarrow CO_2$	32.79	32.79
$H+\frac{1}{4}O_2 \rightarrow \frac{1}{2}H_2O$	141.9	120.0
$S+O_2 \rightarrow SO_2$	9.265	9.265

① 44, 41
② 84, 81
③ 123, 115
④ 156, 141

해설

유효수소를 고려한 고위발열량(H_h) 공식은 다음과 같다.

$$H_h = 2.8 \times \left[32.79C + 141.9\left(H - \frac{O}{8}\right) + 9.265S \right]$$

$$H_h = 2.8 \times \left[32.79 \times 0.802 + 141.9 \right.$$
$$\left. \times \left(0.123 - \frac{0.011}{8}\right) + 9.265 \times 0.025 \right] = 123\text{MJ}$$

한편, 저위발열량(H_l) 공식은 다음과 같다.

$$H_l = 2.8 \times \left[32.79C + 120\left(H - \frac{O}{8}\right) \right.$$
$$\left. + 9.265S - R_w\left(w + \frac{9}{8}O\right) \right]$$

$$R_w = \frac{600\text{kcal}}{\text{kg}} \times \frac{0.004184\text{MJ}}{1\text{kcal}} = 2.508\text{MJ/kg}$$

$$H_l = 2.8 \times \left[32.79 \times 0.802 + 120 \times \left(0.123 - \frac{0.011}{8}\right) + 9.265 \right.$$
$$\left. \times 0.025 - 2.508\left(0.012 + \frac{9}{8} \times 0.011\right) \right] = 115\text{MJ}$$

정답 | ③

17 빈출도 ★

연소가스량 10Nm³/kg, 연소가스의 정압비열 1.34 kJ/Nm³·℃인 어떤 연료의 저위발열량이 27,200 kJ/kg이었다면 이론 연소온도(℃)는? (단, 연소용 공기 및 연료 온도는 5℃이다.)

① 1,500
② 2,000
③ 2,500
④ 3,000

해설

가스를 연소시킬 때의 이론 연소온도를 구하는 식은 다음과 같다.

$$t_c = \frac{H_l}{G \times C_p} + t_a$$

t_c: 이론 연소온도(℃), H_l: 저위발열량(kJ/kg),
G: 연소가스량(Nm³/kg), C_p: 정압비열(kJ/Nm³·℃),
t_a: 대기온도(℃)

$$t_c = \frac{27,200}{10 \times 1.34} + 5 = 2,034.85℃$$

정답 | ②

18 빈출도 ★★★

고체연료 연소장치 중 쓰레기 소각에 적합한 스토커는?

① 계단식 스토커
② 고정식 스토커
③ 산포식 스토커
④ 하입식 스토커

해설

계단식 스토커는 계단식 배열로 된 투입구에 고체연료를 넣어 착화 연소시키는 방식으로 쓰레기 소각, 저질탄 연소 등에 적합하다.

정답 | ①

19 빈출도 ★★

연료 1kg당 소요 이론공기량이 10.25Sm^3, 이론 배기가스량이 10.77Sm^3, 공기비가 1.4일 때 실제 배기가스량은 약 몇 Sm^3/kg인가? (단, 수증기량은 무시한다.)

① 13
② 14
③ 15
④ 16

해설

실제건연소가스량(G_d)은 다음과 같이 구한다.

$$G_d = G_{od} + A$$

G_{od}: 이론건연소가스량, A: 실제공기량

$$A = (m-1) \times A_o$$

A: 실제공기량, m: 공기비, A_o: 이론공기량

$$G_d = G_{od} + (m-1)A_o$$
$$= 10.77 + (1.4-1) \times 10.25 = 14.87 \text{Sm}^3/\text{kg}$$

정답 | ③

20 빈출도 ★★

가연성 혼합기의 공기비가 1.0일 때 당량비는?

① 0
② 0.5
③ 1.0
④ 1.5

해설

$$당량비(\phi) = \frac{실제연공비}{이론연공비} = \frac{이론공기량 \times 실제연료량}{실제공기량 \times 이론연료량}$$

여기서, 이상적인 연소에서 실제연료량과 이론연료량은 같다.

$$\phi = \frac{이론공기량}{실제공기량} = \frac{1}{m} = \frac{1}{1} = 1.0$$

관련개념 연공비, 공연비, 당량비 및 공기비

- 연공비는 연료와 공기의 질량비로 정의된다.
- 공연비는 공기와 연료의 질량비로 정의된다.
- 당량비는 실제연공비와 이론연공비의 비로 정의된다.
- 공기비는 당량비의 역수와 같다.

정답 | ③

열역학

21 빈출도 ★

50°C의 물의 포화액체와 포화증기의 엔트로피는 각각 $0.703\text{kJ}/(\text{kg}\cdot\text{K})$, $8.07\text{kJ}/(\text{kg}\cdot\text{K})$ 이다. 50°C의 습증기의 엔트로피가 $5.02\text{kJ}/(\text{kg}\cdot\text{K})$일 때 습증기의 건도는 약 몇 %인가?

① 53.4
② 58.6
③ 62.5
④ 68.6

해설

습증기의 건도를 구하는 공식은 아래와 같다.

$$\chi = \frac{S_x - S_f}{S_g - S_f}$$

χ: 건도(%), S_x: 습증기의 엔트로피$(\text{kJ}/\text{kg}\cdot\text{K})$,
S_f: 포화액체의 엔트로피$(\text{kJ}/\text{kg}\cdot\text{K})$,
S_g: 포화증기의 엔트로피$(\text{kJ}/\text{kg}\cdot\text{K})$

$$\chi = \frac{5.02 - 0.703}{8.07 - 0.703} \times 100 = 58.6\%$$

정답 | ②

22 빈출도 ★★

압력 500kPa, 온도 240°C인 과열증기와 압력 500kPa의 포화수가 정상상태로 흘러들어와 섞인 후 같은 압력의 포화증기 상태로 흘러나간다. 1kg의 과열증기에 대하여 필요한 포화수의 양은 약 몇 kg인가? (단, 과열증기의 엔탈피는 3,063kJ/kg이고, 포화수의 엔탈피는 636kJ/kg, 증발열은 2,109kJ/kg이다.)

① 0.15
② 0.45
③ 1.12
④ 1.45

해설

열량보존법칙에 따라 과열증기와 포화수를 합한 혼합물에서의 열과 포화액-증기 혼합물 상태에서의 열은 같다.

$Q_1 + Q_2 = Q_3$
$m_1 \cdot h_1 + m_2 \cdot h_2 = m_3 \cdot h_3$
$3,063 + m_2 \times 636 = (1 + m_2) \times (636 + 2,109)$
$3,063 + m_2 \times 636 = 2,745 + m_2 \times 2,745$
$3,063 - 2,745 = m_2 \times (2,745 - 636)$
$m_2 = \dfrac{318}{2,109} = 0.15\text{kg}$

정답 | ①

23 빈출도 ★★★

냉동용량이 6RT(냉동톤)인 냉동기의 성능계수가 2.4이다. 이 냉동기를 작동하는 데 필요한 동력은 약 몇 kW인가? (단, 1RT(냉동톤)은 3.86kW이다.)

① 3.33
② 5.74
③ 9.65
④ 18.42

해설

성능계수 공식은 다음과 같다.

$$COP = \dfrac{Q}{W}$$

COP: 성능계수, W: 소요동력(kW), Q: 냉동능력(kW)

$2.4 = \dfrac{6\text{RT}}{W} = \dfrac{6\text{RT} \times \dfrac{3.86\text{kW}}{1\text{RT}}}{W}$

$W = \dfrac{23.16}{2.4} = 9.65\text{kW}$

정답 | ③

24 빈출도 ★★★

80°C의 물 100kg과 50°C의 물 50kg을 혼합한 물의 온도는 약 몇 °C인가? (단, 물의 비열은 일정하다.)

① 70
② 65
③ 60
④ 55

해설

$$U = m \times C \times \Delta T = m \times C \times (T_2 - T_1)$$

U: 열량(kJ), m: 질량(kg), C: 비열(kJ/kg·K), ΔT: 온도차(K)($T_2 - T_1$)

열량보존의 법칙에 의해 열평형 방정식을 활용할 수 있다.
80°C에서 잃은 열량 = 50°C에서 얻은 열량
$m_1 \times C \times (T_1 - T_f) = m_2 \times C \times (T_f - T_1)$
$100 \times 1 \times (80 - T_f) = 50 \times 1 \times (T_f - 50)$
$10,500 = 150 T_f$
$T_f = 70°C$

정답 | ①

25 빈출도 ★★

압력 1MPa, 온도 400°C의 이상기체 2kg이 가역단열과정으로 팽창하여 압력이 500kPa로 변화한다. 이 기체의 최종온도는 약 몇 °C인가? (단, 이 기체의 정적비열은 3.12kJ/(kg·K), 정압비열은 5.21kJ/(kg·K)이다.)

① 237
② 279
③ 510
④ 622

해설

$$\frac{T_2}{T_1} = \left(\frac{P_2}{P_1}\right)^{\frac{\gamma-1}{\gamma}}$$

T_1: 초기 온도(K), T_2: 최종 온도(K), P_1: 초기 압력(kPa), P_2: 최종 압력(kPa), γ: 비열비$\left(\dfrac{C_p}{C_v}\right)$, C_p: 정압비열(kJ/kg·K), C_v: 정적비열(kJ/kg·K)

$\gamma = \dfrac{5.21}{3.12} = 1.67$

$T_2 = (400 + 273) \times \left(\dfrac{500}{1,000}\right)^{\frac{1.67-1}{1.67}}$

$= 509.61\text{K} = 236.61°C$

정답 | ①

26 빈출도 ★★

Rankine 사이클의 이론 열효율을 향상시키는 방안으로 볼 수 없는 것은?

① 보일러 압력을 낮춘다.
② 응축기 압력을 낮춘다.
③ 응축기 온도를 낮춘다.
④ 증기를 고온으로 과열시킨다.

해설

보일러 압력을 낮추면 터빈 입구의 증기 압력이 낮아져 열효율이 감소한다.

정답 | ①

27 빈출도 ★★★

열역학 제2법칙에 대한 설명이 아닌 것은?

① 제2종 영구기관의 제작은 불가능하다.
② 고립계의 엔트로피는 감소하지 않는다.
③ 열은 자체적으로 저온에서 고온으로 이동이 곤란하다.
④ 열과 일은 변환이 가능하며, 에너지보존 법칙이 성립한다.

해설

열역학 제2법칙은 열이동 및 에너지방향 전환에 관한 법칙으로, 공급된 열을 완전히 일로 전환할 수 있는 장치는 없다.

관련개념 열역학 제2법칙

- 에너지변환(전환) 방향성의 법칙(열 이동의 법칙)이라고도 한다.
- 열은 항상 고온에서 저온으로 흐른다.(저온에서 고온으로 옮길 수 없다.)
- 열에너지를 완전히 일로 바꾸는 것이 불가능하다.(모든 열기관은 일부 에너지를 열로 방출한다.)
- 고립계에서는 엔트로피가 감소하지 않으며, 증가하거나 일정하게 보존된다.
- 100%의 열효율을 갖는 기관은 존재할 수 없으며, 카르노 사이클 기관의 이상적 경우도 불가능하다.

정답 | ④

28 빈출도 ★

브레이튼 사이클(Brayton cycle)은 어떤 기관에 대한 이상적인 사이클인가?

① 디젤 기관
② 증기 기관
③ 가솔린 기관
④ 가스터빈 기관

해설

가스터빈 기관에서 이상적인 사이클은 브레이튼 사이클이다.

정답 | ④

29 빈출도 ★★

공기 표준 디젤 사이클에서 압축비가 20이고 단절비 (cut-off ratio)가 3일 때의 열효율은 몇 %인가? (단, 공기의 비열비는 1.4이다.)

① 60.6
② 64.8
③ 69.8
④ 70.6

해설

디젤 사이클 열효율은 다음과 같이 구한다.

$$\eta = 1 - \left(\frac{1}{\epsilon}\right)^{k-1} \times \frac{\sigma^k - 1}{k(\sigma - 1)}$$

η: 효율(%), ϵ: 압축비, k: 비열비, σ: 단절비

$$\eta = 1 - \left(\frac{1}{20}\right)^{1.4-1} \times \frac{3^{1.4} - 1}{1.4 \times (3-1)} = 0.606 = 60.6\%$$

정답 | ①

30 빈출도 ★★

카르노 열기관이 600K의 고열원과 300K의 저열원 사이에서 작동하고 있다. 고열원으로부터 300kJ의 열을 공급받을 때 기관이 하는 일(kJ)은 얼마인가?

① 150
② 160
③ 170
④ 180

해설

$$\eta = \frac{W}{Q_1} = \frac{Q_1 - Q_2}{Q_1} = 1 - \frac{Q_2}{Q_1} = 1 - \frac{T_2}{T_1}$$

η: 효율(%), W: 일(kJ), Q_1: 고온부 흡수 열(kJ),
Q_2: 저온부 흡수 열(kJ), T_1: 고온부 흡수 온도(K),
T_2: 저온부 흡수 온도(K)

$$\frac{W}{Q_1} = 1 - \frac{T_2}{T_1}$$

$$\frac{W}{300\text{kJ}} = 1 - \frac{300}{600}$$

$$W = 150\text{kJ}$$

정답 | ①

31 빈출도 ★★

랭킨(Rankine) 사이클에서 재열을 사용하는 목적은?

① 응축기 온도를 높이기 위해서
② 터빈 압력을 높이기 위해서
③ 보일러 압력을 낮추기 위해서
④ 열효율을 개선하기 위해서

해설

랭킨(Rankine) 사이클은 열효율을 개선하기 위해서 증기초압을 높여 터빈 내의 팽창증기를 취출하고 재열기로 재열(사이클)을 사용한다.

관련개념 랭킨 사이클(Rankine Cycle)

- 2개의 정압과정, 2개의 단열변화로 증기 동력사이클의 기본 사이클이며, 가장 널리 사용된다.
- 작동 유체(물, 수증기)의 흐름은 펌프(단열압축) → 보일러(정압가열) → 터빈(단열팽창) → 응축기(정압냉각) → 펌프 순으로 나타낸다.

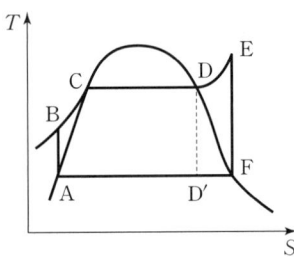

A → B: 단열압축
B → C: 정압가열
C → D: 가열
D → D': 보일러 사용 안함
D → E: 등압가열
E → F: 단열팽창
F → A: 정압냉각

정답 | ④

32 　빈출도 ★★

온도가 800K이고 질량이 10kg인 구리를 온도 290K인 100kg의 물 속에 넣었을 때 이 계 전체의 엔트로피 변화는 몇 kJ/K인가? (단, 구리와 물의 비열은 각각 0.398kJ/(kg · K), 4.185kJ/(kg · K)이고, 물은 단열된 용기에 담겨 있다.)

① −3.973　　② 2.897
③ 4.424　　④ 6.870

해설

$$S_o = S_1 + S_2 = m \times C_p \times \ln\left(\frac{T_2}{T_1}\right)$$

S_o: 계 전체의 엔트로피 변화량(kJ/K),
S_1: 구리의 엔트로피 변화량(kJ/K),
S_2: 물의 엔트로피 변화량(kJ/K), m: 질량(kg),
C_p: 정압비열(kJ/kg · K), T_1: 초기 온도(K), T_2: 최종 온도(K)

구리가 잃은 열량과 물이 얻은 열량은 같음을 이용하여 열 평형 온도(T_2)를 구한다.

$10 \times 0.398 \times (800 - T_2) = 100 \times 4.185 \times (T_2 - 290)$
$3.98 \times (800 - T_2) = 418.5 \times (T_2 - 290)$
$T_2 = 294.8K$

$S_1 = 10 \times 0.398 \text{kJ/kg} \cdot \text{K} \times \ln\left(\frac{294.8}{800}\right) = -3.973 \text{kJ/K}$

$S_2 = 100 \times 4.185 \text{kJ/kg} \cdot \text{K} \times \ln\left(\frac{294.8}{290}\right) = 6.87 \text{kJ/K}$

$S_o = -3.973 + 6.87 = 2.897 \text{kJ/K}$

정답 | ②

33 　빈출도 ★★

질량 $m$kg의 어떤 기체로 구성된 밀폐계가 AkJ의 열을 받아 $0.5A$kJ의 일을 하였다면, 이 기체의 온도 변화는 몇 K인가? (단, 이 기체의 정압비열은 C_p kJ/kg · K, 정적비열은 C_v kJ/kg · K이다.)

① $\dfrac{A}{mC_v}$　　② $\dfrac{A}{mC_p}$
③ $\dfrac{A}{2mC_v}$　　④ $\dfrac{A}{2mC_p}$

해설

$$\Delta U = m \times C_v \times \Delta T$$

ΔU: 내부에너지(kJ), m: 질량(kg), C_v: 정적비열(kJ/kg · K)

문제에서 $0.5A$kJ 일이라고 하였으므로,
$0.5A = m \times C_v \times \Delta T$
$\Delta T = \dfrac{0.5A}{mC_v} = \dfrac{A}{2mC_v}$

정답 | ③

34 　빈출도 ★★

실린더 속에 250g의 기체가 들어 있다. 피스톤에 의해 기체를 압축했더니 300kJ의 일이 필요하였고, 외부로 200kJ의 열을 방출했다면 이 기체 1kg당 내부에너지의 증가량은 몇 kJ/kg인가?

① 100　　② 200
③ 300　　④ 400

해설

내부에너지의 변화를 식으로 나타내면 아래와 같다.
$Q - W = 300 - 200 = 100 \text{kJ}$
$\dfrac{100 \text{kJ}}{0.25 \text{kg}} = 400 \text{kJ/kg}$

정답 | ④

35 빈출도 ★

다음 카르노 사이클 그림에서 열의 방출은 어느 변화에서 일어나는가?

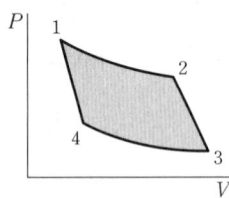

① 1 → 2
② 2 → 3
③ 3 → 4
④ 4 → 1

선지분석

① 1 → 2(등온팽창): 흡열과정으로 외부 열에너지를 내부 에너지로 변환한다.
② 2 → 3(단열팽창): 냉각과정으로 이동하는 과정으로 내부 에너지를 외부 일로 방출한다.
③ 3 → 4(등온압축): 방열과정으로 내부 일에너지를 외부 열에너지로 방출한다.
④ 4 → 1(단열압축): 가열과정으로 내부 일에너지를 내부 에너지로 변환한다.

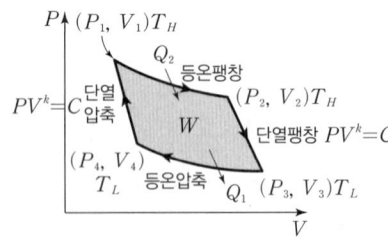

▲ 카르노 사이클

정답 | ③

36 빈출도 ★★

냉동 사이클의 성능계수와 동일한 온도 사이에서 작동하는 역 Carnot 사이클의 성능계수가 관계되는 사항으로서 옳은 것은? (단, T_H=고온부, T_L=저온부의 절대온도이다.)

① 냉동 사이클의 성능계수가 역 Carnot 사이클의 성능계수보다 높다.
② 냉동 사이클의 성능계수는 냉동사이클에 공급한 일을 냉동효과로 나눈 것이다.
③ 역 Carnot 사이클의 성능계수는 $\dfrac{T_L}{T_H-T_L}$로 표시할 수 있다.
④ 냉동 사이클의 성능계수는 $\dfrac{T_H}{T_H-T_L}$로 표시할 수 있다.

해설

이론적인 역 Carnot 냉동 사이클의 성능계수(COP)는 다음과 같이 표현된다.

$$COP = \frac{T_L}{T_H - T_L}$$

COP: 성능계수, T_H: 고온부 온도, T_L: 저온부 온도

정답 | ③

37 빈출도 ★★

다음 중 강도성 상태량이 아닌 것은?

① 압력
② 온도
③ 비체적
④ 체적

해설

- 강도성 상태량(세기의 상태량): 질량과 관계가 없으며 온도, 압력, 밀도, 비체적, 농도, 비열, 열전달률 등이 있다.
- 용량성 상태량(크기의 상태량): 질량과 관계가 있으며 질량, 부피, 일, 내부에너지, 엔탈피, 엔트로피 등이 있다.

정답 | ④

38 빈출도 ★★

1.5MPa, 250℃의 공기 5kg이 폴리트로픽 지수 1.3인 폴리트로픽 변화를 통해 팽창비가 5가 될 때까지 팽창하였다. 이 때 내부에너지의 변화는 약 몇 kJ 인가? (단, 공기의 정적비열은 0.72kJ(kg · K)이다.)

① -1,002
② -721
③ -144
④ -72

해설

$$dU = m \times C_v \times \Delta T = m \times C_v \times (T_2 - T_1)$$

dU: 내부에너지 변화량(kJ), m: 질량(kg),
C_v: 정적비열(kJ/kg · K), ΔT: 온도차(K)$(T_2 - T_1)$

문제에서 팽창비는 5라고 하였으므로 팽창비 $\left(\dfrac{V_2}{V_1}\right) = 5$

폴리트로픽 변화에 대한 TV 방정식은
$\dfrac{T_1}{T_2} = \left(\dfrac{V_2}{V_1}\right)^{n-1}$을 이용하여 계산한다.

$\dfrac{273 + 250}{T_2} = 5^{1.3-1}$

$T_2 = 322.709$

따라서 내부에너지 변화량을 구하면
$U = 5 \times 0.72 \times (322.709 - (250 + 273)) = -721\text{kJ}$

정답 | ②

39 빈출도 ★★

이상기체 1mol이 그림의 b과정(2 → 3 과정)을 따를 때 내부에너지의 변화량은 약 몇 J인가? (단, 정적비열은 $1.5 \times R$이고, 기체상수 R은 8.314kJ/kmol · K이다.)

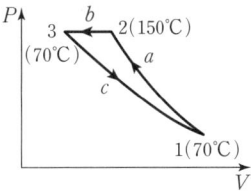

① -333
② -665
③ -998
④ -1,662

해설

$$dU = nC_v \times (T_2 - T_1)$$

dU: 에너지 변화량(J), n: 몰 수(mol),
C_v: 정적비열(kJ/kmol · K), T_1: 초기 온도(K),
T_2: 나중 온도(K)

$dU = nC_v \times (T_2 - T_1)$
$= 1 \times (1.5 \times R) \times ((273 + 70) - (273 + 150))$
$= 1.5 \times 8.314 \times (-80) = -998\text{J}$

정답 | ③

40 빈출도 ★★

피스톤이 설치된 실린더에 압력 0.3MPa, 체적 $0.8m^3$ 인 습증기 4kg이 들어있다. 압력이 일정한 상태에서 가열하여 습증기의 건도가 0.9가 되었을 때 수증기에 의한 일은 몇 kJ인가? (단, 0.3MPa에서 비체적은 포화액이 $0.001m^3/kg$, 건포화증기가 $0.60m^3/kg$ 이다.)

① 205.5
② 237.2
③ 305.5
④ 408.1

해설

정압가열에 의한 부피팽창이므로 이에 수증기에 의한 일을 구하는 식은 다음과 같다.

$$W = P \times m \times (V_d - V_1)$$

W: 수증기 일(kJ), P: 압력(kPa), m: 질량(kg),
V_d: 건도 x의 비체적(m^3/kg), V_1: 초기 비체적(m^3/kg)

초기 습증기의 비체적$(V_1) = \dfrac{0.8m^3}{4} = 0.2m^3/kg$

건도 x인 습증기 비체적$(V_d) = V_1 + x(V_d - V_1)$
$= 0.001 + 0.9 \times (0.6 - 0.001) = 0.5401 m^3/kg$
$W = 300 \times 4 \times (0.5401 - 0.2) = 408.12 kJ$

정답 | ④

계측방법

41 빈출도 ★★

방사온도계의 발신부를 설치할 때 다음 중 어떠한 식이 성립하여야 하는가? (단, l: 렌즈로부터의 수열판까지의 거리, d: 수열판의 직경, L: 렌즈로부터 물체까지의 거리, D: 물체의 직경이다.)

① $L/D < l/d$
② $L/D > l/d$
③ $L/D = l/d$
④ $L/l < d/D$

해설

방사온도계는 물체로부터 방출되는 복사에너지를 렌즈를 통해 수열판에 집중시켜 온도를 측정하며, 렌즈로부터 수열판까지의 거리가 작을수록 수열판에 집중되는 복사에너지의 양이 많아 정확도가 좋아진다. 이 원리에 따라 거리계수의 공식은 아래와 같다.
$L/D < l/d$: 발신부에서 거리계수가 크도록 설치하여야 한다.

정답 | ①

42 빈출도 ★★

흡습염(염화리튬)을 이용하여 습도 측정을 위해 대기 중의 습도를 흡수하면 흡수체 표면에 포화용액층을 형성하게 되는데, 이 포화용액과 대기와의 증기 평형을 이루는 온도는 측정하는 방법은?

① 흡습법
② 이슬점법
③ 건구습도계법
④ 습구습도계법

해설

이슬점(노점)법은 포화상태 시 흡습염인 염화리튬을 이용하여 습도 측정을 위해 대기 중의 습도를 흡수하며 흡수체 표면에 포화용액층을 형성하고 대기와의 증기평형을 이루며 온도를 측정한다. 자동제어가 가능하고 고온에서 정도가 높아 측정 시 가열이 필요하다.

정답 | ②

43 빈출도 ★★

서미스터(Thermistor)저항체 온도계의 특성에 대한 설명으로 옳은 것은?

① 저항온도계수는 섭씨온도의 제곱에 비례한다.
② 저항온도계수가 부특성이다.
③ 응답이 느리다.
④ 재현성이 좋다.

해설

온도에 따라 저항 값이 변하는 저항온도계수는 부특성을 가진다.

관련개념 서미스터(Thermistor)

- 고온 측정에 적합하고 온도계수가 금속에 비하여 매우 크다.
- 내열성과 내구성, 내식성이 우수하다.
- 회로 보호, 배터리 등 전기 재료의 열전도도 측정이 가능하며 다양한 용도로 쓰인다.
- 전기저항으로 측정하여 응답이 빠르고 감도가 높아 도선저항에 의한 오차가 작다.
- 흡습 등으로 발생한 열화로 재현성이 나쁘다.
- 측온부를 작게 하여 좁은 장소에 설치가 가능하고 작게 만들수 있어 사용이 편리하다.

정답 ②

44 빈출도 ★★

구조와 원리가 간단하여 고압 밀폐탱크의 액면제어용으로 주로 사용되는 액면계는?

① 편위식 액면계
② 차압식 액면계
③ 기포식 액면계
④ 부자식 액면계

해설

부자식 면적 유량계는 플루트식 유량계라고도 하며, 수직으로 설치된 관에서 부자의 움직임의 상하 차이를 측정한다. 액면이 심하게 움직이는 곳(대유량 등)에 사용이 어렵다.

정답 ④

45 빈출도 ★

부르동관 압력계로 측정한 압력이 $5kg/cm^2$이었다. 이 때 부유피스톤 압력계 추의 무게가 $10kg$이고, 펌프 실린더의 직경이 $8cm$, 피스톤 지름이 $4cm$라면 피스톤의 무게는 약 몇 kg인가?

① 38.2
② 52.8
③ 72.9
④ 99.4

해설

$$압력 = \frac{무게(F)}{면적(A)} = \frac{F}{\frac{\pi D^2}{4}}$$

무게(F)=추의 무게+피스톤의 무게이므로

$$압력 = \frac{10 + F_{피스톤}}{\left(\frac{\pi \times 4^2}{4}\right)}$$

$$5 = \frac{10 + F_{피스톤}}{12.566}$$

$F_{피스톤} = 52.83kg$

정답 ②

46 빈출도 ★★

다음 중 실제 값이 나머지 3개와 다른 값을 갖는 것은?

① $460°R$
② $273.15K$
③ $32°F$
④ $0°C$

선지분석

① $460°R = -17.56°C$
② $273.15K = 0°C$
③ $32°F = 0°C$
④ $0°C$

관련개념 온도 변환

$K = °C + 273.15$

$°F = \frac{9}{5}°C + 32$

$°R = °F + 460$

정답 ①

47 빈출도 ★★

단열식 열량계로 석탄 1.5g을 연소시켰더니 온도가 4℃ 상승하였다. 통내 물의 질량이 2,000g, 열량계의 물당량이 500g일 때 이 석탄의 발열량은 약 몇 J/g 인가? (단, 물의 비열은 4.19J/g·℃이다.)

① 2.23×10^4
② 2.79×10^4
③ 4.19×10^4
④ 6.98×10^4

해설

단열식 열량계로 석탄의 발열량을 구하는 공식은 다음과 같다.

$$Q = \frac{C \times T_a \times (m_a + m_b)}{m_o}$$

Q: 발열량(J/g), C: 비열(J/g·℃), T_a: 온도 변화량(℃),
m_a: 통 내 물의 질량(g), m_b: 열량계의 물 질량(g),
m_o: 시료의 양(g)

$$Q = \frac{4.19\text{J/g}\cdot\text{℃} \times 4\text{℃} \times (2,000+500)\text{g}}{1.5\text{g}}$$
$$= 27,933.33\text{J/g} = 2.79 \times 10^4 \text{J/g}$$

정답 | ②

48 빈출도 ★★

열전대의 냉접점에 대한 설명으로 옳은 것은?

① 감온접점이라고도 한다.
② 측온 물체에 닿는 접점이다.
③ 냉각을 하여 항상 0℃를 유지한 점이다.
④ 자동평형 계기에서의 냉접점은 0℃ 이하로 유지한다.

해설

열전대 측정에서 냉접점을 0℃로 유지하기 위해 물이나 얼음을 사용하여 냉각한다.

선지분석

①, ② 측온 물체에 닿는 접점은 감온접점이라고 한다.
④ 자동평형 계기는 0℃를 기준으로 하며 0℃보다 낮은 온도는 포함되지 않는다.

정답 | ③

49 빈출도 ★★

다음 그림과 같은 U자관에서 유도되는 식은?

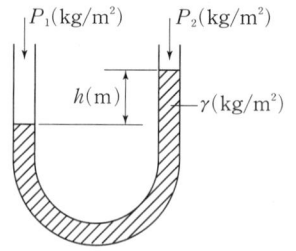

① $P_1 = P_2 - h$
② $h = \gamma(P_1 - P_2)$
③ $P_1 + P_2 = \gamma h$
④ $P_1 = P_2 + \gamma h$

해설

U자관에서의 유체 흐름은 파스칼의 원리를 응용하며, 액주 하단부 경계면의 수평선에 작용하는 압력은 동일하다.
$P_1 = P_2 + \gamma h$

정답 | ④

50 빈출도 ★★

오벌(Oval)식 유량계의 특징에 대한 설명으로 틀린 것은?

① 타원형 치차의 맞물림을 이용하므로 비교적 측정 정도가 높다.
② 유량계의 앞부분에 여과기(Strainer)를 설치하지 않아도 된다.
③ 설치가 간단하고 내구력이 우수하다.
④ 기체 유량측정은 불가능하다.

해설

오벌 유량계는 적산식 유량계의 일종으로, 통과하는 유체의 이물질(고체, 먼지 등)이 발생하면 측정이 정확하지 않아 여과기를 설치하여야 한다.

정답 | ②

51 빈출도 ★★★

국제단위계(SI)를 분류한 것으로 옳지 않은 것은?

① 기본단위
② 유도단위
③ 보조단위
④ 응용단위

해설

- 기본단위: 국제단위계에서 정한 단위로 길이(m), 질량(kg), 시간(s), 물질량(mol), 절대온도(K), 광도(cd), 전류(A) 총 7개가 있다.
- 유도단위: 국제단위계에서 기본단위를 조합하여 유도하는 형성단위이다. 속도(m/s), 가속도(m/s^2), 힘(kg·m/s^2), 압력(N/m^2), 열량(J), 비열(J/kg·K) 등이 있다.
- 보조단위: 기본단위와 유도단위의 사용상 편의를 위한 특별한 단위로, ℃, °F, rad 등이 있다.
- 특수단위: 기본, 보조, 유도단위 외 계측하기 어렵거나 특수한 용도에 편리하도록 정의된 단위로, 에너지, 비중, 습도, 인장강도, 방사능 등이 있다.

정답 | ④

52 빈출도 ★

개수로에서의 유량은 위어(Weir)로 측정한다. 다음 중 위어(Weir)에 속하지 않는 것은?

① 예봉 위어
② 이각 위어
③ 삼각 위어
④ 광정 위어

해설

위어는 개수로 상 횡단을 가로막아 하천을 횡단하는 일부 또는 전부의 물을 월류하도록 만든 유출구 시설을 말하며, 예봉 위어, 삼각 위어(V위어), 광정 위어(광봉 위어), 사각 위어, 사다리꼴 위어 등이 있다.

정답 | ②

53 빈출도 ★

벤투리미터(Venturi Meter)의 특성으로 옳은 것은?

① 오리피스에 비해 가격이 저렴하다.
② 압력손실이 적고 측정 정도가 높다.
③ 오리피스에 비해 공간을 적게 차지한다.
④ 파이프와 목 부분의 지름비를 변화시킬 수 있다.

선지분석

① 오리피스에 비해 비교적 가격이 높다.
② 비교적 낮은 압력 손실이 발생하여 측정 정도가 높다.
③ 오리피스에 비해 설치 공간이 많이 필요하다.
④ 파이프와 목 부분의 지름비는 고정되어 있다.

정답 | ②

54 빈출도 ★★

1,500K의 완전방사체 표면으로부터 방출되는 전방사에너지는 약 몇 W/cm^{2}인가? (단, 스테판-볼츠만 상수는 5.67×10^{-12} W/cm^2·K이다.)

① 26.7
② 28.7
③ 30.7
④ 32.7

해설

스테판 볼츠만 공식은 다음과 같다.

$$E = \sigma \times T_a^4$$

E: 전방사에너지(W/cm^2),
σ: 스테판-볼츠만 상수(W/cm^2·K^4), T_a: 진온도(K)

$E = (5.67 \times 10^{-12}) \times 1,500^4 = 28.7$ W/cm^2

정답 | ②

55 빈출도 ★★

자동제어계에서 안정성의 척도가 되는 것은?

① 감쇠
② 정상편차
③ 지연시간
④ 오버슈트(Overshoot)

해설

오버슈트는 제어시스템의 계단변화가 도입된 후 제어량의 최종적인 값(목표값) 초과 시 나타나는 최대초과량을 의미한다. 제어시스템의 안전성과 성능을 평가하는 척도로 활용한다.

정답 | ④

56 빈출도 ★

오르자트식 가스분석계에서 CO_2 측정을 위해 일반적으로 사용하는 흡습제는?

① 발연 황산액
② 수산화칼륨 수용액
③ 알칼리성 피로갈롤 용액
④ 암모니아성 염화제1구리 용액

해설

CO_2는 KOH(수산화칼륨) 30% 수용액으로 흡수한다.

관련개념 가스분석장치의 흡수가스와 흡수제
- CO_2: KOH 30% 수용액
- C_mH_n: 발연황산(진한 황산)
- O_2: 알칼리성 피로갈롤 용액
- CO: 암모니아성 염화 제1구리 용액

정답 | ②

57 빈출도 ★

석유화학, 화약공장과 같은 화기의 위험성이 있는 곳에 사용되며 신뢰성이 높은 입력신호 전송방식은?

① 공기압식
② 유압식
③ 전기식
④ 유압식과 전기식의 결합

해설

공기압식은 전기신호가 아닌 공기압으로 이용하기 때문에 화기 위험이 있는 곳에서 안정성이 있다.

정답 | ①

58 빈출도 ★★

보일러의 자동제어 중에서 A.C.C.이 나타내는 것은 무엇인가?

① 연소제어
② 급수제어
③ 온도제어
④ 유압제어

해설

연소제어(A.C.C. Automatic Combustion Control)는 발생되는 증기 또는 온수의 압력(온도)까지 일정한 값을 유지하기 위해 연소의 양을 자동제어한다.

정답 | ①

59 빈출도 ★★
다음 중 습도계의 종류로 가장 거리가 먼 것은?

① 모발 습도계
② 듀셀 노점계
③ 초음파식 습도계
④ 전기저항식 습도계

해설

초음파식은 유량계 및 액면계의 종류이다.

정답 | ③

60 빈출도 ★
다음 중 속도 수두 측정식(방식) 유량계는?

① Delta 유량계
② Oval 유량계
③ Annubar 유량계
④ Thermal 유량계

선지분석

① Delta 유량계: 차압식 유량계이다.
② Oval 유량계: 용적식 유량계이다.
③ Annubar 유량계: 속도 수두 측정용 유량계이다.
④ Thermal 유량계: 열량변화로 질량유량을 측정하는 유량계이다.

정답 | ③

열설비재료 및 관계법규

61 빈출도 ★
에너지이용 합리화법령에 따라 에너지다소비사업자가 산업통상자원부령으로 정하는 바에 따라 신고하여야 하는 사항이 아닌 것은?

① 전년도의 분기별 에너지 사용량·제품 생산량
② 에너지사용기자재의 현황
③ 해당 연도의 분기별 에너지 사용예정량·제품 생산예정량
④ 에너지이용효과·에너지수급체계의 영향분석현황

해설

「에너지이용 합리화법 제31조」
- 전년도의 분기별 에너지사용량·제품생산량
- 해당 연도의 분기별 에너지사용예정량·제품생산예정량
- 에너지사용기자재의 현황
- 전년도의 분기별 에너지이용 합리화 실적 및 해당 연도의 분기별 계획
- 위 사항에 관한 업무를 담당하는 자의 현황

정답 | ④

62 빈출도 ★★★
도염식요는 조업방법에 의해 분류할 경우 이떤 형식인가?

① 불연속식
② 반연속식
③ 연속식
④ 불연속식과 연속식과 절충형식

해설

작업방식	종류
연속식	윤요(고리가마), 터널요, 견요, 회전요
반연속식	등요, 셔틀요
불연속식	횡염식요, 승염식요, 도염식요

정답 | ①

63 빈출도 ★

다음 보기에서 설명하는 배관의 종류는?

> • 350℃ 이하의 온도에서 압력 9.8N/mm² 이상의 배관에서 사용한다.
> • 고압배관용 탄소강관이다.

① SPPH
② SPPS
③ SPHT
④ SPPW

해설

고온 배관용 탄소강 강관(SPPH)은 고압배관용 탄소강관으로 9.8N/mm² 이상의 압력에 사용되며, 350℃ 이하의 과열증기 등의 배관용으로 사용된다.

관련개념 배관의 종류 및 특징

배관의 종류	용도별 특징
일반 배관용 탄소강관(SPP)	• 사용압력은 10kg/cm² 이하이다. • 증기, 물, 기름, 가스 및 공기 등 널리 사용한다.
압력배관용 탄소강관(SPPS)	• 보일러의 증기관, 유압관, 수압관 등의 압력배관에 사용된다. • 사용압력은 10~100kg/cm², 온도는 350℃ 이하이다.
고온 배관용 탄소강관(SPPH)	350℃ 온도의 과열증기 등의 배관용으로 사용된다.
저온 배관용 탄소강관(SPLT)	빙점 0℃ 이하 낮은 온도에서 사용된다.
수도용 아연도금 강관(SPPW)	주로 정수두 100m 이하의 급수배관용으로 사용된다.
배관용 아크용접 탄소강관(SPW)	사용압력 10kg/cm²의 낮은 증기, 물 기름 등에 사용한다.
배관용 합금강관(SPA)	합금강을 말하며, 주로 고온, 고압에 사용된다.

정답 | ①

64 빈출도 ★

요로에 대한 설명으로 틀린 것은?

① 재료를 가열하여 물리적 및 화학적 성질을 변화시키는 가열장치이다.
② 석탄, 석유, 가스, 전기 등의 에너지를 다량으로 사용하는 설비이다.
③ 사용목적은 연료를 가열하여 수증기를 만들기 위함이다.
④ 조업방식에 따라 불연속식, 반연속식, 연속식으로 분류된다.

해설

요로의 사용목적은 물체(피열물)를 가열하여 가공 및 생산하기 위함이다.

정답 | ③

65 빈출도 ★★

매끈한 원관 속을 흐르는 유체의 레이놀즈수가 1,800일 때의 관마찰계수는?

① 0.013
② 0.015
③ 0.036
④ 0.053

해설

레이놀즈수가 1,800인 경우 층류 흐름 형태이며, 관마찰계수를 구하는 공식은 아래와 같다.

$$f = \frac{64}{Re}$$

f: 관마찰계수, Re: 레이놀즈수

$f = \dfrac{64}{1,800} = 0.036$

정답 | ③

66 빈출도 ★★

에너지이용 합리화법령에 따라 효율관리기자재의 제조업자 또는 수입업자는 효율관리시험기관에서 해당 효율관리기자재의 에너지 사용량을 측정 받아야 한다. 이 시험기관은 누가 지정하는가?

① 과학기술정보통신부장관
② 산업통상자원부장관
③ 기획재정부장관
④ 환경부장관

해설

「에너지이용 합리화법 제15조」
산업통상자원부장관은 에너지이용 합리화를 위하여 필요하다고 인정하는 경우에는 일반적으로 널리 보급되어 있는 에너지사용기자재 또는 에너지관련기자재로서 산업통상자원부령으로 정하는 기자재에 대하여 다음 사항을 정하여 고시하여야 한다.

정답 | ②

67 빈출도 ★★★

에너지이용 합리화법령상 효율관리기자재의 제조업자가 효율관리시험기관으로부터 측정결과를 통보받은 날 또는 자체측정을 완료한 날부터 그 측정결과를 며칠 이내에 한국에너지공단에 신고하여야 하는가?

① 15일
② 30일
③ 60일
④ 90일

해설

「에너지이용 합리화법 시행규칙 제9조」
효율관리기자재의 제조업자 또는 수입업자는 효율관리시험기관으로부터 측정 결과를 통보받은 날 또는 자체측정을 완료한 날부터 각각 90일 이내에 그 측정 결과를 법 제45조에 따른 한국에너지공단에 신고하여야 한다. 이 경우 측정 결과 신고는 해당 효율관리기자재의 출고 또는 통관 전에 모델별로 하여야 한다.

정답 | ④

68 빈출도 ★★

터널가마의 일반적인 특징이 아닌 것은?

① 소성이 균일하여 제품의 품질이 좋다.
② 온도조절의 자동화가 쉽다.
③ 열효율이 좋아 연료비가 절감된다.
④ 사용연료의 제한을 받지 않고 전력소비가 적다.

해설

사용연료의 제한을 받으므로 전력소비가 크다.

관련개념 터널가마(터널요, Tunnel kiln)

(1) 개요
터널형의 가마로 피소성체를 연속적으로 통과시켜 예열, 소성, 냉각 과정을 통해 제품을 완성시킨다.

(2) 특징
- 소성시간이 짧고 소성이 균일하여 제품의 품질이 좋다.
- 배기가스 현열로 예열을 하며, 열효율이 좋아 연료비가 절감된다.
- 생산량 조정이 힘들며, 소량생산에 적합하지 않다.
- 연속요로 연속적으로 처리할 수 있는 시설이 필요하며 건설비가 비싸다.
- 사용연료의 제한을 받으므로 전력소비가 크다.

정답 | ④

69 빈출도 ★★★

에너지 이용 합리화법령에 따라 냉난방온도의 제한온도 기준 중 난방온도는 몇 ℃ 이하로 정해져 있는가?

① 18
② 20
③ 22
④ 26

해설

「에너지이용 합리화법 시행규칙 제31조의2」
냉난방온도의 제한온도를 정하는 기준은 다음과 같다. 다만, 판매시설 및 공항의 경우에 냉방온도는 25℃ 이상으로 한다.
- 냉방: 26℃ 이상
- 난방: 20℃ 이하

정답 | ②

70 빈출도 ★★

길이 7m, 외경 200mm, 내경 190mm의 탄소강관에 360℃ 과열증기를 통과시키면 이때 늘어나는 관의 길이는 몇 mm인가? (단, 주위온도는 20℃이고, 관의 선팽창계수는 0.000013mm/mm · ℃이다.)

① 21.15
② 25.71
③ 30.94
④ 36.48

해설

선팽창계수를 이용하여 온도변화에 따른 탄소강관의 늘어난 길이를 확인한다.

$$\Delta L = L_0 \times \alpha \times \Delta T$$

L: 길이(mm), α: 선팽창계수(mm/mm · ℃), ΔT: 온도차(℃)

$\Delta L = 7,000 \times 0.000013 \times (360-20) = 30.94$mm

정답 | ③

71 빈출도 ★★

에너지이용 합리화법의 목적이 아닌 것은?

① 에너지의 합리적인 이용을 증진
② 국민경제의 건전한 발전에 이바지
③ 지구온난화의 최소화에 이바지
④ 신재생에너지의 기술개발에 이바지

해설

「에너지이용 합리화법 제1조」
이 법은 에너지의 수급을 안정시키고 에너지의 합리적이고 효율적인 이용을 증진하며 에너지소비로 인한 환경피해를 줄임으로써 국민경제의 건전한 발전 및 국민복지의 증진과 지구온난화의 최소화에 이바지함을 목적으로 한다.

정답 | ④

72 빈출도 ★★★

인정검사대상기기 조정자의 교육을 이수한 사람의 조정범위는 증기보일러로서 최고사용압력이 1MPa 이하이고 전열면적이 얼마 이하일 때 가능한가?

① $1m^2$
② $5m^2$
③ $10m^2$
④ $50m^2$

해설

「에너지이용합리화법 시행규칙 별표 3의9」
검사대상기기관리자의 자격 및 조종범위

관리자의 자격	관리범위
에너지관리기능장, 에너지관리기사, 에너지관리산업기사, 에너지관리기능사 또는 인정검사대상기기관리자의 교육을 이수한 자	• 증기보일러로서 최고사용압력이 1MPa 이하이고, 전열면적이 10제곱미터 이하인 것 • 온수발생 및 열매체를 가열하는 보일러로서 용량이 581.5킬로와트 이하인 것 • 압력용기

정답 | ③

73 빈출도 ★

다음 중 샤모트질계 내화물의 주성분은?

① 마그네사이트($MgCO_3$)
② 납석($Al_2O_3 \cdot 4SiO_3 \cdot H_2O$)
③ 크로마이트($Cr_2O_3 \cdot FeO$)
④ 카올리나이트($Al_2O_3 \cdot 2SiO_2 \cdot 2H_2O$)

해설

샤모트질계 내화물은 내화성이 뛰어난 물질로 알루미나와 굳힌 광물질인 카올리나이트($Al_2O_3 \cdot 2SiO_2 \cdot 2H_2O$)가 주성분을 구성한다.

정답 | ④

74 빈출도 ★

산업통상자원부장관이 고시하는 인력을 갖춘 경우 에너지 사용계획 수립대행기관으로 지정 받을 수 있는 자는?

① 정부투자기관
② 정부출연기관
③ 대학부설 에너지 관계 연구소
④ 기술사법에 의하여 기술사사무소의 개설등록을 한 기술사

해설

「에너지이용 합리화법 시행령 제22조」
에너지사용계획의 수립을 대행할 수 있는 기관은 다음 하나에 해당하는 자로서 산업통상자원부장관이 정하여 고시하는 인력을 갖춘 자로 한다.
- 국공립연구기관
- 정부출연연구기관
- 대학부설 에너지 관계 연구소
- 엔지니어링사업자 또는 기술사사무소의 개설등록을 한 기술사
- 에너지절약전문기업

정답 ③

75 빈출도 ★★

에너지이용 합리화법령에 따라 냉난방온도의 제한 대상 건물에 해당하는 것은?

① 연간 에너지사용량이 5백 티오이 이상인 건물
② 연간 에너지사용량이 1천 티오이 이상인 건물
③ 연간 에너지사용량이 1천5백 티오이 이상인 건물
④ 연간 에너지사용량이 2천 티오이 이상인 건물

해설

「에너지이용 합리화법 시행령 제42조2」
냉난방온도를 제한하는 건물이란 연간 에너지사용량이 2천티오이 이상인 건물을 말한다.

정답 ④

76 빈출도 ★★

탄화규소(SiC)질 내화물에 대한 설명으로 옳지 않은 것은?

① 열전도율이 크다.
② 고온에서 산화되기 쉽다.
③ 내화도, 하중연화온도가 높다.
④ 구조적 스폴링을 일으키기 쉽다.

해설

구조적 안정성이 높아 구조적 스폴링이 적게 발생한다.
탄화규소질 내화물은 내열충격, 내화도 및 내마모성 등이 우수한 내화물로, 고온에 강도가 우수하며 산화시 SiO_2(이산화규소)가 생성된다.

정답 ④

77 빈출도 ★★

내화물의 구비조건으로 틀린 것은?

① 사용온도에서 연화, 변형되지 않을 것
② 상온 및 사용온도에서 압축강도가 클 것
③ 열에 의한 팽창 수축이 클 것
④ 내마모성 및 내침식성을 가질 것

해설

고온 및 재가열 시 수축 팽창이 작아야 한다.

관련개념 내화물의 구비조건
- 상온에서는 압축강도가 커야 한다.
- 내마모성 및 내침식성과 사용온도에 맞는 열전도율을 가져야 한다.
- 고온 및 재가열 시 수축 팽창이 적어야 한다.
- 스폴링 현상이 적고, 사용온도에 연화변형을 하지 않아야 한다.

정답 ③

78 빈출도 ★★

에너지이용 합리화법령상 검사대상기기에 대한 검사의 종류가 아닌 것은?

① 계속사용검사
② 개방검사
③ 개조검사
④ 설치장소 변경검사

해설

「에너지이용 합리화법 시행규칙 별표 3의4」
검사의 종류에는 제조검사(용접검사, 구조검사), 설치검사, 개조검사, 설치장소 변경검사, 재사용검사, 계속사용검사(안전검사, 운전성능검사)가 있다.

정답 | ②

79 빈출도 ★★

단열재를 사용하지 않는 경우의 방출열량이 350W이고, 단열재를 사용할 경우의 방출열량이 100W라 하면 이 때의 보온효율은 약 몇 %인가?

① 61
② 71
③ 81
④ 91

해설

$$보온효율(\eta) = \frac{보온전\ 손실열량 - 보온후\ 손실열량}{보온전\ 손실열량}$$
$$= \frac{350 - 100}{350} \times 100 = 71\%$$

정답 | ②

80 빈출도 ★★

에너지법에 의한 에너지 총 조사는 몇 년 주기로 시행하는가?

① 2년
② 3년
③ 4년
④ 5년

해설

「에너지법 시행령 제15조」
에너지 총조사는 3년마다 실시하되, 산업통상자원부장관이 필요하다고 인정할 때에는 간이조사를 실시할 수 있다.

정답 | ②

열설비 설계

81 빈출도 ★

보일러용 급수 1L를 분석한 결과 탄산칼슘이 2mg이 포함되어 있다. 이 급수의 탄산칼슘($CaCO_3$) 경도는 몇 ppm인가?

① 0.5ppm
② 2ppm
③ 4ppm
④ 20ppm

해설

ppm 단위는 물 1,000mL 중 함유한 시료의 양을 mg으로 표시한 것이다.

$$ppm = \frac{CaCO_3\ 함량(mg)}{1,000mL} = \frac{2mg}{1,000mL} = 2ppm(1,000mL)$$

정답 | ②

82

파형노통의 최소 두께가 10mm, 노통의 평균지름이 1,200mm일 때, 최고사용압력은 약 몇 MPa인가? (단, 끝의 평형부 길이가 230mm 미만이며, 정수 C는 985이다.)

① 0.56
② 0.63
③ 0.82
④ 0.95

해설

파형 노통의 최고사용압력을 구하는 식은 다음과 같다.

$$P = \frac{C \times t}{D}$$

t: 최소 두께(mm), P: 최고사용압력(kg/cm^2),
D: 평균 내경(mm), C: 노통의 종류에 따른 상수

$P = \frac{985 \times 10}{1,200} = 8.2\text{kg/cm}^2 = 0.82\text{MPa}$

※ 1kg/cm^2 = 0.1MPa

정답 | ③

83

그림과 같은 노냉수벽의 전열면적(m^2)은? (단, 수관의 바깥지름 30mm, 수관의 길이 5m, 수관의 수 200개이다.)

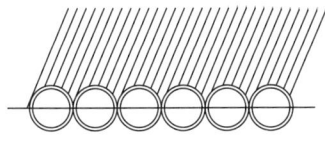

① 24
② 47
③ 72
④ 94

해설

노냉수벽의 전열면적 구하는 공식은 다음과 같다.
빗금 친 부분은 단열재 피복된 부분으로 해당 전열면적은 전체의 0.5가 된다.

$$A = \pi D \times L \times n \times 0.5$$

A: 전열면적(m^2), D: 지름(m), L: 길이(m), n: 수관 수

$A = (\pi \times 0.03) \times 5 \times 200 \times 0.5 = 47.12\text{m}^2$

정답 | ②

84

다음 중 증기와 응축수의 온도 차이를 이용하여 작동하는 증기트랩은?

① 플로트식
② 상향버켓식
③ 오리피스식
④ 바이메탈식

해설

바이메탈은 두 개의 서로 다른 금속이 접촉된 온도조절 장치로, 포화증기와 응축수의 온도 차이를 이용하여 작동한다.

정답 | ④

85

안지름이 30mm, 두께가 2.5mm인 절탄기용 주철관의 최소 분출압력(MPa)은? (단, 재료의 허용인장응력은 80MPa이고, 핀붙이를 하였다.)

① 0.92
② 1.14
③ 1.31
④ 2.61

해설

절탄기용 주철관의 최소 분출압력 구하는 공식은 아래와 같다.

$$t = \frac{P \times D}{2 \times \sigma - 1.2 \times P} + \alpha$$

P: 최고사용압력(MPa), D: 안지름(mm),
σ: 허용응력(MPa), t: 두께(mm), a: 핀 부착 경우 2mm, 핀 부착하지 않은 경우 4mm

$2.5 = \frac{P \times 30}{2 \times 80 - (1.2 \times P)} + 2$

$P = 2.61\text{MPa}$

정답 | ④

86 빈출도 ★

보일러 방출관의 크기는 전열면적에 따라 정할 수 있다. 전열면적 20m² 이상인 방출관의 안지름은 몇 mm 이상이어야 하는가?

① 25 ② 30
③ 40 ④ 50

해설

보일러의 전열면적	방출관 안지름
10m² 미만	25mm
10m² 이상 15m² 미만	30mm
15m² 이상 20m² 미만	40mm
20m² 이상	50mm

정답 | ④

87 빈출도 ★★

표면응축기의 외측에 증기를 보내며 관속에 물이 흐른다. 사용하는 강관의 내경이 30mm, 두께가 2mm이고 증기의 전열계수는 6,000kcal/m²·h·℃, 물의 전열계수는 2,500kcal/m²·h·℃이다. 강관의 열전도도가 35kcal/m·h·℃일 때 총괄전열계수(kcal/m²·h·℃)는?

① 16 ② 160
③ 1,603 ④ 16,031

해설

총괄전열계수의 공식은 다음과 같다.

$$U = \frac{1}{R_t} = \frac{1}{\frac{1}{R_1} + \frac{t}{\lambda} + \frac{1}{R_2}}$$

R_t: 열저항, R_1: 물의 전열(kcal/m²·h·℃),
λ: 강관열전도도(kcal/m·h·℃), t: 두께(m),
R_2: 증기전열계수(kcal/m²·h·℃)

$$U = \frac{1}{\frac{1}{2,500} + \frac{0.002}{35} + \frac{1}{6,000}} = 1,603 \text{kcal/m}^2 \cdot \text{h} \cdot \text{℃}$$

정답 | ③

88 빈출도 ★

용접봉 피복제의 역할이 아닌 것은?

① 용융금속의 정련작용을 하며 탈산제 역할을 한다.
② 용융금속의 급냉을 촉진시킨다.
③ 용융금속에 필요한 원소를 보충해 준다.
④ 피복제의 강도를 증가시킨다.

해설

피복제는 용융점이 낮은 슬래그를 생성하고 용융금속의 급냉을 방지한다.

정답 | ②

89 빈출도 ★★

증기압력 120kPa의 포화증기(포화온도 104.25℃, 증발잠열 2,245kJ/kg)를 내경 52.9mm, 길이 50m인 강관을 통해 이송하고자 할 때 트랩 선정에 필요한 응축수량(kg)은? (단, 외부온도 0℃, 강관의 질량 300kg, 강관비열 0.46 kJ/kg·℃이다.)

① 4.4 ② 6.4
③ 8.4 ④ 10.4

해설

열보존법칙에 의해 포화수가 잃은 열손실량과 응축수가 얻은 응축수량은 같다.
열손실량 = 비열(C) × 질량(m) × 온도차(ΔT)
= 0.46kJ/kg·℃ × 300kg × (104.25 − 0)℃
= 14,386.5kJ/℃
열손실량 = 응축수량
응축수가 얻은 응축수량 = 필요한 응축수량(m) × 증발잠열(R)
14,386.5 = m × 2,245kJ/kg
m = 6.4kg

정답 | ②

90 빈출도 ★★

입형 보일러의 특징에 대한 설명으로 틀린 것은?

① 설치 면적이 좁다.
② 전열면적이 적고 효율이 낮다.
③ 증발량이 적으며 습증기가 발생한다.
④ 증기실이 커서 내부 청소 및 검사가 쉽다.

해설

증기실이 작아 내부 청소 및 검사가 어렵다.

관련개념 입형 보일러

(1) 개요
보일러 동체에 감겨진 코일로 가열하여 온수를 얻는 보일러로 주택, 점포, 소규모 건물에 사용된다.

(2) 특징
• 설치면적이 작고 취급이 간편하다.
• 구조가 간단하여 가격이 저렴하다.
• 전열면적이 작고 소용량으로 효율이 낮다.
• 증발량이 적어 습증기가 발생한다.
• 증기실이 작아 내부 청소 및 검사가 어렵다.

정답 | ④

91 빈출도 ★★

다음 중 보일러수를 pH 10.5~11.5의 약알칼리로 유지하는 주된 이유는?

① 첨가된 염산이 강재를 보호하기 때문에
② 보일러의 부식 및 스케일 부착을 방지하기 위하여
③ 과잉 알칼리성이 더 좋으나 약품이 많이 소요되므로 원가를 절약하기 위하여
④ 표면에 딱딱한 스케일이 생성되어 부식을 방지하기 위하여

해설

재료(보일러)의 부식과 스케일 부착을 방지하기 위하여 pH가 10.5~11.5 사이의 약알칼리성을 유지하여야 한다.

정답 | ②

92 빈출도 ★★

보일러 안전사고의 종류가 아닌 것은?

① 노통, 수관, 연관 등의 파열 및 균열
② 보일러 내의 스케일 부착
③ 동체, 노통, 화실의 압궤 및 수관, 연관 등 전열면의 팽출
④ 연도가 노 내의 가스폭발, 역화 그 외의 이상연소

해설

보일러의 내의 스케일 부착은 보일러 효율이 낮아지는 장해 현상이다.

정답 | ②

93 빈출도 ★

수관식 보일러의 특징에 대한 설명 중 틀린 것은?

① 고압, 대용량의 보일러 제작이 가능하다.
② 관수의 순환이 좋아 열응력을 일으킬 염려가 적다.
③ 연소실의 크기 및 형태를 자유롭게 설계할 수 있다.
④ 전열면에 비해 관수보유량이 많아 증기수요에 따른 압력의 변동이 적다.

해설

전열면에 비해 관수보유량이 작아 증기수요에 따른 압력의 변동이 크다.

관련개념 수관식 보일러의 특징

• 보유수량이 적어 부하변동에 대한 압력변동이 적다.
• 고압 대용량으로 쓰이며 패키지형으로 제작이 가능하다
• 연소실 설계가 자유롭고 수관의 배열이 용이하다.
• 드럼이 작고 구조상 고온 고압에 적합하다.
• 구조가 복잡하여 청소 및 검사, 수리가 어렵다.
• 관수처리와 스케일 부착에 주의해야 한다.
• 보일러수의 순환이 좋아 전열면적이 크고 열효율이 높다.

정답 | ④

94 빈출도 ★★

보일러수 내의 산소를 제거할 목적으로 사용하는 약품이 아닌 것은?

① 탄닌
② 아황산나트륨
③ 가성소다
④ 히드라진

해설

용도	종류
용존산소 제거(탈산소제)	아황산나트륨, 히드라진, 탄닌 등
기포방지제	폴리아미드, 에스테르, 알코올 등

정답 | ③

95 빈출도 ★★

열교환기에 입구와 출구의 온도차가 각각 $\Delta\theta'$, $\Delta\theta''$ 일 때 대수평균 온도차($\Delta\theta_m$)의 식은? (단, $\Delta\theta' > \Delta\theta''$이다.)

① $\dfrac{\ln\dfrac{\Delta\theta'}{\Delta\theta''}}{\Delta\theta' - \Delta\theta''}$
② $\dfrac{\ln\dfrac{\Delta\theta''}{\Delta\theta'}}{\Delta\theta' - \Delta\theta''}$
③ $\dfrac{\Delta\theta' - \Delta\theta''}{\ln\dfrac{\Delta\theta'}{\Delta\theta''}}$
④ $\dfrac{\Delta\theta' - \Delta\theta''}{\ln\dfrac{\Delta\theta''}{\Delta\theta'}}$

해설

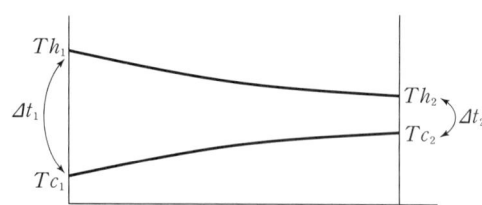

대수평균온도차 공식은 아래와 같다.

$$\Delta\theta_m = \dfrac{\Delta\theta' - \Delta\theta''}{\ln\dfrac{\Delta\theta'}{\Delta\theta''}} = \dfrac{\Delta t_1 - \Delta t_2}{\ln\dfrac{\Delta t_1}{\Delta t_2}}$$

정답 | ③

96 빈출도 ★★

맞대기 이음 용접에서 하중이 3,000kg, 용접 높이가 8mm일 때 용접 길이는 몇 mm로 설계하여야 하는가? (단, 재료의 허용 인장응력은 5kg/mm²이다.)

① 52mm
② 75mm
③ 82mm
④ 100mm

해설

맞대기 용접이음 인장응력 공식은 다음과 같다.

$$D = \sigma \times h \times L$$

D: 하중(kg), σ: 인장응력(kg/mm²), h: 두께(mm), L: 길이(mm)

$$L = \dfrac{D}{\sigma \times h} = \dfrac{3,000}{5 \times 8} = 75\text{mm}$$

정답 | ②

97 빈출도 ★★★

열팽창에 의한 배관의 이동을 구속 또는 제한하는 것을 레스트레인트(Restraint)라 한다. 레스트레인트의 종류에 해당하지 않는 것은?

① 앵커
② 스토퍼
③ 리지드
④ 가이드

해설

리지드는 관의 고정 시 처짐, 굽힘 등을 고려하여 지지물 사이 최대 간격을 설치하는 서포트에 속한다.

관련개념 배관의 구속 및 제한 장치

열팽창이 있을 때, 배관의 이동을 조절 및 제한하는 장치를 레스트레인트라고 하며, 종류는 다음과 같다.

- 앵커: 배관이동이나 회전을 모두 구속하는 장치이다.
- 스토퍼: 특정방향에 대한 이동과 회전을 구속하고 그 외 나머지 방향은 자유롭게 이동할 수 있는 구속장치이다.
- 가이드: 배관의 축과 직각방향의 이동을 구속하고 안내역할을 하는 장치이다.

정답 | ③

98 빈출도 ★

방열 유체의 전열 유니트(NTU)가 3.5, 온도차가 105℃이고, 열교환기의 전열효율이 1일 때 대수평균온도차(LMTD)는?

① 22.3℃ ② 30℃
③ 62℃ ④ 367.5℃

해설

$$\Delta T_m = \frac{\Delta t}{NTU \times \eta}$$

ΔT_m : 대수평균온도차(℃), Δt : 온도차(℃), η : 효율(%)

$$\Delta T_m = \frac{105}{3.5 \times 1} = 30℃$$

정답 | ②

99 빈출도 ★

과열증기의 특징에 대한 설명으로 옳은 것은?

① 관내 마찰저항이 증가한다.
② 응축수로 되기 어렵다.
③ 표면에 고온부식이 발생하지 않는다.
④ 표면의 온도를 일정하게 유지한다.

해설

과열기를 지나고 온도가 높아지면 증기엔탈피가 증가하므로 응축수로 되기 어렵다.

정답 | ②

100 빈출도 ★

증발량 2ton/h, 최고사용압력이 10kg/cm², 급수온도 20℃, 최대 증발률 25kg/m²·h인 원통 보일러에서 평균 증발률을 최대 증발률의 90%로 할 때, 평균 증발량(kg/h)은?

① 1,200 ② 1,500
③ 1,800 ④ 2,100

해설

$$e = \frac{W}{A}$$

e : 보일러 증발률(kg/m²·h), W : 실제 증발량(kg/h), A : 면적(m²)

평균 증발량은 실제 증발량 대신 평균 증발량으로 보일러 증발률은 보일러 평균 증발률로 환산하면 구할 수 있다.

$$25 kg/m^2 \cdot h = \frac{2 \times 10^3 kg/h}{A}$$

$A = 80 m^2$

$$25 kg/m^2 \times 0.9 = \frac{\overline{w}}{80 m^2}$$

$\overline{w} = 1,800 kg/h$

정답 | ③

2023년 2회 CBT 복원문제

연소공학

01 빈출도 ★

공기가 표준대기압 하에 있을 때 산소의 분압은 몇 kPa 인가?

① 1.0
② 21.3
③ 80.0
③ 101.3

해설

산소의 분압＝공기 중 산소비율×표준대기압 이며,
표준대기압＝101.325kPa 이다.
산소의 분압(P_{O_2})＝0.21×101.325＝21.3kPa

정답 | ②

02 빈출도 ★

연소로에서의 흡출(吸出)통풍에 대한 설명으로 틀린 것은?

① 노안은 항상 부압(−)으로 유지된다.
② 가열 연소용 공기를 사용하며 경제적이다.
③ 고온가스에 대한 송풍기의 재질이 견딜 수 있어야 한다.
④ 흡출기로 배기가스를 방출하므로 연돌의 높이에 관계없이 연소할 수 있다.

해설

흡출 통풍 시 가열 연소용 공기를 사용하므로 경제적이지 않다.

정답 | ②

03 빈출도 ★

다음 중 이론공기량에 대하여 가장 옳게 나타낸 것은?

① 완전연소에 필요한 최소공기량
② 완전연소에 필요한 최대공기량
③ 완전연소에 필요한 1차 공기량
④ 완전연소에 필요한 2차 공기량

해설

이론공기량이란 연료를 완전연소시키기 위한 최소한의 공기량을 의미하며, 이론공기량 이하 공급시 불완전연소, 이상인 경우에는 과잉공기 상태가 된다.

정답 | ①

04 빈출도 ★★★

연도가스를 분석한 결과 값이 각각 CO_2 12.6%, O_2 6.4% 일 때 $(CO_2)_{max}$ 값은?

① 15.1%
② 18.1%
③ 21.1%
④ 24.1%

해설

$$(CO_2)_{max} = \frac{21 \times (CO_2)}{21 - O_2}$$

$(CO_2)_{max} = \dfrac{21 \times 12.6}{21 - 6.4} = 18.12\%$

정답 | ②

05 빈출도 ★★

어떤 연료를 분석한 결과 탄소(C), 수소(H), 산소(O), 황(S) 등으로 나타낼 때 이 연료를 연소시키는데 필요한 이론산소량을 구하는 계산식은? (단, 각 원소의 원자량은 산소 16, 수소 1, 탄소 12, 황 32이다.)

① $1.867C + 5.6\left(H + \dfrac{O}{8}\right) + 0.7S [Nm^3/kg]$

② $1.867C + 5.6\left(H - \dfrac{O}{8}\right) + 0.7S [Nm^3/kg]$

③ $1.867C + 11.2\left(H + \dfrac{O}{8}\right) + 0.7S [Nm^3/kg]$

④ $1.867C + 11.2\left(H - \dfrac{O}{8}\right) + 0.7S [Nm^3/kg]$

해설

가연성분(C, H, S)의 완전연소반응식
$C + O_2 \rightarrow CO_2$
$\dfrac{22.4}{12} = 1.867 Nm^3/kg$

$H_2 + \dfrac{1}{2}O_2 \rightarrow H_2O$
$\dfrac{11.2}{2} = 5.6 Nm^3/kg$

$S + O_2 \rightarrow SO_2$
$\dfrac{22.4}{32} = 0.7 Nm^3/kg$

위를 토대로 조성의 이론공기량(Nm^3/kg)을 구하는 식은 다음과 같다.

$$O_o = 1.867C + 5.6\left(H - \dfrac{O}{8}\right) + 0.7S$$

정답 | ②

06 빈출도 ★

백 필터(Bag-filter)에 대한 설명으로 틀린 것은?

① 여과면의 가스 유속은 미세한 더스트일수록 적게 한다.
② 더스트 부하가 클수록 집진율은 커진다.
③ 여포재에 더스트 일차부착층이 형성되면 집진율은 낮아진다.
④ 백의 밑에서 가스백 내부로 송입하여 집진한다.

해설

백필터는 집진장치 중 높은 효율을 가지며, 직물로 된 여포재(여과포)에 더스트(먼지) 일차부착층이 형성되면 함진가스를 통과시킬 때 집진효율이 우수해진다.

정답 | ③

07 빈출도 ★★

목탄이나 코크스 등 휘발분이 없는 고체연료에서 일어나는 일반적인 연소형태는?

① 표면연소
② 분해연소
③ 증발연소
④ 확산연소

해설

표면연소는 고체의 표면에서 열분해나 증발없이 산소가 직접 반응하여 연소하는 형태로, 대표적으로 목탄, 코크스 등이 있다.

관련개념 고체연료의 연소

연소방식	의미	예
표면연소	고체의 표면에서 열분해나 증발없이 산소가 직접 반응하여 연소하는 형태	목탄, 코크스 등
분해연소	열에 의해 고체가 분해되어 가연성 가스가 발생하면서 연소하는 형태	나무, 석탄, 종이, 중유, 플라스틱 등
증발연소	연소 시 고체가 증발하면서 가연성 기체를 발생하는 형태	황, 나프탈렌, 양초, 파라핀 등
자기연소 (내부연소)	산소를 함유하고 있는 고체가 공기 중의 산소를 필요로 하지 않고 그 자체의 산소로 연소하는 형태	TNT, 니트로글리세린, 피크린산 등

정답 | ①

08 빈출도 ★★

다음과 같은 조성을 가진 액체 연료의 연소 시 생성되는 이론건연소가스량은?

- 탄소 1.2kg
- 산소 0.2kg
- 질소 0.17kg
- 수소 0.31kg
- 황 0.2kg

① 13.4Nm³/kg
② 17.4Nm³/kg
③ 21.4Nm³/kg
④ 29.4Nm³/kg

해설

이론건연소가스량을 구하는 공식은 아래와 같다.

$$G_{od} = (1-0.21)A_o + 생성된\ CO_2 + 생성된\ SO_2 + 생성된\ N$$

m: 공기비, A_o: 이론공기량

여기서 이론공기량을 구하여야 한다.

$$A_o = \frac{O_o}{0.21}$$

$$O_o = 1.867C + 5.6\left(H - \frac{O}{8}\right) + 0.7S$$

$$A_o = \frac{1.867C + 5.6\left(H - \frac{O}{8}\right) + 0.7S}{0.21}$$

$$= \frac{(1.867 \times 1.2) + 5.6 \times \left(0.31 - \frac{0.2}{8}\right) + (0.7 \times 0.2)}{0.21}$$

$$= 18.94 Nm^3/kg$$

생성물(CO_2, SO_2, N)의 양은 $1.867C + 0.7S + 0.8N$으로 나타낼 수 있다.

$$G_{od} = (1-0.21) \times A_o + 1.867C + 0.7S + 0.8N$$
$$= 0.79 \times 18.94 + (1.867 \times 1.2) + (0.7 \times 0.2) + (0.8 \times 0.17)$$
$$= 17.48 Nm^3/kg$$

정답 | ②

09 빈출도 ★★★

메탄올(CH_3OH) 1kg을 완전연소 하는데 필요한 이론공기량은 약 몇 Nm^3인가?

① 4.0
② 4.5
③ 5.0
④ 5.5

해설

메탄올(CH_3OH)의 완전연소반응식
$CH_3OH + 1.5O_2 \rightarrow CO_2 + 2H_2O$
CH_3OH과 O_2은 1 : 1.5 반응이므로 이를 이용하여 이론산소량을 구한다.
$CH_3OH : 1.5O_2$
1mol : 1.5mol = 32kg : 1.5 × 22.4Nm³

$$A_o = \frac{O_o}{0.21}$$

A_o: 이론공기량, O_o: 이론산소량

$$A_o = \frac{O_o}{0.21} = \frac{\frac{1.5 \times 22.4 Nm^3}{32 kg}}{0.21} = 5 Nm^3/kg$$

정답 | ③

10 빈출도 ★★★

기체연료의 일반적인 특징으로 틀린 것은?

① 연소효율이 높다.
② 고온을 얻기 쉽다.
③ 단위 용적당 발열량이 크다.
④ 누출되기 쉽고 폭발의 위험성이 크다.

해설

단위 용적당 발열량은 작다.

관련개념 기체연료 특징

- 적은 과잉공기로 완전연소가 가능하여 연소효율이 높아진다.
- 부하변동 범위가 넓어 저발열량의 연료로 고온을 얻는다.
- 연소가 균일하고 조절이 용이하며 매연이 발생하지 않는다.
- 저장 및 수송이 불편하고 설비비 및 연료비가 많이 든다.
- 취급 시 폭발 위험과 일산화탄소(CO) 등 유해가스의 노출위험이 있다.

정답 | ③

11 빈출도 ★★

A회사에 입하된 석탄의 성질을 조사하였더니 회분 6%, 수분 3%, 수소 5% 및 고위발열량이 6,000 kcal/kg이었다. 실제 사용할 때의 저위발열량은 약 몇 kcal/kg인가?

① 3,341
② 4,341
③ 5,712
④ 6,341

해설

단위중량당 저위발열량(H_l) 공식은 다음과 같다.

$$H_l = H_h - R_w$$
$$R_w = 600 \times (9H + w)$$

H_l: 저위발열량(kcal/kg), H_h: 고위발열량(kcal/kg), R_w: 증발잠열(kcal/kg)

$H_l = 6,000 - 600 \times (9 \times 0.05 + 0.03) = 5,712$ kcal/kg

정답 | ③

12 빈출도 ★

연돌의 통풍력은 외기온도에 따라 변화한다. 만일 다른 조건이 일정하게 유지되고 외기 온도만 높아진다면 통풍력은 어떻게 되겠는가?

① 통풍력은 감소한다.
② 통풍력은 증가한다.
③ 통풍력은 변화하지 않는다.
④ 통풍력은 증가하다 감소한다.

해설

외기 온도 증가 시 연돌의 통풍력은 감소한다.

관련개념 통풍력 증가 조건

- 연돌의 높이를 높게 하고 단면적을 크게 한다.
- 연돌의 굴곡부를 줄이고 길이를 짧게 한다.
- 배기가스 온도를 높게 한다.
- 외기온도와 습도를 낮게 한다.

정답 | ①

13 빈출도 ★★

공기비(m)에 대한 식으로 옳은 것은?

① $\dfrac{실제공기량}{이론공기량}$
② $\dfrac{이론공기량}{실제공기량}$
③ $1 - \dfrac{과잉공기량}{이론공기량}$
④ $\dfrac{실제공기량}{과잉공기량} - 1$

해설

실제공기량 구하는 식은 다음과 같다.

$$A = mA_o$$

A: 실제공기량, m: 공기비, A_o: 이론공기량

따라서, 공기비(m)는 다음과 같은 식이 따른다.

$$m = \dfrac{A}{A_o}$$

정답 | ①

14 빈출도 ★★

고위발열량의 9,000kcal/kg인 연료 3kg이 연소할 때의 총저위발열량은 몇 kcal인가? (단, 이 연료 1kg당 수소분은 15%, 수분은 1%의 비율로 들어있다.)

① 12,300
② 24,552
③ 43,882
④ 51,888

해설

단위중량당 저위발열량(H_l) 공식은 다음과 같다.

$$H_l = H_h - R_w$$
$$R_w = 600 \times (9H + w)$$

H_l: 저위발열량(kcal/kg), H_h: 고위발열량(kcal/kg), R_w: 증발잠열(kcal/kg)

$H_l = 9,000 - 600 \times (9 \times 0.15 + 0.01) = 8,184$ kcal/kg

문제에서 연료 3kg이라고 하였으므로
총저위발열량 $= 8,184 \times 3 = 24,552$ kcal

정답 | ②

15 빈출도 ★

온도가 293K인 이상기체를 단열 압축하여 체적을 1/6로 하였을 때 가스의 온도는 약 몇 K인가? (단, 가스의 정적비열(C_v)은 0.7kJ/kg·K, 정압비열(C_p)은 0.98kJ/kg·K 이다.)

① 400　　② 493
③ 600　　④ 693

해설

단열변화에서 압력-부피-온도의 관계는 다음과 같다.

$$\frac{T_2}{T_1} = \left(\frac{V_1}{V_2}\right)^{k-1}$$

여기서, 비열비(k) 공식은 다음과 같다.

$$k = \frac{C_p}{C_v} = \frac{C_v + R}{C_v}$$

k: 비열비, C_p: 정압비열(kJ/kg·K), C_v: 정적비열(kJ/kg·K), R: 기체상수(kJ/(kg·K))

$k = \frac{C_p}{C_v} = \frac{0.98}{0.7} = 1.4$

$T_2 = T_1 \times \left(\frac{V_1}{V_2}\right)^{k-1} = T_1 \times \left(\frac{V_1}{V_2}\right)^{1.4-1}$

문제에서 $\frac{V_1}{V_2} = 6$ 이라고 하였으므로,

$T_2 = T_1 \times \left(\frac{V_1}{V_2}\right)^{1.4-1} = 293 \times 6^{1.4-1} = 600\text{K}$

정답 | ③

16 빈출도 ★★

1Nm^3의 메탄가스를 공기를 사용하여 연소시킬 때 이론 연소온도는 약 몇 ℃인가? (단, 대기 온도는 15℃이고, 메탄가스의 고위발열량은 $39{,}767\text{kJ/Nm}^3$이고, 물의 증발잠열은 $2{,}017.7\text{kJ/Nm}^3$이고, 연소가스의 평균정압비열은 $1.423\text{ kJ/Nm}^3\text{·℃}$이다.)

① 2,387　　② 2,402
③ 2,417　　④ 2,432

해설

가스를 연소시킬 때의 이론 연소온도를 구하는 식은 다음과 같다.

$$t_c = \frac{H_l}{G \times C_p} + t_a$$

t_c: 이론 연소온도(℃), H_l: 저위발열량(kJ/Nm³),
G: 연소가스량(Nm³/Nm³), C_p: 정압비열(kJ/Nm³·℃),
t_a: 대기온도(℃)

여기서 저위발열량(H_l)은 다음과 같이 구한다.

$$H_l = H_h - R_w$$

H_h: 고위발열량(kJ/Nm³), R_w: 증발잠열(kJ/Nm³)

메탄의 완전연소반응식
$CH_4 + 2O_2 \rightarrow CO_2 + 2H_2O$
$H_l = H_h - 2H_2O$
$H_l = 39{,}767 - (2 \times 2{,}017.7) = 35{,}731.6$
이론 연소온도를 구하기 위해서는 연소가스량(G)를 계산해야 한다.
G = 메탄 1Nm^3 연소 시 생성된 생성물 + 이론공기량 중 질소량

$= CO_2 + H_2O + 0.79 \times \frac{O_o}{0.21}$

$= 1 + 2 + 0.79 \times \frac{2}{0.21}$

$= 10.523\text{Nm}^3/\text{Nm}^3$

$t_c = \frac{35{,}731.6}{10.523 \times 1.423} + 15 = 2{,}402\text{℃}$

정답 | ②

17 빈출도 ★★★

세정 집진장치의 입자 포집원리에 대한 설명으로 틀린 것은?

① 액적에 입자가 충돌하여 부착한다.
② 입자를 핵으로 한 증기의 응결에 의하여 응집성을 증가시킨다.
③ 미립자의 확산에 의하여 액적과의 접촉을 좋게 한다.
④ 배기의 습도 감소에 의하여 입자가 서로 응집한다.

해설

배기의 습도가 증가함에 따라 분진 입자의 부착력이 증가하여 응집에 도움을 준다.

관련개념 세정 집진장치

배기가스 내 분진을 세정액이나 액막(수분) 등에 충돌 또는 흡수하여 포집하는 방식이다.

집진형식	종류
유수식	임펠러형, 회전형, 분수형, S형 등
회전식	타이젠 와셔, 충격식 스크러버 등
가압수식	벤츄리 스크러버, 제트 스크러버, 사이클론 스크러버, 분무탑, 충전탑 등

정답 | ④

18 빈출도 ★

분진을 포함하고 있는 가스를 선회시켜 입자에 원심력을 주어 분리시키는 방법으로서 고성능집진장치의 전처리용으로 주로 사용되는 것은?

① 전기식 집진장치
② 벤투리 스크러버
③ 백필터 집진장치
④ 사이클론 집진장치

해설

사이클론(원심력) 집진장치에 대한 설명이다.

관련개념 사이클론(원심력) 집진장치

- 사이클론은 '회오리'를 뜻하며 선회운동을 일으켜 원심력을 통해 입자와 가스를 분리시키는 원리를 가진다.
- 대표적으로 소형 사이클론을 직렬로 연결한 다단 사이클론과 병렬연결인 멀티 사이클론이 있다.
- 고온에서 운전이 가능하며, 구조가 간단하고 설치 및 유지비가 저렴하다.
- 미세입자에 대한 집진효율이 낮아 운전 비용이 많이 든다.

정답 | ④

19 빈출도 ★

연소가스의 조성에서 O_2를 옳게 나타낸 식은? (단, L_0: 이론공기량, G: 실제습연소가스량, m: 공기비이다.)

① $\dfrac{L_0}{G} \times 100$
② $\dfrac{0.21 L_0}{G} \times 100$
③ $\dfrac{(m-1)L_0}{G} \times 100$
④ $\dfrac{0.21(m-1)L_0}{G} \times 100$

해설

연료가스 O_2 조성 공식은 아래와 같다.

$$\dfrac{0.21(m-1)L_0}{G} \times 100$$

m: 공기비, L_0: 이론공기량, G: 실제습연소가스량

공기 중 산소는 21%이므로,
산소(O_2) = 과잉공기량 × 0.21 = (공기비 − 1) × 이론공기량 × 0.21

연소가스 중 O_2의 조성 = $\dfrac{O_2}{실제\ 습연소가스량}$

$= \dfrac{0.21(공기비-1) \times 이론공기량}{실제\ 습연소가스량} \times 100$

$= \dfrac{0.21(m-1)L_0}{G} \times 100$

정답 | ④

20 빈출도 ★★

가스시설에 대한 위험 장소의 분류에 속하지 않은 것은?

① 0종 장소
② 1종 장소
③ 2종 장소
④ 3종 장소

해설

0종 장소 (Zone 0)	폭발성 가스분위기가 연속적으로 장기간 또는 빈번하게 존재할 수 있는 장소
1종 장소 (Zone 1)	폭발성 가스분위기가 정상작동 중 주기적 또는 빈번하게 생성되는 장소
2종 장소 (Zone 2)	폭발성 가스분위기가 정상작동 중 조성되지 않거나 조성된다 하더라도 짧은 기간에만 지속될 수 있는 장소

정답 | ④

22 빈출도 ★

110kPa, 20°C의 공기가 정압과정으로 온도가 50°C만큼 상승한 다음(즉 70°C가 됨), 등온과정으로 압력이 반으로 줄어들었다. 최종 비체적은 최초 비체적의 약 몇 배인가?

① 0.585
② 1.17
③ 1.71
④ 2.34

해설

보일-샤를의 법칙 $\dfrac{P_1V_1}{T_1}=\dfrac{P_2V_2}{T_2}$에 따라

$\dfrac{V_2}{V_1}=\dfrac{P_1}{P_2}\times\dfrac{T_2}{T_1}=\dfrac{110\text{kPa}}{\left(110\times\dfrac{1}{2}\right)\text{kPa}}\times\dfrac{(70+273)\text{K}}{(20+273)\text{K}}=2.34$

$V_2=2.34V_1$

정답 | ④

열역학

21 빈출도 ★

다음 중 부피 팽창계수 β에 관한 식은? (단, P는 압력, V는 부피, T는 온도이다.)

① $\beta=-\dfrac{1}{V}\left(\dfrac{\delta V}{\delta T}\right)_P$
② $\beta=-\dfrac{1}{V}\left(\dfrac{\delta V}{\delta T}\right)_T$
③ $\beta=\dfrac{1}{V}\left(\dfrac{\delta V}{\delta T}\right)_P$
④ $\beta=\dfrac{1}{V}\left(\dfrac{\delta V}{\delta T}\right)_T$

해설

이상기체방정식은 다음과 같다.

$$PV=mRT$$

P: 압력(kPa), V: 부피(m³), m: 질량(kg), R: 기체상수(kJ/kg·K), T: 온도(K)

이를 T에 대해 미분하면

$\dfrac{1}{V}\left(\dfrac{\delta V}{\delta T}\right)=\dfrac{1}{T}$

여기서, $\dfrac{1}{T}$는 부피 팽창계수가 된다.

부피 팽창계수(β)에 관한 식(일정한 압력상태)으로 정리하면,

$\beta=\dfrac{1}{V}\left(\dfrac{\delta V}{\delta T}\right)_P$

정답 | ③

23 빈출도 ★★

밀폐 시스템내의 이상기체에 대하여 단위 질량당 일(w)이 다음과 같은 식으로 표시될 때 이 식은 어떤 과정에 대하여 적용할 수 있는가? (단, R은 기체상수, T는 온도, V는 체적이다.)

$$w=RT\ln\dfrac{V_2}{V_1}$$

① 단열과정
② 등압과정
③ 등온과정
④ 등적과정

해설

등온과정($PV=RT$)에서의 이상기체상태방정식을 이용한 일(W) 공식은 다음과 같다.

$$W=mRT_1\ln\left(\dfrac{V_2}{V_1}\right)=mRT_1\ln\left(\dfrac{P_1}{P_2}\right)$$

P: 압력(kPa), V: 부피(m³), m: 질량(kg), R: 기체상수(kJ/kg·K), T: 온도(K)

정답 | ③

24 빈출도 ★★

그림은 랭킨사이클의 온도, 엔트로피(T−S)선도이다. 상태 1~4의 비엔탈피 값이 $h_1=192kJ/kg$, $h_2=194kJ/kg$, $h_3=2,802kJ/kg$, $h_4=2,010kJ/kg$이라면 열효율(%)은?

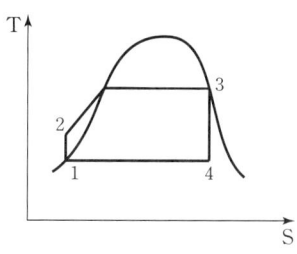

① 25.3 ② 30.3
③ 43.6 ④ 49.7

해설

랭킨사이클의 효율은 다음과 같이 구한다.

$$\eta = \frac{W}{Q_1} = \frac{Q_1-Q_2}{Q_1}$$

W: 유효일량, Q: 공급일량, Q_1: 공급열량, Q_2: 방출열량

1을 급수펌프 입구 기준으로 하면,
1 → 2: 단열압축(W_a)
2 → 3: 등압가열(Q_1)
3 → 4: 단열팽창(W_b)
4 → 1: 등압방열(Q_2)

$$\eta = \frac{(h_3-h_2)-(h_4-h_1)}{(h_3-h_2)}$$
$$= \frac{(2,802-194)-(2,010-192)}{(2,802-194)} \times 100 = 30.3\%$$

정답 | ②

25 빈출도 ★★

애드벌룬에 어떤 이상기체 100kg을 주입하였더니 팽창 후의 압력이 150kPa, 온도 300K가 되었다. 애드벌룬의 반지름(m)은? (단, 애드벌룬은 완전한 구형(Sphere)이라고 가정하며, 기체상수는 250J/kg·K이다.)

① 2.29 ② 2.73
③ 3.16 ④ 3.62

해설

$$PV = mRT$$

P: 압력(kPa), V: 부피(m³), m: 질량(kg), R: 기체상수(kJ/kg·K), T: 온도(K)

애드벌룬은 구형이라고 하였으므로, 구형의 부피를 구하는 식은 $\frac{4}{3}\pi r^3$이다.

$$P \times \left(\frac{4}{3}\pi r^3\right) = mRT$$
$$150 \times \frac{4}{3}\pi r^3 = 100 \times 0.25 \times 300$$
$$r^3 = \frac{3 \times 100 \times 0.25 \times 300}{4 \times \pi \times 150} = 11.937$$
$$r = 11.937^{\frac{1}{3}} = 2.29m$$

정답 | ①

26 빈출도 ★★★

열역학 제2법칙의 내용과 직접적인 관련이 없는 것은?

① 엔트로피의 정의
② 내부 에너지의 정의
③ 비가역과정의 생성 엔트로피
④ 자연 발생적인 열의 흐름 방향

해설

내부 에너지의 정의는 열역학 제2법칙과 관련이 없다.

정답 | ②

27 빈출도 ★

엔탈피가 3,140kJ/kg인 과열증기가 단열노즐에 저속상태로 들어와 출구에서 엔탈피가 3,010kJ/kg인 상태로 나갈 때 출구에서의 증기 속도(m/s)는?

① 8
② 25
③ 160
④ 510

해설

단열팽창 과정으로 열에너지가 운동에너지로 변화한다.

$$Q = \Delta E_k$$
$$m \times \Delta H = \frac{1}{2}mv^2$$

m: 질량(kg), ΔH: 엔탈피 차(J/kg), v: 속도(m/s), Δt: 온도 차(℃)

$$v = \sqrt{2 \times \Delta H} = \sqrt{2 \times (H_1 - H_2)}$$
$$= \sqrt{2 \times (3,140,000 - 3,010,000)} = 510 \text{m/sec}$$

정답 | ④

28 빈출도 ★

다음 내용과 관계있는 법칙은?

> 실제 기체를 다공물질을 통하여 고압에서 저압측으로 연속적으로 팽창시킬 때 온도는 변화한다.(기체의 종류와 초기 상태에 따라 온도가 증가하거나 감소할 수 있다.)

① 헨리의 법칙
② 줄-톰슨의 법칙
③ 돌턴의 법칙
④ 샤를의 법칙

해설

줄-톰슨의 법칙은 대부분 기체의 온도변화는 팽창 과정에서 온도가 감소한다는 이론을 말한다.

정답 | ②

29 빈출도 ★★★

30℃와 100℃ 사이에서 냉동기를 가동시키는 경우 최대의 성능계수(COP)는 약 얼마인가?

① 2.33
② 3.33
③ 4.33
④ 5.33

해설

성능계수(COP)에 대한 공식은 다음과 같다.

$$COP = \frac{W}{Q} = \frac{T_1}{T_2 - T_1}$$

COP: 성능계수, W: 동력(kW), Q: 열(kW), T_1: 초기 온도(K), T_2: 나중 온도(K)

$$COP = \frac{30 + 273}{(100 + 273) - (30 + 273)} = \frac{303}{70} = 4.33$$

정답 | ③

30 빈출도 ★

증기가 압력 2MPa, 온도 300℃에서 노즐을 통하여 압력 300MPa으로 단열 팽창할 때 증기의 분출속도는 몇 m/s가 되는가? (단, 입구와 출구 엔탈피 $h_1 = 3,022$kJ/kg, $h_2 = 2,636$kJ/kg이고, 입구속도는 무시한다.)

① 220
② 580
③ 879
④ 948

해설

베르누이 방정식을 활용하여 증기의 분출속도를 구한다.

$$v = \sqrt{2(h_1 - h_2)}$$

v: 유속 (m/s), h_1: 입구 엔탈피(J/kg), h_2: 출구 엔탈피(J/kg)

$$v = \sqrt{2 \times (3,022,000 - 2,636,000)} = 879 \text{m/s}$$

정답 | ③

31 빈출도 ★★

이상기체가 '$PV^n=$일정' 과정을 가지고 변하는 경우에 적용할 수 있는 식으로 옳은 것은? (단, q: 단위 질량당 공급된 열량, u: 단위 질량당 내부에너지, T: 온도, P: 압력, v: 비체적, R: 기체상수, n: 상수이다.)

① $\delta q = du + \dfrac{nRdT}{1-n}$

② $\delta q = du + \dfrac{RdT}{1-n}$

③ $\delta q = du + \dfrac{(1-n)RdT}{1-n}$

④ $\delta q = du + (1-n)RdT$

해설

이상기체과정 중 $PV^n=$일정에서 단위질량당 외부에 대한 일을 폴리트로픽 과정이라 한다.
폴리트로픽 과정에서 단위질량당 계에 공급하는 열량=내부에너지 변화량+절대일

$\delta q = du + W_a = du + \dfrac{1}{n-1}R(T_1 - T_2)$

$= du + \dfrac{R}{n-1}(T_1 - T_2) = du + \dfrac{R(T_2 - T_1)}{1-n} = du + \dfrac{RdT}{1-n}$

$\delta q = du + \dfrac{RdT}{1-n}$

정답 | ②

32 빈출도 ★

다음 중 가스의 액화과정과 가장 관계가 먼 것은?

① 압축과정
② 등압냉각과정
③ 등온팽창과정
④ 최종상태는 압축액 또는 포화혼합물 상태

해설

가스의 액화과정은 고압의 압축과정에서 냉각을 통해 기체를 액체로 변화시키는 것을 말한다.
등온팽창은 온도가 일정한 상태에서 기체가 팽창 즉, 부피는 증가하고 압력은 감소하는데, 이때 기화 및 증발이 진행되기 때문에 액화과정과 반대이다.

정답 | ③

33 빈출도 ★★

초기온도가 20°C인 암모니아(NH_3) 3kg을 정적과정으로 가열시킬 때, 엔트로피가 1.255kJ/K만큼 증가하는 경우 가열량은 약 몇 kJ인가? (단, 암모니아 정적비열은 1.56kJ/(kg·K)이다.)

① 62.2
② 101
③ 238
④ 422

해설

이상기체 엔트로피 변화계산 공식은 다음과 같다.

$$\Delta S = m \times C_v \times \ln\left(\dfrac{T_2}{T_1}\right)$$

ΔS: 엔트로피 변화량(kJ/k), m: 질량(kg),
C_v: 정적비열(kJ/kg·K), T_1: 초기 온도(K), T_2: 최종 온도(K)

$1.255\text{kJ/K} = 3 \times 1.56 \times \ln\left(\dfrac{T_2}{(20+273)}\right)$

$T_2 = 383.11\text{K}$

정적과정에서 전달열량을 구하는 공식은 아래와 같다.

$$Q = C_v \times \Delta T \times m$$

Q: 열량(kJ), C_v: 정적비열(kJ/kg·K),
ΔT: 온도차(K), m: 질량(kg)

$Q = 3 \times 1.56 \times (383.11 - (20+273)) = 422\text{kJ}$

정답 | ④

34 빈출도 ★

기체가 단열팽창을 할 경우 실제(비가역과정)의 엔트로피 변화는?

① 증가한다.
② 감소한다.
③ 일정하다.
④ 감소하다 일정해진다.

해설

이상적인 가역단열팽창 과정은 엔트로피가 일정하게 유지하지만($\Delta S = 0$) 실제 단열팽창 즉, 비가역과정에서는 외부에 열교환이 없기 때문에 내부 엔트로피는 증가한다. ($\Delta S > 0$)

정답 | ①

35 빈출도 ★

포화증기를 등엔트로피 과정으로 압축시키면 상태는 어떻게 되는가?

① 습증기가 된다.
② 압축액이 된다.
③ 포화액이 된다.
④ 과열증기가 된다.

해설

포화증기를 등엔트로피 과정으로 압축시키면 과열증기 영역에 해당된다.

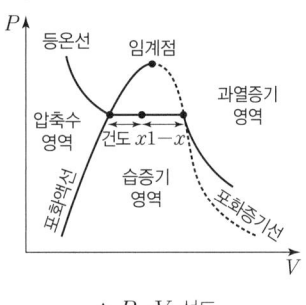

▲ $P-V$ 선도

정답 | ④

36 빈출도 ★★

열손실이 없는 단단한 용기 안에 20℃의 헬륨 0.5kg을 15W의 전열기로 20분간 가열하였다. 최종 온도(℃)는? (단, 헬륨의 정적비열은 $3.116\text{kJ/kg}\cdot\text{K}$, 정압비열은 $5.193\text{kJ/kg}\cdot\text{K}$이다.)

① 23.6
② 27.1
③ 31.6
④ 39.5

해설

전열기의 가열량에 대해 최종 온도 구하는 공식은 다음과 같다.

$$t_b = t_a + \frac{Q}{C_v \times m}$$

t_b: 최종 온도(K), t_a: 처음 온도(K), Q: 열량(J/sec), C_v: 정적비열(J/kg · K), m: 질량(kg)

$$t_b = 293 + \frac{15 \times 20 \times 60\text{s}}{3.116 \times 0.5} = 304.553\text{K} - 273 = 31.6\text{℃}$$

정답 | ③

37 빈출도 ★★

300K, 100kPa에서 어떤 기체의 부피가 500m³라면, 400K, 150kPa에서 부피는 약 얼마인가?

① 666m³
② 444m³
③ 333m³
④ 222m³

해설

보일-샤를의 법칙 $\frac{P_1 V_1}{T_1} = \frac{P_2 V_2}{T_2}$에 따라

$$V_2 = V_1 \times \frac{P_1}{P_2} \times \frac{T_2}{T_1}$$
$$= 500 \times \frac{100}{150} \times \frac{400}{300} = 444\text{m}^3$$

정답 | ②

38 빈출도 ★★★

다음 중 열역학 제2법칙과 관련된 것은?

① 상태 변화 시 에너지는 보존된다.
② 일을 100% 열로 변환시킬 수 있다.
③ 사이클과정에서 시스템이 한 일은 시스템이 받은 열량과 같다.
④ 열은 저온부로부터 고온부로 자연적으로 전달되지 않는다.

해설

열역학 제2법칙은 열이동 및 에너지방향 전환에 관한 법칙으로, 열은 저온부에서 고온부로 자연적으로 전달되지 않는다.

관련개념 열역학 제2법칙

- 에너지변환(전환) 방향성의 법칙(열 이동의 법칙)이라고도 한다.
- 열은 항상 고온에서 저온으로 흐른다.(저온에서 고온으로 옮길 수 없다.)
- 열에너지를 완전히 일로 바꾸는 것이 불가능하다.(모든 열기관은 일부 에너지를 열로 방출한다.)
- 고립계에서는 엔트로피가 감소하지 않으며, 증가하거나 일정하게 보존된다.
- 100%의 열효율을 갖는 기관은 존재할 수 없으며, 카르노 사이클 기관의 이상적 경우도 불가능하다.

정답 | ④

39 빈출도 ★★

다음 그림은 어떤 사이클에 가장 가까운가? (단, T는 온도, S는 엔트로피이며, 사이클 순서는 A → B → C → D → E → F → A 순으로 작동한다.)

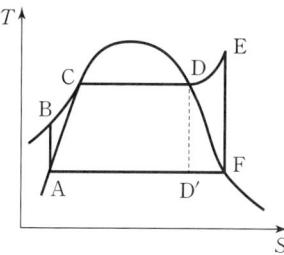

① 디젤 사이클
② 냉동 사이클
③ 오토 사이클
④ 랭킨 사이클

해설

랭킨 사이클에 대한 그래프이다.

관련개념 랭킨 사이클(Rankine Cycle)

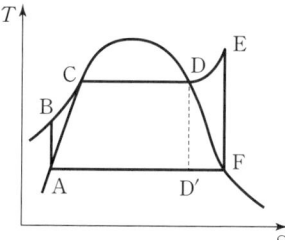

A → B: 단열압축
B → C: 정압가열
C → D: 가열
D → D': 보일러 사용안함
D → E: 등압가열
E → F: 단열팽창
F → A: 정압냉각

정답 | ④

40 빈출도 ★

압축비가 5인 오토 사이클기관이 있다. 이 기관이 15∼1,500°C의 온도범위에서 작동할 때 최고압력은 약 몇 kPa인가? (단, 최저압력은 100kPa, 비열비는 1.4이다.)

① 3,080
② 2,650
③ 1,961
④ 1,247

해설

오토사이클에서의 최고 압력 $P_3 = P_1 \times \gamma \times \dfrac{(T_3+273)}{(T_1+273)}$

$P_3 = 100 \times 5 \times \dfrac{(1,500+273)}{(15+273)} = 3,078.125$

정답 | ①

계측방법

41 빈출도 ★★

다음 중 물리적 가스분석계와 거리가 먼 것은?

① 가스크로마토그래피법
② 자동 오르자트법
③ 세라믹식
④ 적외선흡수식

해설

성질	측정법
물리적	가스크로마토그래피법, 세라믹식, 자기식, 밀도법, 적외선식, 열전도율법, 도전율법 등
화학적	연소열식 O_2계, 연소식 O_2계, 자동화학식 CO_2계, 오르자트 분석기(자동 오르자트), 헴펠법, 게겔법 등

정답 | ②

42 빈출도 ★

열전대 온도계의 구성 부분으로 가장 거리가 먼 것은?

① 보호관
② 감온접점
③ 보상도선
④ 저항코일과 저항선

해설

열전대 온도계는 보호관, 감온접점, 보상도선 등으로 구성되어 있다.

정답 | ④

43 빈출도 ★

오차의 정의로서 맞는 것은?

① 오차=참값+측정값
② 오차=측정값-참값
③ 오차=측정값×참값
④ 오차=참값/측정값

> **해설**
> 오차란 측정값과 참값의 차이를 말하며, 차이는 적을수록 정확도가 높으며, 계통오차, 우연오차 등이 있다. 흩어짐이 작은 측정을 정밀하다고 하며 이를 척도로 나타낸 것을 정밀도라고 한다.

정답 | ②

44 빈출도 ★

순간치를 측정하는 유량계에 속하지 않는 것은?

① 오벌(Oval) 유량계
② 벤튜리(Venturi) 유량계
③ 오리피스(Orifice) 유량계
④ 플로우노즐(Flow-nozzle) 유량계

> **해설**
> 오벌 유량계는 일정한 부피의 유체가 통과하는 체적량을 측정하여 합하는 적산식 유량계에 속한다.
>
> **관련개념** 적산식 유량계와 차압식 유량계
>
> | | 적산식 유량계 | 차압식 유량계 |
> |---|---|---|
> | 목적 | 적산 측정 | 순간치 측정 |
> | 종류 | 오벌, 로터리, 피스톤, 터빈, 전자기 | 오리피스, 벤튜리, 플로우 노즐, 피토관, 다이어프램 |

정답 | ①

45 빈출도 ★★

열전대 온도계에서 열전대선을 보호하는 보호관 단자로부터 냉접점까지는 보상도선을 사용한다. 이때 보상도선의 재료로서 가장 적합한 것은?

① 백금로듐
② 알루멜
③ 철선
④ 동-니켈 합금

> **해설**
> 열전대 온도계 보상도선의 재료는 동-니켈 합금이 적합하다.
>
> **관련개념** 열전대 온도계
>
> - 고온 측정에 적합하고 금속으로 되어 있어 내열성과 내구성, 내식성이 우수하다.
> - 열전대에서 발생한 열전압을 활용하여 측정한다.
> - 보호관 선택 및 유지관리에 주의한다.
> - 단자의 +, -는 각각의 전기회로 +, -에 연결한다.
> - 주위 고온체로부터 받은 복사열의 영향으로 인한 오차가 생길 수도 있어 주의해야 한다.
> - 측정하고자 하는 곳에 정확히 삽입하고 삽입한 구멍을 통해 냉기가 들어가지 않게 한다.

정답 | ④

46 빈출도 ★★

2개의 제어계를 조합하여 1차 제어장치의 제어량을 측정하여 제어명령을 발하고 2차 제어장치의 목표치로 설정하는 제어방법은?

① On-off 제어
② Cascade 제어
③ Program 제어
④ 수동제어

> **해설**
> 캐스케이드제어(C.C, Cascade Control)는 내부제어루프와 외부제어루프가 존재하는 다단제어라고하며, 1차 제어 장치가 제어량을 측정한다. 이때 제어명령과 함께 2차 제어 장치가 케스케이드의 명령을 바탕으로 제어량을 조절한다.

정답 | ②

47 빈출도 ★★★

내경 10cm의 관에 물이 흐를 때 피토관에 의해 측정된 유속이 5m/s이라면 유량(kg/s)은?

① 19
② 29
③ 39
④ 49

해설

$$Q = A \times v = \left(\frac{\pi D^2}{4}\right) \times v$$

Q: 유량(m³/s), A: 면적(m²), v: 유속(m/s), D: 내경(m)

$$Q = \left(\frac{\pi \times (0.1\text{m})^2}{4}\right) \times 5\text{m/s} = 0.0393 \text{m}^3/\text{s}$$

문제의 단위는 질량 유량(kg/s)이므로, 물의 밀도를 이용하여 구한다.

$$\dot{Q} = \frac{0.0393 \text{m}^3}{\text{sec}} \times \frac{1,000 \text{kg}}{\text{m}^3} = 39.3 \text{kg/s}$$

정답 | ③

48 빈출도 ★★★

일반적으로 오르자트 가스분석기로 어떤 가스를 분석할 수 있는가?

① CO_2, SO_2, CO
② CO_2, SO_2, O_2
③ SO_2, CO, O_2
④ CO_2, O_2, CO

해설

- CO_2(이산화탄소): KOH(수산화칼륨) 30% 수용액 또는 탄화칼륨 흡습제를 사용한다.
- O_2(산소): 알칼리성 피로갈롤 용액을 사용한다.
- CO(일산화탄소): 암모니아성 염화 제1구리 용액을 사용한다.

정답 | ④

49 빈출도 ★★

제어시스템에서 조작량이 제어 편차에 의해서 정해진 두 개의 값이 어느 편인가를 택하는 제어방식으로 제어결과가 다음과 같은 동작은?

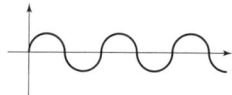

① 온오프동작
② 비례동작
③ 적분동작
④ 미분동작

해설

ON-OFF 동작(2위치동작)은 불연속 제어에 해당되며, 제어시스템에서 조작량이 제어편차에 의해서 정해진 두 개의 값(+, -)이 최대, 최소가 되어 어느 편인가를 택하는 제어방식의 동작이다.

정답 | ①

50 빈출도 ★★★

물리량과 SI 기본단위의 기호가 틀린 것은?

① 질량: kg
② 온도: ℃
③ 물질량: mol
④ 광도: cd

해설

SI 단위계에서 온도의 기본단위는 K이다.

관련개념 SI 기본단위 및 물리량

물리량	SI 기본단위	기호
길이	미터	m
질량	킬로그램	kg
시간	초	s
전류	암페어	A
온도	켈빈	K
물질의 양	몰	mol
광도	칸델라	cd

정답 | ②

51 빈출도 ★★

노 내압(爐內壓)을 제어하는데 필요하지 않는 조작은?

① 공기량 조작 ② 급수량 조작
③ 댐퍼의 조작 ④ 연소가스 배출량 조작

해설

노 내압을 제어하기 위해서는 연소장치가 최적값으로 유지해야 하며, 이를 위해서는 공기량, 연료량, 연소가스 배출량(댐퍼 조작 및 송풍기 회전수)의 조작이 필요하다.

정답 | ②

52 빈출도 ★

다음 중 속도 수두 측정식 유량계는?

① Oval 유량계 ② Delta 유량계
③ Thermal 유량계 ④ Annubar 유량계

해설

Annubar 유량계(애뉴바 유량계)는 차압식 유량계의 한 종류로 관의 내부에 유체의 속도 수두를 측정한다.

정답 | ④

53 빈출도 ★★

산소의 농도를 측정할 때 기전력을 이용하여 분석, 계측하는 분석계는?

① 자기식 O_2계
② 세라믹식 O_2계
③ 연소식 O_2계
④ 밀도식 O_2계

해설

세라믹식 O_2계는 산소이온을 통과하며 상자성 성질을 측정하는 측정기기로, 가연성 가스가 포함된 O_2 가스는 측정할 수 없다.

정답 | ②

54 빈출도 ★★

가스 크로마토그래피법에서 사용하는 검출기 중 수소염 이온화검출기를 의미하는 것은?

① ECD ② FID
③ HCD ④ FTD

선지분석

① ECD(Electronic Capture Detector): 전자포획형 검출기
② FID(Flame Ionization Detector): 수소염이온화 검출기
③ HCD: 해당없음
④ FTD(Flame Thermionic Detector): 불꽃열이온화 검출기

관련개념 가스크로마토그래피법 검출기

검출기	분석가스	구성
전기포획형 검출기 (ECD, Electronic Capture Detector)	할로겐화합물, 나트로화합물	전자 흐름을 할로겐 성분이 포획하여 전류 변화 측정
수소염(불꽃)이온화 검출기 (FID, Flame Ionization Detector)	탄화수소류 (유기화합물)	수소+공기 혼합 불꽃에서 시료 연소시 발생하는 이온 전류를 측정
불꽃 광도 검출기 (FPD, Flame Photometric Detector)	황(S), 인(P) 함유 화합물	시료를 불꽃에서 연소시 방출되는 광(빛)을 측정
광이온화 검출기 (PID, Photo Ionization Detector)	방향족 탄화수소, 케톤류, 에테르류 등	자외서(UV) 램프로 시료 이온화로 생성된 이온 전류 측정

정답 | ②

55 빈출도 ★★

다음 중 정상편차에 대한 설명으로 옳은 것은?

① 목표치와 제어량의 차
② 입력의 시간 미분값에 비례하는 편차
③ 2개 이상의 양 사이에 어떤 비례관계를 갖는 편차
④ 과도응답에 있어서 충분한 시간이 경과하여 제어편차가 일정한 값으로 안정되었을 때의 값

해설

정상편차는 제어계가 과도응답에 있어서 충분한 시간이 지나고 일정하게 안정되는 값을 말한다.

정답 | ④

56 빈출도 ★

월트만(Waltman)식과 관련된 설명으로 옳은 것은?

① 전자식 유량계의 일종이다.
② 용적식 유량계 중 박막식이다.
③ 유속식 유량계 중 터빈식이다.
④ 차압식 유량계 중 노즐식과 벤투리식을 혼합한 것이다.

해설

월트만 수량계(유량계)는 임펠러의 회전량을 기준으로 측정하며 보일러, 공업 용수 등 광범위하게 사용되는 유속식 유량계 중 터빈식에 해당된다.

정답 | ③

57 빈출도 ★★

다음 중 계통오차(Systematic error)가 아닌 것은?

① 계측기오차   ② 환경오차
③ 개인오차   ④ 우연오차

해설

계통오차는 개인의 실수와 기계의 오차를 비롯한 오차를 말하며, 개인오차, 계측기오차, 환경오차, 이론오차 등이 있다.
우연오차는 오차 발생시 원인을 명확히 알 수 없고 보정이 불가능하다고 판단하여 여러번 반복측정하여 통계를 내린다.

정답 | ④

58 빈출도 ★★

다음 측정관련 용어에 대한 설명으로 틀린 것은?

① 측정량: 측정하고자 하는 양
② 값: 양의 크기를 함께 표현하는 수와 기준
③ 제어편차: 목표치에 제어량을 더한 값
④ 양: 수와 기준으로 표시할 수 있는 크기를 갖는 현상이나 물체 또는 물질의 성질

해설

제어편차는 목표치에서 제어량을 뺀 값을 말한다.

정답 | ③

59 빈출도 ★★

서로 다른 2개의 금속판을 접합시켜서 만든 바이메탈 온도계의 기본 작동원리는?

① 두 금속판의 비열의 차
② 두 금속판의 열전도도의 차
③ 두 금속판의 열팽창계수의 차
④ 두 금속판의 기계적 강도의 차

해설

바이메탈 온도계는 서로 다른 금속간의 열팽창율의 차이를 이용하며, 온도변화에 의한 응답이 낮고 정확도가 낮아 신호전송용보다는 온오프제어에 사용된다.

정답 | ③

60 빈출도 ★★

다음 중 유량측정의 원리와 유량계를 바르게 연결한 것은?

① 유체에 작용하는 힘 – 터빈 유량계
② 유속변화로 인한 압력차 – 용적식 유량계
③ 흐름에 의한 냉각효과 – 전자기 유량계
④ 파동의 전파 시간차 – 조리개 유량계

해설

유속식 유량계	유체에 작용하는 힘을 이용하며, 터빈식, 임펠러식 유량계 등이 있다.
차압식 유량계	오리피스, 벤츄리관, 플로우 노즐 등이 있으며 유속변화(유체의 흐름)로 인한 압력차를 이용한다.
열 유량계	열을 흡수한 유체가 흐름에 따라 열교환이 진행되 냉각되며 유체의 온도를 측정한다.
초음파 유량계	파동의 전파를 이용하여 유체의 흐름 속도를 측정하여 유량을 산출한다.

정답 | ①

열설비재료 및 관계법규

61 빈출도 ★★

요로 내에서 생성된 연소가스의 흐름에 대한 설명으로 틀린 것은?

① 가열물의 주변에 저온 가스가 체류하는 것이 좋다.
② 같은 흡입 조건 하에서 고온 가스는 천정쪽으로 흐른다.
③ 가연성가스를 포함하는 연소가스는 흐르면서 연소가 진행된다.
④ 연소가스는 일반적으로 가열실 내에 충만되어 흐르는 것이 좋다.

해설

요로는 가열하여 용융, 소성을 진행하는 장치로 가열물 주변에 고온가스가 체류하는 것이 적합하다.

정답 | ①

62 빈출도 ★★★

에너지이용 합리화법령에 따라 에너지저장의무를 부과할 수 있는 대상자가 아닌 자는?

① 전기사업법에 의한 전기사업자
② 도시가스사업법에 의한 도시가스사업자
③ 풍력사업법에 의한 풍력사업자
④ 석탄산업법에 의한 석탄가공업자

해설

「에너지이용 합리화법 시행령 제12조」
산업통상자원부장관이 에너지저장의무를 부과할 수 있는 대상자는 다음과 같다.
- 「전기사업법」에 따른 전기사업자
- 「도시가스사업법」에 따른 도시가스사업자
- 「석탄산업법」에 따른 석탄가공업자
- 「집단에너지사업법」에 따른 집단에너지사업자
- 연간 2만 석유환산톤 이상의 에너지를 사용하는 자

정답 | ③

63 빈출도 ★★★

에너지이용 합리화법에 따라 연간 검사대상기기의 검사유효 기간으로 틀린 것은?

① 보일러의 개조검사는 2년이다.
② 보일러의 계속사용검사는 1년이다.
③ 압력용기의 계속사용검사는 2년이다.
④ 보일러의 설치장소 변경검사는 1년이다.

해설

「에너지이용 합리화법 시행규칙 별표 3의5」

검사의 종류		검사유효기간
설치검사		• 보일러: 1년. 다만, 운전성능 부문의 경우에는 3년 1개월로 한다. • 캐스케이드 보일러, 압력용기 및 철금속가열로: 2년
개조검사		• 보일러: 1년 • 캐스케이드 보일러, 압력용기 및 철금속가열로: 2년
설치장소 변경검사		• 보일러: 1년 • 캐스케이드 보일러, 압력용기 및 철금속가열로: 2년
재사용검사		• 보일러: 1년 • 캐스케이드 보일러, 압력용기 및 철금속가열로: 2년
계속사용 검사	안전검사	• 보일러: 1년 • 캐스케이드 보일러 및 압력용기: 2년
	운전성능 검사	• 보일러: 1년 • 철금속가열로: 2년

정답 | ①

64 빈출도 ★★

에너지이용 합리화법에 따라 대통령령으로 정하는 일정규모 이상의 에너지를 사용하는 사업을 실시하거나 시설을 설치하려는 경우 에너지사용계획을 수립하여, 산업실시 전 누구에게 제출하여야 하는가?

① 대통령
② 시·도지사
③ 산업통상자원부장관
④ 에너지 경제연구원장

해설

「에너지이용 합리화법 제10조」
도시개발사업이나 산업단지개발사업 등 대통령령으로 정하는 일정 규모 이상의 에너지를 사용하는 사업을 실시하거나 시설을 설치하려는 자는 그 사업의 실시와 시설의 설치로 에너지 수급에 미칠 영향과 에너지 소비로 인한 온실가스(이산화탄소만을 말한다)의 배출에 미칠 영향을 분석하고, 소요 에너지의 공급계획 및 에너지의 합리적 사용과 그 평가에 관한 계획을 수립하여, 그 사업의 실시 또는 시설의 설치 전에 산업통상자원부장관에게 제출하여야 한다.

정답 | ③

65 빈출도 ★★

다음 중 에너지이용 합리화법에 따라 에너지 다소비 사업자에게 에너지관리 개선명령을 할 수 있는 경우는?

① 목표원단위보다 과다하게 에너지를 사용하는 경우
② 에너지관리 지도결과 10% 이상의 에너지효율 개선이 기대되는 경우
③ 에너지 사용실적이 전년도보다 현저히 증가한 경우
④ 에너지 사용계획 승인을 얻지 아니한 경우

해설

「에너지이용 합리화법 시행령 제40조」
산업통상자원부장관이 에너지다소비사업자에게 개선명령을 할 수 있는 경우는 에너지관리지도 결과 10퍼센트 이상의 에너지효율 개선이 기대되고 효율 개선을 위한 투자의 경제성이 있다고 인정되는 경우로 한다.

정답 | ②

66 빈출도 ★

터널요의 3개 구조부에 해당하지 않는 것은?

① 용융부
② 예열부
③ 소성부
④ 냉각부

해설

터널요는 3개 구조부에는 예열부, 소성부, 냉각부가 있으며 용융부는 터널요를 만들기 위해 필요한 원료를 용융시켜 철을 추출하는 역할을 한다.

정답 | ①

67 빈출도 ★★

폴스테라이트에 대한 설명으로 옳은 것은?

① 주성분은 Mg_2SiO_4이다.
② 내식성이 나쁘고 기공률은 작다.
③ 돌로마이트에 비해 소화성이 크다.
④ 하중연화점은 크나 내화도는 SK 28로 작다.

선지분석

② 내식성이 우수하고 기공률이 크다.
③ 돌로마이트에 비해 소화성이 작다.
④ 하중연화점은 크고 내화도는 SK 35~38로 높다.

정답 | ①

68 빈출도 ★★

염기성 내화벽돌이 수증기의 작용을 받아 생성되는 물질이 비중변화에 의하여 체적변화를 일으켜 노벽에 균열이 발생하는 현상은?

① 스폴링(Spalling)
② 필링(Peeling)
③ 슬래킹(Slaking)
④ 스웰링(Swelling)

해설

슬래킹이란 마그네시아 또는 돌로마이트의 원료가 수증기를 흡수하여 비중 변화로 인한 체적 팽창이 발생함으로써 갈라지거나 부서져 노벽에 균열이 발생하거나 붕괴하는 현상을 말한다.

정답 | ③

69 빈출도 ★

배관설비의 지지를 위한 필요조건에 관한 설명으로 틀린 것은?

① 온도의 변화에 따른 배관신축을 충분히 고려하여야 한다.
② 배관 시공 시 필요한 배관기울기를 용이하게 조정할 수 있어야 한다.
③ 배관설비의 진동과 소음을 외부로 쉽게 전달할 수 있어야 한다.
④ 수격현상 및 외부로부터 진동과 힘에 대하여 견고하여야 한다.

해설
배관설비의 진동과 소음을 외부 전달 방지를 위해 진동 및 소음 저감장치를 설치하여야 한다.

정답 | ③

70 빈출도 ★

납석벽돌의 특성에 대한 설명으로 틀린 것은?

① 내식성이 우수하다.
② 내화도는 SK 34 이상이다.
③ 흡수율이 작고 압축강도가 크다.
④ 비교적 저온에서의 소결이 용이하다.

해설
내화도는 SK 34 이하이다.

관련개념 납석벽돌의 특성
- 비교적 저온에서의 소결이 가능하여 제조가 용이하다.
- 밀도가 높아 흡수율이 낮다.
- 높은 압축강도를 가지며 내구성 및 기계적 강도가 우수하다.
- 산과 알칼리에 대한 내식성이 우수하다.

정답 | ②

71 빈출도 ★★

요로의 정의가 아닌 것은?

① 전열을 이용한 가열장치
② 원재료의 산화반응을 이용한 장치
③ 연료의 환원반응을 이용한 장치
④ 열원에 따라 연료의 발열반응을 이용한 장치

해설
전열을 통해 가열하여 용융, 소성을 진행하는 장치로 가열물 주변에 고온가스가 체류하는 것이 적합하며 연료의 환원반응과 열원에 따른 발열반응을 이용한다.

관련개념 요로
상부(Top)부터 원료투입으로 노구(Throat) → 샤프트(Shaft) → 보시(Bosh) → 노상(Hearth)로 구성된다.

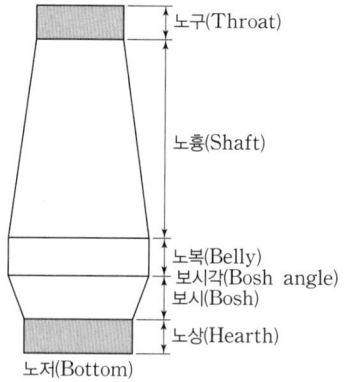

▲ 고로의 구조

정답 | ②

72 빈출도 ★★

내화물의 제조공정의 순서로 옳은 것은?

① 혼련 → 성형 → 분쇄 → 소성 → 건조
② 분쇄 → 성형 → 혼련 → 건조 → 소성
③ 혼련 → 분쇄 → 성형 → 소성 → 건조
④ 분쇄 → 혼련 → 성형 → 건조 → 소성

해설
내화물의 제조공정은 분쇄 → 혼련 → 성형 → 건조 → 소성 순이다.

정답 | ④

73 빈출도 ★★

에너지이용 합리화법에 따라 효율관리기자재의 제조업자가 광고매체를 이용하여 효율관리기자재의 광고를 하는 경우에 그 광고내용에 포함시켜야 할 사항은?

① 에너지 최고효율
② 에너지 사용량
③ 에너지 소비효율
④ 에너지 평균소비량

해설

「에너지이용 합리화법 제15조」
효율관리기자재의 제조업자·수입업자 또는 판매업자가 산업통상자원부령으로 정하는 광고매체를 이용하여 효율관리기자재의 광고를 하는 경우에는 그 광고내용에 에너지소비효율등급 또는 에너지소비효율을 포함하여야 한다.

정답 | ③

74 빈출도 ★★★

에너지이용 합리화법에 따라 검사 대상기기 조종자의 해임신고는 신고 사유가 발생한 날로부터 며칠 이내에 하여야 하는가?

① 15일
② 20일
③ 30일
④ 60일

해설

「에너지이용 합리화법 시행규칙 제31조28」
검사대상기기의 설치자는 검사대상기기관리자를 선임·해임하거나 검사대상기기관리자가 퇴직한 경우에는 검사대상기기관리자 선임(해임, 퇴직)신고서에 자격증수첩과 관리할 검사대상기기 검사증을 첨부하여 공단이사장에게 제출하여야 한다. 신고는 신고 사유가 발생한 날부터 30일 이내에 하여야 한다.

정답 | ③

75 빈출도 ★★

에너지이용 합리화법령에 따라 열사용기자재 관리에 대한 설명으로 틀린 것은?

① 계속사용검사는 검사유효기간의 만료일이 속하는 연도의 말까지 연기할 수 있으며, 연기하려는 자는 검사대상기기 검사연기 신청서를 한국에너지공단이사장에게 제출하여야 한다.
② 한국에너지공단이사장은 검사에 합격한 검사대상기기에 대해서 검사 신청인에게 검사일로부터 7일 이내에 검사증을 발급하여야 한다.
③ 검사대상기기관리자의 선임신고는 신고 사유가 발생한 날로부터 20일 이내에 하여야 한다.
④ 검사대상기기의 설치자가 사용 중인 검사대상기기를 폐기한 경우에는 폐기한 날부터 15일 이내에 검사대상기기 폐기신고서를 한국에너지공단이사장에게 제출하여야 한다.

해설

「에너지이용 합리화법 시행규칙 제31조28」
검사대상기기의 설치자는 검사대상기기관리자를 선임·해임하거나 검사대상기기관리자가 퇴직한 경우에는 검사대상기기관리자 선임(해임, 퇴직)신고서에 자격증수첩과 관리할 검사대상기기 검사증을 첨부하여 공단이사장에게 제출하여야 한다. 신고는 신고 사유가 발생한 날부터 30일 이내에 하여야 한다.

정답 | ③

76 빈출도 ★★

원관을 흐르는 층류에 있어서 유량의 변화는?

① 관의 반지름의 제곱에 반비례해서 변한다.
② 압력강하에 반비례하여 변한다.
③ 점성계수에 비례하여 변한다.
④ 관의 길이에 반비례해서 변한다.

선지분석

① 관(배관)의 지름의 4승에 비례한다.
② 압력강하에 비례한다.
③ 점성계수에 반비례한다.
④ 관(배관)의 길이에 반비례한다.

정답 | ④

77 빈출도 ★★

다음은 보일러의 급수밸브 및 체크밸브 설치기준에 관한 설명이다. ( ) 안에 알맞은 것은?

> 급수밸브 및 체크밸브의 크기는 전열면적 $10m^2$ 이하의 보일러에서는 호칭 (㉠) 이상, 전열면적 $10m^2$를 초과하는 보일러에서는 호칭 (㉡) 이상이어야 한다.

① ㉠ 5A, ㉡ 10A
② ㉠ 10A, ㉡ 15A
③ ㉠ 15A, ㉡ 20A
④ ㉠ 20A, ㉡ 30A

해설

보일러 전열면적 크기	급수밸브 및 체크밸브 관 호칭 크기
$10m^2$ 이하	15A 이상
$10m^2$ 초과	20A 이상

정답 | ③

78 빈출도 ★★

규산칼슘 보온재에 대한 설명으로 거리가 가장 먼 것은?

① 규산에 석회 및 석면 섬유를 섞어서 성형하고 다시 수증기로 처리하여 만든 것이다.
② 플랜트 설비의 탑조류, 가열로, 배관류 등의 보온 공사에 많이 사용된다.
③ 가볍고 단열성과 내열성은 뛰어나지만 내산성이 적고 끓는 물에 쉽게 붕괴된다.
④ 무기질 보온재로 다공질이며 최고 안전 사용온도는 약 650℃ 정도이다.

해설

규산칼슘은 규조토와 석회, 무기질인 석면섬유를 수증기 처리로 경화시킨 고온용 무기질 보온재로,. 내수성, 내구성 및 내산성이 우수하며, 끓는 물에 쉽게 붕괴되지 않는다.

관련개념 규산칼슘 보온재

- 높은 압축강도로 반영구적으로 사용이 가능하다.
- 내수성, 내구성이 좋아 시공이 편리하다.
- 안전사용온도는 650℃로 고온조건에서 사용한다.
- 열전도율 $0.053 \sim 0.065 kcal/h \cdot m \cdot ℃$로 낮고 쉽게 불이 붙지 않는 불연성 재료이다.

정답 | ③

79. ★★★

에너지이용 합리화법령상 특정열사용기자재와 설치·시공 범위 기준이 바르게 연결된 것은?

① 강철제 보일러: 해당 기기의 설치·배관 및 세관
② 태양열 집열기: 해당 기기의 설치를 위한 시공
③ 비철금속 용융로: 해당 기기의 설치·배관 및 세관
④ 축열식 전기보일러: 해당 기기의 설치를 위한 시공

해설

「에너지이용 합리화법 시행규칙 별표 3의2」

구분	품목명	설치·시공범위
보일러	강철제 보일러, 주철제 보일러, 온수보일러, 구멍탄용 온수보일러, 축열식 전기보일러, 캐스케이드 보일러, 가정용 화목보일러	해당 기기의 설치·배관 및 세관
태양열 집열기	태양열 집열기	해당 기기의 설치·배관 및 세관
압력용기	1종 압력용기, 2종 압력용기	해당 기기의 설치·배관 및 세관
요업요로	연속식유리용융가마, 불연속식유리용융가마, 유리용융도가니가마, 터널가마, 도염식각가마, 셔틀가마, 회전가마, 석회용선가마	해당 기기의 설치를 위한 시공
금속요로	용선로, 비철금속용융로, 금속소둔로, 철금속가열로, 금속균열로	해당 기기의 설치를 위한 시공

정답 | ①

80. ★★★

에너지이용 합리화법에 따라 에너지다소비사업자가 그 에너지사용시설이 있는 지역을 관할하는 시·도지사에게 신고하여야 하는 사항이 아닌 것은?

① 전년도의 분기별 에너지 사용량·제품생산량
② 해당연도의 분기별 에너지사용예정량·제품생산예정량
③ 내년도의 분기별 에너지이용 합리화 계획
④ 에너지사용기자재의 현황

해설

「에너지이용 합리화법 제31조」
- 전년도의 분기별 에너지사용량·제품생산량
- 해당 연도의 분기별 에너지사용예정량·제품생산예정량
- 에너지사용기자재의 현황
- 전년도의 분기별 에너지이용 합리화 실적 및 해당 연도의 분기별 계획
- 위 사항에 관한 업무를 담당하는 자(이하 "에너지관리자"라 한다)의 현황

정답 | ③

열설비설계

81 빈출도 ★★

강제순환식 보일러의 특징에 대한 설명으로 틀린 것은?

① 증기발생 소요시간이 매우 짧다.
② 자유로운 구조의 선택이 가능하다.
③ 고압보일러에 대해서도 효율이 좋다.
④ 동력소비가 적어 유지비가 비교적 적게 든다.

해설
동력소비가 높아 유지비가 비교적 많이 소모된다.

관련개념 강제순환식 보일러의 특징
- 자유로운 구조의 선택이 가능하고 관의 배치도 자유롭다.
- 열전달이 우수하여 증기발생 소요시간이 짧고 고압보일러의 효율도 양호하다.
- 물의 순환 조절이 용이하고 관경의 두께, 크기를 유동적으로 할 수 있다.
- 동력소비가 높아 유지비가 비교적 많이 소모된다.
- 보일러수 순환이 중요하며 불균일할 경우 과열로 인한 사고가 발생할 수 있다.

정답 | ④

82 빈출도 ★

다음 중 절탄기에 관한 설명으로 옳은 것은?

① 과열증기의 일부로 급수를 예열하는 장치이다.
② 연도 가스의 열로 급수를 예열하는 장치이다.
③ 연도 가스의 열로 고온의 공기를 만드는 장치이다.
④ 연도 가스의 열로 고온의 증기를 만드는 장치이다.

해설
절탄기(이코노마이저, Economizer)는 이코노마이저 또는 폐열회수장치라고 하며 보일러 가동 시 나오는 폐열을 연도의 배기가스에서 회수하여 급수를 예열한다. 연료소비량이 감소하고 증발량이 증가하며 열응력 및 스케일이 감소한다.

정답 | ②

83 빈출도 ★★

보일러 송풍장치의 회전수 변환을 통한 급기풍량 제어를 위하여 2극 유도전동기에 인버터를 설치하였다. 주파수가 55Hz일 때 유도전동기의 회전수는?

① 1,650rpm
② 1,800rpm
③ 3,300rpm
④ 3,600rpm

해설
아래 공식을 이용하여 유동전동기 회전수를 계산한다.

$$n_s = \frac{120 \times f}{p}$$

n_s: 유동전동기 회전수(rpm), f: 주파수(Hz), p: 극수

$n_s = \frac{120 \times 55}{2} = 3,300 \text{rpm}$

※ 문제에서 2극 유동전동기라고 하였으므로 극수(p)는 2이다.

정답 | ③

84 빈출도 ★★

피복 아크 용접에서 루트 간격이 크게 되었을 때 보수하는 방법으로 틀린 것은?

① 맞대기 이음에서 간격이 6mm 이하일 때에는 이음부의 한 쪽 또는 양 쪽에 덧붙이를 하고 깎아내어 간격을 맞춘다.
② 맞대기 이음에서 간격이 16mm 이상일때에는 판의 전부 혹은 일부를 바꾼다.
③ 필릿 용접에서 간격이 1.5~4.5mm일 때에는 그대로 용접해도 좋지만 벌어진 간격만큼 각장을 작게 한다.
④ 필릿 용접에서 간격이 1.5mm 이하일 때에는 그대로 용접한다.

해설
필릿 용접에서 간격이 1.5~4.5mm일 때에는 그대로 용접해도 좋지만 벌어진 간격만큼 각장을 크게 한다.

정답 | ③

85 빈출도 ★★

수관식 보일러에 속하지 않는 것은?

① 코르니쉬 보일러
② 바브콕 보일러
③ 라몬트 보일러
④ 벤손 보일러

해설

수관보일러 종류로는 강제순환식, 자연순환식, 관류식이 있다.

강제순환식	라몬트, 배록스
자연순환식	바브콕, 타쿠마, 쓰네기찌, 야로우, 가르베
관류식	람진, 벤슨, 앤모스, 슐저

정답 | ①

86 빈출도 ★

유체의 동점성계수와 유체온도 전파속도의 비를 표현하는 무차원수는?

① Nusselt(Nu)수
② Prandtl(Pr)수
③ Grashof(Gr)수
④ Schmidt(Sc)수

선지분석

① Nusselt수(Nu): 유체 상 경계를 통과하는 대류열 전달과 전도열 전달의 비로, $Nu = \dfrac{대류열전달}{전도열전달}$ 로 나타낸다.

② Prandtl수(Pr): 점성도와 열확산도의 비로, $Pr = \dfrac{동점성계수}{열전도계수}$ 로 나타낸다.

③ Grashof수(Gr): 부력과 점성력의 비율인 무차원수로, $Gr = \dfrac{부력}{점성력}$ 로 나타낸다.

④ Schmidt수(Sc): 운동량 확산과 질량 확산의 비율인 무차원수로, $Sc = \dfrac{운동량\ 확산}{질량\ 확산}$ 로 나타낸다.

정답 | ②

87 빈출도 ★

온수보일러에 있어서 급탕량이 $500kg/h$이고 공급 주관의 온수온도가 $80°C$, 환수 주관의 온수온도가 $50°C$이라 할 때, 이 보일러의 출력은? (단, 물의 평균 비열은 $1kcal/kg \cdot °C$이다.)

① 10,000kcal/h
② 12,500kcal/h
③ 15,000kcal/h
④ 17,500kcal/h

해설

$$\Delta U = m \times C \times (T_2 - T_1)$$

ΔU: 출력량(kcal/h), m: 급탕량(kg/h),
C: 비열(kcal/kg · °C), T: 온도(°C)

$\Delta U = 500kg/h \times 1kcal/kg \cdot °C \times (80-50)°C$
$\quad\ = 15,000kcal/h$

정답 | ③

88 빈출도 ★★

보일러의 성능계산 시 사용되는 증발률($kg/m^2 \cdot h$)에 대한 설명으로 옳은 것은?

① 실제증발량에 대한 발생증기 엔탈피와의 비
② 연료소비량에 대한 상당증발량과의 비
③ 상당증발량에 대한 실제증발량과의 비
④ 전열면적에 대한 실제증발량과의 비

해설

증발률은 전열면적에 대한 실제증발량과의 비로 계산되며 전열면적 $1m^2$당 1시간 동안 증기의 양을 나타낸다.

정답 | ④

89 빈출도 ★★

그림과 같이 폭 150mm, 두께 10mm의 맞대기 용접이음에 작용하는 인장응력은?

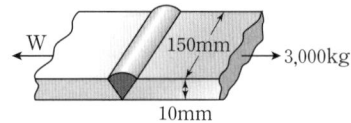

① 2kg/cm²
② 15kg/cm²
③ 100kg/cm²
④ 200kg/cm²

해설

V형 이음일 때 맞대기 용접이음 인장응력 공식은 다음과 같다.

$$D = \sigma \times h \times l$$

D: 하중(kg), σ: 인장응력(kg/mm²), h: 두께(mm), l: 폭(mm)

$3,000\text{kg} = \sigma \times 10 \times 150$

$\sigma = \dfrac{3,000}{1,500} = 2\text{kg/mm}^2 = 200\text{kg/cm}^2$

정답 | ④

90 빈출도 ★★

노통보일러에 가셋트스테이를 부착할 경우 경판과 부착부 하단과 노통 상부 사이에는 완충폭(브레이징 스페이스)이 있어야 한다. 이 때 경판의 두께가 20mm인 경우 완충폭은 최소 몇 mm 이상이어야 하는가?

① 230
② 280
③ 320
④ 350

해설

경판의 두께	완충 폭
13mm 이하	230mm 이상
15mm 이하	260mm 이상
17mm 이하	280mm 이상
19mm 이하	300mm 이상
19mm 초과	320mm 이상

정답 | ③

91 빈출도 ★★

물을 사용하는 설비에서 부식을 초래하는 인자로 가장 거리가 먼 것은?

① 용존 산소
② 용존 탄산가스
③ pH
④ 실리카

선지분석

① 용존 산소가 높으면 일반부식 또는 전면부식이 발생시킨다.
② 용존 탄산가스, 산소의 전기화학적 작용으로 보일러 내면에 반점모양의 구멍을 형성하는 점식부식이 발생한다.
③ pH 12를 초과하면 알칼리 부식을 발생시킨다.
④ 실리카는 보일러수에 포함되어 스케일 형성과 열효율 저하를 가지고 오는 주요 원인으로 부식과는 거리가 멀다.

정답 | ④

92 빈출도 ★

기수분리기를 설치하는 주된 목적은?

① 발생된 증기 속에 남은 물방울을 제거하기 위하여
② 보일러에 녹아 있는 불순물을 제거하기 위하여
③ 과열증기의 순환을 빠르게 하기 위하여
④ 폐증기를 회수하여 재사용하기 위하여

해설

기수분리기는 수관식 보일러 내부에 부착하는 부속장치로 수증기 물방울을 분리하여 제거한다.

관련개념 기수분리의 방법에 따른 분류

- 스크레버식 또는 스크러버식: 파도물결형의 다수 장애판(강판)을 이용한다.
- 건조 스크린식: 금속 그물망판을 이용한다.
- 배플식(장애판): 배플식판을 이용하여 증기의 진행방향을 전환한다.
- 싸이클론식: 원심분리기의 원심력을 이용한다.
- 다공판식: 다수의 구멍이 뚫려있는 구멍판을 이용한다.

정답 | ①

93 빈출도 ★★

유량 2,200kg/h인 80°C의 벤젠을 40°C까지 냉각시키고자 한다. 냉각수 온도를 입구 30°C, 출구 45°C로 하여 대향류열교환기 형식의 이중관식 냉각기를 설계할 때 적당한 관의 길이(m)는? (단, 벤젠의 평균비열은 1,884J/kg·°C, 관 내경 0.0427m, 총괄전열계수는 600W/m²·°C이다.)

① 8.7
② 18.7
③ 28.6
④ 38.7

해설

흡수열량 구하는 공식은 다음과 같다.

$$Q = m \times C \times \Delta T$$

Q: 열량(J/s), m: 질량유량(kg/s),
C: 비열(J/kg·°C), ΔT: 온도차(°C)

$$Q_1 = \frac{2,200 \text{kJ}}{\text{h}} \times \frac{1,884 \text{J}}{\text{kg} \cdot \text{°C}} \times \frac{1\text{h}}{3,600\text{s}} \times (80-40) = 46,053.33 \text{W}$$

대수평균온도차를 활용한 단위면적당 열교환량 공식을 통해 면적(A)을 구한다.

$$Q = U \times A \times \Delta t_m$$

Q: 열교환량(kcal/h), U: 열관류율(W/m²·°C),
A: 단위면적(1m²), Δt_m: 대수평균온도차(°C)

대수평균온도차는 다음과 같이 구한다.

$$\Delta T_m = \frac{T_1 - T_2}{\ln\left(\frac{T_1}{T_2}\right)^2}$$

$$\Delta T_m = \frac{(80-45)-(40-30)}{\ln\left(\frac{80-45}{40-30}\right)} = 19.955\text{°C}$$

$$A = \frac{Q_1}{U \times \Delta T_m} = \frac{46,053.33}{600 \times 19.955} = 3.846\text{m}^2$$

전열면적을 이용한 공식을 통해 관의 길이를 구한다.

$$A = \pi \times d \times L$$

d: 내경(m), L: 관의 길이(m)

$$L = \frac{A}{\pi \times d} = \frac{3.846}{\pi \times 0.0427} = 28.67\text{m}$$

정답 | ③

94 빈출도 ★★

2중관 열교환기에 있어서 열관류율(α)의 근사식은? (단, F_i: 내관 내면적, F_o: 내관 외면적, α_i: 내관 내면과 유체 사이의 경막계수, α_o: 내관 외면과 유체 사이의 경막계수, 전열계산은 내관 외면 기준일 때이다.)

① $\dfrac{1}{\left(\dfrac{1}{\alpha_i F_i} + \dfrac{1}{\alpha_o F_o}\right)}$

② $\dfrac{1}{\left(\dfrac{1}{\alpha_i \dfrac{F_i}{F_o}} + \dfrac{1}{\alpha_o}\right)}$

③ $\dfrac{1}{\left(\dfrac{1}{\alpha_i} + \dfrac{1}{\alpha_o \dfrac{F_i}{F_o}}\right)}$

④ $\dfrac{1}{\left(\dfrac{1}{\alpha_o F_i} + \dfrac{1}{\alpha_i F_o}\right)}$

해설

열관류율 $= \dfrac{1}{\sum \text{총괄열저항계수}} = \dfrac{1}{\left(\dfrac{1}{\alpha_i F_i} + \dfrac{1}{\alpha_o F_o}\right)}$

정답 | ①

95 빈출도 ★

다음 그림의 3겹층으로 되어 있는 평면벽의 평균 열전도율(kcal/m·h·℃)은? (단, 열전도율은 $\lambda_A = 1.0\,\text{kcal/m}\cdot\text{h}\cdot\text{℃}$, $\lambda_B = 2.0\,\text{kcal/m}\cdot\text{h}\cdot\text{℃}$, $\lambda_C = 1.0\,\text{kcal/m}\cdot\text{h}\cdot\text{℃}$)

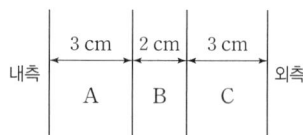

① 0.94　　② 1.14
③ 1.24　　④ 2.44

해설

평균 열전도율 공식은 아래와 같다.

$$\text{평균 열전도율} = \frac{\sum T_i}{\lambda_m} = \sum \frac{T_i}{\lambda_i}$$

T: 두께(m), λ: 열전도율(kcal/m·h·℃)

$\dfrac{0.03+0.02+0.03}{\lambda_m} = \dfrac{0.03}{1} + \dfrac{0.02}{2} + \dfrac{0.03}{1}$

$\lambda_m = 1.14\,\text{kcal/m}\cdot\text{h}\cdot\text{℃}$

정답 | ②

96 빈출도 ★

보일러에 부착되어 있는 압력계의 최고눈금은 보일러의 최고사용압력의 최대 몇 배 이하의 것을 사용해야 하는가?

① 1.5배　　② 2.0배
③ 3.0배　　④ 3.5배

해설

최고눈금은 보일러의 최고사용압력의 1.5배 이상 최대 3배 이하의 것을 사용해야 한다.

정답 | ③

97 빈출도 ★★

온도 250℃, 질량 50kg인 금속을 20℃의 물 속에 넣었다. 최종 평형 상태에서의 온도가 30℃이면 물의 양은 약 몇 kg인가? (단, 열손실은 없으며, 금속의 비열은 0.5kJ/kg·K, 물의 비열은 4.18kJ/kg·K이다.)

① 108.3　　② 131.6
③ 167.7　　④ 182.3

해설

열평형 법칙에 의해 금속이 잃은 열량(Q_m)과 물이 얻은 열량(Q_w)은 같다.
열량을 구하는 공식은 아래와 같다.

$$Q = m \times C \times \Delta T$$

Q: 열량(kJ), m: 질량(kg), C: 비열(kJ/kg·℃), ΔT: 온도차(℃)

$Q_m = Q_w$
$m_m \times C_m \times (T_m - T_f) = m_w \times C_w \times (T_f - T_w)$
$50 \times 0.5 \times (250-30) = m_w \times 4.18 \times (30-20)$
$m_w = \dfrac{5,500}{41.8} = 131.6\,\text{kg}$

정답 | ②

98 빈출도 ★

다음 보일러 중에서 드럼이 없는 구조의 보일러는?

① 야로우 보일러　　② 슐저 보일러
③ 타쿠마 보일러　　④ 베록스 보일러

해설

슐저(Sulzur) 보일러는 1개의 연속관으로 이루어진 관류보일러로, 드럼이 없는 구조의 보일러이다.

정답 | ②

99 빈출도 ★★

증기 10t/h를 이용하는 보일러의 에너지 진단 결과가 아래 표와 같다. 이 때, 공기비 개선을 통한 에너지 절감률(%)은?

명칭	결과값
입열합계(kcal-연료)	9,800
개선 전 공기비	1.8
개선 후 공기비	1.1
배기가스온도(℃)	110
이론공기량(Nm³/kg-연료)	10.696
연소공기 평균비열(kcal/kg·℃)	0.31
송풍공기온도(℃)	20
연료의 저위발열량(kcal/Nm³)	9,540

① 1.6 ② 2.1
③ 2.8 ④ 3.2

해설

에너지 절감률에 대한 공식은 다음과 같다.

$$S = \frac{Q_o}{Q_i} \times 100$$

S : 에너지 절감률(%), Q_i : 입열합계(kcal/kg)

공기비 개선을 통한 에너지 절감률 공식은 다음과 같다.

$$Q_o = C_a \times (m_1 - m_2) \times A_o \times (T_1 - T_2)$$

Q_o : 에너지 절감량(kcal/kg),
C_a : 연소공기 평균비열(kcal/kg·℃), m_1 : 개선전 공기비,
m_2 : 개선후 공기비, A_o : 이론공기량(Nm³/kg),
T_1 : 배기가스 온도(℃), T_2 : 송풍공기 온도(℃)

$Q_o = 0.31 \times (1.8 - 1.1) \times 10.696 \times (110 - 20)$
$= 0.31 \times 0.7 \times 10.696 \times 90$
$= 208.892 \text{kcal/kg}$

$S = \frac{Q_o}{Q_i} \times 100 = \frac{208.892}{9,800} \times 100$
$= 0.021 \times 100 = 2.1\%$

정답 | ②

100 빈출도 ★★

외경과 내경이 각각 6cm, 4cm이고 길이가 2m인 강관이 두께 2cm인 단열재로 둘러 쌓여있다. 이때 관으로부터 주위공기로의 열손실이 400W라 하면 관 내벽과 단열재 외면의 온도차는? (단, 주어진 강관과 단열재의 열전도율은 각각 15W/m·℃, 0.2W/m·℃이다.)

① 53.5℃ ② 82.2℃
③ 120.6℃ ④ 155.6℃

해설

열저항 계산 공식은 아래와 같다.

$$Q = \frac{\ln\left(\frac{r_o}{r_i}\right)}{2\pi \times R \times L}$$

Q : 열저항(℃/W), r_o : 외반경(m), r_i : 내반경(m),
R : 열 전도율(W/m·℃), L : 관 길이(m)

강관의 열저항(Q_p)을 구한다.

$$Q_p = \frac{\ln\left(\frac{0.03}{0.02}\right)}{2\pi \times 15 \times 2} = \frac{0.405}{188.496} = 0.00215 \text{℃/W}$$

단열재의 열저항(Q_a)을 구한다.
여기서, 단열재의 외경은 관의 외경+단열재의 두께이다.
단열재의 외경 = 0.03 + 0.02 = 0.05m

$$Q_a = \frac{\ln\left(\frac{0.05}{0.03}\right)}{2\pi \times 0.2 \times 2} = \frac{0.511}{2.513} = 0.20334 \text{℃/W}$$

따라서, 단열재의 외면의 온도차(ΔT)는 열손실(q)에 열저항 총값(Q_T)을 곱하여 구한다.

$\Delta T = q \times Q = 400 \times (0.00215 + 0.20334) = 82.2 \text{℃}$

정답 | ②

연소공학

01 빈출도 ★★

다음 분진의 중력침강속도에 대한 설명으로 틀린 것은?

① 점도에 반비례한다.
② 밀도차에 반비례한다.
③ 중력가속도에 비례한다.
④ 입자직경의 제곱에 비례한다.

해설

중력침강속도에 대한 stokes 공식은 다음과 같다.

$$V_g = \frac{d^2(\rho_s - \rho)g}{18\mu}$$

V_g: 중력침강속도(m/s), ρ_s: 입자의 밀도(kg/m³),
ρ: 가스의 밀도(kg/m³), μ: 점성도(kg/m·s), d: 입자 직경(m)

밀도차에 비례한다.

정답 | ②

02 빈출도 ★

다음 중 열전도율의 단위는?

① kcal/m·h·℃
② kcal/m²·h·℃
③ kcal/m·h²·℃
④ kcal/m·h·℃²

해설

열전도율은 열의 전달량과 온도 차이의 비율을 나타낸 값으로 단위는 kcal/m·h·℃로 표현된다.

정답 | ①

03 빈출도 ★★

다음 반응식으로부터 프로판 1kg의 발열량은 약 몇 MJ인가?

$$C + O_2 \rightarrow 406 \text{kJ/mol}$$
$$H_2 + \frac{1}{2}O_2 \rightarrow H_2O + 241 \text{kJ/mol}$$

① 33.1
② 40.0
③ 49.6
④ 65.8

해설

프로판(C_3H_8)의 완전연소반응식
$C_3H_8 + 5O_2 \rightarrow 3CO_2 + 4H_2O$
프로판 1mol이 반응하여 3mol의 이산화탄소(CO_2)와 4mol의 물(H_2O)이 생성된다.
위 표의 반응식으로 발열량을 계산하면,
$\sum$생성열 = (3mol × 406kJ/mol) + (4mol × 241kJ/mol)
= 1,218 + 964 = 2,182kJ
프로판의 분자량은 44이므로
$\frac{2,182}{44}$ = 49.6kJ/g = 49.6MJ/kg

정답 | ③

04 빈출도 ★★

고위발열량의 9,000kcal/kg인 연료 3kg이 연소할 때의 총저위발열량은 몇 kcal인가? (단, 이 연료 1kg당 수소분은 15%, 수분은 1%의 비율로 들어있다.)

① 12,300
② 24,552
③ 43,882
④ 51,888

해설

단위중량당 저위발열량(H_L) 공식은 다음과 같다.

$$H_L = H_h - R_w$$
$$R_w = 600 \times (9H + w)$$

H_L: 저위발열량(kcal/kg), H_h: 고위발열량(kcal/kg), R_w: 증발잠열(kcal/kg)

$H_L = 9,000 - 600 \times (9 \times 0.15 + 0.01) = 8,184$ kcal/kg
문제에서 연료 3kg라고 하였으므로
총저위발열량 = 8,184kcal/kg × 3kg = 24,552kcal

정답 | ②

05 빈출도 ★★

위험성을 나타내는 성질에 관한 설명으로 옳지 않은 것은?

① 착화온도와 위험성은 반비례한다.
② 비등점이 낮으면 인화 위험성이 높아진다.
③ 인화점이 낮은 연료는 대체로 착화온도가 낮다.
④ 물과 혼합하기 쉬운 가연성 액체는 물과의 혼합에 의해 증기압이 높아져 인화점이 낮아진다.

해설

물과 혼합하기 쉬운 가연성 액체는 물과 혼합에 의해 증기압이 높아지고 인화점도 증가한다.

정답 | ④

06 빈출도 ★★

다음 중 고속운전에 적합하고 구조가 간단하며 풍량이 많아 배기 및 환기용으로 적합한 송풍기는?

① 다익형 송풍기
② 플레이트형 송풍기
③ 터보형 송풍기
④ 축류형 송풍기

해설

축류형 송풍기는 회전축 방향과 공기흐름이 평행한 송풍기로, 고속운전에 적합하며 풍량이 많고 배기 및 환기용으로 적합하다.

선지분석

① 다익형 송풍기: 시로코팬(휀), 전향날개형이라고 하며, 임펠러의 많은 날개를 가진 팬으로 소음문제가 적고 압력손실이 적어 환기나 공기조화용으로 사용된다.
② 플레이트형 송풍기: 평판형팬이라고 하며, 직선의 평판을 회전시키는 송풍기로 고정압이 낮으며, 습식 집진장치의 배기에 적합하고 부식성이 강한 공기를 이송하는데 사용된다.
③ 터보형 송풍기: 한계 부하팬, 후향날개형이라고 하며, 날개가 회전방향의 반대편으로 경사지게 설계된 터빈형 구조로, 소음이 크나 고온, 고압의 대용량에 적합하여 압입송풍기로 사용된다.

정답 | ④

07 빈출도 ★★

수소 4kg을 과잉공기계수 1.4의 공기로 완전연소시킬 때 발생하는 연소가스 중의 산소량은 약 몇 kg인가?

① 3.20
② 4.48
③ 6.40
④ 12.8

해설

수소(H_2)의 완전연소반응식

$$H_2 + \frac{1}{2}O_2 \rightarrow H_2O$$

수소(H_2)과 산소(O_2)는 1 : 0.5 반응이므로 수소(분자량 2) 1kmol = 2kg 반응하기 위해서는 산소(원자량 32) 0.5kmol = 16kg이 필요하다. 수소 4kg 반응하기 위해서는 산소 16kg × 2 = 32kg이므로, 연소가스 중 산소량 = 32 × 0.4 = 12.8kg이다.

정답 | ④

08 빈출도 ★

CO_2와 연료 중의 탄소분을 알고 있을 때 건연소가스량(G)을 구하는 식은?

① $\dfrac{1.867 \cdot C}{(CO_2)}$[Nm³/kg]

② $\dfrac{(CO_2)}{1.867 \cdot C}$[Nm³/kg]

③ $\dfrac{1.867 \cdot C}{21 \cdot (CO_2)}$[Nm³/kg]

④ $\dfrac{21 \cdot (CO_2)}{1.867 \cdot C}$[Nm³/kg]

해설

CO_2와 탄소분을 이용하여 건연소가스량(G)을 구한 식은 다음과 같다.

$$G = \dfrac{1.867 \times C}{CO_2}$$

정답 | ①

09 빈출도 ★

고체연료의 전황분 측정방법에 해당되는 것은?

① 중량법
② 에슈카법
③ 리비히법
④ 쉐필드 고온법

해설

에슈카법은 석탄 등 고체연료에 함유된 전황분을 물에 잘 녹는 황산 이온으로 만들어 정량 측정한다.

정답 | ②

10 빈출도 ★★

고체연료를 사용하는 어떤 열기관의 출력이 3,000 kW이고 연료소비율이 1,400kg/h일 때 이 열기관의 열효율은 약 몇 %인가? (단, 이 고체연료의 저위발열량은 28MJ/kg이다.)

① 28
② 38
③ 48
④ 58

해설

열기관의 열효율 공식은 다음과 같다.

$$\eta = \dfrac{Q_{out}}{Q_{in}} = \dfrac{Q_{out}}{m \times H_l}$$

Q_{in}: 입열량(kW), Q_{out}: 출력열량(kW), m: 연료소비율(kg/h), H_l: 저위발열량(kJ/kg)

$\eta = 3{,}000\text{kW} \times \dfrac{\text{h}}{1{,}400\text{kg}} \times \dfrac{\text{kg}}{28\text{MJ}} \times \dfrac{1\text{MJ}}{1{,}000\text{kJ}} \times \dfrac{3{,}600\text{kJ}}{1\text{kW}}$

$= 0.2755 \times 100 = 28\%$

정답 | ①

11 빈출도 ★

액체를 미립화 하기 위해 분무를 할 때 분무를 지배하는 요소로서 가장 거리가 먼 것은?

① 액류의 운동량
② 액류와 액공 사이의 마찰력
③ 액체와 기체 사이의 표면장력
④ 액류와 기체의 표면적에 따른 저항력

해설

연료의 표면적을 증가시키기 위해 액체연료를 작은 방울 또는 스프레이식으로 쪼개어 분사하는 기술이다. 액체와 액공 사이의 마찰력은 노즐 내부 흐름의 저항과 관련이 있으며 미립화 과정과는 관련이 없다.

정답 | ②

12 빈출도 ★★

석탄에 함유되어 있는 성분 중 ㉠ 수분, ㉡ 휘발분, ㉢ 황분이 연소에 미치는 영향으로 가장 적합하게 각각 나열한 것은?

① ㉠ 발열량 감소 ㉡ 연소 시 긴 불꽃 생성 ㉢ 연소기관의 부식
② ㉠ 매연발생 ㉡ 대기오염 감소 ㉢ 착화 및 연소방해
③ ㉠ 연소방해 ㉡ 발열량 감소 ㉢ 매연발생
④ ㉠ 매연발생 ㉡ 발열량 감소 ㉢ 점화방해

해설

㉠ 수분: 증발잠열로 인한 발열량 감소로 열 손실을 초래한다.
㉡ 휘발분: 연소 시 긴 불꽃 생성, 불완전연소 시 매연이 발생한다.
㉢ 황분: 연소기관을 부식시킨다.

정답 | ①

13 빈출도 ★★★

프로판가스 1kg 연소시킬 때 필요한 이론공기량은 약 몇 Sm^3/kg인가?

① 10.2
② 11.3
③ 12.1
④ 13.2

해설

프로판(C_3H_8)의 완전연소반응식
$C_3H_8 + 5O_2 \rightarrow 3CO_2 + 4H_2O$
C_3H_8과 O_2은 1 : 5 반응이므로 이를 이용하여 이론산소량을 구한다.
1mol : 5mol = 44kg : 112Sm³

$$A_o = \frac{O_o}{0.21}$$

A_o: 이론공기량(Sm^3/kg), O_o: 이론산소량(Sm^3/kg)

$A_o = \frac{O_o}{0.21} = \frac{\frac{112Sm^3}{44kg}}{0.21} = 12.1 Sm^3/kg$

정답 | ③

14 빈출도 ★★

질량 기준으로 C 85%, H 12%, S 3%의 조성으로 되어 있는 중유를 공기비 1.1로 연소시킬 때 건연소가스량은 약 몇 Nm^3/kg인가?

① 9.7
② 10.5
③ 11.3
④ 12.1

해설

건연소가스량을 구하는 공식은 아래와 같다.

$$G_o = (1-0.21)A_o + 생성된 CO_2 + 생성된 SO_2$$

m:공기비, A_o: 이론공기량

여기서 이론공기량을 구하여야 한다.

$$A_o = \frac{O_o}{0.21}$$
$$O_o = 1.867C + 5.6H + 0.7S$$

$A_o = \frac{1.867C + 5.6H + 0.7S}{0.21}$

$= \frac{(1.867 \times 0.85) + (5.6 \times 0.12) + (0.7 \times 0.03)}{0.21}$

$= 10.857 Nm^3/kg$

생성물(CO_2, SO_2)의 양은 $1.867C + 0.7S$로 나타낼 수 있다.
$G_o = (1.1 - 0.21) \times A_o + 1.867C + 0.7S_1$
$= (0.89 \times 10.857) + (1.867 \times 0.85) + (0.7 \times 0.03)$
$= 11.3 Nm^3/kg$

정답 | ③

15 빈출도 ★★

연소장치의 연소효율(E_c)식이 아래와 같을 때 H_2는 무엇을 의미하는가? (단, H_c: 연료의 발열량, H_1: 연재 중의 미연탄소의 의한 손실이다.)

$$E_c = \frac{H_c - H_1 - H_2}{H_c}$$

① 전열손실
② 현열손실
③ 연료의 저발열량
④ 불완전연소에 따른 손실

해설

연소효율 = 연소열/발열량 = (발열량 − 손실열)/발열량

손실열은 미연분손실과 불완전연소에 따른 손실을 합한 값이므로

연소효율 = (발열량 − (미연분손실 + 불완전연소에 따른 손실))/발열량

로 나타낼 수 있다.

정답 | ④

16 빈출도 ★★

연소에서 고온부식의 발생에 대한 설명으로 옳은 것은?

① 연료 중 황분의 산화에 의해서 일어난다.
② 연료 중 바나듐의 산화에 의해서 일어난다.
③ 연료 중 수소의 산화에 의해서 일어난다.
④ 연료의 연소 후 생기는 수분이 응축해서 일어난다.

해설

가스, 중질유 연소 등에서 회분에 포함된 바나듐의 산화반응에 의해 고온 전열면의 부식, 즉 고온부식이 발생한다. 바나듐이 연소하여 고온의 오산화바나듐이 되고 전열면에 융착되어 부작용을 일으킨다.

정답 | ②

17 빈출도 ★★★

탄소 12kg을 과잉공기계수 1.2의 공기로 완전연소시킬 때 발생하는 연소가스량은 약 몇 Nm^3인가?

① 84
② 107
③ 128
④ 149

해설

탄소(C)의 완전연소반응식
$C + O_2 \rightarrow CO_2$
C과 O_2은 1 : 1 반응이므로 이를 이용하여 이론산소량을 구한다.
$1mol : 1mol = 1mol : 22.4Sm^3$

$$A_o = \frac{O_o}{0.21}$$

A_o: 이론공기량, O_o: 이론산소량

$A_o = \dfrac{O_o}{0.21} = \dfrac{22.4 Nm^3}{0.21} = 106.6667 Nm^3$

이론건연소가스량을 구하는 공식은 다음과 같다.

$$G_{od} = (1 - 0.21)A_o + \text{생성된 } CO_2$$

G_{od}: 이론건연소가스량, A_o: 이론공기량, m: 공기비

$G_{od} = (1 - 0.21) \times 106.6667 + 22.4 = 106.6667 Nm^3/Nm^3$

실제 건연소가스량은 다음과 같이 구한다.

$$G_d = G_{od} + (m-1)A_o$$

$G_d = 106.6667 + (1.2 - 1) \times 106.6667 = 128 Nm^3$

정답 | ③

18 빈출도 ★

95% 효율을 가진 집진장치계통을 요구하는 어느 공장에서 35% 효율을 가진 전처리 장치를 이미 설치하였다. 주처리 장치는 몇 % 효율을 가진 것이어야 하는가?

① 60.00
② 85.76
③ 92.31
④ 95.45

해설

집진장치의 총 집진효율을 구하는 공식은 아래와 같다.

$$\eta_t = \eta_1 + (1-\eta_1) \times \eta_2$$

η_t: 전체 집진시스템 효율(%), η_1: 전처리 장치의 효율(%),
η_2: 주처리 장치의 효율(%)

$0.95 = 0.35 + (1-0.35) \times \eta_2 = 0.65\eta_2 = 0.6$

$\eta_2 = \dfrac{0.6}{0.65} = 0.923 \times 100 = 92.3\%$

정답 | ③

19 빈출도 ★★★

CH_4 가스 $1Nm^3$를 30% 과잉공기로 연소시킬 때 완전연소에 의해 생성되는 실제 연소가스의 총량은 약 몇 Nm^3인가?

① 2.4
② 13.4
③ 23.1
④ 82.3

해설

메탄(CH_4)의 완전연소반응식

$CH_4 + 2O_2 \rightarrow CO_2 + 2H_2O$

실제습연소가스량을 구하는 공식은 다음과 같다.

$$G = (m-0.21)A_o + \text{생성된 } CO_2 + \text{생성된 } H_2O$$
$$A_o = \dfrac{O_o}{0.21}$$

$G = (1.3-0.21) \times \dfrac{2}{0.21} + 1 + 2 = 13.4Nm^3$

정답 | ②

20 빈출도 ★★

어떤 굴뚝가스가 50mol% N_2, 20mol% CO_2, 10mol% O_2와 나머지가 H_2O인 조성을 가지고 있다. 이 기체 중 CO_2 가스의 건기준의 몰분율은?

① 0.2
② 0.25
③ 0.1
④ 0.15

해설

전체 가스를 100mol이라고 했을 때, N_2 50mol, CO_2 20mol, O_2 10mol, H_2O 20mol이다.
따라서, CO_2 가스의 건기준의 몰분율은

$\dfrac{CO_2}{\text{전체 건가스}(N_2, CO_2, O_2)} = \dfrac{20}{80} = 0.25$

정답 | ②

열역학

21 빈출도 ★★

공기가 압력 1MPa, 체적 $0.4m^3$인 상태에서 50℃의 등온 과정으로 팽창하여 체적이 4배로 되었다. 엔트로피의 변화는 약 몇 kJ/K 인가?

① 1.72
② 5.46
③ 7.32
④ 8.83

해설

이상기체 엔트로피 변화계산 공식은 다음과 같다.

$$\Delta S = m \times R \times \ln\left(\frac{V_2}{V_1}\right)$$

ΔS: 엔트로피 변화량(kJ/K), m: 질량(kg),
R: 기체상수(kJ/kg·K), V_1: 초기 부피(m^3), V_2: 최종 부피(m^3)

이상기체방정식을 이용하여 식을 정리한다.

$$PV = mRT$$

P: 압력(kPa), V: 부피(m^3), m: 질량(kg),
R: 기체상수(kJ/kg·K), T: 온도(K)

$$m = \frac{PV}{RT}$$

위 식에 대입하여 정리하면,

$$\Delta S = m \times R \times \ln\left(\frac{V_2}{V_1}\right) = \frac{PV}{RT} \times R \times \ln\left(\frac{V_2}{V_1}\right)$$

$$= \frac{PV}{T} \times \ln\left(\frac{4V_1}{V_1}\right)$$

$$= \frac{1,000\text{kPa} \times 0.4m^3}{(273+50)\text{K}} \times \ln(4) = 1.716\text{kJ/K}$$

정답 | ①

22 빈출도 ★

공기 50kg을 일정 압력하에서 100℃에서 700℃까지 가열할 때 엔탈피 변화는 얼마(kJ)인가? (단, C_p = 1.0kJ/kg·K, C_v = 0.71kJ/kg·K)

① 600
② 21,300
③ 30,000
④ 42,600

해설

$$\Delta H = m \cdot C_p \cdot \Delta t$$

ΔH: 엔탈피 변화량(kJ), m: 질량(kg),
C_p: 정압비열(kJ/kg·℃), Δt: 온도 차(℃)

$\Delta H = 50 \times 1.0 \times ((700+273) - (100+273))$
$= 50 \times 1.0 \times 600$
$= 30,000$kJ

정답 | ③

23 빈출도 ★★

열역학 2법칙과 관련하여 가역 또는 비가역 사이클 과정 중 항상 성립하는 것은? (단, Q는 시스템에 출입하는 열량이고, T는 절대온도이다.)

① $\oint \frac{\delta Q}{T} = 0$
② $\oint \frac{\delta Q}{T} > 0$
③ $\oint \frac{\delta Q}{T} \geq 0$
④ $\oint \frac{\delta Q}{T} \leq 0$

해설

• 가역사이클일 경우

$$\oint_{가역} \frac{dQ}{T} = 0$$

• 비가역사이클일 경우

$$\oint_{비가역} \frac{dQ}{T} < 0$$

정답 | ④

24 빈출도 ★

다음 중 상대습도(Relative humidity)를 가장 쉽고 빠르게 측정할 수 있는 방법은?

① 대기압을 측정한 다음 습도곡선에서 읽는다.
② 건구온도와 습구온도를 측정한 Mollier chart에서 읽는다.
③ 건구온도와 습구온도를 측정한 다음 두 값 중 큰 값으로 작은 값을 나눈다.
④ 건구온도와 습구온도를 측정한 다음 습공기선도에서 상대습도를 읽는다.

해설

일반적인 건구온도와 습구에서 증발냉각된 습구온도를 측정하면 습공기선도를 측정할 수 있으며, 습공기선도를 통해 상대습도, 건구온도, 습구온도 등을 알 수 있다.

정답 | ④

25 빈출도 ★★

질량비로 프로판 45%, 공기 55%인 혼합가스가 있다. 프로판 가스의 발열량이 $100MJ/Nm^3$일 때 혼합가스의 발열량은 약 몇 MJ/Nm^3인가? (단, 공기의 발열량은 무시한다.)

① 29
② 31
③ 33
④ 35

해설

발열량을 구하기 위해서는 혼합가스의 부피를 알아야 한다.

프로판 부피(분자량 44) = $\frac{22.4}{44}$ = $0.509Nm^3$

공기 부피(분자량 29) = $\frac{22.4}{29}$ = $0.772Nm^3$

따라서, 혼합가스 발열량(Q) = 부피비 × Q_a

$Q = \frac{0.509 \times 0.45}{(0.509 \times 0.45) + (0.772 \times 0.55)} \times 100$

$= \frac{0.229}{0.229 + 0.425} \times 100 = 35MJ/Nm^3$

정답 | ④

26 빈출도 ★★

어떤 기체의 정압비열(c_p)이 다음 식으로 표현될 때 $32°C$와 $800°C$ 사이에서 이 기체의 평균정압비열($\overline{c}_p$)은 약 몇 $kJ/(kg \cdot °C)$인가? (단, c_p의 단위는 $kJ/(kg \cdot °C)$이고, T의 단위는 $°C$이다.)

$$C_p = 353 + 0.24T - 0.9 \times 10^{-4}T^2$$

① 353
② 433
③ 574
④ 698

해설

기체의 비열은 온도에 따라 변하며 엔탈피도 변한다.

$\Delta H = \int_1^2 C_p dT$ ('T'적분)

$= \int_{32}^{800}(353 + 0.24T - 0.9 \times 10^{-4}T^2)dT$

$= \left[353T + \frac{0.24}{2}T^2 - \frac{0.9}{3 \times 10^4}T^3\right]_{32}^{800}$

$= 353 \times (800-32) + \frac{0.24}{2} \times (800^2 - 32^2)$

$- \frac{0.9}{3 \times 10^4} \times (800^3 - 32^3)$

$= (353 \times 768) + (0.12 \times 638,976) - (3 \times 10^{-5} \times 511,967,232)$

$= 271,104 + 76,677.12 - 15,359.017 = 332,422.1kJ$

$$\Delta H = m \cdot C_p \cdot \Delta t$$

ΔH : 엔탈피(kJ), m : 질량(kg), C_p : 정압비열(kJ/kg·°C), Δt : 온도 차(°C)

$C_p = \frac{\Delta H}{m \times \Delta t} = \frac{332,422.1}{768} = 433 kJ/kg \cdot °C$

정답 | ②

27 빈출도 ★★

그림과 같은 브레이튼 사이클에서 열효율(η)은? (단, P는 압력, v는 비체적이며, T_1, T_2, T_3, T_4는 각각의 지점에서의 온도이다. 또한, q_{in}과 q_{out}은 사이클에서 열이 들어오고 나감을 의미한다.)

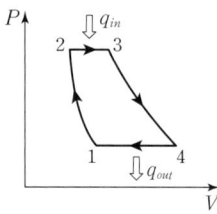

① $\eta = 1 - \dfrac{T_3 - T_2}{T_4 - T_1}$ ② $\eta = 1 - \dfrac{T_1 - T_2}{T_3 - T_4}$

③ $\eta = 1 - \dfrac{T_4 - T_1}{T_3 - T_2}$ ④ $\eta = 1 - \dfrac{T_3 - T_4}{T_1 - T_2}$

해설

브레이턴 사이클은 가스터빈 기관에서 이상적인 사이클로 열효율 공식은 다음과 같다.

$$\eta = \dfrac{Q_1 - Q_2}{Q_1} = 1 - \dfrac{Q_2}{Q_1}$$

η: 효율, Q_1: 공급열량, Q_2: 방출열량

공급열량(Q_1) = $C_p(T_3 - T_2)$
방출열량(Q_2) = $C_p(T_4 - T_1)$
따라서, 대입하여 정리하면
$\eta = 1 - \dfrac{C_p(T_4 - T_1)}{C_p(T_3 - T_2)} = 1 - \dfrac{T_4 - T_1}{T_3 - T_2}$

정답 | ③

28 빈출도 ★★

공기를 작동유체로 하는 Diesel cycle의 온도범위가 32℃~3,200℃이고 이 cycle의 최고 압력이 6.5 MPa, 최초 압력이 160kPa일 경우 열효율은 약 얼마인가? (단, 공기의 비열비는 1.4이다.)

① 41.4%   ② 46.5%
③ 50.9%   ④ 55.8%

해설

Diesel cycle 열 효율은 다음과 같이 구한다.

$$\eta = 1 - \left(\dfrac{1}{\epsilon}\right)^{k-1} \times \dfrac{\sigma^k - 1}{k(\sigma - 1)}$$

$$\epsilon = \dfrac{V_1}{V_2} = \left(\dfrac{T_2}{T_1}\right)^{\frac{1}{k-1}}$$

η: 효율(%), ϵ: 압축비, k: 비열비, σ: 연료차단비

압력과 온도의 관계는 단일압축변화이므로 아래와 같은 관계식이 성립된다.

$\dfrac{T_1}{T_2} = \left(\dfrac{P_1}{P_2}\right)^{\frac{k-1}{k}} = \dfrac{32 + 273}{T_2} = \left(\dfrac{0.16\text{MPa}}{6.5\text{MPa}}\right)^{\frac{1.4-1}{1.4}}$

$T_2 = 878.96\text{K}$

$\epsilon = \dfrac{V_1}{V_2} = \left(\dfrac{T_2}{T_1}\right)^{\frac{1}{k-1}} = \left(\dfrac{878.96}{32 + 273}\right)^{\frac{1}{1.4-1}}$

$= 2.881^{2.5} = 14.09$

연료차단비(σ) = $\dfrac{T_3}{T_2} = \dfrac{3,200 + 273}{878.96} = 3.95$이므로,

이에 열 효율(η)을 구하면,

$\eta = 1 - \left(\dfrac{1}{14.09}\right)^{1.4-1} \times \dfrac{3.95^{1.4} - 1}{1.4 \times (3.95 - 1)}$

$= 0.509 \times 100 = 50.9\%$

정답 | ③

29 빈출도 ★

$W = mRT \ln \dfrac{V_2}{V_1}$의 식은 이상기체의 밀폐계에 대한 압축일을 나타낸다. 이 식이 적용될 수 있는 과정으로 옳은 것은?

① 등온과정(Isothermal process)
② 등압과정(Constant pressure process)
③ 단열과정(Adiabatic process)
④ 등적과정(Constant volume process)

해설

등온과정은 $PV = C$(일정)으로,
$Q = W_t = \int P dV = \int \dfrac{mRT}{V} dV$
$W = mRT \int \dfrac{1}{V} dV = mRT \times \ln\left(\dfrac{V_2}{V_1}\right)$

정답 | ①

30 빈출도 ★

이상기체 1몰이 23°C에서 부피가 23L에서 45L로 등온가역 팽창하였을 때 엔트로피 변화는 몇 kJ/K 인가? (단, 기체상수는 8.314kJ/kmol·K이다.)

① −5.58
② 5.58
③ −1.67
④ 1.67

해설

이상기체 엔트로피 변화계산 공식은 다음과 같다.

$$\Delta S = m \times R \times \ln\left(\dfrac{V_2}{V_1}\right)$$

ΔS: 엔트로피 변화량(kJ/K), m: 질량(kg),
R: 기체상수(kJ/kmol·K), V_1: 초기 부피(m³),
V_2: 최종 부피(m³)

$\Delta S = 1 \times 8.314 \times \ln\left(\dfrac{45}{23}\right) = 8.314 \times 0.6712$
$\quad\quad = 5.58 \text{kJ/K}$

정답 | ②

31 빈출도 ★★

20°C의 물 10kg을 대기압 하에서 100°C의 수증기로 완전히 증발시키는데 필요한 열량은 약 몇 kJ인가? (단, 수증기의 증발 잠열은 2,257kJ/kg이고 물의 평균비열은 4.2kJ/kg·K이다.)

① 800
② 6,190
③ 25,930
④ 61,900

해설

총열량 = 현열 + 잠열
현열을 구하는 공식은 아래와 같다.

$$Q_h = m \times C \times \Delta T$$

Q_h: 현열(kJ), m: 질량(kg), C: 비열(kJ/kg·K),
ΔT: 온도차(K)

$Q_h = 10 \times 4.2 \times (100 - 20) = 3,360 \text{kJ}$
잠열을 구하는 공식은 아래와 같다.

$$Q_s = m \times R_w$$

Q_s: 잠열(kJ), m: 질량(kg), R: 증발잠열(kJ/kg)

$Q_s = 10 \times 2,257 = 22,570 \text{kJ}$
총열량 $= Q = 3,360 + 22,570 = 25,930 \text{kJ}$

정답 | ③

32 빈출도 ★

96.9°C로 유지되고 있는 항온탱크(항온조)가 온도 26.9°C의 방 안에 놓여있다. 어떤 시간 동안에 1,000J의 열이 항온탱크로부터 방 안 공기로 방출됐다. 항온탱크(항온조) 물질의 엔트로피의 변화는 몇 J/K인가?

① −0.27
② −2.70
③ 270
④ 2,700

해설

항온조의 엔트로피 변화(ΔS) $= \dfrac{\Delta Q}{T}$
$= \dfrac{-1,000 \text{kJ}}{(273 + 96.6)\text{K}} = -2.70 \text{kJ/K}$

정답 | ②

33 빈출도 ★

그림 중 A 점에서는 어떠한 상태가 공존하는가?

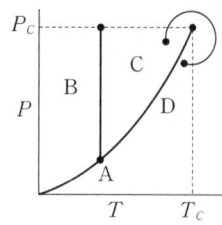

① 고상, 액상
② 기상, 액상
③ 기상, 고상
④ 기상, 액상, 고상

해설

A점은 삼중점으로 물이 고체, 액체, 기체 중 어느 상태로도 존재할 수 있는 온도와 압력인 점을 말한다.

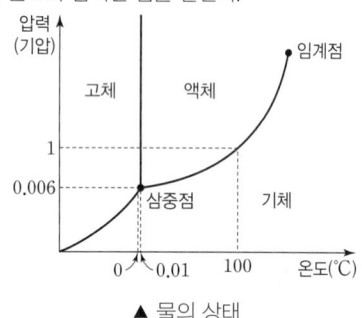

▲ 물의 상태

정답 | ④

34 빈출도 ★★

비열이 일정한 이상기체 1kg에 대하여 다음 중 옳은 식은? (단, P는 압력, V는 체적, T는 온도, C_P는 정압비열, C_V는 정적비열, U는 내부에너지이다.)

① $\Delta U = C_P \times \Delta T$
② $\Delta U = C_P \times \Delta V$
③ $\Delta U = C_V \times \Delta T$
④ $\Delta U = C_V \times \Delta P$

해설

물체 내부에 저장된 에너지를 내부에너지라고 한다. 정적 과정에서의 내부에너지 식은 다음과 같다.

$$\Delta U = C_v \times \Delta T$$

정답 | ③

35 빈출도 ★★

저발열량 11,000kcal/kg인 연료를 연소시켜서 900kW의 동력을 얻기 위해서는 매분당 약 몇 kg의 연료를 연소시켜야 하는가? (단, 연료는 완전연소되며 발생한 열량의 50%가 동력으로 변환된다고 가정한다.)

① 1.37
② 2.34
③ 3.82
④ 4.17

해설

연료소비량을 구하는 식은 다음과 같다.

$$m = \frac{P}{Q_L \times \eta}$$

m: 연료의 소비량(kg/min), P: 동력(kW),
Q_L: 저발열량(kJ/kg), η: 효율

$$m = \frac{900\text{kW} \times \frac{60\text{min}}{1\text{h}}}{\left(\frac{11{,}000\text{kcal}}{\text{kg}} \times \frac{4.186\text{kJ}}{1\text{kcal}}\right) \times 0.5} = 2.34\text{kg/min}$$

※ 1kcal = 4.186kJ

정답 | ②

36 빈출도 ★

다음 중 냉동 사이클의 운전특성을 잘 나타내고, 사이클의 해석을 하는데 가장 많이 사용되는 선도는?

① 온도 - 체적 선도
② 압력 - 체적 선도
③ 압력 - 온도 선도
④ 압력 - 엔탈피 선도

해설

냉동 사이클은 냉매의 상태변화(압축, 응축, 팽창, 증발)를 압력과 엔탈피의 관계(P-h선도)로 표현한다.

정답 | ④

37 빈출도 ★★

가역적으로 움직이는 열기관이 300°C의 고열원으로부터 200kJ의 열을 흡수하여 40°C의 저열원으로 열을 배출하였다. 이 때 40°C의 저열원으로 배출한 열량은 약 몇 kJ인가?

① 27
② 45
③ 73
④ 109

해설

$$\eta = \frac{W}{Q_H} = \frac{Q_H - Q_L}{Q_L} = 1 - \frac{Q_L}{Q_H} = 1 - \frac{T_L}{T_H}$$

η: 효율(%), W: 일(kW), Q_H: 고온체 방출 열(kW), Q_L: 저온체 흡수 열(kW), T_L: 저온체 온도(K), T_H: 고온체 온도(K)

$$W = Q_H \times \left(1 - \frac{T_L}{T_H}\right) = 200 \times \left(1 - \frac{273 + 40}{273 + 300}\right)$$
$$= 200 \times (1 - 0.546) = 90.8 ≒ 91 kJ$$

열역학 제1법칙(에너지보존의 법칙)에 의해
$Q_2 = Q_1 - W = 200 - 91 = 109 kJ$

정답 | ④

38 빈출도 ★★

온도 100°C, 압력 200kPa의 공기(이상기체)가 정압과정으로 최종온도가 200°C가 되었을 때 공기의 부피는 처음부피의 약 몇 배가 되는가?

① 1.12
② 1.27
③ 1.52
④ 2

해설

보일-샤를의 법칙 $\frac{P_1 V_1}{T_1} = \frac{P_2 V_2}{T_2}$에서

정압과정이라고 하였으므로 $P_1 = P_2$

$\frac{V_2}{V_1} = \frac{T_2}{T_1} = \frac{(200 + 273)K}{(100 + 273)K} = 1.27$배

정답 | ②

39 빈출도 ★★

표준 증기압축 냉동 사이클을 설명한 것으로 옳지 않은 것은?

① 압축과정에서는 기체상태의 냉매가 단열압축되어 고온고압의 상태가 된다.
② 증발과정에서는 일정한 압력상태에서 저온부로부터 열을 공급 받아 냉매가 증발한다.
③ 응축과정에서는 냉매의 압력이 일정하며 주위로의 열방출을 통해 냉매가 포화액으로 변한다.
④ 팽창과정은 단열상태에서 일어나며, 대부분 등엔트로피 팽창을 한다.

해설

팽창과정은 교축팽창(비가역 과정)으로 등엔탈피 과정이며 엔트로피는 증가한다.

관련개념 표준 증기압축 냉동사이클 T-S 선도

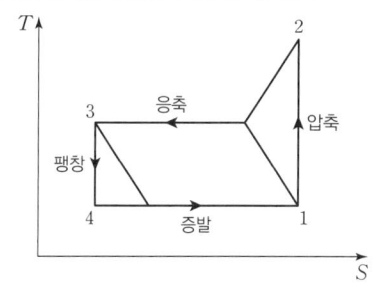

▲ 증기압축 냉동사이클 T-S선도

- 1 → 2: 단열압축 과정(압축기)
- 2 → 3: 정압방열(응축) 과정(응축기)
- 3 → 4: 등엔탈피 팽창 과정(팽창밸브)
- 4 → 1: 등온팽창 과정(증발기)

정답 | ④

40 빈출도 ★★

어떤 열기관이 역카르노 사이클로 운전하는 열펌프와 냉동기로 작동될 수 있다. 동일한 고온열원과 저온열원 사이에서 작동될 때, 열펌프와 냉동기의 성능계수(COP)는 다음과 같은 관계식으로 표시될 수 있는데 ( ) 안에 알맞은 값은?

$$COP_{열펌프} = COP_{냉동기} + (\quad)$$

① 0
② 1
③ 1.5
④ 2

해설

성능계수 공식은 다음과 같다.

$$COP = \frac{Q}{W}$$

COP: 성능계수, W: 소요동력(kW), Q: 냉동능력(kW)

냉동기의 성능계수(COP_1)는 흡수열량(Q_1)을 이용해야 한다.
$COP_1 = \frac{Q_1(흡수열량)}{W}$

열펌프의 성능계수(COP_2)는 방출열량(Q_2)을 이용해야 한다.
$COP_2 = \frac{Q_2(방출열량)}{W}$

에너지보존법칙에 의해 $Q_2 = Q_1 + W$이므로
$COP_2 = \frac{Q_2}{W} = \frac{Q_1 + W}{W} = \frac{Q_1}{W} + 1 = COP_1 + 1$

정답 | ②

계측방법

41 빈출도 ★

전자유량계의 측정원리는?

① 줄 법칙
② 패러데이 법칙
③ 베르누이 법칙
④ 레더퍼드 법칙

해설

전자유량계는 패러데이의 전자기 유도 법칙에 의해 유체에 생기는 기전력을 계측하여 유량을 측정한다.

관련개념 전자유량계

- 패러데이의 전자기 유도 법칙에 의해 도전성의 유체의 기전력을 계측하여 유량을 측정하는 기구이다.
- 전기 신호를 즉각 감지하여 응답속도가 빠르다.
- 비금속 라이너 및 내식성이 높은 재질로 만들어져 내식성이 좋다.
- 유체의 밀도, 점성 등의 영향을 받지 않으며, 측정범위가 넓고 압력손실이 거의 없다.
- 슬러지, 부식성 액체 등 다른 물질이 섞여있거나 기포가 있는 액체도 측정이 가능하다.

정답 | ②

42 빈출도 ★★★

내경 10cm의 관에 물이 흐를 때 피토관에 의하여 측정한 결과 유속이 5m/s임을 알았다. 이 때의 유량(kg/s)은?

① 19 ② 29
③ 39 ④ 49

해설

$$Q = A \times v = \left(\frac{\pi D^2}{4}\right) \times v$$

Q: 유량(m³/s), A: 면적(m²), v: 유속(m/s), D: 내경(m)

$$Q = \left(\frac{\pi \times (0.1\text{m})^2}{4}\right) \times 5\text{m/s} = 0.0393 \text{m}^3/\text{s}$$

문제의 단위는 질량 유량(kg/s)이므로 물의 밀도를 이용하여 구한다.

$$\dot{Q} = \frac{0.0393\text{m}^3}{\text{sec}} \times \frac{1,000\text{kg}}{\text{m}^3} = 39\text{kg/s}$$

정답 | ③

43 빈출도 ★★

가스 채취 시 주의하여야 할 사항에 대한 설명으로 틀린 것은?

① 가스의 구성 성분의 비중을 고려하여 적정 위치에서 측정하여야 한다.
② 가스 채취구는 외부에서 공기가 잘 통할 수 있도록 하여야 한다.
③ 채취된 가스의 온도, 압력의 변화로 측정오차가 생기지 않도록 한다.
④ 가스성분과 화학반응을 일으키지 않는 관을 이용하여 채취한다.

해설

기밀에 특별히 주의하며 가스 채취구는 외부에서 공기 등이 차단된 환경이어야 한다.

정답 | ②

44 빈출도 ★★★

물리량과 SI 기본단위의 기호가 틀린 것은?

① 질량: kg   ② 온도: ℃
③ 물질량: mol   ④ 광도: cd

해설

SI 단위계에서 온도의 기본단위는 K이다.

관련개념 | SI 기본단위 및 물리량

물리량	SI 기본단위	기호
길이	미터	m
질량	킬로그램	kg
시간	초	s
전류	암페어	A
온도	켈빈	K
물질의 양	몰	mol
광도	칸델라	cd

정답 | ②

45 빈출도 ★★

오르자트식 가스분석계로 측정하기 어려운 것은?

① O_2 ② CO_2
③ CH_4 ④ CO

선지분석

① O_2(산소): 알칼리성 피로갈롤 용액을 사용한다.
② CO_2(이산화탄소): KOH(수산화칼륨) 30% 수용액 또는 탄화칼륨 흡습제를 사용한다.
④ CO(일산화탄소): 암모니아성 염화 제1구리 용액을 사용한다.

정답 | ③

46 빈출도 ★

열전대 온도계로 사용되는 금속이 구비하여야 할 조건이 아닌 것은?

① 이력현상이 커야 한다
② 열기전력이 커야 한다.
③ 열적으로 안정해야 한다.
④ 재생도가 높고, 가공성이 좋아야 한다.

해설

이력현상이 크면 온도에 따라 측정값이 달라져 정확한 온도 측정이 불가능하다. 따라서, 이력현상을 작게 하여 동일한 온도를 반복측정하였을 때 동일한 값이 나올 수 있게 해야 한다.

정답 | ①

47 빈출도 ★★

차압식 유량계에서 교축 상류 및 하류에서의 압력이 P_1, P_2일 때 체적 유량이 Q_1이라면, 압력이 각각 처음보다 2배만큼씩 증가했을 때의 Q_2는 얼마인가?

① $Q_2 = 2Q_1$
② $Q_2 = \dfrac{1}{2}Q_1$
③ $Q_2 = \sqrt{2}Q_1$
④ $Q_2 = \dfrac{1}{\sqrt{2}}Q_1$

해설

유량과 압력의 관계식인 $Q=AV$에서
$Q = AV = \dfrac{\pi D^2}{4} \times \sqrt{2gh} = \dfrac{\pi D^2}{4} \times \sqrt{\dfrac{2g \times \Delta P}{\gamma}}$ 이며,
$\dfrac{Q_1}{Q_2} = \sqrt{\dfrac{P_1}{P_2}}$ 유량은 동압의 제곱근에 비례한다는 비례식을 세울 수 있다.
따라서 $\dfrac{Q_1}{Q_2} = \sqrt{\dfrac{P_1}{P_2}} = \dfrac{\sqrt{P_1}}{\sqrt{2 \times P_1}} = \dfrac{1}{\sqrt{2}} = Q_2 = \sqrt{2} \times Q_1$

정답 | ③

48 빈출도 ★

열관리 측정기기 중 오벌(Oval)미터는 주로 무엇을 측정하기 위한 것인가?

① 온도
② 액면
③ 위치
④ 유량

해설

오벌(Oval)미터는 은 주로 액체 유량의 정량 측정에 사용하는 용적식 유량계(PD, Posive Displacement flowmeter)에 속하며 계량 방법 상 적산 유량계의 일종으로 분류된다. 이 외에도 루트, 로터리 피스톤 유량계 등이 해당된다.

정답 | ④

49 빈출도 ★★

계측에 있어 측정의 참값을 판단하는 계의 특성 중 동특성에 해당하는 것은?

① 시간지연과 동오차
② 히스테리시스 오차
③ 직선성
④ 감도

해설

시간지연과 동오차는 동특성에 해당되며 입력신호에 따른 출력 및 빠른 반응을 나타낸다.

관련개념 정특성과 동특성

- 정특성: 일정한 입력에 대해 일정한 출력이 유지되는 상태를 말하며, 감도, 직선성, 정밀도 등이 해당된다.
- 동특성: 시스템이 입력 신호 변화에 즉각적으로 반응할 때 나타나며, 시스템의 응답, 시간지연, 동오차, 과도 등이 해당된다.

정답 | ①

50 빈출도 ★★

다음 [보기]의 특징을 가지는 제어동작은?

- 부하변화가 커도 잔류편차가 남지 않는다.
- 전달느림이나 쓸모없는 시간이 크면 사이클링의 주기가 커진다.
- 반응속도가 빠른 프로세스나 느린 프로세스에 주로 사용된다.

① P 동작
② PI 동작
③ PD 동작
④ 뱅뱅 동작

해설

전달 느림이나 쓸모없는 시간발생 시 잔류오차를 줄이기 위해서는 I제어를 활용한다. P와 I제어를 사용하면 부하변화가 커도 잔류편차가 남지 않으며, 반응속도에 민감하다.

관련개념 비례 제어 방식

on-off제어를 보다 정확도를 높이기 위한 자동제어로 PID의 세가지 동작을 활용한다.

- P 동작(비례제어)
  피드백 경로 전달 특성이 비례적 특성을 가지며, 연속적 조정으로 잔류편차(OFF Set)가 생긴다.
- PI 동작(비례-적분 제어)
  오차를 줄이고 설정값에 빠르게 도달하도록 연속적 제어로 계단변화에 대한 잔류오차가 적다.
- PD 동작(비례-미분제어)
  시스템 응답속도를 개선하고 제어동작이 빨리 도달하도록 미분 동작을 부가하였으며, 정상상태 오차는 개선이 불가한 연속 제어이다.

정답 | ②

51 빈출도 ★★

내경이 50mm인 원관에 20℃ 물이 흐르고 있다. 층류로 흐를 수 있는 최대 유량은 약 몇 m^3/s인가? (단, 임계 레이놀즈수(Re)는 2,320이고, 20℃일 때 동점성계수(ν)=$1.0064\times10^{-6}m^2/s$이다.)

① 5.33×10^{-5}
② 7.36×10^{-5}
③ 9.16×10^{-5}
④ 15.23×10^{-5}

해설

$$Re=\frac{D\times v}{\nu}$$

Re: 레이놀즈 수, D: 내경(m), v: 유속(m/s), ν: 동점성계수(m^2/s)

$$2,320=\frac{0.05\times v}{1.0064\times10^{-6}}$$

$$v=\frac{2,320\times1.0064\times10^{-6}}{0.05}=0.0467 m/s$$

$$Q=A\times v=\left(\frac{\pi D^2}{4}\right)\times v$$

Q: 유량(m^3/s), A: 면적(m^2), v: 유속(m/s), D: 내경(m)

$$Q=\left(\frac{\pi\times0.05^2}{4}\right)\times0.0467 ≒ 9.16\times10^{-5} m^3/s$$

정답 | ③

52 빈출도 ★★

다음 중 압력식 온도계를 이용하는 방법으로 가장 거리가 먼 것은?

① 고체 팽창식
② 액체 팽창식
③ 기체 팽창식
④ 증기 팽창식

해설

압력식 온도계를 이용하는 방법은 액체 팽창식, 기체 팽창식, 증기 팽창식이 있다.

정답 | ①

53 빈출도 ★★★

열전대 온도계에 대한 설명으로 틀린 것은?

① 보호관 선택 및 유지관리에 주의한다.
② 단자의 (＋)와 보상도선의 (－)를 결선해야 한다.
③ 주위의 고온체로부터 복사열의 영향으로 인한 오차가 생기지 않도록 주의해야 한다.
④ 열전대는 측정하고자 하는 곳에 정확히 삽입하여 삽입한 구멍을 통하여 냉기가 들어가지 않게 한다.

해설
단자의 ＋, －와 보상도선의 ＋, －는 극성이 일치해야 감온부의 열팽창에 의한 오차가 적게 발생된다.

관련개념 열전대 온도계
- 열전대에서 발생한 열전압을 활용하여 측정한다.
- 보호관 선택 및 유지관리에 주의한다.
- 단자의 ＋, －는 각각의 전기회로 ＋, －에 연결한다.
- 주위 고온체로부터 받은 복사열의 영향으로 인한 오차가 생길 수도 있어 주의해야한다.
- 측정하고자 하는 곳에 정확히 삽입하고 삽입한 구멍을 통해 냉기가 들어가지 않게 한다.

정답 | ②

54 빈출도 ★★★

다음 중 유도단위에 속하지 않는 것은?

① 비열   ② 압력
③ 습도   ④ 열량

해설
습도는 특수단위에 해당한다.
유도단위는 국제단위계에서 기본단위를 조합하여 유도하는 형성단위이다. 속도(m/s), 가속도(m/s^2), 힘($kg \cdot m/s^2$), 압력(N/m^2), 열량(J), 비열($J/kg \cdot K$) 등이 있다.

정답 | ③

55 빈출도 ★

체적유량 $\overline{V}(m^3/s)$의 올바른 표현식은? (단, $A(m^2)$는 유로의 단면적, $\overline{U}(m/s)$는 유로단면의 평균선속도이다.)

① $\overline{V} = \overline{U}/A$
② $\overline{V} = \overline{U}A$
③ $\overline{V} = A/\overline{U}$
④ $\overline{V} = \dfrac{1}{\overline{U}A}$

해설
유체가 흐르는 속도와 단면적을 곱하여 시간당 흐르는 체적이 구한다.
$Q = A \times V = \overline{V} = \overline{U}A$

정답 | ②

56 빈출도 ★

다음 중 급열, 급냉에 약하며 이중 보호관 외관에 사용되는 비금속 보호관은? (단, 상용온도는 약 $1,450°C$이다.)

① 자기관   ② 유리관
③ 석영관   ④ 내열강

해설
자기관은 상용 사용온도 $1,450°C$로, 내열성(급냉, 급열)에 약하며 이중 보호관 외관에 사용한다.

선지분석
② 유리관: $500°C$
③ 석영관: $1,000°C$
④ 내열강: $1,050°C$

정답 | ①

57 빈출도 ★

보일러의 통풍계 등에도 사용되며 미세압을 측정하는 데 가장 적당한 압력계는?

① 단관식 압력계
② 부르동관식 압력계
③ 분동식 액주형 압력계
④ 경사관식 액주형 압력계

해설

경사관식 압력계는 액주식 압력계의 일종으로, 높이 차이와 관의 경사각을 고려하여 액체의 미세한 압력차를 측정한다.

정답 | ④

58 빈출도 ★★

가스미터의 표준기로도 이용되는 가스미터의 형식은?

① 오벌형
② 드럼형
③ 다이어프램형
④ 로터리 피스톤형

해설

습식 가스미터는 용적식 유량계의 일종으로, 1개의 드럼이 수중에 잠겨 도입된 가스로 드럼을 회전시켜 유출되는 가스의 양을 측정하는 기기로, 다른 가스미터의 표준으로 쓰인다.

정답 | ②

59 빈출도 ★★

자동제어에서 비례동작에 대한 설명으로 옳은 것은?

① 조작부를 측정값의 크기에 비례하여 움직이게 하는 것
② 조작부를 편차의 크기에 비례하여 움직이게 하는 것
③ 조작부를 목표값의 크기에 비례하여 움직이게 하는 것
④ 조작부를 외란의 크기에 비례하여 움직이게 하는 것

해설

비례동작은 입력과 출력 사이의 관계를 조정하며, 조작부를 편차의 크기에 비례하여 움직이도록 설계된 제어방식이다.

정답 | ②

60 빈출도 ★

벨로우즈(Bellows)압력계에서 Bellows 탄성의 보조로 코일 스프링을 조합하여 사용하는 주된 이유는?

① 감도를 증대시키기 위하여
② 측정압력 범위를 넓히기 위하여
③ 측정지연 시간을 없애기 위하여
④ 히스테리시스 현상을 없애기 위하여

해설

벨로우즈(Bellows)압력계는 히스테리시스(Hysteresis)현상을 없애기 위하여 보조 코일 스프링을 활용된다.

관련개념 히스테리시스 현상

- 어떤 물리적 계(system)의 출력이 현재 입력뿐 아니라 이전 입력의 이력(History)에 따라 달라지는 현상을 말한다.
- 같은 입력 조건이어도 계의 상태가 과거에 따라 다르게 나타나는 지연효과이다.

정답 | ④

열설비재료 및 관계법규

61 빈출도 ★★★

내화물의 구비조건으로 틀린 것은?

① 상온에서 압축강도가 작을 것
② 내마모성 및 내침식성을 가질 것
③ 재가열 시 수축이 적을 것
④ 사용온도에서 연화변형하지 않을 것

해설

상온에서는 높은 압축강도를 통해 구조적 안전성을 가진다.

관련개념 내화물의 구비조건

- 상온에서는 압축강도가 커야한다.
- 내마모성 및 내침식성과 사용온도에 맞는 열전도율을 가진다.
- 고온 및 재가열 시 수축 팽창이 적어야 한다.
- 스폴링 현상이 적고, 사용온도에 연화변형을 하지 않아야 한다.

정답 | ①

62 빈출도 ★★

보온재의 열전도율에 대한 설명으로 옳은 것은?

① 배관 내 유체의 온도가 높을수록 열전도율은 감소한다.
② 재질 내 수분이 많을 경우 열전도율은 감소한다.
③ 비중이 클수록 열전도율은 감소한다.
④ 밀도가 작을수록 열전도율은 감소한다.

해설

재료의 온도, 습도, 밀도, 비중에 비례하기 때문에 밀도가 작을수록 열전도율도 작아진다.

관련개념 보온재의 열전도율

- 재료의 온도가 높을수록 열전도율이 커진다.
- 재질 내 수분이 많을수록 열전도율이 커진다.
- 재료의 두께가 얇을수록 열전도율이 커진다.
- 재료의 밀도가 클수록 열전도율이 커진다.
- 재료의 비중이 클수록 열전도율이 커진다.

정답 | ④

63 빈출도 ★★

알루미늄박(箔)과 같은 금속 보온재는 주로 어떤 특성을 이용하여 보온효과를 얻는가?

① 복사열에 대한 대류
② 복사열에 대한 반사
③ 복사열에 대한 흡수
④ 전도, 대류에 대한 흡수

해설

알루미늄박은 복사열에 대한 반사율이 높고 이를 통해 보온효과가 있다.

정답 | ②

64 빈출도 ★

에너지이용 합리화법령에 따라 에너지공급자의 수요관리 투자계획에 대한 설명으로 틀린 것은?

① 한국지역난방공사는 수요관리투자계획 수립대상이 되는 에너지공급자이다.
② 연차별 수요관리투자계획은 해당 연도 개시 2개월 전까지 제출하여야 한다.
③ 제출된 수요관리투자 계획을 변경하는 경우에는 그 변경한 날부터 15일 이내에 변경사항을 제출하여야 한다.
④ 수요관리투자계획 시행 결과는 다음 연도 6월 말일까지 산업통상자원부장관에게 제출하여야 한다.

해설

「에너지이용 합리화법 시행령 제16조」
에너지공급자는 연차별 수요관리투자계획(이하 "투자계획"이라 한다)을 해당 연도 개시 2개월 전까지, 그 시행 결과를 다음 연도 2월 말일까지 산업통상자원부장관에게 제출하여야 하며, 제출된 투자계획을 변경하는 경우에는 그 변경한 날부터 15일 이내에 산업통상자원부장관에게 그 변경된 사항을 제출하여야 한다.

정답 | ④

65 빈출도 ★★★

다이어프램 밸브(Diaphragm Valve)의 특징이 아닌 것은?

① 유체의 흐름이 주는 영향이 비교적 적다.
② 기밀을 유지하기 위한 패킹이 불필요하다.
③ 주된 용도가 유체의 역류를 방지하기 위한 것이다.
④ 산 등의 화학 약품을 차단하는데 사용하는 밸브이다.

해설

역류를 방지하기 위한 장치는 체크밸브이다.

관련개념 다이어프램 밸브

- 밸브 내의 둑과 막판인 다이어프램이 상접하는 구조의 밸브로 탄성력이 매우 좋다.
- 둑과 다이어프램이 떨어지면서 유체의 흐름이 진행되고 밀착 시 유체의 흐름이 정지되어 흐름이 주는 영향이 비교적 적다.
- 막판은 내열, 내약품 고무제의 막판을 사용하여 패킹이 불필요하다.
- 금속 부분의 부식염려가 적어 산 등의 화학약품을 차단하는데 사용한다.

정답 | ③

66 빈출도 ★★★

에너지이용 합리화법령에 따라 검사를 받아야 하는 검사대상기기 중 소형온수보일러의 적용범위 기준은?

① 가스사용량이 10kg/h를 초과하는 보일러
② 가스사용량이 17kg/h를 초과하는 보일러
③ 가스사용량이 21kg/h를 초과하는 보일러
④ 가스사용량이 25kg/h를 초과하는 보일러

해설

「에너지이용 합리화법 시행규칙 별표 3의3」
소형 온수보일러 검사대상기기의 적용 기준은 아래와 같다.
가스를 사용하는 것으로서 가스사용량이 17kg/h(도시가스는 232.6킬로와트)를 초과하는 것

정답 | ②

67 빈출도 ★★

주철관에 대한 설명으로 틀린 것은?

① 제조방법은 수직법과 원심력법이 있다.
② 수도용, 배수용, 가스용으로 사용된다.
③ 인성이 풍부하여 나사이음과 용접이음에 적합하다.
④ 주철은 인장강도에 따라 보통 주철과 고급주철로 분류된다.

해설

인성이 약하여 플랜지 이음에 적합하다.

관련개념 주철관의 특징

- 탄소강에 비해 탄소와 규소가 많이 함유되어 있는 관이다.
- 인장강도에 따라 보통 주철과 고급 주철로 분류된다.
- 인성이 약하여 플랜지 이음에 적합하다.
- 수도, 배수, 가스 등 매설관 전용으로 사용된다.
- 내식성이 크고 가격이 저렴하다.

정답 | ③

68 빈출도 ★★

에너지이용 합리화법령에 따라 인정검사대상기기 관리자의 교육을 이수한 사람의 관리범위 기준은 증기보일러로서 최고사용 압력이 1MPa 이하이고 전열면적이 최대 얼마 이하일 때 인가?

① $1m^2$
② $2m^2$
③ $5m^2$
④ $10m^2$

해설

「에너지이용 합리화법 시행규칙 별표 3의9」
검사대상기기관리자의 자격 및 조종범위

관리자의 자격	관리범위
에너지관리기능장, 에너지관리기사, 에너지관리산업기사, 에너지관리기능사 또는 인정검사대상기기관리자의 교육을 이수한 자	• 증기보일러로서 최고사용압력이 1MPa 이하이고, 전열면적이 10제곱미터 이하인 것 • 온수발생 및 열매체를 가열하는 보일러로서 용량이 581.5킬로와트 이하인 것 • 압력용기

정답 | ④

69 빈출도 ★★

에너지이용 합리화법령에 따라 열사용기자재 중 2종 압력용기의 적용범위로 옳은 것은?

① 최고사용압력이 0.1MPa를 초과하는 기체를 그 안에 보유하는 용기로서 내부 부피가 $0.05m^3$ 이상인 것
② 최고사용압력이 0.2MPa를 초과하는 기체를 그 안에 보유하는 용기로서 내부 부피가 $0.04m^3$ 이상인 것
③ 최고사용압력이 0.1MPa를 초과하는 기체를 그 안에 보유하는 용기로서 내부 부피가 $0.03m^3$ 이상인 것
④ 최고사용압력이 0.2MPa를 초과하는 기체를 그 안에 보유하는 용기로서 내부 부피가 $0.02m^3$ 이상인 것

해설

「에너지이용 합리화법 시행규칙 별표1」

구분	품목명	적용범위
압력용기	1종 압력용기	최고사용압력(MPa)과 내부 부피(m^3)를 곱한 수치가 0.004를 초과하는 다음의 어느 하나에 해당하는 것 • 증기 그 밖의 열매체를 받아들이거나 증기를 발생시켜 고체 또는 액체를 가열하는 기기로서 용기안의 압력이 대기압을 넘는 것 • 용기 안의 화학반응에 따라 증기를 발생시키는 용기로서 용기 안의 압력이 대기압을 넘는 것 • 용기 안의 액체의 성분을 분리하기 위하여 해당 액체를 가열하거나 증기를 발생시키는 용기로서 용기 안의 압력이 대기압을 넘는 것 • 용기 안의 액체의 온도가 대기압에서의 끓는 점을 넘는 것
	2종 압력용기	최고사용압력이 0.2MPa를 초과하는 기체를 그 안에 보유하는 용기로서 다음의 어느 하나에 해당하는 것 • 내부 부피가 0.04세제곱미터 이상인 것 • 동체의 안지름이 200미리미터 이상(증기 헤더의 경우에는 동체의 안지름이 300미리미터 초과)이고, 그 길이가 1천미리미터 이상인 것

정답 | ②

70 빈출도 ★★

두께 230mm의 내화벽돌이 있다. 내면의 온도가 320°C이고 외면의 온도가 150°C일 때 이 벽면 10m²에서 손실되는 열량(W)은? (단, 내화벽돌의 열전도율은 0.96W/m·°C이다.)

① 710
② 1,632
③ 7,096
④ 143,911

해설

손실열량 공식을 이용하여 열전도도를 구한다.

$$Q = \frac{\lambda \times \Delta T \times A}{d}$$

Q: 손실열량(W), h: 열전도도(W/m·°C),
ΔT: 온도차(°C), A: 면적(m²), d: 두께(m)

$$Q = \frac{0.96 \times (320-150) \times 10}{0.23} = 7,096W$$

정답 | ③

71 빈출도 ★★

규조토질 단열재의 안전사용온도는?

① 300°C~500°C
② 500°C~800°C
③ 800°C~1,200°C
④ 1,200°C~1,500°C

해설

규조토질 단열재
- 규조토에 톱밥, 가소성 점토 등을 혼합하고 소성시켜 다공질한 단열재이다.
- 안전사용온도: 800°C~1,200°C
- 내스폴링성이 적고 열팽창율이 크며 가격도 저렴하다.

정답 | ③

72 빈출도 ★

다음 중 배소(Roasting)에 대한 설명으로 틀린 것은?

① 산화도를 변화시켜 자력선광을 할 수 있도록 한다.
② 산화배소는 일반적으로 흡열반응이다.
③ 황, 인 등의 유해성분을 제거한다.
④ 화합수와 탄산염을 분해한다.

해설

산화배소는 공기 중에 금속 황화물들을 산화하여 일반적으로 발열반응이다.

정답 | ②

73 빈출도 ★★★

에너지이용 합리화법령에 따라 검사대상기기의 검사유효기간 기준으로 틀린 것은?

① 검사유효기간은 검사에 합격한 날의 다음 날부터 계산한다.
② 검사에 합격한 날이 검사유효기간 만료일 이전 60일 이내인 경우 검사유효기간 만료일의 다음 날부터 계산한다.
③ 검사를 연기한 경우의 검사유효기간은 검사유효기간 만료일의 다음 날부터 계산한다.
④ 산업통상자원부장관은 검사대상기기의 안전관리 또는 에너지효율 향상을 위하여 부득이하다고 인정할 때에는 검사유효기간을 조정할 수 있다.

해설

「에너지이용 합리화법 시행규칙 제31조8」
검사유효기간은 검사에 합격한 날의 다음 날부터 계산한다. 다만, 검사에 합격한 날이 검사유효기간 만료일 이전 30일 이내인 경우와 검사를 연기한 경우에는 검사유효기간 만료일의 다음 날부터 계산한다.

정답 | ②

74 빈출도 ★★

에너지이용 합리화법령에 따라 매년 1월 31일까지 전년도의 분기별 에너지사용량·제품생산량을 신고하여야 하는 대상은 연간 에너지사용량의 합계가 얼마 이상인 경우 해당되는가?

① 1천 티오이
② 2천 티오이
③ 3천 티오이
④ 5천 티오이

해설

「에너지이용 합리화법 시행령 제35조」
에너지다소비사업자란 연료·열 및 전력의 연간 사용량의 합계가 2천 티오이 이상인 자를 말한다.

정답 | ②

75 빈출도 ★★

연소가스(화염)의 진행방향에 따라 요로를 분류할 때 종류로 옳은 것은?

① 연속식 가마
② 도염식 가마
③ 직화식 가마
④ 셔틀 가마

해설

불연속식 요는 화염의 진행방향에 따라 횡염식요, 승염식요, 도염식요로 분류한다.

정답 | ②

76 빈출도 ★★

파이프의 열변형에 대응하기 위해 설치하는 이음은?

① 가스이음
② 플랜지이음
③ 신축이음
④ 소켓이음

해설

신축이음은 파이프의 온도변화에 의한 열팽창에 대응하기 위해 설치하는 이음으로 슬리브형, 벨로즈형, 스위블이음, 볼조인트, 루프형 등이 있다.

정답 | ③

77 빈출도 ★★★

에너지이용 합리화법령에 의해 에너지사용의 제한 또는 금지에 관한 조정·명령, 기타 필요한 조치를 위반한 자에 대한 과태료 기준은 얼마인가?

① 50만 원 이하
② 100만 원 이하
③ 300만 원 이하
④ 500만 원 이하

해설

「에너지이용 합리화법 제78조」
에너지사용의 제한 또는 금지에 관한 조정·명령, 그 밖에 필요한 조치를 위반한 자에게는 300만 원 이하의 과태료를 부과한다.

정답 | ③

78 빈출도 ★

벽돌, 기와, 보도타일 등 건축재료를 소성하는데 주로 사용되는 가마는?

① 선가마
② 회전가마
③ 윤요
④ 탱크가마

해설

윤요는 고리가마라 불려지는 연속식가마로 벽돌, 기와 등 건축재료의 소성으로 사용된다. 단가마보다 열효율이 우수하고, 소성실에 설치된 종이 칸막이를 옮겨가며 사용한다. 열 순환의 구획마다 온도가 달라 소성이 불균일하다.

정답 | ③

79 빈출도 ★★

에너지이용 합리화법에 따라 에너지다소비사업자의 신고에 대한 설명으로 옳은 것은?

① 에너지다소비사업자는 매년 12월 31일까지 사무소가 소재하는 지역을 관할하는 시·도지사에게 신고하여야 한다.
② 에너지다소비사업자의 신고를 받은 시·도지사는 이를 매년 2월 말일까지 산업통상자원부장관에게 통보하여야 한다.
③ 에너지다소비사업자의 신고에는 에너지를 사용하여 만드는 제품·부가가치 등의 단위당 에너지이용 효율 향상목표 또는 온실가스배출 감소목표 및 이 행방법을 포함하여야 한다.
④ 에너지다소비사업자는 연료·열의 연간 사용량의 합계가 2천 티오이 이상이고, 전력의 연간 사용량이 4백만 킬로와트시 이상인 자를 의미한다.

해설

「에너지이용 합리화법 제31조」
시·도지사는 에너지다소비사업자에게 신고를 받으면 이를 매년 2월 말일까지 산업통산자원부 장관에게 통보하여야 한다.

정답 | ②

80 빈출도 ★★

마그네시아 또는 돌로마이트를 원료로 하는 내화물이 수증기의 작용을 받아 $Ca(OH)_2$나 $Mg(OH)_2$를 생성하게 된다. 이때 체적변화로 인해 노벽에 균열이 발생하거나 붕괴하는 현상을 무엇이라고 하는가?

① 버스팅
② 스폴링
③ 슬래킹
④ 에로존

해설

슬래킹이란 마그네시아 또는 돌로마이트의 원료가 수증기를 흡수하면 비중변화에 의한 체적 팽창으로 갈라지거나 떨어져나가 노벽에 균열이 발생하거나 붕괴하는 현상을 말한다.

정답 | ③

열설비설계

81 빈출도 ★★

급수처리에서 양질의 급수를 얻을 수 있으나 비용이 많이 들어 보급수의 양이 적은 보일러 또는 선박보일러에서 해수로부터 정수를 얻고자 할 때 주로 사용하는 급수처리 방법은?

① 증류법
② 여과법
③ 석회소다법
④ 이온교환법

해설

증류법은 증발기를 사용하여 물을 증류하는 방법으로 비휘발성인 물속 광물질로 양질의 급수를 얻을 수 있으나 금액이 비싸다.

관련개념 보일러 용수 급수처리 방법

물리적 처리	증류법, 가열연화법, 여과법, 탈기법
화학적 처리	석회소답법(약품첨가법), 이온교환법

정답 | ①

82 빈출도 ★★

과열기의 구조에 있어서 내산화성이 우수하고 과열온도가 약 600℃ 이상에서는 다음 중 어느 강을 주로 사용하는가?

① 탄소강
② 니켈강
③ 저망간강
④ 오스테나이트계 스테인리스강

해설

오스테나이트계 스테인리스강은 내산화성이 우수하고 내연열 온도가 600℃ 이상에서도 사용이 가능하다.

정답 | ④

83 빈출도 ★★

동체의 안지름이 2,000mm, 최고사용압력이 12kg/cm²인 원통보일러 동판의 두께(mm)는? (단, 강판의 인장강도 40kg/mm², 안전율 4.5, 용접부의 이음효율(η) 0.71, 부식여유는 2mm이다.)

① 12
② 16
③ 19
④ 21

해설

압축강도 계산공식은 아래와 같다.

$$P \times D = 200 \times \sigma \times (t-C) \times \eta$$

P: 최고사용압력(kg/cm²), D: 안지름(mm),
σ: 허용응력(kg/cm²), t: 두께(mm), C: 부식여유(mm),
η: 효율(%)

여기서 허용응력(σ)은 다음과 같이 관계식이 성립된다.

$$\sigma = \frac{\sigma_a}{S}$$

σ_a: 인장강도(kg/mm²), S: 안전율

$$P \times D = 200 \times \frac{\sigma_a}{S} \times (t-C) \times \eta$$

$$t = \frac{12 \times 2,000}{200 \times 8.888 \times 0.71} + 2 = 21\text{mm}$$

정답 | ④

84 빈출도 ★

다음 보기에서 설명하는 증기 트랩(Trap)은?

- 다량의 드레인을 연속적으로 처리할 수 있다.
- 증기누출이 거의 없다.
- 가동 시 공기빼기를 할 필요가 없다.

① 버킷형 트랩
② 열동식 트랩
③ 디스크식 트랩
④ 플로트식 트랩

해설

플로트식 트랩은 에어밴트가 내장되어 있어 가동 시 공기빼기를 할 필요가 없고, 다량의 드레인을 연속적으로 처리하여 증기 누출이 거의 없으나 수격작용에 민감하다.

정답 | ④

85 빈출도 ★

열매체보일러에 대한 설명으로 틀린 것은?

① 저압으로 고온의 증기를 얻을 수 있다.
② 겨울철에도 동결의 우려가 적다.
③ 물이나 스팀보다 전열특성이 좋으며, 열매체 종류와 상관없이 사용온도한계가 일정하다.
④ 다우섬, 모빌섬, 카네크롤 보일러 등이 이에 해당한다.

해설

물이나 스팀보다 전열특성이 나쁘며 열매체 종류는 사용온도한계에 따라 다양하다.

정답 | ③

86 빈출도 ★★

노내의 온도가 900℃에 달했을 때 300×600mm의 노 문을 열었다. 이 때 노 문을 통한 방사전열 손실 열량은 약 몇 kcal/h인가? (단, 실내온도는 25℃, 화염의 방사율은 0.9이다.)

① 12,900
② 13,900
③ 14,900
④ 15,900

해설

스테판-볼츠만 공식을 이용하여 복사 전열량(Q_r)을 구한다.

$$Q_r = \epsilon \times \sigma \times A \times (T_1^4 - T_2^4)$$

Q_r: 복사 전달열량(W), ϵ: 표면 복사율,
σ: 스테판-볼츠만 상수(W/m²·K⁴), A: 표면적(m²)

$Q_r = 0.9 \times (5.67 \times 10^{-8}) \times (0.3 \times 0.6)$
　　$\times ((900+273)^4 - (25+273)^4)$
　$= 17,317.18$ W
　$= 17,317.18$ W $\times \dfrac{1cal}{4.184J} \times \dfrac{3,600s}{1h} \times \dfrac{1kcal}{10^3 cal}$
　$= 14,900.06$ kcal/h

정답 | ③

87 빈출도 ★★

보일러 부하의 급변으로 인하여 동 수면에서 작은 입자의 물방울이 증기와 혼입하여 튀어오르는 현상을 무엇이라고 하는가?

① 캐리오버
② 포밍
③ 프라이밍
④ 피팅

해설

프라이밍(비수)는 보일러 부하의 급변으로 수위가 급상승하여 수면에서 작은 입자의 물방울이 증기와 함께 수면이 심하게 솟아오르는 현상이다.

정답 | ③

88 빈출도 ★

두께 20cm 의 돌의 내측에 10mm의 모르타르와 5mm의 플라스터 마무리를 시행하고, 외측은 두께 15mm의 모르타르 마무리를 시공하였다. 아래 계수를 참고할 때, 다층벽의 총 열관류율(W/m²·℃)은?

- 실내측벽 열전달계수 $h_1 = 8$ W/m²·℃
- 실외측벽 열전달계수 $h_2 = 20$ W/m²·℃
- 플라스터 열전도율 $\lambda_1 = 0.5$ W/m·℃
- 모르타르 열전도율 $\lambda_2 = 1.3$ W/m·℃
- 벽돌 열전도율 $\lambda_3 = 0.65$ W/m·℃

① 1.95
② 4.57
③ 8.72
④ 12.31

해설

총괄열전달계수의 공식은 다음과 같다.

$$K = \dfrac{1}{\dfrac{1}{\alpha_i} + \sum \dfrac{d}{\lambda} + \dfrac{1}{\alpha_o}}$$

R_t: 열저항, α_i: 실내측벽 열전달계수(W/m²·℃),
λ: 열전도율(W/m·℃), d: 두께(m),
α_o: 실외측벽 열전달계수(W/m²·℃)

$K = \dfrac{1}{\dfrac{1}{8} + \left(\dfrac{0.01}{1.3} + \dfrac{0.005}{0.5} + \dfrac{0.2}{0.65} + \dfrac{0.015}{1.3}\right) + \dfrac{1}{20}}$
　$= 1.953$ W/m²·℃

정답 | ①

89 빈출도 ★★

보일러 운전 중 경판의 적절한 탄성을 유지하기 위한 완충 폭을 무엇이라고 하는가?

① 아담슨 조인트
② 브레이징 스페이스
③ 용접 간격
④ 그루빙

해설

브레이징 스페이스
- 하단과 노통 상부 사이의 거리를 말한다.
- 노통의 고열을 신축에 따라 탄성 작용을 하는 완충구역이라고 할 수 있다.
- 최소 230mm 이상의 완충 폭을 가져야 한다.

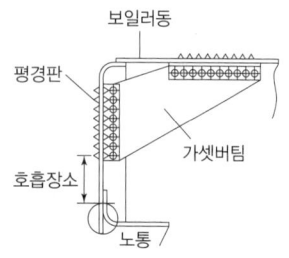

▲ 브레이징 스페이스

정답 | ②

90 빈출도 ★

육용강제 보일러에서 오목면에 압력을 받는 스테이가 없는 접시형 경판으로 노통을 설치할 경우, 경판의 최소 두께(mm)를 구하는 식으로 옳은 것은? (단, P: 최고 사용압력(MPa), R: 접시모양 경판의 중앙부에서의 내면반지름(mm), σ_a: 재료의 허용인장응력(MPa), η: 경판자체의 이음효율, A: 부식여유(mm)이다.)

① $t = \dfrac{PR}{1.5\sigma_a\eta} + A$ ② $t = \dfrac{1.5PR}{(\sigma_a+\eta)A}$

③ $t = \dfrac{PA}{1.5\sigma_a\eta} + R$ ④ $t = \dfrac{AR}{\sigma_a\eta} + 1.5$

해설

육용강제 보일러 경판의 최소 두께를 구하는 공식은 아래와 같다.

$$t = \frac{PR}{1.5\sigma_a\eta} + A$$

t: 최소 두께(mm), P: 최고 사용압력(MPa),
R: 접시모양 경판의 중앙부에서의 내면 반지름(mm),
σ_a: 재료의 허용 인장응력(MPa), η: 이음효율(%),
A: 부식 여유(mm)

정답 | ①

91 빈출도 ★★

서로 다른 고체 물질 A, B, C인 3개의 평판이 서로 밀착되어 복합체를 이루고 있다. 정상 상태에서의 온도 분포가 [그림]과 같을 때, 어느 물질의 열전도도가 가장 적은가? (단, 온도 $T_1=1{,}000°C$, $T_2=800°C$, $T_3=550°C$, $T_4=250°C$이다.)

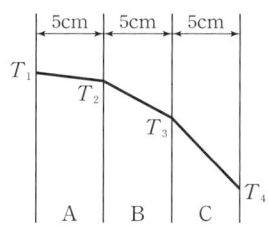

① A　　　　　　② B
③ C　　　　　　④ 모두 같다.

해설

손실열량 공식을 이용하여 열전도도를 구한다.

$$Q=\frac{\lambda \times \Delta T \times A}{d}$$

λ: 열전도도, ΔT: 온도차, A: 면적, d: 두께

여기서, 열전도도와 온도차는 반비례 관계이므로 온도차(ΔT)가 클수록 열전도도는 낮다.
A평판 $T_1-T_2=1{,}000-800=200°C$
B평판 $T_2-T_3=800-550=250°C$
C평판 $T_3-T_4=550-250=300°C$
C평판의 온도차이가 가장 크므로 열전도도가 가장 낮다.

정답 | ③

92 빈출도 ★

보일러와 압력용기에서 일반적으로 사용되는 계산식에 의해 산정되는 두께에 부식여유를 포함한 두께를 무엇이라 하는가?

① 계산 두께　　　② 실제 두께
③ 최소 두께　　　④ 최대 두께

해설

최소 두께는 보일러와 압력용기 등 계산 시 사용되는 부식 마모에 대한 여유를 포함한 두께를 말한다.

정답 | ③

93 빈출도 ★★★

파이프 내경 $D(\text{mm})$를 유량 $Q(\text{m}^3/\text{s})$와 평균속도 $C(\text{m/s})$로 표시한 식으로 옳은 것은?

① $D=1{,}128\sqrt{\dfrac{Q}{V}}$　　② $D=1{,}128\sqrt{\dfrac{\pi Q}{V}}$

③ $D=1{,}128\sqrt{\dfrac{Q}{\pi V}}$　　④ $D=1{,}128\sqrt{\dfrac{V}{Q}}$

해설

$$Q=A\times V$$

Q: 유량(m^3/s), A: 면적(m^2), V: 유속(m/s)

원형 면적을 구하는 공식은 $\dfrac{\pi \times D^2}{4}$이므로, 이를 대입하면

$Q=A\times V=\left(\dfrac{\pi \times D^2}{4}\right)\times V$

$D=\sqrt{\dfrac{4\times Q}{\pi \times V}}$

문제에서 D의 단위는 mm이므로, 1m=1,000mm를 대입한다.

$D=\sqrt{\dfrac{4\times Q}{\pi \times V}}\times 10^3$

$=\sqrt{\dfrac{4\times Q\times 10^6}{\pi \times V}}=2{,}000\sqrt{\dfrac{Q}{\pi \times V}}=2{,}000\times\sqrt{\dfrac{1}{\pi}}\times\sqrt{\dfrac{Q}{V}}$

$=1{,}128\sqrt{\dfrac{Q}{V}}$

정답 | ①

94 빈출도 ★★

오일 버너로서 유량 조절범위가 가장 넓은 버너는?

① 스팀 제트
② 유압분무식 버너
③ 로터리 버너
④ 고압 공기식 버너

해설

유량 조절 범위는 고압 공기식 > 로터리 > 유압분무식 > 스팀제트 순으로 넓다.

관련개념 고압공기식 버너

- 종류는 증기분무식, 내부혼합식, 외부혼합식, 중간혼합식 등이 있다.
- 0.2~0.8MPa의 고압 공기를 사용하여 중유를 무화하는 방식을 활용한다.
- 유량조절범위가 1 : 10으로 가장 넓고 고점도의 액체연료 무화에도 활용한다.
- 부하변동이 큰 곳에 적당하고 연소 시 소음 발생이 크다.
- 분무각도는 30도로 가장 좁은 편에 해당된다.

정답 | ④

95 빈출도 ★★

고온부식을 방지하기 위한 대책이 아닌 것은?

① 전열면을 내식재료로 피복한다.
② 배기가스온도를 550℃ 이하로 유지한다.
③ 연료에 첨가제를 사용하여 바나듐의 융점을 낮춘다.
④ 연료를 전처리하여 바나듐, 나트륨, 황분을 제거한다.

해설

연료에 첨가제를 사용하여 바나듐의 융점을 높인다.

정답 | ③

96 빈출도 ★

주위 온도가 20℃, 방사율이 0.3인 금속 표면의 온도가 150℃인 경우에 금속 표면으로부터 주위로 대류 및 복사가 발생될 때의 열유속(heat flux)은 약 몇 W/m²인가? (단, 대류 열전달계수는 $h=20W/m^2 \cdot K$, 스테판-볼츠만 상수는 $\sigma=5.7 \times 10^{-8} W/m^2 \cdot K^4$이다.)

① 3,020　　② 3,330
③ 4,270　　④ 4,630

해설

스테판-볼츠만 공식을 이용하여 복사 전열량(Q_r)을 구한다.

$$Q_r = \epsilon \times \sigma \times A \times (T_1^4 - T_2^4)$$

Q_r: 복사 전달열량(W), ϵ: 표면 복사율,
σ: 스테판-볼츠만 상수(W/m²·K⁴), A: 표면적(m²)

$Q_r = 0.3 \times (5.7 \times 10^{-8}) \times 1 \times ((150+273)^4 - (20+273)^4)$
　　$= 421.439W$

대류 전열량(Q_a)을 구하는 공식은 다음과 같다.

$$Q_a = h \times A \times (T_1 - T_2)$$

Q_a: 대류 전달열량(W), h: 대류열전달계수(W·m²/K)

$Q_a = 20 \times 1 \times ((150+273) - (20+273)) = 2,600W$

열유속은 단위면적당 열전달량으로 구한다.

$$q = \frac{Q_T}{A} = \frac{Q_r + Q_a}{A}$$

q: 열유속, Q_T: 총전열량, Q_r: 복사 전열량, Q_a: 대류 전열량

$$q = \frac{2,600W + 421.439W}{1m^2} = 3,020W/m^2$$

정답 | ①

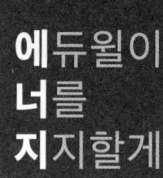

삶의 순간순간이
아름다운 마무리이며
새로운 시작이어야 한다.

– 법정 스님

97 빈출도 ★

지름이 5cm인 강관(50W/m·K) 내에 98K의 온수가 0.3m/s로 흐를 때, 온수의 열전달계수(W/m²·K)는? (단, 온수의 열전도도는 0.68W/m·K이고, N_u수(Nusselt mumber)는 160이다.)

① 1,238 ② 2,176
③ 3,184 ④ 4,232

해설

열전달계수 공식은 다음과 같다.

$$\epsilon = \frac{k}{D} \times N_u$$

ϵ: 열전달계수(W/m²·K), k: 열전도도(W/m·K), D: 지름(m), N_u: Nusselt number

$$\epsilon = \frac{0.68}{5 \times 10^{-2}} \times 160 = 2,176 W/m^2 \cdot K$$

정답 | ②

98 빈출도 ★★

피복 아크 용접에서 루트 간격이 크게 되었을 때 보수하는 방법으로 틀린 것은?

① 맞대기 이음에서 간격이 6mm 이하일 때에는 이음부의 한 쪽 또는 양 쪽에 덧붙이를 하고 깎아내어 간격을 맞춘다.
② 맞대기 이음에서 간격이 16mm 이상일 때에는 판의 전부 혹은 일부를 바꾼다.
③ 필릿 용접에서 간격이 1.5~4.5mm일 때에는 그대로 용접해도 좋지만 벌어진 간격만큼 각장을 작게 한다.
④ 필릿 용접에서 간격이 1.5mm 이하일 때에는 그대로 용접한다.

해설

필릿 용접에서 간격이 1.5~4.5mm 일 때에는 그대로 용접해도 좋지만 벌어진 간격만큼 각장을 크게 한다.

정답 | ③

99 빈출도 ★★

그림과 같이 폭 150mm, 두께 10mm의 맞대기 용접이음에 작용하는 인장응력은?

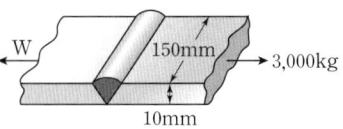

① 2kg/cm² ② 15kg/cm²
③ 100kg/cm² ④ 200kg/cm²

해설

V형 이음일 때 맞대기 용접이음 인장응력 공식은 다음과 같다.

$$D = \sigma \times h \times l$$

D: 하중(kg), σ: 인장응력(kg/cm²), h: 두께(mm), l: 폭(mm)

$3,000kg = \sigma \times 10 \times 150$

$\sigma = \frac{3,000}{1,500} = 2kg/mm^2 = 200kg/cm^2$

정답 | ④

100 빈출도 ★

리벳이음에 대한 설명으로 옳은 것은?

① 리벳 재료는 전기적 부식을 막기 위해 판재와 다른 종류의 재질계통을 쓰게 하는 것을 원칙으로 한다.
② 보일러 제작 시 과거에는 용접이음을 통한 작업이 주류였으나 최근에는 리벳이음이 대부분이다.
③ 열간 리베팅은 작업 완료 후 수축이 없어 판을 죄는 힘이 없고 마찰저항도 없다.
④ 기밀작업 시 리베팅하고 냉각된 후 가장자리에 코킹작업을 한다.

해설

리벳은 두 재료를 이어주는 역할로 기계적 강도가 우수하며, 용접과 달리 열이 직접 전달되지 않아 철판의 수축 및 마찰 저항이 적다. 리벳 작업 후 가장 자리에 기밀성 확보를 위해 코킹작업을 진행한다.

정답 | ④

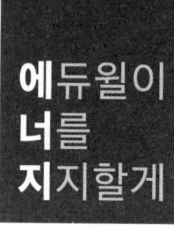

세상을 움직이려면
먼저 나 자신을 움직여야 한다.

– 소크라테스(Socrates)

에듀윌 에너지관리기사

필기 한권끝장

2권

차례

1권

빈출&고난도 200제

연소공학	14
열역학	26
계측방법	40
열설비재료 및 관계법규	52
열설비설계	66

핵심이론

SUBJECT 01 연소공학	82
SUBJECT 02 열역학	110
SUBJECT 03 계측방법	136
SUBJECT 04 열설비재료 및 관계법규	160
SUBJECT 05 열설비설계	187

최신 3개년 기출

2025년 기출문제
2025년 1회 CBT 복원문제	220
2025년 2회 CBT 복원문제	247

2024년 기출문제
2024년 1회 CBT 복원문제	276
2024년 2회 CBT 복원문제	304
2024년 3회 CBT 복원문제	332

2023년 기출문제
2023년 1회 CBT 복원문제	362
2023년 2회 CBT 복원문제	390
2023년 4회 CBT 복원문제	418

2권

PLUS 6개년 기출

2022년 기출문제
2022년 1회 기출문제	8
2022년 2회 기출문제	38
2022년 4회 CBT 복원문제	67

2021년 기출문제
2021년 1회 기출문제	96
2021년 2회 기출문제	123
2021년 4회 기출문제	151

2020년 기출문제
2020년 1·2회 기출문제	180
2020년 3회 기출문제	208
2020년 4회 기출문제	238

2019년 기출문제
2019년 1회 기출문제	268
2019년 2회 기출문제	294
2019년 4회 기출문제	322

2018년 기출문제
2018년 1회 기출문제	350
2018년 2회 기출문제	378
2018년 4회 기출문제	406

2017년 기출문제
2017년 1회 기출문제	434
2017년 2회 기출문제	464
2017년 4회 기출문제	490

Engineer Energy Management

PLUS 6개년 기출

2022년 기출문제	1회	8
	2회	38
	4회	67

2021년 기출문제	1회	96
	2회	123
	4회	151

2020년 기출문제	1·2회	180
	3회	208
	4회	238

2019년 기출문제	1회	268
	2회	294
	4회	322

2018년 기출문제	1회	350
	2회	378
	4회	406

2017년 기출문제	1회	434
	2회	464
	4회	490

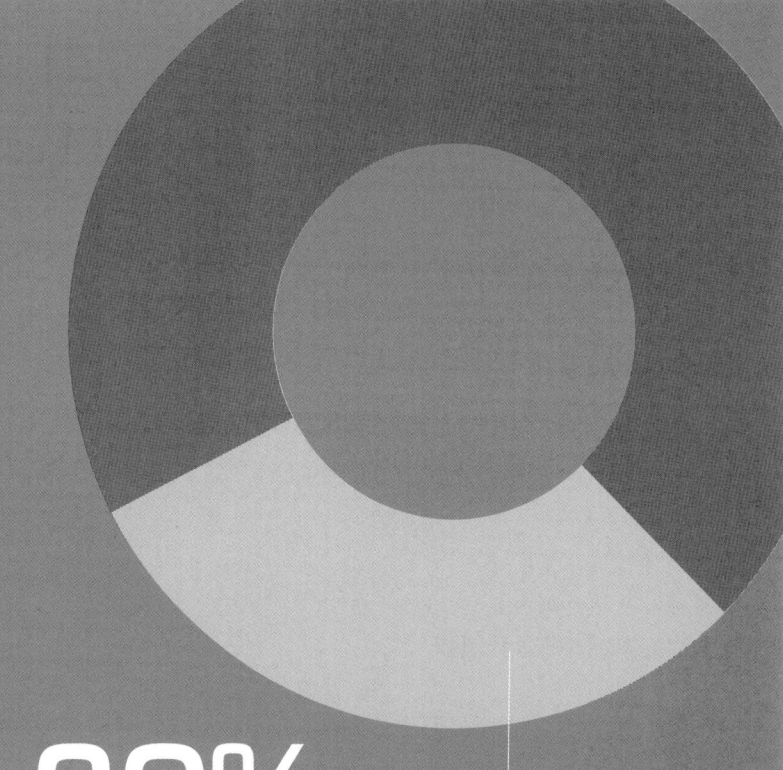

약 **30%**

2022년 2회 기출문제 중 계산문제

출제경향 분석

에너지관리기사 필기시험은 단순한 계산을 필요로 하는 문제, 기본 공식을 응용한 문제 등 계산문제의 비중이 높습니다. 대부분의 계산문제는 문제에 맞는 공식을 적용하고, 단위 환산을 잘 하면 맞힐 수 있는 문제이며, 일부 고난도 개념을 요구하는 계산문제도 있습니다.
에듀윌 에너지관리기사 필기 교재에서는 해당 계산문제의 해설을 보다 이해하기 쉽도록 상세하게 풀이과정을 수록하였습니다. 또한, 공식이 있는 문제는 따로 공식 박스로 표시하여 구분하였습니다.

학습 TIP

기출문제를 단순 반복하여 학습하기 보다는 계산문제는 '왜 해당 조건이 주어졌는지', '공식이 왜 쓰였는지' 분석하고 이해하면서 문제를 학습하는 것이 중요합니다. 또한, 이론이 필요한 문제의 경우 해당 문제와 관련된 개념의 이론까지 함께 학습하여 응용 문제까지 풀 수 있는 수준으로 이해하는 것이 핵심입니다. 법규 문제는 범위가 상당히 방대하기 때문에 기출문제에 출제된 문제 위주로 확실하게 암기한다면 충분히 합격할 수 있습니다.

2022년 1회 기출문제

연소공학

01 빈출도 ★★

보일러 등의 연소장치에서 질소산화물(NO_x)의 생성을 억제할 수 있는 연소 방법이 아닌 것은?

① 2단 연소
② 저산소(저공기비) 연소
③ 배기의 재순환 연소
④ 연소용 공기의 고온 예열

해설

질소산화물 생성 방지 방법에는 2단연소 및 저산소연소, 배기의 재순환 연소법이 있다.

관련개념 질소산화물 생성 방지대책
- 연소온도와 노내압을 낮춘다.
- 노 내의 가스 잔류시간 및 고온 유지시간을 짧게 한다.
- 2단연소 및 저산소연소, 배기의 재순환 연소법을 사용한다.
- 질소함량이 적은 연료를 사용한다.
- 과잉공기를 연료에 혼합하여 연소시킨다.

정답 | ④

02 빈출도 ★★★

다음 중 연료 연소 시 최대탄산가스농도($CO_{2\,max}$)가 가장 높은 것은?

① 탄소
② 연료유
③ 역청탄
④ 코크스로가스

해설

탄소가 완전연소 시 발생되는 배기가스는 CO_2가 최대로 함유되어 있기 때문에 연료 중에 C가 많으면서 이론공기량으로 완전연소될 경우 최대탄산가스농도($CO_{2\,max}$)가 가장 높다.

정답 | ①

03 빈출도 ★

체적비로 메탄이 15%, 수소가 30%, 일산화탄소가 55%인 혼합기체가 있다. 각각의 폭발 상한계가 다음 표와 같을 때, 이 기체의 공기 중에서 폭발 상한계는 약 몇 vol%인가?

구분	메탄	수소	일산화탄소
폭발 상한계(vol%)	15	75	74

① 46.7
② 45.1
③ 44.3
④ 42.5

해설

혼합가스 연소상한계 르샤틀리에 공식은 아래와 같다.

$$\frac{100}{L} = \frac{V_1}{L_1} + \frac{V_2}{L_2} + \frac{V_3}{L_3} + \cdots$$

V: 각 성분 부피 백분율(%), L: 각 성분 연소 상한계(%)

$$\frac{100}{L} = \frac{15}{15} + \frac{30}{75} + \frac{55}{74} = 2.1432$$

$L = 46.66\%$

정답 | ①

04 빈출도 ★★

어떤 고체연료를 분석하니 중량비로 수소 10%, 탄소 80%, 회분 10%이었다. 이 연료 100kg을 완전연소시키기 위하여 필요한 이론공기량은 약 몇 Nm^3인가?

① 206
② 412
③ 490
④ 978

해설

중량비 조성의 이론공기량을 구하는 식은 다음과 같다.

$$A_o = \frac{O_o}{0.21}$$

$$O_o = 1.867C + 5.6H + 0.7S$$

A_o: 이론공기량, O_o: 이론산소량

$$A_o = \frac{(1.867 \times 0.8) + (5.6 \times 0.10)}{0.21} = 9.78 Nm^3/kg$$

여기서, 연료는 100kg이므로
$9.78 Nm^3/kg \times 100kg = 978 Nm^3$

정답 | ④

05 빈출도 ★

점화에 대한 설명으로 틀린 것은?

① 연료가스의 유출속도가 너무 느리면 선화가 발생한다.
② 연소실의 온도가 낮으면 연료의 확산이 불량해진다.
③ 연료의 예열온도가 낮으면 무화불량이 발생한다.
④ 점화시간이 늦으면 연소실 내로 역화가 발생한다.

해설

연료가스의 유출속도가 너무 빠르면 선화가 발생하고 느리면 역화가 발생한다.

정답 | ①

06 빈출도 ★★

고체연료의 일반적인 특징에 대한 설명으로 틀린 것은?

① 회분이 많고 발열량이 적다.
② 연소효율이 낮고 고온을 얻기 어렵다.
③ 점화 및 소화가 곤란하고 온도조절이 어렵다.
④ 완전연소가 가능하고 연료의 품질이 균일하다.

해설

완전연소가 어렵고 연료의 품질이 불균일하다.

정답 | ④

07 빈출도 ★

등유, 경유 등의 휘발성이 큰 연료를 접시모양의 용기에 넣어 증발 연소시키는 방식은?

① 분해 연소
② 확산 연소
③ 분무 연소
④ 포트식 연소

선지분석

① 분해 연소: 열에 의해 고체가 분해되어 가연성 가스가 발생하면서 연소하는 형태로, 나무, 석탄, 종이 등이 해당된다.
② 확산 연소: 가연성 기체나 증기가 공기 중으로 확산되면서 연소하는 형태로, 양초, LPG, LNG 등이 해당된다.
③ 분무 연소: 액체연료를 분무화하여 공기와 혼합하여 연소하는 형태로, 디젤 엔진, 보일러 방식이 있다.
④ 포트식 연소: 휘발성이 큰 연료를 접시모양의 용기에 넣어 증발 연소시키는 형태로, LPG, LNG 등이 해당된다.

정답 | ④

08 빈출도 ★

액체 연소장치 중 회전식 버너의 일반적인 특징으로 옳은 것은?

① 분사각은 20~50° 정도이다.
② 유량조절범위는 1 : 3 정도이다.
③ 사용 유압은 30~50kPa 정도이다.
④ 화염이 길어 연소가 불안정하다.

해설

회전식 버너의 사용 유압은 30~50kPa 정도이다.

관련개념 회전식 버너

- 로터리 버너라고하며, 중소형 보일러에 사용된다.
- 고속회전을 분당 3,000~7,000회를 이용하여 원심력으로 기름을 연소시킨다.
- 분무각은 40~80° 정도이다.
- 유량조절범위는 1 : 5 정도이다.
- 자동제어에 편리한 구조로 되어있다.
- 부속설비가 없으며 화염이 짧고 안정적인 연소를 한다.
- 연료 사용 유압은 $0.3 \sim 0.5 \text{kgf/cm}^2$(30~50kPa) 정도로 가압하여 공급한다.

정답 | ③

09 빈출도 ★★

액체의 인화점에 영향을 미치는 요인으로 가장 거리가 먼 것은?

① 온도
② 압력
③ 발화지연시간
④ 용액의 농도

해설

발화지연시간은 물질이 점화되고 발화(연소)에 이르기까지의 시간을 말하며, 액체의 인화점의 영향요소와는 관련이 없다.

관련개념 액체의 인화점

(1) 개요

액체의 표면 또는 발생되는 가연성 증기에 점화원(불꽃)을 접하여 불이 폭발하한계에 도달하는 최저의 온도를 말한다.

(2) 인화점이 높아지는 조건
- 액체의 압력과 온도가 증가하면 인화점은 높아진다.
- 용액의 농도가 커지면 인화점은 높아진다.
- 액체의 비중이 커지면 인화점은 높아진다.
- 액체의 비점이 높으면 인화점은 높아진다.

정답 | ③

10 빈출도 ★

C_mH_n $1Nm^3$를 공기비 1.2로 연소시킬 때 필요한 실제 공기량은 약 몇 Nm^3인가?

① $\dfrac{1.2}{0.21}\left(m+\dfrac{n}{2}\right)$ ② $\dfrac{1.2}{0.21}\left(m+\dfrac{n}{4}\right)$

③ $\dfrac{1.2}{0.79}\left(m+\dfrac{n}{2}\right)$ ④ $\dfrac{1.2}{0.79}\left(m+\dfrac{n}{4}\right)$

해설

탄화수소(C_mH_n)의 완전연소반응식은 아래와 같다.

$C_mH_n + \left(m+\dfrac{n}{4}\right)O_2 \rightarrow mCO_2 + \dfrac{n}{2}H_2O$

$$A = m'A_o$$
$$A_o = \dfrac{O_o}{0.21}$$

m': 공기비, A_o: 이론공기량, O_o: 이론산소량

$A_o = \dfrac{m+\dfrac{n}{4}}{0.21}$

$A = m' \times A_o = 1.2 \times \dfrac{m+\dfrac{n}{4}}{0.21} = \dfrac{1.2}{0.21}\left(m+\dfrac{n}{4}\right)$

정답 | ②

11 빈출도 ★★

메탄올(CH_3OH) 1kg을 완전연소 하는데 필요한 이론공기량은 약 몇 Nm^3인가?

① 4.0   ② 4.5
③ 5.0   ④ 5.5

해설

메탄올(CH_3OH)의 완전연소반응식
$CH_3OH + 1.5O_2 \rightarrow CO_2 + 2H_2O$
CH_3OH과 O_2은 1 : 1.5 반응이므로 이를 이용하여 이론산소량을 구한다.
CH_3OH : $1.5O_2$
1mol : 1.5mol = 32kg : $1.5 \times 22.4 Sm^3$

$$A_o = \dfrac{O_o}{0.21}$$

A_o: 이론공기량, O_o: 이론산소량

$A_o = \dfrac{O_o}{0.21} = \dfrac{\dfrac{1.5 \times 22.4 Nm^3}{32kg}}{0.21} = 5Nm^3/kg$

정답 | ③

12 빈출도 ★★

중량비가 C: 87%, H: 11%, S: 2%인 중유를 공기비 1.3으로 연소할 때 건조배출가스 중 CO_2의 부피비는 약 몇 % 인가?

① 8.7
② 10.5
③ 12.2
④ 15.6

해설

중량비 조성의 이론공기량을 구하는 식은 다음과 같다.

$$A_o = \frac{O_o}{0.21}$$
$$O_o = 1.867C + 5.6H + 0.7S$$

A_o: 이론공기량, O_o: 이론산소량

$$A_o = \frac{(1.867 \times 0.87) + (5.6 \times 0.11) + (0.7 \times 0.02)}{0.21}$$
$$= 10.735 \text{Nm}^3/\text{kg}$$

이론건연소가스량을 구하는 공식은 다음과 같다.

$$G_{od} = (1-0.21)A_o + \text{생성된 } CO_2 + \text{생성된 } SO_2$$

A_o: 이론 공기량

$$G_{od} = (1-0.21) \times A_o + 1.867C + 0.7S$$
$$= (1-0.21) \times 10.735 + (1.867 \times 0.87) + (0.7 \times 0.02)$$
$$= 10.119 \text{Nm}^3/\text{kg}$$

실제건연소가스량은 다음과 같이 구한다.

$$G_d = G_{od} + (m-1)A_o$$

$G_d = 10.119 + (1.3-1) \times 10.735 = 13.339 \text{Nm}^3/\text{kg}$

따라서, 건조배출가스 중 CO_2의 부피비

$$= \frac{CO_2 \text{ 생산량}}{G_d} = \frac{1.867 \times 0.87}{13.339} = 0.122 = 12.2\%$$

정답 | ③

13 빈출도 ★

고위발열량이 37.7MJ/kg인 연료 3kg이 연소할 때의 저위발열량은 몇 MJ인가? (단, 이 연료의 중량비는 수소 15%, 수분 1%이다.)

① 52
② 103
③ 184
④ 217

해설

저위발열량(H_l) 공식은 다음과 같다.

$$H_l = H_h - R_w$$
$$R_w = 600 \times (9H + w)$$

H_l: 저위발열량(kcal/kg), H_h: 고위발열량(kcal/kg), R_w: 증발잠열(kcal/kg)

단위중량의 저위발열량

$$H_l = 37.7\text{MJ/kg} - \left(\frac{600\text{kcal} \times (9 \times 0.15 + 0.01)}{\text{kg}} \right.$$
$$\left. \times \frac{4.184\text{kJ}}{1\text{kcal}} \times \frac{10^{-3}\text{MJ}}{1\text{kJ}} \right) = 34.29\text{MJ/kg}$$

연료 3kg이므로 $34.29 \times 3 = 103$MJ

※ 1kcal = 4.184kJ

정답 | ②

14 빈출도 ★★

다음 중 고속운전에 적합하고 구조가 간단하며 풍량이 많아 배기 및 환기용으로 적합한 송풍기는?

① 다익형 송풍기
② 플레이트형 송풍기
③ 터보형 송풍기
④ 축류형 송풍기

해설

축류형 송풍기는 회전축 방향과 공기흐름이 평행한 송풍기로, 고속운전에 적합하며 풍량이 많고 배기 및 환기용으로 적합하다.

선지분석

① 다익형 송풍기: 시로코팬(휀), 전향날개형이라고 하며, 임펠러의 많은 날개를 가진 팬으로 소음문제가 적고 압력손실이 적어 환기나 공기조화용으로 사용된다.
② 플레이트형 송풍기: 평판형팬이라고 하며, 직선의 평판을 회전시키는 송풍기로 고정압이 낮으며, 습식 집진장치의 배기에 적합하고 부식성이 강한 공기를 이송하는데 사용된다.
③ 터보형 송풍기: 한계 부하팬, 후향날개형이라고 하며, 날개가 회전방향의 반대편으로 경사지게 설계된 터빈형 구조로, 소음이 크나 고온, 고압의 대용량에 적합하여 압입송풍기로 사용된다.

정답 ④

15 빈출도 ★★★

통풍방식 중 평형통풍에 대한 설명으로 틀린 것은?

① 통풍력이 커서 소음이 심하다.
② 안정한 연소를 유지할 수 있다.
③ 노내 정압을 임의로 조절할 수 있다.
④ 중형 이상의 보일러에는 사용할 수 없다.

해설

평형통풍은 대형보일러에 적합하다.

관련개념 평형통풍의 특징

- 압입통풍과 흡입통풍을 병행한다.
- 대형보일러에 적합하며 통풍력 손실이 큰 보일러에도 사용이 가능하다.
- 동력소비가 커 유지비용이 크며, 초기설비비가 많이 든다.
- 연소실 압력을 정압, 부압으로 조절할 수 있다.
- 강한 통풍력을 가지고 있으며 소음이 크다.

정답 ④

16 빈출도 ★★

저위발열량 7,470kJ/kg의 석탄을 연소시켜 13,200 kg/h의 증기를 발생시키는 보일러의 효율은 약 몇 %인가? (단, 석탄의 공급은 6,040kg/h이고, 증기의 엔탈피는 3,107kJ/kg, 급수의 엔탈피는 96kJ/kg 이다.)

① 64
② 74
③ 88
④ 94

해설

$$효율 = \frac{유효출열}{총입열량} \times 100$$

유효출열 = 증기 발생량 × 엔탈피 차

$$= \frac{13,200 kg}{h} \times \frac{(3,107-96)kJ}{kg} = 39,745,200 kJ/h$$

총입열량 = 석탄 공급량 × 저위발열량
= 6,040kg/h × 7,470kJ/kg = 45,118,800kJ/h

$$효율(\eta) = \frac{39,745,200}{45,118,800} \times 100 = 88\%$$

정답 ③

17 빈출도 ★★

불꽃연소(Flaming combustion)에 대한 설명으로 틀린 것은?

① 연소속도가 느리다.
② 연쇄반응을 수반한다.
③ 연소사면체에 의한 연소이다.
④ 가솔린의 연소가 이에 해당한다.

해설

불꽃연소는 가연물에서 방출한 증기가 산소와 혼합되어 매우 빠른 속도로 연소하면서 불꽃을 형성한다.

관련개념 불꽃연소의 특징

- 고체연료는 열분해연소, 액체연료는 증발에 의한 확산연소로 연쇄반응이 이루어진다.
- 연료의 표면에서 불꽃이 발생하며 연소한다.
- 연소속도가 매우 빠르다.
- 연소사면체에 의한 연소이며 단위시간당 방출열량이 크다.

정답 ①

18 빈출도 ★★

폭굉 유도거리(DID)가 짧아지는 조건으로 틀린 것은?

① 관지름이 크다.
② 공급압력이 높다.
③ 관 속에 방해물이 있다.
④ 연소속도가 큰 혼합가스이다.

해설
관지름이 가늘어야 한다.

관련개념 폭굉 현상

(1) 개요
- 가스 화염 전파속도가 음속보다 큰 경우 압력에 의해 충격파로 파괴작용을 일으키는 현상이다.
- 음속 340m/s, 폭굉 1,000~3,500m/s이다.

(2) 폭굉유도거리(DID) 짧아지는 조건

최초의 조용히 타오르던 연소가 귀청 터질듯한 폭발로 돌변하기까지 걸어간 거리로, 짧을수록 위험성이 증가하며, 다음과 같은 조건일 때 폭굉유도거리가 짧아진다.
- 정상 연소속도가 큰 혼합가스일수록 DID가 짧아진다.
- 압력이 높을수록 DID가 짧아진다.
- 점화원의 에너지가 클수록 DID가 짧아진다.
- 관속에 방해물이 있거나 관지름이 가늘수록 DID가 짧아진다.

정답 | ①

19 빈출도 ★★

버너에서 발생하는 역화의 방지대책과 거리가 먼 것은?

① 버너 온도를 높게 유지한다.
② 리프트 한계가 큰 버너를 사용한다.
③ 다공 버너의 경우 각각의 연료분출구를 작게 한다.
④ 연소용 공기를 분할 공급하여 1차공기를 착화범위보다 적게 한다.

해설
버너 온도를 높게 유지하면 과열로 인해 역화 및 파열 현상이 발생한다.

정답 | ①

20 빈출도 ★

다음 기체 연료 중 단위질량당 고위발열량이 가장 큰 것은?

① 메탄   ② 수소
③ 에탄   ④ 프로판

해설
단위질량당 고위발열량이 큰 순서
수소＞메탄＞에탄＞프로판＞아세틸렌＞부탄＞일산화탄소

정답 | ②

열역학

21 빈출도 ★

순수물질로 된 밀폐계가 가역단열과정동안 수행한 일의 양과 같은 것은? (단, U는 내부에너지, H는 엔탈피, Q는 열량이다.)

① $-\varDelta H$ ② $-\varDelta U$
③ 0   ④ Q

해설
열역학 제1법칙에 따른 식은 아래와 같다.

$$dQ = dU + W$$

Q: 열량, U: 내부에너지, W: 일

여기서, 가역단열과정은 $dQ=0$이므로,
$W = -dU$

정답 | ②

22 빈출도 ★★★

물체의 온도변화 없이 상(Phase, 相) 변화를 일으키는데 필요한 열량은?

① 비열
② 점화열
③ 잠열
④ 반응열

해설

잠열	물체의 온도변화 없이 상태변화만 일으키는데 필요한 열량
현열	물체의 상태변화 없이 온도변화만 일으키는데 필요한 열량
전열	현열과 잠열을 합친 총열량

정답 | ③

23 빈출도 ★★

다음 중 포화액과 포화증기의 비엔트로피 변화에 대한 설명으로 옳은 것은?

① 온도가 올라가면 포화액의 비엔트로피는 감소하고 포화증기의 비엔트로피는 증가한다.
② 온도가 올라가면 포화액의 비엔트로피는 증가하고 포화증기의 비엔트로피는 감소한다.
③ 온도가 올라가면 포화액과 포화증기의 비엔트로피는 감소한다.
④ 온도가 올라가면 포화액과 포화증기의 비엔트로피는 증가한다.

해설

온도가 올라가면 포화액의 비엔트로피는 증가하고 포화증기의 비엔트로피는 감소한다.

정답 | ②

24 빈출도 ★★

다음 중 과열증기(Superheated steam)의 상태가 아닌 것은?

① 주어진 압력에서 포화증기 온도보다 높은 온도
② 주어진 비체적에서 포화증기 압력보다 높은 압력
③ 주어진 온도에서 포화증기 비체적보다 낮은 비체적
④ 주어진 온도에서 포화증기 엔탈피보다 낮은 엔탈피

해설

주어진 온도에서 포화증기 비체적보다 낮은 비체적은 습증기 영역에 해당된다.

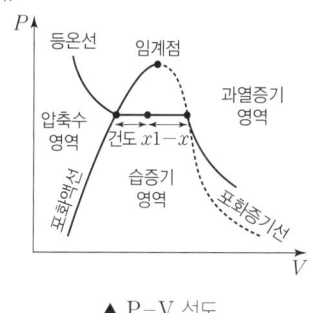

▲ P-V 선도

정답 | ③

25 빈출도 ★★

400K, 1MPa의 이상기체 1kmol이 700K, 1MPa으로 정압팽창할 때 엔트로피 변화는 약 몇 kJ/K인가? (단, 정압비열은 28kJ/kmol·K이다.)

① 15.7
② 19.4
③ 24.3
④ 39.4

해설

이상기체 엔트로피 변화 공식은 다음과 같다.

$$\Delta S = m \times C_p \times \ln\left(\frac{T_2}{T_1}\right)$$

ΔS: 엔트로피 변화량(kJ/K), m: 몰(kmol),
C_p: 정압비열(kJ/kmol·K), T_1: 초기 온도(K),
T_2: 최종 온도(K)

$$\Delta S = 1 \times 28 \times \ln\left(\frac{700}{400}\right) = 15.7 \text{kJ/K}$$

정답 | ①

26 빈출도 ★

체적이 일정한 용기에 400kPa의 공기 1kg이 들어 있다. 용기에 달린 밸브를 열고 압력이 300kPa이 될 때까지 대기 속으로 공기를 방출하였다. 용기 내의 공기가 가역단열 변화라면 용기에 남아있는 공기의 질량은 약 몇 kg인가? (단, 공기의 비열비는 1.4이다.)

① 0.614 ② 0.714
③ 0.814 ④ 0.914

해설

단열변화 과정에서 공기의 질량 변화는 다음과 같이 구할 수 있다.

$$m_2 = m_1 \times \left(\frac{P_2}{P_1}\right)^{\frac{1}{k}}$$

m: 질량(kg), P: 압력(kPa), k: 비열비

$$m_2 = 1 \times \left(\frac{300}{400}\right)^{\frac{1}{1.4}} = 0.814 \text{kg}$$

정답 | ③

27 빈출도 ★★

다음 중 이상기체에 대한 식으로 옳은 것은? (단, 각 기호에 대한 설명은 아래와 같다.)

- u: 단위질량당 내부에너지
- h: 비엔탈피
- T: 온도
- R: 기체상수
- P: 압력
- v: 비체적
- k: 비열비
- C_v: 정적비열
- C_p: 정압비열

① $\dfrac{du}{dT} - \dfrac{dh}{dT} = R$ ② $h = u + \dfrac{Pv}{RT}$

③ $C_v = \dfrac{R}{k-1}$ ④ $C_p = \dfrac{kC_V}{k-1}$

해설

이상기체와 정적비열(C_v)과 정압비열(C_p)의 관계는
$C_p - C_v = R$이다.
$k = \dfrac{C_p}{C_v}$ 이므로,
$kC_v - C_v = R$
$(k-1)C_v = R$
$C_v = \dfrac{R}{k-1}$

관련개념 정적비열과 정압비열

(1) **정적비열(C_v)**

부피 또는 체적을 일정하게 유지하면서 물질 1kg을 온도 1℃ 높이는데 필요한 열량을 말한다.

$$C_v = \frac{1}{k-1}R$$

(2) **정압비열(C_p)**

압력을 일정하게 유지하면서 물질 1kg을 온도 1℃ 높이는데 필요한 열량을 말한다.

$$C_p = \frac{k}{k-1}R$$

정답 | ③

28 빈출도 ★★

밀폐된 피스톤-실린더 장치 안에 들어 있는 기체가 팽창을 하면서 일을 한다. 압력 P[MPa]와 부피 V[L]의 관계가 아래와 같을 때, 내부에 있는 기체의 부피가 5L에서 두배로 팽창하는 경우 이 장치가 외부에 한 일은 약 몇 kJ인가? (단, $a=3\text{MPa/L}^2$, $b=2\text{ MPa/L}$, $c=1\text{MPa}$)

$$P=5(aV^2+bV+c)$$

① 4,175
② 4,375
③ 4,575
④ 4,775

해설

부피 팽창시 외부에서 발생한 일 공식은 다음과 같다.

$$W=\int_1^2 PdV$$

W: 일(kJ), P: 압력(kPa), V: 부피(L)

처음 부피는 5L, 팽창 후 나중 부피는 $2\times5=10$L이다.

$$W=\int_5^{10} 5(aV^2+bV+c)dV$$
$$=5\left[\frac{1}{3}aV^3+\frac{1}{2}aV^2+cV\right]_5^{10}$$
$$=5\left[\frac{1}{3}aV_2^3+\frac{1}{2}aV_2^2+cV_2-\frac{1}{3}aV_1^3-\frac{1}{2}aV_1^2-cV_1\right]$$
$$=5\left[\frac{1}{3}\times3\times10^3+\frac{1}{2}\times2\times10^2+1\times10-\frac{1}{3}\times3\times5^3\right.$$
$$\left.-\frac{1}{2}\times2\times5^2-1\times5\right]$$
$$=4,775\text{kJ}$$

정답 | ④

29 빈출도 ★★★

다음 중 열역학 제2법칙에 대한 설명으로 틀린 것은?

① 에너지 보존에 대한 법칙이다.
② 제2종 영구기관은 존재할 수 없다.
③ 고립계에서 엔트로피는 감소하지 않는다.
④ 열은 외부 동력 없이 저온체에서 고온체로 이동할 수 없다.

해설

에너지 보존의 법칙은 열역학 제1법칙으로 제1종 영구기관 즉, 에너지의 공급없이 일을 하는 열기관은 실현이 불가능하다.

정답 | ①

30 빈출도 ★★

이상기체의 단위 질량당 내부에너지 u, 엔탈피 h, 비엔트로피 s에 관한 다음의 관계식 중에서 모두 옳은 것은? (단, T는 온도, p는 압력, v는 비체적을 나타낸다.)

① $Tds=du-vdp$, $Tds=dh-pdv$
② $Tds=du+pdv$, $Tds=dh-vdp$
③ $Tds=du-vdp$, $Tds=dh+pdv$
④ $Tds=du+pdv$, $Tds=dh+vdp$

해설

열역학 제1법칙에 따른 식은 아래와 같다.

$$dQ=dU+PdV$$

Q: 열, U: 내부에너지, P: 압력, V: 비체적

여기서, 엔탈피와 엔트로피 변화량에 대한 공식을 이용한다.

$$H=U+PV$$
$$ds=\frac{dQ}{T}$$

H: 엔탈피, ds: 엔트로피 변화량, dQ: 열량, T: 온도

$$dQ=Tds=dU+PdV$$
$$Tds=d(H-PV)+PdV=dH-VdP$$

정답 | ②

31 빈출도 ★

폴리트로픽 과정에서의 지수(Polytropic index)가 비열비와 같을 때의 변화는?

① 정적변화 ② 가역단열변화
③ 등온변화 ④ 등압변화

해설

n의 조건	계산과정	결과
$n=0$	$P=C$	정압과정
$n=1$	$PV=C$	등온과정
$1<n<k$	$PV^n=C$	폴리트로픽과정
$n=k$	$PV^k=C$	단열과정 (등엔트로피과정)
$n=\infty$	$PV^\infty = PV^{\frac{1}{\infty}} = P^0 V = V = C$	정적과정

정답 | ②

32 빈출도 ★★

체적 0.4m^3인 단단한 용기 안에 100℃의 물 2kg이 들어있다. 이 물의 건도는 얼마인가? (단, 100℃의 물에 대해 포화수 비체적 $v_f=0.00104\text{m}^3/\text{kg}$, 건포화증기 비체적 $v_g=1.672\text{m}^3/\text{kg}$이다.)

① 11.9% ② 10.4%
③ 9.9%   ④ 8.4%

해설

건도를 구하는 식은 다음과 같다.

$$v_x = v_1 + x \times (v_2 - v_1)$$

v_x: 수증기 비체적(m³/kg), v_1: 포화액 비체적(m³/kg),
x: 건도, v_2: 포화증기 비체적(m³/kg)

여기서, 수증기 비체적(v_x)은 체적/질량으로 구할 수 있다.

$v_x = \dfrac{체적}{질량} = \dfrac{0.4\text{m}^3}{2\text{kg}} = 0.2\text{m}^3/\text{kg}$

$0.2 = 0.00104 + x \times (1.672 - 0.00104)$

$x = 0.119 = 11.9\%$

정답 | ①

33 빈출도 ★★

그림과 같은 브레이튼 사이클에서 열효율(η)은? (단, P는 압력, v는 비체적이며, T_1, T_2, T_3, T_4는 각각의 지점에서의 온도이다. 또한, q_{in}과 q_{out}은 사이클에서 열이 들어오고 나감을 의미한다.)

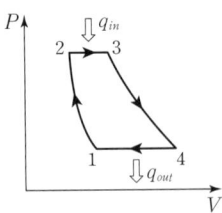

① $\eta = 1 - \dfrac{T_3 - T_2}{T_4 - T_1}$ ② $\eta = 1 - \dfrac{T_1 - T_2}{T_3 - T_4}$

③ $\eta = 1 - \dfrac{T_4 - T_1}{T_3 - T_2}$ ④ $\eta = 1 - \dfrac{T_3 - T_4}{T_1 - T_2}$

해설

브레이턴 사이클은 가스터빈 기관에서 이상적인 사이클로, 열효율 공식은 다음과 같다.

$$\eta = \dfrac{Q_1 - Q_2}{Q_1} = 1 - \dfrac{Q_2}{Q_1}$$

η: 효율, Q_1: 공급열량, Q_2: 방출열량

공급열량(Q_1) $= C_p(T_3 - T_2)$

방출열량(Q_2) $= C_p(T_4 - T_1)$

따라서, 대입하여 정리하면

$\eta = 1 - \dfrac{C_p(T_4 - T_1)}{C_p(T_3 - T_2)} = 1 - \dfrac{T_4 - T_1}{T_3 - T_2}$

정답 | ③

34 빈출도 ★★

역카르노 사이클로 작동하는 냉동사이클이 있다. 저온부가 $-10°C$, 고온부가 $40°C$로 유지되는 상태를 A상태라고 하고, 저온부가 $0°C$, 고온부가 $50°C$로 유지되는 상태를 B상태라 할 때, 성능계수는 어느 상태의 냉동사이클이 얼마나 더 높은가?

① A상태의 사이클이 0.8만큼 더 높다.
② A상태의 사이클이 0.2만큼 더 높다.
③ B상태의 사이클이 0.8만큼 더 높다.
④ B상태의 사이클이 0.2만큼 더 높다.

해설

$$COP = \frac{Q_2}{W} = \frac{Q_2}{Q_1 - Q_2} = \frac{T_2}{T_1 - T_2}$$

W: 입력 일(kW), Q_1: 고온체 방출 열(kW),
Q_2: 저온체 흡수 열(kW), T_1: 고온체 온도(K),
T_2: 저온체 온도(K)

A상태의 역카르노 사이클의 냉동기 성능계수(COP_A)

$$COP_A = \frac{-10 + 273}{(40 + 273) - (-10 + 273)} = 5.26$$

B상태의 역카르노 사이클의 냉동기 성능계수(COP_B)

$$COP_B = \frac{0 + 273}{(50 + 273) - (0 + 273)} = 5.46$$

따라서, B상태의 성능계수가 0.2만큼 높다.

정답 | ④

35 빈출도 ★★

가솔린 기관의 이상 표준사이클인 오토 사이클(Otto cycle)에 대한 설명 중 옳은 것을 모두 고른 것은?

> ㄱ. 압축비가 증가할수록 열효율이 증가한다.
> ㄴ. 가열 과정은 일정한 체적 하에서 이루어진다.
> ㄷ. 팽창 과정은 단열 상태에서 이루어진다.

① ㄱ, ㄴ
② ㄱ, ㄷ
③ ㄴ, ㄷ
④ ㄱ, ㄴ, ㄷ

선지분석

ㄱ. 오토 사이클의 열효율 공식은 $\eta = 1 - \left(\frac{1}{\epsilon}\right)^{k-1}$ 이므로, 압축비(ϵ)가 증가할수록 열효율(η)이 증가한다.

ㄴ. 정적가열(가열과정, 2 → 3)은 혼합기가 점화되어 연소가 일어나며, 부피(체적)는 일정하게 유지된다.

ㄷ. 단열팽창(팽창과정, 3 → 4)은 연소된 가스가 팽창하며 피스톤을 밀어낸다. 이때 온도와 압력이 감소하지만 열교환은 진행되지 않는다.

정답 | ④

36 빈출도 ★★

다음과 같은 특징이 있는 냉매의 특징은?

> • 냉동창고 등 저온용으로 사용
> • 산업용으로 대용량 냉동기에 널리 사용
> • 아연 등을 침식시킬 우려가 있음
> • 연소성과 폭발성이 있음

① R-12
② R-22
③ R-134a
④ NH_3

해설

암모니아(NH_3)는 냉동창고 등 저온용으로 널리 사용되며 산업용의 대용량 냉동기에도 사용된다. 독성과 가연성, 폭발성을 가지고 있으며 아연, 주석, 동 등을 부식시킨다.

정답 | ④

37 빈출도 ★

압축기에서 냉매의 단위 질량당 압축하는데 요구되는 에너지가 200kJ/kg일 때, 냉동기에서 냉동능력 1kW당 냉매의 순환량은 약 몇 kg/h인가? (단, 냉동기의 성능계수는 5.0이다.)

① 1.8
② 3.6
③ 5.0
④ 20.0

해설

냉매순환량 공식은 다음과 같다.

$$m = \frac{q}{Q}$$

m: 냉매순환량(kg/h), q: 냉동능력(kg/h), Q: 냉동효과(kJ/kg)

이때, 성능계수는 다음과 같다.

$$COP = \frac{Q}{W}$$

COP: 냉동기의 성능계수, Q: 냉동효과(kJ/kg), W: 입력 일(kW)

$COP = \frac{Q}{W}$

$5 = \frac{Q}{200}$

$Q = 1,000 \text{kJ/kg}$

$m = \frac{q}{Q} = \frac{1\text{kW}}{\frac{1,000\text{kJ}}{\text{kg}} \times \frac{1\text{h}}{3,600\text{s}}} = 3.6 \text{kg/h}$

정답 | ②

38 빈출도 ★★

40m³의 실내에 있는 공기의 질량은 약 몇 kg인가? (단, 공기의 압력은 100kPa, 온도는 27°C이며, 공기의 기체상수는 0.287kJ/kg·K이다.)

① 93
② 46
③ 10
④ 2

해설

$$PV = mRT$$

P: 압력(kPa), V: 부피(m³), m: 질량(kg), R: 기체상수(kJ/kg·K), T: 온도(K)

$m = \frac{PV}{RT} = \frac{100\text{kPa} \times 40\text{m}^3}{0.287\text{kJ/kg·K} \times (27+273)\text{K}} = 46.46 \text{kg}$

정답 | ②

39 빈출도 ★

동일한 최고 온도, 최저 온도 사이에 작동하는 사이클 중 최대의 효율을 나타내는 사이클은?

① 오토 사이클
② 디젤 사이클
③ 카르노 사이클
④ 브레이튼 사이클

해설

카르노 사이클은 동일한 최고온도, 최저 온도 사이에 작동하는 사이클 중 높은 효율성을 가지며 이상적인 냉동 사이클이다.

정답 | ③

40 빈출도 ★

랭킨(Rankine) 사이클에서 응축기의 압력을 낮출 때 나타나는 현상으로 옳은 것은?

① 이론 열효율이 낮아진다.
② 터빈 출구의 증기건도가 낮아진다.
③ 응축기의 포화온도가 높아진다.
④ 응축기내의 절대압력이 증가한다.

해설

응축기의 압력을 낮추게 되면 팽창 중 증기의 건도가 낮아지며, 터빈 날개의 마모가 발생한다.

정답 | ②

계측방법

41 빈출도 ★★

다음 가스 분석법 중 흡수식인 것은?

① 오르자트법
② 밀도법
③ 자기법
④ 음향법

해설

흡수식 가스분석은 주로 화학적 흡수법을 이용하여 가스성분을 측정하며 오르자트법, 게겔법 등이 해당된다.

정답 | ①

42 빈출도 ★★

상온, 1기압에서 공기유속을 피토관으로 측정할 때 동압이 $100mmAq$이면 유속은 약 몇 m/s인가? (단, 공기의 밀도는 $1.3kg/m^3$이다.)

① 3.2
② 12.3
③ 38.8
④ 50.5

해설

$$v = C_p\sqrt{2gh}$$

v: 유속(m/s), C_p: 피토관 계수(별도의 조건이 없으면 1로 함),
g: 중력가속도(m/s^2), h: 높이(m)

여기서, $h = \dfrac{동압}{밀도}$ 으로 나타낼 수 있다.

$$v = \sqrt{2 \times 9.8m/s^2 \times \dfrac{100mmAq}{1.3kg/m^3}} = 38.829 m/s$$

정답 | ③

43 빈출도 ★★

유량 측정에 쓰이는 탭(tap)방식이 아닌 것은?

① 베나 탭
② 코너 탭
③ 압력 탭
④ 플랜지 탭

선지분석

① 베나 탭: 유량 측정하는 탭으로, 유입되는 전면부와 후면부에 흐름 단면적이 작아지는 유속지점에 설치하여 압력차를 측정한다.
② 코너 탭: 교축기구 유량 측정 유입되는 직전과 직후를 측정한다.
③ 압력 탭: 압력을 측정하는 탭으로 고압 측정용과 저압 측정용으로 구분한다.
④ 플랜지 탭: 교축기구 유입되는 1인치(약 25mm) 전후거리 플랜지를 상, 하류 부분에 설치하여 측정한다.
※ 이외에도 유량 측정 Tap 방식으로 파이프 탭, 베벨 탭, 축류 탭 등이 있다.

정답 | ③

44 빈출도 ★

보일러의 자동제어에서 제어장치의 명칭과 제어량의 연결이 잘못된 것은?

① 자동연소 제어장치 – 증기압력
② 자동급수 제어장치 – 보일러수위
③ 과열증기온도 제어장치 – 증기온도
④ 캐스케이드 제어장치 – 노내압력

해설

캐스케이드 제어장치 – 노내온도

정답 | ④

45 빈출도 ★★

측정하고자 하는 상태량과 독립적 크기를 조정할 수 있는 기준량과 비교하여 측정, 계측하는 방법은?

① 보상법
② 편위법
③ 치환법
④ 영위법

선지분석

① 보상법: 측정량과 크기가 거의 같은 양(미리 알고 있는 양)을 준비하여 분동과 측정량의 차이를 이용하여 구한다.
② 편위법: 조작이 간단하고, 측정하고자 하는 양의 직접적인 작용에 의해 계측기의 지침에 편위를 일으키며 편위와 눈금을 비교하여 측정한다.
③ 치환법: 알고 있는 양으로 측정량을 파악하는 방법으로 다이얼 게이지를 이용해 길이를 측정할 때 추를 올려놓고 측정 후 측정물을 바꾸어 올렸을 때의 차를 통해 높이를 구한다.
④ 영위법: 측정량과 같은 종류의 상태량과 기준량의 크기를 조정할 수 있게 하여 측정시 평행상 계측기의 지시가 0의 위치할 때 기준량의 크기와 측정량의 크기를 비교하여 측정한다.

정답 | ④

46 빈출도 ★

다음 비례-적분동작에 대한 설명에서 ( ) 안에 들어갈 알맞은 용어는?

> 비례동작에 발생하는 ( )을(를) 제거하기 위해 적분동작과 결합한 제어

① 오프셋
② 빠른 응답
③ 지연
④ 외란

해설

오프셋은 목표값에 도달하지 못한 오차를 의미하며, 비례동작만 사용할 경우와 비교할 때 발생하는 오프셋을 적분동작을 같이 사용하면 제거할 수 있다.

정답 | ①

47 빈출도 ★★

안지름 1,000mm의 원통형 물탱크에서 안지름 150mm인 파이프로 물을 수송할 때 파이프의 평균 유속이 3m/s이었다. 이 때 유량(Q)과 물탱크 속의 수면이 내려가는 속도(V)는 약 얼마인가?

① $Q=0.053\text{m}^3/\text{s}$, $V=6.75\text{cm/s}$
② $Q=0.831\text{m}^3/\text{s}$, $V=6.75\text{cm/s}$
③ $Q=0.053\text{m}^3/\text{s}$, $V=8.31\text{cm/s}$
④ $Q=0.831\text{m}^3/\text{s}$, $V=8.31\text{cm/s}$

해설

$$Q=AV$$

Q: 유량(m³/s), A: 면적(m²), V: 유속(m/s)

$$Q=\left(\frac{\pi D^2}{4}\right)\times V=\left(\frac{\pi\times(0.15\text{m})^2}{4}\right)\times 3\text{m/s}=0.053\text{m}^3/\text{s}$$

유량보존법칙에 의해 물탱크에서의 유량과 파이프에서의 유량은 같다.

$$Q_1=Q_2=A_1V_1=A_2V_2$$

$$0.053\text{m}^3/\text{s}=\left(\frac{\pi\times(1\text{m})^2}{4}\right)\times V_2$$

$$V_2=0.0675\text{m/s}=6.75\text{cm/s}$$

정답 | ①

48 빈출도 ★★

램, 실린더, 기름탱크, 가압펌프 등으로 구성되어 있으며 탄성식 압력계의 일반교정용으로 주로 사용되는 압력계는?

① 분동식 압력계
② 격막식 압력계
③ 침종식 압력계
④ 벨로스식 압력계

해설

분동식 압력계는 분동에 의한 압력을 측정하는 압력계로, 탄성식 압력계의 일반용 교정검사를 진행하는데 사용된다.

관련개념 분동식 압력계의 액체 조건
- 밀도가 높고, 점성이 작아야 한다.
- 표면장력이 적고 화학적으로 안정해야 한다.
- 가격이 저렴해야 한다.

정답 | ①

49 빈출도 ★★

다음 측정 관련 용어에 대한 설명으로 틀린 것은?

① 측정량: 측정하고자 하는 양
② 값: 양의 크기를 함께 표현하는 수와 기준
③ 제어편차: 목표치에 제어량을 더한 값
④ 양: 수와 기준으로 표시할 수 있는 크기를 갖는 현상이나 물체 또는 물질의 성질

해설

제어편차는 목표치에서 제어량을 뺀 값을 말한다.

정답 | ③

50 빈출도 ★★

부자식(Float) 면적 유량계에 대한 설명으로 틀린 것은?

① 압력손실이 적다.
② 정밀측정에는 부적합하다.
③ 대유량의 측정에 적합하다.
④ 수직배관에만 적용이 가능하다.

해설

부자식 면적 유량계는 플루트식 유량계라고도 하며, 수직으로 설치된 관에서 부자의 움직임의 상하 차이를 측정한다. 액면이 심하게 움직이는 곳(대유량 등)에 사용이 어렵다.

정답 | ③

51 빈출도 ★★★

액주식 압력계에 필요한 액체의 조건으로 틀린 것은?

① 점성이 클 것
② 열팽창계수가 작을 것
③ 성분이 일정할 것
④ 모세관현상이 작을 것

해설

점도가 작고 휘발성 및 흡수성도 낮아야 한다.

관련개념 액주식 압력계

(1) 개요
주로 통풍력 측정에 사용되며 구부러진 유리관에 기름, 물, 수은 등의 액체를 넣고 한쪽 끝 부분에 압력을 도입하여 발생하는 양액면의 높이 차를 이용하여 압력을 측정한다.

(2) 액주의 구비조건
- 열팽창계수가 작아야 한다.
- 모세관현상이 적어야 한다.
- 일정한 화학성분을 가지고 안정적이어야 한다.
- 점도가 작고 휘발성 및 흡수성도 낮아야 한다.

정답 | ①

52 빈출도 ★

서미스터의 재질로서 적합하지 않은 것은?

① Ni
② Co
③ Mn
④ Pb

해설

납(Pb)은 전도성이 낮아 서미스터의 재질로 적합하지 않다.

정답 | ④

53 빈출도 ★★

저항식 습도계의 특징으로 틀린 것은?

① 저온도의 측정이 가능하다.
② 응답이 늦고 정밀도가 좋지 않다.
③ 연속기록, 원격측정, 자동제어에 이용된다.
④ 교류전압에 의하여 저항치를 측정하여 상대습도를 표시한다.

해설

저항식 습도계는 교류전압을 사용하고 있으며, 응답이 빠르고 정도가 우수하다.

정답 | ②

54 빈출도 ★★

가스미터의 표준기로도 이용되는 가스미터의 형식은?

① 오벌형
② 드럼형
③ 다이어프램형
④ 로터리 피스톤형

해설

습식 가스미터는 용적식 유량계의 일종으로, 1개의 드럼이 수중에 잠겨 도입된 가스로 드럼을 회전시켜 유출되는 가스의 양을 측정하는 기기로, 다른 가스미터의 표준으로 쓰인다.

정답 | ②

55 빈출도 ★★

물체의 온도를 측정하는 방사고온계에서 이용하는 원리는?

① 제백 효과
② 필터 효과
③ 원–프랑크의 법칙
④ 스테판–볼츠만의 법칙

해설

스테판–볼츠만 법칙

열복사 에너지(E)는 절대온도(T)의 4승에 비례한다.

$$\frac{E_2}{E_1} \propto \left(\frac{T_2}{T_1}\right)^4$$

정답 | ④

56 빈출도 ★

자동제어의 특성에 대한 설명으로 틀린 것은?

① 작업능률이 향상된다.
② 작업에 따른 위험 부담이 감소된다.
③ 인건비는 증가하나 시간이 절약된다.
④ 원료나 연료를 경제적으로 운영할 수 있다.

해설

인건비가 감소하고 작업능률의 향상으로 생산성이 증가하고 시간이 절약된다.

정답 | ③

57 빈출도 ★★

1,000℃ 이상인 고온의 노 내 온도측정을 위해 사용되는 온도계로 가장 적합하지 않은 것은?

① 제겔콘(seger cone) 온도계
② 백금저항 온도계
③ 방사 온도계
④ 광고온계

선지분석

① 제겔콘 온도계: 600~2,000℃
② 백금저항 온도계: -200~500℃
③ 방사 온도계: 50~2,000℃
④ 광고온계: 700~3,000℃

정답 | ②

58 빈출도 ★★★

내열성이 우수하고 산화분위기 중에서도 강하며, 가장 높은 온도까지 측정이 가능한 열전대의 종류는?

① 구리-콘스탄탄
② 철-콘스탄탄
③ 크로멜-알루멜
④ 백금-백금·로듐

해설

열전대(기호)	측정온도 범위
동-콘스탄탄(C-C)	-200~350℃
철-콘스탄탄(I-C)	-20~800℃
크로멜-알루멜(C-A)	-20~1,200℃
백금로듐-백금	0~1,600℃

정답 | ④

59 빈출도 ★★

열전대 온도계에 대한 설명으로 틀린 것은?

① 보호관 선택 및 유지관리에 주의한다.
② 단자의 (+)와 보상도선의 (-)를 결선해야 한다.
③ 주위의 고온체로부터 복사열의 영향으로 인한 오차가 생기지 않도록 주의해야 한다.
④ 열전대는 측정하고자 하는 곳에 정확히 삽입하여 삽입한 구멍을 통하여 냉기가 들어가지 않게 한다.

해설

단자의 +, -와 보상도선의 +, -는 극성이 일치해야 감온부의 열팽창에 의한 오차가 적게 발생된다.

관련개념 열전대 온도계

- 열전대에서 발생한 열전압을 활용하여 측정한다.
- 보호관 선택 및 유지관리에 주의한다.
- 단자의 +, -는 각각의 전기회로 +, -에 연결한다.
- 주위 고온체로부터 받은 복사열의 영향으로 인한 오차가 생길 수도 있어 주의해야 한다.
- 측정하고자 하는 곳에 정확히 삽입하고 삽입한 구멍을 통해 냉기가 들어가지 않게 한다.

정답 | ②

60 빈출도 ★

압력센서인 스트레인 게이지의 응용원리로 옳은 것은?

① 온도의 변화
② 전압의 변화
③ 저항의 변화
④ 금속선의 굵기 변화

해설

스트레인 게이지(Strain gauge) 압력계는 전기식 압력계의 일종으로 금속의 변형에 의한 저항의 변화를 이용하여 압력을 측정한다.

정답 | ③

열설비재료 및 관계법규

61 빈출도 ★★

다음 중 중성내화물에 속하는 것은?

① 납석질 내화물
② 고알루미나질 내화물
③ 반규석질 내화물
④ 샤모트질 내화물

해설

구분	내화물
염기성 내화물	마그네시아질, 불소성 마그네시아질, 돌로마이트질, 포스테라이트질, 개량 마그네시아질 등
중성 내화물	고알루미나질, 크롬질, 탄소질, 탄화규소질 등
특수 내화물	지르코니아질, 베릴리아질, 토리아질, 지르콘질 등

정답 | ②

62 빈출도 ★★

에너지이용 합리화법령상 검사대상기기에 대한 검사의 종류가 아닌 것은?

① 계속사용검사
② 개방검사
③ 개조검사
④ 설치장소 변경검사

해설

「에너지이용 합리화법 시행규칙 별표 3의4」
검사의 종류에는 제조검사(용접검사, 구조검사), 설치검사, 개조검사, 설치장소 변경검사, 재사용검사, 계속사용검사(안전검사, 운전성능검사)가 있다.

정답 | ②

63 빈출도 ★★

에너지이용 합리화법령상 규정된 특정열사용기자재 품목이 아닌 것은?

① 축열식 전기보일러
② 태양열 집열기
③ 철금속 가열로
④ 용광로

해설

「에너지이용 합리화법 시행규칙 별표 3의2」
특정열사용기자재는 다음과 같다.

구분	품목명
보일러	강철제 보일러, 주철제 보일러, 온수보일러, 구멍탄용 온수보일러, 축열식 전기보일러, 캐스케이드 보일러, 가정용 화목보일러
태양열 집열기	태양열 집열기
압력용기	1종 압력용기, 2종 압력용기
요업요로	연속식유리용융가마, 불연속식유리용융가마, 유리용융도가니가마, 터널가마, 도염식각가마, 셔틀가마, 회전가마, 석회용선가마
금속요로	용선로, 비철금속용융로, 금속소둔로, 철금속가열로, 금속균열로

정답 | ④

64 빈출도 ★★

회전 가마(Rotary kiln)에 대한 설명으로 틀린 것은?

① 일반적으로 시멘트, 석회석 등의 소성에 사용된다.
② 온도에 따라 소성대, 가소대, 예열대, 건조대 등으로 구분된다.
③ 소성대에는 황산염이 함유된 클링커가 용융되어 내화벽돌을 침식시킨다.
④ 시멘트 클링커의 제조방법에 따라 건식법, 습식법, 반건식법으로 분류된다.

해설

소성대는 원료를 소성하는 구간을 말하며 내화벽돌은 침식에 강하다.

정답 | ③

65 빈출도 ★★★

에너지이용 합리화법령상 검사대상기기관리자를 해임한 경우 한국에너지공단 이사장에게 그 사유가 발생한 날부터 신고해야하는 기간은 며칠 이내인가? (단, 국방부장관이 관장하고 있는 검사대상기기관리자는 제외한다.)

① 7일 ② 10일
③ 20일 ④ 30일

해설

「에너지이용 합리화법 시행규칙 제31조의 28」
검사대상기기의 설치자는 검사대상기기관리자를 선임·해임하거나 검사대상기기관리자가 퇴직한 경우에는 검사대상기기관리자 선임(해임, 퇴직)신고서에 자격증수첩과 관리할 검사대상기기 검사증을 첨부하여 공단이사장에게 제출하여야 한다. 신고는 신고 사유가 발생한 날부터 30일 이내에 하여야 한다.

정답 | ④

66 빈출도 ★★★

강관 이음 방법이 아닌 것은?

① 나사이음 ② 용접이음
③ 플랜지이음 ④ 플레어이음

해설

강관 이음 방법에는 나사이음, 용접이음, 플랜지이음이 있다.

정답 | ④

67 빈출도 ★★★

다이어프램 밸브(Diaphragm Valve)의 특징이 아닌 것은?

① 유체의 흐름이 주는 영향이 비교적 적다.
② 기밀을 유지하기 위한 패킹이 불필요하다.
③ 주된 용도가 유체의 역류를 방지하기 위한 것이다.
④ 산 등의 화학 약품을 차단하는데 사용하는 밸브이다.

해설

역류를 방지하기 위한 장치는 체크밸브이다.

관련개념 다이어프램 밸브

- 밸브 내의 둑과 막판인 다이어프램이 상접하는 구조의 밸브로 탄성력이 매우 좋다.
- 둑과 다이어프램이 떨어지면서 유체의 흐름이 진행되고 밀착 시 유체의 흐름이 정지되어 흐름이 주는 영향이 비교적 적다.
- 내열, 내약품 고무제의 막판을 사용하여 패킹이 불필요하다.
- 금속 부분의 부식염려가 적어 산 등의 화학약품을 차단하는데 사용한다.

정답 | ③

68 빈출도 ★★

연속가마, 반연속가마, 불연속가마의 구분 방식은 어떤 것인가?

① 온도상승속도 ② 사용목적
③ 조업방식 ④ 전열방식

해설

조업방식에 따라 불연속식, 반연속식, 연속식 가마로 분류된다.

정답 | ③

69 빈출도 ★★

다음 보온재 중 최고 안전 사용온도가 가장 낮은 것은?

① 유리섬유　　② 규조토
③ 우레탄 폼　　④ 펄라이트

선지분석

① 유리섬유: 300℃
② 규조토: 500℃
③ 우레탄 폼: 80℃
④ 펄라이트: 600℃

정답 | ③

70 빈출도 ★★

윤요(Ring kiln)에 대한 일반적인 설명으로 옳은 것은?

① 종이 칸막이가 있다.
② 열효율이 나쁘다.
③ 소성이 균일하다.
④ 석회소성용으로 사용된다.

해설

벽돌, 기와 등 건축재료의 소성으로 사용되는 윤요는 고리 가마라고 불리는 연속식 가마이며, 소성실에 설치된 종이 칸막이를 옮겨가며 사용한다. 단가마보다 열효율이 우수하고, 구획마다 열 순환의 온도가 달라 소성이 불균일하다.

정답 | ①

71 빈출도 ★

에너지이용 합리화법령상 에너지절약전문기업의 사업이 아닌 것은?

① 에너지사용시설의 에너지절약을 위한 관리·용역사업
② 에너지절약형 시설투자에 관한 사업
③ 신에너지 및 재생에너지원의 개발 및 보급사업
④ 에너지절약 활동 및 성과에 대한 금융상·세제상의 지원

해설

「에너지이용 합리화법 제25조」
정부는 제3자로부터 위탁을 받아 다음의 어느 하나에 해당하는 사업을 하는 자로서 산업통상자원부장관에게 등록을 한 자가 에너지절약사업과 이를 통한 온실가스의 배출을 줄이는 사업을 하는 데에 필요한 지원을 할 수 있다.
- 에너지사용시설의 에너지절약을 위한 관리·용역사업
- 에너지절약형 시설투자에 관한 사업
- 신에너지 및 재생에너지원의 개발 및 보급사업
- 에너지절약형 시설 및 기자재의 연구개발사업

정답 | ④

72 빈출도 ★★

에너지이용 합리화법령상 검사대상기기의 계속사용검사 유효기간 만료일이 9월 1일 이후인 경우 계속사용검사를 연기할 수 있는 기간 기준은 몇 개월 이내인가?

① 2개월　　② 4개월
③ 6개월　　④ 10개월

해설

「에너지이용 합리화법 시행규칙 제31조20」
계속사용검사는 검사유효기간의 만료일이 속하는 연도의 말까지 연기할 수 있다. 다만, 검사유효기간 만료일이 9월 1일 이후인 경우에는 4개월 이내에서 계속사용검사를 연기할 수 있다.

정답 | ②

73 빈출도 ★★★

에너지이용 합리화법에 따라 에너지이용 합리화에 관한 기본계획 사항에 포함되지 않는 것은?

① 에너지절약형 경제구조로의 전환
② 에너지이용 합리화를 위한 기술개발
③ 열사용기자재의 안전관리
④ 국가에너지정책목표를 달성하기 위하여 대통령령으로 정하는 사항

해설

「에너지이용 합리화법 제4조」
산업통상자원부장관은 에너지를 합리적으로 이용하게 하기 위하여 에너지이용 합리화에 관한 기본계획을 수립하여야 한다. 기본계획에는 다음 사항이 포함되어야 한다

- 에너지절약형 경제구조로의 전환
- 에너지이용효율의 증대
- 에너지이용 합리화를 위한 기술개발
- 에너지이용 합리화를 위한 홍보 및 교육
- 에너지원간 대체
- 열사용기자재의 안전관리
- 에너지이용 합리화를 위한 가격예시제의 시행에 관한 사항
- 에너지의 합리적인 이용을 통한 온실가스의 배출을 줄이기 위한 대책
- 그 밖에 에너지이용 합리화를 추진하기 위하여 필요한 사항으로서 산업통상자원부령으로 정하는 사항

정답 | ④

74 빈출도 ★

에너지이용 합리화법령상 시공업단체에 대한 설명으로 틀린 것은?

① 시공업자는 산업통상자원부장관의 인가를 받아 시공업자단체를 설립할 수 있다.
② 시공업자단체는 개인으로 한다.
③ 시공업자는 시공업자단체에 가입할 수 있다.
④ 시공업자단체는 시공업에 관한 사업을 정부에 건의할 수 있다.

해설

「에너지이용 합리화법 제41조」
시공업자단체는 법인으로 한다.

선지분석

① 「에너지이용 합리화법 제41조」 시공업자는 품위 유지, 기술 향상, 시공방법 개선, 그 밖에 시공업의 건전한 발전을 위하여 산업통상자원부장관의 인가를 받아 시공업자단체를 설립할 수 있다.
③ 「에너지이용 합리화법 제42조」 시공업자는 시공업자단체에 가입할 수 있다.
④ 「에너지이용 합리화법 제43조」 시공업자단체는 시공업에 관한 사항을 정부에 건의하거나 정부의 자문에 응할 수 있다.

정답 | ②

75 빈출도 ★★★

에너지이용 합리화법령상 검사대상기기에 해당되지 않는 것은?

① 2종 관류보일러
② 정격용량이 1.2MW인 철금속가열로
③ 도시가스 사용량이 300W인 소형온수보일러
④ 최고사용압력이 0.3MPa, 내부 부피가 0.04m³인 2종 압력용기

해설

「에너지이용 합리화법 시행규칙 별표 3의3」

(1) **강철제 보일러, 주철제 보일러**
다음 각 호의 어느 하나에 해당하는 것은 제외한다.
- 최고사용압력이 0.1MPa 이하이고, 동체의 안지름이 300 미리미터 이하이며, 길이가 600미리미터 이하인 것
- 최고사용압력이 0.1MPa 이하이고, 전열면적이 5제곱미터 이하인 것
- 1종 관류보일러
- 온수를 발생시키는 보일러로서 대기개방형인 것

(2) **소형 온수보일러**
가스를 사용하는 것으로서 가스사용량이 17kg/h(도시가스는 232.6킬로와트)를 초과하는 것

(3) **철금속가열로**
정격용량이 0.58MW를 초과하는 것

정답 | ①

76 빈출도 ★★

두께 230mm의 내화벽돌이 있다. 내면의 온도가 320°C이고 외면의 온도가 150°C일 때 이 벽면 10m²에서 손실되는 열량(W)은? (단, 내화벽돌의 열전도율은 0.96W/m · °C이다.)

① 710
② 1,632
③ 7,096
④ 143,911

해설

손실열량(Q) 공식은 다음과 같다.

$$Q = \frac{\lambda \times \Delta T \times A}{d}$$

λ: 열전도도(W/m · °C), ΔT: 온도차(°C), A: 면적(m²), d: 두께(m)

$$Q = \frac{0.96 \times (320-150) \times 10}{0.23} = 7,096\text{W}$$

정답 | ③

77 빈출도 ★★

에너지법령상 에너지원별 에너지열량 환산기준으로 총발열량이 가장 낮은 연료는? (단, 1L 기준이다.)

① 윤활유
② 항공유
③ B-C유
④ 휘발유

선지분석

「에너지법 시행규칙 별표」
① 윤활유: 9,450kcal/L
② 항공유: 8,720kcal/L
③ B-C유: 9,980kcal/L
④ 휘발유: 7,750kcal/L

정답 | ④

78 빈출도 ★★★

보온재의 구비조건으로 가장 거리가 먼 것은?

① 밀도가 작을 것
② 열전도율이 작을 것
③ 재료가 부드러울 것
④ 내열, 내약품성이 있을 것

해설

재료는 기계적 강도를 가질 것

관련개념 보온재의 구비 조건

- 흡수성이 작아야 한다.
- 열전도율 및 비중, 밀도가 작아야 한다.
- 장시간 사용 시 변질을 피해야 한다.
- 다공질이고 불연성이며 견고해야 한다.
- 시공이 용이해야 한다.

정답 ③

79 빈출도 ★★

에너지이용 합리화법령상 연간 에너지사용량이 20만 티오이 이상인 에너지다소비사업자의 사업장이 받아야 하는 에너지진단주기는 몇 년인가? (단, 에너지진단은 전체진단이다.)

① 3
② 4
③ 5
④ 6

해설

「에너지이용 합리화법 시행령 별표 3」

연간 에너지사용량	에너지진단주기
20만 티오이 이상	• 전체진단: 5년 • 부분진단: 3년
20만 티오이 미만	5년

정답 ③

80 빈출도 ★★

감압밸브에 대한 설명으로 틀린 것은?

① 작동방식에는 직동식과 파일럿식이 있다.
② 증기용 감압밸브의 유입측에는 안전밸브를 설치하여야 한다.
③ 감압밸브를 설치할 때는 직관부를 호칭경의 10배 이상으로 하는 것이 좋다.
④ 감압밸브를 2단으로 설치할 경우에는 1단의 설정압력을 2단보다 높게 하는 것이 좋다.

해설

증기용 감압밸브의 유출측에 안전밸브를 설치하여야 한다.

정답 ②

열설비설계

81 빈출도 ★★★

epm(equivalents per million)에 대한 설명으로 옳은 것은?

① 물 1L에 함유되어 있는 불순물의 양을 mg으로 나타낸 것
② 물 1톤에 함유되어 있는 불순물의 양을 mg으로 나타낸 것
③ 물 1L 중에 용해되어 있는 물질을 mg 당량수로 나타낸 것
④ 물 1gallon 중에 함유된 grain의 양을 나타낸 것

해설

epm(Equivalents per million)은 당량농도로, 용액 1kg(또는 1L) 중에 용존되어 있는 물질의 mg 당량수를 의미한다.

정답 | ③

82 빈출도 ★★

증기트랩장치에 관한 설명으로 옳은 것은?

① 증기관의 도중이나 상단에 설치하여 압력의 급상승 또는 급히 물이 들어가는 경우 다른 곳으로 빼내는 장치이다.
② 증기관의 도중이나 말단에 설치하여 증기의 일부가 응축되어 고여 있을 때 자동적으로 빼내는 장치이다.
③ 보일러 동에 설치하여 드레인을 빼내는 장치이다.
④ 증기관의 도중이나 말단에 설치하여 증기를 함유한 침전물을 분리시키는 장치이다.

해설

증기트랩장치(Steam trap)는 증기관 도중이나 말단에 응축수가 고이기 쉬운 장소에 설치하여 응축수를 자동적으로 배출시켜 수격작용을 방지하고 증기의 건도를 높인다.

정답 | ②

83 빈출도 ★

저온부식의 방지 방법이 아닌 것은?

① 과잉공기를 적게 하여 연소한다.
② 발열량이 높은 황분을 사용한다.
③ 연료첨가제(수산화마그네슘)를 이용하여 노점 온도를 낮춘다.
④ 연소 배기가스의 온도가 너무 낮지 않게 한다.

해설

연소 시 $SO_2 \rightarrow SO_3 \rightarrow H_2SO_4$로 전환되어 저온부식을 유발하므로 연료 중 황분(S)을 제거한다.

관련개념 저온부식 방지대책

- 과잉공기를 줄여 연소하거나 배기가스의 산소를 낮춘다.
- 연료 중 황분(S)을 제거한다.
- 연료에 첨가제를 사용하여 노점 온도를 낮춘다.
- 연소 배기가스 온도를 너무 낮지 않게 하며, 노점 온도 이상으로 유지한다.

정답 | ②

84 빈출도 ★★

급수처리에서 양질의 급수를 얻을 수 있으나 비용이 많이 들어 보급수의 양이 적은 보일러 또는 선박보일러에서 해수로부터 정수(Pure water)를 얻고자 할 때 주로 사용하는 급수처리 방법은?

① 증류법
② 여과법
③ 석회소다법
④ 이온교환법

해설

증류법은 증발기를 사용하여 물을 증류하는 방법으로 비휘발성인 광물질로 양질의 급수를 얻을 수 있으나 금액적인 부분이 비싸다.

관련개념 보일러 용수 급수처리 방법

물리적 처리	증류법, 가열연화법, 여과법, 탈기법
화학적 처리	석회소다법(약품첨가법), 이온교환법

정답 | ①

85 빈출도 ★

보일러 설치·시공기준상 대형보일러를 옥내에 설치할 때 보일러 동체 최상부에서 보일러실 상부에 있는 구조물까지의 거리는 얼마 이상이어야 하는가? (단, 주철제보일러는 제외한다.)

① 60cm　　② 1m
③ 1.2m　　④ 1.5m

해설

보일러 옥내 설치기준에 의해 보일러 동체 최상부로부터 천정, 배관 등 보일러 상부에 있는 건축 구조물까지의 거리는 1.2m 이상이어야 한다. 다만, 소형보일러 및 주철제 보일러의 경우에는 0.6m 이상으로 할 수 있다.

정답 | ③

86 빈출도 ★★

보일러에 설치된 과열기의 역할로 틀린 것은?

① 포화증기의 압력증가
② 마찰저항 감소 및 관내부식 방지
③ 엔탈피 증가로 증기소비량 감소 효과
④ 과열증기를 만들어 터빈의 효율 증대

해설

과열기는 보일러 동체(본체)에서 발생된 포화증기를 일정한 압력에서 가열하여 온도를 높여 과열증기로 만드는 장치로 포화증기보다 높은 온도로 하여 터빈의 열효율을 향상시킨다.

정답 | ①

87 빈출도 ★★

지름이 $d(\text{cm})$, 두께가 $t(\text{cm})$인 얇은 두께의 밀폐된 원통 안에 압력 $P(\text{MPa})$가 작용할 때 원통에 발생하는 원주방향의 인장응력(MPa)을 구하는 식은?

① $\dfrac{\pi dP}{2t}$　　② $\dfrac{\pi dP}{4t}$
③ $\dfrac{dP}{2t}$　　④ $\dfrac{dP}{4t}$

해설

원주방향의 인장응력 공식은 다음과 같다.

$$\sigma = \frac{PD}{2t}$$

σ: 인장응력(MPa), D: 내경(cm), P: 압력(MPa), t: 두께(cm)

관련개념 축 방향의 인장응력 공식

$$\sigma = \frac{PD}{4t}$$

σ: 인장응력(MPa), D: 내경(cm), P: 압력(MPa), t: 두께(cm)

정답 | ③

88 빈출도 ★★

일반적으로 리벳이음과 비교할 때 용접이음의 장점으로 옳은 것은?

① 이음효율이 좋다.
② 잔류응력이 발생되지 않는다.
③ 진동에 대한 감쇠력이 높다.
④ 응력집중에 대하여 민감하지 않다.

해설

용접이음은 강판의 두께와 상관없이 이을 수 있으며, 접합기술 중 이음효율이 가장 우수하다.

관련개념 용접이음의 특징

- 이음시 재료가 절약되며, 재료의 두께 제한 없이 작업이 가능하다.
- 설계, 시공이 부적합할 경우 재질의 변형에 따른 수축, 잔류응력 등이 발생된다.
- 저온부에서 용접부가 깨질 수 있으며, 국부적인 응력집중에 민감하여 크랙이 발생한다.

정답 | ①

89 빈출도 ★

보일러 설치검사기준에 대한 사항 중 틀린 것은?

① 5t/h 이하의 유류 보일러의 배기가스 온도는 정격부하에서 상온과의 차가 300℃ 이하이어야 한다.
② 저수위 안전장치는 사고를 방지하기 위해 먼저 연료를 차단한 후 경보를 울리게 해야 한다.
③ 수입 보일러의 설치검사의 경우 수압시험은 필요하다.
④ 수압시험 시 공기를 빼고 물을 채운 후 천천히 압력을 가하여 규정된 시험 수압에 도달된 후 30분이 경과된 뒤에 검사를 실시하여 검사가 끝날 때까지 그 상태를 유지한다.

해설

저수위 안전장치는 경보와 동시에 자동으로 연료를 차단해야 사고를 방지할 수 있다.

정답 | ②

90 빈출도 ★★★

열사용기자재의 검사 및 검사면제에 관한 기준상 보일러 동체의 최소 두께로 틀린 것은?

① 안지름이 900mm 이하의 것: 6mm(단, 스테이를 부착할 경우)
② 안지름이 900mm 초과 1,350mm 이하의 것: 8mm
③ 안지름이 1,350mm 초과 1,850mm 이하의 것: 10mm
④ 안지름이 1,850mm 초과하는 것: 12mm

해설

육용 강재 보일러의 안지름	동체의 최소 두께
900mm 이하	6mm (단, 스테이 부착시 8mm)
900mm 초과 1,350mm 이하	8mm
1,350mm 초과 1,850mm 이하	10mm
1,850mm 초과	12mm

정답 | ①

91 빈출도 ★★

노통 보일러 중 원통형의 노통이 2개 설치된 보일러를 무엇이라고 하는가?

① 라몬트 보일러
② 바브콕 보일러
③ 다우섬 보일러
④ 랭커셔 보일러

해설

랭커셔 보일러는 노통이 2개로 구성되어 있고 부하변동 시 압력변화가 적다.

정답 | ④

92 빈출도 ★

급수온도 20℃인 보일러에서 증기압력이 1MPa이며 이 때 온도 300℃의 증기가 1t/h씩 발생될 때 상당증발량은 약 몇 kg/h인가? (단, 증기압력 1MPa에 대한 300℃의 증기엔탈피는 3,052kJ/kg, 20℃에 대한 급수엔탈피는 83kJ/K이다.)

① 1,315
② 1,565
③ 1,895
④ 2,325

해설

상당증발량과 실제증발량의 관계식은 다음과 같다.

$$m_b = m_a \times \frac{h_1 - h_2}{2,257}$$

m_a: 실제증발량(kg/h), m_b: 상당증발량(kg/h),
h_1: 증기엔탈피(kJ/kg), h_2: 급수엔탈피(kJ/kg)

$$m_b = 1,000 \times \frac{3,052 - 83}{2,257} = 1,315 \text{kg/h}$$

정답 | ①

93 빈출도 ★★

전열면에 비등 기포가 생겨 열유속이 급격하게 증대하며, 가열면상에 서로 다른 기포의 발생이 나타나는 비등과정을 무엇이라고 하는가?

① 단상액체 자연대류
② 핵비등
③ 천이비등
④ 포밍

해설

핵비등은 포화상태의 전열면에 비등 기포가 생겨 열유속의 부하가 증가하며, 가열면상에 서로 다른 기포의 발생이 나타나고 튜브 내면에서 증기가 발생한다.

정답 | ②

94 빈출도 ★★

고압 증기터빈에서 팽창되어 압력이 저하된 증기를 가열하는 보일러의 부속장치는?

① 재열기
② 과열기
③ 절탄기
④ 공기예열기

해설

재열기는 고압터빈에서 팽창된 일이 압력과 온도가 저하된 증기를 다시 재가열하여 과열도를 높인다.

정답 | ①

95 빈출도 ★

보일러 슬러지 중에 염화마그네슘이 용존되어 있을 경우 180℃ 이상에서 강의 부식을 방지하기 위한 적정 pH는?

① 5.2±0.7
② 7.2±0.7
③ 9.2±0.7
④ 11.2±0.7

해설

180℃ 이상 시 강의 부식을 방지하기 위한 적정 pH 11.2±0.7 또는 pH 10.5~11.9 정도로 유지해야 한다.

정답 | ④

96 빈출도 ★★

다음 중 보일러 내처리에 사용하는 pH 조정제가 아닌 것은?

① 수산화나트륨   ② 탄닌
③ 암모니아   ④ 제3인산나트륨

해설

탄닌은 슬러지조정제로 쓰인다.

관련개념 보일러 내처리제(청관제)의 종류 및 약품

구분	약품명
pH 및 알칼리 조정제	수산화나트륨, 탄산나트륨, 인산나트륨, 인산, 암모니아
연화제	수산화나트륨, 탄산나트륨, 인산나트륨
슬러지조정제	탄닌, 리그닌, 전분
탈산소제	아황산나트륨, 히드라진, 탄닌
가성취화방지제	황산나트륨, 인산나트륨, 질산나트륨, 탄닌, 리그닌
기포방지제	고급 지방산 폴리아민, 고급지방산 폴리알콜

정답 | ②

97 빈출도 ★★

외경 30mm, 벽두께 2mm의 관 내측과 외측의 열전달계수는 모두 3,000W/m²·K이다. 관 내부온도가 외부보다 30℃ 만큼 높고, 관의 열전도율이 100W/m·K일 때 관의 단위길이당 열손실량은 약 몇 W/m인가?

① 2,979
② 3,324
③ 3,824
④ 4,174

해설

관의 단위길이당 열손실량 공식은 다음과 같다.

$$Q = \frac{\Delta T}{\Sigma R}$$

Q: 열손실량(W/m), ΔT: 온도차(K), R: 열저항(K/W)

각 열저항은 다음과 같이 구한다.
내경(d_i)은 외경$-(2 \times$ 두께$)$로 구한다.
$d_i = 30 - (2 \times 2) = 26\text{mm} = 0.026\text{m}$
내부 열 저항(R_i)
$$R_i = \frac{1}{h_i \times \pi d_i} = \frac{1}{3{,}000 \times \pi \times 0.026} = 4.081 \times 10^{-3}$$
벽열저항(R_w)
$$R_w = \frac{\ln\left(\frac{d_o}{d_i}\right)}{2\pi \times k} = \frac{\ln\left(\frac{0.03}{0.026}\right)}{2\pi \times 100} = 2.278 \times 10^{-4}$$
외부열저항(R_o)
$$R_o = \frac{1}{h_o \times \pi d_o} = \frac{1}{3{,}000 \times \pi \times 0.03} = 3.537 \times 10^{-3}$$
따라서, 총 열저항
$R_t = 4.081 \times 10^{-3} + 2.278 \times 10^{-4} + 3.537 \times 10^{-3}$
$\quad = 7.846 \times 10^{-3}$
$Q = \frac{\Delta T}{\Sigma R} = \frac{30}{7.846 \times 10^{-3}} = 3{,}824\text{W/m}$

정답 | ③

98 빈출도 ★★

다음 그림과 같은 V형 용접이음의 인장응력(σ)을 구하는 식은?

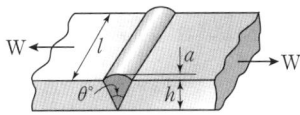

① $\sigma = \dfrac{W}{hl}$ ② $\sigma = \dfrac{2W}{hl}$

③ $\sigma = \dfrac{W}{ha}$ ④ $\sigma = \dfrac{W}{2hl}$

해설

V형 이음일 때 맞대기 용접이음 인장응력 공식은 다음과 같다.

$$W = \sigma \times h \times l$$

W: 하중, σ: 인장응력, h: 두께, l: 폭

정답 | ①

99 빈출도 ★★

소용량주철제보일러에 대한 설명에서 ( ) 안에 들어갈 내용으로 옳은 것은?

> 소용량주철제보일러는 주철제보일러 중 전열면적이 (㉠)m² 이하이고 최고 사용압력이 (㉡) MPa 이하인 보일러다.

① ㉠ 4, ㉡ 0.1
② ㉠ 5, ㉡ 0.1
③ ㉠ 4, ㉡ 0.5
④ ㉠ 5, ㉡ 0.5

해설

「에너지이용 합리화법 시행규칙 별표 3의3」
주철제보일러 중 최고사용압력이 0.1MPa 이하이고, 전열면적이 5제곱미터 이하인 것

정답 | ②

100 빈출도 ★★

대향류 열교환기에서 고온 유체의 온도는 T_{H1}에서 T_{H2}로, 저온 유체의 온도는 T_{C1}에서 T_{C2}로 열교환에 의해 변화된다. 열교환기의 대수평균온도차(LMTD)를 옳게 나타낸 것은?

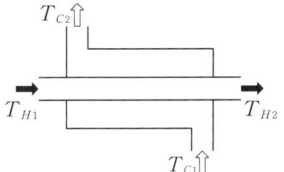

① $\dfrac{T_{H1} - T_{H2} + T_{C2} - T_{C1}}{\ln\left(\dfrac{T_{H1} - T_{C1}}{T_{H2} - T_{C2}}\right)}$

② $\dfrac{T_{H1} + T_{H2} - T_{C2} - T_{C1}}{\ln\left(\dfrac{T_{H1} - T_{H2}}{T_{C2} - T_{C1}}\right)}$

③ $\dfrac{T_{H2} - T_{H1} + T_{C2} - T_{C1}}{\ln\left(\dfrac{T_{H1} - T_{C2}}{T_{H2} - T_{C1}}\right)}$

④ $\dfrac{T_{H1} - T_{H2} + T_{C1} - T_{C2}}{\ln\left(\dfrac{T_{H1} - T_{C2}}{T_{H2} - T_{C1}}\right)}$

해설

대수평균온도차는 다음과 같이 구한다.

$$\Delta T_m = \dfrac{\Delta T_1 - \Delta T_2}{\ln\left(\dfrac{\Delta T_1}{\Delta T_2}\right)}$$

$$\Delta T_m = \dfrac{\Delta T_1 - \Delta T_2}{\ln\left(\dfrac{\Delta T_1}{\Delta T_2}\right)} = \dfrac{(T_{H1} - T_{C2}) - (T_{H2} - T_{C1})}{\ln\left(\dfrac{T_{H1} - T_{C2}}{T_{H2} - T_{C1}}\right)}$$

정답 | ④

2022년 2회 기출문제

연소공학

01 빈출도 ★★

세정 집진장치의 입자 포집원리에 대한 설명으로 틀린 것은?

① 액적에 입자가 충돌하여 부착한다.
② 입자를 핵으로 한 증기의 응결에 의하여 응집성을 증가시킨다.
③ 미립자의 확산에 의하여 액적과의 접촉을 좋게 한다.
④ 배기의 습도 감소에 의하여 입자가 서로 응집한다.

해설

배기의 습도(수분) 증가함에 따라 분진 입자의 부착력이 증가하여 응집에 도움을 준다.

관련개념 세정 집진장치

배기가스 내 분진을 세정액이나 액막(수분) 등에 충돌 또는 흡수하여 포집하는 방식이다.

집진형식	종류
유수식	임펠러형, 회전형, 분수형, S형 등
회전식	타이젠 와셔, 충격식 스크러버 등
가압수식	벤츄리 스크러버, 제트 스크러버, 사이클론 스크러버, 분무탑, 충전탑 등

정답 | ④

02 빈출도 ★

저위발열량 93,766kJ/Nm³의 C_3H_8을 공기비 1.2로 연소시킬 때 이론 연소온도는 약 몇 K인가? (단, 배기가스의 평균비열은 1.653kJ/Nm³·K이고 다른 조건은 무시한다.)

① 1,656
② 1,756
③ 1,856
④ 1,956

해설

가스를 연소시킬 때의 이론 연소온도를 구하는 식은 다음과 같다.

$$t_c = \frac{H_l}{G \times C_p}$$

t_c: 이론 연소온도(K), H_l: 저위발열량(kJ/Nm³),
G: 연소가스량(Nm³/Nm³), C_p: 정압비열(kJ/Nm³·K)

프로판의 완전연소반응식
$C_3H_8 + 5O_2 \rightarrow 3CO_2 + 4H_2O$
이론 연소온도를 구하기 위해서는 연소가스량(G)를 계산해야 한다.

$G = (m - 0.21) \times \dfrac{O_o}{0.21} + CO_2 + H_2O$

$= (1.2 - 0.21) \times \dfrac{5}{0.21} + 3 + 4 = 30.571 \text{Nm}^3/\text{Nm}^3$

$t_c = \dfrac{93,766}{30.571 \times 1.653} = 1,856\text{K}$

정답 | ③

03 　빈출도 ★★

탄소(C) 84w%, 수소(H) 12w%, 수분 4w%의 중량조성을 갖는 액체연료에서 수분을 완전히 제거한 다음 1시간당 5kg을 완전연소 시키는데 필요한 이론공기량은 약 몇 Nm^3/h인가?

① 55.6　　　　　② 65.8
③ 73.5　　　　　④ 89.2

해설

중량비 조성의 이론공기량을 구하는 식은 다음과 같다.

$$A_o = \frac{O_o}{0.21}$$

$$O_o = 1.867C + 5.6H + 0.7S$$

A_o: 이론공기량, O_o: 이론산소량

수분을 제거한 탄소와 수소의 함유율을 구한다.

$C = \dfrac{84}{84+12} = 0.875$

$H = \dfrac{12}{84+12} = 0.125$

$A_o = \dfrac{1.867 \times C + 5.6 \times H}{0.21}$

$= \dfrac{(1.867 \times 0.875) + (5.6 \times 0.125)}{0.21} = 11.11 Nm^3/kg$

연료 5kg를 연소시키는데 필요한 이론공기량
$= 11.11 \times 5 = 55.6 Nm^3$

정답 | ①

04 　빈출도 ★★★

다음 체적비(%)의 코크스로 가스 $1Nm^3$를 완전연소시키기 위하여 필요한 이론공기량은 약 몇 Nm^3인가?

CO_2: 2.1, C_2H_4: 3.4, O_2: 0.1, N_2: 3.3,
CO: 6.6, CH_4: 32.5, H_2: 52.0

① 0.97　　　　　② 2.97
③ 4.97　　　　　④ 6.97

해설

이론공기량을 구하기 위해 가연성분 연소에 필요한 산소량을 구하여야 한다.
가연성분 완전연소반응식

$H_2 + \dfrac{1}{2}O_2 \rightarrow H_2O$

$CO + \dfrac{1}{2}O_2 \rightarrow CO_2$

$CH_4 + 2O_2 \rightarrow CO_2 + 2H_2O$

$C_2H_4 + 3O_2 \rightarrow 2CO_2 + 2H_2O$

$$O_o = (0.5H_2 + 0.5CO + 2CH_4 + 3C_2H_4) - O_2$$

$O_o = (0.5 \times 0.52) + (0.5 \times 0.066) + (2 \times 0.325) + (3 \times 0.034)$
　$- 0.001 = 1.044 Nm^3$

이론공기량 구하는 공식은 다음과 같다.

$$A_o = \frac{O_o}{0.21}$$

A_o: 이론공기량, O_o: 이론산소량

$A_o = \dfrac{1.044}{0.21} = 4.97 Nm^3$

정답 | ③

05 빈출도 ★

표준 상태에서 메탄 1mol이 연소할 때 고위발열량과 저위발열량의 차이는 약 몇 kJ인가? (단, 물의 증발 잠열은 44kJ/mol이다.)

① 42
② 68
③ 76
④ 88

해설

고위발열량(H_h)은 저위발열량(H_l)에서 연료 중 수분 및 수소의 포함된 값을 더한 값이다.
$H_h = H_l +$ 물의 증발잠열
메탄의 완전연소 반응식
$CH_4 + 2O_2 \rightarrow CO_2 + 2H_2O$
메탄 1mol 당 수증기 2mol이 발생하므로, 이에 대한 증발잠열은
$2mol \times 44kJ/mol = 88kJ$

정답 | ④

06 빈출도 ★★

가연성 혼합가스의 폭발한계 측정에 영향을 주는 요소로 가장 거리가 먼 것은?

① 온도
② 산소농도
③ 점화에너지
④ 용기의 두께

해설

용기의 두께는 폭발한계 측정에 영향을 주는 요소와 멀다.

관련개념 폭발한계 측정 영향요소
- 폭발한계를 결정하기 위해서 충분한 점화에너지가 필요하다.
- 압력이 높을수록 폭발범위는 넓어진다.
- 산소농도가 클수록 연소상한값이 커진다.
- 온도가 높아지면 폭발하한값은 낮아지지만 상한값은 높아지므로 폭발범위는 넓어진다.

정답 | ④

07 빈출도 ★★

가스폭발 위험 장소의 분류에 속하지 않은 것은?

① 제0종 위험장소
② 제1종 위험장소
③ 제2종 위험장소
④ 제3종 위험장소

해설

0종장소 (Zone 0)	폭발성 가스분위기가 연속적으로 장기간 또는 빈번하게 존재할 수 있는 장소
1종장소 (Zone 1)	폭발성 가스분위기가 정상작동 중 주기적 또는 빈번하게 생성되는 장소
2종장소 (Zone 2)	폭발성 가스분위기가 정상작동 중 조성되지 않거나 조성된다고 하더라도 짧은 기간에만 지속될 수 있는 장소

정답 | ④

08 빈출도 ★

기계분(스토커) 화격자 중 연소하고 있는 석탄의 화층 위에 석탄을 기계적으로 산포하는 방식은?

① 횡입(쇄상)식
② 상입식
③ 하입식
④ 계단식

해설

기계분(스토커) 화격자는 석탄을 기계적으로 산포하는 방식으로 화층 위로 넣는 상입식과 아래로 넣는 하입식, 옆으로 넣는 횡입식(쇄상식), 위에서 계단으로 흘러내리는 계단식으로 구분한다.

정답 | ②

09 빈출도 ★

중유를 연소하여 발생된 가스를 분석하였더니 체적비로 CO_2는 14%, O_2는 7%, N_2는 79%이었다. 이 때 공기비는 약 얼마인가? (단, 연료에 질소는 포함하지 않는다.)

① 1.4
② 1.5
③ 1.6
④ 1.7

해설

공기비(m) 공식은 다음과 같다.

$$m = \frac{CO_2 \text{ 최대량}}{CO_2} = \frac{21}{21-O_2}$$

CO가 0이므로 완전연소일 경우, O_2로만 계산할 수 있다.

$m = \frac{21}{21-7} = 1.5$

정답 | ②

10 빈출도 ★

일반적인 천연가스에 대한 설명으로 가장 거리가 먼 것은?

① 주성분은 메탄이다.
② 옥탄가가 높아 자동차 연료로 사용이 가능하다.
③ 프로판 가스보다 무겁다.
④ LNG는 대기압 하에서 비등점이 $-162°C$인 액체이다.

해설

천연가스인 메탄(CH_4)의 분자량은 16이고, 프로판(C_3H_8)은 분자량이 44이므로 천연가스가 프로판보다 가볍다.

정답 | ③

11 빈출도 ★

다음 중 일반적으로 연료가 갖추어야 할 구비조건이 아닌 것은?

① 연소 시 배출물이 많아야 한다.
② 저장과 운반이 편리해야 한다.
③ 사용 시 위험성이 적어야 한다.
④ 취급이 용이하고 안전하며 무해하여야 한다.

해설

연소 시 대기오염 방지를 위해 배출물(매연, 공해물질)이 적어야 한다.

관련개념 연료의 구비조건

- 저장 및 운반, 취급이 용이하여야 한다.
- 공기 중에 연소가 쉬워야 한다.
- 휘발성이 좋고 내한성이 우수하여야 한다.
- 연소 시 회분, 매연 등 배출이 적어야 한다.

정답 | ①

12 빈출도 ★

코크스의 적정 고온 건류온도(°C)는?

① 500~600
② 1,000~1,200
③ 1,500~1,800
④ 2,000~2,500

해설

- 고온건류: 1,000~1,200°C
- 저온건류: 500~600°C

관련개념 건류(코킹)

공기가 차단된 상태에서 석탄을 고온으로 가열하여 휘발성 물질을 제거하고 탄소 함량을 높인 탄화물을 만드는 과정을 말한다.

정답 | ②

13 빈출도 ★★

수소 4kg을 과잉공기계수 1.4의 공기로 완전연소시킬 때 발생하는 연소가스 중의 산소량은 약 몇 kg인가?

① 3.20 ② 4.48
③ 6.40 ④ 12.8

해설

수소(H_2)의 완전연소반응식

$H_2 + \frac{1}{2}O_2 \rightarrow H_2O$

수소(H_2)과 산소(O_2)는 1:0.5 반응이므로 수소(분자량 2) 1kmol=2kg 반응하기 위해서는 산소(분자량 32) 0.5kmol=16kg가 필요하다. 따라서, 수소 4kg 반응하기 위해서는 산소 16kg×2=32kg가 필요하다.
과잉공기계수가 1.4이므로 이는 40%의 공기가 과잉되었다는 의미이다. 따라서, 연소가스 중의 산소량은 32kg×0.4=12.8kg이다.

정답 | ④

14 빈출도 ★★

액화석유가스(LPG)의 성질에 대한 설명으로 틀린 것은?

① 인화폭발의 위험성이 크다.
② 상온, 대기압에서는 액체이다.
③ 가스의 비중은 공기보다 무겁다.
④ 기화잠열이 커서 냉각제로도 이용 가능하다.

해설

상온, 대기압에서는 기체이다.

관련개념 액화석유가스(LPG) 특징
- 공기보다 비중이 무거우므로 폭발 방지를 위해 가스경보기를 바닥 가까이 부착한다.
- 무색 무취이며, 물에 녹지 않고 유기용매에 녹는다.
- 천연고무나 페인트 등을 용해시키므로 이를 방지하기 위해 누설장치를 설치해야 한다.

정답 | ②

15 빈출도 ★

다음 대기오염 방지를 위한 집진장치 중 습식 집진장치에 해당하지 않는 것은?

① 백필터 ② 충전탑
③ 벤투리 스크러버 ④ 사이클론 스크러버

해설

백필터는 건식 집진장치이다.

정답 | ①

16 빈출도 ★★

황(S) 1kg을 이론공기량으로 완전연소시켰을 때 발생하는 연소가스량은 약 몇 Nm^3인가?

① 0.70 ② 2.00
③ 2.63 ④ 3.33

해설

황(S)의 완전연소반응식
$S + O_2 \rightarrow SO_2$
S와 O_2은 1:1 반응이므로 이를 이용하여 이론산소량을 구한다.
S : O_2
1mol : 1mol = 32kg : 1×22.4Nm^3

따라서, 이론산소량 = $\frac{1 \times 22.4 Nm^3}{32kg}$ = 0.7Nm^3/kg

연소가스량을 구하는 공식은 다음과 같다.

$$G_o = (1-0.21)A_o + 생성된\ SO_2$$
$$A_o = \frac{O_o}{0.21}$$

A_o: 이론공기량, O_o: 이론산소량

$G_o = (1-0.21) \times \frac{0.7}{0.21} + 0.7 = 3.33 Nm^3/kg$

정답 | ④

17 빈출도 ★

대도시의 광화학 스모그(Smog) 발생의 원인 물질로 문제가 되는 것은?

① NO_x
② He
③ CO
④ CO_2

해설

광화학 스모그(Smog)는 자동차에서 발생되는 NO_x(질소산화물), 탄화수소 등이 자외선과 반응하여 광화학적인 부산물을 발생시켜 오염을 일으킨다.

정답 | ①

18 빈출도 ★★★

기체연료의 일반적인 특징으로 틀린 것은?

① 연소효율이 높다.
② 고온을 얻기 쉽다.
③ 단위 용적당 발열량이 크다.
④ 누출되기 쉽고 폭발의 위험성이 크다.

해설

단위 용적당 발열량은 작다.

관련개념 기체연료 특징

- 적은 과잉공기로 완전연소가 가능하여 연소효율이 높아진다.
- 부하변동 범위가 넓어 저발열량의 연료로 고온을 얻는다.
- 연소가 균일하고 조절이 용이하며 매연이 발생하지 않는다.
- 저장 및 수송이 불편하고 설비비 및 연료비가 많이 든다.
- 취급 시 폭발 위험과 일산화탄소(CO) 등 유해가스의 노출위험이 있다.

정답 | ③

19 빈출도 ★★

다음 반응식으로부터 프로판 1kg의 발열량은 약 몇 MJ인가?

$$C + O_2 \rightarrow CO_2 + 406 \text{kJ/mol}$$
$$H_2 + \frac{1}{2}O_2 \rightarrow H_2O + 241 \text{kJ/mol}$$

① 33.1
② 40.0
③ 49.6
④ 65.8

해설

프로판(C_3H_8)의 완전연소반응식
$C_3H_8 + 5O_2 \rightarrow 3CO_2 + 4H_2O$
프로판 1mol이 반응하여 3mol의 이산화탄소(CO_2)와 4mol의 물(H_2O)이 생성된다.
위 표의 반응식으로 발열량을 계산하면,
∑생성열 = (3mol × 406) + (4mol × 241) = 2,182kJ
프로판의 분자량은 44이므로
$\frac{2,182}{44}$ = 49.6kJ/g = 49.6MJ/kg

정답 | ③

20 빈출도 ★★

석탄, 코크스, 목재 등을 적열상태로 가열하고, 공기로 불완전연소시켜 얻는 연료는?

① 천연가스
② 수성가스
③ 발생로가스
④ 오일가스

해설

발생로가스는 석탄, 코크스, 목재 등을 적열상태로 가열하고 한정된 공기를 통해 불완전연소로 얻는 연료이며, 발열량이 낮아 많이 사용되지 않는다.

정답 | ③

열역학

21 빈출도 ★
다음 중 물의 임계압력에 가장 가까운 값은?

① 1.03kPa
② 100kPa
③ 22MPa
④ 63MPa

해설
물의 임계상태는 증발이 진행되지 않고 바로 수증기로 변환하는 점을 말하며, 임계온도는 374.15℃, 압력은 225.56kgf/cm²이다.
※ 1kgf/cm² = 0.1MPa

정답 | ③

22 빈출도 ★★
"PV^n = 일정"인 과정에서 밀폐계가 하는 일을 나타낸 것은? (단, P는 압력, V는 부피, n은 상수이며, 첨자 1, 2는 각각 과정 전·후 상태를 나타낸다.)

① $P_2V_2 - P_1V_1$
② $\dfrac{P_1V_1 - P_2V_2}{n-1}$
③ $\dfrac{P_2V_2^{n-1} - P_1V_1^{n-1}}{n-1}$
④ $P_1V_1^n(V_2 - V_1)$

해설
"PV^n = 일정"인 과정에서 밀폐계가 하는 일 공식은 다음과 같다.

$$W = \dfrac{1}{n-1}(P_1V_1 - P_2V_2)$$

정답 | ②

23 빈출도 ★
27℃, 100kPa에 있는 이상기체 1kg을 700kPa까지 가역 단열압축하였다. 이 때 소요된 일의 크기는 몇 kJ인가? (단, 이 기체의 비열비는 1.4, 기체상수는 0.287kJ/kg·K이다.)

① 100
② 160
③ 320
④ 400

해설

$$W = C_v(T_2 - T_1)$$

W: 일(kJ), C_v: 정적비열(kJ/kg·K), T: 온도(K)

비열비(k) 공식을 통해 정적비열을 구한다.

$$k = \dfrac{C_p}{C_v} = 1 - \dfrac{C_v + R}{C_v}$$

k: 비열비, C_p: 정압비열(kJ/kg·K), C_v: 정적비열(kJ/kg·K), R: 기체상수(kJ/(kg·K))

단열변화 과정에서 관계식을 이용하여 최종 온도(T_2)를 구한다.

$$\dfrac{T_2}{T_1} = \left(\dfrac{P_2}{P_1}\right)^{\frac{k-1}{k}}$$

T_1: 초기 온도(K), T_2: 최종 온도(K)
P_1: 초기 압력(kPa), P_2: 최종 압력(kPa), k: 비열비

$T_2 = T_1 \times \left(\dfrac{P_2}{P_1}\right)^{\frac{k-1}{k}} = 300 \times \left(\dfrac{700}{100}\right)^{\frac{1.4-1}{1.4}} = 523K$

$1.4 = \dfrac{C_v + 0.287}{C_v}$

$C_v = 0.7175$

$W = C_v \times (T_2 - T_1)$
 $= 0.7175 \times (523 - 300) = 160$kJ

정답 | ②

24 빈출도 ★★

압력 1MPa인 포화액의 비체적 및 비엔탈피는 각각 $0.0012m^3/kg$, $762.8kJ/kg$이고, 포화증기의 비체적 및 비엔탈피는 각각 $0.1944m^3/kg$, $2,778.1kJ/kg$이다. 이 압력에서 건도가 0.7인 습증기의 단위 질량당 내부에너지는 약 몇 kJ/kg인가?

① 2,037.1
② 2,173.8
③ 2,251.3
④ 2,393.5

해설

수증기의 비체적을 구하는 식은 다음과 같다.

$$v_x = v_f + x \times (v_g - v_f)$$

v_x: 수증기 비체적(m^3/kg), v_f: 포화액 비체적(m^3/kg), x: 건도, v_g: 포화증기 비체적(m^3/kg)

$v_x = 0.0012 + 0.7 \times (0.1944 - 0.0012) = 0.13644 m^3/kg$

습증기 엔탈피(h_x)는 다음과 같이 구한다.

$$h_x = h_f - x(h_g - h_f)$$

h_x: 습증기 엔탈피(kJ/kg), h_f: 포화액의 비엔탈피(kJ/kg), x: 수증기 건도, h_g: 포화증기의 비엔탈피(kJ/kg)

$h_x = 762.8 + 0.7 \times (2,778.1 - 762.8) = 2,173.51 kJ/kg$

습증기의 내부에너지는 다음과 같이 구한다.

$$u_x = h_x - P \cdot v_x$$

u_x: 내부에너지(kJ/kg), h_x: 습승기 엔딜피(kJ/kg), P: 압력(kPa), v_x: 수증기 비체적(m^3/kg)

$u_x = 2,173.51 - (1,000 \times 0.13644) = 2,037.1 kJ/kg$

정답 | ①

25 빈출도 ★

냉동능력을 나타내는 단위로 0℃의 물 1,000kg을 24시간 동안에 0℃의 얼음으로 만드는 능력을 무엇이라 하는가?

① 냉동계수
② 냉동마력
③ 냉동톤
④ 냉동률

해설

냉동능력은 냉동톤이라고도 하며, 0℃의 물 1,000kg(1ton)을 24시간 동안에 0℃의 얼음으로 만드는 능력을 말한다. 단위는 1RT=3,320kcal/h이다.

정답 | ③

26 빈출도 ★★

압축비가 5인 오토 사이클 기관이 있다. 이 기관이 15~1,500℃의 온도범위에서 작동할 때 최고압력은 약 몇 kPa인가? (단, 최저압력은 100kPa, 비열비는 1.4이다.)

① 3,080
② 2,650
③ 1,961
④ 1,247

해설

단열변화일 때, 최고온도는 다음과 같이 구한다.

$$\frac{T_2}{T_1} = \epsilon^{k-1}$$

$T_2 = T_1 \times 5^{1.4-1} = 288 \times 5^{0.4} = 548.25 K$

정적변화일 때, 최고압력은 다음과 같이 구한다.

$$P_3 = P_2 \times \frac{T_3}{T_2}$$

여기서, $P_2 = P_1 \times \epsilon^k = 100 \times 5^{1.4} = 951.8 kPa$

$P_3 = 951.8 \times \frac{1,773}{548.3} = 3,077.77 kPa ≒ 3,080 kPa$

정답 | ①

27 빈출도 ★★

온도 30℃, 압력 350kPa에서 비체적이 0.449m³/kg인 이상기체의 기체상수는 약 몇 kJ/kg·K인가?

① 0.143
② 0.287
③ 0.518
④ 0.842

해설

$$R = \frac{PV}{mT} = v \times \frac{P}{T} \left(\because v = \frac{V}{m}\right)$$

R: 기체상수(kJ/kg·K), P: 압력(kPa), V: 부피(m³),
m: 질량(kg), T: 온도(K), v: 비체적(m³/kg)

$$R = 0.449 \times \frac{350}{30+273}$$
$$= 0.449 \times \frac{350}{303} = 0.518 \text{kJ/kg·K}$$

정답 | ③

28 빈출도 ★

브레이튼 사이클의 이론 열효율을 높일 수 있는 방법으로 틀린 것은?

① 공기의 비열비를 감소시킨다.
② 터빈에서 배출되는 공기의 온도를 낮춘다.
③ 연소기로 공급되는 공기의 온도를 낮춘다.
④ 공기압축기의 압력비를 증가시킨다.

해설

브레이튼 사이클은 가스터빈의 가장 이상적인 사이클로, 공기의 비열비(k)와 압력비(γ)가 클수록 열효율(η)이 증가한다.

정답 | ①

29 빈출도 ★★★

다음 중 이상적인 랭킨 사이클의 과정으로 옳은 것은?

① 단열압축 → 정적가열 → 단열팽창 → 정압방열
② 단열압축 → 정압가열 → 단열팽창 → 정적방열
③ 단열압축 → 정압가열 → 단열팽창 → 정압방열
④ 단열압축 → 정적가열 → 단열팽창 → 정적방열

해설

랭킨사이클은 2개의 정압변화와 2개의 단열변화로 구성된 증기동력 사이클로 과정은 아래와 같다.
단열압축 → 정압가열 → 단열팽창 → 정압방열

정답 | ③

30 빈출도 ★★

열역학 제1법칙을 설명한 것으로 옳은 것은?

① 절대 영도 즉 0K에는 도달할 수 없다.
② 흡수한 열을 전부 일로 바꿀 수는 없다.
③ 열을 일로 변환할 때 또는 일을 열로 변환할 때 전체 계의 에너지 총량은 변하지 않고 일정하다.
④ 제3의 물체와 열평형에 있는 두 물체는 그들 상호간에도 열평형에 있으며, 물체의 온도는 서로 같다.

선지분석

① 열역학 제3법칙
② 열역학 제2법칙(열의 방향성 법칙)
③ 열역학 제1법칙(에너지보존 법칙)
④ 열역학 제0법칙(열평형 법칙)

정답 | ③

31 빈출도 ★★★

냉매가 구비해야 할 조건 중 틀린 것은?

① 증발열이 클 것
② 비체적이 작을 것
③ 임계온도가 높을 것
④ 비열비가 클 것

해설

비열비가 작아야 한다.

관련개념 냉매의 구비조건
- 증발열이 크고 임계온도(임계점)가 높아야 한다.
- 비체적과 비열비가 작아야 한다.
- 인화 및 폭발의 위험성이 낮아야 한다.
- 비교적 저온, 저압에서 응축이 잘 되어야 한다.
- 구입이 용이하고 가격이 저렴해야 한다.
- 점성 및 표면장력이 작고 상용압력범위가 낮아야 한다.

정답 | ④

32 빈출도 ★

성능계수가 4.3인 냉동기가 1시간 동안 30MJ의 열을 흡수한다. 이 냉동기를 작동하기 위한 동력은 약 몇 kW인가?

① 0.25
② 1.94
③ 6.24
④ 10.4

해설

성능계수 공식은 다음과 같다.

$$COP = \frac{Q}{W}$$

COP: 성능계수, W: 소요동력(kW), Q: 냉동능력(kW)

$$W = \frac{Q}{COP} = \frac{30,000 \text{kJ/h}}{4.3} \times \frac{1\text{h}}{3,600\text{s}} = 1.94 \text{kW}$$

정답 | ②

33 빈출도 ★★

단열 밀폐되어 있는 탱크 A, B가 밸브로 연결되어 있다. 두 탱크에 들어있는 공기(이상기체)의 질량은 같고, A탱크의 체적은 B탱크 체적의 2배, A탱크의 압력은 200kPa, B탱크의 압력은 100kPa이다. 밸브를 열어서 평형이 이루어진 후 최종 압력은 약 몇 kPa인가?

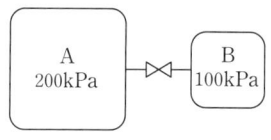

① 120
② 133
③ 150
④ 167

해설

최종압력(P_f) = $\dfrac{P_a V_a + P_b V_b}{V_a + V_b}$

탱크 A의 압력(P_a)=200kPa, 탱크 B의 압력(P_b)=100kPa

$$P_f = \frac{(200 \times 2V_b) + (100 \times V_b)}{2V_b + V_b}$$

$$= \frac{400V_b + 100V_b}{3V_b} = 166.67 \text{kPa}$$

정답 | ④

34 빈출도 ★★

한 과학자가 자기가 만든 열기관이 80°C와 10°C 사이에서 작동하면서 100kJ의 열을 받아 20kJ의 유용한 일을 할 수 있다고 주장한다. 이 주장에 위배되는 열역학 법칙은?

① 열역학 제0법칙
② 열역학 제1법칙
③ 열역학 제2법칙
④ 열역학 제3법칙

해설

열역학 제2법칙은 열 이동 및 에너지 방향전환에 관한 법칙으로 계가 흡수한 열을 완전히 일로 전환할 수 있는 장치는 없다.

정답 | ③

35 빈출도 ★★

랭킨 사이클로 작동하는 증기 동력 사이클에서 효율을 높이기 위한 방법으로 거리가 먼 것은?

① 복수기(응축기)에서의 압력을 상승시킨다.
② 터빈 입구의 온도를 높인다.
③ 보일러의 압력을 상승시킨다.
④ 재열 사이클(Reheat cycle)로 운전한다.

해설

랭킨 사이클의 열효율은 터빈입구의 온도, 압력(고온, 고압)이 높을수록, 응축기 및 복수기의 압력인 배압이 낮을수록 증가한다.

정답 | ①

36 빈출도 ★

CH_4의 기체상수는 약 몇 kJ/kg·K인가?

① 3.14 ② 1.57
③ 0.83 ④ 0.52

해설

이상기체의 평균 기체상수(R)는 8.314 kJ/kmol·K이다.
메탄의 분자량은 16이므로, 메탄의 기체상수는

$$\frac{8.314\,\text{kJ}}{\text{kmol}\cdot\text{K}} \times \frac{1\,\text{kmol}}{16\,\text{kg}} = 0.52\,\text{kJ/kg}\cdot\text{K}$$

정답 | ④

37 빈출도 ★★

압력 300 kPa인 이상기체 150 kg이 있다. 온도를 일정하게 유지하면서 압력을 100 kPa로 변화시킬 때 엔트로피 변화는 약 몇 kJ/K인가? (단, 기체의 정적비열은 1.735 kJ/kg·K, 비열비는 1.299이다.)

① 62.7 ② 73.1
③ 85.5 ④ 97.2

해설

이상기체 엔트로피 변화계산 공식은 다음과 같다.

$$\Delta S = m \times R \times \ln\left(\frac{P_1}{P_2}\right)$$

ΔS: 엔트로피 변화량(kJ/K), m: 질량(kg),
R: 기체상수(kJ/kg·K), P_1: 초기 압력(kPa),
P_2: 최종 압력(kPa)

비열비(k) 공식을 통해 기체상수를 구한다.

$$k = \frac{C_p}{C_v} = \frac{C_v + R}{C_v}$$

k: 비열비, C_p: 정압비열(kJ/kg·K), C_v: 정적비열(kJ/kg·K),
R: 기체상수(kJ/(kg·K))

$R = C_p - C_v = k \times C_v - C_v = (k-1) \times C_v$
$ = (1.299 - 1) \times 1.735 = 0.519$

$\Delta S = 150 \times 0.519 \times \ln\left(\frac{300}{100}\right) = 85.5\,\text{kJ/K}$

정답 | ③

38 빈출도 ★

밀폐계가 300kPa의 압력을 유지하면서 체적이 $0.2m^3$에서 $0.4m^3$로 증가하였고 이 과정에서 내부에너지는 20kJ 증가하였다. 이 때 계가 받은 열량은 약 몇 kJ인가?

① 9
② 80
③ 90
④ 100

해설

계가 받은 열량 공식은 다음과 같다.

$$Q = \Delta U + W$$

Q: 열량(kJ), ΔU: 내부에너지 변화량(kJ), W: 일(kJ)

계가 한 일(W)=압력×부피 차로 구한다.
$W = P \cdot \Delta V = 300 \times (0.4 - 0.2) = 60 kJ$
$Q = 20 + 60 = 80 kJ$

정답 | ②

39 빈출도 ★★

그림에서 이상기체를 A에서 가역적으로 단열압축시킨 후 정적과정으로 C까지 냉각시키는 과정에 해당되는 것은?

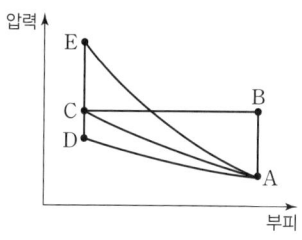

① A – B – C
② A – C
③ A – D – C
④ A – E – C

선지분석

① 정적가열 → 정압방열
② 폴리트로픽 압축
③ 등온압축 → 정적가열
④ 단열압축 → 정적방열

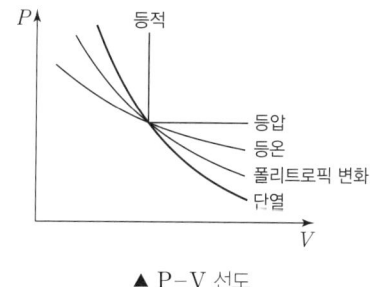

▲ P-V 선도

정답 | ④

40 빈출도 ★★

다음 식 중에 이상기체 상태에서의 가역단열과정을 나타내는 식으로 옳지 않은 것은? (단, P, T, V, k는 각각 압력, 온도, 부피, 비열비이고, 아래 첨자 1, 2는 과정 전·후를 나타낸다.)

① $\dfrac{T_2}{T_1} = \left(\dfrac{V_1}{V_2}\right)^{k-1}$

② $\dfrac{V_1}{V_2} = \left(\dfrac{P_2}{P_1}\right)^{\frac{1}{k}}$

③ $P_1 V_1^k = P_2 V_2^k$

④ $\dfrac{T_2}{T_1} = \left(\dfrac{P_2}{P_1}\right)^{\frac{1-k}{k}}$

해설

가역단열 과정에서의 온도-압력 관계는 다음과 같다.

$$\dfrac{T_2}{T_1} = \left(\dfrac{P_2}{P_1}\right)^{\frac{k-1}{k}}$$

T_1: 초기 온도(K), T_2: 최종 온도(K), P_1: 초기 압력(atm), P_2: 최종 압력(atm), k: 비열비$\left(\dfrac{C_p}{C_v}\right)$, C_p: 정압비열(kJ/kg·K), C_v: 정적비열(kJ/kg·K)

정답 | ④

계측방법

41 빈출도 ★

링밸런스식 압력계에 대한 설명으로 옳은 것은?

① 도압관은 가늘고 긴 것이 좋다.
② 측정 대상 유체는 주로 액체이다.
③ 계기를 압력원에 가깝게 설치해야 한다.
④ 부식성 가스나 습기가 많은 곳에서도 정밀도가 좋다.

선지분석

① 도압관은 굵고 짧은 것이 좋다.
② 측정대상은 기체의 압력측정에 사용된다.
④ 부식성 가스나 습기가 적은 곳에 설치해야 한다.

관련개념 링밸런스식 압력계

- U자형 액주식 압력계의 일종으로, 저압가스의 압력측정에 사용된다.
- 동그란 링이 회전하여 생기는 회전각의 압력차를 측정한다.
- 도압관은 굵고 짧은 것이 좋다.
- 봉입액은 규정량에 맞춰 넣어야 한다.
- 부식성 가스나 습기가 적은 곳에 설치해야 한다.

정답 | ③

42 빈출도 ★★★

다음 중 용적식 유량계에 해당하는 것은?

① 오리피스미터   ② 습식가스미터
③ 로터미터   ④ 피토관

해설

습식가스미터는 용적식 유량계에 해당된다. 용적식 유량계는 주로 액체 유량의 정량 측정에 사용하며 계량 방법상 적산유량계의 일종으로 분류된다.

정답 | ②

43 빈출도 ★★★

가스 온도를 열전대 온도계를 사용하여 측정할 때 주의해야 할 사항이 아닌 것은?

① 열전대는 측정하고자 하는 곳에 정확히 삽입하며 삽입된 구멍에 냉기가 들어가지 않게 한다.
② 주위의 고온체로부터의 복사열의 영향으로 인한 오차가 생기지 않도록 해야 한다.
③ 단자와 보상도선의 +, -를 서로 다른 기호끼리 연결하여 감온부의 열팽창에 의한 오차가 발생하지 않도록 한다.
④ 보호관의 선택에 주의한다.

해설

단자의 +, -와 보상도선의 +, -는 극성이 일치해야 감온부의 열팽창에 의한 오차가 적게 발생한다.

관련개념 열전대 온도계

- 열전대에서 발생한 열전압을 활용하여 측정한다.
- 보호관 선택 및 유지관리에 주의한다.
- 단자의 +, -는 각각의 전기회로 +, -에 연결한다.
- 주위 고온체로부터 받은 복사열의 영향으로 인한 오차가 생길 수도 있어 주의해야 한다.
- 측정하고자 하는 곳에 정확히 삽입하고 삽입한 구멍을 통해 냉기가 들어가지 않게 한다.

정답 | ③

44 빈출도 ★

다음 중에서 측온저항체로 사용되지 않는 것은?

① Cu ② Ni
③ Pt ④ Cr

해설

측온저항체는 Cu(구리), Ni(니켈), Pt(백금), 서미스터 등이 있다.

관련개념 측온저항체 측정범위

백금저항 온도계	$-200 \sim 500°C$
니켈 온도계	$-50 \sim 150°C$
구리 온도계	$0 \sim 120°C$
서미스터	$-100 \sim 300°C$

정답 | ④

45 빈출도 ★

다음과 같이 자동제어에서 응답속도를 빠르게 하고 외란에 대해 안정적으로 제어하려 한다. 이 때 추가해야 할 제어동작은?

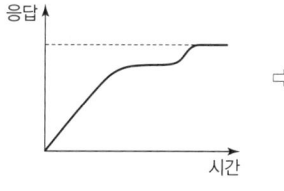 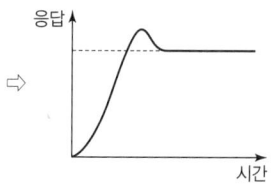

① 다위치동작 ② P동작
③ I동작 ④ D동작

해설

미분동작(D동작)은 조절계의 출력이 증가하였다가 감소하는 동작을 말하며, 빠른 응답속도와 오버슈트 값을 감소시켜 외란에 대해 안정적인 동작을 가져온다.

정답 | ④

46 빈출도 ★

측정온도범위가 약 0~700°C 정도이며, (−)측이 콘스탄탄으로 구성된 열전대는?

① J형 ② R형
③ K형 ④ S형

해설

열전대(기호)	호칭	측정온도 범위
동−콘스탄탄(C−C)	T형	−200~350°C
크로멜−알루멜(C−A)	K형	−20~1,200°C
철−콘스탄탄(I−C)	J형	−20~800°C
백금로듐−백금(P−R)	R형	0~1,600°C

정답 | ①

47 빈출도 ★★

측온 저항체에 큰 전류가 흐를 때 중열에 의해 측정하고자 하는 온도보다 높아지는 현상인 자기가열(自己加熱) 현상이 있는 온도계는?

① 열전대 온도계 ② 압력식 온도계
③ 서미스터 온도계 ④ 광고온계

해설

서미스터 온도계는 측온 저항체로 측정하여 응답이 빠르고 감도가 높다. 또한, 전류가 흐를때 중열에 의해 측정하고자 하는 온도보다 높아져 자기가열 현상이 발생한다.

정답 | ③

48 빈출도 ★

중유를 사용하는 보일러의 배기가스를 오르자트 가스 분석계의 가스뷰렛에 시료 가스량을 50mL 채취하였다. CO_2 흡수 피펫을 통과한 후 가스뷰렛에 남은 시료는 44mL이었고, O_2 흡수 피펫에 통과한 후에는 41.8mL, CO_2 흡수 피펫에 통과한 후 남은 시료량은 41.4mL이었다. 배기가스 중에 CO_2, O_2, CO는 각각 몇 vol%인가?

① 6, 2.2, 0.4
② 12, 4.4, 0.8
③ 15, 6.4, 1.2
④ 18, 7.4, 1.8

해설

오르자트 분석계에 의한 배기가스 성분의 비율 공식은 다음과 같다.

$CO_2 = \dfrac{KOH용액 흡수량}{총시료가스 채취량} \times 100$

$= \dfrac{50-44}{50} = 0.12 \times 100 = 12\%$

$O_2 = \dfrac{피로갈롤 용액 흡수량}{총시료가스 채취량} \times 100$

$= \dfrac{44-41.8}{50} = 0.044 \times 100 = 4.4\%$

$CO = \dfrac{염화 제1구리 용액 흡수량}{총시료가스 채취량} \times 100$

$= \dfrac{41.8-41.4}{50} = 0.008 \times 100 = 0.8\%$

관련개념 분석장치의 흡수가스와 흡수제

- CO_2: KOH 30% 수용액
- C_mH_n: 발연황산(진한 황산)
- O_2: 알칼리성 피로갈롤 용액
- CO: 암모니아성 염화 제1구리 용액

정답 | ②

49

세라믹(Ceramic)식 O_2계의 세라믹 주원료는?

① Cr_2O_3
② Pb
③ P_2O_5
④ ZrO_2

해설

세라믹(Ceramic)식 O_2계는 전기화학전지의 기전력을 측정하여 가스중의 산소(O_2)를 분석하며, 지르코니아(ZrO_2)를 원료로 사용한다.

정답 | ④

50

국제단위계(SI)에서 길이의 설명으로 틀린 것은?

① 기본단위이다.
② 기호는 m이다.
③ 명칭은 미터이다.
④ 소리가 진공에서 1/229,792,458초 동안 진행한 경로의 길이이다.

해설

길이 1m는 빛이 진공에서 $\dfrac{1}{299,792,458}$초 동안 진행한 경로의 길이이다.

정답 | ④

51

오벌(Oval)식 유량계로 유량을 측정할 때 지시값의 오차 중 히스테리시스 차의 원인이 되는 것은?

① 내부 기어의 마모
② 유체의 압력 및 점성
③ 측정자의 눈의 위치
④ 온도 및 습도

해설

유체를 측정하는 과정에서 내부 기어의 마모로 인해 히스테리시스의 차이가 발생된다.

정답 | ①

52

다음 중 압전 저항효과를 이용한 압력계는?

① 액주형 압력계
② 아네로이드 압력계
③ 박막식 압력계
④ 스트레인게이지식 압력계

해설

스트레인게이지(Strain gauge) 압력계는 전기식 압력계의 일종으로, 금속의 변형에 의한 저항의 변화의 특성을 이용하여 압력을 측정한다.

정답 | ④

53 빈출도 ★

가스분석계에서 연소가스 분석 시 비중을 이용하여 가장 측정이 용이한 기체는?

① NO_2
② O_2
③ CO_2
④ H_2

해설

가스분석계 측정 시 연소가스 중에 가장 많은 비율을 차지하는 CO_2가 가장 용이하며 NO_2, SO_2는 비중이 공기보다는 크지만 극히 소량만 존재하여 연소가스 중 큰 영향을 주지 못한다.

정답 | ③

54 빈출도 ★★

전자유량계에서 안지름이 4cm인 파이프에 3L/s의 액체가 흐르고, 자속밀도 1,000gauss의 평등자계 내에 있다면 이 때 검출되는 전압은 약 mV인가? (단, 자속분포의 수정 계수는 1이고, 액체의 비중은 1이다.)

① 5.5
② 7.5
③ 9.5
④ 11.5

해설

검출되는 전압 공식은 아래와 같다.

$$E = k \times B \times D \times v$$

E: 전압(V), k: 자속분포의 수정계수, B: 자속밀도(T), D: 지름(m), v: 유속(m/s)

이때, 유속 $= \dfrac{\text{유량}(Q)}{\text{면적}(A)}$ 이므로,

$$E = k \times B \times D \times v = k \times B \times D \times \left(\dfrac{Q}{\dfrac{\pi D^2}{4}}\right)$$

$$= 1 \times 0.1\text{T} \times 0.04\text{m} \times \left(\dfrac{0.003\text{m}^3/\text{s}}{\dfrac{\pi \times (0.04\text{m})^2}{4}}\right)$$

$$= 0.00955\text{V} = 9.56\text{mV}$$

※ $1\text{T} = 10^4 \text{gauss}$
※ $1\text{V} = 1,000\text{mV}$

정답 | ③

55 빈출도 ★

액주형 압력계 중 경사관식 압력계의 특징에 대한 설명으로 옳은 것은?

① 일반적으로 U자관보다 정밀도가 낮다.
② 눈금을 확대하여 읽을 수 있는 구조이다.
③ 통풍계로는 사용할 수 없다.
④ 미세압 측정이 불가능하다.

선지분석

① 액주의 변화가 크므로 일반적으로 U자관보다 정밀도가 높다.
③ 통풍계로도 사용 가능하다.
④ 미세한 압력을 정밀하게 측정할 수 있다.

정답 | ②

56 빈출도 ★★

자동제어에서 비례동작에 대한 설명으로 옳은 것은?

① 조작부를 측정값의 크기에 비례하여 움직이게 하는 것
② 조작부를 편차의 크기에 비례하여 움직이게 하는 것
③ 조작부를 목표값의 크기에 비례하여 움직이게 하는 것
④ 조작부를 외란의 크기에 비례하여 움직이게 하는 것

해설

비례동작은 입력과 출력 사이의 관계를 조정하며 조작부를 편차의 크기에 비례하여 움직이도록 설계된 제어방식이다.

정답 | ②

57 빈출도 ★★

흡착제에서 관을 통해 각각 기체의 독자적인 이동속도에 의해 분리시키는 방법으로, CO_2, CO, N_2, H_2, CH_4 등을 모두 분석할 수 있어 분리 능력과 선택성이 우수한 가스분석계는?

① 밀도법
② 기체크로마토그래피법
③ 세라믹법
④ 오르자트법

해설

가스(기체)크로마토그래피(GC, Gas Chromatography)는 가스가 기기를 통해 시료를 운반하며 기체의 확산속도를 이용하여 분석하는 장치로, 복잡한 화합물의 화학성분의 분리, 식별에 사용되며 운반가스는 H_2, He, N_2, Ar 등이다. 1대의 장치로 산소와 질소산화물을 제외한 여러 가지 가스 분석이 가능하다.

정답 | ②

58 빈출도 ★★

보일러의 자동제어에서 인터록 제어의 종류가 아닌 것은?

① 고온도
② 저연소
③ 불착화
④ 압력초과

선지분석

① 고온도: 인터록의 종류에 해당하지 않는다.
② 저연소 인터록: 급격한 연소로 인하여 저연소 상태가 되지 않을 경우 연소 차단과 함께 보일러를 정지시켜 사고를 방지한다.
③ 불착화 인터록: 미연소가스로 인한 폭발, 역화를 막기 위해 연료공급 차단과 함께 보일러를 정지시켜 사고를 방지한다.
④ 압력초과 인터록: 작동 중인 보일러의 운전압력이 설정한 압력을 초과할 경우 보일러를 정지시켜 사고를 방지한다.

정답 | ①

59 빈출도 ★★

광고온계의 특징에 대한 설명으로 옳은 것은?

① 비접촉식 온도 측정법 중 가장 정밀도가 높다.
② 넓은 측정온도(0~3,000℃) 범위를 갖는다.
③ 측정이 자동적으로 이루어져 개인오차가 발생하지 않는다.
④ 방사온도계에 비하여 방사율에 대한 보정량이 크다.

해설

광고온계는 고온 물체로부터 방사되는 가시광선을 이용하여 측정하므로 비접촉식 온도계 중 가장 정밀도가 우수하며, 휘도를 육안으로 직접 비교할 수 있다.

관련개념 광온도계(광고온계)

- 온도계 중에 가장 높은 온도를 측정할 수 있다.
- 비접촉식 온도계 중 가장 정확한 측정이 가능하다.
- 저온(700℃) 이하의 물체 온도측정이 곤란하다.
- 고온 물체의 방사되는 가시광선을 이용한다.
- 수동측정 방식으로 측정 시 시간 및 개인 간의 오차가 발생한다.

정답 | ①

60 빈출도 ★

열전대 온도계의 보호관으로 석영관을 사용하였을 때의 특징으로 틀린 것은?

① 급냉, 급열에 잘 견딘다.
② 기계적 충격에 약하다.
③ 산성에 대하여 약하다.
④ 알칼리에 대하여 약하다.

해설

석영관은 상용온도 1,000℃로 내열성(급냉, 급열)과 내식성(산성)에는 강하지만 알칼리와 환원성 가스에는 약해 기밀성이 약간 떨어지며, 석영구조상 기계적 충격에 약하다.

정답 | ③

열설비재료 및 관계법규

61 빈출도 ★★

다음은 보일러의 급수밸브 및 체크밸브 설치기준에 관한 설명이다. ( ) 안에 알맞은 것은?

> 급수밸브 및 체크밸브의 크기는 전열면적 $10m^2$ 이하의 보일러에서는 호칭 (㉠) 이상, 전열면적 $10m^2$를 초과하는 보일러에서는 호칭 (㉡) 이상이어야 한다.

① ㉠ 5A, ㉡ 10A
② ㉠ 10A, ㉡ 15A
③ ㉠ 15A, ㉡ 20A
④ ㉠ 20A, ㉡ 30A

해설

보일러 전열면적 크기	급수밸브 및 체크밸브 관 호칭 크기
$10m^2$ 이하	15A 이상
$10m^2$ 초과	20A 이상

정답 | ③

62 빈출도 ★★

에너지법령에 의한 에너지 총조사는 몇 년 주기로 시행하는가? (단, 간이조사는 제외한다.)

① 2년
② 3년
③ 4년
④ 5년

해설

「에너지법 시행령 제15조」
에너지 총조사는 3년마다 실시하되, 산업통상자원부장관이 필요하다고 인정할 때에는 간이조사를 실시할 수 있다.

정답 | ②

63 빈출도 ★

에너지이용 합리화법령에 따라 에너지관리산업기사 자격을 가진 자는 관리가 가능하나, 에너지관리기능사 자격을 가진 자는 관리할 수 없는 보일러 용량의 범위는?

① 5t/h 초과 10t/h 이하
② 10t/h 초과 30t/h 이하
③ 20t/h 초과 40t/h 이하
④ 30t/h 초과 60t/h 이하

해설

「에너지이용 합리화법 시행규칙 별표 3의9」
검사대상기기관리자의 자격 및 조종범위

관리자의 자격	관리범위
에너지관리기능장, 에너지관리기사 또는 에너지관리산업기사	용량이 10t/h를 초과하고 30t/h 이하인 보일러

정답 | ②

64 빈출도 ★★

에너지이용 합리화법령상 에너지다소비사업자는 산업통상자원부령으로 정하는 바에 따라 에너지사용기자재의 현황을 매년 언제까지 시·도지사에게 신고하여야 하는가?

① 12월 31일까지
② 1월 31일까지
③ 2월 말까지
④ 3월 31일까지

해설

「에너지이용 합리화법 제31조」
에너지사용량이 대통령령으로 정하는 기준량 이상인 자는 다음 사항을 산업통상자원부령으로 정하는 바에 따라 매년 1월 31일까지 그 에너지사용시설이 있는 지역을 관할하는 시·도지사에게 신고하여야 한다.

정답 | ②

65 빈출도 ★

점토질 단열재의 특징으로 틀린 것은?

① 내스폴링성이 작다.
② 노벽이 얇아져서 노의 중량이 적다.
③ 내화재와 단열재의 역할을 동시에 한다.
④ 안전사용온도는 1,300~1,500℃ 정도이다.

해설

점토질 단열재는 원료(내화점토, 카올린, 납석, 샤모트 등)에 기공형성재를 다량으로 혼합하여 소성 가공한 고온용 단열재로 내스폴리성이 크다.

정답 | ①

66 빈출도 ★★

터널가마의 일반적인 특징이 아닌 것은?

① 소성이 균일하여 제품의 품질이 좋다.
② 온도조절의 자동화가 쉽다.
③ 열효율이 좋아 연료비가 절감된다.
④ 사용연료의 제한을 받지 않고 전력소비가 적다.

해설

사용연료의 제한을 받으므로 전력소비가 크다.

관련개념 터널가마(터널요, Tunnel kiln)

(1) 개요
터널형의 가마로 피소성체를 연속적으로 통과시켜 예열, 소성, 냉각 과정을 통해 제품을 완성시킨다.

(2) 특징
• 소성시간이 짧고 소성이 균일하여 제품의 품질이 좋다.
• 배기가스 현열로 예열을 하며, 열효율이 좋아 연료비가 절감된다.
• 생산량 조정이 힘들며 소량생산에 적합하지 않다.
• 연속요로 연속적으로 처리할 수 있는 시설이 필요하며, 건설비가 비싸다.
• 사용연료의 제한을 받으므로 전력소비가 크다.

정답 | ④

67 빈출도 ★

글로브 밸브(Globe Valve)에 대한 설명으로 틀린 것은?

① 밸브 디스크 모양은 평면형, 반구형, 원뿔형, 반원형이 있다.
② 유체의 흐름방향이 밸브 몸통 내부에서 변한다.
③ 디스크 형상에 따라 앵글밸브, Y형밸브, 니들밸브 등으로 분류된다.
④ 조작력이 적어 고압의 대구경 밸브에 적합하다.

해설

글로브 밸브(Globe Valve)는 구모양의 외관으로 몸통은 둥근 달걀형이고 유량 조절과 차단에 사용되는 밸브이다. 내부에는 S자로 유체가 지나는 구간의 저항이 높아 고압의 대구경보다 소구경 밸브가 적합하다.

정답 | ④

68 빈출도 ★★★

에너지이용 합리화법령상 에너지사용계획을 수립하여 산업통상자원부장관에게 제출하여야 하는 공공사업주관자의 설치 시설 기준으로 옳은 것은?

① 연간 2천5백 티오이 이상의 연료 및 열을 사용하는 시설
② 연간 5천 티오이 이상의 연료 및 열을 사용하는 시설
③ 연간 2천5백만 킬로와트시 이상의 전력을 사용하는 시설
④ 연간 5천만 킬로와트시 이상의 전력을 사용하는 시설

해설

「에너지이용 합리화법 시행령 제20조」
에너지사용계획을 수립하여 산업통상자원부장관에게 제출하여야 하는 공공사업주관자는 다음의 어느 하나에 해당하는 시설을 설치하려는 자로 한다.
• 연간 2천5백 티오이 이상의 연료 및 열을 사용하는 시설
• 연간 1천만 킬로와트시 이상의 전력을 사용하는 시설

정답 | ①

69 빈출도 ★

캐스터블 내화물의 특징이 아닌 것은?

① 소성할 필요가 없다.
② 접합부 없이 노체를 구축할 수 있다.
③ 사용 현장에서 필요한 형상으로 성형할 수 있다.
④ 온도의 변동에 따라 스폴링을 일으키기 쉽다.

해설

캐스터블 내화물은 점토질 샤모트와 경화제인 알루미나 시멘트를 주성분(원료)으로 하는 내화물로, 노내 온도 변동에 따라 스폴링을 일으키지 않는다.

정답 | ④

70 빈출도 ★★

다음 중 에너지이용 합리화법령에 따라 에너지다소비사업자에게 에너지관리 개선명령을 할 수 있는 경우는?

① 목표원단위보다 과다하게 에너지를 사용하는 경우
② 에너지관리지도 결과 10% 이상의 에너지효율 개선이 기대되는 경우
③ 에너지 사용실적이 전년도보다 현저히 증가한 경우
④ 에너지 사용계획 승인을 얻지 아니한 경우

해설

「에너지이용 합리화법 시행령 제40조」
산업통상자원부장관이 에너지다소비사업자에게 개선명령을 할 수 있는 경우는 에너지관리지도 결과 10퍼센트 이상의 에너지효율 개선이 기대되고 효율 개선을 위한 투자의 경제성이 있다고 인정되는 경우로 한다.

정답 | ②

71 빈출도 ★★★

열팽창에 의한 배관의 측면 이동을 구속 또는 제한하는 장치가 아닌 것은?

① 앵커   ② 스토퍼
③ 브레이스   ④ 가이드

해설

브레이스(Brace)는 배관의 진동을 방지하거나 감쇠시키는 장치이다.

관련개념 배관의 구속 및 제한 장치

열팽창이 있을 때, 배관의 이동을 조절 및 제한하는 장치를 레스트레인트라고 하며, 종류는 다음과 같다.
- 앵커: 배관 이동이나 회전을 모두 구속하는 장치이다.
- 스토퍼: 특정방향에 대한 이동과 회전을 구속하고 그 외 나머지 방향은 자유롭게 이동할 수 있는 구속장치이다.
- 가이드: 배관의 축과 직각방향의 이동을 구속하고 안내역할을 하는 장치이다.

정답 | ③

72 빈출도 ★★

다음 중 보냉재가 구비해야 할 조건이 아닌 것은?

① 탄력성이 있고 가벼워야 한다.
② 흡수성이 적어야 한다.
③ 열전도율이 적어야 한다.
④ 복사열의 투과에 대한 저항성이 없어야 한다.

해설

복사열의 투과에 대한 저항성이 높아야 한다.

정답 | ④

73 빈출도 ★

에너지이용 합리화법령에 따라 에너지사용계획에 대한 검토결과 공공사업주관자가 조치 요청을 받은 경우, 이를 이행하기 위하여 제출하는 이행계획에 포함되어야 할 내용이 아닌 것은? (단, 산업통상자원부장관으로부터 요청 받은 조치의 내용은 제외한다.)

① 이행 주체
② 이행 방법
③ 이행 장소
④ 이행 시기

해설
「에너지이용 합리화법 시행규칙 제5조」
이행계획에는 다음의 사항이 포함되어야 한다.
- 산업통상자원부장관으로부터 요청받은 조치의 내용
- 이행 주체
- 이행 방법
- 이행 시기

정답 | ③

74 빈출도 ★★

도염식요는 조업방법에 의해 분류할 경우 어떤 형식인가?

① 불연속식
② 반연속식
③ 연속식
④ 불연속식과 연속식과 절충형식

해설

작업방식	종류
연속식	윤요(고리가마), 터널요, 견요, 회전요
반연속식	등요, 셔틀요
불연속식	횡염식요, 승염식요, 도염식요

정답 | ①

75 빈출도 ★★★

에너지이용 합리화법령에 따라 효율관리기자재의 제조업자는 효율관리시험기관으로부터 측정 결과를 통보받은 날부터 며칠 이내에 그 측정 결과를 한국에너지공단에 신고하여야 하는가?

① 15일
② 30일
③ 60일
④ 90일

해설
「에너지이용 합리화법 시행규칙 제9조」
효율관리기자재의 제조업자 또는 수입업자는 효율관리시험기관으로부터 측정 결과를 통보받은 날 또는 자체측정을 완료한 날부터 각각 90일 이내에 그 측정 결과를 법 제45조에 따른 한국에너지공단에 신고하여야 한다. 이 경우 측정 결과 신고는 해당 효율관리기자재의 출고 또는 통관 전에 모델별로 하여야 한다.

정답 | ④

76 빈출도 ★★

에너지이용 합리화법에 따라 산업통상자원부장관이 국내외 에너지 사정의 변동으로 에너지 수급에 중대한 차질이 발생될 경우 수급안정을 위해 취할 수 있는 조치 사항이 아닌 것은?

① 에너지의 배급
② 에너지의 비축과 저장
③ 에너지의 양도·양수의 제한 또는 금지
④ 에너지 수급의 안정을 위하여 산업통상자원부령으로 정하는 사항

해설

「에너지이용 합리화법 제7조」
산업통상자원부장관은 국내외 에너지사정의 변동으로 에너지수급에 중대한 차질이 발생하거나 발생할 우려가 있다고 인정되면 에너지수급의 안정을 기하기 위하여 필요한 범위에서 에너지사용자·에너지공급자 또는 에너지사용기자재의 소유자와 관리자에게 다음 각 사항에 관한 조정·명령, 그 밖에 필요한 조치를 할 수 있다.
- 지역별·주요 수급자별 에너지 할당
- 에너지공급설비의 가동 및 조업
- 에너지의 비축과 저장
- 에너지의 도입·수출입 및 위탁가공
- 에너지공급자 상호 간의 에너지의 교환 또는 분배 사용
- 에너지의 유통시설과 그 사용 및 유통경로
- 에너지의 배급
- 에너지의 양도·양수의 제한 또는 금지
- 에너지사용의 시기·방법 및 에너지사용기자재의 사용 제한 또는 금지 등 대통령령으로 정하는 사항
- 그 밖에 에너지수급을 안정시키기 위하여 대통령령으로 정하는 사항

정답 | ④

77 빈출도 ★★★

에너지이용 합리화법령에 따라 산업통상자원부장관이 위생 접객업소 등에 에너지사용의 제한 조치를 할 때에는 며칠 이전에 제한 내용을 예고하여야 하는가?

① 7일
② 10일
③ 15일
④ 20일

해설

「에너지이용 합리화법 시행령 제14조」
에너지사용의 제한조치를 할 때에는 조치를 하기 7일 이전에 제한 내용을 예고하여야 한다. 다만, 긴급히 제한할 필요가 있을 때에는 그 제한 전일까지 이를 공고할 수 있다.

정답 | ①

78 빈출도 ★★★

다음 보온재 중 재질이 유기질 보온재에 속하는 것은?

① 우레탄 폼
② 펄라이트
③ 세라믹 파이버
④ 규산칼슘 보온재

해설

특성	종류
유기질 보온재	펠트(우모펠트), 우레탄 폼, 코르크, 양모, 펄프, 기포성 수지 등
무기질 보온재	석면, 암면, 규조토, 탄산마그네슘, 규산칼슘, 세라믹화이버, 펄라이트, 유리섬유 등

정답 | ①

79 빈출도 ★★

에너지이용 합리화법상 에너지다소비사업자의 신고와 관련하여 다음 ( )에 들어갈 수 없는 것은? (단, 대통령령은 제외한다.)

> 산업통상자원부장관 및 시·도지사는 에너지다소비사업자가 신고한 사항을 확인하기 위하여 필요한 경우 ( )에 대하여 에너지다소비사업자에게 공급한 에너지의 공급량 자료를 제출하도록 요구할 수 있다.

① 한국전력공사　　② 한국가스공사
③ 한국가스안전공사　　④ 한국지역난방공사

해설

「에너지이용 합리화법 제31조」
산업통상자원부장관 및 시·도지사는 에너지다소비사업자가 신고한 제1항 각 호의 사항을 확인하기 위하여 필요한 경우 다음 하나에 해당하는 자에 대하여 에너지다소비사업자에게 공급한 에너지의 공급량 자료를 제출하도록 요구할 수 있다.
- 한국전력공사
- 한국가스공사
- 도시가스사업자
- 한국지역난방공사
- 그 밖에 대통령령으로 정하는 에너지공급기관 또는 관리기관

정답 | ③

80 빈출도 ★★

다음 중 제강로가 아닌 것은?

① 고로　　② 전로
③ 평로　　④ 전기로

해설

제강로는 고로에서 생산된 선철을 활용하여 제강공정을 하며, 전로, 평로, 전기로 등이 있다.

정답 | ①

열설비설계

81 빈출도 ★★

급수처리 방법 중 화학적 처리방법은?

① 이온교환법　　② 가열연화법
③ 증류법　　④ 여과법

해설

보일러 용수 급수처리 방법
- 화학적 처리: 석회소다법(약품첨가법), 이온교환법
- 물리적 처리: 증류법, 가열연화법, 여과법, 탈기법

정답 | ①

82 빈출도 ★

수관 보일러와 비교한 원통 보일러의 특징에 대한 설명으로 틀린 것은?

① 구조상 고압용 및 대용량에 적합하다.
② 구조가 간단하고 취급이 비교적 용이하다.
③ 전열면적당 수부의 크기는 수관 보일러에 비해 크다.
④ 형상에 비해서 전열면적이 작고 열효율은 낮은 편이다.

해설

원통형 보일러는 구조상 전열면적이 작아 고압용 및 대용량에 부적합하다.

정답 | ①

83 빈출도 ★

다음 중 사이폰관이 직접 부착된 장치는?

① 수면계
② 안전밸브
③ 압력계
④ 어큐뮬레이터

해설

부르동 압력계는 물이 가득찬 사이폰관을 부착하여 측정한다.

정답 | ③

84 빈출도 ★★

서로 다른 고체 물질 A, B, C인 3개의 평판이 서로 밀착되어 복합체를 이루고 있다. 정상 상태에서의 온도 분포가 그림과 같을 때, 어느 물질의 열전도도가 가장 적은가? (단, 온도 $T_1=1,000°C$, $T_2=800°C$, $T_3=550°C$, $T_4=250°C$이다.)

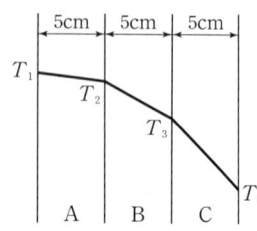

① A
② B
③ C
④ 모두 같다.

해설

손실열량 공식을 이용한다.

$$Q = \frac{\lambda \times \Delta T \times A}{d}$$

λ: 열전도도, ΔT: 온도차, A: 면적, d: 두께

열전도도와 온도차는 반비례 관계이므로 온도차(ΔT)가 클수록 열전도도는 낮다.

A평판 $(T_1-T_2)=1,000-800=200°C$
B평판 $(T_2-T_3)=800-550=250°C$
C평판 $(T_3-T_4)=550-250=300°C$

C 평판의 온도차이가 가장 크므로 열전도도가 가장 낮다.

정답 | ③

85 빈출도 ★★

파이프 내경 $D(\text{mm})$를 유량 $Q(\text{m}^3/\text{s})$와 평균속도 $V(\text{m/s})$로 표시한 식으로 옳은 것은?

① $D=1,128\sqrt{\dfrac{Q}{V}}$
② $D=1,128\sqrt{\dfrac{\pi Q}{V}}$
③ $D=1,128\sqrt{\dfrac{Q}{\pi V}}$
④ $D=1,128\sqrt{\dfrac{V}{Q}}$

해설

$$Q = A \times V$$

Q: 유량(m³/s), A: 면적(m²), V: 유속(m/s)

원형 면적을 구하는 공식은 $\dfrac{\pi \times D^2}{4}$이므로, 이를 대입하면

$Q = A \times V = \left(\dfrac{\pi \times D^2}{4}\right) \times V$

$D = \sqrt{\dfrac{4 \times Q}{\pi \times V}}$

문제에서 D의 단위는 mm이므로, 1m=1,000mm를 대입한다.

$D = \sqrt{\dfrac{4 \times Q}{\pi \times V}} \times 10^3$

$= \sqrt{\dfrac{4 \times Q \times 10^6}{\pi \times V}} = 2,000\sqrt{\dfrac{Q}{\pi \times V}} = 2,000 \times \sqrt{\dfrac{1}{\pi}} \times \sqrt{\dfrac{Q}{V}}$

$= 1,128\sqrt{\dfrac{Q}{V}}$

정답 | ①

86 빈출도 ★★

보일러의 강도 계산에서 보일러 동체 속에 압력이 생기는 경우 원주방향의 응력은 축방향 응력의 몇 배 정도인가? (단, 동체 두께는 매우 얇다고 가정한다.)

① 2배
② 4배
③ 8배
④ 16배

해설

축 방향의 인장응력 공식은 다음과 같다.

$$\sigma = \frac{PD}{4t}$$

σ: 인장응력(kPa), D: 내경(mm), P: 압력(kPa), t: 두께(mm)

원주 방향의 인장응력 공식은 다음과 같다.

$$\sigma = \frac{PD}{2t}$$

σ: 인장응력(kPa), D: 내경(mm), P: 압력(kPa), t: 두께(mm)

축 방향과 원주방향의 인장응력은 2배 정도 차이가 발생한다.

정답 | ①

---

87 빈출도 ★★

다음 중 특수열매체 보일러에서 가열 유체로 사용되는 것은?

① 폴리아미드
② 다우섬
③ 덱스트린
④ 에스테르

해설

특수열매체 보일러는 특수가열유체를 사용하여 낮은 압력으로 고온의 증기를 얻는 구조를 가진 보일러를 말하며, 다우섬, 세큐리티, 모빌썸, 수은 등이 가열 유체로 사용된다.

정답 | ②

---

88 빈출도 ★★★

다음 중 보일러 안전장치로 가장 거리가 먼 것은?

① 방폭문
② 안전밸브
③ 체크밸브
④ 고저수위경보기

해설

체크밸브는 유체가 한 방향으로 흐르도록 제어하는 밸브, 즉 역류를 방지하기 위한 장치이므로 보일러 안전장치와는 거리가 멀다.

정답 | ③

---

89 빈출도 ★★

보일러의 만수보존법에 대한 설명으로 틀린 것은?

① 밀폐 보존방식이다.
② 겨울철 동결에 주의하여야 한다.
③ 보통 2~3개월의 단기보존에 사용된다.
④ 보일러수는 pH 6 정도 유지되도록 한다.

해설

알칼리 성분과 탈산소제 약품을 넣어 관수 pH 12 정도의 약알칼리성으로 보존한다.

정답 | ④

90 빈출도 ★★

유체의 압력손실에 대한 설명으로 틀린 것은? (단, 관 마찰계수는 일정하다.)

① 유체의 점성으로 인해 압력손실이 생긴다.
② 압력손실은 유속의 제곱에 비례한다.
③ 압력손실은 관의 길이에 반비례한다.
④ 압력손실은 관의 내경에 반비례한다.

해설

유체의 압력손실에 대한 다르시-바이스바흐 방정식은 다음과 같다.

$$\Delta P = \frac{f \times L \times \rho \times v^2}{2D}$$

ΔP: 압력손실(Pa), f: 마찰계수, L: 관의 길이(m),
ρ: 밀도(kg/m^3), v: 유속(m/s), D: 관의 내경(m)

- 압력손실은 마찰계수(f)에 비례한다.
- 압력손실은 관의 길이(L)에 비례한다.
- 압력손실은 유속(v)에 제곱에 비례한다.
- 압력손실은 관의 지름(D)에 반비례한다.

정답 | ③

91 빈출도 ★

인젝터의 특징으로 틀린 것은?

① 급수온도가 높으면 작동이 불가능하다.
② 소형 저압보일러용으로 사용된다.
③ 구조가 간단하다.
④ 열효율은 좋으나 별도의 소요 동력이 필요하다.

해설

비동력 장치로 별도의 소요동력이 필요하지 않다.

관련개념 인젝터

- 구조가 간단하고 가격이 저렴하여 소형에 사용된다.
- 별도의 소요동력이 필요하지 않다.
- 급수의 예열로 열효율이 상승하나 증기압력, 급수온도에 따라 급수 불량이 발생할 수 있다.
- 흡입양정이 작고 효율이 낮다.

정답 | ④

92 빈출도 ★

다음 중 고압보일러용 탈산소제로서 가장 적합한 것은?

① $(C_6H_{10}O_5)_n$
② Na_2SO_3
③ N_2H_4
④ $NaHSO_3$

해설

고압보일러용 탈산소제는 히드라진(N_2H_4)이다.

관련개념 보일러 내처리제의 종류 및 약품

구분	약품명
pH 및 알칼리 조정제	수산화나트륨, 탄산나트륨, 인산나트륨, 인산, 암모니아
연화제	수산화나트륨, 탄산나트륨, 인산나트륨
슬러지조정제	탄닌, 리그닌, 전분
탈산소제	아황산나트륨, 히드라진, 탄닌
가성취화방지제	황산나트륨, 인산나트륨, 질산나트륨, 탄닌, 리그닌
기포방지제	고급 지방산 폴리아민, 고급지방산 폴리알콜

정답 | ③

93 빈출도 ★

일반적인 주철제 보일러의 특징으로 적절하지 않은 것은?

① 내식성이 좋다.
② 인장 및 충격에 강하다.
③ 복잡한 구조라도 제작이 가능하다.
④ 좁은 장소에서도 설치가 가능하다.

해설

주철제 보일러는 탄소함유량이 높은 주철로 구성되어 연성이 낮아 인장 및 충격에 약하다.

정답 | ②

94 빈출도 ★★★

프라이밍 및 포밍 발생 시 조치사항에 대한 설명으로 틀린 것은?

① 안전밸브를 전개하여 압력을 강하시킨다.
② 증기 취출을 서서히 한다.
③ 연소량을 줄인다.
④ 수위를 안정시킨 후 보일러수의 농도를 낮춘다.

해설

안전밸브를 전개하면 프라이밍 및 포밍 현상이 더 심해질 수 있다.

관련개념 프라이밍 및 포밍 조치 방법

- 보일러수를 농축시키지 않는다.
- 보일러수 중의 불순물을 제거한다.
- 과부하가 되지 않도록 한다.
- 증기 취출을 서서히 한다.
- 연소량을 줄인다.
- 압력을 규정압력으로 유지한다.
- 안전밸브, 수면계의 시험과 압력계 연락관을 취출하여 본다.

정답 | ①

95 빈출도 ★★

이온 교환체에 의한 경수의 연화 원리에 대한 설명으로 옳은 것은?

① 수지의 성분과 Na형의 양이온과 결합하여 경도성분 제거
② 산소 원자와 수지가 결합하여 경도성분 제거
③ 물속의 음이온과 양이온이 동시에 수지와 결합하여 경도성분 제거
④ 수지가 물속의 모든 이물질과의 결합하여 경도성분 제거

해설

수지의 성분과 Na형의 양이온이 결합하여 경도성분을 제거한다.

정답 | ①

96 빈출도 ★

수관 1개의 길이가 2,200mm, 수관의 내경이 60mm, 수관의 두께가 4mm인 수관 100개를 갖는 수관 보일러의 전열면적은 약 몇 m^2인가?

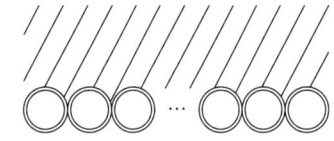

① 42
② 47
③ 52
④ 57

해설

수관 보일러의 전열면적 공식은 다음과 같다.

$$A = \pi D \times L \times n$$

A: 전열면적(m^2), D: 외경(m), L: 길이(m), n: 수관 수

외경(D)은 (내경 $+ 2 \times$ 두께)로 구한다.
$D = 0.06m + 2 \times 0.004 = 0.068m$
$A = \pi \times 0.068 \times 2.2 \times 100 = 47m^2$

정답 | ②

97 빈출도 ★

방사 과열기에 대한 설명 중 틀린 것은?

① 주로 고온, 고압 보일러에서 접촉 과열기와 조합해서 사용한다.
② 화실의 천장부 또는 노벽에 설치한다.
③ 보일러 부하와 함께 증기온도가 상승한다.
④ 과열온도의 변동을 적게 하는데 사용된다.

해설

방사 과열기는 증가된 보일러 부하로 발생증기에서 흡수된 유효 열량이 많아져 복사열이 감소하므로 증기온도는 하락한다.

정답 | ③

98 빈출도 ★★

내압을 받는 어떤 원통형 탱크의 압력이 0.3MPa, 직경이 5m, 강판 두께가 10mm이다. 이 탱크의 이음효율을 75%로 할 때, 강판의 인장응력(N/mm^2)는 얼마인가? (단, 탱크의 반경방향으로 두께에 응력이 유기되지 않는 이론값을 계산한다.)

① 200　　　　　② 100
③ 20　　　　　 ④ 10

해설

강판의 인장응력 공식은 다음과 같다.

$$P \times D = 2\sigma \times t \times \eta$$

P: 압력(MPa), D: 직경(mm), σ: 인장응력(N/mm^2),
t: 두께(mm), η: 효율

$$\sigma = \frac{P \times D}{2 \times t \times \eta} = \frac{0.3 \times 5,000}{2 \times 10 \times 0.75} = 100 N/mm^2$$

정답 | ②

99 빈출도 ★★

물을 사용하는 설비에서 부식을 초래하는 인자로 가장 거리가 먼 것은?

① 용존 산소　　　② 용존 탄산가스
③ pH　　　　　　④ 실리카

선지분석

① 용존산소가 높으면 일반부식 또는 전면부식이 발생한다.
② 용존 탄산가스, 산소의 전기화학적 작용으로 보일러 내면에 반점모양의 구멍을 형성하는 점식부식이 발생한다.
③ pH가 12를 초과하면 알칼리 부식을 발생시킨다.
④ 실리카는 보일러수에 포함되어 스케일 형성과 열효율 저하를 가지고 오는 주요 원인으로 부식과는 거리가 멀다.

정답 | ④

100 빈출도 ★

보일러의 모리슨형 파형노통에서 노통의 최소 안지름이 950mm, 최고사용압력을 1.1MPa이라 할 때 노통의 최소두께는 몇 mm인가? (단, 평형부 길이가 230mm 미만이며, 상수 C는 1,100이다.)

① 5　　　　　② 8
③ 10　　　　 ④ 13

해설

파형 노통의 최소 두께를 구하는 식은 다음과 같다.

$$t = \frac{10PD}{C}$$

t: 최소 두께(mm), P: 최고사용압력(MPa), D: 평균 내경(mm),
C: 노통의 종류에 따른 상수

$$t = \frac{10 \times 1.1 \times 950}{1,100} = 9.5mm$$

정답 | ③

연소공학

01 빈출도 ★★★

프로판 가스(C_3H_8) $1Nm^3$을 완전연소시키는 데 필요한 이론공기량은 약 몇 Nm^3인가?

① 23.8 ② 11.9
③ 9.52 ④ 5

해설

프로판(C_3H_8)의 완전연소반응식

$C_3H_8 + 5O_2 \rightarrow 3CO_2 + 4H_2O$

C_3H_8과 O_2은 1 : 5 반응이므로 이를 이용하여 이론산소량을 구한다.

C_3H_8 : $5O_2$

$1mol : 5mol = 1 \times 22.4Nm^3 : 5 \times 22.4Nm^3$

$$A_o = \frac{O_o}{0.21}$$

A_o : 이론공기량, O_o : 이론산소량

$$A_o = \frac{O_o}{0.21} = \frac{\frac{5 \times 22.4Nm^3}{1 \times 22.4Nm^3}}{0.21} = \frac{5}{0.21} = 23.8 Nm^3/Nm^3$$

정답 | ①

02 빈출도 ★★

다음 중 기상폭발에 해당되지 않는 것은?

① 수증기 폭발 ② 분무 폭발
③ 분진 폭발 ④ 가스 폭발

해설

수증기 폭발은 응상폭발이다.
기상폭발이란 기상(기체상태)의 물질이 폭발하는 것을 말한다. 종류로는 가스, 분해, 분진, 분무, 박막, 증기운 폭발 등이 있다.

정답 | ①

03 빈출도 ★★

다음 기체연료에 대한 설명 중 틀린 것은?

① 연소조절 및 점화, 소화가 용이하다.
② 고온연소에 의한 국부가열의 염려가 크다.
③ 연료의 예열이 쉽고 전열효율이 좋다.
④ 적은 공기로 완전 연소시킬 수 있으며 연소효율이 높다.

해설

액체연료의 경우 높은 온도에서 국부가열의 염려 및 과열이 생긴다.

관련개념 기체연료 특징

- 적은 과잉공기로 완전연소가 가능하여 연소효율이 높아진다.
- 부하변동 범위가 넓어 저발열량의 연료로 고온을 얻는다.
- 연소가 균일하고 조절이 용이하며, 매연이 발생하지 않는다.
- 저장 및 수송이 불편하고, 설비비 및 연료비가 많이 든다.
- 취급 시 폭발 위험과 일산화탄소(CO) 등 유해가스의 노출위험이 있다.

정답 | ②

04 빈출도 ★★★

고체연료의 연료비를 식으로 바르게 나타낸 것은?

① $\dfrac{고정탄소\%}{휘발분\%}$ ② $\dfrac{회분\%}{휘발분\%}$

③ $\dfrac{고정탄소\%}{회분\%}$ ④ $\dfrac{가연성\ 성분\ 중탄소\%}{유리수소\%}$

해설

고체연료비 = $\dfrac{고정탄소\%}{휘발분\%}$

정답 | ①

05 빈출도 ★

일산화탄소 $1Nm^3$를 연소시키는 데 필요한 공기량 Nm^3은 약 얼마인가?

① 2.38
② 2.67
③ 4.31
④ 4.76

해설

$2CO + O_2 \rightarrow 2CO_2$
CO과 O_2은 1 : 0.5 반응이므로 이를 이용하여 이론산소량을 구한다.
CO : O_2
$1mol : 0.5mol = 1 \times 22.4Nm^3 : 0.5 \times 22.4Nm^3$

$$A_o = \frac{O_o}{0.21}$$

A_o: 이론공기량, O_o: 이론산소량

$A_o = \dfrac{O_o}{0.21} = \dfrac{\dfrac{0.5 \times 22.4Nm^3}{1 \times 22.4Nm^3}}{0.21} = 2.38 Nm^3/Nm^3$

정답 | ①

06 빈출도 ★★

다음 중 연소 전에 연료와 공기를 혼합하여 버너에서 연소하는 방식인 예혼합 연소방식 버너의 종류가 아닌 것은?

① 포트형 버너
② 저압버너
③ 고압버너
④ 송풍버너

해설

예혼합 연소방식 버너의 종류로 고압버너($2kg/cm^2$ 이상), 저압버너($0.01kg/cm^2$ 이상), 송풍버너가 있다.

정답 | ①

07 빈출도 ★

어떤 열설비에서 연료가 완전연소하였을 경우 배기가스 내의 과잉 산소농도가 10%이었다. 이 때 연소기기의 공기비는 약 얼마인가?

① 1.0
② 1.5
③ 1.9
④ 2.5

해설

공기비(m) 공식은 아래와 같다.

$$m = \frac{CO_2\ 최대량}{CO_2} = \frac{21}{21 - O_2}$$

공기비(m) = $\dfrac{21}{21 - 10} = 1.9$

정답 | ③

08 빈출도 ★★

중유의 탄수소비가 증가함에 따른 발열량의 변화는?

① 무관하다.
② 증가한다.
③ 감소한다.
④ 초기에는 증가하다가 점차 감소한다.

해설

탄수소비$\left(\dfrac{C}{H}\right)$ 증가에 따른 관계

- 발열량, 공기량, 배기가스량 감소
- 비중, 화염방사율, 동점도, 인화점 증가

정답 | ③

09 빈출도 ★★

다음 중 습한 함진가스에 가장 적절하지 않은 집진장치는?

① 스크러버
② 여과식 집진기
③ 사이클론
④ 멀티클론

해설

여과식 집진기는 건식 함진가스에 사용된다.

관련개념 세정 집진장치와 중력 집진장치

	세정 집진장치	중력 집진장치
원리	분진가스 내 분진을 세정액이나 액막(수분) 등에 충돌 또는 흡수하여 포집함	큰 입자가 중력에 의해 침강하여 제거됨
종류	회전식, 가압수식, 유수식 등	중력식, 원심력식, 여과식 등

정답 | ②

10 빈출도 ★★

다음 액체 연료 중 비중이 가장 낮은 것은?

① 중유   ② 등유
③ 경유   ④ 가솔린

선지분석

① 중유: 0.89~0.99
② 등유: 0.78~0.85
③ 경유: 0.85~0.89
④ 가솔린: 0.7~0.75
※ 비중이 낮을수록 비등점도 낮다.

정답 | ④

11 빈출도 ★★

액화석유가스를 저장하는 가스설비의 내압성능에 대한 설명으로 옳은 것은?

① 최대압력의 1.2배 이상의 압력으로 내압시험을 실시하여 이상이 없어야 한다.
② 상용압력의 1.2배 이상의 압력으로 내압시험을 실시하여 이상이 없어야 한다.
③ 최대압력의 1.5배 이상의 압력으로 내압시험을 실시하여 이상이 없어야 한다.
④ 상용압력의 1.5배 이상의 압력으로 내압시험을 실시하여 이상이 없어야 한다.

해설

액화석유가스 설비 고압가스 안전관리법에 따라 내압 시험 시 상용압력의 1.5배 이상의 압력의 이상으로 설정된다.

정답 | ④

12 빈출도 ★

메탄 50v%, 에탄 25v%, 프로판 25v%가 섞여 있는 혼합 기체의 공기 중에서의 연소 하한계는 약 몇(%)인가? (단, 메탄, 에탄, 프로판의 연소 하한계는 각각 5v%, 3v%, 2.1v%)

① 2.3   ② 3.3
③ 4.3   ④ 5.3

해설

혼합가스 연소 하한계(LFL) 르샤틀리에 공식은 아래와 같다.

$$\frac{100}{L} = \frac{V_1}{L_1} + \frac{V_2}{L_2} + \frac{V_3}{L_3} + \cdots$$

V: 각 성분 부피 백분율(%), L: 각 성분 연소 하한계(%)

$$\frac{100}{L} = \frac{50}{5} + \frac{25}{3} + \frac{25}{2.1} = 30.2381$$

$$L = \frac{100}{30.2381} = 3.31\%$$

정답 | ②

13 빈출도 ★★

$1Nm^3$의 메탄가스를 공기를 사용하여 연소시킬 때 이론 연소온도는 약 몇 ℃인가? (단, 대기 온도는 15℃이고, 메탄가스의 고발열량은 $39,767kJ/Nm^3$이고, 물의 증발잠열은 $2,017.7kJ/Nm^3$이고, 연소가스의 평균정압비열은 $1.423kJ/Nm^3℃$이다.)

① 2,387
② 2,402
③ 2,417
④ 2,432

해설

가스를 연소시킬 때의 이론 연소온도를 구하는 식은 다음과 같다.

$$t_c = \frac{H_l}{G \times C_p} + t_a$$

t_c: 이론 연소온도(℃), H_l: 저위발열량(kJ/Nm^3),
G: 연소가스량(Nm^3/Nm^3), C_p: 정압비열(kJ/Nm^3 ℃),
t_a: 대기온도(℃)

여기서 저위발열량(H_l)은 다음과 같이 구한다.

$$H_l = H_h - R_W$$

H_h: 고위발열량(kJ/Nm^3), R_W: 증발잠열(kJ/Nm^3)

메탄의 완전연소반응식
$CH_4 + 2O_2 \rightarrow CO_2 + 2H_2O$
$H_l = H_h - 2H_2O$
$H_l = 39,767 - (2 \times 2017.7) = 35731.6$
이론 연소온도를 구하기 위해서는 연소가스량(G)를 계산해야 한다.
G = 메탄 $1Nm^3$ 연소 시 생성된 생성물 + 이론공기량 중 질소량
$= CO_2 + H_2O + 0.79 \times \frac{O_0}{0.21}$
$1Nm^3 + 2Nm^3 + 0.79 \times \frac{2Nm^3}{0.21}$
$= 1 + 2 + 7.524 = 10.523 Nm^3/Nm^3$
$t_c = \frac{35,731.6}{10.523 \times 1.423} + 15 = 2,402℃$

정답 | ②

14 빈출도 ★★

연소실에서 연소된 연소가스의 자연통풍력을 증가시키는 방법으로 틀린 것은?

① 연돌의 높이를 높인다.
② 배기가스 온도를 높인다.
③ 배기가스의 비중량을 크게 한다.
④ 연도의 길이를 짧게 한다.

해설

배기가스의 비중량을 작게 한다.

관련개념 통풍력 증가 조건

- 연돌의 높이를 높게 하고 단면적을 크게 한다.
- 연돌의 굴곡부가 적으며 길이를 짧게 한다.
- 배기가스 온도를 높게 한다.
- 외기온도와 습도를 낮게 한다.
- 공기의 습도와 기압을 높게 한다.

정답 | ③

15 빈출도 ★★

연소가스와 외부공기의 밀도차에 의해서 생기는 압력차를 이용하는 통풍 방법은?

① 자연 통풍
② 평행 통풍
③ 압입 통풍
④ 유인 통풍

해설

자연 통풍은 송풍기 없이 연돌의 밀도차에 의해 생기는 압력차를 이용하여 통풍한다.

정답 | ①

16 빈출도 ★★

이론 습연소가스량 G_{ow}와 이론 건연소가스량 G_{od}의 관계를 나타낸 식으로 옳은 것은? (단, H는 수소체적비, w는 수분체적비를 나타내고, 식의 단위는 Nm³/kg이다.)

① $G_{od} = G_{ow} + (9H + w)$
② $G_{od} = G_{ow} - (9H - w)$
③ $G_{od} = G_{ow} + 1.25(9H + w)$
④ $G_{od} = G_{ow} - 1.25(9H + w)$

해설

이론 건연소가스량(G_{od}) = $G_{ow} - W_g$
여기서, 수증기량(W_g) = $1.25(9H + w)$로 표현되므로, 정리하면 $G_{od} = G_{ow} - 1.25(9H + w)$이다.

정답 | ④

17 빈출도 ★★

고체연료의 연소방식으로 옳은 것은?

① 증발식 연소
② 포트식 연소
③ 화격자 연소
④ 심지식 연소

해설

고체연료의 연소방식에는 미분탄 연소, 화격자 연소, 유동층 연소가 있다.

관련개념 고체, 액체, 기체연료의 연소방식

연료	연소방식
고체연료	미분탄 연소, 화격자 연소, 유동층 연소
액체연료	분해식 연소, 분무식 연소, 포트식 연소, 심지식 연소, 증발식 연소
기체연료	확산 연소, 예혼합 연소, 부분 예혼합 연소

정답 | ③

18 빈출도 ★

어느 용기에서 압력(P)과 체적(V)의 관계가 $P = (50V + 10) \times 10^2$ kPa과 같을 때 체적이 2m³에서 4m³로 변하는 경우 일량은 몇 MJ인가? (단, 체적의 단위는 m³이다.)

① 32
② 34
③ 36
④ 38

해설

압력과 체적의 변화량에 대한 일의 공식은 다음과 같다.

$$W = \int_{V_2}^{V_1} P dV$$

W: 일(J), V: 부피(m³), P: 압력(kPa)

$W = \int_2^4 (50V + 10) \times 10^2 dV$
$= \left[\frac{1}{5} \times 50V^2 + 10V\right]_2^4 \times 10^2$
$= [25 \times (4^2 - 2^2) + 10 \times (4 - 2)] \times 10^2$
$= (25 \times 12 + 10 \times 2) \times 10^2$
$= 320 \times 10^2 = 32,000 \text{kJ} = 32 \text{MJ}$

정답 | ①

19 빈출도 ★★

1mol의 이상기체가 40℃, 35 atm으로부터 1atm까지 단열 가역적으로 팽창하였다. 최종 온도는 약 몇 K가 되는가? (단, 비열비는 1.67이다.)

① 75
② 88
③ 98
④ 107

해설

단열과정에서의 P-T 관계식은 아래와 같다.

$$\frac{T_2}{T_1} = \left(\frac{P_2}{P_1}\right)^{\frac{\gamma-1}{\gamma}}$$

T_1: 초기 온도(K), T_2: 최종 온도(K)
P_1: 초기 압력(atm), P_2: 최종 압력(atm), γ: 비열비

$T_2 = T_1 \times \left(\frac{P_2}{P_1}\right)^{\frac{\gamma-1}{\gamma}} = (40 + 273) \times \left(\frac{1}{35}\right)^{\frac{1.67-1}{1.67}} = 75.17 \text{K}$

정답 | ①

20 빈출도 ★

중유 1kg 속에 수소 0.15kg, 수분 0.003kg이 들어 있다면 이 중유의 고발열량이 10^4 kcal/kg일 때, 이 중유 2kg의 총 저위발열량은 약 몇 kcal인가?

① 12,000
② 16,000
③ 18,400
④ 20,000

해설

저위발열량(H_l) 공식은 다음과 같다.

$$H_l = H_h - R_w$$
$$R_w = 600 \times (9H + w)$$

H_l: 저위발열량(kcal/kg), H_h: 고위발열량(kcal/kg), R_w: 증발잠열(kcal/kg)

중유 1kg일 때의 저위발열량
$H_l = 10,000 - 600(9 \times 0.15 + 0.003) = 9,188.2$ kcal/kg
중유 2kg이므로 $9,188.2 \times 2 = 18,376.4$ kcal

정답 | ③

열역학

21 빈출도 ★

불꽃 점화 기관의 기본 사이클인 오토 사이클에서 압축비가 10이고, 기체의 비열비는 1.4일 때 이 사이클의 효율은 약 몇 %인가?

① 43.6
② 51.4
③ 60.2
④ 68.5

해설

오토사이클 열효율은 다음과 같이 구한다.

$$\eta = 1 - \left(\frac{1}{\epsilon}\right)^{k-1}$$

η: 효율(%), ϵ: 압축비, k: 비열비

$\eta = 1 - \left(\frac{1}{10}\right)^{1.4-1} \times 100 = 60.2\%$

정답 | ③

22 빈출도 ★★

온도 127℃에서 포화수 엔탈피는 560kJ/kg, 포화증기의 엔탈피는 2,720kJ/kg일 때 포화수 1kg이 포화증기로 변화하는 데 따르는 엔트로피의 증가는 몇 kJ/K인가?

① 1.4
② 5.4
③ 9.8
④ 21.4

해설

$$ds = \frac{dQ}{T}$$

ds: 엔트로피 변화량(kJ/K), dQ: 열량 변화량(kJ), T: 온도(K)

$ds = \dfrac{\text{가열된 열량}}{T} = \dfrac{2,720\text{kJ} - 560\text{kJ}}{(127+273)\text{K}} = 5.4$ kJ/K·kg

정답 | ②

23 빈출도 ★★

80℃의 물 50kg과 20℃의 물 100kg을 혼합하면 이 혼합된 물의 온도는 약 몇 ℃인가? (단, 물의 비열은 4.2kJ/kg·K이다.)

① 33
② 40
③ 45
④ 50

해설

$$Q = C \times m \times \Delta T$$

Q: 열량(kJ), m: 질량(kg), C: 비열(kJ/kg·K), ΔT: 온도차(K)

열평형법칙에 의해 85℃에서의 열량(Q_a)과 10℃에서의 열량(Q_b)은 같다.
$C \times m_a \times \Delta T_a = C \times m_b \times \Delta T_b$
혼합한 후 물의 열평형 온도를 T_x라고 하면
$C \times m_a \times (T_a - T_x) = C \times m_b \times (T_x - T_b)$
$50 \times (80 - T_x) = 100 \times (T_x - 20)$
$50 \times 80 - 50 T_x = 100 T_x - 100 \times 20$
$T_x = \dfrac{6,000}{150} = 40$℃

정답 | ②

24 빈출도 ★★

30°C에서 150L의 이상기체를 20L로 가역 단열압축 시킬 때 온도가 230°C로 상승하였다. 이 기체의 정적 비열은 약 몇 kJ/kg·K인가? (단, 기체상수는 0.287kJ/kg·K이다.)

① 0.17 ② 0.24
③ 1.14 ④ 1.47

해설

단열변화에서 압력-부피-온도의 관계는 다음과 같다.

$$\frac{T_2}{T_1} = \left(\frac{V_1}{V_2}\right)^{k-1}$$

$$\ln\left(\frac{T_2}{T_1}\right) = (k-1)\ln\left(\frac{V_1}{V_2}\right)$$

$$k = \frac{\ln\left(\frac{230+273}{30+273}\right)}{\ln\frac{150}{20}} + 1 = 1.252$$

여기서, 비열비(k) 공식을 통해 정압비열을 구한다.

$$k = \frac{C_p}{C_v} = \frac{C_v + R}{C_v}$$

k: 비열비, C_p: 정적비열(kJ/kg·K), C_v: 정압비열(kJ/kg·K), R: 기체상수(kJ/kg·K)

$$C_v = \frac{R}{k-1} = \frac{0.287}{1.252-1} = 1.14\,\text{kJ/kg·K}$$

정답 | ③

25 빈출도 ★★

비열비(k)가 1.4인 공기를 작동유체로 하는 디젤엔진의 최고온도(T_3) 2,500K, 최저온도(T_1)가 300K, 최고압력(P_3)이 4MPa, 최저압력(P_1)이 100kPa 일 때 차단비(cut off ratio; r_c)는 얼마인가?

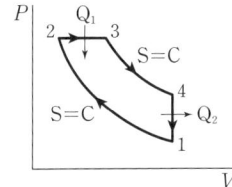

① 2.4 ② 2.9
③ 3.1 ④ 3.6

해설

차단비 = $\frac{T_3}{T_2}$

단열압축 과정의 온도-압력 관계를 통해 T_2를 구한다.

$$\frac{T_1}{T_2} = \left(\frac{P_1}{P_3}\right)^{\frac{k-1}{k}} = \frac{300}{T_2} = \left(\frac{0.1}{4}\right)^{\frac{1.4-1}{1.4}}$$

$$T_2 = \frac{300}{0.349} = 859.599\,\text{K}$$

차단비 = $\frac{T_3}{T_2} = \frac{2,500}{859.599} = 2.9$

정답 | ②

26 빈출도 ★★

다음 중 열역학 제1법칙을 설명한 것으로 가장 옳은 것은?

① 제3의 물체와 열평형에 있는 두 물체는 그들 상호간에도 열평형에 있으며, 물체의 온도는 서로 같다.
② 열을 일로 변환할 때 또는 일을 열로 변환할 때 전체 계의 에너지 총량은 변하지 않고 일정하다.
③ 흡수한 열을 전부 일로 바꿀 수는 없다.
④ 절대 영도 즉 0K에는 도달할 수 없다.

선지분석

① 열역학 제0법칙(열평형 법칙)
② 열역학 제1법칙(에너지보존 법칙)
③ 열역학 제2법칙(열의 방향성 법칙)
④ 열역학 제3법칙

정답 | ②

27 빈출도 ★★

97°C로 유지되고 있는 항온조가 실내 온도 27°C인 방에 놓여 있다. 어떤 시간에 1,000kJ의 열이 항온조에서 실내로 방출되었다면 다음 설명 중 틀린 것은?

① 이 과정은 비가역적이다.
② 항온조와 실내 공기의 총 엔트로피는 감소하였다.
③ 항온조속의 물질의 엔트로피 변화는 -2.7kJ/K이다.
④ 실내 공기의 엔트로피의 변화는 약 3.3 kJ/K이다.

선지분석

①, ② 총 엔트로피 변화량은 항온조의 엔트로피 변화량(-2.7kJ/K)+실내 공기의 엔트로피 변화량(3.3kJ/K)으로, -2.7kJ/K+3.3kJ/K=0.6kJ/K이다. 즉, 총 엔트로피는 증가하였으므로 비가역과정이다.

③ 항온조속의 물질의 엔트로피 변화

$$\frac{dQ}{T_1} = \frac{-1,000\text{kJ}}{(97+273)\text{K}} = -2.70\text{kJ/K}$$

④ 실내 공기의 엔트로피 변화

$$\frac{dQ}{T_2} = \frac{-1,000\text{kJ}}{(27+273)\text{K}} = -3.33\text{kJ/K}$$

정답 | ②

28 빈출도 ★★

수증기를 사용하는 기본 랭킨 사이클의 복수기 압력이 10kPa, 보일러 압력이 2MPa, 터빈 일이 792kJ/kg, 복수기에서 방출되는 열량이 1,800kJ/kg일 때 열효율(%)은? (단, 펌프에서 물의 비체적은 1.01×10^{-3}m²/kg이다.)

① 30.5
② 32.5
③ 34.5
④ 36.5

해설

랭킨 사이클의 효율은 다음과 같이 구한다.

$$\eta = \frac{W}{Q}$$

W: 유효일량, Q: 공급일량

여기서, 유효일량(W)은 터빈일(W_T)−펌프일(W_P)과 같다.
펌프일(W_P)=$v_f \times (P_2 - P_1)$
(v_f: 펌프의 비체적, P_1: 복수기 압력, P_2: 보일러 압력)
$W_P = (1.01 \times 10^{-3}) \times (2,000-10) = 2.01$kJ/kg
$W = W_T - W_P = 792 - 2.01 = 789.99$kJ/kg
또한, 공급일량(Q)은 일+방출열량과 같다.
$Q = W + Q_{out} = 789.99 + 1,800 = 2,589.99$kJ/kg
$\eta = \frac{789.99}{2,589.99} \times 100 = 30.5\%$

정답 | ①

29 빈출도 ★★

초기 조건이 100kPa, 60°C인 공기를 정적과정을 통해 가열한 후 정압에서 냉각과정을 통하여 500kPa, 60°C로 냉각할 때 이 과정에서 전체 열량의 변화는 약 몇 kJ/kmol인가? (단, 정적비열은 20kJ/kmol · K, 정압비열은 28kJ/kmol · K이며, 이상기체로 가정한다.)

① −964
② −1,964
③ −10,656
④ −20,656

해설

정적과정($V_1=V_2$)에서 가열 후 온도(T_2)를 구한다.

$$\frac{P_1V_1}{T_1}=\frac{P_2V_2}{T_2} 에서 \frac{T_2}{T_1}=\frac{P_2}{P_1}$$

$$\frac{T_2}{(60+273)\text{K}}=\frac{500\text{kPa}}{100\text{kPa}}$$

$T_2=1,665\text{K}$ 이다.

정적과정(1)에서 열량(Q_1)을 구한다.

$$Q=C_v \times \varDelta T$$

Q: 열량(kJ/kmol), C_v: 정적비열(kJ/kmol · K), $\varDelta T$: 온도차(K)

$Q_1=C_v \times (T_2-T_1)=20\times(1,665-(60+273))$
    $=26,640\text{kJ/kmol}$

정압과정(2)에서 열량(Q_2)을 구한다.

$$Q=C_p \times \varDelta T$$

Q: 열량(kJ/kmol), C_p: 정압비열(kJ/kmol · K), $\varDelta T$: 온도차(K)

$Q_2=C_p \times (T_3-T_2)=28\times((60+273)-1,665)$
    $=-37,296\text{kJ/kmol}$

따라서,
전체 열량변화$=26,640+(-37,296)=-10,656\text{kJ/kmol}$

정답 | ③

30 빈출도 ★★

최고 온도 500°C와 최저 온도 30°C 사이에서 작동되는 열기관의 이론적 효율(%)은?

① 6
② 39
③ 61
④ 94

해설

$$\eta=1-\frac{T_L}{T_H}$$

η: 효율(%), T_H: 최고 온도 (고온 저장소의 절대온도, K),
T_L: 최저 온도 (저온 저장소의 절대온도, K)

$$\eta=1-\frac{(30+273)}{(500+273)}=0.608=61\%$$

정답 | ③

31 빈출도 ★★★

냉매가 구비해야 할 조건 중 틀린 것은?

① 증발열이 클 것
② 비체적이 작을 것
③ 임계온도가 높을 것
④ 비열비가 클 것

해설

비열비가 작아야 한다.

관련개념 냉매의 구비조건

- 증발열이 크고 임계온도(임계점)가 높아야 한다.
- 비체적과 비열비가 작아야 한다.
- 인화 및 폭발의 위험성이 낮아야 한다.
- 비교적 저온, 저압에서 응축이 잘 되어야 한다.
- 구입이 용이하고 가격이 저렴해야 한다.
- 점성 및 표면장력이 작고 상용압력범위가 낮아야 한다.

정답 | ④

32 빈출도 ★

보일러로부터 압력 1MPa로 공급되는 수증기의 건도가 0.95일 때 이 수증기 1kg당 엔탈피는 약 몇 kcal인가? (단, 1MPa에서 포화액의 비엔탈피는 181.2 kcal/kg, 포화증기의 엔탈피는 662.9kcal/kg이다.)

① 457.6
② 638.8
③ 810.9
④ 1,120.5

해설

$$h_x = h_g - x(h_f - h_g)$$

h_x: 습증기 엔탈피(kcal/kg), h_f: 포화증기의 엔탈피(kcal/kg), x: 수증기 건도, h_g: 포화액의 비엔탈피(kcal/kg)

$h_x = 181.2 + 0.95 \times (662.9 - 181.2) = 638.8 \text{kcal/kg}$

정답 | ②

33 빈출도 ★

Gibbs의 상률(상법칙, phase rule)에 대한 설명 중 틀린 것은?

① Gibbs의 상률은 강도성 상태량과 관계한다.
② 상태의 자유도와 혼합물을 구성하는 성분 물질의 수, 그리고 상의 수에 관계되는 법칙이다.
③ 평형이든 비평형이든 무관하게 존재하는 관계식이다.
④ 단일성분의 물질이 기상, 액상, 고상 중 임의의 2상이 공존할 때 상태의 자유도는 1이다.

해설

Gibbs의 상률은 비평형상태의 계에서 존재하지 않는 관계식으로 오로지 평형계에서 존재한다.

관련개념 Gibbs의 상률(상법칙)

열역학적 상평형상태에 있는 계의 상태를 정의한다.

$$F = C - P + 2$$

F: 자유도(조절가능한 변수의 수), C: 구성성분의 수, P: 상의 수, 2: 독립변수(온도·압력)

정답 | ③

34 빈출도 ★★★

열역학 제2법칙을 설명한 것이 아닌 것은?

① 사이클로 작동하면서 하나의 열원으로부터 열을 받아서 이 열을 전부 일로 바꾸는 것은 불가능하다.
② 에너지는 한 형태에서 다른 형태로 바뀔 뿐이다.
③ 제2종 영구기관을 만든다는 것은 불가능하다.
④ 주위에 아무런 변화를 남기지 않고 열을 저온의 열원으로부터 고온의 열원으로 전달하는 것은 불가능하다.

선지분석

① 열역학 제2법칙으로, 공급된 열을 전부 일로 바꾸는 것은 불가능하다.
② 열역학 제1법칙으로, 제1종 영구기관 즉, 에너지의 공급 없이 일을 하는 열기관은 실현이 불가능하다. 다만 한 형태에서 다른 형태로 바꾸는 건 가능하여 열과 일 사이에는 에너지 보존의 법칙이 성립된다.
③ 열역학 제2법칙으로, 제2종 영구기관을 만드는 것은 불가능하다.
④ 열역학 제2법칙으로, 주위에 아무런 변화를 남기지 않고 열 이동 및 에너지 방향 전환이 불가능한 법칙으로 계가 흡수한 열을 완전히 일로 전환할 수 있는 장치는 없다.

정답 | ②

35 빈출도 ★

이상적인 증기압축식 냉동장치에서 압축기 입구를 1, 응축기 입구를 2, 팽창밸브 입구를 3, 증발기 입구를 4로 나타낼 때 온도(T)-엔트로피(S)선도(수직축 T, 수평축 S)에서 수직선으로 나타내는 과정은?

① 1-2 과정 ② 2-3 과정
③ 3-4 과정 ④ 4-1 과정

해설

T-S선도 냉동사이클의 압축과정 1 → 2에서 수직선(T: 증가, S: 변화없는 과정)으로 나타난다.

관련개념 증기압축 냉동사이클

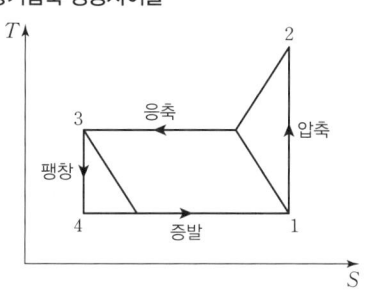

▲ 증기압축 냉동사이클 T-S선도

- 1 → 2: 단열압축 과정(압축기)
- 2 → 3: 정압방열(응축) 과정(응축기)
- 3 → 4: 등엔탈피 팽창 과정(팽창밸브)
- 4 → 1: 등온팽창 과정(증발기)

정답 | ①

36 빈출도 ★★

온도가 각각 -20℃, 30℃인 두 열원 사이에서 작동하는 냉동사이클이 이상적인 역카르노사이클을 이루고 있다. 냉동기에 공급된 일이 15kW이면 냉동용량(냉각열량)은 약 몇 kW인가?

① 2.5 ② 3.0
③ 76 ④ 91

해설

$$COP = \frac{Q_L}{W} = \frac{Q_L}{Q_H - Q_L}$$

COP: 성능계수, W: 입력 일(kW), Q_H: 고온체 방출 열(kW), Q_L: 저온체 흡수 열(kW)

역카르노 사이클의 냉동기 성능계수를 온도로 표현할 수 있으므로
$$COP = \frac{Q_2}{Q_1 - Q_2} = \frac{T_2}{T_1 - T_2}$$
$$= \frac{-20 + 273}{(30 + 273) - (-20 + 273)} = 5.06$$

위 공식을 이용하여 냉동용량(Q_2)을 구한다.
$Q_2 = COP \times W = 5.06 \times 15 = 76\text{kW}$

정답 | ③

37 빈출도 ★★

다음 중 상온에서 비열비 값이 가장 큰 기체는?

① O_2 ② CH_4
③ CO_2 ④ He

해설

비열비가 가장 큰 기체는 1원자 분자인 He이다.

관련개념 비열비

비열비(k)는 단열지수라고도 하며 항상 1보다 크고 단원자 기체일수록 크다.
- 1원자 분자(k=1.66): He, Ar, Ne, S, C 등
- 2원자 분자(k=1.4): N_2, H_2, O_2, CO 등
- 3원자 분자(k=1.33): CO_2, H_2O, SO_2 등

정답 | ④

38 빈출도 ★★

이상기체 5kg이 250℃에서 120℃까지 정적과정을 변화한다. 엔트로피 감소량은 약 몇 kJ/K인가? (단, 정적비열은 0.653kJ/kg · K이다.)

① 0.933
② 0.439
③ 0.274
④ 0.187

해설

이상기체 엔트로피 변화계산 공식은 다음과 같다.

$$\Delta S = m \times C_v \times \ln\left(\frac{T_2}{T_1}\right)$$

ΔS: 엔트로피 변화량(kJ/K), m: 질량(kg),
C_v: 정적비열(kJ/kg · K), T_1: 초기 온도(K), T_2: 최종 온도(K)

$$\Delta S = 5 \times 0.653 \times \ln\left(\frac{120+273}{250+273}\right) = -0.933\text{kJ/K}$$

※ (—) 부호는 감소를 의미한다.

관련개념 열역학 제2법칙

열역학 제2법칙에 의해 상태 과정에서의 엔트로피 변화량(ΔS)은 다음과 같다. (C_v: 정적비열, C_p: 정압비열)

등온과정(일정한 온도)	$\Delta S = \dfrac{\Delta Q}{T}$
정적 과정(일정한 부피)	$\Delta S = m \times C_v \times \ln\left(\dfrac{T_2}{T_1}\right)$
정압 과정(일정한 압력)	$\Delta S = m \times C_p \times \ln\left(\dfrac{T_2}{T_1}\right)$

정답 | ①

39 빈출도 ★★

다음 중 이상기체의 상태변화에 관련하여 폴리트로픽(Polytropic) 지수 n에 대한 설명으로 옳은 것은?

① '$n=0$'이면 단열 변화
② '$n=1$'이면 등온 변화
③ '$n=$비열비'이면 정적 변화
④ '$n=\infty$'이면 등압 변화

해설

n의 조건	계산과정	결과
$n=0$	$P=C$	정압과정
$n=1$	$PV=C$	등온과정
$1<n<k$	$PV^n=C$	폴리트로픽과정
$n=k$	$PV^k=C$	단열과정 (등엔트로피과정)
$n=\infty$	$PV^\infty = P^{\frac{1}{\infty}}V = P^0V = V = C$	정적과정

정답 | ②

40 빈출도 ★★

비엔탈피가 326kJ/kg인 어떤 기체가 노즐을 통하여 단열적으로 팽창되어 비엔탈피가 322kJ/kg으로 되어 나간다. 유입 속도를 무시할 때 유출 속도(m/s)는? (단, 노즐 속의 유동은 정상류이며 손실은 무시한다.)

① 4.4
② 22.6
③ 64.7
④ 89.4

해설

에너지보존법칙에 의해 노즐의 유출 속도는 다음과 같이 구한다.

$$v_2 = \sqrt{v_1^2 + 2 \times (H_1 - H_2)}$$

v: 유입 속도(m/sec), H: 비엔탈피(kJ/kg)

여기서, 1: 노즐의 입구, 2: 노즐의 출구

$$v_2 = \sqrt{0 + 2 \times (326-322) \times 10^3 \text{J/kg}}$$
$$= 89.4\text{m/s}$$

정답 | ④

계측방법

41 빈출도 ★★

−200~500°C의 측정범위를 가지며 측온저항체 소선으로 주로 사용되는 저항소자는?

① 구리선
② 백금선
③ Ni선
④ 서미스터

해설

백금 측온저항체 온도계는 온도 범위가 −200~500°C이며 저온에 대해 정밀 측정이 가능하다.

관련개념 측온저항체 측정범위

백금저항 온도계	−200~500°C
니켈 온도계	−50~150°C
구리 온도계	0~120°C
서미스터	−100~300°C

정답 | ②

42 빈출도 ★★★

편차의 정(+), 부(−)에 의해서 조작신호가 최대, 최소가 되는 제어동작은?

① 온·오프동작
② 다위치동작
③ 적분동작
④ 비례동작

해설

ON−OFF 동작(2위치동작)은 불연속 제어에 해당되며 제어시스템에서 조작량이 제어편차에 의해서 정해진 두 개의 값(+, −)이 최대, 최소가 되어 어느 편인가를 택하는 제어방식의 동작이다.

정답 | ①

43 빈출도 ★★

가스 크로마토그래피의 구성요소가 아닌 것은?

① 검출기
② 기록계
③ 칼럼(분리관)
④ 지르코니아

해설

가스 크로마토그래피 구성요소
- 캐리어가스 가스통(운반가스 용기)
- 칼럼, (칼럼)검출기, 주사기
- 각종 계측기 (전위계, 기록계, 유량계 등)

정답 | ④

44 빈출도 ★★

자동제어계에서 응답을 나타낼 때 목표치를 기준한 앞뒤의 진동으로 시간의 지연을 필요로 하는 시간적 동작의 특성을 의미하는 것은?

① 동특성
② 스텝응답
③ 정특성
④ 과도응답

선지분석

① 동특성: 자동제어계에서 응답을 나타낼 때 목표치를 기준으로 한 앞뒤의 진동으로 시간의 지연을 필요로 하는 시간적 동작의 특성을 말한다.
② 스텝응답: 입력된 신호가 갑자기 스텝 상으로 변환되었을 때의 과도응답을 말한다.
③ 정특성: 감도, 밀도 등을 측정할 때 일정한 입력 신호에 대해 시간이 지나면서 변하지 않는 동작을 나타내는 특성을 말한다.
④ 과도응답: 자동제어시스템의 정상상태에 있는 계에 격한 변화의 입력을 가했을 때 생기는 출력변화로 과잉입력신호로 생기는 변화를 말한다.

정답 | ①

45 빈출도 ★★

지름이 각각 0.6m, 0.4m인 파이프가 있다. (1)에서의 유속이 8m/s이면 (2)에서의 유속(m/s)은 얼마인가?

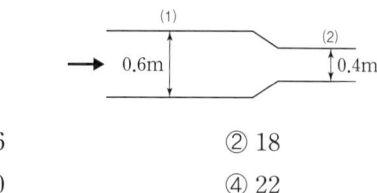

① 16 ② 18
③ 20 ④ 22

해설

$$Q = AV$$

Q: 유량(m³/s), A: 면적(m²), V: 유속(m/s)

유량보존법칙에 의해 (1)에서의 유량과 (2)에서의 유량은 같다.
$Q_1 = Q_2 = A_1 V_1 = A_2 V_2$
면적은 원의 면적이므로
$\left(\dfrac{\pi}{4} D_1^2\right) V_1 = \left(\dfrac{\pi}{4} D_2^2\right) V_2$
$V_2 = \dfrac{D_1^2 \times V_1}{D_2^2} = \dfrac{0.6^2 \times 8}{0.4^2} = 18 \text{m/s}$

정답 | ②

46 빈출도 ★★

U자관 압력계에 대한 설명으로 틀린 것은?

① 측정 압력은 1~1,000kPa 정도이다.
② 주로 통풍력을 측정하는 데 사용된다.
③ 측정의 정도는 모세관 현상의 영향을 받으므로 모세관 현상에 대한 보정이 필요하다.
④ 수은, 물, 기름 등을 넣어 한쪽 또는 양쪽 끝에 측정압력을 도입한다.

해설

U자관 압력계의 측정압력은 0.1~20kPa(약 10~2,000mmH₂O) 정도이다.

정답 | ①

47 빈출도 ★★★

전자유량계의 특징으로 틀린 것은?

① 응답이 빠른 편이다
② 압력손실이 거의 없다.
③ 높은 내식성을 유지할 수 있다.
④ 모든 액체의 유량 측정이 가능하다.

선지분석

① 전기 신호를 즉각 감지하여 응답 속도가 빠르다.
② 유체의 흐름을 방해가 없어 압력손실이 발생하지 않는다.
③ 비금속 라이너 및 내식성이 높은 재질로 만들어져 내식성이 좋다.
④ 비전도성 액체와 전도성이 낮은 액체, 가스 등은 측정할 수 없다. 단, 유체의 밀도와 점성의 영향을 받지 않으며 다른 물질이 섞여 있거나 기포가 있는 액체는 측정이 가능하다.

정답 | ④

48 빈출도 ★

SI 기본단위를 바르게 표현한 것은?

① 길이 – 밀리미터   ② 질량 – 그램
③ 전류 – 암페어   ④ 시간 – 분

해설

SI 단위계에서 전류의 기본단위는 암페어이다.

관련개념 SI 기본단위 및 물리량

물리량	SI 기본단위	기호
길이	미터	m
질량	킬로그램	kg
시간	초	s
전류	암페어	A
온도	켈빈	K
물질의 양	몰	mol
광도	칸델라	cd

정답 | ③

49 빈출도 ★★
관속을 흐르는 유체가 층류로 되려면?

① 레이놀즈 수가 4,000보다 많아야 한다.
② 레이놀즈 수가 2,100보다 적어야 한다.
③ 레이놀즈 수가 4,000이어야 한다.
④ 레이놀즈 수와는 관계가 없다.

해설

레이놀즈 수(Re, Reynolds number)는 유체역학에서 사용하는 무차원 수로 관성력과 점성력의 비를 말한다.

층류	Re<2,100(2,320) 흐름
임계영역	2,100(2,320)≤Re≤4,000
난류	Re>4,000 흐름

정답 | ②

50 빈출도 ★
관로에 설치된 오리피스 전후의 압력차는?

① 유량의 제곱에 비례한다.
② 유량의 제곱근에 비례한다.
③ 유량의 제곱에 반비례한다.
④ 유량의 제곱근에 반비례한다.

해설

관로에 설치된 오리피스 압력차는 유량의 제곱에 비례하고 유량은 압력차의 제곱근에 비례한다.

관련개념 오리피스 유량계

베르누이의 정리를 응용한 유량계로 기체와 액체에 모두 사용이 가능하며 교축기구를 기하학적으로 닮은꼴이 되도록 끝맺음질을 정밀하게 하면 정확한 측정값을 얻을 수 있다.

$$Q = C \times A \times \sqrt{\frac{2\Delta P}{\rho}}$$

Q: 유량, C: 유량 계수, A: 오리피스 단면적, ΔP: 압력차, ρ: 유체 밀도

정답 | ①

51 빈출도 ★★
색온도계의 특징이 아닌 것은?

① 구조가 복잡하여 주위로부터 빛 반사의 영향을 받는다.
② 광흡수에 영향이 적다.
③ 방사율의 영향이 크다.
④ 응답이 빠르다.

해설

색온도계는 광감지기로 빛의 파장을 통해 발광체의 밝고 어두운 색을 측정하므로 방사율의 영향이 적다.

정답 | ③

52 빈출도 ★★
유량 측정에 쓰이는 Tap 방식이 아닌 것은?

① 베나 탭
② 코너 탭
③ 압력 탭
④ 플랜지 탭

선지분석

① 베나 탭: 유량 측정하는 탭으로 유입되는 전면부와 후면부에 흐름단면적이 작아지는 유속지점에 설치하여 압력차를 측정한다.
② 코너 탭: 교축기구 유량 측정 유입되는 직전과 직후를 측정한다.
③ 압력 탭: 압력을 측정하는 탭으로 고압측정용과 저압측정용으로 구분한다.
④ 플랜지 탭: 교축기구 유입되는 1인치(약 25mm) 전후거리 플랜지를 상, 하류 부분에 설치하여 측정한다.
※ 이외에도 유량 측정 Tap 방식으로 파이프 탭, 베벨 탭, 축류 탭 등이 있다.

정답 | ③

53 빈출도 ★★

피토관에 의한 유속 측정식은 다음과 같다.
$v = \sqrt{\dfrac{2g(P_1-P_2)}{\gamma}}$, 이 때 P_1, P_2의 각각의 의미는? (단, v는 유속, g는 중력가속도 이고, γ는 비중량이다.)

① 동압과 전압을 뜻한다.
② 전압과 정압을 뜻한다.
③ 정압과 동압을 뜻한다.
④ 동압과 유체압을 뜻한다.

해설

피토관의 유속 측정식은 다음과 같다.
$$v = \sqrt{\dfrac{2g(P_1-P_2)}{\gamma}}$$
v: 유속, g: 중력가속도, P_1: 전압, P_2: 정압, γ: 비중량

정답 | ②

54 빈출도 ★★

오차와 관련된 설명으로 틀린 것은?

① 흩어짐이 큰 측정을 정밀하다고 한다.
② 오차가 적은 계량기는 정확도가 높다.
③ 계측기가 가지고 있는 고유의 오차를 기차라고 한다.
④ 눈금을 읽을 때 시선의 방향에 따른 오차를 시차라고 한다.

해설

오차란 측정값과 참값의 차이를 말하며, 차이가 적을수록 정확도가 높다. 종류로는 계통오차, 우연오차 등이 있으며 흩어짐이 작은 측정을 정밀하다고 하며 이를 척도로 나타낸 것을 정밀도라고 한다.

정답 | ①

55 빈출도 ★

다음 온도계 중 측정범위가 가장 높은 것은?

① 광온도계
② 저항온도계
③ 열전온도계
④ 압력온도계

해설

광고온계는 비접촉식으로 방출되는 빛과 파장을 이용하여 온도를 측정한다. 측정범위는 700~3,000℃이다.

선지분석

① 광온도계: 700~3,000℃
② 저항온도계: -200~500℃
③ 열전온도계: -200~1,400℃
④ 압력온도계: -30~600℃

관련개념 광온도계(광고온계)

- 온도계 중에 가장 높은 온도를 측정할 수 있다.
- 비접촉식 온도계 중 가장 정확한 측정이 가능하다.
- 저온(700℃) 이하의 물체 온도측정이 곤란하다.
- 고온 물체의 방사되는 가시광선을 이용한다.
- 수동측정 방식으로 측정 시 시간 및 개인 간의 오차가 발생한다.
- 측정하는 위치와 각도는 같은 조건으로 하며 측정체 사이의 청결을 유지해야 한다.

정답 | ①

56 빈출도 ★★

다음 그림과 같은 U자관에서 유도되는 식은?

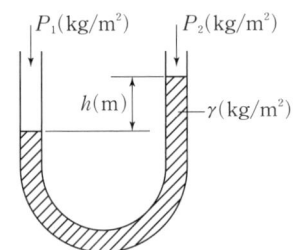

① $P_1 = P_2 - h$
② $h = \gamma(P_1 - P_2)$
③ $P_1 + P_2 = \gamma h$
④ $P_1 = P_2 + \gamma h$

해설

U자관에서의 유체 흐름은 파스칼의 원리를 응용하며, 액주 하단부 경계면의 수평선에 작용하는 압력은 서로 동일하다.
$P_1 = P_2 + \gamma h$

정답 | ④

57 빈출도 ★★★

20*l*인 물의 온도를 15°C에서 80°C로 상승시키는 데 필요한 열량은 약 몇 kJ 인가?

① 4,680
② 5,442
③ 6,320
④ 6,860

해설

$$Q = mC(T_1 - T_2)$$

Q: 열량(kJ), m: 질량(kg), C: 비열(kcal/kg·°C),
T_2: 나중 온도(°C), T_1: 처음 온도(°C)

$$m = 20L \times \frac{1,000kg}{m^3} \times \frac{1m^3}{1,000L} = 20kg$$

$$Q = 20kg \times \frac{1kcal}{kg \cdot °C} \times (80-15)°C \times \frac{4.186kJ}{1kcal}$$

$$= 5,442kJ$$

※ 물의 비열은 1kcal/kg·°C
※ 1kcal = 4.186kJ

정답 | ②

58 빈출도 ★★

가스 채취 시 주의하여야 할 사항에 대한 설명으로 틀린 것은?

① 가스의 구성 성분의 비중을 고려하여 적정 위치에서 측정하여야 한다.
② 가스 채취구는 외부에서 공기가 잘 통할 수 있도록 하여야 한다.
③ 채취된 가스의 온도, 압력의 변화로 측정오차가 생기지 않도록 한다.
④ 가스성분과 화학반응을 일으키지 않는 관을 이용하여 채취한다.

해설

기밀에 특별히 주의하여야 하며 가스 채취구는 외부에서 공기 등이 차단된 환경이어야 한다.

정답 | ②

59 빈출도 ★★★

대기압 750mmHg에서 계기압력이 325kPa이다. 이 때 절대압력은 약 몇 kPa인가?

① 223
② 327
③ 425
④ 501

해설

절대압력 = 대기압 + 게이지압

$$= 750mmHg \times \frac{101.325kPa}{760mmHg} + 325kPa$$

$$= 425kPa$$

※ 1atm = 760mmHg = 101.325kPa

정답 | ③

60 빈출도 ★★

기준압력과 주 피드백 신호와의 차에 의해서 일정한 신호를 조작요소에 보내는 제어장치는?

① 조절기
② 전송기
③ 조작기
④ 계측기

해설

조절기(조절부, Controller)	비교부에서 계산된 기준압력과 주 피드백 신호의 오차신호를 바탕으로 적절한 제어명령을 받아 조작부를 제어한다
전송기 (Transmitter)	센서에서 측정된 온도, 압력, 유량 등의 표준화된 신호를 변화시켜 제어시스템에 전달한다.
조작기(조작부, Actuator or final control Element)	조절부의 신호를 받아 물리적 동작으로 조작량 변화를 수행하고 제어목표를 달성한다.

정답 | ①

열설비재료 및 관계법규

61 빈출도 ★★

에너지이용 합리화법에 따라 에너지공급자의 수요관리투자계획에 대한 설명으로 틀린 것은?

① 한국지역난방공사는 수요관리투자계획 수립대상이 되는 에너지공급자이다.
② 연차별 수요관리투자계획은 해당 연도 개시 2개월 전까지 제출하여야 한다.
③ 제출된 수요관리투자계획을 변경하는 경우에는 그 변경한 날부터 15일 이내에 변경사항을 제출하여야 한다.
④ 수요관리투자계획 시행 결과는 다음 연도 6월 말일까지 산업통상자원부장관에게 제출하여야 한다.

해설

「에너지이용 합리화법 시행령 제16조」
에너지공급자는 연차별 수요관리투자계획을 해당 연도 개시 2개월 전까지, 그 시행 결과를 다음 연도 2월 말일까지 산업통상자원부장관에게 제출하여야 하며, 제출된 투자계획을 변경하는 경우에는 그 변경한 날부터 15일 이내에 산업통상자원부장관에게 그 변경된 사항을 제출하여야 한다.

정답 | ④

62 빈출도 ★

다음 보온재 중 재질이 유기질 보온재에 속하는 것은?

① 우레탄폼
② 펄라이트
③ 세라믹 화이버
④ 규산칼슘 보온재

해설

일반적으로 고온용 보온재는 무기질 보온재를, 저온용 보온재는 유기질 보온재를 사용한다.

특성	종류
유기질 보온재	펠트(우모펠트), 우레탄폼, 코르크, 양모, 펄프, 기포성 수지 등
무기질 보온재	석면, 암면, 규조토, 탄산마그네슘, 규산칼슘, 세라믹화이버, 펄라이트, 유리섬유 등

정답 | ①

63 빈출도 ★★

용선로(cupola)에 대한 설명으로 틀린 것은?

① 대량생산이 가능하다.
② 용해 특성상 용탕에 탄소, 황, 인 등의 불순물이 들어가기 쉽다.
③ 다른 용해로에 비해 열효율이 좋고 용해시간이 빠르다.
④ 동합금, 경합금 등 비철금속 용해로로 주로 사용된다.

해설

동합금, 경합금 등 비철금속 용해로로 주로 도가니에 사용된다.

정답 | ④

64 빈출도 ★★

길이 7m, 외경 200mm, 내경 190mm의 탄소강관에 360℃ 과열증기를 통과시키면 이때 늘어나는 관의 길이는 몇 mm인가? (단, 주위온도는 20℃이고, 관의 선팽창계수는 0.000013mm/mm·℃이다.)

① 21.15 ② 25.71
③ 30.94 ④ 36.48

해설

선팽창계수를 이용하여 온도변화에 따른 탄소강관의 늘어난 길이를 확인한다.

$$\Delta L = L_0 \times \alpha \times \Delta T$$

L: 길이(mm), α: 선팽창계수(mm/mm·℃), ΔT: 온도차(℃)

$\Delta L = 7,000 \times 0.000013 \times 340 = 30.94$mm

정답 | ③

65 빈출도 ★★★

에너지이용 합리화법령에서 정한 에너지사용자가 수립하여야 할 자발적 협약이행계획에 포함되지 않는 것은?

① 협약 체결 전년도의 에너지소비 현황
② 에너지관리체제 및 관리방법
③ 전년도의 에너지사용량·제품생산량
④ 효율향상목표 등의 이행을 위한 투자계획

해설

「에너지이용 합리화법 시행규칙 제26조」
에너지사용자 또는 에너지공급자가 수립하는 계획에는 다음 사항이 포함되어야 한다.
- 협약 체결 전년도의 에너지소비 현황
- 에너지를 사용하여 만드는 제품, 부가가치 등의 단위당 에너지이용효율 향상목표 또는 온실가스배출 감축목표(이하 "효율향상목표 등"이라 한다) 및 그 이행 방법
- 에너지관리체제 및 에너지관리방법
- 효율향상목표 등의 이행을 위한 투자계획
- 그 밖에 효율향상목표 등을 이행하기 위하여 필요한 사항

정답 | ③

66 빈출도 ★★

축요(築窯) 시 가장 중요한 것은 적합한 지반(地盤)을 고르는 것이다. 다음 중 지반의 적부시험으로 틀린 것은?

① 지내력시험
② 토질시험
③ 팽창시험
④ 지하탐사

해설

축요는 내화물 벽돌이나 돌을 쌓아 올려 굴뚝, 화덕 등을 설치하는 공사로 지반의 적부시험이 중요하다. 지반 적부시험은 지내력시험, 토질시험, 지하탐사 등을 통해 결정되며 팽창시험은 축조재료의 부피 팽창성질시험시 사용된다.

정답 | ③

67 빈출도 ★★

에너지이용 합리화법에 따른 특정열사용기자재 품목에 해당하지 않는 것은?

① 강철제 보일러
② 구멍탄용 온수보일러
③ 태양열 집열기
④ 태양광 발전기

해설

「에너지이용 합리화법 시행규칙 별표 3의2」
특정열사용기자재는 다음과 같다.

구분	품목명
보일러	강철제 보일러, 주철제 보일러, 온수보일러, 구멍탄용 온수보일러, 축열식 전기보일러, 캐스케이드 보일러, 가정용 화목보일러
태양열 집열기	태양열 집열기
압력용기	1종 압력용기, 2종 압력용기
요업요로	연속식유리용융가마, 불연속식유리용융가마, 유리용융도가니가마, 터널가마, 도염식각가마, 셔틀가마, 회전가마, 석회용선가마
금속요로	용선로, 비철금속용융로, 금속소둔로, 철금속가열로, 금속균열로

정답 | ④

68 빈출도 ★★★

에너지이용 합리화법상 공공사업주관자는 에너지사용계획을 수립하여 산업통상자원부 장관에게 제출하여야 한다. 공공사업주관자가 설치하려는 시설 기준으로 옳은 것은?

① 연간 2,500 TOE 이상의 연료 및 열을 사용, 또는 연간 2천만 kWh 이상의 전력을 사용
② 연간 2,500 TOE 이상의 연료 및 열을 사용, 또는 연간 1천만 kWh 이상의 전력을 사용
③ 연간 5,000 TOE 이상의 연료 및 열을 사용, 또는 연간 2천만 kWh 이상의 전력을 사용
④ 연간 5,000 TOE 이상의 연료 및 열을 사용, 또는 연간 1천만 kWh 이상의 전력을 사용

해설

「에너지이용 합리화법 시행령 제20조」
에너지사용계획을 수립하여 산업통상자원부장관에게 제출하여야 하는 공공사업주관자는 다음의 어느 하나에 해당하는 시설을 설치하려는 자로 한다.
- 연간 2천5백 티오이 이상의 연료 및 열을 사용하는 시설
- 연간 1천만 킬로와트시 이상의 전력을 사용하는 시설

정답 | ②

69 빈출도 ★★★

보온재의 열전도율에 대한 설명으로 옳은 것은?

① 배관 내 유체의 온도가 높을수록 열전도율은 감소한다.
② 재질 내 수분이 많을 경우 열전도율은 감소한다.
③ 비중이 클수록 열전도율은 감소한다.
④ 밀도가 작을수록 열전도율은 감소한다.

해설

재료의 온도, 습도, 밀도, 비중에 비례하기 때문에 밀도가 작을수록 열전도율도 작아진다.

관련개념 보온재의 열전도율
- 재료의 온도가 높을수록 열전도율이 커진다.
- 재질 내 수분이 많을수록 열전도율이 커진다.
- 재료의 두께가 얇을수록 열전도율이 커진다.
- 재료의 밀도가 클수록 열전도율이 커진다.
- 재료의 비중이 클수록 열전도율이 커진다.

정답 | ④

70 빈출도 ★★

에너지이용 합리화법상 에너지이용 합리화 기본계획에 따라 실시계획을 수립하고 시행하여야 하는 대상이 아닌 자는?

① 기초지방자치단체 시장 ② 관계 행정기관의 장
③ 특별자치도지사 ④ 도지사

해설

「에너지이용 합리화법 제6조」
- 관계 행정기관의 장과 특별시장·광역시장·도지사 또는 특별자치도지사는 기본계획에 따라 에너지이용 합리화에 관한 실시계획을 수립하고 시행하여야 한다.
- 관계 행정기관의 장 및 시·도지사는 실시계획과 그 시행 결과를 산업통상자원부장관에게 제출하여야 한다.
- 산업통상자원부장관은 위원회의 심의를 거쳐 제출된 실시계획을 종합·조정하고 추진상황을 점검·평가하여야 한다. 이 경우 평가업무의 효과적인 수행을 위하여 대통령령으로 정하는 바에 따라 관계 연구기관 등에 그 업무를 대행하도록 할 수 있다.

정답 | ①

71 ★★

다음 강관의 표시기호 중 배관용 합금강 강관은?

① SPPH
② SPHT
③ SPA
④ STA

해설

배관의 종류	용도별 특징
일반 배관용 탄소강관(SPP)	• 사용압력은 $10kg/cm^2$ 이하이다. • 증기, 물, 기름, 가스 및 공기 등 널리 사용한다.
압력배관용 탄소강관(SPPS)	• 보일러의 증기관, 유압관, 수압관 등의 압력배관에 사용된다. • 사용압력은 $10 \sim 100kg/cm^2$, 온도는 350℃ 이하이다.
고온 배관용 탄소강관(SPPH)	350℃ 온도의 과열증기 등의 배관용으로 사용된다.
저온 배관용 탄소강관(SPLT)	빙점 0℃ 이하 낮은 온도에서 사용된다.
수도용 아연도금 강관(SPPW)	주로 정수두 100m 이하의 급수배관용으로 사용된다.
배관용 아크용접 탄소강관(SPW)	사용압력 $10kg/cm^2$의 낮은 증기, 물 기름 등에 사용한다.
배관용 합금강관(SPA)	합금강을 말하며, 주로 고온, 고압에 사용된다.

정답 | ③

72 ★★

에너지이용 합리화법령에 따라 검사대상기기 관리대행기관으로 지정(변경지정) 받으려는 자가 첨부하여 제출해야 하는 서류가 아닌 것은?

① 장비명세서
② 기술인력명세서
③ 변경사항을 증명할 수 있는 서류(변경지정의 경우만 해당)
④ 향후 3년 간의 안전관리대행 사업계획서

해설

「에너지이용 합리화법 시행규칙 제31조29」
검사대상기기 관리대행기관으로 지정받거나 변경지정을 받으려는 자는 검사대상기기 관리대행기관 지정(변경지정)신청서에 다음 서류를 첨부하여 산업통상자원부장관에게 제출하여야 한다.
• 장비명세서 및 기술인력명세서
• 향후 1년 간의 안전관리대행 사업계획서
• 변경사항을 증명할 수 있는 서류(변경지정의 경우만 해당한다)

정답 | ④

73 ★★★

에너지이용 합리화법령에 따라 에너지 저장의무 부과 대상자가 아닌 자는?

① 전기사업법에 따른 전기 사업자
② 석탄산업법에 따른 석탄가공업자
③ 액화가스사업법에 따른 액화가스 사업자
④ 연간 2만 석유환산톤 이상의 에너지를 사용하는 자

해설

「에너지이용 합리화법 시행령 제12조」
산업통상자원부장관이 에너지저장의무를 부과할 수 있는 대상자는 다음과 같다.
• 「전기사업법」 제2조제2호에 따른 전기사업자
• 「도시가스사업법」 제2조제2호에 따른 도시가스사업자
• 「석탄산업법」 제2조제5호에 따른 석탄가공업자
• 「집단에너지사업법」 제2조제3호에 따른 집단에너지사업자
• 연간 2만 석유환산톤 이상의 에너지를 사용하는 자

정답 | ③

74 빈출도 ★★

용광로에서 선철을 만들 때 사용되는 주원료 및 부재료가 아닌 것은?

① 규선석　　② 석회석
③ 철광석　　④ 코크스

해설

규선석은 선철을 만들 때 사용되는 주원료 및 부재료와 거리가 멀다.

관련개념 용광로 선철 제조시 주원료 및 부재료

- 석회석: 매용제 역할로 철광석 중의 포함된 불순물(이산화규소, 인 등)을 흡수하고 선철 위에서 철과 불순물이 잘 분리시킨다.
- 철광석: 용광로에서 선철의 제조시 사용되는 대표적인 원료이다.
- 코크스: 연료 연소시 환원성가스에 의해 산화철을 환원시킨다.
- 망간광석: 제조 시 탈황 및 탈산을 위해 첨가된다.

정답 | ①

75 빈출도 ★★★

에너지이용 합리화법령에 따라 냉난방온도의 제한온도 기준 및 건물의 지정기준에 대한 설명으로 틀린 것은?

① 공공기관의 건물은 냉방온도 26℃ 이상, 난방온도 20℃ 이하의 제한온도를 둔다.
② 판매시설 및 공항은 냉방온도의 제한온도는 25℃ 이상으로 한다.
③ 숙박시설 중 객실 내부 구역은 냉방온도의 제한온도는 25℃ 이상으로 한다.
④ 의료법에 의한 의료기관의 실내구역은 제한온도를 적용하지 않을 수 있다.

해설

숙박시설 중 객실 내부 구역은 냉방온도의 제한온도를 적용하지 않을 수 있다.

관련개념 냉난방온도의 제한건물 및 제한온도

「에너지이용 합리화법 시행규칙 제31조의2」
냉난방온도의 제한온도를 정하는 기준은 다음과 같다. 다만, 판매시설 및 공항의 경우에 냉방온도는 25℃ 이상으로 한다.
- 냉방: 26℃ 이상
- 난방: 20℃ 이하

「에너지이용 합리화법 시행규칙 제31조의3」
다음 어느 하나에 해당하는 구역에는 냉난방온도의 제한온도를 적용하지 않을 수 있다.
- 의료법에 따른 의료기관의 실내구역
- 식품 등의 품질관리를 위해 냉난방온도의 제한온도 적용이 적절하지 않은 구역
- 숙박시설 중 객실 내부구역
- 그 밖에 관련 법령 또는 국제기준에서 특수성을 인정하거나 건물의 용도상 냉난방온도의 제한온도를 적용하는 것이 적절하지 않다고 산업통상자원부장관이 고시하는 구역

정답 | ③

76 빈출도 ★★

에너지이용 합리화법령에 따라 대기전력 경고표지 대상 제품인 것은?

① 디지털 카메라
② 텔레비전
③ 셋톱박스
④ 유무선전화기

해설

「에너지이용 합리화법 시행규칙 제14조」
대기전력경고표지대상제품(이하 "대기전력경고표지대상제품")이라 한다)은 다음과 같다.

- 프린터
- 복합기
- 전자레인지
- 팩시밀리
- 복사기
- 스캐너
- 오디오
- DVD플레이어
- 라디오카세트
- 도어폰
- 유무선전화기
- 비데
- 모뎀
- 홈 게이트웨이

정답 | ④

77 빈출도 ★★★

샤모트(Chamotte) 벽돌의 원료로서 샤모트 이외에 가소성 생점토(生粘土)를 가하는 주된 이유는?

① 치수 안정을 위하여
② 열전도성을 좋게 하기 위하여
③ 성형 및 소결성을 좋게 하기 위하여
④ 건조 소성, 수축을 미연에 방지하기 위하여

해설

샤모트 벽돌의 10~30% 가소성 생점토를 첨가하여 성형 및 소결성을 우수하게 한다.

관련개념 샤모트(chamotte) 벽돌

- 골재 원료로 고온에 견딜 수 있도록 제작된 내화재료이다.
- 알루미나 함량이 많을수록 내화도가 높아지고 일반적으로 기공률이 크다.
- 비교적 낮은 온도에서 연화되며 내스폴링성이 좋다.
- 벽돌의 10~30% 가소성 생점토를 첨가하여 성형 및 소결성을 우수하게 한다.

정답 | ③

78 빈출도 ★★

가스로 중 주로 내열강재의 용기를 내부에서 가열하고 그 용기 속에 열처리품을 장입하여 간접 가열하는 로를 무엇이라고 하는가?

① 레토르트로
② 오븐로
③ 머플로
④ 라디안트튜브로

해설

머플로는 내열강재의 용기를 내부에서 가열하고 그 용기속에 열처리품을 장입하여 간접가열하는 방식의 로를 말한다.

정답 | ③

79 빈출도 ★

다음 보온재 중 최고안전사용온도가 가장 높은 것은?

① 석면
② 펄라이트
③ 폼글라스
④ 탄화마그네슘

선지분석

① 석면: 350~550℃
② 펄라이트: 600℃
③ 폼글라스: 350℃
④ 탄화마그네슘: 250℃

정답 | ②

80 빈출도 ★★★

에너지이용 합리화법령에 따라 에너지이용 합리화에 관한 기본계획 사항에 포함되지 않는 것은?

① 에너지 절약형 경제구조로의 전환
② 에너지이용 합리화를 위한 기술개발
③ 열사용기자재의 안전관리
④ 국가에너지정책목표를 달성하기 위하여 대통령령으로 정하는 사항

해설

「에너지이용 합리화법 제4조」
산업통상자원부장관은 에너지를 합리적으로 이용하게 하기 위하여 에너지이용 합리화에 관한 기본계획을 수립하여야 한다. 기본계획에는 다음 사항이 포함되어야 한다.

- 에너지절약형 경제구조로의 전환
- 에너지이용효율의 증대
- 에너지이용 합리화를 위한 기술개발
- 에너지이용 합리화를 위한 홍보 및 교육
- 에너지원 간 대체
- 열사용기자재의 안전관리
- 에너지이용 합리화를 위한 가격예시제의 시행에 관한 사항
- 에너지의 합리적인 이용을 통한 온실가스의 배출을 줄이기 위한 대책
- 그 밖에 에너지이용 합리화를 추진하기 위하여 필요한 사항으로서 산업통상자원부령으로 정하는 사항

정답 | ④

열설비설계

81 빈출도 ★★

급수에서 ppm 단위에 대한 설명으로 옳은 것은?

① 물 1mL중에 함유한 시료의 양을 g으로 표시한 것
② 물 100mL중에 함유한 시료의 양을 mg으로 표시한 것
③ 물 1,000mL중에 함유한 시료의 양을 g으로 표시한 것
④ 물 1,000mL중에 함유한 시료의 양을 mg으로 표시한 것

해설

ppm 단위는 물 1,000mL 중 함유한 시료의 양을 mg으로 표시한 것이다.
1ppm = 1mg/L = 1mg/1,000mL

정답 | ④

82 빈출도 ★★

스케일(scale)에 대한 설명으로 틀린 것은?

① 스케일로 인하여 연료소비가 많아진다.
② 스케일은 규산칼슘, 황산칼슘이 주성분이다.
③ 스케일은 보일러에서 열전달을 저하시킨다.
④ 스케일로 인하여 배기가스 온도가 낮아진다.

해설

스케일은 관석이라고 하며 보일러수에 용해된 다양한 불순물(칼슘염, 규산염, 마그네슘염 등)이 농축된 고형물이 보일러 내면에 딱딱하게 부착하는 열전도의 방해물질로 스케일이 부착되면 배기가스 온도가 높아진다.

관련개념 스케일 및 슬러지 생성 시 나타나는 현상

- 배기가스 온도가 높아지게 된다.
- 열전도율과 열효율이 저하된다.
- 전열량이 감소하기 때문에 전열 성능이 감소한다.
- 연료소비량이 증대된다.

정답 | ④

83 빈출도 ★★

그림과 같이 가로×세로×높이가 3m×1.5m×0.03m인 탄소 강판이 놓여 있다. 강판의 열전도율은 43W/m·K이고, 탄소강판 아래면에 열유속 700 W/m³을 가한 후, 정상상태가 되었다면 탄소강판의 윗면과 아랫면의 표면온도 차이는 약 몇 ℃인가? (단, 열유속은 아래에서 위 방향으로만 진행한다.)

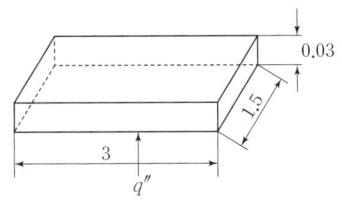

① 0.243　　② 0.264
③ 0.488　　④ 1.973

해설

열 전달량 공식은 다음과 같다.

$$Q = \frac{k \times \Delta T \times A}{d}$$

Q: 열 전달량(kcal/m²·h), d: 벽 두께(m),
k: 열 전도율(kcal/m·h·℃), ΔT: 온도 차(℃), A: 면적(m²)

$$700 = \frac{43 \times \Delta T \times 1}{0.03}$$

$$\Delta T = \frac{0.03 \times 700}{43 \times 1} = 0.488℃$$

※ 열유속에 대한 면적은 단위면적으로 계산한다.

정답 | ③

84 빈출도 ★★

보일러의 발생증기가 보유한 열량이 3.2×10^6 kcal/h일 때 이 보일러의 상당 증발량은?

① 2,500kg/h　　② 3,512kg/h
③ 5,937kg/h　　④ 6,847kg/h

해설

보일러 상당 증발량(W_e) 공식은 다음과 같다.

$$W_e = \frac{발생증기\ 보유열}{539}$$

W_e: 보일러 상당 증발량(kg/h)

$$W_e = \frac{발생증기\ 보유열}{539} = \frac{3.2 \times 10^6}{539}$$

$$= \frac{3,200,000}{539} = 5,937 kg/h$$

정답 | ③

85 빈출도 ★★

노통보일러 중 원통형의 노통이 2개 설치된 보일러를 무엇이라고 하는가?

① 랭커셔 보일러
② 라몬트 보일러
③ 바브콕보일러
④ 다우삼 보일러

해설

랭커셔 보일러는 노통이 2개로 구성되어 있고 부하변동 시 압력 변화가 적다.

관련개념 랭커셔보일러

- 간단한 구조로 청소나 검사, 수리가 쉽고 제작도 간편하여 수명이 길다.
- 급수처리가 원활하며, 부하 변동에 따른 압력 변화도 적다.
- 내분식이라 연소실 크기에 제한을 받으며, 양질의 연료를 필요로 한다.
- 전열면적이 작아서 효율이 낮으며, 고압 대용량에는 부적합하다.

정답 | ①

86 빈출도 ★

연료 1kg이 연소하여 발생하는 증기량의 비를 무엇이라고 하는가?

① 열발생률
② 증발배수
③ 전열면 증발률
④ 증기량 발생률

해설

증발배수는 연료 1kg 연소하여 발생하는 증기량의 비율을 의미하며 증발배수= $\dfrac{상당증발량}{연료소비량}$ 로 나타낸다.

정답 | ②

87 빈출도 ★★★

육용 강재 보일러의 구조에 있어서 동체의 최소 두께 기준으로 틀린 것은?

① 안지름이 900mm 이하인 것은 4mm
② 안지름이 900mm 초과, 1,350mm 이하인 것은 8mm
③ 안지름이 1,350mm 초과, 1,850mm 이하인 것은 10mm
④ 안지름이 1,850mm를 초과하는 것은 12mm

해설

육용 강재 보일러의 안지름	동체의 최소 두께
900mm 이하	6mm (단, 스테이 부착시 8mm)
900mm 초과 1,350mm 이하	8mm
1,350mm 초과 1,850mm 이하	10mm
1,850mm 초과	12mm

정답 | ①

88 빈출도 ★★

보일러 송풍장치의 회전수 변환을 통한 급기풍량 제어를 위하여 2극 유도전동기에 인버터를 설치하였다. 주파수가 55Hz일 때 유도전동기의 회전수는?

① 1,650RPM
② 1,800RPM
③ 3,300RPM
④ 3,600 RPM

해설

유도전동기 회전수 공식은 아래와 같다.

$$n_s = \dfrac{120 \times f}{p}$$

n_s: 유동전동기 회전수(rpm), f: 주파수(Hz), p: 극수

문제에서 2극 유동전동기라고 하였으므로 극수(p)는 2이다.

$n_s = \dfrac{120 \times 55}{2} = 3,300 \text{rpm}$

정답 | ③

89 빈출도 ★★

보일러 장치에 대한 설명으로 틀린 것은?

① 절탄기는 연료공급을 적당히 분배하여 완전연소를 위한 장치이다.
② 공기예열기는 연소가스의 예열로 공급공기를 가열시키는 장치이다.
③ 과열기는 포화증기를 가열시키는 장치이다.
④ 재열기는 원동기에서 팽창한 포화증기를 재가열시키는 장치이다.

해설

절탄기(이코노마이저, Economizer)는 이코노마이저 또는 폐열회수장치라고 하며 보일러 가동 시 나오는 폐열을 연도의 배기가스에서 회수하여 급수를 예열한다. 연료소비량이 감소하고 증발량이 증가하며 열응력 및 스케일이 감소한다.

정답 | ①

90 빈출도 ★★

보일러 운전 시 캐리오버(Carry-over)를 방지하기 위한 방법으로 틀린 것은?

① 주증기 밸브를 서서히 연다.
② 관수의 농축을 방지한다.
③ 증기관을 냉각한다.
④ 과부하를 피한다.

해설

증기관이 냉각하면 응축수가 발생하여 캐리오버가 일어난다.

관련개념 캐리오버 현상

(1) 정의
  보일러 급수 속 용해 고형물이 증기와 섞여 보일러 밖으로 튀어나가는 현상이다.

(2) 방지대책
  • 주증기 밸브를 급격하게 열지 않고 서서히 연다.
  • 관수(보일러수)의 농축을 방지한다.
  • 과부하 및 고수위 운전을 하지 않는다.
  • 비수방지관을 설치한다.
  • 일정한 규정압력으로 유지한다.

정답 | ③

91 빈출도 ★★

최고사용압력이 1.5MPa를 초과한 강철제보일러의 수압시험압력은 그 최고사용압력의 몇 배로 하는가?

① 1.5   ② 2
③ 2.5   ④ 3

해설

강철제 보일러의 수압시험 압력 기준 표는 아래와 같다.

최고사용압력	시험압력
0.43MPa(4.3kg/cm²) 이하	최고사용압력의 2배
0.43MPa(4.3kg/cm²) 초과 1.5MPa(15kg/cm²)이하	최고사용압력의 1.3배 +0.3MPa(3kg/cm²)
1.5MPa(1.5kg/cm²) 초과	최고사용압력의 1.5배

정답 | ①

92 빈출도 ★★

다음 중 기수분리의 방법에 따른 분류로 가장 거리가 먼 것은?

① 장애판을 이용한 것
② 그물을 이용한 것
③ 방향전환을 이용한 것
④ 압력을 이용한 것

해설

가스분리의 방법에 따른 분류
• 스크레버식 또는 스크러버식: 파도 물결형의 다수 장애판(강판)을 이용한다.
• 건조 스크린식: 금속 그물망판을 이용한다.
• 배플식(장애판): 배플식판을 이용하여 증기의 진행방향을 전환한다.
• 싸이클론식: 원심분리기의 원심력을 이용한다.
• 다공판식: 다수의 구멍이 뚫려있는 구멍판을 이용한다.

정답 | ④

93 빈출도 ★★

강제순환식 보일러의 특징에 대한 설명으로 틀린 것은?

① 증기발생 소요시간이 매우 짧다.
② 자유로운 구조의 선택이 가능하다.
③ 고압보일러에 대해서도 효율이 좋다.
④ 동력소비가 적어 유지비가 비교적 적게 든다.

해설

동력소비가 높아 유지비가 비교적 많이 소모된다.

관련개념 강제순환식 보일러의 특징
• 자유로운 구조의 선택이 가능하고 관의 배치도 자유롭다.
• 열전달이 우수하여 증기발생 소요시간이 짧고 고압보일러의 효율도 양호하다.
• 물의 순환 조절이 용이하고 관경의 두께, 크기를 유동적으로 할 수 있다.
• 동력소비가 높아 유지비가 비교적 많이 소모된다.
• 보일러수의 순환이 중요하며 불균일할 경우 과열로 인한 사고가 발생할 수 있다.

정답 | ④

94 빈출도 ★★
용접이음에 대한 설명으로 틀린 것은?

① 두께의 한도가 없다.
② 이음효율이 우수하다.
③ 폭음이 생기지 않는다.
④ 기밀성이나 수밀성이 낮다.

해설

용접이음은 두께의 한도가 없어 이음효율이 우수하므로 기밀성이나 수밀성이 높다.

정답 | ④

95 빈출도 ★★
보일러의 열정산 시 출열 항목이 아닌 것은?

① 배기가스에 의한 손실열
② 발생증기 보유열
③ 불완전연소에 의한 손실열
④ 공기의 현열

해설

입열	연료의 발열량(연소열), 연료의 현열, 연소공기의 현열, 급수의 현열, 공급 공기(증기, 온수)의 현열
출열	배기가스 보유열량(증기보유열량, 발생증기열), 불완전 연소에 의한 손실열, 미연분에 의한 손실열, 배기가스에 의한 손실열 등

정답 | ④

96 빈출도 ★
인젝터의 작동순서로 옳은 것은?

> ㉮ 인젝터의 정지변을 연다.
> ㉯ 증기변을 연다.
> ㉰ 급수변을 연다.
> ㉱ 인젝터의 핸들을 연다.

① ㉮ → ㉯ → ㉰ → ㉱
② ㉮ → ㉰ → ㉯ → ㉱
③ ㉱ → ㉯ → ㉰ → ㉮
④ ㉱ → ㉰ → ㉯ → ㉮

해설

작동순서는 ㉮ → ㉰ → ㉯ → ㉱이다.

정답 | ②

97 빈출도 ★★
라미네이션의 재료가 외부로부터 강하게 열을 받아 소손되어 부풀어 오르는 현상을 무엇이라고 하는가?

① 크랙
② 압궤
③ 블리스터
④ 만곡

해설

블리스터(Blister)는 라미네이션의 재료가 외부로부터 강하게 열(화염)을 받아 소손 또는 파열된 부분이 부풀어 오르는 현상을 말한다.

관련개념 보일러 손상 종류

응력부식 균열	반복되는 응력으로 인해 이음부분에 균열(Crack)이 생기는 현상을 말한다.
팽출 (Bulge)	인장을 받는 부분(동체, 갤로웨이관, 수관 등)이 압력에 견디지 못하고 바깥쪽으로 부풀어 오르거나 튀어나오는 현상을 말한다.
압궤 (Collapse)	원통으로된 노통 또는 화실 부분의 바깥쪽 부분이 압력에 견디지 못하고 짓눌려지는 현상을 말한다.
라미네이션 (Lamination)	압연(보일러)강판, 관의 두께 속에서 제조(가공) 당시의 가스가 존재하여 2개의 층을 형성하는 현상을 말한다.
블리스터 (Blister)	라미네이션의 재료가 외부로부터 강하게 열(화염)을 받아 소손 또는 파열된 부분이 부풀어 오르는 현상을 말한다.

정답 | ③

98 빈출도 ★

보일러 사고의 원인 중 제작상의 원인으로 가장 거리가 먼 것은?

① 재료 불량
② 구조 및 설계 불량
③ 용접 불량
④ 급수처리 불량

해설

급수처리 불량은 취급상의 원인에 해당한다.

관련개념 보일러 사고의 원인

(1) **제작상의 원인**
 • 구조, 설계, 용접, 재료 불량
 • 강도부족
 • 부속장치의 미비

(2) **취급상의 원인**
 • 압력초과, 저쉬위사고, 급수처리 불량
 • 부식 과열, 가스폭발
 • 부속장치 정비불량 등

정답 | ④

99 빈출도 ★

보일러에 스케일이 1mm 두께로 부착되었을 때 연료의 손실은 몇 % 인가?

① 0.5
② 1.1
③ 2.2
④ 4.7

해설

스케일(scale) 두께에 따른 연료손실 표는 아래와 같다.

두께(mm)	0.5	1	2	3	4	5	6
손실(%)	1.2	2.2	4	4.7	6.3	6.8	8.2

정답 | ③

100 빈출도 ★★★

다이어프램 밸브의 특징에 대한 설명으로 틀린 것은?

① 역류를 방지하기 위한 것이다.
② 유체의 흐름에 주는 저항이 적다.
③ 기밀(氣密)할 때 패킹이 불필요하다.
④ 화학약품을 차단하여 금속부분의 부식을 방지한다.

해설

역류를 방지하기 위한 장치는 체크밸브이다.

관련개념 다이어프램 밸브(Diaphragm Valve)

• 밸브 내의 둑과 막판인 다이어프램이 상접하는 구조의 밸브로 탄성력이 매우 좋다.
• 둑과 다이어프램이 떨어지면서 유체의 흐름이 진행되고 밀착시 유체의 흐름이 정지되므로 흐름이 주는 영향이 비교적 적다.
• 내열, 내약품 고무제의 막판을 사용하여 패킹이 불필요하며, 금속 부분의 부식염려가 적어 산 등의 화학약품을 차단하는데 사용한다.

정답 | ①

2021년 1회 기출문제

연소공학

01 빈출도 ★★

고체연료의 연소방법이 아닌 것은?

① 미분탄 연소
② 유동층 연소
③ 화격자 연소
④ 액중 연소

해설

고체연료의 연소방식에는 미분탄 연소, 화격자 연소, 유동층 연소가 있다.

관련개념 고체, 액체, 기체연료의 연소방식

연료	연소방식
고체연료	미분탄 연소, 화격자 연소, 유동층 연소
액체연료	분해식 연소, 분무식 연소, 포트식 연소, 심지식 연소, 증발식 연소
기체연료	확산 연소, 예혼합 연소, 부분 예혼합 연소

정답 | ④

02 빈출도 ★

다음 연료 중 저위발열량이 가장 높은 것은?

① 가솔린
② 등유
③ 경유
④ 중유

해설

비중이 작을수록 발열량은 높다.
- 저위발열량(높은 순): 가솔린 > 등유 > 경유 > 중유
- 비중(큰 순): 중유 > 경유 > 등유 > 가솔린

정답 | ①

03 빈출도 ★★

고체연료를 사용하는 어떤 열기관의 출력이 3,000 kW이고 연료소비율이 1,400kg/h일 때 이 열기관의 열효율은 약 몇 %인가? (단, 이 고체연료의 저위발열량은 28MJ/kg이다.)

① 28
② 38
③ 48
④ 58

해설

열기관의 열효율 공식은 다음과 같다.

$$\eta = \frac{Q_{out}}{Q_{in}} = \frac{Q_{out}}{m \times H_l}$$

Q_{in}: 입력열량(kW), Q_{out}: 출력열량(kW), m: 연료소비율(kg/h), H_l: 저위발열량(kJ/kg)

$$\eta = 3,000\text{kW} \times \frac{\text{h}}{1,400\text{kg}} \times \frac{\text{kg}}{28\text{MJ}} \times \frac{1\text{MJ}}{1,000\text{kJ}} \times \frac{3,600\text{kJ}}{1\text{kW}}$$
$$= 0.2755 = 28\%$$

정답 | ①

04 빈출도 ★

연소가스 분석결과가 CO_2 13%, O_2 8%, CO 0%일 때 공기비는 약 얼마인가? (단, $(CO_2)_{max}$는 21%이다.)

① 1.22
② 1.42
③ 1.62
④ 1.82

해설

완전연소일 경우, 공기비(m) 공식은 다음과 같다.

$$m = \frac{CO_2 \text{ 최대량}}{CO_2}$$

$$m = \frac{21}{13} = 1.62$$

정답 | ③

05 빈출도 ★★★

연소가스 중의 질소산화물 생성을 억제하기 위한 방법으로 틀린 것은?

① 2단 연소 ② 고온 연소
③ 농담 연소 ④ 배기가스 재순환 연소

해설

질소산화물 생성 방지 방법에는 2단연소 및 저산소연소, 배기의 재순환 연소법이 있다.

관련개념 질소산화물 생성 방지대책

- 연소온도와 노내압을 낮춘다.
- 노 내의 가스 잔류시간 및 고온 유지시간을 짧게 한다.
- 2단연소 및 저산소연소, 배기의 재순환 연소법을 사용한다.
- 질소함량이 적은 연료를 사용한다.
- 과잉공기를 연료에 혼합하여 연소한다.

정답 | ②

06 빈출도 ★★

C_8H_{18} 1mol을 공기비 2로 연소시킬 때 연소가스 중 산소의 몰분율은?

① 0.065 ② 0.073
③ 0.086 ④ 0.101

해설

옥탄(C_8H_{18})의 완전연소반응식
$C_8H_{18} + 12.5O_2 \rightarrow 8CO_2 + 9H_2O$
연소가스량을 구하는 공식은 아래와 같다.

$$G = (m-0.21)A_o + \text{생성된 } CO_2 + \text{생성된 } H_2O$$

m: 공기비, A_o: 이론공기량 $\left(A_o = \dfrac{O_o}{0.21}\right)$

$G = (2-0.21) \times \dfrac{12.5}{0.21} + 8 + 9 = 123.548 Nm^3/Nm^3$

연소가스 O_2의 몰분율 $= \dfrac{O_2}{G} = \dfrac{12.5}{123.548} = 0.101$

정답 | ④

07 빈출도 ★

메탄(CH_4)가스를 공기 중에 연소시키려 한다. CH_4의 저위발열량이 50,000kJ/kg이라면 고위발열량은 약 몇 kJ/kg인가? (단, 물의 증발잠열은 2,450kJ/kg으로 한다.)

① 51,700 ② 55,500
③ 58,600 ④ 64,200

해설

메탄(CH_4)의 완전연소반응식
$CH_4 + 2O_2 \rightarrow CO_2 + 2H_2O$
CH_4와 H_2O는 1 : 2 반응이므로 CH_4 16kg이 반응하면 H_2O $2 \times 18 = 36kg$가 생성된다. CH_4 1kg이면 H_2O 2.25kg가 생성된다.
단위중량당 고위발열량(H_h) 공식은 다음과 같다.

$$H_h = H_l + R_w$$

H_h: 고위발열량(kJ/kg), H_l: 저위발열량(kJ/kg),
R_w: 증발잠열(kJ/kg)

$H_h = 50,000 + (2,450 \times 2.25) = 55,512.5 kJ/kg$

정답 | ②

08 빈출도 ★★

연돌의 실제 통풍압이 35mmH_2O, 송풍기의 효율은 70%, 연소가스량이 200m³/min일 때 송풍기의 소요 동력은 약 몇 kW인가?

① 0.84 ② 1.15
③ 1.63 ④ 2.21

해설

송풍기의 소요 동력 공식은 다음과 같다.

$$W = \dfrac{9.8 \times Z \times Q}{\eta}$$

W: 동력(kW), Z: 통풍압(mmH_2O), Q: 가스량(m³/sec), η: 효율

$W = \dfrac{9.8 \times 35mmH_2O \times \dfrac{200m^3}{min} \times \dfrac{1m}{1,000mm} \times \dfrac{1min}{60sec}}{0.7}$

$= 1.63kW$

정답 | ③

09 빈출도 ★★

기체연료의 장점이 아닌 것은?

① 연소조절이 용이하다.
② 운반과 저장이 용이하다.
③ 회분이나 매연이 적어 청결하다.
④ 적은 공기로 완전연소가 가능하다.

해설

기체연료는 다른 연료에 비하여 저장 및 수송이 불편하고 설비비 및 연료비가 많이 든다.

관련개념 기체연료 특징

- 적은 과잉공기로 완전연소가 가능하여 연소효율이 높아진다.
- 부하변동 범위가 넓어 저발열량의 연료로 고온을 얻는다.
- 연소가 균일하고 조절이 용이하며, 매연이 발생하지 않는다.
- 저장 및 수송이 불편하고 설비비 및 연료비가 많이 든다.
- 취급 시 폭발 위험과 일산화탄소(CO) 등 유해가스의 노출위험이 있다.

정답 | ②

10 빈출도 ★★

질량비로 프로판 45%, 공기 55%인 혼합가스가 있다. 프로판 가스의 발열량이 $100MJ/Nm^3$일 때 혼합가스의 발열량은 약 몇 MJ/Nm^3인가? (단, 공기의 발열량은 무시한다.)

① 29
② 31
③ 33
④ 35

해설

발열량을 구하기 위해서는 혼합가스의 부피를 알아야 한다.

프로판 부피(분자량 44)$=\frac{22.4}{44}=0.509Nm^3$

공기 부피(분자량 29)$=\frac{22.4}{29}=0.772Nm^3$

혼합가스 발열량$(Q)=Q_{프로판}\times\frac{C_3H_8\ 부피}{전체\ 부피}$

$Q=100\times\frac{(0.509\times0.45)}{(0.509\times0.45)+(0.772\times0.55)}$

$=35.04MJ/Nm^3$

정답 | ④

11 빈출도 ★★

다음 중 중유의 성질에 대한 설명으로 옳은 것은?

① 점도에 따라 1, 2, 3급 중유로 구분한다.
② 원소 조성은 H가 가장 많다.
③ 비중은 약 0.72~0.76 정도이다.
④ 인화점은 약 60~150℃ 정도이다.

선지분석

① 점성도에 따라 A중유, B중유, C중유(벙커C유)로 구분한다.
② 원소 조성은 C(탄소)가 약 85%로 가장 많다.
③ 비중은 약 0.89~0.99 정도이다.

정답 | ④

12 빈출도 ★★

연소에서 고온부식의 발생에 대한 설명으로 옳은 것은?

① 연료 중 황분의 산화에 의해서 일어난다.
② 연료 중 바나듐의 산화에 의해서 일어난다.
③ 연료 중 수소의 산화에 의해서 일어난다.
④ 연료의 연소 후 생기는 수분이 응축해서 일어난다.

해설

가스, 중질유 연소 등에서 회분에 포함된 바나듐의 산화반응에 의해 고온 전열면의 부식, 즉 고온부식이 발생한다. 바나듐이 연소하여 고온의 오산화바나듐이 되고 전열면에 융착되어 부작용을 일으킨다.

정답 | ②

13 빈출도 ★

다음 연료 중 이론공기량(Nm^3/Nm^3)이 가장 큰 것은?

① 오일가스
② 석탄가스
③ 액화석유가스
④ 천연가스

해설

발열량이 클수록 이론공기량은 크다.
발열량은 액화석유가스 > 천연가스 > 오일가스 > 석탄가스 순으로 크다.

정답 | ③

14 빈출도 ★

연소 시 점화 전에 연소실가스를 몰아내는 환기를 무엇이라 하는가?

① 프리퍼지
② 가압퍼지
③ 불착화퍼지
④ 포스트퍼지

해설

프리퍼지(Pre-purge)는 연소가 진행되기 전 노내에 잔류 가스를 송풍기로 배출시켜 역화나 폭발을 방지한다.

정답 | ①

15 빈출도 ★

다음 반응식을 가지고 CH_4의 생성엔탈피를 구하면 몇 kJ 인가?

$$C + O_2 \rightarrow CO_2 + 394 kJ$$
$$H_2 + \frac{1}{2}O_2 \rightarrow H_2O + 241 kJ$$
$$CH_4 + 2O_2 \rightarrow CO_2 + 2H_2O + 802 kJ$$

① -66
② -70
③ -74
④ -78

해설

메탄(CH_4)의 생성엔탈피 반응식
$CH_4 + 2O_2 \rightarrow CO_2 + 2H_2O + Q_a$
$802 = 394 + (2 \times 241) + Q_a$
$Q_a = 802 - 394 - 482 = -74 kJ$

정답 | ③

16 빈출도 ★★★

다음 중 매연의 발생 원인으로 가장 거리가 먼 것은?

① 연소실 온도가 높을 때
② 연소장치가 불량한 때
③ 연료의 질이 나쁠 때
④ 통풍력이 부족할 때

해설

연소실 온도가 높으면 완전연소에 도움을 준다.

관련개념 매연 발생 원인

- 연소실 온도가 낮을 경우
- 통풍력이 과하게 강하거나 작을 경우
- 연료의 예열온도가 적절하지 않을 경우
- 연소실 용적(크기)이 작고, 연소장치가 불량할 경우
- 공기비가 적절하지 않은 경우

정답 | ①

17 빈출도 ★★

가연성 액체에서 발생한 증기의 공기 중 농도가 연소범위 내에 있을 경우 불꽃을 접근시키면 불이 붙는데 이때 필요한 최저온도를 무엇이라고 하는가?

① 기화온도 ② 인화온도
③ 착화온도 ④ 임계온도

해설

인화온도란 인화점이라고도 하며, 가연성 액체에서 발생한 증기의 공기 중 농도가 연소범위 내에 있을 경우 불꽃을 접근시키면 불이 붙는 최저온도를 말한다.

정답 | ②

18 빈출도 ★★

다음 기체 중 폭발범위가 가장 넓은 것은?

① 수소 ② 메탄
③ 벤젠 ④ 프로판

선지분석

① 수소: 4~75%
② 메탄: 5~15%
③ 벤젠: 1.4~7.4%
④ 프로판: 2.2~9.5%

정답 | ①

19 빈출도 ★

로터리 버너로 벙커C유를 연소시킬 때 분무가 잘 되게 하기 위한 조치로서 가장 거리가 먼 것은?

① 점도를 낮추기 위하여 중유를 예열한다.
② 중유 중의 수분을 분리, 제거한다.
③ 버너 입구 배관부에 스트레이너를 설치한다.
④ 버너 입구의 오일 압력을 100kPa 이상으로 한다.

해설

버너 입구의 오일 압력은 0.3~0.5kg/cm^2(약 30~50kPa) 정도로 한다.

정답 | ④

20 빈출도 ★

분자식이 C_mH_n인 탄화수소가스 $1Nm^3$을 완전연소시키는데 필요한 이론공기량은 약 몇 Nm^3인가? (단, C_mH_n의 m, n은 상수이다.)

① $m + 0.25n$
② $1.19m + 4.76n$
③ $4m + 0.5n$
④ $4.76m + 1.19n$

해설

탄화수소(C_mH_n)의 완전연소 반응식은 아래와 같다.

$$C_mH_n + \left(m + \frac{n}{4}\right)O_2 \rightarrow CO_2 + \frac{n}{2}H_2O$$

$$A_o = \frac{O_o}{0.21}$$

A_o: 이론공기량, O_o: 이론산소량

$$A_o = \frac{O_o}{0.21} = \frac{m + \frac{n}{4}}{0.21} = \frac{m}{0.21} + \frac{n}{4 \times 0.21} = 4.76m + 1.19n$$

정답 | ④

열역학

21 빈출도 ★★

원통형 용기에 기체상수 0.529kJ/kg·K의 가스가 온도 15°C에서 압력 10MPa로 충전되어 있다. 이 가스를 대부분 사용한 후에 온도가 10°C로, 압력이 1MPa로 떨어졌다. 소비된 가스는 약 몇 kg인가? (단, 용기의 체적은 일정하며 가스는 이상기체로 가정하고, 초기상태에서 용기내의 가스 질량은 20kg이다.)

① 12.5 ② 18.0
③ 23.7 ④ 29.0

해설

이상기체방정식을 통해 용기의 부피(V)를 구한다.

$$PV = mRT$$

P: 압력(kPa), V: 부피(m³), m: 질량(kg), R: 기체상수(kJ/kg·K), T: 온도(K)

$$V = \frac{m_1 R T_1}{P_1} = \frac{20 \times 0.529 \times (15+273)}{10,000} = 0.305 \text{m}^3$$

용기에 소비되고 잔류 가스 질량(m_2)을 구한다.

$$m_2 = \frac{P_2 V}{RT_2} = \frac{1,000 \times 0.305}{0.529 \times (10+273)} = 2.037 \text{kg}$$

따라서, 소비된 가스 질량=처음 가스 질량-잔류 가스 질량

$$\Delta m = m_1 - m_2 = 20 - 2.037 = 17.963 \text{kg}$$

정답 ②

22 빈출도 ★

0°C의 물 1,000kg을 24시간 동안에 0°C의 얼음으로 냉각하는 냉동 능력은 약 몇 kW인가? (단, 얼음의 융해열은 335kJ/kg이다.)

① 2.15 ② 3.88
③ 14 ④ 14,000

해설

냉동능력 구하는 공식은 아래와 같다.

$$Q = \frac{m \times R}{t}$$

Q: 냉동능력(kW), m: 질량(kg), R: 융해열(kJ/kg), t: 시간(s)

$$Q = \frac{1,000 \text{kg} \times 335 \text{kJ/kg}}{24\text{h}} \times \frac{1\text{h}}{3,600\text{s}} = 3.88 \text{kW}$$

정답 ②

23 빈출도 ★

부피 500L인 탱크 내에 건도 0.95의 수증기가 압력 1,600kPa로 들어있다. 이 수증기의 질량은 약 몇 kg인가? (단, 이 압력에서 건포화증기의 비체적은 $v_g = 0.1237 \text{m}^3/\text{kg}$, 포화수의 비체적은 $v_f = 0.001 \text{m}^3/\text{kg}$이다.)

① 4.83 ② 4.55
③ 4.25 ④ 3.26

해설

수증기의 비체적을 구하는 식은 다음과 같다.

$$v_x = v_1 + x \times (v_g - v_f)$$

v_x: 수증기 비체적(m³/kg), v_f: 포화액 비체적(m³/kg), x: 건도, v_g: 포화증기 비체적(m³/kg)

$v = 0.001 + 0.95 \times (0.1237 - 0.001) = 0.118 \text{m}^3/\text{kg}$

질량=체적/비체적 이므로

$$m = \frac{V}{v_x} = \frac{0.5}{0.118} = 4.24 \text{kg}$$

정답 ③

24 빈출도 ★★

단열변화에서 압력, 부피, 온도를 각각 P, V, T로 나타낼 때, 항상 일정한 식은? (단, k는 비열비이다.)

① PV^{k-1} ② $TV^{\frac{1-k}{k}}$
③ TP^k ④ $TP^{\frac{1-k}{k}}$

해설

단열변화에서 PVT의 관계
- $T \cdot P^{\frac{1-k}{k}}$=const(일정)
- $P \cdot V^k$=const(일정)
- $T \cdot V^{k-1}$=const(일정)

정답 | ④

25 빈출도 ★★

오존층 파괴와 지구온난화 문제로 인해 냉동장치에 사용하는 냉매의 선택에 있어서 주의를 요한다. 이와 관련하여 다음 중 오존파괴지수가 가장 큰 냉매는?

① R-134a ② R-123
③ 암모니아 ④ R-11

선지분석

염소(Cl)가 많이 있을수록 오존파괴지수가 크다.
① R-134a=$C_2H_2F_4$
② R-123=$C_2HCl_2F_3$
③ 암모니아=NH_3
④ R-11=CCl_3F

정답 | ④

26 빈출도 ★★

다음 그림은 Rankine 사이클의 h-s선도이다. 등엔트로피 팽창과정을 나타내는 것은?

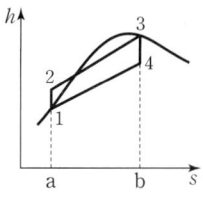

① 1 → 2 ② 2 → 3
③ 3 → 4 ④ 4 → 1

선지분석

① 1 → 2 과정(단열압축, 등엔트로피): 보일러가 급수하는 구간으로 포화수는 급수펌프의 단열압축(등엔트로피)과정을 거친다.
② 2 → 3 과정(등압가열): 증기 발생구간으로 펌프에서 압축된 급수를 등압가열하여 온도가 상승해 포화수가 되었다가 계속 증발한다.
③ 3 → 4 과정(단열팽창, 등엔트로피): 습증기가 되는 구간으로 건포화 증기가 터빈에서 단열팽창으로 일을 하여 습증기가 터빈 출구로 배출한다.
④ 4 → 1 과정(등압방열): 처음의 포화수로 되돌아가는 구간으로 습증기는 복수기(응축기)에서 등압방열 과정을 통해 냉각, 응축한다.

정답 | ③

27 빈출도 ★

이상기체의 내부 에너지 변화 du를 옳게 나타낸 것은? (단, C_p는 정압비열, C_v는 정적비열, T는 온도이다.)

① $C_p dT$ ② $C_v dT$
③ $\dfrac{C_p}{C_v}dT$ ④ $C_v C_p dT$

해설

$$dU = m \times C_v \times \Delta T = m \times C_v \times (T_2 - T_1)$$

dU: 내부에너지 변화량(kJ), m: 질량(kg),
C_v: 정적비열(kJ/kg·K), ΔT: 온도차(K)(T_2-T_1)

$$du = \frac{dU}{m} = \frac{mC_v dT}{m} = C_v dT$$

정답 | ②

28 빈출도 ★★

그림은 Carnot 냉동사이클을 나타낸 것이다. 이 냉동기의 성능계수를 옳게 표현한 것은?

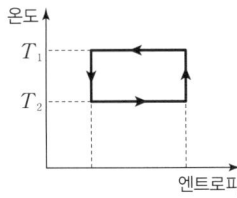

① $\dfrac{T_1-T_2}{T_1}$ ② $\dfrac{T_1-T_2}{T_2}$

③ $\dfrac{T_2}{T_1-T_2}$ ④ $\dfrac{T_1}{T_1-T_2}$

해설

냉동기의 성능계수에 대한 공식은 다음과 같다.

$$COP_h = \dfrac{Q_2}{W} = \dfrac{Q_2}{Q_1-Q_2} = \dfrac{T_2}{T_1-T_2}$$

COP_h: 성능계수, W: 동력(kW), Q_1: 초기 방출 열(kW), Q_2: 나중 흡수 열(kW), T_1: 초기 온도(K), T_2: 나중 온도(K)

정답 | ③

29 빈출도 ★★

교축과정에서 일정한 값을 유지하는 것은?

① 압력   ② 엔탈피
③ 비체적   ④ 엔트로피

해설

교축과정에서 엔탈피는 일정, 압력은 감소하며, 엔트로피는 증가한다.

정답 | ②

30 빈출도 ★

분자량이 16, 28, 32 및 44인 이상기체를 각각 같은 용적으로 혼합하였다. 이 혼합가스의 평균 분자량은?

① 30   ② 33
③ 35   ④ 40

해설

혼합가스의 평균 분자량 공식은 다음과 같다.

$$M_a = \dfrac{\sum M}{n}$$

M_a: 평균 분자량, $\sum M$: 분자량의 합, n: 분자 개수

$$M_a = \dfrac{16+28+32+44}{4} = \dfrac{120}{4} = 30$$

정답 | ①

31 빈출도 ★★

초기조건이 100kPa, 60℃인 공기를 정적과정을 통해 가열한 후 정압에서 냉각과정을 통하여 500kPa, 60℃로 냉각할 때 이 과정에서 전체 열량의 변화는 약 몇 kJ/kmol인가? (단, 정적비열은 20kJ/kmol·K, 정압비열은 28kJ/kmol·K이며, 이상기체는 가정한다.)

① −964   ② −1,964
③ −10,656   ④ −20,656

해설

보일−샤를의 법칙 $\frac{P_1V_1}{T_1}=\frac{P_2V_2}{T_2}$에서

부피변화가 없다고(정적과정) 하였으므로 $V_1=V_2$

$\frac{P_1}{T_1}=\frac{P_2}{T_2}$

$T_2=\frac{P_2}{P_1}\times T_1=\frac{500}{100}\times(60+273)=1,665K$

초기조건이 100kPa, 60℃인 공기를 정적과정을 통해 가열된 열량을 계산하면

$$q=C_v\times\varDelta T$$

q: 열량(kJ/kmol), C_v: 정적비열(kJ/kmol·K),
$\varDelta T$: 온도차(K)

$q_1=C_v\times(T_2-T_1)=20\times(1,665-333)=26,640\,kJ/kmol$

정압과정을 통하여 500kPa, 60℃로 냉각한 열량을 구한다.

$$q=C_p\times\varDelta T$$

q: 열량(kJ/kmol), C_p: 정압비열(kJ/kmol·K),
$\varDelta T$: 온도차(K)

$q_2=C_p\times(T_3-T_2)=28\times(333-1,665)=-37,296\,kJ/kmol$

따라서, 전체 열량 변화는
$q_t=26,640+(-37,296)=-10,656\,kJ/kmol$

정답 | ③

32 빈출도 ★★

피스톤이 장치된 실린더 안의 기체가 체적 V_1에서 V_2로 팽창할 때 피스톤에 해준 일은 $W=\int_{V_1}^{V_2}PdV$로 표시될 수 있다. 이 기체는 이 과정을 통하여 $PV^2=C$(상수)의 관계를 만족시켜 준다면 W를 옳게 나타낸 것은?

① $P_1V_1-P_2V_2$ ② $P_2V_2-P_1V_1$
③ $P_1V_1^2-P_2V_2^2$ ④ $P_2V_2^2-P_1V_1^2$

해설

팽창할 때 피스톤에 해준 일 $W=\int_{V_1}^{V_2}PdV$을 이용하여 일에 대한 식은 다음과 같다.

$$W=\frac{P_2V_2-P_1V_1}{1-n}$$

여기서, $PV^2=C$라고 하였으므로 $n=2$이다.

$W=\frac{P_2V_2-P_1V_1}{1-n}=\frac{P_2V_2-P_1V_1}{1-2}=P_1V_1-P_2V_2$

정답 | ①

33 빈출도 ★★★

다음 설명과 가장 관계되는 열역학적 법칙은?

- 열은 그 자신만으로는 저온의 물체로부터 고온의 물체로 이동할 수 없다.
- 외부에 어떠한 영향을 남기지 않고 한 사이클 동안에 계가 열원으로부터 받은 열을 모두 일로 바꾸는 것은 불가능하다.

① 열역학 제0법칙   ② 열역학 제1법칙
③ 열역학 제2법칙   ④ 열역학 제3법칙

해설

열역학 제2법칙
- 에너지변환(전환) 방향성의 법칙(열 이동의 법칙)이라고도 한다.
- 열은 항상 고온에서 저온으로 흐른다.(저온에서 고온으로 옮길 수 없다.)
- 열에너지를 완전히 일로 바꾸는 것이 불가능하다.(모든 열기관은 일부 에너지를 열로 방출한다.)

정답 | ③

34 빈출도 ★

이상기체가 A상태(T_A, P_A)에서 B상태(T_B, P_B)로 변화하였다. 정압비열 C_P가 일정할 경우 비엔트로피의 변화 Δs를 옳게 나타낸 것은?

① $\Delta s = C_p \ln \dfrac{T_A}{T_B} + R \ln \dfrac{P_B}{P_A}$

② $\Delta s = C_p \ln \dfrac{T_B}{T_A} + R \ln \dfrac{P_B}{P_A}$

③ $\Delta s = C_p \ln \dfrac{T_A}{T_B} - R \ln \dfrac{P_B}{P_A}$

④ $\Delta s = C_p \ln \dfrac{T_B}{T_A} - R \ln \dfrac{P_B}{P_A}$

해설

비엔트로피의 변화에 대한 공식은 다음과 같다.

$$\Delta s = C_p \ln \dfrac{T_B}{T_A} - R \ln \dfrac{P_B}{P_A}$$

Δs: 비엔트로피, C_p: 정압비열, T: 온도, R: 이상기체상수, P: 압력

정답 | ④

35 빈출도 ★★

송풍기 입구의 공기가 15℃, 100kPa 상태에서 공기 예열기로 500m³/min가 들어가 일정한 압력하에서 140℃까지 온도가 올라갔을 때 출구에서의 공기유량은 약 몇 m³/min인가? (단, 이상기체로 가정한다.)

① 617 ② 717
③ 817 ④ 917

해설

보일-샤를의 법칙 $\dfrac{P_1 V_1}{T_1} = \dfrac{P_2 V_2}{T_2}$에서 정압과정이라고 하였으므로 $P_1 = P_2$

$\dfrac{V_2}{V_1} = \dfrac{T_2}{T_1}$

$V_2 = V_1 \times \dfrac{T_2}{T_1} = 500 \times \dfrac{(140+273)}{(15+273)} = 717 \text{m}^3/\text{min}$

정답 | ②

36 빈출도 ★

다음 그림은 물의 상평형도를 나타내고 있다. a~d에 대한 용어로 옳은 것은?

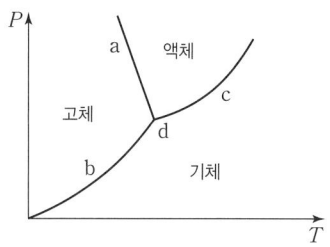

① a: 승화 곡선
② b: 용융 곡선
③ c: 증발 곡선
④ d: 임계점

해설

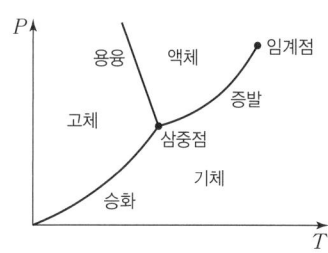

정답 | ③

37 빈출도 ★★

스로틀링(Throttling) 밸브를 이용하여 Joule-Thomson 효과를 보고자 한다. 압력이 감소함에 따라 온도가 반드시 감소하게 되는 Joule-Thomson 계수 μ의 값으로 옳은 것은?

① $\mu = 0$ ② $\mu > 0$
③ $\mu < 0$ ④ $\mu \neq 0$

해설

줄-톰슨 계수(μ)는 압력변화에 따른 온도변화를 설명하는 열역학적 특성으로 실제 기체가 고압에서 저압으로 교축밸브를 지나면서 연속적으로 단열팽창시키며 압력과 온도가 반비례한다.

- $\mu > 0$: 온도 감소
- $\mu = 0$: 온도 불변
- $\mu < 0$: 온도 증가

정답 | ②

38 빈출도 ★

터빈 입구에서의 내부에너지 및 엔탈피가 각각 3,000kJ/kg, 3,300kJ/kg인 수증기가 압력이 100kPa, 건도 0.9인 습증기로 터빈을 나간다. 이 때 터빈의 출력은 약 몇 kW인가? (단, 발생되는 수증기의 질량 유량은 0.2kg/s이고, 입출구의 속도차와 위치에너지는 무시한다. 100kPa에서의 상태량은 아래 표와 같다.)

(단위: kJ/kg)	포화수	건포화증기
내부에너지 u	420	2,510
엔탈피 h	420	2,680

① 46.2
② 93.6
③ 124.2
④ 169.2

해설

터빈에서의 출력 값을 구하는 공식은 다음과 같다.

$$W = m \times \Delta h = m \times (h_1 - h_2)$$

W: 출력량(kW), m: 질량유량(kg/s), h: 엔탈피(kJ/kg)

h_1은 터빈 입구에서의 엔탈피이며, h_2는 터빈 출구에서의 엔탈피이다. 터빈 출구 엔탈피(h_2)는 다음과 같이 구한다.

$$h_x = h_f + x(h_f - h_g)$$

h_x: 엔탈피(kJ/kg), h_f: 포화증기의 엔탈피(kJ/kg), x: 수증기 건도, h_g: 포화액의 엔탈피(kJ/kg)

$h_2 = 420 + 0.9 \times (2,680 - 420) = 2,454$ kJ/kg
터빈 출력 값은
$W = 0.2 \times (3,300 - 2,454) = 169.2$ kW

정답 | ④

39 빈출도 ★

오토 사이클의 열효율에 영향을 미치는 인자들만 모은 것은?

① 압축비, 비열비
② 압축비, 차단비
③ 차단비, 비열비
④ 압축비, 차단비, 비열비

해설

오토 사이클 열효율은 다음과 같이 구한다.

$$\eta = 1 - \left(\frac{1}{\epsilon}\right)^{k-1}$$

η: 효율(%), ϵ: 압축비, k: 비열비

정답 | ①

40 빈출도 ★★★

Rankine 사이클의 4개 과정으로 옳은 것은?

① 가역단열팽창 → 정압방열 → 가역단열압축 → 정압가열
② 가역단열팽창 → 가역단열압축 → 정압가열 → 정압방열
③ 정압가열 → 정압방열 → 가역단열압축 → 가역단열팽창
④ 정압방열 → 정압가열 → 가역단열압축 → 가역단열팽창

해설

랭킨 사이클은 2개의 정압변화와 2개의 단열변화로 구성된 증기동력 사이클로 과정은 아래와 같다.
가역단열팽창 → 정압방열 → 가역단열압축 → 정압가열

정답 | ①

계측방법

41 빈출도 ★

레이놀즈수를 나타낸 식으로 옳은 것은? (단, D는 관의 내경, μ는 유체의 점도, ρ는 유체의 밀도, U는 유체의 속도이다.)

① $\dfrac{D\mu U}{\rho}$ ② $\dfrac{DU\rho}{\mu}$

③ $\dfrac{D\mu\rho}{U}$ ④ $\dfrac{\mu\rho D}{U}$

해설

레이놀즈수를 구하는 식은 다음과 같다.

$$Re = \dfrac{D \times v}{\nu} = \dfrac{Dv\rho}{\mu}$$

Re: 레이놀즈 수, D: 내경(m), v: 유속(m/s), ν: 동점성계수(m²/s), ρ: 밀도(kg/m³), μ: 점도(kg/m·s)

정답 | ②

42 빈출도 ★

복사온도계에서 전복사에너지는 절대온도의 몇 승에 비례하는가?

① 2 ② 3
③ 4 ④ 5

해설

스테판 볼츠만 법칙

열복사 에너지(E)는 절대온도(T)의 4승에 비례한다.

$$\dfrac{E_2}{E_1} \propto \left(\dfrac{T_2}{T_1}\right)^4$$

정답 | ③

43 빈출도 ★★★

물리량과 SI 기본단위의 기호가 틀린 것은?

① 질량: kg ② 온도: ℃
③ 물질량: mol ④ 광도: cd

해설

SI 단위계에서 온도의 기본단위는 K이다.

관련개념 SI 기본단위 및 물리량

물리량	SI 기본단위	기호
길이	미터	m
질량	킬로그램	kg
시간	초	s
전류	암페어	A
온도	켈빈	K
물질의 양	몰	mol
광도	칸델라	cd

정답 | ②

44 빈출도 ★★

단열식 열량계로 석탄 1.5g을 연소시켰더니 온도가 4℃ 상승하였다. 통내 물의 질량이 2,000g, 열량계의 물당량이 500g일 때 이 석탄의 발열량은 약 몇 J/g인가? (단, 물의 비열은 4.19J/g·℃이다.)

① 2.23×10^4
② 2.79×10^4
③ 4.19×10^4
④ 6.98×10^4

해설

단열식 열량계로 석탄의 발열량을 구하는 공식은 다음과 같다.

$$Q = \dfrac{C \times T_a \times (m_a + m_b)}{m_0}$$

Q: 발열량(J/g), C: 비열(J/g·℃), T_a: 상승온도(℃), m_a: 내통수량(g), m_b: 물의 질량(g), m_0: 시료의 양(g)

$$Q = \dfrac{4.19\text{J/g}\cdot\text{℃} \times 4\text{℃} \times (2,000+500)\text{g}}{1.5\text{g}}$$
$$= 27,933.33\text{J/g} = 2.79 \times 10^4 \text{J/g}$$

정답 | ②

45 빈출도 ★★

다음 중 유도단위 대상에 속하지 않는 것은?

① 비열 ② 압력
③ 습도 ④ 열량

해설

습도는 특수단위에 해당된다.

관련개념 계량 단위

- 유도단위: 국제단위계에서 기본단위를 조합하여 유도하는 형성단위이다. 속도(m/s), 가속도(m/s^2), 힘(kg·m/s^2), 압력(N/m^2), 열량(J), 비열(J/kg·K) 등이 있다.
- 보조단위: 기본단위와 유도단위의 사용상 편의를 위한 특별한 단위로, ℃, ℉, rad 등이 있다.
- 특수단위: 기본, 보조, 유도단위 외에 계측하기 어렵거나 특수한 용도에 편리하도록 정의된 단위로 에너지, 비중, 습도, 인장강도, 방사능 등이 있다.

정답 | ③

46 빈출도 ★★

피드백 제어에 대한 설명으로 틀린 것은?

① 폐회로로 구성된다.
② 제어량과 대한 수정동작을 한다.
③ 미리 정해진 순서에 따라 순차적으로 제어한다.
④ 반드시 입력과 출력을 비교하는 장치가 필요하다.

해설

미리 정해진 순서에 따라 순차적으로 제어하는 방식은 시퀀스 제어이다.

관련개념 피드백 제어(신호제어)

- 폐회로 구성되며 입출력을 비교하는 장치가 필수적이다.
- 다른 제어계보다 제어폭이 증가한다.
- 출력된 신호를 입력측으로 되돌림하여 제어량을 기준으로 설정된 값과 비교한다.
- 제어량이 설정치의 범위에 들도록 제어량에 대한 수정 동작을 계속해서 진행한다.

정답 | ③

47 빈출도 ★

다음 그림과 같이 수은을 넣은 차압계를 이용하는 액면계에 있어 수은면의 높이차(h)가 50.0mm일 때 상부의 압력 취출구에서 탱크 내 액면까지의 높이(H)는 약 몇 mm인가? (단, 액의 밀도(ρ)는 999kg/m^{3}이고, 수은의 밀도(ρ_o)는 13,550kg/m^{3}이다.)

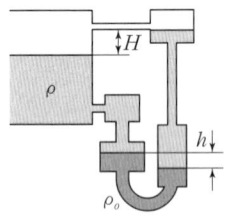

① 578 ② 628
③ 678 ④ 728

해설

파스칼의 원리에 따라 액주 경계면의 수평선에 작용하는 압력은 서로 같다.

$P_x + \gamma \times h = \gamma_1 \times h + P_x + \gamma_1 \times H$
$(\gamma - \gamma_1)h = \gamma_1 H$
$H = h \times \dfrac{\gamma}{\gamma_1} - h = \left(50 \times \dfrac{13,550}{999}\right) - 50 = 628$mm

정답 | ②

48 빈출도 ★★

열전대 온도계에 대한 설명으로 옳은 것은?

① 흡습 등으로 열화된다.
② 밀도차를 이용한 것이다.
③ 자기가열에 주의해야 한다.
④ 온도에 대한 열기전력이 크며 내구성이 좋다.

해설

열전대 온도계는 온도 변화로 발생하는 기전력인 전위차로 측정하는 온도계로, 온도에 대한 열기전력이 크며 내구성이 좋다.

정답 | ④

49 빈출도 ★

아래 열교환기의 제어에 해당하는 제어의 종류로 옳은 것은?

> 유체의 온도를 제어하는데 온도조절의 출력으로 열교환기에 유입되는 증기의 유량을 제어하는 유량조절기의 설정치를 조절한다.

① 추종제어
② 프로그램제어
③ 정치제어
④ 캐스케이드제어

해설

캐스케이드제어(C.C, Cascade Control)는 내부제어루프와 외부제어루프가 존재하는 다단제어라고하며, 1차 제어 장치가 제어량을 측정한다. 이때 제어명령과 함께 2차 제어 장치가 캐스케이드의 명령을 바탕으로 제어량을 조절한다.

정답 | ④

50 빈출도 ★★

다음 중 수분흡수법에 의해 습도를 측정할 때 흡수제로 사용하기에 가장 적절하지 않은 것은?

① 오산화인
② 피크린산
③ 실리카겔
④ 황산

해설

수분흡수법은 측정공기 중의 수증기를 흡수제를 사용하여 중량차를 측정하는 방법으로 흡수제는 실리카겔, 오산화인, 황산 등이 있다.

정답 | ②

51 빈출도 ★

저항 온도계에 관한 설명 중 틀린 것은?

① 구리는 $-200 \sim 500℃$에서 사용한다.
② 시간지연이 적어 응답이 빠르다.
③ 저항선의 재료로는 저항온도계수가 크며, 화학적으로나 물리적으로 안정한 백금, 니켈 등을 쓴다.
④ 저항 온도계는 금속의 가는 선을 절연물에 감아서 만든 측온저항체의 저항치를 재어서 온도를 측정한다.

해설

구리(동) 온도계는 온도 범위가 $0 \sim 120℃$이며, 저온에 대해 정밀 측정이 가능하다.

관련개념 측온저항체 측정범위

백금저항 온도계	$-200 \sim 500℃$
니켈 온도계	$-50 \sim 150℃$
구리 온도계	$0 \sim 120℃$
서미스터	$-100 \sim 300℃$

정답 | ①

52 빈출도 ★

가스크로마토그래피는 다음 중 어떤 원리를 응용한 것인가?

① 증발
② 증류
③ 건조
④ 흡착

해설

가스크로마토그래피(GC, Gas Chromatography)는 기체의 확산속도의 흡착력 특성을 이용한 분석장치이다.

정답 | ④

53 빈출도 ★★

직각으로 굽힌 유리관의 한쪽을 수면 바로 밑에 넣고 다른 쪽은 연직으로 세워 수평방향으로 0.5m/s의 속도로 움직이면 물은 관속에서 약 몇 m 상승하는가?

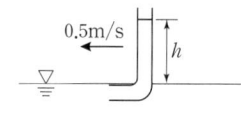

① 0.01   ② 0.02
③ 0.03   ④ 0.04

해설

베르누이방정식을 이용하여 높이를 구할 수 있다.

$$v = \sqrt{2gh}$$

v: 유속(m/s), g: 중력가속도(9.8m/s²), h: 수두(m)

$$h = \frac{v^2}{2 \times g} = \frac{0.5^2}{2 \times 9.8} = 0.01\text{m}$$

정답 | ①

54 빈출도 ★★

관로에 설치한 오리피스 전·후의 차압이 1.936 mmH₂O일 때 유량이 22m³/h이다. 차압이 1.024 mmH₂O이면 유량은 몇 m³/h 인가?

① 15   ② 16
③ 17   ④ 18

해설

유량과 압력의 관계식인 $Q = AV$ 에서

$Q = AV = \frac{\pi D^2}{4} \times \sqrt{2gh} = \frac{\pi D^2}{4} \times \sqrt{\frac{2g \times \Delta P}{\gamma}}$ 이며,

$\frac{Q_1}{Q_2} = \sqrt{\frac{\Delta P_1}{\Delta P_2}}$ 유량은 동압의 제곱근에 비례한다는 비례식을 세울 수 있다.

$Q_2 = Q_1 \times \sqrt{\frac{\Delta P_2}{\Delta P_1}} = 22 \times \sqrt{\frac{1.024}{1.936}} = 16\text{m}^3/\text{h}$

정답 | ②

55 빈출도 ★

다음 중 탄성 압력계에 속하는 것은?

① 침종 압력계   ② 피스톤 압력계
③ U자관 압력계   ④ 부르동관 압력계

해설

탄성식 압력계는 탄성체의 변형되는 양을 측정하는 압력계를 말하며, 다이어프램 압력계, 벨로우즈식 압력계, 부르동관 압력계 등이 있다.

정답 | ④

56 빈출도 ★★

액주식 압력계에 사용되는 액체의 구비조건으로 틀린 것은?

① 온도변화에 의한 밀도 변화가 커야 한다.
② 액면은 항상 수평이 되어야 한다.
③ 점도와 팽창계수가 작아야 한다.
④ 모세관 현상이 적어야 한다.

해설

온도변화에 의한 밀도 변화가 작아야 한다.

관련개념 액주식 압력계

(1) 개요
주로 통풍력 측정에 사용되며, 구부러진 유리관에 기름, 물, 수은 등의 액체를 넣고 한쪽 끝 부분에 압력을 도입하여 발생하는 양액면의 높이 차를 이용하여 압력을 측정한다.

(2) 액주의 구비조건
- 열팽창계수가 작아야 한다.
- 모세관현상이 적어야 한다.
- 일정한 화학성분을 가지고 안정적이여야 한다.
- 점도가 작고 휘발성 및 흡수성도 낮아야 한다.

정답 | ①

57 빈출도 ★★
다음 중 가스분석 측정법이 아닌 것은?

① 오르사트법
② 적외선 흡수법
③ 플로우 노즐법
④ 열전도율법

해설

성질	측정법
물리적	가스크로마토그래피법, 세라믹식, 자기식, 밀도법, 적외선식, 열전도율법, 도전율법 등
화학적	연소열식 O_2계, 연소식 O_2계, 자동화학식 CO_2계, 오르자트 분석기(자동오르자트), 헴펠법, 게겔법 등

정답 | ③

58 빈출도 ★
액체의 팽창하는 성질을 이용하여 온도를 측정하는 것은?

① 수은 온도계
② 저항 온도계
③ 서미스터 온도계
④ 백금-로듐 열전대 온도계

해설

수은 온도계는 액체의 팽창하는 성질을 이용한 유리제 봉입식 온도계이다.

정답 | ①

59 빈출도 ★
전자 유량계에 대한 설명으로 틀린 것은?

① 응답이 매우 빠르다.
② 제작 및 설치비용이 비싸다.
③ 고점도 액체는 측정이 어렵다.
④ 액체의 압력에 영향을 받지 않는다.

선지분석

① 전기 신호를 즉각 감지하여 응답 속도가 빠르다.
② 고성능의 증폭기가 필요하며, 제작 및 설치비용이 비싸다.
③ 고점도 액체도 측정이 가능하다.
④ 유체의 밀도와 점성의 영향을 받지 않으며, 다른 물질이 섞여 있거나 기포가 있는 액체도 측정이 가능하다.

정답 | ③

60 빈출도 ★
비례동작만 사용할 경우와 비교할 때 적분동작을 같이 사용하면 제거할 수 있는 문제로 옳은 것은?

① 오프셋
② 외란
③ 안정성
④ 빠른 응답

해설

오프셋은 목푯값에 도달하지 못한 오차를 의미하며, 비례동작만 사용할 경우와 비교할 때 발생하는 오프셋을 적분동작을 같이 사용하면 제거할 수 있는 문제에 해당된다.

정답 | ①

열설비재료 및 관계법규

61 빈출도 ★

용광로의 원료 중 코크스의 역할로 옳은 것은?

① 탈황작용
② 흡탄작용
③ 매용제(媒熔劑)
④ 탈산작용

해설

코크스는 선철을 제조하는 열원으로 사용되며, 연소시 생성되는 환원성 가스에 의해 산화철을 환원시킴과 동시에 탄소의 일부는 선철 중에 흡수되어 흡탄작용을 일으킨다.

정답 | ②

62 빈출도 ★

단조용 가열로에서 재료에 산화 스케일이 가장 많이 생기는 가열방식은?

① 반간접식
② 직화식
③ 무산화 가열방식
④ 급속 가열방식

해설

직화식은 단조가열로 방식 중 하나로 직화식 가열방식이라고도 하며, 가열실 내 연소 시 불꽃을 직접적으로 접촉시키기 때문에 공기와 산소의 혼합이 쉽게 이루어지고 산화 스케일이 가장 많이 발생한다.

정답 | ②

63 빈출도 ★★★

에너지이용 합리화법령상 에너지사용계획을 수립하여 산업통상자원부장관에게 제출하여야 하는 공공사업주관자가 설치하려는 시설기준으로 옳은 것은?

① 연간 1천 티오이 이상의 연료 및 열을 사용하는 시설
② 연간 2천 티오이 이상의 연료 및 열을 사용하는 시설
③ 연간 2천5백 티오이 이상의 연료 및 열을 사용하는 시설
④ 연간 1만 티오이 이상의 연료 및 열을 사용하는 시설

해설

「에너지이용 합리화법 시행령 제20조」
에너지사용계획을 수립하여 산업통상자원부장관에게 제출하여야 하는 공공사업주관자는 다음의 어느 하나에 해당하는 시설을 설치하려는 자로 한다.
• 연간 2천5백 티오이 이상의 연료 및 열을 사용하는 시설
• 연간 1천만 킬로와트시 이상의 전력을 사용하는 시설

정답 | ③

64 빈출도 ★★

고온용 무기질 보온재로서 석영을 녹여 만들며 내약품성이 뛰어나고 최고사용온도가 1,100°C 정도인 것은?

① 유리섬유(Glass wool)
② 석면(Asbestos)
③ 펄라이트(Pearlite)
④ 세라믹 파이버(Ceramic fiber)

해설

세라믹 파이버는 석영으로 만들어진 고온용 보온재로 내약품성이 뛰어나고 1,100~1,300°C 정도의 최고사용온도를 가진다.

정답 | ④

65 빈출도 ★

다음 중 전기로에 해당되지 않는 것은?

① 푸셔로
② 아크로
③ 저항로
④ 유도로

해설

푸셔로는 연소식 강제 가열로에 해당된다.

정답 | ①

66 빈출도 ★★

내화물의 분류방법으로 적합하지 않는 것은?

① 원료에 의한 분류
② 형상에 의한 분류
③ 내화도에 의한 분류
④ 열전도율에 의한 분류

선지분석

① 원료에 의한 분류: 규석질, 마그네시아질, 알루미나질 등
② 형상에 의한 분류: 정형 내화물, 부정형 내화물 등
③ 내화도에 의한 분류: SK 26~30(저급), SK 31~33(중급), SK 34 이상(고급)

정답 | ④

67 빈출도 ★★★

유체의 역류를 방지하여 한쪽 방향으로만 흐르게 하는 밸브 리프트식과 스윙식으로 대별되는 것은?

① 회전밸브
② 게이트밸브
③ 체크밸브
④ 앵글밸브

해설

체크밸브는 유체가 한 방향으로 흐르도록 제어하는 밸브로 역류를 방지하기 위한 장치이다.

정답 | ③

68 빈출도 ★

에너지이용 합리화법령에 따라 에너지절약전문기업의 등록이 취소된 에너지절약전문기업은 원칙적으로 등록 취소일로부터 최소 얼마의 기간이 지나면 다시 등록을 할 수 있는가?

① 1년
② 2년
③ 3년
④ 5년

해설

「에너지이용 합리화법 제27조」
등록이 취소된 에너지절약전문기업은 등록취소일부터 2년이 지나지 아니하면 등록을 할 수 없다.

정답 | ②

69 빈출도 ★

신재생에너지법령상 신·재생에너지 중 의무공급량이 지정되어 있는 에너지 종류는?

① 해양에너지
② 지열에너지
③ 태양에너지
④ 바이오에너지

해설

「신에너지 및 재생에너지 개발·이용·보급 촉진법 시행령 별표 4」
신재생에너지의 종류는 태양에너지(태양의 빛에너지를 변환시켜 전기를 생산하는 방식에 한정한다)이다.

정답 | ③

70 빈출도 ★★

에너지이용 합리화법령에 따라 에너지다소비사업자에게 에너지손실요인의 개선명령을 할 수 있는 자는?

① 산업통상자원부장관
② 시·도지사
③ 한국에너지공단이사장
④ 에너지관리진단기관협회장

해설

「에너지이용 합리화법 시행령 제40조」
산업통상자원부장관이 에너지다소비사업자에게 개선명령을 할 수 있는 경우는 에너지관리지도 결과 10퍼센트 이상의 에너지효율 개선이 기대되고 효율 개선을 위한 투자의 경제성이 있다고 인정되는 경우로 한다.

정답 | ①

71 빈출도 ★★

연소가스(화염)의 진행방향에 따라 요로를 분류할 때 종류로 옳은 것은?

① 연속식 가마
② 도염식 가마
③ 직화식 가마
④ 셔틀 가마

해설

불연속식 요는 화염의 진행방향에 따라 횡염식요, 승염식요, 도염식요로 분류한다.

정답 | ②

72 빈출도 ★★★

에너지이용 합리화법령상 산업통상자원부장관이 에너지저장의무를 부과할 수 있는 대상자의 기준으로 틀린 것은?

① 연간 1만 석유환산톤 이상의 에너지를 사용하는 자
② 「전기사업법」에 따른 전기사업자
③ 「석탄산업법」에 따른 석탄가공업자
④ 「집단에너지사업법」에 따른 집단에너지사업자

해설

「에너지이용 합리화법 시행령 제12조」
산업통상자원부장관이 에너지저장의무를 부과할 수 있는 대상자는 다음과 같다.
- 「전기사업법」에 따른 전기사업자
- 「도시가스사업법」에 따른 도시가스사업자
- 「석탄산업법」에 따른 석탄가공업자
- 「집단에너지사업법」에 따른 집단에너지사업자
- 연간 2만 석유환산톤 이상의 에너지를 사용하는 자

정답 | ①

73 빈출도 ★

에너지이용 합리화법령에 따라 산업통상자원부령으로 정하는 광고매체를 이용하여 효율관리기자재의 광고를 하는 경우에는 그 광고내용에 동법에 따른 에너지소비효율 등급 또는 에너지소비효율을 포함하여야 한다. 이 때 효율관리기자재 관련업자에 해당하지 않는 것은?

① 제조업자
② 수입업자
③ 판매업자
④ 수리업자

해설

「에너지이용 합리화법 제15조」
효율관리기자재의 제조업자·수입업자 또는 판매업자가 산업통상자원부령으로 정하는 광고매체를 이용하여 효율관리기자재의 광고를 하는 경우에는 그 광고내용에 에너지소비효율등급 또는 에너지소비효율을 포함하여야 한다.

정답 | ④

74 빈출도 ★★★

에너지이용 합리화법령상 검사대상기기의 검사유효기간에 대한 설명으로 옳은 것은?

① 설치 후 3년이 지난 보일러로서 설치장소 변경검사 또는 재사용검사를 받은 보일러는 검사 후 1개월 이내에 운전성능검사를 받아야 한다.
② 보일러의 계속사용검사 중 운전성능검사에 대한 검사유효기간은 해당 보일러가 산업통상자원부장관이 정하여 고시하는 기준에 적합한 경우에는 3년으로 한다.
③ 개조검사 중 연료 또는 연소방법의 변경에 따른 개조검사의 경우에는 검사유효기간을 1년으로 한다.
④ 철금속가열로의 재사용검사의 검사유효기간은 1년으로 한다.

선지분석

「에너지이용 합리화법 시행규칙 별표 3의5」
① 설치 후 3년이 지난 보일러로서 설치장소 변경검사 또는 재사용검사를 받은 보일러는 검사 후 1개월 이내에 운전성능검사를 받아야 한다.
② 보일러의 계속사용검사 중 운전성능검사에 대한 검사유효기간은 해당 보일러가 산업통상자원부장관이 정하여 고시하는 기준에 적합한 경우에는 2년으로 한다.
③ 개조검사 중 연료 또는 연소방법의 변경에 따른 개조검사의 경우에는 검사유효기간을 적용하지 않는다.
④ 철금속가열로의 재사용검사의 검사유효기간은 2년으로 한다.

정답 | ①

75 빈출도 ★★

고압 배관용 탄소 강관(KS D 3564)의 호칭지름의 기준이 되는 것은?

① 배관의 안지름
② 배관의 바깥지름
③ 배관의 $\dfrac{\text{안지름} + \text{바깥지름}}{2}$
④ 배관나사의 바깥지름

해설

고온 배관용 탄소 강관의 호칭 지름은 A, B가 있으며, 배관의 바깥지름 기준으로 A는 단위 mm, B는 단위 inch이다.

정답 | ②

76 빈출도 ★★

배관의 신축이음에 대한 설명으로 틀린 것은?

① 슬리브형은 단식과 복식의 2종류가 있으며, 고온, 고압에 사용한다.
② 루프형은 고압에 잘 견디며, 주로 고압증기의 옥외배관에 사용한다.
③ 벨로즈형은 신축으로 인한 응력을 받지 않는다.
④ 스위블형은 온수 또는 저압증기의 배관에 사용하며, 큰 신축에 대하여는 누설의 염려가 있다.

해설

슬리브형은 고온, 고압에 사용이 부적합하며, 단식과 복식의 2종류가 있는 것은 벨로즈형이다.

정답 | ①

77 빈출도 ★★

고알루미나(High alumina)질 내화물의 특성에 대한 설명으로 옳은 것은?

① 내마모성이 적다.
② 하중 연화온도가 높다.
③ 고온에서 부피변화가 크다.
④ 급열, 급냉에 대한 저항성이 적다.

해설

고알루미나질은 Al_2O_3 함량이 45% 이상인 내화벽돌로 다양한 조건에 안정적이며 각종 요로의 가혹한 부위에 주로 사용된다. 하중연화 온도가 높고, 내식성 및 내마모성이 크다.

정답 | ②

78 빈출도 ★★★

에너지이용 합리화법령에 따라 에너지사용량이 대통령령이 정하는 기준량 이상이 되는 에너지다소비사업자는 전년도의 분기별 에너지사용량·제품생산량 등의 사항을 언제까지 신고하여야 하는가?

① 매년 1월 31일
② 매년 3월 31일
③ 매년 6월 30일
④ 매년 12월 31일

해설

「에너지이용 합리화법 제31조」
에너지사용량이 대통령령으로 정하는 기준량 이상인 자는 다음 사항을 산업통상자원부령으로 정하는 바에 따라 매년 1월 31일까지 그 에너지사용시설이 있는 지역을 관할하는 시·도지사에게 신고하여야 한다.

정답 | ①

79 빈출도 ★★

신재생에너지법령상 바이오에너지가 아닌 것은?

① 식물의 유지를 변환시킨 바이오디젤
② 생물유기체를 변환시켜 얻어지는 연료
③ 폐기물의 소각열을 변환시킨 고체의 연료
④ 쓰레기매립장의 유기성폐기물을 변환시킨 매립지가스

해설

「신에너지 및 재생에너지 개발·이용·보급 촉진법 시행령 별표 1」
- 생물유기체를 변환시킨 바이오가스, 바이오에탄올, 바이오액화유 및 합성가스
- 쓰레기매립장의 유기성폐기물을 변환시킨 매립지가스
- 동물·식물의 유지(油脂)를 변환시킨 바이오디젤 및 바이오중유
- 생물유기체를 변환시킨 땔감, 목재칩, 펠릿 및 숯 등의 고체연료

정답 | ③

80 빈출도 ★

보온이 안 된 어떤 물체의 단위면적당 손실열량이 $1,600kJ/m^2$ 이었는데, 보온한 후에 단위면적당 손실열량이 $1,200kJ/m^2$ 이라면 보온효율은 얼마인가?

① 1.33   ② 0.75
③ 0.33   ④ 0.25

해설

보온효율(η) = $\dfrac{\text{보온전 손실열량} - \text{보온후 손실열량}}{\text{보온전 손실열량}}$

= $\dfrac{1,600-1,200}{1,600}$ = 0.25

정답 | ④

열설비설계

81 빈출도 ★★

노통보일러에서 브레이징 스페이스란 무엇을 말하는가?

① 노통과 가셋트 스테이와의 거리
② 관군과 가셋트 스테이와의 거리
③ 동체와 노통 사이의 최소거리
④ 가셋트 스테이간의 거리

해설

브레이징 스페이스
- 노통과 가셋트 스테이와의 거리를 말한다.
- 경판과의 부착부 하단과 노통 상부 사이에 있어야 하며, 경판의 적절한 탄성을 유지하기 위한 완충 폭이다.

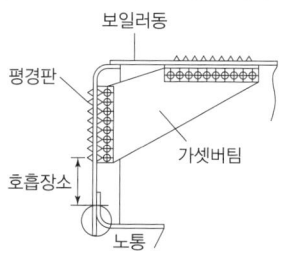

▲ 브레이징 스페이스

정답 | ①

82 빈출도 ★

연관의 바깥지름이 75mm인 연관보일러 관판의 최소두께는 몇 mm 이상이어야 하는가?

① 8.5   ② 9.5
③ 12.5   ④ 13.5

해설

연관의 바깥지름이 38~102mm 경우의 관판의 최소두께 구하는 공식은 다음과 같다.

$$t = 5 + \dfrac{d}{10}$$

t: 최소 두께(mm), d: 바깥지름(mm)

$t = 5 + \dfrac{75}{10} = 12.5mm$

정답 | ③

83 빈출도 ★★

보일러 부하의 급변으로 인하여 동 수면에서 작은 입자의 물방울이 증기와 혼입하여 튀어오르는 현상을 무엇이라고 하는가?

① 캐리오버   ② 포밍
③ 프라이밍   ④ 피팅

해설

프라이밍(비수)은 보일러 부하의 급변으로 수위가 급상승하여 수면에서 작은 입자의 물방울이 증기와 함께 수면이 심하게 솟아오르는 현상이다.

정답 | ③

84 빈출도 ★

맞대기 용접이음에서 질량 120kg, 용접부의 길이가 3cm, 판의 두께가 2mm라 할 때 용접부의 인장응력은 약 몇 MPa인가?

① 4.9
② 19.6
③ 196
④ 490

해설

맞대기 용접이음 인장응력 공식은 다음과 같다.

$$D = \sigma \times h \times l$$

D: 하중(kg), σ: 인장응력(kgf/cm²), h: 두께(cm), l: 폭(cm)

$$\sigma = \frac{D}{h \times l} = \frac{120\text{kg}}{0.2\text{cm} \times 3\text{cm}} \times \left(\frac{100\text{cm}}{1\text{m}}\right)^2 = 2 \times 10^6 \text{kgf/m}^2$$

$$2 \times 10^6 \text{kgf/m}^2 \times \frac{0.101325\text{MPa}}{10{,}332\text{kgf/m}^2} = 19.6\text{MPa}$$

※ 1atm = 10,332kgf/m² = 0.101325MPa

정답 | ②

85 빈출도 ★★

보일러에 스케일이 1mm 두께로 부착되었을 때 연료의 손실은 몇 %인가?

① 0.5
② 1.1
③ 2.2
④ 4.7

해설

스케일(Scale) 두께에 따른 연료손실 표는 아래와 같다.

두께(mm)	0.5	1	2	3	4	5	6
손실(%)	1.2	2.2	4	4.7	6.3	6.8	8.2

정답 | ③

86 빈출도 ★

다음 중 용해 경도성분 제거방법으로 적절하지 않은 것은?

① 침전법
② 소다법
③ 석회법
④ 이온법

해설

침전법은 현탁질 고형물 제거방법으로 보일러수 중 불순물을 제거한다.

관련개념 보일러 용수 급수처리 방법

물리적 처리	증류법, 가열연화법, 여과법, 탈기법
화학적 처리	석회소다법(약품첨가법), 이온교환법

정답 | ①

87 빈출도 ★★

급수펌프인 인젝터의 특징에 대한 설명으로 틀린 것은?

① 구조가 간단하여 소형에 사용된다.
② 별도의 소요동력이 필요하지 않다.
③ 송수량의 조절이 용이하다.
④ 소량의 고압증기로 다량의 급수가 가능하다.

해설

급수용량이 부족하여 송수량의 조절이 어렵다.

관련개념 인젝터

- 구조가 간단하고 가격이 저렴하여 소형에 사용된다.
- 별도의 소요동력이 필요하지 않다.
- 급수의 예열로 열효율이 상승하나 증기압력, 급수온도에 따라 급수 불량이 발생할 수 있다.
- 흡입양정이 작고 효율이 낮다.

정답 | ③

88 빈출도 ★

보일러 사고의 원인 중 제작상의 원인으로 가장 거리가 먼 것은?

① 재료 불량
② 구조 및 설계 불량
③ 용접 불량
④ 급수처리 불량

해설
급수처리 불량은 취급상의 원인에 해당한다.

관련개념 보일러 사고의 원인
(1) 제작상의 원인
- 구조, 설계, 용접, 재료 불량
- 강도부족
- 부속장치의 미비

(2) 취급상의 원인
- 압력초과, 저수위사고, 급수처리 불량
- 부식 과열, 가스폭발
- 부속장치 정비 불량 등

정답 | ④

89 빈출도 ★★

육용강제 보일러에서 오목면에 압력을 받는 스테이가 없는 접시형 경판으로 노통을 설치할 경우, 경판의 최소 두께(mm)를 구하는 식으로 옳은 것은? (단, P: 최고 사용압력(MPa), R: 접시모양 경판의 중앙부에서의 내면반지름(mm), σ_a: 재료의 허용인장응력(MPa), η: 경판자체의 이음효율, A: 부식여유(mm)이다.)

① $t = \dfrac{PR}{1.5\sigma_a\eta} + A$ ② $t = \dfrac{1.5PR}{(\sigma_a+\eta)A}$

③ $t = \dfrac{PA}{1.5\sigma_a\eta} + R$ ④ $t = \dfrac{AR}{\sigma_a\eta} + 1.5$

해설
육용강제 보일러 경판의 최소 두께를 구하는 공식은 아래와 같다.

$$t = \dfrac{PR}{1.5\sigma_a\eta} + A$$

t: 최소 두께(mm), P: 최고 사용압력(MPa),
R: 접시모양 경판의 중앙부에서의 내면 반지름(mm),
σ_a: 재료의 허용 인장응력(MPa), η: 이음효율(%),
A: 부식 여유(mm)

정답 | ①

90 빈출도 ★

노통보일러의 설명으로 틀린 것은?

① 구조가 비교적 간단하다.
② 노통에는 파형과 평형이 있다.
③ 내분식 보일러의 대표적인 보일러이다.
④ 코르니쉬 보일러와 랭카셔 보일러의 노통은 모두 1개이다.

해설
노통보일러는 노통이 2개로 구성되어있고 부하변동 시 압력변화가 작다.

정답 | ④

91 빈출도 ★★

연관의 안지름이 140mm이고, 두께가 5mm일 때 연관의 최고사용압력은 약 몇 MPa인가?

① 1.12
② 1.63
③ 2.25
④ 2.83

해설

연관의 바깥지름이 150mm 이하인 경우, 연관의 최소두께를 구하는 공식은 아래와 같다.

$$t = \frac{PR}{70} + 1.5$$

t: 최소 두께(mm), P: 최고 사용압력(MPa),
R: 연관의 바깥지름(mm)

$$5 = \frac{P \times (140 + 2 \times 5)}{70} + 1.5$$

$$P = \frac{70 \times (5 - 1.5)}{150} = 1.63\,\text{MPa}$$

※ 연관의 바깥지름(R)은 안지름 + 2 × 두께로 구한다.

정답 | ②

92 빈출도 ★★

최고사용압력 1.5MPa, 파형 형상에 따른 정수(C)를 1,100, 노통의 평균 안지름이 1,100mm일 때, 파형 노통 판의 최소 두께는 몇 mm인가?

① 12
② 15
③ 24
④ 30

해설

파형 노통의 최소 두께를 구하는 식은 다음과 같다.

$$t = \frac{10PD}{C}$$

t: 최소 두께(mm), P: 최고사용압력(MPa), D: 평균 내경(mm),
C: 노통의 종류에 따른 상수

$$t = \frac{10 \times 1.5 \times 1,100}{1,100} = 15\,\text{mm}$$

정답 | ②

93 빈출도 ★

다음 그림과 같이 길이가 L인 원통 벽에서 전도에 의한 열전달률 q[W]을 아래 식으로 나타낼 수 있다. 아래 식 중 R을 그림에 주어진 r_o, r_i, L로 표시하면? (단, k는 원통 벽의 열전도율이다.)

$$q = \frac{T_i - T_o}{R}$$

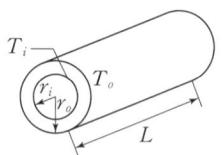

① $\dfrac{2\pi L}{\ln\left(\dfrac{r_o}{r_i}\right)k}$
② $\dfrac{\ln\left(\dfrac{r_o}{r_i}\right)}{2\pi L k}$
③ $\dfrac{2\pi L}{\ln(r_o - r_i)k}$
④ $\dfrac{\ln(r_o - r_i)}{2\pi L k}$

해설

원통 벽에서의 전도에 의한 열전달률 공식은 아래와 같다.

$$Q = \frac{\Delta T}{R} = \frac{T_i - T_o}{R} = \frac{k \times \Delta T \times A}{\ln\left(\dfrac{r_o}{r_i}\right)}$$

Q: 열전달률, T: 온도, R: 열저항,
k: 열전도율, A: 면적

여기서, 면적(A)는 $2\pi L$로 나타낼 수 있으므로,

$$Q = \frac{k \times \Delta T \times A}{\ln\left(\dfrac{r_o}{r_i}\right)} = \frac{k \times \Delta T \times (2\pi L)}{\ln\left(\dfrac{r_o}{r_i}\right)}$$

$$= \frac{k \times \Delta T \times (2\pi L)}{\ln\left(\dfrac{r_o}{r_i}\right)}$$

$$Q = \frac{\Delta T}{R} = \frac{k \times \Delta T \times (2\pi L)}{\ln\left(\dfrac{r_o}{r_i}\right)}$$

$$R = \frac{\ln\left(\dfrac{r_o}{r_i}\right)}{2 \times \pi \times L \times k}$$

정답 | ②

94 빈출도 ★★

급수에서 ppm 단위에 대한 설명으로 옳은 것은?

① 물 1mL 중에 함유한 시료의 양을 g으로 표시한 것
② 물 100mL 중에 함유한 시료의 양을 mg으로 표시한 것
③ 물 1,000mL 중에 함유한 시료의 양을 g으로 표시한 것
④ 물 1,000mL 중에 함유한 시료의 양을 mg으로 표시한 것

해설

ppm 단위는 물 1,000mL 중 함유한 시료의 양을 mg으로 표시한 것이다.

정답 | ④

95 빈출도 ★

횡연관식 보일러에서 연관의 배열을 바둑판 모양으로 하는 주된 이유는?

① 보일러 강도 증가
② 증기발생 억제
③ 물의 원활한 순환
④ 연소가스의 원활한 흐름

해설

연관은 배열을 바둑판 모양의 규칙적인 배열을 통해 물의 원활한 순환을 가지며, 수관은 다이아몬드 모양의 배열을 통해 열가스의 접촉을 양호하게 가진다.

정답 | ③

96 빈출도 ★

상당증발량이 5.5t/h, 연료소비량이 350kg/h인 보일러의 효율은 약 몇 %인가? (단, 효율 산정 시 연료의 저위발열량 기준으로 하며, 값은 40,000kJ/kg이다.)

① 38
② 52
③ 65
④ 89

해설

$$효율 = \frac{유효출열}{총입열량} \times 100$$

여기서, 유효출열 = 상당 증발량 × 물 1kg 증발 시 필요한 열량

$$= \frac{5,500\text{kg}}{\text{h}} \times \frac{539\text{kcal}}{\text{kg}} \times \frac{4.1868\text{kJ}}{1\text{kcal}} = 12,411,768.6\text{kJ/h}$$

※ 물의 증발잠열은 539kcal/kg이다.

총입열량 = 연료소비량 × 저위발열량
= 350kg/h × 40,000kJ/kg = 14,000,000kJ/h

$$효율(\eta) = \frac{12,411,768.6}{14,000,000} \times 100 = 89\%$$

※ 1kcal = 4.1868kJ

정답 | ④

97 빈출도 ★★

보일러 안전사고의 종류가 아닌 것은?

① 노통, 수관, 연관 등의 파열 및 균열
② 보일러 내의 스케일 부착
③ 동체, 노통, 화실의 압궤 및 수관, 연관 등 전열면의 팽출
④ 연도나 노 내의 가스폭발, 역화 그 외의 이상연소

해설

보일러 내의 스케일 부착은 보일러 효율이 낮아지는 장해 현상이다.

정답 | ②

98 빈출도 ★

노벽의 두께가 200mm이고, 그 외측은 75mm의 보온재로 보온되고 있다. 노벽의 내부온도가 400°C이고, 외측온도가 38°C일 경우 노벽의 면적이 10m²라면 열손실은 약 몇 W인가? (단, 노벽과 보온재의 평균 열전도율은 각각 3.3W/m·°C, 0.13W/m·°C이다.)

① 4,678　　② 5,678
③ 6,678　　④ 7,678

해설

노벽에서의 손실열 공식은 다음과 같다.

$$Q = F \times K \times \Delta t_m$$

Q: 열손실(W), F: 전열면적(m²),
K: 총괄열전계수(W/m²·°C), Δt_m: 평균 온도차(°C)

여기서, 총괄열전달계수의 공식은 다음과 같다.

$$K = \frac{1}{R_t} = \frac{1}{\frac{t_1}{\lambda_1} + \frac{t_2}{\lambda_2}}$$

R_t: 열저항, R_1: 내부표면 열전달계수(kcal/m²·h·°C),
λ: 열전도율(kcal/m·h·°C), t: 두께(m)

$$Q = \frac{F \times \Delta t_m}{\frac{t_1}{\lambda_1} + \frac{t_2}{\lambda_2}} = \frac{10 \times (400-38)}{\frac{0.2}{3.3} + \frac{0.075}{0.13}} = 5,678.17W$$

정답 | ②

99 빈출도 ★★

실제증발량이 1,800kg/h인 보일러에서 상당증발량은 약 몇 kg/h인가? (단, 증기엔탈피와 급수엔탈피는 각각 2,780kJ/kg, 80kJ/kg이다.)

① 1,210　　② 1,480
③ 2,020　　④ 2,150

해설

상당증발량과 실제증발량의 관계식은 다음과 같다.

$$m_b = m_a \times \frac{h_1 - h_2}{2,257}$$

m_a: 실제증발량(kg/h), m_b: 상당증발량(kg/h),
h_1: 증기엔탈피(kJ/kg), h_2: 급수엔탈피(kJ/kg)

$$m_b = 1,800 \times \frac{2,780 - 80}{2,257} = 2,153.30 kg/h$$

정답 | ④

100 빈출도 ★★★

보일러 내처리를 위한 pH 조정제가 아닌 것은?

① 수산화나트륨
② 암모니아
③ 제1인산나트륨
④ 아황산나트륨

해설

아황산나트륨은 탈산소제로 쓰인다.

관련개념 보일러 내처리제(청관제)의 종류 및 약품

구분	약품명
pH 및 알칼리 조정제	수산화나트륨, 탄산나트륨, 인산나트륨, 인산, 암모니아
연화제	수산화나트륨, 탄산나트륨, 인산나트륨
슬러지조정제	탄닌, 리그닌, 전분
탈산소제	아황산나트륨, 히드라진, 탄닌
가성취화방지제	황산나트륨, 인산나트륨, 질산나트륨, 탄닌, 리그닌
기포방지제	고급 지방산 폴리아민, 고급지방산 폴리알콜

정답 | ④

2021년 2회 기출문제

연소공학

01 빈출도 ★

다음 가스 중 저위발열량(MJ/kg)이 가장 낮은 것은?

① 수소
② 메탄
③ 일산화탄소
④ 에탄

선지분석

① 수소(H_2): 28,600kcal/kg=119.74MJ/kg
② 메탄(CH_4): 11,950kcal/kg=50.03MJ/kg
③ 일산화탄소(CO): 2,420kcal/kg=10.13MJ/kg
④ 에탄(C_2H_6): 11,530kcal/kg=48.27MJ/kg

정답 | ③

02 빈출도 ★★★

저질탄 또는 조분탄의 연소방식이 아닌 것은?

① 분무식
② 산포식
③ 쇄상식
④ 계단식

해설

분무식은 액체연료의 연소방식으로 활용된다.

관련개념 고체연료의 스토커

• 산포식
• 계단식
• 쇄상식
• 하급식

정답 | ①

03 빈출도 ★★★

프로판(C_3H_8) 및 부탄(C_4H_{10})이 혼합된 LPG를 건조공기로 연소시킨 가스를 분석하였더니 CO_2 11.32%, O_2 3.76%, N_2 84.92%의 부피 조성을 얻었다. LPG 중의 프로판의 부피는 부탄의 약 몇 배인가?

① 8배
② 11배
③ 15배
④ 20배

해설

m몰의 프로판과 n몰의 부탄이 혼합된 LPG 연소화학식

$mC_3H_8 + nC_4H_{10} + x\left(O_2 + \frac{79}{21}N_2\right)$
$\to 11.32CO_2 + 3.76O_2 + yH_2O + 84.92N_2$

프로판(C_3H_8)의 완전연소반응식
$C_3H_8 + 5O_2 \to 3CO_2 + 4H_2O$

부탄(C_4H_{10})의 완전연소반응식
$C_4H_{10} + 6.5O_2 \to 4CO_2 + 5H_2O$

혼합가스의 연소화학식과 프로판, 부탄의 완전연소화학식의 원자수는 일치해야한다.

탄소(C): $3m + 4n = 11.32$
수소(H): $8m + 10n = 2y$
질소(N_2): $3.76x = 84.92 \to x = \frac{84.92}{3.76} = 22.585$
산소(O): $2 \times 22.585 = 11.32 \times 2 + 3.76 \times 2 + y \to y = 15$

탄소와 수소의 관계식을 통해 이차방정식의 계산으로 m, n을 구한다.

탄소(C): $3m + 4n = 11.32$
수소(H): $8m + 10n = 2y \to 8m + 10n = 30$
$m = 3.4$, $n = 0.28$

프로판과 부탄의 부피비
$\frac{3.4}{3.4 + 0.28} : \frac{0.28}{3.4 + 0.28} = 0.92 : 0.08$

따라서, 프로판(C_3H_8)과 부탄(C_4H_{10})의 부피비는 약 11배이다.

정답 | ②

04 빈출도 ★★

폭굉(Detonation)현상에 대한 설명으로 옳지 않은 것은?

① 확산이나 열전도의 영향을 주로 받는 기체역학적 현상이다.
② 물질 내에 충격파가 발생하여 반응을 일으킨다.
③ 충격파에 의해 유지되는 화학 반응 현상이다.
④ 반응의 전파속도가 그 물질 내에서 음속보다 빠른 것을 말한다.

해설
확산이나 열전도가 아닌 화염의 빠른 전파를 통한 충격파에 의한 기체역학적 현상이다.

관련개념 폭굉 현상

(1) 개요
- 가스 화염 전파속도가 음속보다 큰 경우 압력에 의해 충격파로 파괴작용을 일으키는 현상이다.
- 음속 340m/s, 폭굉 1,000~3,500m/s이다.

(2) 폭굉유도거리(DID) 짧아지는 조건
최초의 조용히 타오르던 연소가 귀청 터질듯한 폭발로 돌변하기까지 걸어간 거리로, 짧을수록 위험성이 증가하며, 다음과 같은 조건일 때 폭굉유도거리가 짧아진다.
- 정상 연소속도가 큰 혼합가스일수록 DID가 짧아진다.
- 압력이 높을수록 DID가 짧아진다.
- 점화원의 에너지가 클수록 DID가 짧아진다.
- 관속에 방해물이 있거나 관지름이 가늘수록 DID가 짧아진다.

정답 | ①

05 빈출도 ★★

연소실에서 연소된 연소가스의 자연통풍력을 증가시키는 방법으로 틀린 것은?

① 연돌의 높이를 높인다.
② 배기가스의 비중량을 크게 한다.
③ 배기가스 온도를 높인다.
④ 연도의 길이를 짧게 한다.

해설
배기가스의 비중량을 작게 한다.

관련개념 통풍력 증가 조건
- 연돌의 높이를 높게 하고 단면적을 크게 한다.
- 연돌의 굴곡부가 적으며 길이를 짧게 한다.
- 배기가스 온도를 높게 한다.
- 외기온도와 습도를 낮게 한다.
- 공기의 습도와 기압을 높게 한다.

정답 | ②

06 빈출도 ★★★

연돌에서의 배기가스 분석 결과 CO_2 14.2%, O_2 4.5%, CO 0%일 때 탄산가스의 최대량 $[CO_2]_{max}$(%)는?

① 10
② 15
③ 18
④ 20

해설
공기비(m) 공식을 통해 $CO_{2\,max}$를 구한다.

$$m = \frac{CO_2 \text{ 최대량}}{CO_2} = \frac{21}{21 - O_2}$$

문제에서 CO가 0이므로 완전연소일 경우 O_2로만 계산할 수 있다.

$$m = \frac{CO_2 \text{ 최대량}}{14.2} = \frac{21}{21 - 4.5}$$

CO_2 최대량 $= \frac{21}{16.5} \times 14.2 = 18.07\%$

정답 | ③

07 빈출도 ★★

액체연료 연소장치 중 회전식 버너의 특징에 대한 설명으로 틀린 것은?

① 분무각은 10~40° 정도이다.
② 유량조절범위는 1 : 5 정도이다.
③ 자동제어에 편리한 구조로 되어있다.
④ 부속설비가 없으며 화염이 짧고 안정한 연소를 얻을 수 있다.

해설

분무각은 40~80° 정도로 넓은 각도로 연료를 분무한다.

관련개념 회전식 버너

- 로터리 버너라고하며, 중소형 보일러에 사용된다.
- 고속회전을 분당 3,000~7,000회를 이용하여 원심력으로 기름을 연소시킨다.
- 분무각은 40~80° 정도이다.
- 유량조절범위는 1 : 5 정도이다.
- 자동제어에 편리한 구조로 되어있다.
- 부속설비가 없으며 화염이 짧고 안정적인 연소를 한다.
- 연료 사용 유압은 0.3~0.5kgf/cm²(30~50kPa) 정도로 가압하여 공급한다.

정답 | ①

08 빈출도 ★★

고체연료의 공업분석에서 고정탄소를 산출하는 식은?

① $100-[$수분$(\%)+$회분$(\%)+$질소$(\%)]$
② $100-[$수분$(\%)+$회분$(\%)+$황분$(\%)]$
③ $100-[$수분$(\%)+$황분$(\%)+$휘발분$(\%)]$
④ $100-[$수분$(\%)+$회분$(\%)+$휘발분$(\%)]$

해설

고정탄소(C_O)산출식
$C_O = 100-[$수분$(\%)+$회분$(\%)+$휘발분$(\%)]$

관련개념 공업분석에서의 산출식

- 회분함유율(A_O)산출식
  $$A_O = \frac{잔류회분량}{시료무게} \times 100$$
- 수분함유율(W_O)산출식
  $$W_O = \frac{건조감량}{시료무게} \times 100$$
- 휘발유함유율(G_O)산출식
  $$G_O = \left(\frac{가열감량}{시료무게} \times 100\right) - 수분\%$$

정답 | ④

09 빈출도 ★

액체연료가 갖는 일반적인 특징이 아닌 것은?

① 연소온도가 높기 때문에 국부과열을 일으키기 쉽다.
② 발열량은 높지만 품질이 일정하지 않다.
③ 화재, 역화 등의 위험이 크다.
④ 연소할 때 소음이 발생한다.

해설

발열량이 높으며 품질이 균일하다.

정답 | ②

10 빈출도 ★

황 2kg을 완전연소 시키는데 필요한 산소의 양은 몇 Nm^3인가? (단, S의 원자량은 32이다.)

① 0.70
② 1.00
③ 1.40
④ 3.33

해설

$S + O_2 \rightarrow SO_2$
S와 O_2은 1 : 1 반응이므로 이를 이용하여 이론산소량을 구한다.
S : O_2
1mol : 1mol = 32kg : 1×22.4Nm^3

따라서, 이론산소량 = $\dfrac{1 \times 22.4 Nm^3}{32 kg}$ = 0.7Nm^3/kg

황 2kg라고 하였으므로 2kg×0.7Nm^3/kg=1.40Nm^3/kg이다.

정답 | ③

11 빈출도 ★★

수소가 완전 연소하여 물이 될 때, 수소와 연소용 산소와 물의 몰(mol)비는?

① 1 : 1 : 1
② 1 : 2 : 1
③ 2 : 1 : 2
④ 2 : 1 : 3

해설

수소(H_2)의 완전연소반응식
$H_2 + \dfrac{1}{2} O_2 \rightarrow H_2O$

몰비(수소 : 산소 : 물) = 1 : $\dfrac{1}{2}$: 1 = 2 : 1 : 2

정답 | ③

12 빈출도 ★

폐열회수에 있어서 검토해야 할 사항이 아닌 것은?

① 폐열의 증가 방법에 대해서 검토한다.
② 폐열회수의 경제적 가치에 대해서 검토한다.
③ 폐열의 양 및 질과 이용가치에 대해서 검토한다.
④ 폐열회수 방법과 이용방안에 대해서 검토한다.

해설

폐열의 감소 방법에 대해서 검토한다.

정답 | ①

13 빈출도 ★

연소 배기가스의 분석결과 CO_2의 함량이 13.4%이다. 벙커 C유(55L/h)의 연소에 필요한 공기량은 약 몇 Nm^3/min인가? (단, 벙커 C유의 이론공기량은 12.5Nm^3/kg이고, 밀도는 0.93g/cm^3이며 $[CO_2]_{max}$는 15.5%이다.)

① 12.33
② 49.03
③ 63.12
④ 73.99

해설

사용연료량에 대해 연소에 필요한 공기량을 구하는 공식은 다음과 같다.

$$A = mA_o \times F$$

m: 공기비, A_o: 이론공기량(Nm^3/kg), F: 연료량(kg/min)

이때, 공기비는 다음과 같이 구할 수 있다.

$$m = \dfrac{CO_{2\,max}}{CO_2}$$

$m = \dfrac{15.5}{13.4} = 1.1567$

$A = 1.1567 \times \dfrac{12.5 Nm^2}{kg} \times \dfrac{55L}{h} \times \dfrac{0.93g}{cm^3}$
$\times \dfrac{10^3 cm^3}{1L} \times \dfrac{1h}{60min} \times \dfrac{1kg}{10^3 g} = 12.326 Nm^2$/min

정답 | ①

14 빈출도 ★★

탄소 1kg을 완전 연소시키는데 필요한 공기량은 몇 Nm^3인가?

① 22.4
② 11.2
③ 9.6
④ 8.89

해설

탄소(C)의 완전연소반응식
$C + O_2 \rightarrow CO_2$
C과 O_2은 1 : 1 반응이므로 이를 이용하여 이론산소량을 구한다.
C : O_2
1mol : 1mol = 12kg : $22.4Nm^3$

$$A_o = \frac{O_o}{0.21}$$

A_o : 이론공기량, O_o : 이론산소량

$$A_o = \frac{O_o}{0.21} = \frac{\frac{22.4Nm^3}{12kg}}{0.21} = \frac{1.867}{0.21} = 8.89 Nm^3/kg$$

정답 | ④

15 빈출도 ★★

위험성을 나타내는 성질에 관한 설명으로 옳지 않은 것은?

① 착화온도와 위험성은 반비례한다.
② 비등점이 낮으면 인화 위험성이 높아진다.
③ 인화점이 낮은 연료는 대체로 착화온도가 낮다.
④ 물과 혼합하기 쉬운 가연성 액체는 물과의 혼합에 의해 증기압이 높아져 인화점이 낮아진다.

해설

물과 혼합하기 쉬운 가연성 액체는 물과의 혼합에 의해 증기압이 높아지고 인화점도 동시에 증가한다.

정답 | ④

16 빈출도 ★★

다음 연소 반응식 중에서 틀린 것은?

① $CH_4 + 2O_2 \rightarrow CO_2 + 2H_2O$
② $C_2H_6 + 3\frac{1}{2}O_2 \rightarrow 2CO_2 + 3H_2O$
③ $C_3H_8 + 5O_2 \rightarrow 3CO_2 + 4H_2O$
④ $C_4H_{10} + 9O_2 \rightarrow 4CO_2 + 5H_2O$

해설

$C_4H_{10} + 6.5O_2 \rightarrow 4CO_2 + 5H_2O$

관련개념 탄화수소의 완전연소반응식

$$C_mH_n + \left(m + \frac{n}{4}\right)O_2 \rightarrow mCO_2 + \frac{n}{2}H_2O$$

정답 | ④

17 빈출도 ★★★

매연을 발생시키는 원인이 아닌 것은?

① 통풍력이 부족할 때
② 연소실 온도가 높을 때
③ 연료를 너무 많이 투입했을 때
④ 공기와 연료가 잘 혼합되지 않을 때

해설

연소실 온도가 높으면 완전연소에 도움을 준다.

관련개념 매연 발생 원인

- 연소실 온도가 낮을 경우
- 통풍력이 과하게 강하거나 작을 경우
- 연료의 예열온도가 적절하지 않을 경우
- 연소실 용적(크기)이 작고, 연소장치가 불량할 경우
- 공기비가 적절하지 않은 경우

정답 | ②

18 빈출도 ★

중유의 탄소수비가 증가함에 따른 발열량의 변화는?

① 무관하다.
② 증가한다.
③ 감소한다.
④ 초기에는 증가하다가 점차 감소한다.

해설

탄소수비 $\left(\dfrac{C}{H}\right)$ 증가에 따른 관계

- 발열량, 공기량, 배기가스량 감소
- 비중, 화염방사율, 동점도, 인화점 증가

정답 | ③

19 빈출도 ★

기체연료의 저장방식이 아닌 것은?

① 유수식
② 고압식
③ 가열식
④ 무수식

해설

기체연료의 저장방식은 구조에 따라 유수식, 무수식, 압력식(고압식) 홀더로 구분한다.

관련개념 기체연료 특징

- 적은 과잉공기로 완전연소가 가능하여 연소효율이 높아진다.
- 부하변동 범위가 넓어 저발열량의 연료로 고온을 얻는다.
- 연소가 균일하고 조절이 용이하며 매연이 발생하지 않는다.
- 저장 및 수송이 불편하고, 설비비 및 연료비가 많이 든다.
- 취급 시 폭발 위험과 일산화탄소(CO) 등 유해가스의 노출위험이 있다.

정답 | ③

20 빈출도 ★

CH_4와 공기를 사용하는 열 설비의 온도를 높이기 위해 산소(O_2)를 추가로 공급하였다. 연료 유량 $10Nm^3/h$의 조건에서 완전 연소가 이루어졌으며, 수증기 응축 후 배기가스에서 계측된 산소의 농도가 5%이고 이산화탄소(CO_2)의 농도가 10%라면, 추가로 공급된 산소의 유량은 약 몇 Nm^3/h인가?

① 2.4
② 2.9
③ 3.4
④ 3.9

해설

메탄(CH_4)의 완전연소반응식

$CH_4 + 2O_2 \rightarrow CO_2 + 2H_2O$

공기 중의 O_2는 질소(N_2)의 체적을 통해 구할 수 있다.

N_2의 체적 $= 100 - (CO_2 + O_2 + CO)$
$= 100 - (10 + 5 + 0) = 85\%$

공기 중의 O_2와 N_2는 21 : 79 비율로 구성된다.

공기 중의 $O_2 = \dfrac{21}{79} \times 85 Nm^3/h = 22.6 Nm^3/h$

이론산소량(O_o) $= 2 \times 10 = 20 Nm^3/h$

배출된 O_2 체적 $=$ 공기 중의 O_2 체적 $-$ 이론산소량(O_o)
$= 22.6 - 20 = 2.6 Nm^3/h$

따라서, 추가로 공급된 산소의 체적은 배기가스 중 O_2의 체적에서 빼주어야하므로

$5 - 2.6 = 2.4 Nm^3/h$

정답 | ①

열역학

21 빈출도 ★

노즐에서 임계상태에서의 압력을 P_c, 비체적을 v_c, 최대유량을 G_c, 비열비를 k라 할 때, 임계단면적에 대한 식으로 옳은 것은?

① $2G_c\sqrt{\dfrac{v_c}{kP_c}}$ ② $G_c\sqrt{\dfrac{v_c}{2kP_c}}$

③ $G_c\sqrt{\dfrac{v_c}{kP_c}}$ ④ $G_c\sqrt{\dfrac{2v_c}{kP_c}}$

해설

노즐을 통과하는 최대유량을 구하는 식은 다음과 같다.

$$G_c = A_c\sqrt{\dfrac{k \times P_c}{v_c}}$$

G_c: 최대유량, A_c: 임계단면적, k: 비열비, P_c: 압력, v_c: 비체적

따라서, 임계단면적에 대한 식을 세우면,

$A_c = G_c\sqrt{\dfrac{v_c}{k \times P_c}}$

정답 | ③

22 빈출도 ★

초기체적이 V_i 상태에 있는 피스톤이 외부로 일을 하여 최종적으로 체적이 V_f인 상태로 되었다. 다음 중 외부로 가장 많은 일을 한 과정은? (단, n은 폴리트로픽 지수이다.)

① 등온 과정   ② 정압 과정
③ 단열 과정   ④ 폴리트로픽 과정($n > 0$)

해설

외부로 가장 많은 일을 한 과정은 정압 과정으로,
$W = P(V_f - V_i)$

정답 | ②

23 빈출도 ★★

20℃의 물 10kg을 대기압 하에서 100℃의 수증기로 완전히 증발시키는데 필요한 열량은 약 몇 kJ인가? (단, 수증기의 증발 잠열은 2,257kJ/kg이고 물의 평균비열은 4.2kJ/kg·K이다.)

① 800   ② 6,190
③ 25,930   ④ 61,900

해설

총열량=현열+잠열
현열(Q_h)을 구하는 공식은 아래와 같다.

$$Q_h = m \times C_p \times \Delta T$$

Q_h: 현열(kJ), m: 질량(kg), C_p: 정압비열(kJ/kg·K), ΔT: 온도차(K)

$Q_h = 10 \times 4.2 \times (100-20) = 3,360$kJ
잠열(Q_s)을 구하는 공식은 아래와 같다.

$$Q_s = m \times R_w$$

Q_s: 잠열(kJ), m: 질량(kg), R: 증발잠열(kJ/kg)

$Q_s = 10 \times 2,257 = 22,570$kJ
따라서, 총열량(Q) = 3,360 + 22,570 = 25,930kJ

정답 | ③

24 빈출도 ★★

30℃에서 기화잠열이 173kJ/kg인 어떤 냉매의 포화액-포화증기 혼합물 4kg을 가열하여 건도가 20%에서 70%로 증가되었다. 이 과정에서 냉매의 엔트로피 증가량은 약 몇 kJ/K인가?

① 11.5   ② 2.31
③ 1.14   ④ 0.29

해설

엔트로피 증가 공식은 다음과 같다.

$$\Delta S = m \times (x_2 - x_1) \times \dfrac{L}{T}$$

ΔS: 엔트로피 증가량(kJ/K), m: 질량(kg), x: 건도, L: 기화잠열(kJ/kg), T: 온도(K)

$\Delta S = 4 \times (0.7-0.2) \times \dfrac{173}{273+30} = 1.14$kJ/K

정답 | ③

25 빈출도 ★★

랭킨사이클에 과열기를 설치할 경우 과열기의 영향으로 발생하는 현상에 대한 설명으로 틀린 것은?

① 열이 공급되는 평균 온도가 상승한다.
② 열효율이 증가한다.
③ 터빈 출구의 건도가 높아진다.
④ 펌프일이 증가한다.

해설
랭킨 사이클 T-S선도에서 펌프일은 변화가 없다.

관련개념 랭킨 사이클(Rankine Cycle)

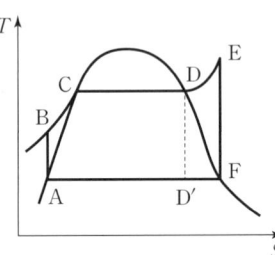

A → B: 단열압축
B → C: 정압가열
C → D: 가열
D → D′: 보일러 사용안함
D → E: 등압가열
E → F: 단열팽창
F → A: 정압냉각

정답 | ④

26 빈출도 ★

증기터빈에서 상태 ⓐ의 증기를 규정된 압력까지 단열에 가깝게 팽창시켰다. 이 때 증기터빈 출구에서의 증기 상태는 그림의 각각 ⓑ, ⓒ, ⓓ, ⓔ이다. 이 중 터빈의 효율이 가장 좋을 때 출구의 증기 상태로 옳은 것은?

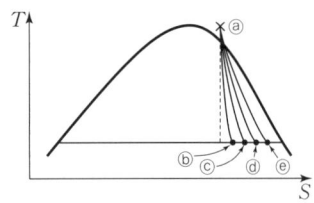

① ⓑ
② ⓒ
③ ⓓ
④ ⓔ

해설
터빈의 효율이 가장 좋을 때의 출구 증기 상태는 ⓑ이다.

정답 | ①

27 빈출도 ★

아래와 같이 몰리에르(엔탈피-엔트로피) 선도에서 가역단열 과정을 나타내는 선의 형태로 옳은 것은?

① 엔탈피 축에 평행하다.
② 기울기가 양수(+)인 곡선이다.
③ 기울기가 음수(-)인 곡선이다.
④ 엔트로피 축에 평행하다.

해설
가역단열과정은 엔트로피 변화량이 일정한 과정인 등엔트로피 과정으로 엔탈피 축에 평행하다.

정답 | ①

28 빈출도 ★

정압과정에서 어느 한 계(system)에 전달된 열량은 그 계에서 어떤 상태량의 변화량과 양이 같은가?

① 내부에너지
② 엔트로피
③ 엔탈피
④ 절대일

해설
정압과정에서 계에 전달된 열량은 엔탈피 변화량($dh=dq+vdP$)과 양이 같다.

정답 | ③

29 빈출도 ★★

노점온도(Dew point temperature)에 대한 설명으로 옳은 것은?

① 공기, 수증기의 혼합물에서 수증기의 분압에 대한 수증기 과열상태 온도
② 공기, 가스의 혼합물에서 가스의 분압에 대한 가스의 과냉상태 온도
③ 공기, 수증기의 혼합물을 가열시켰을 때 증기가 없어지는 온도
④ 공기, 수증기의 혼합물에서 수증기의 분압에 해당하는 수증기의 포화온도

해설
노점온도는 공기가 포화되어 수증기가 액체상태가 되는 온도 즉, 수증기의 포화온도를 말한다.

정답 | ④

30 빈출도 ★★

온도와 관련된 설명으로 틀린 것은?

① 온도 측정의 타당성에 대한 근거는 열역학 제0법칙이다.
② 온도가 0°C에서 10°C로 변화하면, 절대온도는 0K에서 283.15K로 변화한다.
③ 섭씨온도는 물의 어는점과 끓는점을 기준으로 삼는다.
④ SI 단위계에서 온도의 단위는 켈빈 단위를 사용한다.

해설
K = °C + 273.15
온도가 0°C에서 10°C로 변화하면, 절대온도는 273K에서 283.15K로 변화한다.

관련개념 온도 변환
K = °C + 273.15
°F = $\frac{9}{5}$°C + 32
°R = °F + 460

정답 | ②

31 빈출도 ★

물의 임계 압력에서의 잠열은 몇 kJ/kg인가?

① 0
② 333
③ 418
④ 2,260

해설
물의 임계상태(온도 374.15°C, 압력 225.65kgf/cm²)에서 더이상 증발현상이 일으키지 않아 증발잠열은 0이 된다.

정답 | ①

32 빈출도 ★

이상기체가 'PV^n = 일정' 과정을 가지고 변하는 경우에 적용할 수 있는 식으로 옳은 것은? (단, q: 단위 질량당 공급된 열량, u: 단위 질량당 내부에너지, T: 온도, P: 압력, v: 비체적, R: 기체상수, n: 상수이다.)

① $\delta q = du + \frac{nRdT}{1-n}$
② $\delta q = du + \frac{RdT}{1-n}$
③ $\delta q = du + \frac{(1-n)RdT}{n}$
④ $\delta q = du + (1-n)RdT$

해설
이상기체과정 중 PV^n = 일정에서 단위질량당 외부에 대한 일을 폴리트로픽 과정이라 한다.
폴리트로픽 과정에서 단위질량당 계에 공급하는 열량 = 내부에너지 변화량 + 절대일이다.

$\delta q = du + W_a = du + \frac{1}{n-1}R(T_1 - T_2)$
$= du + \frac{R}{n-1}(T_1 - T_2) = du + \frac{R(T_2 - T_1)}{1-n} = du + \frac{RdT}{1-n}$

$\delta q = du + \frac{RdT}{1-n}$

정답 | ②

33 빈출도 ★

증기압축 냉동사이클을 사용하는 냉동기에서 냉매의 상태량은 압축 전·후 엔탈피가 각각 379.11kJ/kg와 424.77kJ/kg이고 교축팽창 후 엔탈피가 241.46 kJ/kg이다. 압축기의 효율이 80%, 소요 동력이 4.14 kW라면 이 냉동기의 냉동용량은 약 몇 kW인가?

① 6.98
② 9.98
③ 12.98
④ 15.98

해설

냉동기의 성적계수 공식은 다음과 같다.

$$COP = \frac{Q_2}{W} = \frac{h_1 - h_4}{h_2 - h_1}$$

COP: 성적계수, W: 압축일량(kJ/kg), Q_2: 냉동능력(kJ/kg), h_1: 압축기 입구 엔탈피(kJ/kg), h_4: 증발기 입구 엔탈피(kJ/kg), h_2: 응축기 입구 엔탈피(kJ/kg)

$$\frac{Q_2}{4.14 \times 0.8} = \frac{379.11 - 241.46}{424.77 - 379.11}$$

$Q_2 = 3.015 \times 3.312 = 9.98 \text{kW}$

정답 | ②

34 빈출도 ★★

열역학 관계식 $TdS = dH - VdP$에서 용량성 상태량(Extensive property)이 아닌 것은? (단, S: 엔트로피, H: 엔탈피, V: 체적, P: 압력, T: 절대온도이다.)

① S
② H
③ V
④ P

해설

- 용량성 상태량(크기의 상태량): 질량과 관계가 있으며 질량, 부피, 일, 내부에너지, 엔탈피, 엔트로피 등이 있다.
- 강도성 상태량(세기의 상태량): 질량과 관계가 없으며 온도, 압력, 밀도, 비체적, 농도, 비열, 열전달율 등이 있다.

정답 | ④

35 빈출도 ★★

다음과 같은 압축비와 차단비를 가지고 공기로 작동되는 디젤사이클 중에서 효율이 가장 높은 것은? (단, 공기의 비열비는 1.4이다.)

① 압축비: 11, 차단비: 2
② 압축비: 11, 차단비: 3
③ 압축비: 13, 차단비: 2
④ 압축비: 13, 차단비: 3

해설

디젤 사이클 열효율은 다음과 같이 구한다.

$$\eta = 1 - \left(\frac{1}{\epsilon}\right)^{k-1} \times \left(\frac{\sigma^k - 1}{k(\sigma - 1)}\right)$$

η: 효율(%), ϵ: 압축비, k: 비열비, σ: 차단비

압축비가 크고 차단비가 작을수록 효율은 증가한다.

정답 | ③

36 빈출도 ★

가스동력 사이클에 대한 설명으로 틀린 것은?

① 에릭슨 사이클은 2개의 정압과정과 2개의 단열과정으로 구성된다.
② 스털링 사이클은 2개의 등온과정과 2개의 정적과정으로 구성된다.
③ 아스킨스 사이클은 2개의 단열과정과 정적 및 정압과정으로 구성된다.
④ 르누아 사이클은 정적과정으로 급열하고 정압과정으로 방열하는 사이클이다.

해설

에릭슨 사이클
- 2개의 등온과정과 2개의 정압과정으로 구성된다.
- 등온압축-등압가열-등온팽창-등압냉각

정답 | ①

37 빈출도 ★★

압력 3,000kPa, 온도 400°C인 증기의 내부에너지가 2,926kJ/kg이고 엔탈피는 3,230kJ/kg이다. 이 상태에서 비체적은 약 몇 m³/kg인가?

① 0.0303
② 0.0606
③ 0.101
④ 0.303

해설

엔탈피 공식은 다음과 같다.

$$h = u + P \times v$$

h: 엔탈피(kJ/kg), u: 내부에너지(kJ/kg), P: 압력(kPa), v: 비체적(m³/kg)

$$v = \frac{h-u}{P} = \frac{3,230 - 2,926}{3,000} = 0.101 \text{m}^3/\text{kg}$$

정답 | ③

38 빈출도 ★★

110kPa, 20°C의 공기가 반지름 20cm, 높이 40cm인 원통형 용기 안에 채워져 있다. 이 공기의 무게는 몇 N인가? (단, 공기의 기체상수는 287J/kg·K이다.)

① 0.066
② 0.64
③ 6.7
④ 66

해설

이상기체상태방정식에 따라 질량을 구한다.

$$PV = mRT$$

P: 압력(Pa), V: 부피(m³), m: 질량(kg), R: 기체상수(J/kg·K), T: 온도(K)

원통형의 부피는 $V = \pi r^2 h$로 구한다.

$$m = \frac{PV}{RT} = \frac{110,000 \times (\pi \times 0.2^2 \times 0.4)}{287 \times (273+20)}$$

공기의 무게(W) = 질량(m) × 중력(g) = 0.0657 × 9.8 = 0.64N

정답 | ②

39 빈출도 ★★

냉동효과가 200kJ/kg인 냉동사이클에서 4kW의 열량을 제거하는 데 필요한 냉매 순환량은 몇 kg/min인가?

① 0.02
② 0.2
③ 0.8
④ 1.2

해설

냉매순환량 공식은 다음과 같다.

$$m = \frac{Q}{W}$$

m: 냉매순환량(kg/min), Q: 냉동능력(kg/min), W: 냉동효과(kJ/kg)

$$m = \frac{4\text{J}}{\text{s}} \times \frac{\text{kg}}{200\text{J}} \times \frac{60\text{s}}{1\text{min}} = 1.2 \text{kg/min}$$

정답 | ④

40 빈출도 ★★★

냉매가 갖추어야 하는 요건으로 거리가 먼 것은?

① 증발잠열이 작아야 한다.
② 화학적으로 안정되어야 한다.
③ 임계온도가 높아야 한다.
④ 증발온도에서 압력이 대기압보다 높아야 한다.

해설

증발잠열이 커야 한다.

관련개념 냉매의 구비조건

- 증발열이 크고 임계온도(임계점)가 높아야 한다.
- 비체적과 비열비가 작아야 한다.
- 인화 및 폭발의 위험성이 낮아야 한다.
- 비교적 저온, 저압에서 응축이 잘 되어야 한다.
- 구입이 용이하고 가격이 저렴해야 한다.
- 점성 및 표면장력이 작고 상용압력범위가 낮아야 한다.

정답 | ①

계측방법

41 빈출도 ★

용적식 유량계에 대한 설명으로 옳은 것은?

① 적산유량의 측정에 적합하다.
② 고점도에는 사용할 수 없다.
③ 발신기 전후에 직관부가 필요하다.
④ 측정유체의 맥동에 의한 영향이 크다.

해설

용적식 유량계(PD, Posive Displacement flowmeter)는 주로 액체 유량의 정량 측정에 사용되며, 계량 방법상 적산유량계의 일종으로 분류된다. 맥동의 영향이 적으며 고점도 유체의 유량측정에 사용된다.

정답 | ①

42 빈출도 ★

1차 지연 요소에서 시정수 T가 클수록 응답속도는 어떻게 되는가?

① 일정하다.
② 빨라진다.
③ 느려진다.
④ T와 무관하다.

해설

시정수는 계통응답의 속도를 나타내는 지표로, 시정수가 클수록 응답속도는 느려진다.

정답 | ③

43 빈출도 ★★

압력 측정에 사용되는 액체의 구비조건 중 틀린 것은?

① 열팽창계수가 클 것
② 모세관 현상이 작을 것
③ 점성이 작을 것
④ 일정한 화학성분을 가질 것

해설

열팽창계수가 작아야 한다.

관련개념 액주식 압력계

(1) 개요

주로 통풍력 측정에 사용되며, 구부러진 유리관에 기름, 물, 수은 등의 액체를 넣고 한쪽 끝 부분에 압력을 도입하여 발생하는 양액면의 높이 차를 이용하여 압력을 측정한다.

(2) 액주의 구비조건
- 열팽창계수가 작아야 한다.
- 모세관현상이 작아야 한다.
- 일정한 화학성분을 가지고 안정적이어야 한다.
- 점도가 작고 휘발성 및 흡수성도 낮아야 한다.

정답 | ①

44 빈출도 ★

차압식 유량계에 있어 조리개 전후의 압력차이가 P_1에서 P_2로 변할 때, 유량은 Q_1에서 Q_2로 변했다. Q_2에 대한 식으로 옳은 것은? (단, $P_2 = 2P_1$이다.)

① $Q_2 = Q_1$　　② $Q_2 = \sqrt{2}Q_1$
③ $Q_2 = 2Q_1$　　④ $Q_2 = 4Q_1$

해설

$$Q = AV$$

Q: 유량(m³/s), A: 면적(m²), V: 유속(m/s)

면적(A)은 $A = \dfrac{\pi D^2}{4}$

유속(V)은 $V = \sqrt{2gh} = \sqrt{2g \times \dfrac{\Delta P}{\gamma}}$ 이기 때문에

$Q = AV = \dfrac{\pi D^2}{4} \times \sqrt{2g \times \dfrac{\Delta P}{\gamma}}$

위의 식으로 보면 $Q \propto D^2 \times \sqrt{\Delta P}$ 임을 알 수 있다.
처음 유량을 $Q_1 = D^2 \times \sqrt{\Delta P}$ 라고 하면,
나중 유량(Q_2)은 $Q_2 = D^2 \times \sqrt{2\Delta P}$ 이므로
$Q_2 = \sqrt{2} Q_1$

정답 | ②

45 빈출도 ★★

다음 중 1,000℃ 이상의 고온체의 연속 측정에 가장 적합한 온도계는?

① 저항 온도계
② 방사 온도계
③ 바이메탈식 온도계
④ 액체압력식 온도계

해설

방사 온도계는 고온체의 연속측정이 가능하며 열전대 온도계가 측정할 수 없는 온도까지 측정할 수 있다.

선지분석

① 저항온도계: −200~500℃
② 방사 온도계: −60~2,000℃
③ 바이메탈식 온도계: −50~500℃
④ 액체압력식 온도계: −30~500℃

정답 | ②

46 빈출도 ★★

가스분석계의 특징에 관한 설명으로 틀린 것은?

① 적정한 시료가스의 채취장치가 필요하다.
② 선택성에 대한 고려가 필요없다.
③ 시료가스의 온도 및 압력의 변화로 측정오차를 유발할 우려가 있다.
④ 계기의 교정에는 화학분석에 의해 검정된 표준시료가스를 이용한다.

해설

다양한 선택성에 대한 고려가 필요하다.

정답 | ②

47 빈출도 ★★

다음 중 습도계의 종류로 가장 거리가 먼 것은?

① 모발 습도계　　② 듀셀 노점계
③ 초음파식 습도계　　④ 전기저항식 습도계

해설

초음파식은 유량계 및 액면계의 종류이다.

정답 | ③

48 빈출도 ★★★

편차의 정(+), 부(−)에 의해서 조작신호가 최대, 최소가 되는 제어동작은?

① 온·오프동작
② 다위치동작
③ 적분동작
④ 비례동작

해설
ON−OFF 동작(2위치동작)은 불연속 제어에 해당되며, 제어시스템에서 조작량이 제어편차에 의해서 정해진 두 개의 값(+, −)이 최대, 최소가 되어 어느 편인가를 택하는 제어방식의 동작이다.

정답 | ①

49 빈출도 ★

액면계에 대한 설명으로 틀린 것은?

① 유리관식 액면계는 경유탱크의 액면을 측정하는 것이 가능하다.
② 부자식은 액면이 심하게 움직이는 곳에는 사용하기 곤란하다.
③ 차압식 유량계는 정밀도가 좋아서 액면제어용으로 가장 많이 사용된다.
④ 편위식 액면계는 아르키메데스의 원리를 이용하는 액면계이다.

해설
차압식 액면계는 밀폐된 용기에 기존 수위의 압력과 측정액면의 차압으로 액위를 측정하는 계기이다. 부자식 액면계가 액면제어용으로 가장 많이 사용된다.

정답 | ③

50 빈출도 ★★

20L인 물의 온도를 15°C에서 80°C로 상승시키는데 필요한 열량은 약 몇 kJ인가?

① 4,200
② 5,400
③ 6,300
④ 6,900

해설

$$Q = mC(T_1 - T_2)$$

Q: 열량(kJ), m: 질량(kg), C: 비열량(kcal/kg·°C),
T_2: 나중 온도(°C), T_1: 처음 온도(°C)

$$m = 20L \times \frac{1{,}000kg}{m^3} \times \frac{1m^3}{1{,}000L} = 20kg$$

$$Q = 20kg \times \frac{1kcal}{kg \cdot °C} \times (80 - 15)°C \times \frac{4.186kJ}{1kcal} = 5{,}442kJ$$

※ 물의 비열 = 1kcal/kg·°C
※ 1kcal = 4.186kJ

정답 | ②

51 빈출도 ★

피토관에 대한 설명으로 틀린 것은?

① 5m/s 이하의 기체에서는 적용하기 힘들다.
② 먼지나 부유물이 많은 유체에는 부적당하다.
③ 피토관의 머리 부분은 유체의 방향에 대하여 수직으로 부착한다.
④ 흐름에 대하여 충분한 강도를 가져야 한다.

해설
피토관의 머리 부분은 유체의 방향에 대하여 평행하게 부착한다.

관련개념 피토관
• 베르누이 정리를 응용한 유량측정을 한다.
• 액체의 전압과 정압의 차로 순간치 유량을 측정한다.

$$v = \sqrt{2gh}$$

v: 유속(m/s), g: 중력 가속도(9.8m/s²), h: 수두(m)

정답 | ③

52 빈출도 ★
다음 중 압력식 온도계가 아닌 것은?

① 액체팽창식 온도계
② 열전 온도계
③ 증기압식 온도계
④ 가스압력식 온도계

해설

접촉식 온도계는 측정대상에 온도계를 접촉시켜 온도가 상승해서 열적 평형을 이루었을 때 측정한다. 종류로는 열전 온도계(열전대 온도계, 열전식 온도계), 저항식 온도계, 압력식 온도계(액체팽창식, 기체팽창식, 증기팽창식) 등이 있다.

정답 | ②

53 빈출도 ★
방사고온계의 장점이 아닌 것은?

① 고온 및 이동물체의 온도측정이 쉽다.
② 측정시간의 지연이 작다.
③ 발신기를 이용한 연속기록이 가능하다.
④ 방사율에 의한 보정량이 작다.

해설

방사율에 대한 보정량이 크고 정확한 보정이 어렵다.

관련개념 방사고온계
- 스테판 볼츠만 법칙의 측정원리로, 측정범위는 약 50~3,000℃ 정도이다.
- 측정거리의 제한으로 인해 오차가 발생되기 쉽다.
- 방사율에 대한 보정량이 크고 정확한 보정이 어렵다.
- 발신기를 이용한 연속측정 및 기록측정이 가능하다.
- 이동물체의 온도 측정이 가능하지만 이물질이 있으면 측정에 한계가 있다.

정답 | ④

54 빈출도 ★
기체크로마토그래피에 대한 설명으로 틀린 것은?

① 캐리어 기체로는 수소, 질소 및 헬륨 등이 사용된다.
② 충전재로는 활성탄, 알루미나 및 실리카겔 등이 사용된다.
③ 기체의 확산속도 특성을 이용하여 기체의 성분을 분리하는 물리적인 가스분석기이다.
④ 적외선 가스분석기에 비하여 응답속도가 빠르다.

해설

적외선 가스분석기에 비하여 응답속도가 느리다.

정답 | ④

55 빈출도 ★★
다이어프램 압력계의 특징이 아닌 것은?

① 점도가 높은 액체에 부적합하다.
② 먼지가 함유된 액체에 적합하다.
③ 대기압과의 차가 적은 미소압력의 측정에 사용한다.
④ 다이어프램으로 고무, 스테인리스 등의 탄성체 박판이 사용된다.

해설

점도가 높은 액체의 압력측정에도 적합하다.

관련개념 다이어프램 밸브(Diaphragm Valve)
- 밸브 내의 둑과 막판인 다이어프램이 상접하는 구조의 밸브로 탄성력이 매우 좋다.
- 둑과 다이어프램이 떨어지면서 유체의 흐름이 진행되고 밀착시 유체의 흐름이 정지되므로 흐름이 주는 영향이 비교적 적다.
- 내열, 내약품 고무제의 막판을 사용하여 패킹이 불필요하며, 금속 부분의 부식염려가 적어 산 등의 화학약품을 차단하는데 사용한다.

정답 | ①

56 빈출도 ★

열전대(Thermo couple)는 어떤 원리를 이용한 온도계인가?

① 열팽창률 차
② 전위 차
③ 압력 차
④ 전기저항 차

해설

열전대 온도계는 온도 변화로 발생하는 기전력인 전위차로 측정한다.

관련개념 열전대 온도계

- 고온 측정에 적합하고 금속으로 되어 있어 내열성과 내구성, 내식성이 우수하다.
- 열전대에서 발생한 열전압을 활용하여 측정한다.
- 보호관 선택 및 유지관리에 주의한다.
- 단자의 +, -는 각각의 전기회로 +, -에 연결한다.
- 주위 고온체로부터 받은 복사열의 영향으로 인한 오차가 생길 수도 있어 주의해야 한다.
- 측정하고자 하는 곳에 정확히 삽입하고 삽입한 구멍을 통해 냉기가 들어가지 않게 한다.

정답 | ②

57 빈출도 ★★

액주식 압력계의 종류가 아닌 것은?

① U자관형
② 경사관식
③ 단관형
④ 벨로즈식

해설

탄성식 압력계	분동식, 다이어프램식, 부르동관식, 벨로즈식 등
액주식 압력계	U자관식, 경사관식, 단관식, 링밸런스식 등

정답 | ④

58 빈출도 ★

불규칙하게 변하는 주변 온도와 기압 등이 원인이 되며, 측정 횟수가 많을수록 오차의 합이 0에 가까운 특징이 있는 오차의 종류는?

① 개인오차
② 우연오차
③ 과오오차
④ 계통오차

해설

우연오차는 오차 발생 시 원인을 명확히 알 수 없고 보정이 불가능하다고 판단하여 여러번 반복 측정하여 통계를 내린다.

정답 | ②

59 빈출도 ★★

차압식 유량계의 종류가 아닌 것은?

① 벤투리
② 오리피스
③ 터빈유량계
④ 플로우 노즐

해설

차압식 유량계는 오리피스, 벤투리, 플로우 노즐 등이 있다.

정답 | ③

60 빈출도 ★★

다음 중 송풍량을 일정하게 공급하려고 할 때 가장 적당한 제어방식은?

① 프로그램제어   ② 비율제어
③ 추종제어   ④ 정치제어

선지분석
① 프로그램제어: 미리 정해진 시간에 따라 정해진 프로그램 목표값에 맞춰 진행한다.
② 비율제어: 어떤 기준이 되는 양과 일정한 비율에 맞춰 목표값이 변화한다.
③ 추종제어: 시간에 따라 임의로 변하는 값으로 목표값이 주어진다.
④ 정치제어: 시간에 따라 목표값이 변하지 않고 일정한 값을 가지므로 송풍량을 일정하게 공급할 수 있다.

정답 | ④

열설비재료 및 관계법규

61 빈출도 ★★

에너지이용 합리화법령에 따라 자발적 협약체결기업에 대한 지원을 받기 위해 에너지사용자와 정부 간 자발적 협약의 평가기준에 해당하지 않는 것은?

① 계획 대비 달성률 및 투자실적
② 에너지이용 합리화 자금 활용실적
③ 자원 및 에너지의 재활용 노력
④ 에너지절감량 또는 에너지의 합리적인 이용을 통한 온실가스배출 감축량

해설
「에너지이용 합리화법 시행규칙 제26조」
자발적 협약의 평가기준은 다음과 같다.
- 에너지절감량 또는 에너지의 합리적인 이용을 통한 온실가스배출 감축량
- 계획 대비 달성률 및 투자실적
- 자원 및 에너지의 재활용 노력
- 그 밖에 에너지절감 또는 에너지의 합리적인 이용을 통한 온실가스배출 감축에 관한 사항

정답 | ②

62 빈출도 ★

소성가마 내 열의 전열방법으로 가장 거리가 먼 것은?

① 복사   ② 전도
③ 전이   ④ 대류

해설
열의 전열방법에는 복사, 전도, 대류 등이 있다.

정답 | ③

63 빈출도 ★

도염식 가마(Down Draft kiln)에서 불꽃의 진행방향으로 옳은 것은?

① 불꽃이 올라가서 가마천장에 부딪쳐 가마바닥의 흡입구멍으로 빠진다.
② 불꽃이 처음부터 가마바닥과 나란하게 흘러 굴뚝으로 나간다.
③ 불꽃이 연소실에서 위로 올라가 천장에 닿아서 수평으로 흐른다.
④ 불꽃의 방향이 일정하지 않으나 대개 가마 밑에서 위로 흘러나간다.

해설
도염식 가마는 아궁이에서 발생한 불꽃이 측벽과 화교 사이의 벽을 통과하며 천장을 지나 가마바닥으로 순환하며, 열효율이 우수한 가마이다. 흡입구, 지연도(가지연도), 화교, 냉각구멍, 화구, 소성실 등으로 구성된다.

정답 | ①

64 빈출도 ★★★

아래는 에너지이용 합리화법령상 에너지의 수급차질에 대비하기 위하여 산업통상자원부장관이 에너지저장의무를 부과할 수 있는 대상자의 기준이다. ( )에 들어갈 용어는?

> 연간 ( ) 석유환산톤 이상의 에너지를 사용하는 자

① 1천 ② 5천
③ 1만 ④ 2만

해설

「에너지이용 합리화법 시행령 제12조」
연간 2만 석유환산톤 이상의 에너지를 사용하는 자는 산업통상자원부장관이 에너지저장의무를 부과할 수 있는 대상자이다.

정답 | ④

65 빈출도 ★★

다음 중 에너지이용 합리화법령에 따른 검사대상기기에 해당하는 것은?

① 정격용량이 0.5MW인 철금속가열로
② 가스사용량이 20kg/h인 소형 온수보일러
③ 최고사용압력이 0.1MPa이고, 전열면적이 $4m^2$인 강철제 보일러
④ 최고사용압력이 0.1MPa이고, 동체 안지름이 300 mm이며, 길이가 500mm인 강철제 보일러

해설

「에너지이용 합리화법 시행규칙 별표 3의3」

(1) **강철제 보일러, 주철제 보일러**
   다음 각 호의 어느 하나에 해당하는 것은 제외한다.
   - 최고사용압력이 0.1MPa 이하이고, 동체의 안지름이 300 미리미터 이하이며, 길이가 600미리미터 이하인 것
   - 최고사용압력이 0.1MPa 이하이고, 전열면적이 5제곱미터 이하인 것
   - 2종 관류보일러
   - 온수를 발생시키는 보일러로서 대기개방형인 것

(2) **소형 온수보일러**
   가스를 사용하는 것으로서 가스사용량이 17kg/h(도시가스는 232.6킬로와트)를 초과하는 것

(3) **철금속가열로**
   정격용량이 0.58MW를 초과하는 것

정답 | ②

66 빈출도 ★★★

샤모트(Chamotte) 벽돌의 원료로서 샤모트 이외의 가소성 생점토(生粘土)를 가하는 주된 이유는?

① 치수 안정을 위하여
② 열전도성을 좋게 하기 위하여
③ 성형 및 소결성을 좋게 하기 위하여
④ 건조 소성, 수축을 미연에 방지하기 위하여

해설

샤모트 벽돌의 10~30% 가소성 생점토를 첨가하여 성형 및 소결성을 우수하게 한다.

관련개념 샤모트(chamotte) 벽돌
- 골재 원료로 고온에 견딜 수 있도록 제작된 내화재료이다.
- 알루미나 함량이 많을수록 내화도가 높아지고 일반적으로 기공률이 크다.
- 비교적 낮은 온도에서 연화되며 내스폴링성이 좋다.
- 벽돌의 10~30% 가소성 생점토를 첨가하며, 성형 및 소결성을 우수하게 한다.

정답 | ③

67 빈출도 ★★

크롬 벽돌이나 크롬-마그 벽돌이 고온에서 산화철을 흡수하여 표면이 부풀어 오르고 떨어져 나가는 현상은?

① 버스팅 ② 큐어링
③ 슬래킹 ④ 스폴링

해설

버스팅은 약 1,600℃ 이상의 고온에서 크롬을 함유한 내화물이 산화철을 흡수하면서 표면이 부풀어 오르며 박리되는 현상을 말한다.

정답 | ①

68 빈출도 ★★★

에너지이용 합리화법령상 효율관리기자재에 대한 에너지소비효율등급을 거짓으로 표시한 자에 해당하는 과태료는?

① 3백만원 이하 ② 5백만원 이하
③ 1천만원 이하 ④ 2천만원 이하

해설

「에너지이용 합리화법 제78조」
효율관리기자재에 대한 에너지소비효율등급 또는 에너지소비효율을 표시하지 아니하거나 거짓으로 표시를 한 자는 2천만원 이하의 과태료를 부과한다.

정답 | ④

69 빈출도 ★★

에너지이용 합리화법령에 따라 효율관리기자재의 제조업자 또는 수입업자는 효율관리시험기관에서 해당 효율관리기자재의 에너지 사용량을 측정 받아야 한다. 이 시험기관은 누가 지정하는가?

① 과학기술정보통신부장관
② 산업통상자원부장관
③ 기획재정부장관
④ 환경부장관

해설

「에너지이용 합리화법 제15조」
산업통상자원부장관은 에너지이용 합리화를 위하여 필요하다고 인정하는 경우에는 일반적으로 널리 보급되어 있는 에너지사용기자재 또는 에너지관련기자재로서 산업통상자원부령으로 정하는 기자재에 대하여 다음 사항을 정하여 고시하여야 한다.

정답 | ②

70 빈출도 ★★★

보온재의 구비 조건으로 틀린 것은?

① 불연성일 것
② 흡수성이 클 것
③ 비중이 작을 것
④ 열전도율이 작을 것

해설
흡수성이 작아야 한다.

관련개념 보온재의 구비 조건
- 흡수성이 작아야 한다.
- 열전도율 및 비중, 밀도가 작아야 한다.
- 장시간 사용 시 변질을 피해야 한다.
- 다공질이고 불연성이며 견고하여야 한다.
- 시공이 용이해야 한다.

정답 | ②

71 빈출도 ★★★

에너지법령상 시·도지사는 관할 구역의 지역적 특성을 고려하여 저탄소 녹색성장 기본법에 따른 에너지기본계획의 효율적인 달성과 지역경제의 발전을 위한 지역에너지 계획을 몇 년마다 수립·시행하여야 하는가?

① 2년　　② 3년
③ 4년　　④ 5년

해설
「에너지법 제7조」
특별시장·광역시장·특별자치시장·도지사 또는 특별자치도지사는 관할 구역의 지역적 특성을 고려하여 에너지기본계획의 효율적인 달성과 지역경제의 발전을 위한 지역에너지계획을 5년마다 5년 이상을 계획기간으로 하여 수립·시행하여야 한다.

정답 | ④

72 빈출도 ★

에너지이용 합리화법령에 따라 에너지절약 전문기업의 등록신청 시 등록신청서에 첨부해야할 서류가 아닌 것은?

① 사업계획서
② 보유장비명세서
③ 기술인력명세서(자격증명서 사본 포함)
④ 감정평가업자가 평가한 자산에 대한 감정평가서(법인인 경우)

해설
「에너지이용 합리화법 시행규칙 제24조」
등록신청서에는 다음 각 호의 서류(변경등록의 경우에는 등록신청을 할 때 제출한 서류 중 변경된 것만을 말한다)를 첨부하여야 한다.
- 사업계획서
- 보유장비명세서 및 기술인력명세서(자격증명서 사본을 포함한다)
- 감정평가법인등이 평가한 자산에 대한 감정평가서(개인인 경우만 해당한다)
- 공인회계사가 검증한 최근 1년 이내의 재무상태표(법인인 경우만 해당한다)

정답 | ④

73 빈출도 ★★

에너지이용 합리화법령상 검사의 종류가 아닌 것은?

① 설계검사　　② 제조검사
③ 계속사용검사　　④ 개조검사

해설
「에너지이용 합리화법 시행규칙 별표 3의4」
검사의 종류에는 제조검사(용접검사, 구조검사), 설치검사, 개조검사, 설치장소 변경검사, 재사용검사, 계속사용검사(안전검사, 운전성능검사)가 있다.

정답 | ①

74 빈출도 ★★

고온용 무기질 보온재로서 경량이고 기계적 강도가 크며 내열성, 내수성이 강하고 내마모성이 있어 탱크, 노벽 등에 적합한 보온재는?

① 암면 ② 석면
③ 규산칼슘 ④ 탄산마그네슘

해설

규산칼슘은 규조토와 석회, 무기질인 석면섬유를 수증기 처리로 경화시킨 고온용 무기질 보온재로 기계적 강도와 내열성, 내수성이 크고 내마모성을 보유하여 탱크, 노벽 등에 적합하다.

관련개념 규산칼슘 보온재

- 높은 압축강도로 반영구적으로 사용이 가능하다.
- 내수성, 내구성이 좋아 시공이 편리하다.
- 안전사용온도는 650℃로 고온조건에서 사용한다.
- 열전도율 0.053~0.065kcal/h·m·℃로 낮고 쉽게 불이 붙지 않는 불연성 재료이다.

정답 | ③

75 빈출도 ★

에너지이용 합리화법령상 특정열사용기자재의 설치·시공이나 세관(洗罐)을 업으로 하는 자는 어떤 법령에 따라 누구에게 등록하여야 하는가?

① 건설산업기본법, 시·도지사
② 건설산업기본법, 과학기술정보통신부장관
③ 건설기술 진흥법, 시장·구청장
④ 건설기술 진흥법, 산업통상자원부장관

해설

「에너지이용 합리화법 제37조」
열사용기자재 중 제조, 설치·시공 및 사용에서의 안전관리, 위해방지 또는 에너지이용의 효율관리가 특히 필요하다고 인정되는 것으로서 산업통상자원부령으로 정하는 열사용기자재의 설치·시공이나 세관을 업으로 하는 자는 「건설산업기본법」에 따라 시·도지사에게 등록하여야 한다.

정답 | ①

76 빈출도 ★★

작업이 간편하고 조업주기가 단축되며 요체의 보유열을 이용할 수 있어 경제적인 반연속식 요는?

① 셔틀요 ② 윤요
③ 터널요 ④ 도염식요

해설

셔틀요는 작업이 간편하여 조업주기가 단축되며 반연속식 요에 해당된다.

관련개념 작업방식에 따른 요로 분류

작업방식	종류
연속식	윤요(고리가마), 터널요, 견요, 회전요
반연속식	등요, 셔틀요
불연속식	횡염식요, 승염식요, 도염식요

정답 | ①

77 빈출도 ★★

에너지이용 합리화법령에 따라 열사용기자재 관리에 대한 설명으로 틀린 것은?

① 계속사용검사는 검사유효기간의 만료일이 속하는 연도의 말까지 연기할 수 있으며, 연기하려는 자는 검사대상기기 검사연기 신청서를 한국에너지공단 이사장에게 제출하여야 한다.
② 한국에너지공단이사장은 검사에 합격한 검사대상기기에 대해서 검사 신청인에게 검사일로부터 7일 이내에 검사증을 발급하여야 한다.
③ 검사대상기기관리자의 선임신고는 신고 사유가 발생한 날로부터 20일 이내에 하여야 한다.
④ 검사대상기기의 설치자가 사용 중인 검사대상기기를 폐기한 경우에는 폐기한 날부터 15일 이내에 검사대상기기 폐기신고서를 한국에너지공단이사장에게 제출하여야 한다.

해설

「에너지이용 합리화법 시행규칙 제31조28」
검사대상기기의 설치자는 검사대상기기관리자를 선임·해임하거나 검사대상기기관리자가 퇴직한 경우에는 검사대상기기관리자 선임(해임, 퇴직)신고서에 자격증수첩과 관리할 검사대상기기 검사증을 첨부하여 공단이사장에게 제출하여야 한다. 신고는 신고 사유가 발생한 날부터 30일 이내에 하여야 한다.

정답 | ③

78 빈출도 ★★

내식성, 굴곡성이 우수하고 양도체이며 내압성도 있어서 열교환기용 전열관, 급수관 등 화학공업용으로 주로 사용되는 관은?

① 주철관 ② 동관
③ 강관 ④ 알루미늄관

해설

동관은 양도체이며 내식성, 굴곡성, 내압성이 우수하여 열교환기의 내관 및 화학 공업용으로 사용된다.

정답 | ②

79 빈출도 ★★

제철 및 제강공정 중 배소로의 사용 목적으로 가장 거리가 먼 것은?

① 유해성분의 제거
② 산화도의 변화
③ 분상광석의 괴상으로서의 소결
④ 원광석의 결합수의 제거와 탄산염의 분해

해설

분상광석의 괴상은 괴상화용로를 설치하여 소결시켜야 한다.

관련개념 배소로

(1) **개요**
용광로에 들어가기 전 제련에 제공되는 여러 가지 광석을 배소하여 산화광물로 만드는 화로로 건식법과 습식법으로 나누어진다.

(2) **사용목적**
- 화합수 및 탄산염의 분해를 촉진시켜 용광로의 능률이 향상된다.
- 산화도를 변화시켜 제련을 용이하게 한다.
- 유해성분을 제거하고 균열 등 물리적인 변화를 방지한다.

정답 | ③

80 빈출도 ★

배관의 축 방향 응력 σ(kPa)을 나타낸 식은? (단, d: 배관의 내경(mm), p: 배관의 내압(kPa), t: 배관의 두께(mm)이며, t는 충분히 얇다.)

① $\sigma = \dfrac{p\pi d}{4t}$
② $\sigma = \dfrac{pd}{4t}$
③ $\sigma = \dfrac{p\pi d}{2t}$
④ $\sigma = \dfrac{pd}{2t}$

해설

축 방향의 인장응력 공식은 다음과 같다.

$$\sigma = \dfrac{PD}{4t}$$

σ: 인장응력(kPa), D: 내경(mm), P: 압력(kPa), t: 두께(mm)

관련개념 원주방향의 인장응력 공식

$$\sigma = \dfrac{PD}{2t}$$

σ: 인장응력(kPa), D: 내경(mm), P: 압력(kPa), t: 두께(mm)

정답 | ②

열설비설계

81 빈출도 ★★

증기압력 120kPa의 포화증기(포화온도 104.25℃, 증발잠열 2,245kJ/kg)를 내경 52.9mm, 길이 50m인 강관을 통해 이송하고자 할 때 트랩 선정에 필요한 응축수량(kg)은? (단, 외부온도 0℃, 강관의 질량 300kg, 강관비열 0.46 kJ/kg·℃이다.)

① 4.4
② 6.4
③ 8.4
④ 10.4

해설

열보존법칙에 의해 포화수가 잃은 열손실량과 응축수가 얻은 응축수량은 같다.
열손실량 = 비열(C) × 질량(m) × 온도차(ΔT)
= 0.46kJ/kg·℃ × 300kg × (104.25 − 0)℃
= 14,386.5kJ/℃
열손실량 = 응축수량
응축수가 얻은 응축수량 = 필요한 응축수량(m) × 증발잠열(R)
14,386.5 = m × 2,245kJ/kg
m = 6.4kg

정답 | ②

82 빈출도 ★★

보일러의 용량을 산출하거나 표시하는 값으로 틀린 것은?

① 상당증발량
② 보일러마력
③ 재열계수
④ 전열면적

해설

보일러용량 산출 또는 표시값으로 시간당 최대발열량(kcal/h), 상당증발량(kg/h), 최고 사용압력(kgf/cm²), 보일러 마력, 전열면적 등이 쓰인다. 재열계수는 발전소 터빈과 관련이 있다.

정답 | ③

83 빈출도 ★
프라이밍 및 포밍의 발생 원인이 아닌 것은?

① 보일러를 고수위로 운전할 때
② 증기부하가 적고 증발수면이 넓을 때
③ 주증기 밸브를 급히 열었을 때
④ 보일러수에 불순물, 유지분이 많이 포함되어 있을 때

해설
증기부하가 크고 증발수면의 면적이 작을 때 발생한다.

관련개념 프라이밍 및 포밍 조치 방법
- 보일러수를 농축시키지 않는다.
- 보일러수 중의 불순물을 제거한다.
- 과부하가 되지 않도록 한다.
- 증기 취출을 서서히 한다.
- 연소량을 줄인다.
- 압력을 규정압력으로 유지한다.
- 안전밸브, 수면계의 시험과 압력계 연락관을 취출하여 본다.

정답 | ②

84 빈출도 ★
프라이밍 현상을 설명한 것으로 틀린 것은?

① 절탄기의 내부에 스케일이 생긴다.
② 안전밸브, 압력계의 기능을 방해한다.
③ 워터해머(Water hammer)를 일으킨다.
④ 수면계의 수위가 요동해서 수위를 확인하기 어렵다.

해설
프라이밍 현상은 수면의 요동으로 수위확인이 어렵고 수격작용(Water hammer)이 발생되며 계기류의 기능을 방해한다.

정답 | ①

85 빈출도 ★★
두께 20cm의 벽돌의 내측에 10mm의 모르타르와 5mm의 플라스터 마무리를 시행하고, 외측은 두께 15mm의 모르타르 마무리를 시공하였다. 아래 계수를 참고할 때, 다층벽의 총 열관류율($W/m^2 \cdot °C$)은?

- 실내측면 열전달계수 $h_1 = 8 W/m^2 \cdot °C$
- 실외측면 열전달계수 $h_2 = 20 W/m^2 \cdot °C$
- 플라스터 열전도율 $\lambda_1 = 0.5 W/m \cdot °C$
- 모르타르 열전도율 $\lambda_2 = 1.3 W/m \cdot °C$
- 벽돌 열전도율 $\lambda_3 = 0.65 W/m \cdot °C$

① 1.95
② 4.57
③ 8.72
④ 12.31

해설
열관류율의 공식은 다음과 같다.

$$K = \frac{1}{\frac{1}{\alpha_i} + \sum \frac{d}{\lambda} + \frac{1}{\alpha_o}}$$

K: 열관류율($W/m^2 \cdot °C$), α_i: 실내측벽 열전달계수($W/m^2 \cdot °C$),
λ: 열전도율($W/m \cdot °C$), d: 두께(m),
α_o: 실외측벽 열전달계수($W/m^2 \cdot °C$)

$$K = \frac{1}{\frac{1}{8} + \left(\frac{0.01}{1.3} + \frac{0.005}{0.5} + \frac{0.2}{0.65} + \frac{0.015}{1.3}\right) + \frac{1}{20}}$$
$= 1.953 W/m^2 \cdot °C$

정답 | ①

86 빈출도 ★★

100kN의 인장하중을 받는 한쪽 덮개판 맞대기 리벳이음이 있다. 리벳의 지름이 15mm, 리벳의 허용전단력이 60MPa일 때 최소 몇 개의 리벳이 필요한가?

① 10
② 8
③ 6
④ 4

해설

최소 리벳 개수를 구하는 공식은 다음과 같다.

$$\tau = \frac{F}{A} = P \times n$$

τ: 전단력(Pa), F: 하중(N), A: 면적(m^2),
P: 전단응력(Pa), n: 개수

$$\frac{100 \times 10^3 \text{N}}{\frac{\pi(0.015\text{m})^2}{4}} = 60 \times 10^6 \text{Pa} \times n$$

$n = 9.43 \rightarrow$ 정수이므로 10개가 필요하다.

정답 | ①

87 빈출도 ★★

노통연관식 보일러의 특징에 대한 설명으로 옳은 것은?

① 외분식이므로 방산손실열량이 크다.
② 고압이나 대용량보일러로 적당하다.
③ 내부청소가 간단하므로 급수처리가 필요없다.
④ 보일러의 크기에 비하여 전열면적이 크고 효율이 좋다.

선지분석

① 노벽의 복사열 흡수가 큰 내분식이므로 방산손실열량이 작다.
② 고압이나 대용량보일러로 적당하지 않다.
③ 구조는 복잡하여 내부청소가 힘들고 증기발생 속도가 빨라 급수처리가 필요하다.
④ 보일러의 크기에 비하여 전열면적이 크고 효율이 우수하다.

정답 | ④

88 빈출도 ★

보일러의 내부청소 목적에 해당하지 않는 것은?

① 스케일 슬러지에 의한 보일러 효율 저하방지
② 수면계 노즐 막힘에 의한 장해방지
③ 보일러 수 순환 저해방지
④ 수트블로워에 의한 매연 제거

해설

수트블로워는 보일러 외부에 배기가스와 접촉되는 전열면 외측 수관부에 증기나 압축공기를 직접 분사하고 보일러에 회분, 그을음 등 퇴적물을 청소하여 열전달을 막는 장치로 외부청소에 해당한다.

정답 | ④

89 빈출도 ★

압력용기에 대한 수압시험의 압력기준으로 옳은 것은?

① 최고 사용압력이 0.1MPa 이상의 주철제 압력용기는 최고 사용압력의 3배이다.
② 비철금속제 압력용기는 최고 사용압력의 1.5배의 압력에 온도를 보정한 압력이다.
③ 최고 사용압력이 1MPa 이하의 주철제 압력용기는 0.1MPa이다.
④ 법랑 또는 유리 라이닝한 압력용기는 최고 사용압력의 1.5배의 압력이다.

선지분석

① 최고 사용압력이 0.1MPa 초과의 주철제 압력용기는 최고 사용압력의 2배이다.
③ 최고 사용압력이 1MPa 이하의 주철제 압력용기는 0.2MPa이다.
④ 법랑 또는 유리 라이닝한 압력용기는 최고 사용압력이다.

정답 | ②

90 빈출도 ★

보일러의 스테이를 수리·변경하였을 경우 실시하는 검사는?

① 설치검사
② 대체검사
③ 개조검사
④ 개체검사

해설

「에너지이용 합리화법 시행규칙 별표 3의4」

검사의 종류	적용대상
개조검사	다음 어느 하나에 해당하는 경우의 검사 • 증기보일러를 온수보일러로 개조하는 경우 • 보일러 섹션의 증감에 의하여 용량을 변경하는 경우 • 동체·돔·노통·연소실·경판·천정판·관판·관모음 또는 스테이의 변경으로서 산업통상자원부장관이 정하여 고시하는 대수리의 경우 • 연료 또는 연소방법을 변경하는 경우 • 철금속가열로서 산업통상자원부장관이 정하여 고시하는 경우의 수리

정답 | ③

91 빈출도 ★

노통 보일러에 갤러웨이 관을 직각으로 설치하는 이유로 적절하지 않은 것은?

① 노통을 보강하기 위하여
② 보일러수의 순환을 돕기 위하여
③ 전열 면적을 증가시키기 위하여
④ 수격작용을 방지하기 위하여

해설

갤러웨이 관은 노통의 보강을 위해 노통에 2~3개 정도의 관을 노통 보일러에 직각으로 설치하여 보일러수의 순환을 돕고 전열 면적을 증가시킨다.

정답 | ④

92 빈출도 ★★

보일러의 전열면에 부착된 스케일 중 연질 성분인 것은?

① $Ca(HCO_3)_2$
② $CaSO_4$
③ $CaCl_2$
④ $CaSiO_3$

해설

경질 스케일	황산칼슘($CaSO_4$), 규산칼슘($CaSiO_3$), 염화칼슘($CaCl_2$) 등
연질 스케일	탄산칼슘($Ca(HCO_3)_2$), 탄산마그네슘($Mg(HCO_3)_2$), 철 중탄산염($Fe(HCO_3)_2$) 등

정답 | ①

93 빈출도 ★★

이상적인 흑체에 대하여 단위면적당 복사에너지 E와 절대온도 T의 관계식으로 옳은 것은? (단, σ는 스테판−볼츠만 상수이다.)

① $E = \sigma T^2$
② $E = \sigma T^4$
③ $E = \sigma T^6$
④ $E = \sigma T^8$

해설

스테판 볼츠만 법칙

열복사 에너지(E)는 절대온도(T)의 4승에 비례한다.

$$\frac{E_2}{E_1} \propto \left(\frac{T_2}{T_1}\right)^4$$

정답 | ②

94 빈출도 ★★

공기예열기 설치에 따른 영향으로 틀린 것은?

① 연소효율을 증가시킨다.
② 과잉공기량을 줄일 수 있다.
③ 배기가스 저항이 줄어든다.
④ 질소산화물에 의한 대기오염의 우려가 있다.

해설

열교환기 구조로 인해 배기가스 흐름에 저항이 증가한다.

관련개념 공기예열기

- 가열된 연소공기로 연소효율이 증가한다.
- 예열된 공기를 통해 과잉공기를 줄인다.
- 열교환기 구조로 배기가스 흐름에 저항이 증가한다.
- 저질탄(열량이 낮은 연료) 연소가 효과적이다.

정답 | ③

95 빈출도 ★

일반적으로 보일러에 사용되는 중화방청제가 아닌 것은?

① 암모니아   ② 히드라진
③ 탄산나트륨   ④ 포름산나트륨

해설

중화방청제는 일반적으로 보일러의 부식 및 녹의 발생을 방지하기 위해 사용되며, 종류로는 암모니아(NH_3), 히드라진(N_2H_4), 탄산나트륨(Na_2CO_3), 수산화나트륨($NaOH$), 인산나트륨(Na_3PO_4), 아황산나트륨(Na_2SO_3) 등이다.

정답 | ④

96 빈출도 ★

내압을 받는 보일러 동체의 최고사용압력은? (단, t: 두께(mm), P: 최고사용압력(MPa), D_i: 동체 내경(mm), η: 길이 이음효율, σ_a: 허용인장응력(MPa), α: 부식여유, k: 온도상수이다.)

① $P = \dfrac{2\sigma_a \eta (t-\alpha)}{D_i + (1-k)(t-\alpha)}$

② $P = \dfrac{2\sigma_a \eta (t-\alpha)}{D_i + 2(1-k)(t-\alpha)}$

③ $P = \dfrac{4\sigma_a \eta (t-\alpha)}{D_i + 2(1-k)(t-\alpha)}$

④ $P = \dfrac{4\sigma_a \eta (t-\alpha)}{D_i + (1-k)(t-\alpha)}$

해설

동체의 내경 기준 공식은 다음과 같다.

$$P = \dfrac{2\sigma_a \eta (t-\alpha)}{D_i + 2(1-k)(t-\alpha)}$$

P: 최고사용압력(MPa), σ_a: 허용인장응력(MPa), η: 효율,
t: 두께(mm), α: 부식여유, k: 온도 상수

정답 | ②

97 빈출도 ★★

관판의 두께가 20mm이고, 관 구멍의 지름이 51mm인 연관의 최소피치(mm)는 얼마인가?

① 35.5   ② 45.5
③ 52.5   ④ 62.5

해설

$$P = \left(1 + \dfrac{4.5}{T}\right) \times D$$

P: 피치(mm), T: 두께(mm), D: 지름(mm)

$P = \left(1 + \dfrac{4.5}{20}\right) \times 51 = 62.5\text{mm}$

정답 | ④

98 빈출도 ★

다음 각 보일러의 특징에 대한 설명 중 틀린 것은?

① 입형 보일러는 좁은 장소에도 설치할 수 있다.
② 노통 보일러는 보유수량이 적어 증기발생 소요시간이 짧다.
③ 수관 보일러는 구조상 대용량 및 고압용에 적합하다.
④ 관류 보일러는 드럼이 없어 초고압보일러에 적합하다.

해설

노통 보일러는 보유수량이 많아 증기발생 소요시간이 길다.

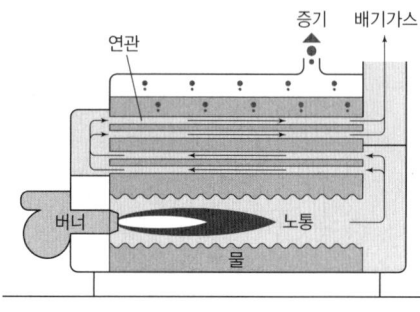
▲ 노통보일러의 원리

정답 | ②

99 빈출도 ★★

수관식 보일러에 급수되는 TDS가 2,500μS/cm이고 보일러수의 TDS는 5,000μS/cm이다. 최대증기발생량이 10,000kg/h라고 할 때 블로우다운량(kg/h)은?

① 2,000
② 4,000
③ 8,000
④ 10,000

해설

블로우다운량을 구하는 공식은 다음과 같다.

$$B_d = \frac{w \times W}{B - W}$$

B_d: 블로우다운량(kg/h), w: 증기발생량(kg/h),
W: 급수의 TDS(μS/cm), B: 보일러수의 TDS(μS/cm)

$$B_d = \frac{10,000 \times 2,500}{5,000 - 2,500} = 10,000 \text{kg/h}$$

정답 | ④

100 빈출도 ★

원통형 보일러의 노통이 편심으로 설치되어 관수의 순환작용을 촉진시켜 줄 수 있는 보일러는?

① 코르니쉬 보일러
② 라몬트 보일러
③ 케와니 보일러
④ 기관차 보일러

해설

코르니쉬(Cornish) 보일러는 편심으로 설치하여 보일러 물(수)의 순환을 좋게 한다.

정답 | ①

2021년 4회 기출문제

연소공학

01 빈출도 ★

과잉공기를 공급하여 어떤 연료를 연소시켜 건연소가스를 분석하였다. 그 결과 CO_2, O_2, N_2의 함유율이 각각 16%, 1%, 83%이었다면 이 연료의 최대 탄산가스율은 몇 %인가?

① 15.6
② 16.8
③ 17.4
④ 18.2

해설

N_2가 함유된 공기비(m) 공식을 통해 $(CO_2)_{max}$를 구한다.

$$m = \frac{CO_2 \text{ 최대량}}{CO_2} = \frac{N_2}{N_2 - 3.76 O_2}$$

$$\frac{(CO_2)_{max}}{16} = \frac{83}{83 - 3.76 \times 1} = 1.047$$

$(CO_2)_{max} = 16 \times 1.047 = 16.8\%$

정답 | ②

02 빈출도 ★★

전기식 집진장치에 대한 설명 중 틀린 것은?

① 포집입자의 직경은 30~50μm 정도이다.
② 집진효율이 90~99.9%로서 높은 편이다.
③ 고전압장치 및 정전설비가 필요하다.
④ 낮은 압력손실로 대량의 가스처리가 가능하다.

해설

포집입자의 직경은 0.1μm 정도로 미세한 크기를 가진다.

관련개념 전기식 집진장치

- 대치시킨 2개의 전극사이에 고압(특고압)의 직류 전장을 가해 통과하여 대전된 미립자를 집진한다.
- 코로나 방전을 일으키는 것과 관련이 있으며, 종류는 코트렐 집진장치가 있다.
- 집진효율이 우수하다.
- 낮은 압력손실로도 대량의 가스처리가 가능하다.
- 별도의 정전설비가 필요하다.

정답 | ①

03 빈출도 ★★

C_2H_4가 10g 연소할 때 표준상태인 공기는 160g 소모되었다. 이 때 과잉공기량은 약 몇 g인가? (단, 공기 중 산소의 중량비는 23.2%이다.)

① 10.9　　　　② 13.9
③ 14.9　　　　④ 15.9

해설

에틸렌(C_2H_4)의 완전연소반응식
$C_2H_4 + 3O_2 \rightarrow 2CO_2 + 2H_2O$
C_2H_4과 O_2은 1 : 3 반응이므로 이를 이용하여 이론산소량을 구한다.
$C_2H_4 : 3O_2$
1mol : 3mol = 28g : 3×32g
부피 조성의 이론공기량은 다음과 같이 구한다.

$$A_o = \frac{O_o}{0.23}$$

A_o: 이론공기량(g/g), O_o: 이론산소량(g/g)

$$A_o = \frac{O_o}{0.23} = \frac{\frac{3\times 32}{28}}{0.23} = 14.91 \text{g/g}$$

C_2H_4 10g이므로 10g × 14.91 = 149.1g이다.
과잉공기량 = 실제공기량 − 이론공기량
　　　　　= 160 − 149.1 = 10.9g

정답 | ①

04 빈출도 ★★★

공기를 사용하여 기름을 무화시키는 형식으로, 200~700kPa의 고압공기를 이용하는 고압식과 5~200kPa의 저압공기를 이용하는 저압식이 있으며, 혼합 방식에 의해 외부혼합식과 내부혼합식으로도 구분하는 버너의 종류는?

① 유압분무식 버너　　② 회전식 버너
③ 기류분무식 버너　　④ 건타입 버너

해설

기류분무식 버너는 공기를 사용하여 기름을 무화시키는 형식으로 고압식(200~700kPa의 고압공기)과 저압식(5~200kPa의 저압공기)으로 분류되고, 혼합방식에 따라 외부혼합식과 내부혼합식으로 구분한다.

정답 | ③

05 빈출도 ★★

증기운 폭발의 특징에 대한 설명으로 틀린 것은?

① 폭발보다 화재가 많다.
② 연소에너지의 약 20%만 폭풍파로 변한다.
③ 증기운의 크기가 클수록 점화될 가능성이 커진다.
④ 점화 위치가 방출점에서 가까울수록 폭발 위력이 크다.

해설

점화 위치가 방출점에서 멀수록 많이 누출되어 확산하기 때문에 폭발 위력이 크다.

관련개념 증기운 폭발

(1) 개요
다량의 가연성 증기가 대기 중에 방출 또는 유출되면 공기와 혼합가스로 폭발성 증기구름을 형성한다. 이때 물질의 연소하한계 이상의 상태에서 점화원에 의해 거대한 화구를 형성하며 폭발한다.

(2) 증기운 폭발 방지대책
- 가스 검지기 설치로 조기 가스누출을 감지한다.
- 긴급차단밸브를 연동시켜 가스 누출 시 작동한다.
- 재고량을 낮게 유지한다.
- 증기운이 잘 확산되도록 장해물이 없도록 한다.

정답 | ④

06 빈출도 ★

다음 중 연소 전에 연료와 공기를 혼합하여 버너에서 연소하는 방식인 예혼합 연소방식 버너의 종류가 아닌 것은?

① 포트형 버너
② 저압버너
③ 고압버너
④ 송풍버너

해설

예혼합 연소방식 버너의 종류로 고압버너(2kg/cm^2 이상), 저압버너(0.01kg/cm^2 이상), 송풍버너가 있다.

정답 | ①

07 빈출도 ★★

프로판 $1Nm^3$를 공기비 1.1로서 완전연소 시킬 경우 건연소가스량은 약 몇 Nm^3인가?

① 20.2　　　② 24.2
③ 26.2　　　④ 33.2

해설

프로판(C_3H_8)의 완전연소반응식
$C_3H_8 + 5O_2 \rightarrow 3CO_2 + 4H_2O$
C_3H_8과 O_2은 1 : 5 반응이므로 이를 이용하여 이론산소량을 구한다.
$C_3H_8 : 5O_2$
$1mol : 5mol = 1 \times 22.4Nm^3 : 5 \times 22.4Nm^3$

$$A_o = \frac{O_o}{0.21}$$

A_o: 이론공기량, O_o: 이론산소량

$A_o = \dfrac{O_o}{0.21} = \dfrac{\frac{5 \times 22.4}{1 \times 22.4}}{0.21} = \dfrac{5}{0.21} = 23.81Nm^3/Nm^3$

이론건연소가스량을 구하는 공식은 다음과 같다.

$$G_{od} = (1-0.21)A_o + \text{생성된 } CO_2$$

$G_{od} = (1-0.21) \times 23.81 + 3 = 21.81Nm^3/Nm^3$
실제건연소가스량은 다음과 같이 구한다.

$$G_d = G_{od} + (m-1)A_o$$

m: 공기비

$G_d = 21.81 + (1.1-1) \times 23.81 = 24.19Nm^3/Nm^3$

정답 | ②

08 빈출도 ★

인화점이 50℃ 이상인 원유, 경유 등에 사용되는 인화점 시험방법으로 가장 적절한 것은?

① 태그 밀폐식
② 아벨펜스키 밀폐식
③ 클리브렌드 개방식
④ 펜스키마텐스 밀폐식

해설

펜스키마텐스 밀폐식은 인화점이 50℃ 이상인 원유, 경유 등에 사용되는 인화점 시험방법이다.

정답 | ④

09 빈출도 ★★

CH_4 가스 $1Nm^3$를 30% 과잉공기로 연소시킬 때 완전연소에 의해 생성되는 실제 연소가스의 총량은 약 몇 Nm^3인가?

① 2.4　　　② 13.4
③ 23.1　　　④ 82.3

해설

메탄(CH_4)의 완전연소반응식
$CH_4 + 2O_2 \rightarrow CO_2 + 2H_2O$
실제습연소가스량을 구하는 공식은 다음과 같다.

$$G = (m-0.21)A_o + \text{생성된 } CO_2 + \text{생성된 } H_2O$$
$$A_o = \frac{O_o}{0.21}$$

$G = (1.3-0.21) \times \dfrac{2}{0.21} + 1 + 2 = 13.4Nm^3$

정답 | ②

10 빈출도 ★

탄소 12kg을 과잉공기계수 1.2의 공기로 완전연소시킬 때 발생하는 연소가스량은 약 몇 Nm^3인가?

① 84
② 107
③ 128
④ 149

해설

탄소(C)의 완전연소반응식
$C+O_2 \rightarrow CO_2$
C과 O_2은 1 : 1 반응이므로 이를 이용하여 이론산소량을 구한다.
C : O_2
1mol : 1mol = 1mol : $22.4Nm^3$

$$A_o = \frac{O_o}{0.21}$$

A_o: 이론공기량, O_o: 이론산소량

$A_o = \frac{O_o}{0.21} = \frac{22.4}{0.21} = 106.6667 Nm^3$

이론건연소가스량을 구하는 공식은 다음과 같다.

$$G_{od} = (1-0.21)A_o + 생성된\ CO_2$$

$G_{od} = (1-0.21) \times 106.6667 + 22.4 = 106.6667 Nm^3/Nm^3$
실제건연소가스량은 다음과 같이 구한다.

$$G_d = G_{od} + (m-1)A_o$$

m: 공기비

$G_d = 106.6667 + (1.2-1) \times 106.6667 = 128 Nm^3$

정답 | ③

11 빈출도 ★★

아래 표와 같은 질량분율을 갖는 고체연료의 총 질량이 2.8kg일 때 고위발열량과 저위발열량은 각각 약 몇 MJ인가?

- C(탄소): 80.2%
- H(수소): 12.3%
- S(황): 2.5%
- W(수분): 1.2%
- O(산소): 1.1%
- 회분: 2.7%

반응식	고위발열량 (MJ/kg)	저위발열량 (MJ/kg)
$C+O_2 \rightarrow CO_2$	32.79	32.79
$H+\frac{1}{4}O_2 \rightarrow \frac{1}{2}H_2O$	141.9	120.0
$S+O_2 \rightarrow SO_2$	9.265	9.265

① 44, 41
② 123, 115
③ 156, 141
④ 723, 786

해설

유효수소를 고려한 고위발열량(H_h) 공식은 다음과 같다.

$$H_h = 2.8 \times \left[32.79C + 141.9\left(H - \frac{O}{8}\right) + 9.265S \right]$$

$H_h = 2.8 \times \left[32.79 \times 0.802 + 141.9 \right.$
$\left. \times \left(0.123 - \frac{0.011}{8}\right) + 9.265 \times 0.025 \right] = 123 MJ$

한편, 저위발열량(H_l) 공식은 다음과 같다.

$$H_l = 2.8 \times \left[32.79C + 120\left(H - \frac{O}{8}\right) \right.$$
$$\left. + 9.265S - R_w\left(w + \frac{9}{8}O\right) \right]$$

$R_w = \frac{600kcal}{kg} \times \frac{0.004184MJ}{1kcal} = 2.508 MJ/kg$

$H_l = 2.8 \times \left[32.79 \times 0.802 + 120 \times \left(0.123 - \frac{0.011}{8}\right) + 9.265 \right.$
$\left. \times 0.025 - 2.508\left(0.012 + \frac{9}{8} \times 0.011\right) \right] = 115 MJ$

정답 | ②

12 빈출도 ★

가스 연소 시 강력한 충격파와 함께 폭발의 전파속도가 초음속이 되는 현상은?

① 폭발연소
② 충격파연소
③ 폭연(Deflagration)
④ 폭굉(Detonation)

해설

확산이나 열전도가 아닌 화염의 빠른전파를 통한 충격파에 의한 역학적 현상이다.

관련개념 폭굉 현상

(1) 개요
- 가스 화염 전파속도가 음속보다 큰 경우 압력에 의해 충격파로 파괴작용을 일으키는 현상이다.
- 음속 340m/s, 폭굉 1,000~3,500m/s이다.

(2) 폭굉유도거리(DID) 짧아지는 조건

최초의 조용히 타오르던 연소가 귀청 터질듯한 폭발로 돌변하기까지 걸어간 거리로, 짧을수록 위험성이 증가하며, 다음과 같은 조건일 때 폭굉유도거리가 짧아진다.
- 정상 연소속도가 큰 혼합가스일수록 DID가 짧아진다.
- 압력이 높을수록 DID가 짧아진다.
- 점화원의 에너지가 클수록 DID가 짧아진다.
- 관속에 방해물이 있거나 관지름이 가늘수록 DID가 짧아진다.

정답 | ④

13 빈출도 ★★

다음 연소범위에 대한 설명으로 옳은 것은?

① 온도가 높아지면 좁아진다.
② 압력이 상승하면 좁아진다.
③ 연소상한계 이상의 농도에서는 산소농도가 너무 높다.
④ 연소하한계 이하의 농도에서는 가연성증기의 농도가 너무 낮다.

선지분석

① 온도가 높아지면 연소범위는 넓어진다.
② 압력이 상승하면 연소범위는 넓어진다.
③ 연소상한계 이상의 농도에서는 가연성증기의 농도가 너무 높고 산소농도가 너무 낮다.

정답 | ④

14 빈출도 ★★

연돌의 설치 목적이 아닌 것은?

① 배기가스의 배출을 신속히 한다.
② 가스를 멀리 확산시킨다.
③ 유효 통풍력을 얻는다.
④ 통풍력을 조절해준다.

해설

통풍력을 조절하기 위해 설치하는 장치는 댐퍼이다.

정답 | ④

15 빈출도 ★★

고체연료에 비해 액체연료의 장점에 대한 설명으로 틀린 것은?

① 화재, 역화 등의 위험이 적다.
② 회분이 거의 없다.
③ 연소효율 및 열효율이 좋다.
④ 저장운반이 용이하다.

해설

액체연료는 고체연료의 비해 인화성을 가지고 있어 화재, 역화 등의 위험이 높아 취급 시 주의하여야 한다.

정답 | ①

16 빈출도 ★★

고온부식을 방지하기 위한 대책이 아닌 것은?

① 연료에 첨가제를 사용하여 바나듐의 융점을 낮춘다.
② 연료를 전처리하여 바나듐, 나트륨, 황분을 제거한다.
③ 배기가스 온도를 550℃ 이하로 유지한다.
④ 전열면을 내식재료로 피복한다.

해설

연료에 첨가제를 사용하여 바나듐의 융점을 높인다.

관련개념 고온부식과 저온부식

고온부식	저온부식
• 가스나 중질유 연소 등에서 회분에 포함된 바나듐이 많이 함유되어 고온전열면의 부식, 이른바 고온부식을 초래한다. • 바나듐이 연소시 고온의 오산화바나듐이 되어 전열면에 융착되는 부작용이 일어난다.	• 중유속에 함유된 유황분이 연소되어 아황산가스가 생산된다. • 과잉공기와 반응하여 무수황산이 되고 수증기와 융합되어 황산증기가 된다. • 황산은 절탄기나 공기예열기에 저온으로 전열면에 응축되어 부식이 생긴다.

정답 | ①

17 빈출도 ★★

과잉공기량이 증가할 때 나타나는 현상이 아닌 것은?

① 연소실의 온도가 저하된다.
② 배기가스에 의한 열손실이 많아진다.
③ 연소가스 중의 SO_3이 현저히 줄어 저온부식이 촉진된다.
④ 연소가스 중의 질소산화물 발생이 심하여 대기오염을 초래한다.

해설

과잉공기량이 증가하면 연소가스 중의 SO_3이 현저히 늘어 저온부식이 촉진된다.

$SO_2 + \frac{1}{2}O_2 \rightarrow SO_3$

정답 | ③

18 빈출도 ★

어떤 연료가스를 분석하였더니 아래와 같았다. 이 가스 $1Nm^3$를 연소시키는데 필요한 이론산소량은 몇 Nm^3인가?

> 수소: 40%, 일산화탄소: 10%, 메탄: 10%
> 질소: 25%, 이산화탄소: 10%, 산소: 5%

① 0.2 ② 0.4
③ 0.6 ④ 0.8

해설

가연성분의 완전연소반응식

$H_2 + \frac{1}{2}O_2 \rightarrow H_2O$

$CO + \frac{1}{2}O_2 \rightarrow CO_2$

$CH_4 + 2O_2 \rightarrow CO_2 + 2H_2O$

위를 토대로 이론산소량을 구한다.

$O_o = (0.5 \times H_2 + 0.5 \times CO + 2 \times CH_4) - O_2$
$= [(0.5 \times 0.4) + (0.5 \times 0.1) + (2 \times 0.1)] - 0.05 = 0.4 Nm^3$

정답 | ②

19 빈출도 ★★

기체연료에 대한 일반적인 설명으로 틀린 것은?

① 회분 및 유해물질의 배출량이 적다.
② 연소조절 및 점화, 소화가 용이하다.
③ 인화의 위험성이 적고 연소장치가 간단하다.
④ 소량의 공기로 완전연소할 수 있다.

해설

인화의 위험성이 높고 연소장치가 간단하다.

관련개념 기체연료 특징

• 적은 과잉공기로 완전연소가 가능하여 연소효율이 높아진다.
• 부하변동 범위가 넓어 저발열량의 연료로 고온을 얻는다.
• 연소가 균일하고 조절이 용이하며, 매연이 발생하지 않는다.
• 저장 및 수송이 불편하고, 설비비 및 연료비가 많이 든다.
• 취급시 폭발 위험과 일산화탄소(CO) 등 유해가스의 노출위험이 있다.

정답 | ③

20 빈출도 ★★

298.15K, 0.1MPa 상태의 일산화탄소를 같은 온도의 이론공기량으로 정상유동 과정으로 연소시킬 때 생성물의 단열화염 온도를 주어진 표를 이용하여 구하면 약 몇 K인가? (단, 이 조건에서 CO 및 CO_2의 생성엔탈피는 각각 −110,529kJ/kmol, −393,522kJ/kmol이다.)

CO_2의 기준상태에서 각각의 온도까지 엔탈피 차	
온도(K)	엔탈피 차(kJ/kmol)
4,800	266,500
5,000	279,295
5,200	292,123

① 4,835
② 5,058
③ 5,194
④ 5,306

해설

일산화탄소(CO)의 완전연소반응식

$CO + \frac{1}{2}O_2 \rightarrow CO_2 + \Delta H$

$-110,529 = -393,522 + \Delta H$

$\Delta H = 393,522 - 110,529 = 282,993$ kJ/kmol

※ 여기서, 엔탈피 (−) 부호는 발열을 의미한다.
보간법에 의해 온도를 계산한다.

$$f(x) = f(x_1) + \frac{f(x_2) - f(x_1)}{x_2 - x_1}(x - x_1)$$

$f = 5,000\text{K} + \frac{5,200 - 5,000}{292,123 - 279,295} \times (282,993 - 279,295)$

$= 5,058\text{K}$

정답 | ②

열역학

21 빈출도 ★★

온도가 T_1인 이상기체를 가역단열과정으로 압축하였다. 압력이 P_1에서 P_2로 변하였을 때, 압축 후의 온도 T_2를 옳게 나타낸 것은? (단, k는 이상기체의 비열비를 나타낸다.)

① $T_2 = T_1 \left(\frac{P_2}{P_1}\right)^{\frac{k}{k-1}}$
② $T_2 = T_1 \left(\frac{P_2}{P_1}\right)^{\frac{k}{1-k}}$
③ $T_2 = T_1 \left(\frac{P_2}{P_1}\right)^{\frac{k-1}{k}}$
④ $T_2 = T_1 \left(\frac{P_2}{P_1}\right)^{\frac{1-k}{k}}$

해설

가역단열과정에서 온도와 압력과의 관계식은 다음과 같다.

$$\frac{T_2}{T_1} = \left(\frac{P_2}{P_1}\right)^{\frac{k-1}{k}}$$

T_1: 초기 온도(K), T_2: 최종 온도(K), P_1: 초기 압력(atm),
P_2: 최종 압력(atm), k: 비열비$\left(\frac{C_p}{C_v}\right)$,
C_p: 정압비열(kJ/kg·K), C_v: 정적비열(kJ/kg·K)

정답 | ③

22 빈출도 ★★

공기가 압력 1MPa, 체적 0.4m³인 상태에서 50℃의 등온 과정으로 팽창하여 체적이 4배로 되었다. 엔트로피의 변화는 약 몇 kJ/K인가?

① 1.72 ② 5.46
③ 7.32 ④ 8.83

해설

이상기체 엔트로피 변화 공식은 다음과 같다.

$$\Delta S = m \times R \times \ln \frac{V_2}{V_1}$$

ΔS: 엔트로피 변화량(kJ/K), m: 질량(kg),
R: 기체상수(kJ/kg·K), V_1: 초기 부피(m³),
V_2: 최종 부피(m³)

여기서, 이상기체방정식을 이용하여 식을 정리한다.

$$PV = mRT$$

P: 압력(kPa), V: 부피(m³), m: 질량(kg),
R: 기체상수(kJ/kg·K), T: 온도(K)

$$m = \frac{PV}{RT}$$

위 식에 대입하여 정리하면,

$$\Delta S = m \times R \times \ln\left(\frac{V_2}{V_1}\right) = \frac{PV}{RT} \times R \times \ln\left(\frac{V_2}{V_1}\right)$$

$$= \frac{PV}{T} \times \ln\left(\frac{4V_1}{V_1}\right)$$

$$= \frac{1,000\text{kPa} \times 0.4\text{m}^3}{(273+50)\text{K}} \times \ln(4) = 1.716\text{kJ/K}$$

정답 | ①

23 빈출도 ★

수증기가 노즐 내를 단열적으로 흐를 때 출구 엔탈피가 입구 엔탈피보다 15kJ/kg만큼 작아진다. 노즐 입구에서의 속도를 무시할 때 노즐 출구에서의 수증기 속도는 약 몇 m/s인가?

① 173 ② 200
③ 283 ④ 346

해설

문제에 따른 에너지 식은 다음과 같다.

$$h_1 + \frac{v_1^2}{2} = h_2 + \frac{v_2^2}{2}$$

이때, 노즐 입구에서의 속도(v_1)는 0이므로,

$$h_1 = h_2 + \frac{v_2^2}{2}$$

$$h_1 - h_2 = 15\text{kJ/kg} = \frac{v_2^2}{2}$$

$$v_2 = \sqrt{2 \times 15 \times 10^3} = 173\text{m/s}$$

정답 | ①

24 빈출도 ★★

오토 사이클과 디젤 사이클의 열효율에 대한 설명 중 틀린 것은?

① 오토 사이클의 열효율은 압축비와 비열비만으로 표시된다.
② 차단비가 1에 가까워질수록 디젤 사이클의 열효율은 오토 사이클의 열효율에 근접한다.
③ 압축 초기 압력과 온도, 공급 열량, 최고 온도가 같을 경우 디젤 사이클의 열효율이 오토 사이클의 열효율보다 높다.
④ 압축비와 차단비가 클수록 디젤 사이클의 열효율은 높아진다.

해설

디젤 사이클 열효율은 다음과 같이 구한다.

$$\eta = 1 - \left(\frac{1}{\epsilon}\right)^{k-1} \times \left(\frac{\sigma^k - 1}{k(\sigma - 1)}\right)$$

η: 효율(%), ϵ: 압축비, k: 비열비, σ: 차단비

압축비가 크고 차단비가 작을수록 효율은 증가한다.

정답 | ④

25 빈출도 ★

정상상태로 흐르는 유체의 에너지방정식을 다음과 같이 표현할 때 ( ) 안에 들어갈 용어로 옳은 것은? (단, 유체에 대한 기호의 의미는 아래와 같고, 첨자 1과 2는 각각 입·출구를 나타낸다.)

$$\dot{Q}+\dot{m}\left[h_1+\frac{V_1^2}{2}+(\quad)_1\right]=\dot{W}_s+\dot{m}\left[h_2+\frac{V_2^2}{2}+(\quad)_2\right]$$

기호	의미	기호	의미
$\dot{Q}$	시간당 받는 열량	$\dot{W}_s$	시간당 주는 일량
$\dot{m}$	질량유량	s	비엔트로피
h	비엔탈피	u	비내부에너지
V	속도	P	압력
g	중력가속도	z	높이

① s
② u
③ gz
④ P

해설

정상상태에 흐르는 유체의 에너지 방정식은 다음과 같다.

$$\dot{Q}+\dot{m}\left[h_1+\frac{V_1^2}{2}+gz_1\right]=\dot{W}_s+\dot{m}\left[h_2+\frac{V_2^2}{2}+gz_2\right]$$

정답 | ③

26 빈출도 ★★

증기에 대한 설명 중 틀린 것은?

① 동일압력에서 포화증기는 포화수보다 온도가 더 높다.
② 동일압력에서 건포화증기를 가열한 것이 과열증기이다.
③ 동일압력에서 과열증기는 건포화증기보다 온도가 더 높다.
④ 동일압력에서 습포화증기와 건포화증기는 온도가 같다.

해설

동일압력에서 포화증기와 포화수의 온도는 같다.

정답 | ①

27 빈출도 ★★

매시간 2,000kg의 포화수증기를 발생하는 보일러가 있다. 보일러내의 압력은 200kPa이고, 이 보일러에는 매시간 150kg의 연료가 공급된다. 이 보일러의 효율은 약 얼마인가? (단, 보일러에 공급되는 물의 엔탈피는 84kJ/kg이고, 200kPa에서의 포화증기의 엔탈피는 2,700kJ/kg이며, 연료의 발열량은 42,000 kJ/kg이다.)

① 77%
② 80%
③ 83%
④ 86%

해설

보일러의 효율 공식은 다음과 같다.

$$\eta=\frac{G_a\times(h_2-h_1)}{m_f\times H_l}$$

G_a: 시간당 포화수증기(kg/h), h_1: 물의 엔탈피(kJ/kg),
h_2: 포화증기의 엔탈피(kJ/kg), m_f: 연료공급량(kg),
H_l: 발열량(kJ/kg)

$$\eta=\frac{2,000\times(2,700-84)}{150\times 42,000}=0.83=83\%$$

정답 | ③

28 빈출도 ★★

보일러의 게이지 압력이 800kPa일 때 수은기압계가 측정한 대기 압력이 856mmHg를 지시했다면 보일러 내의 절대압력은 약 몇 kPa인가? (단, 수은의 비중은 13.6이다.)

① 810
② 914
③ 1,320
④ 1,656

해설

절대압력=대기압+게이지압

$$=856\text{mmHg}\times\frac{101.325\text{kPa}}{760\text{mmHg}}+800\text{kPa}=914\text{kPa}$$

※ 1atm=760mmHg=101.325kPa

정답 | ②

29 빈출도 ★★

정상상태(Steady state)에 대한 설명으로 옳은 것은?

① 특정 위치에서만 물성값을 알 수 있다.
② 모든 위치에서 열역학적 함수값이 같다.
③ 열역학적 함수값은 시간에 따라 변하기도 한다.
④ 유체 물성이 시간에 따라 변하지 않는다.

해설

정상상태에서는 시간에 따라 유체 물성의 흐름 특성인 속도, 압력, 온도 등이 변하지 않는다. 반면, 평형상태는 시간에 관계없이 유체 물성의 흐름특성이 항상 같은 상태를 말한다.

정답 | ④

30 빈출도 ★★

대기압이 100kPa인 도시에서 두 지점의 계기압력비가 '5 : 2'라면 절대 압력비는?

① 1.5 : 1
② 1.75 : 1
③ 2 : 1
④ 주어진 정보로는 알 수 없다.

해설

절대압력=대기압+게이지압이기 때문에 계기 압력비로 절대 압력비를 구할 수 없다.

정답 | ④

31 빈출도 ★★★

실온이 25°C인 방에서 역카르노 사이클 냉동기가 작동하고 있다. 냉동공간은 −30°C로 유지되며, 이 온도를 유지하기 위해 작동유체가 냉동공간으로부터 100kW를 흡열하려 할 때 전동기가 해야 할 일은 약 몇 kW인가?

① 22.6
② 81.5
③ 207
④ 414

해설

역카르노 사이클에서 성능계수에 대한 공식은 다음과 같다.

$$COP = \frac{Q_2}{W} = \frac{Q_2}{Q_1 - Q_2} = \frac{T_2}{T_1 - T_2}$$

COP: 성능계수, W: 동력(kW), Q_1: 초기 방출 열(kW), Q_2: 나중 흡수 열(kW), T_1: 초기 온도(K), T_2: 나중 온도(K)

$$\frac{Q_2}{W} = \frac{T_2}{T_1 - T_2}$$

$$\frac{100}{W} = \frac{-30 + 273}{(25 + 273) - (-30 + 273)}$$

$$W = 22.6\text{kW}$$

정답 | ①

32 빈출도 ★★

열역학 제2법칙과 관련하여 가역 또는 비가역 사이클 과정 중 항상 성립하는 것은? (단, Q는 시스템에 출입하는 열량이고, T는 절대온도이다.)

① $\oint \frac{\delta Q}{T} = 0$
② $\oint \frac{\delta Q}{T} > 0$
③ $\oint \frac{\delta Q}{T} \geq 0$
④ $\oint \frac{\delta Q}{T} \leq 0$

해설

• 가역 사이클일 경우
$$\oint_{가역} \frac{dQ}{T} = 0$$

• 비가역 사이클일 경우
$$\oint_{비가역} \frac{dQ}{T} < 0$$

정답 | ④

33 빈출도 ★★★

다음 중 열역학 제2법칙과 관련된 것은?

① 상태 변화 시 에너지는 보존된다.
② 일을 100% 열로 변환시킬 수 있다.
③ 사이클과정에서 시스템이 한 일은 시스템이 받은 열량과 같다.
④ 열은 저온부로부터 고온부로 자연적으로 전달되지 않는다.

해설

열역학 제2법칙은 열이동 및 에너지방향 전환에 관한 법칙으로, 열은 저온부로부터 고온부로 자연적으로 전달되지 않는다.

관련개념 열역학 제2법칙

- 에너지변환(전환) 방향성의 법칙(열 이동의 법칙)이라고도 한다.
- 열은 항상 고온에서 저온으로 흐른다.(저온에서 고온으로 옮길 수 없다.)
- 열에너지를 완전히 일로 바꾸는 것이 불가능하다.(모든 열기관은 일부 에너지를 열로 방출한다.)
- 고립계에서는 엔트로피가 감소하지 않으며, 증가하거나 일정하게 보존된다.
- 100%의 열효율을 갖는 기관은 존재할 수 없으며, 카르노 사이클 기관의 이상적 경우도 불가능하다.

정답 | ④

34 빈출도 ★

터빈에서 2kg/s의 유량으로 수증기를 팽창시킬 때 터빈의 출력이 1,200kW라면 열손실은 몇 kW인가? (단, 터빈 입구와 출구에서 수증기의 엔탈피는 각각 3,200kJ/kg와 2,500kJ/kg이다.)

① 600
② 400
③ 300
④ 200

해설

열전달량을 구하는 식은 다음과 같다.

$$Q = m(h_2 - h_1)$$

Q: 열전달량(kW), m: 질량유량(kg/s), h: 엔탈피(kJ/kg)

$Q = 2\text{kg/s} \times (3,200 - 2,500)\text{kJ/kg} = 1,400\text{kJ/s} = 1,400\text{kW}$

따라서, 열손실은
$1,400\text{kW} - 1,200\text{kW} = 200\text{kW}$

정답 | ④

35 빈출도 ★★

이상기체의 폴리트로픽 변화에서 항상 일정한 것은? (단, P: 압력, T: 온도, V: 부피, n: 폴리트로픽 지수)

① VT^{n-1}
② $\dfrac{PT}{V}$
③ TV^{1-n}
④ PV^n

해설

폴리트로픽 변화에서 항상 일정한 것은 아래와 같다.
$PV^n = $일정

정답 | ④

36 빈출도 ★

공기 오토 사이클에서 최고 온도가 1,200K, 압축 초기 온도가 300K, 압축비가 8일 경우, 열 공급량은 약 몇 kJ/kg인가? (단, 공기의 정적비열은 0.7165 kJ/kg·K, 비열비는 1.4이다.)

① 366
② 466
③ 566
④ 666

해설

단열과정에서의 온도-부피 관계식을 통해 단열압축 후의 온도(T_2)를 구한다.

$$T_1 V_1^{k-1} = T_2 V_2^{k-1}$$

T_1: 초기 온도(K), T_2: 최종 온도(K), k: 비열비($\dfrac{C_p}{C_v}$),
C_p: 정압비열(kJ/kg·K), C_v: 정적비열(kJ/kg·K)
V_1: 초기 부피(m³), V_2: 최종 부피(m³)

$T_2 = T_1 \times \left(\dfrac{V_1}{V_2}\right)^{k-1} = T_1 \times \varepsilon^{k-1} = 300 \times 8^{1.4-1} = 689.219\text{K}$

정적과정에서 열량을 구하는 공식은 아래와 같다.

$$Q = C_v \times \Delta T$$

Q: 열량(kJ/kg), C_v: 정적비열(kJ/kg·K),
ΔT: 온도차(K)

$Q = C_v \times (T_3 - T_2) = 0.7165 \times (1,200 - 689.219)$
$= 366\text{kJ/kg}$

정답 | ①

37 빈출도 ★★

온도 45°C인 금속 덩어리 40g을 15°C인 물 100g에 넣었을 때, 열평형이 이루어진 후 두 물질의 최종 온도는 몇 °C인가? (단, 금속의 비열은 $0.9J/g \cdot °C$, 물의 비열은 $4J/g \cdot °C$이다.)

① 17.5 ② 19.5
③ 27.4 ④ 29.4

해설

열량을 구하는 공식은 아래와 같다.

$$Q = m \times C \times \Delta T$$

Q: 열량(kJ/kmol), m: 질량(g), C: 비열(J/g·°C), ΔT: 온도차(°C)

열평형 법칙에 의해 금속이 잃은 열량(Q_m)과 물이 얻은 열량(Q_w)은 같다.

$Q_m = Q_w$
$m_m \times C_m \times (T_m - T_f) = m_w \times C_w \times (T_f - T_w)$
$40 \times 0.9 \times (45 - T_f) = 100 \times 4 \times (T_f - 15)$
$1,620 - 36T_f = 400T_f - 6,000$
$T_f = \frac{7,620}{436} = 17.5°C$

정답 | ①

38 빈출도 ★★

일정한 압력 300kPa으로, 체적 $0.5m^3$의 공기가 외부로부터 160kJ의 열을 받아 그 체적이 $0.8m^3$로 팽창하였다. 내부에너지의 증가량은 몇 kJ인가?

① 30 ② 70
③ 90 ④ 160

해설

열역학 제1법칙에 따른 식은 아래와 같다.

$$dQ = dU + P \cdot dV$$

Q: 열, U: 내부에너지, P: 압력, V: 비체적

$dU = dQ - P \cdot dV$
$\quad = 160kJ - 300kPa \times (0.8 - 0.5)m^3 = 70kJ$

정답 | ②

39 빈출도 ★★

온도차가 있는 두 열원 사이에서 작동하는 역카르노 사이클을 냉동기로 사용할 때 성능계수를 높이려면 어떻게 해야 하는가?

① 저열원의 온도를 높이고 고열원의 온도를 높인다.
② 저열원의 온도를 높이고 고열원의 온도를 낮춘다.
③ 저열원의 온도를 낮추고 고열원의 온도를 높인다.
④ 저열원의 온도를 낮추고 고열원의 온도를 낮춘다.

해설

역카르노 사이클의 성능계수는 다음과 같다.

$$COP = \frac{Q_2}{W} = \frac{Q_2}{Q_1 - Q_2}$$

COP: 성능계수, W: 입력 일(kW), Q_1: 고열체 방출 열(kW), Q_2: 저온체 흡수 열(kW)

저열원의 온도를 높이고 고열원의 온도를 낮추면 성능계수는 증가한다.

정답 | ②

40 빈출도 ★★★

냉동기의 냉매로서 갖추어야 할 요구조건으로 틀린 것은?

① 증기의 비체적이 커야 한다.
② 불활성이고 안정적이어야 한다.
③ 증발온도에서 높은 잠열을 가져야 한다.
④ 액체의 표면장력이 작아야 한다.

해설

증기의 비체적이 작아야 한다.

관련개념 냉매의 구비조건

- 증발열이 크고 임계온도(임계점)가 높아야 한다.
- 비체적과 비열비가 작아야 한다.
- 인화 및 폭발의 위험성이 낮아야 한다.
- 비교적 저온, 저압에서 응축이 잘 되어야 한다.
- 구입이 용이하고 가격이 저렴해야 한다.
- 점성 및 표면장력이 작고 상용압력범위가 낮아야 한다.

정답 | ①

계측방법

41 빈출도 ★★

계측에 있어 측정의 참값을 판단하는 계의 특성 중 동특성에 해당하는 것은?

① 감도
② 직선성
③ 히스테리시스 오차
④ 응답

해설

응답은 동특성에 해당되며, 입력신호에 따른 출력 및 빠른 반응을 나타낸다.

관련개념 정특성과 동특성

- 정특성: 일정한 입력에 대해 일정한 출력이 유지되는 상태를 말하며, 감도, 직선성, 정밀도 등이 해당된다.
- 동특성: 시스템이 입력 신호 변화에 즉각적으로 반응할 때 나타나며, 시스템의 응답, 시간지연, 동오차, 과도 등이 해당된다.

정답 | ④

42 빈출도 ★★★

광고온계의 측정온도 범위로 가장 적합한 것은?

① 100~300℃
② 100~500℃
③ 700~2,000℃
④ 4,000~5,000℃

해설

광고온계의 측정범위는 700~3,000℃로, 비접촉식으로 방출되는 빛과 파장을 이용하여 온도를 측정한다.

관련개념 광온도계(광고온계)

- 온도계 중에 가장 높은 온도를 측정할 수 있다.
- 비접촉식 온도계 중 가장 정확한 측정이 가능하다.
- 저온(700℃) 이하의 물체 온도측정이 곤란하다.
- 고온 물체는 방사되는 가시광선을 이용하여 측정한다.
- 수동 측정방식으로 측정 시 시간 및 개인 간의 오차가 발생한다.

정답 | ③

43 빈출도 ★

오리피스에 의한 유량측정에서 유량에 대한 설명으로 옳은 것은?

① 압력차에 비례한다.
② 압력차의 제곱근에 비례한다.
③ 압력차에 반비례한다.
④ 압력차의 제곱근에 반비례한다.

해설

오리피스 유량은 압력차의 제곱근에 비례한다.

관련개념 오리피스 유량계

베르누이의 정리를 응용한 유량계로 기체와 액체에 모두 사용이 가능하며 교축기구를 기하학적으로 닮은꼴이 되도록 끝맺음질을 정밀하게 하면 정확한 측정값을 얻을 수 있다.

$$Q = C \times A \times \sqrt{\frac{2\Delta P}{\rho}}$$

Q: 유량, C: 유량 계수, A: 오리피스 단면적,
ΔP: 압력차, ρ: 유체 밀도

정답 | ②

44 빈출도 ★★

휴대용으로 상온에서 비교적 정밀도가 좋은 아스만 습도계는 다음 중 어디에 속하는가?

① 저항 습도계
② 냉각식 노점계
③ 간이 건습구 습도계
④ 통풍형 건습구 습도계

해설

아스만(야스만) 습도계는 건구 온도와 습구 온도의 차이를 측정하는 상대 습도계로 실내외 습도 측정에 사용하며, 정도가 좋은 편이다. 일정한 풍속을 유지하게 하는 통풍장치가 있는 통풍형 건습구 습도계에 속한다.

정답 | ④

45 빈출도 ★★
서미스터 온도계의 특징이 아닌 것은?

① 소형이며 응답이 빠르다.
② 저항 온도계수가 금속에 비하여 매우 작다.
③ 흡습 등에 의하여 열화되기 쉽다.
④ 전기저항체 온도계이다.

해설
저항 온도계수가 금속에 비하여 매우 크다.

정답 | ②

46 빈출도 ★★
다음 유량계 중에서 압력손실이 가장 적은 것은?

① Float형 면적 유량계
② 열전식 유량계
③ Rotary Piston형 용적식 유량계
④ 전자식 유량계

해설
전자식 유량계는 패러데이의 전자유도 법칙을 활용한 유도기전력으로 유량을 측정한다. 유량계 측정 시 장애물이 없으므로 압력손실 없이 측정이 가능하고 응답이 매우 빠르다.

정답 | ④

47 빈출도 ★★
다음 중 가스크로마토그래피의 흡착제로 쓰이는 것은?

① 미분탄   ② 활성탄
③ 유연탄   ④ 신탄

해설
가스크로마토그래피 흡착제로는 활성탄, 활성알루미나, 합성제올라이트, 실리카겔 등이 있다.

정답 | ②

48 빈출도 ★★
다음 중 상온·상압에서 열전도율이 가장 큰 기체는?

① 공기   ② 메탄
③ 수소   ④ 이산화탄소

해설
분자량이 작을수록 열전도율이 큰 기체이다. 따라서, 수소(분자량 2)가 열전도율이 가장 크다.

정답 | ③

49 빈출도 ★★

노 내압을 제어하는데 필요하지 않는 조작은?

① 급수량　　　② 공기량
③ 연료량　　　④ 댐퍼

해설

노 내압을 제어하기 위해서는 연소장치가 최적값으로 유지해야 하며, 이를 위해서는 공기량, 연료량, 연소가스 배출량(댐퍼 조작 및 송풍기 회전수)의 조작이 필요하다.

정답 | ①

50 빈출도 ★★★

오르사트식 가스분석계로 CO를 흡수제에 흡수시켜 조성을 정량하여야 한다. 이 때 흡수제의 성분으로 옳은 것은?

① 발연황산액
② 수산화칼륨 30% 수용액
③ 알칼리성 피로갈롤 용액
④ 암모니아성 염화 제1동 용액

해설

CO는 암모니아성 염화 제1구리(동) 용액으로 흡수한다.

관련개념 가스분석장치의 흡수가스와 흡수제

- CO_2: KOH 30% 수용액
- C_mH_n: 발연황산(진한 황산)
- O_2: 알칼리성 피로갈롤 용액
- CO: 암모니아성 염화 제1구리 용액

정답 | ④

51 빈출도 ★★

스프링저울 등 측정량이 원인이 되어 그 직접적인 결과로 생기는 지시로부터 측정량을 구하는 방법으로 정밀도는 낮으나 조작이 간단한 방법은?

① 영위법　　　② 치환법
③ 편위법　　　④ 보상법

선지분석

① 영위법: 측정량과 같은 종류의 상태량과 기준량의 크기를 조정할 수 있게 하여 측정 시 평행 상 계측기의 지시가 0의 위치할 때 기준량의 크기와 측정량의 크기를 비교하여 측정한다.
② 치환법: 알고 있는 양으로 측정량을 파악하는 방법으로 다이얼 게이지를 이용해 길이를 측정할 때 추를 올려놓고 측정 후 측정물을 바꾸어 올렸을 때의 차를 통해 높이를 구한다.
③ 편위법: 조작이 간단하고, 측정하고자 하는 양의 직접적인 작용에 의해 계측기의 지침에 편위를 일으켜 눈금과 비교하여 측정한다.
④ 보상법: 측정량과 크기가 거의 같은 양(미리 알고 있는 양)을 준비하여 분동과 측정량의 차이를 이용하여 구한다.

정답 | ③

52 빈출도 ★★

오차와 관련된 설명으로 틀린 것은?

① 흩어짐이 큰 측정을 정밀하다고 한다.
② 오차가 적은 계량기는 정확도가 높다.
③ 계측기가 가지고 있는 고유의 오차를 기차라고 한다.
④ 눈금을 읽을 때 시선의 방향에 따른 오차를 시차라고 한다.

해설

오차란 측정값과 참값의 차이를 말하며, 차이는 적을수록 정확도가 높으며, 계통오차, 우연오차 등이 있다. 흩어짐이 작은 측정을 정밀하다고 하며 이를 척도로 나타낸 것을 정밀도라고 한다.

정답 | ①

53 빈출도 ★★

다음은 피드백 제어계의 구성을 나타낸 것이다. ( ) 안에 가장 적절한 것은?

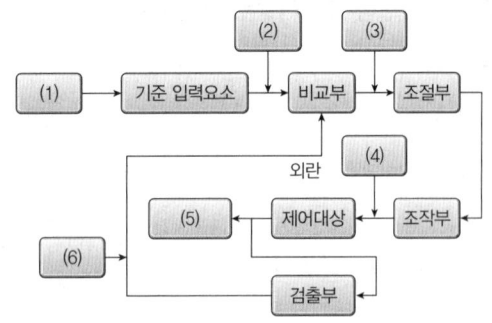

① (1) 조작량 (2) 동작신호 (3) 목표치
   (4) 기준 입력신호 (5) 제어편차 (6) 제어량
② (1) 목표치 (2) 기준 입력신호 (3) 동작신호
   (4) 조작량 (5) 제어량 (6) 주피드백 신호
③ (1) 동작신호 (2) 오프셋 (3) 조작량
   (4) 목표치 (5) 제어량 (6) 설정신호
④ (1) 목표치 (2) 설정신호 (3) 동작신호
   (4) 오프셋 (5) 제어량 (6) 주피드백 신호

해설

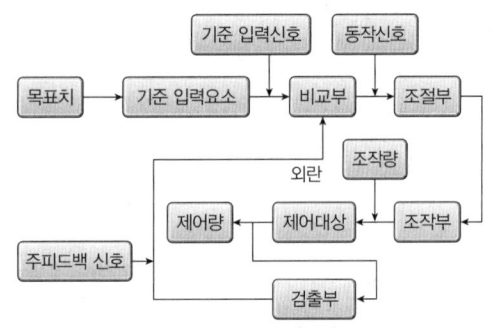

정답 | ②

54 빈출도 ★★

압력 측정을 위해 지름 1cm의 피스톤을 갖는 사하중계(Dead weight)를 이용할 때, 사하중계의 추, 피스톤 그리고 펜(Pan)의 전체 무게가 6.14kgf이라면 게이지압력은 약 몇 kPa인가? (단, 중력가속도는 9.81 m/s²이다.)

① 76.7
② 86.7
③ 767
④ 867

해설

$$압력 = \frac{무게(F)}{면적(A)} = \frac{F}{\frac{\pi D^2}{4}}$$

$$= \frac{6.14\text{kgf}}{\frac{\pi \times (1\text{cm})^2}{4}} \times \frac{101.325\text{kPa}}{1.0332\text{kgf/cm}^2} = 766.6\text{kPa}$$

※ 1atm = 101.325kPa = 1.0332kgf/cm²

정답 | ③

55 빈출도 ★

다음 중 면적식 유량계는?

① 오리피스미터
② 로터미터
③ 벤투리미터
④ 플로노즐

해설

로터미터는 면적식 유량계로 유체의 흐르는 단면적이 변하면서 교축기구(로터미터), 부표(플로트)의 움직임으로 유량을 측정한다.

정답 | ②

56 빈출도 ★★

열전대용 보호관으로 사용되는 재료 중 상용 사용온도가 높은 순으로 나열한 것은?

① 석영관＞자기관＞동관
② 석영관＞동관＞자기관
③ 자기관＞석영관＞동관
④ 동관＞자기관＞석영관

해설

자기관(1,450℃)＞석영관(1,000℃)＞동관(400℃)

정답 | ③

57 빈출도 ★

측온 저항체의 설치 방법으로 틀린 것은?

① 내열성, 내식성이 커야 한다.
② 유속이 가장 빠른 곳에 설치하는 것이 좋다.
③ 가능한 한 파이프 중앙부의 온도를 측정할 수 있게 한다.
④ 파이프 길이가 아주 짧을 때에는 유체의 방향으로 굴곡부에 설치한다.

해설

측온 저항체는 유체의 온도를 측정하는 센서로, 온도를 정확하게 측정하기 위해서는 일정한 유속을 가진 곳에 설치해야 한다.

관련개념 측온 저항체의 구비조건

- 호환성이 있어야 한다.
- 일정한 온도에서 일정한 저항을 가져야 한다.
- 내열성이 있어야 한다.
- 물리화학적으로 규칙적이어야 한다.

정답 | ②

58 빈출도 ★★

$-200 \sim 500℃$의 측정범위를 가지며 측온 저항체 소선으로 주로 사용되는 저항소자는?

① 백금선
② 구리선
③ Ni선
④ 서미스터

해설

백금 측온 저항체 온도계는 온도 범위가 $-200 \sim 500℃$이며, 저온에 대해 정밀측정이 가능하다.

관련개념 측온 저항체 측정범위

백금저항 온도계	$-200 \sim 500℃$
니켈 온도계	$-50 \sim 150℃$
구리 온도계	$0 \sim 120℃$
서미스터	$-100 \sim 300℃$

정답 | ①

59 빈출도 ★★★

대기압 750mmHg에서 계기압력이 325kPa이다. 이 때 절대압력은 약 몇 kPa인가?

① 223
② 327
③ 425
④ 501

해설

절대압력＝대기압＋게이지압

$$= 750\text{mmHg} \times \frac{101.325\text{kPa}}{760\text{mmHg}} + 325\text{kPa} = 425\text{kPa}$$

※ $1\text{atm} = 760\text{mmHg} = 101.325\text{kPa}$

정답 | ③

60 빈출도 ★★

특정파장을 온도계 내에 통과시켜 온도계 내의 전구 필라멘트의 휘도를 육안으로 직접 비교하여 온도를 측정하므로 정밀도는 높지만 측정인력이 필요한 비접촉 온도계는?

① 광고온계
② 방사온도계
③ 열전대온도계
④ 저항온도계

해설

광고온계는 700~3,000℃의 측정범위로, 고온 물체로부터 방사되는 특정파장을 온도계에서 통과시켜 전구 필라멘트의 휘도와 물체의 휘도를 육안으로 직접 비교하여 온도를 측정한다.

정답 | ①

열설비재료 및 관계법규

61 빈출도 ★★

염기성 내화벽돌이 수증기의 작용을 받아 생성되는 물질이 비중변화에 의하여 체적변화를 일으켜 노벽에 균열이 발생하는 현상은?

① 스폴링(Spalling)
② 필링(Peeling)
③ 슬래킹(Slaking)
④ 스웰링(Swelling)

해설

슬래킹이란 마그네시아 또는 돌로마이트의 원료가 수증기를 흡수하여 비중 변화로 인한 체적 팽창이 발생함으로써 갈라지거나 부셔져 노벽에 균열이 발생하거나 붕괴하는 현상을 말한다.

정답 | ③

62 빈출도 ★★

배관용 강관 기호에 대한 명칭이 틀린 것은?

① SPP : 배관용 탄소 강관
② SPPS: 압력 배관용 탄소 강관
③ SPPH: 고압 배관용 탄소 강관
④ STS: 저온 배관용 탄소 강관

해설

저온 배관용 탄소강관의 기호는 SPLT(Steel Pipe for Low-Temperature Service)이다.

관련개념 배관의 종류 및 특징

배관의 종류	용도별 특징
일반 배관용 탄소강관(SPP)	• 사용압력은 10kg/cm² 이하이다. • 증기, 물, 기름, 가스 및 공기 등 널리 사용한다.
압력배관용 탄소강관(SPPS)	• 보일러의 증기관, 유압관, 수압관 등의 압력배관에 사용된다. • 사용압력은 10~100kg/cm², 온도는 350℃ 이하이다.
고온 배관용 탄소강관(SPPH)	350℃ 온도의 과열증기 등의 배관용으로 사용된다.
저온 배관용 탄소강관(SPLT)	빙점 0℃ 이하 낮은 온도에서 사용된다.
수도용 아연도금 강관(SPPW)	주로 정수두 100m 이하의 급수배관용으로 사용된다.
배관용 아크용접 탄소강관(SPW)	사용압력 10kg/cm²의 낮은 증기, 물 기름 등에 사용한다.
배관용 합금강관(SPA)	합금강을 말하며, 주로 고온, 고압에 사용된다.

정답 | ④

63 빈출도 ★★

에너지이용 합리화법령상 특정열사용기자재와 설치·시공 범위 기준이 바르게 연결된 것은?

① 강철제 보일러: 해당 기기의 설치·배관 및 세관
② 태양열 집열기: 해당 기기의 설치를 위한 시공
③ 비철금속 용융로: 해당 기기의 설치·배관 및 세관
④ 축열식 전기보일러: 해당 기기의 설치를 위한 시공

해설

「에너지이용 합리화법 시행규칙 별표 3의2」

구분	품목명	설치·시공범위
보일러	강철제 보일러, 주철제 보일러, 온수보일러, 구멍탄용 온수보일러, 축열식 전기보일러, 캐스케이드 보일러, 가정용 화목보일러	해당 기기의 설치·배관 및 세관
태양열 집열기	태양열 집열기	해당 기기의 설치·배관 및 세관
압력용기	1종 압력용기, 2종 압력용기	해당 기기의 설치·배관 및 세관
요업요로	연속식유리용융가마, 불연속식 유리용융가마, 유리용융도가니가마, 터널가마, 도염식각가마, 셔틀가마, 회전가마, 석회용선가마	해당 기기의 설치를 위한 시공
금속요로	용선로, 비철금속용융로, 금속소둔로, 철금속가열로, 금속균열로	해당 기기의 설치를 위한 시공

정답 | ①

64 빈출도 ★★★

에너지이용 합리화법령상 에너지사용계획의 협의대상사업 범위 기준으로 옳은 것은?

① 택지의 개발사업 중 면적이 10만 m^2 이상
② 도시개발사업 중 면적이 30만 m^2 이상
③ 공항개발사업 중 면적이 20만 m^2 이상
④ 국가산업단지의 개발사업 중 면적이 5만 m^2 이상

선지분석

「에너지이용 합리화법 시행령 별표 1」
① 택지의 개발사업 중 면적이 30만 m^2 이상 (다만, 민간 사업주관자의 경우에는 면적이 60만 m^2 이상)
③ 공항개발사업 중 면적이 40만 m^2 이상(다만, 여객터미널의 신축, 개축이 포함되지 아니하는 건설사업은 제외한다.)
④ 국가산업단지의 개발사업 중 면적이 15만 m^2 이상(다만, 민간 사업주관자의 경우에는 면적이 30만 제곱미터 이상인 것만 해당한다.)

정답 | ②

65 빈출도 ★★

에너지이용 합리화법령에 따라 사용연료를 변경함으로써 검사대상이 아닌 보일러가 검사대상으로 되었을 경우에 해당되는 검사는?

① 구조검사
② 설치검사
③ 개조검사
④ 재사용검사

해설

「에너지이용 합리화법 시행규칙 별표 3의4」
설치검사는 신설한 경우의 검사(사용연료의 변경에 의하여 검사대상이 아닌 보일러가 검사대상으로 되는 경우의 검사를 포함한다)에 해당한다.

정답 | ②

66 빈출도 ★

요의 구조 및 형상에 의한 분류가 아닌 것은?

① 터널요
② 셔틀요
③ 횡요
④ 승염식요

해설

구분	종류
요의 구조 및 형상에 의한 분류	터널요, 셔틀요, 횡요, 등요, 윤요, 원요, 견요, 연속식 가마 등
사용목적에 의한 분류	소둔로, 소성로, 용해로, 균열로
불꽃의 진행 방식에 의한 분류	횡염식요, 승염식요, 도염식요

정답 | ④

67 빈출도 ★★★

다음 중 에너지이용 합리화법령상 2종 압력용기에 해당하는 것은?

① 보유하고 있는 기체의 최고사용압력이 0.1MPa이고 내부 부피가 0.05m³인 압력용기
② 보유하고 있는 기체의 최고사용압력이 0.2MPa이고 내부 부피가 0.02m³인 압력용기
③ 보유하고 있는 기체의 최고사용압력이 0.3MPa이고 동체의 안지름이 350mm이며 그 길이가 1,050mm인 증기헤더
④ 보유하고 있는 기체의 최고사용압력이 0.4MPa이고 동체의 안지름이 150mm이며 그 길이가 1,500mm인 압력용기

해설

「에너지이용 합리화법 시행규칙 별표 1」

2종 압력용기	최고사용압력이 0.2MPa를 초과하는 기체를 그 안에 보유하는 용기로서 다음 각 호의 어느 하나에 해당하는 것 • 내부 부피가 0.04세제곱미터 이상인 것 • 동체의 안지름이 200미리미터 이상(증기헤더의 경우에는 동체의 안지름이 300미리미터 초과)이고, 그 길이가 1천미리미터 이상인 것

정답 | ③

68 빈출도 ★★★

규산칼슘 보온재에 대한 설명으로 거리가 가장 먼 것은?

① 규산에 석회 및 석면 섬유를 섞어서 성형하고 다시 수증기로 처리하여 만든 것이다.
② 플랜트 설비의 탑조류, 가열로, 배관류 등의 보온 공사에 많이 사용된다.
③ 가볍고 단열성과 내열성은 뛰어나지만 내산성이 적고 끓는 물에 쉽게 붕괴된다.
④ 무기질 보온재로 다공질이며 최고 안전사용온도는 약 650℃ 정도이다.

해설

규산칼슘은 규조토와 석회, 무기질인 석면섬유를 수증기 처리로 경화시킨 고온용 무기질 보온재로, 내수성, 내구성 및 내산성이 우수하며, 끓는 물에 쉽게 붕괴되지 않는다.

관련개념 규산칼슘 보온재

- 높은 압축강도로 반영구적으로 사용이 가능하다.
- 내수성, 내구성이 좋아 시공이 편리하다.
- 안전사용온도는 650℃로 고온조건에서 사용한다.
- 열전도율 0.053~0.065kcal/h·m·℃로 낮고 쉽게 불이 붙지 않는 불연성 재료이다.

정답 | ③

69 빈출도 ★★

관의 신축량에 대한 설명으로 옳은 것은?

① 신축량은 관의 열팽창계수, 길이, 온도차에 반비례한다.
② 신축량은 관의 길이, 온도차에는 비례하지만 열팽창계수는 반비례한다.
③ 신축량은 관의 열팽창계수, 길이, 온도차에 비례한다.
④ 신축량은 관의 열팽창계수에 비례하고 온도차와 길이에 반비례한다.

해설

$$L = L_a \times \alpha \times \Delta T$$

L: 신축량, L_a: 관의 길이, α: 열팽창계수, ΔT: 온도차

관의 신축량은 관의 열팽창계수, 길이, 온도차에 비례한다.

정답 | ③

70 빈출도 ★★

에너지이용 합리화법령상 검사대상기기 검사 중 용접검사 면제 대상 기준이 아닌 것은?

① 압력용기 중 동체의 두께가 8mm 미만인 것으로서 최고사용압력(MPa)과 내부 부피(m^3)를 곱한 수치가 0.02 이하인 것
② 강철제 또는 주철제 보일러이며, 온수보일러 중 전열면적이 $18m^2$ 이하이고, 최고사용압력이 0.35MPa 이하인 것
③ 강철제 보일러 중 전열면적이 $5m^2$ 이하이고, 최고사용압력이 0.35MPa 이하인 것
④ 압력용기 중 전열교환식인 것으로서 최고사용압력이 0.35MPa 이하이고, 동체의 안지름이 600mm 이하인 것

해설

「에너지이용 합리화법 시행규칙 별표 3의6」

(1) **강철제 보일러, 주철제 보일러**
- 강철제 보일러 중 전열면적이 5제곱미터 이하이고, 최고사용압력이 0.35MPa 이하인 것
- 주철제 보일러
- 1종 관류보일러
- 온수보일러 중 전열면적이 18제곱미터 이하이고, 최고사용압력이 0.35MPa 이하인 것

(2) **1종 압력용기, 2종 압력용기**
- 용접이음(동체와 플랜지와의 용접이음은 제외한다)이 없는 강관을 동체로 한 헤더
- 압력용기 중 동체의 두께가 6미리미터 미만인 것으로서 최고사용압력(MPa)과 내부 부피(m^3)를 곱한 수치가 0.02 이하(난방용의 경우에는 0.05 이하)인 것
- 전열교환식인 것으로서 최고사용압력이 0.35MPa 이하이고, 동체의 안지름이 600미리미터 이하인 것

정답 | ①

71 빈출도 ★★

폴스테라이트에 대한 설명으로 옳은 것은?

① 주성분은 Mg_2SiO_4이다.
② 내식성이 나쁘고 기공률은 작다.
③ 돌로마이트에 비해 소화성이 크다.
④ 하중연화점은 크나 내화도는 SK 28로 작다.

선지분석

② 내식성이 우수하고 기공률이 크다.
③ 돌로마이트에 비해 소화성이 작다.
④ 하중연화점이 크고 내화도는 SK 35~38로 높다.

정답 | ①

72 빈출도 ★★

선철을 강철로 만들기 위하여 고압 공기나 산소를 취입시키고, 산화열에 의해 노 내 온도를 유지하며 용강을 얻는 노(Furnace)는?

① 평로   ② 고로
③ 반사로   ④ 전로

해설

전로는 선철을 강철로 만드는 과정 속에서 연료를 사용하지 않고 용선 내 불순원소의 산화열 또는 보유열을 활용한다.

정답 | ④

73 빈출도 ★★

에너지이용 합리화법령상 에너지사용량이 대통령령으로 정하는 기준량 이상인 자는 산업통상자원부령으로 정하는 바에 따라 매년 언제까지 시·지사에게 신고하여야 하는가?

① 1월 31일까지   ② 3월 31일까지
③ 6월 30일까지   ④ 12월 31일까지

해설

「에너지이용 합리화법 제31조」
에너지사용량이 대통령령으로 정하는 기준량 이상인 자는 다음 사항을 산업통상자원부령으로 정하는 바에 따라 매년 1월 31일까지 그 에너지사용시설이 있는 지역을 관할하는 시·도지사에게 신고하여야 한다.

정답 | ①

74 빈출도 ★

다음 중 에너지이용 합리화법령상 에너지이용 합리화 기본계획에 포함될 사항이 아닌 것은?

① 열사용기자재의 안전관리
② 에너지절약형 경제구조로의 전환
③ 에너지이용 합리화를 위한 기술개발
④ 한국에너지공단의 운영 계획

해설

「에너지이용 합리화법 제4조」
산업통상자원부장관은 에너지를 합리적으로 이용하게 하기 위하여 에너지이용 합리화에 관한 기본계획을 수립하여야 한다. 기본계획에는 다음 사항이 포함되어야 한다

- 에너지절약형 경제구조로의 전환
- 에너지이용효율의 증대
- 에너지이용 합리화를 위한 기술개발
- 에너지이용 합리화를 위한 홍보 및 교육
- 에너지원간 대체
- 열사용기자재의 안전관리
- 에너지이용 합리화를 위한 가격예시제의 시행에 관한 사항
- 에너지의 합리적인 이용을 통한 온실가스의 배출을 줄이기 위한 대책
- 그 밖에 에너지이용 합리화를 추진하기 위하여 필요한 사항으로서 산업통상자원부령으로 정하는 사항

정답 | ④

75 빈출도 ★★★

에너지이용 합리화법령상 효율관리기자재의 제조업자가 효율관리시험기관으로부터 측정결과를 통보받은 날 또는 자체측정을 완료한 날부터 그 측정결과를 며칠 이내에 한국에너지공단에 신고하여야 하는가?

① 15일
② 30일
③ 60일
④ 90일

해설

「에너지이용 합리화법 시행규칙 제9조」
효율관리기자재의 제조업자 또는 수입업자는 효율관리시험기관으로부터 측정 결과를 통보받은 날 또는 자체측정을 완료한 날부터 각각 90일 이내에 그 측정 결과를 법 제45조에 따른 한국에너지공단에 신고하여야 한다. 이 경우 측정 결과 신고는 해당 효율관리기자재의 출고 또는 통관 전에 모델별로 하여야 한다.

정답 | ④

76 빈출도 ★

제강 평로에서 채용되고 있는 배열회수 방법으로서 배기가스의 현열을 흡수하여 공기나 연료가스 예열에 이용될 수 있도록 한 장치는?

① 축열실
② 환열기
③ 폐열 보일러
④ 판형 열교환기

해설

축열실은 내화벽돌을 격자로 쌓아 만들었으며, 제강평로(공업용 평로)에 채용되고 있는 배열회수 방법으로서 배기가스의 현열을 흡수하여 공기나 연료가스 예열을 이용하는 열교환장치로 활용된다.

정답 | ①

77 빈출도 ★★★

산 등의 화학약품을 차단하는데 주로 사용하며 내약품성, 내열성의 고무로 만든 것을 밸브시트에 밀어붙여 기밀용으로 사용하는 밸브는?

① 다이어프램밸브
② 슬루스밸브
③ 버터플라이밸브
④ 체크밸브

해설

다이어프램 밸브에 대한 설명이다.

관련개념 다이어프램 밸브

- 밸브 내의 둑과 막판인 다이어프램이 상접하는 구조의 밸브로 탄성력이 매우 좋다.
- 둑과 다이어프램이 떨어지면서 유체의 흐름이 진행되고 밀착시 유체의 흐름이 정지되므로 흐름이 주는 영향이 비교적 적다.
- 내열, 내약품 고무제의 막판을 사용하여 패킹이 불필요하며, 금속 부분의 부식염려가 적어 산 등의 화학약품을 차단하는데 사용한다.

정답 | ①

78 빈출도 ★★

용광로에 장입하는 코크스의 역할이 아닌 것은?

① 철광석 중의 황분을 제거
② 가스상태로 선철 중에 흡수
③ 선철을 제조하는데 필요한 열원을 공급
④ 연소 시 환원성가스를 발생시켜 철의 환원을 도모

해설

탈황 및 탈산을 위해 첨가하는 광석은 망간광석이다.
코크스는 선철을 제조하는 열원으로 사용되며, 연소 시 생성되는 환원성 가스에 의해 산화철을 환원시키고 탄소의 일부는 선철 중 흡수되어 흡탄작용을 일으킨다.

정답 | ①

79 빈출도 ★★

고알루미나질 내화물의 특징에 대한 설명으로 거리가 가장 먼 것은?

① 중성내화물이다.
② 내식성, 내마모성이 적다.
③ 내화도가 높다.
④ 고온에서 부피변화가 적다.

해설

고알루미나질은 Al_2O_3 함량이 45% 이상인 내화벽돌로 다양한 조건에 안정적이며 각종 요로의 가혹한 부위에 주로 사용된다. 하중연화 온도가 높으며, 내식성 및 내마모성이 크다.

정답 | ②

80 빈출도 ★★★

에너지이용 합리화법령상 검사에 불합격된 검사대상기기를 사용한 자의 벌칙 기준은?

① 5백만원 이하의 벌금
② 1년 이하의 징역 또는 1천만원 이하의 벌금
③ 2년 이하의 징역 또는 2천만원 이하의 벌금
④ 3천만원 이하의 벌금

해설

「에너지이용 합리화법 제73조」
검사에 불합격된 검사대상기기를 사용한 자는 1년 이하의 징역 또는 1천만원 이하의 벌금에 처한다.

정답 | ②

열설비설계

81 빈출도 ★★★

저온가스 부식을 억제하기 위한 방법이 아닌 것은?

① 연료중의 유황성분을 제거한다.
② 첨가제를 사용한다.
③ 공기예열기 전열면 온도를 높인다.
④ 배기가스 중 바나듐의 성분을 제거한다.

해설

바나듐은 고온가스 부식의 주 원인이다.

관련개념 고온부식과 저온부식

고온부식	저온부식
• 가스나 중질유 연소 등에서 회분에 포함된 바나듐이 많이 함유되어 고온전열면의 부식, 이른바 고온부식을 초래한다. • 바나듐이 연소시 고온의 오산화바나듐이 되어 전열면에 융착되는 부작용이 일어난다.	• 중유속에 함유된 유황분이 연소되어 아황산가스가 생산된다. • 과잉공기와 반응하여 무수황산이 되고 수증기와 융합되어 황산증기가 된다. • 황산은 절탄기나 공기예열기에 저온으로 전열면에 응축되어 부식이 생긴다.

정답 | ④

82 빈출도 ★★★

보일러에서 과열기의 역할로 옳은 것은?

① 포화증기의 압력을 높인다.
② 포화증기의 온도를 높인다.
③ 포화증기의 압력과 온도를 높인다.
④ 포화증기의 압력은 낮추고 온도를 높인다.

해설

과열기는 보일러 동체(본체)에서 발생된 포화증기를 가열하여 온도를 높여 과열증기로 만드는 장치로, 포화증기보다 높은 온도로 하여 터빈의 열효율을 향상시킨다.

정답 | ②

83 빈출도 ★★

맞대기 용접은 용접방법에 따라서 그루브를 만들어야 한다. 판의 두께가 50mm 이상인 경우에 적합한 그루브의 형상은? (단, 자동용접은 제외한다.)

① V형
② R형
③ H형
④ A형

해설

판의 두께가 50mm 이상인 경우의 적합한 그루브 형상은 H형이다.

관련개념 강판의 두께의 따른 그루브의 형상

그루브 형상	강판 두께
V형, R형, J형	6mm 이상 16mm 이하
X형, K형, 양면 J형, 양면 U형	12mm 이상 38mm 이하
H형	19mm 이상

정답 | ③

84 빈출도 ★★

연료 1kg이 연소하여 발생하는 증기량의 비를 무엇이라고 하는가?

① 열발생율
② 증발배수
③ 전열면 증발률
④ 증기량 발생률

해설

증발배수는 연료 1kg 연소하여 발생하는 증기량의 비율을 의미하며, 증발배수 = $\dfrac{\text{상당증발량}}{\text{연료소비량}}$ 로 나타낸다.

정답 | ②

85 빈출도 ★★

노통연관 보일러의 노통의 바깥면과 이것에 가장 가까운 연관의 면 사이에는 몇 mm 이상의 틈새를 두어야 하는가?

① 10
② 20
③ 30
④ 50

해설

- 노통의 바깥의 면과 가장 가까운 연관 면과의 사이: 50mm 이상
- 노통에 돌기 설치 시: 30mm 이상

정답 | ④

86 빈출도 ★

열매체보일러에 대한 설명으로 틀린 것은?

① 저압으로 고온의 증기를 얻을 수 있다.
② 겨울철에도 동결의 우려가 적다.
③ 물이나 스팀보다 전열특성이 좋으며, 열매체 종류와 상관없이 사용온도 한계가 일정하다.
④ 다우섬, 모빌섬, 카네크롤 보일러 등이 이에 해당한다.

해설

물이나 스팀보다 전열특성이 나쁘며, 열매체 종류는 사용온도 한계에 따라 다양하다.

정답 | ③

87 빈출도 ★★★

파형노통의 최소 두께가 10mm, 노통의 평균지름이 1,200mm일 때, 최고사용압력은 약 몇 MPa인가? (단, 끝의 평형부 길이가 230mm 미만이며, 정수 C는 985이다.)

① 0.56
② 0.63
③ 0.82
④ 0.95

해설

파형 노통의 최고사용압력을 구하는 식은 다음과 같다.

$$P = \frac{C \times t}{D}$$

t: 최소 두께(mm), P: 최고사용압력(kgf/cm²),
D: 평균 내경(mm), C: 노통의 종류에 따른 상수

$P = \dfrac{985 \times 10}{1,200} = 8.2 \text{kgf/cm}^2 = 0.82 \text{MPa}$

※ 1kgf/cm² = 0.1MPa

정답 | ③

88 빈출도 ★★

보일러수에 녹아있는 기체를 제거하는 탈기기가 제거하는 대표적인 용존 가스는?

① O_2
② H_2SO_4
③ H_2S
④ SO_2

해설

탈기기는 보일러수에 녹아있는 용존가스인 O_2를 제거하는 장치이다.

정답 | ①

89 빈출도 ★★

보일러의 과열 방지책이 아닌 것은?

① 보일러수를 농축시키지 않을 것
② 보일러수의 순환을 좋게 할 것
③ 보일러의 수위를 낮게 유지할 것
④ 보일러 동내면의 스케일 고착을 방지할 것

해설

보일러 수위를 낮게 하면 과열의 원인이 된다.

관련개념 보일러 과열방지 대책

- 보일러의 수위는 적정한 수위를 유지해야 한다.
- 보일러 본체 내면에 스케일 생성 및 고착을 방지한다.
- 보일러수의 순환이 원활하게 하여 농축 및 막힘을 방지한다.
- 국부적인 과열 및 열부하를 방지한다.

정답 | ③

90 빈출도 ★★★

프라이밍이나 포밍의 방지대책에 대한 설명으로 틀린 것은?

① 주증기 밸브를 급히 개방한다.
② 보일러수를 농축시키지 않는다.
③ 보일러수 중의 불순물을 제거한다.
④ 과부하가 되지 않도록 한다.

해설

주증기밸브를 서서히 개방하여야 한다.

관련개념 프라이밍 및 포밍 조치 방법

- 보일러수를 농축시키지 않는다.
- 보일러수 중의 불순물을 제거한다.
- 과부하가 되지 않도록 한다.
- 증기 취출을 서서히 한다.
- 연소량을 줄인다.
- 압력을 규정압력으로 유지한다.
- 안전밸브, 수면계의 시험과 압력계 연락관을 취출하여 본다.

정답 | ①

91 빈출도 ★★

물의 탁도에 대한 설명으로 옳은 것은?

① 카올린 1g의 증류수 1L 속에 들어 있을 때의 색과 같은 색을 가지는 물을 탁도 1도의 물이라 한다.
② 카올린 1mg의 증류수 1L 속에 들어 있을 때의 색과 같은 색을 가지는 물을 탁도 1도의 물이라 한다.
③ 탄산칼슘 1g의 증류수 1L 속에 들어 있을 때의 색과 같은 색을 가지는 물을 탁도 1도의 물이라 한다.
④ 탄산칼슘 1mg의 증류수 1L 속에 들어 있을 때의 색과 같은 색을 가지는 물을 탁도 1도의 물이라 한다.

해설

물의 탁도란 증류수 1L 속에 정제카올린 1mg을 함유하고 있는 색과 동일한 색의 물을 탁도 1도의 물로 한다.

정답 | ②

92 빈출도 ★

연관보일러에서 연관의 최소 피치를 구하는데 사용하는 식은? (단, p는 연관의 최소 피치(mm), t는 관판의 두께(mm), d는 관 구멍의 지름(mm)이다.)

① $p = \left(1 + \dfrac{t}{4.5}\right)d$
② $p = (1+d)\dfrac{4.5}{t}$
③ $p = \left(1 + \dfrac{4.5}{t}\right)d$
④ $p = \left(1 + \dfrac{d}{4.5}\right)t$

해설

연관보일러의 최소 피치 공식은 다음과 같다.

$$P = \left(1 + \dfrac{4.5}{t}\right) \times D$$

P: 피치(mm), t: 두께(mm), D: 지름(mm)

정답 | ③

93 빈출도 ★★

그림과 같이 가로×세로×높이가 $3m \times 1.5m \times 0.03m$인 탄소 강판이 놓여 있다. 강판의 열전도율은 $43W/m \cdot K$이고, 탄소강판 아래 면에 열유속 $700\ W/m^2$을 가한 후, 정상상태가 되었다면 탄소강판의 윗면과 아랫면의 표면온도 차이는 약 몇 ℃인가? (단, 열유속은 아래에서 위 방향으로만 진행한다.)

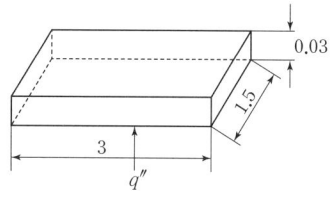

① 0.243
② 0.264
③ 0.488
④ 1.973

해설

열 전달량 공식은 다음과 같다.

$$q = \dfrac{k \times \Delta T}{d}$$

q: 열유속(W/m²), d: 벽 두께(m),
k: 열 전도율(W/m · ℃), ΔT: 온도 차(℃)

$700 = \dfrac{43 \times \Delta T}{0.03}$

$\Delta T = \dfrac{700 \times 0.03}{43} = 0.488℃$

정답 | ③

94 빈출도 ★★

증기보일러에 수질관리를 위한 급수처리 또는 스케일 부착방지 및 제거를 위한 시설을 해야하는 용량 기준은 몇 t/h 이상인가?

① 0.5
② 1
③ 3
④ 5

해설

용량 기준은 1t/h 이상의 증기보일러에서 급수처리 또는 스케일 부착방지 및 제거를 위한 시설을 해야 한다.

정답 | ②

95 빈출도 ★★

보일러의 열정산 시 출열 항목이 아닌 것은?

① 배기가스에 의한 손실열
② 발생증기 보유열
③ 불완전연소에 의한 손실열
④ 공기의 현열

해설

입열	연료의 발열량(연소열), 연료의 현열, 연소공기의 현열, 급수의 현열, 공급 공기(증기, 온수)의 현열 등
출열	건연소배기가스의 현열, 배기가스 보유열(증기보유열, 발생증기열), 불완전연소에 의한 손실열, 미연분에 의한 손실열, 배기가스에 의한 손실열 등

정답 | ④

96 빈출도 ★

육용강제 보일러에서 길이 스테이 또는 경사 스테이를 핀 이음으로 부착할 경우, 스테이 휠 부분의 단면적은 스테이 소요 단면적의 얼마 이상으로 하여야 하는가?

① 1.0배
② 1.25배
③ 1.5배
④ 1.75배

해설

스테이 휠 부분의 단면적은 1.25배 이상으로 한다.

관련개념 핀이음에 따른 길이 스테이 부착

- 스테이(길이, 경사) 핀 이음으로 부착 시 핀이 2곳에서 전달력을 받아야 한다.
- 핀의 단면적은 스테이 소요 단면적의 3/4 이상으로 한다.
- 스테이 휠 부분의 단면적은 1.25배 이상으로 한다.

정답 | ②

97 빈출도 ★★

내경 200mm, 외경 210mm의 강관에 증기가 이송되고 있다. 증기 강관의 내면온도는 240°C, 외면온도는 25°C이며, 강관의 길이는 5m일 경우 발열량(kW)은 얼마인가? (단, 강관의 열전도율은 50W/m·°C, 강관의 내외면의 온도는 시간 경과에 관계없이 일정하다.)

① 6.6×10^3
② 6.9×10^3
③ 7.3×10^3
④ 7.6×10^3

해설

원통형 배관에서의 전열량 공식은 다음과 같다.

$$Q = \frac{k \times \Delta T \times A}{d} = \frac{2\pi \times k \times L \times \Delta T}{\ln\left(\frac{D_o}{D_i}\right)}$$

Q: 열 전달량(W/m²), d: 벽 두께(m),
k: 열전도율(W/m·°C), ΔT: 온도 차(°C), A: 면적(m²),
L: 관의 길이(m), ΔT: 온도차(°C), D_o: 관의 외경(m),
D_i: 관의 내경(m)

$$Q = \frac{2\pi \times 50 \times 5 \times (240-25)}{\ln\left(\frac{0.21}{0.2}\right)}$$

$= 6,921,911.742\text{W} = 6.9 \times 10^3 \text{kW}$

정답 | ②

98 빈출도 ★

보일러에 대한 용어의 정의 중 잘못된 것은?

① 1종 관류보일러: 강철제보일러 중 전열면적이 5m² 이하이고 최고사용압력이 0.35MPa 이하인 것
② 설계압력: 보일러 및 그 부속품 등의 강도계산에 사용되는 압력으로서 가장 가혹한 조건에서 결정한 압력
③ 최고사용온도: 설계압력을 정할 때 설계압력에 대응하여 사용조건으로부터 정해지는 온도
④ 전열면적: 한쪽 면이 연소가스 등에 접촉하고 다른 면이 물에 접촉하는 부분의 면을 연소가스 등의 쪽에서 측정한 면적

해설

「에너지이용 합리화법 시행규칙 별표 1」
1종 관류보일러는 강철제 보일러 중 헤더(여러 관이 붙어 있는 용기)의 안지름이 150미리미터 이하이고, 전열면적이 5제곱미터 초과 10제곱미터 이하이며, 최고사용압력이 1MPa 이하인 관류보일러(기수분리기를 장치한 경우에는 기수분리기의 안지름이 300미리미터 이하이고, 그 내부 부피가 0.07세제곱미터 이하인 것만 해당한다)

정답 | ①

99 빈출도 ★★

보일러에서 사용하는 안전밸브의 방식으로 가장 거리가 먼 것은?

① 중추식   ② 탄성식
③ 지렛대식 ④ 스프링식

해설

안전밸브의 종류에는 중추식, 지렛대식(레버식), 스프링식이 있다.

정답 | ②

100 빈출도 ★★★

다음 중 보일러수의 pH를 조절하기 위한 약품으로 적당하지 않은 것은?

① $NaOH$
② Na_2CO_3
③ Na_3PO_4
④ $Al_2(SO_4)_3$

해설

pH 및 알칼리 조정제로는 수산화나트륨($NaOH$), 탄산나트륨(Na_2CO_3), 인산나트륨(Na_3PO_4), 암모니아(NH_3)가 있다.

관련개념 보일러 내처리제(청관제)의 종류 및 약품

구분	약품명
pH 및 알칼리 조정제	수산화나트륨, 탄산나트륨, 인산나트륨, 인산, 암모니아
연화제	수산화나트륨, 탄산나트륨, 인산나트륨
슬러지조정제	탄닌, 리그닌, 전분
탈산소제	아황산나트륨, 히드라진, 탄닌
가성취화방지제	황산나트륨, 인산나트륨, 질산나트륨, 탄닌, 리그닌
기포방지제	고급 지방산 폴리아민, 고급지방산 폴리알콜

정답 | ④

2020년 1·2회 기출문제

연소공학

01 빈출도 ★

다음과 같은 질량조성을 가진 석탄의 완전연소에 필요한 이론공기량(kg/kg)은 얼마인가?

> C: 64.0%, H: 5.3%, S: 0.1%, O: 8.8%
> N: 0.8%, ash: 12.0%, water: 9.0%

① 7.5
② 8.8
③ 9.7
④ 10.4

해설

가연성분(C, H, S)의 완전연소반응식

$C + O_2 \rightarrow CO_2$

$\dfrac{32}{12}\,kg = 2.67$

$H_2 + \dfrac{1}{2}O_2 \rightarrow H_2O$

$\dfrac{16}{2}\,kg = 8$

$S + O_2 \rightarrow SO_2$

$\dfrac{32}{32}\,kg = 1$

질량 조성(kg/kg)의 이론공기량을 구하는 식은 다음과 같다.

$$A_o = \dfrac{O_o}{0.232}$$

$$O_o = 2.67 \times C + 8 \times \left(H - \dfrac{O}{8}\right) + 1 \times S$$

A_o: 이론공기량, O_o: 이론산소량

$O_o = 2.67 \times 0.64 + 8 \times \left(0.053 - \dfrac{0.088}{8}\right) + 1 \times 0.001$

$\quad = 2.0458$

$A_o = \dfrac{O_o}{0.232} = \dfrac{2.0458}{0.232} = 8.8\,kg/kg$

정답 | ②

02 빈출도 ★★

링겔만 농도표의 측정 대상은?

① 배출가스 중 매연 농도
② 배출가스 중 CO 농도
③ 배출가스 중 CO_2 농도
④ 화염의 투명도

해설

링겔만 농도표는 배출가스 중 매연 농도를 측정하는 방법으로, 6개의 농도표를 이용하여 결과를 낸다.

관련개념 링겔만의 매연농도 식

$$\rho = \dfrac{A_a}{m_a} \times 20\%$$

ρ: 매연율(%), A_a: 총 매연값(도수×측정시간),
m_a: 총 측정시간(min)

정답 | ①

03 빈출도 ★★

다음 중 연소 시 발생하는 질소산화물(NO_x)의 감소 방안으로 틀린 것은?

① 질소 성분이 적은 연료를 사용한다.
② 화염의 온도를 높게 연소한다.
③ 화실을 크게 한다.
④ 배기가스 순환을 원활하게 한다.

해설

고온 조건에서 질소는 산소와 결합하면서 일산화질소, 이산화질소 등의 질소산화물 NO_x가 생성되고 매연이 발생한다.

관련개념 질소산화물 생성 방지대책

- 연소온도와 노내압을 낮춘다.
- 노 내의 가스 잔류시간 및 고온 유지시간을 짧게 한다.
- 2단연소 및 저산소연소, 배기의 재순환 연소법을 사용한다.
- 질소함량이 적은 연료를 사용한다.
- 과잉공기를 연료에 혼합하여 연소한다.

정답 | ②

04 빈출도 ★

연료의 일반적인 연소 반응의 종류로 틀린 것은?

① 유동층연소 ② 증발연소
③ 표면연소 ④ 분해연소

해설

유동층연소는 고체연료의 연소장치이다.

관련개념 고체연료의 연소

연소방식	의미	예
표면연소	고체의 표면에서 열분해나 증발 없이 산소가 직접 반응하여 연소하는 형태	목탄, 코크스 등
분해연소	열에 의해 고체가 분해되어 가연성 가스가 발생하면서 연소하는 형태	나무, 석탄, 종이, 중유, 플라스틱 등
증발연소	연소 시 고체가 증발하면서 가연성 기체를 발생하는 형태	황, 나프탈렌, 양초, 파라핀 등
자기연소 (내부연소)	산소를 함유하고 있는 고체가 공기 중의 산소를 필요로 하지 않고 그 자체의 산소로 연소하는 형태	TNT, 니트로글리세린, 피크린산 등

정답 | ①

05 빈출도 ★★

공기와 혼합 시 가연범위(폭발범위)가 가장 넓은 것은?

① 메탄 ② 프로판
③ 메틸알코올 ④ 아세틸렌

선지분석

① 메탄(CH_4): 5~15%
② 프로판(C_3H_8): 2.2~9.5%
③ 메틸알코올(CH_3OH): 7.3~36%
④ 아세틸렌(C_2H_2): 2.5~81%

정답 | ④

06 빈출도 ★

11g의 프로판이 완전연소 시 생성되는 물의 질량(g)은?

① 44 ② 34
③ 28 ④ 18

해설

프로판의 완전연소반응식
$C_3H_8 + 5O_2 \rightarrow 3CO_2 + 4H_2O$
프로판(C_3H_8)과 물(H_2O)는 1 : 4 반응이므로 C_3H_8(분자량 44) 44g를 반응시키면 H_2O(분자량 18) 4×18=72g이 필요하다. 따라서 C_3H_8 11g이 반응하기 위해서는 H_2O는 18g이 필요하다.
44 : 72 = 11 : x
$x = \dfrac{72 \times 11}{44} = 18g$

정답 | ④

07 빈출도 ★

다음 중 역화의 위험성이 가장 큰 연소방식으로서, 설비의 시동 및 정지 시에 폭발 및 화재에 대비한 안전확보에 각별한 주의를 요하는 방식은?

① 예혼합 연소
② 미분탄 연소
③ 분무식 연소
④ 확산 연소

해설

예혼합 연소는 버너에서 가연성 연료(가스)를 공기와 미리 혼합시킨 후 분사하여 연소시키는 방식으로, 화염의 온도가 높고 역화의 위험성이 크다. 또한, 설비의 시동 및 정지 시에 폭발 및 화재에 대비하기 위해 안전확보가 필요하다.

정답 | ①

08 빈출도 ★

액체연료에 대한 가장 적합한 연소방법은?

① 화격자 연소
② 스토커 연소
③ 버너 연소
④ 확산 연소

해설

버너 연소는 액체연료의 가장 적합한 연소방법으로 작은 입경의 연료를 안개처럼 분사시킨다.

정답 | ③

09 빈출도 ★★

연료의 발열량에 대한 설명으로 틀린 것은?

① 기체연료는 그 성분으로부터 발열량을 계산할 수 있다.
② 발열량의 단위는 고체와 액체연료의 경우 단위중량당(통상 연료 kg당)발열량으로 표시한다.
③ 고위발열량은 연료의 측정열량에 수증기 증발잠열을 포함한 연소열량이다.
④ 일반적으로 액체연료는 비중이 크면 체적당 발열량은 감소하고, 중량당 발열량은 증가한다.

해설

일반적인 액체연료는 비중이 크면 체적당 발열량은 증가하고, 중량당 발열량은 감소한다.

정답 | ④

10 빈출도 ★★★

고체연료의 연료비(Fuel ratio)를 옳게 나타낸 것은?

① 고정탄소(%)/휘발분(%)
② 휘발분(%)/고정탄소(%)
③ 고정탄소(%)/수분(%)
④ 수분(%)/고정탄소(%)

해설

고체연료비 $= \dfrac{\text{고정탄소(\%)}}{\text{휘발분(\%)}}$

관련개념 고체연료비

- 고체연료의 연료비는 휘발분에 대한 고정탄소의 비로 고체연료비 $= \dfrac{\text{고정탄소(\%)}}{\text{휘발분(\%)}}$ 로 나타낸다.
- 고정탄소(%) = 100 − (회분 + 수분 + 휘발분)
- 회분(%) = 연소 후 남은 무기질 재료
- 휘발분(%) = 연료 시료를 925±20℃의 무산소 환경(공기 차단 상태)에서 7분간 가열했을 때 감소량

정답 | ①

11 빈출도 ★★

고체연료의 연소방식으로 옳은 것은?

① 포트식 연소　② 화격자 연소
③ 심지식 연소　④ 증발식 연소

해설

고체연료의 연소방식은 미분탄 연소, 화격자 연소, 유동층 연소가 있으며, 화격자 연소는 화격자 위에서 고체의 가연물을 연소시키는 방법으로 석탄, 목재, 코크스 등이 사용된다. 장치의 구조가 단순하고 유지보수가 쉬우나 대형 설비에는 맞지 않는다.

정답 | ②

12 빈출도 ★

고체연료의 연소가스 관계식으로 옳은 것은? (단, G: 연소가스량, G_o: 이론연소가스량, A: 실제공기량, A_o: 이론공기량, a: 연소생성 수증기량)

① $G_o = A_o + 1 - a$
② $G = G_o - A + A_o$
③ $G = G_o + A - A_o$
④ $G_o = A_o - 1 + a$

해설

고체연료의 연소가스 관계식
G = 이론연소가스량 + 실제공기량 - 이론공기량
　 = $G_o + A - A_o$

정답 | ③

13 빈출도 ★★

백 필터(Bag-filter)에 대한 설명으로 틀린 것은?

① 여과면의 가스 유속은 미세한 더스트일수록 적게 한다.
② 더스트 부하가 클수록 집진율은 커진다.
③ 여포재에 더스트 일차부착층이 형성되면 집진율은 낮아진다.
④ 백의 밑에서 가스백 내부로 송입하여 집진한다.

해설

백필터는 집진장치 중 높은 효율을 가지며, 직물로 된 여포재(여과포)에 더스트(먼지) 일차부착층이 형성되면 함진가스를 통과시킬때 집진효율이 우수해진다.

정답 | ③

14 빈출도 ★★

유압분무식 버너의 특징에 대한 설명으로 틀린 것은?

① 유량 조절 범위가 좁다.
② 연소의 제어범위가 넓다.
③ 무화매체인 증기나 공기가 필요하지 않다.
④ 보일러 가동 중 버너교환이 가능하다.

해설

유압분무식 버너는 연료에 압력을 가해 미세한 고속 분사로 연소하는 방식으로 연소의 제어범위가 좁다.

관련개념 유압분무식 버너

- 노즐을 통해 5~20kg/cm² 의 가압된 압력으로 연소실 내부로 보내 연소한다.
- 구조가 간단하며, 대용량 버너에 용이하다.
- 분무각도 40~90°이다.
- 유량조절범위는 환류식 1 : 3, 비환류식 1 : 2
- 연료의 점도가 크거나 유압이 5kg/cm² 이하로 낮아지면 분무가 불안정해진다.

정답 | ②

15 빈출도 ★★

다음 중 배기가스와 접촉되는 보일러 전열면으로 증기나 압축공기를 직접 분사시켜서 보일러에 회분, 그을음 등 열전달을 막는 퇴적물을 청소하고 쌓이지 않도록 유지하는 설비는?

① 수트블로워
② 압입통풍 시스템
③ 흡입통풍 시스템
④ 평형통풍 시스템

해설

수트(슈트)블로워는 보일러 내부에서 배기가스와 접촉되는 전열면 외측, 수관부에 증기나 압축공기를 직접 분사하여 보일러에 회분, 그을음 등의 퇴적물을 청소하여 열전달을 막는다.

정답 | ①

16 빈출도 ★

관성력 집진장치의 집진율을 높이는 방법이 아닌 것은?

① 방해판이 많을수록 집진효율이 우수하다.
② 충돌 직전 처리가스 속도가 느릴수록 좋다.
③ 출구가스 속도가 느릴수록 미세한 입자가 제거된다.
④ 기류의 방향 전환각도가 작고, 전환횟수가 많을수록 집진효율이 증가한다.

해설

관성력 집진장치는 기류의 방향전환으로 생기는 입자의 관성력을 이용하여 포집하는 장치로, 충돌 직전 처리가스 속도가 빠를수록 좋으며 충돌 후 출구가스 속도가 느릴수록 좋다.

정답 | ②

17 빈출도 ★★

보일러 연소장치에 과잉공기 10%가 필요한 연료를 완전연소할 경우 실제건연소가스량(Nm^3/kg)은 얼마인가? (단, 연료의 이론공기량 및 이론건연소가스량은 각각 10.5, 9.9(Nm^3/kg)이다.)

① 12.03
② 11.84
③ 10.95
④ 9.98

해설

실제 건연소 가스량은 다음과 같이 구한다.

$$G_d = G_{od} + A$$

G_{od}: 이론건연소가스량(Nm^3/kg), A: 과잉공기량(Nm^3/kg)

$$A = (m-1) \times A_o$$

A: 과잉공기량(Nm^3/kg), m: 공기비,
A_o: 이론공기량(Nm^3/kg)

$A = (1.1-1) \times 10.5 = 1.05 Nm^3/kg$
$G_d = 9.9 + 1.05 = 10.95 Nm^3/kg$

정답 | ③

18 빈출도 ★★

연소가스량 $10Nm^3/kg$, 연소가스의 정압비열 $1.34 kJ/Nm^3 \cdot ℃$인 어떤 연료의 저위발열량이 $27,200 kJ/kg$이었다면 이론 연소온도(℃)는? (단, 연소용 공기 및 연료 온도는 5℃이다.)

① 1,000
② 1,500
③ 2,000
④ 2,500

해설

$$t_c = \frac{H_l}{G \times C} + t_0$$

t_c: 연소온도(℃), H_l: 저위발열량(kJ/kg),
G: 연소가스량(m^3/kg), C: 비열($kJ/m^3 \cdot ℃$), t_0: 초기 온도(℃)

$t_c = \frac{27,200}{10 \times 1.34} + 5 = 2,034.85℃$

정답 | ③

19 빈출도 ★★

표준 상태인 공기 중에서 완전연소비로 아세틸렌이 함유되어 있을 때 이 혼합기체 1L당 발열량(kJ)은 얼마인가? (단, 아세틸렌의 발열량은 1,308kJ/mol이다.)

① 4.1
② 4.5
③ 5.1
④ 5.5

해설

아세틸렌 완전연소반응식
$C_2H_2 + 2.5O_2 \rightarrow 2CO_2 + H_2O$
완전연소시 이론공기량의 몰수는 다음과 같이 구한다.

$$A_o = \frac{O_o}{0.21}$$

A_o: 이론공기량, O_o: 이론산소량

$A_o = \frac{2.5}{0.21} = 11.905 mol$

혼합기체의 몰수는 아세틸렌 몰수와 공기의 몰수를 합해야 한다.
$n_T = 1 + 11.905 = 12.905 mol$
따라서, 혼합기체 1L당 발열량을 구하면

$\frac{1,308 kJ}{1 mol_{아세틸렌}} \times \frac{1 mol_{아세틸렌}}{12.905 mol_{혼합기체}} \times \frac{1 mol_{혼합기체}}{22.4 L} = 4.5 kJ/L$

정답 | ②

20 빈출도 ★★

연소장치의 연소효율(E_c)식이 아래와 같을 때 H_2는 무엇을 의미하는가? (단, H_c: 연료의 발열량, H_1: 연재 중의 미연탄소의 의한 손실이다.)

$$E_c = \frac{H_c - H_1 - H_2}{H_c}$$

① 전열손실
② 현열손실
③ 연료의 저발열량
④ 불완전연소에 따른 손실

해설

$$연소효율 = \frac{연소열}{발열량} = \frac{발열량 - 손실열}{발열량}$$

손실열은 미연분손실과 불완전연소에 따른 손실을 합한 값이므로

$$연소효율 = \frac{발열량 - (미연분손실 + 불완전연소에 따른 손실)}{발열량}$$

로 나타낼 수 있다.

정답 | ④

열역학

21 빈출도 ★

이상기체를 가역단열 팽창시킨 후의 온도는?

① 처음상태보다 낮게 된다.
② 처음상태보다 높게 된다.
③ 변함이 없다.
④ 높을 때도 있고 낮을 때도 있다.

해설

가역단열과정은 엔트로피가 변하지 않으므로 등엔트로피과정에 해당된다. 기체의 부피가 증가되며 이때 기체의 내부에너지가 감소되고 내부에너지는 온도에 직접적으로 연결되어 온도가 처음 상태보다 낮게 된다.

정답 | ①

22 빈출도 ★★

공기 100kg을 400°C에서 120°C로 냉각할 때 엔탈피(kJ)변화는? (단, 일정 정압비열은 $1.0kJ/kg \cdot K$이다.)

① $-24,000$ ② $-26,000$
③ $-28,000$ ④ $-30,000$

해설

$$\Delta H = m \cdot C_p \cdot \Delta t$$

ΔH: 엔탈피(kJ), m: 질량(kg),
C_p: 정압비열(kJ/kg·K), Δt: 온도 차(K)

$\Delta H = 100 \times 1.0 \times ((120+273)-(400+273))$
$= 100 \times 1.0 \times (-280)$
$= -28,000 kJ$

※여기서, (−)부호는 방출을 의미한다.

정답 | ③

23 빈출도 ★

성능계수가 2.5인 증기 압축 냉동 사이클에서 냉동용량이 4kW일 때 소요일은 몇 kW인가?

① 1
② 1.6
③ 4
④ 10

해설

성능계수 공식은 다음과 같다.

$$COP = \frac{Q}{W}$$

COP: 성능계수, W: 소요동력(kW), Q: 냉동능력(kW)

$$W = \frac{Q}{COP} = \frac{4}{2.5} = 1.6 \text{kW}$$

정답 | ②

24 빈출도 ★★★

열역학 제2법칙을 설명한 것이 아닌 것은?

① 사이클로 작동하면서 하나의 열원으로부터 열을 받아서 이 열을 전부 일로 바꾸는 것은 불가능하다.
② 에너지는 한 형태에서 다른 형태로 바뀔 뿐이다.
③ 제2종 영구기관을 만든다는 것은 불가능하다.
④ 주위에 아무런 변화를 남기지 않고 열을 저온의 열원으로부터 고온의 열원으로 전달하는 것은 불가능하다.

선지분석

① 열역학 제2법칙으로, 공급된 열을 전부 일로 바꾸는 것은 불가능하다.
② 열역학 제1법칙으로, 제1종 영구기관 즉, 에너지의 공급 없이 일을 하는 열기관은 실현이 불가능하다. 다만 한 형태에서 다른 형태로 바뀌는 건 가능하며 열과 일 사이에는 에너지 보존의 법칙이 성립된다.
③ 열역학 제2법칙으로, 제2종 영구기관을 만드는 것은 불가능하다.
④ 열역학 제2법칙으로, 주위에 아무런 변화를 남기지 않고 열이동 및 에너지방향전환이 불가능한 법칙으로 계가 흡수한 열을 완전히 일로 전환할 수 있는 장치는 없다.

정답 | ②

25 빈출도 ★

다음 중 터빈에서 증기의 일부를 배출하여 급수를 가열하는 증기사이클은?

① 사바테 사이클
② 재생 사이클
③ 재열 사이클
④ 오토 사이클

해설

재생 사이클은 터빈 중의 팽창 중인 증기의 일부를 배출하여 급수로 가열함으로써 온도를 높여 열효율을 향상시키는 사이클이다.

정답 | ②

26 빈출도 ★★

80°C의 물 50kg과 20°C의 물 100kg을 혼합하면 이 혼합된 물의 온도는 약 몇 °C인가? (단, 물의 비열은 4.2kJ/kg · K이다.)

① 33
② 40
③ 45
④ 50

해설

$$Q = C \times m \times \Delta T$$

Q: 열량(kJ), C: 비열(kJ/kg · K), ΔT: 온도차(K), m: 질량(kg)

열평형법칙에 의해 85°C에서의 열량(Q_a)과 10°C에서의 열량(Q_b)은 같다.
$C \times m_a \times \Delta T_a = C \times m_b \times \Delta T_b$
혼합한 후 물의 열평형 온도를 T_x라고 하면
$C \times m_a \times (T_a - T_x) = C \times m_b \times (T_x - T_b)$
$50 \times (80 - T_x) = 100 \times (T_x - 20)$
$50 \times 80 - 50T_x = 100T_x - 100 \times 20$
$T_x = \frac{6,000}{150} = 40°C$

정답 | ②

27 빈출도 ★

랭킨사이클에서 각 지점의 엔탈피가 다음과 같을 때 사이클의 효율은 약 몇 % 인가?

- 펌프 입구: 190kJ/kg
- 보일러 입구: 200kJ/kg
- 터빈 입구: 2,900kJ/kg
- 응축기 입구: 2,000kJ/kg

① 25 ② 30
③ 33 ④ 37

해설

아래 그래프와 그림을 보면 랭킨 사이클의 효율 공식은 다음과 같다.

$$\eta = \frac{W}{Q_1} = 1 - \frac{h_4 - h_1}{h_3 - h_2}$$

η: 효율(%), W: 소요동력, Q_1: 열, h: 엔탈피(kJ/kg)

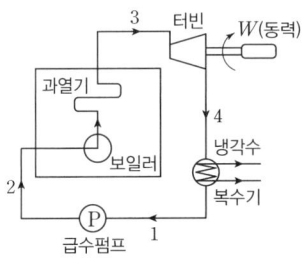

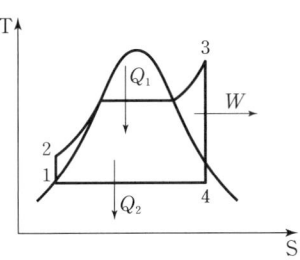

$$\eta = 1 - \frac{2,000 - 190}{2,900 - 200} = 0.329 = 33\%$$

정답 | ③

28 빈출도 ★

냉동 사이클의 작동 유체인 냉매의 구비조건으로 틀린 것은?

① 화학적으로 안정될 것
② 임계 온도가 상온보다 충분히 높을 것
③ 응축 압력이 가급적 높을 것
④ 증발 잠열이 클 것

해설

비교적 저압으로도 응축이 용이해야 한다.

정답 | ③

29 빈출도 ★★

압력 500 kPa, 온도 240℃인 과열증기와 압력 500 kPa의 포화수가 정상상태로 흘러들어와 섞인 후 같은 압력의 포화증기 상태로 흘러나간다. 1kg의 과열증기에 대하여 필요한 포화수의 양은 약 몇 kg인가? (단, 과열증기의 엔탈피는 3,063kJ/kg이고, 포화수의 엔탈피는 636kJ/kg, 증발열은 2,109kJ/kg이다.)

① 0.15 ② 0.45
③ 1.12 ④ 1.45

해설

열량보존법칙에 따라 과열증기와 포화수를 합한 혼합물에서의 열과 포화액-증기 혼합물 상태에서의 열은 같다.

$Q_1 + Q_2 = Q_3$
$m_1 \times h_1 + m_2 \times h_2 = m_3 \times h_3$
$3,063 + m_2 \times 636 = (1 + m_2) \times (636 + 2,109)$
$3,063 + m_2 \times 636 = 2,745 + m_2 \times 2,745$
$3,063 - 2,745 = m_2 \times (2,745 - 636)$
$m_2 = \frac{318}{2,109} = 0.15 \text{kg}$

정답 | ①

30 빈출도 ★★

30°C에서 150L의 이상기체를 20L로 가역 단열압축 시킬 때 온도가 230°C로 상승하였다. 이 기체의 정적비열은 약 몇 kJ/kg·K인가? (단, 기체상수는 0.287kJ/kg·K이다.)

① 0.17 ② 0.24
③ 1.14 ④ 1.47

해설

단열변화에서 압력-부피-온도의 관계는 다음과 같다.

$$\frac{T_2}{T_1}=\left(\frac{V_1}{V_2}\right)^{k-1}$$

$$\ln\left(\frac{T_2}{T_1}\right)=(k-1)\ln\left(\frac{V_1}{V_2}\right)$$

$$k=\frac{\ln\left(\frac{230+273}{30+273}\right)}{\ln\frac{150}{20}}+1=1.252$$

여기서, 비열비(k) 공식을 통해 정적비열을 구한다.

$$k=\frac{C_p}{C_v}=\frac{C_v+R}{C_v}$$

k: 비열비, C_p: 정적비열(kJ/kg·K), C_v: 정압비열(kJ/kg·K), R: 기체상수(kJ/kg·K)

$$C_v=\frac{R}{k-1}=\frac{0.287}{1.252-1}=1.14 \text{kJ/kg·K}$$

정답 | ③

31 빈출도 ★

증기에 대한 설명 중 틀린 것은?

① 포화액 1kg을 정압 하에서 가열하여 포화증기로 만드는데 필요한 열량을 증발잠열이라 한다.
② 포화증기를 일정 체적 하에서 압력을 상승시키면 과열증기가 된다.
③ 온도가 높아지면 내부에너지가 커진다.
④ 압력이 높아지면 증발잠열이 커진다.

해설

증기는 액체가 끓는점 이상의 온도로 가열하였을 때 발생되는 기체로 크게 습증기와 건증기(포화증기)가 있으며, 압력이 높아지면 증발잠열은 감소된다.

정답 | ④

32 빈출도 ★★

최고 온도 500°C와 최저 온도 30°C 사이에서 작동되는 열기관의 이론적 효율(%)은?

① 6   ② 39
③ 61 ④ 94

해설

$$\eta=1-\frac{T_L}{T_H}$$

η: 효율(%), T_H: 최고 온도(고온 저장소의 절대온도, K), T_L: 최저 온도(저온 저장소의 절대온도, K)

$$\eta=1-\frac{(30+273)}{(500+273)}=0.61=61\%$$

정답 | ③

33

비열이 $\alpha+\beta t+\gamma t^2$로 주어질 때, 온도가 t_1으로부터 t_2까지 변화할 때의 평균 비열(C_m)의 식은? (단, α, β, γ는 상수이다.)

① $C_m = \alpha + \dfrac{1}{2}\beta(t_2+t_1) + \dfrac{1}{3}\gamma(t_2^2+t_2t_1+t_1^2)$

② $C_m = \alpha + \dfrac{1}{2}\beta(t_2-t_1) + \dfrac{1}{3}\gamma(t_2^2+t_2t_1+t_1^2)$

③ $C_m = \alpha - \dfrac{1}{2}\beta(t_2+t_1) + \dfrac{1}{3}\gamma(t_2^2-t_2t_1-t_1^2)$

④ $C_m = \alpha - \dfrac{1}{2}\beta(t_2+t_1) + \dfrac{1}{3}\gamma(t_2^2+t_2t_1-t_1^2)$

해설

$$C_m = \dfrac{1}{t_2-t_1}\int_{t_1}^{t_2} C(t)dt$$
$$= \dfrac{1}{t_2-t_1}\int_{t_1}^{t_2}(\alpha+\beta t+\gamma t^2)dt$$
$$= \dfrac{1}{t_2-t_1}\left[\alpha(t_2-t_1)+\beta\dfrac{t_2^2-t_1^2}{2}+\gamma\dfrac{t_2^3-t_1^3}{3}\right]$$
$$= \alpha + \dfrac{\beta}{2}(t_2+t_1) + \dfrac{\gamma}{3}(t_2^2+t_1t_2+t_1^2)$$

정답 | ①

34

다음은 열역학 기본법칙을 설명한 것이다. 0법칙, 1법칙, 2법칙, 3법칙 순으로 옳게 나열한 것은?

> ㉮ 에너지 보존에 관한 법칙이다.
> ㉯ 에너지의 전달 방향에 관한 법칙이다.
> ㉰ 절대온도 0K에서 완전 결정질의 절대 엔트로피는 0이다.
> ㉱ 시스템 A가 시스템 B와 열적 평형을 이루고 동시에 시스템 C와도 열적 평형을 이룰 때 시스템 B와 C의 온도는 동일하다.

① ㉮ - ㉯ - ㉰ - ㉱
② ㉱ - ㉮ - ㉯ - ㉰
③ ㉰ - ㉱ - ㉮ - ㉯
④ ㉯ - ㉮ - ㉱ - ㉰

선지분석

㉮ 열역학 제1법칙(에너지보존의 법칙)
㉯ 열역학 제2법칙(방향성의 법칙)
㉰ 열역학 제3법칙(절대온도 0K에서 물체의 엔트로피 값은 0이다.)
㉱ 열역학 제0법칙(열평형의 법칙)

정답 | ②

35

그림은 물의 압력-체적 선도(P-V)를 나타낸다. A'ACBB' 곡선은 상들 사이의 경계를 나타내며, T_1, T_2, T_3는 물의 P-V 관계를 나타내는 등온곡선들이다. 이 그림에서 점 C는 무엇을 의미하는가?

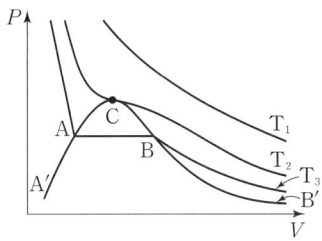

① 변곡점
② 극대점
③ 삼중점
④ 임계점

해설

P-V선도에 C점은 임계점으로, 임계점은 물질이 액체와 기체 두 상 간의 경계가 사라지는 평형상태로 존재할 수 있는 최고온도 및 최고압력으로, 액상과 기상을 구분할 수 없다.

정답 | ④

36 빈출도 ★

어떤 상태에서 질량이 반으로 줄면 강도성질(Intensive property) 상태량의 값은?

① 반으로 줄어든다.
② 2배로 증가한다.
③ 4배로 증가한다.
④ 변하지 않는다.

> **해설**
> 강도성질은 물질의 질량과는 관계없는 성질로 질량이 변해도 상태량은 변하지 않는다.

정답 | ④

37 빈출도 ★★

비열비는 1.3이고 정압비열이 0.845 kJ/kg·K인 기체의 기체상수(kJ/kg·K)는 얼마인가?

① 0.195
② 0.5
③ 0.845
④ 1.345

> **해설**
> 비열비(k)공식을 통해 기체상수를 구한다.
> $$k=\frac{C_p}{C_v}=\frac{C_v+R}{C_v}$$
> k: 비열비, C_p: 정적비열(kJ/kg·K), C_v: 정압비열(kJ/kg·K), R: 기체상수(kJ/kg·K)
>
> $k=\frac{C_p}{C_v}=1.3=\frac{0.845}{C_v}$
> $C_v=\frac{0.845}{1.3}=0.65$
> $\frac{C_p}{C_v}=\frac{C_v+R}{C_v}$의 비열비 공식을 통해 기체상수를 구한다.
> $C_p=C_v+R$
> $R=C_p-C_v=0.845-0.65=0.195$ kJ/kg·K

정답 | ①

38 빈출도 ★★

카르노 냉동 사이클의 설명 중 틀린 것은?

① 성능계수가 가장 좋다.
② 실제적인 냉동 사이클이다.
③ 카르노 열기관 사이클의 역이다.
④ 냉동 사이클의 기준이 된다.

> **해설**
> 카르노 냉동 사이클은 역카르노 열기관 사이클이라고도 하며 이상적인 냉동 사이클이면서 이론적인 냉동 사이클이다.

정답 | ②

39 빈출도 ★★

오토 사이클에서 열효율이 56.5%가 되려면 압축비는 얼마인가? (단, 비열비는 1.4이다.)

① 3
② 4
③ 8
④ 10

> **해설**
> 오토 사이클 열효율은 다음과 같이 구한다.
> $$\eta=1-\left(\frac{1}{\epsilon}\right)^{k-1}$$
> η: 효율(%), ϵ: 압축비, k: 비열비
>
> $\eta=1-\left(\frac{1}{\epsilon}\right)^{1.4-1}$
> $0.565=1-\left(\frac{1}{\epsilon}\right)^{1.4-1}$
> $1-0.565=\left(\frac{1}{\epsilon}\right)^{0.4}$
> $\epsilon=8.01$

정답 | ③

40 빈출도 ★

유체가 담겨 있는 밀폐계가 어떤 과정을 거칠 때 그 에너지식은 $\Delta U_{12} = Q_{12}$으로 표현된다. 이 밀폐계와 관련된 일은 팽창일 또는 압축일 뿐이라고 가정할 경우 이 계가 거쳐 간 과정에 해당하는 것은? (단, U는 내부에너지를, Q는 전달된 열량을 나타낸다.)

① 등온과정
② 정압과정
③ 단열과정
④ 정적과정

해설

정적과정은 밀폐계의 체적과 압력이 일정하게 유지되며, 내부에너지 변화량은 $\Delta U_{12} = Q_{12}$로 나타낸다.

정답 | ④

계측방법

41 빈출도 ★

피드백 제어에 대한 설명으로 틀린 것은?

① 고액의 설비비가 요구된다.
② 운영하는데 비교적 고도의 기술이 요구된다.
③ 일부 고장이 있어도 전체 생산에 영향을 미치지 않는다.
④ 수리가 비교적 어렵다.

해설

피드백 제어는 출력과 입력에 영향을 주는 제어로 목표값과 비교값이 일치하도록 하는 반복동작을 말하며, 일부 고장 시 전체 생산에 영향을 미친다.

정답 | ③

42 빈출도 ★★

가스의 상자성을 이용하여 만든 세라믹식 가스분석계는?

① O_2 가스계
② CO_2 가스계
③ SO_2 가스계
④ 가스크로마토그래피

해설

세라믹식 O_2 가스계는 산소이온을 통과하며 상자성 성질을 측정하는 방식으로 가연성 가스가 포함된 O_2 가스를 측정할 수 없다. 여기서, 가스의 상자성은 자기적 성질을 말하며 외부의 자기장이 존재하면 자기적 성질을 가지고 자기장이 사라지면 자기적 성질이 손실되는 현상을 말한다.

정답 | ①

43 빈출도 ★★

하겐-포아젤의 법칙을 이용한 점도계는?

① 세이볼트 점도계
② 낙구식 점도계
③ 스토머 점도계
④ 맥미첼 점도계

선지분석

① 세이볼트 점도계: 하겐-포아젤의 법칙을 이용한다.
② 낙구식 점도계: 스토크스 법칙을 이용한다.
③ 스토머 점도계: 뉴턴의 점성 법칙을 이용한다.
④ 맥미첼 점도계: 뉴턴의 점성 법칙을 이용한다.

관련개념 하겐-포아젤의 법칙

유체의 점성계수, 온도, 관의 벽면과 유체의 접촉면적이 점도와 비례한다는 법칙으로 관계식은 아래와 같다.

$$\Delta P = \frac{8\pi \mu L Q}{A^2}$$

ΔP: 양 끝 압력 차, μ: 동점성계수, L: 관의 길이, Q: 부피흐름율, A: 단면적

정답 | ①

44 빈출도 ★

적분동작(I동작)에 대한 설명으로 옳은 것은?

① 조작량이 동작신호의 값을 경계로 완전 개폐되는 동작
② 출력변화가 편차의 제곱근에 반비례하는 동작
③ 출력변화가 편차의 제곱근에 비례하는 동작
④ 출력변화의 속도가 편차에 비례하는 동작

해설

적분제어(Integral Control, I 동작)는 적분값에 비례하는 제어동작으로 동작 시 출력의 변화된 속도값이 편차에 비례한 동작을 말하며 잔류편차가 제어되나 제어 안정성은 떨어진다.

정답 | ④

45 빈출도 ★★

흡습염(염화리튬)을 이용하여 습도 측정을 위해 대기 중의 습도를 흡수하면 흡수체 표면에 포화용액층을 형성하게 되는데, 이 포화용액과 대기와의 증기 평형을 이루는 온도는 측정하는 방법은?

① 흡습법
② 이슬점법
③ 건구습도계법
④ 습구습도계법

해설

이슬점(노점)법은 포화상태 시 흡습염인 염화리튬을 이용하여 습도 측정을 위해 대기 중의 습도를 흡수하면 흡수체 표면에 포화용액층을 형성하고 대기와의 증기평형을 이루어 온도를 측정한다. 자동제어가 가능하고 고온에서 점도가 높아 측정 시 가열이 필요하다.

정답 | ②

46 빈출도 ★

실온 22°C, 45%, 기압 765 mmHg인 공기의 증기 분압(P_w)은 약 몇 mmHg인가? (단, 공기의 가스상수는 29.27 kg·m/kg·K, 22°C에서 포화압력(P_s)은 18.66 mmHg이다.)

① 4.1
② 8.4
③ 14.3
④ 20.7

해설

상대습도를 이용한 수증기 분압을 구하는 공식은 다음과 같다.

$$P_w = \phi \times P_s$$

P_w: 수증기 분압(mmHg), ϕ: 상대습도, P_s: 포화 압력(mmHg)

$P_w = 0.45 \times 18.66 = 8.4 \text{ mmHg}$

정답 | ②

47 빈출도 ★

다음 계측기 중 열관리용에 사용되지 않는 것은?

① 유량계
② 온도계
③ 다이얼 게이지
④ 부르동관 압력계

해설

열관리용 계측기에는 온도계, 유량계, 압력계, 수위계 등이 있으며, 다이얼 게이지는 압력이나 진공을 측정하는 계측기로 열관리용에는 부적합하다.
주로 기계가공의 정밀도 검사 등에 활용되며, 아주 미세한 길이나 변위를 기계적으로 확대하여 눈금으로 표시한다.

정답 | ③

48 빈출도 ★

압력을 측정하는 계기가 그림과 같을 때 용기 안에 들어있는 물질로 적절한 것은?

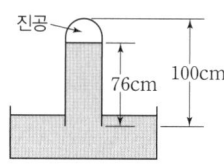

① 알코올　　　② 물
③ 공기　　　　④ 수은

해설

완전 진공상태의 수은을 76cm만큼 올리는 대기의 압력을 말하며 0℃, 위도 45° 해수면에서 중력 9.806655m/s²일 때, 수은주 높이가 760mmHg로 측정된 압력을 표준대기압이라고 한다.

정답 | ④

49 빈출도 ★★

다음에서 열전온도계 종류가 아닌 것은?

① 철과 콘스탄탄을 이용한 것
② 백금과 백금·로듐을 이용한 것
③ 철과 알루미늄을 이용한 것
④ 동과 콘스탄탄을 이용한 것

해설

열전대(기호)	측정온도 범위
동-콘스탄탄(C-C)	-200~350℃
크로멜-알루멜(C-A)	-20~1,200℃
철-콘스탄탄(I-C)	-20~800℃
백금로듐-백금(P-R)	0~1,600℃

정답 | ③

50 빈출도 ★★

다음 중 계통오차(Systematic error)가 아닌 것은?

① 계측기오차　　② 환경오차
③ 개인오차　　　④ 우연오차

해설

계통오차는 개인의 실수와 기계의 오차를 비롯한 오차를 말하며 개인오차, 계측기오차, 환경오차, 이론오차 등이 있다.
우연오차는 오차 발생 시 원인을 명확히 알 수 없고 보정이 불가능하다고 판단하여 여러번 반복측정하여 통계를 내린다.

정답 | ④

51 빈출도 ★★

다음 중 직접식 액위계에 해당하는 것은?

① 정전용량식　　② 초음파식
③ 플로트식　　　④ 방사선식

해설

직접식 액위계는 차압이 일정하고 압력손실이 적어 균등유량을 얻을 수 있고 고점도 유체나 작은 유체측정이 가능하며, 슬러지나 부식성 액체의 측정도 가능하다. 종류로는 부자식(플로트식), 로터미터 등이 있다.

정답 | ③

52 빈출도 ★★★

다음 중 광고온계의 측정원리는?

① 열에 의한 금속팽창을 이용하여 측정
② 이종금속 접합점의 온도차에 따른 열기전력을 측정
③ 피측정물의 전파장의 복사 에너지를 열전대로 측정
④ 피측정물의 휘도와 전구의 휘도를 비교하여 측정

해설

광고온계는 700~3,000℃의 측정범위로, 고온 물체로부터 방사되는 특정파장을 온도계에서 통과시켜 전구 필라멘트의 휘도와 물체의 휘도를 육안으로 직접 비교하여 온도를 측정한다.

정답 | ④

53 빈출도 ★

전기저항 온도계의 특징에 대한 설명으로 틀린 것은?

① 자동기록이 가능하다.
② 원격측정이 용이하다.
③ 1,000℃ 이상의 고온측정에서 특히 정확하다.
④ 온도가 상승함에 따라 금속의 전기 저항이 증가하는 현상을 이용한 것이다.

해설

500℃ 정도의 비교적 낮은 온도에서 정밀측정이 가능하다.

관련개념 전기저항 온도계

(1) **정의**
도체의 온도변화에 따라 전기저항 성질을 측정하는 장치이며, 측정범위는 −200~500℃이다.

(2) **특징**
- 원격측정에 편리하다.
- 검출시간의 지연이 있으나 자동제어, 기록 등이 가능하다.
- 측온체의 줄열(줄발열, Joule heating)에 의해 자기가열 오차가 발생하므로 보정이 필요하며 측온저항체가 단선되기 쉽기 때문에 주의해야 한다.

정답 | ③

54 빈출도 ★

다음 중 자동조작 장치로 쓰이지 않는 것은?

① 전자개폐기   ② 안전밸브
③ 전동밸브   ④ 댐퍼

해설

안전밸브는 규정된 압력 이상으로 상승 시 스프링의 탄성작용과 함께 밸브가 작동되어 파열사고를 방지하는 안전장치이다.

선지분석

① 전자개폐기: 주로 가스 차단, 긴급정지 시 전자석의 성질을 이용하여 밸브를 개폐할 때 사용한다.
③ 전동밸브: 급탕, 냉난방 제어 및 급수 제어에 전기모터로 구동하며, 자동제어에 사용한다.
④ 댐퍼: 공조기, 보일러 연소공기 조절 등 공기흐름 및 공기 유량을 제어 할 때 사용하며, 판형태로 되어있다.

정답 | ②

55 빈출도 ★★★

액주식 압력계에서 액주에 사용되는 액체의 구비조건으로 틀린 것은?

① 모세관 현상이 클 것
② 점도나 팽창계수가 작을 것
③ 항상 액면을 수평으로 만들 것
④ 증기에 의한 밀도 변화가 되도록 적을 것

해설

모세관 현상은 클수록 측정이 불안정하다.

관련개념 액주식 압력계

(1) **개요**
주로 통풍력 측정에 사용되며, 구부러진 유리관에 기름, 물, 수은 등의 액체를 넣고 한쪽 끝 부분에 압력을 도입하여 발생하는 양액면의 높이 차를 이용하여 압력을 측정한다.

(2) **액주의 구비조건**
- 열팽창계수가 작아야 한다.
- 모세관현상이 작아야 한다.
- 일정한 화학성분을 가지고 안정적이어야 한다.
- 점도가 작고 휘발성 및 흡수성도 낮아야 한다.

정답 | ①

56 빈출도 ★★★

다음 중 물리적 가스분석계와 거리가 먼 것은?

① 가스크로마토그래피법
② 자동오르자트법
③ 세라믹식
④ 적외선흡수식

해설

성질	측정법
물리적	가스크로마토그래피법, 세라믹식, 자기식, 밀도법, 적외선식, 열전도율법, 도전율법 등
화학적	연소열식 O_2계, 연소식 O_2계, 자동화학식 CO_2계, 오르자트 분석기(자동오르자트), 헴펠법, 게겔법 등

정답 | ②

57 빈출도 ★★

다음 중 탄성 압력계의 탄성체가 아닌 것은?

① 벨로스
② 다이어프램
③ 리퀴드 벌브
④ 부르동관

해설

탄성식 압력계는 탄성체의 변형되는 양을 측정하는 압력계를 말하며 다이어프램 압력계, 벨로스(벨로우즈식) 압력계, 부르동관 압력계 등이 있다. 리퀴드 벌브는 액체의 압력을 활용한 팽창식 탄성체이다.

정답 | ③

58 빈출도 ★

초음파 유량계의 특징이 아닌 것은?

① 압력손실이 없다.
② 대유량 측정용으로 적합하다.
③ 비전도성 액체의 유량측정이 가능하다.
④ 미소기전력을 증폭하는 증폭기가 필요하다.

해설

미소기전력을 증폭하는 증폭기가 필요한 기기는 전자 유량계이다.

정답 | ④

59 빈출도 ★

차압식 유량계에서 압력차가 처음보다 4배 커지고 관의 지름이 1/2로 되었다면 나중 유량(Q_2)과 처음 유량(Q_1)의 관계를 옳게 나타낸 것은?

① $Q_2 = 0.71 \times Q_1$
② $Q_2 = 0.5 \times Q_1$
③ $Q_2 = 0.35 \times Q_1$
④ $Q_2 = 0.25 \times Q_1$

해설

$$Q = AV$$

Q: 유량(m³/s), A: 면적(m²), V: 유속(m/s)

여기서, 면적(A)은 $A = \dfrac{\pi D^2}{4}$

유속(V)은 $V = \sqrt{2gh} = \sqrt{2g \times \dfrac{\Delta P}{\gamma}}$이기 때문에

$Q = \left(\dfrac{\pi D^2}{4}\right) \times \left(\sqrt{2g \times \dfrac{\Delta P}{\gamma}}\right)$

위의 식으로 보면 $Q \propto D^2 \times \sqrt{\Delta P}$임을 알 수 있다.
처음 유량을 $Q_1 = D^2 \times \sqrt{\Delta P}$라고 하면,
나중 유량(Q_2)은

$Q_2 = \left(\dfrac{D}{2}\right)^2 \times \sqrt{4\Delta P}$이므로

$Q_2 = \dfrac{\sqrt{4}}{4} Q_1 = 0.5 \times Q_1$

정답 | ②

60 빈출도 ★

방사고온계로 물체의 온도를 측정하니 1,000℃였다. 전방사율이 0.7이면 진온도는 약 몇 ℃인가?

① 1,119 ② 1,196
③ 1,284 ④ 1,392

해설

스테판 볼츠만의 법칙을 이용하여 전방사에너지율을 구한다.

$$T_a = \frac{T_m}{\sqrt[4]{\epsilon}}$$

ϵ: 전방사율, T_a: 진온도(K), T_m: 측정온도(K)

$T_a = \frac{T_m}{\sqrt[4]{\epsilon}}$

$T_a = \frac{1,273}{\sqrt[4]{0.7}} = \frac{1,273}{0.9147} = 1,391.71K$

$= 1,391.71K - 273 = 1,118.72℃$

정답 | ①

열설비재료 및 관계법규

61 빈출도 ★★

매끈한 원관 속을 흐르는 유체의 레이놀즈수가 1,800일 때의 관마찰계수는?

① 0.013 ② 0.015
③ 0.036 ④ 0.053

해설

레이놀즈수가 1,800인 경우 층류흐름 형태이며, 관마찰계수를 구하는 공식은 아래와 같다.

$$f = \frac{64}{Re}$$

f: 관마찰계수, Re: 레이놀즈 수

$f = \frac{64}{1,800} = 0.036$

정답 | ③

---

62 빈출도 ★

사용압력이 비교적 낮은 증기, 물 등의 유체 수송관에 사용하며, 백관과 흑관으로 구분되는 강관은?

① SPP ② SPPH
③ SPPY ④ SPA

해설

배관의 종류	용도별 특징
일반 배관용 탄소강관(SPP)	• 사용압력은 10kg/cm² 이하이다. • 증기, 물, 기름, 가스 및 공기 등 널리 사용한다.
압력배관용 탄소강관(SPPS)	• 보일러의 증기관, 유압관, 수압관 등의 압력배관에 사용된다. • 사용압력은 10~100kg/cm², 온도는 350℃ 이하이다.
고온 배관용 탄소강관(SPPH)	350℃ 온도의 과열증기 등의 배관용으로 사용된다.
저온 배관용 탄소강관(SPLT)	빙점 0℃ 이하 낮은 온도에서 사용된다.
수도용 아연도금 강관(SPPW)	주로 정수두 100m 이하의 급수배관용으로 사용된다.
배관용 아크용접 탄소강관(SPW)	사용압력 10kg/cm²의 낮은 증기, 물 기름 등에 사용한다.
배관용 합금강관(SPA)	합금강을 말하며, 주로 고온, 고압에 사용된다.

정답 | ①

---

63 빈출도 ★★

축요(築窯)시 가장 중요한 것은 적합한 지반(地盤)을 고르는 것이다. 다음 중 지반의 적부시험으로 틀린 것은?

① 지내력시험
② 토질시험
③ 팽창시험
④ 지하탐사

해설

축요는 내화물 벽돌이나 돌을 쌓아 올려 굴뚝, 화덕 등을 설치하는 공사로 지반의 적부시험이 중요하다. 지반 적부시험은 지내력시험, 토질시험, 지하탐사 등을 통해 결정되며 팽창시험은 축조재료의 부피 팽창성질시험 시 사용된다.

정답 | ③

64 빈출도 ★★

밸브의 몸통이 둥근 달걀형 밸브로서 유체의 압력 감소가 크므로 압력이 필요로 하지 않을 경우나 유량 조절용이나 차단용으로 적합한 밸브는?

① 글로브 밸브
② 체크 밸브
③ 버터플라이 밸브
④ 슬루스 밸브

해설

글로브 밸브(Globe Valve)는 구모양의 외관으로 몸통은 둥근 달걀형이고 유량 조절과 차단에 사용되는 밸브이다. 내부에는 S자로 유체가 지나는 구간의 저항이 높아 고압의 대구경보다 소구경 밸브가 적합하다.

정답 | ①

65 빈출도 ★

다음 중 내화모르타르의 분류에 속하지 않는 것은?

① 열경성
② 화경성
③ 기경성
④ 수경성

해설

내화모르타르는 내화벽돌의 보조 재료로 내화벽돌을 쌓아올리고 시공 시 결합제로 사용된다. 열경성, 기경성, 수경성 등으로 분류된다.

정답 | ②

66 빈출도 ★

염기성 슬래그나 용융금속에 대한 내침식성이 크므로 염기성 제강로의 노재로 주로 사용되는 내화벽돌은?

① 마그네시아질
② 규석질
③ 샤모트질
④ 알루미나질

해설

구분	내화물
산성 내화물	규석질, 납석질, 샤모트질 등
염기성 내화물	마그네시아질, 불소성 마그네시아질, 돌로마이트질, 포스테라이트질, 개량 마그네시아질 등
중성 내화물	고알루미나질, 크롬질, 탄소질, 탄화규소질 등
특수 내화물	지르코니아질, 베릴리아질, 토리아질, 지르콘질 등

정답 | ①

67 빈출도 ★★★

에너지이용 합리화법에 따라 산업통상자원부장관은 에너지사정 등의 변동으로 에너지수급에 중대한 차질이 발생할 우려가 있다고 인정되면 필요한 범위에서 에너지 사용자, 공급자 등에게 조정·명령 그 밖에 필요한 조치를 할 수 있다. 이에 해당되지 않는 항목은?

① 에너지의 개발
② 지역별·주요 수급자별 에너지 할당
③ 에너지의 비축
④ 에너지의 배급

해설

「에너지이용 합리화법 제7조」
산업통상자원부장관은 국내외 에너지사정의 변동으로 에너지수급에 중대한 차질이 발생하거나 발생할 우려가 있다고 인정되면 에너지수급의 안정을 기하기 위하여 필요한 범위에서 에너지사용자·에너지공급자 또는 에너지사용기자재의 소유자와 관리자에게 다음 각 사항에 관한 조정·명령, 그 밖에 필요한 조치를 할 수 있다.

- 지역별·주요 수급자별 에너지 할당
- 에너지공급설비의 가동 및 조업
- 에너지의 비축과 저장
- 에너지의 도입·수출입 및 위탁가공
- 에너지공급자 상호 간의 에너지의 교환 또는 분배 사용
- 에너지의 유통시설과 그 사용 및 유통경로
- 에너지의 배급
- 에너지의 양도·양수의 제한 또는 금지
- 에너지사용의 시기·방법 및 에너지사용기자재의 사용 제한 또는 금지 등 대통령령으로 정하는 사항
- 그 밖에 에너지수급을 안정시키기 위하여 대통령령으로 정하는 사항

정답 | ①

68 빈출도 ★

에너지이용 합리화법상 온수발생 용량이 0.5815 MW를 초과하며 10t/h 이하인 보일러에 대한 검사대상기기관리자의 자격으로 모두 고른 것은?

> ㄱ. 에너지관리기능장
> ㄴ. 에너지관리기사
> ㄷ. 에너지관리산업기사
> ㄹ. 에너지관리기능사
> ㅁ. 인정검사대상기기관리자의 교육을 이수한 자

① ㄱ, ㄴ
② ㄱ, ㄴ, ㄷ
③ ㄱ, ㄴ, ㄷ, ㄹ
④ ㄱ, ㄴ, ㄷ, ㄹ, ㅁ

해설

「에너지이용 합리화법 시행규칙 별표 3의9」
검사대상기기관리자의 자격 및 조종범위

관리자의 자격	관리범위
에너지관리기능장 또는 에너지관리기사	용량이 30t/h를 초과하는 보일러
에너지관리기능장, 에너지관리기사 또는 에너지관리산업기사	용량이 10t/h를 초과하고 30t/h 이하인 보일러
에너지관리기능장, 에너지관리기사, 에너지관리산업기사 또는 에너지관리기능사	용량이 10t/h 이하인 보일러
에너지관리기능장, 에너지관리기사, 에너지관리산업기사, 에너지관리기능사 또는 인정검사대상기기관리자의 교육을 이수한 자	• 증기보일러로서 최고사용압력이 1MPa 이하이고, 전열면적이 10제곱미터 이하인 것 • 온수발생 및 열매체를 가열하는 보일러로서 용량이 581.5킬로와트 이하인 것 • 압력용기

정답 | ③

69 빈출도 ★★★

에너지법에서 정한 용어의 정의에 대한 설명으로 틀린 것은?

① 에너지란 연료·열 및 전기를 말한다.
② 연료란 석유·가스·석탄, 그 밖에 열을 발생하는 열원을 말한다.
③ 에너지사용자란 에너지를 전환하여 사용하는 자를 말한다.
④ 에너지사용기자재란 열사용기자재나 그 밖에 에너지를 사용하는 기자재를 말한다.

해설

「에너지법 제2조」
"에너지사용자"란 에너지사용시설의 소유자 또는 관리자를 말한다.

정답 | ③

70 빈출도 ★★

에너지이용 합리화법에서 정한 열사용 기자재의 적용 범위로 옳은 것은?

① 전열면적이 20m² 이하인 소형 온수보일러
② 정격소비전력이 50kW 이하인 축열식 전기보일러
③ 1종 압력용기로서 최고사용압력(MPa)과 부피(m³)를 곱한 수치가 0.01을 초과하는 것
④ 2종 압력용기로서 최고사용압력이 0.2MPa를 초과하는 기체를 그 안에 보유하는 용기로서 내부 부피가 0.04m³ 이상인 것

선지분석

「에너지이용 합리화법 시행규칙 별표 1」
① 전열면적이 14제곱미터 이하이고, 최고사용압력이 0.35MPa 이하의 온수를 발생하는 소형온수보일러
② 정격(기기의 사용조건 및 성능의 범위)소비전력이 30킬로와트 이하이고, 최고사용압력이 0.35MPa 이하인 축열식 전기보일러
③ 1종 압력용기로서 최고사용압력(MPa)과 내부 부피(m³)를 곱한 수치가 0.004를 초과하는 것
④ 2종 압력용기로서 최고사용압력이 0.2MPa를 초과하는 기체를 그 안에 보유하는 용기로서 내부 부피가 0.04세제곱미터 이상인 것

정답 | ④

71 빈출도 ★

에너지이용 합리화법에서 정한 에너지저장시설의 보유 또는 저장의무의 부과 시 정당한 이유 없이 이를 거부하거나 이행하지 아니한 자에 대한 벌칙 기준은?

① 500만원 이하의 벌금
② 1천만원 이하의 벌금
③ 1년 이하의 징역 또는 1천만원 이하의 벌금
④ 2년 이하의 징역 또는 2천만원 이하의 벌금

해설

「에너지이용 합리화법 제72조」
에너지저장시설의 보유 또는 저장의무의 부과시 정당한 이유 없이 이를 거부하거나 이행하지 아니한 자는 2년 이하의 징역 또는 2천만원 이하의 벌금에 처한다.

정답 | ④

72 빈출도 ★★

에너지이용 합리화법에 따라 검사대상기기 검사 중 개조검사의 적용 대상이 아닌 것은?

① 온수보일러를 증기보일러로 개조하는 경우
② 보일러 섹션의 증감에 의하여 용량을 변경하는 경우
③ 동체·경판·관판·관모음 또는 스테이의 변경으로서 산업통상자원부장관이 정하여 고시하는 대수리의 경우
④ 연료 또는 연소방법을 변경하는 경우

해설

「에너지이용 합리화법 시행규칙 별표 3의4」

검사의 종류	적용대상
개조 검사	다음 어느 하나에 해당하는 경우의 검사 • 증기보일러를 온수보일러로 개조하는 경우 • 보일러 섹션의 증감에 의하여 용량을 변경하는 경우 • 동체·돔·노통·연소실·경판·천정판·관판·관모음 또는 스테이의 변경으로서 산업통상자원부장관이 정하여 고시하는 대수리의 경우 • 연료 또는 연소방법을 변경하는 경우 • 철금속가열로로서 산업통상자원부장관이 정하여 고시하는 경우의 수리

정답 | ①

73 빈출도 ★

에너지이용 합리화법상 특정열사용기자재 및 설치·시공범위에 해당하지 않는 품목은?

① 압력용기 ② 태양열 집열기
③ 태양광 발전장치 ④ 금속요로

해설

「에너지이용 합리화법 시행규칙 별표 3의2」
특정열사용기자재는 다음과 같다.

구분	품목명
보일러	강철제 보일러, 주철제 보일러, 온수보일러, 구멍탄용 온수보일러, 축열식 전기보일러, 캐스케이드 보일러, 가정용 화목보일러
태양열 집열기	태양열 집열기
압력용기	1종 압력용기, 2종 압력용기
요업요로	연속식유리용융가마, 불연속식유리용융가마, 유리용융도가니가마, 터널가마, 도염식각가마, 셔틀가마, 회전가마, 석회용선가마
금속요로	용선로, 비철금속용융로, 금속소둔로, 철금속가열로, 금속균열로

정답 | ③

74 빈출도 ★

에너지이용 합리화법상 검사대상기기설치자가 해당 기기의 검사를 받지 않고 사용하였을 경우 벌칙기준으로 옳은 것은?

① 2년 이하의 징역 또는 2천만원 이하의 벌금
② 1년 이하의 징역 또는 1천만원 이하의 벌금
③ 2천만원 이하의 과태료
④ 1천만원 이하의 과태료

해설

「에너지이용 합리화법 제73조」
검사대상기기설치자가 검사대상기기의 검사를 받지 아니한 자는 1년 이하의 징역 또는 1천만원 이하의 벌금에 처한다.

정답 | ②

75 빈출도 ★

에너지이용 합리화법상 공공사업주관자는 에너지사용계획을 수립하여 산업통상자원부 장관에게 제출하여야 한다. 공공사업주관자가 설치하려는 시설 기준으로 옳은 것은?

① 연간 2,500 TOE 이상의 연료 및 열을 사용, 또는 연간 2천만 kWh 이상의 전력을 사용
② 연간 2,500 TOE 이상의 연료 및 열을 사용, 또는 연간 1천만 kWh 이상의 전력을 사용
③ 연간 5,000 TOE 이상의 연료 및 열을 사용, 또는 연간 2천만 kWh 이상의 전력을 사용
④ 연간 5,000 TOE 이상의 연료 및 열을 사용, 또는 연간 1천만 kWh 이상의 전력을 사용

해설

「에너지이용 합리화법 시행령 제20조」
에너지사용계획을 수립하여 산업통상자원부장관에게 제출하여야 하는 공공사업주관자는 다음의 어느 하나에 해당하는 시설을 설치하려는 자로 한다.
- 연간 2천5백 티오이 이상의 연료 및 열을 사용하는 시설
- 연간 1천만 킬로와트시 이상의 전력을 사용하는 시설

정답 | ②

76 빈출도 ★

에너지법에서 정한 열사용기자재의 정의에 대한 내용이 아닌 것은?

① 연료를 사용하는 기기
② 열을 사용하는 기기
③ 단열성 자재 및 축열식 전기기기
④ 폐열 회수장치 및 전열장치

해설

「에너지법 제2조」
"열사용기자재"란 연료 및 열을 사용하는 기기, 축열식 전기기기와 단열성(斷熱性)자재로서 산업통상자원부령으로 정하는 것을 말한다.

정답 | ④

77 빈출도 ★
공업용로에 있어서 폐열회수장치로 가장 적합한 것은?

① 댐퍼
② 백필터
③ 바이패스 연도
④ 레큐퍼레이터

해설
레큐퍼레이터는 폐열을 회수하는 장치로 환열실이라고 하며 관 외는 배기가스로, 관내는 공기를 통해 벽에 서로 접촉하지 않고 열만 교환하는 예열장치이다.

정답 | ④

78 빈출도 ★
다음 중 산성 내화물에 속하는 벽돌은?

① 고알루미나질
② 크롬-마그네시아질
③ 마그네시아질
④ 샤모트질

해설
산성 내화물은 산성성분이 포함된 내화재료로, 산성물질에 저항성이 강하며 고온에서 내화성을 가진다. 규석질, 납석질, 샤모트질 등이 있다.

정답 | ④

79 빈출도 ★
보온재의 열전도율에 대한 설명으로 옳은 것은?

① 배관 내 유체의 온도가 높을수록 열전도율은 감소한다.
② 재질 내 수분이 많을 경우 열전도율은 감소한다.
③ 비중이 클수록 열전도율은 감소한다.
④ 밀도가 작을수록 열전도율은 감소한다.

해설
재료의 온도, 습도, 밀도, 비중에 비례하기 때문에 밀도가 작을수록 열전도율도 작아진다.

관련개념 보온재의 열전도율
• 재료의 온도가 높을수록 열전도율이 커진다.
• 재질 내 수분이 많을수록 열전도율이 커진다.
• 재료의 두께가 얇을수록 열전도율이 커진다.
• 재료의 밀도가 클수록 열전도율이 커진다.
• 재료의 비중이 클수록 열전도율이 커진다.

정답 | ④

80 빈출도 ★
다음 중 불연속식 요에 해당하지 않는 것은?

① 횡염식 요
② 승염식 요
③ 터널 요
④ 도염식 요

해설

작업방식	종류
연속식	윤요(고리가마), 터널요, 견요, 회전요
반연속식	등요, 셔틀요
불연속식	횡염식요, 승염식요, 도염식요

정답 | ③

열설비설계

81 ★

입형 횡관 보일러의 안전저수위로 가장 적당한 것은?

① 하부에서 75mm 지점
② 횡관 전길이의 1/3 높이
③ 화격자 하부에서 100mm 지점
④ 화실 천장판에서 상부 75mm 지점

해설

입형 횡관 보일러의 안전저수위로는 연소실 천장판 최고부 위 75mm가 적당하다.

관련개념 수면계 최하단부의 부착위치

- 입형 횡관 보일러 안전저수위: 연소실 천장판 최고부위 위 75mm
- 입형 연관 보일러 안전저수위: 연소실 천장판 최고부 연관길이의 1/3 지점
- 노통 보일러 안전저수위: 노통 최고부 위 100mm 상방
- 노통 연관보일러 안전저수위: 연관의 최고부 위 75mm, 노통 최고부 위 100mm

정답 | ④

82 ★

보일러 급수 중에 함유되어 있는 칼슘(Ca) 및 마그네슘(Mg)의 농도를 나타내는 척도는?

① 탁도
② 경도
③ BOD
④ pH

선지분석

① 탁도: 보일러수에 녹아 있는 부유물(미립자)의 양을 나타낸다.
② 경도: 보일러 급수에 함유된 칼슘, 마그네슘 농도를 나타내는 척도로 ppm 단위이다.
③ BOD: 보일러수에 녹아 있는 유기물의 양을 나타낸다.
④ pH: 보일러수의 산성도, 알칼리도를 나타낸다.

정답 | ②

83 ★★

보일러 운전 중 경판의 적절한 탄성을 유지하기 위한 완충폭을 무엇이라고 하는가?

① 아담슨 조인트
② 브레이징 스페이스
③ 용접 간격
④ 그루빙

해설

브레이징 스페이스

- 노통과 가셋트 스테이와의 거리를 말한다.
- 경판과의 부착부 하단과 노통 상부 사이에 있어야 하며, 경판의 적절한 탄성을 유지하기 위한 완충 폭이다.

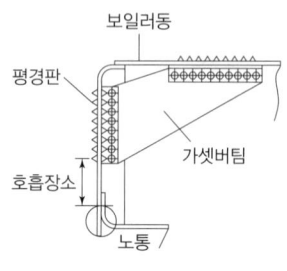

▲ 브레이징 스페이스

정답 | ②

84 ★★

보일러 장치에 대한 설명으로 틀린 것은?

① 절탄기는 연료공급을 적당히 분배하여 완전연소를 위한 장치이다.
② 공기예열기는 연소가스의 예열로 공급공기를 가열시키는 장치이다.
③ 과열기는 포화증기를 가열시키는 장치이다.
④ 재열기는 원동기에서 팽창한 포화증기를 재가열시키는 장치이다.

해설

절탄기(이코노마이저, Economizer)는 이코노마이저 또는 폐열회수장치라고 하며 보일러 가동 시 나오는 폐열을 연도의 배기가스에서 회수하여 급수를 예열한다. 연료소비량이 감소하고 증발량이 증가하며 열응력 및 스케일이 감소한다.

정답 | ①

85 빈출도 ★

보일러수의 처리방법 중 탈기장치가 아닌 것은?

① 가압 탈기장치
② 가열 탈기장치
③ 진공 탈기장치
④ 막식 탈기장치

해설

탈기장치는 보일러수에 녹아있는 기체인 산소(O_2), 이산화탄소(CO_2)를 제거하는 장치로 가열 탈기장치, 진공 탈기장치, 막식 탈기장치 등이 있다.

정답 | ①

86 빈출도 ★★

보일러의 과열 방지 대책으로 가장 거리가 먼 것은?

① 보일러 수위를 낮게 유지할 것
② 고열부분에 스케일 슬러지 부착을 방지할 것
③ 보일러수를 농축하지 말 것
④ 보일러수의 순환을 좋게 할 것

해설

보일러 수위를 낮게 하면 과열의 원인이 된다.

관련개념 보일러 과열방지 대책

- 보일러의 수위는 적정한 수위를 유지해야 한다.
- 보일러 본체 내면에 스케일 생성 및 고착을 방지한다.
- 보일러수의 순환이 원활하게 하여 농축 및 막힘을 방지한다.
- 국부적인 과열 및 열부하를 방지한다.

정답 | ①

87 빈출도 ★★

최고사용압력이 3.0MPa 초과 5.0MPa 이하인 수관보일러의 급수 수질기준에 해당하는 것은? (단, 25°C를 기준으로 한다.)

① pH: 7~9, 경도: 0mg $CaCO_3$/L
② pH: 7~9, 경도: 1mg $CaCO_3$/L 이하
③ pH: 8~9.5, 경도: 0mg $CaCO_3$/L
④ pH: 8~9.5, 경도: 1mg $CaCO_3$/L 이하

해설

수관식 보일러는 최고사용압력에 따라 분류되며 최고사용압력이 3MPa 이하인 수관보일러의 급수 수질에 대한 기준은 다음과 같다.
- pH(25°C): 8.0~9.5
- 경도: 0mg $CaCO_3$/L
- 용존산소: 0.1mg O/L 이하

정답 | ③

88 빈출도 ★

다음 중 보일러 본체의 구조가 아닌 것은?

① 노통
② 노벽
③ 수관
④ 절탄기

해설

절탄기는 부속장치에 속한다.

관련개념 보일러의 구성

보일러 본체	연소실의 핵심 구조물로 동체라고도 하며 연소열을 통해 증기 및 온수를 발생시키고 노통, 노벽, 수관, 드럼 등으로 구성된다.
연소장치	연료를 연소하여 고온의 화염을 발생시키는 장치로 연소실, 연도 등으로 구성된다.
부속장치	효율적인 보일러 운영에 필요한 각종 제어장치를 포함한 장치로 안전장치, 급수장치, 폐열회수장치 등으로 구성된다.

정답 | ④

89 빈출도 ★

보일러 수압시험에서 시험수압은 규정된 압력의 몇 % 이상 초과하지 않도록 하여야 하는가?

① 3% ② 6%
③ 9% ④ 12%

해설

압력용기 제조 검사기준에 따라 수압시험에서 시험수압은 규정된 압력의 6% 이상 초과하지 않도록 하여야 한다.

정답 | ②

90 빈출도 ★★

평형노통과 비교한 파형노통의 장점이 아닌 것은?

① 청소 및 검사가 용이하다.
② 고열에 의한 신축과 팽창이 용이하다.
③ 전열면적이 크다.
④ 외압에 대한 강도가 크다.

해설

파형노통은 평형노통에 비하여 전열면적이 크고, 열의 신축에 의한 탄력성이 좋으나 파형으로 되어있어 제작과 청소 및 검사가 어려우며, 통풍저항이 크다.

정답 | ①

91 빈출도 ★

내부로부터 155mm, 97mm, 224mm의 두께를 가지는 3층의 노벽이 있다. 이들의 열전도율(W/m·℃)은 각각 0.121, 0.069, 1.21이다. 내부의 온도 710℃, 외벽의 온도 23℃일 때, 1m²당 열손실량(W/m²)은?

① 58 ② 120
③ 239 ④ 564

해설

평면 벽에서의 총괄전열계수에 대한 공식은 다음과 같다.

$$Q = F \times K \times \Delta t_m$$

Q: 열손실(kcal/hr), F: 전열면적(m²),
K: 총괄전열계수(W/m²·K), Δt_m: 평균 온도차(K)

$K = \dfrac{1}{\dfrac{두께(d)}{열전도도(\lambda)}}$ 로 나타낼 수 있다.

$$Q = \dfrac{F \times \Delta t_m}{\dfrac{d_1}{\lambda_1} + \dfrac{d_2}{\lambda_2} + \dfrac{d_3}{\lambda_3}}$$

$$= \dfrac{1 \times (710-23)}{\dfrac{0.155}{0.121} + \dfrac{0.097}{0.069} + \dfrac{0.224}{1.21}} = 239.21 \text{W/m}^2$$

정답 | ③

92 빈출도 ★

다음 중 수관식 보일러의 장점이 아닌 것은?

① 드럼이 작아 구조상 고온 고압의 대용량에 적합하다.
② 연소실 설계가 자유롭고 연료의 선택범위가 넓다.
③ 보일러수의 순환이 좋고 전열면 증발율이 크다.
④ 보유수량이 많아 부하변동에 대하여 압력변동이 작다.

해설

보유수량이 적어 부하변동에 대한 압력변동이 작다.

관련개념 수관식 보일러의 특징

- 보유수량이 적어 부하변동에 대한 압력변동이 작다.
- 고압 대용량으로 쓰이며, 패키지형으로 제작이 가능하다.
- 연소실 설계가 자유롭고 수관의 배열이 용이하다.
- 드럼이 작고 구조상 고온 고압에 적합하다.
- 구조가 복잡하여 청소 및 검사, 수리가 어렵다.
- 관수처리와 스케일 부착에 주의해야 한다.
- 보일러수의 순환이 좋아 전열면적이 크고 열효율이 높다.

정답 | ④

93 빈출도 ★

다음 중 보일러의 탈산소제로 사용되지 않는 것은?

① 탄닌 ② 하이드라진
③ 수산화나트륨 ④ 아황산나트륨

해설

수산화나트륨은 pH 및 알칼리조정제 또는 연화제로 쓰인다.

관련개념 보일러 내처리제(청관제)의 종류 및 약품

구분	약품명
pH 및 알칼리 조정제	수산화나트륨, 탄산나트륨, 인산나트륨, 인산, 암모니아
연화제	수산화나트륨, 탄산나트륨, 인산나트륨
슬러지조정제	탄닌, 리그닌, 전분
탈산소제	아황산나트륨, 히드라진, 탄닌
가성취화방지제	황산나트륨, 인산나트륨, 질산나트륨, 탄닌, 리그닌
기포방지제	고급 지방산 폴리아민, 고급지방산 폴리알콜

정답 | ③

94 빈출도 ★★

보일러의 과열에 의한 압궤의 발생부분이 아닌 것은?

① 노통 상부 ② 화실 천장
③ 연관 ④ 가셋스테이

해설

압궤는 보일러 노통 등 원통부분이 외압의 한계에 이르러 찌그러지거나 찢어짐, 짓눌림현상 등을 말하며 압축응력을 받는 부위는 노통 상부, 화실 천장, 연관(연소실 내) 등이 해당된다.

정답 | ④

95 빈출도 ★★

외경과 내경이 각각 6cm, 4cm이고 길이가 2m인 강관이 두께 2cm인 단열재로 둘러 쌓여있다. 이때 관으로부터 주위 공기로의 열손실이 400W라 하면 관 내벽과 단열재 외면의 온도차는? (단, 주어진 강관과 단열재의 열전도율은 각각 15W/m·℃, 0.2W/m·℃이다.)

① 53.5℃ ② 82.2℃
③ 120.6℃ ④ 155.6℃

해설

열저항 계산 공식은 아래와 같다.

$$Q = \frac{\ln\left(\frac{r_o}{r_i}\right)}{2\pi \times R \times L}$$

Q: 열저항(℃/W), r_o: 외반경(m), r_i: 내반경(m),
R: 열전도율(W/m·℃), L: 관 길이(m)

먼저, 강관의 열저항(Q_p)을 구한다.

$$Q_p = \frac{\ln\left(\frac{0.03}{0.02}\right)}{2\pi \times 15 \times 2} = 0.00215 ℃/W$$

단열재의 열저항(Q_a)을 구한다.
여기서, 단열재의 외경은 관의 외경+단열재의 두께이다.
단열재의 외경=0.03+0.02=0.05m

$$Q_a = \frac{\ln\left(\frac{0.05}{0.03}\right)}{2\pi \times 0.2 \times 2} = 0.20335 ℃/W$$

관 내벽과 단열재의 외면의 온도차(ΔT)는 열손실(q)에 열저항 총값(Q_T)을 곱하여 구한다.
$\Delta T = q \times Q_T = 400 \times (0.00215 + 0.20335) = 82.2℃$

정답 | ②

96 빈출도 ★★

보일러의 성능시험방법 및 기준에 대한 설명으로 옳은 것은?

① 증기건도의 기준은 강철제 또는 주철제로 나누어 정해져 있다.
② 측정은 매 1시간마다 실시한다.
③ 수위는 최초 측정치에 비해서 최종 측정치가 적어야 한다.
④ 측정기록 및 계산양식은 제조사에서 정해진 것을 사용한다.

선지분석

① 증기건도 기준은 강철제 보일러 0.98, 주철제 보일러 0.97에 따르되 실측이 가능한 경우 실측한다.
② 측정은 매 10분마다 실시한다.
③ 수위는 최초 측정치와 최종 측정치가 동일(일치)하여야 한다.
④ 측정기록 및 계산양식은 검사기관에서 따로 지정이 가능하다.

정답 | ①

97 빈출도 ★★

안지름이 30mm, 두께가 2.5mm인 절탄기용 주철관의 최소 분출압력(MPa)은? (단, 재료의 허용인장응력은 80MPa이고, 핀붙이를 하였다.)

① 0.92　　　② 1.14
③ 1.31　　　④ 2.61

해설

절탄기용 주철관의 최소 분출압력 구하는 공식은 아래와 같다.

$$t = \frac{P \times D}{2 \times \sigma - 1.2 \times P} + \alpha$$

P: 최고사용압력(MPa), D: 안지름(mm),
σ: 허용응력(MPa), t: 두께(mm),
α: 핀 부착 경우 2mm, 핀 부착하지 않은 경우 4mm

$$2.5 = \frac{P \times 30}{2 \times 80 - 1.2 \times P} + 2$$

$0.5 \times (160 - 1.2 \times P) = P \times 30$
$80 = P \times 30 + P \times 0.6$
$P = \frac{80}{30.6} = 2.61 \text{MPa}$

정답 | ④

98 빈출도 ★

보일러 설치·시공기준 상 보일러를 옥내에 설치하는 경우에 대한 설명으로 틀린 것은?

① 불연성 물질의 격벽으로 구분된 장소에 설치한다.
② 보일러 동체 최상부로부터 천장, 배관 등 보일러 상부에 있는 구조물까지의 거리는 0.3m 이상으로 한다.
③ 연도의 외측으로부터 0.3m 이내에 있는 가연성 물체에 대하여는 금속 이외의 불연성 재료로 피복한다.
④ 연료를 저장할 때에는 소형보일러의 경우 보일러 외측으로부터 1m 이상 거리를 두거나 반격벽으로 할 수 있다.

해설

보일러를 옥내에 설치하는 경우에는 다음 조건을 만족시켜야 한다.

- 불연성 물질의 격벽으로 구분된 장소에 설치하여야 한다. 다만, 소용량 강철제보일러, 소용량 주철제보일러, 가스용 온수보일러, 1종 관류보일러는 반격벽으로 구분된 장소에 설치할 수 있다.
- 보일러 동체 최상부로부터(보일러의 검사 및 취급에 지장이 없도록 작업대를 설치한 경우에는 작업대로부터) 천장, 배관 등 보일러 상부에 있는 구조물까지의 거리는 1.2m 이상이어야 한다. 다만, 소형보일러 및 주철제보일러의 경우에는 0.6m 이상으로 할 수 있다.
- 보일러 동체에서 벽, 배관, 기타 보일러 측부에 있는 구조물(검사 및 청소에 지장이 없는 것은 제외)까지 거리는 0.45m 이상이어야 한다. 다만, 소형보일러는 0.3m 이상으로 할 수 있다.
- 보일러 및 보일러에 부설된 금속제의 굴뚝 또는 연도의 외측으로부터 0.3m 이내에 있는 가연성 물체에 대하여는 금속 이외의 불연성 재료로 피복하여야 한다.
- 연료를 저장할 때에는 보일러 외측으로부터 2m 이상 거리를 두거나 방화격벽을 설치하여야 한다. 다만, 소형보일러의 경우에는 1m 이상 거리를 두거나 반격벽으로 할 수 있다.

정답 | ②

99 빈출도 ★

보일러에 설치된 기수분리기에 대한 설명으로 틀린 것은?

① 발생된 증기 중에서 수분을 제거하고 건포화증기에 가까운 증기를 사용하기 위한 장치이다.
② 증기부의 체적이나 높이가 작고 수면의 면적이 증발량에 비해 작은 때는 기수공발이 일어날 수 있다.
③ 압력이 비교적 낮은 보일러의 경우는 압력이 높은 보일러보다 증기와 물이 비중량 차이가 극히 작아 기수분리가 어렵다.
④ 사용원리는 원심력을 이용한 것, 스크러버를 지나게 하는 것, 스크린을 사용하는 것 또는 이들의 조합을 이루는 것 등이 있다.

해설

압력이 높은 보일러의 경우 압력이 비교적 낮은 보일러보다 증기와 물이 비중량 차이가 극히 작아 기수분리가 어렵다.

관련개념 기수분리기

기수분리기는 증기 중에 포함된 수분을 제거해주는 역할로 증기와 함께 고가의 밸브류, 피팅류 등의 부식 및 침식을 방지하기 위해 설치하며, 종류는 다음과 같다.

- 스크러버식(스크레버식): 파도 물결형의 다수 장애판(강판)을 이용한다.
- 건조 스크린식: 금속 그물망판을 이용한다.
- 배플식(장애판): 배플식판을 이용하여 증기의 진행방향을 전환한다.
- 싸이클론식: 원심분리기의 원심력을 이용한다.
- 다공판식: 다수의 구멍이 뚫려있는 구멍판을 이용한다.

정답 | ③

100 빈출도 ★

외경 30mm의 철관의 두께 15mm의 보온재를 감은 증기관이 있다. 관 표면의 온도가 100°C, 보온재의 표면온도가 20°C인 경우 관의 길이 15m인 관의 표면으로부터의 열손실(W)은? (단, 보온재의 열전도율은 0.06W/m·°C이다.)

① 312
② 464
③ 542
④ 653

해설

관 표면으로부터의 열손실을 구하는 공식은 다음과 같다.

$$Q = \frac{2\pi \times L \times \Delta T \times \lambda}{\ln\left(\frac{r_b}{r_a}\right)}$$

Q: 열손실(W), L: 관의 길이(mm), ΔT: 온도차(°C),
λ: 열전도율(W/m·°C), r_a: 관 반경(m), r_b: 보온재 반경(m)

여기서, 보온재 반경(r_b)은 관의 반경+보온재 두께로 구한다.
$r_b = 0.015 + 0.015 = 0.03\text{m}$

$$Q = \frac{2\pi \times 15 \times (100-20) \times 0.06}{\ln\left(\frac{0.03}{0.015}\right)} = 653\text{W}$$

정답 | ④

2020년 3회 기출문제

연소공학

01 빈출도 ★★

링겔만 농도표는 어떤 목적으로 사용되는가?

① 연돌에서 배출되는 매연농도 측정
② 보일러수의 pH 측정
③ 연소가스 중의 탄산가스 농도 측정
④ 연소가스 중의 SO_x 농도 측정

해설

링겔만 농도표는 배출가스 중 매연 농도를 측정하는 방법으로, 6개의 농도표를 이용하여 결과를 낸다.

관련개념 링겔만의 매연농도 식

$$\rho = \frac{A_a}{m_a} \times 20\%$$

ρ: 매연율(%), A_a: 총 매연값(도수×측정시간),
m_a: 총 측정시간(min)

정답 | ①

02 빈출도 ★★

연소가스를 분석한 결과 CO_2: 12.5%, O_2: 3.0%일 때, $(CO_2)_{max}\%$는? (단, 해당 연소가스에 CO는 없는 것으로 가정한다.)

① 12.62 ② 13.45
③ 14.58 ④ 15.03

해설

공기비(m)공식을 통해 $(CO_2)_{max}$를 구한다.

$$m = \frac{CO_2 \text{ 최대량}}{CO_2} = \frac{21}{21-O_2}$$

문제에서 CO가 0이므로 완전연소일 경우 O_2로만 계산할 수 있다.

$$m = \frac{(CO_2)_{max}}{12.5} = \frac{21}{21-3}$$

$$(CO_2)_{max} = \frac{21}{21-3} \times 12.5 = 14.58\%$$

정답 | ③

03 빈출도 ★

화염온도를 높이려고 할 때 조작방법으로 틀린 것은?

① 공기를 예열한다.
② 과잉공기를 사용한다.
③ 연료를 완전연소시킨다.
④ 노벽 등의 열손실을 막는다.

해설

공기비가 클수록 연소가스량이 많아져 연소온도가 낮아지기 때문에 과잉공기 사용을 지양해야 한다.

관련개념 연소온도에 영향을 주는 요소
- 공기 중의 산소농도
- 연소용 공기의 공기비
- 연료의 저위발열량

정답 | ②

04 빈출도 ★

일반적인 정상연소의 연소속도를 결정하는 요인으로 가장 거리가 먼 것은?

① 산소농도
② 이론공기량
③ 반응온도
④ 촉매

선지분석
① 산소농도가 클수록 연소속도가 빨라진다.
② 이론공기량은 연료를 완전연소시키기 위해 필요한 공기량으로 연소속도의 결정과는 거리가 멀다.
③ 온도가 높을수록 연소속도가 빨라진다.
④ 촉매는 활성화에너지를 낮춰 연소반응 시 연소속도를 증가시킨다.

정답 | ②

05 빈출도 ★

다음과 같은 조성의 석탄 가스를 연소시켰을 때의 이론습연소가스량(Nm^3/Nm^3)은?

성분	CO	CO_2	H_2	CH_4	N_2
부피(%)	8	1	50	37	4

① 2.94
② 3.94
③ 4.61
④ 5.61

해설

이론공기량을 구하기 위해 가연성분 연소에 필요한 산소량을 구하여야 한다.
가연성분 완전연소반응식

$H_2 + \frac{1}{2}O_2 \rightarrow H_2O$

$CO + \frac{1}{2}O_2 \rightarrow CO_2$

$CH_4 + 2O_2 \rightarrow CO_2 + 2H_2O$

$$O_o = (0.5 \times H_2 + 0.5 \times CO + 2 \times CH_4) - O_2$$

$O_o = 0.5 \times 0.5 + 0.5 \times 0.08 + 2 \times 0.37 = 1.03 Nm^3/Nm^3$

이론습연소가스량을 구하기 위해서는 이론공기량을 알아야한다.

$$A_o = \frac{O_o}{0.21}$$

$A_o = \frac{1.03}{0.21} = 4.905 Nm^3/Nm^3$

이론습연소가스량을 구하는 공식은 다음과 같다.

$$G_{ow} = 연료\ CO_2 + N_2 + (1-0.21)A_o + 생성된\ CO_2 + 생성된\ H_2O$$

$G_{ow} = 0.01 + 0.04 + 0.79 \times 4.905 + ((1 \times 0.5) + (1 \times 0.08) + (3 \times 0.37)) = 5.61 Nm^3/Nm^3$

정답 | ④

06 빈출도 ★

다음 연소가스의 성분 중 대기오염 물질이 아닌 것은?

① 입자상물질
② 이산화탄소
③ 황산화물
④ 질소산화물

해설

이산화탄소(CO_2)는 대기 중 온실효과 및 탄소순환에 필수적인 기체로 주요 온실가스 물질이다.

관련개념 연소가스 중 대기오염 물질

(1) **1차 대기오염 물질**
- 직접 배출되는 물질을 말한다.
- 종류: 입자상 물질(매연, 분진, 검댕 등), 황산화물(SO_x(이산화황(SO_2), 삼산화황(SO_3) 등)), 질소산화물(NO_x(일산화질소(NO), 이산화질소(NO_2) 등)), 자동차 배기가스 등

(2) **2차 대기오염 물질**
- 1차 대기오염물질과 화학 반응을 일으켜 생기는 물질을 말한다.
- 종류: 오존, 초미세먼지 등

정답 | ②

07 빈출도 ★★

옥테인(C_8H_{18})이 과잉공기율 2로 연소 시 연소가스 중의 산소 부피비(%)는?

① 6.4
② 10.1
③ 12.9
④ 20.2

해설

연소가스 중의 산소 부피비율 $= \dfrac{O_2}{\text{습연소가스량}(G)}$ 을 통해 구할 수 있다.

옥테인(C_8H_{18})의 완전연소반응식
$C_8H_{18} + 12.5O_2 \rightarrow 8CO_2 + 9H_2O$

실제습연소가스량을 구하는 공식은 다음과 같다.

$$G = (m - 0.21)A_o + \text{생성된 } CO_2 + \text{생성된 } H_2O$$

$$A_o = \dfrac{O_o}{0.21}$$

$G = (2 - 0.21) \times \dfrac{12.5}{0.21} + 8 + 9 = 123.548 \, Nm^3/Nm^3$

따라서,

연소가스 중의 산소 부피비율 $= \dfrac{O_2}{\text{습연소가스량}(G)}$

$= \dfrac{12.5}{123.548} = 0.101 = 10.1\%$

정답 | ②

08 빈출도 ★

C_2H_6 $1Nm^3$을 연소했을 때의 건연소가스량(Nm^3)은? (단, 공기 중 산소의 부피비는 21%이다.)

① 4.5
② 15.2
③ 18.1
④ 22.4

해설

에탄(C_2H_6)의 완전연소반응식
$C_2H_6 + 3.5O_2 \rightarrow 2CO_2 + 3H_2O$
이론건연소가스량을 구하는 공식은 다음과 같다.

$$G_{od} = (1-0.21)A_o + 생성된\ CO_2$$
$$A_o = \frac{O_o}{0.21}$$

$G_{od} = 0.79 \times \frac{3.5}{0.21} + 2 = 15.2 Nm^3/Nm^3$

정답 | ②

09 빈출도 ★★

연소장치의 연돌통풍에 대한 설명으로 틀린 것은?

① 연돌의 단면적은 연도의 경우와 마찬가지로 연소량과 가스의 유속에 관계한다.
② 연돌의 통풍력은 외기온도가 높아짐에 따라 통풍력이 감소하므로 주의가 필요하다.
③ 연돌의 통풍력은 공기의 습도 및 기압에 관계없이 외기온도에 따라 달라진다.
④ 연돌의 설계에서 연돌 상부 단면적을 하부 단면적보다 작게 한다.

해설

공기의 습도와 기압이 높을수록 통풍력이 증가한다.

관련개념 통풍력 증가 조건

• 연돌의 높이를 높게 하고 단면적을 크게 한다.
• 연돌의 굴곡부가 적으며 길이를 짧게 한다.
• 배기가스 온도를 높게 한다.
• 외기온도와 습도를 낮게 한다.
• 공기의 습도와 기압을 높게 한다.

정답 | ③

10 빈출도 ★★

고체연료 연소장치 중 쓰레기 소각에 적합한 스토커는?

① 계단식 스토커
② 고정식 스토커
③ 산포식 스토커
④ 하입식 스토커

해설

계단식 스토커는 계단식 배열로 된 투입구에 고체연료를 넣어 착화 연소시키는 방식으로 쓰레기 소각, 저질탄 연소 등에 적합하다.

정답 | ①

11 빈출도 ★

헵테인(C_7H_{16}) 1kg을 완전연소하는데 필요한 이론공기량(kg)은? (단, 공기 중 산소 질량비는 23%이다.)

① 11.64
② 13.21
③ 15.30
④ 17.17

해설

헵테인(C_7H_{16})의 완전연소반응식
$C_7H_{16} + 11O_2 \rightarrow 7CO_2 + 8H_2O$
C_7H_{16}과 O_2은 1 : 11 반응이므로 이를 이용하여 이론산소량을 구한다.
C_7H_{16} : $11O_2$
1mol : 11mol = 100kg : 11×32kg
부피 조성의 이론공기량은 다음과 같이 구한다.

$$A_o = \frac{O_o}{0.23}$$

A_o: 이론공기량(kg/kg), O_o: 이론산소량(kg/kg)

$A_o = \dfrac{O_o}{0.23} = \dfrac{\frac{11 \times 32 kg}{100 kg}}{0.23} = 15.30 kg/kg$

정답 | ③

12　빈출도 ★

액체연료 중 고온 건류하여 얻은 타르계 중유의 특징에 대한 설명으로 틀린 것은?

① 화염의 방사율이 크다.
② 황의 영향이 적다.
③ 슬러지를 발생시킨다.
④ 석유계 액체연료이다.

해설

타르계 중유는 원유인 휘발유, 등유, 경유 등을 통해 얻어진 물질로, 비점이 300℃ 이상인 암적색의 점성유(타르계) 액체이다.

관련개념　타르계 중유

중유의 원료에 따라 석유계 중유, 타르계 중유로 분류되며, 타르계 중유 특징은 다음과 같다.
- 점도가 비교적 높으며, 고온에서 사용하기 때문에 화염방사율이 크다.
- 석유계 중유에 비해 황(유황)의 영향이 적다.(0.5% 이하)
- 슬러지를 발생시킨다.

정답 | ④

13　빈출도 ★★★

고체연료의 연료비를 식으로 바르게 나타낸 것은?

① $\dfrac{\text{고정탄소}(\%)}{\text{휘발분}(\%)}$

② $\dfrac{\text{회분}(\%)}{\text{휘발분}(\%)}$

③ $\dfrac{\text{고정탄소}(\%)}{\text{회분}(\%)}$

④ $\dfrac{\text{가연성 성분 중 탄소}(\%)}{\text{유리수소}(\%)}$

해설

고체연료비 $= \dfrac{\text{고정탄소}(\%)}{\text{휘발분}(\%)}$

관련개념　고체연료비

- 고체연료의 연료비는 휘발분에 대한 고정탄소의 비로, 고체연료비 $= \dfrac{\text{고정탄소}(\%)}{\text{휘발분}(\%)}$ 로 나타낸다.
- 고정탄소(%): 100−(회분+수분+휘발분)
- 회분(%): 연소 후 남은 무기질 재료
- 휘발분(%): 연료 시료를 925±20℃의 무산소 환경(공기 차단 상태)에서 7분간 가열했을 때 감소량

정답 | ①

14　빈출도 ★★

LPG 용기의 안전관리 유의사항으로 틀린 것은?

① 밸브는 천천히 열고 닫는다.
② 통풍이 잘되는 곳에 저장한다.
③ 용기의 저장 및 운반 중에는 항상 40℃ 이상을 유지한다.
④ 용기의 전락 또는 충격을 피하고 가까운 곳에 인화성 물질을 피한다.

해설

용기의 저장 및 운반중에는 항상 40℃ 이하로 유지한다.
40℃ 이상일 경우 LPG의 증발을 촉진하여 폭발의 위험성을 높일 수 있으므로 적정온도를 유지하여야 한다.

정답 | ③

15　빈출도 ★

연료비가 크면 나타나는 일반적인 현상이 아닌 것은?

① 고정탄소량이 증가한다.
② 불꽃은 단염이 된다.
③ 매연의 발생이 적다.
④ 착화온도가 낮아진다.

해설

연료비가 크면 고정탄소량은 증가하며, 휘발분이 감소하기 때문에 착화온도가 높아진다.

정답 | ④

16 빈출도 ★

연소가스 부피 조성이 $CO_2: 13\%$, $O_2: 8\%$, $N_2: 79\%$일 때 공기 과잉계수(공기비)는?

① 1.2 ② 1.4
③ 1.6 ④ 1.8

해설

공기비(m) 공식은 다음과 같다.

$$m = \frac{CO_2\ 최대량}{CO_2} = \frac{21}{21-O_2}$$

문제에서 CO가 0이므로 완전연소일 경우, O_2로만 계산할 수 있다.

$$m = \frac{21}{21-8} = 1.6$$

정답 | ③

17 빈출도 ★★

어떤 탄화수소 C_aH_b의 연소가스를 분석한 결과, 용적%에서 $CO_2: 8.0\%$, $CO: 0.9\%$, $O_2: 8.8\%$, $N_2: 82.3\%$이다. 이 경우의 공기와 연료의 질량비(공연비)는? (단, 공기의 분자량은 28.96이다.)

① 6 ② 24
③ 36 ④ 162

해설

어떤 탄화수소 C_aH_b의 연소반응식은 다음과 같다. 공기의 양을 100몰로 가정한다.

$xC_aH_b + 21O_2 + 79N_2$
$\rightarrow 79 \times \frac{8}{82.3}CO_2 + 79 \times \frac{0.9}{82.3}CO + 79 \times \frac{8.8}{82.3}O_2$
$\quad + 79N_2 + yH_2O$

반응 전과 후의 산소 원자 수는 일정하므로 y를 구할 수 있다.

$21 \times 2 = 79 \times \frac{8}{82.3} \times 2 + 79 \times \frac{0.9}{82.3} + 79 \times \frac{8.8}{82.3} \times 2 + y$

$y = 21 \times 2 - 79 \times \frac{8}{82.3} \times 2 - 79 \times \frac{0.9}{82.3} - 79 \times \frac{8.8}{82.3} \times 2 = 8.88$

반응 전과 후의 탄소 원자 수는 일정하므로 ax를 구할 수 있다.

$ax = 79 \times \frac{8}{82.3} + 79 \times \frac{0.9}{82.3} = 8.54$

반응 전과 후의 수소 원자 수는 일정하므로 bx를 구할 수 있다.

$bx = 2y = 17.76$

따라서, 공기와 연료의 질량비(공연비)는

공연비 $= \frac{공기의\ 질량}{연료의\ 질량} = \frac{100 \times 28.96}{12 \times 8.54 + 1 \times 17.76} ≒ 24.09$

정답 | ②

18 빈출도 ★

$1Nm^3$의 질량이 2.59kg인 기체는 무엇인가?

① 메테인(CH_4)
② 에테인(C_2H_6)
③ 프로페인(C_3H_8)
④ 뷰테인(C_4H_{10})

해설

탄화수소계 C_mH_n $22.4Nm^3 = x$kg이며
문제에서 $1Nm^3 = 2.59$kg를 비례식을 세워 m, n을 구한다.
$22.4Nm^3 : x$kg $= 1Nm^3 : 2.59$kg
$x = 22.4 \times 2.59 = 58$kg
분자량이 58인 탄화수소계 기체는
뷰테인(C_4H_{10})(분자량 $12 \times 4 + 1 \times 10 = 58$)이다.

정답 | ④

19 빈출도 ★★

액체연료의 미립화 시 평균 분무입경에 직접적인 영향을 미치는 것이 아닌 것은?

① 액체연료의 표면장력
② 액체연료의 점성계수
③ 액체연료의 탁도
④ 액체연료의 밀도

해설

액체연료의 미립화는 연료의 표면적을 증가시키기 위해 액체연료를 작은 방울 또는 스프레이식으로 쪼개어 분사하는 기술로, 액체연료의 표면장력, 액체연료의 점성계수, 액체연료의 밀도, 액체연료의 분무(미립자)입경 등에 영향을 미친다.

정답 | ③

20 빈출도 ★

품질이 좋은 고체연료의 조건으로 옳은 것은?

① 고정탄소가 많을 것
② 회분이 많을 것
③ 황분이 많을 것
④ 수분이 많을 것

해설

고정탄소가 많을수록 고체발열량이 높아지므로 품질이 좋다.

정답 | ①

열역학

21 빈출도 ★

디젤 사이클에서 압축비가 20, 단절비(cut-off ratio)가 1.7일 때 열효율(%)은? (단, 비열비는 1.4이다.)

① 43
② 66
③ 72
④ 84

해설

디젤사이클 열효율은 다음과 같이 구한다.

$$\eta = \eta = 1 - \left(\frac{1}{\epsilon}\right)^{k-1} \times \frac{\sigma^k - 1}{k(\sigma - 1)}$$

η: 효율(%), ϵ: 압축비, k: 비열비, σ: 단절비

$$\eta = 1 - \left(\frac{1}{20}\right)^{1.4-1} \times \frac{1.7^{1.4} - 1}{1.4(1.7 - 1)} = 0.6607 = 66.07\%$$

정답 | ②

22 빈출도 ★

열역학적 사이클에서 열효율이 고열원과 저열원의 온도만으로 결정되는 것은?

① 카르노 사이클
② 랭킨 사이클
③ 재열 사이클
④ 재생 사이클

해설

카르노 사이클은 열효율이 고열원과 저열원의 온도만으로 결정될 수 있으며, 2개의 단열과정, 2개의 등온과정으로 구성된 이상적인 가역 사이클이다.

관련개념 카르노 사이클의 열효율 공식

$$\eta = 1 - \frac{T_L}{T_H}$$

η: 효율(%), T_H: 최고 온도(고온 저장소의 절대온도, K), T_L: 최저 온도(저온 저장소의 절대온도, K)

정답 | ①

23 빈출도 ★★

비엔탈피가 326kJ/kg인 어떤 기체가 노즐을 통하여 단열적으로 팽창되어 비엔탈피가 322kJ/kg으로 되어 나간다. 유입 속도를 무시할 때 유출 속도(m/s)는? (단, 노즐 속의 유동은 정상류이며 손실은 무시한다.)

① 4.4
② 22.6
③ 64.7
④ 89.4

해설

에너지보존 법칙에 의해 노즐의 유출 속도는 다음과 같이 구한다.

$$v_2 = \sqrt{v_1^2 + 2 \times (H_1 - H_2)}$$

v: 유속(m/sec), H: 비엔탈피(kJ/kg)

여기서, 1: 노즐의 입구, 2: 노즐의 출구

$v_2 = \sqrt{0 + 2 \times (326 - 322) \times 10^3 \text{J/kg}}$
$\quad = 89.4 \text{m/s}$

정답 | ④

24 빈출도 ★★

다음 T-S 선도에서 냉동 사이클의 성능계수를 옳게 나타낸 것은? (단, u는 내부에너지, h는 엔탈피를 나타낸다.)

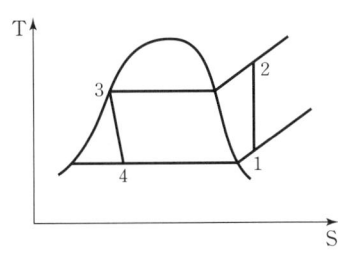

① $\dfrac{h_1 - h_4}{h_2 - h_1}$
② $\dfrac{h_2 - h_1}{h_1 - h_4}$
③ $\dfrac{u_1 - u_4}{u_2 - u_1}$
④ $\dfrac{u_2 - u_1}{u_1 - u_4}$

해설

$COP = \dfrac{Q_2(냉동능력)}{W_c(압축일량)} = \dfrac{h_1 - h_4}{h_2 - h_1}$

정답 | ①

25 빈출도 ★★

열역학 제2법칙에 대한 설명이 아닌 것은?

① 제2종 영구기관의 제작은 불가능하다.
② 고립계의 엔트로피는 감소하지 않는다.
③ 열은 자체적으로 저온에서 고온으로 이동이 곤란하다.
④ 열과 일은 변환이 가능하며, 에너지보존 법칙이 성립한다.

해설

열역학 제2법칙은 열 이동 및 에너지 방향전환에 관한 법칙으로 계가 흡수한 열을 완전히 일로 전환할 수 있는 장치는 없다.

관련개념 열역학 제2법칙

- 에너지변환(전환)방향성의 법칙(열 이동의 법칙)이라고도 한다.
- 열은 항상 고온에서 저온으로 흐른다.(저온에서 고온으로 옮길 수 없다.)
- 열에너지를 완전히 일로 바꾸는 것이 불가능하다.(모든 열기관은 일부 에너지를 열로 방출한다.)
- 고립계에서는 엔트로피가 감소하지 않으며 증가하거나 일정하게 보존된다.
- 100%의 열효율을 갖는 기관은 존재할 수 없으며 카르노 사이클 기관의 이상적 경우도 불가능하다.

정답 | ④

26 빈출도 ★★

좋은 냉매의 특성으로 틀린 것은?

① 낮은 응고점
② 낮은 증기의 비열비
③ 낮은 열전달계수
④ 단위 질량당 높은 증발열

해설

열전도율이 양호해야 한다.

관련개념 냉매의 구비조건

- 증발열이 크고 임계온도(임계점)가 높아야 한다.
- 비체적과 비열비가 작아야 한다.
- 인화 및 폭발의 위험성이 낮아야 한다.
- 비교적 저온, 저압에서 응축이 잘 되어야 한다.
- 구입이 용이하고 가격이 저렴해야 한다.
- 점성 및 표면장력이 작고 상용압력범위가 낮아야 한다.

정답 | ③

27 빈출도 ★

다음 중에서 가장 높은 압력을 나타내는 것은?

① 1atm
② 10kgf/cm²
③ 105Pa
④ 14.7psi

선지분석

① 1atm
② 10kgf/cm² = 10atm
③ 105Pa = 1.036×10^{-3}atm
④ 14.7psi = 1atm

관련개념 표준대기압 단위 변환

1atm = 76cmHg = 10,332mmAq = 10,332kgf/m²
= 1.0332kgf/cm² = 101,325Pa = 1.01325bar
= 14.7psi

정답 | ②

28 빈출도 ★

랭킨 사이클에서 복수기 압력을 낮추면 어떤 현상이 나타나는가?

① 복수기의 포화온도는 상승한다.
② 열효율이 낮아진다.
③ 터빈 출구부에 부식문제가 생긴다.
④ 터빈 출구부의 증기 건도가 높아진다.

해설

복수기 압력을 낮추면 팽창 중 증기의 건도가 낮아지면서 터빈 출구부에 부식(마모)이 발생한다.

정답 | ③

29 빈출도 ★

다음 관계식 중에 틀린 것은? (단, m은 질량, U는 내부에너지, H는 엔탈피, W는 일, C_p와 C_v는 각각 정압비열과 정적비열이다.)

① $dU = mC_v dT$
② $C_p = \dfrac{1}{m}\left(\dfrac{\delta H}{\delta T}\right)_p$
③ $\delta W = mC_p dT$
④ $C_v = \dfrac{1}{m}\left(\dfrac{\delta U}{\delta T}\right)_v$

해설

엔탈피 변화량 $dH = mC_p dT$

정답 | ③

30 빈출도 ★

유동하는 기체의 압력을 P, 속력을 V, 밀도를 ρ, 중력가속도를 g, 높이를 z, 절대온도는 T, 정적비열을 C_v라고 할 때, 기체의 단위질량당 역학적 에너지에 포함되지 않는 것은?

① $\dfrac{P}{\rho}$
② $\dfrac{V^2}{2}$
③ gz
④ $C_v T$

해설

베르누이 방정식에 의해 기체의 단위질량당 역학적 에너지 공식은 다음과 같다.

$$H = \text{압력수두} + \text{속도수두} + \text{위치수두}$$
$$H = \dfrac{P_1}{\gamma} + \dfrac{v_1^2}{2g} + Z_1 = \dfrac{P_2}{\gamma} + \dfrac{v_2^2}{2g} + Z_2$$

양변에 g를 곱하면
$H = \dfrac{P_1}{\rho} + \dfrac{v_1^2}{2} + gZ_1 = \dfrac{P_2}{\rho} + \dfrac{v_2^2}{2} + gZ_2$ 이다.

정답 | ④

31 빈출도 ★★

1kg의 이상기체(C_p=1.0kJ/kg·K, C_v=0.71kJ/kg·K)가 가역단열과정으로 P_1=1MPa, V_1=0.6m³에서 P_2=100kPa으로 변한다. 가역단열과정 후 이 기체의 부피 V_2와 온도 T_2는 각각 얼마인가?

① V_2=2.24m³, T_2=1,000K
② V_2=3.08m³, T_2=1,000K
③ V_2=2.24m³, T_2=1,060K
④ V_2=3.08m³, T_2=1,060K

해설

먼저, 비열비(k)를 구한다.
$$k = \frac{C_p}{C_v} = \frac{1}{0.71} = 1.408$$

여기서, 이상기체상태방정식 $PV=mRT$에 의해 초기온도(T_1)을 구할 수 있다.
$$T_1 = \frac{P_1V_1}{mR} = \frac{P_1V_1}{m(C_p-C_v)} = \frac{1,000 \times 0.6}{1 \times (1.0-0.71)} = 2,068.966K$$

단열과정에서 온도와 압력 관계는 다음과 같이 성립된다.
$$\frac{T_2}{T_1} = \left(\frac{P_2}{P_1}\right)^{\frac{k-1}{k}}$$

T_1: 초기온도(K), T_2: 최종 온도(K), P_1: 초기 압력(atm), P_2: 최종 압력(atm), k: 비열비

$$\frac{T_2}{2,068.966} = \left(\frac{100}{1,000}\right)^{\frac{1.41-1}{1.41}}$$

$$T_2 = 2,068.966 \times \left(\frac{100}{1,000}\right)^{\frac{1.41-1}{1.41}} = 1,059.2K$$

단열과정에서 온도와 부피 관계는 다음과 같이 성립된다.
$$T_1 V_1^{k-1} = T_2 V_2^{k-1}$$

T_1: 초기 온도(K), T_2: 최종 온도(K), k: 비열비$\left(\frac{C_p}{C_v}\right)$, C_p: 정압비열(kJ/kg·K), C_v: 정적비열(kJ/kg·K), V_1: 초기 부피(m³), V_2: 최종 부피(m³)

따라서, 최종 부피(V_2)를 구하면
$2,068.966 \times 0.6^{1.41-1} = 1,059.2 \times V_2^{1.41-1}$
$V_2 = 3.072m³$

정답 | ④

32 빈출도 ★★

그림은 랭킨 사이클의 온도, 엔트로피(T−S)선도이다. 상태 1∼4의 비엔탈피 값이 h_1=192kJ/kg, h_2=194kJ/kg, h_3=2,802kJ/kg, h_4=2,010kJ/kg이라면 열효율(%)은?

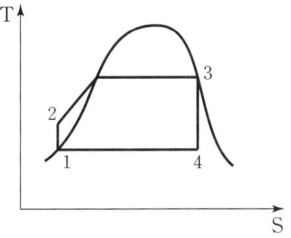

① 25.3 ② 30.3
③ 43.6 ④ 49.7

해설

랭킨사이클의 효율은 다음과 같이 구한다.
$$\eta = \frac{W}{Q} = \frac{Q_1-Q_2}{Q_1}$$

W: 유효일량, Q: 공급일량, Q_1: 공급열량, Q_2: 방출열량

1을 급수펌프 입구 기준으로 하면,
1 → 2: 단열압축(W_a)
2 → 3: 등압가열(Q_1)
3 → 4: 단열팽창(W_b)
4 → 1: 등압방열(Q_2)

$$\eta_1 = \frac{(h_3-h_2)-(h_4-h_1)}{(h_3-h_2)} \times 100$$
$$= \frac{(2,802-194)-(2,010-192)}{(2,802-194)} \times 100$$
$$= \frac{790}{2,608} \times 100 = 30.3\%$$

정답 | ②

33 빈출도 ★

그림에서 압력 P_1, 온도 t_s의 과열증기의 비엔트로피는 $6.16\text{kJ/kg}\cdot\text{K}$이다. 상태1로부터 2까지의 가역 단열 팽창 후, 압력 P_2에서 습증기로 되었으면 상태2인 습증기의 건도 x는 얼마인가? (단, 압력 P_2에서 포화수, 건포화증기의 비엔트로피는 각각 $1.30\text{kJ/kg}\cdot\text{K}$, $7.36\text{kJ/kg}\cdot\text{K}$이다.)

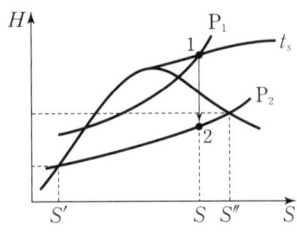

① 0.69　　② 0.75
③ 0.79　　④ 0.80

해설

비엔트로피를 이용하여 습증기의 건도를 구하는 공식은 다음과 같다.

$$S = S' + x(S'' - S')$$

S: 비엔트로피($\text{kJ/kg}\cdot\text{K}$), x: 수증기 건도

$S = S' + x(S'' - S')$
$6.16 = 1.3 + x(7.36 - 1.3)$
$4.86 = x \times 6.06$
$x = \dfrac{4.86}{6.06} = 0.80$

정답 | ④

34 빈출도 ★★

압력 500kPa, 온도 423K의 공기 1kg이 압력이 일정한 상태로 변하고 있다. 공기의 일이 122kJ이라면 공기에 전달된 열량(kJ)은 얼마인가? (단, 공기의 정적비열은 $0.7165\text{kJ/kg}\cdot\text{K}$, 기체상수는 $0.287\text{kJ/kg}\cdot\text{K}$이다.)

① 426　　② 526
③ 626　　④ 726

해설

이상기체상태방정식 $PV = mRT$에 따라 처음 부피(V_1)을 구할 수 있다.

$V_1 = \dfrac{mRT_1}{P_1} = \dfrac{1 \times 0.287 \times 423}{500} = 0.2428$

일을 구하는 공식으로 나중 부피를 계산한다.

$$W = P \times (V_2 - V_1)$$

W: 일(kJ), P: 압력(kPa), V: 부피(m^3)

$W = 122\text{kJ} = 500 \times (V_2 - 0.2428)$
$V_2 = 0.4868\text{m}^3$

보일-샤를 법칙 $\dfrac{V_1}{V_2} = \dfrac{T_1}{T_2}$에 따라 나중 온도를 구하면

$\dfrac{0.2428}{0.4868} = \dfrac{423}{T_2}$

$T_2 = 848.091\text{K}$

정적과정에서 전달열량을 구하는 공식은 아래와 같다.

$$Q = m \times C_p \times \Delta T$$

Q: 열량(kJ/kg), m: 질량(kg), C_p: 정압비열($\text{kJ/kg}\cdot\text{K}$), ΔT: 온도차(K)

정압비열과 이상기체상수와의 관계식은 아래와 같다.

$$C_p - C_v = R$$

C_p: 정압비열($\text{kJ/kg}\cdot\text{K}$), C_v: 정적비열($\text{kJ/kg}\cdot\text{K}$), R: 기체상수($\text{kJ/kg}\cdot\text{K}$)

따라서, 전달열량의 공식을 정리하면,
$Q = m(C_v + R)(T_2 - T_1)$
$= 1 \times (0.7165 + 0.287) \times (848 - 423) = 426\text{kJ}$

정답 | ①

35 빈출도 ★

압력이 1,300kPa인 탱크에 저장된 건포화 증기가 노즐로부터 100kPa로 분출되고 있다. 임계압력 P_c는 몇 kPa인가? (단, 비열비는 1.135이다.)

① 751
② 643
③ 582
④ 525

해설

임계압력 공식은 다음과 같다.

$$P_c = P_1 \times \left(\frac{2}{k+1}\right)^{\frac{k}{k-1}}$$

P_c: 임계압력(kPa), P_1: 초기 압력(kPa), k: 비열비

$$P_c = 1,300 \times \left(\frac{2}{1.135+1}\right)^{\frac{1.135}{1.135-1}} = 751 \text{kPa}$$

정답 | ①

36 빈출도 ★

압력이 일정한 용기 내에 이상기체를 외부에서 가열하였다. 온도가 T_1에서 T_2로 변화하였고, 기체의 부피가 V_1에서 V_2로 변화하였다. 공기의 정압비열 C_p에 대한 식으로 옳은 것은? (단, 이 이상기체의 압력은 p, 전달된 단위 질량당 열량은 q이다.)

① $C_p = \dfrac{q}{p}$
② $C_p = \dfrac{q}{T_2 - T_1}$
③ $C_p = \dfrac{q}{V_2 - V_1}$
④ $C_p = p \times \dfrac{V_2 - V_1}{T_2 - T_1}$

해설

단위질량당 전달열량을 구하는 공식은 아래와 같다.

$$q = C_p \times \Delta T$$

q: 열량(kJ/kmol), C_p: 정압비열(kJ/kmol·K), ΔT: 온도차(K)

$q = C_p \times (T_2 - T_1)$

$C_p = \dfrac{q}{T_2 - T_1}$

정답 | ②

37 빈출도 ★★

최저온도, 압축비 및 공급 열량이 같을 경우 사이클의 효율이 큰 것부터 작은 순서대로 옳게 나타낸 것은?

① 오토 사이클 > 디젤 사이클 > 사바테 사이클
② 사바테 사이클 > 오토 사이클 > 디젤 사이클
③ 디젤 사이클 > 오토 사이클 > 사바테 사이클
④ 오토 사이클 > 사바테 사이클 > 디젤 사이클

해설

각 사이클의 열효율(이론 열효율)크기
Otto cycle(오토 사이클) > Sabathe cycle(사바테 사이클) > Diesel cycle(디젤 사이클)

정답 | ④

38 빈출도 ★★

다음 중 상온에서 비열비 값이 가장 큰 기체는?

① He
② O_2
③ CO_2
④ CH_4

해설

비열비가 가장 큰 기체는 1원자 분자인 He이다.

관련개념 비열비

비열비(k)는 단열지수라고도 하며, 항상 1보다 크고 단원자 기체일수록 크다.
- 1원자 분자(k=1.66): He, Ar, Ne, S, C 등
- 2원자 분자(k=1.4): N_2, H_2, O_2, CO 등
- 3원자 분자(k=1.33): CO_2, H_2O, SO_2 등

정답 | ①

39 빈출도 ★★

−35°C, 22MPa의 질소를 가역단열과정으로 500 kPa까지 팽창했을 때의 온도(°C)는? (단, 비열비는 1.41이고 질소를 이상기체로 가정한다.)

① −180
② −194
③ −200
④ −206

해설

가역단열과정에서 다음과 같은 관계식이 성립된다.

$$\frac{T_2}{T_1} = \left(\frac{P_2}{P_1}\right)^{\frac{\gamma-1}{\gamma}}$$

T_1: 초기 온도(K), T_2: 최종 온도(K), P_1: 초기 압력(MPa),
P_2: 최종 압력(MPa), γ: 비열비$\left(\frac{C_p}{C_v}\right)$,
C_p: 정압비열(kJ/kg·K), C_v: 정적비열(kJ/kg·K)

$$\frac{T_2}{(-35+273)} = \left(\frac{0.5}{22}\right)^{\frac{1.41-1}{1.41}}$$

$T_2 = 79.194\text{K} = -193.806°\text{C}$

정답 | ②

40 빈출도 ★

역카르노 사이클로 작동하는 냉장고가 있다. 냉장고 내부의 온도가 0°C이고 이곳에서 흡수한 열량이 10kW이고, 30°C의 외기로 열이 방출된다고 할 때 냉장고를 작동하는데 필요한 동력(kW)은?

① 1.1
② 10.1
③ 11.1
④ 21.1

해설

응축기에서 방열하는 열펌프의 성능계수에 대한 공식은 다음과 같다.

$$COP_h = \frac{Q_1}{W} = \frac{Q_1}{Q_1 - Q_2} = \frac{T_1}{T_1 - T_2}$$

COP_h: 난방성능계수, W: 동력(kW), Q_1: 초기 방출 열(kW),
Q_2: 나중 흡수 열(kW), T_1: 초기 온도(K), T_2: 나중 온도(K)

$$COP_h = \frac{T_1}{T_1 - T_2} = \frac{30+273}{(30+273)-(0+273)} = 10.1$$

열펌프와 냉동기의 성능계수의 관계식은 다음을 따른다.

$$COP_h - COP_c = 1$$

$COP_c = 10.1 - 1 = 9.1$

$COP_c = \frac{Q}{W}$

$9.1 = \frac{10\text{kW}}{W}$

$W = 1.1\text{kW}$

정답 | ①

계측방법

41 빈출도 ★

국소대기압이 740mmHg인 곳에서 게이지압력이 0.4bar일 때 절대압력(kPa)은?

① 100
② 121
③ 139
④ 156

해설

절대압력＝대기압＋게이지압
$= 740\text{mmHg} \times \dfrac{101.325\text{kPa}}{760\text{mmHg}} + 0.4\text{bar} \times \dfrac{100\text{kPa}}{1\text{bar}}$
$= 138.66\text{kPa}$

※ 1atm＝760mmHg＝101.325kPa
※ 1bar＝100kPa

정답 ③

42 빈출도 ★

0°C에서 저항이 80Ω이고 저항온도계수가 0.002인 저항온도계를 노 안에 삽입했더니 저항이 160Ω이 되었을 때 노 안의 온도는 약 몇 °C인가?

① 160°C
② 320°C
③ 400°C
④ 500°C

해설

저항값에 따른 온도변화 식은 다음과 같다.

$$R_T = R_0 \times (1 + \alpha \times t)$$

R_T: 최종 저항(Ω), R_0: 처음 저항(Ω), α: 저항온도계수,
t: 온도(°C)

$R_T = R_0 \times (1 + \alpha \times t)$
$160 = 80 \times (1 + 0.002 \times t)$
$t = \dfrac{1}{0.002} = 500°C$

정답 ④

43 빈출도 ★★

차압식 유량계에 대한 설명으로 옳은 것은?

① 유량은 교축기구 전후의 차압에 비례한다.
② 유량은 교축기구 전후의 차압의 제곱근에 비례한다.
③ 유량은 교축기구 전후의 차압의 근삿값이다.
④ 유량은 교축기구 전후의 차압에 반비례한다.

해설

유량은 교축기구 전후의 차압의 제곱근에 비례한다.

관련개념 차압식 유량계

- 비압축성 유체가 관내를 흐를 때 관내에 생기는 차압으로 유량을 측정하는 측정기구이다.
- 정도가 좋아 측정범위가 넓다.
- 종류로는 오리피스, 벤투리, 플로우 노즐이 있다.

정답 ②

44 빈출도 ★

금속의 전기저항 값이 변화되는 것을 이용하여 압력을 측정하는 전기저항압력계의 특성으로 맞는 것은?

① 응답속도가 빠르고 초고압에서 미압까지 측정한다.
② 구조가 간단하여 압력검출용으로 사용한다.
③ 먼지의 영향이 적고 변동에 대한 적응성이 적다.
④ 가스폭발 등 급속한 압력변화를 측정하는데 사용한다.

해설

전기저항 압력계는 도선의 전기저항 변화를 이용하여 압력을 측정하는 장치로, 응답속도가 빠르고 초고압에서 미압까지 넓은 범위의 압력을 측정한다.

정답 ①

45 빈출도 ★★

다음 각 습도계의 특징에 대한 설명으로 틀린 것은?

① 노점 습도계는 저습도를 측정할 수 있다.
② 모발 습도계는 2년마다 모발을 바꾸어 주어야 한다.
③ 통풍 건습구 습도계는 2.5~5m/s의 통풍이 필요하다.
④ 저항식 습도계는 직류전압을 사용하여 측정한다.

해설

저항식 습도계는 교류전압을 사용하여 측정한다.

정답 | ④

46 빈출도 ★★

기준압력과 주 피드백 신호와의 차에 의해서 일정한 신호를 조작요소에 보내는 제어장치는?

① 조절기　　② 전송기
③ 조작기　　④ 계측기

해설

조절기(조절부, Controller)	비교부에서 계산된 기준압력과 주 피드백 신호의 오차신호를 바탕으로 적절한 제어명령을 받아 조작기를 제어한다
전송기 (Transmeter)	센서에서 측정된 온도, 압력, 유량 등의 표준화된 신호를 변화시켜 제어시스템에 전달한다.
조작기(조작부, Actuator or final control Element)	조절부의 신호를 받아 물리적 동작으로 조작량 변화를 수행하고 제어목표를 달성한다.

정답 | ①

47 빈출도 ★★

다음 온도계 중 비접촉식 온도계로 옳은 것은?

① 유리제 온도계　　② 압력식 온도계
③ 전기저항식 온도계　　④ 광고온계

해설

광고온계는 비접촉식 온도계에 해당된다.

관련개념 접촉식 온도계와 비접촉식 온도계

	접촉식 온도계	비접촉식 온도계
원리	측정하고자 하는 물체에 온도계를 직접 접촉시키고 열적 평형을 일으킬 때 온도를 측정한다.	측정되는 물체에 접촉하지 않고 파장, 방사열 등을 이용하여 측정한다.
종류	열전대 온도계, 저항식 온도계(서미스터, 니켈, 구리, 백금 저항소자), 압력식 온도계, 바이메탈식 온도계, 액체 봉입유리 온도계, 제겔콘 등	적외선 온도계, 방사 온도계, 색온도계, 광고온계, 광전관식 온도계 등

정답 | ④

48 빈출도 ★★★

전자유량계의 특징에 대한 설명 중 틀린 것은?

① 압력손실이 거의 없다.
② 내식성 유지가 곤란하다.
③ 전도성 액체에 한하여 사용할 수 있다.
④ 미소한 측정전압에 대하여 고성능의 증폭기가 필요하다.

선지분석

① 유체의 흐름의 방해가 없어 압력손실이 발생하지 않는다.
② 비금속 라이너 및 내식성이 높은 재질로 만들어져 내식성이 좋다.
③ 패러데이 법칙을 기반으로 작동하므로 전도성 액체에 한해 사용가능하다.
④ 미소한 측정전압에 대하여 고성능의 증폭기가 필요하다.

정답 | ②

49 빈출도 ★

가스크로마토그래피는 기체의 어떤 특성을 이용하여 분석하는 장치인가?

① 분자량 차이
② 부피 차이
③ 분압 차이
④ 확산속도 차이

해설

가스크로마토그래피(GC, Gas Chromatography)는 가스가 기기를 통해 시료를 운반하며 기체의 확산속도를 이용하여 분석하는 장치로 복잡한 화합물의 화학성분의 분리, 식별에 사용되며 운반가스는 H_2, He, N_2, Ar 등이다. 1대의 장치로 산소와 질소 산화물을 제외한 여러 가지 가스 분석이 가능하다.

정답 | ④

50 빈출도 ★★

피토관에 의한 유속 측정식은 다음과 같다.
$V = \sqrt{\dfrac{2g(P_1 - P_2)}{\gamma}}$, 이 때 P_1, P_2의 각각의 의미는? (단, v는 유속, g는 중력가속도이고, γ는 비중량이다.)

① 동압과 전압을 뜻한다.
② 전압과 정압을 뜻한다.
③ 정압과 동압을 뜻한다.
④ 동압과 유체압을 뜻한다.

해설

위 문제에 대한 피토관의 유속 측정식은 다음과 같다.

$$V = \sqrt{\dfrac{2g(P_1 - P_2)}{\gamma}}$$

V: 유속, g: 중력가속도, P_1: 전압, P_2: 정압, γ: 비중량

정답 | ②

51 빈출도 ★★

다음 각 압력계에 대한 설명으로 틀린 것은?

① 벨로즈 압력계는 탄성식 압력계이다.
② 다이어프램 압력계의 박판재료로 인청동, 고무를 사용할 수 있다.
③ 침종식 압력계는 압력이 낮은 기체의 압력 측정에 적당하다.
④ 탄성식 압력계의 일반교정용 시험기로는 전기식 표준압력계가 주로 사용된다.

해설

탄성식 압력계의 일반교정용 시험기로는 분동식 압력계가 주로 사용된다.

관련개념 분동식 압력계

- 높은 정확도와 재현성을 제공하며 분동에 의해 압력을 측정한다.
- 무게와 실린더 단면적의 비율로 측정한다.
- 구성은 램, 실린더, 기름탱크, 가압펌프로 되어있다.
- 탄성식 압력계의 일반교정용 검사에도 이용된다.

정답 | ④

52 빈출도 ★★

서로 다른 2개의 금속판을 접합시켜서 만든 바이메탈 온도계의 기본 작동원리는?

① 두 금속판의 비열의 차
② 두 금속판의 열전도도의 차
③ 두 금속판의 열팽창계수의 차
④ 두 금속판의 기계적 강도의 차

해설

바이메탈 온도계는 서로 다른 금속간의 열팽창율의 차이를 이용하며, 온도변화에 의한 응답이 낮고 정확도가 낮아 신호전송용보다는 온오프제어에 사용된다.

정답 | ③

53 빈출도 ★

자동연소제어 장치에서 보일러 증기압력의 자동제어에 필요한 조작량은?

① 연소량과 증기압력
② 연소량과 보일러수위
③ 연료량과 공기량
④ 증기압력과 보일러수위

해설

일정 범위에서 증기압력을 제어하기 위해 연료량(연료공급량)과 공기량(연소공기량)을 제어해야 한다.

정답 | ③

54 빈출도 ★★

제백(Seebeck)효과에 대하여 가장 바르게 설명한 것은?

① 어떤 결정체를 압축하면 기전력이 일어난다.
② 성질이 다른 두 금속의 접점에 온도차를 두면 열기전력이 일어난다.
③ 고온체로부터 모든 파장의 전방사 에너지는 절대온도의 4승에 비례하여 커진다.
④ 고체가 고온이 되면 단파장 성분이 많아진다.

선지분석

① 압전효과: 어떤 결정체를 압축하거나 변형시 내부 전하 분포가 변하면서 기전력이 일어난다.
② 제백효과: 성질이 다른 두 금속(2종 금속) 또는 반도체의 폐로가 되도록 접점에 접속하여 두 점 사이에 온도차를 주면 기전력이 발생하는 현상을 말한다.
③ 슈테판-볼츠만 법칙: 흑체의 단위 면적당 전방사 에너지는 절대온도의 4승에 비례한다.
④ 빈의 변위 법칙: 물체의 온도가 높아질수록 최대복사에너지의 파장은 짧아지고 이는 단파장 영역으로 이동한다.

정답 | ②

55 빈출도 ★

유량 측정에 사용되는 오리피스가 아닌 것은?

① 베나탭
② 게이지탭
③ 코너탭
④ 플랜지탭

해설

오리피스는 관 내에 조리개(교축기구)를 설치하여 유체의 유속을 측정하며, 베나탭, 코너탭, 플랜지탭, 베벨탭 등이 있다.

선지분석

① 베나탭: 출구측과 입구측에 배관 안지름의 일정거리에 설치한다.
③ 코너탭: 모서리탭이라고도 하며 설치된 교축기구의 직전, 직후에 설치한다.
④ 플랜지탭: 오리피스 중심에서 양쪽으로 일정거리에 설치한다.

정답 | ②

56 빈출도 ★★

유량계의 교정방법 중 기체 유량계의 교정에 가장 적합한 방법은?

① 밸런스를 사용하여 교정한다.
② 기준 탱크를 사용하여 교정한다.
③ 기준 유량계를 사용하여 교정한다.
④ 기준 체적관을 사용하여 교정한다.

해설

기체의 유량 측정 시 온도와 압력에 의해 체적변화가 크게 일어나기 때문에 시험 및 교정에는 기준 체적관을 사용한다.

정답 | ④

57 빈출도 ★★

저항온도계에 활용되는 측온저항체 종류에 해당되는 것은?

① 서미스터(Thermistor)저항 온도계
② 철-콘스탄탄(IC)저항 온도계
③ 크로멜(Chromel)저항 온도계
④ 알루멜(Alumel)저항 온도계

해설

서미스터 저항 온도계는 -100~300℃의 측정범위를 가지며, 전기저항으로 측정하여 응답이 빠르고 감도가 높아 도선저항에 의한 오차가 작다.

관련개념 서미스터(Thermistor)
- 고온 측정에 적합하고 온도계수가 금속에 비하여 매우 크다.
- 내열성과 내구성, 내식성이 우수하다.
- 회로 보호, 배터리 등 전기 재료의 열전도도 측정이 가능하며 다양한 용도로 쓰인다.
- 전기저항으로 측정하여 응답이 빠르고 감도가 높아 도선저항에 의한 오차가 작다.
- 흡습 등으로 발생한 열화로 재현성이 나쁘다.
- 측온부를 작게 하여 좁은 장소에 설치가 가능하고 작게 만들 수 있어 사용이 편리하다.

정답 | ①

58 빈출도 ★

공기 중에 있는 수증기 양과 그때의 온도에서 공기 중에 최대로 포함할 수 있는 수증기의 양을 백분율로 나타낸 것은?

① 절대습도   ② 상대습도
③ 포화 증기압   ④ 혼합비

해설

상대습도는 다음과 같이 구한다.

상대습도(%) = $\dfrac{\text{공기 중에 있는 현재 수증기 양}}{\text{공기 중에 최대로 포함할 수 있는 수증기}} \times 100$

정답 | ②

59 빈출도 ★★★

다음 가스 분석계 중 화학적 가스분석계가 아닌 것은?

① 밀도식 CO_2계   ② 오르자트식
③ 헴펠식   ④ 자동화학식 CO_2계

해설

성질	측정법
물리적	가스크로마토그래피법, 세라믹식, 자기식, 밀도법, 적외선식, 열전도율법, 도전율법 등
화학적	연소열식 O_2계, 연소식 O_2계, 자동화학식 CO_2계, 오르자트 분석기(자동오르자트), 헴펠법, 게겔법 등

정답 | ①

60 빈출도 ★★

가스크로마토그래피의 구성요소가 아닌 것은?

① 유량계   ② 칼럼검출기
③ 직류 증폭장치   ④ 캐리어 가스통

해설

가스크로마토그래피 구성요소
- 캐리어가스 가스통(운반가스 용기)
- 칼럼,(칼럼)검출기, 주사기
- 각종 계측기(전위계, 기록계, 유량계 등)

정답 | ③

열설비재료 및 관계법규

61 빈출도 ★★★

에너지이용 합리화법령에 따라 산업통상자원부장관은 에너지 수급안정을 위하여 에너지 사용자에 필요한 조치를 할 수 있는데 이 조치의 해당사항이 아닌 것은?

① 지역별·주요 수급자별 에너지 할당
② 에너지 공급설비의 정지명령
③ 에너지의 비축과 저장
④ 에너지사용기자재 사용 제한 또는 금지

해설

「에너지이용 합리화법 제7조」
산업통상자원부장관은 국내외 에너지사정의 변동으로 에너지수급에 중대한 차질이 발생하거나 발생할 우려가 있다고 인정되면 에너지수급의 안정을 기하기 위하여 필요한 범위에서 에너지사용자·에너지공급자 또는 에너지사용기자재의 소유자와 관리자에게 다음 사항에 관한 조정·명령, 그 밖에 필요한 조치를 할 수 있다.
- 지역별·주요 수급자별 에너지 할당
- 에너지공급설비의 가동 및 조업
- 에너지의 비축과 저장
- 에너지의 도입·수출입 및 위탁가공
- 에너지공급자 상호 간의 에너지의 교환 또는 분배 사용
- 에너지의 유통시설과 그 사용 및 유통경로
- 에너지의 배급
- 에너지의 양도·양수의 제한 또는 금지
- 에너지사용의 시기·방법 및 에너지사용기자재의 사용 제한 또는 금지 등 대통령령으로 정하는 사항
- 그 밖에 에너지수급을 안정시키기 위하여 대통령령으로 정하는 사항

정답 | ②

62 빈출도 ★

에너지이용 합리화법령에 따라 검사대상기기 관리자는 선임된 날부터 얼마 이내에 교육을 받아야 하는가?

① 1개월
② 3개월
③ 6개월
④ 1년

해설

「에너지이용 합리화법 시행규칙 별표 4의2」
시공업의 기술인력은 난방시공업 제1종·제2종 또는 제3종의 기술자로 등록된 날부터 검사대상기기관리자는 법 제40조제1항에 따른 검사대상기기관리자로 선임된 날부터 6개월 이내에 그 후에는 교육을 받은 날부터 3년마다 교육을 받아야 한다.

정답 | ③

63 빈출도 ★★

내화물 사용 중 온도의 급격한 변화 혹은 불균일한 가열 등으로 균열이 생기거나 표면이 박리되는 현상을 무엇이라 하는가?

① 스폴링
② 버스팅
③ 연화
④ 수화

해설

스폴링(Spalling)현상은 열적 스폴링이라고도 하며 급격한 온도의 변화에 의해 내화물 내에서 열팽창 차가 발생하고 이에 따른 변형으로 균열이 발생하는 것을 말한다.

정답 | ①

64 빈출도 ★★

무기질 보온재에 대한 설명으로 틀린 것은?

① 일반적으로 안전사용온도범위가 넓다.
② 재질 자체가 독립기포로 안정되어 있다.
③ 비교적 강도가 높고 변형이 적다.
④ 최고사용온도가 높아 고온에 적합하다.

해설

유기질 보온재가 화학적 합성물질을 사용하므로 재질 자체가 독립기포로 안정되어 있으며 흡습성이 적고 시공성이 우수하지만 고온에 약하다.

관련개념 유기질 보온재와 무기질 보온재

특성	종류
유기질 보온재	펠트(우모펠트), 우레탄폼, 코르크, 양모, 펄프, 기포성 수지 등
무기질 보온재	석면, 암면, 규조토, 탄산마그네슘, 규산칼슘, 세라믹화이버, 펄라이트, 유리섬유 등

정답 | ②

65 빈출도 ★★★

다음 밸브 중 유체가 역류하지 않고 한쪽 방향으로만 흐르게 하는 밸브는?

① 감압밸브　　② 체크밸브
③ 팽창밸브　　④ 릴리프밸브

해설

체크밸브는 유체가 한 방향으로 흐르도록 제어하는 밸브로 역류를 방지하기 위한 장치이다.

정답 | ②

66 빈출도 ★

에너지이용 합리화법령에서 에너지사용의 제한 또는 금지에 대한 내용으로 틀린 것은?

① 에너지 사용의 시기 및 방법의 제한
② 에너지 사용시설 및 에너지사용기자재에 사용할 에너지의 지정 및 사용에너지의 전환
③ 특정 지역에 대한 에너지 사용의 제한
④ 에너지 사용 설비에 관한 사항

해설

「에너지이용 합리화법 시행령 제14조」
에너지사용의 시기·방법 및 에너지사용기자재의 사용제한 또는 금지 등 대통령령으로 정하는 사항이란 다음 사항을 말한다.
- 에너지사용시설 및 에너지사용기자재에 사용할 에너지의 지정 및 사용 에너지의 전환
- 위생 접객업소 및 그 밖의 에너지사용시설에 대한 에너지사용의 제한
- 차량 등 에너지사용기자재의 사용제한
- 에너지사용의 시기 및 방법의 제한
- 특정 지역에 대한 에너지사용의 제한

정답 | ④

67 빈출도 ★

단열효과에 대한 설명으로 틀린 것은?

① 열확산계수가 작아진다.
② 열전도계수가 작아진다.
③ 노내 온도가 균일하게 유지된다.
④ 스폴링 현상을 촉진시킨다.

해설

단열효과는 열전도계수와 열확산계수가 작은 재료를 사용하며 노내 온도를 균일하게 유지하여 스폴링 현상을 방지한다.

정답 | ④

68 빈출도 ★★

고압 증기의 옥외배관에 가장 적당한 신축이음 방법은?

① 오프셋형
② 벨로즈형
③ 루프형
④ 슬리브형

해설

신축이음은 파이프의 온도변화에 의한 열팽창에 대응하기 위해 설치하는 이음으로 슬리브형, 벨로즈형, 스위블이음형, 볼조인트형, 루프형 등이 있다.
루프형은 신축성과 내구성이 좋아 고온, 고압 배관이나 옥외 배관으로 사용한다.

정답 | ③

69 빈출도 ★

중유 소성을 하는 평로에서 축열실의 역할로서 가장 옳은 것은?

① 제품을 가열한다.
② 급수를 예열한다.
③ 연소용 공기를 예열한다.
④ 포화 증기를 가열하여 과열증기로 만든다.

해설

축열기는 평로에 연소온도를 높여줌으로서 연료의 소비량을 절감하고 배기가스 현열을 흡수해서 공기나 연료가스 예열에 이용하며 격자로 쌓인 내화벽돌로 이루어져 있다.

정답 | ③

70 빈출도 ★★

다음 중 셔틀요(Shuttle kiln)는 어디에 속하는가?

① 반연속요 ② 승염식요
③ 연속요   ④ 불연속요

해설

셔틀요는 작업이 간편하여 조업주기가 단축되며 반연속식 요에 해당된다.

관련개념 작업방식에 따른 요로 분류

작업방식	종류
연속식	윤요(고리가마), 터널요, 견요, 회전요
반연속식	등요, 셔틀요
불연속식	횡염식요, 승염식요, 도염식요

정답 | ①

71 빈출도 ★

에너지이용 합리화법령에 따라 인정검사대상기기 관리자의 교육을 이수한 자가 관리할 수 없는 검사대상기기는?

① 압력용기
② 열매체를 가열하는 보일러로서 용량이 581.5kW 이하인 것
③ 온수를 발생하는 보일러로서 용량이 581.5kW 이하인 것
④ 증기보일러로서 최고사용압력이 2MPa 이하이고, 전열 면적이 5m² 이하인 것

해설

「에너지이용 합리화법 시행규칙 별표 3의9」
검사대상기기관리자의 자격 및 조종범위

관리자의 자격	관리범위
에너지관리기능장 또는 에너지관리기사	용량이 30t/h를 초과하는 보일러
에너지관리기능장, 에너지관리기사 또는 에너지관리산업기사	용량이 10t/h를 초과하고 30t/h 이하인 보일러
에너지관리기능장, 에너지관리기사, 에너지관리산업기사 또는 에너지관리기능사	용량이 10t/h 이하인 보일러
에너지관리기능장, 에너지관리기사, 에너지관리산업기사, 에너지관리기능사 또는 인정검사대상기기관리자의 교육을 이수한 자	• 증기보일러로서 최고사용압력이 1MPa 이하이고, 전열면적이 10제곱미터 이하인 것 • 온수발생 및 열매체를 가열하는 보일러로서 용량이 581.5킬로와트 이하인 것 • 압력용기

정답 | ④

72 빈출도 ★

에너지이용 합리화법령에 따른 에너지이용 합리화 기본계획에 포함되어야 할 내용이 아닌 것은?

① 에너지 이용 효율의 증대
② 열사용기자재의 안전관리
③ 에너지 소비 최대화를 위한 경제구조로의 전환
④ 에너지원간 대체

해설

「에너지이용 합리화법 제4조」
산업통상자원부장관은 에너지를 합리적으로 이용하게 하기 위하여 에너지이용 합리화에 관한 기본계획을 수립하여야 한다. 기본계획에는 다음 사항이 포함되어야 한다.
• 에너지절약형 경제구조로의 전환
• 에너지이용효율의 증대
• 에너지이용 합리화를 위한 기술개발
• 에너지이용 합리화를 위한 홍보 및 교육
• 에너지원간 대체
• 열사용기자재의 안전관리
• 에너지이용 합리화를 위한 가격예시제)의 시행에 관한 사항
• 에너지의 합리적인 이용을 통한 온실가스의 배출을 줄이기 위한 대책
• 그 밖에 에너지이용 합리화를 추진하기 위하여 필요한 사항으로서 산업통상자원부령으로 정하는 사항

정답 | ③

73 빈출도 ★★

단열재를 사용하지 않는 경우의 방출열량이 350W이고, 단열재를 사용할 경우의 방출열량이 100W라 하면 이 때의 보온효율은 약 몇 %인가?

① 61
② 71
③ 81
④ 91

해설

$$보온효율(\eta) = \frac{보온전\ 손실열량 - 보온후\ 손실열량}{보온전\ 손실열량} \times 100$$

$$= \frac{350-100}{350} \times 100 = 71.43\%$$

정답 | ②

74 빈출도 ★

에너지이용 합리화법령에 따라 검사대상기기 관리대행기관으로 지정을 받기 위하여 산업통상자원부장관에게 제출하여야 하는 서류가 아닌 것은?

① 장비명세서
② 기술인력 명세서
③ 기술인력 고용계약서 사본
④ 향후 1년간 안전관리대행 사업계획서

해설

「에너지이용 합리화법 시행규칙 제31조29」
검사대상기기 관리대행기관으로 지정받거나 변경지정을 받으려는 자는 검사대상기기 관리대행기관 지정(변경지정)신청서에 다음 서류를 첨부하여 산업통상자원부장관에게 제출하여야 한다.
- 장비명세서 및 기술인력명세서
- 향후 1년 간의 안전관리대행 사업계획서
- 변경사항을 증명할 수 있는 서류(변경지정의 경우만 해당한다)

정답 | ③

75 빈출도 ★★

에너지이용 합리화법의 목적으로 가장 거리가 먼 것은?

① 에너지의 합리적 이용을 증진
② 에너지 소비로 인한 환경피해 감소
③ 에너지원의 개발
④ 국민 경제의 건전한 발전과 국민복지의 증진

해설

「에너지이용 합리화법 제1조」
이 법은 에너지의 수급을 안정시키고 에너지의 합리적이고 효율적인 이용을 증진하며 에너지소비로 인한 환경피해를 줄임으로써 국민경제의 건전한 발전 및 국민복지의 증진과 지구온난화의 최소화에 이바지함을 목적으로 한다.

정답 | ③

76 빈출도 ★★

에너지이용 합리화법령상 산업통상자원부장관이 에너지다소비사업자에게 개선명령을 할 수 있는 경우는 에너지관리지도 결과 몇 % 이상의 에너지 효율개선이 기대될 때로 규정하고 있는가?

① 10   ② 20
③ 30   ④ 50

해설

「에너지이용 합리화법 시행령 제40조」
산업통상자원부장관이 에너지다소비사업자에게 개선명령을 할 수 있는 경우는 에너지관리지도 결과 10퍼센트 이상의 에너지효율 개선이 기대되고 효율 개선을 위한 투자의 경제성이 있다고 인정되는 경우로 한다.

정답 | ①

77 빈출도 ★★

용광로에서 선철을 만들 때 사용되는 주원료 및 부재료가 아닌 것은?

① 규선석   ② 석회석
③ 철광석   ④ 코크스

해설

규선석은 선철을 만들 때 사용되는 주연료 및 부재료와 거리가 멀다.

관련개념 용광로 선철 제조 시 주원료 및 부재료
- 석회석: 매용제 역할로 철광석 중의 불순물(이산화규소, 인 등)을 흡수하고 선철 위에서 철과 불순물을 잘 분리시킨다.
- 철광석: 용광로에서 선철의 제조 시 사용되는 대표적인 원료이다.
- 코크스: 연료 연소 시 환원성가스에 의해 산화철을 환원시킨다.
- 망간광석: 제조 시 탈황 및 탈산을 위해 첨가한다.

정답 | ①

78 빈출도 ★★

에너지이용 합리화법령상 특정열사용기자재 설치·시공범위가 아닌 것은?

① 강철제보일러 세관
② 철금속가열로의 시공
③ 태양열 집열기 배관
④ 금속균열로의 배관

해설

「에너지이용 합리화법 시행규칙 별표 3의2」
특정열사용기자재는 다음과 같다.

구분	품목명	설치·시공범위
보일러	강철제 보일러, 주철제 보일러, 온수보일러, 구멍탄용 온수보일러, 축열식 전기보일러, 캐스케이드 보일러, 가정용 화목보일러	해당 기기의 설치·배관 및 세관
태양열 집열기	태양열 집열기	해당 기기의 설치·배관 및 세관
압력용기	1종 압력용기, 2종 압력용기	해당 기기의 설치·배관 및 세관
요업요로	연속식유리용융가마, 불연속식유리용융가마, 유리용융도가니가마, 터널가마, 도염식각가마, 서틀가마, 회전가마, 석회용선가마	해당 기기의 설치를 위한 시공
금속요로	용선로, 비철금속용융로, 금속소둔로, 철금속가열로, 금속균열로	해당 기기의 설치를 위한 시공

정답 | ④

79 빈출도 ★★

에너지이용 합리화법령에서 정한 에너지사용자가 수립하여야 할 자발적 협약이행계획에 포함되지 않는 것은?

① 협약 체결 전년도의 에너지소비 현황
② 에너지관리체제 및 관리방법
③ 전년도의 에너지사용량·제품생산량
④ 효율향상목표 등의 이행을 위한 투자계획

해설

「에너지이용 합리화법 시행규칙 제26조」
에너지사용자 또는 에너지공급자가 수립하는 계획에는 다음 사항이 포함되어야 한다.

- 협약 체결 전년도의 에너지소비 현황
- 에너지를 사용하여 만드는 제품, 부가가치 등의 단위당 에너지 이용효율 향상목표 또는 온실가스배출 감축목표 및 그 이행방법
- 에너지관리체제 및 에너지관리방법
- 효율향상목표 등의 이행을 위한 투자계획
- 그 밖에 효율향상목표 등을 이행하기 위하여 필요한 사항

정답 | ③

80 빈출도 ★

터널가마(Tunnel kiln)의 특징에 대한 설명 중 틀린 것은?

① 연속식 가마이다.
② 사용연료에 제한이 없다.
③ 대량생산이 가능하고 유지비가 저렴하다.
④ 노내 온도조절이 용이하다.

해설

사용연료의 제한을 받으므로 전력소비가 크다.

관련개념 터널가마(터널요, Tunnel kiln)

(1) 개요
터널형의 가마로 피소성체를 연속적으로 통과시켜 예열, 소성, 냉각 과정을 통해 제품을 완성시킨다.

(2) 특징
- 소성시간이 짧고 소성이 균일하여 제품의 품질이 좋다.
- 배기가스 현열로 예열을 하며, 열효율이 좋아 연료비가 절감된다.
- 생산량 조정이 힘들며, 소량생산에 부적당하다.
- 연속요로 연속적으로 처리할 수 있는 시설이 필요하며, 건설비가 비싸다.
- 사용연료의 제한을 받으므로 전력소비가 크다.

정답 | ②

열설비설계

81 빈출도 ★★

연도 등의 저온의 전열면에 주로 사용되는 수트 블로어의 종류는?

① 삽입형
② 예열기 클리너형
③ 로터리형
④ 건형(Gun type)

해설

로터리형은 회전형이라고도 하며 연도 등 저온의 전열면에 주로 사용된다.

관련개념 수트 블로어(Soot Blower)

(1) 개요
보일러 전열면에 부착된 그을음을 제거함으로써 열효율이 증가한다.

(2) 종류
- 로터리형(회전형): 연도 등 저온의 전열면에 주로 사용된다.
- 예열기(에어히터) 클리너형: 공기예열기의 클리너이다.
- 그 외 쇼트 리트랙터블형, 롱 리트랙터블형, 건형 등이 있다.

정답 | ③

82 빈출도 ★

플래시 탱크의 역할로 옳은 것은?

① 저압의 증기를 고압의 응축수로 만든다.
② 고압의 응축수를 저압의 증기로 만든다.
③ 고압의 증기를 저압의 응축수로 만든다.
④ 저압의 응축수를 고압의 증기로 만든다.

해설

플래시 탱크는 증기 사용시설에서 고압의 응축수 발생 시 저압의 증기로 만들어 분리시킨다.

정답 | ②

83 빈출도 ★★★

다이어프램 밸브의 특징에 대한 설명으로 틀린 것은?

① 역류를 방지하기 위한 것이다.
② 유체의 흐름에 주는 저항이 적다.
③ 기밀(氣密)할 때 패킹이 불필요하다.
④ 화학약품을 차단하여 금속부분의 부식을 방지한다.

해설

역류를 방지하기 위한 장치는 체크밸브이다.

관련개념 다이어프램 밸브(Diaphragm Valve)

- 밸브 내의 둑과 막판인 다이어프램이 상접하는 구조의 밸브로 탄성력이 매우 좋다.
- 둑과 다이어프램이 떨어지면서 유체의 흐름이 진행되고 밀착시 유체의 흐름이 정지되므로 흐름이 주는 영향이 비교적 적다.
- 내열, 내약품 고무제의 막판을 사용하여 패킹이 불필요하며, 금속 부분의 부식염려가 적어 산 등의 화학약품을 차단하는데 사용한다.

정답 | ①

84 빈출도 ★★

지름이 d, 두께가 t인 얇은 살두께의 원통 안에 압력 P가 작용할 때 원통에 발생하는 길이방향의 인장응력은?

① $\dfrac{\pi dP}{4t}$ ② $\dfrac{\pi dP}{t}$
③ $\dfrac{dP}{4t}$ ④ $\dfrac{dP}{2t}$

해설

- 길이 방향의 인장응력
  $\sigma = \dfrac{dP}{4t}$
- 원주방향의 인장응력
  $\sigma = \dfrac{dP}{2t}$

정답 | ③

85 빈출도 ★★

그림과 같은 노냉수벽의 전열면적(m^2)은? (단, 수관의 바깥지름 $30mm$, 수관의 길이 $5m$, 수관의 수 200개이다.)

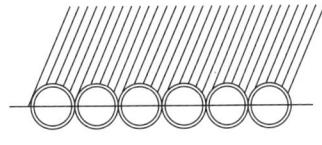

① 24   ② 47
③ 72   ④ 94

해설

노냉수벽의 전열면적 구하는 공식은 다음과 같다.
빗금 친 부분은 단열재 피복된 부분으로 해당 전열면적은 전체의 0.5가 된다.

$$A = \pi D \times L \times n \times 0.5$$

A: 전열면적(m^2), D: 지름(m), L: 길이(m), n: 수관 수

$A = \pi \times 0.03m \times 5 \times 200 \times 0.5 = 47.12 m^2$

정답 | ②

86 빈출도 ★★★

스케일(Scale)에 대한 설명으로 틀린 것은?

① 스케일로 인하여 연료소비가 많아진다.
② 스케일은 규산칼슘, 황산칼슘이 주성분이다.
③ 스케일은 보일러에서 열전달을 저하시킨다.
④ 스케일로 인하여 배기가스 온도가 낮아진다.

해설

스케일은 관석이라고 하며 보일러수에 용해된 다양한 불순물(칼슘염, 규산염 마그네슘염 등)이 농축된 고형물이 보일러 내면에 딱딱하게 부착하여 열전도를 방해한다. 스케일이 부착되면 배기가스 온도가 높아진다.

관련개념 스케일 및 슬러지 생성 시 나타나는 현상

- 배기가스 온도가 높아진다.
- 열전도율과 열효율이 저하된다.
- 전열량이 감소하기 때문에 전열 성능이 감소한다.
- 연료소비량이 증대된다.

정답 | ④

87 빈출도 ★

노통연관식 보일러에서 평형부의 길이가 230mm 미만인 파형노통의 최소 두께(mm)를 결정하는 식은? (단, P는 최고 사용압력(MPa), D는 노통의 파형부에서의 최대 내경과 최소 내경의 평균치(모리슨형 노통에서는 최소내경에 50mm를 더한 값)(mm), C는 노통의 종류에 따른 상수이다.)

① $10PDC$
② $\dfrac{10PC}{D}$
③ $\dfrac{C}{10PD}$
④ $\dfrac{10PD}{C}$

해설

파형 노통 끝의 평행부 길이 230mm 미만일 때 파형노통의 최소 두께를 구하는 식은 다음과 같다.

$$t = \dfrac{10PD}{C}$$

t: 최소 두께(mm), P: 최고사용압력(MPa),
D: 평균 내경(mm), C: 노통의 종류에 따른 상수

정답 | ④

88 빈출도 ★★

가로 50cm, 세로 70cm인 300°C로 가열된 평판에 20°C의 공기를 불어주고 있다. 열전달계수가 25W/m²·°C일 때 열전달량은 몇 kW인가?

① 2.45
② 2.72
③ 3.34
④ 3.96

해설

$$Q_1 = \alpha \times T_a \times A$$

Q_1: 열전달량(W), T_a: 온도차(°C),
α: 열전달율(W/m²·°C), A: 면적(m²)

$Q_1 = 25 \times (300-20) \times (0.5 \times 0.7) = 2,450W = 2.45kW$

정답 | ①

89 빈출도 ★

수질(水質)을 나타내는 ppm의 단위는?

① 1만분의 1단위
② 십만분의 1단위
③ 백만분의 1단위
④ 1억분의 1단위

해설

ppm 단위는 물 1,000mL 중에 함유한 시료의 양을 mg으로 표시한 것으로, 백만분율(백만분의 1단위)이다.

정답 | ③

90 빈출도 ★★

유량 2,200kg/h인 80℃의 벤젠을 40℃까지 냉각시키고자 한다. 냉각수 온도를 입구 30℃, 출구 45℃로 하여 대향류열교환기 형식의 이중관식 냉각기를 설계할 때 적당한 관의 길이(m)는? (단, 벤젠의 평균비열은 1,884J/kg·℃, 관 내경 0.0427m, 총괄전열계수는 600W/m²·℃이다.)

① 8.7
② 18.7
③ 28.6
④ 38.7

해설

흡수열량 구하는 공식은 다음과 같다.

$$Q = m \times C \times \Delta T$$

Q: 열량(W), m: 질량유량(kg/s), C: 비열(J/kg·℃), ΔT: 온도차(℃)

$$Q_1 = \frac{2,200 \text{kJ}}{\text{h}} \times \frac{1,884 \text{J}}{\text{kg} \cdot \text{℃}} \times (80-40)\text{℃} \times \frac{1\text{h}}{3,600\text{s}}$$

$$= 46,053.33 \text{W}$$

대수평균온도차를 활용한 단위면적당 열교환량 공식을 통해 면적(A)을 구한다.

$$Q = U \times A \times \Delta T_m$$

Q: 열교환량(W), U: 열관류율(W/m²·℃), A: 단위면적(1m²), ΔT_m: 대수평균온도차(℃)

대수평균온도차는 다음과 같이 구한다.

$$\Delta T_m = \frac{T_1 - T_2}{\ln\left(\frac{T_1}{T_2}\right)}$$

$$\Delta T_m = \frac{(80-45)-(40-30)}{\ln\left(\frac{80-45}{40-30}\right)} = 19.956\text{℃}$$

$$A = \frac{Q_1}{U \times \Delta T_m} = \frac{46,053.33}{600 \times 19.956} = 3.846 \text{m}^2$$

따라서, 전열면적을 이용한 공식을 통해 관의 길이를 구한다.

$$A = \pi \times d \times L$$

d: 내경(m), L: 관의 길이(m)

$$L = \frac{A}{\pi \times d} = \frac{3.846}{\pi \times 0.0427} = 28.67\text{m}$$

정답 | ③

91 빈출도 ★

가스용 보일러의 배기가스 중 이산화탄소에 대한 일산화탄소의 비는 얼마 이하여야 하는가?

① 0.001
② 0.002
③ 0.003
④ 0.005

해설

가스용 보일러의 배기가스 중 이산화탄소에 대한 일산화탄소의 비는 0.002 이하여야 한다.

정답 | ②

92 빈출도 ★★

오일 버너로서 유량 조절범위가 가장 넓은 버너는?

① 스팀 제트
② 유압분무식 버너
③ 로터리 버너
④ 고압 공기식 버너

해설

유량 조절범위는 고압 공기식 > 로터리 > 유압분무식 > 스팀 제트 순으로 넓다.

관련개념 고압공기식 버너

- 종류는 증기분무식, 내부혼합식, 외부혼합식, 중간혼합식 등이 있다.
- 0.2~0.8MPa의 고압 공기를 사용하여 중유를 무화한다.
- 유량 조절범위가 1:10으로 가장 넓으며 고점도의 액체연료 무화에도 활용한다.
- 부하변동이 큰 곳에 적당하나 연소 시 소음 발생이 크다.
- 분무각도는 30도로 가장 좁은 편에 해당된다.

정답 | ④

93 빈출도 ★

원통형 보일러의 내면이나 관벽 등 전열면에 스케일이 부착될 때 발생되는 현상이 아닌 것은?

① 열전달률이 매우 작아 열전달 방해
② 보일러의 파열 및 변형
③ 물의 순환속도 저하
④ 전열면의 과열에 의한 증발량 증가

해설

스케일 및 슬러지 생성 시 전열량이 감소하고 연료소비량이 증대된다.

정답 | ④

94 빈출도 ★

배관용 탄소강관을 압력용기의 부분에 사용할 때에는 설계압력이 몇 MPa이하일 때 가능한가?

① 0.1 ② 1
③ 2   ④ 3

해설

배관용 탄소강관을 압력용기의 부분에 사용 시 설계압력은 약 1MPa (10kg/cm²) 이하이다.

정답 | ②

95 빈출도 ★★

보일러의 급수처리 방법에 해당되지 않는 것은?

① 이온교환법   ② 응집법
③ 희석법   ④ 여과법

해설

보일러 용수 급수처리 방법
- 화학적 처리: 석회소다법(약품첨가법), 이온교환법
- 물리적 처리: 증류법, 가열연화법, 여과법, 탈기법, 응집법

정답 | ③

96 빈출도 ★★

수관식 보일러에 속하지 않는 것은?

① 코르니쉬 보일러
② 바브콕 보일러
③ 라몬트 보일러
④ 벤슨 보일러

해설

강제순환식	라몬트, 배록스
자연순환식	바브콕, 타쿠마, 쓰네기찌, 야로우, 가르베
관류식	람진, 벤슨, 앤모스, 슐저

정답 | ①

97 빈출도 ★★

평노통, 파형노통, 화실 및 적립보일러 화실판의 최고 두께는 몇 mm 이하이어야 하는가? (단, 습식화실 및 조합노통 중 평노통은 제외한다.)

① 12
② 22
③ 32
④ 42

해설

보일러 제조검사 기준에 따라 평노통, 파형노통, 화실 및 적립보일러 화실판의 최고 두께는 22mm 이하여야 한다. 단, 습식화실, 조합노통 중 평노통은 제외된다.

정답 | ②

98 빈출도 ★★

다음 중 보일러의 전열효율을 향상시키기 위한 장치로 가장 거리가 먼 것은?

① 수트 블로어
② 인젝터
③ 공기예열기
④ 절탄기

해설

인젝터는 증기를 노즐에서 분출시켜 보유한 열을 이용하여 다른 유체를 이동시키거나 압력을 높이는 장치로 보일러의 전열효율을 향상시키는 장치와는 거리가 멀다.

정답 | ②

99 빈출도 ★★★

보일러수의 분출 목적이 아닌 것은?

① 프라이밍 및 포밍을 촉진한다.
② 물의 순환을 촉진한다.
③ 가성취화를 방지한다.
④ 관수의 pH를 조절한다.

해설

프라이밍 및 포밍을 방지하기 위해 보일러수를 분출한다.

관련개념 보일러수의 분출 목적

- 보일러수를 농축시키지 않는다.
- 보일러수 중의 불순물을 제거한다.
- 과부하가 되지 않도록 한다.
- 증기 취출을 서서히 한다.
- 연소량을 줄인다.
- 압력을 규정압력으로 유지한다.
- 안전밸브, 수면계의 시험과 압력계 연락관을 취출하여 본다.

정답 | ①

100 빈출도 ★★

수관식 보일러에 대한 설명으로 틀린 것은?

① 증기 발생의 소요시간이 짧다.
② 보일러 순환이 좋고 효율이 높다.
③ 스케일의 발생이 적고 청소가 용이하다.
④ 드럼이 작아 구조적으로 고압에 적당하다.

해설

구조가 복잡하여 청소와 검사, 수리가 어렵다.

관련개념 수관식 보일러의 특징

- 보유수량이 적어 부하변동에 대한 압력변동이 작다.
- 고압 대용량으로 쓰이며, 패키지형으로 제작이 가능하다.
- 연소실 설계가 자유롭고 수관의 배열이 용이하다.
- 드럼이 작고 구조상 고온 고압에 적합하다.
- 구조가 복잡하여 청소 및 검사, 수리가 어렵다.
- 관수처리와 스케일 부착에 주의해야 한다.
- 보일러 수의 순환이 좋아 전열면적이 크고 열효율이 높다.

정답 | ③

2020년 4회 기출문제

연소공학

01 빈출도 ★★

집진장치에 대한 설명으로 틀린 것은?

① 전기 집진기는 방전극을 음(陰), 집진극을 양(陽)으로 한다.
② 전기집진은 쿨롱(Coulomb)력에 의해 포집된다.
③ 소형 사이클론을 직렬시킨 원심력 분리장치를 멀티 스크러버(Multi-scrubber)라 한다.
④ 여과 집진기는 함진 가스를 여과재에 통과시키면서 입자를 분리하는 장치이다.

해설

사이클론에는 소형 사이클론을 병렬로 연결한 멀티 사이클론과 직렬로 연결한 다단 사이클론이 있다.

정답 | ③

02 빈출도 ★★

이론 습연소가스량 G_{ow}와 이론 건연소가스량 G_{od}의 관계를 나타낸 식으로 옳은 것은? (단, H는 수소체적비, w는 수분체적비를 나타내고, 식의 단위는 Nm^3/kg이다.)

① $G_{od} = G_{ow} + 1.25(9H + w)$
② $G_{od} = G_{ow} - 1.25(9H + w)$
③ $G_{od} = G_{ow} + (9H + w)$
④ $G_{od} = G_{ow} - (9H - w)$

해설

이론건연소가스량(G_{od}) = $G_{ow} - W_g$
여기서, 수증기량(W_g) = $1.25(9H + w)$로 표현되므로, 정리하면 $G_{od} = G_{ow} - 1.25(9H + w)$이다.

정답 | ②

03 빈출도 ★

저압 공기분무식 버너의 특징이 아닌 것은?

① 구조가 간단하여 취급이 간편하다.
② 공기압이 높으면 무화공기량이 줄어든다.
③ 점도가 낮은 중유도 연소할 수 있다.
④ 대형보일러에 사용된다.

해설

일반적으로 소형보일러에 사용된다.

관련개념 저압 공기분무식 버너

- 0.02~0.2MPa의 저압의 공기를 사용하여 중유를 무화시킨다.
- 구조가 간단하고 취급이 간편하며 일반적으로 소형보일러에 사용된다.
- 공기량(분무량)은 이론공기량의 30~50%가 소요되며 공기압이 높으면 무화공기량이 감소한다.
- 점도가 낮은 중유도 연소가 가능하다.

정답 | ④

04 빈출도 ★★

기체연료의 장점이 아닌 것은?

① 열효율이 높다.
② 연소의 조절이 용이하다.
③ 다른 연료에 비하여 제조비용이 싸다.
④ 다른 연료에 비하여 회분이나 매연이 나오지 않고 청결하다.

해설

다른 연료에 비하여 저장 및 수송이 불편하고 설비비 및 연료비가 많이 든다.

관련개념 기체연료 특징

- 적은 과잉공기로 완전연소가 가능하여 연소효율이 높아진다.
- 부하변동 범위가 넓어 저발열량의 연료로 고온을 얻는다.
- 연소가 균일하고 조절이 용이하며 매연이 발생하지 않는다.
- 저장 및 수송이 불편하고 설비비 및 연료비가 많이 든다.
- 취급 시 폭발 위험과 일산화탄소(CO) 등 유해가스의 노출위험이 있다.

정답 | ③

05 빈출도 ★

환열실의 전열면적(m^2)과 전열량(W)사이의 관계는? (단, 전열면적은 F, 전열량은 Q, 총괄전열계수는 V이며, Δt_m은 평균온도차이다.)

① $Q = \dfrac{F}{\Delta t_m}$
② $Q = F \times \Delta t_m$
③ $Q = F \times V \times \Delta t_m$
④ $Q = \dfrac{V}{F \times \Delta t_m}$

해설

총괄전열계수에 대한 공식은 다음과 같다.

$$Q = F \times V \times \Delta t_m$$

Q: 전열량(W), F: 전열면적(m^2),
V: 총괄전열계수($W/m^2 \cdot K$), Δt_m: 평균 온도차(K)

정답 | ③

06 빈출도 ★★

연소가스와 외부공기의 밀도 차에 의해서 생기는 압력차를 이용하는 통풍 방법은?

① 자연 통풍
② 평행 통풍
③ 압입 통풍
④ 유인 통풍

해설

자연 통풍은 송풍기 없이 연돌의 밀도 차에 의해 생기는 압력차를 이용하여 통풍한다.

정답 | ①

07 빈출도 ★★

분젠 버너를 사용할 때 가스의 유출 속도를 점차 빠르게 하면 불꽃 모양은 어떻게 되는가?

① 불꽃이 엉클어지면서 짧아진다.
② 불꽃이 엉클어지면서 길어진다.
③ 불꽃의 형태는 변화 없고 밝아진다.
④ 아무런 변화가 없다.

해설

연료가스의 유출속도가 상승할 경우 가스 흐름이 흐트러짐과 동시에 난류 현상으로 불꽃이 엉클어지고 짧아진다.

정답 | ①

08 빈출도 ★★

메탄 50V%, 에탄 25V%, 프로판 25V%가 섞여 있는 혼합 기체의 공기 중에서 연소하한계는 약 몇 %인가? (단, 메탄, 에탄, 프로판의 연소하한계는 각각 5V%, 3V%, 2.1V% 이다.)

① 2.3
② 3.3
③ 4.3
④ 5.3

해설

혼합가스 연소하한계(LEL) 르샤틀리에 공식은 아래와 같다.

$$\frac{100}{L} = \frac{V_1}{L_1} + \frac{V_2}{L_2} + \frac{V_3}{L_3} + \cdots$$

V: 각 성분 부피 백분율(%), L: 각 성분 연소 하한계(%)

$$\frac{100}{L} = \frac{50}{5} + \frac{25}{3} + \frac{25}{2.1} = 30.2381$$

$$L = \frac{100}{30.2381} = 3.31\%$$

정답 | ②

09 빈출도 ★

다음 성분 중 연료의 조성을 분석하는 방법 중에서 공업분석으로 알 수 없는 것은?

① 수분(W)
② 회분(A)
③ 휘발분(V)
④ 수소(H)

해설

연소의 성질 중 공업분석은 고정탄소, 휘발분, 수분, 회분 등의 성분 비율을 분석하는 방법이다.

관련개념 원소분석법과 공업분석법

	원소분석법	공업분석법
의미	원소별 성분을 분류하여 수분, 휘발분, 고정탄소 등의 함유량을 분석하는 방법이다.	연소의 성질 중 고정탄소, 휘발분, 수분, 회분 등의 성분 비율을 분석하는 방법이다.
분석 성분	수소, 산소, 질소, 탄소, 황 등	석탄, 코크스류 등

정답 | ④

10 빈출도 ★★

가연성 혼합기의 공기비가 1.0 일 때 당량비는?

① 0
② 0.5
③ 1.0
④ 1.5

해설

$$당량비(\phi) = \frac{실제연공비}{이론연공비}$$

$$= \frac{이론공기량 \times 실제연료량}{실제공기량 \times 이론연료량}$$

여기서, 이상적인 연소에서 실제연료량과 이론연료량은 같다.

$$\phi = \frac{이론공기량}{실제공기량} = \frac{1}{m} = \frac{1}{1} = 1.0$$

관련개념 연공비, 공연비, 당량비 및 공기비

- 연공비는 연료와 공기의 질량비로 정의된다.
- 공연비는 공기와 연료의 질량비로 정의된다.
- 당량비는 실제연공비와 이론연공비의 비로 정의된다.
- 공기비는 당량비의 역수와 같다.

정답 | ③

11 빈출도 ★★

B중유 5kg을 완전연소시켰을 때 저위발열량은 약 몇 MJ인가? (단, B중유의 고위발열량은 41,900kJ/kg, 중유 1kg에 수소 H는 0.2kg, 수증기 W는 0.1kg 함유되어 있다.)

① 96
② 126
③ 156
④ 186

해설

단위중량당 저위발열량(H_l)공식은 다음과 같다.

$$H_l = H_h - R_w$$
$$R_w = 600 \times (9H + w)$$

H_l: 저위발열량(kcal/kg), H_h: 고위발열량(kcal/kg), R_w: 증발잠열(kcal/kg)

$H_L = 41,900 - 600 \times 4.18 \times (9 \times 0.2 + 0.1)$
$= 37,184.8$ kJ/kg

문제에서 중유 5kg라고 하였으므로

총저위발열량 = 37,184.8 kJ/kg × 5kg
= 185,674 kJ = 186 MJ

※ 1kcal = 4.18J

정답 | ④

12 빈출도 ★★

다음 중 굴뚝의 통풍력을 나타내는 식은? (단, h는 굴뚝높이, γ_a는 외기의 비중량, γ_g는 굴뚝속의 가스의 비중량, g는 중력가속도이다.)

① $h(\gamma_g - \gamma_a)$
② $h(\gamma_a - \gamma_g)$
③ $\dfrac{h(\gamma_g - \gamma_a)}{g}$
④ $\dfrac{h(\gamma_a - \gamma_g)}{g}$

해설

비중량과 압력을 이용한 이론 통풍력 공식은 다음과 같다.

$$Z = P_2 - P_1 = (\gamma_2 - \gamma_1) \times h$$

Z: 통풍력(mmAq), P_1: 굴뚝 유입구 압력, P_2: 외기의 압력, γ_1: 배기가스의 비중량(kg/m³), γ_2: 외기의 비중량(kg/m³), h: 굴뚝의 높이(m)

정답 | ②

13 빈출도 ★

효율이 60%인 보일러에서 12,000kJ/kg의 석탄을 150kg을 연소시켰을 때의 열손실은 몇 MJ인가?

① 720
② 1,080
③ 1,280
④ 1,440

해설

열손실(Q) = 총 공급에너지(ΔE) − 유효에너지(E_0)
$Q = (12,000 \times 150) - (12,000 \times 150 \times 0.6)$
$= 720,000\text{kJ} = 720\text{MJ}$

정답 | ①

14 빈출도 ★

연료의 연소 시 $CO_{2\,max}(\%)$는 어느 때의 값인가?

① 실제공기량으로 연소 시
② 이론공기량으로 연소 시
③ 과잉공기량으로 연소 시
④ 이론양보다 적은 공기량으로 연소 시

해설

$C + O_2 \rightarrow CO_2$

연료용 공기가 이론공기량 이상일 경우 연료를 완전연소시키면 과잉공기가 생기기 때문에 $CO_{2\,max}$에서 CO_2의 함유율이 낮아지게 된다. $CO_{2\,max}$를 백분율로 표현하기 위해서는 이론공기량으로 연료를 완전연소 시켰을 경우 연소가스 중의 탄산가스량을 이론 건연소가스량에 대해 환산해야 한다.

정답 | ②

15 빈출도 ★★

다음 각 성분의 조성을 나타낸 식 중에서 틀린 것은? (단, m: 공기비, L_o: 이론공기량, G: 가스량, G_o: 이론 건연소 가스량이다.)

① $(CO_2) = \dfrac{1.867C - (CO)}{G} \times 100$
② $(O_2) = \dfrac{0.21(m-1)L_o}{G} \times 100$
③ $(N_2) = \dfrac{0.8N + 0.79mL_o}{G} \times 100$
④ $(CO_2)_{max} = \dfrac{1.867C + 0.7S}{G_o} \times 100$

해설

$CO_2 = \dfrac{1.867C + 0.7S}{G} \times 100$

정답 | ①

16 빈출도 ★

중유에 대한 설명으로 틀린 것은?

① A중유는 C중유보다 점성이 작다.
② A중유는 C중유보다 수분 함유량이 작다.
③ 중유는 점도에 따라 A급, B급, C급으로 나뉜다.
④ C중유는 소형디젤기관 및 소형보일러에 사용된다.

해설

C중유는 비중이 커서 인화점이 높기 때문에 주로 대규모 산업용(대형디젤기관 및 대형보일러 등)에 사용된다.

정답 | ④

17 빈출도 ★

중유의 저위발열량이 41,860kJ/kg인 원료 1kg을 연소시킨 결과 연소열이 31,400kJ/kg이고 유효출열이 30,270kJ/kg일 때, 전열효율과 연소효율은 각각 얼마인가?

① 96.4%, 70%
② 96.4%, 75%
③ 72.3%, 75%
④ 72.3%, 96.4%

해설

$$전열효율 = \frac{유효출열}{연소열}$$

$$전열효율 = \frac{30,270}{31,400} \times 100 = 96.4\%$$

$$연소효율 = \frac{연소열}{발열량} = \frac{발열량 - 손실열}{발열량}$$

$$연소효율 = \frac{31,400}{41,860} \times 100 = 75\%$$

정답 | ②

18 빈출도 ★★

수소 1kg을 완전히 연소시키는데 요구되는 이론산소량은 몇 Nm^3인가?

① 1.86
② 2.8
③ 5.6
④ 26.7

해설

수소(H_2)의 완전연소반응식

$$H_2 + \frac{1}{2}O_2 \rightarrow H_2O$$

H_2과 O_2은 1 : 0.5 반응이므로 이를 이용하여 이론산소량을 구한다.

$H_2 : O_2$

1mol : 0.5mol = 2kg : 0.5×22.4Nm^3

따라서, 이론산소량 $= \frac{0.5 \times 22.4Nm^3}{2kg} = 5.6Nm^3/kg$

정답 | ③

19 빈출도 ★★

액체연료의 연소방법으로 틀린 것은?

① 유동층연소
② 등심연소
③ 분무연소
④ 증발연소

해설

유동층연소는 고체의 연소장치에 해당한다.

관련개념 고체연료의 연소

연소방식	의미	예
표면연소	고체의 표면에서 열분해나 증발 없이 산소가 직접 반응하여 연소하는 형태	목탄, 코크스 등
분해연소	열에 의해 고체가 분해되어 가연성 가스가 발생하면서 연소하는 형태	나무, 석탄, 종이, 중유, 플라스틱 등
증발연소	연소 시 고체가 증발하면서 가연성 기체를 발생하는 형태	황, 나프탈렌, 양초, 파라핀 등
자기연소 (내부연소)	산소를 함유하고 있는 고체가 공기 중의 산소를 필요로 하지 않고 그 자체의 산소로 연소하는 형태	TNT, 니트로글리세린, 피크린산 등

정답 | ①

20 빈출도 ★

제조 기체연료에 포함된 성분이 아닌 것은?

① C
② H_2
③ CH_4
④ N_2

해설

C(탄소)는 고체, 액체연료의 주성분으로, 제조 기체연료에는 C_mH_n, C_nH_{2n+2}, CO, H_2, N_2, O_2, CO_2 등으로 구성된다.

정답 | ①

열역학

21 빈출도 ★

1mol의 이상기체가 25°C, 2MPa로부터 100kPa까지 가역단열적으로 팽창하였을 때 최종온도(K)는? (단, 정적비열 C_v는 $\frac{3}{2}R$이다.)

① 60
② 70
③ 80
④ 90

해설

단열과정에서 온도와 압력과의 관계식은 다음과 같다.

$$\frac{T_2}{T_1} = \left(\frac{P_2}{P_1}\right)^{\frac{\gamma-1}{\gamma}}$$

T_1: 초기 온도(K), T_2: 최종 온도(K), P_1: 초기 압력(kPa), P_2: 최종 압력(kPa), γ: 비열비$\left(\frac{C_p}{C_v}\right)$, C_p: 정압비열(kJ/kg·K), C_v: 정적비열(kJ/kg·K)

$C_p - C_v = R$이므로, $C_p = C_v + R = \frac{3}{2}R + R = \frac{5}{2}R$이다.

$\gamma = \frac{C_p}{C_v} = \frac{\frac{5R}{2}}{\frac{3R}{2}} = 1.667$

$T_2 = T_1 \times \left(\frac{P_2}{P_1}\right)^{\frac{1.667-1}{1.667}} = (25+273) \times \left(\frac{100}{2,000}\right)^{\frac{1.667-1}{1.667}}$
$= 89.88K$

정답 | ④

22 빈출도 ★★

비열비(k)가 1.4인 공기를 작동유체로 하는 디젤엔진의 최고온도(T_3) 2,500K, 최저온도(T_1)가 300K, 최고압력(P_3)이 4MPa, 최저압력(P_1)이 100kPa일 때 차단비(cut off ratio; r_c)는 얼마인가?

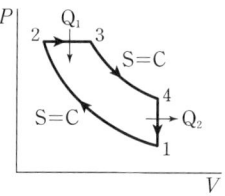

① 2.4
② 2.9
③ 3.1
④ 3.6

해설

차단비 $= \frac{T_3}{T_2}$

단열압축 과정의 온도-압력 관계를 통해 T_2를 구한다.

$\frac{T_1}{T_2} = \left(\frac{P_1}{P_3}\right)^{\frac{k-1}{k}} = \frac{300}{T_2} = \left(\frac{0.1}{4}\right)^{\frac{1.4-1}{1.4}}$

$T_2 = 860.70K$

차단비 $= \frac{T_3}{T_2} = \frac{2,500}{860.70} = 2.9$

정답 | ②

23 빈출도 ★★

분자량이 29인 1kg의 이상기체가 실린더 내부에 채워져 있다. 처음에 압력 400kPa, 체적 0.2m³인 이 기체를 가열하여 체적 0.076m³, 온도 100℃가 되었다. 이 과정에서 받은 일(kJ)은? (단, 폴리트로픽 과정으로 가열한다.)

① 90
② 95
③ 100
④ 104

해설

이상기체방정식을 통해 처음 온도(T_1)를 구한다.

$$PV = mRT$$

P: 압력(kPa), V: 부피(m³), m: 질량(kg), R: 기체상수(kJ/kg·K), T: 온도(K)

$$T_1 = \frac{P_1 V_1}{mR} = \frac{400 \times 0.2}{1 \times 0.287} = 278.746\text{K}$$

폴리트로픽 과정에서 압력, 부피, 온도 관계식은 다음과 같다.

$$\frac{P_1}{P_2} = \left(\frac{V_2}{V_1}\right)^n = \left(\frac{T_1}{T_2}\right)^{\frac{n}{n-1}}$$

n: 폴리트로픽 지수

$$\left(\frac{V_2}{V_1}\right)^n = \left(\frac{T_1}{T_2}\right)^{\frac{n}{n-1}}$$

$$\frac{0.076}{0.2} = \left(\frac{279}{373}\right)^{\frac{1}{n-1}}$$

$n = 1.3$

폴리트로픽 과정에서 일에 대한 식은 다음과 같다.

$$W = \frac{P_2 V_2 - P_1 V_1}{1-n}$$

$\frac{P_1 V_1}{T_1} = \frac{P_2 V_2}{T_2}$에 따라 $P_2 = \frac{P_1 V_1 T_2}{T_1 V_2}$이다.

$$P_2 = \frac{400 \times 0.2 \times 373}{279 \times 0.076} = 1,407$$

$$W = \frac{1,407 \times 0.076 - 400 \times 0.2}{1 - 1.3} = -90\text{kJ}$$

※ 여기서, (−)부호는 외부로부터 압축 시 일을 받은 것을 의미한다.

정답 | ①

24 빈출도 ★

임의의 과정에 대한 가역성과 비가역성을 논의하는 데 적용되는 법칙은?

① 열역학 제0법칙
② 열역학 제1법칙
③ 열역학 제2법칙
④ 열역학 제3법칙

해설

열역학 제2법칙은 가역성과 비가역성의 클라우시우스 적분과 관련있다.

관련개념 클라우시우스 적분

- 가역사이클일 경우

$$\oint_{가역} \frac{dQ}{T} = 0$$

- 비가역사이클일 경우

$$\oint_{비가역} \frac{dQ}{T} < 0$$

정답 | ③

25 빈출도 ★★

100kPa, 20℃의 공기를 0.1kg/s의 유량으로 900kPa까지 등온 압축할 때 필요한 공기압축기의 동력(kW)은? (단, 공기의 기체상수는 0.287kJ/kg·K 이다.)

① 18.5
② 64.5
③ 75.7
④ 185

해설

등온과정에서의 이상기체상태방정식을 이용한 일(W)공식은 다음과 같다.

$$W = mRT_1 \ln\left(\frac{V_1}{V_2}\right) = mRT_1 \ln\left(\frac{P_2}{P_1}\right)$$

P: 압력(kPa), V: 부피(m³), m: 질량유량(kg/s), R: 기체상수(kJ/kg·K), T: 온도(K)

$$W = 0.1 \times 0.287 \times (20+273) \times \ln\left(\frac{900}{100}\right) = 18.5\text{kW}$$

정답 | ①

26 빈출도 ★

증기 압축 냉동 사이클의 증발기 출구, 증발기 입구에서 냉매의 비엔탈피가 각각 $1,284kJ/kg$, $122kJ/kg$이면 압축기 출구측에서 냉매의 비엔탈피(kJ/kg)는? (단, 성능계수는 4.4이다.)

① 1,316　　② 1,406
③ 1,548　　④ 1,632

해설

성능계수 공식은 다음과 같다.

$$COP = \frac{Q}{W}$$

COP: 성능계수, W: 소요동력(kW), Q: 냉동능력(kW)

여기서 Q는 냉동효과를 의미하며, $h_1 - h_4$와 같다.
(h: 비엔탈피)
W는 압축기 공급 일을 의미하며, $h_2 - h_1$와 같다.
따라서,

$$COP = \frac{Q(냉동효과)}{W(압축기\ 공급\ 일)} = \frac{h_1 - h_4}{h_2 - h_1}$$

$$W = \frac{Q}{COP} = \frac{h_1 - h_4}{COP} = \frac{1,284 - 122}{4.4} = 264.091$$

$W = h_2 - h_1$
$264.091 = h_2 - 1,284$
$h_2 = 1,548 kJ/kg$

정답 | ③

27 빈출도 ★

그림은 공기 표준 오토 사이클이다. 효율 η에 관한 식으로 틀린 것은? (단, ϵ는 압축비, k는 비열비이다.)

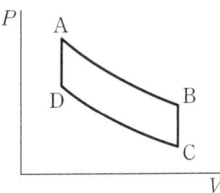

① $\eta = 1 - \dfrac{T_B - T_C}{T_A - T_D}$　　② $\eta = 1 - \epsilon\left(\dfrac{1}{\epsilon}\right)^k$

③ $\eta = 1 - \dfrac{T_B}{T_A}$　　④ $\eta = 1 - \dfrac{P_B - P_C}{P_A - P_D}$

해설

$$\eta = \frac{W}{Q_2} = \frac{Q_2 - Q_1}{Q_2} = 1 - \frac{Q_1}{Q_2}$$

$$= 1 - \left(\frac{T_B - T_C}{T_A - T_D}\right) = 1 - \frac{T_B}{T_A}$$

$$= 1 - \left(\frac{1}{\epsilon}\right)^{k-1} = 1 - \epsilon\left(\frac{1}{\epsilon}\right)^k = 1 - \epsilon\left(\frac{P_B - P_C}{P_A - P_D}\right)$$

정답 | ④

28 빈출도 ★

정상상태에서 작동하는 개방시스템에 유입되는 물질의 비엔탈피가 h_1이고, 이 시스템 내에 단위질량당 열을 q만큼 전달해 주는 것과 동시에, 축을 통한 단위질량당 일을 w만큼 시스템으로 유출되는 물질의 비엔탈피 h_2를 옳게 나타낸 것은? (단, 위치에너지와 운동에너지는 무시한다.)

① $h_2 = h_1 + q - w$
② $h_2 = h_1 - q - w$
③ $h_2 = h_1 + q + w$
④ $h_2 = h_1$

해설

개방시스템에서 정상상태로 작용하는 일반적인 에너지 식은 다음과 같다.

$$h_1 + \frac{v_1^2}{2} + gz_1 + q + w = h_2 + \frac{v_2^2}{2} + gz_2$$

이때, 위치에너지와 운동에너지는 무시하므로,
$h_2 = h_1 + q + w$

정답 | ③

29 빈출도 ★★

다음 중 오존층을 파괴하며 국제협약에 의해 사용이 금지된 CFC 냉매는?

① R-12
② HFO1234yf
③ NH_3
④ CO_2

해설

R-12의 분자식은 CCl_2F_2이며, 염소(Cl)가 많이 있을수록 오존 파괴지수가 크다.

정답 | ①

30 빈출도 ★

2kg, 30℃인 이상기체가 100kPa에서 300kPa까지 가역 단열과정으로 압축되었다며 최종온도(℃)는? (단, 이 기체의 정적비열은 750J/kg·K, 정압비열은 1,000J/kg·K 이다.)

① 99
② 126
③ 267
④ 399

해설

가역단열 과정에서 비열비에 대한 온도-압력 관계식은 다음과 같다.

$$\frac{T_2}{T_1} = \left(\frac{P_2}{P_1}\right)^{\frac{\gamma-1}{\gamma}}$$

T_1: 초기 온도(K), T_2: 최종 온도(K), P_1: 초기 압력(kPa), P_2: 최종 압력(kPa), γ: 비열비 $\left(\frac{C_p}{C_v}\right)$, C_p: 정압비열(J/kg·K), C_v: 정적비열(J/kg·K)

$\gamma = \frac{C_p}{C_v} = \frac{1,000}{750} = 1.33$

$T_2 = (30+273) \times \left(\frac{300}{100}\right)^{\frac{1.33-1}{1.33}} = 397.95K ≒ 126℃$

정답 | ②

31 빈출도 ★★

수증기를 사용하는 기본 랭킨 사이클의 복수기 압력이 10kPa, 보일러 압력이 2MPa, 터빈 일이 792kJ/kg, 복수기에서 방출되는 열량이 1,800kJ/kg일 때 열효율(%)은? (단, 펌프에서 물의 비체적은 $1.01 \times 10^{-3} m^2/kg$이다.)

① 30.5
② 32.5
③ 34.5
④ 36.5

해설

랭킨 사이클의 효율은 다음과 같이 구한다.

$$\eta = \frac{W}{Q}$$

W: 유효일량, Q: 공급일량

여기서, 유효일량(W)은 터빈일(W_T)−펌프일(W_P)과 같다.
펌프일(W_P)=$v_f \times (P_2 - P_1)$
(v_f: 펌프의 비체적, P_1: 복수기 압력, P_2: 보일러 압력)
$W_P = (1.01 \times 10^{-3}) \times (2,000-10) = 2.01 kJ/kg$
$W = W_T - W_P = 792 - 2.01 = 789.99 kJ/kg$
또한, 공급일량(Q)은 일+방출열량과 같다.
$Q = W + Q_{out} = 789.99 + 1,800 = 2,589.99 kJ/kg$
$\eta = \frac{789.99}{2,589.99} \times 100 = 30.5\%$

정답 | ①

32 빈출도 ★★★

랭킨 사이클의 터빈출구 증기의 건도를 상승시켜 터빈날개의 부식을 방지하기 위한 사이클은?

① 재열 사이클 ② 오토 사이클
③ 재생 사이클 ④ 사바테 사이클

해설

랭킨(Rankine) 사이클은 열효율을 개선하기 위해서 증기초압을 높여 터빈 내의 팽창증기를 취출하고 재열기로 재열(사이클)을 사용한다.

관련개념 랭킨 사이클(Rankine Cycle)

- 2개의 정압과정, 2개의 단열변화로 증기 동력사이클의 기본 사이클이며, 가장 널리 사용된다.
- 작동 유체(물, 수증기)의 흐름은 펌프(단열압축) → 보일러(정압가열) → 터빈(단열팽창) → 응축기(정압냉각) → 펌프 순으로 나타낸다.

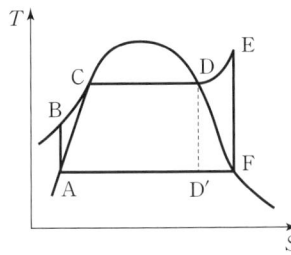

A → B: 단열압축
B → C: 정압가열
C → D: 가열
D → D': 보일러 사용 안함
D → E: 등압가열
E → F: 단열팽창
F → A: 정압냉각

정답 | ①

33 빈출도 ★★

다음 중 강도성 상태량이 아닌 것은?

① 압력 ② 온도
③ 비체적 ④ 체적

해설

- 강도성 상태량(세기의 상태량): 질량과 관계가 없으며, 온도, 압력, 밀도, 비체적, 농도, 비열, 열전달율 등이 있다.
- 용량성 상태량(크기의 상태량): 질량과 관계가 있으며, 질량, 부피, 일, 내부에너지, 엔탈피, 엔트로피 등이 있다.

정답 | ④

34 빈출도 ★★

증기의 기본적 성질에 대한 설명으로 틀린 것은?

① 임계 압력에서 증발열은 0이다.
② 증발잠열은 포화 압력이 높아질수록 커진다.
③ 임계점에서는 액체와 기체의 상에 대한 구분이 없다.
④ 물의 3중점은 물과 얼음과 증기의 3상이 공존하는 점이며 이 점의 온도는 0.01℃이다.

해설

증발잠열은 포화 압력이 높아질수록 작아진다.

정답 | ②

35 빈출도 ★

표준 기압(101.3kPa), 20℃에서 상대 습도 65%인 공기의 절대습도(kg/kg)는? (단, 건조 공기와 수증기는 이상기체로 간주하며, 각각의 분자량은 29, 18로 하고, 20℃의 수증기의 포화압력은 2.24kPa로 한다.)

① 0.0091 ② 0.0202
③ 0.0452 ④ 0.0724

해설

표준 기압에서 절대습도는 다음과 같이 구한다.

$$Z = \frac{18}{29} \times \frac{P_w}{P - P_w}$$

Z: 절대습도(kg/kg), P_w: 수증기 분압($P_w = \phi \times P_s$),
ϕ: 상대습도, P_s: 포화압력(kPa), P: 대기압(kPa)

먼저, 수증기 분압(P_w)을 구하면
$P_w = 0.65 \times 2.24 = 1.456$ kPa
$Z = \frac{18}{29} \times \frac{1.456}{101.3 - 1.456} = 0.0091$ kg/kg

정답 | ①

36 빈출도 ★

97°C로 유지되고 있는 항온조가 실내 온도 27°C인 방에 놓여 있다. 어떤 시간에 1,000kJ의 열이 항온조에서 실내로 방출되었다면 다음 설명 중 틀린 것은?

① 항온조속의 물질의 엔트로피 변화는 -2.7kJ/K이다.
② 실내 공기의 엔트로피의 변화는 약 3.3kJ/K이다.
③ 이 과정은 비가역이다.
④ 항온조와 실내 공기의 총 엔트로피는 감소하였다.

선지분석

① 항온조속의 물질의 엔트로피 변화
$$\frac{dQ}{T_1}=\frac{-1,000\text{kJ}}{(97+273)\text{K}}=-2.70\text{kJ/K}$$

② 실내 공기의 엔트로피 변화
$$\frac{dQ}{T_2}=\frac{-1,000\text{kJ}}{(27+273)\text{K}}=-3.33\text{kJ/K}$$

③, ④ 총 엔트로피 변화량은 항온조의 엔트로피 변화량(-2.7kJ/K)+실내 공기의 엔트로피 변화량(3.3kJ/K)으로, $-2.7\text{kJ/K}+3.3\text{kJ/K}=0.6\text{kJ/K}$이다. 즉, 총 엔트로피는 증가하였으므로 비가역과정이다.

정답 | ④

37 빈출도 ★★

이상기체가 등온과정에서 외부에 하는 일에 대한 관계식으로 틀린 것은? (단, R은 기체상수이고, 계에 대해서 m은 질량, V는 부피, P는 압력, T는 온도를 나타낸다. 하첨자 "1"은 변경 전, 하첨자 "2"는 변경 후를 나타낸다.)

① $P_1V_1\ln\dfrac{V_2}{V_1}$
② $P_1V_1\ln\dfrac{P_2}{P_1}$
③ $mRT\ln\dfrac{P_1}{P_2}$
④ $mRT\ln\dfrac{V_2}{V_1}$

해설

$$PV=mRT$$

P: 압력(kPa), V: 부피(m³), m: 질량(kg),
R: 기체상수(kJ/kg·K), T: 온도(K)

$$Q=W_t=\int PdV=\int\frac{mRT}{V}dV$$
$$mRT\int\frac{1}{V}dV=mRT\times\ln\left(\frac{V_2}{V_1}\right)$$

등온과정에서 $\dfrac{P_1}{P_2}=\dfrac{V_2}{V_1}$이므로,

$mRT\times\ln\left(\dfrac{P_1}{P_2}\right)$이다.

정답 | ②

38 빈출도 ★

이상적인 표준 증기압축식 냉동 사이클에서 등엔탈피 과정이 일어나는 곳은?

① 압축기 ② 응축기
③ 팽창밸브 ④ 증발기

해설

팽창밸브는 단열팽창과정에 해당되며 엔탈피가 일정한 등엔탈피 과정이 일어난다.

관련개념 표준 증기압축 냉동 사이클 T-S선도

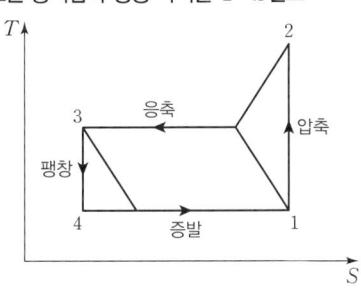

- 1 → 2: 단열압축 과정(압축기)
- 2 → 3: 정압방열(응축) 과정(응축기)
- 3 → 4: 등엔탈피 팽창 과정(팽창밸브)
- 4 → 1: 등온팽창 과정(증발기)

정답 | ③

39 빈출도 ★★

초기의 온도, 압력이 100℃, 100kPa 상태인 이상기체를 가열하여 200℃, 200kPa 상태가 되었다. 기체의 초기상태 비체적이 $0.5 m^3/kg$일 때, 최종상태의 기체 비체적(m^3/kg)은?

① 0.16 ② 0.25
③ 0.32 ④ 0.50

해설

보일-샤를의 법칙 $\dfrac{P_1 V_1}{T_1} = \dfrac{P_2 V_2}{T_2}$ 에 따라

$V_2 = V_1 \times \dfrac{P_1}{P_2} \times \dfrac{T_2}{T_1}$

$= 0.5 \times \dfrac{100}{200} \times \dfrac{(200+273)}{(100+273)} = 0.32 m^3/kg$

정답 | ③

40 빈출도 ★★

열손실이 없는 단단한 용기 안에 20℃의 헬륨 0.5kg을 15W의 전열기로 20분간 가열하였다. 최종 온도(℃)는? (단, 헬륨의 정적비열은 $3.116 kJ/kg \cdot K$, 정압비열은 $5.193 kJ/kg \cdot K$ 이다.)

① 23.6 ② 27.1
③ 31.6 ④ 39.5

해설

전열기의 가열량에 대해 최종 온도 구하는 공식은 다음과 같다.

$$t_b = t_a + \dfrac{Q}{C_v \times m}$$

t_b: 최종 온도(K), t_a: 처음 온도(K), Q: 열량(kW), C_v: 정적비열(kJ/kg·K), m: 질량(kg)

$t_b = 293 + \dfrac{0.015 \times 20 \times 60s}{3.116 \times 0.5} = 304.553 K - 273 = 31.6 ℃$

정답 | ③

계측방법

41 빈출도 ★★

가스크로마토그래피의 구성요소가 아닌 것은?

① 검출기
② 기록계
③ 칼럼(분리관)
④ 지르코니아

해설

가스크로마토그래피 구성요소
- 캐리어가스 가스통(운반가스 용기)
- 칼럼, (칼럼)검출기, 주사기
- 각종 계측기(전위계, 기록계, 유량계 등)

정답 | ④

42 빈출도 ★

방사율에 의한 보정량이 적고 비접촉법으로는 정확한 측정이 가능하나 사람 손이 필요한 결점이 있는 온도계는?

① 압력계형 온도계 ② 전기저항 온도계
③ 열전대 온도계 ④ 광고온계

해설

광고온계에 대한 설명이다.

관련개념 광온도계(광고온계)

- 온도계 중에 가장 높은 온도를 측정할 수 있다.
- 비접촉식 온도계 중 가장 정확한 측정이 가능하다.
- 저온(700℃) 이하의 물체 온도측정이 곤란하다.
- 고온 물체의 방사되는 가시광선을 이용한다.
- 수동측정 방식으로 측정 시 시간 및 개인 간의 오차가 발생한다.

정답 | ④

43 빈출도 ★★

자동제어계에서 응답을 나타낼 때 목표치를 기준한 앞뒤의 진동으로 시간의 지연을 필요로 하는 시간적 동작의 특성을 의미하는 것은?

① 동특성 ② 스텝응답
③ 정특성 ④ 과도응답

선지분석

① 동특성: 자동제어계에서 응답을 나타낼 때 목표치를 기준으로 한 앞뒤의 진동으로 시간의 지연을 필요로 하는 시간적 동작의 특성을 말한다.
② 스텝응답: 입력된 신호가 갑자기 스텝상으로 변환되었을 때의 과도응답을 말한다.
③ 정특성: 감도, 밀도 등을 측정할 때 일정한 입력 신호에 대해 시간이 지나면서 변하지 않는 동작을 나타내는 특성을 말한다.
④ 과도응답: 자동제어시스템의 정상상태에 있는 계에 격한 변화의 입력을 가했을 때 생기는 출력변화로 과잉입력신호로 인해 생기는 변화를 말한다.

정답 | ①

44 빈출도 ★

색온도계에 대한 설명으로 옳은 것은?

① 온도에 따라 색이 변하는 일원적인 관계로부터 온도를 측정한다.
② 바이메탈 온도계의 일종이다.
③ 유체의 팽창정도를 이용하여 온도를 측정한다.
④ 기전력의 변화를 이용하여 온도를 측정한다.

해설

색온도계는 광감지기로 빛의 파장을 통해 발광체의 밝고 어두운 색을 측정하므로 방사율의 영향이 적다.

정답 | ①

45 빈출도 ★★

관속을 흐르는 유체가 층류로 되려면?

① 레이놀즈수가 4,000보다 많아야 한다.
② 레이놀즈수가 2,100보다 적어야 한다.
③ 레이놀즈수가 4,000이어야 한다.
④ 레이놀즈수와는 관계가 없다.

해설

레이놀즈수(Re, Reynolds number)는 유체역학에서 사용하는 무차원 수로 관성력과 점성력의 비를 말한다.

층류	$Re < 2,100(2,320)$ 흐름
임계영역	$2,100(2,320) \leq Re \leq 4,000$
난류	$Re > 4,000$ 흐름

정답 | ②

46 빈출도 ★

다음 중 사하중계(Dead weight gauge)의 주된 용도는?

① 압력계 보정
② 온도계 보정
③ 유체 밀도 측정
④ 기체 무게 측정

해설

사하중계는 일정한 무게의 추를 활용하는 압력계 보정장치이다.

정답 | ①

47 빈출도 ★★

시스(Sheath) 열전대 온도계에서 열전대가 있는 보호관 속에 충전되는 물질로 구성된 것은?

① 실리카, 마그네시아
② 마그네시아, 알루미나
③ 알루미나, 보크사이트
④ 보크사이트, 실리카

해설

시스 열전대 온도계는 열전대와 보호관으로 구성되어 있는 온도계로 보호관의 충전물질은 마그네시아, 알루미나 등이 있다. 외부 환경의 영향을 받지 않아 국부적인 온도 측정이 가능하고 진동이 심한 곳 등에서도 사용이 가능하다.

정답 | ②

48 빈출도 ★★

지름이 각각 0.6m, 0.4m인 파이프가 있다. (1)에서의 유속이 8m/s이면 (2)에서의 유속(m/s)은 얼마인가?

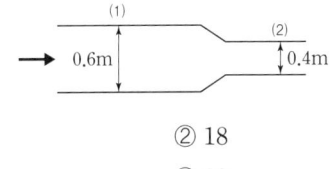

① 16
② 18
③ 20
④ 22

해설

$$Q = AV$$

Q: 유량(m^3/s), A: 면적(m^2), V: 유속(m/s)

유량보존법칙에 의해 (1)에서의 유량과 (2)에서의 유량은 같다.
$Q_1 = Q_2 = A_1 V_1 = A_2 V_2$
면적은 원의 면적이므로
$\left(\dfrac{\pi}{4} D_1^2\right) V_1 = \left(\dfrac{\pi}{4} D_2^2\right) V_2$

$V_2 = \dfrac{D_1^2 \times V_1}{D_2^2} = \dfrac{0.6^2 \times 8}{0.4^2} = 18 \text{m/s}$

정답 | ②

49 빈출도 ★

열전도율형 CO_2 분석계의 사용 시 주의사항에 대한 설명 중 틀린 것은?

① 브리지의 공급 전류의 점검을 확실하게 한다.
② 셀의 주위 온도와 측정가스 온도는 거의 일정하게 유지시키고 온도의 과도한 상승을 피한다.
③ H_2를 혼입시키면 정확도를 높이므로 같이 사용한다.
④ 가스의 유속을 일정하게 하여야 한다.

해설

열전도율형 CO_2 분석계는 두 개의 가스 셀을 사용하여 CO_2 농도를 측정하는 가스분석계로 CO_2보다 열전도율이 높은 H_2를 혼입시키면 오차가 발생하여 정확도가 낮아진다.

정답 | ③

50 빈출도 ★★

열전대 온도계에서 열전대선을 보호하는 보호관 단자로부터 냉접점까지는 보상도선을 사용한다. 이때 보상도선의 재료로서 가장 적합한 것은?

① 백금로듐
② 알루멜
③ 철선
④ 동-니켈 합금

해설

열전대 온도계 보상도선의 재료는 동-니켈 합금이 적합하다.

관련개념 열전대 온도계

- 고온 측정에 적합하고 금속으로 되어 있어 내열성과 내구성, 내식성이 우수하다.
- 열전대에서 발생한 열전압을 활용하여 측정한다.
- 보호관 선택 및 유지관리에 주의한다.
- 단자의 +, -는 각각의 전기회로 +, -에 연결한다.
- 주위 고온체로부터 받은 복사열의 영향으로 인해 오차가 생길 수도 있으므로 주의해야 한다.
- 측정하고자 하는 곳에 정확히 삽입하고 삽입한 구멍을 통해 냉기가 들어가지 않게 한다.

정답 | ④

51 빈출도 ★

점도 1pa · s와 같은 값은?

① 1kg/m · s
② 1P
③ 1kgf · s/m^2
④ 1cP

선지분석

점성은 유체의 이동 시 저항정도를 물리량으로 나타낸다.
① 1pa · s=1kg/m · s
② 1P=0.1kg/m · s
③ 1kgf · s/m^2=9.80665N · s/m^2=9.80665kg/m · s
④ 1cP=0.001kg/m · s

정답 | ①

52 빈출도 ★

다음 중 미세한 압력차를 측정하기에 적합한 액주식 압력계는?

① 경사관식 압력계
② 부르동관 압력계
③ U자관식 압력계
④ 저항선 압력계

해설

경사관식 압력계는 액주식 압력계의 일종으로, 높이 차이와 관의 경사각을 통해 액체의 미세한 압력차를 측정한다.

정답 | ①

53 빈출도 ★★

제어량에 편차가 생겼을 경우 편차의 적분차를 가감해서 조작량의 이동속도가 비례하는 동작으로서 잔류편차가 제어되나 제어 안정성은 떨어지는 특징을 가진 동작은?

① 비례동작
② 적분동작
③ 미분동작
④ 다위치동작

해설

적분제어(Integral Control, I 동작)는 적분값에 비례하는 제어 동작으로 동작 시 출력의 변화된 속도값이 편차에 비례한 동작을 말하며 잔류편차가 제어되나 제어 안정성은 떨어진다.

정답 | ②

54 빈출도 ★

다음 중 간접식 액면측정 방법이 아닌 것은?

① 방사선식 액면계
② 초음파식 액면계
③ 플로트식 액면계
④ 저항전극식 액면계

해설

플로트식 액면계는 직접식 액면측정 방법이다.

관련개념 액면계

분류	측정법
직접법	부자식(플로트식), 검척식, 유리관식(직관식) 등
간접법	압력식, 정전용량식, 초음파식, 방사선식, 차압식, 다이어프램식, 편위식, 기포식, 저항전극식 등

정답 | ③

55 빈출도 ★★

액체와 고체연료의 열량을 측정하는 열량계는?

① 봄브식
② 융커스식
③ 클리브랜드식
④ 타그식

해설

봄브식 열량계는 밀폐된 용기 안에서 급속한 연소 시에 발생하는 열량을 측정하는 장치로, 고체, 액체연료의 발열량 측정이 가능하다.

정답 | ①

56 빈출도 ★

분동식 압력계에서 300MPa 이상 측정할 수 있는 것에 사용되는 액체로 가장 적합한 것은?

① 경유
② 스핀들유
③ 피마자유
④ 모빌유

해설

기름에 따른 압력범위는 다음과 같다.

구분	압력범위
경유	4~10MPa
스핀들유, 피마자유	10~100MPa
모빌유	300MPa

관련개념 분동식 압력계

(1) 개요

분동에 의한 압력을 측정하는 압력계로, 탄성식 압력계의 검사를 진행하는데 사용된다.

(2) 분동식 압력계의 액체 조건
- 밀도가 높고, 점성이 작아야 한다.
- 표면장력이 적고 화학적으로 안정되어야 한다.
- 가격이 저렴해야 한다.

정답 | ④

57 빈출도 ★★★

물을 함유한 공기와 건조공기의 열전도율 차이를 이용하여 습도를 측정하는 것은?

① 고분자 습도센서
② 염화리튬 습도센서
③ 서미스터 습도센서
④ 수정진동자 습도센서

해설

서미스터 습도센서는 온도에 따라 변하는 저항값과 습도 변화의 차이를 이용한 기기로, 물을 함유한 공기와 건조공기의 열전도율의 차이를 이용하여 습도를 측정한다.

정답 | ③

58 빈출도 ★★

측정량과 크기가 거의 같은 미리 알고 있는 양의 분동을 준비하여 분동과 측정량의 차이로부터 측정량을 구하는 방식은?

① 편위법
② 보상법
③ 치환법
④ 영위법

선지분석

① 편위법: 조작이 간단하고, 측정하고자 하는 양의 직접적인 작용에 의해 계측기의 지침에 편위를 일으키며 편위와 눈금과 비교하여 측정한다.
② 보상법: 측정량과 크기가 거의 같은 양(미리 알고 있는 양)을 준비하여 분동과 측정량의 차이를 이용하여 구한다.
③ 치환법: 알고 있는 양으로 측정량을 파악하는 방법으로 다이얼 게이지를 이용해 길이를 측정할 때 추를 올려놓고 측정 후 측정물을 바꾸어 올렸을 때의 차를 통해 높이를 구한다.
④ 영위법: 측정량과 같은 종류의 상태량과 기준량의 크기를 조정할 수 있게 하여 준비하고 측정 시 평행상 계측기의 지시가 0의 위치 할 때 기준량의 크기와 측정량의 크기를 비교하여 측정한다.

정답 | ②

59 빈출도 ★

다음 중 그림과 같은 조작량 변화 동작은?

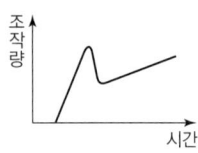

① P.I 동작
② ON-OFF 동작
③ P.I.D 동작
④ P.D 동작

해설

PID 제어는 기본적인 피드백제어의 형태를 가지며 측정된 출력값을 설정값(참조값)과 비교하여 발생한 오차값으로 제어값을 계산하는 구조이다.

관련개념 P.I.D 동작(비례적분미분 동작)

- P: 조작량이 일정한 부분을 의미한다.
- I: 가속도로 증가되고 소량 감소된 부분을 의미한다.
- D: 일정하게 증가하는 직선부를 의미한다.

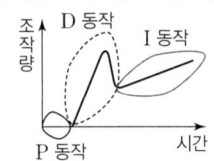

▲ P.I.D 동작

정답 | ③

60 빈출도 ★

오리피스 유량계에 대한 설명으로 틀린 것은?

① 베르누이의 정리를 응용한 계기이다.
② 기체와 액체에 모두 사용이 가능하다.
③ 유량계수 C는 유체의 흐름이 층류이거나 와류의 경우 모두 같고 일정하며 레이놀즈수와 무관하다.
④ 제작과 설치가 쉬우며, 경제적인 교축기구이다.

해설

유량계수 C는 유체의 흐름이 레이놀즈수에 의존한다.

관련개념 오리피스 유량계

- 베르누이의 정리를 응용한 유량계이다.
- 기체와 액체에 모두 사용이 가능하다.
- 유량계수(C)는 유체의 흐름이 레이놀즈수(Re)에 의존한다.
- 교축기구를 기하학적으로 닮은꼴이 되도록 끝맺음질을 정밀하게 하면 정확한 측정값을 얻을 수 있다.

정답 | ③

열설비재료 및 관계법규

61 빈출도 ★★

용선로(Cupola)에 대한 설명으로 틀린 것은?

① 대량생산이 가능하다.
② 용해 특성상 용탕에 탄소, 황, 인 등의 불순물이 들어가기 쉽다.
③ 다른 용해로에 비해 열효율이 좋고 용해시간이 빠르다.
④ 동합금, 경합금 등 비철금속 용해로로 주로 사용된다.

해설

동합금, 경합금 등 비철금속 용해로로 주로 도가니로에 사용된다.

정답 | ④

62 빈출도 ★★★

다음 중 터널요에 대한 설명으로 옳은 것은?

① 예열, 소성, 냉각이 연속적으로 이루어지며 대차의 진행방향과 같은 방향으로 연소가스가 진행된다.
② 소성시간이 길기 때문에 소량생산에 적합하다.
③ 인건비, 유지비가 많이 든다.
④ 온도조절의 자동화가 쉽지만 제품의 품질, 크기, 형상 등에 제한을 받는다.

해설

온도조절의 자동화가 쉽지만 제품의 품질, 크기, 형상 등 사용연료에 제한을 받는다.

관련개념 터널가마(터널요, Tunnel kiln)

(1) 개요
터널형의 가마로 피소성체를 연속적으로 통과시켜 예열, 소성, 냉각 과정을 통해 제품을 완성시킨다.

(2) 특징
- 소성시간이 짧고 소성이 균일하여 제품의 품질이 좋다.
- 배기가스 현열로 예열을 하며, 열효율이 좋아 연료비가 절감된다.
- 생산량 조정이 힘들며, 소량생산에 부적당하다.
- 연속요로 연속적으로 처리할 수 있는 시설이 필요하며, 건설비가 비싸다.
- 사용연료의 제한을 받으므로 전력소비가 크다.

정답 | ④

63 빈출도 ★★

에너지이용 합리화법령상 산업통상자원부장관 또는 시·도지사가 한국에너지공단 이사장에게 권한을 위탁한 업무가 아닌 것은?

① 에너지관리지도
② 에너지사용계획의 검토
③ 열사용기자재 제조업의 등록
④ 효율관리기자재의 측정 결과 신고의 접수

해설

「에너지이용 합리화법 제69조」
산업통상자원부장관 또는 시·도지사는 대통령령으로 정하는 바에 따라 다음 업무를 공단·시공업자단체 또는 대통령령으로 정하는 기관에 위탁할 수 있다.
• 에너지사용계획의 검토
• 이행 여부의 점검 및 실태파악
• 효율관리기자재의 측정결과 신고의 접수
• 대기전력경고표지대상제품의 측정결과 신고의 접수
• 대기전력저감대상제품의 측정결과 신고의 접수
• 고효율에너지기자재 인증 신청의 접수 및 인증
• 고효율에너지기자재의 인증취소 또는 인증사용정지 명령
• 에너지절약전문기업의 등록
• 온실가스배출 감축실적의 등록 및 관리
• 에너지다소비사업자 신고의 접수
• 진단기관의 관리·감독
• 에너지관리지도
• 진단기관의 평가 및 그 결과의 공개
• 냉난방온도의 유지·관리 여부에 대한 점검 및 실태 파악
• 검사대상기기의 검사, 검사증의 교부 및 검사대상기기 폐기 등의 신고의 접수
• 검사대상기기의 검사 및 검사증의 교부
• 검사대상기기관리자의 선임·해임 또는 퇴직신고의 접수 및 검사대상기기관리자의 선임기한 연기에 관한 승인

정답 | ③

64 빈출도 ★

에너지이용 합리화법령상 최고사용압력(MPa)과 내부 부피(m³)을 곱한 수치가 0.004를 초과하는 압력용기 중 1종 압력용기에 해당되지 않는 것은?

① 증기를 발생시켜 액체를 가열하며 용기안의 압력이 대기압을 초과하는 압력용기
② 용기 안의 화학반응에 의하여 증기를 발생하는 것으로 용기안의 압력이 대기압을 초과하는 압력용기
③ 용기 안의 액체의 성분을 분리하기 위하여 해당 액체를 가열하는 것으로 용기안의 압력이 대기압을 초과하는 압력용기
④ 용기 안의 액체의 온도가 대기압에서의 비점을 초과하지 않는 압력용기

해설

「에너지이용 합리화법 시행규칙 별표 1」

	최고사용압력(MPa)과 내부 부피(m³)를 곱한 수치가 0.004를 초과하는 다음의 어느 하나에 해당하는 것
1종 압력용기	• 증기 그 밖의 열매체를 받아들이거나 증기를 발생시켜 고체 또는 액체를 가열하는 기기로서 용기안의 압력이 대기압을 넘는 것 • 용기 안의 화학반응에 따라 증기를 발생시키는 용기로서 용기 안의 압력이 대기압을 넘는 것 • 용기 안의 액체의 성분을 분리하기 위하여 해당 액체를 가열하거나 증기를 발생시키는 용기로서 용기 안의 압력이 대기압을 넘는 것 • 용기 안의 액체의 온도가 대기압에서의 끓는 점을 넘는 것

정답 | ④

65 빈출도 ★★

기밀을 유지하기 위한 패킹이 불필요하고 금속부분이 부식될 염려가 없어, 산 등의 화학약품을 차단하는데 주로 사용하는 밸브는?

① 앵글밸브
② 체크밸브
③ 다이어프램 밸브
④ 버터플라이 밸브

해설

다이어프램 밸브에 대한 설명이다.

관련개념 다이어프램 밸브

- 밸브 내의 둑과 막판인 다이어프램이 상접하는 구조의 밸브로 탄성력이 매우 좋다.
- 둑과 다이어프램이 떨어지면서 유체의 흐름이 진행되고 밀착시 유체의 흐름이 정지되므로 흐름이 주는 영향이 비교적 적다.
- 내열, 내약품 고무제의 막판을 사용하여 패킹이 불필요하며, 금속 부분의 부식염려가 적어 산 등의 화학약품을 차단하는데 사용한다.

정답 | ③

66 빈출도 ★★★

에너지이용 합리화법령상 에너지사용계획을 수립하여 제출하여야 하는 사업주관자로서 해당되지 않는 사업은?

① 항만건설사업
② 도로건설사업
③ 철도건설사업
④ 공항건설사업

해설

「에너지이용 합리화법 시행령 제20조」

- 도시개발사업
- 철도건설사업
- 산업단지개발사업
- 공항건설사업
- 에너지개발사업
- 관광단지개발사업
- 항만건설사업
- 개발촉진지구개발사업 또는 지역종합개발사업

정답 | ②

67 빈출도 ★

에너지이용 합리화법에서 정한 에너지절약전문기업 등록의 취소요건이 아닌 것은?

① 규정에 의한 등록기준에 미달하게 된 경우
② 사업수행과 관련하여 다수의 민원을 일으킨 경우
③ 동법에 따른 에너지절약전문기업에 대한 업무에 관한 보고를 하지 아니하거나 거짓으로 보고한 경우
④ 정당한 사유 없이 등록 후 3년 이상 계속하여 사업수행실적이 없는 경우

해설

「에너지이용 합리화법 제26조」

산업통상자원부장관은 에너지절약전문기업이 다음의 어느 하나에 해당하면 그 등록을 취소하거나 이 법에 따른 지원을 중단할 수 있다.

- 거짓이나 그 밖의 부정한 방법으로 등록을 한 경우
- 거짓이나 그 밖의 부정한 방법으로 지원을 받거나 지원받은 자금을 다른 용도로 사용한 경우
- 에너지절약전문기업으로 등록한 업체가 그 등록의 취소를 신청한 경우
- 타인에게 자기의 성명이나 상호를 사용하여 사업을 수행하게 하거나 산업통상자원부장관이 에너지절약전문기업에 내준 등록증을 대여한 경우
- 등록기준에 미달하게 된 경우
- 보고를 하지 아니하거나 거짓으로 보고한 경우 또는 검사를 거부·방해 또는 기피한 경우
- 정당한 사유 없이 등록한 후 3년 이내에 사업을 시작하지 아니하거나 3년 이상 계속하여 사업수행실적이 없는 경우

정답 | ②

68 빈출도 ★★★

에너지이용 합리화법령상 열사용기자재에 해당하는 것은?

① 금속요로
② 선박용 보일러
③ 고압가스 압력용기
④ 철도차량용 보일러

해설

「에너지이용 합리화법 시행규칙 제1조2」
다음 하나에 해당하는 열사용기자재는 제외한다.
- 전기사업자가 설치하는 발전소의 발전전용 보일러 및 압력용기. 다만, 「집단에너지사업법」의 적용을 받는 발전전용 보일러 및 압력용기는 열사용기자재에 포함된다.
- 철도사업을 하기 위하여 설치하는 기관차 및 철도차량용 보일러
- 보일러(캐스케이드 보일러는 제외한다) 및 압력용기
- 선박용 보일러 및 압력용기
- 2종 압력용기
- 부적합하다고 산업통상자원부장관이 인정하는 수출용 열사용기자재

정답 | ①

69 빈출도 ★★

에너지이용 합리화법령에 따라 인정검사대상기기 관리자의 교육을 이수한 사람의 관리범위 기준은 증기보일러로서 최고사용 압력이 1MPa 이하이고 전열면적이 최대 얼마 이하일 때 인가?

① $1m^2$
② $2m^2$
③ $5m^2$
④ $10m^2$

해설

「에너지이용 합리화법 시행규칙 별표 3의9」
검사대상기기관리자의 자격 및 조종범위

관리자의 자격	관리범위
에너지관리기능장, 에너지관리기사, 에너지관리산업기사, 에너지관리기능사 또는 인정검사대상기기관리자의 교육을 이수한 자	• 증기보일러로서 최고사용압력이 1MPa 이하이고, 전열면적이 10제곱미터 이하인 것 • 온수발생 및 열매체를 가열하는 보일러로서 용량이 581.5킬로와트 이하인 것 • 압력용기

정답 | ④

70 빈출도 ★★

에너지이용 합리화법령에서 정한 검사대상기기의 계속 사용검사에 해당하는 것은?

① 운전성능검사
② 개조검사
③ 구조검사
④ 설치검사

해설

「에너지이용 합리화법 시행규칙 별표 3의4」

계속 사용 검사	안전검사	설치검사·개조검사·설치장소 변경검사 또는 재사용검사 후 안전부문에 대한 유효기간을 연장하고자 하는 경우의 검사
	운전성능 검사	다음 어느 하나에 해당하는 기기에 대한 검사로서 설치검사 후 운전성능부문에 대한 유효기간을 연장하고자 하는 경우의 검사 • 용량이 1t/h(난방용의 경우에는 5t/h)이상인 강철제보일러 및 주철제보일러 • 철금속가열로

정답 | ①

71 빈출도 ★★

에너지이용 합리화법상 에너지이용 합리화 기본계획에 따라 실시계획을 수립하고 시행하여야 하는 대상이 아닌 자는?

① 기초지방자치단체 시장
② 관계 행정기관의 장
③ 특별자치도지사
④ 도지사

해설

「에너지이용 합리화법 제6조」
- 관계 행정기관의 장과 특별시장·광역시장·도지사 또는 특별자치도지사는 기본계획에 따라 에너지이용 합리화에 관한 실시계획을 수립하고 시행하여야 한다.
- 관계 행정기관의 장 및 시·도지사는 실시계획과 그 시행 결과를 산업통상자원부장관에게 제출하여야 한다.
- 산업통상자원부장관은 위원회의 심의를 거쳐 제출된 실시계획을 종합·조정하고 추진상황을 점검·평가하여야 한다. 이 경우 평가업무의 효과적인 수행을 위하여 대통령령으로 정하는 바에 따라 관계 연구기관 등에 그 업무를 대행하도록 할 수 있다.

정답 | ①

72 빈출도 ★★★

에너지이용 합리화법에 따라 에너지다소비 사업자가 그 에너지사용시설이 있는 지역을 관할하는 시·도지사에게 신고하여야 할 사항에 해당되지 않는 것은?

① 전년도의 분기별 에너지사용량·제품생산량
② 에너지 사용기자재의 현황
③ 사용 에너지원의 종류 및 사용처
④ 해당 연도의 분기별 에너지사용예정량·제품생산예정량

해설

「에너지이용 합리화법 제31조」
에너지사용량이 대통령령으로 정하는 기준량 이상인 자는 다음 사항을 산업통상자원부령으로 정하는 바에 따라 매년 1월 31일까지 그 에너지사용시설이 있는 지역을 관할하는 시·도지사에게 신고하여야 한다.
- 전년도의 분기별 에너지사용량·제품생산량
- 해당 연도의 분기별 에너지사용예정량·제품생산예정량
- 에너지사용기자재의 현황
- 전년도의 분기별 에너지이용 합리화 실적 및 해당 연도의 분기별 계획
- 위 사항에 관한 업무를 담당하는 자의 현황

정답 | ③

73 빈출도 ★

지르콘($ZrSiO_4$)내화물의 특징에 대한 설명 중 틀린 것은?

① 열팽창율이 작다.
② 내스폴링성이 크다.
③ 염기성 용재에 강하다.
④ 내화도는 일반적으로 SK 37~38 정도이다.

해설

특수내화물인 지르콘($ZiSiO_4$)은 산성내화물로 산성 용재에 강하다.

정답 | ③

74 빈출도 ★★

요로의 정의가 아닌 것은?

① 전열을 이용한 가열장치
② 원재료의 산화반응을 이용한 장치
③ 연료의 환원반응을 이용한 장치
④ 열원에 따라 연료의 발열반응을 이용한 장치

해설

전열을 통해 가열하여 용융, 소성을 진행하는 장치로 가열물 주변에 고온가스가 체류하는 것이 적합하며 연료의 환원반응과 열원에 따른 발열반응을 이용한다.

정답 | ②

75 빈출도 ★★

견요의 특징에 대한 설명으로 틀린 것은?

① 석회석 클링커 제조에 널리 사용된다.
② 하부에서 연료를 장입하는 형식이다.
③ 제품의 예열을 이용하여 연소용 공기를 예열한다.
④ 이동 화상식이며 연속요에 속한다.

해설

견요는 상부에서 연료를 장입하고 하부에서 공기를 흡입하는 방식이다.

정답 | ②

76 빈출도 ★★

전기와 열의 양도체로서 내식성, 굴곡성이 우수하고 내압성도 있어 열교환기의 내관 및 화학공업용으로 사용되는 관은?

① 동관 ② 강관
③ 주철관 ④ 알루미늄관

해설

동관은 양도체이며 내식성, 굴곡성이 우수하고 내압성도 있어 열교환기의 내관 및 화학공업용으로 사용된다.

정답 | ①

77 빈출도 ★

옥내온도는 $15°C$, 외기온도가 $5°C$일 때 콘크리트 벽 (두께 10cm, 길이 10m 및 높이 5m)을 통한 열손실이 $1,700W$이라면 외부 표면 열전달계수($W/m^2 \cdot °C$)는? (단, 내부표면 열전달계수는 $9.0W/m^2 \cdot °C$이고, 콘크리트 열전도율은 $0.87W/m \cdot °C$이다.)

① 12.7 ② 14.7
③ 16.7 ④ 18.7

해설

평면 벽에서의 손실열 공식은 다음과 같다.

$$Q = F \times K \times \Delta t_m$$

Q: 열손실(kcal/hr), F: 전열면적(m^2),
K: 총괄전열계수($W/m^2 \cdot °C$), Δt_m: 평균 온도차(°C)

여기서, 총괄열전달계수의 공식은 다음과 같다.

$$K = \frac{1}{R_t} = \frac{1}{\frac{1}{R_1} + \frac{d}{\lambda} + \frac{1}{R_2}}$$

R_t: 열저항, R_1: 내부표면 열전달계수($W/m^2 \cdot °C$),
λ: 콘크리트 열전도율($W/m^2 \cdot °C$), d: 두께(m),
R_2: 외부표면 열전달계수($W/m^2 \cdot °C$)

$$Q = \frac{F \times \Delta t_m}{\frac{1}{R_1} + \frac{d}{\lambda} + \frac{1}{R_2}}$$

$$1,700 = \frac{(10 \times 5) \times (15-5)}{\frac{1}{9} + \frac{0.1}{0.87} + \frac{1}{R_2}}$$

$R_2 = 14.7 W/m^2 \cdot °C$

정답 | ②

78 빈출도 ★★

다음 중 연속가열로의 종류가 아닌 것은?

① 푸셔식 가열로
② 워킹-빔식 가열로
③ 대차식 가열로
④ 회전로상식 가열로

해설

연속식 가열로는 강괴, 강편을 생산하는 압연공장의 가열로로 사용되며, 종류는 푸셔식, 워킹-빔식, 회전로상식, 롤러 히어스식, 경사낙하식 등이 있다. 대차식 가열로는 단속식 가열로에 해당된다.

정답 | ③

79 빈출도 ★★

다음 강관의 표시기호 중 배관용 합금강 강관은?

① SPPH ② SPHT
③ SPA   ④ STA

해설

배관의 종류	용도별 특징
일반 배관용 탄소강관(SPP)	• 사용압력은 $10kg/cm^2$ 이하이다. • 증기, 물, 기름, 가스 및 공기 등 널리 사용한다.
압력배관용 탄소강관(SPPS)	• 보일러의 증기관, 유압관, 수압관 등의 압력배관에 사용된다. • 사용압력은 $10 \sim 100kg/cm^2$, 온도는 $350°C$ 이하이다.
고온 배관용 탄소강관(SPPH)	$350°C$ 온도의 과열증기 등의 배관용으로 사용된다.
저온 배관용 탄소강관(SPLT)	빙점 $0°C$ 이하 낮은 온도에서 사용된다.
수도용 아연도금 강관(SPPW)	주로 정수두 100m 이하의 급수배관용으로 사용된다.
배관용 아크용접 탄소강관(SPW)	사용압력 $10kg/cm^2$의 낮은 증기, 물 기름 등에 사용한다.
배관용 합금강관(SPA)	합금강을 말하며, 주로 고온, 고압에 사용된다.

정답 | ③

80 빈출도 ★★

크롬이나 크롬마그네시아 벽돌이 고온에서 산화철을 흡수하여 표면이 부풀어 오르고 떨어져 나가는 현상은?

① 버스팅(Bursting) ② 스폴링(Spalling)
③ 슬래킹(Slaking)   ④ 큐어링(Curing)

해설

버스팅은 약 1,600℃ 이상의 고온에서 크롬을 함유한 내화물이 산화철을 흡수하면서 표면이 부풀어 오르며 박리되는 현상을 말한다.

정답 | ①

열설비설계

81 빈출도 ★★

보일러의 노통이나 화실과 같은 원통 부분이 외측으로부터의 압력에 견딜 수 없게 되어 눌려 찌그러져 찢어지는 현상을 무엇이라 하는가?

① 블리스터   ② 압궤
③ 팽출   ④ 라미네이션

선지분석

① 블리스터: 재료의 표면이 고온의 화염 또는 강한 열에 의해 열분해되거나 소손되어 내부 가스가 팽창하면서 표면이 부풀어 오르는 현상을 말한다.
③ 팽출: 동체, 수관, 겔로웨이관 등과 같은 인장응력을 받는 부분이 압력에 의해 견딜 수 없을 때, 해당 부위가 바깥쪽으로 볼록하게 부풀어 튀어나오는 현상을 말한다.
④ 라미네이션: 제조 당시의 결함으로 인해 보일러 강판이나 배관 재질의 두께 속에 가스체 또는 이물질이 함입되어 층상 구조를 형성한 상태를 말한다.

정답 | ②

82 빈출도 ★★

두께 150mm인 적벽돌과 100mm인 단열벽돌로 구성되어 있는 내화벽돌의 노벽이 있다. 적벽돌과 단열벽돌의 열전도율은 각각 $1.4W/m \cdot ℃$, $0.07W/m \cdot ℃$일 때 단위면적당 손실열량은 약 몇 W/m^2인가? (단, 노 내 벽면의 온도는 800℃이고, 외벽면의 온도는 100℃이다.)

① 336   ② 456
③ 587   ④ 635

해설

평면 벽에서의 단위면적 당 총괄전열계수에 대한 공식은 다음과 같다.

$$Q = F \times K \times \Delta t_m$$

Q: 열손실(W/m^2), F: 전열면적(m^2),
K: 총괄전열계수($W/m^2 \cdot K$), Δt_m: 평균 온도차(K)

여기서, 총괄전열계수$(K) = \dfrac{1}{\dfrac{두께(d)}{열전도도(\lambda)}}$로 나타낼 수 있다.

$$Q = \dfrac{F \times \Delta t_m}{\dfrac{d_1}{\lambda_1} + \dfrac{d_2}{\lambda_2}} = \dfrac{1 \times (800-100)}{\dfrac{0.15}{1.4} + \dfrac{0.1}{0.07}} = 455.81 W/m^2$$

정답 | ②

83 빈출도 ★★

보일러의 성능계산 시 사용되는 증발률(kg/m² · h)에 대한 설명으로 옳은 것은?

① 실제 증발량에 대한 발생증기 엔탈피와의 비
② 연료 소비량에 대한 상당증발량과의 비
③ 상당증발량에 대한 실제증발량과의 비
④ 전열면적에 대한 실제증발량과의 비

해설

증발률은 전열면적에 대한 실제증발량과의 비로 계산되며, 전열면적 1m²당 1시간동안 증기의 양을 나타낸다.

정답 | ④

84 빈출도 ★★★

외경 76mm, 내경 68mm, 유효길이 4,800mm의 수관 96개로 된 수관식 보일러가 있다. 이 보일러의 시간당 증발량은 약 몇 kg/h인가? (단, 수관 이외 부분의 전열면적은 무시하며, 전열면적 1m² 당 증발량은 26.9kg/h이다.)

① 2,660
② 2,760
③ 2,860
④ 2,960

해설

$$W = e \times A$$

W: 실제 증발량(kg/h), e: 면적당 증발량(kg/m² · h), A: 면적(m²)

여기서, 전열면적을 구하는 공식은 아래와 같다.

$$A = \pi \times D_o \times L \times n$$

A: 면적(m²), D_o: 외경(m), L: 유효길이(m), n: 수관 수

$A = \pi \times 0.076 \times 4.8 \times 96 = 110.021 \text{m}^2$
따라서, 시간당 실제 증발량(W)은
$W = 26.9 \times 110.021 = 2,960 \text{kg/h}$

정답 | ④

85 빈출도 ★★

그림과 같이 내경과 외경이 D_i, D_o일 때, 온도는 각각 T_i, T_o, 관 길이가 L인 중공 원관이 있다. 관 재질에 대한 열전도율을 k라 할 때, 열저항 R을 나타낸 식으로 옳은 것은? (단, 전열량(W)은 $Q = \dfrac{T_i - T_o}{R}$로 나타낸다.)

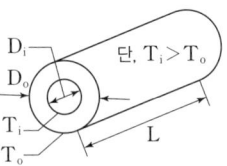

① $\dfrac{D_o - D_i}{2}$

② $\dfrac{D_o - D_i}{2\pi(D_o - D_i)Lk}$

③ $\dfrac{D_o - D_i}{2\pi(D_o + D_i)Lk}$

④ $\dfrac{\ln \dfrac{D_o}{D_i}}{2\pi Lk}$

해설

원통형 배관에서의 전열량은 $Q = \dfrac{T_i - T_o}{R}$ 이다.

$$R = \dfrac{T_i - T_o}{Q} = \dfrac{T_i - T_o}{\dfrac{2\pi L(T_i - T_o)}{\dfrac{1}{k} \times \ln \dfrac{D_o}{D_i}}}$$

$$= \dfrac{\ln\left(\dfrac{D_o}{D_i}\right)}{2\pi k L} = \dfrac{\ln\left(\dfrac{\text{관의 외경}}{\text{관의 내경}}\right)}{2\pi \times \text{열전도율} \times \text{관의 길이}}$$

정답 | ④

86 빈출도 ★★

보일러의 일상점검 계획에 해당하지 않는 것은?

① 급수배관 점검
② 압력계 상태점검
③ 자동제어장치 점검
④ 연료의 수요량 점검

해설

보일러의 일상점검 계획에는 수면계의 수위, 급수장치, 분출장치, 압력계의 지침상태, 자동제어장치 점검 등이 있다.

정답 | ④

87 빈출도 ★★

입형 보일러의 특징에 대한 설명으로 틀린 것은?

① 설치면적이 좁다.
② 전열면적이 적고 효율이 낮다.
③ 증발량이 적으며 습증기가 발생한다.
④ 증기실이 커서 내부 청소 및 검사가 쉽다.

해설

증기실이 작아 내부 청소 및 검사가 어렵다.

관련개념 입형 보일러

(1) 개요

보일러 동체에 감겨진 코일로 가열하여 온수를 얻는 보일러로 주택, 점포, 소규모 건물에 사용된다.

(2) 특징
- 설치면적이 작고 취급이 간편하다.
- 구조가 간단하여 가격이 저렴하다.
- 전열면적이 적고 소용량으로 효율이 낮다.
- 증발량이 적어 습증기가 발생한다.
- 증기실이 작아 내부 청소 및 검사가 어렵다.

정답 | ④

88 빈출도 ★★

보일러의 부속장치 중 여열장치가 아닌 것은?

① 공기예열기   ② 송풍기
③ 재열기   ④ 절탄기

해설

여열장치는 보일러에서 발생한 열을 직접적으로 활용하는 장치를 말하며, 종류는 과열기, 재열기, 절탄기, 공기예열기가 있다.

정답 | ②

89 빈출도 ★★

관석(Scale)에 대한 설명으로 틀린 것은?

① 규산칼슘, 황산칼슘 등이 관석의 주성분이다.
② 관석에 의해 배기가스의 온도가 올라간다.
③ 관석에 의해 관내수의 순환이 불량해진다.
④ 관석의 열전도율이 아주 높아 전열면이 과열되어 각종 부작용을 일으킨다.

해설

스케일은 관석이라고 하며, 보일러수에 용해된 다양한 불순물(칼슘염, 규산염 마그네슘염 등)이 농축된 고형물이 보일러 내면에 딱딱하게 부착하여 열전도를 방해한다. 관석의 열전도율이 저하되며 전열량이 감소한다.

관련개념 스케일 및 슬러지 생성 시 나타나는 현상

- 배기가스 온도가 높아진다.
- 열전도율과 열효율이 저하된다.
- 전열량이 감소하기 때문에 전열 성능이 감소한다.
- 연료소비량이 증대된다.

정답 | ④

90 빈출도 ★

수관보일러의 특징에 대한 설명으로 옳은 것은?

① 최대 압력이 1MPa 이하인 중소형 보일러에 작용이 일반적이다.
② 연소실 주위에 수관을 배치하여 구성한 수냉벽을 노에 구성한다.
③ 수관의 특성상 기수분리의 필요가 없는 드럼리스 보일러의 특징을 갖는다.
④ 열량을 전열면에서 잘 흡수시키기 위해 2-패스, 3-패스, 4-패스 등의 흐름 구성을 갖도록 설계한다.

선지분석

① 수관식은 1MPa(약 10kg/cm²) 이상인 대용량 보일러에 적합하다.
③ 수관은 기수분리의 필요가 있는 드럼보일러의 특징을 갖는다.
④ 노통보일러에 대한 설명이다.

정답 | ②

91 빈출도 ★

주위 온도가 20℃, 방사율이 0.3인 금속 표면의 온도가 150℃인 경우에 금속 표면으로부터 주위로 대류 및 복사가 발생될 때의 열유속(Heat flux)은 약 몇 W/m^2인가? (단, 대류 열전달계수는 $h=20W/m^2 \cdot K$, 스테판-볼츠만 상수는 $\sigma=5.7\times10^{-8}W/m^2 \cdot K^4$이다.)

① 3,020
② 3,330
③ 4,270
④ 4,630

해설

열유속은 단위면적당 열전달량으로 구한다.

$$q=\frac{Q_T}{A}=\frac{Q_r+Q_a}{A}$$

q: 열유속(W/m^2), Q_T: 총전열량(W), Q_r: 복사 전열량(W), Q_a: 대류 전열량(W), A: 표면적(m^2)

스테판-볼츠만 공식을 이용하여 복사 전열량(Q_r)을 구한다.

$$Q_r=\epsilon\times\sigma\times A\times(T_1^4-T_2^4)$$

Q_r: 복사 전달열량(W), ϵ: 방사율, σ: 스테판-볼츠만 상수($W/m^2 \cdot K^4$), A: 표면적(m^2), T: 온도(K)

$Q_r=0.3\times(5.7\times10^{-8})\times1\times((150+273)^4-(20+273)^4)$
$=421.439W$

대류 전열량(Q_a)을 구하는 공식은 다음과 같다.

$$Q_a=h\times A\times(T_1-T_2)$$

Q_a: 대류 전열량(W), h: 대류열전달계수($W/m^2 \cdot K$)

$Q_a=20\times1\times((150+273)-(20+273))=2,600W$

따라서, 열유속(q)은

$q=\dfrac{421.439W+2,600W}{1m^2}=3,021.439W/m^2$

정답 | ①

92 빈출도 ★★

보일러에서 용접 후에 풀림처리를 하는 주된 이유는?

① 용접부의 열응력을 제거하기 위해
② 용접부의 균열을 제거하기 위해
③ 용접부의 연신율을 증가시키기 위해
④ 용접부의 강도를 증가시키기 위해

해설

풀림(Annealing)은 결정조직을 조정하고 연화시키기 위한 열처리 조작으로 약 600℃로 가열한 다음 서서히 냉각시켜서 잔류응력을 제거한다.

정답 | ①

93 빈출도 ★

증발량이 1,200kg/h이고 상당증발량이 1,400kg/h일 때 사용 연료가 140kg/h이고, 비중이 0.8kg/L이면 상당증발배수는 얼마인가?

① 8.6
② 10
③ 10.7
④ 12.5

해설

상당증발배수는 연료 1kg 연소하여 발생하는 증기량의 비율을 의미하며, 상당증발배수 = $\dfrac{상당증발량}{연료소비량}$로 나타낸다.

따라서, 상당증발배수 = $\dfrac{1,400}{140}=10$이다.

정답 | ②

94 빈출도 ★★★

보일러에서 발생하는 저온부식의 방지 방법이 아닌 것은?

① 연료 중의 황 성분을 제거한다.
② 배기가스의 온도를 노점 온도 이하로 유지한다.
③ 과잉공기를 적게 하여 배기가스 중의 산소를 감소시킨다.
④ 전열 표면에 내식재료를 사용한다.

해설

배기가스의 온도를 너무 낮지 않게 하며 노점 온도 이상으로 유지한다.

관련개념 저온부식 방지대책

- 과잉공기를 줄여 연소하거나 배기가스의 산소를 감소시킨다.
- 연료 중 황분(S)을 제거한다.
- 연료에 첨가제를 사용하여 노점 온도를 낮춘다.
- 연소배기가스 온도가 너무 낮지 않게 하며 노점 온도 이상으로 유지한다.
- 연료가 완전연소할 수 있도록 연소방법을 개선한다.

정답 | ②

95 빈출도 ★★

점식(Pitting)에 대한 설명으로 틀린 것은?

① 진행속도가 아주 느리다.
② 양극반응의 독특한 형태이다.
③ 스테인리스강에서 흔히 발생한다.
④ 재료 표면의 성분이 고르지 못한 곳에 발생하기 쉽다.

해설

점식(Pitting)은 피팅 부식이라고도 하며, 보호피막 내 산화철이 파괴되고 O_2, CO_2 등의 전기화학적 작용으로 인해 보일러수에 의한 부식으로서 진행상태가 매우 빠르다.

정답 | ①

96 빈출도 ★

급수 불순물과 그에 따른 보일러 장해와의 연결이 틀린 것은?

① 철 – 수지산화
② 용존산소 – 부식
③ 실리카 – 캐리오버
④ 경도성분 – 스케일 부착

해설

철은 보일러수에 녹물을 발생시켜 스케일과 슬러지로 보일러수의 순환 및 열교환 장애를 발생시킨다. 수지산화는 외부 요인(열, 산소 등)으로 인해 열화되는 현상을 말한다.

정답 | ①

97 빈출도 ★★★

보일러수의 분출시기가 아닌 것은?

① 보일러 가동 전 관수가 정지되었을 때
② 연속운전일 경우 부하가 가벼울 때
③ 수위가 지나치게 낮아졌을 때
④ 프라이밍 및 포밍이 발생할 때

해설

수위가 지나치게 높아졌을 때 보일러수의 분출작업을 실시한다.

정답 | ③

98 빈출도 ★

두께 10mm의 판을 지름 18mm의 리벳으로 1열 리벳 겹치기 이음 할 때, 피치는 최소 몇 mm 이상이어야 하는가? (단, 리벳구멍의 지름은 21.5mm이고, 리벳의 허용 인장응력은 $40N/mm^2$, 허용 전단응력은 $36N/mm^2$으로 하며, 강판의 인장응력과 전단응력은 같다.)

① 40.4
② 42.4
③ 44.4
④ 46.4

해설

리벳의 전단하중을 계산한다.

$$F_s = \tau \times A_s$$

F_s: 인장 하중(N), τ: 전단 응력(N/mm^2), A: 면적(mm^2)

$$F_s = \tau \times \left(\frac{\pi}{4}d^2\right) = 36 \times \left(\frac{\pi}{4} \times 18^2\right) = 9,160.884N$$

인장 하중을 이용하여 피치를 구하는 공식은 아래와 같다.

$$F_t = \sigma \times (P-d) \times t$$

F_t: 인장 하중(N), σ: 인장 응력(N/mm^2), P: 피치(mm), d: 지름(mm), t: 두께(mm)

강판 인장 하중 조건으로 $F_s = F_t$이 성립된다.
$F_s = F_t = \sigma \times (P-d) \times t$
$9,160.884 = 40 \times (P-21.5) \times 10$
$P = 44.4mm$

정답 | ③

99 빈출도 ★★

과열기에 대한 설명으로 틀린 것은?

① 포화증기를 과열증기로 만드는 장치이다.
② 포화증기의 온도를 높이는 장치이다.
③ 고온부식이 발생하지 않는다.
④ 연소가스의 저항으로 압력손실이 크다.

해설

과열기 및 재열기는 바나듐으로 인해 표면을 부식시키는 고온부식이 발생한다.

정답 | ③

100 빈출도 ★★★

열정산에 대한 설명으로 틀린 것은?

① 원칙적으로 정격부하 이상에서 정상상태로 적어도 2시간 이상의 운전결과에 따른다.
② 발열량은 원칙적으로 사용 시 연료의 총발열량으로 한다.
③ 최대 출열량을 시험할 경우에는 반드시 최대부하에서 시험을 한다.
④ 증기의 건도는 98% 이상인 경우에 시험함을 원칙으로 한다.

해설

열효율, 열설비의 성능, 보일러의 효율, 열의 손실, 열의 이동 등을 산출하기 위해 열정산을 하며, 최대 출열량을 시험할 경우에는 반드시 정격부하에서 시험을 한다.

정답 | ③

에듀윌이 너를 지지할게
ENERGY

어둡다고 불평하는 것보다
촛불을 켜는 것이 더 낫다.
고민하는 대신
거기 언제나 무엇인가
할 수 있는 일이 있다.

– 아잔 브라흐마(Ajan Brahma), 『술취한 코끼리 길들이기』

2019년 1회 기출문제

회독 CHECK | ☐ 1회독 ☐ 2회독 ☐ 3회독

연소공학

01 빈출도 ★★

중유의 탄수소비가 증가함에 따른 발열량의 변화는?

① 무관하다.
② 증가한다.
③ 감소한다.
④ 초기에는 증가하다가 점차 감소한다.

해설

탄수소비$\left(\dfrac{C}{H}\right)$ 증가에 따른 관계

- 발열량, 공기량, 배기가스량 감소
- 비중, 화염방사율, 동점도, 인화점 증가

정답 | ③

02 빈출도 ★★

통풍방식 중 평형통풍에 대한 설명으로 틀린 것은?

① 통풍력이 커서 소음이 심하다.
② 안정한 연소를 유지할 수 있다.
③ 노내 정압을 임의로 조절할 수 있다.
④ 중형 이상의 보일러에는 사용할 수 없다.

해설

평형통풍은 대형보일러에 적합하다.

관련개념 평형통풍

- 압입통풍과 흡입통풍을 병행한다.
- 대형보일러에 적합하며 통풍력 손실이 큰 보일러에도 사용이 가능하다.
- 동력소비가 커 유지비용이 크며, 초기 설비비가 많이 든다.
- 연소실 압력을 정압, 부압으로 조절할 수 있다.
- 강한 통풍력을 가지고 있으며 소음이 크다.

정답 | ④

03 빈출도 ★★

다음 조성의 액체연료를 완전연소시키기 위해 필요한 이론공기량은 약 몇 Sm^3/kg인가?

> C: 0.70kg, H: 0.10kg, O: 0.05kg
> S: 0.05kg, N: 0.09kg, ash: 0.01kg

① 8.9
② 11.5
③ 15.7
④ 18.9

해설

중량비 조성의 이론공기량을 구하는 식은 다음과 같다.

$$A_o = \dfrac{O_o}{0.21}$$

$$O_o = 1.867C + 5.6\left(H - \dfrac{O}{8}\right) + 0.7S$$

A_o: 이론공기량, O_o: 이론산소량

$$A_o = \dfrac{\left(1.867 \times 0.7 + \left(5.6 \times \left(0.1 - \dfrac{0.05}{8}\right)\right)\right) + (0.7 \times 0.05)}{0.21}$$

$= 8.9 Sm^3/kg$

정답 | ①

04 빈출도 ★★

목탄이나 코크스 등 휘발분이 없는 고체연료에서 일어나는 일반적인 연소형태는?

① 표면연소　　② 분해연소
③ 증발연소　　④ 확산연소

해설

표면연소는 고체의 표면에서 열분해나 증발없이 산소가 직접 반응하여 연소하는 형태로 대표적으로 목탄, 코크스 등이 있다.

관련개념 고체연료의 연소

연소방식	의미	예
표면연소	고체의 표면에서 열분해나 증발없이 산소가 직접 반응하여 연소하는 형태	목탄, 코크스 등
분해연소	열에 의해 고체가 분해되어 가연성 가스가 발생하면서 연소하는 형태	나무, 석탄, 종이, 중유, 플라스틱 등
증발연소	연소 시 고체가 증발하면서 가연성 기체를 발생하는 형태	황, 나프탈렌, 양초, 파라핀 등
자기연소 (내부연소)	산소를 함유하고 있는 고체가 공기 중의 산소를 필요로 하지 않고 그 자체의 산소로 연소하는 형태	TNT, 니트로글리세린, 피크린산 등

정답 ①

05 빈출도 ★★

다음 기체연료 중 고위발열량(MJ/Sm^3)이 가장 큰 것은?

① 고로가스　　② 천연가스
③ 석탄가스　　④ 수성가스

선지분석

① 고로가스의 고위발열량: $900MJ/Sm^3$
② 천연가스(LNG)의 고위발열량: $11,000MJ/Sm^3$
③ 석탄가스의 고위발열량: $4,500MJ/Sm^3$
④ 수성가스의 고위발열량: $2,600MJ/Sm^3$

정답 ②

06 빈출도 ★★

기체연료가 다른 연료에 비하여 연소용 공기가 적게 소요되는 가장 큰 이유는?

① 확산연소가 되므로
② 인화가 용이하므로
③ 열전도도가 크므로
④ 착화온도가 낮으므로

해설

기체연료는 확산연소로 공기와 혼합이 용이하게 되므로 과잉공기가 적더라도 완전연소가 가능하다.

정답 ①

07 빈출도 ★

증기의 성질에 대한 설명으로 틀린 것은?

① 증기의 압력이 높아지면 증발열이 커진다.
② 증기의 압력이 높아지면 비체적이 감소한다.
③ 증기의 압력이 높아지면 엔탈피가 커진다.
④ 증기의 압력이 높아지면 포화온도가 높아진다.

해설

증기의 압력이 높아지면 증발열은 감소한다.

정답 ①

08 빈출도 ★

다음 연료의 발열량을 측정하는 방법으로 가장 거리가 먼 것은?

① 열량계에 의한 방법
② 연소방식에 의한 방법
③ 공업분석에 의한 방법
④ 원소분석에 의한 방법

해설

연료의 발열량 측정방법
- 열량계에 의한 측정
- 공업분석에 의한 측정
- 원소분석에 의한 측정

정답 | ②

09 빈출도 ★★★

댐퍼를 설치하는 목적으로 가장 거리가 먼 것은?

① 통풍력을 조절한다.
② 가스의 흐름을 조절한다.
③ 가스가 새어나가는 것을 방지한다.
④ 덕트 내 흐르는 공기 등의 양을 제어한다.

해설

댐퍼는 덕트 중간에서 풍량을 조절하는 장치로 가스의 유출 방지와는 관련이 없다.

관련개념 댐퍼 설치 목적
- 통풍량을 조절하여 연소효율을 향상시킨다.
- 배기가스의 흐름과 양을 조절한다.
- 주연도, 부연도의 가스흐름을 전환시킨다.

정답 | ③

10 빈출도 ★★

다음 중 중유의 착화온도(°C)로 가장 적합한 것은?

① 250~300
② 325~400
③ 400~440
④ 530~580

해설

연료	착화온도	연료	착화온도
목재	250~300°C	목탄	320~370°C
무연탄	450~500°C	프로판	500°C
중유	530~580°C	수소	580~600°C
메탄	650~750°C	탄소	800°C

정답 | ④

11 빈출도 ★

고체 및 액체연료의 발열량을 측정할 때 정압 열량계가 주로 사용된다. 이 열량계 중에 2L의 물이 있는데 5g의 시료를 연소시킨 결과 물의 온도가 20°C 상승하였다. 이 열량계의 열손실률을 10%라고 가정할 때, 발열량은 약 몇 cal/g인가?

① 4,800
② 6,800
③ 8,800
④ 10,800

해설

열량계와 관련하여 고위발열량(H_h)을 구하는 공식은 아래와 같다.

$$H_h = \frac{W \times C \times \Delta T \times \eta}{M}$$

W: 내통수량(mL), C: 물의 비열(1cal/g·°C),
ΔT: 상승온도차(°C), η: 효율(%), M: 시료량(g)

$$H_h = \frac{(2 \times 10^3) \times 1 \times 20 \times (1+0.1)}{5}$$

$$= \frac{2,000 \times 20 \times 1.1}{5} = 8,800 \text{cal/g}$$

정답 | ③

12

99% 집진을 요구하는 어느 공장에서 70% 효율을 가진 전처리 장치를 이미 설치하였다. 주처리 장치는 약 몇 %의 효율을 가진 것이어야 하는가?

① 98.7
② 96.7
③ 94.7
④ 92.7

해설

집진장치의 총 집진효율을 구하는 공식은 아래와 같다.

$$\eta_T = \eta_1 + \eta_2 - \eta_1 \times \eta_2$$

$$\eta_2 = \frac{\eta_T - \eta_1}{1 - \eta_1} = \frac{0.99 - 0.7}{1 - 0.7} = 0.967 = 96.7\%$$

정답 | ②

13

저탄장 바닥의 구배와 실외에서의 탄층높이로 가장 적절한 것은?

① 구배: 1/50 ~ 1/100, 높이: 2m 이하
② 구배: 1/100 ~ 1/150, 높이: 4m 이하
③ 구배: 1/150 ~ 1/200, 높이: 2m 이하
④ 구배: 1/200 ~ 1/250, 높이: 4m 이하

해설

바닥면의 구배는 1/100~1/150 구배를 주어 원활한 배수가 되도록 한다.

관련개념 석탄의 저장

- 지붕을 설치하여 한서를 방지하고, 통기구를 30m² 마다 1개소 이상을 설치하여 자연발화를 방지한다.
- 탄층 높이는 옥외 저장 시 4m 이하, 옥내저장 시 2m 이하로 한다.
- 바닥면의 구배는 1/100~1/150 구배를 주어 원활한 배수가 되도록 한다.
- 입고시기, 채탄시기, 탄의 종류, 인수 시기별로 구분하여 보관하여야 한다.

정답 | ②

14

위험성을 나타내는 성질에 관한 설명으로 옳지 않은 것은?

① 착화온도와 위험성은 반비례한다.
② 비등점이 낮으면 인화 위험성이 높아진다.
③ 인화점이 낮은 연료는 대체로 착화온도가 낮다.
④ 물과 혼합하기 쉬운 가연성 액체는 물과의 혼합에 의해 증기압이 높아져 인화점이 낮아진다.

해설

물과 혼합하기 쉬운 가연성 액체는 물과 혼합에 의해 증기압이 높아지고 인화점도 동시에 증가한다.

정답 | ④

15

보일러의 열효율(η) 계산식으로 옳은 것은? (단, h_s: 발생증기, h_w: 급수의 엔탈피, G_a: 발생증기량, G_f: 연료소비량, H_l: 저위발열량이다.)

① $\eta = \dfrac{H_l \times G_f}{(h_s + h_w)G_a}$

② $\eta = \dfrac{(h_s - h_w)G_a}{H_l \times G_f}$

③ $\eta = \dfrac{(h_s + h_w)G_a}{H_l \times G_f}$

④ $\eta = \dfrac{(h_s - h_w)G_a G_f}{H_l}$

해설

$$\eta = \frac{Q_1}{Q_2} = \frac{Q_1}{m \times H_l}$$

η: 효율(%), Q_1: 유효출열(kcal), Q_2: 총입열량(kcal)
m: 연료의 사용량(kg), H: 석탄의 발열량(kcal/kg)

여기서, 유효출열(Q_1) = 발생증기량 × (발생증기의 엔탈피 − 급수의 엔탈피) 로 나타낼 수 있다.

문제에서 주어진 기호로 나타내면

$$\eta = \frac{(h_s - h_w)G_a}{H_l \times G_f}$$

정답 | ②

16 빈출도 ★★★

질량 기준으로 C 85%, H 12%, S 3%의 조성으로 되어 있는 중유를 공기비 1.1로 연소시킬 때 건연소가스량은 약 몇 Nm^3/kg인가?

① 9.7
② 10.5
③ 11.3
④ 12.1

해설

건연소가스량을 구하는 공식은 아래와 같다.

$$G_o = (m-0.21)A_o + 생성된\ CO_2 + 생성된\ SO_2$$

m: 공기비, A_o: 이론공기량

여기서 이론공기량을 구하여야 한다.

$$A_o = \frac{O_o}{0.21}$$

$$O_o = 1.867C + 5.6H + 0.7S$$

$$A_o = \frac{1.867C + 5.6H + 0.7S}{0.21}$$

$$= \frac{(1.867 \times 0.85) + (5.6 \times 0.12) + (0.7 \times 0.03)}{0.21}$$

$$= 10.857 Nm^3/kg$$

$$G_o = (1.1 - 0.21) \times A_o + 1.867C + 0.7S$$

$$= 0.89 \times 10.857 + (1.867 \times 0.85) + (0.7 \times 0.03)$$

$$= 11.27 Nm^3/kg$$

정답 | ③

17 빈출도 ★

공기와 연료의 혼합기체의 표시에 대한 설명 중 옳은 것은?

① 공기비는 연공비의 역수와 같다.
② 연공비(Fuel air ratio)라 함은 가연 혼합기 중의 공기와 연료의 질량비로 정의된다.
③ 공연비(Air fuel ratio)라 함은 가연 혼합기 중의 연료와 공기의 질량비로 정의된다.
④ 당량비(Equivalence ratio)는 실제연공비와 이론연공비의 비로 정의된다.

해설

당량비는 실제연공비와 이론연공비의 비로 정의된다.

관련개념 연공비, 공연비, 당량비 및 공기비

- 연공비라 함은 연료와 공기의 질량비로 정의된다.
- 공연비라 함은 공기와 연료의 질량비로 정의된다.
- 당량비는 실제연공비와 이론연공비의 비로 정의된다.
- 공기비는 당량비의 역수와 같다.

정답 | ④

18 빈출도 ★★

석탄에 함유되어 있는 성분 중 ㉠ 수분, ㉡ 휘발분, ㉢ 황분이 연소에 미치는 영향으로 가장 적합하게 각각 나열한 것은?

① ㉠ 발열량 감소 ㉡ 연소 시 긴 불꽃 생성 ㉢ 연소기관의 부식
② ㉠ 매연발생 ㉡ 대기오염 감소 ㉢ 착화 및 연소방해
③ ㉠ 연소방해 ㉡ 발열량 감소 ㉢ 매연발생
④ ㉠ 매연발생 ㉡ 발열량 감소 ㉢ 점화방해

해설

㉠ 수분: 증발잠열로 인한 발열량 감소로 열손실을 초래한다.
㉡ 휘발분: 연소 시 긴 불꽃 생성, 불완전연소 시 매연이 발생한다.
㉢ 황분: 연소기관을 부식시킨다.

정답 | ①

19 빈출도 ★★

배기가스와 외기의 평균온도가 220℃와 25℃이고, 0℃, 1기압에서 배기가스와 외기의 밀도는 각각 0.770kg/m³와 1.186kg/m³일 때 연돌의 높이는 약 몇 m인가? (단, 연돌의 통풍력 $Z=52.85\text{mmH}_2\text{O}$이다.)

① 60
② 80
③ 100
④ 120

해설

연돌의 높이를 구하기 위한 이론 통풍력 공식은 다음과 같다.

$$Z=273\times h\times\left(\frac{\gamma_a}{273+T_a}-\frac{\gamma_b}{273+T_b}\right)$$

Z: 통풍력(mmH₂O), h: 높이(m), γ_a: 외기의 비중(kg/m³), γ_b: 배기가스의 비중(kg/m³), T_a: 외기의 평균온도(℃), T_b: 배기가스의 평균온도(℃)

$$Z=273\times h\times\left(\frac{\gamma_a}{273+T_a}-\frac{\gamma_b}{273+T_b}\right)$$

$$52.85=273\times h\times\left(\frac{1.186}{273+25}-\frac{0.77}{273+220}\right)$$

$h=80\text{m}$

정답 | ②

20 빈출도 ★

그림은 어떤 로의 열정산도이다. 발열량이 2,000 kcal/Nm³인 연료를 이 가열로에서 연소시켰을 때 강재가 함유하는 열량은 약 몇 kcal/Nm³인가?

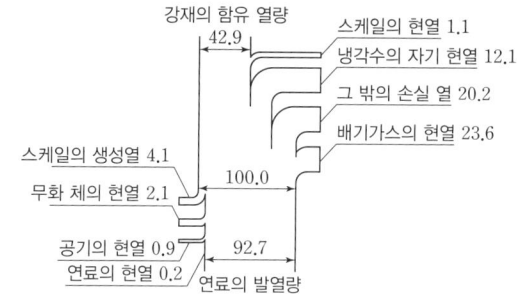

① 259.75
② 592.25
③ 867.43
④ 925.57

해설

강재의 열량 공식은 다음과 같다.

$$\frac{\text{추출 강재의 함열량}}{\text{강재의 함열량\%}}=\frac{\text{연료발열량}}{\text{연료입열\%}}$$

$$\frac{x}{42.9}=\frac{2,000}{92.7}$$

$$x=\frac{2,000\times 42.9}{92.7}=925.57\text{kcal/Nm}^3$$

정답 | ④

열역학

21 빈출도 ★★

물체의 온도변화 없이 상(phase, 相) 변화를 일으키는 데 필요한 열량은?

① 비열 ② 점화열
③ 잠열 ④ 반응열

해설

잠열	물체의 온도변화 없이 상태변화만 일으키는데 필요한 열량
현열	물체의 상태변화 없이 온도변화만 일으키는데 필요한 열량
전열	현열과 잠열을 합친 총열량

정답 | ③

22 빈출도 ★★

열역학 2법칙과 관련하여 가역 또는 비가역 사이클 과정 중 항상 성립하는 것은? (단, Q는 시스템에 출입하는 열량이고, T는 절대온도이다.)

① $\oint \frac{\delta Q}{T} = 0$ ② $\oint \frac{\delta Q}{T} > 0$
③ $\oint \frac{\delta Q}{T} \geq 0$ ④ $\oint \frac{\delta Q}{T} \leq 0$

해설

클라우시우스(클라우지우스) 적분
- 가역 사이클일 경우

$$\oint_{가역} \frac{dQ}{T} = 0$$

- 비가역 사이클일 경우

$$\oint_{비가역} \frac{dQ}{T} < 0$$

정답 | ④

23 빈출도 ★

어느 밀폐계와 주위 사이에 열의 출입이 있다. 이것으로 인한 계와 주위의 엔트로피의 변화량을 각각 ΔS_1, ΔS_2로 하면 엔트로피 증가의 원리를 나타내는 식으로 옳은 것은?

① $\Delta S_1 > 0$ ② $\Delta S_2 > 0$
③ $\Delta S_1 + \Delta S_2 > 0$ ④ $\Delta S_1 - \Delta S_2 > 0$

해설

엔트로피 증가의 원리란 우주의 모든 현상은 총 엔트로피가 증가하는 방향으로 진행된다는 것을 말한다. (총 엔트로피 변화량: $\Delta S_1 + \Delta S_2 > 0$)

정답 | ③

24 빈출도 ★

100kPa의 포화액이 펌프를 통과하여 1,000kPa까지 단열압축된다. 이 때 필요한 펌프의 단위 질량당 일은 약 몇 kJ/kg인가? (단, 포화액의 비체적은 0.001m³/kg으로 일정하다.)

① 0.9 ② 1.0
③ 900 ④ 1,000

해설

단위 질량당 일 공식은 다음과 같다.

$$W = V \times P$$

W: 단위 질량당 일(kJ/kg), V: 비체적(m³/kg), P: 압력(kPa)

여기서, 압력(P)은 압축에 필요한 압력을 구해야 하므로 1,000kPa − 100kPa = 900kPa이다.
$W = 0.001 \times 900 = 0.9$kJ/kg

정답 | ①

25 빈출도 ★★

$-50°C$인 탄산가스가 있다. 이 가스가 정압과정으로 $0°C$가 되었을 때 변경 후의 체적은 변경 전의 체적 대비 약 몇 배가 되는가? (단, 탄산가스는 이상기체로 간주한다.)

① 1.094배 ② 1.224배
③ 1.375배 ④ 1.512배

해설

보일-샤를의 법칙 $\dfrac{P_1 V_1}{T_1} = \dfrac{P_2 V_2}{T_2}$에서

정압과정이므로 $P_1 = P_2$

$\dfrac{V_2}{V_1} = \dfrac{T_2}{T_1} = \dfrac{(0+273)\text{K}}{(-50+273)\text{K}} = 1.224$배

정답 | ②

26 빈출도 ★★

냉동사이클에서 냉매의 구비조건으로 가장 거리가 먼 것은?

① 임계온도가 높을 것
② 증발열이 클 것
③ 인화 및 폭발의 위험성이 낮을 것
④ 저온, 저압에서 응축이 잘 되지 않을 것

해설

저온, 저압에서 응축이 잘 되어야 한다.

관련개념 냉매의 구비조건

- 증발열이 크고 임계온도(임계점)가 높아야 한다.
- 비체적과 비열비가 작아야 한다.
- 인화 및 폭발의 위험성이 낮아야 한다.
- 비교적 저온, 저압에서 응축이 잘 되어야 한다.
- 구입이 용이하고 가격이 저렴해야 한다.
- 점성 및 표면장력이 작고 상용압력범위가 낮아야 한다.

정답 | ④

27 빈출도 ★

어떤 열기관이 역카르노 사이클로 운전하는 열펌프와 냉동기로 작동될 수 있다. 동일한 고온열원과 저온열원 사이에서 작동될 때, 열펌프와 냉동기의 성능계수(COP)는 다음과 같은 관계식으로 표시될 수 있는데, ( )안에 알맞은 값은?

$$COP_{열펌프} = COP_{냉동기} + (\quad)$$

① 0 ② 1
③ 1.5 ④ 2

해설

성능계수 공식은 다음과 같다.

$$COP = \dfrac{Q}{W}$$

COP: 성능계수, W: 소요동력(kW), Q: 냉동능력(kW)

여기서, 냉동기의 성능계수(COP_1)는 흡수열량(Q_1)을 이용해야 한다.

$COP_1 = \dfrac{Q_1(흡수열량)}{W}$

열펌프의 성능계수(COP_2)는 방출열량(Q_2)을 이용해야 한다.

$COP_2 = \dfrac{Q_2(방출열량)}{W}$

에너지보존법칙에 의해 $Q_2 = Q_1 + W$이므로

$COP_2 = \dfrac{Q_2}{W} = \dfrac{Q_1 + W}{W} = \dfrac{Q_1}{W} + 1 = COP_1 + 1$

정답 | ②

28 빈출도 ★★★

다음 중 랭킨 사이클의 과정을 옳게 나타낸 것은?

① 단열압축 → 정적가열 → 단열팽창 → 정압냉각
② 단열압축 → 정압가열 → 단열팽창 → 정적냉각
③ 단열압축 → 정압가열 → 단열팽창 → 정압냉각
④ 단열압축 → 정적가열 → 단열팽창 → 정적냉각

해설

랭킨 사이클은 2개의 정압변화와 2개의 단열변화로 구성된 증기 동력 사이클로 과정은 아래와 같다.
단열압축 → 정압가열 → 단열팽창 → 정압냉각

정답 | ③

29 빈출도 ★

물 1kg이 100°C의 포화액 상태로부터 동일 압력에서 100°C의 건포화증기로 증발할 때까지 2,280kJ을 흡수하였다. 이 때 엔트로피의 증가는 약 몇 kJ/K인가?

① 6.1 ② 12.3
③ 18.4 ④ 25.6

해설

$$ds = \frac{dQ}{T}$$

ds: 엔트로피 변화량(kJ/K), dQ 열량(kJ), T: 온도(K)

$$ds = \frac{2,280\text{kJ}}{(100+273)\text{K}} = 6.1\text{kJ/K}$$

정답 | ①

30 빈출도 ★★

이상기체에서 정적비열 C_v와 정압비열 C_p와의 관계를 나타낸 것으로 옳은 것은? (단, R은 기체상수이고, k는 비열비이다.)

① $C_v = k \times C_p$
② $C_v = \frac{1}{2} \times C_p$
③ $C_v = C_p + R$
④ $C_v = C_p - R$

해설

이상기체 정적비열(C_v)과 정압비열(C_p)의 관계는 $C_p - C_v = R$이다.

관련개념 정적비열과 정압비열

(1) 정적비열(C_v)
부피 또는 체적을 일정하게 유지하면서 물질 1kg을 온도 1°C 높이는데 필요한 열량을 말한다.

$$C_v = \frac{1}{k-1}R$$

(2) 정압비열(C_p)
압력을 일정하게 유지하면서 물질 1kg을 온도 1°C 높이는데 필요한 열량을 말한다.

$$C_p = \frac{k}{k-1}R$$

정답 | ④

31 빈출도 ★★

랭킨 사이클의 열효율 증대 방안으로 가장 거리가 먼 것은?

① 복수기의 압력을 낮춘다.
② 과열 증기의 온도를 높인다.
③ 보일러의 압력을 상승시킨다.
④ 응축기의 온도를 높인다.

해설

랭킨 사이클의 열효율은 터빈입구의 온도, 압력이(고온, 고압) 높을수록 응축기 및 복수기의 압력인 배압이 낮을수록 증가한다.

정답 | ④

32 빈출도 ★

압력이 1.2MPa이고 건도가 0.65인 습증기 10m³의 질량은 약 몇 kg인가? (단, 1.2MPa에서 포화액과 포화증기의 비체적은 각각 0.0011373m³/kg, 0.1662m³/kg이다.)

① 87.83 ② 92.23
③ 95.11 ④ 99.45

해설

수증기의 비체적을 구하는 식은 다음과 같다.

$$v_x = v_1 + x \times (v_2 - v_1)$$

v_x: 수증기 비체적(m³/kg), v_1: 포화액 비체적(m³/kg), x: 건도, v_2: 포화증기 비체적(m³/kg)

$v_x = 0.0011373 + 0.65 \times (0.1662 - 0.0011373)$
$= 0.0011373 + 0.65 \times 0.1650627$
$= 0.10842\text{m}^3/\text{kg}$

질량=체적/비체적 이므로

$$m = \frac{V}{v_x} = \frac{10}{0.10842} = 92.23\text{kg}$$

정답 | ②

33 빈출도 ★★

비열비가 1.41인 이상기체가 1MPa, 500L에서 가역단열 과정으로 120kPa로 변할 때 이 과정에서 한 일은 약 몇 kJ인가?

① 561 ② 625
③ 715 ④ 825

해설

가역단열 과정에서의 일을 구하는 공식은 다음과 같다.

$$W = \frac{P_1 V_1}{k-1}\left[1-\left(\frac{P_2}{P_1}\right)^{\frac{k-1}{k}}\right]$$

W: 일(kJ), V_1: 초기 부피(m^3), P_1: 초기 압력(kPa),
P_2: 최종 압력(kPa), k: 비열비

$$W = \frac{1,000 \times 0.5}{1.41-1}\times\left[1-\left(\frac{120}{1,000}\right)^{\frac{1.41-1}{1.41}}\right] = 561\text{kJ}$$

정답 | ①

34 빈출도 ★★

40m^3의 실내에 있는 공기의 질량은 약 몇 kg인가? (단, 공기의 압력은 100kPa, 온도는 27°C이며, 공기의 기체상수는 0.287kJ/(kg · K)이다.)

① 93 ② 46
③ 10 ④ 2

해설

이상기체상태방정식에 따라 질량을 구한다.

$$PV = mRT$$

P: 압력(kPa), V: 부피(m^3), m: 질량(kg),
R: 기체상수(kJ/kg · K), T: 온도(K)

$$m = \frac{PV}{RT} = \frac{100 \times 40}{0.287 \times (27+273)} = 46\text{kg}$$

정답 | ②

35 빈출도 ★★★

냉동용량이 6RT(냉동톤)인 냉동기의 성능계수가 2.4이다. 이 냉동기를 작동하는 데 필요한 동력은 약 몇 kW인가? (단, 1RT(냉동톤)은 3.86kW이다.)

① 3.33 ② 5.74
③ 9.65 ④ 18.42

해설

성능계수 공식은 다음과 같다.

$$COP = \frac{Q}{W}$$

COP: 성능계수, W: 소요동력(kW), Q: 냉동능력(kW)

$$2.4 = \frac{6\text{RT}}{W} = \frac{6\text{RT} \times \frac{3.86\text{kW}}{1\text{RT}}}{W}$$

$W = 9.65\text{kW}$

정답 | ③

36 빈출도 ★★

자동차 타이어의 초기 온도와 압력은 각각 15°C, 150kPa이었다. 이 타이어에 공기를 주입하여 타이어 안의 온도가 30°C가 되었다고 하면 타이어의 압력은 약 몇 kPa인가? (단, 타이어 내의 부피는 0.1m^3이고, 부피변화는 없다고 가정한다.)

① 158 ② 177
③ 211 ④ 233

해설

보일-샤를의 법칙 $\frac{P_1 V_1}{T_1} = \frac{P_2 V_2}{T_2}$에서

부피변화가 없다고(정적과정) 하였으므로 $V_1 = V_2$

$$\frac{P_1}{T_1} = \frac{P_2}{T_2}$$

$$\frac{150}{273+15} = \frac{P_2}{273+30}$$

$$P_2 = \frac{150 \times 303}{288} = 158\text{kPa}$$

정답 | ①

37 빈출도 ★

노즐에서 가역단열 팽창에서 분출하는 이상기체가 있다고 할 때 노즐 출구에서의 유속에 대한 관계식으로 옳은 것은? (단, 노즐입구에서의 유속은 무시할 수 있을 정도로 작다고 가정하고, 노즐 입구의 단위질량당 엔탈피는 h_i, 노즐 출구의 단위질량당 엔탈피는 h_o이다.)

① $\sqrt{h_i - h_o}$ ② $\sqrt{h_o - h_i}$
③ $\sqrt{2(h_i - h_o)}$ ④ $\sqrt{2(h_o - h_i)}$

해설

단열팽창 과정으로 열에너지가 운동에너지로 변한다.

$$Q = \Delta E_k$$
$$m \times \Delta H = \frac{1}{2} mv^2$$

m: 질량(kg), ΔH: 엔탈피 차(kJ/kg), v: 속도(m/s), m: 질량(kg)

$$v = \sqrt{2 \times \Delta H} = \sqrt{2 \times (h_i - h_o)}$$

정답 | ③

38 빈출도 ★★

디젤 사이클에서 압축비는 16, 기체의 비열비는 1.4, 체절비(또는 분사 단절비)는 2.5라고 할 때 이 사이클의 효율은 약 몇 %인가?

① 59% ② 62%
③ 65% ④ 68%

해설

디젤 사이클 열효율은 다음과 같이 구한다.

$$\eta = 1 - \left(\frac{1}{\epsilon}\right)^{k-1} \times \frac{\sigma^k - 1}{k(\sigma - 1)}$$

η: 효율(%), ϵ: 압축비, k: 비열비, σ: 단절비

$$\eta = 1 - \left(\frac{1}{16}\right)^{1.4-1} \times \frac{2.5^{1.4} - 1}{1.4(2.5 - 1)} = 0.59 = 59\%$$

정답 | ①

39 빈출도 ★

다음 중 가스터빈의 사이클로 가장 많이 사용되는 사이클은?

① 오토 사이클
② 디젤 사이클
③ 랭킨 사이클
④ 브레이턴 사이클

해설

브레이턴 사이클(Brayton Cycle, 정압연소 사이클)은 대표적인 가스터빈 사이클로 2개의 단열과정과 2개의 정압과정으로 이루어져있다.

관련개념 가스터빈 사이클과 내연기관 사이클

가스터빈 사이클	브레이턴 사이클, 에릭슨 사이클, 스털링 사이클
내연기관 사이클	디젤 사이클, 사바테 사이클, 오토 사이클

정답 | ④

40 빈출도 ★★

다음 중 용량성 상태량(Extensive property)에 해당하는 것은?

① 엔탈피 ② 비체적
③ 압력   ④ 절대온도

해설

- 용량성 상태량(크기의 상태량): 질량과 관계가 있으며 질량, 부피, 일, 내부에너지, 엔탈피, 엔트로피 등이 있다.
- 강도성 상태량(세기의 상태량): 질량과 관계가 없으며 온도, 압력, 밀도, 비체적, 농도, 비열, 열전달률 등이 있다.

정답 | ①

계측방법

41 빈출도 ★
단요소식 수위제어에 대한 설명으로 옳은 것은?

① 발전용 고압 대용량 보일러의 수위제어에 사용되는 방식이다.
② 보일러의 수위만을 검출하여 급수량을 조절하는 방식이다.
③ 부하변동에 의한 수위변화 폭이 대단히 적다.
④ 수위조절기의 제어동작은 PID동작이다.

해설
수위제어 방식에는 1요소식(수위), 2소요식(수위, 증기유량), 3요소식(수위, 증기유량, 급수유량), 모듈식 등이 있으며, 단요소식(1요소식)은 급수량 조절 시 수위만 검출하는 방식을 말한다.

정답 | ②

42 빈출도 ★★
다음 중 액면 측정방법이 아닌 것은?

① 액압측정식
② 정전용량식
③ 박막식
④ 부자식

해설
박막식은 액면계가 아닌 직접지시계를 읽는 압력계의 일종이다.

관련개념 액면계

분류	측정법
직접법	부자식(플로트식), 검척식, 유리관식(직관식)
간접법	압력식, 정전용량식, 초음파식, 방사선식, 차압식, 다이어프램식, 편위식, 기포식, 저항전극식 등

정답 | ③

43 빈출도 ★★
유로에 고정된 교축기구를 두어 그 전후의 압력차를 측정하여 유량을 구하는 유량계의 형식이 아닌 것은?

① 벤투리미터
② 플로우 노즐
③ 로터미터
④ 오리피스

해설
차압식 유량계는 비압축성 유체가 관내를 흐를 때 관내에 생기는 차압으로 유량을 측정하는 측정기구로, 정도가 좋아 측정범위가 넓다. 종류로는 오리피스, 벤투리, 플로우 노즐이 있다.

정답 | ③

44 빈출도 ★★
오차와 관련된 설명으로 틀린 것은?

① 흩어짐이 큰 측정을 정밀하다고 한다.
② 오차가 적은 계량기는 정확도가 높다.
③ 계측기가 가지고 있는 고유의 오차를 기차라고 한다.
④ 눈금을 읽을 때 시선의 방향에 따른 오차를 시차라고 한다.

해설
오차란 측정값과 참값의 차이를 말하며, 차이는 적을수록 정확도가 높으며 계통오차, 우연오차 등이 있다. 흩어짐이 작은 측정을 정밀하다고 하며 이를 척도로 나타낸 것은 정밀도라고 한다.

정답 | ①

45 빈출도 ★★

측정하고자 하는 액면을 직접 자로 측정, 자의 눈금을 읽음으로서 액면을 측정하는 방법의 액면계는?

① 검척식 액면계
② 기포식 액면계
③ 직관식 액면계
④ 플로트식 액면계

선지분석

① 검척식 액면계: 눈금자를 활용하여 액면의 높이를 측정하고 자의 눈금을 확인한다.
② 기포식 액면계: 기포관을 탱크속에 삽입하고 압축공기로 기포를 일으켜 유량의 압력으로 측정한다.
③ 직관식 액면계: 유리관의 액면계에 표시된 눈금을 육안으로 확인한다.
④ 플로트식 액면계: 부자식이라고도 하며 액면에 플로트를 띄어서 상하 움직임으로 측정한다.

정답 | ①

46 빈출도 ★★

Thermister(서미스터)의 특징이 아닌 것은?

① 소형이며 응답이 빠르다.
② 온도계수가 금속에 비하여 매우 작다.
③ 흡습 등에 의하여 열화되기 쉽다.
④ 전기저항체 온도계이다.

해설

서미스터는 온도계수가 금속에 비하여 매우 크다.

관련개념 서미스터(Thermister)

- 고온 측정에 적합하고 온도계수가 금속에 비하여 매우 크다.
- 내열성과 내구성, 내식성이 우수하다.
- 회로 보호, 배터리 등 전기 재료의 열전도 측정이 가능하며 다양한 용도로 쓰인다.
- 전기저항으로 측정하여 응답이 빠르고 감도가 높아 도선저항에 의한 오차가 작다.
- 흡습 등으로 발생한 열화로 재현성이 나쁘다.
- 측온부를 작게 하여 좁은 장소에 설치가 가능하고 작게 만들 수 있어 사용이 편리하다.

정답 | ②

47 빈출도 ★★

전자유량계로 유량을 측정하기 위해서 직접 계측하는 것은?

① 유체에 생기는 과전류에 의한 온도 상승
② 유체에 생기는 압력 상승
③ 유체 내에 생기는 와류
④ 유체에 생기는 기전력

해설

전자유량계는 패러데이의 전자기 유도 법칙에 의해 유체에 생기는 기전력을 계측하여 유량을 측정한다.

관련개념 전자유량계

- 패러데이의 전자기 유도 법칙에 의해 도전성의 유체의 기전력을 계측하여 유량을 측정하는 기구이다.
- 전기 신호를 즉각 감지하여 응답속도가 빠르다.
- 비금속 라이너 및 내식성이 높은 재질로 만들어져 내식성이 좋다.
- 유체의 밀도, 점성 등의 영향을 받지 않으며, 측정범위가 넓고 압력손실이 거의 없다.
- 슬러지, 부식성 액체 등 다른 물질이 섞여있거나 기포가 있는 액체도 측정이 가능하다.

정답 | ④

48 빈출도 ★

고온물체로부터 방사되는 특정파장을 온도계 속으로 통과시켜 온도계 내의 전구 필라멘트의 휘도를 육안으로 직접 비교하여 온도를 측정하는 것은?

① 열전온도계
② 광고온계
③ 색온도계
④ 방사온도계

해설

광고온계는 비접촉식으로 방출되는 빛과 파장을 이용하여 온도를 측정한다. 측정범위는 700~3,000℃이다.

정답 | ②

49 빈출도 ★

조절계의 제어작동 중 제어편차에 비례한 제어동작은 잔류편차(offset)가 생기는 결점이 있는데, 이 잔류편차를 없애기 위한 제어동작은?

① 비례동작
② 미분동작
③ 2위치동작
④ 적분동작

해설

적분제어(Integral Control, I 동작)는 적분값에 비례하는 제어동작으로 동작 시 출력의 변화된 속도값이 편차에 비례한 동작을 말하며 잔류편차가 제어되나 제어 안정성은 떨어진다.

정답 | ④

50 빈출도 ★

다이어프램식 압력계의 압력증가 현상에 대한 설명으로 옳은 것은?

① 다이어프램에 가해진 압력에 의해 격막이 팽창한다.
② 링크가 아래 방향으로 회전한다.
③ 섹터기어가 시계방향으로 회전한다.
④ 피니언은 시계방향으로 회전한다.

선지분석

① 다이어프램에 가해진 압력에 의해 격막에 변위가 발생하여 수축한다.
② 링크가 위쪽 방향으로 회전한다.
③ 섹터기어가 시계반대 방향으로 회전한다.
④ 피니언은 시계방향으로 회전한다.

정답 | ④

51 빈출도 ★★

다음 중 직접식 액위계에 해당하는 것은?

① 정전용량식
② 초음파식
③ 플로트식
④ 방사선식

해설

분류	측정법
직접법	부자식(플로트식), 검척식, 유리관식(직관식) 등
간접법	압력식, 정전용량식, 초음파식, 방사선식, 차압식, 다이어프램식, 편위식, 기포식 등

정답 | ③

52 빈출도 ★

램, 실린더, 기름탱크, 가압펌프 등으로 구성되어 있으며 다른 압력계의 기준기로 사용되는 것은?

① 환상스프링식 압력계
② 부르동관식 압력계
③ 액주형 압력계
④ 분동식 압력계

해설

분동식 압력계는 분동에 의한 추의 무게와 실린더 단면적의 비율로 측정하며 탄성식 압력계의 일반교정용 검사에도 이용된다. 램, 실린더, 기름탱크, 가압펌프로 구성되어 있고 높은 정확도와 재현성을 제공한다.

정답 | ④

53 빈출도 ★★

2개의 제어계를 조합하여 1차 제어장치의 제어량을 측정하여 제어명령을 발하고 2차 제어장치의 목표치로 설정하는 제어방법은?

① on-off 제어
② cascade 제어
③ program 제어
④ 수동제어

해설

캐스케이드제어(C.C, Cascade Control)는 내부 제어루프와 외부 제어루프가 존재하는 다단제어라고하며, 1차 제어 장치가 제어량을 측정한다. 이때 제어명령과 함께 2차 제어 장치가 캐스케이드의 명령을 바탕으로 제어량을 조절한다.

정답 | ②

54 빈출도 ★★

다음 중 사용온도 범위가 넓어 저항온도계의 저항체로서 가장 우수한 재질은?

① 백금
② 니켈
③ 동
④ 철

해설

백금저항온도계는 온도에 따라 변하는 백금선의 전기저항을 측정하는 기구로, $-200 \sim 500℃$의 온도 범위를 가지며 안정성과 재현성 및 내구성이 우수하다.

정답 | ①

55 빈출도 ★★

다음 중 1,000℃ 이상인 고온체의 연속측정에 가장 적합한 온도계는?

① 저항 온도계
② 방사 온도계
③ 바이메탈식 온도계
④ 액체압력식 온도계

해설

방사 온도계는 고온체의 연속측정이 가능하며 열전대 온도계가 측정할 수 없는 온도까지 측정할 수 있다.

선지분석

① 저항 온도계: $-200 \sim 500℃$
② 방사 온도계: $-60 \sim 2,000℃$
③ 바이메탈식 온도계: $-50 \sim 500℃$
④ 액체압력식 온도계: $-30 \sim 500℃$

정답 | ②

56 빈출도 ★

응답이 빠르고 감도가 높으며, 도선저항에 의한 오차를 적게 할 수 있으나, 재현성이 없고 흡습 등으로 열화되기 쉬운 특징을 가진 온도계는?

① 광고온계
② 열전대 온도계
③ 서미스터 저항체 온도계
④ 금속 측온 저항체 온도계

해설

서미스터 저항체 온도계는 전기저항으로 측정하여 응답이 빠르고 감도가 높아 도선저항에 의한 오차가 적은 온도계로 내열성 및 내구성이 좋다.

정답 | ③

57 빈출도 ★★

다음 열전대의 구비조건으로 가장 적절하지 않은 것은?

① 열기전력이 크고 온도 증가에 따라 연속적으로 상승할 것
② 저항온도 계수가 높을 것
③ 열전도율이 작을 것
④ 전기저항이 작을 것

해설

열전대는 열전도율, 전기저항, 저항온도계수가 작아야 한다.

정답 | ②

58 빈출도 ★

휴대용으로 상온에서 비교적 정도가 좋은 아스만(Asman) 습도계는 다음 중 어디에 속하는가?

① 저항 습도계
② 냉각식 노점계
③ 간이 건습구 습도계
④ 통풍형 건습구 습도계

해설

아스만(야스만) 습도계는 건구 온도와 습구 온도의 차이를 측정하는 상대 습도계로 실내 외 습도 측정에 사용하며, 정도가 좋은 편이다. 일정한 풍속을 유지하게 하는 통풍장치가 있는 통풍형 건습구 습도계에 속한다.

정답 | ④

59 빈출도 ★★★

지름이 10cm 되는 관 속을 흐르는 유체의 유속이 16m/s이었다면 유량은 약 몇 m³/s인가?

① 0.125
② 0.525
③ 1.605
④ 1.725

해설

$$Q = AV$$

Q: 유량(m³/s), A: 면적(m²), V: 유속(m/s)

먼저 원형 면적을 구한다.

$$A = \frac{\pi D^2}{4} = \frac{\pi \times 0.1^2}{4} = 7.85 \times 10^{-3} \text{m}^2$$

$$Q = A \times V = (7.85 \times 10^{-3}) \times 16 = 0.125 \text{m}^3/\text{s}$$

정답 | ①

60 빈출도 ★

환상천평식(링밸런스식) 압력계에 대한 설명으로 옳은 것은?

① 경사관식 압력계의 일종이다.
② 히스테리시스 현상을 이용한 압력계이다.
③ 압력에 따른 금속의 신축성을 이용한 것이다.
④ 저압가스의 압력측정이나 드래프트게이지로 주로 이용된다.

해설

환상천평식(링밸런스식)은 U자형 액주식 압력계의 일종으로, 동그란 링이 회전할 때 생기는 회전각의 압력차를 측정하고 저압가스의 압력측정에 사용된다.

정답 | ④

열설비재료 및 관계법규

61 빈출도 ★

다음 중 용광로에 장입되는 물질 중 탈황 및 탈산을 위해 첨가하는 것으로 가장 적당한 것은?

① 철광석 ② 망간광석
③ 코크스 ④ 석회석

해설
탈황 및 탈산을 위해 첨가하는 광석은 망간광석이다.

정답 | ②

62 빈출도 ★★

다음 보온재 중 최고 안전 사용온도가 가장 낮은 것은?

① 석면 ② 규조토
③ 우레탄 폼 ④ 펄라이트

선지분석
① 석면: 350~550℃
② 규조토: 500℃
③ 우레탄 폼: 80℃
④ 펄라이트: 600℃

정답 | ③

63 빈출도 ★

연소실의 연도를 축조하려 할 때 유의사항으로 가장 거리가 먼 것은?

① 넓거나 좁은 부분의 차이를 줄인다.
② 가스 정체 공극을 만들지 않는다.
③ 가능한 한 굴곡 부분을 여러 곳에 설치한다.
④ 댐퍼로부터 연도까지의 길이를 짧게 한다.

해설
연도(굴뚝)에 굴곡부가 많을수록 저항이 높아지기 때문에 굴곡부를 적게 만들어야 한다.

정답 | ③

64 빈출도 ★★

에너지이용 합리화법에 따라 검사대상기기에 해당되지 않는 것은?

① 정격용량이 0.4MW인 철금속가열로
② 가스사용량이 18kg/h인 소형 온수보일러
③ 최고사용압력이 0.1MPa이고, 전열면적이 5m²인 주철제 보일러
④ 최고사용압력이 0.1MPa이고, 동체의 안지름이 300mm이며, 길이가 600mm인 강철제 보일러

해설
「에너지이용 합리화법 시행규칙 별표 3의3」
(1) **강철제 보일러, 주철제 보일러**
다음 각 호의 어느 하나에 해당하는 것은 제외한다.
- 최고사용압력이 0.1MPa 이하이고, 동체의 안지름이 300미리미터 이하이며, 길이가 600미리미터 이하인 것
- 최고사용압력이 0.1MPa 이하이고, 전열면적이 5제곱미터 이하인 것
- 2종 관류보일러
- 온수를 발생시키는 보일러로서 대기개방형인 것

(2) **소형 온수보일러**
가스를 사용하는 것으로서 가스사용량이 17kg/h(도시가스는 232.6킬로와트)를 초과하는 것

(3) **철금속가열로**
정격용량이 0.58MW를 초과하는 것

정답 | ①

65 빈출도 ★

에너지이용 합리화법에 따라 효율관리기자재의 제조업자가 광고매체를 이용하여 효율관리기자재의 광고를 하는 경우에 그 광고내용에 포함시켜야 할 사항은?

① 에너지 최고효율 ② 에너지 사용량
③ 에너지 소비효율 ④ 에너지 평균소비량

해설

「에너지이용 합리화법 제15조」
산업통상자원부장관은 에너지이용 합리화를 위하여 필요하다고 인정하는 경우에는 일반적으로 널리 보급되어 있는 에너지사용기자재 또는 에너지관련기자재로서 산업통상자원부령으로 정하는 기자재에 대하여 다음 사항을 정하여 고시하여야 한다.
- 에너지의 목표소비효율 또는 목표사용량의 기준
- 에너지의 최저소비효율 또는 최대사용량의 기준
- 에너지의 소비효율 또는 사용량의 표시
- 에너지의 소비효율 등급기준 및 등급표시
- 에너지의 소비효율 또는 사용량의 측정방법
- 그 밖에 효율관리기자재의 관리에 필요한 사항으로서 산업통상자원부령으로 정하는 사항

정답 ③

66 빈출도 ★★

에너지이용 합리화법에 의해 에너지사용의 제한 또는 금지에 관한 조정·명령, 기타 필요한 조치를 위반한 자에 대한 과태료 기준은 얼마인가?

① 50 만원 이하 ② 100 만원 이하
③ 300 만원 이하 ④ 500 만원 이하

해설

「에너지이용 합리화법 제78조」
에너지사용의 제한 또는 금지에 관한 조정·명령, 그 밖에 필요한 조치를 위반한 자에게는 300 만원 이하의 과태료를 부과한다.

정답 ③

67 빈출도 ★

보온재의 열전도계수에 대한 설명으로 틀린 것은?

① 보온재의 함수율이 크게 되면 열전도계수도 증가한다.
② 보온재의 기공률이 클수록 열전도계수는 작아진다.
③ 보온재의 열전도계수가 작을수록 좋다.
④ 보온재의 온도가 상승하면 열전도계수는 감소된다.

해설

보온재의 온도가 상승하면 열전도계수는 증가한다.

정답 ④

68 빈출도 ★

에너지이용 합리화법의 목적이 아닌 것은?

① 에너지의 합리적인 이용을 증진
② 국민경제의 건전한 발전에 이바지
③ 지구온난화의 최소화에 이바지
④ 신재생에너지의 기술개발에 이바지

해설

「에너지이용 합리화법 제1조」
이 법은 에너지의 수급을 안정시키고 에너지의 합리적이고 효율적인 이용을 증진하며 에너지소비로 인한 환경피해를 줄임으로써 국민경제의 건전한 발전 및 국민복지의 증진과 지구온난화의 최소화에 이바지함을 목적으로 한다.

정답 ④

69 빈출도 ★

에너지이용 합리화법에 따라 냉난방온도의 제한온도 기준 중 난방온도는 몇 ℃ 이하로 정해져 있는가?

① 18 ② 20
③ 22 ④ 26

해설

「에너지이용 합리화법 시행규칙 제31조의2」
냉난방온도의 제한온도를 정하는 기준은 다음과 같다. 다만, 판매시설 및 공항의 경우에 냉방온도는 25℃ 이상으로 한다.
- 냉방: 26℃ 이상
- 난방: 20℃ 이하

정답 ②

70 빈출도 ★

에너지이용 합리화법에 따라 시공업의 기술인력 및 검사대상기기관리자에 대한 교육과정과 교육기관의 연결로 틀린 것은?

① 난방시공법 제1종기술자 과정: 1일
② 난방시공업 제2종기술자 과정: 1일
③ 소형보일러·압력용기관리자 과정: 1일
④ 중·대형 보일러관리자 과정: 2일

해설

「에너지이용 합리화법 시행규칙 별표 4의2」

구분	교육과정	교육기간	교육대상자
시공업의 기술인력	난방시공업 제1종 기술자과정	1일	난방시공업 제1종의 기술자로 등록된 사람
	난방시공업 제2종·제3종 기술자과정	1일	난방시공업 제2종 또는 난방시공업 제3종의 기술자로 등록된 사람
검사대상 기기관리자	중·대형보일러 관리자과정	1일	검사대상기기관리자로 선임된 사람으로서 용량이 1t/h(난방용의 경우에는 5t/h)를 초과하는 강철제 보일러 및 주철제 보일러의 관리자
	소형보일러·압력용기 관리자과정	1일	검사대상기기관리자로 선임된 사람으로서 제1호의 보일러 관리자과정의 대상이 되는 보일러 외의 보일러 및 압력용기의 관리자

정답 | ④

71 빈출도 ★

버터플라이 밸브의 특징에 대한 설명으로 틀린 것은?

① 90° 회전으로 개폐가 가능하다.
② 유량조절이 가능하다.
③ 완전 열림 시 유체저항이 크다.
④ 밸브 몸통 내에서 밸브대를 축으로 하여 원판형태의 디스크의 움직임으로 개폐하는 밸브이다.

해설

버터플라이 밸브(나비형 밸브, Butterfly Valve)는 원통형 본체에 원반모양으로 된 디스크가 회전하는 구조로 각도에 따라 유량, 압력을 조절할 수 있으나 기밀을 완전히 폐쇄하는 것은 어렵다. 완전 열림 시 유체의 흐름을 방해가 적어 유체저항이 작다.

정답 | ③

72 빈출도 ★

에너지이용 합리화법에 따라 검사대상기기의 검사유효기간 기준으로 틀린 것은?

① 검사유효기간은 검사에 합격한 날의 다음 날부터 계산한다.
② 검사에 합격한 날이 검사유효기간 만료일 이전 60일 이내인 경우 검사유효기간 만료일의 다음 날부터 계산한다.
③ 검사를 연기한 경우의 검사유효기간은 검사유효기간 만료일의 다음 날부터 계산한다.
④ 산업통상자원부장관은 검사대상기기의 안전관리 또는 에너지효율 향상을 위하여 부득이하다고 인정할 때에는 검사유효기간을 조정할 수 있다.

해설

「에너지이용 합리화법 시행규칙 제31조8」
검사유효기간은 검사에 합격한 날의 다음 날부터 계산한다. 다만, 검사에 합격한 날이 검사유효기간 만료일 이전 30일 이내인 경우와 검사를 연기한 경우에는 검사유효기간 만료일의 다음 날부터 계산한다.

정답 | ②

73 빈출도 ★★

마그네시아 또는 돌로마이트를 원료로 하는 내화물이 수증기의 작용을 받아 $Ca(OH)_2$나 $Mg(OH)_2$를 생성하게 된다. 이때 체적변화로 인해 노벽에 균열이 발생하거나 붕괴하는 현상을 무엇이라고 하는가?

① 버스팅
② 스폴링
③ 슬래킹
④ 에로존

해설

슬래킹이란 마그네시아 또는 돌로마이트의 원료가 수증기를 흡수하여 비중 변화로 인한 체적 팽창이 발생함으로써 갈라지거나 부서져 노벽에 균열이 발생하거나 붕괴하는 현상을 말한다.

정답 | ③

74 빈출도 ★

가스로 중 주로 내열강재의 용기를 내부에서 가열하고 그 용기 속에 열처리품을 장입하여 간접 가열하는 로를 무엇이라고 하는가?

① 레토르트로
② 오븐로
③ 머플로
④ 라디안트튜브로

해설

머플로는 내열강재의 용기를 내부에서 가열하고 그 용기 속에 열처리품을 장입하여 간접가열하는 방식의 로를 말한다.

정답 | ③

75 빈출도 ★

파이프의 열변형에 대응하기 위해 설치하는 이음은?

① 가스이음
② 플랜지이음
③ 신축이음
④ 소켓이음

해설

신축이음은 파이프의 온도변화에 의한 열팽창에 대응하기 위해 설치하는 이음으로 슬리브형, 벨로즈형, 스위블이음형, 볼조인트형, 루프형 등이 있다.

정답 | ③

76 빈출도 ★★★

에너지이용 합리화법에 따른 에너지 저장의무 부과대상자가 아닌 것은?

① 전기사업자
② 석탄생산자
③ 도시가스사업자
④ 연간 2만 석유환산톤 이상의 에너지를 사용하는 자

해설

「에너지이용 합리화법 시행령 제12조」
산업통상자원부장관이 에너지저장의무를 부과할 수 있는 대상자는 다음과 같다.
- 「전기사업법」에 따른 전기사업자
- 「도시가스사업법」에 따른 도시가스사업자
- 「석탄산업법」에 따른 석탄가공업자
- 「집단에너지사업법」에 따른 집단에너지사업자
- 연간 2만 석유환산톤 이상의 에너지를 사용하는 자

정답 | ②

77 빈출도 ★★★

85℃의 물 120kg의 온탕에 10℃의 물 140kg을 혼합하면 약 몇 ℃의 물이 되는가?

① 44.6
② 56.6
③ 66.9
④ 70.0

해설

$$Q = C \times \Delta T \times m$$

Q: 열량(kJ), C: 비열(kJ/kg·℃), ΔT: 온도차(℃), m: 질량(kg)

열평형법칙에 의해 85℃에서의 열량(Q_a)과 10℃에서의 열량(Q_b)은 같다.

$C \times m_a \times \Delta T_a = C \times m_b \times \Delta T_b$

혼합한 후 물의 열평형 온도를 t_x라고 하면

$C \times m_a \times (T_a - T_x) = C \times m_b \times (T_x - T_b)$

$120 \times (85 - T_x) = 140 \times (T_x - 10)$

$120 \times 85 - 120 T_x = 140 T_x - 140 \times 10$

$T_x = \dfrac{11{,}600}{260} = 44.6\,℃$

정답 | ①

78 빈출도 ★

도염식 가마의 구조에 해당되지 않는 것은?

① 흡입구
② 대차
③ 지연도
④ 화교

해설

도염식 가마는 아궁이에서 발생한 불꽃이 측벽과 화교사이의 벽을 통과하며 천장을 지나 가마바닥으로 순환하며, 열효율이 우수한 가마이다. 흡입구, 지연도(가지연도), 화교, 냉각구멍, 화구, 소성실 등으로 구성된다.

정답 | ②

79 빈출도 ★

에너지이용 합리화법에 따라 매년 1월 31일까지 전년도의 분기별 에너지사용량·제품생산량을 신고하여야 하는 대상은 연간 에너지사용량의 합계가 얼마 이상인 경우 해당되는가?

① 1천 티오이
② 2천 티오이
③ 3천 티오이
④ 5천 티오이

해설

「에너지이용 합리화법 시행령 제35조」
에너지다소비사업자란 연료·열 및 전력의 연간 사용량의 합계가 2천 티오이 이상인 자를 말한다.

정답 | ②

80 빈출도 ★

에너지이용 합리화법에 따른 한국에너지공단의 사업이 아닌 것은?

① 에너지의 안정적 공급
② 열사용기자재의 안전관리
③ 신에너지 및 재생에너지 개발사업의 촉진
④ 집단에너지 사업의 촉진을 위한 지원 및 관리

해설

에너지의 안정적 공급은 시도지사의 지역에너지계획에 포함된다.

관련개념 한국에너지공단의 사업

「에너지이용 합리화법 제57조」
- 에너지이용 합리화 및 이를 통한 온실가스의 배출을 줄이기 위한 사업과 국제협력
- 에너지기술의 개발·도입·지도 및 보급
- 에너지이용 합리화, 신에너지 및 재생에너지의 개발과 보급, 집단에너지공급사업을 위한 자금의 융자 및 지원
- 에너지진단 및 에너지관리지도
- 신에너지 및 재생에너지 개발사업의 촉진
- 에너지관리에 관한 조사·연구·교육 및 홍보
- 에너지이용 합리화사업을 위한 토지·건물 및 시설 등의 취득·설치·운영·대여 및 양도
- 집단에너지사업의 촉진을 위한 지원 및 관리
- 에너지사용기자재·에너지관련기자재의 효율관리 및 열사용기자재의 안전관리
- 사회취약계층의 에너지이용 지원
- 산업통상자원부장관, 시·도지사, 그 밖의 기관 등이 위탁하는 에너지이용의 합리화와 온실가스의 배출을 줄이기 위한 사업

정답 | ①

열설비설계

81 빈출도 ★

보일러를 사용하지 않고, 장기간 휴지상태로 놓을 때 부식을 방지하기 위해서 채워두는 가스는?

① 이산화탄소 ② 질소가스
③ 아황산가스 ④ 메탄가스

해설

질소건조법(기체보존법)은 장기 휴지 및 중지한 보일러의 내외부 부식을 방지하기 위해 보일러수를 완전히 배출하여 보일러 내부를 건조시킨 후 질소를 가압하여 봉입밀폐시킨다. 이때 질소가스의 봉입 압력은 0.06MPa이다.

정답 | ②

82 빈출도 ★★

보일러의 파형노통에서 노통의 평균지름을 1,000mm, 최고사용압력을 11kgf/cm²라 할 때 노통의 최소두께(mm)는? (단, 평형부 길이는 230mm 미만이며, 정수 C는 1,100이다.)

① 5   ② 8
③ 10 ④ 13

해설

파형 노통의 최소 두께를 구하는 식은 다음과 같다.

$$t = \frac{PD}{C}$$

t: 최소 두께(mm), P: 최고사용압력(kg/cm²), D: 평균 내경(mm), C: 노통의 종류에 따른 상수

$$t = \frac{11 \times 1,000}{1,100} = 10\text{mm}$$

정답 | ③

83 빈출도 ★

보일러 수냉관과 연소실벽 내에 설치된 방사과열기의 보일러 부하에 따른 과열온도 변화에 대한 설명으로 옳은 것은?

① 보일러의 부하증대에 따라 과열온도는 증가하다가 최대 이후 감소한다.
② 보일러의 부하증대에 따라 과열온도는 감소하다가 최소 이후 증가한다.
③ 보일러의 부하증대에 따라 과열온도는 증가한다.
④ 보일러의 부하증대에 따라 과열온도는 감소한다.

해설

방사과열기(복사과열기)는 보일러의 부하증대에 따라 과열온도가 감소하고, 대류과열기는 보일러의 부하증대에 따라 과열온도가 증가한다.

정답 | ④

84 빈출도 ★★★

육용 강재 보일러의 구조에 있어서 동체의 최소 두께 기준으로 틀린 것은?

① 안지름이 900mm 이하인 것은 4mm
② 안지름이 900mm 초과, 1,350mm 이하인 것은 8mm
③ 안지름이 1,350mm 초과, 1,850mm 이하인 것은 10mm
④ 안지름이 1,850mm를 초과하는 것은 12mm

해설

육용 강재 보일러의 안지름	동체의 최소 두께
900mm 이하	6mm (단, 스테이 부착시 8mm)
900mm 초과 1,350mm 이하	8mm
1,350mm 초과 1,850mm 이하	10mm
1,850mm 초과	12mm

정답 | ①

85 빈출도 ★

연소실의 체적을 결정할 때 고려사항으로 가장 거리가 먼 것은?

① 연소실의 열부하
② 연소실의 열발생률
③ 연소실의 연소량
④ 내화벽돌의 내압강도

해설

연소실 체적결정에 따른 고려사항은 연소실의 열부하 및 열발생률, 연료의 연소량 등이 있다.

정답 | ④

86 빈출도 ★★

급수조절기를 사용할 경우 수압시험 또는 보일러를 시동할 때 조절기가 작동하지 않게 하거나, 모든 자동 또는 수동제어 밸브 주위에 수리, 교체하는 경우를 위하여 설치하는 설비는?

① 블로우 오프관
② 바이패스관
③ 과열 저감기
④ 수면계

해설

급수조절기 사용 시 수압시험 및 보일러 시동 시 조절기가 작동하지 않게 하며, 수동제어 밸브 주위에 수리, 교체를 위해 바이패스관을 설치한다.

정답 | ②

87 빈출도 ★★

보일러 운전 시 캐리오버(Carry-over)를 방지하기 위한 방법으로 틀린 것은?

① 주증기 밸브를 서서히 연다.
② 관수의 농축을 방지한다.
③ 증기관을 냉각한다.
④ 과부하를 피한다.

해설

증기관이 냉각하면 응축수가 발생하여 캐리오버가 일어난다.

관련개념 캐리오버 현상

(1) 정의
보일러 급수 속 용해 고형물이 증기와 섞여 보일러 밖으로 튀어나가는 현상이다.

(2) 방지대책
- 주증기 밸브를 급격하게 열지 않고 서서히 연다.
- 관수(보일러수)의 농축을 방지한다.
- 과부하 및 고수위 운전을 하지 않는다.
- 비수방지관을 설치한다.
- 일정한 규정압력으로 유지한다.

정답 | ③

88 빈출도 ★★

내경 250mm, 두께 3mm인 주철관에 압력 4kgf/cm²의 증기를 통과시킬 때 원주방향의 인장응력(kgf/mm²)은?

① 1.23
② 1.66
③ 2.12
④ 3.28

해설

원주방향의 인장응력 공식은 다음과 같다.

$$\sigma = \frac{PD}{2t}$$

σ: 인장응력(kgf/cm²), D: 내경(mm), P: 압력(kgf/cm²), t: 두께(mm)

$\sigma = \dfrac{4 \times 250}{2 \times 3} = 166.67 \text{kgf/cm}^2 = 1.66 \text{kgf/mm}^2$

정답 | ②

89 빈출도 ★

강판의 두께가 20mm이고, 리벳의 직경이 28.2mm 이며, 피치 50.1mm인 1줄 겹치기 리벳조인트가 있다. 이 강판의 효율은?

① 34.7%
② 43.7%
③ 53.7%
④ 63.7%

해설

강판의 효율과 관련된 계산공식은 아래와 같다.

$$\eta = 1 - \frac{t}{P}$$

η: 효율(%), P: 피치(mm), t: 직경(mm)

$\eta = 1 - \frac{28.2}{50.1} = 0.437 = 43.7\%$

정답 | ②

90 빈출도 ★

급수 및 보일러수의 순도 표시방법에 대한 설명으로 틀린 것은?

① ppm의 단위는 100만분의 1의 단위이다.
② epm은 당량농도라 하고 용액 1kg 중에 용존되어 있는 물질의 mg 당량수를 의미한다.
③ 알칼리도는 수중에 함유하는 탄산염 등의 알칼리성 성분의 농도를 표시하는 척도이다.
④ 보일러수에서는 재료의 부식을 방지하기 위하여 pH가 7인 중성을 유지하여야 한다.

해설

보일러 수에서는 재료의 부식을 방지하기 위하여 pH가 10.5~11.5 사이의 약알칼리성을 유지하여야 한다.

정답 | ④

91 빈출도 ★

용접부에서 부분 방사선 투과시험의 검사길이 계산은 몇 mm 단위로 하는가?

① 50
② 100
③ 200
④ 300

해설

방사선 검사길이 계산: 300mm 단위(300mm 미만은 300mm 로 한다.)

정답 | ④

92 빈출도 ★

어느 가열로에서 노벽의 상태가 다음과 같을 때 노벽을 관류하는 열량(kcal/h)은 얼마인가? (단, 노벽의 상하 및 둘레가 균일하며, 평균방열면적 120.5m², 노벽의 두께 45cm, 내벽표면온도 1,300℃, 외벽표면온도 175℃, 노벽재질의 열전도율 0.1kcal/m·h·℃ 이다.)

① 301.25
② 30,125
③ 13.556
④ 13,556

해설

관류 열량(손실열) 공식을 이용하여 열전도도를 구한다.

$$Q = \frac{\lambda \times T_a \times A}{d}$$

λ: 열전도율(kcal/m·h·℃), T_a: 온도차(℃), A: 면적(m²), d: 두께(m)

$Q = \frac{0.1 \times (1,300 - 175) \times 120.5}{0.45} = 30,125 \text{kcal/h}$

정답 | ②

93 빈출도 ★

보일러 재료로 이용되는 대부분의 강철제는 200~300°C에서 최대의 강도를 유지하나, 몇 °C 이상이 되면 재료의 강도가 급격히 저하되는가?

① 350°C
② 450°C
③ 550°C
④ 650°C

해설

강철(탄소강)은 약 350°C에 도달하게 되면 재료의 강도가 급격히 저하한다.

정답 | ①

94 빈출도 ★★

다음 중 보일러 안전장치로 가장 거리가 먼 것은?

① 방폭문
② 안전밸브
③ 체크밸브
④ 고저수위경보기

해설

체크밸브는 유체가 한 방향으로 흐르도록 하여 역류를 방지하기 위한 장치로 보일러 안전장치와는 거리가 멀다.

관련개념 보일러 안전장치

장치	의미
안전밸브	보일러 내부의 증기압력이 기준압 이상으로 상승될 경우에 증기가 외부로 배출될 수 있게 하여 사전에 보일러의 압력 상승 및 파열사고를 방지한다.
화염검출기	연소에 상태를 감시하여 비정상연소(연소중단, 불완전연소 등)가 진행될 경우 자동으로 연료 공급을 차단하여 미연소가스로 인한 폭발사고 등을 방지한다.
고·저수위 경보기	보일러 드럼 내 수위를 적당한 범위 내에서 유지하도록 감시하고, 이상 상황 발생시 경보를 울려 조치를 유도하는 장치를 말한다.
방폭문	연소실 내에서 잔류 미연소가스의 폭발 또는 역화시 내부압력 및 폭발압을 신속히 외부로 배출하여 동체의 파열사고를 방지한다.

정답 | ③

95 빈출도 ★

계속사용검사기준에 따라 설치한 날로부터 15년 이내인 보일러에 대한 순수처리 수질 기준으로 틀린 것은?

① 총경도(mg $CaCO_2$/L): 0
② pH(298K(25°C)에서): 7~9
③ 실리카(mg SiO_2/L): 흔적이 나타나지 않음
④ 전기 전도율(298K(25°C)에서의): 0.05 μs/cm 이하

해설

전기 전도율(298K(25°C)에서의): 0.5 μs/cm 이하

정답 | ④

96 빈출도 ★★★

유속을 일정하게 하고 관의 직경을 2배로 증가시켰을 경우 유량은 어떻게 변하는가?

① 2배로 증가
② 4배로 증가
③ 6배로 증가
④ 8배로 증가

해설

$$Q = AV$$

Q: 유량(m³/s), A: 면적(m²), V: 유속(m/s)

원형 면적의 공식은 아래와 같다.

$$A = \frac{\pi D^2}{4}$$

$$Q = \left(\frac{\pi D^2}{4}\right) \times V$$

위 공식에서 유량(Q)은 직경(D)의 제곱과 비례($Q \propto D^2$)한다는 관계식을 알 수 있다.
따라서, 직경이 2배 증가하면 유량은 $2^2 = 4$배가 증가한다.

정답 | ②

97 빈출도 ★

"어떤 주어진 온도에서 최대 복사강도에서의 파장(λ_{max})은 절대온도에 반비례한다."와 관련된 법칙은?

① Wien의 법칙
② Planck의 법칙
③ Fourier의 법칙
④ Stefan-Boltzmann의 법칙

선지분석

① Wien(빈)의 법칙: 파장(λ_{max})은 절대온도에 반비례하는 변위법칙으로 고온도의 측정에 적용되며 방사에너지의 어느 한 파장에 대해서 온도가 높아지면 방사에너지도 커진다.
② Planck의 법칙: 절대온도에서 흑체복사의 스펙트럼 에너지가 분포한다.
③ Fourier의 법칙: 고체를 통한 열전도는 온도구배에 비례한다.
④ Stefan-Boltzmann의 법칙: 흑체가 단위 면적당 방출하는 복사에너지는 절대온도의 4제곱에 비례한다.

정답 | ①

98 빈출도 ★★

강제순환식 보일러의 특징에 대한 설명으로 틀린 것은?

① 증기발생 소요시간이 매우 짧다.
② 자유로운 구조의 선택이 가능하다.
③ 고압보일러에 대해서도 효율이 좋다.
④ 동력소비가 적어 유지비가 비교적 적게 든다.

해설

동력소비가 높아 유지비가 비교적 많이 소모된다.

관련개념 강제순환식 보일러의 특징

- 자유로운 구조의 선택이 가능하고 관의 배치도 자유롭다.
- 열전달이 우수하여 증기발생 소요시간이 짧고 고압보일러의 효율도 양호하다.
- 물의 순환 조절이 용이하고 관경의 두께, 크기를 유동적으로 할 수 있다.
- 동력소비가 높아 유지비가 비교적 많이 소모된다.
- 보일러수 순환이 중요하며 불균일할 경우 과열로 인한 사고가 발생할 수 있다.

정답 | ④

99 빈출도 ★

압력용기의 설치상태에 대한 설명으로 틀린 것은?

① 압력용기의 본체는 바닥보다 30mm 이상 높이 설치되어야 한다.
② 압력용기를 옥내에 설치하는 경우 유독성 물질을 취급하는 압력용기는 2개 이상의 출입구 및 환기장치가 되어 있어야 한다.
③ 압력용기를 옥내에 설치하는 경우 압력용기의 본체와 벽과의 거리는 0.3m 이상이어야 한다.
④ 압력용기의 기초가 약하여 내려앉거나 갈라짐이 없어야 한다.

해설

압력용기의 본체는 바닥보다 100mm 이상 높이 설치되어야 한다.

정답 | ①

100 빈출도 ★★★

보일러수 처리의 약제로서 pH를 조정하여 스케일을 방지하는 데 주로 사용되는 것은?

① 리그닌
② 인산나트륨
③ 아황산나트륨
④ 탄닌

해설

인산나트륨은 pH 및 알칼리 조정제 및 가성취화방지제로 쓰인다.

관련개념 보일러 내처리제의 종류 및 약품

구분	약품명
pH 및 알칼리조정제	수산화나트륨, 탄산나트륨, 인산나트륨, 인산, 암모니아
연화제	수산화나트륨, 탄산나트륨, 인산나트륨
슬러지조정제	탄닌, 리그닌, 전분
탈산소제	아황산나트륨, 히드라진, 탄닌
가성취화방지제	황산나트륨, 인산나트륨, 질산나트륨, 탄닌, 리그닌
기포방지제	고급 지방산 폴리아민, 고급지방산 폴리알콜

정답 | ②

2019년 2회 기출문제

연소공학

01 빈출도 ★

연소 설비에서 배출되는 다음의 공해물질 중 산성비의 원인이 되며 가성소다나 석회 등을 통해 제거할 수 있는 것은?

① SO_x
② NO_x
③ CO
④ 매연

해설

황산화물(SO_x)은 대부분 화력발전의 공장에서 연료가 완전연소 되지 않았을 때 발생하는 공해물질로, 수분(수증기)과 반응하여 산성비를 발생하는 공해물질이다. 가성소다와 반응 시 황산을 생성하고, 석회는 황산칼슘을 생성하여 제거할 수 있다.

정답 | ①

02 빈출도 ★★★

C_mH_n $1Nm^3$를 완전연소시켰을 때 생기는 H_2O의 양(Nm^3)은? (단, 분자식의 첨자 m, n과 답항의 n은 상수이다.)

① $\dfrac{n}{4}$
② $\dfrac{n}{2}$
③ n
④ $2n$

해설

탄화수소(C_mH_n)의 완전연소 반응식은 아래와 같다.
$$C_mH_n + \left(m + \dfrac{n}{4}\right)O_2 \rightarrow mCO_2 + \dfrac{n}{2}H_2O$$
여기서, 각 물질의 계수는 부피비와 같으므로 C_mH_n과 H_2O의 부피비는 $1 : \dfrac{n}{2}$이다.

정답 | ②

03 빈출도 ★★

다음 중 매연 생성에 가장 큰 영향을 미치는 것은?

① 연소속도
② 발열량
③ 공기비
④ 착화온도

선지분석

① 연소속도: 연소속도가 빠를 경우 완전연소가 되기 전에 배출되어 매연이 발생한다.
② 발열량: 발열량이 높은 연료는 완전연소 시 필요한 공기량이 높으므로 공기비에 따라 매연이 발생한다.
③ 공기비: 공기비가 많거나 적을 경우 불완전연소가 일어나기 때문에 매연이 가장 많이 생성된다. 따라서, 매연 발생을 방지하기 위해서 적절한 공기비로 운영하여야 한다.
④ 착화온도: 착화온도가 낮으면 불완전연소로 이어져 매연이 발생한다.

관련개념 매연 발생 원인

- 연소실 온도가 낮을 경우
- 통풍력이 과하게 강하거나 작을 경우
- 연료의 예열온도가 적절하지 않을 경우
- 연소실 용적(크기)이 작고, 연소장치가 불량할 경우
- 공기비가 적절하지 않은 경우

정답 | ③

04 빈출도 ★★

액체의 인화점에 영향을 미치는 요인으로 가장 거리가 먼 것은?

① 온도
② 압력
③ 발화지연시간
④ 용액의 농도

해설

발화지연시간은 물질이 어느 일정한 온도에서 점화되고 발화(연소)에 이르기까지의 시간을 말하며, 액체의 인화점에 영향을 미치는 것과는 관련이 없다.

관련개념 액체의 인화점

(1) 개요
액체의 표면 또는 발생되는 가연성 증기에 점화원(불꽃)을 접하여 불이 폭발하한계에 도달하는 최저의 온도를 말한다.

(2) 인화점이 높아지는 조건
- 액체의 압력과 온도가 증가하면 인화점은 높아진다.
- 용액의 농도가 커지면 인화점은 높아진다.
- 액체의 비중이 커지면 인화점은 높아진다.
- 액체의 비점이 높으면 인화점은 높아진다.

정답 | ③

05 빈출도 ★★★

탄소 1kg을 완전연소시키는 데 필요한 공기량(Nm^3)은? (단, 공기 중의 산소와 질소의 체적 함유비를 각각 21%와 79%로 하며 공기 1kmol의 체적은 22.4m^3이다.)

① 6.75
② 7.23
③ 8.89
④ 9.97

해설

탄소(C)의 완전연소반응식
$C + O_2 \rightarrow CO_2$
C와 O_2은 1 : 1 반응이므로 이를 이용하여 이론산소량을 구한다.
C : O_2
1mol : 1mol = 12kg : 22.4Nm^3

$$A_o = \frac{O_o}{0.21}$$

A_o: 이론공기량, O_o: 이론산소량

$$A_o = \frac{O_0}{0.21} = \frac{\frac{22.4Nm^3}{12kg}}{0.21} = \frac{1.867}{0.21} = 8.89 Nm^3/kg$$

정답 | ③

06 빈출도 ★

여과 집진장치의 여과재 중 내산성, 내알칼리성 모두 좋은 성질을 갖는 것은?

① 테트론
② 사란
③ 비닐론
④ 글라스

해설

비닐론은 폴리비닐알코올로 된 섬유로 이루어진 재질로, 내산성과 내알칼리성, 내마모성이 우수하나 불 또는 열에 약하다.

정답 | ③

07 빈출도 ★

고부하의 연소설비에서 연료의 점화나 화염 안정화를 도모하고자 할 때 사용할 수 있는 장치로서 가장 적절하지 않은 것은?

① 분젠 버너
② 파일럿 버너
③ 플라즈마 버너
④ 스파크 플러그

선지분석

① 분젠 버너: 연료와 공기를 혼합하여 화염을 발생시키는 버너로 연료 양이 증가할수록 화염이 불안정하기 때문에 고부하 연소설비에는 적합하지 않다.
② 파일럿 버너: 점화 및 화염 안정화 장치로서 점화버너로 사용되는 내부혼합형 가스버너이다.
③ 플라즈마 버너: 연료 및 공기 고압분사 장치이다.
④ 스파크 플러그: 전기 스파크로 점화원을 제공하는 장치이다.

정답 | ①

08 빈출도 ★

연료 중에 회분이 많을 경우 연소에 미치는 영향으로 옳은 것은?

① 발열량이 증가한다.
② 연소상태가 고르게 된다.
③ 클링커의 발생으로 통풍을 방해한다.
④ 완전연소되어 잔류물을 남기지 않는다.

선지분석

① 연료의 불순물로 인해 발열량이 감소한다.
② 불순물(회분)은 연소가 되지 않아 연소상태가 고르지 않다.
③ 연료 중 회분의 재가 중첩되어 고체로 단단하게 굳어지는데 이를 클링커라고 하며 굳어진 클링커는 통풍을 방해하여 연소 효율이 낮아진다.
④ 불순물(회분)은 완전연소가 되지 않고 잔류물로 남는다.

정답 | ③

09 빈출도 ★

과잉공기가 너무 많을 때 발생하는 현상으로 옳은 것은?

① 연소온도가 높아진다.
② 보일러 효율이 높아진다.
③ 이산화탄소 비율이 많아진다.
④ 배기가스의 열손실이 많아진다.

해설

연소온도가 낮아지고 미연소가스의 발생으로 열손실이 발생한다.

관련개념 과잉공기

(1) 정의
　완전연소를 위한 필요 공기량보다 많은 공기량을 말한다.
(2) 과잉공기가 많을 시 생기는 현상
- 연료와 공기가 반응 시 열이 공기에 흡수되어 연소온도가 낮아진다.
- 미연소가스의 발생으로 인한 열손실로 보일러의 효율이 낮아진다.
- 완전연소가 되지 않아 일산화탄소, 질소산화물 등 발생이 높아진다.

정답 | ④

10 빈출도 ★

연소 배기가스량의 계산식(Nm^3/kg)으로 틀린 것은? (단, 습연소가스량 V, 건연소가스량 V', 공기비 m, 이론공기량 A이고, H, O, N, C, S는 원소, W는 수분이다.)

① $V = mA + 5.6H + 0.7O + 0.8N + 1.25W$
② $V = (m-0.21)A + 1.87C + 11.2H + 0.7S + 0.8N + 1.25W$
③ $V' = mA - 5.6H - 0.7O + 0.8N$
④ $V' = (m-0.21)A + 1.87C + 0.7S + 0.8N$

해설

건연소가스량(V') $= mA - 5.6H + 0.7O + 0.8N$

관련개념 배기가스량 계산식

- 실제건연소가스량
　$V' = (m-0.21)A + 1.87C + 0.7S + 0.8N$
- 실제습연소가스량
　$V = (m-0.21)A + 1.87C + 11.2H + 0.7S + 0.8N + 1.25W$

정답 | ③

11 빈출도 ★★

탄소 87%, 수소 10%, 황 3%의 중유가 있다. 이 때 중유의 탄산가스최대량$(CO_2)_{max}$는 약 몇 % 인가?

① 10.23 ② 16.58
③ 21.35 ④ 25.83

해설

고체 및 액체연료인 경우 탄산가스최대량을 구하는 공식은 아래와 같다.

$$(CO_2)_{max} = \frac{(1.867 \times C) + (0.7 \times S)}{G_{od}}$$

여기서, 이론건조가스량(G_{od})을 구하여야 한다.

$$G_{od} = 0.79 \times A_o + 1.867C + 0.7S + 0.8N$$

이론공기량(A_o)은 다음과 같이 구한다.

$$A_o = \frac{1.867C + 5.6\left(H - \frac{O}{8}\right) + 0.7S}{0.21}$$

$A_o = \frac{1.867 \times 0.87 + 5.6 \times 0.1 + 0.7 \times 0.03}{0.21} = 10.50 \, Sm^3/kg$

$G_{od} = 0.79 \times 10.50 + 1.867 \times 0.87 + 0.7 \times 0.03 = 9.94$

$(CO_2)_{max} = \frac{(1.867 \times 0.87) + (0.7 \times 0.03)}{9.94} \times 100 = 16.55\%$

정답 | ②

12 빈출도 ★★

다음 중 고체연료의 공업분석에서 계산만으로 산출되는 것은?

① 회분 ② 수분
③ 휘발분 ④ 고정탄소

해설

고정탄소$(C_o) = 100 - (수분(\%) + 회분(\%) + 휘발분(\%))$

정답 | ④

13 빈출도 ★

어느 용기에서 압력(P)과 체적(V)의 관계가 $P = (50V + 10) \times 10^2 \, kPa$과 같을 때 체적이 $2m^3$에서 $4m^3$로 변하는 경우 일량은 몇 MJ 인가? (단, 체적의 단위는 m^3이다.)

① 32 ② 34
③ 36 ④ 38

해설

압력과 체적의 변화량에 대한 일의 공식은 다음과 같다.

$$W = \int_{V_1}^{V_2} P \, dV$$

W: 일(J), V: 체적(m^3), P: 압력(kPa)

$W = \int_2^4 (50V + 10) \times 10^2 \, dV$

$= \left[\frac{1}{2} \times 50V^2 + 10V\right]_2^4 \times 10^2$

$= [25 \times (4^2 - 2^2) + 10 \times (4 - 2)] \times 10^2$

$= (25 \times 12 + 10 \times 2) \times 10^2$

$= 320 \times 10^2 = 32,000 \, kJ = 32 \, MJ$

※ $1Pa \cdot m^3 = 1J = 10^{-3} \, kJ$

정답 | ①

14 빈출도 ★

다음 중 폭발의 원인이 나머지 셋과 크게 다른 것은?

① 분진 폭발 ② 분해 폭발
③ 산화 폭발 ④ 증기 폭발

해설

증기 폭발은 물리적 폭발의 한 종류로 가열된 액체가 빠르게 증발되면서 증기가 폭발한다.

관련개념 물리적 폭발과 화학적 폭발

물리적 폭발	수증기 폭발, 증기 폭발, 보일러 폭발 등
화학적 폭발	분진 폭발, 분해 폭발, 산화 폭발, 촉매 폭발 등

정답 | ④

15 빈출도 ★★

연소 생성물(CO_2, N_2) 등의 농도가 높아지면 연소속도에 미치는 영향은?

① 연소속도가 빨라진다.
② 연소속도가 저하된다.
③ 연소속도가 변화없다.
④ 처음에는 저하되나, 나중에는 빨라진다.

해설

연소 생성물(CO_2, N_2)의 농도가 높을수록 산소와 연료의 비율이 낮아져 연소속도가 저하된다.

정답 | ②

16 빈출도 ★★

열정산을 할 때 입열 항목에 해당하지 않는 것은?

① 연료의 연소열
② 연료의 현열
③ 공기의 현열
④ 발생 증기열

해설

입열	연료의 발열량(연소열), 연료의 현열, 연소공기의 현열, 급수의 현열, 공급 공기(증기, 온수)의 현열 등
출열	건연소배기가스의 현열, 배기가스 보유열(증기보유열, 발생증기열), 불완전연소에 의한 손실열, 미연분에 의한 손실열, 배기가스에 의한 손실열 등

정답 | ④

17 빈출도 ★

보일러의 급수 및 발생증기의 엔탈피를 각각 150, 670kcal/kg이라고 할 때 20,000kg/h의 증기를 얻으려면 공급열량은 약 몇 kcal/h인가?

① 9.6×10^6
② 10.4×10^6
③ 11.7×10^6
④ 12.2×10^6

해설

공급열량은 증기가 흡수한 열량과 같으므로 다음 식을 따른다.

$$Q = m \cdot \Delta H$$

Q: 열량(kcal/h), m: 질량유량(kg/h), ΔH: 엔탈피 차이(kcal/kg)

$Q = 20,000 \times (670 - 150) = 10,400,000 = 10.4 \times 10^6$ kcal/h

정답 | ②

18 빈출도 ★★

$1Nm^3$의 메탄가스를 공기를 사용하여 연소시킬 때 이론 연소온도는 약 몇 ℃인가? (단, 대기 온도는 15℃이고, 메탄가스의 고발열량은 $39,767kJ/Nm^3$이고, 물의 증발잠열은 $2,017.7kJ/Nm^3$이고, 연소가스의 평균정압비열은 $1.423kJ/Nm^3 \cdot ℃$이다.)

① 2,387　　　② 2,402
③ 2,417　　　④ 2,432

해설

가스를 연소시킬 때의 이론 연소온도를 구하는 식은 다음과 같다.

$$t_c = \frac{H_l}{G \times C_p} + t_a$$

t_c: 이론 연소온도(℃), H_l: 저위발열량(kJ/Nm^3),
G: 연소가스량(Nm^3/Nm^3), C_p: 정압비열($kJ/Nm^3 \cdot ℃$),
t_a: 대기온도(℃)

여기서 저위발열량(H_l)은 다음과 같이 구한다.

$$H_l = H_h - R_W$$

H_h: 고위발열량(kJ/Nm^3), R_W: 증발잠열(kJ/Nm^3)

메탄의 완전연소반응식
$CH_4 + 2O_2 \rightarrow CO_2 + 2H_2O$
$H_l = H_h - 2H_2O$
$H_l = 39,767 - (2 \times 2,017.7) = 35,731.6$
이론 연소온도를 구하기 위해서는 연소가스량(G)을 계산해야 한다.
G = 메탄 $1Nm^3$ 연소 시 생성된 생성물 + 이론공기량 중 산소량
$= CO_2 + H_2O + 0.79 \times \frac{O_o}{0.21}$
$= 1Nm^3 + 2Nm^3 + 0.79 \times \frac{2Nm^3}{0.21} = 10.523Nm^3/Nm^3$
$t_c = \frac{35,731.6}{10.523 \times 1.423} + 15 = 2,402℃$

정답 | ②

19 빈출도 ★

다음 기체연료 중 고발열량($kcal/Sm^3$)이 가장 큰 것은?

① 고로가스　　　② 수성가스
③ 도시가스　　　④ 액화석유가스

선지분석

① 고로가스: $900kcal/Sm^3$
② 수성가스: $2,600kcal/Sm^3$
③ 도시가스: $3,500 \sim 5,000kcal/Sm^3$
④ 액화석유가스(LPG): $26,000kcal/Sm^3$

정답 | ④

20 빈출도 ★

도시가스의 호환성을 판단하는데 사용되는 지수는?

① 웨버지수(Webbe Index)
② 듀롱지수(Dulong Index)
③ 릴리지수(Lilly Index)
④ 제이도비흐지수(Zeldovich Index)

해설

도시가스의 호환성을 판단하는데 사용되는 지수는 웨버지수로 $52.75 \sim 57.78MJ/Nm^3$($12,600 \sim 14,000 Btu/ft^3$) 범위이다.

웨버지수(Webbe Index) $= \dfrac{가스(도시가스)의\ 총발열량}{\sqrt{가스의\ 비중}}$

선지분석

② 듀롱지수: $\dfrac{가스(도시가스)의\ 총발열량}{가스의\ 비중}$

③ 릴리지수: $\dfrac{가스(도시가스)의\ 총발열량}{가스의\ 비중 \times \frac{2}{3}}$

④ 제이도비흐지수: $\dfrac{가스(도시가스)의\ 총발열량}{가스의\ 비중 \times \frac{3}{4}}$

정답 | ①

열역학

21 빈출도 ★★

오토(Otto) 사이클은 온도-엔트로피(T-S)선도로 표시하면 그림과 같다. 작동유체가 열을 방출하는 과정은?

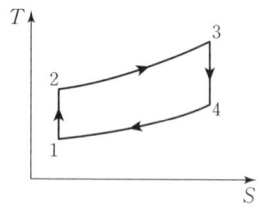

① 1 → 2 과정
② 2 → 3 과정
③ 3 → 4 과정
④ 4 → 1 과정

해설

정적방열(4 → 1 과정)은 배기 밸브가 열리면서 연소가스가 배출되고 부피는 일정하게 유지되면서 온도와 압력이 감소한다.

관련개념 오토(Otto) 사이클

(1) 개요

전기(불꽃)점화기관의 이상적인 열역학 사이클로 두 개의 단열과정과 두 개의 정적(등적)과정으로 구성된다.

(2) 과정

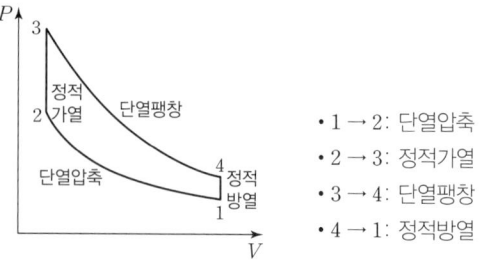

- 1 → 2: 단열압축
- 2 → 3: 정적가열
- 3 → 4: 단열팽창
- 4 → 1: 정적방열

- 단열압축(1 → 2) : 피스톤이 혼합기를 압축하여 온도와 압력이 상승하지만 열교환은 발생하지 않는다.
- 정적가열(2 → 3): 혼합기가 점화되어 연소가 일어나며, 부피는 일정하게 유지되지만 온도와 압력이 급격히 상승한다.
- 단열팽창(3 → 4): 연소된 가스가 팽창하며 피스톤을 밀어낸다. 이때 온도와 압력이 감소하지만 열교환은 진행되지 않는다.
- 정적방열(4 → 1): 배기 밸브가 열리면서 연소가스가 배출되고 부피는 일정하게 유지되면서 온도와 압력이 감소한다.

정답 | ④

22 빈출도 ★

다음 과정 중 가역적인 과정이 아닌 것은?

① 과정은 어느 방향으로나 진행될 수 있다.
② 마찰을 수반하지 않아 마찰로 인한 손실이 없다.
③ 변화 경로의 어느 점에서도 역학적, 열적, 화학적 등의 모든 평형을 유지하면서 주위에 어떠한 영향도 남기지 않는다.
④ 과정은 이를 조절하는 값을 무한소만큼씩 변화시켜도 역행할 수는 없다.

해설

과정은 이를 조절하는 값(계)을 무한소만큼씩 변화시켜도 역행할 수 있다.

정답 | ④

23 빈출도 ★★★

증기 압축 냉동사이클에서 압축기 입구의 엔탈피는 223kJ/kg, 응축기 입구의 엔탈피는 268kJ/kg, 증발기 입구의 엔탈피는 91kJ/kg인 냉동기의 성적계수는 약 얼마인가?

① 1.8
② 2.3
③ 2.9
④ 3.5

해설

냉동기의 성적계수 공식은 다음과 같다.

$$COP = \frac{Q_2}{W} = \frac{h_1 - h_4}{h_2 - h_1}$$

COP: 성적계수, W: 압축일량(kJ/kg), Q_2: 냉동능력(kJ/kg), h_1: 압축기 입구 엔탈피(kJ/kg), h_4: 증발기 입구 엔탈피(kJ/kg), h_2: 응축기 입구 엔탈피(kJ/kg)

$$COP = \frac{223 - 91}{268 - 223} = 2.9$$

정답 | ③

24

압력 1MPa, 온도 210°C인 증기는 어떤 상태의 증기인가? (단, 1MPa에서의 포화온도는 179°C이다.)

① 과열증기 ② 포화증기
③ 건포화증기 ④ 습증기

해설

아래 그래프와 같이 포화온도보다 증기온도가 21°C 높기 때문에 온도, 체적이 증가된 과열증기 상태에 해당된다.

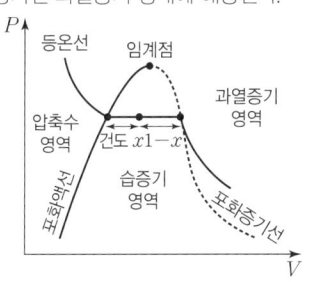

정답 | ①

25

열역학 제1법칙은 기본적으로 무엇에 관한 내용인가?

① 열의 전달
② 온도의 정의
③ 엔트로피의 정의
④ 에너지의 보존

해설

열역학 제1법칙은 에너지 보존의 법칙이며, 제1종 영구기관 즉 에너지의 공급 없이 일을 하는 열기관은 실현이 불가능하다는 법칙이다.

정답 | ④

26

성능계수(COP)가 2.5인 냉동기가 있다. 15냉동톤(refrigeration ton)의 냉동 용량을 얻기 위해서 냉동기에 공급해야할 동력(kW)은? (단, 1냉동톤은 3.861kW이다.)

① 20.5 ② 23.2
③ 27.5 ④ 29.7

해설

성능계수 공식은 다음과 같다.

$$COP = \frac{Q}{W}$$

COP: 성능계수, W: 소요동력(kW), Q: 냉동능력(kW)

$$2.5 = \frac{15RT}{W} = \frac{15RT \times \frac{3.861kW}{1RT}}{W}$$

$W = 23.166 kW$

정답 | ②

27

냉동기의 냉매로서 갖추어야 할 요구조건으로 옳지 않은 것은?

① 비체적이 커야 한다.
② 불활성이고 안정적이어야 한다.
③ 증발온도에서 높은 잠열을 가져야 한다.
④ 액체의 표면장력이 작아야 한다.

해설

비체적이 작아야 한다.

관련개념 냉매의 구비조건

- 증발열이 크고 임계온도(임계점)가 높아야 한다.
- 비체적과 비열비가 작아야 한다.
- 인화 및 폭발의 위험성이 낮아야 한다.
- 비교적 저온, 저압에서 응축이 잘 되어야 한다.
- 구입이 용이하고 가격이 저렴해야 한다.
- 점성 및 표면장력이 작고 상용압력범위가 낮아야 한다.

정답 | ①

28 빈출도 ★★

디젤 사이클로 작동되는 디젤 기관의 각 행정의 순서를 옳게 나타낸 것은?

① 단열압축 → 정적가열 → 단열팽창 → 정적방열
② 단열압축 → 정압가열 → 단열팽창 → 정압방열
③ 등온압축 → 정적가열 → 등온팽창 → 정적방열
④ 단열압축 → 정압가열 → 단열팽창 → 정적방열

해설

디젤 사이클의 과정 순서는 단열압축(흡입) → 정압가열(압축) → 단열팽창(폭발) → 정적방열(배기)이다.

정답 | ④

29 빈출도 ★

수증기를 사용하는 기본 랭킨 사이클에서 응축기 압력을 낮출 경우 발생하는 현상에 대한 설명으로 옳지 않은 것은?

① 열이 방출되는 온도가 낮아진다.
② 열효율이 높아진다.
③ 터빈 날개의 부식 발생 우려가 커진다.
④ 터빈 출구에서 건도가 높아진다.

해설

랭킨 사이클에 응축기 압력을 낮출 경우, 방출되는 온도와 수증기의 온도가 낮아지고 터빈의 열효율이 높아진다. 또한, 터빈 출구에서 습증기의 건도가 낮아지면서 터빈 날개의 부식 발생의 위험이 커진다.

정답 | ④

30 빈출도 ★

압력 100kPa, 체적 3m^3인 이상기체가 등엔트로피 과정을 통하여 체적이 2m^3으로 변하였다. 이 과정 중에 기체가 한 일은 약 몇 kJ인가? (단, 기체상수는 0.488kJ/(kg·K), 정적비열은 1.642kJ/(kg·K)이다.)

① -113 ② -129
③ -137 ④ -143

해설

단열과정으로 열역학 제1법칙에 의한 기체가 한 일을 구하는 식은 다음과 같다.

$$W = -C_v \times (T_b - T_a) \times m$$

W: 일(kJ), C_v: 정적비열(kJ/kg·K), T_b: 나중 온도(K), T_a: 처음 온도(K), m: 질량(kg)

여기서, 정압비열(C_v)와 기체상수(R)를 통해 비열비(k)를 구한다.

$$k = \frac{C_p}{C_v} = \frac{C_v + R}{C_v}$$

k: 비열비, C_v: 정적비열(kJ/kg·K), C_p: 정압비열(kJ/kg·K), R: 기체상수(kJ/(kg·K))

$$k = \frac{1.642 + 0.488}{1.642} = \frac{2.13}{1.642} = 1.297$$

처음 온도(T_a)는 이상기체방정식 $T_a = \dfrac{P_a V_a}{mR}$을 통해 구한다.

$$T_a = \frac{100 \times 3}{1 \times 0.488} = 614.754K$$

나중 온도(T_b)는 단열과정의 TV공식 $T_a \cdot V_a^{k-1} = T_b \cdot V_b^{k-1}$을 이용하여 구한다.

$T_a \times V_a^{k-1} = T_b \times V_b^{k-1}$
$614.75 \times 3^{1.297-1} = T_b \times 2^{1.297-1}$
$T_b = 693.422$

따라서, 기체가 한 일(W)은 다음과 같다.
$W = -1.642 \times (693.422 - 614.754) = -129$

정답 | ②

31 빈출도 ★★

다음과 관계있는 법칙은?

"계가 흡수한 열을 완전히 일로 전환할 수 있는 장치는 없다."

① 열역학 제3법칙 ② 열역학 제2법칙
③ 열역학 제1법칙 ④ 열역학 제0법칙

해설

열역학 제2법칙은 열이동 및 에너지방향 전환에 관한 법칙으로, 공급된 열을 모든 일로 바꾸는 열기관은 존재하지 않는다.

정답 | ②

32 빈출도 ★★★

1.5MPa, 250℃의 공기 5kg이 폴리트로픽 지수 1.3인 폴리트로픽 변화를 통해 팽창비가 5가 될 때까지 팽창하였다. 이 때 내부에너지의 변화는 약 몇 kJ인가? (단, 공기의 정적비열은 0.72kJ/(kg·K)이다.)

① -1,002 ② -721
③ -144   ④ -72

해설

$$dU = m \times C_v \times \Delta T = m \times C_v \times (T_2 - T_1)$$

dU: 내부에너지 변화량(kJ), m: 질량(kg),
C_v: 정적비열(kJ/kg·K), ΔT: 온도차(K)($T_2 - T_1$)

문제에서 팽창비는 5라고 하였으므로 팽창비$\left(\dfrac{V_2}{V_1}\right) = 5$

폴리트로픽 변화에 대한 TV 방정식은
$\dfrac{T_1}{T_2} = \left(\dfrac{V_2}{V_1}\right)^{n-1}$을 이용하여 계산한다.

$\dfrac{273 + 250}{T_2} = 5^{1.3-1}$

$T_2 = \dfrac{523}{5^{1.3-1}} = 322.709$

따라서 내부에너지 변화량을 구하면
$dU = 5\text{kg} \times 0.72\text{kJ/(kg·K)} \times (322.709 - 523)\text{K} = -721\text{kJ}$

정답 | ②

33 빈출도 ★

다음 사이클(Cycle) 중 물과 수증기를 오가면서 동력을 발생시키는 플랜트에 적용하기 적합한 것은?

① 랭킨 사이클
② 오토 사이클
③ 디젤 사이클
④ 브레이턴 사이클

해설

랭킨 사이클은 물과 수증기를 오가면서 동력을 발생시키는 플랜트로 적합하며, 2개의 정압변화와 2개의 단열변화로 구성된 증기동력 사이클이다.

정답 | ①

34 빈출도 ★★

카르노 사이클(Carnot cycle)로 작동하는 가역 기관에서 650℃의 고열원으로부터 18,830kJ/min의 에너지를 공급받아 일을 하고 65℃의 저열원에 방열시킬 때 방열량은 약 몇 kW인가?

① 1.92   ② 2.61
③ 115.0 ④ 156.5

해설

가역기관에서의 열효율(η_0) 공식을 통해 열기관의 한 일을 구한다.

$$\eta_0 = \dfrac{W}{Q} = 1 - \dfrac{Q_2}{Q_1} = 1 - \dfrac{T_2}{T_1}$$

W: 일(kJ), Q: 열량(kJ), Q_1: 고온체 열(kJ/min),
Q_2: 저온체 열(kJ/min), T_1: 고온체 온도(K),
T_2: 저온체 온도(K)

$\eta_0 = 1 - \dfrac{T_2}{T_1} = 1 - \dfrac{(273+65)}{(273+650)} = 0.634$

$\eta_0 = 0.634 = 1 - \dfrac{Q_2}{Q_1} = 1 - \dfrac{Q_2}{18,830}$

$Q_2 = 6,891.78\text{kJ/min}$

방열량(kW)로 전환한다.

$Q_l = \dfrac{6,891.78}{60} = 114.863\text{kW}$

※ 1kJ/s = 1kW

정답 | ③

35 빈출도 ★★★

80℃의 물 100kg과 50℃의 물 50kg을 혼합한 물의 온도는 약 몇 ℃인가? (단, 물의 비열은 일정하다.)

① 70 ② 65
③ 60 ④ 55

해설

$$U = m \times C \times \Delta T = m \times C \times (T_2 - T_1)$$

U: 열량(kJ), m: 질량(kg), C: 비열(kJ/kg·K), ΔT: 온도차(K)($T_2 - T_1$)

열량보존의 법칙에 의해 열평형 방정식을 활용할 수 있다.
80℃에서 잃은 열량 = 50℃에서 얻은 열량
$m_1 \times C \times (T_1 - T_f) = m_2 \times C \times (T_f - T_2)$
$100 \times 1 \times (80 - T_f) = 50 \times 1 \times (T_f - 50)$
$8,000 - 100T_f = 50T_f - 2,500$
$10,500 = 150T_f$
$T_f = 70℃$

정답 | ①

36 빈출도 ★

동일한 압력에서 100℃, 3kg의 수증기와 0℃, 3kg의 물의 엔탈피 차이는 약 몇 kJ인가? (단, 물의 평균 정압비열은 4.184kJ/(kg·K)이고, 100℃에서 증발잠열은 2,250kJ/kg이다.)

① 8,005 ② 2,668
③ 1,918 ④ 638

해설

수증기와 물의 엔탈피 구하는 공식은 다음과 같다.

$$H_a = Q_h + R_w = m \times C_p \times \Delta T + m \times R_w$$

Q_h: 현열, R_w: 증발잠열(kcal/kg), m: 질량(kg), C_p: 정압비열(kJ/kg·K), ΔT: 온도차(K), R_w: 증발잠열(kJ/kg)

$H_a = 3 \times 4.184 \times (100 - 0) + 3 \times 2,250 = 8,005$kJ

정답 | ①

37 빈출도 ★★

초기온도가 20℃인 암모니아(NH_3) 3kg을 정적과정으로 가열시킬 때, 엔트로피가 1.255kJ/K만큼 증가하는 경우 가열량은 약 몇 kJ인가? (단, 암모니아 정적비열은 1.56kJ/(kg·K)이다.)

① 62.2 ② 101
③ 238 ④ 422

해설

이상기체 엔트로피 변화계산 공식은 다음과 같다.

$$\Delta S = m \times C_v \times \ln\left(\frac{T_2}{T_1}\right)$$

ΔS: 엔트로피 변화량(kJ/k), m: 질량(kg), C_v: 정적비열(kJ/kg·K), T_1: 초기 온도(K), T_2: 최종 온도(K)

$1.255\text{kJ/K} = 3 \times 1.56 \times \ln\left(\frac{T_2}{(20+273)}\right)$

$T_2 = 383.11$K

정적과정에서 전달열량을 구하는 공식은 아래와 같다.

$$Q = C_v \times \Delta T \times m$$

Q: 열량(kJ), C_v: 정적비열(kJ/kg·K), ΔT: 온도차(K), m: 질량(kg)

$Q = 1.56 \times (383.11 - (273 + 20)) \times 3 = 421.71$kJ

정답 | ④

38 빈출도 ★★

반지름이 0.55cm이고, 길이가 1.94cm인 원통형 실린더 안에 어떤 기체가 들어 있다. 이 기체의 질량이 8g이라면, 실린더 안에 들어있는 기체의 밀도는 약 몇 g/cm³인가?

① 2.9 ② 3.7
③ 4.3 ④ 5.1

해설

밀도(ρ)는 $\frac{질량(m)}{부피(V)}$이며, 이때 원통의 부피는 $V = \pi r^2 h$이다.

$\rho = \frac{m}{V} = \frac{m}{\pi r^2 h} = \frac{8}{\pi \times 0.55^2 \times 1.94} = 4.3$g/cm³

정답 | ③

39 빈출도 ★

밀도가 $800kg/m^3$인 액체와 비체적이 $0.0015m^3/kg$인 액체를 질량비 1 : 1로 잘 섞으면 혼합액의 밀도는 약 몇 kg/m^3인가?

① 721　　　② 727
③ 733　　　④ 739

해설

$$v = \frac{V}{m} = \frac{1}{\rho}$$

v: 비체적(m^3/kg), V: 부피(m^3), m: 질량(kg), ρ: 밀도(kg/m^3)

액체 1의 비체적을 구한다.

$$v_1 = \frac{1}{\rho_1} = \frac{1}{800} = 0.00125 = 1.25 \times 10^{-3} m^3/kg$$

평균 밀도를 계산하면,

$$평균\ 밀도 = \frac{m_1 + m_2}{v_1 + v_2} = \frac{1+1}{(1.25 \times 10^{-3}) + 0.0015} = 727 kg/m^3$$

정답 | ②

40 빈출도 ★

이상적인 가역 단열변화에서 엔트로피는 어떻게 되는가?

① 감소한다.
② 증가한다.
③ 변하지 않는다.
④ 감소하다 증가한다.

해설

열역학 제2법칙에 의해 엔트로피는 자연계에서는 항상 증가하는 성질을 가지고 있으나 가역과정에서는 평형상태이므로 변하지 않는다.

정답 | ③

계측방법

41 빈출도 ★★

비접촉식 온도측정 방법 중 가장 정확한 측정을 할 수 있으나 연속측정이나 자동제어에 응용할 수 없는 것은?

① 광고온계　　　② 방사온도계
③ 압력식 온도계　④ 열전대 온도계

해설

광고온계에 대한 설명이다.

관련개념 광온도계(광고온계)

- 온도계 중에 가장 높은 온도를 측정할 수 있다.
- 비접촉식 온도계 중 가장 정확한 측정이 가능하다.
- 저온(700℃) 이하의 물체 온도측정이 곤란하다.
- 고온 물체의 방사되는 가시광선을 이용한다.
- 수동측정 방식으로 측정 시 시간 및 개인 간의 오차가 발생한다.

정답 | ①

42 빈출도 ★

세라믹식 O_2계의 특징으로 틀린 것은?

① 연속측정이 가능하며, 측정범위가 넓다.
② 측정부의 온도유지를 위해 온도 조절용 전기로가 필요하다.
③ 측정가스의 유량이나 설치장소 주위의 온도 변화에 의한 영향이 적다.
④ 저농도 가연성가스의 분석에 적합하고 대기오염관리 등에서 사용된다.

해설

세라믹식 O_2계는 산소이온을 통과하며 상자성 성질을 측정하는 측정기기로, 가연성 가스가 포함된 O_2 가스는 측정할 수 없다.

정답 | ④

43 빈출도 ★

자동제어시스템의 입력신호에 따른 출력 변화의 설명으로 과도응답에 해당되는 것은?

① 1차보다 응답속도가 느린 지연요소
② 정상상태에 있는 계에 격한 변화의 입력을 가했을 때 생기는 출력의 변화
③ 입력변화에 따른 출력에 지연이 생겨 시간이 경과 후 어떤 일정한 값에 도달하는 요소
④ 정상상태에 있는 요소의 입력을 스텝형태로 변화할 때 출력이 새로운 값에 도달하는 스텝입력에 의한 출력의 변화 상태

선지분석

① 2차 지연요소에 대한 설명이다.
② 과도응답에 대한 설명이다.
③ 1차 지연요소에 대한 설명이다.
④ 스텝응답에 대한 설명이다.

정답 | ②

44 빈출도 ★

공기압식 조절계에 대한 설명으로 틀린 것은?

① 신호로 사용되는 공기압은 약 0.2~1.0kg/cm²이다.
② 관로저항으로 전송지연이 생길 수 있다.
③ 실용상 2,000m 이내에서는 전송지연이 없다.
④ 신호 공기압은 충분히 제습, 제진한 것이 요구된다.

해설

실용상 2,000m 이내에서는 전송지연이 발생한다.

관련개념 공기압식 조절계

- 공기는 압축성 유체로 관로 저항으로 전송지연이 생긴다.
- 공기압의 신호를 위해 관로 제습, 제진 등이 필요하다.
- 신호의 전송거리는 약 100~150m 정도로 신호방법 중 가장 짧다.

정답 | ③

45 빈출도 ★

다음 중 융해열을 측정할 수 있는 열량계는?

① 금속 열량계
② 융커스형 열량계
③ 시차주사 열량계
④ 디페닐에테르 열량계

해설

시차주사 열량계(Differential Scanning Calorimetry, DSC)는 다양한 시료의 융해열을 측정하며 시료와 기준물질을 동시에 동일한 온도로 가열 또는 냉각하여 열출입(열유속)을 측정한다.

정답 | ③

46 빈출도 ★★

화씨(°F)와 섭씨(°C)의 눈금이 같게 되는 온도는 몇 °C인가?

① 40
② 20
③ −20
④ −40

해설

$[°F] = [°C] \times 1.8 + 32$에서 화씨온도와 섭씨온도가 같게 되는 온도를 x라고 하면
$x = 1.8x + 32$
$x = -40°C = -40°F$

정답 | ④

47 빈출도 ★★
측온저항체의 구비조건으로 틀린 것은?

① 호환성이 있을 것
② 저항의 온도계수가 작을 것
③ 온도와 저항의 관계가 연속적일 것
④ 저항 값이 온도 이외의 조건에서 변하지 않을 것

해설
저항의 온도계수가 커야 한다.

관련개념 측온저항체의 구비조건
- 호환성이 있어야 한다.
- 일정한 온도에서 일정한 저항을 가져야 한다.
- 내열성이 있어야 한다.
- 물리화학적으로 규칙적이어야 한다.
- 온도와 저항의 관계가 연속적이어야 한다.

정답 | ②

48 빈출도 ★★
다음 중 화학적 가스 분석계에 해당하는 것은?

① 고체 흡수제를 이용하는 것
② 가스의 밀도와 점도를 이용하는 것
③ 흡수용액의 전기전도도를 이용하는 것
④ 가스의 자기적 성질을 이용하는 것

해설

물리적 가스 분석계	화학적 가스 분석계
• 가스의 밀도, 점도차 • 가스의 자기적 성질 • 가스의 열전도율 • 가스의 반응성, 광학적 성질 • 흡수용액의 전기전도도	• 연소열 • 용액 흡수제 • 고체 흡수제

정답 | ①

49 빈출도 ★★★
다음 중 차압식 유량계가 아닌 것은?

① 플로우 노즐
② 로터미터
③ 오리피스미터
④ 벤투리미터

해설
차압식 유량계는 비압축성 유체가 관내를 흐를 때 관내에 생기는 차압으로 유량을 측정하는 측정기구로, 정도가 좋아 측정범위가 넓다. 종류로는 오리피스, 벤투리, 플로우 노즐이 있다.

정답 | ②

50 빈출도 ★
용적식 유량계에 대한 설명으로 틀린 것은?

① 측정유체의 맥동에 의한 영향이 적다.
② 점도가 높은 유량의 측정은 곤란하다.
③ 고형물의 혼입을 막기 위해 입구 측에 여과기가 필요하다.
④ 종류에는 오벌식, 루트식, 로터리피스톤식 등이 있다.

해설
점도가 높거나 변하는 유체(유량) 측정이 가능하다.

관련개념 용적식 유량계
(1) 개요
용적식 유량계(PD, Positive Displacement flowmeter)는 주로 액체 유량의 정량 측정에 사용되며, 계량 방법상 적산 유량계의 일종으로 분류된다. 오벌미터(기어), 루트, 로터리 피스톤식 유량계 등이 해당된다.
(2) 특징
- 점도가 높거나 변하는 유체(유량) 측정이 가능하다.
- 외부에서 공급되는 에너지 없이 측정이 가능하다.
- 맥동의 영향이 적으며 물성치에 의한 영향을 받지 않는다.

정답 | ②

51 빈출도 ★★

전자유량계의 특징이 아닌 것은?

① 유속검출에 지연시간이 없다.
② 유체의 밀도와 점성의 영향을 받는다.
③ 유로에 장애물이 없고 압력손실, 이물질 부착의 염려가 없다.
④ 다른 물질이 섞여있거나 기포가 있는 액체도 측정이 가능하다.

해설

전자유량계는 유체의 전기전도도로 측정하기 때문에 유체의 밀도와 점성의 영향을 받지 않는다.

정답 | ②

52 빈출도 ★

다음 중 파스칼의 원리를 가장 바르게 설명한 것은?

① 밀폐 용기 내의 액체에 압력을 가하면 압력은 모든 부분에 동일하게 전달된다.
② 밀폐 용기 내의 액체에 압력을 가하면 압력은 가한 점에만 전달된다.
③ 밀폐 용기 내의 액체에 압력을 가하면 압력은 가한 반대편으로만 전달된다.
④ 밀폐 용기 내의 액체에 압력을 가하면 압력은 가한 점으로부터 일정 간격을 두고 차등적으로 전달된다.

해설

파스칼의 원리는 밀폐 용기 내의 액체(비압축성 유체)에 일부분에 압력을 가하면 압력이 모든 부분에 동일하게 전달된다.

정답 | ①

53 빈출도 ★

다음 중 자동제어에서 미분동작을 설명한 것으로 가장 적절한 것은?

① 조절계의 출력 변화가 편차에 비례하는 동작
② 조절계의 출력 변화의 크기와 지속시간에 비례하는 동작
③ 조절계의 출력 변화가 편차의 변화속도에 비례하는 동작
④ 조작량이 어떤 동작 신호의 값을 경계로 하여 완전히 전개 또는 전폐되는 동작

선지분석

① P동작(비례제어)에 대한 설명이다.
② I동작(적분제어)에 대한 설명이다.
③ D동작(미분제어)에 대한 설명이다.
④ ON-OFF동작(2위치 동작)에 대한 설명이다.

정답 | ③

54 빈출도 ★

탄성 압력계에 속하지 않는 것은?

① 부자식 압력계
② 다이아프램 압력계
③ 벨로우즈식 압력계
④ 부르동관 압력계

해설

탄성식 압력계는 탄성체의 변형되는 양을 측정하는 압력계를 말하며 다이어프램 압력계, 벨로우즈식 압력계, 부르동관 압력계 등이 있다. 부자식 압력계는 액면계에 해당한다.

정답 | ①

55 빈출도 ★

화염검출방식으로 가장 거리가 먼 것은?

① 화염의 열을 이용
② 화염의 빛을 이용
③ 화염의 색을 이용
④ 화염의 전기전도성을 이용

선지분석
① 스택스위치: 화염의 열을 이용하며 바이메탈의 신축작용으로 검출한다.
② 플레임아이: 화염의 빛(발광)을 이용한다.
④ 플레임로드: 화염의 전기전도성을 이용하며 주로 가스연료 점화버너에 사용된다.

정답 | ③

56 빈출도 ★★

보일러의 계기에 나타난 압력이 $6kg/cm^2$이다. 이를 절대압력으로 표시할 때 가장 가까운 값은 몇 kg/cm^2인가?

① 3　　　　　　② 5
③ 6　　　　　　④ 7

해설
절대압력=게이지압력+대기압 이므로
$6+1.0332=7.0332kg/cm^2$
※ 대기압=$1.0332kg/cm^2$

정답 | ④

57 빈출도 ★★★

가스온도를 열전대 온도계를 써서 측정할 때 주의해야 할 사항으로 틀린 것은?

① 열전대를 측정하고자 하는 곳에 정확히 삽입하여 삽입된 구멍에 냉기가 들어가지 않게 한다.
② 주위의 고온체로부터의 복사열의 영향으로 인한 오차가 생기지 않도록 해야 한다.
③ 단자의 +, -를 보상도선의 -, +와 일치하도록 연결하여 감온부의 열팽창에 의한 오차가 발생하지 않도록 한다.
④ 보호관의 선택에 주의한다.

해설
단자의 +, -와 보상도선의 +, -는 극성이 일치해야 감온부의 열팽창에 의한 오차가 적다.

관련개념 열전대 온도계
- 열전대에서 발생한 열전압을 활용하여 측정한다.
- 보호관 선택 및 유지관리에 주의한다.
- 단자의 +, -는 각각의 전기회로 +, -에 연결한다.
- 주위 고온체로부터 받은 복사열의 영향으로 인한 오차가 생길 수도 있어 주의해야 한다.
- 측정하고자 하는 곳에 정확히 삽입하고 삽입한 구멍을 통해 냉기가 들어가지 않게 한다.

정답 | ③

58 빈출도 ★★★

일반적으로 오르자트 가스분석기로 어떤 가스를 분석할 수 있는가?

① CO_2, SO_2, CO
② CO_2, SO_2, O_2
③ SO_2, CO, O_2
④ CO_2, O_2, CO

해설
- CO_2(이산화탄소): KOH(수산화칼륨) 30% 수용액 또는 탄화칼륨 흡습제를 사용한다.
- O_2(산소): 알칼리성 피로갈롤 용액을 사용한다.
- CO(일산화탄소): 암모니아성 염화 제1구리 용액을 사용한다.

정답 | ④

59 빈출도 ★

색온도계의 특징이 아닌 것은?

① 방사율의 영향이 크다.
② 광흡수에 영향이 적다.
③ 응답이 빠르다.
④ 구조가 복잡하여 주위로부터 빛 반사의 영향을 받는다.

> **해설**
> 색온도계는 광감지기로 빛의 파장을 통해 발광체의 밝고 어두운 색을 측정하므로 방사율의 영향이 적다.

정답 | ①

60 빈출도 ★★

국제단위계(SI)를 분류한 것으로 옳지 않은 것은?

① 기본단위
② 유도단위
③ 보조단위
④ 응용단위

> **해설**
> - 기본단위: 국제단위계에서 정한 단위로 길이(m), 질량(kg), 시간(s), 몰질량(mol), 절대온도(K), 광도(cd), 전류(A) 총 7개가 있다.
> - 유도단위: 국제단위계에서 기본단위를 조합하여 유도하는 형성단위이다. 속도(m/s), 가속도(m/s²), 힘(kg·m/s²), 압력(N/m²), 열량(J), 비열(J/kg·K) 등이 있다.
> - 보조단위: 기본단위와 유도단위의 사용상 편의를 위한 특별한 단위로 ℃, °F, rad 등이 있다.
> - 특수단위: 기본, 보조, 유도단위 외에는 계측하기 어렵거나 특수한 용도에 편리하도록 정의된 단위로 에너지, 비중, 습도, 인장강도, 방사능 등이 있다.

정답 | ④

열설비재료 및 관계법규

61 빈출도 ★

에너지법에 따른 지역에너지계획에 포함되어야 할 사항이 아닌 것은?

① 해당 지역에 대한 에너지 수급의 추이와 전망에 관한 사항
② 해당 지역에 대한 에너지의 안정적 공급을 위한 대책에 관한 사항
③ 해당 지역에 대한 에너지 효율적 사용을 위한 기술개발에 관한 사항
④ 해당 지역에 대한 미활용 에너지원의 개발·사용을 위한 대책에 관한 사항

> **해설**
> 「에너지법 제7조」
> 지역계획에는 해당 지역에 대한 다음사항이 포함되어야 한다.
> - 에너지 수급의 추이와 전망에 관한 사항
> - 에너지의 안정적 공급을 위한 대책에 관한 사항
> - 신·재생에너지 등 환경친화적 에너지 사용을 위한 대책에 관한 사항
> - 에너지 사용의 합리화와 이를 통한 온실가스의 배출감소를 위한 대책에 관한 사항
> - 집단에너지공급대상지역으로 지정된 지역의 경우 그 지역의 집단에너지 공급을 위한 대책에 관한 사항
> - 미활용 에너지원의 개발·사용을 위한 대책에 관한 사항
> - 그 밖에 에너지시책 및 관련 사업을 위하여 시·도지사가 필요하다고 인정하는 사항

정답 | ③

62 빈출도 ★

노통 연관보일러에서 파형노통에 대한 설명으로 틀린 것은?

① 강도가 크다.
② 제작비가 비싸다.
③ 스케일의 생성이 쉽다.
④ 열의 신축에 의한 탄력성이 나쁘다.

해설

파형노통은 평형노통에 비하여 전열면적이 크고, 열의 신축에 의한 탄력성이 좋으나 파형으로 되어있어 통풍저항이 크다.

정답 | ④

63 빈출도 ★★

제강 평로에서 채용되고 있는 배열회수 방법으로서 배기가스의 현열을 흡수하여 공기나 연료가스 예열에 이용될 수 있도록 한 장치는?

① 축열실
② 환열기
③ 폐열 보일러
④ 판형 열교환기

해설

축열실은 내화벽돌을 격자로 쌓아 만들었으며 제강 평로(공업용 평로)에 채용되고 있는 배열회수 방법으로서 배기가스의 현열을 흡수하여 공기나 연료가스 예열을 이용하는 열교환장치로 활용된다.

정답 | ①

64 빈출도 ★

볼밸브의 특징에 대한 설명으로 틀린 것은?

① 유로가 배관과 같은 형상으로 유체의 저항이 적다.
② 밸브의 개폐가 쉽고 조작이 간편하여 자동조작밸브로 활용된다.
③ 이음쇠 구조가 없기 때문에 설치공간이 작아도 되며 보수가 쉽다.
④ 밸브대가 90° 회전하므로 패킹과의 원주방향 움직임이 크기 때문에 기밀성이 약하다.

해설

밸브대가 90° 회전하므로 패킹과의 원주방향 움직임이 작기 때문에 기밀성이 강하다.

관련개념 볼밸브(Ball Valve)

- 구형의 디스크(볼)가 회전하여 유로를 개폐하는 방식이다.
- 빠른 개폐가 가능하고, 적은 토크로도 작동이 가능하다.
- 조작이 용이하고 기밀성이 우수하다.
- 시트 재질에 따라 사용온도에 제한이 있을 수 있다.
- 이음쇠 구조가 없기 때문에 보수가 쉽다.

정답 | ④

65 빈출도 ★★

에너지용 합리화법에 따라 에너지 사용의 제한 또는 금지에 관한 조정·명령, 그 밖에 필요한 조치를 위반한 에너지사용자에 대한 과태료 부과 기준은?

① 300만원 이하
② 100만원 이하
③ 50만원 이하
④ 10만원 이하

해설

「에너지이용 합리화법 제78조」
에너지 사용의 제한 또는 금지에 관한 조정·명령, 그 밖에 필요한 조치를 위반한 자에게는 300만원 이하의 과태료를 부과한다.

정답 | ①

66 빈출도 ★

내화물에 대한 설명으로 틀린 것은?

① 샤모트질 벽돌은 카올린을 미리 SK 10~14 정도로 1차 소성하여 탈수 후 분쇄한 것으로서 고온에서 광물상을 안정화한 것이다.
② 제겔콘 22번의 내화도는 1,530°C이며, 내화물은 제겔콘 26번 이상의 내화도를 가진 벽돌을 말한다.
③ 중성질 내화물은 고알루미나질, 탄소질, 탄화규소질, 크롬질 내화물이 있다.
④ 용융내화물은 원료를 일단 용융상태로 한 다음에 주조한 내화물이다.

해설

SK 21~25번의 내화도의 번호는 존재하지 않으며, SK 20번(1,530°C)과 SK 26번(1,580°C) 이상의 내화도로 표현된다.

정답 | ②

67 빈출도 ★

에너지이용 합리화법에 따라 온수발생 및 열매체를 가열하는 보일러의 용량은 몇 kW를 1t/h로 구분하는가?

① 477.8
② 581.5
③ 697.8
④ 789.5

해설

「에너지이용 합리화법 시행규칙 별표 3의9」
온수발생 및 열매체를 가열하는 보일러의 용량은 697.8킬로와트를 1t/h로 본다.

정답 | ③

68 빈출도 ★

에너지이용 합리화법에 따라 소형 온수보일러의 적용범위에 대한 설명으로 옳은 것은? (단, 구멍탄용 온수보일러·축열식 전기보일러 및 가스 사용량이 17kg/h 이하인 가스용 온수보일러는 제외한다.)

① 전열면적이 $10m^2$ 이하이며, 최고사용압력이 0.35 MPa 이하의 온수를 발생하는 보일러
② 전열면적이 $14m^2$ 이하이며, 최고사용압력이 0.35 MPa 이하의 온수를 발생하는 보일러
③ 전열면적이 $10m^2$ 이하이며, 최고사용압력이 0.45 MPa 이하의 온수를 발생하는 보일러
④ 전열면적이 $14m^2$ 이하이며, 최고사용압력이 0.45 MPa 이하의 온수를 발생하는 보일러

해설

「에너지이용 합리화법 시행규칙 별표 1」

품목명	적용범위
강철제 보일러, 주철제 보일러	• 1종 관류보일러: 강철제 보일러 중 헤더(여러 관이 붙어 있는 용기)의 안지름이 150미리미터 이하이고, 전열면적이 5제곱미터 초과 10제곱미터 이하이며, 최고사용압력이 1MPa 이하인 관류보일러(기수분리기를 장치한 경우에는 기수분리기의 안지름이 300미리미터 이하이고, 그 내부 부피가 0.07세제곱미터 이하인 것만 해당한다) • 2종 관류보일러: 강철제 보일러 중 헤더의 안지름이 150미리미터 이하이고, 전열면적이 5제곱미터 이하이며, 최고사용압력이 1MPa 이하인 관류보일러(기수분리기를 장치한 경우에는 기수분리기의 안지름이 200미리미터 이하이고, 그 내부 부피가 0.02세제곱미터 이하인 것에 한정한다) • 제1호 및 제2호 외의 금속(주철을 포함한다)으로 만든 것. 다만, 소형 온수보일러·구멍탄용 온수보일러·축열식 전기보일러 및 가정용 화목보일러는 제외한다.
소형 온수 보일러	전열면적이 14제곱미터 이하이고, 최고사용압력이 0.35MPa 이하의 온수를 발생하는 것. 다만, 구멍탄용 온수보일러·축열식 전기보일러·가정용 화목보일러 및 가스사용량이 17kg/h(도시가스는 232.6킬로와트) 이하인 가스용 온수보일러는 제외한다.

정답 | ②

69 빈출도 ★★

소성이 균일하고 소성시간이 짧고 일반적으로 열효율이 좋으며 온도조절의 자동화가 쉬운 특징의 연속식 가마는?

① 터널 가마
② 도염식 가마
③ 승염식 가마
④ 도염식 둥근가마

선지분석
② 도염식 가마: 반연속식으로 소량생산에 적합하다.
③ 승염식 가마: 소성시간이 길고 불균일하다.
④ 도염식 둥근가마: 대형 도자기에 사용되며 자동화가 어렵다.

관련개념 터널가마(터널요, Tunnel kiln)
(1) 개요
  터널형의 가마로 피소성체를 연속적으로 통과시켜 예열, 소성, 냉각 과정을 통해 제품을 완성시킨다.
(2) 특징
  • 소성시간이 짧고 소성이 균일하여 제품의 품질이 좋다.
  • 배기가스 현열로 예열을 하며, 열효율이 좋아 연료비가 절감된다.
  • 생산량 조정이 힘들며, 소량생산에 부적당하다.
  • 연속요로 연속적으로 처리할 수 있는 시설이 필요하며, 건설비가 비싸다.
  • 사용연료의 제한을 받으므로 전력소비가 크다.

정답 | ①

70 빈출도 ★★

보온재의 열전도율이 작아지는 조건으로 틀린 것은?

① 재료의 두께가 두꺼워야 한다.
② 재료의 온도가 낮아야 한다.
③ 재료의 밀도가 높아야 한다.
④ 재료 내 기공이 작고 기공률이 커야 한다.

해설
재료의 밀도가 작을수록 열전도율이 낮아진다.

정답 | ③

71 빈출도 ★★★

에너지이용 합리화법에 따라 효율관리기자재의 제조업자는 효율관리시험기관으로부터 측정결과를 통보받은 날부터 며칠 이내에 그 측정결과를 한국에너지공단에 신고하여야 하는가?

① 15일
② 30일
③ 60일
④ 90일

해설
「에너지이용 합리화법 시행규칙 제9조」
효율관리기자재의 제조업자 또는 수입업자는 효율관리시험기관으로부터 측정 결과를 통보받은 날 또는 자체측정을 완료한 날부터 각각 90일 이내에 그 측정 결과를 한국에너지공단에 신고하여야 한다. 이 경우 측정 결과 신고는 해당 효율관리기자재의 출고 또는 통관 전에 모델별로 하여야 한다.

정답 | ④

72 빈출도 ★

에너지이용 합리화법에 따라 검사대상기기 관리대행기관으로 지정(변경지정) 받으려는 자가 첨부하여 제출해야 하는 서류가 아닌 것은?

① 장비명세서
② 기술인력명세서
③ 변경사항을 증명할 수 있는 서류(변경지정의 경우만 해당)
④ 향후 3년 간의 안전관리대행 사업계획서

해설
「에너지이용 합리화법 시행규칙 제31조29」
검사대상기기 관리대행기관으로 지정받거나 변경지정을 받으려는 자는 검사대상기기 관리대행기관 지정(변경지정)신청서에 다음 서류를 첨부하여 산업통상자원부장관에게 제출하여야 한다.
• 장비명세서 및 기술인력명세서
• 향후 1년 간의 안전관리대행 사업계획서
• 변경사항을 증명할 수 있는 서류(변경지정의 경우만 해당한다)

정답 | ④

73 빈출도 ★★

내화물의 구비조건으로 틀린 것은?

① 사용온도에서 연화, 변형되지 않을 것
② 상온 및 사용온도에서 압축강도가 클 것
③ 열에 의한 팽창 수축이 클 것
④ 내마모성 및 내침식성을 가질 것

해설

수축 팽창이 크면 크랙 및 파손의 위험이 있으므로 고온 및 재가열 시 수축 팽창이 적어야 한다.

관련개념 내화물의 구비조건

- 상온에서는 압축강도가 커야 한다.
- 내마모성 및 내침식성과 사용온도에 맞는 열전도율을 가져야 한다.
- 고온 및 재가열시 수축 팽창이 적어야 한다.
- 스폴링 현상이 적고, 사용온도에 연화변형을 하지 않아야 한다.

정답 | ③

74 빈출도 ★

다음은 에너지이용 합리화법에서의 보고 및 검사에 관한 내용이다. ⓐ, ⓑ에 들어갈 단어를 나열한 것으로 옳은 것은?

> 공단이사장 또는 검사기관의 장은 매달 검사대상기기의 검사 실적을 다음 달 (ⓐ)일까지 (ⓑ)에게 보고하여야 한다.

① ⓐ: 5, ⓑ: 시·도지사
② ⓐ: 10, ⓑ: 시·도지사
③ ⓐ: 5, ⓑ: 산업통상자원부장관
④ ⓐ: 10, ⓑ: 산업통상자원부장관

해설

「에너지이용 합리화법 시행규칙 제33조」
공단이사장 또는 검사기관의 장은 매달 검사대상기기의 검사 실적을 다음 달 10일까지 서식에 따라 작성하여 시·도지사에게 보고하여야 한다. 다만, 검사 결과 불합격한 경우에는 즉시 그 검사 결과를 시·도지사에게 보고하여야 한다.

정답 | ②

75 빈출도 ★

다음 중 $MgO-SiO_2$계 내화물은?

① 마그네시아질 내화물
② 돌로마이트질 내화물
③ 마그네시아-크롬질 내화물
④ 포스테라이트질 내화물

선지분석

① 마그네시아질: MgO계 내화물
② 돌로마이트질: $CaO-MgO$계 내화물
③ 마그네시아-크롬질: $MgO-Cr_2O_3$계 내화물
④ 포스테라이트질: $MgO-SiO_2$계 내화물

정답 | ④

76 빈출도 ★

에너지이용 합리화법을 따른 양벌규정 사항에 해당되지 않는 것은?

① 에너지 저장시설의 보유 또는 저장의무의 부과 시 정당한 이유 없이 이를 거부하거나 이행하지 아니한 자
② 검사대상기기의 검사를 받지 아니한 자
③ 검사대상기기관리자를 선임하지 아니한 자
④ 공무원이 효율관리기자재 제조업자 사무소의 서류를 검사할 때 검사를 방해한 자

해설

공무원이 효율관리기자재 제조업자 사무소의 서류를 검사할 때 검사를 방해한 자는 1천만원의 과태료가 부과된다.

정답 | ④

77 빈출도 ★

실리카(Silica) 전이특성에 대한 설명으로 옳은 것은?

① 규석(quartz)은 상온에서 가장 안정된 광물이며 상압에서 573℃ 이하 온도에서 안정된 형이다.
② 실리카(silica)의 결정형은 규석(quartz), 트리디마이트(tridymite), 크리스토발라이트(cristobalite), 카올린(kaoline)의 4가지 주형으로 구성된다.
③ 결정형이 바뀌는 것을 전이라고 하며 전이속도를 빠르게 작용토록 하는 성분을 광화제라 한다.
④ 크리스토발라이트(cristobalite)에서 용융실리카(fused silica)로 전이에 따른 부피변화 시 20%가 수축한다.

해설
결정형이 바뀌는 것을 전이라고 하며 전이속도를 빠르게 작용토록 하는 성분을 광화제라고 하며, 일반적으로는 철분, 생석회를 사용한다.

정답 | ③

78 빈출도 ★

다음 중 에너지이용 합리화법에 따라 산업통상자원부장관 또는 시·도지사가 한국에너지공단이사장에게 위탁한 업무가 아닌 것은?

① 에너지사용계획의 검토
② 에너지절약전문기업의 등록
③ 냉난방온도의 유지·관리 여부에 대한 점검 및 실태 파악
④ 에너지이용 합리화 기본계획의 수립

해설
「에너지이용 합리화법 제4조」
산업통상자원부장관은 에너지를 합리적으로 이용하게 하기 위하여 에너지이용 합리화에 관한 기본계획을 수립하여야 한다.

정답 | ④

79 빈출도 ★★

소성내화물의 제조공정으로 가장 적절한 것은?

① 분쇄 → 혼련 → 건조 → 성형 → 소성
② 분쇄 → 혼련 → 성형 → 건조 → 소성
③ 분쇄 → 건조 → 혼련 → 성형 → 소성
④ 분쇄 → 건조 → 성형 → 소성 → 혼련

해설
소성내화물의 제조공정은 분쇄 → 혼련 → 성형 → 건조 → 소성 순이다.

정답 | ②

80 빈출도 ★

에너지이용 합리화법에 따라 평균에너지 소비효율의 산정방법에 대한 설명으로 틀린 것은?

① 기자재의 종류별 에너지소비효율의 산정방법은 산업통상자원부장관이 정하여 고시한다.
② 평균에너지소비효율은

$$\frac{\text{기자재 판매량}}{\sum\left[\dfrac{\text{기자재 종류별 국내 판매량}}{\text{기자재 종류별 에너지 소비효율}}\right]}$$

이다.
③ 평균에너지소비효율의 개선기간은 개선명령을 받은 날부터 다음해 1월 31일까지로 한다.
④ 평균에너지소비효율의 개선명령을 받은 자는 개선명령을 받은 날부터 60일 이내에 개선명령 이행계획을 수립하여 제출하여야 한다.

해설
「에너지이용 합리화법 시행규칙 제12조」
평균에너지소비효율의 개선기간은 개선명령을 받은 날부터 다음해 12월 31일까지로 한다.

정답 | ③

열설비설계

81 빈출도 ★★

다음 그림과 같은 V형 용접이음의 인장응력(σ)을 구하는 식은?

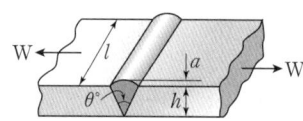

① $\sigma = \dfrac{W}{hl}$ ② $\sigma = \dfrac{2W}{hl}$

③ $\sigma = \dfrac{W}{ha}$ ④ $\sigma = \dfrac{W}{2hl}$

해설

V형 이음일 때 맞대기 용접이음 인장응력 공식은 다음과 같다.

$$W = \sigma \times h \times l$$

W: 하중(kg), σ: 인장응력(kg/mm²), h: 두께(mm), l: 폭(mm)

정답 | ①

82 빈출도 ★★

표면응축기의 외측에 증기를 보내며 관속에 물이 흐른다. 사용하는 강관의 내경이 30mm, 두께가 2mm이고 증기의 전열계수는 6,000kcal/m²·h·℃, 물의 전열계수는 2,500kcal/m²·h·℃이다. 강관의 열전도도가 35kcal/m·h·℃일 때 총괄전열계수(kcal/m²·h·℃)는?

① 16 ② 160
③ 1,603 ④ 16,031

해설

총괄전열계수의 공식은 다음과 같다.

$$U = \dfrac{1}{R_t} = \dfrac{1}{\dfrac{1}{R_1} + \dfrac{d}{\lambda} + \dfrac{1}{R_2}}$$

R_t: 열저항, R_1: 물의 전열계수(kcal/m²·h·℃),
λ: 강관열전도도(kcal/m·h·℃), d: 두께(m),
R_2: 증기전열계수(kcal/m²·h·℃)

$$U = \dfrac{1}{\dfrac{1}{2,500} + \dfrac{0.002}{35} + \dfrac{1}{6,000}} = 1,603 \text{kcal/m}^2 \cdot \text{h} \cdot \text{℃}$$

정답 | ③

83 빈출도 ★

노 앞과 연도 끝에 통풍 팬을 설치하여 노 내의 압력을 임의로 조절할 수 있는 방식은?

① 자연통풍식 ② 압입통풍식
③ 유인통풍식 ④ 평형통풍식

선지분석

① 자연통풍식: 연도 높이의 차를 이용한 방식을 사용한다.
② 압입통풍식: 노 앞쪽에 통풍 팬을 설치하여 노 내의 압력을 높이는 방식을 사용한다.
③ 유인통풍식: 통풍 팬을 연도 끝에 설치하여 노 내의 압력을 낮추는 방식을 사용한다.
④ 평형통풍식: 노 앞과 연도 끝에 통풍 팬을 설치하여 노 내의 압력을 임의로 조절할 수 있는 방식으로 중대형 보일러에 사용한다.

정답 | ④

84 빈출도 ★

보일러 전열면에서 연소가스가 1,000℃로 유입하여 500℃로 나가며 보일러수의 온도는 210℃로 일정하다. 열관류율이 150kcal/m²·h·℃일 때, 단위 면적당 열교환량(kcal/m²·h)은? (단, 대수평균온도차를 활용한다.)

① 21,118
② 46,812
③ 67,135
④ 74,839

해설

대수평균온도차를 활용한 단위면적당 열교환량 공식은 다음과 같다.

$$Q = U \times A \times \Delta t_m$$

Q: 열교환량(kcal/m²·h), U: 열관류율(kcal/m²·h·℃),
A: 단위면적(1m²), Δt_m: 대수평균온도차(℃)

대수평균온도차는 다음과 같이 구한다.

$$\Delta T_m = \frac{T_1 - T_2}{\ln\left(\frac{T_1}{T_2}\right)}$$

$$\Delta T_m = \frac{(1,000-210)-(500-210)}{\ln\left(\frac{1,000-210}{500-210}\right)} = 498.926℃$$

$Q = 150 \times 1 \times 498.926 = 74,839 \text{kcal/m}^2 \cdot \text{h}$

정답 | ④

85 빈출도 ★★

물의 탁도에 대한 설명으로 옳은 것은?

① 카올린 1g이 증류수 1L 속에 들어 있을 때의 색과 같은 색을 가지는 물을 탁도 1도의 물이라 한다.
② 카올린 1mg이 증류수 1L 속에 들어 있을 때의 색과 같은 색을 가지는 물을 탁도 1도의 물이라 한다.
③ 탄산칼슘 1g이 증류수 1L 속에 들어 있을 때의 색과 같은 색을 가지는 물을 탁도 1도의 물이라 한다.
④ 탄산칼슘 1mg이 증류수 1L 속에 들어 있을 때의 색과 같은 색을 가지는 물을 탁도 1도의 물이라 한다.

해설

탁도란 물속의 부유물질로 인한 흐린 정도로 카올린 1mg이 증류수 1L 속에 들어 있을 때의 색과 같은 색을 가지는 물을 탁도 1도의 물이라 한다.

정답 | ②

86 빈출도 ★

보일러의 형식에 따른 종류의 연결로 틀린 것은?

① 노통식 원통보일러 - 코르니시 보일러
② 노통연관식 원통보일러 - 라몽트 보일러
③ 자연 순환식 수관보일러 - 다쿠마 보일러
④ 관류보일러 - 슐처 보일러

해설

구분	형식	종류
수관식 보일러	강제 순환식	라몽트, 배록스
	자연 순환식	바브콕, 타쿠마, 스네기찌, 야로우, 가르베
	관류	람진, 벤슨, 앤모스, 슐저
원통형 보일러	직립식	직립 횡관식, 직립 연관식, 코크란, 수평형
	노통식	코르니쉬, 랭커셔
	연관식	기관차, 케와니
	노통 연관식	스코치, 하우덴존스, 노통연관 패키지

정답 | ②

87 빈출도 ★★

맞대기 용접은 용접방법에 따라서 그루브를 만들어야 한다. 판의 두께가 50mm 이상인 경우에 적합한 그루브의 형상은? (단, 자동용접은 제외한다.)

① V형 ② H형
③ R형 ④ A형

해설

H형의 판의 두께는 19mm 이상이다.

관련개념 강판의 두께의 따른 그루브의 형상

그루브 형상	강판 두께
V형, R형, J형	6mm 이상 16mm 이하
X형, K형, 양면 J형, 양면 U형	12mm 이상 38mm 이하
H형	19mm 이상

정답 | ②

88 빈출도 ★★

라미네이션의 재료가 외부로부터 강하게 열을 받아 소손되어 부풀어 오르는 현상을 무엇이라고 하는가?

① 크랙 ② 압궤
③ 블리스터 ④ 만곡

해설

블리스터(Blister)는 라미네이션의 재료가 외부로부터 강하게 열(화염)을 받아 소손 또는 파열된 부분이 부풀어 오르는 현상이 발생한다.

관련개념 보일러 손상 종류

응력부식 균열	반복되는 응력으로 인해 이음부분에 균열(Crack)이 생기는 형상을 말한다.
팽출 (Bulge)	인장을 받는 부분(동체, 갤로웨이관, 수관 등)이 압력에 견디지 못하고 바깥쪽으로 부풀어 오르거나 튀어나오는 현상을 말한다.
압궤 (Collapse)	원통으로 된 노통 또는 화실 부분의 바깥쪽 부분이 압력에 견디지 못하고 짓눌려지는 현상을 말한다.
라미네이션 (Lamination)	압연(보일러)강판, 관의 두께 속에서 제조(가공) 당시의 가스가 존재하여 2개의 층을 형성하는 현상을 말한다.
블리스터 (Blister)	라미네이션의 재료가 외부로부터 강하게 열(화염)을 받아 소손 또는 파열된 부분이 부풀어 오르는 현상이 발생한다.

정답 | ③

89 빈출도 ★

다음 중 보일러수를 pH 10.5~11.5의 약알칼리로 유지하는 주된 이유는?

① 첨가된 염산이 강재를 보호하기 때문에
② 보일러의 부식 및 스케일 부착을 방지하기 위하여
③ 과잉 알칼리성이 더 좋으나 약품이 많이 소요되므로 원가를 절약하기 위하여
④ 표면에 딱딱한 스케일이 생성되어 부식을 방지하기 위하여

해설

재료(보일러)의 부식과 스케일 부착을 방지하기 위하여 pH가 10.5~11.5 사이의 약알칼리성을 유지하여야 한다.

정답 | ②

90 빈출도 ★★★

직경 200mm 철관을 이용하여 매분 1,500L의 물을 흘려보낼 때 철관 내의 유속(m/s)은?

① 0.59
② 0.79
③ 0.99
④ 1.19

해설

$$Q = A \times v = \left(\frac{\pi D^2}{4}\right) \times v$$

Q: 유량(m³/s), A: 면적(m²), v: 유속(m/s), D: 내경(m)

$$v = \frac{Q}{A} = \frac{\dfrac{1,500\text{L}}{\text{min}} \times \dfrac{1\text{m}^3}{1,000\text{L}} \times \dfrac{1\text{min}}{60\text{sec}}}{\pi \times \dfrac{(0.2\text{m})^2}{2}} = 0.7958\text{m/s}$$

※ $1\text{m}^3 = 1,000\text{L}$

정답 | ②

91 빈출도 ★

다음 급수펌프 종류 중 회전식 펌프는?

① 워싱턴펌프
② 피스톤펌프
③ 플런저펌프
④ 터빈펌프

해설

회전식(원심식)	터빈펌프, 볼류트펌프, 보어홀펌프
왕복식	피스톤펌프, 워싱턴펌프, 플런저펌프, 웨어펌프

정답 | ④

92 빈출도 ★★

다음 보일러 부속장치와 연소가스의 접촉과정을 나타낸 것으로 가장 적합한 것은?

① 과열기 → 공기예열기 → 절탄기
② 절탄기 → 공기예열기 → 과열기
③ 과열기 → 절탄기 → 공기예열기
④ 공기예열기 → 절탄기 → 과열기

해설

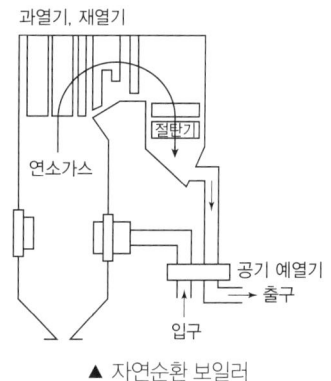

▲ 자연순환 보일러

정답 | ③

93 빈출도 ★

최고사용압력이 3MPa 이하인 수관보일러의 급수 수질에 대한 기준으로 옳은 것은?

① pH(25℃): 8.0~9.5, 경도: 0mg CaCO₃/L, 용존산소: 0.1mg O/L 이하
② pH(25℃): 10.5~11.0, 경도: 2mg CaCO₃/L, 용존산소: 0.1mg O/L 이하
③ pH(25℃): 8.5~9.6, 경도: 0mg CaCO₃/L, 용존산소: 0.007mg O/L 이하
④ pH(25℃): 8.5~9.6, 경도: 2mg CaCO₃/L, 용존산소: 1mg O/L 이하

해설

수관식 보일러는 최고사용압력에 따라 분류되며 최고사용압력이 3MPa 이하인 수관보일러의 급수 수질에 대한 기준은 다음과 같다.

- pH(25℃): 8.0 ~ 9.5
- 경도: 0mg CaCO₃/L
- 용존산소: 0.1mg O/L 이하

정답 | ①

94 빈출도 ★★

내경 800mm이고, 최고사용압력이 12kg/cm²인 보일러의 동체를 설계하고자 한다. 세로이음에서 동체판의 두께(mm)는 얼마이어야 하는가? (단, 강판의 인장강도는 35kg/mm², 안전계수는 5, 이음효율은 85%, 부식여유는 1mm로 한다.)

① 7
② 8
③ 9
④ 10

해설

압축강도 계산공식은 아래와 같다.

$$P \times D = 200 \times \sigma \times (t-C) \times \eta$$

P: 최고사용압력(kg/cm²), D: 안지름(mm),
σ: 허용응력(kg/cm²), t: 두께(mm), C: 부식여유(mm),
η: 효율(%)

여기서 허용응력(σ)은 다음과 같은 관계식이 성립된다.

$$\sigma = \frac{\sigma_a}{S}$$

σ_a: 인장강도(kg/mm²), S: 안전율

$$P \times D = 200 \times \frac{\sigma_a}{S} \times (t-C) \times \eta$$

$$12 \times 800 = 200 \times \frac{35}{5} \times (t-1) \times 0.85$$

$$t = \left(\frac{12 \times 800}{200 \times 7 \times 0.85} + 1\right) = \frac{9,600}{1,190} + 1 = 9\text{mm}$$

정답 | ③

95 빈출도 ★

보일러수에 녹아있는 기체를 제거하는 탈기기가 제거하는 대표적인 용존가스는?

① O_2
② H_2SO_4
③ H_2S
④ SO_2

해설

탈기기는 보일러수에 녹아있는 용존가스인 O_2를 제거하는 장치로 사용한다.

정답 | ①

96 빈출도 ★★

부식 중 점식에 대한 설명으로 틀린 것은?

① 전기화학적으로 일어나는 부식이다.
② 국부부식으로서 그 진행상태가 느리다.
③ 보호피막이 파괴되었거나 고열을 받은 수열면 부분에 발생되기 쉽다.
④ 수중 용존산소를 제거하면 점식 발생을 방지할 수 있다.

해설

점식은 피팅 부식이라고도 하며 보호피막 내 산화철이 파괴되고 O_2, CO_2 등이 전기화학적 작용으로 인해 보일러수에 의한 부식으로서 진행상태가 매우 빠르다.

정답 | ②

97 빈출도 ★★

보일러의 전열면적이 $10m^2$ 이상 $15m^2$ 미만인 경우 방출관의 안지름은 최소 몇 mm 이상이어야 하는가?

① 10 ② 20
③ 30 ④ 50

해설

보일러의 전열면적	방출관 안지름
$10m^2$ 미만	25mm
$10m^2$ 이상 $15m^2$ 미만	30mm
$15m^2$ 이상 $20m^2$ 미만	40mm
$20m^2$ 이상	50mm

정답 | ③

98 빈출도 ★

보일러 연소량을 일정하게 하고 저부하 시 잉여증기를 축적시켰다가 갑작스런 부하변동이나 과부하 등에 대처하기 위해 사용되는 장치는?

① 탈기기 ② 인젝터
③ 재열기 ④ 어큐뮬레이터

해설

어큐뮬레이터(Accumulator)는 보일러의 증기압력을 일정하게 유지해주는 장치로 연소량을 일정하게 하고 저부하 시 잉여증기를 축적시켰다가 갑작스런 부하변동이나 과부하 등에 대처하기 위해 사용된다.

정답 | ④

99 빈출도 ★★★

육용강제 보일러에서 동체의 최소 두께로 틀린 것은?

① 안지름이 900mm 이하의 것은 6mm(단, 스테이를 부착할 경우)
② 안지름이 900mm 초과 1,350mm 이하의 것은 8mm
③ 안지름이 1,350mm 초과 1,850mm 이하의 것은 10mm
④ 안지름이 1,850mm 초과하는 것은 12mm

해설

육용 강제 보일러의 안지름	동체의 최소 두께
900mm 이하	6mm (단, 스테이 부착시 8mm)
900mm 초과 1,350mm 이하	8mm
1,350mm 초과 1,850mm 이하	10mm
1,850mm 초과	12mm

정답 | ①

100 빈출도 ★★

랭커셔 보일러에 대한 설명으로 틀린 것은?

① 노통이 2개이다.
② 부하변동 시 압력변화가 적다.
③ 연관보일러에 비해 전열면적이 작고 효율이 낮다.
④ 급수처리가 까다롭고 가동 후 증기 발생시간이 길다.

해설

연관으로 구성된 연관식 보일러에 비해 노통으로 이어진 랭커셔 보일러의 급수처리가 간단하다.

정답 | ④

연소공학

01 빈출도 ★★

연소 배출가스 중 CO_2 함량을 분석하는 이유로 가장 거리가 먼 것은?

① 연소상태를 판단하기 위하여
② CO 농도를 판단하기 위하여
③ 공기비를 계산하기 위하여
④ 열효율을 높이기 위하여

해설

CO_2, O_2, N_2의 농도를 확인함으로써 연소상태를 판단할 수 있으며 공기비를 계산하여 열효율을 높여 연료소비량을 줄일 수 있다.

정답 | ②

02 빈출도 ★

분무기로 노내에 분사된 연료에 연소용 공기를 유효하게 공급하여 연소를 좋게 하고, 확실한 착화와 화염의 안정을 도모하기 위해서 공기류를 적당히 조정하는 장치는?

① 자연통풍(Natural draft)
② 에어레지스터(Air register)
③ 압입 통풍 시스템(Forced draft system)
④ 유인 통풍 시스템(Induced draft system)

해설

에어레지스터(Air register)는 공기조절장치로써 버너의 확실한 착화와 화염의 안정을 도모하기 위해 분무기로 노내에 분사된 연료에 연소용 공기를 유효할 수 있게 흐름을 조절하여 공급하고 연소를 좋게 한다.

정답 | ②

03 빈출도 ★

다음 중 층류연소속도의 측정방법이 아닌 것은?

① 비누거품법
② 적하수은법
③ 슬롯노즐버너법
④ 평면화염버너법

해설

적하수은법은 화염의 전파속도에 영향을 받는 방법으로 층류연소속도와는 무관하다. 층류연소속도의 측정방법은 화염이 균일한 속도로 전파한다.

선지분석

① 비누거품법: 연소진행 시 비누방울의 팽창한 체적을 측정한다.
③ 슬롯노즐버너법: 혼합기 주위에 직선의 화염이 둘러쌓여 화염대에 들어갈 때까지 직선을 유지하는 방법을 말한다.
④ 평면화염버너법: 혼합기의 속도분포를 일정하게 하여 유속을 측정한다.

정답 | ②

04 빈출도 ★

연료를 구성하는 가연원소로만 나열된 것은?

① 질소, 탄소, 산소
② 탄소, 질소, 불소
③ 탄소, 수소, 황
④ 질소, 수소, 황

해설

연료 중 탄소(C), 수소(H), 황(S)이 공기 중 산소와 반응하면 열과 빛을 발생하여 연소한다.

정답 | ③

05 빈출도 ★★★

상온, 상압에서 프로판-공기의 가연성 혼합기체를 완전연소시킬 때 프로판 1kg을 연소시키기 위하여 공기는 약 몇 kg이 필요한가? (단, 공기 중 산소는 23.15wt% 이다.)

① 13.6 ② 15.8
③ 17.3 ④ 19.2

해설

프로판(C_3H_8)의 완전연소반응식
$C_3H_8 + 5O_2 \rightarrow 3CO_2 + 4H_2O$
C_3H_8과 O_2은 1 : 5 반응이므로 이를 이용하여 이론산소량을 구한다.
C_3H_8 : $5O_2$
1mol : 5mol = 44kg : 5×32kg

$$A_o = \frac{O_o}{0.23}$$

A_o: 이론공기량(kg/kg), O_o: 이론산소량(kg/kg)

$$A_o = \frac{O_o}{0.23} = \frac{\frac{5 \times 32kg}{44kg}}{0.23} = 15.8 kg/kg$$

정답 | ②

06 빈출도 ★★

연소 시 배기가스량을 구하는 식으로 옳은 것은? (단, G: 배기가스량, G_o: 이론배기가스량, A_o: 이론공기량, m: 공기비이다.)

① $G = G_o + (m-1)A_o$
② $G = G_o + (m+1)A_o$
③ $G = G_o - (m+1)A_o$
④ $G = G_o + (1-m)/A_o$

해설

배기가스량(G) = 이론배기가스량 + 과잉공기량
　　　　　　　= $G_o + (m-1)A_o$

정답 | ①

07 빈출도 ★★

연료의 조성(wt%)이 다음과 같을 때 고위발열량은 약 몇 kcal/kg 인가? (단, C, H, S의 고위발열량은 각각 8,100kcal/kg, 34,200kcal/kg, 2,500kcal/kg이다.)

> C: 47.20, H: 3.96, O: 8.36, S: 2.79,
> N: 0.61, H_2O: 14.54, Ash: 22.54

① 4,129 ② 4,329
③ 4,890 ④ 4,998

해설

연료 조성의 고위발열량(H_h) 공식은 다음과 같다.

$$H_h = 8,100C + 34,200 \times \left(H - \frac{O}{8}\right) + 2,500S$$

$H_h = 8,100 \times 0.472 + 34,200 \times \left(0.0396 - \frac{0.0836}{8}\right)$
　　$+ 2,500 \times 0.0279 = 4,889.88 kcal/kg$

정답 | ③

08 빈출도 ★

연소가스는 연돌에 200℃로 들어가서 30℃가 되어 대기로 방출된다. 배기가스가 일정한 속도를 가지려면 연돌 입구와 출구의 면적비를 어떻게 하여야 하는가?

① 1.56 ② 1.93
③ 2.24 ④ 3.02

해설

연돌의 입구와 출구의 면적비는 온도와 비례 관계에 있다.
면적비 $= \frac{T_1}{T_2} = \frac{273+200}{273+30} = 1.56$

정답 | ①

09 빈출도 ★

다음 연소범위에 대한 설명 중 틀린 것은?

① 연소 가능한 상한치와 하한치의 값을 가지고 있다.
② 연소에 필요한 혼합 가스의 농도를 말한다.
③ 연소 범위에 좁으면 좁을수록 위험하다.
④ 연소 범위의 하한치가 낮을수록 위험도는 크다.

해설

연소범위는 넓을수록 위험하다.

관련개념 연소범위에 의한 위험도

- 보통 연소 하한계(LFL)와 연소 상한계(UFL)로 정의한다.
- 폭발 가능성의 영역이 넓다는 것은 누출 시 주변 산소 농도와의 조합으로 쉽게 연소 혹은 폭발이 발생하여 위험하다는 의미이다.

정답 | ③

10 빈출도 ★★

배기가스 출구 연도에 댐퍼를 부착하는 주된 이유가 아닌 것은?

① 통풍력을 조절한다.
② 과잉공기를 조절한다.
③ 가스의 흐름을 차단한다.
④ 주연도, 부연도가 있는 경우에는 가스의 흐름을 바꾼다.

해설

연소용 공기의 풍량조절(과잉공기 조절)은 송풍기로 한다.

정답 | ②

11 빈출도 ★★★

도시가스의 조성을 조사하니 H_2 30 v%, CO 6 v%, CH_4 40 v%, CO_2 24 v%이었다. 이 도시가스를 연소하기 위해 필요한 이론산소량보다 20% 많게 공급했을 때 실제공기량은 약 몇 Nm^3/Nm^3인가? (단, 공기 중 산소는 21 v%이다.)

① 2.6
② 3.6
③ 4.6
④ 5.6

해설

이론공기량을 구하기 위해 가연성분 연소에 필요한 산소량을 구하여야 한다.

가연성분 완전연소반응식

$H_2 + \frac{1}{2}O_2 \rightarrow H_2O$

$CO + \frac{1}{2}O_2 \rightarrow CO_2$

$CH_4 + 2O_2 \rightarrow CO_2 + 2H_2O$

$$O_o = (0.5 \times H_2 + 0.5 \times CO + 2 \times CH_4) - O_2$$

$O_o = 0.5 \times 0.3 + 0.5 \times 0.06 + 2 \times 0.4 = 0.98 Nm^3/Nm^3$

실제공기량을 구하는 식은 다음과 같다.

$$A = mA_o$$
$$A_o = \frac{O_o}{0.21}$$

A_o: 이론공기량, O_o: 이론산소량

$A = 1.2 \times \frac{0.98}{0.21} = 5.6 Nm^3/Nm^3$

정답 | ④

12 빈출도 ★

액체연료의 유동점은 응고점보다 몇 °C 높은가?

① 1.5
② 2.0
③ 2.5
④ 3.0

해설

유동점이란 유체를 교반하지 않고 냉각시켰을 때 유체가 흐를 수 있는 즉, 유동성을 유지하는 최저온도를 말하며 액체의 유동점은 응고점보다 2.5°C 높게 설정한다.

정답 | ③

13 빈출도 ★★

가연성 혼합 가스의 폭발한계 측정에 영향을 주는 요소로 가장 거리가 먼 것은?

① 온도
② 산소농도
③ 점화에너지
④ 용기의 두께

해설

용기의 두께는 폭발한계 측정에 영향을 주는 요소와 거리가 멀다.

관련개념 폭발한계 측정 영향요소

- 폭발한계를 결정하기 위해서 충분한 점화에너지가 필요하다.
- 압력이 높을수록 폭발범위는 넓어진다.
- 산소농도가 클수록 연소상한값이 커진다.
- 온도가 높아지면 폭발하한값은 낮아지지만 상한값은 높아지므로 폭발범위는 넓어진다.

정답 | ④

14 빈출도 ★

액체연료의 미립화 방법이 아닌 것은?

① 고속기류   ② 충돌식
③ 와류식   ④ 혼합식

선지분석

① 고속기류식: 유체(액체)를 고속으로 분사할 때 운동에너지를 이용해 측정하거나 작동하는 방식이다.
② 충돌식: 유체(액체)가 판에 충돌하여 생기는 압력이나 변위를 측정하는 방식이다.
③ 와류식: 유체(액체)가 장애물을 지나갈 때 생기는 와류의 발생 주기를 사용하여 유속을 측정하는 방식이다.

정답 | ④

15 빈출도 ★

연돌내의 배기가스 비중량 γ_1, 외기 비중량 γ_2, 연돌의 높이가 H일 때 연돌의 이론 통풍력(Z)를 구하는 식은?

① $Z = \dfrac{H}{\gamma_1 - \gamma_2}$ ② $Z = \dfrac{\gamma_2 - \gamma_1}{H}$

③ $Z = \dfrac{\gamma_2 - 2\gamma_1}{2H}$ ④ $Z = (\gamma_2 - \gamma_1) \times H$

해설

비중량과 압력을 이용한 이론 통풍력 공식은 다음과 같다.

$$Z = P_2 - P_1 = (\gamma_2 - \gamma_1) \times H$$

Z: 통풍력, P_1: 굴뚝 유입구 압력, P_2: 외기의 압력,
γ_1: 배기가스의 비중, γ_2: 외기의 비중, H: 높이

정답 | ④

16 빈출도 ★★

다음 분진의 중력침강속도에 대한 설명으로 틀린 것은?

① 점도에 반비례한다.
② 밀도차에 반비례한다.
③ 중력가속도에 비례한다.
④ 입자직경의 제곱에 비례한다.

해설

중력침강속도에 대한 stokes 공식은 다음과 같다.

$$V_g = \dfrac{d^2(\rho_s - \rho)g}{18\mu}$$

V_g: 중력침강속도(m/s), ρ_s: 입자의 밀도(kg/m^3),
ρ: 가스의 밀도(kg/m^3), g: 중력가속도(m/s^2),
d: 입자의 직경(m), μ: 점성도(kg/m·s)

중력침강속도는 밀도차에 비례한다.

정답 | ②

17 빈출도 ★★

메탄(CH_4) 64kg을 연소시킬 때 이론적으로 필요한 산소량은 몇 kmol 인가?

① 1
② 2
③ 4
④ 8

해설

메탄의 완전연소반응식
$CH_4 + 2O_2 \rightarrow CO_2 + 2H_2O$
메탄(CH_4)와 산소(O_2)는 1 : 2 반응이므로 CH_4(분자량 16) 16kg를 반응시키면 O_2는 2kmol이 필요하다.
따라서, CH_4 64kg(4×16kg)가 반응하기 위해서는 O_2는 8kmol(4×2kmol)이 필요하다.

정답 | ④

18 빈출도 ★★

다음 중 연소효율(η_c)을 옳게 나타낸 식은? (단, H_L: 저위발열량, L_i: 불완전연소에 따른 손실열, L_c: 탄찌꺼기 속의 미연탄소분에 의한 손실열이다.)

① $\dfrac{H_L - (L_c + L_i)}{H_L}$
② $\dfrac{H_L + (L_c - L_i)}{H_L}$
③ $\dfrac{H_L}{H_L + (L_c + L_i)}$
④ $\dfrac{H_L}{H_L - (L_c - L_i)}$

해설

연소효율 = $\dfrac{연소열}{발열량}$ = $\dfrac{발열량 - 손실열}{발열량}$

여기서, 손실열은 미연분손실과 불완전연소에 따른 손실을 합한 값이므로

연소효율 = $\dfrac{발열량 - (미연분손실 + 불완전연소에 따른 손실)}{발열량}$

로 나타낼 수 있다.

정답 | ①

19 빈출도 ★★

A회사에 입하된 석탄의 성질을 조사하였더니 회분 6%, 수분 3%, 수소 5% 및 고위발열량이 6,000 kcal/kg이었다. 실제 사용할 때의 저발열량은 약 몇 kcal/kg인가?

① 3,341
② 4,341
③ 5,712
④ 6,341

해설

단위중량당 저위발열량(H_l) 공식은 다음과 같다.

$$H_l = H_h - R_w$$
$$R_w = 600 \times (9H + w)$$

H_l: 저위발열량(kcal/kg), H_h: 고위발열량(kcal/kg), R_w: 증발잠열(kcal/kg)

$H_l = 6,000 - 600(9 \times 0.05 + 0.03) = 5,712$ kcal/kg

정답 | ③

20 빈출도 ★

화염면이 벽면 사이를 통과할 때 화염면에서의 발열량보다 벽면으로의 열손실이 더욱 커서 화염이 더 이상 진행하지 못하고 꺼지게 될 때 벽면 사이의 거리는?

① 소염거리
② 화염거리
③ 연소거리
④ 점화거리

해설

소염거리는 화염면이 벽면 사이 통과 시 화염면에 발열량보다 벽면으로 발생된 열손실이 더욱 커서 화염이 더 이상 진행하지 못하고 꺼진 후 벽면 사이의 거리, 화염 발생 시 소염되는 거리를 말한다.

정답 | ①

열역학

21 빈출도 ★

다음 중 등엔트로피 과정에 해당하는 것은?

① 등적과정
② 등압과정
③ 가역단열과정
④ 가역등온과정

해설

가역단열과정은 엔트로피가 변하지 않으므로 등엔트로피 과정에 해당한다.

정답 | ③

22 빈출도 ★

이상적인 교축 과정(Throttling process)에 대한 설명으로 옳은 것은?

① 압력이 증가한다.
② 엔탈피가 일정하다.
③ 엔트로피가 감소한다.
④ 온도는 항상 증가한다.

해설

이상적인 교축 과정은 비가역 단열과정(교축팽창)으로 열전달과 일을 하지 않으며, 압력은 감소하고 엔탈피는 일정하며, 엔트로피는 증가한다.

정답 | ②

23 빈출도 ★

랭킨 사이클로 작동되는 발전소의 효율을 높이려고 할 때 초압(터빈입구의 압력)과 배압(복수기 압력)은 어떻게 하여야 하는가?

① 초압과 배압 모두 올림
② 초압을 올리고 배압을 낮춤
③ 초압은 낮추고 배압을 올림
④ 초압과 배압 모두 낮춤

해설

초압(터빈입구 압력)을 올리면 면적이 넓어지므로 효율이 높아지고 배압(복수기 압력)을 낮추면 방출열량이 적어지므로 효율이 높아진다.

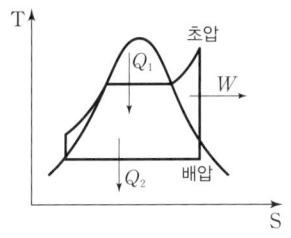

▲ 랭킨 사이클 $T-S$ 선도

정답 | ②

24 빈출도 ★

다음 중 증발열이 커서 중형 및 대형의 산업용 냉동기에 사용하기에 가장 적정한 냉매는?

① 프레온-12
② 탄산가스
③ 아황산가스
④ 암모니아

해설

암모니아>탄산가스>프레온-12>아황산가스 순서로 증발잠열이 높은 냉매이며, 암모니아의 냉동능력이 가장 좋다.

정답 | ④

25 빈출도 ★★

압력 1,000kPa, 부피 1m³의 이상기체가 등온과정으로 팽창하여 부피가 1.2m³이 되었다. 이때 기체가 한 일(kJ)은?

① 82.3
② 182.3
③ 282.3
④ 382.3

해설

등온과정에서의 이상기체상태방정식을 이용한 일(W) 공식은 다음과 같다.

$$W = P_1 V_1 \ln\left(\frac{V_2}{V_1}\right) = mRT_1 \ln\left(\frac{P_1}{P_2}\right)$$

V: 부피(m³), P: 압력(kPa), m: 질량(kg),
R: 기체상수(kJ/kg·K), T: 온도(K), P: 압력(kPa)

$$W = 1,000 \times 1 \times \ln \frac{1.2}{1} = 182.3 \text{kJ}$$

정답 | ②

26 빈출도 ★

열역학적계란 고려하고자 하는 에너지 변화에 관계되는 물체를 포함하는 영역을 말하는데 이 중 폐쇄계(closed system)는 어떤 양의 교환이 없는 계를 말하는가?

① 질량
② 에너지
③ 일
④ 열

해설

폐쇄계(닫힌계, 밀폐계, Closed system)는 경계에서 발생된 열이나 일이 전달되고 질량은 교환이 없는 계를 말한다.

정답 | ①

27 빈출도 ★★

피스톤이 장치된 용기 속의 온도 T_1[K], 압력 P_1[Pa], 체적 V_1[m³]의 이상기체 m[kg]이 있고, 정압과정으로 체적이 원래의 2배가 되었다. 이때 이상기체로 전달된 열량은 어떻게 나타내는가? (단, C_v는 정적비열이다.)

① $mC_v T_1$
② $2mC_v T_1$
③ $mC_v T_1 + P_1 V_1$
④ $mC_v T_1 + 2P_1 V_1$

해설

정적과정에서 전달열량을 구하는 공식은 아래와 같다.

$$Q = m \times C_p \times \Delta T$$

Q: 열량(kJ/kmol), m: 질량(kg), C_p: 정압비열(kJ/kmol·K),
ΔT: 온도차(K)

정적비열과 이상기체상수와의 관계식은 아래와 같다.

$$C_p - C_v = R$$

C_p: 정압비열(kJ/kg·K), C_v: 정적비열(kJ/kg·K),
R: 기체상수(kJ/kg·K)

이상기체상태방정식은 아래와 같다.

$$PV = mRT$$

P: 압력(kPa), V: 부피(m³), m: 질량(kg),
R: 기체상수(kJ/kg·K), T: 온도(K)

변화 후의 체적은 원래의 2배이므로, $V_2 = 2V_1$
정압과정이므로, 최종온도는 $T_2 = 2T_1$이다.
따라서, 발생된 열량은
$Q = mC_p \Delta T = m(C_v + R)T_1 = mC_v T_1 + mRT_1$
$= mC_v T_1 + P_1 V_1$

정답 | ③

28 빈출도 ★★

카르노 사이클에서 공기 1kg이 1사이클마다 하는 일이 100kJ이고 고온 227℃, 저온 27℃ 사이에서 작용한다. 이 사이클의 작동 과정에서 생기는 저온 열원의 엔트로피 증가(kJ/K)는?

① 0.2
② 0.4
③ 0.5
④ 0.8

해설

카르노 사이클 효율 공식은 아래와 같다.

$$\eta = \frac{W}{Q_1} = \frac{Q_1 - Q_2}{Q_1} = 1 - \frac{Q_2}{Q_1} = 1 - \frac{T_2}{T_1}$$

η: 효율(%), W: 일(kW), Q_1: 고온체 흡수 열(kJ), Q_2: 저온체 방출 열(kJ), T_1: 고온부 온도(K), T_2: 저온부 온도(K)

$$\frac{100kJ}{Q_1} = 1 - \frac{27 + 273}{227 + 273}$$

$$Q_1 = \frac{100}{0.4} = 250kJ$$

에너지보존법칙에 의해 $Q_2 = Q_1 - W$이므로
$Q_2 = Q_1 - W = 250 - 100 = 150kJ$

엔트로피 변화량 $= \frac{Q_2}{T_2} = \frac{150}{300} = 0.5kJ/K$

정답 | ③

29 빈출도 ★★

열역학 제1법칙에 대한 설명으로 틀린 것은?

① 열은 에너지의 한 형태이다.
② 일을 열로 또는 열을 일로 변환할 때 그 에너지 총량은 변하지 않고 일정하다.
③ 제1종의 영구기관을 만드는 것은 불가능하다.
④ 제1종의 영구기관은 공급된 열에너지를 모두 일로 전환하는 가상적인 기관이다.

해설

열역학 제1법칙은 에너지 보존의 법칙이며, 제1종 영구기관 즉 에너지의 공급 없이 일을 하는 열기관은 실현이 불가능하다는 법칙이다. 열을 일로 변환할 때 또는 일을 열로 변환할 때 전체 계의 에너지 총량은 변하지 않고 일정하다.
선지 ④번은 제2종 영구기관과 관련된 내용이다.

정답 | ④

30 빈출도 ★★

카르노 열기관이 600K의 고열원과 300K의 저열원 사이에서 작동하고 있다. 고열원으로부터 300kJ의 열을 공급받을 때 기관이 하는 일(kJ)은 얼마인가?

① 150
② 160
③ 170
④ 180

해설

$$\eta = \frac{W}{Q_1} = \frac{Q_1 - Q_2}{Q_1} = 1 - \frac{Q_2}{Q_1} = 1 - \frac{T_2}{T_1}$$

η: 효율(%), W: 일(kW), Q_1: 고온체 방출 열(kJ), Q_2: 저온체 흡수 열(kJ), T_1: 고온부 온도(K), T_2: 저온부 온도(K)

$$\frac{W}{Q_1} = 1 - \frac{T_2}{T_1}$$

$$\frac{W}{300} = 1 - \frac{300}{600}$$

$$W = 150kJ$$

정답 | ①

31 빈출도 ★

비열비 1.3의 고온 공기를 작동 물질로 하는 압축비 5의 오토사이클에서 최소 압력이 206kPa, 최고 압력이 5,400kPa일 때 평균 유효압력(kPa)은?

① 594
② 794
③ 1,190
④ 1,390

해설

평균 유효압력에 대한 공식은 아래와 같다.

$$P_a = P_{in} \times \frac{\rho - 1}{k - 1} \times \frac{\epsilon^k - \epsilon}{\epsilon - 1}$$

P_a: 평균유효압력(kPa), P_{in}: 최소압력(kPa), ρ: 압력비, k: 비열비, ϵ: 압축비

압력비를 구하기 위해서는 중간압력(P_m)을 계산해야 한다.
$P_m = P_{in} \times \epsilon^k = 206 \times 5^{1.3} = 1,669.276kPa$

$$\rho = \frac{P_{out}(최고압력)}{P_m(중간압력)} = \frac{5,400}{1,669.276} = 3.235$$

$$P_a = 206 \times \frac{3.235 - 1}{1.3 - 1} \times \frac{5^{1.3} - 5}{5 - 1} = 1,190.65kPa$$

정답 | ③

32 빈출도 ★

증기의 속도가 빠르고, 입출구 사이의 높이 차도 존재하여 운동에너지 및 위치에너지를 무시할 수 없다고 가정하고, 증기는 이상적인 단열상태에서 개방시스템 내로 흘러 들어가 단위질량유량당 축일(w_s)을 외부로 제공하고 시스템으로부터 흘러나온다고 할 때, 단위질량유량당 축일을 어떻게 구할 수 있는가? (단, v는 비체적, P는 압력, V는 속도, g는 중력가속도, z는 높이를 나타내며, 하첨자 i는 입구, e는 출구를 나타낸다.)

① $W_s = \int_i^e P dv$

② $W_s = -\int_i^e v dP$

③ $W_s = \int_i^e P dv + \frac{1}{2}(V_i^2 - V_e^2) + g(z_i - z_e)$

④ $W_s = -\int_i^e v dP + \frac{1}{2}(V_i^2 - V_e^2) + g(z_i - z_e)$

해설

단위질량유량당 축일은 다음과 같이 나타낼 수 있다.
$\Delta U - Q - W$
$W = -\Delta U + Q$
$W = -\int v dP + 속도변화 + 위치변화$
$W = -\int_i^e v dP + \frac{1}{2}(V_i^2 - V_e^2) + g(z_i - z_e)$

정답 | ④

33 빈출도 ★★

랭킨 사이클의 구성요소 중 단열압축이 일어나는 곳은?

① 보일러 ② 터빈
③ 펌프   ④ 응축기

해설

작은 부피의 액체를 높은 압력으로 만드는 단열압축은 펌프에서 일어난다.

관련개념 랭킨 사이클(Rankine Cycle)

- 2개의 정압과정 2개의 단열변화로 증기 동력사이클의 기본 사이클이며, 가장 널리 사용된다.
- 작동 유체(물, 수증기)의 흐름은 펌프(단열압축) → 보일러(정압가열) → 터빈(단열팽창) → 응축기(정압냉각) → 펌프 순으로 나타낸다.

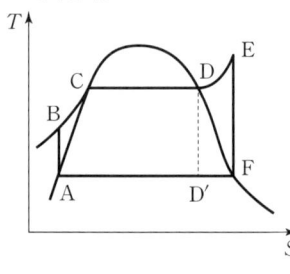

A → B: 단열압축
B → C: 정압가열
C → D: 가열
D → D′: 보일러 사용안함
D → E: 등압가열
E → F: 단열팽창
F → A: 정압냉각

정답 | ③

34 빈출도 ★★★

암모니아 냉동기의 증발기 입구의 엔탈피가 377kJ/kg, 증발기 출구의 엔탈피가 1,668kJ/kg이며 응축기 입구의 엔탈피가 1,894kJ/kg이라면 성능계수는 얼마인가?

① 4.44
② 5.71
③ 6.90
④ 9.84

해설

성능계수 공식은 다음과 같다.

$$COP = \frac{Q}{W}$$

COP: 성능계수, W: 소요동력(kW), Q: 냉동능력(kW)

여기서, 냉동능력(Q)은 증발기 출구 엔탈피−증발기 입구 엔탈피로 구한다.
$Q = 1,668 - 377 = 1,291$ kJ/kg
압축기 소요동력(W)은 응축기 입구 엔탈피−증발기 출구 엔탈피와 같다.
$W = 1,894 - 1,668 = 226$ kJ/kg
$COP = \frac{Q}{W} = \frac{1,291}{226} = 5.71$

정답 | ②

35 빈출도 ★★

공기 표준 디젤 사이클에서 압축비가 17이고 단절비(cut−off ratio)가 3일 때 열효율(%)은? (단, 공기의 비열비는 1.4 이다.)

① 52
② 58
③ 63
④ 67

해설

디젤 사이클 열효율(η)은 다음과 같이 구한다.

$$\eta = 1 - \left(\frac{1}{\epsilon}\right)^{k-1} \times \frac{\sigma^k - 1}{k(\sigma - 1)}$$

η: 효율(%), ϵ: 압축비, k: 비열비, σ: 단절비

$\eta = 1 - \left(\frac{1}{17}\right)^{1.4-1} \times \frac{3^{1.4} - 1}{1.4 \times (3-1)} = 0.58 = 58\%$

정답 | ②

36 빈출도 ★★

80℃의 물(엔탈피 335kJ/kg)과 100℃의 건포화수증기(엔탈피 2,676kJ/kg)를 질량비 1 : 2 로 혼합하여 열손실 없는 정상유동과정으로 95℃의 포화액−증기 혼합물 상태로 내보낸다. 95℃ 포화상태에서의 포화액 엔탈피가 398kJ/kg, 포화증기의 엔탈피가 2,668kJ/kg이라면 혼합실 출구의 건도는 얼마인가?

① 0.44
② 0.58
③ 0.66
④ 0.72

해설

열량보존법칙에 따라 물과 건포화수증기를 합한 혼합물에서의 열과 포화액−증기 혼합물 상태에서의 열은 다음과 같다.
$Q_1 + Q_2 = Q_3$
$Q_1 = m_1 \times h_1 = 1 \times 335 = 335$
$Q_2 = 2m_1 \times h_2 = 2 \times 2,676 = 5,352$
$Q_3 = 3m_1 \times h_3 = 3 \times [398 + x(2,668 - 398)]$
$\quad = 1,194 + 6,810 \times x$
$335 + 5,352 = 1,194 + 6,810 \times x$
$x = \frac{335 + 5,352 - 1,194}{6,810} = 0.66$

정답 | ③

37 빈출도 ★★

표준 증기 압축식 냉동사이클의 주요 구성 요소는 압축기, 팽창밸브, 응축기, 증발기이다. 냉동기가 동작할 때 작동 유체(냉매)의 흐름의 순서로 옳은 것은?

① 증발기 → 응축기 → 압축기 → 팽창밸브 → 증발기
② 증발기 → 압축기 → 팽창밸브 → 응축기 → 증발기
③ 증발기 → 응축기 → 팽창밸브 → 압축기 → 증발기
④ 증발기 → 압축기 → 응축기 → 팽창밸브 → 증발기

해설

냉동 사이클 순서는 증발기 → 압축기 → 응축기 → 팽창밸브 → 증발기이다.

관련개념 표준 증기압축 냉동사이클 T-S 선도

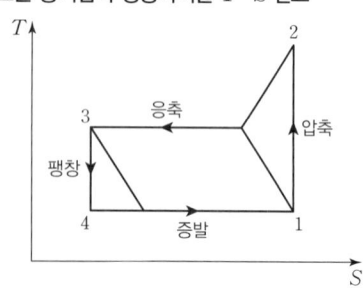

▲ 증기압축 냉동사이클 T-S선도

- 1 → 2: 단열압축 과정(압축기)
- 2 → 3: 정압방열(응축) 과정(응축기)
- 3 → 4: 등엔탈피 팽창 과정(팽창밸브)
- 4 → 1: 등온팽창 과정(증발기)

정답 | ④

38 빈출도 ★★★

애드벌룬에 어떤 이상기체 100kg을 주입하였더니 팽창 후의 압력이 150kPa, 온도 300K가 되었다. 애드벌룬의 반지름(m)은? (단, 애드벌룬은 완전한 구형(Sphere)이라고 가정하며, 기체상수는 250J/kg · K이다.)

① 2.29
② 2.73
③ 3.16
④ 3.62

해설

$$PV = mRT$$

P: 압력(kPa), V: 부피(m³), m: 질량(kg),
R: 기체상수(kJ/kg · K), T: 온도(K)

애드벌룬은 구형이라고 하였으므로, 구형의 부피를 구하는 식은 $\frac{4}{3}\pi r^3$이다.

$$P \times \left(\frac{4}{3}\pi r^3\right) = mRT$$

$$150 \times \frac{4}{3}\pi r^3 = 100 \times 0.25 \times 300$$

$$r^3 = \frac{100 \times 0.25 \times 300 \times 3}{150 \times 4 \times \pi} = 11.937$$

$$r = 11.937^{\frac{1}{3}} = 2.29\text{m}$$

정답 | ①

39 빈출도 ★★

다음 중 이상기체의 상태변화에 관련하여 폴리트로픽(Polytropic) 지수 n에 대한 설명으로 옳은 것은?

① '$n=0$'이면 단열 변화
② '$n=1$'이면 등온 변화
③ '$n=$비열비'이면 정적 변화
④ '$n=\infty$'이면 등압 변화

해설

n의 조건	계산과정	결과
$n=0$	$P=C$	정압과정
$n=1$	$PV=C$	등온과정
$1<n<k$	$PV^n=C$	폴리트로픽과정
$n=k$	$PV^k=C$	단열과정 (등엔트로피과정)
$n=\infty$	$PV^\infty=P^{\frac{1}{\infty}}V=P^0V=V=C$	정적과정

정답 | ②

40 빈출도 ★

증기원동기의 랭킨 사이클에서 열을 공급하는 과정에서 일정하게 유지되는 상태량은 무엇인가?

① 압력
② 온도
③ 엔트로피
④ 비체적

해설

랭킨사이클에서 열을 공급하는 과정에서 압력은 유지되고 온도는 변한다.

관련개념 랭킨 사이클(Rankine Cycle)

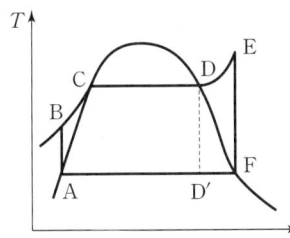

A → B: 단열압축
B → C: 정압가열
C → D: 가열
D → D': 보일러 사용안함
D → E: 등압가열
E → F: 단열팽창
F → A: 정압냉각

정답 | ①

계측방법

41 빈출도 ★★

다음 중 가장 높은 압력을 측정할 수 있는 압력계는?

① 부르동간 압력계
② 다이어프램식 압력계
③ 벨로스식 압력계
④ 링밸런스식 압력계

선지분석

① 부르동간 압력계: 0.5~300kg/cm^2
② 다이어프램식 압력계: 0.002~0.5kg/cm^2
③ 벨로스식 압력계: 0.01~10kg/cm^2
④ 링밸런스식 압력계: 0.3kg/cm^2 이하

정답 | ①

42 빈출도 ★★

피드백(Feedback) 제어계에 관한 설명으로 틀린 것은?

① 입력과 출력을 비교하는 장치는 반드시 필요하다.
② 다른 제어계보다 정확도가 증가된다.
③ 다른 제어계보다 제어 폭이 감소된다.
④ 급수제어에 사용된다.

해설

다른 제어계보다 제어 폭이 증가한다.

관련개념 피드백 제어(신호제어)

- 출력된 신호를 입력측으로 되돌림 하여 제어량을 기준으로 설정된 값과 비교한다.
- 제어량이 설정치의 범위에 들도록 제어량에 대한 수정 동작을 계속해서 진행한다.

정답 | ③

43 빈출도 ★★
U자관 압력계에 대한 설명으로 틀린 것은?

① 측정압력은 1~1,000kPa 정도이다.
② 주로 통풍력을 측정하는 데 사용된다.
③ 측정의 정도는 모세관 현상의 영향을 받으므로 모세관 현상에 대한 보정이 필요하다.
④ 수은, 물, 기름 등을 넣어 한쪽 또는 양쪽 끝에 측정압력을 도입한다.

> 해설
> U자관 압력계의 측정압력은 0.1~20kPa(약 10~2,000mmH$_2$O) 정도이다.

정답 | ①

44 빈출도 ★
다음 중 유량측정의 원리와 유량계를 바르게 연결한 것은?

① 유체에 작용하는 힘 – 터빈 유량계
② 유속변화로 인한 압력차 – 용적식 유량계
③ 흐름에 의한 냉각효과 – 전자기 유량계
④ 파동의 전파 시간차 – 조리개 유량계

> 해설

유속식 유량계	유체에 작용하는 힘을 이용한다. 터빈식, 임펠러식 유량계 등이 있다.
차압식 유량계	오리피스, 벤츄리관, 플로우 노즐 등이 있으며 유속변화(유체의 흐름)로 인한 압력차를 이용한다.
열 유량계	열을 흡수한 유체가 흐름에 따라 열교환이 진행되어 냉각되며 유체의 온도를 측정한다.
초음파 유량계	파동의 전파를 이용하여 유체의 흐름 속도를 측정하여 유량을 산출한다.

정답 | ①

45 빈출도 ★
수은 및 알코올 온도계를 사용하여 온도를 측정할 때 계측의 기본원리는 무엇인가?

① 비열   ② 열팽창
③ 압력   ④ 점도

> 해설
> 액체(수은 및 알코올) 봉입 온도계는 온도의 변화에 따라 열팽창의 원리를 이용하여 측정하는 온도계로 취급이 간편하다.

정답 | ②

46 빈출도 ★★★
다음 각 물리량에 대한 SI 유도단위의 기호로 틀린 것은?

① 압력 – Pa   ② 에너지 – cal
③ 일률 – W   ④ 자기선속 – Wb

> 해설
> SI 단위계에서 에너지의 유도단위는 줄(J)이다.

관련개념 SI 유도단위 및 물리량

물리량	명칭	기호
진동수	헤르츠	Hz
속력, 속도	초당미터	m/s
힘	뉴턴	N
압력	파스칼	Pa
일, 에너지, 열량	줄	J
일률, 전력	와트	W
광선속	루멘	lm
자기선속	웨버	Wb

정답 | ②

47 빈출도 ★

산소의 농도를 측정할 때 기전력을 이용하여 분석, 계측하는 분석계는?

① 자기식 O_2계
② 세라믹식 O_2계
③ 연소식 O_2계
④ 밀도식 O_2계

해설

세라믹식 O_2계는 산소이온을 통과하며 상자성 성질을 측정하는 방식으로 가연성 가스가 포함된 O_2 가스는 측정할 수 없다.

정답 ②

48 빈출도 ★

아르키메데스의 부력 원리를 이용한 액면측정 기기는?

① 차압식 액면계
② 퍼지식 액면계
③ 기포식 액면계
④ 편위식 액면계

해설

편위식(Displacement) 액면계는 아르키메데스의 부력 원리를 이용한 측정기기로 플로트가 측정액에 잠기는 깊이에 의해 생기는 부력으로 액면을 측정한다.

관련개념 액면계

분류	측정법
직접법	부자식(플로트식), 검척식, 유리관식(직관식) 등
간접법	압력식, 정전용량식, 초음파식, 방사선식, 차압식, 다이어프램식, 편위식, 기포식, 저항전극식 등

정답 ④

49 빈출도 ★★★

다음 중 온도는 국제단위계(SI 단위계)에서 어떤 단위에 해당하는가?

① 보조단위
② 유도단위
③ 특수단위
④ 기본단위

해설

온도는 기본단위이며, 켈빈(K)을 사용한다.

관련개념 SI 단위계

- 기본단위: 국제단위계에서 정한 단위로 길이(m), 질량(kg), 시간(s), 몰질량(mol), 절대온도(K), 광도(cd), 전류(A) 총 7개가 있다.
- 유도단위: 국제단위계에서 기본단위를 조합하여 유도하는 형성단위이다. 속도(m/s), 가속도(m/s^2), 힘($kg \cdot m/s^2$), 압력(N/m^2), 열량(J), 비열($J/kg \cdot K$) 등이 있다.
- 보조단위: 기본단위와 유도단위의 사용상 편의를 위한 특별한 단위로 ℃, °F, rad 등이 있다.
- 특수단위: 기본, 보조, 유도단위 외 계측하기 어렵거나 특수한 용도에 편리하도록 정의된 단위로 에너지, 비중, 습도, 인장강도, 방사능 등이 있다.

정답 ④

50 빈출도 ★

가스열량 측정 시 측정 항목에 해당되지 않는 것은?

① 시료가스의 온도
② 시료가스의 압력
③ 실내온도
④ 실내습도

해설

가스열량 측정 항목에는 시료가스 온도와 압력, 실내온도의 변화 등이 해당된다.

정답 ④

51 빈출도 ★★

방사온도계의 발신부를 설치할 때 다음 중 어떠한 식이 성립하여야 하는가? (단, l: 렌즈로부터의 수열판까지의 거리, d: 수열판의 직경, L: 렌즈로부터 물체까지의 거리, D: 물체의 직경이다.)

① $L/D < l/d$
② $L/D > l/d$
③ $L/D = l/d$
④ $L/l < d/D$

해설

방사온도계는 물체로부터 방출되는 복사에너지를 렌즈를 통해 수열판에 집중시켜 온도를 측정하며, 렌즈로부터 수열판까지의 거리가 작을수록 수열판에 집중되는 복사에너지의 양이 많아 정확도가 좋아진다. 이 원리에 따라 거리계수의 공식은 아래와 같다.
$L/D < l/d$: 발신부에서 거리계수가 크도록 설치하여야 한다.

정답 | ①

52 빈출도 ★★★

다음 중에서 비접촉식 온도 측정 방법이 아닌 것은?

① 광고온계
② 색온도계
③ 서미스터
④ 광전관식 온도계

해설

서미스터는 접촉식 온도계에 해당된다.

관련개념 접촉식 온도계와 비접촉식 온도계

	접촉식 온도계	비접촉식 온도계
원리	측정하고자 하는 물체에 온도계를 직접 접촉시키고 열적 평형을 일으킬 때 온도를 측정한다.	측정되는 물체에 접촉하지 않고 파장, 방사열 등을 이용하여 측정한다.
종류	열전대 온도계, 저항식 온도계(서미스터, 니켈, 구리, 백금 저항소자), 압력식 온도계, 바이메탈식 온도계, 액체 봉입유리 온도계, 제겔콘 등	적외선 온도계, 방사 온도계, 색온도계, 광고온계, 광전관식 온도계 등

정답 | ③

53 빈출도 ★

1차 지연요소에서 시정수(T)가 클수록 응답속도는 어떻게 되는가?

① 응답속도가 빨라진다.
② 응답속도가 느려진다.
③ 응답속도가 일정해진다.
④ 시정수와 응답속도는 상관이 없다.

해설

시정수는 계통의 빠른 응답을 표시하는 수로 시정수가 클수록 응답속도가 느리고, 시정수가 작을수록 응답속도가 빨라진다.

정답 | ②

54 빈출도 ★★

가스 채취 시 주의하여야 할 사항에 대한 설명으로 틀린 것은?

① 가스의 구성 성분의 비중을 고려하여 적정 위치에서 측정하여야 한다.
② 가스 채취구는 외부에서 공기가 잘 통할 수 있도록 하여야 한다.
③ 채취된 가스의 온도, 압력의 변화로 측정오차가 생기지 않도록 한다.
④ 가스성분과 화학반응을 일으키지 않는 관을 이용하여 채취한다.

해설

기밀에 특별히 주의하며, 가스 채취구는 외부에서 공기 등이 차단된 환경이어야 한다.

정답 | ②

55 빈출도 ★★

직경 80mm인 원관내에 비중 0.9인 기름이 유속 4m/s로 흐를 때 질량유량은 약 몇 kg/s인가?

① 18
② 24
③ 30
④ 36

해설

$$m = \rho A v$$

m: 질량유량(kg/s), ρ: 밀도(kg/m³), A: 단면적(m²), v: 평균속도(m/s)

$$m = 900 \times \left(\frac{\pi \times (0.08)^2}{4}\right) \times 4 = 18 \text{kg/s}$$

정답 | ①

56 빈출도 ★

염화리튬이 공기 수증기압과 평형을 이룰 때 생기는 온도저하를 저항온도계로 측정하여 습도를 알아내는 습도계는?

① 듀셀 노점계
② 아스만 습도계
③ 광전관식 노점계
④ 전기저항식 습도계

해설

듀셀 노점계는 염화리튬 용액이 공기 수증기압과 평형을 이룰 때 흡습과 증발 원리로 습도 또는 노점을 측정하여 가열식 노점계라고도 한다. 염화리튬이 코팅된 센서를 사용한다.

정답 | ①

57 빈출도 ★

보일러의 자동제어에서 인터록 제어의 종류가 아닌 것은?

① 압력초과
② 저연소
③ 고온도
④ 불착화

해설

보일러의 자동제어 인터록 제어의 종류에는 저수위, 압력초과, 불착화, 프리퍼지, 저연소 인터록 제어 등이 있다.

정답 | ③

58 빈출도 ★★

다음 중 단위에 따른 차원식으로 틀린 것은?

① 동점도: L^2T^{-1}
② 압력: $ML^{-1}T^{-2}$
③ 가속도: LT^{-2}
④ 일: MLT^{-2}

선지분석

① 동점도(m²/s): L^2T^{-1}
② 압력(Pa=N/m²=kg/m·s²): $ML^{-1}T^{-2}$
③ 가속도(m/s²): LT^{-2}
④ 일(J=N·m=kg·m²/s²): ML^2T^{-2}

정답 | ④

59 빈출도 ★
유체의 와류를 이용하여 측정하는 유량계는?

① 오벌 유량계
② 델타 유량계
③ 로터리 피스톤 유량계
④ 로터미터

해설

와류식 유량계는 유체의 와류현상을 일으켜 주파수와 유속의 비례 관계를 이용하여 유량을 측정하며, 델타 유량계, 스와르 미터, 카르만 유량계 등이 있다.

정답 | ②

60 빈출도 ★★
액주에 의한 압력 측정에서 정밀 측정을 할 때 다음 중 필요하지 않은 보정은?

① 온도의 보정
② 중력의 보정
③ 높이의 보정
④ 모세관 현상의 보정

해설

액주식 압력계는 주로 통풍력 측정에 사용되며, 구부러진 유리관에 기름, 물, 수은 등의 액체를 넣고 한쪽 끝 부분에 압력을 도입하여 발생하는 양액면의 높이 차를 이용하여 압력을 측정한다. 측정을 위해 필요한 보정은 모세관 현상, 온도, 중력, 압력 등이 있다.

정답 | ③

열설비재료 및 관계법규

61 빈출도 ★★
유체의 역류를 방지하기 위한 것으로 밸브의 무게와 밸브의 양면 간 압력차를 이용하여 밸브를 자동으로 작동시켜 유체가 한쪽 방향으로만 흐르도록 한 밸브는?

① 슬루스밸브
② 회전밸브
③ 체크밸브
④ 버터플라이밸브

해설

체크밸브는 유체가 한 방향으로 흐르도록 제어하는 밸브로 역류를 방지하기 위한 장치이다.

정답 | ③

62 빈출도 ★★
주철관에 대한 설명으로 틀린 것은?

① 제조방법은 수직법과 원심력법이 있다.
② 수도용, 배수용, 가스용으로 사용된다.
③ 인성이 풍부하여 나사이음과 용접이음에 적합하다.
④ 주철은 인장강도에 따라 보통 주철과 고급주철로 분류된다.

해설

인성이 약하여 플랜지 이음에 적합하다.

관련개념 주철관의 특징

- 탄소강에 비해 탄소와 규소가 많이 함유되어 있는 관이다.
- 인장강도에 따라 보통 주철과 고급 주철로 분류된다.
- 인성이 약하여 플랜지 이음에 적합하다.
- 수도, 배수, 가스 등 매설관 전용으로 사용된다.
- 내식성이 크고 가격이 저렴하다.

정답 | ③

63 빈출도 ★

다음 중 에너지이용 합리화법에 따라 에너지 다소비사업자에게 에너지관리 개선명령을 할 수 있는 경우는?

① 목표원단위보다 과다하게 에너지를 사용하는 경우
② 에너지관리 지도결과 10% 이상의 에너지효율 개선이 기대되는 경우
③ 에너지 사용실적이 전년도보다 현저히 증가한 경우
④ 에너지 사용계획 승인을 얻지 아니한 경우

해설

「에너지이용 합리화법 시행령 제40조」
산업통상자원부장관이 에너지다소비사업자에게 개선명령을 할 수 있는 경우는 에너지관리지도 결과 10퍼센트 이상의 에너지효율 개선이 기대되고 효율 개선을 위한 투자의 경제성이 있다고 인정되는 경우로 한다.

정답 | ②

64 빈출도 ★

산화 탈산을 방지하는 공구류의 담금질에 가장 적합한 로는?

① 용융염로 가열로
② 직접저항 가열로
③ 간접저항 가열로
④ 아크 가열로

해설

공구류의 경도를 높이는 담금질로 용융염로 가열로가 사용된다.

정답 | ①

65 빈출도 ★

마그네시아질 내화물이 수증기에 의해서 조직이 약화되어 노벽에 균열이 발생하여 붕괴하는 현상은?

① 슬래킹 현상
② 더스팅 현상
③ 침식 현상
④ 스폴링 현상

해설

슬래킹이란 마그네시아 또는 돌로마이트의 원료가 수증기를 흡수하여 비중 변화로 인한 체적 팽창이 발생함으로써 갈라지거나 부서져 노벽에 균열이 발생하거나 붕괴하는 현상을 말한다.

정답 | ①

66 빈출도 ★★★

에너지이용 합리화법에 따라 용접검사가 면제되는 대상범위에 해당되지 않는 것은?

① 용접이음이 없는 강관을 동체로 한 헤더
② 최고사용압력이 0.35MPa 이하이고, 동체의 안지름이 600mm인 전열교환식 1종 압력용기
③ 전열면적이 30m² 이하의 유류용 강철제 증기보일러
④ 전열면적이 18m² 이하이고, 최고사용압력이 0.35MPa인 온수보일러

해설

「에너지이용 합리화법 시행규칙 별표 3의6」
전열면적 30제곱미터 이하의 유류용 주철제 증기보일러는 설치검사가 면제되는 대상범위에 해당하지 않는다.

관련개념 용접검사 면제 대상범위

「에너지이용 합리화법 시행규칙 별표 3의6」

(1) **강철제 보일러, 주철제 보일러**
- 강철제 보일러 중 전열면적이 5제곱미터 이하이고, 최고사용압력이 0.35MPa 이하인 것
- 주철제 보일러
- 1종 관류보일러
- 온수보일러 중 전열면적이 18제곱미터 이하이고, 최고사용압력이 0.35MPa 이하인 것

(2) **1종 압력용기, 2종 압력용기**
- 용접이음(동체와 플랜지와의 용접이음은 제외한다)이 없는 강관을 동체로 한 헤더
- 압력용기 중 동체의 두께가 6미리미터 미만인 것으로서 최고사용압력(MPa)과 내부 부피(m³)를 곱한 수치가 0.02 이하(난방용의 경우에는 0.05 이하)인 것
- 전열교환식인 것으로서 최고사용압력이 0.35MPa 이하이고, 동체의 안지름이 600미리미터 이하인 것

정답 | ③

67 빈출도 ★

에너지이용 합리화법에 따라 에너지다소비사업자의 신고에 대한 설명으로 옳은 것은?

① 에너지다소비사업자는 매년 12월 31일까지 사무소가 소재하는 지역을 관할하는 시·도지사에게 신고하여야 한다.
② 에너지다소비사업자의 신고를 받은 시·도지사는 이를 매년 2월 말일까지 산업통상자원부장관에게 통보하여야 한다.
③ 에너지다소비사업자의 신고에는 에너지를 사용하여 만드는 제품·부가가치 등의 단위당 에너지이용효율 향상목표 또는 온실가스배출 감소목표 및 이행방법을 포함하여야 한다.
④ 에너지다소비사업자는 연료·열의 연간 사용량의 합계가 2천 티오이 이상이고, 전력의 연간 사용량이 4백만 킬로와트시 이상인 자를 의미한다.

선지분석

① 에너지다소비사업자는 매년 1월 31일까지 사무소가 소재하는 지역을 관할하는 시·도지사에게 신고하여야 한다.
③ 에너지사용자 또는 에너지공급자가 수립하는 자발적 협약의 이행 계획에는 에너지를 사용하여 만드는 제품·부가가치 등의 단위당 에너지이용효율 향상목표 또는 온실가스배출 감소목표 및 이행방법을 포함하여야 한다.
④ 에너지다소비사업자는 연료·열 및 전력의 연간 사용량의 합계가 2천 티오이 이상인 자를 의미한다.

정답 | ②

68 빈출도 ★★

셔틀요(Shuttle kiln)의 특징으로 틀린 것은?

① 가마의 보유열보다 대차의 보유열이 열 절약의 요인이 된다.
② 급랭파가 생기지 않을 정도의 고온에서 제품을 꺼낸다.
③ 가마 1개당 2대 이상의 대차가 있어야 한다.
④ 작업이 불편하여 조업하기가 어렵다.

해설

셔틀요는 소성시킨 제품을 냉각하여 제품을 꺼내는 방식의 가마로 작업이 간편하여 조업하기가 수월하다.

정답 | ④

69 빈출도 ★★

두께 230mm의 내화벽돌, 114mm의 단열벽돌, 230mm의 보통벽돌로 된 노의 평면 벽에서 내벽면의 온도가 1,200°C이고 외벽면의 온도가 120°C일 때, 노벽 1m²당 열손실(W)은? (단, 내화벽돌, 단열벽돌, 보통벽돌의 열전도도는 각각 1.2, 0.12, 0.6W/m·°C 이다.)

① 376.9
② 563.5
③ 708.2
④ 1,688.1

해설

평면 벽에서의 총괄전열계수에 대한 공식은 다음과 같다.

$$Q = F \times K \times \Delta t_m$$

Q: 열손실(kcal/h), F: 전열면적(m²),
K: 총괄전열계수(W/m²·K), Δt_m: 평균 온도차(K)

여기서, 총괄전열계수$(K) = \dfrac{1}{\dfrac{두께(d)}{열전도도(\lambda)}}$로 나타낼 수 있다.

$$Q = \dfrac{F \times \Delta t_m}{\dfrac{d_1}{\lambda_1} + \dfrac{d_2}{\lambda_2} + \dfrac{d_3}{\lambda_3}}$$

$$= \dfrac{1 \times (1,200 - 120)}{\dfrac{0.23}{1.2} + \dfrac{0.114}{0.12} + \dfrac{0.23}{0.6}} = 708.2 \text{W/m}^2$$

정답 | ③

70 빈출도 ★★★

에너지이용 합리화법에 따라 에너지 저장의무 부과 대상자가 아닌 자는?

① 전기사업법에 따른 전기 사업자
② 석탄산업법에 따른 석탄가공업자
③ 액화가스사업법에 따른 액화가스 사업자
④ 연간 2만 석유환산톤 이상의 에너지를 사용하는 자

해설

「에너지이용 합리화법 시행령 제12조」
산업통상자원부장관이 에너지저장의무를 부과할 수 있는 대상자는 다음과 같다.
- 「전기사업법」에 따른 전기사업자
- 「도시가스사업법」에 따른 도시가스사업자
- 「석탄산업법」에 따른 석탄가공업자
- 「집단에너지사업법」에 따른 집단에너지사업자
- 연간 2만 석유환산톤 이상의 에너지를 사용하는 자

정답 | ③

71 빈출도 ★

다음 중 최고사용온도가 가장 낮은 보온재는?

① 유리면 보온재
② 페놀 폼
③ 펄라이트 보온재
④ 폴리에틸렌 폼

선지분석

① 유리면 보온재: 300℃
② 페놀 폼: 100℃
③ 펄라이트 보온재: 600℃
④ 폴리에틸렌 폼: 60℃

정답 | ④

72 빈출도 ★

요로를 균일하게 가열하는 방법이 아닌 것은?

① 노내 가스를 순환시켜 연소 가스량을 많게 한다.
② 가열시간을 되도록 짧게 한다.
③ 장염이나 축차연소를 행한다.
④ 벽으로부터의 방사열을 적절히 이용한다.

해설

요로를 균일하게 가열하는 방법은 충분한 시간동안 가열하는 것이 중요하며 이때, 직접가열방식은 국부과열 및 균열의 위험이 있어 간접가열방식을 활용해야 한다.

정답 | ②

73 빈출도 ★

에너지이용 합리화법에 따라 에너지 절약형 시설투자 시 세제지원이 되는 시설투자가 아닌 것은?

① 노후 보일러 등 에너지다소비 설비의 대체
② 열병합발전사업을 위한 시설 및 기기류의 설치
③ 5% 이상의 에너지절약 효과가 있다고 인정되는 설비
④ 산업용 요로 설비의 대체

해설

「에너지이용 합리화법 시행령 제27조」
에너지절약형 시설투자, 에너지절약형 기자재의 제조·설치·시공은 시설투자로서 산업통상자원부장관이 정하여 공고하는 것으로 한다.
- 노후 보일러 및 산업용 요로 등 에너지다소비 설비의 대체
- 집단에너지사업, 열병합발전사업, 폐열이용사업과 대체연료사용을 위한 시설 및 기기류의 설치
- 그 밖에 에너지절약 효과 및 보급 필요성이 있다고 산업통상자원부장관이 인정하는 에너지절약형 시설투자, 에너지절약형 기자재의 제조·설치·시공

정답 | ③

74 빈출도 ★

에너지이용 합리화법에 따라 에너지이용 합리화 기본계획에 대한 설명으로 틀린 것은?

① 기본계획에는 에너지이용효율의 증대에 관한 사항이 포함되어야 한다.
② 기본계획에는 에너지절약형 경제구조로의 전환에 관한 사항이 포함되어야 한다.
③ 산업통상자원부장관은 기본계획을 수립하기 위하여 필요하다고 인정하는 경우 관계 행정기관의 장에게 필요자료 제출을 요청할 수 있다.
④ 시·도지사는 기본계획을 수립하려면 관계 행정기관의 장과 협의한 후 산업통상자원부장관의 심의를 거쳐야 한다.

> 해설

「에너지이용 합리화법 제4조」
산업통상자원부장관이 기본계획을 수립하려면 관계 행정기관의 장과 협의한 후 에너지위원회의 심의를 거쳐야 한다.

정답 | ④

75 빈출도 ★

에너지이용 합리화법에서 규정한 수요관리 전문기관에 해당하는 것은?

① 한국가스안전공사
② 한국에너지공단
③ 한국전력공사
④ 전기안전공사

> 해설

「에너지이용 합리화법 시행령 제18조」
대통령령으로 정하는 수요관리전문기관이란 다음 어느 하나에 해당하는 기관을 말한다.
• 한국에너지공단
• 수요관리사업의 수행능력이 있다고 인정되는 기관으로서 산업통상자원부령으로 정하는 기관

정답 | ②

76 빈출도 ★

에너지이용 합리화법에 따라 공공사업주관자는 에너지사용계획의 조정 등 조치 요청을 받은 경우에는 산업통상자원부령으로 정하는 바에 따라 조치 이행계획을 작성하여 제출하여야 한다. 다음 중 이행계획에 반드시 포함되어야 하는 항목이 아닌 것은?

① 이행 예산
② 이행 주체
③ 이행 방법
④ 이행 시기

> 해설

「에너지이용 합리화법 시행규칙 제5조」
이행계획에는 다음의 사항이 포함되어야 한다.
• 산업통상자원부장관으로부터 요청받은 조치의 내용
• 이행 주체
• 이행 방법
• 이행 시기

정답 | ①

77 빈출도 ★

보온재의 열전도율에 대한 설명으로 옳은 것은?

① 열전도율이 클수록 좋은 보온재이다.
② 보온재 재료의 온도에 관계없이 열전도율은 일정하다.
③ 보온재 재료의 밀도가 작을수록 열전도율은 커진다.
④ 보온재 재료의 수분이 적을수록 열전도율은 작아진다.

> 해설

재료의 온도, 습도, 밀도, 비중에 비례하기 때문에 수분이 적을수록 열전도율도 작아진다.

> 관련개념 보온재의 열전도율

• 재료의 온도가 높을수록 열전도율이 커진다.
• 재질 내 수분이 많을수록 열전도율이 커진다.
• 재료의 두께가 얇을수록 열전도율이 커진다.
• 재료의 밀도가 클수록 열전도율이 커진다.
• 재료의 비중이 클수록 열전도율이 커진다.

정답 | ④

78 빈출도 ★

다음 중 에너지이용 합리화법에 따른 에너지사용계획의 수립대상 사업이 아닌 것은?

① 고속도로건설사업 ② 관광단지개발사업
③ 항만건설사업   ④ 철도건설사업

해설

「에너지이용 합리화법 시행령 제20조」
- 도시개발사업
- 철도건설사업
- 산업단지개발사업
- 공항건설사업
- 에너지개발사업
- 관광단지개발사업
- 항만건설사업
- 개발촉진지구개발사업 또는 지역종합개발사업

정답 | ①

79 빈출도 ★

다음 중 규석벽돌로 쌓은 가마 속에서 소성하기에 가장 적절하지 못한 것은?

① 규석질 벽돌   ② 샤모트질 벽돌
③ 납석질 벽돌   ④ 마그네시아질 벽돌

해설

규석벽돌은 염기성 내화물인 마그네시아질 벽돌과 화학반응을 일으켜 위험하다.

정답 | ④

80 빈출도 ★★

에너지법에 의한 에너지 총 조사는 몇 년 주기로 시행하는가?

① 2년   ② 3년
③ 4년   ④ 5년

해설

「에너지법 시행령 제15조」
에너지 총 조사는 3년마다 실시하되, 산업통상자원부장관이 필요하다고 인정할 때에는 간이조사를 실시할 수 있다.

정답 | ②

열설비설계

81 빈출도 ★

보일러에서 스케일 및 슬러지의 생성 시 나타나는 현상에 대한 설명으로 가장 거리가 먼 것은?

① 스케일이 부착되면 보일러 전열면을 과열시킨다.
② 스케일이 부착되면 배기가스 온도가 떨어진다.
③ 보일러에 연결한 코크, 밸브, 그 외의 구멍을 막히게 한다.
④ 보일러 전열 성능을 감소시킨다.

해설

스케일은 관석이라고 하며 보일러수에 용해된 다양한 불순물(칼슘염, 규산염, 마그네슘염 등)이 농축된 고형물이 보일러 내면에 딱딱하게 부착하여 열전도를 방해한다. 스케일이 부착되면 배기가스 온도가 높아진다.

관련개념 스케일 및 슬러지 생성 시 나타나는 현상
- 배기가스 온도가 높아진다.
- 열전도율과 열효율이 저하한다.
- 전열량이 감소하기 때문에 전열 성능이 감소한다.
- 연료소비량이 증대된다.

정답 | ②

82 빈출도 ★

열사용 설비는 많은 전열면을 가지고 있는데 이러한 전열면이 오손되면 전열량이 감소하고, 열설비의 손상을 초래한다. 이에 대한 방지대책으로 틀린 것은?

① 황분이 적은 연료를 사용하여 저온부식을 방지한다.
② 첨가제를 사용하여 배기가스의 노점을 상승시킨다.
③ 과잉공기를 적게 하며 저공기비 연소를 시킨다.
④ 내식성이 강한 재료를 사용한다.

해설

회분개질제(첨가제)를 사용하여 바나듐 등의 회분의 융점을 높여 고온부식을 방지한다.

정답 | ②

83 빈출도 ★

보일러수 1,500kg 중에 불순물이 30g이 검출되었다. 이는 몇 ppm 인가? (단, 보일러수의 비중은 1이다.)

① 20
② 30
③ 50
④ 60

해설

ppm은 백만분율로, 농도를 나타내는 단위이다.

$$\text{ppm} = \frac{\text{불순물의 질량}}{\text{전체 질량}} \times 10^6 = \frac{30}{1,500,000} \times 10^6$$
$$= 0.00002 \times 10^6 = 20\text{ppm}$$

정답 | ①

84 빈출도 ★

보일러의 부대장치 중 공기예열기 사용 시 나타나는 특징으로 틀린 것은?

① 과잉공기가 많아진다.
② 가스온도 저하에 따라 저온부식을 초래할 우려가 있다.
③ 보일러 효율이 높아진다.
④ 질소산화물에 의한 대기오염의 우려가 있다.

해설

과잉공기가 적어진다.

관련개념 공기예열기

장점	• 가열된 연소공기로 연소효율이 증가한다. • 예열된 공기를 통해 과잉공기를 줄인다. • 열교환기 구조로 배기가스 흐름의 저항을 증가시킨다. • 저질탄 즉, 열량이 낮은 연료연소가 효과적이다.
단점	• 통풍 저항 증가하여 연돌의 통풍력이 저하된다. • 저온부식이 발생할 수 있다. • 연도의 청소, 검사, 점검이 곤란하다.

정답 | ①

85 빈출도 ★★

노통보일러에 가셋트스테이를 부착할 경우 경판과의 부착부 하단과 노통 상부 사이에는 완충폭(브레이징 스페이스)이 있어야 한다. 이 때 경판의 두께가 20mm 인 경우 완충폭은 최소 몇 mm 이상이어야 하는가?

① 230
② 280
③ 320
④ 350

해설

경판의 두께	완충 폭
13mm 이하	230mm 이상
15mm 이하	260mm 이상
17mm 이하	280mm 이상
19mm 이하	300mm 이상
19mm 초과	320mm 이상

관련개념 브레이징 스페이스

- 노통과 가셋트 스테이와의 거리를 말한다.
- 경판과의 부착부 하단과 노통 상부 사이에 있어야 하며, 경판의 적절한 탄성을 유지하기 위한 완충 폭이다.

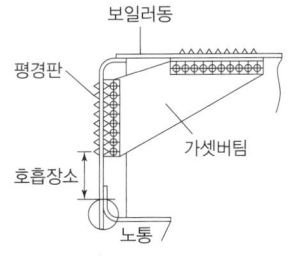
▲ 브레이징 스페이스

정답 | ③

86 빈출도 ★

보일러의 효율 향상을 위한 운전 방법으로 틀린 것은?

① 가능한 정격부하로 가동되도록 조업을 계획한다.
② 여러 가지 부하에 대해 열정산을 행하여, 그 결과로 얻은 결과를 통해 연소를 관리한다.
③ 전열면의 오손, 스케일 등을 제거하여 전열효율을 향상시킨다.
④ 블로우 다운을 조업중지 때마다 행하여 이상 물질이 보일러 내에 없도록 한다.

해설

블로우 다운은 배관 또는 열교환기에 생성된 침전물을 제거하는 작업으로 보일러 효율을 향상시키지만 조업 중지 때마다 행하면 보일러수의 보유열 손실이 발생하여 효율이 저하된다.

정답 | ④

87 빈출도 ★

다음 보기의 특징을 가지는 증기트랩의 종류는?

- 다량의 드레인을 연속적으로 처리할 수 있다.
- 증기누출이 거의 없다.
- 가동 시 공기빼기를 할 필요가 없다.
- 수격작용에 다소 약하다.

① 플로트식 트랩
② 버킷형 트랩
③ 바이메탈식 트랩
④ 디스크식 트랩

해설

플로트식 트랩은 에어벤트가 내장되어 있어 가동 시 공기빼기를 할 필요가 없으며, 다량의 드레인을 연속적으로 처리하고 증기누출이 거의 없으나 수격작용에 민감하다.

정답 | ①

88 빈출도 ★★★

지름 5cm의 파이프를 사용하여 매 시간 4t의 물을 공급하는 수도관이 있다. 이 수도관에서의 물의 속도(m/s)는? (단, 물의 비중은 1 이다.)

① 0.12 ② 0.28
③ 0.56 ④ 0.93

해설

$$Q = A \times v$$

Q: 유량(m³/s), A: 면적(m²), v: 유속(m/s), r: 반지름(m)

$$v = \frac{Q}{A} = \frac{\frac{4t}{h} \times \frac{1{,}000\text{kg}}{t} \times \frac{\text{m}^3}{1{,}000\text{kg}} \times \frac{h}{3{,}600\text{s}}}{\frac{\pi \times (0.05\text{m})^2}{4}}$$

$$= 0.56 \text{m/s}$$

정답 | ③

89 빈출도 ★

용접이음에 대한 설명으로 틀린 것은?

① 두께의 한도가 없다.
② 이음효율이 우수하다.
③ 폭음이 생기지 않는다.
④ 기밀성이나 수밀성이 낮다.

해설

용접이음은 두께의 한도가 없어 이음효율이 우수하므로 기밀성이나 수밀성이 높다.

정답 | ④

90 빈출도 ★★

내경이 150mm인 연동제 파이프의 인장강도가 80MPa이라 할 때, 파이프의 최고사용압력이 4,000kPa이면 파이프의 최소두께(mm)는? (단, 이음효율은 1, 부식여유는 1mm, 안전계수는 1로 한다.)

① 2.63 ② 3.71
③ 4.75 ④ 5.22

해설

압축강도 계산공식은 아래와 같다.

$$P \times D = 2 \times \sigma \times (t - C) \times \eta$$

P: 최고사용압력(kPa), D: 안지름(mm),
σ: 허용응력(kPa), t: 두께(mm), C: 부식여유(mm),
η: 효율(%)

여기서 허용응력(σ)은 다음과 같이 관계식이 성립된다.

$$\sigma = \frac{\sigma_a}{S}$$

σ_a: 인장강도(kPa), S: 안전율

$$P \times D = 2 \times \frac{\sigma_a}{S} \times (t - C) \times \eta$$

$$4{,}000 \times 150 = 2 \times \frac{80 \times 10^3}{1} \times (t - 1) \times 1$$

$$t = \left(\frac{4{,}000 \times 150}{2 \times 80 \times 10^3}\right) + 1 = \frac{600{,}000}{160{,}000} + 1 = 4.75\text{mm}$$

정답 | ③

91 빈출도 ★★

점식(Pitting)부식에 대한 설명으로 옳은 것은?

① 연료 내의 유황성분이 연소할 때 발생하는 부식이다.
② 연료 중에 함유된 바나듐에 의해서 발생하는 부식이다.
③ 산소농도차에 의한 전기 화학적으로 발생하는 부식이다.
④ 급수 중에 함유된 암모니아가스에 의해 발생하는 부식이다.

해설

점식은 피팅 부식이라고도 하며 보호피막 내 산화철이 파괴되고 O_2, CO_2 등이 전기화학적 작용으로 인해 보일러수에 의한 부식으로서 진행상태가 매우 빠르다.

선지분석

① 저온부식에 대한 설명이다.
② 고온부식에 대한 설명이다.
④ 알칼리 부식에 대한 설명이다.

정답 | ③

92 빈출도 ★★

다음 중 스케일의 주성분에 해당되지 않는 것은?

① 탄산칼슘
② 규산칼슘
③ 탄산마그네슘
④ 과산화수소

해설

경질 스케일	황산칼슘($CaSO_4$), 규산칼슘($CaSiO_3$), 염화칼슘($CaCl_2$) 등
연질 스케일	탄산칼슘($Ca(HCO_3)$), 탄산마그네슘($Mg(HCO_3)_2$), 철수소탄산염($Fe(HCO_3)_2$) 등

정답 | ④

93 빈출도 ★

줄-톰슨계수(Joule-Thomson coefficient, μ)에 대한 설명으로 옳은 것은?

① μ의 부호는 열량의 함수이다.
② μ의 부호는 온도의 함수이다.
③ μ가 (-)일 때 유체의 온도는 교축과정 동안 내려간다.
④ μ가 (+)일 때 유체의 온도는 교축과정 동안 일정하게 유지된다.

해설

줄-톰슨계수(μ)는 압력변화에 따른 온도변화를 설명하는 열역학적 특성으로 실제 기체가 고압에서 저압으로 교축밸브를 지나면서 연속적으로 단열팽창시키며 압력과 온도가 비례관계이다.
- $\mu > 0$: 온도 감소
- $\mu = 0$: 온도 불변
- $\mu < 0$: 온도 증가

정답 | ②

94 빈출도 ★

물을 사용하는 설비에서 부식을 초래하는 인자로 가장 거리가 먼 것은?

① 용존산소
② 용존 탄산가스
③ pH
④ 실리카

선지분석

① 용존산소가 높으면 일반부식 또는 전면부식이 쉽게 발생시킨다.
② 용존 탄산가스, 산소의 전기화학적 작용으로 보일러 내면에 반점모양의 구멍을 형성하는 점식부식을 발생시킨다.
③ pH가 12 초과하면 알칼리 부식이 발생한다.
④ 실리카는 보일러수에 포함되어 스케일 형성과 열효율 저하를 일으키는 주요 원인으로 부식과는 거리가 멀다.

정답 | ④

95 빈출도 ★

보일러의 만수보존법에 대한 설명으로 틀린 것은?

① 밀폐 보존방식이다.
② 겨울철 동결에 주의하여야 한다.
③ 보통 2~3개월의 단기보존에 사용된다.
④ 보일러수는 pH 6 정도 유지되도록 한다.

해설

알칼리 성분과 탈산소제 약품을 넣어 관수 pH 12 정도의 약알칼리성으로 보존한다.

정답 | ④

96 빈출도 ★

테르밋(Thermit) 용접에서 테르밋이란 무엇과 무엇의 혼합물인가?

① 붕사와 붕산의 분말
② 탄소와 규소의 분말
③ 알루미늄과 산화철의 분말
④ 알루미늄과 납의 분말

해설

테르밋 용접은 알루미늄과 산화철 분말 1 : 3 비율로 혼합하여 테르밋 반응에 의해 생기는 혼합물의 강한 열반응으로 용접하는 방법을 말한다.

정답 | ③

97 빈출도 ★★

노통보일러 중 원통형의 노통이 2개 설치된 보일러를 무엇이라고 하는가?

① 랭커셔보일러
② 라몬트보일러
③ 바브콕보일러
④ 다우삼보일러

해설

랭커셔보일러는 노통이 2개로 구성되어 있고 부하변동 시 압력 변화가 적다.

관련개념 랭커셔보일러

- 간단한 구조로 청소나 검사, 수리가 쉽고 제작도 간편하여 수명이 길다.
- 급수처리가 원활하며, 부하변동에 따른 압력 변화도 적다.
- 내분식이기 때문에 연소실 크기에 제한을 받으며, 양질의 연료를 필요로 한다.
- 전열면적이 작아서 효율이 낮으며, 고압 대용량에는 부적합하다.

정답 | ①

98 빈출도 ★★

흑체로부터의 복사에너지는 절대온도의 몇 제곱에 비례하는가?

① $\sqrt{2}$ ② 2
③ 3 ④ 4

해설

스테판 볼츠만 법칙

열복사 에너지(E)는 절대온도(T)의 4승에 비례한다.

$$\frac{E_2}{E_1} \propto \left(\frac{T_2}{T_1}\right)^4$$

정답 | ④

99 빈출도 ★★

보일러 동체, 드럼 및 일반적인 원통형 고압용기의 동체두께(t)를 구하는 계산식으로 옳은 것은? (단, P는 최고사용압력, D는 원통 안지름, σ는 허용인장응력(원주방향)이다.)

① $t = \dfrac{PD}{\sqrt{2}\sigma}$ ② $t = \dfrac{PD}{\sigma}$
③ $t = \dfrac{PD}{2\sigma}$ ④ $t = \dfrac{PD}{4\sigma}$

해설

고압용기의 인장응력을 이용한 두께 공식은 다음과 같다.

$$t = \dfrac{P \times D}{2 \times \sigma}$$

t: 두께, P: 최고사용압력, D: 원통 안지름,
σ: 허용인장응력

정답 | ③

100 빈출도 ★

아래 표는 소용량 주철제보일러에 대한 정의이다. (가), (나) 안에 들어갈 내용으로 옳은 것은?

> 주철제보일러 중 전열면적이 (가)m² 이하이고 최고사용압력이 (나)MPa 이하인 것

① (가) 4, (나) 1
② (가) 5, (나) 0.1
③ (가) 5, (나) 1
④ (가) 4, (나) 0.1

해설

「열사용기자재의 검사 및 검사면제에 관한 기준」
소용량주철제보일러
주철제보일러중 전열면적이 5m² 이하이고 최고사용압력이 0.1MPa(1kgf/cm²) 이하인 것

정답 | ②

2018년 1회 기출문제

회독 CHECK | ☐ 1회독 ☐ 2회독 ☐ 3회독

연소공학

01 빈출도 ★

고체연료 대비 액체연료의 성분 조성비는?

① H_2 함량이 적고 O_2 함량이 적다.
② H_2 함량이 많고 O_2 함량이 적다.
③ O_2 함량이 많고 H_2 함량이 많다.
④ O_2 함량이 많고 H_2 함량이 적다.

해설

액체연료의 성분 조성비는 고체연료에 비해 H_2 함량이 많고 O_2 함량이 적다.

관련개념 고체, 액체, 기체연료의 C, H, O 및 탄수소비 $\left(\dfrac{C}{H}\right)$

연료	C (탄소, %)	H (수소, %)	O(산소) 및 기타(%)	탄수소비 (C/H)
고체연료	50~95	3~6	2~44	15~20
액체연료	85~87	13~15	0~2	5~10
기체연료	0~75	0~100	0~57	1~3

정답 | ②

02 빈출도 ★

연돌에서 배출되는 연기의 농도를 1시간 동안 측정한 결과가 다음과 같을 때 매연의 농도율은 몇 %인가?

[측정 결과]
• 농도 4도: 10분   • 농도 3도: 15분
• 농도 2도: 15분   • 농도 1도: 20분

① 25   ② 35
③ 45   ④ 55

해설

링겔만의 매연농도 식을 이용한다.

$$\rho = \dfrac{A_a}{m_a} \times 20\%$$

ρ: 매연율(%), A_a: 총 매연값(도수 × 측정시간),
m_a: 총 측정시간(min)

$$\rho = \dfrac{(4 \times 10) + (3 \times 15) + (2 \times 15) + (1 \times 20)}{10 + 15 + 15 + 20} \times 20\% = 45\%$$

정답 | ③

03 빈출도 ★

탄산가스최대량(CO_{2max})에 대한 설명 중 ( )에 알맞은 것은?

( )으로 연료를 완전연소 시킨다고 가정할 경우 연소가스 중의 탄산가스량을 이론건연소가스량에 대한 백분율로 표시한 것이다.

① 실제공기량　　② 과잉공기량
③ 부족공기량　　④ 이론공기량

해설

$C + O_2 \rightarrow CO_2$
연료용 공기가 이론공기량 이상일 경우 연료를 완전연소 시키면 과잉공기가 생기기 때문에 CO_{2max}에서 CO_2의 함유율이 낮아지게 된다. CO_{2max}를 백분율로 표현하기 위해서는 이론공기량으로 연료를 완전연소 시켰을 경우 연소가스 중의 탄산가스량을 이론건연소가스량에 대해 환산해야 한다.

선지분석

① 실제공기량: 연소과정에서 실제로 공급되는 공기량이다.
② 과잉공기량(실제공기량/이론공기량): 이론공기량보다 공기량이 더 많이 공급된 양이다.
③ 부족공기량: 이론공기량보다 적게 공급된 공기량을 말하며, 불완전연소를 초래하고 연료 낭비 및 유해가스 배출이 많다.

정답 | ④

04 빈출도 ★★

연소 배기가스 중 가장 많이 포함된 기체는?

① O_2　　② N_2
③ CO_2　　④ SO_2

해설

연료가 완전연소하였을 경우 배출된 배기가스에는 과잉산소(O_2), 탄산가스(CO_2), 아황산가스(SO_2), 질소(N_2), 수증기(H_2O) 등이 있다. 이때, 공기 중의 질소(N_2)는 불연성이기 때문에 반응하지 않아 가장 많이 포함되어 있다.

정답 | ②

05 빈출도 ★

"전압은 분압의 합과 같다."는 법칙은?

① 아마겟의 법칙　　② 뤼삭의 법칙
③ 달톤의 법칙　　④ 헨리의 법칙

선지분석

① 아마겟(Amagat)의 법칙: 혼합기체의 전체 부피는 각 기체성분 부피(체적)의 합과 같다.
② 게이-뤼삭(Gay-Lussac)의 법칙: 같은 온도와 같은 압력에서 기체 사이의 화학 반응의 부피를 측정했을 때 반응하는 기체와 생성되는 기체 사이에는 간단한 정수비가 성립한다.
③ 달톤(Dalton)의 법칙: 혼합기체의 전압(전체 압력)은 분압(부분 압력)의 합과 같다.
④ 헨리(Henry)의 법칙: 온도와 기체의 부피가 일정할 때 기체의 용해도는 용매와 평형을 이루고 있는 기체의 분압에 비례한다.

정답 | ③

06 빈출도 ★★

액화석유가스(LPG)의 성질에 대한 설명으로 틀린 것은?

① 인화폭발의 위험성이 크다.
② 상온, 대기압에서는 액체이다.
③ 가스의 비중은 공기보다 무겁다.
④ 기화잠열이 커서 냉각제로도 이용 가능하다.

해설

상온, 대기압에서는 기체이다.

관련개념 액화석유가스(LPG) 특징

- 공기보다 비중이 무거우므로 폭발 방지를 위해 가스경보기를 바닥 가까이 부착한다.
- 무색 무취이며 물에 녹지 않고 유기용매에 녹는다.
- 천연고무나 페인트 등을 용해시키므로 이를 방지하기 위해 누설장치를 설치해야 한다.

정답 | ②

07 빈출도 ★★★

다음 중 매연의 발생 원인으로 가장 거리가 먼 것은?

① 연소실 온도가 높을 때
② 연소장치가 불량할 때
③ 연료의 질이 나쁠 때
④ 통풍력이 부족할 때

해설

연소실 온도가 낮을 경우 매연이 발생한다.

관련개념 매연 발생 원인
- 연소실 온도가 낮을 경우
- 통풍력이 과하게 강하거나 작을 경우
- 연료의 예열온도가 적절하지 않을 경우
- 연소실 용적(크기)이 작고, 연소장치가 불량할 경우

정답 | ①

08 빈출도 ★

연소관리에 있어 연소 배기가스를 분석하는 가장 직접적인 목적은?

① 공기비 계산
② 노내압 조절
③ 연소열량 계산
④ 매연농도 산출

해설

연소 배기가스 분석은 연소 효율을 평가하고, 열손실을 줄이며, 환경 영향을 최소화하기 위한 중요한 과정으로, 공기비에 따른 불완전연소 열손실, 배기가스 증가의 열손실 등 직접적으로 연소 효율과 연결되는 공기비 분석이 중요하다.

정답 | ①

09 빈출도 ★

연소에 관한 용어, 단위 및 수식의 표현으로 옳은 것은?

① 화격자 연소율의 단위: $kg(g)/m^2 \cdot h$
② 공기비(m): $\dfrac{\text{이론공기량}(A_0)}{\text{실제공기량}(A)}$ ($m > 1.0$)
③ 이론연소가스량(고체연료인 경우): Nm^3/Nm^3
④ 고체연료의 저위발열량(H_l)의 관계식:
   $H_l = H_h + 600(9H - W)(kcal/kg)$

선지분석

② 공기비(m) = $\dfrac{\text{실제공기량}(A)}{\text{이론공기량}(A_0)}$ ($m > 1.0$)
③ 이론연소가스량(고체연료인 경우): Nm^3/kg
④ 고체연료의 저위발열량(H_l)의 관계식:
   $H_l = H_h - 600(9H + W)(kcal/kg)$

정답 | ①

10 빈출도 ★★

일반적으로 기체연료의 연소방식을 크게 2가지로 분류한 것은?

① 등심연소와 분산연소
② 액면연소와 증발연소
③ 증발연소와 분해연소
④ 예혼합연소와 확산연소

해설

기체연료의 연소방식은 예혼합연소(부분예혼합연소), 확산연소, 폭발연소가 있다.

정답 | ④

11 빈출도 ★★

코크스로가스를 $100Nm^3$ 연소한 경우 습연소가스량과 건연소가스량의 차이는 약 몇 Nm^3인가? (단, 코크스로가스의 조성(용량%)은 CO_2 3%, CO 8%, CH_4 30%, C_2H_4 4%, H_2 50% 및 N_2 5%이다.)

① 108
② 118
③ 128
④ 138

해설

코크스로가스의 양이 $100Nm^3$이므로 CO_2 $3Nm^3$, CO $8Nm^3$, CH_4 $30Nm^3$, C_2H_4 $4Nm^3$, H_2 $50Nm^3$, N_2 $5Nm^3$이라고 할 수 있다.
습연소가스량(G_{ow})과 건연소가스량(G_{od})의 차이는 가연물(CO, CH_4, C_2H_4, H_2) 연소에서 생성된 물질 중 H_2O의 양이다.

- 일산화탄소(CO) 완전연소반응식

  $CO + \frac{1}{2}O_2 \rightarrow CO_2$

  생성된 $H_2O = 0Nm^3$

- 메탄(CH_4) 완전연소반응식

  $CH_4 + 2O_2 \rightarrow CO_2 + 2H_2O$

  생성된 $H_2O = 30Nm^3 \times 2 = 60Nm^3$

- 에탄(C_2H_4) 완전연소반응식

  $C_2H_4 + 3O_2 \rightarrow 2CO_2 + 2H_2O$

  생성된 $H_2O = 4Nm^3 \times 2 = 8Nm^3$

- 수소(H_2) 완전연소반응식

  $H_2 + \frac{1}{2}O_2 \rightarrow H_2O$

  생성된 $H_2O = 50Nm^3 \times 1 = 50Nm^3$

가연물의 연소에서 생성된 H_2O의 양 $= 60 + 8 + 50 = 118Nm^3$

정답 | ②

12 빈출도 ★

석탄을 연소시킬 경우 필요한 이론산소량은 약 몇 Nm^3/kg인가? (단, 중량비 조성은 C: 86%, H: 4%, O: 8%, S: 2%이다.)

① 1.49
② 1.78
③ 2.03
④ 2.45

해설

$$이론산소량(O_o, Nm^3/kg) = 1.867C + 5.6\left(H - \frac{O}{8}\right) + 0.7S$$

이론산소량(O_o)

$= 1.867 \times 0.86 + 5.6 \times \left(0.04 - \frac{0.08}{8}\right) + 0.7 \times 0.02$

$= 1.788 Nm^3/kg$

정답 | ②

13 빈출도 ★★

불꽃연소(Flaming combustion)에 대한 설명으로 틀린 것은?

① 연소속도가 느리다.
② 연쇄반응을 수반한다.
③ 연소사면체에 의한 연소이다.
④ 가솔린의 연소가 이에 해당한다.

해설

불꽃연소는 가연물에서 방출한 증기가 산소와 혼합되어 매우 빠른 속도로 연소하면서 불꽃을 형성한다.

관련개념 불꽃연소

- 고체연료는 열분해연소, 액체연료는 증발에 의한 확산연소로 연쇄반응이 이루어진다.
- 연료의 표면에서 불꽃이 발생하며 연소한다.
- 연소속도가 매우 빠르다.
- 연소사면체에 의한 연소이며 단위시간당 방출열량이 크다.

정답 | ①

14 빈출도 ★

N_2와 O_2의 가스정수가 다음과 같을 때, N_2가 70%인 N_2와 O_2의 혼합가스의 가스정수는 약 몇 kgf·m/kg·K인가? (단, 가스정수는 N_2: 30.26kgf·m/kg·K, O_2: 26.49kgf·m/kg·K이다.)

① 19.24
② 23.24
③ 29.13
④ 34.47

해설

$$R_m = \frac{(R_N \times M_N) + (R_O \times M_O)}{M_N + M_O}$$

R_m: 혼합가스의 가스정수, R_N: N_2의 가스정수,
M_N: N_2의 중량, R_O: O_2의 가스정수, M_O: O_2의 중량

$$R_m = \frac{30.26 \times 0.7 + 26.49 \times 0.3}{0.7 + 0.3} = 29.129 \text{ kgf·m/kg·K}$$

정답 | ③

16 빈출도 ★★★

고체연료의 공업분석에서 고정탄소를 산출하는 식은?

① 100 − [수분(%) + 회분(%) + 질소(%)]
② 100 − [수분(%) + 회분(%) + 황분(%)]
③ 100 − [수분(%) + 황분(%) + 휘발분(%)]
④ 100 − [수분(%) + 회분(%) + 휘발분(%)]

해설

고정탄소(C_O)산출식
C_O = 100 − (수분% + 회분% + 휘발분%)

관련개념 공업분석에서의 산출식

- 회분함유율(A_o)산출식
  $$A_o = \frac{\text{잔류회분량}}{\text{시료무게}} \times 100$$
- 수분함유율(W_o)산출식
  $$W_o = \frac{\text{건조감량}}{\text{시료무게}} \times 100$$
- 휘발유함유율(G_o)산출식
  $$G_o = \left(\frac{\text{가열감량}}{\text{시료무게}} \times 100\right) - \text{수분\%}$$

정답 | ④

15 빈출도 ★

다음 대기오염물 제거방법 중 분진의 제거방법으로 가장 거리가 먼 것은?

① 습식세정법
② 원심분리법
③ 촉매산화법
④ 중력침전법

해설

촉매산화법은 금속촉매에 배기가스를 접촉시켜 악취를 제거하는 방법이다.

관련개념 집진장치의 종류

- 습식집진장치: 회전식, 가압수식, 유수식 등
- 건식집진장치: 중력식, 관성력식, 원심력식, 여과식 등
- 전기식 집진장치: 코트렐 집진장치
※ 코트렐 집진장치의 집진효율이 가장 우수하다.

정답 | ③

17 빈출도 ★★★

세정 집진장치의 입자 포집원리에 대한 설명으로 틀린 것은?

① 액적에 입자가 충돌하여 부착한다.
② 입자를 핵으로 한 증기의 응결에 의하여 응집성을 증가시킨다.
③ 미립자의 확산에 의하여 액적과의 접촉을 좋게 한다.
④ 배기의 습도 감소에 의하여 입자가 서로 응집한다.

해설

배기의 습도가 증가함에 따라 분진 입자의 부착력이 증가하여 응집에 도움을 준다.

관련개념 세정 집진장치

배기가스 내 분진을 세정액이나 액막(수분) 등에 충돌 또는 흡수하여 포집하는 방식이다.

집진형식	종류
유수식	임펠러형, 회전형, 분수형, S형 등
회전식	타이젠 와셔, 충격식 스크러버 등
가압수식	벤츄리 스크러버, 제트 스크러버, 사이클론 스크러버, 분무탑, 충전탑 등

정답 | ④

18 빈출도 ★★

다음 중 연료 연소 시 최대탄산가스농도(CO_{2max})가 가장 높은 것은?

① 탄소
② 연료유
③ 역청탄
④ 코크스로가스

해설

탄소가 완전연소 시 발생되는 배기가스는 CO_2가 최대로 함유되어 있기 때문에 연료 중에 C가 많으면서 이론공기량으로 완전연소될 경우 최대탄산가스농도(CO_{2max})가 가장 높다.

정답 | ①

19 빈출도 ★★★

프로판가스 1kg 연소시킬 때 필요한 이론공기량은 약 몇 Sm^3/kg인가?

① 10.2
② 11.3
③ 12.1
④ 13.2

해설

$C_3H_8 + 5O_2 \rightarrow 3CO_2 + 4H_2O$

C_3H_8과 O_2은 1 : 5 반응이므로 이를 이용하여 이론산소량을 구한다.

C_3H_8 : $5O_2$
1mol : 5mol = 44kg : $5 \times 22.4 Sm^3$

$$A_o = \frac{O_o}{0.21}$$

A_o : 이론공기량, O_o : 이론산소량

$$A_o = \frac{O_o}{0.21} = \frac{\frac{112 Sm^3}{44 kg}}{0.21} = 12.12 Sm^3/kg$$

정답 | ③

20 빈출도 ★★

다음 기체 중 폭발범위가 가장 넓은 것은?

① 수소
② 메탄
③ 벤젠
④ 프로판

선지분석

① 수소(H_2): 4~75%
② 메탄(CH_4): 5~15%
③ 벤젠(C_6H_6): 1.4~7.4%
④ 프로판(C_3H_8): 2.2~9.5%

정답 | ①

열역학

21 빈출도 ★★

그림과 같은 압력-부피선도(P-V선도)에서 A에서 C로의 정압과정 중 계는 50J의 일을 받아들이고 25J의 열을 방출하며, C에서 B로의 정적과정 중 75J의 열을 받아들인다면, B에서 A로의 과정이 단열일 때 계가 얼마의 일(J)을 하겠는가?

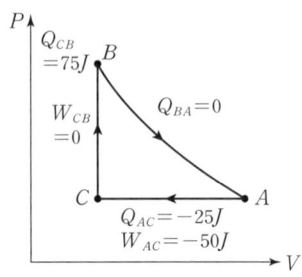

① 25
② 50
③ 75
④ 100

해설

에너지 보존의 법칙(열역학 제1법칙)에 따르면,
(1) A → C과정: 50J의 일을 받아 25J의 열을 방출하였다.
(2) 계의 남아 있는 열량은 25J이다.
(3) C → B과정: 75J의 열을 받아들였다.
(4) B → A과정: 남아있는 열량과 받아들인 열을 더한다.
(5) W_{BA}: 25+75=100J

정답 | ④

22 빈출도 ★★

다음 엔트로피에 관한 설명으로 옳은 것은?

① 비가역 사이클에서 클라우시우스(Clausius)의 적분은 영(0)이다.
② 두 상태 사이의 엔트로피 변화는 경로에는 무관하다.
③ 여러 종류의 기체가 서로 확산되어 혼합하는 과정은 엔트로피가 감소한다고 볼 수 있다.
④ 우주 전체의 엔트로피는 궁극적으로 감소되는 방향으로 변화한다.

선지분석

① 클라우시우스의 적분은 가역상태에서 적분은 영(0)이며, 비가역상태에서는 영(0)보다 낮다.
③ 여러 종류의 기체가 확산, 팽창, 혼합 등의 비가역 과정은 비가역 변화에 속하므로 엔트로피는 증가한다.
④ 우주의 넓은 현상 속에 가역과정은 엔트로피가 일정하고, 비가역 단열과정은 엔트로피가 증가한다.

관련개념 엔트로피 공식

$$ds = \frac{\delta Q}{T}$$

- 경로(δ)함수: 계의 과정
- 상태(d)함수: 계의 성질

정답 | ②

23 빈출도 ★★

폴리트로픽 과정을 나타내는 다음 식에서 폴리트로픽 지수와 관련하여 옳은 것은? (단, P는 압력, V는 부피이고, C는 상수이다. 또한, k는 비열비이다.)

$$PV^n = C$$

① $n=\infty$: 단열과정
② $n=0$: 정압과정
③ $n=k$: 등온과정
④ $n=1$: 정적과정

해설

n의 조건	계산과정	결과
$n=0$	$P=C$	정압과정
$n=1$	$PV=C$	등온과정
$1<n<k$	—	폴리트로픽과정
$n=k$	$PV^k = C\frac{1}{\infty}$	단열과정(등엔트로피과정)
$n=\infty$	$PV^\infty = PV^{\frac{1}{\infty}} = P^0 V = V = C$	정적과정

정답 | ②

24 빈출도 ★★

어떤 연료의 1kg의 발열량이 36,000kJ이다. 이 열이 전부 일로 바뀌고 1시간마다 30kg의 연료가 소비된다고 하면 발생하는 동력은 약 몇 kW인가?

① 4
② 10
③ 300
④ 1200

해설

$$P = \frac{Q}{T}$$

P: 동력(kW), Q: 열량(kJ), T: 시간(sec)

$$P = \frac{36,000\text{kJ/kg} \times 30\text{kg}}{3,600\text{s}} = 300\text{kW}$$

정답 | ③

25 빈출도 ★★

다음 설명과 가장 관계되는 열역학적 법칙은?

- 열은 그 자신만으로는 저온의 물체로부터 고온의 물체로 이동할 수 없다.
- 외부에 어떠한 영향을 남기지 않고 한 사이클 동안에 계가 열원으로부터 받은 열은 모두 일로 바꾸는 것은 불가능하다.

① 열역학 제0법칙
② 열역학 제1법칙
③ 열역학 제2법칙
④ 열역학 제3법칙

해설

열역학 제2법칙(에너지변환(전환) 방향성의 법칙(열 이동의 법칙))
- 열은 항상 고온에서 저온으로 흐른다.(저온에서 고온으로 옮길 수 없다.)
- 열에너지를 완전히 일로 바꾸는 것이 불가능하다.(모든 열기관은 일부 에너지를 열로 방출한다.)

정답 | ③

26 빈출도 ★★

다음 중 일반적으로 냉매로 쓰이지 않는 것은?

① 암모니아
② CO
③ CO_2
④ 할로겐화탄소

해설

CO(일산화탄소)는 가연성가스, 독성가스로 냉매로는 부적합하다.

관련개념 냉매의 전열이 양호한 순서

암모니아(NH_3) > 물(H_2O) > 프레온(할로겐화탄소) > 공기 > 이산화탄소(CO_2)

정답 | ②

27 빈출도 ★

카르노 사이클에서 최고 온도는 600K이고, 최저 온도는 250K일 때 이 사이클의 효율은 약 몇 %인가?

① 41　　② 49
③ 58　　④ 64

해설

$$\eta = 1 - \frac{T_L}{T_H}$$

η: 효율(%), T_H: 최고 온도(고온 저장소의 절대온도, K),
T_L: 최저 온도(저온 저장소의 절대온도, K)

$\eta = 1 - \dfrac{250}{600} = 0.583 = 58.3\%$

정답 | ③

28 빈출도 ★

CO_2 기체 20kg을 15°C에서 215°C로 가열할 때 내부에너지의 변화는 약 몇 kJ인가? (단, 이 기체의 정적비열은 0.67kJ/(kg·K)이다.)

① 134　　② 200
③ 2,680　　④ 4,000

해설

$$dU = m \times C_v \times \Delta T = m \times C_v \times (T_2 - T_1)$$

dU: 내부에너지 변화량(kJ), m: 질량(kg),
C_v: 정적비열(kJ/kg·K), ΔT: 온도차(K)

$dU = 20\text{kg} \times 0.67\text{kJ/kg·K} \times [(215+273)-(15+273)]$
$\quad = 2,680\text{kJ}$

정답 | ③

29 빈출도 ★★

그림과 같은 피스톤-실린더 장치에서 피스톤의 질량은 40kg이고, 피스톤 면적이 0.05m^2일 때 실린더 내의 절대압력은 약 몇 bar인가? (단, 국소 대기압은 0.96bar이다.)

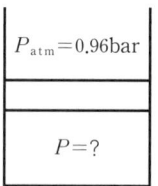

① 0.964　　② 0.982
③ 1.038　　④ 1.122

해설

$P_\text{게이지압} = \dfrac{F_\text{피스톤}}{A} = \dfrac{40 \times 9.8}{0.05} = 7,840\text{N/m}^2 = 7,840\text{Pa}$

$\quad = 7,840\text{Pa} \times \dfrac{1.01325\text{bar}}{101,325\text{Pa}} = 0.0784\text{bar}$

$P_\text{대기압} = 0.96\text{bar}$

절대압력(P) = 0.96 + 0.0784 = 1.038bar

정답 | ③

30 빈출도 ★★

처음 온도, 압축비, 공급 열량이 같을 경우 열효율의 크기를 옳게 나열한 것은?

① Otto cycle > Sabathe cycle > Diesel cycle
② Sabathe cycle > Diesel cycle > Otto cycle
③ Diesel cycle > Sabathe cycle > Otto cycle
④ Sabathe cycle > Otto cycle > Diesel cycle

해설

각 사이클의 열효율(이론열효율) 크기
Otto cycle(오토 사이클) > Sabathe cycle(사바테 사이클) > Diesel cycle(디젤 사이클)

정답 | ①

31 빈출도 ★

증기터빈의 노즐 출구에서 분출하는 수증기의 이론속도와 실제속도를 각각 C_t와 C_a라고 할 때 노즐효율(η_n)의 식으로 옳은 것은? (단, 노즐 입구에서의 속도는 무시한다.)

① $\eta_n = \dfrac{C_a}{C_t}$ ② $\eta_n = \left(\dfrac{C_a}{C_t}\right)^2$

③ $\eta_n = \sqrt{\dfrac{C_a}{C_t}}$ ④ $\eta_n = \left(\dfrac{C_a}{C_t}\right)^3$

해설

$$\eta_n = \left(\dfrac{C_a}{C_t}\right)^2 = \dfrac{\text{실제 유효열낙차}(H_1)}{\text{이론 단열열낙차}(H_2)}$$

정답 | ②

32 빈출도 ★

냉장고가 저온체에서 30kW의 열을 흡수하여 고온체로 40kW의 열을 방출한다. 이 냉장고의 성능계수는?

① 2 ② 3
③ 4 ④ 5

해설

$$COP = \dfrac{Q_2}{W} = \dfrac{Q_2}{Q_1 - Q_2}$$

COP: 성능계수, W: 일(kW), Q_1: 고온체 방출 열(kW), Q_2: 저온체 흡수 열(kW)

$$COP = \dfrac{30}{40-30} = 3$$

정답 | ②

33 빈출도 ★★

임계점(Critical Point)에 대한 설명 중 옳지 않은 것은?

① 액상, 기상, 고상이 함께 존재하는 점을 말한다.
② 임계점에서는 액상과 기상을 구분할 수 없다.
③ 임계압력 이상이 되면 상변화 과정에 대한 구분이 나타나지 않는다.
④ 물의 임계점에서의 압력과 온도는 약 22.09MPa, 374.14℃이다.

해설

임계점은 물질이 액체와 기체 두 상간의 경계가 사라지는 평형상태로 존재할 수 있는 최고온도 및 최고압력으로, 액상과 기상을 구분할 수 없다.

정답 | ①

34 빈출도 ★

-30℃, 200atm의 질소를 단열과정을 거쳐서 5atm까지 팽창했을 때의 온도는 약 얼마인가? (단, 이상기체의 가역과정이고 질소의 비열비는 1.41이다.)

① 6℃ ② 83℃
③ -172℃ ④ -190℃

해설

$$\dfrac{T_2}{T_1} = \left(\dfrac{P_2}{P_1}\right)^{\frac{\gamma-1}{\gamma}}$$

T_1: 초기 온도(K), T_2: 최종 온도(K)
P_1: 초기 압력(atm), P_2: 최종 압력(atm), γ: 비열비

$$T_2 = T_1 \times \left(\dfrac{P_2}{P_1}\right)^{\frac{\gamma-1}{\gamma}} = (-30+273) \times \left(\dfrac{5}{200}\right)^{\frac{1.41-1}{1.41}}$$
$$= 83.13\text{K} = -189.87\text{℃}$$

정답 | ④

35 빈출도 ★★

그림과 같은 브레이턴 사이클에서 효율(η)은? (단, P는 압력, V는 비체적이며, T_1, T_2, T_3, T_4는 각각의 지점에서의 온도이다. 또한, q_{in}과 q_{out}은 사이클에서 열이 들어오고 나감을 의미한다.)

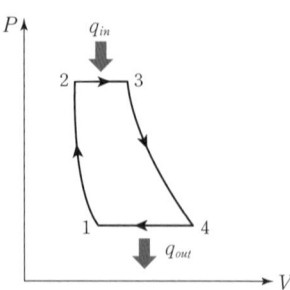

① $\eta = 1 - \dfrac{T_3 - T_2}{T_4 - T_1}$ ② $\eta = 1 - \dfrac{T_1 - T_2}{T_3 - T_4}$

③ $\eta = 1 - \dfrac{T_4 - T_1}{T_3 - T_2}$ ④ $\eta = 1 - \dfrac{T_3 - T_4}{T_1 - T_2}$

해설

브레이턴 사이클에서 가열열량과 방출열량은 정압과정에서 이루어진다.
$Q_1 = dH = C_p \times dT = C_p \times (T_3 - T_2)$
$Q_2 = dH = C_p \times dT = C_p \times (T_4 - T_1)$
$\eta = \dfrac{Q_1 - Q_2}{Q_1} = 1 - \dfrac{Q_2}{Q_1} = 1 - \dfrac{C_p(T_4 - T_1)}{C_p(T_3 - T_2)}$
$= 1 - \dfrac{T_4 - T_1}{T_3 - T_2}$

관련개념 브레이턴 사이클(Brayton Cycle, 정압연소사이클)

대표적인 가스터빈 사이클로 2개의 단열과정과 2개의 정압과정으로 이루어진 가스터빈의 이상 사이클이다.

정답 | ③

36 빈출도 ★★

온도 30℃, 압력 350kPa에서 비체적이 $0.449 m^3/kg$인 이상기체의 기체상수는 몇 kJ/kg·K인가?

① 0.143   ② 0.287
③ 0.518   ④ 0.842

해설

$$R = \dfrac{PV}{mT} = v \times \dfrac{P}{T} \left(\because v = \dfrac{V}{m} \right)$$

R: 기체상수(kJ/kg·K), P: 압력(kPa), V: 부피(m^3), m: 질량(kg), T: 온도(K), v: 비체적(m^3/kg)

$R = 0.449 \times \dfrac{350}{30 + 273}$
$= 0.449 \times \dfrac{350}{303} = 0.518 kJ/kg·K$

정답 | ③

37 빈출도 ★★

열펌프 사이클에 대한 성능계수(COP)는 다음 중 어느 것을 입력 일(work input)로 나누어 준 것인가?

① 고온부 방출열
② 저온부 흡수열
③ 고온부가 가진 총 에너지
④ 저온부가 가진 총 에너지

해설

$$COP_H = \dfrac{Q_1}{W} = \dfrac{Q_1}{Q_1 - Q_2}$$

COP_H: 고온체 성능계수, W: 입력 일(kW), Q_1: 고온체 방출열(kW), Q_2: 저온체 흡수열(kW)

정답 | ①

38 빈출도 ★★

다음 괄호 안에 들어갈 말로 옳은 것은?

> 일반적으로 교축(Throttling) 과정에서는 외부에 대하여 일을 하지 않고, 열교환이 없으며, 속도변화가 거의 없음에 따라 (　　　)(은)는 변하지 않는다고 가정한다.

① 엔탈피
② 온도
③ 압력
④ 엔트로피

해설

교축과정에서 엔탈피는 일정하고, 압력은 감소, 엔트로피는 증가한다.

정답 | ①

40 빈출도 ★★

가역적으로 움직이는 열기관이 300°C의 고열원으로부터 200kJ의 열을 흡수하여 40°C의 저열원으로 열을 배출하였다. 이 때 40°C의 저열원으로 배출한 열량은 약 몇 kJ인가?

① 27
② 45
③ 73
④ 109

해설

$$\eta = \frac{W}{Q_1} = \frac{Q_1 - Q_2}{Q_1} = 1 - \frac{Q_2}{Q_1} = 1 - \frac{T_2}{T_1}$$

η: 효율(%), W: 일(kW), Q_1: 고온체 열(kW), Q_2: 저온체 열(kW), T_1: 고온체 온도(K), T_2: 저온체 온도(K)

$$W = Q_1 \times \left(1 - \frac{T_2}{T_1}\right) = 200 \times \left(1 - \frac{273 + 40}{273 + 300}\right) = 91\text{kJ}$$

열역학 제1법칙(에너지보존의 법칙)에 의해
$Q_2 = Q_1 - W = 200 - 91 = 109\text{kJ}$

정답 | ④

39 빈출도 ★★★

랭킨사이클로 작동하는 증기 동력 사이클에서 효율을 높이기 위한 방법으로 거리가 먼 것은?

① 복수기에서의 압력을 상승시킨다.
② 터빈 입구의 온도를 높인다.
③ 보일러의 압력을 상승시킨다.
④ 재열 사이클(Reheat cycle)로 운전한다.

해설

랭킨사이클의 열효율은 터빈 입구의 온도, 압력(고온, 고압)이 높을수록, 응축기 및 복수기의 압력인 배압이 낮을수록 열효율은 증가한다.

정답 | ①

계측방법

41 빈출도 ★★★

불연속 제어동작으로 편차의 정(＋), 부(－)에 의해서 조작신호가 최대, 최소가 되는 제어 동작은?

① 미분동작
② 적분동작
③ 비례동작
④ 온－오프동작

해설

ON－OFF 동작(2위치동작)은 불연속 제어에 해당되며, 제어시스템에서 조작량이 제어편차에 의해서 정해진 두 개의 값(＋, －)이 최대, 최소가 되어 어느 편인가를 택하는 제어방식의 동작이다.

정답 | ④

42 빈출도 ★★★

물리적 가스분석계의 측정법이 아닌 것은?

① 밀도법
② 세라믹법
③ 열전도율법
④ 자동오르자트법

해설

자동오르자트법은 화학적 가스분석계의 측정법이다.

관련개념 가스분석계 측정법

성질	측정법
물리적	가스크로마토그래피법, 세라믹식, 자기식, 밀도식, 적외선식, 열전도율법, 도전율법 등
화학적	연소열식 O_2계, 연소식 O_2계, 자동화학식 CO_2계, 오르자트 분석기(자동오르자트), 헴펠법, 게겔법 등

정답 | ④

43 빈출도 ★★

다음 중 압력식 온도계를 이용하는 방법으로 가장 거리가 먼 것은?

① 고체 팽창식
② 액체 팽창식
③ 기체 팽창식
④ 증기 팽창식

해설

압력식 온도계를 이용하는 방법은 액체 팽창식, 기체 팽창식, 증기 팽창식이 있다.

정답 | ①

44 빈출도 ★

유속 10m/s의 물속에 피토관을 세울 때 수주의 높이는 약 몇 m인가? (단, 여기서 중력가속도＝9.8m/s²이다.)

① 0.51
② 5.1
③ 0.12
④ 1.2

해설

$$v = C_p\sqrt{2gh}$$

v: 유속(m/s), C_p: 피토관 계수(별도의 조건이 없으면 1로 함), g: 중력가속도(m/s²), h: 높이(m)

$10 = 1 \times \sqrt{2 \times 9.8 \times h}$
$10^2 = 2 \times 9.8 \times h$
$h = \dfrac{10^2}{2 \times 9.8} = 5.1\text{m}$

정답 | ②

45 빈출도 ★★

내경이 50mm인 원관에 20℃ 물이 흐르고 있다. 층류로 흐를 수 있는 최대 유량은 약 몇 m^3/s인가? (단, 임계 레이놀즈수(Re)는 2,320이고, 20℃일 때 동점성계수(ν)=$1.0064 \times 10^{-6} m^2/s$이다.)

① 5.33×10^{-5}
② 7.36×10^{-5}
③ 9.16×10^{-5}
④ 15.23×10^{-5}

해설

$$Re = \frac{D \times v}{\nu}$$

Re: 레이놀즈 수, D: 내경(m), v: 유속(m/s),
ν: 동점성계수(m^2/s)

$$2,320 = \frac{0.05 \times v}{1.0064 \times 10^{-6}}$$

$$v = \frac{2,320 \times 1.0064 \times 10^{-6}}{0.05} = 0.0467 m/s$$

$$Q = A \times v = \left(\frac{\pi D^2}{4}\right) \times v$$

Q: 유량(m^3/s), A: 면적(m^2), v: 유속(m/s), D: 내경(m)

$$Q = \left(\frac{\pi \times 0.05^2}{4}\right) \times 0.0467 = 9.1695 \times 10^{-5} m^3/s$$

정답 | ③

46 빈출도 ★★

다음 중 액면 측정방법으로 가장 거리가 먼 것은?

① 유리관식
② 부자식
③ 차압식
④ 박막식

해설

박막식은 액면계가 아닌 직접지시계를 읽는 압력계의 일종이다.

관련개념 액면계

분류	측정법
직접법	부자식(플로트식), 검척식, 유리관식(직관식)
간접법	압력식, 정전용량식, 초음파식, 방사선식, 차압식, 다이어프램식, 편위식, 기포식, 저항전극식 등

정답 | ④

47 빈출도 ★

전기저항 온도계의 특징에 대한 설명으로 틀린 것은?

① 원격측정에 편리하다.
② 자동제어의 적용이 용이하다.
③ 1,000℃ 이상의 고온 측정에서 특히 정확하다.
④ 자기 가열 오차가 발생하므로 보정이 필요하다.

해설

500℃ 정도의 비교적 낮은 온도에서 정밀측정이 가능하다.

관련개념 전기저항 온도계

(1) 정의
   도체의 온도변화에 따라 전기저항 성질을 측정하는 장치이며, 측정범위는 -200~500℃이다.

(2) 특징
   - 원격측정에 편리하다.
   - 검출시간의 지연이 있으나, 자동제어, 기록 등이 가능하다.
   - 측온체의 줄열(줄발열, Joule heating)에 의해 자기가열 오차가 발생하므로 보정이 필요하며, 측온저항체가 단선되기 쉽기 때문에 주의해야 한다.

정답 | ③

48 빈출도 ★★

피드백 제어에 대한 설명으로 틀린 것은?

① 폐회로 방식이다.
② 다른 제어계보다 정확도가 증가한다.
③ 보일러 점화 및 소화 시 제어한다.
④ 다른 제어계보다 제어폭이 증가한다.

해설

점화 및 소화 등 연소제어는 시퀀스 제어이다. 피드백 제어는 보일러 급수, 온도, 압력 등 운영에 필요한 제어이다.

관련개념 피드백 제어(신호제어)

- 출력된 신호를 입력측으로 되돌림하여 제어량을 기준으로 설정된 값과 비교한다.
- 제어량이 설정치의 범위에 들도록 제어량에 대한 수정 동작을 계속해서 진행한다.

정답 | ③

49 빈출도 ★

서로 맞서 있는 2개 전극 사이의 정전용량은 전극사이에 있는 물질 유전율의 함수이다. 이러한 원리를 이용한 액면계는?

① 정전용량식 액면계
② 방사선식 액면계
③ 초음파식 액면계
④ 중추식 액면계

해설

정전용량식 액면계는 전자회로를 통해 탐침과 탱크벽과의 정전용량의 변화를 측정하며, 서로 맞서 있는 2개 전극 사이의 정전용량은 전극사이에 있는 물질 유전율의 함수이다.

정답 | ①

50 빈출도 ★

기준 수위에서의 압력과 측정 액면계에서의 압력의 차이로부터 액위를 측정하는 방식으로 고압 밀폐형 탱크의 측정에 적합한 액면계는?

① 차압식 액면계
② 편위식 액면계
③ 부자식 액면계
④ 유리관식 액면계

해설

차압식 액면계는 밀폐된 용기에 기존 수위의 압력과 측정액면의 차압으로 액위를 측정한다. 종류로는 U자관식, 변위 평형식, 햄프슨식 등이 있다.

정답 | ①

51 빈출도 ★★★

SI 단위계에서 물리량과 기호가 틀린 것은?

① 질량: kg
② 온도: ℃
③ 물질량: mol
④ 광도: cd

해설

SI 단위계에서 온도의 기호는 K이다.

관련개념 SI 기본단위 및 물리량

물리량	SI 기본단위	기호
길이	미터	m
질량	킬로그램	kg
시간	초	s
전류	암페어	A
온도	켈빈	K
물질의 양	몰	mol
광도	칸델라	cd

정답 | ②

52 빈출도 ★★

다음 중 습도계의 종류로 가장 거리가 먼 것은?

① 모발 습도계
② 듀셀 노점계
③ 초음파식 습도계
④ 전기저항식 습도계

해설

초음파식은 유량계 및 액면계의 종류이다.

정답 | ③

53 빈출도 ★★

액주에 의한 압력측정에서 정밀 측정을 위한 보정으로 반드시 필요로 하지 않는 것은?

① 모세관 현상의 보정
② 중력의 보정
③ 온도의 보정
④ 높이의 보정

해설

액주식 압력계는 주로 통풍력 측정에 사용되며, 구부러진 유리관에 기름, 물, 수은 등의 액체를 넣고 한쪽 끝 부분에 압력을 도입하여 발생하는 양액면의 높이 차를 이용하여 압력을 측정한다. 측정을 위한 보정으로는 모세관 현상, 온도, 중력, 압력이 있다.

정답 | ④

54 빈출도 ★

다음 중 백금-백금 로듐 열전대 온도계에 대한 설명으로 가장 적절한 것은?

① 측정 최고온도는 크로멜-알루멜 열전대보다 낮다.
② 열기전력이 다른 열전대에 비하여 가장 높다.
③ 안정성이 양호하여 표준용으로 사용된다.
④ 200°C 이하의 온도측정에 적당하다.

해설

내열성이 우수해 안정성이 양호하고 정도가 높아 표준용으로 사용된다.

관련개념 백금-백금 로듐 열전대 온도계

- 측정범위: 0~1,600°C
- 측정 최고온도는 크로멜-알루멜 열전대보다 높다.
- 표준용으로 정도가 높고 내열성이 우수해 안정성이 양호하다.
- 열기전력이 다른 열전대 온도계에 비해 낮은 편이다.

정답 | ③

55 빈출도 ★

자동제어에서 전달함수의 블록선도를 그림과 같이 등가변환시킨 것으로 적합한 것은?

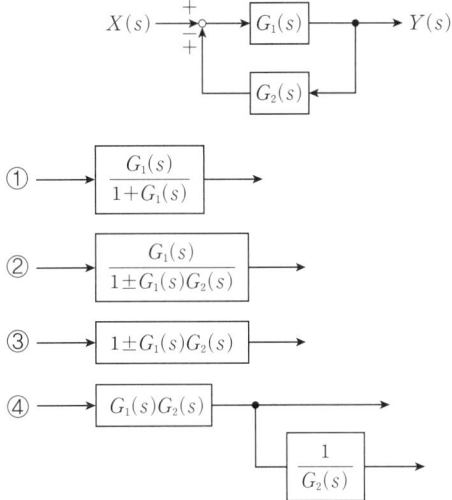

해설

블록선도의 등가변환은 피드백 제어계로 전체의 전달함수가 서로 같도록 단순화시키는 것을 의미한다.

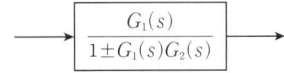

정답 | ②

56 빈출도 ★★

다음 중 1,000°C 이상의 고온을 측정하는데 적합한 온도계는?

① CC(동-콘스탄탄)열전온도계
② 백금저항 온도계
③ 바이메탈 온도계
④ 광고온계

해설

광고온계는 비접촉식으로 방출되는 빛과 파장을 이용하여 온도를 측정한다. 측정범위는 700~3,000°C이다.

정답 | ④

57 빈출도 ★★
다이어프램 압력계의 특징이 아닌 것은?

① 점도가 높은 액체에 부적합하다.
② 먼지가 함유된 액체에 적합하다.
③ 대기압과의 차가 적은 미소압력의 측정에 사용한다.
④ 다이어프램으로 고무, 스테인리스 등의 탄성체 박판이 사용된다.

해설
다이어프램 압력계(Diaphragm pressure gauge)는 탄성체 박판이 움직이면서 유체의 압력이 반대쪽에 전달되어 측정한다. 또한, 점도가 높은 고점도 액체의 압력측정에도 적합하다.

정답 | ①

58 빈출도 ★★★
다음 중 차압식 유량계가 아닌 것은?

① 오리피스(Orifice)
② 벤투리관(Venturi tube)
③ 로터미터(Rotameter)
④ 플로우 노즐(Flow-nozzle)

해설
차압식 유량계는 비압축성 유체가 관내를 흐를 때 관내에 생기는 차압으로 유량을 측정하는 측정기구로, 정도가 좋아 측정범위가 넓다. 종류로는 오리피스, 벤투리, 플로우 노즐이 있다.

정답 | ③

59 빈출도 ★★
다음 유량계 중 유체압력 손실이 가장 적은 것은?

① 유속식(Impeller식)유량계
② 용적식 유량계
③ 전자식 유량계
④ 차압식 유량계

해설
전자식 유량계는 패러데이의 전자유도 법칙을 활용한 유도기전력으로 유량을 측정한다. 유량계 측정 시 장애물이 없으므로 압력손실 없이 측정이 가능하고 응답이 매우 빠르다.

정답 | ③

60 빈출도 ★
2개의 수은 유리 온도계를 사용하는 습도계는?

① 모발 습도계
② 건습구 습도계
③ 냉각식 습도계
④ 저항식 습도계

해설
건습구 습도계는 2개의 수은 유리 온도계를 사용하여 공기 온도, 습구온도 및 상대습도를 측정하는 습도계이다.

정답 | ②

열설비재료 및 관계법규

61 빈출도 ★★

에너지이용 합리화법에 따라 대통령령으로 정하는 일정규모 이상의 에너지를 사용하는 사업을 실시하거나 시설을 설치하려는 경우 에너지사용계획을 수립하여, 사업실시 전 누구에게 제출하여야 하는가?

① 대통령
② 시·도지사
③ 산업통상자원부장관
④ 에너지 경제연구원장

해설

「에너지이용 합리화법 제10조」
도시개발사업이나 산업단지개발사업 등 대통령령으로 정하는 일정 규모 이상의 에너지를 사용하는 사업을 실시하거나 시설을 설치하려는 자는 그 사업의 실시와 시설의 설치로 에너지 수급에 미칠 영향과 에너지 소비로 인한 온실가스의 배출에 미칠 영향을 분석하고, 소요 에너지의 공급계획 및 에너지의 합리적 사용과 그 평가에 관한 계획을 수립하여, 그 사업의 실시 또는 시설의 설치 전에 산업통상자원부장관에게 제출하여야 한다.

정답 | ③

62 빈출도 ★★

관의 신축량에 대한 설명으로 옳은 것은?

① 신축량은 관의 열팽창계수, 길이, 온도차에 반비례한다.
② 신축량은 관의 길이, 온도차에는 비례하지만 열팽창계수에는 반비례한다.
③ 신축량은 관의 열팽창계수, 길이, 온도차에 비례한다.
④ 신축량은 관의 열팽창계수에 비례하고 온도차와 길이에 반비례한다.

해설

관의 신축량은 관의 열팽창계수, 길이, 온도차에 비례한다.

정답 | ③

63 빈출도 ★

유체가 관내를 흐를 때 생기는 마찰로 인한 압력손실에 대한 설명으로 틀린 것은?

① 유체의 흐르는 속도가 빨라지면 압력손실도 커진다.
② 관의 길이가 짧을수록 압력손실은 작아진다.
③ 비중량이 큰 유체일수록 압력손실이 작다.
④ 관의 내경이 커지면 압력손실은 작아진다.

해설

비중량이 큰 유체일수록 압력손실이 크다.

정답 | ③

64 빈출도 ★★★

열팽창에 의한 배관의 측면 이동을 구속 또는 제한하는 장치가 아닌 것은?

① 앵커
② 스톱
③ 브레이스
④ 가이드

해설

브레이스는 배관의 진동을 방지하거나 감쇠시키는 장치이다.

관련개념 배관의 측면이동 구속 및 제한 장치(리스트레인트)

- 앵커: 배관 이동이나 회전을 모두 구속하는 장치이다.
- 스톱: 특정 방향에 대한 이동과 회전을 구속하고 그 외 나머지 방향은 자유롭게 이동할 수 있는 구속장치이다.
- 가이드: 배관의 축과 수직 이동을 구속하고 안내역할을 하는 장치이다.

정답 | ③

65 빈출도 ★★

제철 및 제강공정 중 배소로의 사용 목적으로 가장 거리가 먼 것은?

① 유해성분의 제거
② 산화도의 변화
③ 분상광석의 괴상으로의 소결
④ 원광석의 결합수의 제거와 탄산염의 분해

해설
분상광석의 괴상은 괴상화용로를 설치하여 소결시켜야 한다.

관련개념 배소로

(1) **개요**
용광로에 들어가기 전 제련에 제공되는 여러 가지 광석을 배소하여 산화광물로 만드는 화로로 건식법과 습식법으로 나누어진다.

(2) **사용목적**
- 화합수 및 탄산염의 분해를 촉진시켜 용광로의 능률이 향상된다.
- 산화도를 변화시켜 제련을 용이하게 한다.
- 유해성분을 제거하고 균열 등 물리적인 변화를 방지한다.

정답 | ③

66 빈출도 ★★★

에너지이용 합리화법에 따라 용접검사가 면제되는 대상범위에 해당되지 않는 것은?

① 주철제보일러
② 강철제 보일러 중 전열면적이 $5m^2$ 이하이고, 최고사용압력이 0.35MPa이하인 것
③ 압력용기 중 동체의 두께가 6mm 미만인 것으로서 최고사용압력(MPa)과 내부부피(m^3)를 곱한 수치가 0.02 이하인 것
④ 온수보일러로서 전열면적이 $20m^2$ 이하이고, 최고사용압력이 0.3MPa이하인 것

해설
「에너지이용 합리화법 시행규칙 별표 3의6」

(1) **강철제 보일러, 주철제 보일러**
- 강철제 보일러 중 전열면적이 5제곱미터 이하이고, 최고사용압력이 0.35MPa 이하인 것
- 주철제 보일러
- 1종 관류보일러
- 온수보일러 중 전열면적이 18제곱미터 이하이고, 최고사용압력이 0.35MPa 이하인 것

(2) **1종 압력용기, 2종 압력용기**
- 용접이음(동체와 플랜지와의 용접이음은 제외한다)이 없는 강관을 동체로 한 헤더
- 압력용기 중 동체의 두께가 6미리미터 미만인 것으로서 최고사용압력(MPa)과 내부 부피(m^3)를 곱한 수치가 0.02 이하(난방용의 경우에는 0.05 이하)인 것
- 전열교환식인 것으로서 최고사용압력이 0.35MPa 이하이고, 동체의 안지름이 600미리미터 이하인 것

정답 | ④

67 빈출도 ★★

규조토질 단열재의 안전사용온도는?

① 300℃~500℃ ② 500℃~800℃
③ 800℃~1,200℃ ④ 1,200℃~1,500℃

해설

규조토질 단열재
- 규조토에 톱밥, 가소성 점토 등을 혼합시키고 소성시켜 다공질한 단열재이다.
- 안전사용온도: 800℃~1,200℃
- 내스폴링성이 적고, 열팽창율이 크며 가격도 저렴하다.

정답 | ③

68 빈출도 ★★

에너지원별 에너지열량 환산기준으로 총발열량(kcal)이 가장 높은 연료는? (단, 1L 또는 1kg 기준이다.)

① 휘발유 ② 항공유
③ B-C유 ④ 천연가스

해설

「에너지법 시행규칙 별표」

에너지원	단위	총발열량	
		MJ	kcal
휘발유	L	32.4	7,750
항공유	L	36.5	8,720
B-C유	L	41.8	9,980
천연가스	kg	54.7	13,080

정답 | ④

69 빈출도 ★★★

에너지이용 합리화법에 따라 에너지사용안정을 위한 에너지저장의무 부과대상자에 해당되지 않는 사업자는?

① 전기사업법에 따른 전기사업자
② 석탄산업법에 따른 석탄가공업자
③ 집단에너지사업법에 따른 집단에너지사업자
④ 액화석유가스사업법에 따른 액화석유가스사업자

해설

「에너지이용 합리화법 시행령 제12조」
- 전기사업법에 따른 전기사업자
- 도시가스사업법에 따른 도시가스사업자
- 석탄산업법에 따른 석탄가공업자
- 집단에너지사업법에 따른 집단에너지사업자
- 연간 2만 석유환산톤 이상의 에너지를 사용하는 자

정답 | ④

70 빈출도 ★

용광로에서 코크스가 사용되는 이유로 가장 거리가 먼 것은?

① 열량을 공급한다.
② 환원성 가스를 생성시킨다.
③ 일부의 탄소는 선철 중에 흡수된다.
④ 철광석을 녹이는 용제 역할을 한다.

해설

코크스는 선철을 제조하는 열원으로 사용되며, 연소시 생성되는 환원성 가스에 의해 산화철을 환원시킴과 동시에 탄소의 일부는 선철 중에 흡수되어 흡탄작용을 일으킨다.

정답 | ④

71 빈출도 ★★

내화물의 부피비중을 바르게 표현한 것은? (단, W_1: 시료의 건조중량(kg), W_2: 함수시료의 수중중량(kg), W_3: 함수시료의 중량(kg)이다.)

① $\dfrac{W_1}{W_3-W_2}$
② $\dfrac{W_3}{W_1-W_2}$
③ $\dfrac{W_3-W_2}{W_1}$
④ $\dfrac{W_2-W_3}{W_1}$

해설

내화물의 부피비중 공식은 다음과 같다.

$$부피비중 = \dfrac{W_1}{W_3-W_2}$$

W_1: 시료의 건조무게(kg), W_2: 함수 시료의 수중무게(kg), W_3: 함수 시료의 무게(kg)

정답 | ①

72 빈출도 ★

다음 중 피가열물이 연소가스에 의해 오염되지 않는 가마는?

① 직화식가마
② 반머플가마
③ 머플가마
④ 직접식가마

해설

머플가마는 피가열물에 직접 불꽃이 닿지 않고 간접식으로 가열하는 가열로 용기를 내부 가열하고 용기 속에 열처리품을 장입하기 때문에 피가열물이 오염되지 않는다.

정답 | ③

73 빈출도 ★★★

에너지법에 따른 용어의 정의에 대한 설명으로 틀린 것은?

① 에너지사용시설이란 에너지를 사용하는 공장, 사업장 등의 시설이나 에너지를 전환하여 사용하는 시설을 말한다.
② 에너지사용자란 에너지를 사용하는 소비자를 말한다.
③ 에너지공급자란 에너지를 생산, 수입, 전환, 수송, 저장 또는 판매하는 사업자를 말한다.
④ 에너지란 연료, 열 및 전기를 말한다.

해설

"에너지사용자"란 에너지사용시설의 소유자 또는 관리자를 말한다.

관련개념 「에너지법 제2조」용어의 정의

- "에너지"란 연료 · 열 및 전기를 말한다.
- "연료"란 석유 · 가스 · 석탄, 그 밖에 열을 발생하는 열원(熱源)을 말한다. 다만, 제품의 원료로 사용되는 것은 제외한다.
- "에너지사용시설"이란 에너지를 사용하는 공장 · 사업장 등의 시설이나 에너지를 전환하여 사용하는 시설을 말한다.
- "에너지공급설비"란 에너지를 생산 · 전환 · 수송 또는 저장하기 위하여 설치하는 설비를 말한다.
- "에너지공급자"란 에너지를 생산 · 수입 · 전환 · 수송 · 저장 또는 판매하는 사업자를 말한다.
- "에너지사용기자재"란 열사용기자재나 그 밖에 에너지를 사용하는 기자재를 말한다.
- "열사용기자재"란 연료 및 열을 사용하는 기기, 축열식 전기기기와 단열성(斷熱性) 자재로서 산업통상자원부령으로 정하는 것을 말한다.

정답 | ②

74 빈출도 ★★★

에너지이용 합리화법에 따라 에너지이용 합리화 기본계획에 포함되지 않는 것은?

① 에너지이용 합리화를 위한 기술개발
② 에너지의 합리적인 이용을 통한 공해성분(SO_x, NO_x)의 배출을 줄이기 위한 대책
③ 에너지이용 합리화를 위한 가격예시제의 시행에 관한 사항
④ 에너지이용 합리화를 위한 홍보 및 교육

해설

「에너지이용 합리화법 제4조」
산업통상자원부장관은 에너지를 합리적으로 이용하게 하기 위하여 에너지이용 합리화에 관한 기본계획을 수립하여야 한다. 기본계획에는 다음 사항이 포함되어야 한다
- 에너지절약형 경제구조로의 전환
- 에너지이용효율의 증대
- 에너지이용 합리화를 위한 기술개발
- 에너지이용 합리화를 위한 홍보 및 교육
- 에너지원간 대체
- 열사용기자재의 안전관리
- 에너지이용 합리화를 위한 가격예시제의 시행에 관한 사항
- 에너지의 합리적인 이용을 통한 온실가스의 배출을 줄이기 위한 대책
- 그 밖에 에너지이용 합리화를 추진하기 위하여 필요한 사항으로서 산업통상자원부령으로 정하는 사항

정답 | ②

75 빈출도 ★★★

에너지이용 합리화법에 따라 효율관리기자재의 제조업자가 효율관리시험기관으로부터 측정결과를 통보받은 날 또는 자체측정을 완료한 날부터 그 측정결과를 며칠 이내에 한국에너지공단에 신고하여야 하는가?

① 15일   ② 30일
③ 60일   ④ 90일

해설

「에너지이용 합리화법 시행규칙 제9조」
효율관리기자재의 제조업자 또는 수입업자는 효율관리시험기관으로부터 측정 결과를 통보받은 날 또는 자체측정을 완료한 날부터 각각 90일 이내에 그 측정 결과를 한국에너지공단에 신고하여야 한다. 이 경우 측정 결과 신고는 해당 효율관리기자재의 출고 또는 통관 전에 모델별로 하여야 한다.

정답 | ④

76 빈출도 ★★

에너지이용 합리화법에 따른 특정열사용기자재 품목에 해당하지 않는 것은?

① 강철제 보일러   ② 구멍탄용 온수보일러
③ 태양열 집열기   ④ 태양광 발전기

해설

「에너지이용 합리화법 시행규칙 별표 3의2」
특정열사용기자재는 다음과 같다.

구분	품목명
보일러	강철제 보일러, 주철제 보일러, 온수보일러, 구멍탄용 온수보일러, 축열식 전기보일러, 캐스케이드 보일러, 가정용 화목보일러
태양열 집열기	태양열 집열기
압력용기	1종 압력용기, 2종 압력용기
요업요로	연속식유리용융가마, 불연속식유리용융가마, 유리용융도가니가마, 터널가마, 도염식각가마, 셔틀가마, 회전가마, 석회용선가마
금속요로	용선로, 비철금속용융로, 금속소둔로, 철금속가열로, 금속균열로

정답 | ④

77 빈출도 ★

시멘트 제조에 사용하는 회전가마(Rotary kiln)는 다음 여러 구역으로 구분된다. 다음 중 탄산염 원료가 주로 분해 되어지는 구역은?

① 예열대   ② 하소대
③ 건조대   ④ 소성대

해설

하소대는 석회석이 분해되는 구역으로, 이산화탄소가 발생하고 생석회가 생산된다.

관련개념 회전가마

회전가마는 가마부분의 온도에 따라 건조대, 예열대, 하소대, 소성대, 냉각대 등으로 구분한다.
- 하소대: 고온으로 가열해서 광석원료에 결합된 수분이나 탄산염을 분해 제거하는 구역이다.
- 건조대: 원료의 수분을 탈수시켜 점토가 분해되는 구역이다.
- 예열대: 소성시 발생된 열을 활용해 원료를 예열시키는 구역이다.
- 하소대: 석회석이 분해되는 구역으로, 이산화탄소가 발생하고 생석회가 생산된다.
- 냉각대: 공기와 물 냉각방식으로 분류되며, 클링커를 냉각시키는 구역이다.

정답 | ②

78 빈출도 ★

내화물 SK-26번이면 용융온도 1,580℃에 견디어야 한다. SK-30번이면 약 몇 ℃에 견디어야 하는가?

① 1,460℃   ② 1,670℃
③ 1,780℃   ④ 1,800℃

해설

내화물 번호별 용융온도

내화물	SK-26	SK-27	SK-28	SK-29	SK-30
온도	1,580℃	1,610℃	1,630℃	1,650℃	1,670℃

정답 | ②

79 빈출도 ★★

에너지이용 합리화법에 따라 에너지다소비사업자가 산업통상자원부령으로 정하는 바에 따라 신고하여야 하는 사항이 아닌 것은?

① 전년도의 분기별 에너지 사용량, 제품 생산량
② 해당 연도의 분기별 에너지 사용예정량, 제품 생산예정량
③ 에너지사용기자재의 현황
④ 에너지이용효과, 에너지수급체계의 영향분석현황

해설

「에너지이용 합리화법 제31조」
- 전년도의 분기별 에너지사용량 · 제품생산량
- 해당 연도의 분기별 에너지사용예정량 · 제품생산예정량
- 에너지사용기자재의 현황
- 전년도의 분기별 에너지이용 합리화 실적 및 해당 연도의 분기별 계획
- 위 사항에 관한 업무를 담당하는 자의 현황

정답 | ④

80 빈출도 ★★

에너지법에 따라 지역에너지계획은 몇 년 이상을 계획기간으로 하여 수립 · 시행하는가?

① 3년   ② 5년
③ 7년   ④ 10년

해설

「에너지법 제7조」
특별시장 · 광역시장 · 특별자치시장 · 도지사 또는 특별자치도지사는 관할 구역의 지역적 특성을 고려하여 「저탄소 녹색성장 기본법」에 따른 에너지기본계획의 효율적인 달성과 지역경제의 발전을 위한 지역에너지계획을 5년마다 5년 이상을 계획기간으로 하여 수립 · 시행하여야 한다.

정답 | ②

열설비설계

81 빈출도 ★

내화벽의 열전도율이 0.9kcal/m·h·℃인 재질로 된 평면 벽의 양측 온도가 800℃와 100℃이다. 이 벽을 통한 단위면적당 열전달량이 1,400kcal/m²·h 일 때, 벽 두께(cm)는?

① 25
② 35
③ 45
④ 55

해설

$$d = \frac{k \times \Delta T}{q}$$

d: 벽 두께(m), k: 열 전도율(kcal/m·h·℃),
ΔT: 온도 차(℃), q: 열 전달량(kcal/m²·h)

$$d = \frac{k \times \Delta T}{q} = \frac{0.9 \times (800-100)}{1,400} = \frac{630}{1,400} = 0.45\text{m} = 45\text{cm}$$

정답 | ③

82 빈출도 ★

보일러에서 용접 후에 풀림처리를 하는 주된 이유는?

① 용접부의 열응력을 제거하기 위해
② 용접부의 균열을 제거하기 위해
③ 용접부의 연신률을 증가하기 위해
④ 용접부의 강도를 증가시키기 위해

해설

용접 시 고열이 발생하며 이 열로 인해 내부에 잔류응력과 용접부의 열응력이 발생하고 이를 제거하기 위해 결정조직을 조정하고 열처리 조작으로 서서히 냉각시키는 것을 풀림처리라고 한다.

정답 | ①

83 빈출도 ★

보일러 운전 및 성능에 대한 설명으로 틀린 것은?

① 보일러 송출증기의 압력을 낮추면 방열손실이 감소한다.
② 보일러의 송출압력이 증가할수록 가열에 이용할 수 있는 증기의 응축잠열은 작아진다.
③ LNG를 사용하는 보일러의 경우 총 발열량의 약 10%는 배기가스 내부의 수증기에 흡수된다.
④ LNG를 사용하는 보일러의 경우 배기가스로부터 발생되는 응축수의 pH는 11~12 범위에 있다.

해설

LNG를 사용하는 보일러의 경우 배기가스로부터 발생되는 응축수의 pH는 3~4 범위에 있다.

정답 | ④

84 빈출도 ★

보일러 내처리제와 그 작용에 대한 연결로 틀린 것은?

① 탄산나트륨 - pH조정
② 수산화나트륨 - 연화
③ 탄닌 - 슬러지조정
④ 암모니아 - 포밍방지

해설

암모니아는 pH 및 알칼리 조정제로 쓰인다.

관련개념 보일러 내처리제의 종류 및 약품

구분	약품명
pH 및 알칼리조정제	수산화나트륨, 탄산나트륨, 인산나트륨, 인산, 암모니아
연화제	수산화나트륨, 탄산나트륨, 인산나트륨
슬러지조정제	탄닌, 리그닌, 전분
탈산소제	아황산나트륨, 히드라진, 탄닌
가성취화방지제	황산나트륨, 인산나트륨, 질산나트륨, 탄닌, 리그닌
기포방지제	고급지방산 폴리아민, 고급지방산 폴리알콜

정답 | ④

85 빈출도 ★★

급수처리 방법 중 화학적 처리방법은?

① 이온교환법
② 가열연화법
③ 증류법
④ 여과법

해설

보일러 용수 급수처리 방법
- 화학적 처리: 석회소다법(약품첨가법), 이온교환법
- 물리적 처리: 증류법, 가열연화법, 여과법, 탈기법

정답 | ①

86 빈출도 ★

보일러에서 연소용 공기 및 연소가스가 통과하는 순서로 옳은 것은?

① 송풍기 → 절탄기 → 과열기 → 공기예열기 → 연소실 → 굴뚝
② 송풍기 → 연소실 → 공기예열기 → 과열기 → 절탄기 → 굴뚝
③ 송풍기 → 공기예열기 → 연소실 → 과열기 → 절탄기 → 굴뚝
④ 송풍기 → 연소실 → 공기예열기 → 절탄기 → 과열기 → 굴뚝

해설

연소가스의 배출순서
송풍기 → 공기예열기 → 연소실 → 과열기 → 절탄기 → 굴뚝

정답 | ③

87 빈출도 ★

자연순환식 수관보일러에서 물의 순환에 관한 설명으로 틀린 것은?

① 순환을 높이기 위하여 수관을 경사지게 한다.
② 발생증기의 압력이 높을수록 순환력이 커진다.
③ 순환을 높이기 위하여 수관 직경을 크게 한다.
④ 순환을 높이기 위하여 보일러수의 비중차를 크게 한다.

해설

발생증기의 압력이 높을수록 포화수, 증기의 비중량의 차이가 줄기 때문에 순환력이 작아진다.

정답 | ②

88 빈출도 ★★

최고사용압력이 1MPa인 수관보일러의 보일러수 수질관리 기준으로 옳은 것은? (단, pH는 25°C 기준으로 한다.)

① pH 7~9, M알칼리도 100~800mg $CaCO_3$/L
② pH 7~9, M알칼리도 80~600mg $CaCO_3$/L
③ pH 11~11.8, M알칼리도 100~800mg $CaCO_3$/L
④ pH 11~11.8, M알칼리도 80~600mg $CaCO_3$/L

해설

수관식 보일러 최고사용압력 1MPa 수질관리 기준
pH 11~11.8, M알칼리도 100~800mg $CaCO_3$/L

정답 | ③

89 빈출도 ★

보일러 운전 시 유지해야 할 최저 수위에 관한 설명으로 틀린 것은?

① 노통 연관보일러에서 노통이 높은 경우에는 노통 상면보다 75mm 상부(플랜지 제외)
② 노통 연관보일러에서 연관이 높은 경우에는 연관 최상위보다 75mm 상부
③ 횡연관 보일러에서 연관 최상위보다 75mm 상부
④ 입형 보일러에서 연소실 천정판 최고부보다 75mm 상부(플랜지 제외)

해설

노통 연관보일러에서 노통이 높은 경우에는 노통 최고부(플랜지 제외)보다 100mm 상부가 최저 수위가 된다.

정답 | ①

90 빈출도 ★★

긴 관의 일단에서 급수를 펌프로 압입하여 도중에서 가열, 증발, 과열을 한꺼번에 시켜 과열증기로 내보내는 보일러로서 드럼이 없고, 관만으로 구성된 보일러는?

① 이중 증발 보일러
② 특수 열매 보일러
③ 연관 보일러
④ 관류 보일러

해설

관류 보일러는 급수펌프로 급수를 압입하여 하나로 된 관에서 가열, 증발, 과열을 순차적으로 진행하는 보일러로 드럼이 없는 강제순환식 보일러이다.

관련개념 관류 보일러 특징

- 관만으로 구성되어 고압에 우수하고 보유수량이 적다.
- 부하변동에 대해 안정적이다.
- 내부 점검 및 보수 청소가 어렵고 수명이 짧다.
- 자유로운 관 배치로 소형 제작에 용이하다.

정답 | ④

91 빈출도 ★★

저온가스 부식을 억제하기 위한 방법이 아닌 것은?

① 연료중의 유황성분을 제거한다.
② 첨가제를 사용한다.
③ 공기예열기 전열면 온도를 높인다.
④ 배기가스 중 바나듐의 성분을 제거한다.

해설

바나듐은 고온가스 부식의 주원인이다.

관련개념 고온부식과 저온부식

고온부식	저온부식
• 가스나 중질유 연소 등에서 회분에 포함된 바나듐이 많이 함유되어 고온전열면의 부식, 이른바 고온부식을 초래한다. • 바나듐이 연소시 고온의 오산화바나듐이 되어 전열면에 융착되는 부작용이 일어난다.	• 중유속에 함유된 유황분이 연소되어 아황산가스가 생산된다. • 과잉공기와 반응하여 무수황산이 되고 수증기와 융합되어 황산증기가 된다. • 황산은 절탄기나 공기예열기에 저온으로 전열면에 응축되어 부식이 생긴다.

정답 | ④

92 빈출도 ★

태양열 보일러가 $800W/m^2$의 비율로 열을 흡수한다. 열효율이 9%인 장치로 12kW의 동력을 얻으려면 전열 면적(m^2)의 최소 크기는 얼마이어야 하는가?

① 0.17
② 1.35
③ 107.8
④ 166.7

해설

$$A = \frac{P_0}{q_s \times \eta}$$

A: 전열 면적(m^2), P_0: 동력(W), q_s: 보일러의 용량(W/m^2), η: 효율(%)

$$A = \frac{12,000}{800 \times 0.09} = 166.67 m^2$$

정답 | ④

93 빈출도 ★★

내압을 받는 어떤 원통형 탱크의 압력은 3kgf/cm^2, 직경은 5m, 강판 두께는 10mm이다. 이 탱크의 이음 효율을 75%로 할 때, 강판의 인장강도(kg/mm^2)는 얼마로 하여야 하는가?

① 10
② 20
③ 300
④ 400

해설

$$P \times D = 200 \times \frac{\sigma_a}{S} \times (t-C) \times \eta$$

P: 압력(kgf/cm^2), D: 직경(mm), σ_a: 인장강도(kg/mm^2),
S: 안전율(보통 1로 함), t: 강판 두께(mm), C: 부식여유,
η: 효율(%)

$3 \times 5,000 = 200 \times \frac{\sigma_a}{1} \times (10-0) \times 0.75$

$\sigma_a = \frac{3 \times 5,000}{200 \times (10-0) \times 0.75} = 10\text{kg/mm}^2$

※ 여기서, 부식여유는 0이다.

정답 | ①

94 빈출도 ★

연도(굴뚝)설계 시 고려사항으로 틀린 것은?

① 가스유속을 적당한 값으로 한다.
② 적절한 굴곡저항을 위해 굴곡부를 많이 만든다.
③ 급격한 단면변화를 피한다.
④ 온도강하가 적도록 한다.

해설

연도(굴뚝)에 굴곡부가 많을수록 저항이 높아지기 때문에 설계진행 시 굴곡부를 적게 만들어야 한다.

정답 | ②

95 빈출도 ★

과열증기의 특징에 대한 설명으로 옳은 것은?

① 관내 마찰저항이 증가한다.
② 응축수로 되기 어렵다.
③ 표면에 고온부식이 발생하지 않는다.
④ 표면의 온도를 일정하게 유지한다.

해설

과열기를 지나고 온도가 높아지면 증기엔탈피가 증가하므로 응축수로 되기 어렵다.

정답 | ②

96 빈출도 ★★

프라이밍이나 포밍의 방지대책에 대한 설명으로 틀린 것은?

① 주증기 밸브를 급히 개방한다.
② 보일러수를 농축시키지 않는다.
③ 보일러수 중의 불순물을 제거한다.
④ 과부하가 되지 않도록 한다.

해설

밸브를 급히 개방하거나 안전밸브를 전개하면 프라이밍이나 포밍 현상이 더 심해질 수 있다.

정답 | ①

97 빈출도 ★★

보일러 수 5ton 중에 불순물이 40g 검출되었다. 함유량은 몇 ppm인가?

① 0.008
② 0.08
③ 8
④ 80

해설

전체 질량 = 5ton = 5,000,000g
불순물의 질량 = 40g

$$\text{ppm} = \frac{\text{불순물의 질량}}{\text{전체 질량}} \times 10^6$$

$$= \frac{40}{5,000,000} \times 10^6 = 8\text{ppm}$$

정답 | ③

98 빈출도 ★★

2중관 열교환기에 있어서 열관류율(K)의 근사식은? (단, F_i: 내관 내면적, F_o: 내관 외면적, α_i: 내관 내면과 유체 사이의 경막계수, α_o: 내관 외면과 유체 사이의 경막계수, 전열계산은 내관 외면 기준일 때이다.)

① $\dfrac{1}{\left(\dfrac{1}{\alpha_i F_i} + \dfrac{1}{\alpha_o F_o}\right)}$

② $\dfrac{1}{\left(\dfrac{1}{\alpha_i \dfrac{F_i}{F_o}} + \dfrac{1}{\alpha_o}\right)}$

③ $\dfrac{1}{\left(\dfrac{1}{\alpha_i} + \dfrac{1}{\alpha_o \dfrac{F_i}{F_o}}\right)}$

④ $\dfrac{1}{\left(\dfrac{1}{\alpha_o F_i} + \dfrac{1}{\alpha_i F_o}\right)}$

해설

열관류율 = $\dfrac{1}{\sum \text{총괄 열저항계수}} = \dfrac{1}{\left(\dfrac{1}{\alpha_i F_i} + \dfrac{1}{\alpha_o F_o}\right)}$

정답 | ①

99 빈출도 ★★

24,500kW의 증기원동소에 사용하고 있는 석탄의 발열량이 7,200kcal/kg이고 원동소의 열효율이 23%라면, 매시간당 필요한 석탄의 양(ton/h)은? (단, 1kW는 860kcal/h로 한다.)

① 10.5
② 12.7
③ 15.3
④ 18.2

해설

$$\eta = \frac{Q_1}{Q_2} = \frac{Q_1}{m \times H}$$

η: 효율(%), Q_1: 유효출열(kcal/h), Q_2: 총입열량(kcal/h), m: 연료의 사용량(kg/h), H: 석탄의 발열량(kcal/kg)

$$0.23 = \frac{24{,}500\text{kW} \times \dfrac{860\text{kcal/h}}{1\text{kW}}}{m \times 7{,}200\text{kcal/kg}}$$

$m = 12{,}723.43$kg/h = 12.7ton/h

정답 | ②

100 빈출도 ★

다음 중 증기관의 크기를 결정할 때 고려해야 할 사항으로 가장 거리가 먼 것은?

① 가격
② 열손실
③ 압력강하
④ 증기온도

해설

증기배관 관경 결정시 고려사항은 배관 재질에 따른 가격, 열손실, 압력손실(강하), 유속 등이 있다.

정답 | ④

2018년 2회 기출문제

연소공학

01 빈출도 ★★★

연도가스 분석결과 CO_2 12.0%, O_2 6.0%, CO 0.0%이라면 $CO_{2\,max}$는 몇 %인가?

① 13.8
② 14.8
③ 15.8
④ 16.8

해설

$$(CO_2)_{max} = \frac{21 \times (CO_2)}{21 - O_2}$$

CO_2: 이산화탄소 함유율(%), O_2: 산소 함유율(%)

$$(CO_2)_{max} = \frac{21 \times 12}{21 - 6} = \frac{252}{15} = 16.8\%$$

정답 | ④

---

02 빈출도 ★

연소관리에 있어서 과잉공기량 조절 시 다음 중 최소가 되게 조절하여야 할 것은?
(단, L_s : 배가스에 의한 열손실량,
L_i : 불완전연소에 의한 열손실량,
L_c : 연소에 의한 열손실량,
L_r : 열복사에 의한 열손실량일 때를 나타낸다.)

① $L_s + L_i$
② $L_s + L_r$
③ $L_i + L_c$
④ L_i

해설

배가스에 의한 열손실량(L_s)과 불완전연소에 의한 열손실(L_i)의 합이 최소가 되게 조절해야 한다.

정답 | ①

---

03 빈출도 ★

다음 중 분해폭발성 물질이 아닌 것은?

① 아세틸렌
② 히드라진
③ 에틸렌
④ 수소

해설

수소는 산화에 의한 폭발성 물질이다.

관련개념 제5류 위험물

- 분해폭발성 물질이다.
- 가연성 물질이며, 산소함유로 인해 자기연소(내부연소)를 일으키기 쉽다.
- 아세틸렌, 히드라진, 에틸렌 등이 있다.

정답 | ④

---

04 빈출도 ★

과잉공기량이 연소에 미치는 영향으로 가장 거리가 먼 것은?

① 열효율
② CO 배출량
③ 노 내 온도
④ 연소 시 와류 형성

선지분석

① 과잉공기량이 많으면 배기가스량이 증가하면서 열 손실량이 증가하므로 열효율이 낮아진다.
② 과잉공기량이 많으면 CO 배출량이 적어진다.
③ 과잉공기량이 많으면 노 내 연소 가스량이 많아지므로 연소온도는 낮아진다.
④ 연소 시 와류 형성은 공기 연료 혼합기에 발생하는 현상으로 서로 다른 속도로 만났을 때 혼합기 내에서 소용돌이가 발생한다.

정답 | ④

05 빈출도 ★★

최소착화에너지(MIE)의 특징에 대한 설명으로 옳은 것은?

① 질소농도의 증가는 최소착화에너지를 감소시킨다.
② 산소농도가 많아지면 최소착화에너지는 증가한다.
③ 최소착화에너지는 압력증가에 따라 감소한다.
④ 일반적으로 분진의 최소착화에너지는 가연성가스보다 작다.

선지분석

① 질소농도가 적을수록 최소착화에너지는 감소한다.
② 산소농도가 많을수록 최소착화에너지는 감소한다.
③ 온도 및 압력이 높을수록 감소한다.
④ 일반적으로 분진의 최소착화에너지는 가연성가스보다 크다.

관련개념 최소착화에너지(MIE, Minimum Ignition Energy)

(1) 정의
착화(점화)시켜 연소가 일어나기 위해 필요한 최소에너지를 말한다.

(2) 최소착화에너지 감소 조건
- 온도 및 압력이 높을수록 감소한다.
- 열전도율이 작을수록 감소한다.
- 산소농도가 크거나 연소속도가 빠를수록 감소한다.

정답 | ③

06 빈출도 ★★

기체연료용 버너의 구성요소가 아닌 것은?

① 가스량 조절부 ② 공기/가스 혼합부
③ 보염부   ④ 통풍구

해설

기체연료용 버너는 공기량 조절부, 가스량 조절부, 공기/가스 혼합부, 보염부 등으로 구성된다. 통풍구는 공기(기체)가 통하도록 만든 구멍으로 통풍장치의 구성요소(송풍기, 댐퍼, 연도, 연돌 등)에 해당한다.

정답 | ④

07 빈출도 ★★

다음 중 습식 집진장치의 종류가 아닌 것은?

① 멀티클론(Multiclone)
② 제트 스크러버(Jet scrubber)
③ 사이클론 스크러버(Cyclone scrubber)
④ 벤츄리 스크러버(Venturi scrubber)

해설

멀티클론은 건식 집진장치이다.

관련개념 세정(습식) 집진장치

배기가스 내 분진을 세정액이나 액막(수분) 등에 충돌 또는 흡수하여 포집하는 방식이다.

집진형식	종류
유수식	임펠러형, 회전형, 분수형, S형 등
회전식	타이젠 와셔, 충격식 스크러버 등
가압수식	벤츄리 스크러버, 제트 스크러버, 사이클론 스크러버, 분무탑, 충전탑 등

정답 | ①

08 빈출도 ★★

다음 중 연소 전에 연료와 공기를 혼합하여 버너에서 연소하는 방식인 예혼합 연소방식 버너의 종류가 아닌 것은?

① 저압버너   ② 중압버너
③ 고압버너   ④ 송풍버너

해설

예혼합 연소방식 버너의 종류로 고압버너($2kg/cm^2$ 이상), 저압버너($0.01kg/cm^2$ 이상), 송풍버너가 있다.

정답 | ②

09 빈출도 ★

연소가스에 들어 있는 성분을 CO_2, C_mH_n, O_2, CO의 순서로 흡수 분리시킨 후 체적 변화로 조성을 구하고, 이어 잔류가스에 공기나 산소를 혼합, 연소시켜 성분을 분석하는 기체연료 분석 방법은?

① 헴펠법
② 치환법
③ 리비히법
④ 에슈카법

해설

헴펠법은 CO_2(33% KOH 용액) → C_mH_n(발연황산) → O_2(알칼리성 피로갈롤 용액) → CO(암모니아성 염화 제1구리 용액) → N_2의 순서로 분석한다.

정답 | ①

10 빈출도 ★

다음 중 중유연소의 장점이 아닌 것은?

① 회분을 전혀 함유하지 않으므로 이것에 의한 장해는 없다.
② 점화 및 소화가 용이하며, 화력의 가감이 자유로워 부하 변동에 적용이 용이하다.
③ 발열량이 석탄보다 크고, 과잉공기가 적어도 완전 연소시킬 수 있다.
④ 재가 적게 남으며, 발열량, 품질 등이 고체연료에 비해 일정하다.

해설

소량의 회분이 함유되어 있으며, 회분재가 전열면에 부착하면 고온부식의 위험으로 장해가 있다.

정답 | ①

11 빈출도 ★★

보일러실에 자연환기가 안될 때 실외로부터 공급하여야 할 공기는 벙커C유 1L 당 최소 몇 Nm^3이 필요한가? (단, 벙커C유의 이론공기량은 $10.24Nm^3/kg$, 비중은 0.96, 연소장치의 공기비는 1.3으로 한다.)

① 11.34
② 12.78
③ 15.69
④ 17.85

해설

$$A = mA_0 \times F = mA_0 \times V\gamma$$

A: 실제공기량(m^3), m: 질량(kg), A_0: 이론공기량(m^3/kg), V: 부피(L), γ: 비중

$A = 1.3 \times 10.24 \times 1 \times 0.96 = 12.78 Nm^3$

정답 | ②

12 빈출도 ★★

수소가 완전연소하여 물이 될 때 수소와 연소용 산소와 물의 몰(mol)비는?

① 1 : 1 : 1
② 1 : 2 : 1
③ 2 : 1 : 2
④ 2 : 1 : 3

해설

수소(H_2)의 완전연소반응식

$H_2 + \frac{1}{2}O_2 \to H_2O$

$H_2 : O_2 : H_2O = 1 : \frac{1}{2} : 1 = 2 : 1 : 2$

정답 | ③

13 빈출도 ★★

버너에서 발생하는 역화의 방지대책과 거리가 먼 것은?

① 버너온도를 높게 유지한다.
② 리프트 한계가 큰 버너를 사용한다.
③ 다공 버너의 경우 각각의 연료분출구를 작게 한다.
④ 연소용 공기를 분할 공급하여 일차공기를 착화범위 보다 적게 한다.

해설

버너온도를 높게 유지하면 과열로 인한 역화 및 파열 현상이 발생한다.

정답 | ①

14 빈출도 ★★

미분탄 연소의 특징이 아닌 것은?

① 큰 연소실이 필요하다.
② 마모부분이 많아 유지비가 많이 든다.
③ 분쇄시설이나 분진처리시설이 필요하다.
④ 중유 연소기에 비해 소요동력이 적게 필요하다.

해설

미분탄연소는 중유 연소기에 비해 소요동력이 많이 필요하다.

관련개념 미분탄 연소의 특징

- 연소제어가 용이하고 점화 및 소화 시 손실이 적다.
- 사용연료의 범위가 넓고 스토커 연소에 적합하지 않는 점결탄과 저발열량탄 등도 사용할 수 있다.
- 연료의 접촉표면이 크므로 스토커식 연소에 비해 작은 공기비로도 완전연소가 가능하다.
- 부하변동에 대한 응답성이 용이하므로 대용량의 연소에 적합하다.
- 석탄의 종류에 따른 탄력성이 부족하고, 노벽 및 전열면에 재의 퇴적이 많이 생긴다.
- 큰 연소실이 필요하므로 설비비와 유지비가 많이 들고 재의 비산이 많아 집진장치가 필요하다.

정답 | ④

15 빈출도 ★★

연소상태에 따라 매연 및 먼지의 발생량이 달라진다. 다음 설명 중 잘못된 것은?

① 매연은 탄화수소가 분해 연소할 경우에 미연의 탄소입자가 모여서 된 것이다.
② 매연의 종류 중 질소산화물 발생을 방지하기 위해서는 과잉공기량을 늘리고 노내압을 높게 한다.
③ 배기 먼지를 적게 배출하기 위한 건식집진장치는 사이클론, 멀티클론, 백필터 등이 있다.
④ 먼지 입자는 연료에 포함된 회분의 양, 연소방식, 생산물질의 처리방법 등에 따라 발생하는 것이다.

해설

질소산화물(NO_x)의 발생을 줄이기 위해서는 과잉공기량을 줄이고 노내압이 낮아야 하지만 너무 낮게 하면 배기가스가 증가되므로 적정공기비 운영이 필요하다.

정답 | ②

16 빈출도 ★

다음 석탄의 성질 중 연소성과 가장 관계가 적은 것은?

① 비열
② 기공률
③ 점결성
④ 열전도율

해설

점결성이란 석탄을 건류하면 분해되어 유출된 휘발분에 의해 연소되고 이때 남은 덩어리의 잔류물이 굳어지는 성질을 말한다.

정답 | ③

17 빈출도 ★★

등유($C_{10}H_{20}$)를 연소시킬 때 필요한 이론공기량은 약 몇 Nm^3/kg 인가?

① 15.6 ② 13.5
③ 11.4 ④ 9.2

해설

등유($C_{10}H_{20}$)의 완전연소반응식
$C_{10}H_{20} + 15O_2 \rightarrow 10CO_2 + 10H_2O$
$C_{10}H_{20}$과 O_2은 1 : 15 반응이므로 이를 이용하여 이론산소량을 구한다.
$C_{10}H_{20}$의 몰질량 = $(12 \times 10) + (1 \times 20) = 140g/mol$
$C_{10}H_{20}$: $15O_2$
1mol : 15mol = 140g/mol : $15 \times 22.4Nm^3$

$$A_o = \frac{O_o}{0.21}$$

A_o: 이론공기량(Nm^3/kg), O_o: 이론산소량(Nm^3/kg)

$$A_o = \frac{O_o}{0.21} = \frac{\frac{15 \times 22.4}{140}}{0.21} = 11.43 Nm^3/kg$$

정답 | ③

18 빈출도 ★

액체연료 1kg 중에 같은 질량의 성분이 포함될 때, 다음 중 고위발열량에 가장 크게 기여하는 성분은?

① 수소 ② 탄소
③ 황   ④ 회분

해설

고위발열량과 저위발열량의 차이는 연료 사용시 수소가 산소와 결합하여 발생하는 수분(H_2O)이다.

정답 | ①

19 빈출도 ★★★

연소가스 중의 질소산화물 생성을 억제하기 위한 방법으로 틀린 것은?

① 2단 연소 ② 고온 연소
③ 농담 연소 ④ 배기가스 재순환 연소

해설

고온 조건에서 질소는 산소와 결합하고 반응하면 일산화질소, 이산화질소 등의 질소산화물(NO_x)이 생성되고 매연이 발생한다.

관련개념 질소산화물 생성 방지대책

- 연소온도와 노내압을 낮춘다.
- 노 내의 가스 잔류시간 및 고온 유지시간을 짧게 한다.
- 2단연소 및 저산소연소, 배기의 재순환 연소법을 사용한다.
- 질소함량이 적은 연료를 사용한다.
- 과잉공기를 연료에 혼합하여 연소한다.

정답 | ②

20 빈출도 ★★★

프로판(Propane)가스 2kg을 완전연소시킬 때 필요한 이론공기량은 약 몇 Nm^3인가?

① 6   ② 8
③ 16 ④ 24

해설

프로판(C_3H_8)의 완전연소반응식
$C_3H_8 + 5O_2 \rightarrow 3CO_2 + 4H_2O$
C_3H_8과 O_2은 1 : 5 반응이므로 이를 이용하여 이론산소량을 구한다.
C_3H_8의 몰질량 = $(12 \times 3) + (1 \times 8) = 44g/mol$
C_3H_8 : $5O_2$
1mol : 5mol = 44kg : $5 \times 22.4Nm^3$

$$A_o = \frac{O_o}{0.21}$$

A_o: 이론공기량(Nm^3/kg), O_o: 이론산소량(Nm^3/kg)

$$A_o = \frac{O_o}{0.21} = \frac{\frac{5 \times 22.4}{44}}{0.21} = 12.1 Nm^3/kg$$

프로판(Propane)가스 2kg일 때, $12.1 \times 2kg = 24.2Nm^3$

정답 | ④

열역학

21 빈출도 ★

98.1kPa, 60°C에서 질소 2.3kg, 산소 1.8kg의 기체 혼합물이 등엔트로피 상태로 압축되어 압력이 343kPa로 되었다. 이 때 내부에너지 변화는 약 몇 kJ 인가? (단, 혼합 기체의 정적비열은 0.711kJ/(kg·K)이고, 비열비는 1.4이다.)

① 325
② 417
③ 498
④ 562

해설

$$\Delta U = m \times C_v \times (T_2 - T_1)$$

ΔU : 내부에너지(kJ), m : 질량(kg), C_v : 정적비열(kJ/kg·K)

$$\frac{T_2}{T_1} = \left(\frac{P_2}{P_1}\right)^{\frac{\gamma-1}{\gamma}}$$

T_1 : 초기 온도(K), T_2 : 최종 온도(K), P_1 : 초기 압력(kPa), P_2 : 최종 압력(kPa), γ : 비열비

$$T_2 = T_1 \times \left(\frac{P_2}{P_1}\right)^{\frac{\gamma-1}{\gamma}} = (60+273) \times \left(\frac{343}{98.1}\right)^{\frac{1.4-1}{1.4}} = 476.17K$$

$\Delta U = 4.1 \times 0.711 \times (476.17 - (60+273)) = 417.35kJ$

정답 | ②

22 빈출도 ★★

온도가 800K이고 질량이 10kg인 구리를 온도 290K인 100kg의 물 속에 넣었을 때 이 계 전체의 엔트로피 변화는 몇 kJ/K인가? (단, 구리와 물의 비열은 각각 0.398kJ(kg·K), 4.185kJ/(kg·K)이고, 물은 단열된 용기에 담겨 있다.)

① −3.973
② 2.897
③ 4.424
④ 6.870

해설

$$S_0 = S_1 + S_2 = m \times C \times \ln\left(\frac{T_2}{T_1}\right)$$

S_0 : 계 전체의 엔트로피 변화량(kJ/K), S_1 : 구리의 엔트로피 변화량(kJ/K), S_2 : 물의 엔트로피 변화량(kJ/K), m : 질량(kg), C : 비열(kJ/kg·K), T_1 : 초기 온도(K), T_2 : 최종 온도(K)

구리가 잃은 열량과 물이 얻은 열량은 같음을 이용하여 열 평형 온도(T_2)를 구한다.
$10 \times 0.398 \times (800 - T_2) = 100 \times 4.185 \times (T_2 - 290)$
$3.98 \times (800 - T_2) = 418.5 \times (T_2 - 290)$
$T_2 = 294.8K$

$S_1 = 10 \times 0.398 kJ/kg \cdot K \times \ln\left(\frac{294.8}{800}\right) = -3.973 kJ/K$

$S_2 = 100 \times 4.185 kJ/kg \cdot K \times \ln\left(\frac{294.8}{290}\right) = 6.87 kJ/K$

$S_0 = -3.973 + 6.87 = 2.897 kJ/K$

정답 | ②

23 빈출도 ★

비압축성 유체의 체적팽창계수 β에 대한 식으로 옳은 것은?

① $\beta = 0$
② $\beta = 1$
③ $\beta > 0$
④ $\beta > 1$

해설

$$\beta = -V\frac{dP}{dV}$$

β : 체적팽창계수, V : 체적, P : 압력, T : 온도

체적팽창계수 식에서 비압축성인 경우,
$P = 1$, $dP = 0$ ∴ $\beta = 0$

정답 | ①

24 빈출도 ★

압력 200kPa, 체적 $1.66m^3$의 상태에 있는 기체가 정압조건에서 초기 체적의 1/2로 줄었을 때 이 기체가 행한 일은 약 몇 kJ인가?

① -166
② -198.5
③ -236
④ -245.5

해설

$$W=\int PdV=P\times(V_2-V_1)$$

W: 일(kJ), P: 압력(kPa),
V_1: 초기 부피(m^3), V_2: 나중 부피(m^3)

$$W=\int PdV=P\times(V_2-V_1)=200\times\left(\frac{V_1}{2}-V_1\right)$$
$$=200\times\left(\frac{1.66}{2}-1.66\right)=-166kJ$$

정답 | ①

25 빈출도 ★★

실린더 속에 100g의 기체가 있다. 이 기체가 피스톤의 압축에 따라서 2kJ의 일을 받고 외부로 3kJ의 열을 방출했다. 이 기체의 단위 kg 당 내부에너지는 어떻게 변화하는가?

① 1kJ/kg 증가한다.
② 1kJ/kg 감소한다.
③ 10kJ/kg 증가한다.
④ 10kJ/kg 감소한다.

해설

내부에너지의 변화를 식으로 나타내면 아래와 같다.
$Q-W=-3+2=-1kJ$

$\dfrac{-1kJ}{0.1kg}=-10kJ/kg$

이 때, (-)는 감소를 의미한다.

정답 | ④

26 빈출도 ★

일정한 질량유량으로 수평하게 증기가 흐르는 노즐이 있다. 노즐 입구에서 엔탈피는 3,205kJ/kg이고, 증기 속도는 15m/s이다. 노즐 출구에서의 증기 엔탈피가 2,994kJ/kg일 때 노즐 출구에서의 증기의 속도는 약 몇 m/s인가? (단, 정상상태로서 외부와의 열교환은 없다고 가정한다.)

① 500
② 550
③ 600
④ 650

해설

에너지보존법칙을 이용한 증기의 속도 공식은 아래와 같다.

$$h_1+\frac{v_1^2}{2}=h_2+\frac{v_2^2}{2}$$

h_1: 노즐 입구의 엔탈피(kJ/kg), v_1: 노즐 입구의 속도(m/s),
h_2: 노즐 출구의 엔탈피(kJ/kg), v_2: 노즐 출구의 속도(m/s)

$v_2=\sqrt{2\times(h_1-h_2)+v_1^2}$
$=\sqrt{2\times(3,205-2,994)\times10^3+15^2}=649.78m/s$

정답 | ④

27 빈출도 ★

공기를 작동유체로 하는 Diesel cycle의 온도범위가 32℃~3,200℃이고 이 cycle의 최고 압력이 6.5MPa, 최초 압력이 160kPa일 경우 열효율은 약 얼마인가? (단, 공기의 비열비는 1.4이다.)

① 41.4% ② 46.5%
③ 50.9% ④ 55.8%

해설

Diesel cycle 열 효율은 다음과 같이 구한다.

$$\eta = 1 - \left(\frac{1}{\epsilon}\right)^{k-1} \times \frac{\sigma^k - 1}{k(\sigma - 1)}$$

$$\epsilon = \frac{V_1}{V_2} = \left(\frac{T_2}{T_1}\right)^{\frac{1}{k-1}}$$

η: 효율(%), ϵ: 압축비, k: 비열비, σ: 연료차단비

단열압축 변화에서의 P-T관계는 다음과 같다.

$$\frac{T_1}{T_2} = \left(\frac{P_1}{P_2}\right)^{\frac{k-1}{k}}$$

$$\frac{(32+273)\text{K}}{T_2} = \left(\frac{0.16\text{MPa}}{6.5\text{MPa}}\right)^{\frac{1.4-1}{1.4}}$$

$T_2 = 878.96\text{K}$

$$\epsilon = \frac{V_1}{V_2} = \left(\frac{T_2}{T_1}\right)^{\frac{1}{k-1}} = \left(\frac{878.96}{32+273}\right)^{\frac{1}{1.4-1}} = 14.09$$

$$\sigma = \frac{T_3}{T_2} = \frac{(3,200+273)\text{K}}{878.93\text{K}} = 3.95$$

이에 열 효율(η)을 구하면,

$$\eta = 1 - \left(\frac{1}{14.09}\right)^{1.4-1} \times \left(\frac{3.95^{1.4}-1}{1.4 \times (3.95-1)}\right) = 0.509 = 50.9\%$$

정답 | ③

28 빈출도 ★★

그림과 같은 카르노 냉동 사이클에서 성적 계수는 약 얼마인가? (단, 각 사이클에서의 엔탈피(h)는 $h_1 = h_4 = 98\text{kJ/kg}$, $h_2 = 231\text{kJ/kg}$, $h_3 = 282\text{kJ/kg}$이다.)

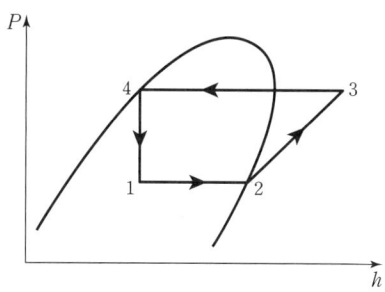

① 1.9 ② 2.3
③ 2.6 ④ 3.3

해설

$$COP = \frac{Q_2}{W} = \frac{h_2 - h_1}{h_3 - h_2}$$

Q_2: 냉동효과, W: 압축일량

$$COP = \frac{231 - 98}{282 - 231} = 2.627$$

정답 | ③

29 빈출도 ★★

밀폐계에서 비가역 단열과정에 대한 엔트로피 변화를 옳게 나타낸 식은? (단, S는 엔트로피, C_p는 정압비열, T는 온도, R은 기체상수, P는 압력, Q는 열량을 나타낸다.)

① $dS = 0$
② $dS > 0$
③ $dS = C_p \frac{dT}{T} - R \frac{dP}{P}$
④ $dS = \frac{\delta Q}{T}$

해설

- $dS = 0$: 단열 가역 변화
- $dS > 0$: 단열 비가역 변화

정답 | ②

30 빈출도 ★★

압력이 1,000kPa이고 온도가 400°C인 과열증기의 엔탈피는 약 몇 kJ/kg인가? (단, 압력이 1,000kPa일 때 포화온도는 179.1°C, 포화증기의 엔탈피는 2,775kJ/kg이고, 과열증기의 평균비열은 2.2kJ/(kg·K)이다.)

① 1,547
② 2,452
③ 3,261
④ 4,453

해설

과열증기의 엔탈피 식은 다음과 같다.

$$h_2'' = h_1 + C_p \times (T_2'' - T_1)$$

h_2'': 과열증기의 엔탈피(kJ/kg), h_1: 포화증기의 엔탈피(kJ/kg), C_p: 정압비열(kJ/kg·K), T_2'': 과열증기의 온도(K), T_1: 포화증기의 온도(K)

$h_2'' = 2,775 + 2.2 \times ((400+273) - (179.1+273))$
$\quad = 3,260.98 \text{kJ/kg}$

정답 | ③

31 빈출도 ★★

표준 증기압축 냉동사이클을 설명한 것으로 옳지 않은 것은?

① 압축과정에서는 기체상태의 냉매가 단열압축되어 고온고압의 상태가 된다.
② 증발과정에서는 일정한 압력상태에서 저온부로부터 열을 공급받아 냉매가 증발한다.
③ 응축과정에서는 냉매의 압력이 일정하며 주위로의 열방출을 통해 냉매가 포화액으로 변한다.
④ 팽창과정은 단열상태에서 일어나며, 대부분 등엔트로피 팽창을 한다.

해설

팽창과정은 교축팽창(비가역 과정)으로 등엔탈피 과정이며, 엔트로피는 증가한다.

관련개념 증기압축 냉동사이클 T-S선도

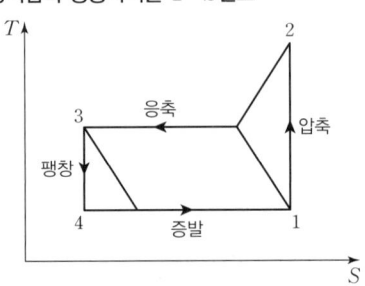

▲ 증기압축 냉동사이클 T-S선도

- 1 → 2: 단열압축 과정(압축기)
- 2 → 3: 정압방열 과정(응축기)
- 3 → 4: 등엔탈피 팽창 과정(팽창밸브)
- 4 → 1: 등온팽창 과정(증발기)

정답 | ④

32 빈출도 ★★

이상기체를 등온과정으로 초기 체적의 1/2로 압축하려 한다. 이때 필요한 압축일의 크기는? (단, m은 질량, R은 기체상수, T는 온도이다.)

① $\frac{1}{2}mRT \times \ln\left(\frac{1}{2}\right)$ ② $mRT \times \ln\left(\frac{1}{2}\right)$

③ $2mRT \times \ln\left(\frac{1}{2}\right)$ ④ $mRT \times \left(\ln\frac{1}{2}\right)^2$

해설

$$PV = mRT$$

P: 압력, V: 부피, m: 질량, R: 기체상수, T: 온도

등온과정에서 $Q = W_t = \int PdV = \int \frac{mRT}{V}dV$

$Q = mRT \int \frac{1}{V}dV = mRT \times \ln\left(\frac{V_2}{V_1}\right) = mRT \times \ln\left(\frac{\frac{V_1}{2}}{V_1}\right)$

$= mRT \times \ln\left(\frac{1}{2}\right)$

정답 | ②

33 빈출도 ★★

이상기체 1mol이 그림의 b 과정(2 → 3 과정)을 따를 때 내부에너지의 변화량은 약 몇 J 인가? (단, 정적비열은 $1.5 \times R$이고, 기체상수 R은 8.314kJ/(kmol·K)이다.)

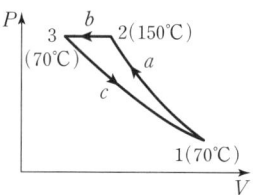

① -333 ② -665
③ -998 ④ -1,662

해설

$$dU = nC_v \times (T_3 - T_2)$$

dU: 에너지 변화량(J/mol), n: 몰 수(mol), C_v: 정적비열(kJ/kmol·K), T_2: 초기 온도(K), T_3: 나중 온도(K)

$dU = nC_v \times (T_3 - T_2)$
$= 1 \times (1.5 \times R) \times ((273+70) - (273+150))$
$= 1 \times 1.5 \times 8.314 \times (-80) = -997.68J$

정답 | ③

34 빈출도 ★

다음 온도(T)−엔트로피(s) 선도에 나타난 랭킨(Rankine) 사이클의 효율을 바르게 나타낸 것은?

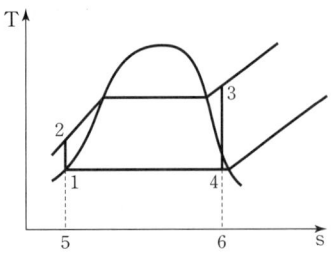

① $\dfrac{\text{면적 } 1-2-3-4-1}{\text{면적 } 5-2-3-6-5}$

② $1-\dfrac{\text{면적 } 1-2-3-4-1}{\text{면적 } 5-2-3-6-5}$

③ $\dfrac{\text{면적 } 1-4-6-5-1}{\text{면적 } 5-2-3-6-1}$

④ $\dfrac{\text{면적 } 1-2-3-4-1}{\text{면적 } 5-1-4-6-5}$

해설

랭킨사이클의 효율은 다음과 같이 구한다.

$$\eta=\frac{W}{Q}=\frac{Q_1-Q_2}{Q_1}\times100$$

W: 유효일량, Q: 공급일량, Q_1: 보일러 및 과열기 공급열량, Q_2: 복수기 방출열량

$\eta=\dfrac{\text{면적 } 1-2-3-4-1}{\text{면적 } 5-2-3-6-5}\times100$

정답 | ①

35 빈출도 ★★

어떤 기체의 이상기체상수는 $2.08\text{kJ}/(\text{kg}\cdot\text{K})$이고 정압비열은 $5.24\text{kJ}/(\text{kg}\cdot\text{K})$일 때, 이 가스의 정적비열은 약 몇 $\text{kJ}/(\text{kg}\cdot\text{K})$인가?

① 2.18 ② 3.16
③ 5.07 ④ 7.20

해설

정적비열과 이상기체상수와의 관계식은 아래와 같다.

$$C_p-C_v=R$$

C_p: 정압비열(kJ/kg·K), C_v: 정적비열(kJ/kg·K), R: 기체상수(kJ/kg·K)

$C_v=C_p-R=5.24-2.08=3.16\text{kJ/kg}\cdot\text{K}$

정답 | ②

36 빈출도 ★★★

Rankine cycle 4개 과정으로 옳은 것은?

① 가역단열팽창 → 정압방열 → 가역단열압축 → 정압가열
② 가역단열팽창 → 가역단열압축 → 정압가열 → 정압방열
③ 정압가열 → 정압방열 → 가역단열압축 → 가역단열팽창
④ 정압방열 → 정압가열 → 가역단열압축 → 가역단열팽창

해설

랭킨사이클은 2개의 정압변화와 2개의 단열변화로 구성된 증기 동력 사이클로 과정은 아래와 같다.
가역단열팽창 → 정압방열 → 가역단열압축 → 정압가열

정답 | ①

37 빈출도 ★

동일한 온도, 압력 조건에서 포화수 1kg과 포화증기 4kg을 혼합하여 습증기가 되었을 때 이 증기의 건도는?

① 20% ② 25%
③ 75% ④ 80%

해설

혼합증기 건도 = $\dfrac{\text{포화증기 질량}}{\text{습증기 전체질량}} \times 100$

$= \dfrac{4}{5} \times 100 = 0.8 \times 100 = 80\%$

정답 | ④

38 빈출도 ★★

다음 중 포화액과 포화증기의 비엔트로피 변화량에 대한 설명으로 옳은 것은?

① 온도가 올라가면 포화액의 비엔트로피는 감소하고 포화증기의 비엔트로피는 증가한다.
② 온도가 올라가면 포화액의 비엔트로피는 증가하고 포화증기의 비엔트로피는 감소한다.
③ 온도가 올라가면 포화액과 포화증기의 비엔트로피는 감소한다.
④ 온도가 올라가면 포화액과 포화증기의 비엔트로피는 증가한다.

해설

온도가 올라가면 포화액의 비엔트로피는 증가하고 포화증기의 비엔트로피는 감소한다.

정답 | ②

39 빈출도 ★★★

냉동기에 사용되는 냉매의 구비조건으로 옳지 않은 것은?

① 응고점이 낮을 것
② 액체의 표면장력이 작을 것
③ 임계점(critical point)이 낮을 것
④ 비열비가 작을 것

해설

증발열이 크고 임계온도(임계점)가 높아야 한다.

관련개념 냉매의 구비조건

- 증발열이 크고 임계온도(임계점)가 높아야 한다.
- 비체적과 비열비가 작아야 한다.
- 인화 및 폭발의 위험성이 낮아야 한다.
- 비교적 저온, 저압에서 응축이 잘 되어야 한다.
- 구입이 용이하고 가격이 저렴해야 한다.
- 점성 및 표면장력이 작고 상용압력범위가 낮아야 한다.

정답 | ③

40 빈출도 ★

다음 공기 표준 사이클(Air Standard Cycle) 중 두 개의 등온과정과 두 개의 정압과정으로 구성된 사이클은?

① 디젤(Diesel) 사이클
② 사바테(Sabathe) 사이클
③ 에릭슨(Ericsson) 사이클
④ 스털링(Stirling) 사이클

해설 에릭슨 사이클

- 2개의 등온과정과 2개의 정압과정으로 구성된다.
- 등온압축 – 등압가열 – 등온팽창 – 등압냉각

정답 | ③

계측방법

41 빈출도 ★

다음 중 계량단위에 대한 일반적인 요건으로 가장 적절하지 않은 것은?

① 정확한 기준이 있을 것
② 사용하기 편리하고 알기 쉬울 것
③ 대부분의 계량단위를 60진법으로 할 것
④ 보편적이고 확고한 기반을 가진 안정된 원기가 있을 것

해설

계량단위는 계량법상 어떤 양을 측정하는 정확한 기준의 일정량으로, 대부분의 계량단위는 10진법으로 한다.

정답 | ③

42 빈출도 ★★

다음 중 송풍량을 일정하게 공급하려고 할 때 가장 적당한 제어방식은?

① 프로그램제어 ② 비율제어
③ 추종제어   ④ 정치제어

선지분석

① 프로그램제어: 미리 정해진 시간에 따라 정해진 프로그램으로 목표값에 맞춰 진행한다.
② 비율제어: 어떤 기준이 되는 양과 일정한 비율에 맞춰 목표값이 변화한다.
③ 추종제어: 시간에 따라 임의로 변화되는 값으로 목표값이 주어진다.
④ 정치제어: 시간에 따라 목표값이 변하지 않고 일정한 값을 가지므로 송풍량을 일정하게 공급할 수 있다.

정답 | ④

43 빈출도 ★

다음 중 오리피스(Orifice), 벤투리관(Venturi tube)을 이용하여 유량을 측정하고자 할 때 필요한 값으로 가장 적절한 것은?

① 측정기구 전후의 압력차
② 측정기구 전후의 온도차
③ 측정기구 입구에 가해지는 압력
④ 측정기구의 출구 압력

해설

차압식 유량계는 교축기구(오리피스, 노즐, 벤투리관) 전, 후에 압력차를 발생시켜 베르누이 정리를 응용하여 유량을 측정한다.

정답 | ①

44 빈출도 ★★★

다음 가스분석 방법 중 물리적 성질을 이용한 것이 아닌 것은?

① 밀도법
② 연소열법
③ 열전도율법
④ 가스크로마토그래피법

해설

연소열법은 화학적 가스분석계의 측정법이다.

관련개념 가스분석계 측정법

성질	측정법
물리적	가스크로마토그래피법, 세라믹식, 자기식, 밀도법, 적외선식, 열전도율법, 도전율법 등
화학적	연소열식 O_2계, 연소식 O_2계, 자동화학 CO_2계, 오르자트 분석기(자동오르자트), 헴펠법, 게겔법 등

정답 | ②

45 빈출도 ★

다음 중 공기식 전송을 하는 계장용 압력계의 공기압 신호는 몇 kg/cm^2인가?

① 0.2~1.0
② 1.5~2.5
③ 3~5
④ 4~20

해설

공기압 신호는 0.2~1.0kg/cm^2이다.

관련개념 공기압식 신호 특징

- 공기는 압축성 유체이며 관로 저항으로 전송지연이 생길 수 있다.
- 공기압의 신호를 위해 관로 제습, 제진 등이 필요하다.
- 신호의 전송거리는 약 100~150m로 신호방법 중 가장 짧다.

정답 | ①

46 빈출도 ★

열전대 온도계의 보호관 중 상용 사용온도가 약 1,000°C이며, 내열성, 내산성이 우수하나 환원성 가스에 기밀성이 약간 떨어지는 것은?

① 카보런덤관
② 자기관
③ 석영관
④ 황동관

해설

석영관은 상용 사용온도 1,000°C로, 내열성(급냉, 급열)과 산성에 강하며 알칼리와 환원성 가스에 약하고 기밀성이 약간 떨어진다.

선지분석

보호관의 상용온도
① 카보런덤관: 1,600°C
② 자기관: 1,450°C
③ 석영관: 1,000°C
④ 황동관: 400°C

정답 | ③

47 빈출도 ★

베르누이 정리를 응용하며 유량을 측정하는 방법으로 액체의 전압과 정압과의 차로부터 순간치 유량을 측정하는 유량계는?

① 로터미터
② 피토관
③ 임펠러
④ 휘트스톤 브릿지

해설 피토관

- 베르누이 정리를 응용하여 유량을 측정한다.
- 액체의 전압과 정압의 차로 순간치 유량을 측정한다.

$$v = \sqrt{2gh}$$

v: 유속(m/s), g: 중력가속도(9.8m/s^2), h: 수두(m)

정답 | ②

48 빈출도 ★★

다음 그림과 같은 U자관에서 유도되는 식은?

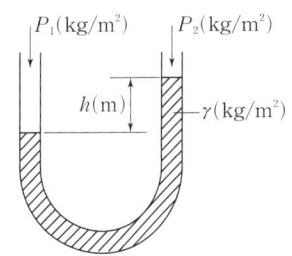

① $P_1 = P_2 - h$
② $h = \gamma(P_1 - P_2)$
③ $P_1 + P_2 = \gamma h$
④ $P_1 = P_2 + \gamma h$

해설

U자관에서의 유체 흐름은 파스칼의 원리를 응용하며, 액주 하단부 경계면의 수평선에 작용하는 압력은 서로 동일하다.

$P_1 = P_2 + \gamma h$

정답 | ④

49 빈출도 ★

온도계의 동작 지연에 있어서 온도계의 최초 지시치가 $T_0(℃)$, 측정한 온도가 $x(℃)$일 때, 온도계 지시치 $T(℃)$와 시간 τ와의 관계식은? (단, λ는 시정수이다.)

① $dT/d\tau = (x-T_0)/\lambda$
② $dT/d\tau = \lambda/(x-T_0)$
③ $dT/d\tau = (\lambda-x)/T_0$
④ $dT/d\tau = T_0/(\lambda-x)$

해설

측정한 온도$(x) = T_0 + \lambda \dfrac{dT}{d\tau}$ 이므로,

$$\dfrac{dT}{d\tau} = \dfrac{(x-T_0)}{\lambda}$$

정답 | ①

50 빈출도 ★

다음 집진장치 중 코트렐식과 관계가 있는 방식으로 코로나 방전을 일으키는 것과 관련 있는 집진기로 가장 적절한 것은?

① 전기식 집진기
② 세정식 집진기
③ 원심식 집진기
④ 사이클론 집진기

해설

전기식 집진기에 대한 설명이다.

관련개념 전기식 집진장치

- 대치시킨 2개의 전극사이에 고압(특고압)의 직류 전장을 가하고 통과하여 대전된 미립자가 집진극에 모여 집진한다.
- 코로나 방전을 일으키는 것과 관련이 있으며 종류는 코트렐 집진장치가 있다.
- 집진효율이 우수하다.
- 낮은 압력손실로도 대량의 가스처리가 가능하다.
- 별도의 정전설비가 필요하다.

정답 | ①

51 빈출도 ★★★

U자관 압력계에 사용되는 액주의 구비조건이 아닌 것은?

① 열팽창계수가 작을 것
② 모세관현상이 적을 것
③ 화학적으로 안정될 것
④ 점도가 클 것

해설

점도가 작고 휘발성 및 흡수성도 낮아야 한다.

관련개념 액주식 압력계

(1) **개요**

주로 통풍력 측정에 사용되며, 구부러진 유리관에 기름, 물, 수은 등의 액체를 넣고 한쪽 끝 부분에 압력을 도입하여 발생하는 양액면의 높이 차를 이용하여 압력을 측정한다.

(2) **액주의 구비조건**
- 열팽창계수가 작아야 한다.
- 모세관현상이 적어야 한다.
- 일정한 화학성분을 가지고 안정적이여야 한다.
- 점도가 작고 휘발성 및 흡수성도 낮아야 한다.

정답 | ④

52 빈출도 ★★

다음 중 비접촉식 온도계는?

① 색온도계
② 저항온도계
③ 압력식온도계
④ 유리온도계

해설

비접촉식 온도계는 측정되는 물체에 접촉하지 않고 파장, 방사열 등 이용하여 측정하며, 종류로는 적외선 온도계, 방사 온도계, 색온도계, 광고온계, 광전관식 온도계 등이 있다.

정답 | ①

53 빈출도 ★★

20L인 물의 온도를 15℃에서 80℃로 상승시키는 데 필요한 열량은 약 몇 kJ인가?

① 4,680
② 5,442
③ 6,320
④ 6,860

해설

$$Q = mC(T_2 - T_1)$$

Q: 열량(kJ), m: 질량(kg), C: 비열량(kcal/kg·℃),
T_2: 나중 온도(℃), T_1: 처음 온도(℃)

$$m = 20L \times \frac{1,000kg}{m^3} \times \frac{1m^3}{1,000L} = 20kg$$

$$Q = 20kg \times \frac{1kcal}{kg \cdot ℃} \times (80-15)℃ \times \frac{4.186kJ}{1kcal} = 5,441.8kJ$$

※ 물의 비열: 1kcal/kg·℃
※ 1kcal = 4.186kJ

정답 | ②

54 빈출도 ★★

1차 제어 장치가 제어량을 측정하여 제어 명령을 발하고 2차 제어 장치가 이 명령을 바탕으로 제어량을 조절할 때, 다음 중 측정 제어로 가장 적절한 것은?

① 추치제어
② 프로그램제어
③ 캐스케이드제어
④ 시퀀스제어

해설

캐스케이드제어(C.C, Cascade Control)는 내부 제어루프와 외부 제어루프가 존재하는 다단제어라고하며, 1차 제어 장치가 제어량을 측정한다. 이때 제어명령과 함께 2차 제어 장치가 캐스케이드의 명령을 바탕으로 제어량을 조절한다.

정답 | ③

55 빈출도 ★★

다음 중 용적식 유량계에 해당하는 것은?

① 오리피스미터
② 습식가스미터
③ 로터미터
④ 피토관

해설

습식가스미터는 용적식 유량계에 해당된다. 용적식 유량계는 주로 액체 유량의 정량 측정에 사용하며 계량 방법상 적산유량계의 일종으로 분류된다.

정답 | ②

56 빈출도 ★

열전대 온도계 보호관 중 내열강 SEH-5에 대한 설명으로 옳지 않은 것은?

① 내식성, 내열성 및 강도가 좋다.
② 자기관에 비해 저온측정에 사용된다.
③ 유황가스 및 산화염에도 사용이 가능하다.
④ 상용온도는 800℃이고 최고 사용온도는 850℃까지 가능하다.

해설

상용온도는 1,050℃이고 최고 사용온도 1,200℃까지 가능하다.

관련개념 내열강 SEH-5

• 크롬 25%, 니켈 20%로 구성된 금속 보호관이다.
• 내식성 및 내열성, 강도가 좋다.
• 상용온도 1,050℃, 최고사용온도 1,200℃이다.
• 다양한 환경에 사용가능하다.

정답 | ④

57 빈출도 ★★

다음 용어에 대한 설명으로 옳지 않은 것은?

① 측정량 : 측정하고자 하는 양
② 값 : 양의 크기를 함께 수와 기준
③ 제어편차 : 목표치에 제어량을 더한 값
④ 양 : 수와 기준으로 표시할 수 있는 크기를 갖는 현상이나 물체 또는 물질의 성질

해설

제어편차는 목표치에서 제어량을 뺀 값을 말한다.

정답 | ③

58 빈출도 ★

다음 중 가스의 열전도율이 가장 큰 것은?

① 공기
② 메탄
③ 수소
④ 이산화탄소

해설

열 전도율 비교
수소(H_2) > 메탄(CH_4) > 산소(O_2) > 이산화탄소(CO_2)

정답 | ③

59 빈출도 ★★

다음 중 수분흡수법에 의해 습도를 측정할 때 흡수제로 사용하기에 가장 적절하지 않은 것은?

① 오산화인
② 피크린산
③ 실리카겔
④ 황산

해설

수분흡수법은 측정 시 공기 중의 수증기를 흡수제를 이용하여 발생하는 중량 차이를 측정하는 방법으로, 흡수제는 실리카겔, 오산화인, 황산 등이 있다.

정답 | ②

60 빈출도 ★

폐루프를 형성하여 출력측의 신호를 입력측에 되돌리는 제어를 의미하는 것은?

① 뱅뱅
② 리셋
③ 시퀀스
④ 피드백

해설

피드백 제어에 대한 설명이다.

관련개념 피드백 제어(신호제어)

- 폐루프제어 또는 되먹임 제어라고도 한다.
- 출력된 신호를 입력측으로 되돌림하여 제어량을 기준으로 설정된 값과 비교한다.
- 제어량이 설정치의 범위에 들도록 제어량에 대한 수정 동작을 계속 진행한다.

정답 | ④

열설비재료 및 관계법규

61 빈출도 ★★★

에너지이용 합리화법에 따라 냉난방온도의 제한온도 기준 및 건물의 지정기준에 대한 설명으로 틀린 것은?

① 공공기관의 건물은 냉방온도 26℃ 이상, 난방온도 20℃ 이하의 제한온도를 둔다.
② 판매시설 및 공항은 냉방온도의 제한온도는 25℃ 이상으로 한다.
③ 숙박시설 중 객실 내부 구역은 냉방온도의 제한온도는 25℃ 이상으로 한다.
④ 의료법에 의한 의료기관의 실내구역은 제한온도를 적용하지 않을 수 있다.

해설

숙박시설 중 객실 내부 구역은 냉방온도의 제한온도를 적용하지 않을 수 있다.

관련개념 냉난방온도의 제한건물 및 제한온도

「에너지이용 합리화법 시행규칙 제31조의2」
냉난방온도의 제한온도를 정하는 기준은 다음과 같다. 다만, 판매시설 및 공항의 경우에 냉방온도는 25℃ 이상으로 한다.
- 냉방: 26℃ 이상
- 난방: 20℃ 이하

「에너지이용 합리화법 시행규칙 제31조의3」
- 냉난방온도 제한건물 중 다음 어느 하나에 해당하는 구역에는 냉난방온도의 제한온도를 적용하지 않을 수 있다.
- 의료법에 따른 의료기관의 실내구역
- 식품 등의 품질관리를 위해 냉난방온도의 제한온도 적용이 적절하지 않은 구역
- 숙박시설 중 객실 내부구역
- 그 밖에 관련 법령 또는 국제기준에서 특수성을 인정하거나 건물의 용도상 냉난방온도의 제한온도를 적용하는 것이 적절하지 않다고 산업통상자원부장관이 고시하는 구역

정답 | ③

62 빈출도 ★★

에너지이용 합리화법에 따라 자발적 협약체결기업에 대한 지원을 받기 위해 에너지 사용자와 정부 간 자발적 협약의 평가기준에 해당하지 않는 것은?

① 에너지 절감량 또는 온실가스 배출 감축량
② 계획 대비 달성률 및 투자실적
③ 자원 및 에너지의 재활용 노력
④ 에너지이용합리화자금 활용실적

해설

「에너지이용 합리화법 시행규칙 제26조」
자발적 협약의 평가기준은 다음과 같다.
- 에너지절감량 또는 에너지의 합리적인 이용을 통한 온실가스 배출 감축량
- 계획 대비 달성률 및 투자실적
- 자원 및 에너지의 재활용 노력
- 그 밖에 에너지절감 또는 에너지의 합리적인 이용을 통한 온실가스배출 감축에 관한 사항

정답 | ④

63 빈출도 ★

에너지이용 합리화법에서 목표에너지원단위란 무엇인가?

① 연료의 단위당 제품생산목표량
② 제품의 단위당 에너지사용목표량
③ 제품의 생산목표량
④ 목표량에 맞는 에너지사용량

해설

「에너지이용 합리화법 제35조」
산업통상자원부장관은 에너지의 이용효율을 높이기 위하여 필요하다고 인정하면 관계 행정기관의 장과 협의하여 에너지를 사용하여 만드는 제품의 단위당 에너지사용목표량 또는 건축물의 단위면적당 에너지사용목표량(이하 "목표에너지원단위"라 한다.)을 정하여 고시하여야 한다.

정답 | ②

64 빈출도 ★★

작업이 간편하고 조업주기가 단축되며 요체의 보유열을 이용할 수 있어 경제적인 반연속식 요는?

① 셔틀요　② 윤요
③ 터널요　④ 도염식요

해설

셔틀요는 작업이 간편하여 조업주기가 단축되며 반연속식 요에 해당된다.

관련개념 작업방식에 따른 요로 분류

작업방식	종류
연속식	윤요(고리가마), 터널요, 견요, 회전요
반연속식	등요, 셔틀요
불연속식	횡염식요, 승염식요, 도염식요

정답 | ①

65 빈출도 ★★

연료를 사용하지 않고 용선의 보유열과 용선 속 불순물의 산화열에 의해서 노 내 온도를 유지하며 용강을 얻는 것은?

① 평로　② 고로
③ 반사로　④ 전로

해설

전로는 선철을 강철로 만드는 과정 속에서 연료를 사용하지 않고 용선 내의 불순원소의 산화열 또는 보유열을 활용한다.

정답 | ④

66 빈출도 ★★★

에너지이용 합리화법에 따른 검사 대상기기에 해당하지 않는 것은?

① 가스 사용량이 17kg/h를 초과하는 소형 온수보일러
② 정격용량이 0.58MW를 초과하는 철금속가열로
③ 온수를 발생시키는 보일러로서 대기개방형인 주철제 보일러
④ 최고사용압력이 0.2MPa를 초과하는 증기를 보유하는 용기로서 내용적이 $0.004m^3$ 이상인 용기

해설

「에너지이용 합리화법 시행규칙 별표 3의3」

(1) **강철제 보일러, 주철제 보일러**
　다음 각 호의 어느 하나에 해당하는 것은 제외한다.
　• 최고사용압력이 0.1MPa 이하이고, 동체의 안지름이 300 미리미터 이하이며, 길이가 600미리미터 이하인 것
　• 최고사용압력이 0.1MPa 이하이고, 전열면적이 5제곱미터 이하인 것
　• 2종 관류보일러
　• 온수를 발생시키는 보일러로서 대기개방형인 것

(2) **소형 온수보일러**
　가스를 사용하는 것으로서 가스사용량이 17kg/h(도시가스는 232.6킬로와트)를 초과하는 것

(3) **철금속가열로**
　정격용량이 0.58MW를 초과하는 것

정답 | ④

67 빈출도 ★★

수평으로 설치되어 있는 외경 40mm의 증기관에 열전도율이 0.1W/m·K 보온재(두께 15mm)가 시공되어 있다. 보온재 내면온도가 55℃, 외면온도가 20℃일 때 관의 길이 1m당 열손실량(W)는? (단, 이 때 복사열은 무시한다.)

① 30.0 ② 36.6
③ 40.0 ④ 46.6

해설

관의 열 손실량을 구하는 공식은 아래와 같다.

$$Q = \frac{\lambda \times \Delta T \times 2\pi l}{\ln\left(\frac{r_2}{r_1}\right)}$$

λ: 열전도율(W/m·K), ΔT: 온도차(K), l: 관의 길이(m),
r_1: 외반경(m), r_2: 내반경(m)

$r_2 = 0.02 + 0.015 = 0.035\text{m}$

$$Q = \frac{0.1 \times ((55+273)-(20+273)) \times 2\pi \times 1}{\ln\left(\frac{0.035}{0.02}\right)} = 40\text{W}$$

※ 내반경은 외반경+두께로 구한다.

정답 | ③

68 빈출도 ★★★

에너지법에서 정의하는 용어에 대한 설명으로 틀린 것은?

① "에너지사용자"란 에너지사용시설의 소유자 또는 관리자를 말한다.
② "에너지사용시설"이란 에너지를 사용하는 공장, 사업장 등의 시설이나 에너지를 전환하여 사용하는 시설을 말한다.
③ "에너지공급자"란 에너지를 생산, 수입, 전환, 수송, 저장, 판매하는 사업자를 말한다.
④ "연료"란 석유, 석탄, 대체에너지 기타 열 등으로 제품의 원료로 사용되는 것을 말한다.

해설

「에너지법 제2조」
"연료"란 석유·가스·석탄, 그 밖에 열을 발생하는 열원(熱源)을 말한다. 다만, 제품의 원료로 사용되는 것은 제외한다.

정답 | ④

69 빈출도 ★

관로의 마찰손실수두의 관계에 대한 설명으로 틀린 것은?

① 유체의 비중량에 반비례한다.
② 관 지름에 반비례한다.
③ 유체의 속도에 비례한다.
④ 관 길이에 비례한다.

해설

관로의 마찰손실수두 관계는 유체의 속도의 제곱에 비례한다.

정답 | ③

70 빈출도 ★★★

다음 열사용기자재에 대한 설명으로 가장 적절한 것은?

① 연료 및 열을 사용하는 기기, 축열식 전기기기와 단열성 자재를 말한다.
② 일명 특정 열사용기자재라고도 한다.
③ 연료 및 열을 사용하는 기기만을 말한다.
④ 기기의 설치 및 시공에 있어 안전관리, 위해방지 또는 에너지이용의 효율관리가 특히 필요하다고 인정되는 기자재를 말한다.

해설

「에너지법 제2조」
"열사용기자재"란 연료 및 열을 사용하는 기기, 축열식 전기기기와 단열성(斷熱性) 자재로서 산업통상자원부령으로 정하는 것을 말한다.

정답 | ①

71 빈출도 ★

에너지이용 합리화법에 따라 검사대상기기의 설치자가 사용 중인 검사대상기기를 폐기한 경우에는 폐기한 날부터 최대 며칠 이내에 검사대상기기 폐기신고서를 한국에너지공단 이사장에게 제출하여야 하는가?

① 7일
② 10일
③ 15일
④ 20일

해설

「에너지이용 합리화법 시행규칙 제31조23」
검사대상기기의 설치자가 사용 중인 검사대상기기를 폐기한 경우에는 폐기한 날부터 15일 이내에 검사대상기기 폐기신고서를 한국에너지공단 이사장에게 제출하여야 한다.

정답 | ③

72 빈출도 ★★

터널가마에서 샌드 시일(Sand seal) 장치가 마련되어 있는 주된 이유는?

① 내화벽돌 조각이 아래로 떨어지는 것을 막기 위하여
② 열 절연의 역할을 하기 위하여
③ 찬바람이 가마 내로 들어가지 않도록 하기 위하여
④ 요차를 잘 움직이게 하기 위하여

해설

샌드 시일 장치는 내부의 고온 열가스와 저온의 차축부간의 열 절연 역할을 위해 설치한다.

정답 | ②

73 빈출도 ★★★

다이어프램 밸브(Diaphragm Valve)에 대한 설명으로 틀린 것은?

① 화학약품을 차단함으로써 금속부분의 부식을 방지한다.
② 기밀을 유지하기 위한 패킹을 필요로 하지 않는다.
③ 저항이 적어 유체의 흐름이 원활하다.
④ 유체가 일정 이상의 압력이 되면 작동하여 유체를 분출시킨다.

해설

유체가 일정 이상의 압력이 되면 작동하여 유체를 분출시키는 것은 조압밸브이다.

관련개념 다이어프램 밸브

- 밸브 내의 둑과 막판인 다이어프램이 상접하는 구조의 밸브로 탄성력이 매우 좋다.
- 둑과 다이어프램이 떨어지면서 유체의 흐름이 진행되고 밀착시 유체의 흐름이 정지되므로 흐름이 주는 영향이 비교적 적다.
- 내열, 내약품 고무제의 막판을 사용하여 패킹이 불필요하며, 금속 부분의 부식염려가 적어 산 등의 화학약품을 차단하는데 사용한다.

정답 | ④

74 빈출도 ★★

다음 중 중성 내화물에 속하는 것은?

① 납석질 내화물
② 고알루미나질 내화물
③ 반규석질 내화물
④ 샤모트질 내화물

해설

구분	내화물
염기성 내화물	마그네시아질, 불소성 마그네시아질, 돌로마이트질, 포스테라이트질, 개량 마그네시아질 등
중성 내화물	고알루미나질, 크롬질, 탄소질, 탄화규소질 등
특수 내화물	지르코니아질, 베릴리아질, 토리아질, 지르콘질 등

정답 | ②

75 빈출도 ★

보온재 내 공기 이외의 가스를 사용하는 경우 가스 분자량이 공기의 분자량보다 적으면 보온재의 열전도율의 변화는?

① 동일하다.
② 낮아진다.
③ 높아진다.
④ 높아지다가 낮아진다.

해설

가스의 분자량이 공기의 분자량보다 적으면 분자운동이 높아지기 때문에 열전도율이 높아진다.

정답 | ③

76 빈출도 ★★

다음 중 고온용 보온재가 아닌 것은?

① 우모펠트
② 규산칼슘
③ 세라믹화이버
④ 펄라이트

해설

일반적으로 고온용 보온재는 무기질 보온재를, 저온용 보온재는 유기질 보온재를 사용한다.

특성	종류
유기질 보온재	펠트(우모펠트), 우레탄폼, 코르크, 양모, 펄프, 기포성 수지 등
무기질 보온재	석면, 암면, 규조토, 탄산마그네슘, 규산칼슘, 세라믹화이버, 펄라이트, 유리섬유 등

정답 | ①

77 빈출도 ★★

연속가마, 반연속가마, 불연속가마의 구분 방식은 어떤 것인가?

① 온도상승 속도
② 사용목적
③ 조업방식
④ 전열방식

해설

조업방식에 따라 불연속식, 반연속식, 연속식으로 분류된다.

정답 | ③

78 빈출도 ★★★

에너지이용 합리화법에 따라 인정검사 대상기기 조종자의 교육을 이수한 자의 조종 범위에 해당하지 않는 것은?

① 용량이 3t/h인 노통 연관식 보일러
② 압력용기
③ 온수를 발생하는 보일러로서 용량이 300kW인 것
④ 증기 보일러로서 최고사용 압력이 0.5MPa이고 전열면적이 9m²인 것

해설

「에너지이용 합리화법 시행규칙 별표 3의9」
검사대상기기관리자의 자격 및 조종범위

관리자의 자격	관리범위
에너지관리기능장 또는 에너지관리기사	용량이 30t/h를 초과하는 보일러
에너지관리기능장, 에너지관리기사 또는 에너지관리산업기사	용량이 10t/h를 초과하고 30t/h 이하인 보일러
에너지관리기능장, 에너지관리기사, 에너지관리산업기사 또는 에너지관리기능사	용량이 10t/h 이하인 보일러
에너지관리기능장, 에너지관리기사, 에너지관리산업기사, 에너지관리기능사 또는 인정검사대상기기관리자의 교육을 이수한 자	• 증기보일러로서 최고사용압력이 1MPa 이하이고, 전열면적이 10제곱미터 이하인 것 • 온수발생 및 열매체를 가열하는 보일러로서 용량이 581.5킬로와트 이하인 것 • 압력용기

정답 | ①

79 빈출도 ★★★

보온재의 열전도율에 대한 설명으로 틀린 것은?

① 재료의 두께가 두꺼울수록 열전도율이 낮아진다.
② 재료의 밀도가 클수록 열전도율이 낮아진다.
③ 재료의 온도가 낮을수록 열전도율이 낮아진다.
④ 재질 내 수분이 적을수록 열전도율이 낮아진다.

해설
재료의 밀도가 작을수록 열전도율이 낮아진다.

정답 | ②

80 빈출도 ★

에너지이용 합리화법에 따라 검사 대상기기 조종자의 해임신고는 신고 사유가 발생한 날로부터 며칠 이내에 하여야 하는가?

① 15일   ② 20일
③ 30일   ④ 60일

해설
「에너지이용 합리화법 시행규칙 제31조28」
검사대상기기의 설치자는 검사대상기기관리자를 선임·해임하거나 검사대상기기관리자가 퇴직한 경우에는 검사대상기기관리자 선임(해임, 퇴직)신고서에 자격증수첩과 관리할 검사대상기기 검사증을 첨부하여 공단이사장에게 제출하여야 한다. 신고는 신고 사유가 발생한 날부터 30일 이내에 하여야 한다.

정답 | ③

열설비설계

81 빈출도 ★★

다음 [보기]에서 설명하는 보일러 보존방법은?

- 보존기간이 6개월 이상인 경우 적용한다.
- 1년 이상 보존할 경우 방청도료를 도포한다.
- 약품의 상태는 1~2주마다 점검하여야 한다.
- 동 내부의 산소제거는 숯불 등을 이용한다.

① 석회밀폐 건조보존법
② 만수보존법
③ 질소가스 봉입보존법
④ 가열건조법

해설 건조보존법
- 6개월 이상인 경우 흡습제를 첨가하고 밀폐시켜 보존해야 하며, 약품의 상태는 1~2주마다 점검하고 동 내부 산소는 숯불을 용기에 넣어 제거한다. 1년 이상 보존할 경우 방청도료를 도포해야 한다.
- 종류로는 석회밀폐식, 장기보존법식 등이 있다.

정답 | ①

82 빈출도 ★★

다음 중 인젝터의 시동순서로 옳은 것은?

㉮ 핸들을 연다.
㉯ 증기 밸브를 연다.
㉰ 급수 밸브를 연다.
㉱ 급수 출구관에 정지 밸브가 열렸는지 확인한다.

① ㉱ → ㉰ → ㉯ → ㉮
② ㉯ → ㉰ → ㉮ → ㉱
③ ㉰ → ㉯ → ㉱ → ㉮
④ ㉱ → ㉰ → ㉮ → ㉯

해설
여는 순서는 ㉱ → ㉰ → ㉯ → ㉮ 이며, 닫는 순서는 반대인 ㉮ → ㉯ → ㉰ → ㉱이다.

정답 | ①

83 빈출도 ★★

보일러 사고의 원인 중 제작상의 원인으로 가장 거리가 먼 것은?

① 재료불량
② 구조 및 설계불량
③ 용접불량
④ 급수처리 불량

해설
급수처리 불량은 취급상의 원인에 해당한다.

관련개념 보일러 사고의 원인
(1) **제작상의 원인**
  - 구조, 설계, 용접, 재료 불량
  - 강도 부족
  - 부속장치의 미비
(2) **취급상의 원인**
  - 압력초과, 저수위사고, 급수처리 불량
  - 부식 과열, 가스폭발
  - 부속장치 정비불량 등

정답 | ④

84 빈출도 ★

바이메탈 트랩에 대한 설명으로 옳은 것은?

① 배기능력이 탁월하다.
② 과열증기에도 사용할 수 있다.
③ 개폐온도의 차가 적다.
④ 밸브폐색의 우려가 있다.

해설 바이메탈 트랩의 특징
- 응축수의 온도에 따라 작동 및 조작이 가능하다.
- 증기의 누설이 거의 없고 구조상 고압에 적당하여 배압이 높아도 작동이 양호하다.
- 온도에 따라 반응시간이 다르기 때문에 작동에 어려움이 있으며 설치시 위치 제한이 있다.
- 공기 및 가스를 자유로운 배출로 배기능력이 탁월하다.

정답 | ①

85 빈출도 ★★

물의 탁도(Turbidity)에 대한 설명으로 옳은 것은?

① 증류수 1L 속에 정제카올린 1mg을 함유하고 있는 색과 동일한 색의 물을 탁도 1도의 물로 한다.
② 증류수 1L 속에 정제카올린 1g을 함유하고 있는 색과 동일한 색의 물을 탁도 1도의 물로 한다.
③ 증류수 1L 속에 황산칼슘 1mg을 함유하고 있는 색과 동일한 색의 물을 탁도 1도의 물로 한다.
④ 증류수 1L 속에 황산칼슘 1g을 함유하고 있는 색과 동일한 색의 물을 탁도 1도의 물로 한다.

해설
증류수 1L 속에 정제카올린 1mg을 함유하고 있는 색과 동일한 색의 물은 탁도 1도의 물로 한다.

정답 | ①

86 빈출도 ★★

증기 10t/h를 이용하는 보일러의 에너지 진단 결과가 아래 표와 같다. 이 때, 공기비 개선을 통한 에너지 절감률(%)은?

명칭	결과값
입열합계(kcal/kg-연료)	9,800
개선전 공기비	1.8
개선후 공기비	1.1
배기가스온도(℃)	110
이론공기량(Nm³/kg-연료)	10.696
연소공기 평균비열(kcal/kg·℃)	0.31
송풍공기 온도(℃)	20
연료의 저위발열량(kcal/Nm³)	9,540

① 1.6 ② 2.1
③ 2.8 ④ 3.2

해설

에너지 절감률에 대한 공식은 다음과 같다.

$$S = \frac{Q_0}{Q_i} \times 100$$

S: 에너지 절감률(%), Q_i: 입열합계(kcal/kg), Q_0: 에너지 절감량(kcal/kg)

공기비 개선을 통한 에너지 절감률 공식은 다음과 같다.

$$Q_0 = C_a \times (m_1 - m_2) \times A_0 \times (T_1 - T_2)$$

Q_0: 에너지 절감량(kcal/kg), C_a: 연소공기 평균비열(kcal/kg·℃), m_1: 개선전 공기비, m_2: 개선후 공기비, A_0: 이론공기량(Nm³/kg), T_1: 배기가스 온도(℃), T_2: 송풍공기 온도(℃)

$Q_0 = 0.31 \times (1.8 - 1.1) \times 10.696 \times (110 - 20)$
$= 0.31 \times 0.7 \times 10.696 \times 90$
$= 208.893 \text{kcal/kg}$

$S = \frac{Q_0}{Q_i} \times 100 = \frac{208.893}{9,800} \times 100 = 2.13\%$

정답 | ②

87 빈출도 ★★

열교환기에 입구와 출구의 온도차가 각각 $\Delta\theta'$, $\Delta\theta''$일 때 대수평균 온도차($\Delta\theta_m$)의 식은? (단, $\Delta\theta' > \Delta\theta''$이다.)

① $\dfrac{\ln\dfrac{\Delta\theta'}{\Delta\theta''}}{\Delta\theta' - \Delta\theta''}$
② $\dfrac{\ln\dfrac{\Delta\theta''}{\Delta\theta'}}{\Delta\theta' - \Delta\theta''}$
③ $\dfrac{\Delta\theta' - \Delta\theta''}{\ln\dfrac{\Delta\theta'}{\Delta\theta''}}$
④ $\dfrac{\Delta\theta' - \Delta\theta''}{\ln\dfrac{\Delta\theta''}{\Delta\theta'}}$

해설

대수평균온도차 공식은 아래와 같다.

$$\Delta\theta_m = \frac{\Delta\theta' - \Delta\theta''}{\ln\dfrac{\Delta\theta'}{\Delta\theta''}} = \frac{\Delta T_1 - \Delta T_2}{\ln\dfrac{\Delta T_1}{\Delta T_2}}$$

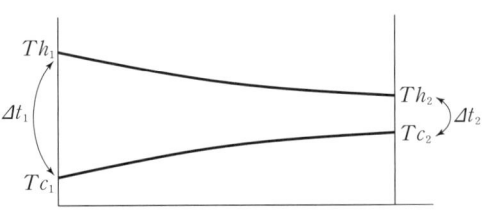

정답 | ③

88 빈출도 ★

히트파이프의 열교환기에 대한 설명으로 틀린 것은?

① 열저항이 적어 낮은 온도차에서도 열회수가 가능
② 전열면적을 크게 하기 위해 핀튜브를 사용
③ 수평, 수직, 경사구조로 설치 가능
④ 별도 구동장치의 동력이 필요

해설

히트파이프는 작동시 별도 구동장치의 동력원을 필요로 하지 않는다.

정답 | ④

89 빈출도 ★

보일러의 증발량이 20ton/h이고, 보일러 본체의 전열면적이 450m²일 때, 보일러의 증발률(kg/m²·h)은?

① 24
② 34
③ 44
④ 54

해설

$$e = \frac{W}{A}$$

e: 보일러 증발률(kg/m²·h), W: 실제 증발량(kg/h), A: 면적(m²)

$$e = \frac{20 \times 10^3 \text{kg/h}}{450\text{m}^2} = \frac{20,000\text{kg/h}}{450\text{m}^2} = 44.44\text{kg/m}^2 \cdot \text{h}$$

정답 | ③

90 빈출도 ★

해수 마그네시아 침전 반응을 바르게 나타낸 식은?

① $3MgO + 2SiO_2 \cdot 2H_2O + 3CO_2$
　$\rightarrow 3MgCO_2 + 2SO_2 + 2H_2O$
② $CaCO_3 + MgCO_3 \rightarrow CaMg(CO_3)_2$
③ $CaMg(CO_3)_2 + MgCO_3 \rightarrow 2MgCO_3 + CaCO_3$
④ $MgCO_3 + Ca(OH)_2 \rightarrow Mg(OH)_2 + CaCO_3$

해설

산화마그네슘(MgO)을 마그네시아라고 하며, 내화물로 사용하지만 산출양이 적어 공업 용도에는 많이 사용되지 않는다. 대표적인 마그네시아(산화마그네슘) 제조 식은 아래와 같다.

- $MgCO_3 + Ca(OH)_2 \rightarrow Mg(OH)_2 + CaCO_3$
- $MgCO_3 + 2NaOH \rightarrow Mg(OH)_2 + Na_2CO_3$

정답 | ④

91 빈출도 ★★

육용강제 보일러에서 길이 스테이 또는 경사 스테이를 핀 이음으로 부착할 경우, 스테이 휠 부분의 단면적은 스테이 소요 단면적의 얼마 이상으로 하여야 하는가?

① 1.0배
② 1.25배
③ 1.5배
④ 1.75배

해설

스테이 휠 부분의 단면적은 1.25배 이상으로 한다.

관련개념 핀이음에 따른 길이 스테이 부착

- 스테이(길이, 경사) 핀 이음으로 부착 시 핀이 2곳에서 전달력을 받아야 한다.
- 핀의 단면적은 스테이 소요 단면적의 3/4 이상으로 한다.
- 스테이 휠 부분의 단면적은 1.25배 이상으로 한다.

정답 | ②

92 빈출도 ★★

보일러와 압력용기에서 일반적으로 사용되는 계산식에 의해 산정되는 두께에 부식여유를 포함한 두께를 무엇이라 하는가?

① 계산 두께
② 실제 두께
③ 최소 두께
④ 최대 두께

해설

최소 두께는 보일러와 압력용기 등 계산 시 사용되는 부식 마모에 대한 여유를 포함한 두께를 말한다.

정답 | ③

93 빈출도 ★★

원수(原水) 중의 용존산소를 제거할 목적으로 사용되는 약제가 아닌 것은?

① 탄닌
② 히드라진
③ 아황산나트륨
④ 폴리아미드

해설

용도	종류
용존산소 제거 (탈산소제)	아황산나트륨, 히드라진, 탄닌 등
기포방지제	폴리아미드, 에스테르, 알코올 등

정답 | ④

94 빈출도 ★★

지름이 5cm인 강관(50W/m·K) 내에 98K의 온수가 0.3m/s로 흐를 때, 온수의 열전달계수(W/m²·K)는? (단, 온수의 열전도도는 0.68W/m·K이고, Nu수(Nusselt number)는 160이다.)

① 1,238
② 2,176
③ 3,184
④ 4,232

해설

열전달계수 공식은 다음과 같다.

$$\epsilon = \frac{k}{D} \times N_u$$

ϵ: 열전달계수(W/m²·K), k: 열전도도(W/m·K), D: 지름(m), N_u: Nu수

$\epsilon = \frac{0.68}{0.05} \times 160 = 13.6 \times 160 = 2,176 W/m^2 \cdot K$

정답 | ②

95 빈출도 ★★★

맞대기 용접은 용접방법에 따라 그루브를 만들어야 한다. 판 두께 10mm에 할 수 있는 그루브의 형상이 아닌 것은?

① V형
② R형
③ H형
④ J형

해설

H형의 판의 두께는 19mm 이상이다.

관련개념 강판의 두께의 따른 그루브의 형상

그루브 형상	강판 두께
V형, R형, J형	6mm 이상 16mm 이하
X형, K형, 양면 J형, 양면 U형	12mm 이상 38mm 이하
H형	19mm 이상

정답 | ③

96 빈출도 ★

저압용으로 내식성이 크고, 청소하기 쉬운 구조이며, 증기압이 2kg/cm² 이하의 경우에 사용되는 절탄기는?

① 강관식
② 이중관식
③ 주철관식
④ 황동관식

해설 주철관식 절탄기

- 증기압력은 2kg/cm² 이하이다.
- 절탄기로 공급되는 물의 온도는 50℃이다.
- 내식성, 내마모성이 크고 청소하기 쉬운 구조로 되어있다.

정답 | ③

97 빈출도 ★★

육용강제 보일러에서 오목면에 압력을 받는 스테이가 없는 접시형 경판으로 노통을 설치할 경우, 경판의 최소 두께(mm)를 구하는 식으로 옳은 것은? (단, P: 최고 사용압력(kg/cm^2), R: 접시모양 경판의 중앙부에서의 내면 반지름(mm), σ_a: 재료의 허용 인장응력(kg/mm^2), η: 경판자체의 이음효율, A: 부식여유(mm)이다.)

① $t = \dfrac{PR}{150\sigma_a\eta} + A$ ② $t = \dfrac{150PR}{(\sigma_a+\eta)A}$

③ $t = \dfrac{PR}{150\sigma_a\eta} + R$ ④ $t = \dfrac{AR}{\sigma_a\eta} + 150$

해설

육용강제 보일러 경판의 최소 두께를 구하는 공식은 아래와 같다.

$$t = \dfrac{PR}{150\sigma_a\eta} + A$$

t: 최소 두께(mm), P: 최고 사용압력(kg/cm^2),
R: 접시모양 경판의 중앙부에서의 내면 반지름(mm),
σ_a: 재료의 허용 인장응력(kg/mm^2), η: 이음효율(%),
A: 부식 여유(mm)

정답 | ①

98 빈출도 ★★

급수처리에서 양질의 급수를 얻을 수 있으나 비용이 많이 들어 보급수의 양이 적은 보일러 또는 선박보일러에서 해수로부터 정수를 얻고자 할 때 주로 사용하는 급수처리 방법은?

① 증류법
② 여과법
③ 석회소다법
④ 이온교환법

해설

증류법은 증발기를 사용하여 물을 증류하는 방법으로 비휘발성인 물 속 광물질로 극히 양질의 급수를 얻을 수 있으나 가격이 비싸다.

관련개념 보일러 용수 급수처리 방법

물리적 처리	증류법, 가열연화법, 여과법, 탈기법
화학적 처리	석회소다법(약품첨가법), 이온교환법

정답 | ①

99 빈출도 ★★

다음 중 기수분리의 방법에 따른 분류로 가장 거리가 먼 것은?

① 장애판을 이용한 것
② 그물을 이용한 것
③ 방향전환을 이용한 것
④ 압력을 이용한 것

해설

가스분리의 방법에 따른 분류

- 스크레버식 또는 스크러버식: 파도 물결형의 다수 장애판(강판)을 이용한다.
- 건조 스크린식: 금속 그물망판을 이용한다.
- 배플식(장애판): 배플식판을 이용하여 증기의 진행방향을 전환한다.
- 싸이클론식: 원심분리기의 원심력을 이용한다.
- 다공판식: 다수의 구멍이 뚫려있는 구멍판을 이용한다.

정답 | ④

100 빈출도 ★

노통 보일러의 평형 노통을 일체형으로 제작하면 강도가 약해지는 결점이 있다. 이러한 결점을 보완하기 위하여 몇 개의 플랜지형 노통으로 제작하는 데 이 때의 이음부를 무엇이라 하는가?

① 브리징 스페이스
② 가세트 스테이
③ 평형 조인트
④ 아담슨 조인트

해설

아담슨 조인트(Adamson Joint)는 아담슨 이음이라고 하며, 일체형의 평형 노통 제작 시 강도가 약한 결점을 보완하기 위해 여러개의 노통을 제작하고 접합시 플랜지 또는 만곡부를 형성하여 윤판을 넣고 보강시킨다.

정답 | ④

2018년 4회 기출문제

연소공학

01 빈출도 ★★

연돌에서의 배기가스 분석 결과 CO_2 14.2%, O_2 4.5%, CO 0%일 때 탄산가스의 최대량$((CO_2)_{max})(\%)$는?

① 10.5 ② 15.5
③ 18.0 ④ 20.5

해설

$$m = \frac{CO_2 \text{ 최대량}}{CO_2} = \frac{21}{21 - O_2}$$

문제에서 CO가 0이므로 완전연소일 경우, O_2로만 계산할 수 있다.

$$\frac{CO_{2\max}}{14.2} = \frac{21}{21 - 4.5}$$

$$CO_{2\max} = \frac{21}{16.5} \times 14.2 = 18.07\%$$

정답 | ③

02 빈출도 ★★

내화재로 만든 화구에서 공기와 가스를 따로 연소실에 송입하여 연소시키는 방식으로 대형가마에 적합한 가스연료 연소장치는?

① 방사형 버너 ② 포트형 버너
③ 선회형 버너 ④ 건타입형 버너

해설

포트형 버너(Port type)는 내화재로 만든 화구에서 공기와 가스를 따로 연소실에서 연소하는 방식으로, 연소속도가 느리지만 긴 화염을 얻어 대형가마에 적합하다.

정답 | ②

03 빈출도 ★

순수한 CH_4를 건조 공기로 연소시키고 난 기체 화합물을 응축기로 보내 수증기를 제거시킨 다음, 나머지 기체를 Orsat법으로 분석한 결과, 부피비로 CO_2가 8.21%, CO가 0.41%, O_2가 5.02%, N_2가 86.36% 이었다. CH_4 1kg-mol 당 약 몇 kg-mol의 건조 공기가 필요한가?

① 7.3   ② 8.5
③ 10.3 ④ 12.1

해설

메탄(CH_4)의 완전연소반응식

$$CH_4 + 2O_2 \rightarrow CO_2 + 2H_2O$$

CH_4과 O_2은 1 : 2 반응이므로 이를 이용하여 실제공기량을 구한다.

$$A = m \times \frac{O_o}{0.21}$$

A: 실제공기량, m: 공기비, O_o: 이론산소량

연소가스 조성 공기비(m) 공식은 다음과 같다.

$$m = \frac{N_2}{N_2 - 3.76(O_2 - 0.5 \times CO)}$$

$$m = \frac{86.36}{86.36 - 3.76 \times (5.02 - 0.5 \times 0.41)} = 1.265$$

$$A = m \times \frac{O_o}{0.21} = 1.265 \times \frac{2}{0.21} = 12.04 \text{kg-mol}$$

정답 | ④

04 빈출도 ★★

표준 상태에서 고위발열량과 저위발열량의 차이는?

① 80cal/mol ② 539cal/mol
③ 9,200cal/mol ④ 9,702cal/mol

해설

고위발열량(H_h)은 저위발열량(H_l)에서 연료중 수분 및 수소가 포함된 발열량이다.
$H_h = H_l +$ 물의 증발잠열
증발잠열 $= \dfrac{539\text{kcal}}{\text{kg}} \times \dfrac{18\text{kg}}{1\text{mol}} = 9{,}702\text{kcal/mol}$

※ 표준상태에서 물의 증발잠열은 539kcal/kg=539cal/g이다.

정답 | ④

05 빈출도 ★

로터리 버너를 장시간 사용하였더니 노벽에 카본이 많이 붙어 있었다. 다음 중 주된 원인은?

① 공기비가 너무 컸다.
② 화염이 닿는 곳이 있었다.
③ 연소실 온도가 너무 높았다.
④ 중유의 예열 온도가 너무 높았다.

해설

버너에서 발생한 화염이 노벽에 닿으면 분무된 연료가 불완전 연소되어 노벽에 카본이 많이 붙는다.

정답 | ②

06 빈출도 ★★

다음 중 기상폭발에 해당되지 않는 것은?

① 가스 폭발 ② 분무 폭발
③ 분진 폭발 ④ 수증기 폭발

해설

수증기 폭발은 응상폭발이다.
기상폭발이란 기상(기체)상태의 물질이 폭발하는 것을 말한다. 종류는 가스, 분해, 분진, 분무, 박막, 증기운 폭발 등이 있다.

정답 | ④

07 빈출도 ★

부탄가스의 폭발 하한값은 1.8Vol%이다. 크기가 10m×20m×3m인 실내에서 부탄의 질량이 최소 약 몇 kg일 때 폭발할 수 있는가? (단, 실내 온도는 25°C이다.)

① 24.1 ② 26.1
③ 28.5 ④ 30.5

해설

부탄가스의 폭발 하한값은 1.8Vol%이므로, 최소 폭발량(V_c)은
$(10\text{m} \times 20\text{m} \times 3\text{m}) \times 0.018 = 10.8\text{m}^3$이다.

환산부피 $\dfrac{P_0 V_0}{T_0} = \dfrac{P_1 V_1}{T_1}$

$\dfrac{1 \times V_0}{0+273} = \dfrac{1 \times 10.8}{25+273}$

$V_0 = \dfrac{10.8}{298} \times 273 = 9.894\text{Nm}^3$

부탄(C_4H_{10})의 분자량 $= (4 \times 12) + (1 \times 10) = 58$
부탄(C_4H_{10}) 1kmol $= 22.4\text{Nm}^3 = 58$kg이므로 9.894Nm^3에서의 질량을 구하면,
$58\text{kg} : 22.4\text{Nm}^3 = x : 9.894\text{Nm}^3$
$x = 25.61\text{kg}$
따라서, 선지에서 폭발범위를 만족하는 최소값은 ②번이다.

정답 | ②

08 빈출도 ★★

연소기의 배기가스 연도에 댐퍼를 부착하는 이유로 가장 거리가 먼 것은?

① 통풍력을 조절한다.
② 과잉공기를 조절한다.
③ 배기가스의 흐름을 차단한다.
④ 주연도, 부연도가 있는 경우에는 가스의 흐름을 바꾼다.

해설

연소용 공기의 풍량조절(과잉공기 조절)은 송풍기로 한다.

정답 | ②

09 빈출도 ★★

다음 중 습한 함진가스에 가장 적절하지 않은 집진장치는?

① 사이클론
② 멀티클론
③ 스크러버
④ 여과식 집진기

해설

여과식 집진기는 건식 함진가스로 사용된다.

관련개념 건식 집진장치와 습식 집진장치

- 건식 집진장치: 중력식, 원심력, 관성력, 여과식 등
- 습식 집진장치: 유수식, 회전식, 가압수식 등

집진형식	종류
유수식	임펠러형, 회전형, 분수형, S형 등
회전식	타이젠 와셔, 충격식 스크러버 등
가압수식	벤츄리 스크러버, 제트 스크러버, 사이클론 스크러버, 분무탑, 충전탑 등

정답 | ④

10 빈출도 ★

경유 1,000L를 연소시킬 때 발생하는 탄소량은 약 몇 TC인가? (단, 경유의 석유환산계수는 0.92TOE/kL, 탄소배출계수는 0.837TC/TOE이다.)

① 77   ② 7.7
③ 0.77   ④ 0.077

해설

탄소배출량 $= 1\text{kL} \times \dfrac{0.92\text{TOE}}{\text{kL}} \times \dfrac{0.837\text{TC}}{\text{TOE}} = 0.77\text{TC}$

정답 | ③

11 빈출도 ★★

공기비 1.3에서 메탄을 연소시킨 경우 단열연소온도는 약 몇 K인가? (단, 메탄의 저발열량은 49MJ/kg, 배기가스의 평균비열은 1.29kJ/kg·K이고 고온에서의 열분해는 무시하고, 연소 전 온도는 25°C이다.)

① 1,663   ② 1,932
③ 1,965   ④ 2,230

해설

저위발열량(H_l)을 이용한 연소온도 구하는 식은 다음과 같다.

$$t_c = \dfrac{H_l}{G \times C} + t_0$$

t_c: 연소온도(K), H_l: 저위발열량(kJ/kg), G: 연소가스량(kg/kg), C: 비열(kJ/kg·K), t_0: 초기 온도(K)

이때 연소가스량(G)을 구하여야 한다.

$$G = (m - 0.23)A_0 + \text{생성된 } CO_2 + \text{생성된 } H_2O$$

m: 공기비, A_0: 이론공기량

메탄(CH_4) 1kg 연소 질량을 계산한다.
메탄(CH_4)의 완전연소반응식
$CH_4 + 2O_2 \rightarrow CO_2 + 2H_2O$
CH_4의 분자량 $= (1 \times 12) + (1 \times 4) = 16\text{kg/kmol}$
CO_2 배출량
CH_4와 CO_2는 1 : 1반응이므로 CH_4 1kg 반응하면 CO_2는
$\dfrac{1 \times 44}{16} = 2.75\text{kg}$이다.
H_2O 배출량
CH_4와 H_2O는 1 : 2반응이므로 CH_4 1kg 반응하면 H_2O는
$\dfrac{1 \times 2 \times 18}{16} = 2.25\text{kg}$이다.

$G = (1.3 - 0.2337) \times \dfrac{\dfrac{2 \times 32}{16}}{0.2337} + 2.75 + 2.25 = 23.2507$

$t_c = \dfrac{H_l}{G \times C} + t_0 = \dfrac{49,000}{23.2507 \times 1.29} + (25 + 273) = 1,931.69\text{K}$

정답 | ②

12 빈출도 ★★

다음 기체연료에 대한 설명 중 틀린 것은?

① 고온연소에 의한 국부가열의 염려가 크다.
② 연소조절 및 점화, 소화가 용이하다.
③ 연료의 예열이 쉽고 전열효율이 좋다.
④ 적은 공기로 완전연소시킬 수 있으며 연소효율이 높다.

해설

액체연료 경우 높은 온도에서 국부가열의 염려 및 과열이 생긴다.

관련개념 기체연료 특징

- 적은 과잉공기로 완전연소가 가능하여 연소효율이 높아진다.
- 부하변동 범위가 넓어 저발열량의 연료로 고온을 얻는다.
- 연소가 균일하고 조절이 용이하며, 매연이 발생하지 않는다.
- 저장 및 수송이 불편하고, 설비비 및 연료비가 많이 든다.
- 취급 시 폭발 위험과 일산화탄소(CO) 등 유해가스의 노출위험이 있다.

정답 | ①

13 빈출도 ★★

가스버너로 연료가스를 연소시키면서 가스의 유출속도를 점차 빠르게 하였다. 이때 어떤 현상이 발생하겠는가?

① 불꽃이 엉클어지면서 짧아진다.
② 불꽃이 엉클어지면서 길어진다.
③ 불꽃형태는 변함없으나 밝아진다.
④ 별다른 변화를 찾기 힘들다.

해설

연료가스의 유출속도가 상승할 경우 가스 흐름이 흐트러짐과 동시에 난류 현상으로 불꽃이 엉클어지고 짧아진다.

정답 | ①

14 빈출도 ★

체적이 $0.3m^3$인 용기 안에 메탄(CH_4)과 공기 혼합물이 들어있다. 공기는 메탄을 연소시키는데 필요한 이론공기량보다 20% 더 들어 있고, 연소 전 용기의 압력은 $300kPa$, 온도는 $90°C$이다. 연소 전 용기 안에 있는 메탄의 질량은 약 몇 g인가?

① 27.6
② 33.7
③ 38.4
④ 42.1

해설

$$PV = mRT$$

P: 압력(kPa), V: 부피(m^3), m: 질량(kg),
R: 기체상수(kJ/kg·K), T: 온도(K)

메탄(CH_4)의 완전연소반응식
$CH_4 + 2O_2 \rightarrow CO_2 + 2H_2O$
혼합기체 속 메탄(CH_4)의 비율을 구하여 메탄의 부피를 구한다.
메탄(CH_4)의 비율 =
$\dfrac{메탄}{메탄+공기} = \dfrac{22.4}{22.4+256} \times 100 = 8.046\%$

공기량$(A) = \dfrac{2 \times 22.4}{0.21} \times 1.2 = 256m^3$

메탄(CH_4)의 부피$(V) = 0.3 \times 0.0846 = 0.02538m^3$

$m = \dfrac{PV}{RT} = \dfrac{300 \times 0.02538}{\dfrac{8.314}{16} \times (90+273)} = 0.0384kg = 38.4g$

정답 | ③

15 빈출도 ★★

다음과 같이 조성된 발생로 내 가스를 15%의 과잉공기로 완전연소시켰을 때 건연소가스량(Sm^3/Sm^3)은? (단, 발생로 가스의 조성은 CO 31.3%, CH_4 2.4%, H_2 6.3%, CO_2 0.7%, N_2 59.3%이다.)

① 1.99
② 2.54
③ 2.87
④ 3.01

해설

이론공기량을 구하기 위해 가연성분 연소에 필요한 산소량을 구하여야 한다.
가연성분 완전연소반응식
$H_2 + \frac{1}{2}O_2 \to H_2O$
$CO + \frac{1}{2}O_2 \to CO_2$
$CH_4 + 2O_2 \to CO_2 + 2H_2O$

$$O_o = (0.5 \times H_2 + 0.5 \times CO + 2 \times CH_4) - O_2$$

$O_o = 0.5 \times 0.063 + 0.5 \times 0.313 + 2 \times 0.024 = 0.236 Sm^3/Sm^3$
실제건연소가스량을 구하기 위해서는 이론공기량을 알아야 한다.

$$A_o = \frac{O_o}{0.21}$$

$A_o = \frac{0.236}{0.21} = 1.124 Sm^3/Sm^3$
실제건연소가스량을 구하는 공식은 다음과 같다.

$$G_d = 연료 CO_2 + N_2 + (m - 0.21)A_o + 생성된 CO_2$$

$G_d = 0.007 + 0.593 + (1.15 - 0.21) \times 1.124$
$\quad + (1 \times 0.313 + 1 \times 0.024)$
$\quad = 1.99 Sm^3/Sm^3$

정답 | ①

16 빈출도 ★★

다음 액체 연료 중 비중이 가장 낮은 것은?

① 중유
② 등유
③ 경유
④ 가솔린

선지분석

① 중유: 0.89~0.99
② 등유: 0.78~0.85
③ 경유: 0.85~0.89
④ 가솔린: 0.7~0.75
※ 비중이 낮을수록 비등점도 낮다.

정답 | ④

17 빈출도 ★★

프로판가스(C_3H_8) $1Nm^3$을 완전연소시키는 데 필요한 이론공기량은 약 몇 Nm^3인가?

① 23.8
② 11.9
③ 9.52
④ 5

해설

프로판(C_3H_8)의 완전연소반응식
$C_3H_8 + 5O_2 \to 3CO_2 + 4H_2O$
C_3H_8과 O_2은 1 : 5 반응이므로 이를 이용하여 이론산소량을 구한다.
$C_3H_8 : 5O_2$
$1 mol : 5 mol = 1 \times 22.4 Nm^3 : 5 \times 22.4 Nm^3$

$$A_o = \frac{O_o}{0.21}$$

A_o: 이론공기량, O_o: 이론산소량

$$A_o = \frac{O_o}{0.21} = \frac{\frac{5 \times 22.4 Nm^3}{1 \times 22.4 Nm^3}}{0.21} = \frac{5}{0.21} = 23.8 Nm^3/Nm^3$$

정답 | ①

18 빈출도 ★

다음 석탄류 중 연료비가 가장 높은 것은?

① 갈탄
② 무연탄
③ 흑갈탄
④ 반역청탄

해설

석탄의 연료비 높은 순서

무연탄 > 반무연탄 > 반역청탄 > 역청탄 > 흑갈탄 > 갈탄 > 토탄

정답 | ②

19 빈출도 ★★★

탄소 1kg의 연소에 소요되는 공기량은 약 몇 Nm^3인가?

① 5.0
② 7.0
③ 9.0
④ 11.0

해설

탄소(C)의 완전연소반응식

$C + O_2 \rightarrow CO_2$

C와 O_2은 1 : 1 반응이므로 이를 이용하여 이론산소량을 구한다.

C : O_2

1mol : 1mol = 12kg : $22.4Sm^3$

$$A_o = \frac{O_o}{0.21}$$

A_o : 이론공기량, O_o : 이론산소량

$$A_o = \frac{O_o}{0.21} = \frac{\frac{22.4Nm^3}{12kg}}{0.21} = 8.89Nm^3/kg$$

정답 | ③

20 빈출도 ★★

석탄을 완전연소시키기 위하여 필요한 조건에 대한 설명 중 틀린 것은?

① 공기를 예열한다.
② 통풍력을 좋게 한다.
③ 연료를 착화온도 이하로 유지한다.
④ 공기를 적당하게 보내 피연물과 잘 접촉시킨다.

해설

연료를 완전연소하기 위해서는 착화온도 이상으로 유지해야 한다.

정답 | ③

열역학

21 빈출도 ★★

비열이 일정한 이상기체 1kg에 대하여 다음 중 옳은 식은? (단, P는 압력, V는 체적, T는 온도, C_P는 정압비열, C_V는 정적비열, U는 내부에너지이다.)

① $\Delta U = C_P \times \Delta T$
② $\Delta U = C_P \times \Delta V$
③ $\Delta U = C_V \times \Delta T$
④ $\Delta U = C_V \times \Delta P$

해설

물체 내부에 저장된 에너지를 내부에너지라고 한다. 정적 과정에서의 내부에너지 식은 다음과 같다.

$$\Delta U = C_v \times \Delta T$$

정답 | ③

22 빈출도 ★

증기터빈에서 증기 유량이 1.1kg/s이고, 터빈입구와 출구의 엔탈피는 각각 3,100kJ/kg, 2,300kJ/kg이다. 증기 속도는 입구에서 15m/s, 출구에서는 60m/s이고, 이 터빈의 축 출력이 800kW일 때 터빈과 주위 사이에서 발생하는 열전달량은?

① 주위로 78.1kW의 열을 방출한다.
② 주위로 95.8kW의 열을 방출한다.
③ 주위로 124.9kW의 열을 방출한다.
④ 주위로 168.4kW의 열을 방출한다.

해설

유체에서의 에너지보존법칙은

$$mh_1 + \frac{1}{2}mV_1^2 + mgZ_1 = mh_2 + \frac{1}{2}mV_2^2 + mgZ_2 + W + Q$$

따라서, 에너지보존 법칙을 이용하여 열전달량 구하는 식은 다음과 같다.

$$Q = W + m(h_2 - h_1) + \frac{m}{2}(V_2^2 - V_1^2)$$

Q: 열전달량(kW), W: 터빈출력(kW), m: 유량(kg/s), h: 엔탈피(kJ/kg), V: 속력(m/s)

$$Q = -800 + 1.1 \times (3,100 - 2,300) + \frac{1.1}{2} \times (15^2 - 60^2) \times 10^{-3}$$

$$= 78.14\text{kW}$$

※ (+) 부호는 방출을 의미한다.

정답 | ①

23 빈출도 ★★

피스톤이 설치된 실린더에 압력 0.3MPa, 체적 0.8m³인 습증기 4kg가 들어있다. 압력이 일정한 상태에서 가열하여 습증기의 건도가 0.9가 되었을 때 수증기에 의한 일은 몇 kJ인가? (단, 0.3MPa에서 비체적은 포화액이 0.001m³/kg, 건포화증기가 0.60m³/kg이다.)

① 205.5　② 237.2
③ 305.5　④ 408.1

해설

위의 문제는 정압가열에 의한 부피팽창이므로 이에 수증기에 의한 일을 구하는 식은 다음과 같다.

$$W = P \times m \times (V_d - V_s)$$

W: 수증기 일(kJ), P: 압력(kPa), m: 질량(kg),
V_d: 건도 x인 습증기의 비체적(m³/kg),
V_s: 초기 습증기 비체적(m³/kg)

초기 습증기의 비체적$(V_s) = \frac{0.8\text{m}^3}{4\text{kg}} = 0.2\text{m}^3/\text{kg}$

건도 x인 습증기 비체적$(V_d) = V_1 + x(V_2 - V_1)$
$= 0.001 + 0.9 \times (0.6 - 0.001) = 0.5401\text{m}^3/\text{kg}$
$W = (0.3 \times 10^3) \times 4 \times (0.5401 - 0.2) = 408.12\text{kJ}$

정답 | ④

24 빈출도 ★★

열펌프(Heat Pump)의 성능계수에 대한 설명으로 옳은 것은?

① 냉동 사이클의 성능계수와 같다.
② 가해준 일에 의해 발생한 저온체에서 흡수한 열량과의 비이다.
③ 가해준 일에 의해 발생한 고온체에 방출한 열량과의 비이다.
④ 열펌프의 성능계수는 1보다 작다.

해설

열펌프의 성능계수 = $\dfrac{\text{고온체에서 발생한 방출열량}(Q)}{\text{압축기에서 가한 일량}(W)}$

정답 | ③

25 빈출도 ★

제1종 영구기관이 실현 불가능한 것과 관계있는 열역학 법칙은?

① 열역학 제0법칙
② 열역학 제1법칙
③ 열역학 제2법칙
④ 열역학 제3법칙

해설

열역학 제1법칙은 에너지 보존의 법칙이며, 제1종 영구기관 즉 에너지의 공급 없이 일을 하는 열기관은 실현이 불가능하다는 법칙이다.

정답 | ②

26 빈출도 ★★

다음 그림은 Otto cycle을 기반으로 작동하는 실제 내연기관에서 나타나는 압력(P)-부피(V)선도이다. 다음 중 이 사이클에서 일(work) 생산과정에 해당하는 것은?

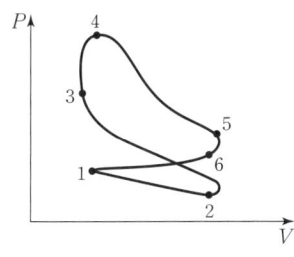

① 2 → 3
② 3 → 4
③ 4 → 5
④ 5 → 6

해설

4 → 5은 단열팽창($W>0$)으로 일을 생산하는 과정이다.

관련개념 오토 사이클(Otto Cycle)

2개의 단열과정 중 단열팽창($W>0$)은 일을 생산하는 과정이고 단열압축($W<0$)은 일을 소비하는 과정으로 구분된다.

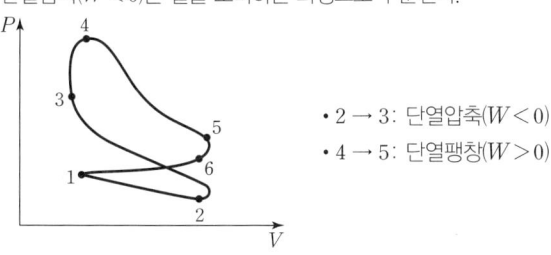

- 2 → 3: 단열압축($W<0$)
- 4 → 5: 단열팽창($W>0$)

정답 | ③

27 빈출도 ★

증기압축 냉동사이클에서 증발기 입·출구에서의 냉매의 엔탈피는 각각 29.2, 306.8kcal/kg이다. 1시간에 1냉동톤당의 냉매순환량(kg/(h·RT))은 얼마인가? (단, 1냉동톤(RT)은 3,320kcal/h이다.)

① 15.04
② 11.96
③ 13.85
④ 18.06

해설

냉매순환량 공식은 다음과 같다.

$$m = \frac{Q}{\Delta H}$$

Q: 냉동능력(kcal/h), ΔH: 엔탈피 차(kcal/kg)

ΔH = 증발기 출구 엔탈피(h_o) − 증발기 입구 엔탈피(h_i)
= 306.8 − 29.2 = 277.6kcal/kg

$m = \frac{3,320}{277.6} = 11.96$ kg/h

정답 | ②

28 빈출도 ★★★

다음 중 냉매가 구비해야할 조건으로 옳지 않은 것은?

① 비체적이 클 것
② 비열비가 작을 것
③ 임계점(critical point)이 높을 것
④ 액화하기가 쉬울 것

해설

비체적이 작아야 한다.

관련개념 냉매의 구비조건

- 증발열이 크고 임계온도(임계점)가 높아야 한다.
- 비체적과 비열비가 작아야 한다.
- 인화 및 폭발의 위험성이 낮아야 한다.
- 비교적 저온, 저압에서 응축이 잘 되어야 한다.
- 구입이 용이하고 가격이 저렴해야 한다.
- 점성 및 표면장력이 작고 상용압력범위가 낮아야 한다.

정답 | ①

29 빈출도 ★

400K로 유지되는 항온조 내의 기체에 80kJ의 열이 공급되었을 때, 기체의 엔트로피 변화량은 몇 kJ/K인가?

① 0.01
② 0.03
③ 0.2
④ 0.3

해설

$$ds = \frac{dQ}{T}$$

ds: 엔트로피 변화량(kJ/K), dQ: 열량(kJ), T: 온도(K)

$$ds = \frac{80\text{kJ}}{400\text{K}} = 0.2\text{kJ/K}$$

정답 | ③

30 빈출도 ★★

다음 그림은 어떤 사이클에 가장 가까운가? (단, T는 온도, S는 엔트로피이며, 사이클 순서는 A → B → C → D → E → F → A 순으로 작동한다.)

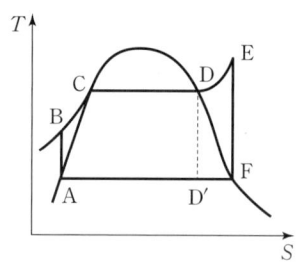

① 디젤 사이클
② 냉동 사이클
③ 오토 사이클
④ 랭킨 사이클

해설

랭킨 사이클에 대한 그래프이다.

관련개념 랭킨 사이클(Rankine Cycle)

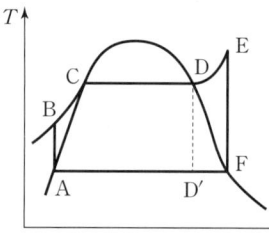

A → B: 단열압축
B → C: 정압가열
C → D: 가열
D → D′: 보일러 사용안함
D → E: 등압가열
E → F: 단열팽창
F → A: 정압냉각

정답 | ④

31 빈출도 ★

건포화증기(Dry saturated vapor)의 건도는 얼마인가?

① 0
② 0.5
③ 0.7
④ 1

해설

건조도(건도)는 증기에 함유된 물방울의 비율을 나타낸다.
- 건조도(x)=1: 건포화증기
- 건조도(x)=0: 포화수
- 0<건조도(x)<1: 습증기

정답 | ④

32 빈출도 ★★

온도 127℃에서 포화수 엔탈피는 560kJ/kg, 포화증기의 엔탈피는 2,720kJ/kg일 때 포화수 1kg가 포화증기로 변화하는 데 따르는 엔트로피의 증가는 몇 kJ/K인가?

① 1.4
② 5.4
③ 9.8
④ 21.4

해설

$$ds = \frac{dQ}{T}$$

ds: 엔트로피 변화량(kJ/K), dQ: 열량(kJ/kg), T: 온도(K)

$$ds = \frac{\text{가열된 열량}}{T} = \frac{2{,}720\text{kJ/kg} - 560\text{kJ/kg}}{(127+273)\text{K}} = 5.4\text{kJ/K} \cdot \text{kg}$$

정답 | ②

33 빈출도 ★

이상기체 상태식은 사용 조건이 극히 제한되어 있어서 이를 실제 조건에 적용하기 위한 여러 상태식이 개발되었다. 다음 중 실제 기체(Real gas)에 대한 상태식에 속하지 않는 것은?

① 오일러(Euler) 상태식
② 비리얼(Virial) 상태식
③ 반데르발스(van der Waals) 상태식
④ 비티 – 브리지먼(Beattie – Bridgeman) 상태식

해설

오일러의 상태식은 유체의 운동에 관한 상태식이다.

정답 | ①

34 빈출도 ★

어떤 압축기에 23℃의 공기 1.2kg이 들어있다. 이 압축기를 등온과정으로 하여 100kPa에서 800kPa까지 압축하고자 할 때 필요한 일은 약 몇 kJ인가? (단, 공기의 기체상수는 0.287kJ/(kg·K)이다.)

① 212
② 367
③ 509
④ 673

해설

등온과정에서 열전달량과 일의 양은 같다. 등온과정에서의 이상기체상태방정식을 이용한 일(W_a) 공식은 다음과 같다.

$$W_a = mRT_1 \ln\left(\frac{V_2}{V_1}\right) = mRT_1 \ln\left(\frac{P_1}{P_2}\right)$$

P: 압력(kPa), V: 부피(m^3), m: 질량(kg),
R: 기체상수(kJ/kg·K), T: 온도(K)

$W_a = 1.2 \times 0.287 \times (273+23) \times \ln\left(\frac{100}{800}\right) = -211.983\text{kJ}$

※ (−) 부호는 압축 시 외부로 받은 것을 의미한다.

정답 | ①

35 빈출도 ★★

어떤 기체의 정압비열(C_p)이 다음 식으로 표현될 때 32℃와 800℃ 사이에서 이 기체의 평균정압비열(C_p)은 약 몇 kJ/(kg·℃)인가? (단, C_p의 단위는 kJ/(kg·℃)이고, T의 단위는 ℃이다.)

$$C_p = 353 + 0.24T - 0.9 \times 10^{-4}T^2$$

① 353
② 433
③ 574
④ 698

해설

기체의 비열은 온도에 따라 변하며 엔탈피도 변한다.

$$\Delta H = \int_{T_1}^{T_2} C_p dT$$
$$= \int_{32}^{800} (353 + 0.24T - 0.9 \times 10^{-4}T^2) dT$$
$$= \left[353T + \frac{0.24}{2}T^2 - \frac{0.9}{3 \times 10^4}T^3\right]_{32}^{800}$$
$$= 353 \times (800-32) + \frac{0.24}{2}(800^2 - 32^2)$$
$$- \frac{0.9}{3 \times 10^4} \times (800^3 - 32^3) = 332,422.1\text{kJ}$$

$$\Delta H = m \cdot C_p \cdot \Delta t$$

ΔH: 엔탈피(kJ), m: 질량(kg), C_p: 정압비열(kJ/kg·℃),
Δt: 온도 차(℃)

$$C_p = \frac{\Delta H}{m \times \Delta t} = \frac{332,422.1}{1\text{kg} \times (800-32)℃} = 432.84\text{kJ/kg·℃}$$

정답 | ②

36 빈출도 ★★

그림과 같이 역카르노사이클로 운전하는 냉동기의 성능계수(COP)는 약 얼마인가? (단, T_1는 24℃, T_2는 −6℃이다.)

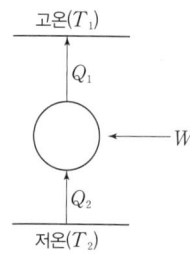

① 7.124
② 8.905
③ 10.048
④ 12.845

해설

역카르노사이클의 냉동기 성능계수 식은 다음과 같다.

$$COP = \frac{Q_2}{W} = \frac{Q_2}{Q_1 - Q_2}$$

COP: 성능계수, W: 입력 일(kW), Q_1: 고온체 열(kW), Q_2: 저온체 열(kW)

역카르노사이클의 냉동기 성능계수는 온도로도 표현할 수 있으므로

$$COP = \frac{Q_2}{Q_1 - Q_2} = \frac{T_2}{T_1 - T_2}$$
$$= \frac{-6 + 273}{(24 + 273) - (-6 + 273)} = 8.9$$

정답 | ②

37 빈출도 ★

다음 4개의 물질에 대해 비열비가 거의 동일하다고 가정할 때, 동일한 온도 T에서 음속이 가장 큰 것은?

① Ar(평균분자량: 40g/mol)
② 공기(평균분자량: 29g/mol)
③ CO(평균분자량: 28g/mol)
④ H$_2$(평균분자량: 2g/mol)

해설

기체의 분자량이 작을수록 밀도가 작아지기 때문에 분자의 진동운동이 빨라진다. 따라서 기체의 분자량이 작을수록 음속이 크다.

정답 | ④

38 빈출도 ★

카르노사이클에서 온도 T의 고열원으로부터 열량 Q를 흡수하고, 온도 T_0의 저열원으로 열량 Q_0를 방출할 때, 방출열량 Q_0에 대한 식으로 옳은 것은? (단, η_c는 카르노사이클의 열효율이다.)

① $\left(1 - \dfrac{T_0}{T}\right)Q$
② $(1 + \eta_c)Q$
③ $(1 - \eta_c)Q$
④ $\left(1 + \dfrac{T_0}{T}\right)Q$

해설

카르노사이클의 효율공식은 다음과 같다.

$$\eta = \frac{W}{Q_1} = \frac{Q_1 - Q_2}{Q_1} = 1 - \frac{Q_2}{Q_1}$$

η: 효율(%), W: 일, Q_1: 고온체 흡수 열, Q_2: 저온체 방출 열

$\eta = \dfrac{W}{Q} = \dfrac{Q_1 - Q_2}{Q_1} = 1 - \dfrac{Q_2}{Q_1}$ 이므로,

$Q_2 = (1 - \eta)Q_1$

정답 | ③

39 빈출도 ★

0℃, 1기압(101.3kPa) 하에 공기 10m³가 있다. 이를 정압 조건으로 80℃까지 가열하는 데 필요한 열량은 약 몇 kJ인가? (단, 공기의 정압비열은 1.0kJ/(kg·K)이고, 정적비열은 0.71kJ/(kg·K)이며 공기의 분자량은 28.96kg/kmol이다.)

① 238
② 546
③ 1,033
④ 2,320

해설

$$\Delta H = m \cdot C_p \cdot \Delta t$$

ΔH: 엔탈피(kJ), m: 질량(kg), C_p: 정압비열(kJ/kg·K), Δt: 온도 차(K)

$\left(10\text{Nm}^3 \times \dfrac{1\text{kmol}}{22.4\text{Nm}^3} \times \dfrac{28.96\text{kg}}{\text{kmol}}\right) \times \dfrac{1\text{kJ}}{\text{kg}\cdot\text{K}} \times (80-0)\text{K}$

$= 1,034.28\text{kJ} \fallingdotseq 1,033\text{kJ}$

정답 | ③

40 빈출도 ★★★

보일러의 게이지 압력이 800kPa일 때 수은기압계가 측정한 대기 압력이 856mmHg를 지시했다면 보일러 내의 절대압력은 약 몇 kPa인가?

① 810
② 914
③ 1,320
④ 1,656

해설

절대압력＝대기압＋게이지압

$$= \left(856\text{mmHg} \times \frac{101.325\text{kPa}}{760\text{mmHg}}\right) + 800\text{kPa}$$

$$= 914.12\text{kPa}$$

※ 1atm＝760mmHg＝101.325kPa

정답 | ②

계측방법

41 빈출도 ★

다음 제어방식 중 잔류편차(Off set)를 제거하여 응답시간이 가장 빠르며 진동이 제거되는 제어방식은?

① P
② I
③ PI
④ PID

해설

PID동작은 잔류편차가 제거되고 응답시간이 빠르며 진동이 제거된다.

정답 | ④

---

42 빈출도 ★

보일러 공기예열기의 공기유량을 측정하는 데 가장 적합한 유량계는?

① 면적식 유량계
② 차압식 유량계
③ 열선식 유량계
④ 용적식 유량계

해설

열선식 유량계는 고온의 배기가스가 배출되는 연도와 같이 조건이 좋지 않은 곳에 사용하는 공기 유량계이다. 일반적으로 공기예열기는 보일러의 연도에 설치한다.

정답 | ③

---

43 빈출도 ★

다음 유량계 종류 중에서 적산식 유량계는?

① 용적식 유량계
② 차압식 유량계
③ 면적식 유량계
④ 동압식 유량계

해설

용적식 유량계(PD, Positive Displacement flowmeter)는 주로 액체 유량의 정량 측정에 사용되며, 계량 방법상 적산 유량계의 일종으로 분류된다. 오벌미터(기어), 루트, 로터리 피스톤 유량계 등이 해당된다.

정답 | ①

---

44 빈출도 ★★

다음 연소가스 중 미연소 가스계로 측정 가능한 것은?

① CO
② CO_2
③ NH_3
④ CH_4

해설

시료가스에 산소를 공급하여 미연소 가스의 양에 따라 온도가 상승하며 CO, H_2를 분석한다.

정답 | ①

45 빈출도 ★★

가스크로마토그래피법에서 사용하는 검출기 중 수소염 이온화검출기를 의미하는 것은?

① ECD
② FID
③ HCD
④ FTD

선지분석

① ECD(Electronic Capture Detector): 전자포획형 검출기
② FID(Flame Ionization Detector): 수소염이온화 검출기
③ HCD: 해당없음
④ FTD(Flame Thermionic Detector): 불꽃열이온화 검출기

관련개념 가스크로마토그래피법 검출기

검출기	분석가스	구성
전기포획형 검출기 (ECD, Electronic Capture Detector)	할로겐화합물, 니트로화합물	전자 흐름을 할로겐 성분이 포획하여 전류 변화 측정
수소염(불꽃)이온화 검출기 (FID, Flame Ionization Detector)	탄화수소류 (유기화합물)	수소+공기 혼합 불꽃에서 시료 연소시 발생하는 이온 전류를 측정
불꽃 광도 검출기 (FPD, Flame Photometric Detector)	황(S), 인(P) 함유 화합물	시료를 불꽃에서 연소시 방출되는 광(빛)을 측정
광이온화 검출기 (PID, Photo Ionization Detector)	방향족 탄화수소, 케톤류, 에테르류 등	자외선(UV) 램프로 시료 이온화로 생성된 이온 전류 측정

정답 | ②

46 빈출도 ★★

시즈(Sheath) 열전대의 특징이 아닌 것은?

① 응답속도가 빠르다.
② 국부적인 온도측정에 적합하다.
③ 피측온체의 온도저하 없이 측정할 수 있다.
④ 매우 가늘어서 진동이 심한 곳에는 사용할 수 없다.

해설

진동이 심한 곳에서도 사용이 가능하다.

관련개념 시즈 열전대 온도계

- 관의 직경은 0.25~12mm 정도로 가늘게 만든 보호관이다.
- 보호관에 마그네시아, 알루미나가 들어있다.
- 국부적인 온도측정에 유리하고 응답속도가 빠르다.
- 진동이 심한 곳에서도 사용이 가능하며 피측온체의 온도저하 없이 측정할 수 있다.

정답 | ④

47 빈출도 ★★

전기저항식 온도계 중 백금(Pt) 측온 저항체에 대한 설명으로 틀린 것은?

① 0°C에서 500Ω을 표준으로 한다.
② 측정온도는 최고 약 500°C 정도이다.
③ 저항온도계수는 작으나 안정성이 좋다.
④ 온도 측정 시 시간 지연의 결점이 있다.

해설

0°C에서 25, 50, 100Ω을 표준적인 측온 저항체(저항값)로 사용한다.

정답 | ①

48 빈출도 ★★

스프링저울 등 측정량이 원인이 되어 그 직접적인 결과로 생기는 지시로부터 측정량을 구하는 방법으로 정밀도는 낮으나 조작이 간단한 것은?

① 영위법 ② 치환법
③ 편위법 ④ 보상법

해설

편위법은 조작이 간단하고, 측정하고자 하는 양의 직접적인 작용에 의해 계측기의 지침에 편위를 일으키며 눈금과 비교하여 측정한다.

선지분석

① 영위법: 측정량과 같은 종류의 상태량과 기준량의 크기를 조정할 수 있게 하여 측정시 평행상 계측기의 지시가 0의 위치할 때 기준량의 크기와 측정량의 크기를 비교하여 측정한다.
② 치환법: 알고 있는 양으로 측정량을 파악하는 방법으로 다이얼 게이지를 이용해 길이를 측정할 때 추를 올려놓고 측정 후 측정물을 바꾸어 올렸을 때의 차를 통해 높이를 구한다.
④ 보상법: 측정량과 크기가 거의 같은 양(미리 알고 있는 양)을 준비하여 분동과 측정량의 차이를 이용하여 구한다.

정답 | ③

49 빈출도 ★★

$-200 \sim 500°C$의 측정범위를 가지며 측온저항체 소선으로 주로 사용되는 저항소자는?

① 구리선
② 백금선
③ Ni선
④ 서미스터

해설

백금 측온저항체 온도계는 온도 범위가 $-200 \sim 500°C$이며, 저온에 대해 정밀 측정이 가능하다.

관련개념 측온저항체 측정범위

백금저항 온도계	$-200 \sim 500°C$
니켈 온도계	$-50 \sim 150°C$
구리 온도계	$0 \sim 120°C$
서미스터	$-100 \sim 300°C$

정답 | ②

50 빈출도 ★★

저항식 습도계의 특징으로 틀린 것은?

① 저온도의 측정이 가능하다.
② 응답이 늦고 정도가 좋지 않다.
③ 연속기록, 원격측정, 자동제어에 이용된다.
④ 교류전압에 의하여 저항치를 측정하여 상대습도를 표시한다.

해설

교류전압을 사용하고 있으며, 응답이 빠르고 정도가 우수하다.

정답 | ②

51 빈출도 ★

다음 액주계에서 γ, γ_1이 비중량을 표시할 때 압력 (P_X)을 구하는 식은?

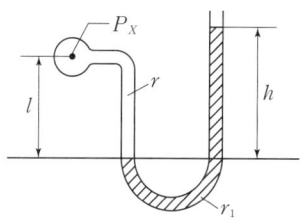

① $P_X = r_1 h + rl$
② $P_X = r_1 h - rl$
③ $P_X = r_1 l - rh$
④ $P_X = r_1 l + rh$

해설

파스칼의 원리에 따라 액주 경계면의 수평선에 작용하는 압력은 서로 같다.
$P_x + \gamma \times l = \gamma_1 \times h$
$P_x = \gamma_1 \times h - \gamma \times l$

정답 | ②

52 빈출도 ★★
다음 중 가장 높은 온도를 측정할 수 있는 온도계는?

① 저항 온도계
② 열전대 온도계
③ 유리제 온도계
④ 광전관 온도계

선지분석

① 저항 온도계: $-200 \sim 500°C$
② 열전대 온도계: $-200 \sim 1,400°C$
③ 유리제 온도계: $-100 \sim 600°C$
④ 광전관 온도계: $700 \sim 3,000°C$

정답 | ④

53 빈출도 ★★
원인을 알 수 없는 오차로서 측정할 때마다 측정값이 일정하지 않고 분포현상을 일으키는 오차는?

① 과오에 의한 오차
② 계통적 오차
③ 계량기 오차
④ 우연 오차

선지분석

① 과오에 의한 오차: 우연 오차보다 적게 발생되며 측정순서의 오차, 기록오류 등 측정자의 실수에 의해 생기는 현상으로 실수에 의한 오차라고도 한다.
② 계통적 오차: 계량기 오차와 비슷하며 개인의 실수와 기계의 오차를 비롯한 오차를 말한다.
③ 계량기 오차: 계량기의 오류로 측정된 값과 실제 값의 사이에 오차가 발생된다.
④ 우연 오차: 오차 발생시 원인을 명확히 알 수 없고 보정이 불가능하다고 판단하여 여러번 반복 측정하여 통계를 내려 값을 측정한다.

정답 | ④

54 빈출도 ★★
피토관으로 측정한 동압이 $10mmH_2O$일 때 유속이 $15m/s$이었다면 동압이 $20mmH_2O$일 때의 유속은 약 몇 m/s인가? (단, 중력가속도는 $9.8m/s^2$이다.)

① 18
② 21.2
③ 30
④ 40.2

해설

피토관 유속 공식 $v = \sqrt{2gh} = \sqrt{\dfrac{2 \times g \times h}{\rho}}$ 에서

$\dfrac{v_2}{v_1} = \sqrt{\dfrac{h_2}{h_1}}$ 유속은 동압의 제곱근에 비례한다는 비례식을 세울 수 있다.

※ 여기서, h는 수두차에 의한 동압 높이를 말한다.

따라서, $\dfrac{v_2}{v_1} = \sqrt{\dfrac{h_2}{h_1}} = \dfrac{v_2}{15} = \sqrt{\dfrac{20}{10}} = \dfrac{v_2}{15} = \sqrt{2}$

$v_2 = 15 \times \sqrt{2} = 21.21 m/s$

정답 | ②

55 빈출도 ★★
차압식 유량계에서 교축 상류 및 하류에서의 압력이 P_1, P_2일 때 체적 유량이 Q_1이라면, 압력이 각각 처음보다 2배만큼씩 증가했을 때의 Q_2는 얼마인가?

① $Q_2 = 2Q_1$
② $Q_2 = \dfrac{1}{2}Q_1$
③ $Q_2 = \sqrt{2}Q_1$
④ $Q_2 = \dfrac{1}{\sqrt{2}}Q_1$

해설

유량과 압력의 관계식인 $Q = AV$에서

$Q = AV = \dfrac{\pi D^2}{4} \times \sqrt{2gh} = \dfrac{\pi D^2}{4} \times \sqrt{\dfrac{2g \times \Delta P}{\gamma}}$ 이며,

$\dfrac{Q_1}{Q_2} = \sqrt{\dfrac{P_1}{P_2}}$ 유량은 압력의 제곱근에 비례한다는 비례식을 세울 수 있다.

따라서, $\dfrac{Q_1}{Q_2} = \sqrt{\dfrac{P_1}{P_2}} = \sqrt{\dfrac{P_1}{2 \times P_1}} = \dfrac{1}{\sqrt{2}} = Q_2 = \sqrt{2} \times Q_1$

정답 | ③

56 빈출도 ★★

다음 중 압력식 온도계가 아닌 것은?

① 고체 팽창식
② 기체 팽창식
③ 액체 팽창식
④ 증기 팽창식

해설

접촉식 온도계는 측정대상에 온도계를 접촉시켜 온도가 상승해서 열적 평형을 이루었을 때 측정한다. 종류로는 열전대 온도계, 저항식 온도계, 압력식 온도계 등이 있다.
그 중 압력식 온도계는 액체 팽창식, 기체 팽창식, 증기 팽창식이 있다.

정답 | ①

57 빈출도 ★★★

편차의 정(+), 부(-)에 의해서 조작신호가 최대, 최소가 되는 제어동작은?

① 온·오프동작
② 다위치동작
③ 적분동작
④ 비례동작

해설

ON-OFF 동작(2위치동작)은 불연속 제어에 해당되며, 제어시스템에서 조작량이 제어편차에 의해서 정해진 두 개의 값(+, -)이 최대, 최소가 되어 어느 편인가를 택하는 제어방식의 동작이다.

정답 | ①

58 빈출도 ★

정전용량식 액면계의 특징에 대한 설명 중 틀린 것은?

① 측정범위가 넓다.
② 구조가 간단하고 보수가 용이하다.
③ 유전율이 온도에 따라 변화되는 곳에도 사용할 수 있다.
④ 습기가 있거나 전극에 피측정제를 부착하는 곳에는 부적당하다.

해설

정전용량식 액면계는 전자회로를 통해 탐침과 탱크벽 사이 정전용량 변화를 측정하는 것으로 유전율이 온도에 따라 오차가 발생하므로 온도변화가 있는 곳에 사용할 수 없다.

정답 | ③

59 빈출도 ★

출력측의 신호를 입력측에 되돌려 비교하는 제어방법은?

① 인터록(Inter lock)
② 시퀀스(Sequence)
③ 피드백(Feedback)
④ 리셋(Reset)

해설

피드백 제어는 출력 신호를 입력으로 되돌려서 비교하는 방법으로 보일러 급수, 온도, 압력 등 운영에 필요한 제어이다.

관련개념 피드백 제어(신호제어)

- 출력된 신호를 입력측으로 되돌림하여 제어량을 기준으로 설정된 값과 비교한다.
- 제어량이 설정치의 범위에 들도록 제어량에 대한 수정 동작을 계속해서 진행한다.

정답 | ③

60 빈출도 ★

헴펠식(Hempel type) 가스분석장치에 흡수되는 가스와 사용하는 흡수제의 연결이 잘못된 것은?

① CO – 차아황산소다
② O_2 – 알칼리성 피로갈롤 용액
③ CO_2 – 30% KOH 수용액
④ C_mH_n – 진한 황산

해설

CO는 암모니아성 염화 제1구리 용액으로 흡수한다.

관련개념 헴펠식 가스분석장치의 흡수가스와 흡수제

- CO_2: KOH 30% 수용액
- C_mH_n: 발연황산(진한 황산)
- O_2: 알칼리성 피로갈롤용액
- CO: 암모니아성 염화 제1구리 용액

정답 | ①

열설비재료 및 관계법규

61 빈출도 ★★

에너지이용 합리화법에 따라 특정열사용기자재의 설치·시공이나 세관을 업으로 하는 자는 어디에 등록을 하여야 하는가?

① 행정안전부장관
② 한국열관리시공협회
③ 한국에너지공단 이사장
④ 시·도지사

해설

「에너지이용 합리화법 제37조」
열사용기자재 중 제조, 설치·시공 및 사용에서의 안전관리, 위해 방지 또는 에너지이용의 효율관리가 특히 필요하다고 인정되는 것으로서 산업통상자원부령으로 정하는 열사용기자재의 설치·시공이나 세관을 업으로 하는 자는 시·도지사에게 등록하여야 한다.

정답 | ④

62 빈출도 ★★

에너지이용 합리화법에 따라 대기전력 경고표지 대상 제품인 것은?

① 디지털 카메라
② 텔레비전
③ 셋톱박스
④ 유무선전화기

해설

「에너지이용 합리화법 시행규칙 제14조」
대기전력경고표지대상제품은 다음과 같다.

- 프린터
- 복합기
- 전자레인지
- 팩시밀리
- 복사기
- 스캐너
- 오디오
- DVD플레이어
- 라디오카세트
- 도어폰
- 유무선전화기
- 비데
- 모뎀
- 홈 게이트웨이

정답 | ④

63 빈출도 ★

에너지법에서 정한 에너지에 해당하지 않는 것은?

① 열
② 연료
③ 전기
④ 원자력

해설

「에너지법 제2조」
"에너지"란 연료·열 및 전기를 말한다.

정답 | ④

64 빈출도 ★★

도염식요는 조업방법에 의해 분류할 경우 어떤 형식에 속하는가?

① 불연속식
② 반연속식
③ 연속식
④ 불연속식과 연속식의 절충형식

해설

도염식요는 가마 내 온도가 균일하며 연료 소비가 적다는 특징을 가지며 불연속식에 해당한다.

관련개념 작업방식에 따른 요로 분류

작업방식	종류
연속식	윤요(고리가마), 터널요, 견요, 회전요
반연속식	등요, 셔틀요
불연속식	횡염식요, 승염식요, 도염식요

정답 | ①

65 빈출도 ★★

그림의 배관에서 보온하기 전 표면 열전달율(a)이 $12.3\text{kcal/m}^2 \cdot \text{h} \cdot \text{℃}$였다. 여기에 글라스울 보온통으로 시공하여 방산열량이 $28\text{kcal/m} \cdot \text{h}$가 되었다면 보온효율은 얼마인가? (단, 외기온도는 20℃이다.)

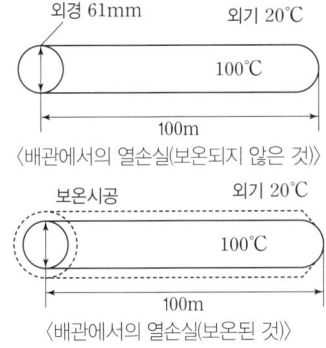

① 44%
② 56%
③ 85%
④ 93%

해설

보온전 방산열량(Q_1)을 구하여야 한다. 공식은 아래와 같다.

$$Q_1 = K \times F \times T_a = \frac{1}{\frac{1}{a}} \times A \times T_a$$

K: 열전도율(h·m³·℃/kcal), F: 면적(m²), T_a: 온도차(℃), a: 열전달율(kcal/m²·h·℃), A: 면적(m²)

$$Q_1 = \frac{1}{\frac{1}{12.3}} \times (0.061 \times 100 \times \pi) \times (100-20)$$

$= 18,857.096 \text{kcal/h}$

보온후 방산열량(Q_2)을 구하는 공식은 다음과 같다.

$$Q_2 = \beta \times L$$

β: 단위길이당 방산열량(kcal/m·h), L: 길이(m)

$Q_2 = 28 \times 100 = 2,800 \text{kcal/h}$

따라서, 보온 효율(η) $= \frac{18,857.097 - 2,800}{18,857.097} \times 100 = 85.15\%$

정답 | ③

66 빈출도 ★★

원관을 흐르는 층류에 있어서 유량의 변화는?

① 관의 반지름의 제곱에 반비례해서 변한다.
② 압력강하에 반비례하여 변한다.
③ 점성계수에 비례하여 변한다.
④ 관의 길이에 반비례해서 변한다.

선지분석
① 관(배관)의 지름의 4승에 비례한다.
② 압력강하에 비례한다.
③ 점성계수에 반비례한다.
④ 관(배관)의 길이에 반비례한다.

정답 | ④

67 빈출도 ★★

에너지이용 합리화법에 따라 에너지공급자의 수요관리 투자계획에 대한 설명으로 틀린 것은?

① 한국지역난방공사는 수요관리투자계획 수립대상이 되는 에너지공급자이다.
② 연차별 수요관리투자계획은 해당 연도 개시 2개월 전까지 제출하여야 한다.
③ 제출된 수요관리투자 계획을 변경하는 경우에는 그 변경한 날부터 15일 이내에 변경사항을 제출하여야 한다.
④ 수요관리투자계획 시행 결과는 다음 연도 6월 말일까지 산업통상자원부장관에게 제출하여야 한다.

해설
「에너지이용 합리화법 시행령 제16조」
에너지공급자는 연차별 수요관리투자계획을 해당 연도 개시 2개월 전까지, 그 시행 결과를 다음 연도 2월 말일까지 산업통상자원부장관에게 제출하여야 하며, 제출된 투자계획을 변경하는 경우에는 그 변경한 날부터 15일 이내에 산업통상자원부장관에게 그 변경된 사항을 제출하여야 한다.

정답 | ④

68 빈출도 ★★

요로 내에서 생성된 연소가스의 흐름에 대한 설명으로 틀린 것은?

① 가열물의 주변에 저온 가스가 체류하는 것이 좋다.
② 같은 흡입 조건 하에서 고온 가스는 천정쪽으로 흐른다.
③ 가연성가스를 포함하는 연소가스는 흐르면서 연소가 진행된다.
④ 연소가스는 일반적으로 가열실 내에 충만되어 흐르는 것이 좋다.

해설
요로는 가열하여 용융, 소성을 진행하는 장치로, 가열물 주변에 고온가스가 체류하는 것이 적합하다.

정답 | ①

69 빈출도 ★★★

에너지이용 합리화법에 따라 에너지사용계획을 수립하여 산업통상자원부장관에게 제출하여야 하는 사업주관자가 실시하려는 사업의 종류가 아닌 것은?

① 도시개발사업
② 항만건설사업
③ 관광단지개발사업
④ 박람회 조경사업

해설
「에너지이용 합리화법 시행령 제20조」
- 도시개발사업
- 철도건설사업
- 산업단지개발사업
- 공항건설사업
- 에너지개발사업
- 관광단지개발사업
- 항만건설사업
- 개발촉진지구개발사업 또는 지역종합개발사업

정답 | ④

70 빈출도 ★★★

샤모트(Chamotte) 벽돌의 원료로서 샤모트 이외에 가소성 생점토(生粘土)를 가하는 주된 이유는?

① 치수 안정을 위하여
② 열전도성을 좋게 하기 위하여
③ 성형 및 소결성을 좋게 하기 위하여
④ 건조 소성, 수축을 미연에 방지하기 위하여

해설

샤모트 벽돌의 10~30% 가소성 생점토를 첨가하여 성형 및 소결성을 우수하게 한다.

관련개념 샤모트(chamotte) 벽돌

- 골재 원료로 고온에 견딜 수 있도록 제작된 내화재료이다.
- 알루미나 함량이 많을수록 내화도가 높아지고 일반적으로 기공률이 크다.
- 비교적 낮은 온도에서 연화되며 내스폴링성이 좋다.
- 벽돌의 10~30% 가소성 생점토를 첨가하여 성형 및 소결성을 우수하게 한다.

정답 | ③

71 빈출도 ★★

일반적으로 압력 배관용에 사용되는 강관의 온도 범위는?

① 800℃ 이하
② 750℃ 이하
③ 550℃ 이하
④ 350℃ 이하

해설

압력배관용 탄소강관(SPPS)의 온도 범위는 350℃ 이하이다.

관련개념 배관의 종류 및 특징

배관의 종류	용도별 특징
일반 배관용 탄소강관(SPP)	• 사용압력은 10kg/cm² 이하이다. • 증기, 물, 기름, 가스 및 공기 등 널리 사용한다.
압력배관용 탄소강관(SPPS)	• 보일러의 증기관, 유압관, 수압관 등의 압력배관에 사용된다. • 사용압력은 10~100kg/cm², 온도는 350℃ 이하이다.
고온 배관용 탄소강관(SPPH)	350℃ 온도의 과열증기 등의 배관용으로 사용된다.
저온 배관용 탄소강관(SPLT)	빙점 0℃ 이하 낮은 온도에서 사용된다.
수도용 아연도금 강관(SPPW)	주로 정수두 100m 이하의 급수배관용으로 사용된다.
배관용 아크용접 탄소강관(SPW)	사용압력 10kg/cm²의 낮은 증기, 물 기름 등에 사용한다.
배관용 합금강관(SPA)	합금강을 말하며, 주로 고온, 고압에 사용된다.

정답 | ④

72 빈출도 ★★

에너지이용 합리화법에 따라 가스를 사용하는 소형 온수보일러인 경우 검사대상기기의 적용 기준은?

① 가스사용량이 시간당 17kg을 초과하는 것
② 가스사용량이 시간당 20kg을 초과하는 것
③ 가스사용량이 시간당 27kg을 초과하는 것
④ 가스사용량이 시간당 30kg을 초과하는 것

해설

「에너지이용 합리화법 시행규칙 별표 3의3」
소형 온수보일러 검사대상기기의 적용 기준은 아래와 같다.
가스를 사용하는 것으로서 가스사용량이 17kg/h(도시가스는 232.6킬로와트)를 초과하는 것

정답 | ①

73 빈출도 ★★

에너지이용 합리화법에 따라 열사용기자재 관리에 대한 설명으로 틀린 것은?

① 계속사용검사는 검사유효기간의 만료일이 속하는 연도의 말까지 연기할 수 있으며, 연기하려는 자는 검사대상기기 검사연기 신청서를 한국에너지공단이사장에게 제출하여야 한다.
② 한국에너지공단이사장은 검사에 합격한 검사대상기기에 대해서 검사 신청인에게 검사일부터 7일 이내에 검사증을 발급하여야 한다.
③ 검사대상기기관리자의 선임신고는 신고 사유가 발생한 날로부터 20일 이내에 하여야 한다.
④ 검사대상기기의 설치자가 사용 중인 검사대상기기를 폐기한 경우에는 폐기한 날부터 15일 이내에 검사대상기기 폐기신고서를 한국에너지공단이사장에게 제출하여야 한다.

해설

「에너지이용합리화법 시행규칙 제31조28」
검사대상기기의 설치자는 검사대상기기관리자를 선임·해임하거나 검사대상기기관리자가 퇴직한 경우에는 검사대상기기관리자 선임(해임, 퇴직)신고서에 자격증수첩과 관리할 검사대상기기 검사증을 첨부하여 공단이사장에게 제출하여야 한다. 신고는 신고 사유가 발생한 날부터 30일 이내에 하여야 한다.

정답 | ③

74 빈출도 ★

보온재 시공 시 주의해야 할 사항으로 가장 거리가 먼 것은?

① 사용개소의 온도에 적당한 보온재를 선택한다.
② 보온재의 열전도성 및 내열성을 충분히 검토한 후 선택한다.
③ 사용처의 구조 및 크기 또는 위치 등에 적합한 것을 선택한다.
④ 가격이 가장 저렴한 것을 선택한다.

해설

가격은 경제적 두께를 고려하여 선택한다.

관련개념 보온재 시공 시 고려사항

- 가격은 경제적 두께를 고려하여 선택한다.
- 관(배관)의 진동 등을 고려하여 보강해야 한다.
- 사용개소의 온도에 적당한 보온재를 선택한다.
- 보온재의 열전도성 및 내열성을 충분히 고려하여 선택한다.
- 사용처의 구조 및 크기 또는 위치 등에 적합한 것을 선택한다.
- 보온재의 강도, 내구성 등을 고려하여 선택한다.

정답 | ④

75 빈출도 ★★

에너지이용 합리화법에 따라 연간 에너지사용량이 30만 티오이인 자가 구역별로 나누어 에너지 진단을 하고자 할 때 에너지 진단주기는?

① 1년
② 2년
③ 3년
④ 5년

해설

「에너지이용 합리화법 시행령 별표 3」

연간 에너지사용량	에너지 진단주기
20만 티오이 이상	• 전체진단: 5년 • 부분진단: 3년
20만 티오이 미만	5년

정답 | ③

76 빈출도 ★★★

에너지이용 합리화법에 따라 연간 검사대상기기의 검사 유효 기간으로 틀린 것은?

① 보일러의 개조검사는 2년이다.
② 보일러의 계속사용검사는 1년이다.
③ 압력용기의 계속사용검사는 2년이다.
④ 보일러의 설치장소 변경검사는 1년이다.

해설

「에너지이용 합리화법 시행규칙 별표 3의5」

검사의 종류		검사유효기간
설치검사		• 보일러: 1년. 다만, 운전성능 부문의 경우에는 3년 1개월로 한다. • 캐스케이드 보일러, 압력용기 및 철금속 가열로: 2년
개조검사		• 보일러: 1년 • 캐스케이드 보일러, 압력용기 및 철금속 가열로: 2년
설치장소 변경검사		• 보일러: 1년 • 캐스케이드 보일러, 압력용기 및 철금속 가열로: 2년
재사용검사		• 보일러: 1년 • 캐스케이드 보일러, 압력용기 및 철금속 가열로: 2년
계속사용 검사	안전검사	• 보일러: 1년 • 캐스케이드 보일러 및 압력용기: 2년
	운전성능 검사	• 보일러: 1년 • 철금속가열로: 2년

정답 | ①

77 빈출도 ★★

다음 중 노체 상부로부터 노구(Throat), 샤프트(Shaft), 보시(Bosh), 노상(Hearth)으로 구성된 노(爐)는?

① 평로
② 고로
③ 전로
④ 코크스로

해설

고로는 상부(Top)부터 원료투입으로 노구(Throat) → 샤프트(Shaft) → 보시(Bosh) → 노상(Hearth)로 구성된다.

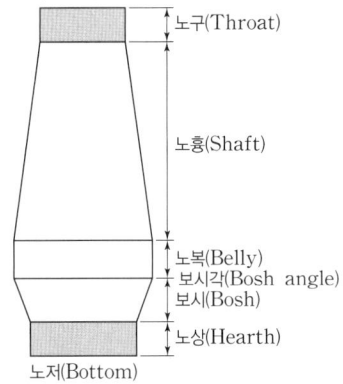

▲ 고로의 구조

정답 | ②

78 빈출도 ★★★

다음 보온재 중 재질이 유기질 보온재에 속하는 것은?

① 우레탄폼
② 펄라이트
③ 세라믹 화이버
④ 규산칼슘 보온재

해설

일반적으로 고온용 보온재는 무기질 보온재를, 저온용 보온재는 유기질 보온재를 사용한다.

특성	종류
유기질 보온재	펠트(우모펠트), 우레탄폼, 코르크, 양모, 펄프, 기포성 수지 등
무기질 보온재	석면, 암면, 규조토, 탄산마그네슘, 규산칼슘, 세라믹화이버, 펄라이트, 유리섬유 등

정답 | ①

79 빈출도 ★

열처리로 경화된 재료를 변태점 이상의 적당한 온도로 가열한 다음 서서히 냉각하여 강의 입도를 미세화하여 조직을 연화, 내부응력을 제거하는 로는?

① 머플로
② 소성로
③ 풀림로
④ 소결로

해설

풀림로(소둔로)는 가열된 강을 냉각시키는 작업으로 강의 조직을 연화시키고 내부응력을 제거한다.

정답 | ③

80 빈출도 ★★★

에너지이용 합리화법에 따라 에너지 사용량이 대통령령으로 정하는 기준량 이상인 자는 산업통상자원부령으로 정하는 바에 따라 매년 언제까지 시·도지사에게 신고하여야 하는가?

① 1월 31일까지
② 3월 31일까지
③ 6월 30일까지
④ 12월 31일까지

해설

「에너지이용 합리화법 제31조」
에너지사용량이 대통령령으로 정하는 기준량 이상인 자는 다음 사항을 산업통상자원부령으로 정하는 바에 따라 매년 1월 31일까지 그 에너지사용시설이 있는 지역을 관할하는 시·도지사에게 신고하여야 한다.
- 전년도의 분기별 에너지사용량·제품생산량
- 해당 연도의 분기별 에너지사용예정량·제품생산예정량
- 에너지사용기자재의 현황
- 전년도의 분기별 에너지이용 합리화 실적 및 해당 연도의 분기별 계획
- 위 사항에 관한 업무를 담당하는 자의 현황

정답 | ①

열설비설계

81 빈출도 ★★

보일러 사용 중 저수위 사고의 원인으로 가장 거리가 먼 것은?

① 급수펌프가 고장이 났을 때
② 급수내관이 스케일로 막혔을 때
③ 보일러의 부하가 너무 작을 때
④ 수위 검출기가 이상이 있을 때

해설

보일러의 부하가 너무 클 때 저수위 사고가 발생한다.

관련개념 보일러의 저수위 사고 원인

저수위 사고 원인	• 수면계의 유리 오손으로 인해 수위를 오인했을 때 • 보일러의 부하가 너무 클 때 • 수면계의 연락관 또는 급수내관이 스케일로 막혔을 때 • 급수펌프의 고장 및 수위검출기에 이상이 발생했을 때 • 정전사고 등 사고가 발생했을 때 • 분출장치 및 안전장치에 누수 및 기타 이상이 발생했을 때

정답 | ③

82 빈출도 ★

인젝터의 장·단점에 관한 설명으로 틀린 것은?

① 급수를 예열하므로 열효율이 좋다.
② 급수온도가 55°C 이상으로 높으면 급수가 잘 된다.
③ 증기압이 낮으면 급수가 곤란하다.
④ 별도의 소요동력이 필요 없다.

해설

인젝터는 급수온도가 50°C 이상일 때 증기와의 온도차가 작아지면서 원활한 분사가 이루어지지 않아 작동에 이상이 생긴다.

정답 | ②

83 빈출도 ★★

보일러수 내의 산소를 제거할 목적으로 사용하는 약품이 아닌 것은?

① 탄닌 ② 아황산나트륨
③ 가성소다 ④ 히드라진

해설

수산화나트륨(가성소다)은 연화제로 쓰인다.

관련개념 보일러수 약품

구분	약품
탈산소제	히드라진, 아황산나트륨, 탄닌 등
연화제	수산화나트륨(가성소다), 탄산나트륨(탄산소다), 인산나트륨(인산소다) 등

정답 | ③

84 빈출도 ★★

연소실에서 연도까지 배치된 보일러 부속 설비의 순서를 바르게 나타낸 것은?

① 과열기 → 절탄기 → 공기 예열기
② 절탄기 → 과열기 → 공기 예열기
③ 공기 예열기 → 과열기 → 절탄기
④ 과열기 → 공기 예열기 → 절탄기

해설

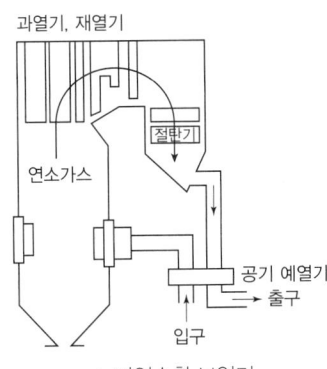

▲ 자연순환 보일러

정답 | ①

85 빈출도 ★★

최고사용압력이 1.5MPa를 초과한 강철제 보일러의 수압시험압력은 그 최고사용압력의 몇 배로 하는가?

① 1.5 ② 2
③ 2.5 ④ 3

해설

강철제 보일러의 수압시험 압력 기준 표는 아래와 같다.

최고사용압력	시험압력
0.43MPa(4.3kg/cm^2) 이하	최고사용압력의 2배
0.43MPa(4.3kg/cm^2) 초과 1.5MPa(15kg/cm^2) 이하	최고사용압력의 1.3배 +0.3MPa(3kg/cm^2)
1.5MPa(1.5kg/cm^2) 초과	최고사용압력의 1.5배

정답 | ①

86 빈출도 ★

판형 열교환기의 일반적인 특징에 대한 설명으로 틀린 것은?

① 구조상 압력손실이 적고 내압성은 크다.
② 다수의 파형이나 반구형의 돌기를 프레스 성형하여 판을 조합한다.
③ 전열면의 청소나 조립이 간단하고, 고점도에도 적용할 수 있다.
④ 판의 매수 조절이 가능하여 전열면적 증감이 용이하다.

해설

구조상 압력손실이 크고 내압성이 작다.

정답 | ①

87 빈출도 ★

노통 연관 보일러의 노통 바깥면과 이에 가장 가까운 연관의 면과는 얼마 이상의 틈새를 두어야 하는가?

① 5mm
② 10mm
③ 20mm
④ 50mm

해설
- 노통의 바깥의 면과 가장 가까운 연관 면과의 사이: 50mm 이상
- 노통에 돌기 설치 시: 30mm 이상

정답 | ④

88 빈출도 ★★

그림과 같이 폭 150mm, 두께 10mm의 맞대기 용접이음에 작용하는 인장응력은?

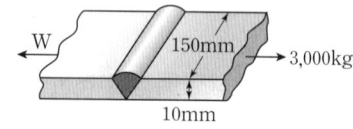

① 2kg/cm²
② 15kg/cm²
③ 100kg/cm²
④ 200kg/cm²

해설
V형 이음일 때 맞대기 용접이음 인장응력 공식은 다음과 같다.

$$D = \sigma \times h \times l$$

D: 하중(kg), σ: 인장응력(kg/mm²), h: 두께(mm), l: 폭(mm)

$3,000\text{kg} = \sigma \times 10 \times 150$

$\sigma = \dfrac{3,000}{1,500} = 2\text{kg/mm}^2 = 200\text{kg/cm}^2$

정답 | ④

89 빈출도 ★★

서로 다른 고체 물질 A, B, C인 3개의 평판이 서로 밀착되어 복합체를 이루고 있다. 정상 상태에서의 온도 분포가 그림과 같을 때, 어느 물질의 열전도도가 가장 작은가? (단, 온도 $T_1 = 1,000°C$, $T_2 = 800°C$, $T_3 = 550°C$, $T_4 = 250°C$ 이다.)

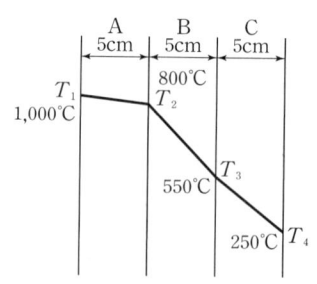

① A
② B
③ C
④ 모두 같다.

해설
손실열량 공식을 이용하여 열전도도를 구한다.

$$Q = \dfrac{\lambda \times T_a \times A}{d}$$

λ: 열전도도, T_a: 온도차, A: 면적, D: 두께

여기서, 열전도도와 온도차는 반비례 관계이므로 온도차(T_a)가 클수록 열전도도는 낮다.
A 평판: $T_1 - T_2 = 1,000 - 800 = 200°C$
B 평판: $T_2 - T_3 = 800 - 550 = 250°C$
C 평판: $T_3 - T_4 = 550 - 250 = 300°C$
C 평판의 온도차이가 가장 크므로 열전도도가 가장 낮다.

정답 | ③

90 빈출도 ★★

다음 보일러 중에서 드럼이 없는 구조의 보일러는?

① 야로우 보일러 ② 슐저 보일러
③ 타쿠마 보일러 ④ 베록스 보일러

해설

슐저(Sulzur) 보일러는 1개의 연속관으로 이루어진 관류 보일러로 드럼이 없는 구조의 보일러이다.

정답 | ②

91 빈출도 ★★

보일러의 발생증기가 보유한 열량이 $3.2 \times 10^6 \text{kcal/h}$일 때 이 보일러의 상당 증발량은?

① 2,500kg/h ② 3,512kg/h
③ 5,937kg/h ④ 6,847kg/h

해설

보일러 상당 증발량(W_e) 공식은 다음과 같다.

$$W_e = \frac{\text{발생증기 보유열}}{539}$$

$$W_e = \frac{\text{발생증기 보유열}}{539} = \frac{3.2 \times 10^6}{539}$$

$$= \frac{3,200,000}{539} = 5,936.92 \text{kg/h}$$

정답 | ③

92 빈출도 ★

압력용기를 옥내에 설치하는 경우에 관한 설명으로 옳은 것은?

① 압력용기와 천장과의 거리는 압력용기 본체 상부로부터 1m 이상이어야 한다.
② 압력용기의 본체와 벽과의 거리는 최소 1m 이상이어야 한다.
③ 인접한 압력용기와의 거리는 최소 1m 이상이어야 한다.
④ 유독성 물질을 취급하는 압력용기는 1개 이상의 출입구 및 환기장치가 있어야 한다.

선지분석

② 압력용기의 본체와 벽과의 거리는 최소 0.3m 이상이어야 한다.
③ 인접한 압력용기와의 거리는 최소 0.3m 이상이어야 한다. 단, 2개 이상의 압력용기가 한 장치를 이룬 경우에는 예외로 한다.
④ 유독성 물질을 취급하는 압력용기는 2개 이상의 출입구 및 환기장치가 있어야 한다.

정답 | ①

93 빈출도 ★

열의 이동에 대한 설명으로 틀린 것은?

① 전도란 정지하고 있는 물체 속을 열이 이동하는 현상을 말한다.
② 대류란 유동 물체가 고온 부분에서 저온 부분으로 이동하는 현상을 말한다.
③ 복사란 전자파의 에너지 형태로 열이 고온 물체에서 저온 물체로 이동하는 현상을 말한다.
④ 열관류란 유체가 열을 받으면 밀도가 작아져서 부력이 생기기 때문에 상승현상이 일어나는 것을 말한다.

해설

열관류란 고온에서 저온측으로 열이 이동될 때 열통과율을 의미한다.

정답 | ④

94 빈출도 ★

수증기관에 만곡관을 설치하는 주된 목적은?

① 증기관 속의 응결수를 배제하기 위하여
② 열팽창에 의한 관의 팽창작용을 흡수하기 위하여
③ 증기의 통과를 원활히 하고 급수의 양을 조절하기 위하여
④ 강수량의 순환을 좋게 하고 급수량의 조절을 쉽게 하기 위하여

해설

만곡관은 열의 팽창을 흡수하기 위해 설치하는 루프형 신축 이음이다.
- 고압의 경우: 10m마다 1개씩 설치한다.
- 저압의 경우: 20~30m마다 1개씩 설치한다.

정답 | ②

95 빈출도 ★★

노통보일러에서 브레이징 스페이스란 무엇을 말하는가?

① 노통과 가셋트 스테이와의 거리
② 관군과 가셋트 스테이 사이의 거리
③ 동체와 노통 사이의 최소거리
④ 가셋트 스테이간의 거리

해설

브레이징 스페이스
- 노통과 가셋트 스테이와의 거리를 말한다.
- 경판과의 부착부 하단과 노통 상부 사이에 있어야 하며, 경판의 적절한 탄성을 유지하기 위한 완충 폭이다.

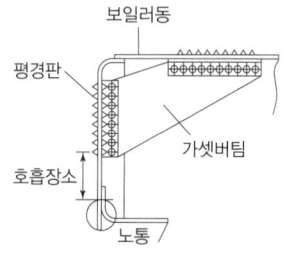

▲ 브레이징 스페이스

정답 | ①

96 빈출도 ★

보일러 성능시험 시 측정을 매 몇 분마다 실시하여야 하는가?

① 5분　　② 10분
③ 15분　　④ 20분

해설

보일러 성능시험 시 측정은 매 10분마다 실시하여야 한다. 이 때, 정격부하 이상에서 약 1~2시간 가동하고 측정값은 1시간 이상 가동한 결과로 한다.

정답 | ②

97 빈출도 ★

보일러 급수처리 방법에서 수중에 녹아있는 기체 중 탈기기 장치에서 분리, 제거하는 대표적 용존 가스는?

① O_2, CO_2
② SO_2, CO
③ NO_3, CO
④ NO_2, CO_2

해설

탈기기 장치는 보일러 및 산업 플랜트 등에서 급수 중 이산화탄소(CO_2)와 용존산소(O_2)를 분리 제거하는 장치로, 부식 방지 및 설비 효율 증진, 원활한 급수가 제공된다.

정답 | ①

98 빈출도 ★

보일러의 연소가스에 의해 보일러 급수를 예열하는 장치는?

① 절탄기 ② 과열기
③ 재열기 ④ 복수기

해설

장치	의미
절탄기	이코노마이저 또는 폐열회수장치라고 하며, 보일러 가동시 나오는 연도의 배기가스에서 버려지는 폐열을 회수하여 급수를 예열하는 장치를 말한다.
과열기	보일러 동체(본체)에서 발생된 포화증기를 추가로 가열하여 온도를 높여 과열증기로 만드는 장치를 말한다.
재열기	고압터빈(High pressure Turbine)을 통과하여 팽창된 일이 압력과 온도가 저하된 증기를 다시 재가열하여 과열증기로 만드는 장치를 말한다.
복수기	사용 후 배출되는 증기를 냉각시켜 다시 물로 되돌리는 열교환장치로서, 보일러 급수로 재사용하거나 열손실을 줄이는 데 목적이 있다.

정답 | ①

99 빈출도 ★

두께 25mm인 철판의 넓이 1m²당 전열량이 매시간 2,000kcal가 되려면 양면의 온도차는 얼마여야 하는가? (단, 철판의 열전도율은 50kcal/m·h·℃이다.)

① 1℃ ② 2℃
③ 3℃ ④ 4℃

해설

열 전달량 공식은 다음과 같다.

$$Q = \frac{k \times \Delta T \times A}{d}$$

Q: 열 전달량(kcal), d: 벽 두께(m),
k: 열 전도율(kcal/m·h·℃), ΔT: 온도 차(℃), A: 면적(m²)

$$2,000 = \frac{50 \times \Delta T \times 1}{0.025}$$

$$\Delta T = \frac{2,000 \times 0.025}{50 \times 1} = 1℃$$

정답 | ①

100 빈출도 ★★

보일러 안전사고의 종류가 아닌 것은?

① 노통, 수관, 연관 등의 파열 및 균열
② 보일러 내의 스케일 부착
③ 동체, 노통, 화실의 압궤 및 수관, 연관 등 전열면의 팽출
④ 연도가 노 내의 가스폭발, 역화 그 외의 이상연소

해설

보일러의 내의 스케일 부착은 보일러 효율이 낮아지는 장해 현상이다.

정답 | ②

2017년 1회 기출문제

연소공학

01 빈출도 ★★★

프로판(C_3H_8) $5Nm^3$를 이론산소량으로 완전연소시켰을 때 건연소가스량은 몇 Nm^3인가?

① 5
② 10
③ 15
④ 20

해설

프로판(C_3H_8)의 완전연소반응식
$C_3H_8 + 5O_2 \rightarrow 3CO_2 + 4H_2O$
이론산소량(O_o)으로만 완전연소시키는 경우 수증기(H_2O)를 뺀 이론건연소가스량은 이산화탄소(CO_2) 양으로 구한다.
프로판(C_3H_8)과 이산화탄소(CO_2)는 1 : 3 반응이므로 $5Nm^3$의 프로판(C_3H_8)이 반응하면 이산화탄소(CO_2) $3 \times 5Nm^3 = 15Nm^3$ 발생한다.

정답 | ③

02 빈출도 ★

다음 집진장치 중에서 미립자 크기에 관계없이 집진 효율이 가장 높은 장치는?

① 세정 집진장치
② 여과 집진장치
③ 중력 집진장치
④ 원심력 집진장치

해설

여과 집진장치는 분진 입자가 여과포 섬유 간 분리·포착하여 집진이 이루어지므로 집진효율이 높다.

관련개념 집진장치

세정 집진장치	• 습식 집진장치라고도 하며, 배기가스 내 분진을 세정액이나 액막(수분) 등에 충돌 또는 흡수하여 포집한다. • 대표적으로 회전식, 가압수식, 유수식 등이 있다.
중력 집진장치	• 건식 집진형식(중력식, 원심력식, 여과식 등)의 하나로, 큰 입자가 중력에 의해 침강하여 제거된다. • 집진방식으로 중력침강식과 다단침강식이 있다.
원심력 집진장치	• 건식 집진형식의 하나로, 원심력(Cyclone)을 이용하여 입자를 벽으로 붙여 제거한다. • 집진방식으로 사이클론식과 멀티클론식이 있다.
여과 집진장치	• 여과재(Filter)를 통해 분진입자를 분리, 포착하여 높은 효율을 낸다. • 대표적으로 Bag Filter가 있다.
전기 집진장치	• 코트렐식 원리로 미세입자의 집진이 우수하다. • 코로나 방전을 일으키며 집진효율이 높다.

정답 | ②

03 빈출도 ★

연소 시 $100°C$에서 $500°C$로 온도가 상승하였을 경우 $500°C$의 열복사에너지는 $100°C$에서의 열복사에너지의 약 몇 배가 되겠는가?

① 16.2
② 17.1
③ 18.5
④ 19.3

해설

스테판 볼츠만 법칙에 따라 열복사에너지 배율을 구한다.

$$\frac{E_2}{E_1} = \left(\frac{T_2}{T_1}\right)^4 = \left(\frac{500+273}{100+273}\right)^4 = 18.45$$

관련개념 스테판 볼츠만 법칙

열복사에너지(E)는 절대온도(T)의 4승에 비례한다.

$$\frac{E_2}{E_1} \propto \left(\frac{T_2}{T_1}\right)^4$$

정답 | ③

04 빈출도 ★★★

고체연료의 연료비를 식으로 바르게 나타낸 것은?

① $\dfrac{고정탄소\%}{휘발분\%}$
② $\dfrac{회분\%}{휘발분\%}$
③ $\dfrac{고정탄소\%}{회분\%}$
④ $\dfrac{가연성\ 성분\ 중\ 탄소\%}{유리수소\%}$

해설

고체연료비 $= \dfrac{고정탄소\%}{휘발분\%}$

관련개념 고체연료비

- 고체연료의 연료비는 휘발분에 대한 고정탄소의 비로, 고체연료비 $= \dfrac{고정탄소\%}{휘발분\%}$ 로 나타낸다.
- 고정탄소: 100−(회분+수분+휘발분)
- 회분: 연소 후 남은 무기질 재료
- 휘발분: 연료 시료를 $925\pm20°C$의 무산소 환경(공기 차단 상태)에서 7분간 가열했을 때 감소량

정답 | ①

05 빈출도 ★★★

일산화탄소 $1Nm^3$를 연소시키는 데 필요한 공기량 Nm^3은 약 얼마인가?

① 2.38
② 2.67
③ 4.31
④ 4.76

해설

일산화탄소(CO)의 완전연소반응식

$2CO + O_2 \rightarrow 2CO_2$

CO과 O_2은 1 : 0.5 반응이므로 이를 이용하여 이론산소량을 구한다.

CO : O_2

1mol : 0.5mol = $1 \times 22.4Nm^3$: $0.5 \times 22.4Nm^3$

$$A_o = \frac{O_o}{0.21}$$

A_o: 이론공기량, O_o: 이론산소량

$$A_o = \frac{O_o}{0.21} = \frac{\frac{0.5 \times 22.4Nm^3}{1 \times 22.4Nm^3}}{0.21} = 2.38Nm^3/Nm^3$$

정답 | ①

06 빈출도 ★★

기체연료의 특징으로 틀린 것은?

① 연소효율이 높다.
② 고온을 얻기 쉽다.
③ 단위 용적당 발열량이 크다.
④ 누출되기 쉽고 폭발의 위험성이 크다.

해설

단위 용적당 발열량은 고체 및 액체연료에 비해 작다.

관련개념 기체연료 특징

- 적은 과잉공기로 완전연소가 가능하여 연소효율이 높다.
- 부하변동 범위가 넓어 저발열량의 연료로 고온을 얻는다.
- 연소가 균일하고 조절이 용이하며, 매연이 발생하지 않는다.
- 저장 및 수송이 불편하고, 설비비 및 연료비가 많이 든다.
- 취급시 폭발 위험과 일산화탄소(CO) 등 유해가스의 노출 위험이 있다.

정답 | ③

07 빈출도 ★

기체연료의 저장방식이 아닌 것은?

① 유수식　② 고압식
③ 가열식　④ 무수식

해설

기체연료의 저장방식은 구조에 따라 유수식, 무수식, 압력식(저압식, 고압식) 홀더로 구분한다.

정답 | ③

08 빈출도 ★★

어떤 열설비에서 연료가 완전연소하였을 경우 배기가스 내의 과잉 산소농도가 10%이었다. 이 때 연소기기의 공기비는 약 얼마인가?

① 1.0　② 1.5
③ 1.9　④ 2.5

해설

공기비(m) 공식은 아래와 같다.

$$m = \frac{CO_2 \text{ 최대량}}{CO_2} = \frac{21}{21-O_2}$$

$$m = \frac{21}{21-10} = 1.91$$

정답 | ③

09 빈출도 ★★★

부탄(C_4H_{10}) 1kg의 이론습배기가스량은 약 몇 Nm^3/kg인가?

① 10　② 13
③ 16　④ 19

해설

이론습연소가스량을 구하는 공식은 다음과 같다.

$$G_{ow} = \text{이론공기 중 질소량}(N_2) + \text{생성된 } CO_2 + \text{생성된 } H_2O$$

부탄(C_4H_{10})의 완전연소반응식
$C_4H_{10} + 6.5O_2 \rightarrow 4CO_2 + 5H_2O$
부탄의 분자량 $= (12 \times 4) + (1 \times 10) = 58$

이론공기량 $= \dfrac{\text{이론산소량}}{0.21} = \dfrac{6.5}{0.21} = 30.9524 Nm^3$

이론공기 중 질소량 $=$ 이론공기량 $\times 0.79$
$= 30.9524 \times 0.79 = 24.4524 Nm^3$

이론생성물 $=$ 생성된 $CO_2 +$ 생성된 H_2O
$= 4 + 5 = 9 Nm^3$

이론습배기가스량 $= 24.4524 + 9 = 33.4524 Nm^3$
부탄 1kg의 이론습배기가스량
$= \dfrac{33.4524 Nm^3}{58 kg} \times \dfrac{22.4 Nm^3}{1 Nm^3} = 12.92 Nm^3/kg$

정답 | ②

10 빈출도 ★

코크스 고온건류 온도(°C)는?

① 500~600　② 1,000~1,200
③ 1,500~1,800　④ 2,000~2,500

해설

- 고온건류: 1,000~1,200°C
- 저온건류: 500~600°C

관련개념 건류(코킹)

공기가 차단된 상태에서 석탄을 고온으로 가열하여 휘발성 물질을 제거하고 탄소 함량을 높인 탄화물을 만드는 과정을 말한다.

정답 | ②

11 빈출도 ★★

액화석유가스를 저장하는 가스설비의 내압성능에 대한 설명으로 옳은 것은?

① 최대압력의 1.2배 이상의 압력으로 내압시험을 실시하여 이상이 없어야 한다.
② 최대압력의 1.5배 이상의 압력으로 내압시험을 실시하여 이상이 없어야 한다.
③ 상용압력의 1.2배 이상의 압력으로 내압시험을 실시하여 이상이 없어야 한다.
④ 상용압력의 1.5배 이상의 압력으로 내압시험을 실시하여 이상이 없어야 한다.

해설

액화석유가스 설비 고압가스 안전관리법에 따라 내압 시험 시 상용압력의 1.5배 이상의 압력으로 설정된다.

정답 | ④

12 빈출도 ★★

메탄 50v%, 에탄 25v%, 프로판 25v%가 섞여 있는 혼합기체의 공기 중에서의 연소하한계는 약 몇(%)인가? (단, 메탄, 에탄, 프로판의 연소하한계는 각각 5v%, 3v%, 2.1v%이다.)

① 2.3
② 3.3
③ 4.3
④ 5.3

해설

혼합가스 연소하한계(LFL) 르샤틀리에 공식은 아래와 같다.

$$\frac{100}{L}=\frac{V_1}{L_1}+\frac{V_2}{L_2}+\frac{V_3}{L_3}+\cdots$$

V: 각 성분 부피 백분율(%), L: 각 성분 연소하한계(%)

$$\frac{100}{L}=\frac{50}{5}+\frac{25}{3}+\frac{25}{2.1}=30.2381$$

$$L=\frac{100}{30.2381}=3.31\%$$

정답 | ②

13 빈출도 ★

환열실의 전열면적(m^2)과 전열량(kcal/h) 사이의 관계는? (단, 전열면적은 F, 전열량은 Q, 총괄전열계수는 V이며, Δt_m은 평균온도차이다.)

① $Q=\dfrac{F}{\Delta t_m}$
② $Q=F\times \Delta t_m$
③ $Q=F\times V\times \Delta t_m$
④ $Q=\dfrac{V}{(F\times \Delta t_m)}$

해설

환열실의 전열면적과 전열량 사이의 관계는 열전달 공식으로 정의된다.

$$Q=F\times V\times \Delta t_m$$

Q: 전열량, F: 전열면적, V: 총괄전열계수, Δt_m: 평균 온도차

정답 | ③

14 빈출도 ★

탄소의 발열량은 약 몇 kcal/kg인가?

$$C+O_2 \rightarrow CO_2+97,600\text{kcal/kmol}$$

① 8,133
② 9,760
③ 48,800
④ 97,600

해설

탄소가 완전연소하여 이산화탄소(CO_2)가 생성될 때 방출되는 열량을 탄소의 발열량이라고 한다.
탄소(C)의 분자량=12kg/kmol

탄소(C)의 발열량=$\dfrac{97,600\text{kcal}}{\text{kmol}}\times \dfrac{\text{kmol}}{12\text{kg}}=8,133.33\text{kcal/kg}$

정답 | ①

15 빈출도 ★

고체연료의 일반적인 특징으로 옳은 것은?

① 점화 및 소화가 쉽다.
② 연료의 품질이 균일하다.
③ 완전연소가 가능하며, 연소효율이 높다.
④ 연료비가 저렴하고 연료를 구하기 쉽다.

해설

고체연료는 석탄, 목재 등이 해당되며, 액체 및 기체연료보다 비교적 운반 및 저장이 용이하며, 연료비가 저렴하다.

관련개념 고체연료 특징

- 야적이 가능하며, 저장 및 취급이 편리하다.
- 비교적 가격이 저렴하다.
- 연소장치가 간단하나 연소효율이 낮다.
- 완전연소가 어렵고 회분이 많이 발생하여 처리가 곤란하다.
- 연소 시 제어가 힘들고 착화 및 소화가 어렵다.

정답 | ④

16 빈출도 ★

연소가스의 조성에서 O_2를 옳게 나타낸 식은? (단, L_0: 이론공기량, G: 실제습연소가스량, m: 공기비이다.)

① $\dfrac{L_0}{G} \times 100$
② $\dfrac{0.21 L_0}{G} \times 100$
③ $\dfrac{(m-1)L_0}{G} \times 100$
④ $\dfrac{0.21(m-1)L_0}{G} \times 100$

해설

연료가스 중 O_2 조성 공식은 아래와 같다.

$$\dfrac{0.21(m-1)L_0}{G} \times 100$$

m: 공기비, L_0: 이론공기량, G: 실제습연소가스량

공기 중 산소는 21%이므로,
산소(O_2) = 과잉공기량 × 0.21 = 0.21(공기비 − 1) × 이론공기량 이다.
따라서, 연소가스 중 O_2의 조성 = O_2/실제습연소가스량 이며,
$\dfrac{0.21(공기비-1) \times 이론공기량}{실제습연소가스량} \times 100 = \dfrac{0.21(m-1)L_0}{G} \times 100$

정답 | ④

17 빈출도 ★★

고체연료의 연소방식으로 옳은 것은?

① 포트식 연소
② 화격자 연소
③ 심지식 연소
④ 증발식 연소

해설

고체연료의 연소방식에는 미분탄 연소, 화격자 연소, 유동층 연소가 있다.

관련개념 고체, 액체, 기체연료의 연소방식

연료	연소방식
고체연료	미분탄 연소, 화격자 연소, 유동층 연소
액체연료	분해식 연소, 분무식 연소, 포트식 연소, 심지식 연소, 증발식 연소
기체연료	확산 연소, 예혼합 연소, 부분 예혼합 연소

정답 | ②

18 빈출도 ★★

CO_{2max}는 19.0%, CO_2는 10.0%, O_2는 0.3%일 때 과잉공기계수(m)는 얼마인가?

① 1.25
② 1.35
③ 1.46
④ 1.90

해설

공기비(과잉공기계수) 공식은 다음과 같다.

$$m = \dfrac{CO_2 \text{ 최대량}}{CO_2}$$

문제에서 CO가 0이므로 완전연소일 경우, 위 공식으로 과잉공기계수(m)을 구한다.
$m = \dfrac{19.0}{10} = 1.90$

정답 | ④

19 빈출도 ★★

1mol의 이상기체가 40℃, 35atm으로부터 1atm까지 단열 가역적으로 팽창하였다. 최종 온도는 약 몇 K가 되는가? (단, 비열비는 1.67이다.)

① 75
② 88
③ 98
④ 107

해설

단열과정에서의 P-T 관계식은 아래와 같다.

$$\frac{T_2}{T_1} = \left(\frac{P_2}{P_1}\right)^{\frac{\gamma-1}{\gamma}}$$

T_1: 초기 온도(K), T_2: 최종 온도(K)
P_1: 초기 압력(atm), P_2: 최종 압력(atm), γ: 비열비

$$T_2 = T_1 \times \left(\frac{P_2}{P_1}\right)^{\frac{\gamma-1}{\gamma}} = (40+273) \times \left(\frac{1}{35}\right)^{\frac{1.67-1}{1.67}} = 75.17K$$

정답 | ①

20 빈출도 ★★

중유 1kg 속에 수소 0.15kg, 수분 0.003kg이 들어 있다면 이 중유의 고위발열량이 10^4kcal/kg일 때, 이 중유 2kg의 총 저위발열량은 약 몇 kcal인가?

① 12,000
② 16,000
③ 18,400
④ 20,000

해설

저위발열량(H_l) 공식은 다음과 같다.

$$H_l = H_h - R_w$$
$$R_w = 600 \times (9H + w)$$

H_l: 저위발열량(kcal/kg), H_h: 고위발열량(kcal/kg),
R_w: 증발잠열(kcal/kg)

중유 1kg일 때의 저위발열량(H_l)
$= 10,000 - 600(9 \times 0.15 + 0.003) = 9,188.2$ kcal/kg
중유 2kg이므로 $9,188.2 \times 2 = 18,376.4$ kcal

정답 | ③

열역학

21 빈출도 ★

50℃의 물의 포화액체와 포화증기의 엔트로피는 각각 0.703kJ/(kg·K), 8.07kJ/(kg·K)이다. 50℃의 습증기의 엔트로피가 4kJ/(kg·K)일 때 습증기의 건도는 약 몇 %인가?

① 31.7
② 44.8
③ 51.3
④ 62.3

해설

습증기의 건도를 구하는 공식은 아래와 같다.

$$\chi = \frac{S_x - S_f}{S_g - S_f}$$

χ: 건도(%), S_x: 습증기의 엔트로피(kJ/kg·K), S_f: 포화액체의 엔트로피(kJ/kg·K), S_g: 포화증기의 엔트로피(kJ/kg·K)

$$\chi = \frac{4 - 0.703}{8.07 - 0.703} \times 100 = 44.75\%$$

정답 | ②

22 빈출도 ★

스로틀링(Throttling)밸브를 이용하여 Joule-Thomson 효과를 보고자 한다. 압력이 감소함에 따라 온도가 반드시 감소하려면 Joule-Thomson 계수 μ는 어떤 값을 가져야 하는가?

① $\mu = 0$
② $\mu > 0$
③ $\mu < 0$
④ $\mu \neq 0$

해설

Joule-Thomson 효과는 단열 팽창(등엔탈피 과정)시 온도가 변화하는 현상이다.

Joule-Thomson 계수(μ) $= \frac{\Delta T}{\Delta P}$

- $\mu > 0$: 압력 감소에 따른 온도 감소(냉각효과)
- $\mu = 0$: 압력 감소에 따른 온도 유지(이상기체)
- $\mu < 0$: 압력 감소에 따른 온도 증가(가열효과)
- $\mu \neq 0$: 압력 변화에 따른 온도변화 상황

정답 | ②

23 빈출도 ★

이상적인 증기압축식 냉동장치에서 압축기 입구를 1, 응축기 입구를 2, 팽창밸브 입구를 3, 증발기 입구를 4로 나타낼 때 온도(T)-엔트로피(S)선도(수직축 T, 수평축 S)에서 수직선으로 나타내는 과정은?

① 1-2 과정 ② 2-3 과정
③ 3-4 과정 ④ 4-1 과정

해설

T-S선도 냉동사이클의 압축과정 1 → 2에서 수직선(T: 증가, S: 변화없는 과정)으로 나타난다.

관련개념 증기압축 냉동사이클

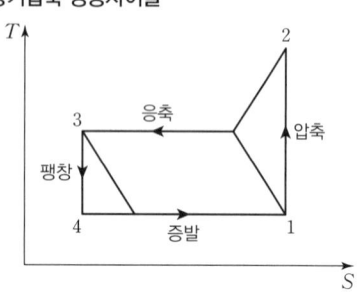

▲ 증기압축 냉동사이클 T-S선도

- 1 → 2: 단열압축 과정(압축기)
- 2 → 3: 정압방열(응축) 과정(응축기)
- 3 → 4: 등엔탈피 팽창 과정(팽창밸브)
- 4 → 1: 등온팽창 과정(증발기)

정답 | ①

24 빈출도 ★

이상기체로 구성된 밀폐계의 변화과정을 나타낸 것 중 틀린 것은? (단, δ_q는 계로 들어온 순열량, dh는 엔탈피 변화량, δ_w는 계가 한 순일, du는 내부에너지의 변화량, ds는 엔트로피 변화량을 나타낸다.)

① 등온과정에서 $\delta_q = \delta_w$ ② 단열과정에서 $\delta_q = 0$
③ 정압과정에서 $\delta_q = ds$ ④ 정적과정에서 $\delta_q = du$

해설

정압과정에서 $\delta_q = du + \delta_w$, $h = u + pv$이므로 $u = h - pv$를 대입하면 $\delta_q = d(h - pv) + p \cdot dv = dh - vdP$

선지분석

① 등온과정: $du = 0$ ② 단열과정: $\delta_q = 0$
③ 정압과정: $dp = 0$ ④ 정적과정: $dv = 0$

관련개념 열역학 제1법칙

에너지 보존법칙이며, 관련 공식은 $\delta_q = du + \delta_w$이다.
- δ_q: 계가 흡수(방출)한 열
- du: 계 내부 에너지의 변화
- δ_w: 계 외부 에너지의 한일

정답 | ③

25 빈출도 ★★

공기의 기체상수가 $0.287 \text{kJ/(kg} \cdot \text{K)}$일 때 표준상태(0°C, 1기압)에서 밀도는 약 몇 kg/m^3인가?

① 1.29 ② 1.87
③ 2.14 ④ 2.48

해설

이상기체방정식은 다음과 같다.

$$PV = mRT$$

P: 압력(kPa), V: 부피(m³), m: 질량(kg), R: 기체상수(kJ/kg·K), T: 온도(K)

위 공식에서 밀도$(\rho) = \dfrac{m}{V}$를 이용하면

$$\rho = \frac{m}{V} = \frac{P}{RT} = \frac{101.325}{0.287 \times 273} = 1.29 \text{kg/m}^3$$

※ 1atm = 101.325kPa

정답 | ①

26 빈출도 ★★

랭킨(Rankine) 사이클에서 재열을 사용하는 목적은?

① 응축기 온도를 높이기 위해서
② 터빈 압력을 높이기 위해서
③ 보일러 압력을 낮추기 위해서
④ 열효율을 개선하기 위해서

해설

랭킨(Rankine) 사이클은 열효율을 개선하기 위해서 증기초압을 높여 터빈 내의 팽창증기를 취출하고 재열기로 재열을 사용한다.

관련개념 랭킨(Rankine) 사이클

- 2개의 정압과정, 2개의 단열변화로 증기 동력사이클의 기본 사이클이며, 가장 널리 사용된다.
- 작동 유체(물, 수증기)의 흐름은 펌프(단열압축) → 보일러(정압가열) → 터빈(단열팽창) → 응축기(정압냉각) → 펌프 순으로 나타낸다.

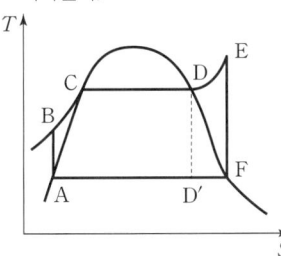

A → B: 단열압축
B → C: 정압가열
C → D: 가열
D → D′: 보일러 사용안함
D → E: 등압가열
E → F: 단열팽창
F → A: 정압냉각

▲ 랭킨 사이클 T-S 선도

정답 | ④

27 빈출도 ★

불꽃 점화기관의 기본 사이클인 오토사이클에서 압축비가 10이고, 기체의 비열비는 1.4일 때 이 사이클의 효율은 약 몇 %인가?

① 43.6
② 51.4
③ 60.2
④ 68.5

해설

오토사이클 열효율은 다음과 같이 구한다.

$$\eta = 1 - \left(\frac{1}{\epsilon}\right)^{k-1}$$

η: 효율(%), ϵ: 압축비, k: 비열비

$$\eta = 1 - \left(\frac{1}{10}\right)^{1.4-1} = 0.6019 = 60.19\%$$

정답 | ③

28 빈출도 ★★

110kPa, 20℃의 공기가 정압과정으로 온도가 50℃ 만큼 상승한 다음(즉 70℃가 됨), 등온과정으로 압력이 반으로 줄어들었다. 최종 비체적은 최초 비체적의 약 몇 배인가?

① 0.585
② 1.17
③ 1.71
④ 2.34

해설

보일-샤를의 법칙 $\dfrac{P_1 V_1}{T_1} = \dfrac{P_2 V_2}{T_2}$에 따라

$$\frac{V_2}{V_1} = \frac{P_1}{P_2} \times \frac{T_2}{T_1} = \frac{110\text{kPa}}{\left(110 \times \frac{1}{2}\right)\text{kPa}} \times \frac{(70+273)\text{K}}{(20+273)\text{K}} = 2.34$$

$V_2 = 2.34 V_1$

정답 | ④

29 빈출도 ★★

최저 온도, 압축비 및 공급열량이 같을 경우 사이클의 효율이 큰 것부터 작은 순서대로 옳게 나타낸 것은?

① 오토사이클 > 디젤사이클 > 사바테사이클
② 사바테사이클 > 오토사이클 > 디젤사이클
③ 디젤사이클 > 오토사이클 > 사바테사이클
④ 오토사이클 > 사바테사이클 > 디젤사이클

해설

사이클의 열효율(이론열효율) 크기
Otto cycle(오토 사이클) > Sabathe cycle(사바테 사이클) > Diesel cycle(디젤 사이클)

정답 | ④

30 빈출도 ★★

초기조건이 100kPa, 60°C인 공기를 정적과정을 통해 가열한 후 정압에서 냉각과정을 통하여 500kPa, 60°C로 냉각할 때 이 과정에서 전체 열량의 변화는 약 몇 kJ/kmol인가? (단, 정적비열은 20kJ/(kmol·K), 정압비열은 28kJ/(kmol·K)이며, 이상기체로 가정한다.)

① −964
② −1,964
③ −10,656
④ −20,656

해설

정적과정($V_1 = V_2$)에서 가열 후 온도(T_2)를 구한다.

$\dfrac{P_1 V_1}{T_1} = \dfrac{P_2 V_2}{T_2}$에서 $\dfrac{T_2}{T_1} = \dfrac{P_2}{P_1}$

$\dfrac{T_2}{(60+273)\text{K}} = \dfrac{500\text{kPa}}{100\text{kPa}}$

$T_2 = 1,665$K이다.

정적과정(1)에서 열량(Q_1)을 구한다.

$$Q = C_v \times \Delta T$$

Q: 열량(kJ/kmol), C_v: 정적비열(kJ/kmol·K), ΔT: 온도차(K)

$Q_1 = C_v \times (T_2 - T_1) = 20 \times (1,665 - (60+273))$
$= 26,640$kJ/kmol

정압과정(2)에서 열량(Q_2)을 구한다.

$$Q = C_p \times \Delta T$$

Q: 열량(kJ/kmol), C_p: 정압비열(kJ/kmol·K), ΔT: 온도차(K)

$Q_2 = C_p \times (T_3 - T_2) = 28 \times ((60+273) - 1,665)$
$= -37,296$kJ/kmol

따라서,
전체 열량변화 $= 26,640 + (-37,296) = -10,656$kJ/kmol

정답 | ③

31 빈출도 ★★

냉매가 구비해야 할 조건 중 틀린 것은?

① 증발열이 클 것
② 비체적이 작을 것
③ 임계온도가 높을 것
④ 비열비(정압비열/정적비열)가 클 것

해설

압축 시 토출가스 온도 상승을 작게 하기 위해서는 비열비가 작을수록 좋다.

관련개념 냉매의 구비조건

- 증발열이 크고 임계온도(임계점)가 높아야 한다.
- 비체적과 비열비가 작아야 한다.
- 인화 및 폭발의 위험성이 낮아야 한다.
- 비교적 저온, 저압에서 응축이 잘 되어야 한다.
- 구입이 용이하고 가격이 저렴해야 한다.
- 점성 및 표면장력이 작고 상용압력범위가 낮아야 한다.

정답 | ④

32 빈출도 ★

보일러로부터 압력 1MPa로 공급되는 수증기의 건도가 0.95일 때 이 수증기 1kg당 엔탈피는 약 몇 kcal인가? (단, 1MPa에서 포화액의 비엔탈피는 181.2kcal/kg, 포화증기의 비엔탈피는 662.9kcal/kg이다.)

① 457.6
② 638.8
③ 810.9
④ 1120.5

해설

$$h_x = h_f + x(h_g - h_f)$$

h_x: 습증기 엔탈피(kcal/kg), h_g: 포화증기의 비엔탈피(kcal/kg), x: 수증기 건도, h_f: 포화액의 비엔탈피(kcal/kg)

$h_x = 181.2 + 0.95 \times (662.9 - 181.2) = 638.815$kcal/kg

정답 | ②

33 빈출도 ★

Gibbs의 상률(상법칙, phase rule)에 대한 설명 중 틀린 것은?

① 상태의 자유도와 혼합물을 구성하는 성분 물질의 수, 그리고 상의 수에 관계되는 법칙이다.
② 평형이든 비평형이든 무관하게 존재하는 관계식이다.
③ Gibbs의 상률은 강도성 상태량과 관계한다.
④ 단일성분의 물질이 기상, 액상, 고상 중 임의의 2상이 공존할 때 상태의 자유도는 1이다.

해설

Gibbs의 상률은 비평형상태의 계에서 존재하지 않는 관계식으로 오로지 평형상태의 계에서 존재한다.

관련개념 Gibbs의 상률(상법칙)

열역학적 평형상태에 있는 계의 상태를 정의한다.

$$F = C - P + 2$$

F: 자유도(조절가능한 변수의 수), C: 구성성분의 수,
P: 상의 수, 2: 독립변수(온도, 압력)

정답 ②

34 빈출도 ★★

열역학 제2법칙에 관한 다음 설명 중 옳지 않은 것은?

① 100%의 열효율을 갖는 열기관은 존재할 수 없다.
② 단일열원으로부터 열을 전달받아 사이클 과정을 통해 모두 일로 변화시킬 수 있는 열기관이 존재할 수 있다.
③ 열은 저온부로부터 고온부로 자연적으로 전달되지는 않는다.
④ 고립계에서 엔트로피는 항상 증가하거나 일정하게 보존된다.

해설

열역학 제2법칙은 열이동 및 에너지방향 전환에 관한 법칙으로, 공급된 열을 모든 일로 바꾸는 열기관은 존재하지 않는다.

관련개념 열역학 제2법칙

- 에너지변환(전환) 방향성의 법칙(열 이동의 법칙)이라고도 한다.
- 열은 항상 고온에서 저온으로 흐른다.(저온에서 고온으로 옮길 수 없다.)
- 열에너지를 완전히 일로 바꾸는 것이 불가능하다.(모든 열기관은 일부 에너지를 열로 방출한다.)
- 고립계에서는 엔트로피가 감소하지 않으며, 증가하거나 일정하게 보존된다.
- 100%의 열효율을 갖는 기관은 존재할 수 없으며, 카르노 사이클 기관의 이상적 경우도 불가능하다.

정답 ②

35 빈출도 ★★

1MPa, 400°C인 큰 용기 속의 공기가 노즐을 통하여 100KPa까지 등엔트로피 팽창을 한다. 출구속도는 약 몇 m/s인가? (단, 비열비는 1.4이고, 정압비열은 1.0kJ/(kg·K)이며, 노즐 입구에서의 속도는 무시한다.)

① 569　　　　　② 805
③ 910　　　　　④ 1,107

해설

단열변화에서의 P-T 관계식은 아래와 같다.

$$\frac{T_2}{T_1} = \left(\frac{P_2}{P_1}\right)^{\frac{\gamma-1}{\gamma}}$$

T_1: 초기 온도(K), T_2: 최종 온도(K)
P_1: 초기 압력(atm), P_2: 최종 압력(atm), γ: 비열비

$T_2 = T_1 \times \left(\frac{100}{1,000}\right)^{\frac{1.4-1}{1.4}} = (400+273) \times \left(\frac{100}{1,000}\right)^{\frac{1.4-1}{1.4}}$

$= 348.5786K$

등엔트로피 팽창 과정으로 열에너지가 운동에너지로 변화한다.

$$m \times \Delta H = \frac{1}{2}mv^2$$
$$\Delta H = C_p \cdot \Delta t$$

m: 질량(kg), ΔH: 엔탈피 차(kJ/kg), v: 속도(m/s),
C_p: 정압비열(kJ/kg·K), Δt: 온도 차(K)

$v = \sqrt{2 \times \Delta H} = \sqrt{2 \times (H_1 - H_2)} = \sqrt{2 \times C_p(T_1 - T_2)}$
$= \sqrt{2 \times 1.0 \times 10^3 J/kg \cdot K \times (673 - 348.5786)} = 805.51 m/s$

※ $1J/kg = 1N \cdot m/kg = 1m^2/sec^2$

정답 | ②

36 빈출도 ★★

온도가 각각 −20°C, 30°C인 두 열원 사이에서 작동하는 냉동사이클이 이상적인 역카르노사이클을 이루고 있다. 냉동기에 공급된 일이 15kW이면 냉동용량(냉각열량)은 약 몇 kW인가?

① 2.5　　　　　② 3.0
③ 76　　　　　④ 91

해설

$$COP = \frac{Q_2}{W} = \frac{Q_2}{Q_1 - Q_2}$$

COP: 성능계수, W: 일(kW), Q_1: 고온체 방출 열(kW),
Q_2: 저온체 흡수 열(kW)

역카르노사이클의 냉동기 성능계수는 온도로 표현할 수 있으므로
$COP = \frac{Q_2}{Q_1 - Q_2} = \frac{T_2}{T_1 - T_2}$
$= \frac{(-20+273)}{(30+273)-(-20+273)} = 5.06$

위 공식을 이용하여 냉동용량(Q_2)을 구한다.
$Q_2 = COP \times W = 5.06 \times 15 = 75.9 kW$

정답 | ③

37 빈출도 ★

온도가 400°C인 열원과 300°C인 열원 사이에서 작동하는 카르노 열기관이 있다. 이 열기관에서 방출되는 300°C의 열은 또 다른 카르노 열기관으로 공급되어 300°C의 열원과 100°C의 열원 사이에서 작동한다. 이와 같은 복합 카르노 열기관의 전체 효율은 약 몇 %인가?

① 44.57% ② 59.43%
③ 74.29% ④ 29.72%

해설

$$\eta = 1 - \frac{T_1}{T_2}$$

η: 효율(%), T: 온도(K)

(1) 첫 번째 열기관 효율(%)
$$\eta_1 = 1 - \frac{T_{L_1}}{T_{H_1}} = 1 - \frac{573}{673} = 0.1486$$

(2) 두 번째 열기관 효율(%)
$$\eta_2 = 1 - \frac{T_{L_2}}{T_{H_2}} = 1 - \frac{373}{573} = 0.3490$$

(3) 전체 열기관 효율(%)
$$\eta_t = 1 - [(1-\eta_1) \times (1-\eta_2)]$$
$$= 1 - [(1-0.1486) \times (1-0.3490)]$$
$$= 0.4457 = 44.57\%$$

정답 | ①

38 빈출도 ★★

이상기체 5kg이 250°C에서 120°C까지 정적과정으로 변화한다. 엔트로피 감소량은 약 몇 kJ/K인가? (단, 정적비열은 0.653kJ/(kg·K)이다.)

① 0.933 ② 0.439
③ 0.274 ④ 0.187

해설

이상기체 엔트로피 변화계산 공식은 다음과 같다.

$$\Delta S = m \times C_v \times \ln\left(\frac{T_2}{T_1}\right)$$

ΔS: 엔트로피 변화량(kJ/K), m: 질량(kg), C_v: 정적비열(kJ/kg·K), T_1: 초기 온도(K), T_2: 최종 온도(K)

$$\Delta S = 5 \times 0.653 \times \ln\left(\frac{120+273}{250+273}\right) = -0.933 \text{kJ/K}$$

※ (−) 부호는 감소를 의미한다.

관련개념 열역학 제2법칙

열역학 제2법칙에 의해 상태 과정에서의 엔트로피 변화량(ΔS)은 다음과 같다. (C_v: 정적비열, C_p: 정압비열)

등온과정(일정한 온도)	$\Delta S = \frac{\Delta Q}{T}$
정적과정(일정한 부피)	$\Delta S = m \times C_v \times \ln\left(\frac{T_2}{T_1}\right)$
정압과정(일정한 압력)	$\Delta S = m \times C_p \times \ln\left(\frac{T_2}{T_1}\right)$

정답 | ①

39 빈출도 ★

압력이 200kPa로 일정한 상태로 유지되는 실린더 내의 이상기체가 체적 $0.3m^3$에서 $0.4m^3$로 팽창될 때 이상기체가 한 일의 양은 몇 kJ인가?

① 20　　② 40
③ 60　　④ 80

해설

체적변화를 이용하여 이상기체가 팽창한 일을 계산한다.

$$W = P \times (V_2 - V_1)$$

W: 일(kJ), P: 압력(kPa), V: 부피(m^3)

$W = 200kPa \times (0.4 - 0.3)m^3 = 20kJ$

정답 | ①

40 빈출도 ★★

500K의 고온 열저장조와 300K의 저온 열저장조 사이에서 작동되는 열기관이 낼 수 있는 최대 효율은?

① 100%　　② 80%
③ 60%　　④ 40%

해설

$$\eta = 1 - \frac{T_1}{T_2}$$

η: 효율(%), T: 온도(K)

$\eta = 1 - \frac{300}{500} = 0.4 = 40\%$

정답 | ④

계측방법

41 빈출도 ★★

열전대 온도계에 대한 설명으로 옳은 것은?

① 흡습 등으로 열화된다.
② 밀도차를 이용한 것이다.
③ 자기가열에 주의해야 한다.
④ 온도에 대한 열기전력이 크며 내구성이 좋다.

해설

열전대 온도계(서미스터 온도계)는 고온 측정에 적합하고 금속으로 되어 있어 내열성과 내구성, 내식성이 우수하다.

관련개념 열전대 온도계

- 열전대에서 발생한 열전압을 활용하여 측정한다.
- 보호관 선택 및 유지관리에 주의한다.
- 단자의 +, -는 각각의 전기회로 +, -에 연결한다.
- 주위 고온체로부터 받은 복사열의 영향으로 인해 오차가 생길 수도 있으므로 주의해야 한다.
- 측정하고자 하는 곳에 정확히 삽입하고 삽입한 구멍을 통해 냉기가 들어가지 않게 한다.

정답 | ④

42 빈출도 ★

지름 400mm인 관속을 5kg/s로 공기가 흐르고 있다. 관속의 압력은 200kPa, 온도는 23℃, 공기의 기체상수 R이 287J/(kg·K)라 할 때 공기의 평균 속도는 약 몇 m/s인가?

① 2.4
② 7.7
③ 16.9
④ 24.1

해설

$$Q = \frac{m}{t} = \frac{\rho \cdot A \cdot x}{t} = \rho A v$$

Q: 유량(m³/s), m: 질량유량(kg/s), t: 시간(sec),
ρ: 밀도(kg/m³), A: 단면적(m²), v: 속도(m/s)

$$PV = mRT$$

P: 압력(kPa), V: 부피(m³), m: 질량(kg),
R: 기체상수(kJ/kg·K), T: 온도(K)

위 공식에서 밀도(ρ)=$\frac{m}{V}$이므로,

$$\rho = \frac{m}{V} = \frac{P}{RT} = \frac{200,000}{287 \times (23+273)} = 2.354\text{kg/m}^3$$

$$v = \frac{Q}{\rho A} = \frac{5\text{kg/s}}{2.354\text{kg/m}^3 \times \left(\pi \left(\frac{0.4\text{m}}{2}\right)^2\right)} = 16.90\text{m/s}$$

정답 | ③

43 빈출도 ★★

다음 열전대 종류 중 측정온도에 대한 기전력의 크기로 옳은 것은?

① IC > CC > CA > PR
② IC > PR > CC > CA
③ CC > CA > PR > IC
④ CC > IC > CA > PR

해설

측정온도에 대한 열기전력의 크기
철-콘스탄탄(IC) > 동-콘스탄탄(CC) > 크로멜-알루멜(CA) > 백금-백금로듐(PR)

정답 | ①

44 빈출도 ★★

2,000℃까지 고온 측정이 가능한 온도계는?

① 방사 온도계
② 백금저항 온도계
③ 바이메탈 온도계
④ Pt-Rh 열전식 온도계

선지분석

① 방사 온도계: 50~2,000℃
② 백금저항 온도계: -200~500℃
③ 바이메탈 온도계: -50~500℃
④ Pt-Rh 열전식(열전대) 온도계: 0~1,600℃

정답 | ①

45 빈출도 ★★★

SI 기본단위를 바르게 표현한 것은?

① 시간-분
② 질량-그램
③ 길이-밀리미터
④ 전류-암페어

해설

SI 단위계에서 전류의 기본단위는 암페어이다.

관련개념 SI 기본단위 및 물리량

물리량	SI 기본단위	기호
길이	미터	m
질량	킬로그램	kg
시간	초	s
전류	암페어	A
온도	켈빈	K
물질의 양	몰	mol
광도	칸델라	cd

정답 | ④

46 빈출도 ★

다음 그림과 같은 경사관식 압력계에서 P_2는 50kg/m^2일 때 측정압력 P_1은 약 몇 kg/m^2인가? (단, 액체의 비중은 1이다.)

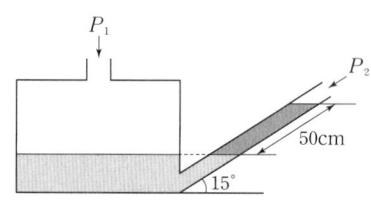

① 130 ② 180
③ 320 ④ 530

해설

$$P_1 = P_2 + \gamma \cdot h$$

P: 압력(kg/m^2), γ: 비중량(kg/m^3), h: 높이(m)

여기서, 경사관 액주의 높이 차(h) = $r \times \sin\theta$이므로,
$P_1 = 50\text{kg/m}^2 + 1,000\text{kg/m}^3 \times (0.5\text{m} \times \sin 15°)$
　　$= 179.41\text{kg/m}^2$

정답 | ②

47 빈출도 ★★

전자유량계의 특징으로 틀린 것은?

① 응답이 빠른 편이다.
② 압력손실이 거의 없다.
③ 높은 내식성을 유지할 수 있다.
④ 모든 액체의 유량 측정이 가능하다.

선지분석

① 전기 신호를 즉각 감지하여 응답 속도가 빠르다.
② 유체의 흐름의 방해가 없어 압력손실이 발생하지 않는다.
③ 비금속 라이너 및 내식성이 높은 재질로 만들어져 내식성이 좋다.
④ 비전도성 액체와 전도성이 낮은 액체, 가스 등은 측정할 수 없다. 단, 유체의 밀도와 점성의 영향을 받지 않으며 다른 물질이 섞여 있거나 기포가 있는 액체는 측정이 가능하다.

정답 | ④

48 빈출도 ★★

오르자트식 가스분석계로 측정하기 어려운 것은?

① O_2 ② CO_2
③ CH_4 ④ CO

선지분석

① CO_2(이산화탄소): KOH(수산화칼륨) 30% 수용액 또는 탄화칼륨 흡습제를 사용한다.
② O_2(산소): 알칼리성 피로갈롤 용액을 사용한다.
④ CO(일산화탄소): 암모니아성 염화 제1구리 용액을 사용한다.

관련개념 오르자트식 가스분석계

(1) 개요
- 연소가스의 주성분을 분석하는 방법으로 주로 화학적 흡수법을 이용하여 가스성분을 측정한다.
- 순차적으로 이산화탄소(CO_2) → 산소(O_2) → 일산화탄소(CO)로 선택적으로 흡수한다.

(2) 특징
- 구조가 간단하고 취급이 쉽다.
- 분석순서가 중요하며 변경 시 오차가 발생한다.
- 수분은 분석하기 어려우며, 분석온도는 약 20℃ 정도이다.

정답 | ③

49 빈출도 ★★

불연속 제어로서 탱크의 액위를 제어하는 방법으로 주로 이용되는 것은?

① P 동작
② PI 동작
③ PD 동작
④ 온·오프 동작

해설

불연속 제어는 대표적으로 액위제어 및 온도제어에 활용되며, 온·오프 동작(2위치제어)이 대표적이다.

관련개념 비례 제어 방식

on-off 제어를 보다 정확도를 높이기 위한 자동제어로 PID의 세가지 동작을 활용한다.

- P 동작(비례제어)
  피드백 경로 전달 특성이 비례적 특성을 가지며, 연속적 조정으로 잔류편차(Off Set)가 생긴다.
- PI 동작(비례-적분제어)
  오차를 줄이고 설정값에 빠르게 도달하게 하는 연속적 제어로 계단변화에 대한 잔류오차가 적다.
- PD 동작(비례-미분제어)
  시스템 응답속도를 개선하고 제어동작이 빨리 도달하도록 미분 동작을 부가하였으며, 정상상태 오차는 개선이 불가한 연속 제어이다.

정답 | ④

50 빈출도 ★

관로에 설치된 오리피스 전후의 압력차는?

① 유량의 제곱에 비례한다.
② 유량의 제곱근에 비례한다.
③ 유량의 제곱에 반비례한다.
④ 유량의 제곱근에 반비례한다.

해설

관로에 설치된 오리피스 압력차는 유량의 제곱에 비례한다.

관련개념 오리피스 유량계

베르누이의 정리를 응용한 유량계로 기체와 액체 모두 사용이 가능하며 교축기구를 기하학적으로 닮은 꼴이 되도록 끝맺음질을 정밀하게 하면 정확한 측정값을 얻을 수 있다.

$$Q = C \times A \times \sqrt{\frac{2 \Delta P}{\rho}}$$

Q: 유량, C: 유량 계수, A: 오리피스 단면적,
ΔP: 압력차, ρ: 유체 밀도

정답 | ①

51 빈출도 ★

염화리튬이 공기 수증기압과 평형을 이룰 때 생기는 온도저하를 저항온도계로 측정하여 습도를 알아내는 습도계는?

① 듀셀 노점계
② 아스만 습도계
③ 광전관식 노점계
④ 전기저항식 습도계

선지분석

① 듀셀 노점계: 염화리튬 용액의 흡습과 증발 원리로 습도 또는 노점을 측정하여 가열식 노점계라고도 하며, 염화리튬이 코팅된 센서를 사용한다.
② 아스만(야스만) 습도계: 건구 온도와 습구 온도의 차이를 이용한 상대 습도계로 실내외 습도 측정에 사용된다.
③ 광전관식 노점계: 거울 표면에 공기 중 응축된 수증기가 이슬로 맺히는 시점을 광전관으로 검출하는 노점온도계로 정확한 습도 측정이 필요할 때 사용된다.
④ 전기저항식 습도계: 재료의 저항 변화를 전기 신호로 변화하여 습도를 측정하며, 가전제품 등에 사용된다.

정답 | ①

52 빈출도 ★★

유량 측정에 쓰이는 Tap 방식이 아닌 것은?

① 베나 탭
② 코너 탭
③ 압력 탭
④ 플랜지 탭

선지분석

① 베나 탭: 유량 측정하는 탭으로, 유입되는 전면부와 후면부에 흐름 단면적이 작아지는 유속지점에 설치하여 압력차를 측정한다.
② 코너 탭: 교축기구 유량 측정 유입되는 직전과 직후를 측정한다.
③ 압력 탭: 압력을 측정하는 탭으로 고압 측정용과 저압 측정용으로 구분한다.
④ 플랜지 탭: 교축기구 유입되는 1인치(약 25mm) 전후거리 플랜지를 상, 하류 부분에 설치하여 측정한다.
※ 이외에도 유량 측정 Tap 방식으로 파이프 탭, 베벨 탭, 축류 탭 등이 있다.

정답 | ③

53 빈출도 ★★

다음에서 설명하는 제어동작은?

- 부하변화가 커도 잔류편차가 생기지 않는다.
- 급변할 때 큰 진동이 생긴다.
- 전달느림이나 쓸모없는 시간이 크면 사이클링의 주기가 커진다.

① D 동작
② PI 동작
③ PD 동작
④ P 동작

해설

PI 동작은 비례제어(P 동작)에서 잔류편차(Offset)를 줄이고자 적분동작(I 동작)을 합친 제어이다.

정답 | ②

54 빈출도 ★

제어시스템에서 응답이 계단변화가 도입된 후에 얻게 될 최종적인 값을 얼마나 초과하게 되는지를 나타내는 척도는?

① 오프셋
② 쇠퇴비
③ 오버슈트
④ 응답시간

선지분석

① 오프셋: 목표값에 도달하지 못한 오차를 의미하며, 비례동작과 적분동작을 같이 사용하면 오차를 제거할 수 있다.
② 쇠퇴비: 진동성 응답의 연속적인 비율의 비를 의미한다.
③ 오버슈트: 제어시스템의 계단변화가 도입된 후 제어량의 최종적인 값(목표값) 초과시 나타나는 최대초과량을 나타낸다. 제어시스템의 안전성과 성능을 평가하는 척도로 활용한다.
④ 응답시간: 입력된 신호가 출력에 도달하는 시간을 의미한다.

정답 | ③

55 빈출도 ★★

다음 온도계 중 측정범위가 가장 높은 것은?

① 광온도계 ② 저항온도계
③ 열전온도계 ④ 압력온도계

[해설]

광고온계는 측정범위가 700~3,000℃로, 비접촉식으로 방출되는 빛과 파장을 이용하여 온도를 측정한다.

[선지분석]

① 광온도계: 700~3,000℃
② 저항온도계: -200~500℃
③ 열전온도계: -200~1,400℃
④ 압력온도계: -30~600℃

[관련개념] 광온도계(광고온계)

- 온도계 중에 가장 높은 온도를 측정할 수 있다.
- 비접촉식 온도계 중 가장 정확한 측정이 가능하다.
- 저온(700℃) 이하의 물체 온도측정이 곤란하다.
- 고온 물체는 방사되는 가시광선을 이용하여 측정한다.
- 수동 측정방식으로 측정시 시간 및 개인간의 오차가 발생한다.

정답 | ①

56 빈출도 ★★★

기체연료의 시험방법 중 CO의 흡수액은?

① 발연 황산액
② 수산화칼륨 30% 수용액
③ 알칼리성 피로갈롤 용액
④ 암모니아성 염화 제1동 용액

[해설]

CO는 암모니아성 염화 제1구리(동) 용액으로 흡수한다.

[관련개념] 헴펠식 가스분석장치의 흡수가스와 흡수제

- CO_2: KOH 30% 수용액
- C_mH_n: 발연 황산(진한 황산) 용액
- O_2: 알칼리성 피로갈롤 용액
- CO: 암모니아성 염화 제1구리 용액

정답 | ④

57 빈출도 ★★★

차압식 유량계의 종류가 아닌 것은?

① 벤투리 ② 오리피스
③ 터빈유량계 ④ 플로우 노즐

[해설]

차압식 유량계는 비압축성 유체가 관내를 흐를 때 관내에 생기는 차압으로 유량을 측정하는 측정기구로, 정도가 좋아 측정범위가 넓다. 종류로는 오리피스, 벤투리, 플로우 노즐이 있다.
터빈유량계는 기계식 유량계로, 유체의 흐름에 따라 터빈이 회전하고 그 회전수를 이용해 유량을 측정한다.

정답 | ③

58 빈출도 ★★

단열식 열량계로 석탄 1.5g을 연소시켰더니 온도가 4℃ 상승하였다. 통 내의 유량이 2,000g, 열량계의 물당량이 500g일 때 이 석탄의 발열량은 약 몇 J/g인가? (단, 물의 비열은 4.19J/g·℃이다.)

① 2.23×10^4 ② 2.79×10^4
③ 4.19×10^4 ④ 6.98×10^4

[해설]

단열식 열량계로 석탄의 발열량을 구하는 공식은 다음과 같다.

$$Q = \frac{C \times T_a \times (m_a + m_b)}{m_0}$$

Q: 발열량(J/g), C: 비열(J/g·℃), T_a: 상승온도(℃),
m_a: 내통수량(g), m_b: 물의 질량(g), m_0: 시료의 양(g)

$$Q = \frac{4.19 \text{J/g} \cdot \text{℃} \times 4\text{℃} \times (2,000+500)\text{g}}{1.5\text{g}}$$
$$= 27,933.33 \text{J/g} = 2.79 \times 10^4 \text{J/g}$$

정답 | ②

59 빈출도 ★

2원자 분자를 제외한 CO_2, CO, CH_4 등의 가스를 분석할 수 있으며, 선택성이 우수하고 저농도 분석에 적합한 가스 분석법은?

① 적외선법 ② 음향법
③ 열전도율법 ④ 도전율법

해설

적외선법은 단원자 분자(He, Ne, Ar 등) 또는 2원자 분자(H_2, O_2, N_2 등)를 제외한 가스(CO_2, CO, CH_4 등)를 각각의 고유한 흡수 스펙트럼으로 적외선을 흡수하여 농도를 분석한다.

정답 | ①

60 빈출도 ★★★

국제단위계(SI)에서 길이단위의 설명으로 틀린 것은?

① 기본단위이다.
② 기호는 K이다.
③ 명칭은 미터이다.
④ 빛이 진공에서 1/229,792,458초 동안 진행한 경로의 길이이다.

해설

SI 단위계에서 길이의 기호는 m(미터)이며 K는 온도의 단위인 켈빈을 나타낸다.

정답 | ②

열설비재료 및 관계법규

61 빈출도 ★★

샤모트(Chamotte) 벽돌에 대한 설명으로 옳은 것은?

① 일반적으로 기공률이 크고 비교적 낮은 온도에서 연화되며 내스폴링성이 좋다.
② 흑연질 등을 사용하며 내화도와 하중연화점이 높고 열 및 전기전도도가 크다.
③ 내식성과 내마모성이 크며 내화도는 SK35 이상으로 주로 고온부에 사용된다.
④ 하중 연화점이 높고 가소성이 커 염기성 제강로에 주로 사용된다.

해설

비교적 낮은 온도에서 연화되며 내스폴링성이 좋다.

관련개념 샤모트(chamotte) 벽돌

- 골재 원료로 고온에 견딜 수 있도록 제작된 내화재료이다.
- 알루미나 함량이 많을수록 내화도가 높아지고 일반적으로 기공률이 크다.
- 비교적 낮은 온도에서 연화되며 내스폴링성이 좋다.
- 벽돌의 10~30% 가소성 생점토를 첨가하며, 성형 및 소결성을 우수하게 한다.

정답 | ①

62 빈출도 ★

에너지이용 합리화법에 따라 최대 1천만원 이하의 벌금에 처할 대상자에 해당되지 않는 자는?

① 검사대상기기관리자를 정당한 사유없이 선임하지 아니한 자
② 검사대상기기의 검사를 정당한 사유 없이 받지 아니한 자
③ 검사에 불합격한 검사대상기기를 임의로 사용한 자
④ 최저소비효율기준에 미달된 효율관리기자재를 생산한 자

선지분석

「에너지이용 합리화법 제72조~76조」
① 1천 만원 이하의 벌금
② 1년 이하의 징역 또는 1천만원 이하의 벌금
③ 1년 이하의 징역 또는 1천만원 이하의 벌금
④ 2천만원 이하 이하의 벌금

정답 | ④

63 빈출도 ★

배관설비의 지지를 위한 필요조건에 관한 설명으로 틀린 것은?

① 온도의 변화에 따른 배관신축을 충분히 고려하여야 한다.
② 배관 시공 시 필요한 배관기울기를 용이하게 조정할 수 있어야 한다.
③ 배관설비의 진동과 소음을 외부로 쉽게 전달할 수 있어야 한다.
④ 수격현상 및 외부로부터 진동과 힘에 대하여 견고하여야 한다.

해설

배관설비의 진동과 소음을 외부로 전달하는 것을 방지하기 위해 진동 및 소음 저감장치를 설치하여야 한다.

정답 | ③

64 빈출도 ★★

길이 7m, 외경 200mm, 내경 190mm의 탄소강관에 360℃ 과열증기를 통과시키면 이때 늘어나는 관의 길이는 몇 mm인가? (단, 주위온도는 20℃이고, 관의 선팽창계수는 0.000013mm/mm · ℃이다.)

① 21.15
② 25.71
③ 30.94
④ 36.48

해설

선팽창계수를 이용하여 온도변화에 따른 탄소강관의 늘어난 길이를 계산한다.

$$\Delta L = L_0 \times a \times \Delta T$$

L_0: 길이(mm), a: 선팽창계수(mm/mm · ℃), ΔT: 온도차(℃)

$\Delta L = 7{,}000 \times 0.000013 \times (360-20) = 30.94$mm

정답 | ③

65 빈출도 ★

에너지이용 합리화법에 따라 에너지사용계획을 수립하여 산업통상자원부장관에게 제출하여야 하는 민간사업주관자의 기준은?

① 연간 5백만 킬로와트시 이상의 전력을 사용하는 시설을 설치하려는 자
② 연간 1백만 킬로와트시 이상의 전력을 사용하는 시설을 설치하려는 자
③ 연간 1천5백만 킬로와트시 이상의 전력을 사용하는 시설을 설치하려는 자
④ 연간 2천만 킬로와트시 이상의 전력을 사용하는 시설을 설치하려는 자

해설

「에너지이용 합리화법 시행령 제20조」
에너지사용계획을 수립하여 산업통상자원부장관에게 제출하여야 하는 민간사업주관자는 다음의 어느 하나에 해당하는 시설을 설치하려는 자로 한다.
- 연간 5천 티오이 이상의 연료 및 열을 사용하는 시설
- 연간 2천만 킬로와트시 이상의 전력을 사용하는 시설

정답 | ④

66 빈출도 ★★

관의 신축량에 대한 설명으로 옳은 것은?

① 신축량은 관의 열팽창계수, 길이, 온도차에 반비례한다.
② 신축량은 관의 열팽창계수, 길이, 온도차에 비례한다.
③ 신축량은 관의 길이, 온도차에는 비례하지만, 열팽창계수에는 반비례한다.
④ 신축량은 관의 열팽창계수에 비례하고 온도차와 길이에 반비례한다.

해설

관의 신축량은 관의 열팽창계수, 길이, 온도차에 비례한다.

정답 | ②

67 빈출도 ★

에너지이용 합리화법에 따라 인정검사대상기기 조종자의 교육을 이수한 자가 조종할 수 없는 것은?

① 압력 용기
② 용량이 581.5 킬로와트인 열매체를 가열하는 보일러
③ 용량이 700 킬로와트인 온수발생 보일러
④ 최고사용압력이 1MPa 이하이고, 전열면적이 10 제곱미터 이하인 증기보일러

해설

「에너지이용 합리화법 시행규칙 별표 3의9」
검사대상기기관리자의 자격 및 조종범위

관리자의 자격	관리범위
에너지관리기능장 또는 에너지관리기사	용량이 30t/h를 초과하는 보일러
에너지관리기능장, 에너지관리기사 또는 에너지관리산업기사	용량이 10t/h를 초과하고 30t/h 이하인 보일러
에너지관리기능장, 에너지관리기사, 에너지관리산업기사 또는 에너지관리기능사	용량이 10t/h 이하인 보일러
에너지관리기능장, 에너지관리기사, 에너지관리산업기사, 에너지관리기능사 또는 인정검사대상기기관리자의 교육을 이수한 자	• 증기보일러로서 최고사용압력이 1MPa 이하이고, 전열면적이 10제곱미터 이하인 것 • 온수발생 및 열매체를 가열하는 보일러로서 용량이 581.5 킬로와트 이하인 것 • 압력용기

정답 | ③

68 빈출도 ★

에너지이용 합리화법상의 "목표에너지원단위"란?

① 열사용기기당 단위시간에 사용할 열의 사용목표량
② 각 회사마다 단위기간 동안 사용할 열의 사용목표량
③ 에너지를 사용하여 만드는 제품의 단위당 에너지사용목표량
④ 보일러에서 증기 1톤을 발생할 때 사용할 연료의 사용목표량

해설

「에너지이용 합리화법 제35조」
산업통상자원부장관은 에너지의 이용효율을 높이기 위하여 필요하다고 인정하면 관계 행정기관의 장과 협의하여 에너지를 사용하여 만드는 제품의 단위당 에너지사용목표량 또는 건축물의 단위면적당 에너지사용목표량을 정하여 고시하여야 한다.

정답 | ③

69 빈출도 ★

에너지이용 합리화법상의 효율관리기자재에 속하지 않는 것은?

① 전기철도   ② 삼상유도전동기
③ 전기세탁기 ④ 자동차

해설

「에너지이용 합리화법 시행규칙 제7조」
효율관리기자재는 다음과 같다.
- 전기냉장고
- 전기냉방기
- 전기세탁기
- 삼상유도전동기
- 자동차
- 그 밖에 산업통상자원부장관이 그 효율의 향상이 특히 필요하다고 인정하여 고시하는 기자재 및 설비

정답 | ①

70 빈출도 ★

가마를 축조할 때 단열재를 사용함으로써 얻을 수 있는 효과로 틀린 것은?

① 작업 온도까지 가마의 온도를 빨리 올릴 수 있다.
② 가마의 벽을 얇게 할 수 있다.
③ 가마내의 온도 분포가 균일하게 된다.
④ 내화벽돌의 내·외부 온도가 급격히 상승한다.

해설

내화벽돌은 스폴링 현상으로부터 안정성이 있어 내·외부 온도의 급격한 상승을 방지할 수 있다.

관련개념 스폴링(Spalling) 현상
- 열적 스폴링이라고도 하며, 온도가 급변하는 내화물이 열팽창차로 인한 변형에 따라 균열이 생긴다.
- 기계적 충격에 의해 균열이 생기는 현상인 기계적 스폴링과 구조적 변화에 의해 균열이 생기는 현상인 구조적 스폴링이 있다.

정답 | ④

71 빈출도 ★

에너지이용 합리화법에 따라 검사대상기기 조종자의 신고사유가 발생한 경우 발생한 날로부터 며칠 이내에 신고해야 하는가?

① 7일   ② 15일
③ 30일   ④ 60일

해설

「에너지이용 합리화법 시행규칙 제31조28」
검사대상기기의 설치자는 검사대상기기관리자를 선임·해임하거나 검사대상기기관리자가 퇴직한 경우에는 검사대상기기관리자 선임(해임, 퇴직)신고서에 자격증수첩과 관리할 검사대상기기 검사증을 첨부하여 공단이사장에게 제출하여야 한다. 신고는 신고 사유가 발생한 날부터 30일 이내에 하여야 한다.

정답 | ③

72 빈출도 ★★

다음은 보일러의 급수밸브 및 체크밸브 설치 기준에 관한 설명이다. ( ) 안에 알맞은 것은?

> 급수밸브 및 체크밸브의 크기는 전열면적 $10m^2$ 이하의 보일러에서는 관의 호칭 (㉠) 이상, 전열면적 $10m^2$를 초과하는 보일러에서는 호칭 (㉡) 이상이어야 한다.

① ㉠: 5A, ㉡: 10A
② ㉠: 10A, ㉡: 15A
③ ㉠: 15A, ㉡: 20A
④ ㉠: 20A, ㉡: 30A

해설

보일러 전열면적 크기	급수밸브 및 체크밸브 관 호칭 크기
$10m^2$ 이하	15A 이상
$10m^2$ 초과	20A 이상

정답 | ③

73 빈출도 ★★

에너지이용 합리화법에 따라 산업통상자원부장관은 에너지를 합리적으로 이용하게 하기 위하여 몇 년 마다 에너지이용 합리화에 관한 기본계획을 수립하여야 하는가?

① 2년
② 3년
③ 5년
④ 10년

해설

「에너지이용 합리화법 시행령 제3조」
- 산업통상자원부장관은 5년마다 에너지이용 합리화에 관한 기본계획을 수립하여야 한다.
- 관계 행정기관의 장과 특별시장·광역시장·도지사 또는 특별자치도지사는 매년 실시계획을 수립하고 그 계획을 해당 연도 1월 31일까지, 그 시행 결과를 다음 연도 2월 말일까지 각각 산업통상자원부장관에게 제출하여야 한다.
- 산업통상자원부장관은 받은 시행 결과를 평가하고, 해당 관계 행정기관의 장과 시·도지사에게 그 평가 내용을 통보하여야 한다.

정답 | ③

74 빈출도 ★★★

산성 내화물이 아닌 것은?

① 규석질 내화물
② 납석질 내화물
③ 샤모트질 내화물
④ 마그네시아 내화물

해설

산성 내화물은 산성성분이 포함된 내화재료로, 산성물질에 저항성이 강하며, 고온에서 내화성을 가진다. 규석질, 납석질, 샤모트질 등이 있다.

관련개념 내화물

구분	내화물
산성 내화물	규석질, 납석질, 샤모트질 등
염기성 내화물	마그네시아질, 불소성 마그네시아질, 돌로마이트질, 포스테라이트질, 개량 마그네시아질 등
중성 내화물	고알루미나질, 크롬질, 탄소질, 탄화규소질 등
특수 내화물	지르코니아질, 베릴리아질, 토리아질, 지르콘질 등

정답 | ④

75 빈출도 ★★

고압 배관용 탄소강관에 대한 설명으로 틀린 것은?

① 관의 소재로는 킬드강을 사용하여 이음매 없이 제조된다.
② KS 규격 기호로 SPPS 라고 표기한다.
③ 350℃ 이하, $100kg/cm^2$ 이상의 압력범위에 사용이 가능하다.
④ NH_3 합성용 배관, 화학공법의 고압유체 수송용에 사용한다.

해설

고온 배관용 탄소강관은 KS 규격 기호로 SPPH라고 표기한다.

정답 | ②

76 빈출도 ★★

크롬이나 크롬-마그네시아 벽돌이 고온에서 산화철을 흡수하여 표면이 부풀어 오르고 떨어져 나가는 현상은?

① 버스팅(Bursting) ② 스폴링(Spalling)
③ 슬래킹(Slaking)   ④ 큐어링(Curing)

해설

버스팅 현상이란 1,600℃ 이상의 고온에서 크롬 내화물이 산화철을 흡수하면서 표면이 부풀어 오르며 박리되는 현상을 말한다.

정답 | ①

77 빈출도 ★★

내화물의 구비조건으로 틀린 것은?

① 상온에서 압축강도가 작을 것
② 내마모성 및 내침식성을 가질 것
③ 재가열 시 수축이 적을 것
④ 사용온도에서 연화변형하지 않을 것

해설

내화물은 상온에서 높은 압축강도를 통해 구조적 안전성을 가진다.

관련개념 내화물의 구비조건
- 상온에서 압축강도가 커야 한다.
- 내마모성 및 내침식성과 사용온도에 맞는 열전도율을 가져야 한다.
- 고온 및 재가열시 수축 팽창이 적어야 한다.
- 스폴링 현상이 적고, 사용온도에 연화변형을 하지 않아야 한다.

정답 | ①

78 빈출도 ★★★

에너지이용 합리화법에 따라 에너지저장의무를 부과할 수 있는 대상자가 아닌 자는?

① 전기사업법에 의한 전기사업자
② 도시가스사업법에 의한 도시가스사업자
③ 풍력사업법에 의한 풍력사업자
④ 석탄산업법에 의한 석탄가공업자

해설

「에너지이용 합리화법 시행령 제12조」
산업통상자원부장관이 에너지저장의무를 부과할 수 있는 대상자는 다음과 같다.
- 「전기사업법」에 따른 전기사업자
- 「도시가스사업법」에 따른 도시가스사업자
- 「석탄산업법」에 따른 석탄가공업자
- 「집단에너지사업법」에 따른 집단에너지사업자
- 연간 2만 석유환산톤 이상의 에너지를 사용하는 자

정답 | ③

79 빈출도 ★

배관의 신축이음에 대한 설명으로 틀린 것은?

① 슬리브형은 단식과 복식의 2종류가 있으며, 고온, 고압에 사용한다.
② 루프형은 고압에 잘 견디며, 주로 고압증기의 옥외배관에 사용한다.
③ 벨로즈형은 신축으로 인한 응력을 받지 않는다.
④ 스위블형은 온수 또는 저압증기의 배관에 사용하며, 큰 신축에 대하여는 누설의 염려가 있다.

해설

슬리브형은 고온, 고압에 사용이 부적합하며, 단식과 복식의 2종류가 있는 것은 벨로즈형이다.

정답 | ①

80 빈출도 ★

에너지이용 합리화법에 따른 특정열사용기자재가 아닌 것은?

① 주철제 보일러 ② 금속소둔로
③ 2종 압력용기 ④ 석유 난로

해설

「에너지이용 합리화법 시행규칙 별표 3의2」
특정열사용기자재는 다음과 같다.

구분	품목명
보일러	강철제 보일러, 주철제 보일러, 온수보일러, 구멍탄용 온수보일러, 축열식 전기보일러, 캐스케이드 보일러, 가정용 화목보일러
태양열 집열기	태양열 집열기
압력용기	1종 압력용기, 2종 압력용기
요업요로	연속식유리용융가마, 불연속식유리용융가마, 유리용융도가니가마, 터널가마, 도염식각가마, 셔틀가마, 회전가마, 석회용선가마
금속요로	용선로, 비철금속용융로, 금속소둔로, 철금속가열로, 금속균열로

정답 | ④

열설비설계

81 빈출도 ★★

급수에서 ppm 단위에 대한 설명으로 옳은 것은?

① 물 1mL 중에 함유한 시료의 양을 g으로 표시한 것
② 물 100mL 중에 함유한 시료의 양을 mg으로 표시한 것
③ 물 1,000mL 중에 함유한 시료의 양을 g으로 표시한 것
④ 물 1,000mL 중에 함유한 시료의 양을 mg으로 표시한 것

해설

ppm 단위는 물 1,000mL 중에 함유한 시료의 양을 mg으로 표시한 것이다.
1ppm=1mg/L=1mg/1,000mL

정답 | ④

---

82 빈출도 ★

그림과 같이 가로×세로×높이가 $3 \times 1.5 \times 0.03$m인 탄소 강판이 놓여 있다. 열전도계수(k)가 43W/m·℃이며, 표면온도는 20℃였다. 이 때 탄소강판 아래면에 열유속($q''=q/A$) 600kcal/m²·h을 가할 경우, 탄소강판에 대한 표면온도 상승($\Delta T(℃)$)은?

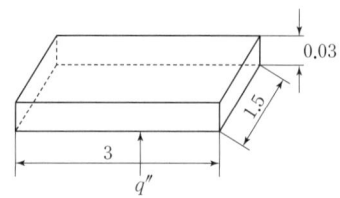

① 0.243℃ ② 0.264℃
③ 0.486℃ ④ 1.973℃

해설

열전도 공식은 다음과 같다.

$$q = k \times \frac{\Delta T}{d}$$

q: 열유속(kcal/m²·h), k: 열전도계수(W/m·℃),
ΔT: 온도차(℃), d: 강판 두께(m)

$\Delta T = \frac{q \times d}{k}$

$= \frac{600\text{kcal}}{\text{m}^2 \cdot \text{h}} \times 0.03\text{m} \times \frac{\text{m} \cdot ℃}{43\text{W}} \times \frac{4,184\text{J}}{1\text{kcal}} \times \frac{1\text{h}}{3,600\text{sec}}$

$= 0.486℃$

※ 1kcal=4,184J
※ 1J=1W·s

정답 | ③

83 빈출도 ★

금속판을 전열체로 하여 유체를 가열하는 방식으로 열팽창에 대한 염려가 없고 플랜지이음으로 되어있어 내부수리가 용이한 열교환기 형식은?

① 유동두식
② 플레이트식
③ 융그스트롬식
④ 스파이럴식

해설

스파이럴식 열교환기는 두 장의 금속 전열판 사이에 나선형 튜브를 일정한 간격으로 감아 놓은 구조를 가진다. 이 구조는 열팽창을 효과적으로 제어하고 완화시키는 역할을 하며 플랜지이음으로 되어있어 내부수리가 용이하다.

정답 | ④

84 빈출도 ★★

보일러의 용량을 산출하거나 표시하는 값으로 적합하지 않은 것은?

① 상당증발량
② 보일러 마력
③ 전열면적
④ 재열계수

해설

보일러의 용량을 산출하거나 표시하는 값으로는 시간당 최대발열량(kcal/h), 상당증발량(kg/h), 최고 사용압력(kgf/cm²), 보일러 마력(BHP), 전열면적(m²) 등이 있다.

정답 | ④

85 빈출도 ★★

강제순환식 수관 보일러는?

① 라몬트(Lamont) 보일러
② 타쿠마(Takuma) 보일러
③ 슐저(Sulzer) 보일러
④ 벤슨(Benson) 보일러

해설

수관식 보일러 종류로는 강제순환식, 자연순환식, 관류식이 있다.

강제순환식	라몬트, 배록스
자연순환식	바브콕, 타쿠마, 쓰네기찌, 야로우, 가르베
관류식	람진, 벤슨, 앤모스, 슐저

정답 | ①

86 빈출도 ★

연료 1kg이 연소하여 발생하는 증기량의 비를 무엇이라고 하는가?

① 열발생률
② 환산증발배수
③ 전열면 증발률
④ 증기량 발생률

해설

환산(실제)증발배수는 연료 1kg이 연소하여 발생하는 증기량의 비율을 의미하며 환산(실제)증발배수 = $\dfrac{상당증발량}{연료소비량}$ 로 나타낸다.

정답 | ②

87 빈출도 ★★

저온부식의 방지 방법이 아닌 것은?

① 과잉공기를 적게 하여 연소한다.
② 발열량이 높은 황분을 사용한다.
③ 연료첨가제(수산화마그네슘)를 이용하여 노점 온도를 낮춘다.
④ 연소 배기가스의 온도가 너무 낮지 않게 한다.

해설

연소 시 $SO_2 \rightarrow SO_3 \rightarrow H_2SO_4$로 전환되어 저온부식을 유발하므로 연료 중 황분(S)을 제거한다.

관련개념 저온부식 방지대책

- 과잉공기를 줄여 연소하거나 배기가스의 산소를 낮춘다.
- 연료 중 황분(S)을 제거한다.
- 연료에 첨가제를 사용하여 노점 온도를 낮춘다.
- 연소 배기가스 온도를 너무 낮지 않게 하며, 노점 온도 이상으로 유지한다.

정답 | ②

88 빈출도 ★★

보일러 송풍장치의 회전수 변환을 통한 급기풍량 제어를 위하여 2극 유도전동기에 인버터를 설치하였다. 주파수가 55Hz일 때 유도전동기의 회전수는?

① 1,650RPM ② 1,800RPM
③ 3,300RPM ④ 3,600RPM

해설

유도전동기 회전수 공식은 아래와 같다.

$$n_s = \frac{120 \times f}{p}$$

n_s: 유도전동기 회전수(RPM), f: 주파수(Hz), p: 극수

$n_s = \dfrac{120 \times 55}{2} = 3,300 \text{rpm}$

※ 문제에서 2극 유동전동기라고 하였으므로 극수(p)는 2이다.

정답 | ③

89 빈출도 ★★

보일러의 성능시험방법 및 기준에 대한 설명으로 옳은 것은?

① 증기건도의 기준은 강철제 또는 주철제로 나누어 정해져 있다.
② 측정은 매 1시간마다 실시한다.
③ 수위는 최초 측정치에 비해서 최종 측정치가 적어야 한다.
④ 측정기록 및 계산양식은 제조사에서 정해진 것을 사용한다.

선지분석

① 증기건도는 강철제 보일러 0.98, 주철제 보일러 0.97에 따르되 실측이 가능한 경우 실측한다.
② 측정은 매 10분마다 실시한다.
③ 수위는 최초 측정치와 최종 측정치가 일치하여야 한다.
④ 측정기록 및 계산양식은 검사기관에서 따로 지정이 가능하다.

정답 | ①

90 빈출도 ★

동일 조건에서 열교환기의 온도효율이 높은 순서대로 나열한 것은?

① 향류 > 직교류 > 병류
② 병류 > 직교류 > 향류
③ 직교류 > 향류 > 병류
④ 직교류 > 병류 > 향류

해설

향류는 열교환시 유체와 열매가 반대로 흘러 온도효율이 가장 높다. 병류형은 같은 방향으로 유체와 열매가 흘러 온도효율이 낮다. (향류 > 직교류 > 병류)

정답 | ①

91 빈출도 ★

어떤 연료 1kg당 발열량이 6,320kcal이다. 이 연료 50kg/h을 연소시킬 때 발생하는 열이 모두 일로 전환된다면 이 때 발생하는 동력은?

① 300PS
② 400PS
③ 500PS
④ 600PS

해설

$$Q = m \times H_l$$

Q: 동력(kcal/h), m: 연료의 양(kg/h), H_l: 발열량(kcal/kg)

$Q = 50\text{kg/h} \times 6{,}320\text{kcal/kg} = 316{,}000\text{kcal/h}$

$\dfrac{316{,}000\text{kcal}}{\text{h}} \times \dfrac{1\text{PS}}{632\text{kcal/h}} = 500\text{PS}$

※ 1PS = 735W = 735J/sec = 632kcal/h

정답 | ③

92 빈출도 ★

유체의 압력손실은 배관 설계 시 중요한 인자이다. 압력손실과의 관계로 틀린 것은?

① 압력손실은 관마찰계수에 비례한다.
② 압력손실은 유속의 제곱에 비례한다.
③ 압력손실은 관의 길이에 반비례한다.
④ 압력손실은 관의 내경에 반비례한다.

해설

압력손실은 관의 길이에 비례한다.

정답 | ③

93 빈출도 ★

공기예열기의 효과에 대한 설명으로 틀린 것은?

① 연소효율을 증가시킨다.
② 과잉공기량을 줄일 수 있다.
③ 배기가스 저항이 줄어든다.
④ 저질탄 연소에 효과적이다.

해설

열교환기 구조로 인해 배기가스의 흐름에 저항이 증가한다.

정답 | ③

94 빈출도 ★

이중 열교환기의 총괄전열계수가 $69\text{kcal/m}^2 \cdot \text{h} \cdot ℃$일 때, 더운 액체와 찬 액체를 향류로 접속시켰더니 더운 면의 온도가 65℃에서 25℃로 내려가고 찬 면의 온도가 20℃에서 53℃로 올라갔다. 단위면적당의 열교환량은?

① $498\text{kcal/m}^2 \cdot \text{h}$
② $552\text{kcal/m}^2 \cdot \text{h}$
③ $2{,}415\text{kcal/m}^2 \cdot \text{h}$
④ $2{,}760\text{kcal/m}^2 \cdot \text{h}$

해설

단위면적당 열교환량을 구하는 공식은 다음과 같다.

$$Q = U \times \Delta T_m$$

Q: 단위면적당 열교환량(kcal/m²·h),
U: 총괄전열계수(kcal/m²·h·℃), ΔT_m: 대수평균온도차(℃)

여기서, 대수평균온도차는 다음과 같이 구한다.

$$\Delta T_m = \dfrac{\Delta t_1 - \Delta t_2}{\ln\left(\dfrac{\Delta t_1}{\Delta t_2}\right)}$$

$\Delta T_m = \dfrac{(65-53)-(25-20)}{\ln\left(\dfrac{65-53}{25-20}\right)} = \dfrac{12-5}{\ln\left(\dfrac{12}{5}\right)} = 7.9957℃$

$Q = 69 \times 7.9957 = 551.70\text{kcal/m}^2 \cdot \text{h}$

정답 | ②

95 빈출도 ★

연관식 패키지 보일러와 랭커셔 보일러의 장·단점에 대한 비교 설명으로 틀린 것은?

① 열효율은 연관식 패키지 보일러가 좋다.
② 부하변동에 대한 대응성은 랭커셔 보일러가 좋다.
③ 설치 면적당의 증발량은 연관식 패키지 보일러가 크다.
④ 수처리는 연관식 패키지 보일러가 더 간단하다.

해설

연관으로 구성된 연관식 패키지 보일러보다 노통으로 이어진 랭커셔 보일러의 수처리가 비교적 간단하다.

관련개념 연관식 패키지 보일러와 랭커셔 보일러

연관식 패키지 보일러	• 연관을 바둑판처럼 배치하여 구조가 어렵지만 보일러수 순환이 빠르다. • 전열면적이 크고 노통 보일러보다 효율이 좋으며, 보유수량이 적어 증기 발생이 빠르다. • 동일 용량이 타 보일러에 비해 설치시 면적을 작게 하며, 연소실 증감이 자유롭다. • 청소 및 내부 검사가 곤란하며, 급수처리를 까다롭게 해야 한다.
랭커셔 보일러	• 간단한 구조로 청소나 검사, 수리가 쉽고 제작도 간편하여 수명이 길다. • 급수처리가 원활하며, 부하변동에 따른 압력 변화도 적다. • 내분식이라 연소실 크기에 제한을 받으며, 양질의 연료를 필요로 한다. • 전열면적이 작아 효율이 낮으며, 고압 대용량에는 부적합하다.

정답 | ④

96 빈출도 ★★

인젝터의 작동순서로 옳은 것은?

> ㉮ 인젝터의 정지변을 연다.
> ㉯ 증기변을 연다.
> ㉰ 급수변을 연다.
> ㉱ 인젝터의 핸들을 연다.

① ㉮ → ㉯ → ㉰ → ㉱
② ㉮ → ㉰ → ㉯ → ㉱
③ ㉱ → ㉯ → ㉰ → ㉮
④ ㉱ → ㉰ → ㉯ → ㉮

해설

작동순서는 ㉮ → ㉰ → ㉯ → ㉱이다.

정답 | ②

97 빈출도 ★★

프라이밍 및 포밍 발생 시의 조치에 대한 설명으로 틀린 것은?

① 안전밸브를 전개하여 압력을 강하시킨다.
② 증기 취출을 서서히 한다.
③ 연소량을 줄인다.
④ 저압운전을 하지 않는다.

해설

안전밸브를 전개하면 프라이밍 및 포밍 현상이 더 심해질 수 있다.

정답 | ①

98 빈출도 ★

방열 유체의 전열 유니트(NTU)가 3.5, 온도차가 105℃이고, 열교환기의 전열효율이 1일 때 대수평균온도차(LMTD)는?

① 22.3℃ ② 30℃
③ 62℃ ④ 367.5℃

해설

$$\Delta T_m = \frac{\Delta t}{\text{NTU} \times \eta}$$

ΔT_m: 대수평균온도차(℃), Δt: 온도차(℃), η: 효율(%)

$$\Delta T_m = \frac{105}{3.5 \times 1} = 30℃$$

정답 | ②

99 빈출도 ★

보일러수로서 가장 적절한 pH는?

① 5 전후 ② 7 전후
③ 11 전후 ④ 14 전후

해설

보일러수로서 가장 적절한 pH는 약 10.5~11.5이며, 급수로서는 약 7~9이다.

정답 | ③

100 빈출도 ★★

노통식 보일러에서 파형부의 길이가 230mm 미만인 파형노통의 최소 두께(t)를 결정하는 식은? (단, P는 최고사용압력(MPa), D는 노통의 파형부에서의 최대 내경과 최소 내경의 평균치(mm), C는 노통의 종류에 따른 상수이다.)

① $10PD$ ② $\frac{10P}{D}$
③ $\frac{C}{10PD}$ ④ $\frac{10PD}{C}$

해설

파형 노통 끝의 평행부 길이가 230mm 미만일 때 파형 노통의 최소 두께를 구하는 식은 다음과 같다.

$$t = \frac{10PD}{C}$$

t: 최소 두께(mm), P: 최고사용압력(MPa), D: 평균 내경(mm), C: 노통의 종류에 따른 상수

정답 | ④

2017년 2회 기출문제

연소공학

01 빈출도 ★★

액체연료의 미립화 시 평균 분무입경에 직접적인 영향을 미치는 것이 아닌 것은?

① 액체연료의 표면장력
② 액체연료의 점성계수
③ 액체연료의 탁도
④ 액체연료의 밀도

해설

액체연료의 미립화는 연료의 표면적을 증가시키기 위해 액체연료를 작은 방울 또는 스프레이식으로 쪼개어 분사하는 기술로, 액체연료의 표면장력, 액체연료의 점성계수, 액체연료의 밀도, 액체연료의 분무(미립자) 입경 등에 영향을 미친다.

정답 | ③

02 빈출도 ★

연돌의 통풍력은 외기온도에 따라 변화한다. 만일 다른 조건이 일정하게 유지되고 외기 온도만 높아진다면 통풍력은 어떻게 되겠는가?

① 통풍력은 감소한다.
② 통풍력은 증가한다.
③ 통풍력은 변화하지 않는다.
④ 통풍력은 증가하다 감소한다.

해설

외기 온도 증가 시 연돌의 통풍력은 감소한다.

관련개념 통풍력 증가 조건

- 연돌의 높이를 높게 하고 단면적을 크게 한다.
- 연돌의 굴곡부가 적으며, 길이를 짧게 한다.
- 배기가스 온도를 높게 한다.
- 외기온도와 습도를 낮게 한다.

정답 | ①

03 빈출도 ★★

집진장치 중 하나인 사이클론의 특징으로 틀린 것은?

① 원심력 집진장치이다.
② 다량의 물 또는 세정액을 필요로 한다.
③ 함진가스의 충돌로 집진기의 마모가 쉽다.
④ 사이클론 전체로서의 압력손실은 입구 헤드의 4배 정도이다.

해설

다량의 물 또는 세정액을 필요로 하는 집진장치는 습식 집진장치이다.

관련개념 원심력 집진장치(사이클론)

- 사이클론은 '회오리'를 뜻하며 선회운동을 일으켜 원심력을 통해 입자와 가스를 분리시키는 원리를 가진다.
- 대표적으로 소형 사이클론을 직렬로 연결한 다단 사이클론과 병렬 연결인 멀티 사이클론이 있다.
- 고온에서 운전이 가능하며, 구조가 간단하고 설치 및 유지비가 저렴하다.
- 미세입자에 대한 집진효율이 낮아 운전 비용이 많이 든다.

정답 | ②

04 빈출도 ★★

증기운 폭발의 특징에 대한 설명으로 틀린 것은?

① 폭발보다 화재가 많다.
② 연소에너지의 약 20%만 폭풍파로 변한다.
③ 증기운의 크기가 클수록 점화될 가능성이 커진다.
④ 점화 위치가 방출점에서 가까울수록 폭발 위력이 크다.

해설

점화 위치가 방출점에서 멀수록 많이 누출되어 확산하기 때문에 폭발 위력이 크다.

관련개념 증기운 폭발

(1) 개요

다량의 가연성 증기가 대기 중에 방출 또는 유출되면 공기와 혼합가스로 폭발성 증기구름을 형성하게 된다. 이때 물질의 연소하한계 이상의 상태에서 점화원에 의해 거대한 화구를 형성하며 폭발한다.

(2) 증기운 폭발 방지대책
- 가스 검지기 설치로 조기 가스누출을 감지한다.
- 긴급차단밸브를 연동시켜 가스 누출시 작동한다.
- 재고량을 낮게 유지한다.
- 증기운이 잘 확산되도록 장해물이 없도록 한다.

정답 | ④

05 빈출도 ★★

보일러의 열정산 시 출열에 해당하지 않는 것은?

① 연소배기가스 중 수증기의 보유열
② 불완전연소에 의한 손실열
③ 건연소배가스의 현열
④ 급수의 현열

해설

입열	연료의 발열량(연소열), 연료의 현열, 연소공기의 현열, 급수의 현열, 공급 공기(증기, 온수)의 현열 등
출열	건연소배가스의 현열, 배가스 보유열(증기보유열, 발생증기열), 불완전연소에 의한 손실열, 미연분에 의한 손실열, 배기가스에 의한 손실열 등

정답 | ④

06 빈출도 ★

연소를 계속 유지시키는데 필요한 조건에 대한 설명으로 옳은 것은?

① 연료에 산소를 공급하고 착화온도 이하로 억제한다.
② 연료에 발화온도 미만의 저온 분위기를 유지시킨다.
③ 연료에 산소를 공급하고 착화온도 이상으로 유지한다.
④ 연료에 공기를 접촉시켜 연소속도를 저하시킨다.

해설

연소를 유지하기 위해서는 연료에 산소를 공급하고 착화온도 이상으로 유지해야 한다.

관련개념 완전연소 조건
- 충분한 공기(산소공급원)를 공급하고 가연물과 혼합시킨다.
- 연소실 내의 적당한 온도를 유지한다.
- 연소장치에 맞는 연료를 사용한다.
- 공급 공기를 예열하여 공급한다.
- 연료와 연소장치가 일치해야 한다.
- 연소실 내의 용적을 충분한 용적 이상으로 한다.
- 충분한 연소 시간을 준다.

정답 | ③

07 빈출도 ★

비중이 0.8인 액체연료의 API도는?

① 10.1
② 21.9
③ 36.8
④ 45.4

해설

API도는 원유나 석유제품의 비중을 말하며, 공식은 아래와 같다.

$$API도 = \frac{141.5}{비중} - 131.5$$

$$API도 = \frac{141.5}{0.8} - 131.5 = 45.375$$

관련개념 API의 기준

구분	석유
API < 22.3	중유(Heavy oil)
22.3 < API < 31.1	중질유(Medium oil)
API > 31.1	경질유(Light oil)

정답 | ④

08 빈출도 ★★★

다음의 혼합가스 $1Nm^3$의 이론공기량(Nm^3/Nm^3)은? (단, C_3H_8: 70%, C_4H_{10}: 30%이다.)

① 24
② 26
③ 28
④ 30

해설

$$A_o = \frac{O_o}{0.21}$$

A_o: 이론공기량, O_o: 이론산소량

부탄(C_4H_{10})의 완전연소반응식
$C_4H_{10} + 6.5O_2 \rightarrow 4CO_2 + 5H_2O$
C_4H_{10}과 O_2은 1 : 6.5 반응이므로 이론산소량은 $6.5Nm^3$이다.
프로판(C_3H_8)의 완전연소반응식
$C_3H_8 + 5O_2 \rightarrow 3CO_2 + 4H_2O$
C_3H_8과 O_2은 1 : 5 반응이므로 이론산소량은 $5Nm^3$이다.
혼합가스 $1Nm^3$일 때 부탄(C_4H_{10})은 $0.3Nm^3$이고 프로판(C_3H_8)은 $0.7Nm^3$이므로 혼합가스 $1Nm^3$ 완전연소에 필요한 이론산소량(O_o)은 다음과 같다.
$O_o = 6.5 \times 0.3 + 5 \times 0.7 = 5.45 Nm^3/Nm^3$
따라서, 이론공기량은
$A_o = \frac{5.45}{0.21} = 25.95 Nm^3/Nm^3$

정답 | ②

09 빈출도 ★

일반적인 천연가스에 대한 설명으로 가장 거리가 먼 것은?

① 주성분은 메탄이다.
② 발열량이 비교적 높다.
③ 프로판 가스보다 무겁다.
④ LNG는 대기압 하에서 비등점이 −162°C인 액체이다.

해설

천연가스인 메탄(CH_4)의 분자량은 16이고, 프로판(C_3H_8)은 분자량이 44이므로 천연가스가 프로판보다 가볍다.

정답 | ③

10 빈출도 ★★

액체연료 연소장치 중 회전식 버너의 특징에 대한 설명으로 틀린 것은?

① 분무각은 10~40° 정도이다.
② 유량조절범위는 1 : 5 정도이다.
③ 자동제어에 편리한 구조로 되어있다.
④ 부속설비가 없으며 화염이 짧고 안정한 연소를 얻을 수 있다.

해설

분무각은 40~80° 정도로 넓은 각도로 연료를 분무한다.

관련개념 회전식 버너

- 로터리 버너라고 하며, 중소형 보일러에 사용된다.
- 고속회전을 분당 3,000~7,000회를 이용하여 원심력으로 기름을 연소시킨다.
- 분무각은 40~80° 정도이다.
- 유량조절범위는 1 : 5 정도이다.
- 자동제어에 편리한 구조로 되어있다.
- 부속설비가 없으며 화염이 짧고 안정적인 연소를 한다.
- 연료 사용 유압은 $0.3~0.5 kgf/cm^2$(30~50kPa) 정도로 가압하여 공급한다.

정답 | ①

11 빈출도 ★

200kg의 물체가 10m의 높이에서 지면으로 떨어졌다. 최초의 위치 에너지가 모두 열로 변했다면 약 몇 kcal의 열이 발생하겠는가?

① 2.5
② 3.6
③ 4.7
④ 5.8

해설

위치에너지가 열에너지로 전환되는 과정의 공식은 다음과 같다.

$$E_p = m \times g \times h$$

E_p: 열에너지(kcal), m: 질량(kg), g: 중력가속도(m/s^2), h: 높이(m)

$E_p = 200kg \times 9.8 m/s^2 \times 10m = 19,600J$

$19,600J \times \frac{1cal}{4.18J} \times \frac{1kcal}{10^3 cal} = 4.69 kcal$

※ 1cal = 4.18J

정답 | ③

12 빈출도 ★★

연료의 발열량에 대한 설명으로 틀린 것은?

① 기체연료는 그 성분으로부터 발열량을 계산할 수 있다.
② 발열량의 단위는 고체와 액체연료의 경우 단위중량당(통상 연료당 kg당) 발열량으로 표시한다.
③ 고위발열량은 연료의 측정열량에 수증기 증발잠열을 포함한 연소열량이다.
④ 일반적인 액체연료는 비중이 크면 체적당 발열량은 감소하고, 중량당 발열량은 증가한다.

해설

액체연료는 비중이 크면 체적당 발열량은 증가하고, 중량당 발열량은 감소한다.

정답 | ④

13 빈출도 ★★

최소 점화에너지에 대한 설명으로 틀린 것은?

① 혼합기의 종류에 의해서 변한다.
② 불꽃 방전 시 일어나는 에너지의 크기는 전압의 제곱에 비례한다.
③ 최소 점화에너지는 연소속도 및 열전도가 작을수록 큰 값을 갖는다.
④ 가연성 혼합기체를 점화시키는데 필요한 최소 에너지를 최소 점화에너지라 한다.

해설

연소속도는 빠를수록, 열전도는 작을수록 최소 점화에너지는 작은 값을 갖는다.

관련개념 최소 점화에너지(MIE, Minimum Ignition Energy)

(1) **정의**
  불꽃 방전을 사용하며, 가연성 가스가 점화될 수 있는 최소 에너지를 최소 점화에너지라 한다.
(2) **최소 점화에너지가 작아지는 조건**
  • 온도 및 압력이 높을수록 작아진다.
  • 연소속도와 산소농도가 높을수록 작아진다.
  • 열전도율이 작을수록 작아진다.

정답 | ③

14 빈출도 ★

다음 중 분젠식 가스버너가 아닌 것은?

① 링 버너
② 슬릿 버너
③ 적외선 버너
④ 블라스트 버너

해설

분젠식 가스버너는 링 버너, 슬릿 버너, 적외선 버너 등이 있다. 블라스트 버너는 내부혼합식 버너에 속하며, 가스와 연소용 공기를 혼합하여 노즐에서 분출시켜 점화 연소시키는 방식이다.

정답 | ④

15 빈출도 ★

다음 중 열정산의 목적이 아닌 것은?

① 열효율을 알 수 있다.
② 장치의 구조를 알 수 있다.
③ 새로운 장치설계를 위한 기초자료를 얻을 수 있다.
④ 장치의 효율향상을 위한 개조 또는 운전조건의 개선 등의 자료를 얻을 수 있다.

해설

장치의 구조는 구조검사 시에 알 수 있다.

정답 | ②

16 빈출도 ★★

다음 중 일반적으로 연료가 갖추어야 할 구비조건이 아닌 것은?

① 연소 시 배출물이 많아야 한다.
② 저장과 운반이 편리해야 한다.
③ 사용 시 위험성이 적어야 한다.
④ 취급이 용이하고 안전하며 무해하여야 한다.

해설

연소 시 대기오염 방지를 위해 배출물(매연, 공해물질)이 적어야 한다.

관련개념 연료의 구비조건

• 저장 및 운반, 취급이 용이하여야 한다.
• 공기 중에 연소가 쉬워야 한다.
• 휘발성이 좋고 내한성이 우수하여야 한다.
• 연소 시 회분, 매연 등 배출이 적어야 한다.

정답 | ①

17 빈출도 ★★★

어떤 연도가스의 조성이 아래와 같을 때 과잉공기의 백분율은 얼마인가? (단, CO_2는 11.9%, CO는 1.6%, O_2는 4.1%, N_2는 82.4%이고 공기 중 질소와 산소의 부피비는 79 : 21이다.)

① 15.7%   ② 17.7%
③ 19.7%   ④ 21.7%

해설

불완전연소 시 연소가스 조성 공기비(m) 공식은 다음과 같다.

$$m = \frac{N_2}{N_2 - 3.76(O_2 - 0.5 \times CO)}$$

$m = \dfrac{82.4}{82.4 - 3.76 \times (4.1 - 0.5 \times 1.6)} = 1.1772$

따라서,
과잉공기 비율 = (공기비 − 1) × 100
= (1.1772 − 1) × 100 = 17.72%

정답 | ②

18 빈출도 ★

연료를 공기 중에서 연소시킬 때 질소산화물에서 가장 많이 발생하는 오염 물질은?

① NO   ② NO_2
③ N_2O ④ NO_3

해설

질소는 산소와 결합하여 일산화질소(NO), 이산화질소(NO_2) 등의 매연이 발생한다. 이때 일산화질소가 가장 많이 발생한다.
$N_2 + O_2 \rightarrow 2NO$

정답 | ①

19 빈출도 ★★

연소장치의 연소효율(E_c)식이 아래와 같을 때 H_2는 무엇을 의미하는가? (단, H_c: 연료의 발열량, H_1: 연재 중의 미연탄소에 의한 손실이다.)

$$E_c = \frac{H_c - H_1 - H_2}{H_c}$$

① 전열손실   ② 현열손실
③ 연료의 저발열량   ④ 불완전연소에 따른 손실

해설

연소효율 = $\dfrac{연소열}{발열량}$ = $\dfrac{발열량 - 손실열}{발열량}$

손실열은 미연분 손실과 불완전연소에 따른 손실을 합한 값이므로
연소효율 = $\dfrac{발열량 - (미연분\ 손실 + 불완전연소에\ 따른\ 손실)}{발열량}$
로 나타낼 수 있다.

정답 | ④

20 빈출도 ★★

고위발열량이 9,000kcal/kg인 연료 3kg가 연소할 때의 총저위발열량은 몇 kcal인가? (단, 이 연료 1kg당 수소분은 15%, 수분은 1%의 비율로 들어있다.)

① 12,300   ② 24,552
③ 43,882   ④ 51,888

해설

단위중량당 저위발열량(H_l) 공식은 다음과 같다.

$$H_l = H_h - R_w$$
$$R_w = 600 \times (9H + w)$$

H_l: 저위발열량(kcal/kg), H_h: 고위발열량(kcal/kg), R_w: 증발잠열(kcal/kg)

$H_l = 9,000 - 600(9 \times 0.15 + 0.01) = 8,184$ kcal/kg
문제에서 연료 3kg라고 하였으므로
총저위발열량 = 8,184kcal/kg × 3kg = 24,552kcal

정답 | ②

열역학

21 빈출도 ★
체적이 3L, 질량이 15kg인 물질의 비체적(cm^3/g)은?

① 0.2 ② 1.0
③ 3.0 ④ 5.0

해설

비체적은 체적을 질량으로 나눈 값을 말한다.

비체적 $= \dfrac{\text{체적}(V)}{\text{질량}(m)} = \dfrac{3L}{15kg} = \dfrac{3,000cm^3}{15,000g} = 0.2 cm^3/g$

※ $1L = 10^3 cm^3$

정답 | ①

22 빈출도 ★★
압력 1MPa, 온도 400°C의 이상기체 2kg이 가역단열 과정으로 팽창하여 압력이 500kPa로 변화한다. 이 기체의 최종온도는 약 몇 °C인가? (단, 이 기체의 정적비열은 3.12kJ/(kg·K), 정압비열은 5.21kJ/(kg·K)이다.)

① 237 ② 279
③ 510 ④ 622

해설

가역단열 과정에서의 P-T 관계식은 다음과 같다.

$$\dfrac{T_2}{T_1} = \left(\dfrac{P_2}{P_1}\right)^{\frac{\gamma-1}{\gamma}}$$

T_1: 초기 온도(K), T_2: 최종 온도(K)
P_1: 초기 압력(kPa), P_2: 최종 압력(kPa), γ: 비열비$\left(\dfrac{C_p}{C_v}\right)$
C_p: 정압비열(kJ/kg·K), C_v: 정적비열(kJ/kg·K)

$\gamma = \dfrac{C_p}{C_v} = \dfrac{5.21}{3.12} = 1.67$

$T_2 = (400+273) \times \left(\dfrac{500}{1,000}\right)^{\frac{1.67-1}{1.67}}$
$= 509.61K = 236.61°C$

정답 | ①

23 빈출도 ★★★
랭킨 사이클의 순서를 차례대로 옳게 나열한 것은?

① 단열압축 → 정압가열 → 단열팽창 → 정압냉각
② 단열압축 → 등온가열 → 단열팽창 → 정적냉각
③ 단열압축 → 등적가열 → 등압팽창 → 정압냉각
④ 단열압축 → 정압가열 → 단열팽창 → 정적냉각

해설

랭킨사이클은 2개의 정압변화와 2개의 단열변화로 구성된 증기동력 사이클로 과정은 아래와 같다.
가역단열압축 → 정압가열 → 가역단열팽창 → 정압냉각

정답 | ①

24 빈출도 ★★
다음 중 열역학적 계에 대한 에너지 보존의 법칙에 해당하는 것은?

① 열역학 제0법칙 ② 열역학 제1법칙
③ 열역학 제2법칙 ④ 열역학 제3법칙

해설

열역학 제0법칙	에너지 평형의 법칙으로, 열이 고온에서 저온으로 흐를 때 두 물체의 열이 같아지는 것을 의미한다.
열역학 제1법칙	에너지 보존의 법칙이며, 제1종 영구기관 즉 에너지의 공급없이 일을 하는 열기관은 실현이 불가능하다는 법칙이다. 고립계의 에너지 총합은 일정하다. $dU = dQ - dW$
열역학 제2법칙	엔트로피의 법칙으로, 엔트로피가 증가하면 무질서도가 증가한다. 비가역 상태는 엔트로피가 증가하는 과정이다.
열역학 제3법칙	자연계에서 절대온도는 절대 0이 될 수 없다.

정답 | ②

25 빈출도 ★★★

성능계수가 4.8인 증기압축냉동기의 냉동능력 1kW 당 소요동력(kW)은?

① 0.21
② 1.0
③ 2.3
④ 4.8

해설

증기압축냉동기의 성능계수 공식은 다음과 같다.

$$COP = \frac{Q}{W}$$

COP: 성능계수, W: 일(kW), Q: 냉동능력(kW)

$$W = \frac{Q}{COP} = \frac{1}{4.8} = 0.21 \text{kW}$$

정답 | ①

26 빈출도 ★★

역카르노 사이클로 운전되는 냉방장치가 실내온도 10°C에서 30kW의 열량 흡수하여 20°C 응축기에서 방열한다. 이 때 냉방에 필요한 최소 동력은 약 몇 kW인가?

① 0.03
② 1.06
③ 30
④ 60

해설

응축기에서 방열하는 열량에 대한 공식은 다음과 같다.

$$COP_h = \frac{Q_1}{W} = \frac{Q_1}{Q_1 - Q_2} = \frac{T_1}{T_1 - T_2}$$

COP_h: 열펌프의 성능계수, W: 동력(kW), Q_1: 초기 방출 열(kW), Q_2: 나중 흡수 열(kW), T_1: 초기 온도(K), T_2: 나중 온도(K)

$$COP_h = \frac{T_1}{T_1 - T_2} = \frac{(20+273)}{(20+273)-(10+273)} = 29.3$$

열펌프(COP_h)와 냉동기(COP_c)의 성능계수의 관계식은 다음을 따른다.

$$COP_h - COP_c = 1$$

$COP_c = 29.3 - 1 = 28.3$

$COP_c = \frac{Q}{W} = \frac{30\text{kW}}{W} = 28.3$

$W = 1.06 \text{kW}$

정답 | ②

27 빈출도 ★

이상기체 1kg의 압력과 체적이 각각 P_1, V_1에서 P_2, V_2로 등온 가역적으로 변할 때 엔트로피 변화(ΔS)는? (단, R은 기체상수이다.)

① $\Delta S = R \ln \dfrac{P_1}{P_2}$
② $\Delta S = \dfrac{V_1}{V_2} \ln R$
③ $\Delta S = R \ln \dfrac{V_1}{V_2}$
④ $\Delta S = \dfrac{P_1}{P_2} \ln R$

해설

등온 가역 과정에서 엔트로피 변화 식은 다음과 같다.

$$\Delta S = R \ln \frac{P_1}{P_2}$$

ΔS: 엔트로피 변화, R: 기체상수, P: 압력

정답 | ①

28 빈출도 ★

다음 가스 동력 사이클에 대한 설명으로 틀린 것은?

① 오토 사이클의 이론 열효율은 작동유체의 비열비와 압축비에 의해서 결정된다.
② 카르노 사이클의 최고 및 최저 온도의 스털링 사이클의 최고 및 최저온도가 서로 같을 경우 두 사이클의 이론 열효율은 동일하다.
③ 디젤 사이클에서 가열과정은 정적과정으로 이루어진다.
④ 사바테 사이클의 가열과정은 정적과 정압과정이 복합적으로 이루어진다.

해설

디젤 사이클에서 가열과정은 정압과정으로 이루어진다.

정답 | ③

29 빈출도 ★

다음 중 어떤 압력 상태의 과열 수증기 엔트로피가 가장 작은가? (단, 온도는 동일하다고 가정한다.)

① 5기압 ② 10기압
③ 15기압 ④ 20기압

해설

온도가 동일한 조건에서 과열 수증기의 엔트로피 값은 압력이 높을수록 낮아진다.

정답 | ④

30 빈출도 ★

물의 삼중점(Triple point)의 온도는?

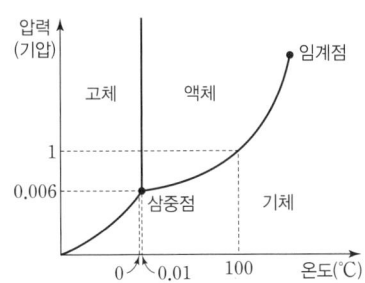

① 0K ② 273.16℃
③ 73K ④ 273.16K

해설

삼중점은 물이 고체, 액체, 기체 중 어느 상태로도 존재할 수 있는 온도와 압력인 점을 말하며, 273.16K(0.01℃), 0.61kPa이다.

정답 | ④

31 빈출도 ★★

이상기체가 등온과정에서 외부에 하는 일에 대한 관계식으로 틀린 것은? (단, R은 기체상수이고, 계에 대해서 m은 질량, V는 부피, P는 압력을 나타낸다. 또한 하첨자 "1"은 변경 전, 하첨자 "2"는 변경 후를 나타낸다.)

① $P_1 V_1 \ln \dfrac{V_2}{V_1}$ ② $P_1 V_1 \ln \dfrac{P_2}{P_1}$
③ $mRT \ln \dfrac{P_1}{P_2}$ ④ $mRT \ln \dfrac{V_2}{V_1}$

해설

$$PV = mRT$$

P: 압력(kPa), V: 부피(m³), m: 질량(kg),
R: 기체상수(kJ/kg·K), T: 온도(K)

$$Q = W_t = \int P dV = \int \dfrac{mRT}{V} dV$$
$$= mRT \int \dfrac{1}{V} dV = mRT \times \ln\left(\dfrac{V_2}{V_1}\right)$$

등온과정에서 $\dfrac{P_1}{P_2} = \dfrac{V_2}{V_1}$ 이므로,

$mRT \times \ln\left(\dfrac{P_1}{P_2}\right)$ 이다.

정답 | ②

32 빈출도 ★

100℃ 건포화증기 2kg이 온도 30℃인 주위로 열을 방출하여 100℃ 포화액으로 되었다. 전체(증기 및 주위)의 엔트로피 변화는 약 얼마인가? (단, 100℃에서의 증발잠열은 2,257kJ/kg이다.)

① -12.1kJ/K
② 2.8kJ/K
③ 12.1kJ/K
④ 24.2kJ/K

해설

$$\Delta s = \frac{\Delta Q}{T}$$

Δs: 엔트로피 변화량(kJ/K), dQ: 열량(kJ), T: 온도(K)

포화증기 엔트로피 변화량(Δs_1)

$$\Delta s_1 = \frac{\Delta Q}{T} = \frac{-2,257\text{kJ/kg} \times 2\text{kg}}{(100+273)\text{K}} = -12.10\text{kJ/K}$$

※ 방출되는 열량이므로 (−)부호가 된다.

증기주위 엔트로피 변화량(Δs_2)

$$\Delta s_2 = \frac{\Delta Q}{T} = \frac{2,257\text{kJ/kg} \times 2\text{kg}}{(30+273)\text{K}} = 14.90\text{kJ/K}$$

따라서, 전체 엔트로피 변화량은

$\Delta S = \Delta s_1 + \Delta s_2 = -12.10 + 14.90 = 2.80$kJ/K

정답 | ②

33 빈출도 ★

증기 동력 사이클의 구성요소 중 복수기(Condenser)가 하는 역할은?

① 물을 가열하여 증기로 만든다.
② 터빈에 유입되는 증기의 압력을 높인다.
③ 증기를 팽창시켜서 동력을 얻는다.
④ 터빈에서 나오는 증기를 물로 바꾼다.

해설

복수기 또는 응축기로 증기터빈에서 나오는 증기를 물(응축수)로 바꾼다.

정답 | ④

34 빈출도 ★

대기압이 100kPa인 도시에서 두 지점의 계기압력비가 "5 : 2"라면 절대 압력비는?

① 1.5 : 1
② 1.75 : 1
③ 2 : 1
④ 주어진 정보로는 알 수 없다.

해설

절대압력=대기압+게이지압이기 때문에 계기압력비만으로 절대 압력비를 구할 수 없다.

정답 | ④

35 빈출도 ★★

이상기체의 단위 질량당 내부 에너지 u, 엔탈피 h, 엔트로피 s에 관한 다음의 관계식 중에서 모두 옳은 것은? (단, T는 온도, p는 압력, v는 비체적을 나타낸다.)

① $Tds = du - vdp$, $Tds = dh - pdv$
② $Tds = du + pdv$, $Tds = dh - vdp$
③ $Tds = du - vdp$, $Tds = dh + pdv$
④ $Tds = du + pdv$, $Tds = dh + vdp$

해설

열역학 제1법칙에 따른 식은 아래와 같다.

$$dQ = dU + P \cdot dV$$

Q: 열, U: 내부에너지, P: 압력, V: 비체적

여기서, 엔탈피와 엔트로피 변화량에 대한 공식을 이용한다.

$$H = U + PV$$
$$ds = \frac{dQ}{T}$$

H: 엔탈피, ds: 엔트로피 변화량, dQ: 열량, T: 온도

$dQ = T \cdot ds = dU + P \cdot dV$
$T \cdot ds = d(H - PV) + P \cdot dV$
$\quad = dH - P \cdot dV - V \cdot dP + P \cdot dV$
$\quad = dH - VdP$

정답 | ②

36 빈출도 ★

다음 중 이상적인 교축 과정(Throttling process)은?

① 등온 과정　　② 등엔트로피 과정
③ 등엔탈피 과정　④ 정압 과정

해설

등엔탈피 과정은 비가역 단열과정(교축팽창)으로 열전달과 일을 하지 않으며, 압력은 감소하고 온도의 변화가 없어 엔탈피는 일정하다.

정답 | ③

37 빈출도 ★★

체적 $4m^3$, 온도 290K의 어떤 기체가 가역 단열과정으로 압축되어 체적 $2m^3$, 온도 340K로 되었다. 이상기체라고 가정하면 기체의 비열비는 약 얼마인가?

① 1.091　　② 1.229
③ 1.407　　④ 1.667

해설

단열변화에서 T-P-V 관계식은 다음과 같다.

$$\frac{T_2}{T_1}=\left(\frac{V_1}{V_2}\right)^{\gamma-1}=\left(\frac{P_2}{P_1}\right)^{\frac{\gamma-1}{\gamma}}$$

T_1: 초기 온도(K), T_2: 최종 온도(K), V_1: 초기 체적(m^3),
V_2: 최종 체적(m^3), P_1: 초기 압력(kPa), P_2: 최종 압력(kPa),
γ: 비열비$\left(\frac{C_p}{C_v}\right)$, C_p: 정압비열(kJ/kg·K),
C_v: 정적비열(kJ/kg·K)

단열과정은 $PV^\gamma=Const$(일정)이므로 $P_1V_1^\gamma=P_2V_2^\gamma$

$$\frac{P_2}{P_1}=\left(\frac{V_1}{V_2}\right)^\gamma$$

$$\frac{T_2}{T_1}=\frac{P_2V_2}{P_1V_1}=\left(\frac{V_1}{V_2}\right)^{\gamma-1}$$

$$\left(\frac{T_2}{T_1}\right)=\left(\frac{340}{290}\right)=\left(\frac{V_1}{V_2}\right)^{\gamma-1}=\left(\frac{4}{2}\right)^{\gamma-1}$$

$$\gamma=\frac{\log(340/290)}{\log(4/2)}+1=1.229$$

정답 | ②

38 빈출도 ★

오존층 파괴와 지구 온난화 문제로 인해 냉동장치에 사용하는 냉매의 선택에 있어서 주의를 요한다. 이와 관련하여 다음 중 오존파괴 지수가 가장 큰 냉매는?

① R-134a　　② R-123
③ 암모니아　　④ R-11

선지분석

염소(Cl)가 많이 있을수록 오존파괴 지수가 크다.
① R-134a=$C_2H_2F_4$
② R-123=$C_2HCl_2F_3$
③ 암모니아=NH_3
④ R-11=CCl_3F

정답 | ④

39 빈출도 ★★

피스톤이 장치된 용기 속의 온도 100°C, 압력 200kPa, 체적 $0.1m^3$의 이상기체 0.5kg이 압력이 일정한 과정으로 체적이 $0.2m^3$으로 되었다. 이때 전달된 열량은 약 몇 kJ인가? (단, 이 기체의 정압비열은 5kJ/(kg·K)이다.)

① 200　　② 250
③ 746　　④ 933

해설

보일-샤를의 법칙 $\frac{P_1V_1}{T_1}=\frac{P_2V_2}{T_2}$에 따라 최종 온도($T_2$)를 구한다. 문제에서 정압과정이라고 하였으므로 $P_1=P_2$이기 때문에 $\frac{P_1V_1}{T_1}=\frac{P_1V_2}{T_2}$이다.

$$T_2=T_1\times\frac{V_2}{V_1}=373K\times\frac{0.2m^3}{0.1m^3}=746K$$

열역학 제1법칙에 따라 열량에 대한 식은 다음과 같다.

$$Q=mC(T_2-T_1)$$

Q: 열량(kJ), m: 질량(kg), C: 비열량(kJ/kg·K),
T_2: 나중 온도(K), T_1: 처음 온도(K)

$Q=0.5kg\times5kJ/kg·K\times(746K-(100+273)K)$
$=932.5kJ$

정답 | ④

40 빈출도 ★

그림과 같이 작동하는 열기관 사이클(cycle)은? (단, γ는 비열비이고, P는 압력, V는 체적, T는 온도, S는 엔트로피이다.)

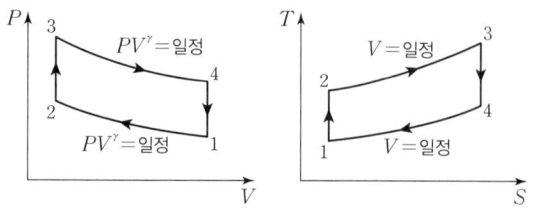

① 스털링(Stirling) 사이클
② 브레이턴(Brayton) 사이클
③ 오토(Otto) 사이클
④ 카르노(Carnot) 사이클

해설

오토 사이클은 전기(불꽃)점화기관의 이상적인 열역학 사이클로 두 개의 단열과정과 두 개의 정적과정으로 구성된다.

관련개념 오토(Otto) 사이클

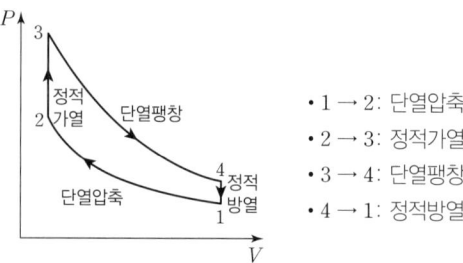

- 1 → 2: 단열압축
- 2 → 3: 정적가열
- 3 → 4: 단열팽창
- 4 → 1: 정적방열

▲ 오토 사이클 P-V선도

정답 | ③

계측방법

41 빈출도 ★★

피토관 유량계에 관한 설명이 아닌 것은?

① 흐름에 대해 충분한 강도를 가져야 한다.
② 더스트가 많은 유체측정에는 부적당하다.
③ 피토관의 단면적은 관 단면적의 10% 이상이여야 한다.
④ 피토관을 유체흐름의 방향으로 일치시킨다.

해설

피토관 유량계의 단면적은 관 단면적의 10% 이하여야 한다.

관련개념 피토관 유량계

- 비행장치에 유속을 측정하는 유량계로, 베르누이 정리를 응용하여 유량을 측정한다.
- 액체의 전압과 정압의 차로 순간치 유량을 측정한다.
- 불순물(슬러지, 미스트 등)이 많은 유체 및 유속이 5m/s 이하 유체는 측정이 곤란하다.
- 유량측정이 간단하지만 노즐부분에 따른 오차가 발생하므로 기계적 오차 및 빠른 유속에 충분한 강도를 가져야 한다.

정답 | ③

42 빈출도 ★

온도의 정의 정점 중 평형수소의 삼중점은 얼마인가?

① 13.80K
② 17.04K
③ 20.24K
④ 27.10K

해설

삼중점은 고체, 액체, 기체 상태가 동시 평형을 이루는 온도와 압력인 점을 말하며, $-259.35°C(13.80K)$이다.

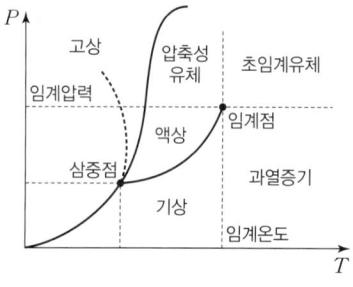

▲ 평형수소의 삼중점

정답 | ①

43 빈출도 ★★★

물을 함유한 공기와 건조공기의 열전도율 차이를 이용하여 습도를 측정하는 것은?

① 고분자 습도센서 ② 염화리튬 습도센서
③ 서미스터 습도센서 ④ 수정진동자 습도센서

해설

서미스터 습도센서는 온도에 따라 변하는 저항값과 습도 변화의 차이를 이용한 기기로, 물을 함유한 공기와 건조공기의 열전도율의 차이를 이용하여 습도를 측정한다.

정답 | ③

44 빈출도 ★

다음 각 습도계의 특징에 대한 설명으로 틀린 것은?

① 노점 습도계는 저습도를 측정할 수 있다.
② 모발 습도계는 2년마다 모발을 바꾸어 주어야 한다.
③ 통풍 건습구 습도계는 2.5~5m/s의 통풍이 필요하다.
④ 저항식 습도계는 직류전압을 사용하여 측정한다.

해설

저항식 습도계는 교류전압을 사용하여 측정하며, 직류전압을 사용하면 전기화학적 분극 현상으로 정확한 측정이 어렵다.

정답 | ④

45 빈출도 ★

부자(Float)식 액면계의 특징으로 틀린 것은?

① 원리 및 구조가 간단하다.
② 고압에도 사용할 수 있다.
③ 액면이 심하게 움직이는 곳에 사용하기 좋다.
④ 액면 상, 하한계에 경보용 리미트 스위치를 설치할 수 있다.

해설

부자식 액면계는 액면위에 부자의 움직이는 상, 하 차이를 측정하는 기기로, 액면이 심하게 움직이는 곳에(대유량 등) 사용이 어렵다.

정답 | ③

46 빈출도 ★★

다음 중 접촉식 온도계가 아닌 것은?

① 저항온도계 ② 방사온도계
③ 열전온도계 ④ 유리온도계

해설

접촉식 온도계는 온도계를 물체의 측정 부위에 직접 접촉시켜 열적 평형을 이루었을 때 측정하며, 열전대온도계, 저항식온도계, 바이메탈식(열팽창식)온도계, 압력식온도계, 액체봉입유리온도계 등이 있다.

관련개념 접촉식 온도계와 비접촉식 온도계

접촉식 온도계	열전대온도계, 저항식온도계, 바이메탈식(열팽창식)온도계, 압력식온도계, 액체봉입유리 온도계
비접촉식 온도계	적외선온도계, 방사온도계, 색온도계, 광고온계, 광전관식온도계(적방색광)

정답 | ②

47 빈출도 ★

순간치를 측정하는 유량계에 속하지 않는 것은?

① 오벌(Oval) 유량계
② 벤튜리(Venturi) 유량계
③ 오리피스(Orifice) 유량계
④ 플로우노즐(Flow-nozzle) 유량계

해설

오벌 유량계는 일정한 부피의 유체가 통과하는 체적량을 측정하여 합하는 적산식 유량계에 속한다.

관련개념 적산식 유량계와 차압식 유량계

	적산식 유량계	차압식 유량계
목적	적산 측정	순간치 측정
종류	오벌, 로터리, 피스톤, 터빈, 전자기	오리피스, 벤튜리, 플로우 노즐, 피토관, 다이어프램

정답 | ①

48 빈출도 ★★

바이메탈 온도계의 특징으로 틀린 것은?

① 구조가 간단하다.
② 온도변화에 대하여 응답이 빠르다.
③ 오래 사용 시 히스테리시스 오차가 발생한다.
④ 온도자동 조절이나 온도 보상장치에 이용된다.

해설

바이메탈 온도계는 서로 다른 금속간의 열팽창율의 차이를 이용하며, 온도변화에 의한 응답이 낮고 정확도가 낮아 신호전송용보다는 온오프제어에 사용된다.

정답 | ②

49 빈출도 ★★

가스크로마토그래피의 특징에 대한 설명으로 틀린 것은?

① 미량성분의 분석이 가능하다.
② 분리성능이 좋고 선택성이 우수하다.
③ 1대의 장치로는 여러 가지 가스를 분석할 수 없다.
④ 응답속도가 다소 느리고 동일한 가스의 연속측정이 불가능하다.

해설

가스크로마토그래피(GC, Gas Chromatography)는 가스가 기기를 통해 시료를 운반하며 기체의 확산속도를 이용하여 분석하는 장치로 복잡한 화합물의 화학성분의 분리, 식별에 사용되며 운반가스는 H_2, He, N_2, Ar 등이다. 1대의 장치로 산소와 질소 산화물을 제외한 여러 가지 가스 분석이 가능하다.

정답 | ③

50 빈출도 ★

자동제어의 일반적인 동작순서로 옳은 것은?

① 검출 → 판단 → 비교 → 조작
② 검출 → 비교 → 판단 → 조작
③ 비교 → 검출 → 판단 → 조작
④ 비교 → 판단 → 검출 → 조작

해설

자동제어계 동작 순서는 검출 → 비교 → 판단 → 조작이다.

검출	제어대상 계측기의 상태를 파악하여 데이터를 제공한다.
비교	목표값과 검출된 현재상태를 비교한다.
판단	제어량의 차이에 따라 조치판단을 한다.
조작	판단된 제어량의 차이를 목표값으로 유지하도록 한다.

정답 | ②

51 빈출도 ★★

램, 실린더, 기름탱크, 가압펌프 등으로 구성되어 있으며 탄성식 압력계의 일반교정용으로 주로 사용되는 압력계는?

① 분동식 압력계 ② 격막식 압력계
③ 침종식 압력계 ④ 벨로즈식 압력계

선지분석

① 분동식 압력계: 높은 정확도와 재현성을 제공하며 분동에 의해 추의 무게와 실린더 단면적의 비율로 측정하며, 탄성식 압력계의 일반교정용 검사에도 이용된다.
② 격막식 압력계: 환산형 주위단을 공정시켜 동일하게 평면을 이루고 있는 얇은 막 또는 평판형에 가해진 압력의 변화에 대응하여 수직방향으로 팽창 수축한다.
③ 침종식 압력계: 아르키메데스의 원리를 이용하여 액체 속 일부분에 잠겨 물체가 차지한 부피만큼 해당하는 유체의 무게는 같다는 부력의 원리와 같이 압력의 변화에 따라 오르락 내리락하는 것을 측정한다.
④ 벨로즈식 압력계: 주름이 있는 금속박판 원통에 압력을 가해 중심 축 방향을 팽창과 수축이 일어나는 원리를 이용한다.

정답 | ①

52 빈출도 ★★

보일러의 자동제어 중에서 A.C.C.이 나타내는 것은 무엇인가?

① 연소제어 ② 급수제어
③ 온도제어 ④ 유압제어

해설

연소제어(A.C.C., Automatic Combustion Control)는 발생되는 증기 또는 온수의 압력(온도)까지 일정한 값을 유지하기 위해 연소의 양을 자동제어한다.

정답 | ①

53 빈출도 ★

화학적 가스분석계인 연소식 O_2계의 특징이 아닌 것은?

① 원리가 간단하다.
② 취급이 용이하다.
③ 가스의 유량 변동에도 오차가 없다.
④ O_2 측정 시 팔라듐계가 이용된다.

해설

가스의 유량 변동시 오차가 발생하기 때문에 압력조정밸브를 설치하여 유량을 항상 일정하게 유지해야 한다.

정답 | ③

54 빈출도 ★★★

다음 중 유도단위에 속하지 않는 것은?

① 비열 ② 압력
③ 습도 ④ 열량

해설

습도는 특수단위에 해당된다.

관련개념 계량 단위

- 유도단위: 국제단위계에서 기본단위를 조합하여 유도한 형성단위이다. 속도, 가속도, 힘, 압력, 열량, 비열 등이 있다.
- 보조단위: 기본단위와 유도단위의 사용상 편의를 위한 특별한 단위로, ℃, °F, rad 등이 있다.
- 특수단위: 기본, 보조, 유도단위 외 계측하기 어렵거나 특수한 용도에 편리하도록 정의된 단위로, 에너지, 비중, 습도, 인장강도, 방사능 등이 있다.

정답 | ③

55 빈출도 ★

자동제어계와 직접 관련이 없는 장치는?

① 기록부 ② 검출부
③ 조절부 ④ 조작부

해설

기록부(기록장치)는 자동제어계와 직접적인 관련이 없다.

관련개념 자동제어계 구성

- 검출부: 시스템의 현재를 감지하고 측정하는 과정으로 측정된 값을 비교부에 전달한다.
- 비교부: 검출부에서 측정된 값과 목표값을 비교하여 오차를 계산하고 조절부로 전달한다.
- 조절부: 계산된 오차를 기반으로 제어프로세스를 통해 시스템 제어 출력값을 결정한다.
- 조작부: 조절부에서 생성된 제어 신호를 기반으로 출력값이 목표값에 도달하도록 결정한다.

정답 ①

56 빈출도 ★★

관로의 유속을 피토관으로 측정할 때 마노미터의 수주가 50cm였다. 이때 유속은 약 몇 m/s인가?

① 3.13 ② 2.21
③ 1.0   ④ 0.707

해설

$$v = C_p\sqrt{2gh}$$

v: 유속(m/s), C_p: 피토관 계수(별도의 조건이 없으면 1로 함), g: 중력가속도(m/s²), h: 높이(m)

$v = 1 \times \sqrt{2 \times 9.8 \times 0.5} = 3.13\text{m/s}$

정답 ①

57 빈출도 ★

유량 측정기기 중 유체가 흐르는 단면적이 변함으로써 직접 유체의 유량을 읽을 수 있는 기기, 즉 압력차를 측정할 필요가 없는 장치는?

① 피토 튜브   ② 로터 미터
③ 벤투리 미터 ④ 오리피스 미터

해설

로터미터는 면적식 유량계로 유체의 흐르는 단면적이 변하면서 교축기구(로터미터), 부표(플로트)의 움직임으로 유량을 측정한다.

정답 ②

58 빈출도 ★★

광고온계의 사용상 주의점이 아닌 것은?

① 광학계의 먼지, 상처 등을 수시로 점검한다.
② 측정자간의 오차가 발생하지 않고 정확하다.
③ 측정하는 위치와 각도를 같은 조건으로 한다.
④ 측정체와의 사이에 연기나 먼지 등이 생기지 않도록 주의한다.

해설

광고온계는 인력에 의한 측정 즉, 수동적인 측정의 한계로 인해 오차가 발생한다.

정답 ②

59 빈출도 ★★

열전대 온도계의 보호관으로 사용되는 다음 재료 중 상용 사용 온도가 높은 순으로 옳게 나열된 것은?

① 석영관>자기관>동관
② 석영관>동관>자기관
③ 자기관>석영관>동관
④ 동관>자기관>석영관

해설

자기관(1,450℃)>석영관(1,000℃)>동관(400℃)

정답 | ③

60 빈출도 ★★

측정하고자 하는 상태량과 독립적 크기를 조정할 수 있는 기준량과 비교하여 측정, 계측하는 방법은?

① 보상법
② 편위법
③ 치환법
④ 영위법

선지분석

① 보상법: 측정량과 크기가 거의 같은 양(미리 알고 있는 양)을 준비하여 분동과 측정량의 차이를 이용하여 구한다.
② 편위법: 조작이 간단하고, 측정하고자 하는 양의 직접적인 작용에 의해 계측기의 지침에 편위를 일으키며 편위와 눈금을 비교하여 측정한다.
③ 치환법: 알고 있는 양으로 측정량을 파악하는 방법으로 다이얼 게이지를 이용해 길이를 측정할 때 추를 올려놓고 측정 후 측정물을 바꾸어 올렸을 때의 차를 통해 높이를 구한다.
④ 영위법: 측정량과 같은 종류의 상태량과 기준량의 크기를 조정할 수 있게 하여 측정시 평형상 계측기의 지시가 0의 위치할 때 기준량의 크기와 측정량의 크기를 비교하여 측정한다.

정답 | ④

열설비재료 및 관계법규

61 빈출도 ★★

다음 보온재 중 최고안전사용온도가 가장 높은 것은?

① 석면
② 펄라이트
③ 폼글라스
④ 탄화마그네슘

선지분석

① 석면: 550℃
② 펄라이트: 600℃
③ 폼글라스: 300℃
④ 탄화마그네슘: 250℃

정답 | ②

62 빈출도 ★★

에너지이용 합리화법에 따라 냉난방온도의 제한 대상 건물에 해당하는 것은?

① 연간 에너지사용량이 5백 티오이 이상인 건물
② 연간 에너지사용량이 1천 티오이 이상인 건물
③ 연간 에너지사용량이 1천5백 티오이 이상인 건물
④ 연간 에너지사용량이 2천 티오이 이상인 건물

해설

「에너지이용 합리화법 시행령 제42조2」
냉난방온도를 제한하는 건물이란 연간 에너지사용량이 2천티오이 이상인 건물을 말한다.

정답 | ④

63 빈출도 ★

중성 내화물 중 내마모성이 크며 스폴링을 일으키기 쉬운 것으로 염기성 평로에서 산성 벽돌과 염기성 벽돌을 섞어서 축로할 때 서로의 침식을 방지하는 목적으로 사용하는 것은?

① 탄소질 벽돌
② 크롬질 벽돌
③ 탄화규소질 벽돌
④ 폴스테라이트 벽돌

해설

크롬질 벽돌은 내마모성이 크며, 스폴링을 일으키기 쉬운 것으로 염기성 평로에서 산성 벽돌과 염기성 벽돌을 섞어서 축로할 때 서로의 침식을 방지하는 목적으로 사용된다.

정답 | ②

64 빈출도 ★

노재의 화학적 성질을 잘못 짝지은 것은?

① 샤모트질 벽돌: 산성
② 규석질 벽돌: 산성
③ 돌로마이트질 벽돌: 염기성
④ 크롬질 벽돌: 염기성

해설

구분	내화물
산성 내화물	규석질, 납석질, 샤모트질
염기성 내화물	마그네시아질, 불소성 마그네시아질, 돌로마이트질, 포스테라이트질, 개량 마그네시아질 등
중성 내화물	고알루미나질, 크롬질, 탄소질, 탄화규소질 등
특수 내화물	지르코니아질, 베릴리아질, 토리아질, 지르콘질 등

정답 | ④

65 빈출도 ★

용광로를 고로라고도 하는데, 이는 무엇을 제조하는 데 사용되는가?

① 주철
② 주강
③ 선철
④ 포금

해설

용광로(고로)는 제련로를 뜻하며, 철광석을 녹여 선철을 생산하는 데 사용된다.

관련개념 고로

상부(Top)부터 원료투입으로 노구(Throat) → 노흉(Shaft) → 보시(Bosh) → 노상(Hearth)로 구성된다.

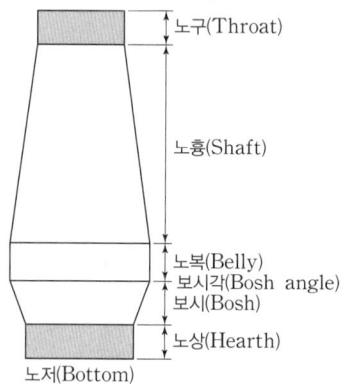

▲ 고로의 구조

정답 | ③

66 빈출도 ★★

에너지이용 합리화법에 따라 산업통상자원부장관은 에너지이용 합리화에 관한 기본계획을 몇 년마다 수립하여야 하는가?

① 3년
② 5년
③ 7년
④ 10년

해설

「에너지이용합리화법 시행령 제3조」
산업통상자원부장관은 5년마다 에너지이용 합리화에 관한 기본계획을 수립하여야 한다.

정답 | ②

67 빈출도 ★

다음 중 에너지이용 합리화법에 따라 에너지관리산업기사의 자격을 가진 자가 조종할 수 없는 보일러는?

① 용량이 10t/h인 보일러
② 용량이 20t/h인 보일러
③ 용량이 581.5kW인 온수 발생 보일러
④ 용량이 40t/h인 보일러

해설

「에너지이용합리화법 시행규칙 별표 3의9」
검사대상기기관리자의 자격 및 조종범위

관리자의 자격	관리범위
에너지관리기능장 또는 에너지관리기사	용량이 30t/h를 초과하는 보일러
에너지관리기능장, 에너지관리기사 또는 에너지관리산업기사	용량이 10t/h를 초과하고 30t/h 이하인 보일러
에너지관리기능장, 에너지관리기사, 에너지관리산업기사 또는 에너지관리기능사	용량이 10t/h 이하인 보일러
에너지관리기능장, 에너지관리기사, 에너지관리산업기사, 에너지관리기능사 또는 인정검사대상기기관리자의 교육을 이수한 자	• 증기보일러로서 최고사용압력이 1MPa 이하이고, 전열면적이 10제곱미터 이하인 것 • 온수발생 및 열매체를 가열하는 보일러로서 용량이 581.5킬로와트 이하인 것 • 압력용기

정답 | ④

68 빈출도 ★★

윤요(Ring kiln)에 대한 설명으로 옳은 것은?

① 석회소성용으로 사용된다.
② 열효율이 나쁘다.
③ 소성이 균일하다.
④ 종이 칸막이가 있다.

해설

윤요는 연속식 가마로, 종이 칸막이가 있고 열효율이 좋은 가마이다.

정답 | ④

69 빈출도 ★

글로브 밸브(Globe Valve)에 대한 설명으로 틀린 것은?

① 유량조절이 용이하므로 자동조절밸브 등에 응용시킬 수 있다.
② 유체의 흐름방향이 밸브 몸통 내부에서 변한다.
③ 디스크 형상에 따라 앵글밸브, Y형밸브, 니들밸브 등으로 분류된다.
④ 조작력이 적어 고압의 대구경 밸브에 적합하다.

해설

글로브 밸브(Globe Valve)는 구모양의 외관으로 몸통은 둥근 달걀형이고 유량 조절과 차단에 사용되는 밸브이다. 내부에는 S자로 유체가 지나는 구간의 저항이 높아 고압의 대구경보다 소구경 밸브가 적합하다.

정답 | ④

70 빈출도 ★★★

다음 중 연속식 요가 아닌 것은?

① 등요   ② 윤요
③ 터널요   ④ 고리가마

해설

작업방식	종류
연속식	윤요(고리가마), 터널요, 견요, 회전요
반연속식	등요, 셔틀요
불연속식	횡염식요, 승염식요, 도염식요

정답 | ①

71 빈출도 ★★

배관용 강관의 기호로서 틀린 것은?

① SPP: 일반배관용 탄소강관
② SPPS: 압력배관용 탄소강관
③ SPHT: 고온배관용 탄소강관
④ STS: 저온배관용 탄소강관

해설

저온배관용 탄소강관의 기호는 SPLT(Steel Pipe Low-Temperature Service)이다.

관련개념 배관의 종류 및 특징

배관의 종류	용도별 특징
일반 배관용 탄소강관(SPP)	• 사용압력은 10kg/cm^2 이하이다. • 증기, 물, 기름, 가스 및 공기 등 널리 사용한다.
압력배관용 탄소강관(SPPS)	• 보일러의 증기관, 유압관, 수압관 등의 압력배관에 사용된다. • 사용압력은 $10 \sim 100\text{kg/cm}^2$, 온도는 350℃ 이하이다.
고온 배관용 탄소강관(SPPH)	350℃ 온도의 과열증기 등의 배관용으로 사용된다.
저온 배관용 탄소강관(SPLT)	빙점 0℃ 이하 낮은 온도에서 사용된다.
수도용 아연도금 강관(SPPW)	주로 정수두 100m 이하의 급수배관용으로 사용된다.
배관용 아크용접 탄소강관(SPW)	사용압력 10kg/cm^2의 낮은 증기, 물 기름 등에 사용한다.
배관용 합금강관(SPA)	합금강을 말하며, 주로 고온, 고압에 사용된다.

정답 | ④

72 빈출도 ★

에너지이용 합리화법에 따라 에너지 수급안정을 위해 에너지 공급을 제한 조치하고자 할 경우, 산업통상자원부장관은 조치 예정일 며칠 전에 이를 에너지공급자 및 에너지 사용자에게 예고하여야 하는가?

① 3일
② 7일
③ 10일
④ 15일

해설

「에너지이용합리화법 시행령 제13조」
산업통상자원부장관은 에너지수급의 안정을 위한 조치를 하려는 경우에는 그 사유·기간 및 대상자 등을 정하여 조치 예정일 7일 이전에 에너지사용자·에너지공급자 또는 에너지사용기자재의 소유자와 관리자에게 예고하여야 한다.

정답 | ②

73 빈출도 ★★

온수탱크의 나면과 보온면으로부터 방산열량을 측정한 결과 각각 $1,000\text{kcal/m}^2 \cdot \text{h}$, $300\text{kcal/m}^2 \cdot \text{h}$이었을 때, 이 보온재의 보온효율(%)은?

① 30
② 70
③ 93
④ 233

해설

$$\text{보온효율}(\eta) = \frac{\text{보온전 손실열량} - \text{보온후 손실열량}}{\text{보온전 손실열량}}$$
$$= \frac{1,000 - 300}{1,000} \times 100 = 70\%$$

정답 | ②

74 빈출도 ★

내화 모르타르의 구비조건으로 틀린 것은?

① 시공성 및 접착성이 좋아야 한다.
② 화학성분 및 광물조성이 내화벽돌과 유사해야 한다.
③ 건조, 가열 등에 의한 수축, 팽창이 커야 한다.
④ 필요한 내화도를 가져야 한다.

해설

건조, 가열, 소성에 의한 수축, 팽창이 작아야 하며, 열충격이나 고온 환경에서 균열이 없어야 한다.

정답 | ③

75 빈출도 ★★★

다이어프램 밸브(Diaphragm Valve)의 특징이 아닌 것은?

① 유체의 흐름이 주는 영향이 비교적 적다.
② 기밀을 유지하기 위한 패킹이 불필요하다.
③ 주된 용도가 유체의 역류를 방지하기 위한 것이다.
④ 산 등의 화학 약품을 차단하는데 사용하는 밸브다.

해설

주된 용도가 유체의 역류를 방지하기 위한 것은 체크밸브이다.

관련개념 다이어프램 밸브(Diaphragm Valve)

- 밸브 내의 둑과 막판인 다이어프램이 상접하는 구조의 밸브로 탄성력이 매우 좋다.
- 둑과 다이어프램이 떨어지면서 유체의 흐름이 진행되고 밀착시 유체의 흐름이 정지되므로 흐름이 주는 영향이 비교적 적다.
- 내열, 내약품 고무제의 막판을 사용하여 패킹이 불필요하며, 금속 부분의 부식염려가 적어 산 등의 화학약품을 차단하는데 사용한다.

정답 | ③

76 빈출도 ★★

요로의 정의가 아닌 것은?

① 전열을 이용한 가열장치
② 원재료의 산화반응을 이용한 장치
③ 연료의 환원반응을 이용한 장치
④ 열원에 따라 연료의 발열반응을 이용한 장치

해설

요로의 정의

- 연료의 환원반응을 이용한 장치
- 열원에 따른 연료의 발열반응을 이용한 장치
- 전열을 이용한 가열장치

정답 | ②

77 빈출도 ★

에너지이용 합리화법에 따라 검사를 받아야 하는 검사대상기기 중 소형 온수보일러의 적용범위 기준은?

① 가스사용량이 10kg/h를 초과하는 보일러
② 가스사용량이 17kg/h를 초과하는 보일러
③ 가스사용량이 21kg/h를 초과하는 보일러
④ 가스사용량이 25kg/h를 초과하는 보일러

해설

「에너지이용 합리화법 시행규칙 별표 3의3」
소형 온수보일러 검사대상기기의 적용 기준은 아래와 같다.
가스를 사용하는 것으로서 가스사용량이 17kg/h(도시가스는 232.6킬로와트)를 초과하는 것

정답 | ②

78 빈출도 ★★

에너지이용 합리화법에 따라 검사대상기기의 적용범위에 해당하는 것은?

① 최고사용압력이 0.05MPa이고, 동체의 안지름이 300mm이며, 길이가 500mm인 강철제보일러
② 정격용량이 0.3MW인 철금속가열로
③ 내용적 0.05m³, 최고사용압력이 0.3Mpa인 기체를 보유하는 2종 압력용기
④ 가스사용량이 10kg/h인 소형온수보일러

해설

「에너지이용 합리화법 시행규칙 별표 3의3」

(1) **강철제 보일러, 주철제 보일러**
다음 각 호의 어느 하나에 해당하는 것은 제외한다.
- 최고사용압력이 0.1MPa 이하이고, 동체의 안지름이 300미리미터 이하이며, 길이가 600미리미터 이하인 것
- 최고사용압력이 0.1MPa 이하이고, 전열면적이 5제곱미터 이하인 것
- 2종 관류보일러
- 온수를 발생시키는 보일러로서 대기개방형인 것

(2) **소형 온수보일러**
가스를 사용하는 것으로서 가스사용량이 17kg/h(도시가스는 232.6킬로와트)를 초과하는 것

(3) **철금속가열로**
정격용량이 0.58MW를 초과하는 것

(4) **2종 압력용기**
최고사용압력이 0.2MPa를 초과하는 기체를 그 안에 보유하는 용기로서 다음 하나에 해당하는 것
- 내부 부피가 0.04세제곱미터 이상인 것
- 동체의 안지름이 200미리미터 이상(증기헤더의 경우에는 동체의 안지름이 300미리미터 초과)이고, 그 길이가 1천미리미터 이상인 것

정답 | ③

79 빈출도 ★★★

에너지이용 합리화법에 따라 에너지다소비사업자가 그 에너지사용시설이 있는 지역을 관할하는 시·도지사에게 신고하여야 하는 사항이 아닌 것은?

① 전년도의 분기별 에너지사용량·제품생산량
② 해당 연도의 분기별 에너지사용예정량·제품생산예정량
③ 내년도의 분기별 에너지이용 합리화 계획
④ 에너지사용기자개의 현황

해설

「에너지이용 합리화법 제31조」
- 전년도의 분기별 에너지사용량·제품생산량
- 해당 연도의 분기별 에너지사용예정량·제품생산예정량
- 에너지사용기자재의 현황
- 전년도의 분기별 에너지이용 합리화 실적 및 해당 연도의 분기별 계획
- 위 사항에 관한 업무를 담당하는 자의 현황

정답 | ③

80 빈출도 ★

에너지이용 합리화법에 따라 에너지다소비사업자에게 에너지손실요인의 개선명령을 할수 있는 자는?

① 산업통상자원부장관
② 시·도지사
③ 한국에너지공단이사장
④ 에너지관리진단기관협회장

해설

「에너지이용 합리화법 시행령 제40조」
산업통상자원부장관이 에너지다소비사업자에게 개선명령을 할 수 있는 경우는 에너지관리지도 결과 10퍼센트 이상의 에너지효율 개선이 기대되고 효율 개선을 위한 투자의 경제성이 있다고 인정되는 경우로 한다.

정답 | ①

열설비설계

81 빈출도 ★

노통 보일러의 수면계 최저 수위 부착 기준으로 옳은 것은?

① 노통 최고부 위 50mm
② 노통 최고부 위 100mm
③ 연관의 최고부 위 10mm
④ 연소실 천정관 최고부 위 연관길이의 1/3

해설

노통 연관보일러에서 노통이 높은 경우에는 노통 최고부(플랜지를 제외)보다 100mm 상부가 최저 수위가 된다.

관련개념 수면계 최저 수위 부착위치

- 입형 연관보일러 안전저수위: 연소실 천장판 최고부 위 연관길이의 1/3 지점
- 노통 보일러 안전저수위: 노통 최고부 위 100mm 상부
- 노통 연관보일러 안전저수위: 연관의 최고부 위 75mm, 노통 최고부 위 100mm

정답 | ②

82 빈출도 ★

증기 및 온수보일러를 포함한 주철제 보일러의 최고사용압력이 0.43MPa 이하일 경우의 수압시험 압력은?

① 0.2MPa로 한다.
② 최고사용압력의 2배의 압력으로 한다.
③ 최고사용압력의 2.5배의 압력으로 한다.
④ 최고사용압력의 1.3배에 0.3MPa를 더한 압력으로 한다.

해설

주철제 보일러의 수압시험 압력 기준 표는 아래와 같다.

최고사용압력	시험압력
0.43MPa(4.3kg/cm²) 이하	최고사용압력의 2배
0.43MPa(4.3kg/cm²) 초과	최고사용압력의 1.3배 +0.3MPa(3kg/cm²)

정답 | ②

83 빈출도 ★

수관식보일러에서 핀패널식 튜브가 한쪽 면에 방사열, 다른 면에는 접촉열을 받을 경우 열전달계수를 얼마로 하여 전열면적을 계산하는가?

① 0.4
② 0.5
③ 0.7
④ 1.0

해설

핀패널식 튜브의 한쪽 면에 방사열을 받은 열전달계수는 0.7로 한다.

정답 | ③

84 빈출도 ★★

순환식(자연 또는 강제) 보일러가 아닌 것은?

① 타쿠마 보일러
② 야로우 보일러
③ 벤슨 보일러
④ 라몬트 보일러

해설

수관보일러 종류로는 강제순환식, 자연순환식, 관류식이 있다.

강제순환식	라몬트, 배록스
자연순환식	바브콕, 타쿠마, 쓰네기찌, 야로우, 가르베
관류식	람진, 벤슨, 앤모스, 슐저

정답 | ③

85 빈출도 ★

다음 그림의 용접이음에서 생기는 인장응력은 약 몇 kgf/cm²인가?

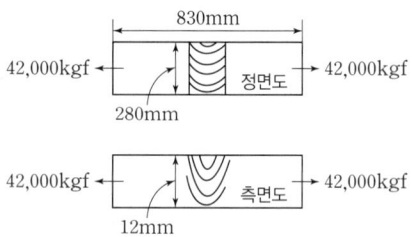

① 1,250
② 1,400
③ 1,550
④ 1,600

해설

용접이음 인장응력 공식은 다음과 같다.

$$D = \sigma \times h \times l$$

D: 하중(kg), σ: 인장응력(kg/cm²), h: 두께(cm), l: 폭(cm)

$42,000\text{kg} = \sigma \times 1.2 \times 28$

$\sigma = \dfrac{42,000}{1.2 \times 28} = 1,250 \text{kg/cm}^2$

정답 | ①

86 빈출도 ★★

보일러 부하의 급변으로 인하여 동 수면에서 작은 입자의 물방울이 증기와 혼입하여 튀어 오르는 현상을 무엇이라고 하는가?

① 캐리오버
② 포밍
③ 프라이밍
④ 피팅

해설

프라이밍(비수)은 보일러 부하의 급변으로 수위가 급상승하여 수면에서 작은 입자의 물방울이 증기와 함께 수면이 심하게 솟아오르는 현상이다.

정답 | ③

87 빈출도 ★

노통 보일러에 두께 13mm 이하의 경판을 부착하였을 때 가셋 스테이의 하단과 노통 상단과의 완충폭(브레이징 스페이스)은 몇 mm 이상으로 하여야 하는가?

① 230mm
② 260mm
③ 280mm
④ 280mm

해설

노통 보일러에 경판의 두께 13mm 이하일 때 완충폭 230mm 이상으로 하야야 한다.

관련개념 브라이징 스페이스

브라이징 스페이스는 완충 구역이라고도 하며 노통보일러의 고온에 의한 신축이 작용하면서 응력이 발생할 때 경판의 손상을 막고 탄성작용 역할을 한다.

경판의 두께	완충 폭
13mm 이하	230mm 이상
15mm 이하	260mm 이상
17mm 이하	280mm 이상
19mm 이하	300mm 이상
19mm 초과	320mm 이상

정답 | ①

88 빈출도 ★

수관식과 비교하여 노통연관식 보일러의 특징으로 옳은 것은?

① 설치 면적이 크다.
② 연소실을 자유로운 형상으로 만들 수 있다.
③ 파열시 비교적 위험하다.
④ 청소가 곤란하다.

선지분석

① 구조상, 고압, 대용량 제작이 어려워 설치 면적이 작다.
② 연소실을 자유로운 형상으로 만들기 어렵다.
③ 노통연관식 보일러는 수관식 보일러보다 보유수량이 많아 파열시 피해가 비교적 위험하다.
④ 구조상 청소, 검사, 수리가 어려우나 수관식 보일러보다는 편하다.

정답 | ③

89 빈출도 ★

전열면에 비등 기포가 생겨 열유속이 급격하게 증대하며, 가열면상에 서로 다른 기포의 발생이 나타나는 비등과정을 무엇이라고 하는가?

① 단상액체 자연대류
② 핵비등(Nucleate boiling)
③ 천이비등(Transition boiling)
④ 포밍(Foaming)

해설

핵비등(Nucleate boiling)은 포화상태의 전열면에 비등 기포가 생겨 열유속이 부하가 더 증가되며, 가열면상에 서로 다른 기포의 발생이 튜브 내면에서 증기가 발생한다.

정답 | ②

90 빈출도 ★★

보일러의 열정산시 출열 항목이 아닌 것은?

① 배기가스에 의한 손실열
② 발생증기 보유열
③ 불완전연소에 의한 손실열
④ 공기의 현열

해설

입열	연료의 발열량(연소열), 연료의 현열, 연소공기의 현열, 급수의 현열, 공급 공기(증기, 온수)의 현열 등
출열	건연소배기가스의 현열, 배기가스 보유열(증기보유열, 발생증기열), 불완전연소에 의한 손실열, 미연분에 의한 손실열, 배기가스에 의한 손실열 등

정답 | ④

91 빈출도 ★

과열기에 대한 설명으로 틀린 것은?

① 보일러에서 발생한 포화증기를 가열하여 증기의 온도를 높이는 장치이다.
② 저압 보일러의 효율을 상승시키기 위하여 주로 사용된다.
③ 증기의 열에너지가 커 열손실이 많아질 수 있다.
④ 고온부식의 우려와 연소가스의 저항으로 압력손실이 크다.

해설

보일러에서 발생한 연소가스 여열을 이용하여 습포화증기의 압력을 일정하게 유지하며 온도를 상승시키는 장치로, 고압 보일러의 효율을 상승시키는 데 주로 사용된다.

정답 | ②

92 빈출도 ★

온수보일러에 있어서 급탕량이 500kg/h이고 공급 주관의 온수온도가 $80°C$, 환수 주관의 온수온도가 $50°C$이라 할 때, 이 보일러의 출력은? (단, 물의 평균 비열은 $1\text{kcal/kg}\cdot°C$이다.)

① 10,000kcal/h
② 12,500kcal/h
③ 15,000kcal/h
④ 17,500kcal/h

해설

$$\Delta U = m \times C_v \times (T_2 - T_1)$$

ΔU: 출력량(kcal/h), m: 질량유량(kg/h),
C_v: 정적비열(kJ/kg·°C), T: 온도(°C)

$\Delta U = 500\text{kg/h} \times 1\text{kcal/kg}\cdot°C \times (80-50)°C$
$= 15,000\text{kcal/h}$

정답 | ③

93 빈출도 ★
용접봉 피복제의 역할이 아닌 것은?

① 용융금속의 정련작용을 하며 탈산제 역할을 한다.
② 용융금속의 급냉을 촉진시킨다.
③ 용융금속에 필요한 원소를 보충해 준다.
④ 피복제의 강도를 증가시킨다.

해설
피복제는 용융점이 낮은 슬래그를 생성하고 용융금속의 급냉을 방지한다.

정답 | ②

95 빈출도 ★
보일러의 노통이나 화실과 같은 원통 부분이 외측으로부터의 압력에 견딜 수 없게 되어 눌려 찌그러져 찢어지는 현상을 무엇이라 하는가?

① 블리스터 ② 압궤
③ 팽출   ④ 라미네이션

선지분석
① 블리스터: 재료의 표면이 고온의 화염 또는 강한 열에 의해 열분해되거나 소손되어 내부 가스가 팽창하면서 표면이 부풀어 오르는 현상을 말한다.
③ 팽출: 동체, 수관, 겔로웨이관 등과 같은 인장응력을 받는 부분이 압력에 의해 견딜 수 없을 때 해당 부위가 바깥쪽으로 볼록하게 부풀어 튀어나오는 현상을 말한다.
④ 라미네이션: 제조 당시의 결함으로 인해 보일러 강판이나 배관 재질의 두께 속에 가스체 또는 이물질이 함입되어 층상 구조를 형성한 상태를 말한다.

정답 | ②

94 빈출도 ★★
보일러수의 분출 목적이 아닌 것은?

① 물의 순환을 촉진한다.
② 가성취화를 방지한다.
③ 프라이밍 및 포밍을 촉진한다.
④ 관수의 pH를 조절한다.

해설
프라이밍 및 포밍을 방지하기 위해 보일러 수를 분출한다.

관련개념 보일러수의 분출 목적
- 보일러수를 농축시키지 않는다.
- 보일러수 중의 불순물을 제거한다.
- 과부하가 되지 않도록 한다.
- 증기 취출을 서서히 한다.
- 연소량을 줄인다.
- 압력을 규정압력으로 유지한다.
- 안전밸브, 수면계의 시험과 압력계 연락관을 취출하여 본다.

정답 | ③

96 빈출도 ★
스팀 트랩(Steam Trap)을 부착 시 얻는 효과가 아닌 것은?

① 베이퍼락 현상을 방지한다.
② 응축수로 인한 설비의 부식을 방지한다.
③ 응축수를 배출함으로써 수격작용을 방지한다.
④ 관내 유체의 흐름에 대한 마찰 저항을 감소시킨다.

해설 스팀트랩 부착 효과
- 응축으로 인한 증기관의 부식을 방지한다.
- 응축수 배출로 수격작용을 방지한다.
- 유체흐름에 대한 마찰 저항을 감소한다.
- 증기의 수분 건조도 저하를 방지한다.

관련개념 베이퍼락 현상
배관 속을 흐르는 액체가 가열되거나 기화하여 압력 변화가 발생하고, 이로 인해 액체의 흐름이나 운동력 전달에 저해를 일으키는 현상을 말한다.

정답 | ①

97 빈출도 ★★

스케일(Scale)에 대한 설명으로 틀린 것은?

① 스케일로 인하여 연료소비가 많아진다.
② 스케일로 규산칼슘, 황산칼슘이 주성분이다.
③ 스케일로 인하여 배기가스의 온도가 낮아진다.
④ 스케일은 보일러에서 열전도의 방해물질이다.

해설

스케일로 인하여 연료소비가 많아지며, 배기가스의 온도가 높아진다.

정답 | ③

98 빈출도 ★★

보일러의 일상점검 계획에 해당하지 않는 것은?

① 급수배관 점검 ② 압력계 상태 점검
③ 자동제어장치 점검 ④ 연료의 수요량 점검

해설

보일러 일상점검 계획사항에는 수면계의 수위, 급수장치, 분출장치, 압력계의 지침상태, 자동제어장치 등이 있다.

정답 | ④

99 빈출도 ★

열교환기의 격벽을 통해 정상적으로 열교환이 이루어지고 있을 경우 단위시간에 대한 교환열량 q(열유속, kcal/m²·h)의 식은? (단, Q는 열교환량(kcal/h), A는 전열면적(m²)이다.)

① $\dot{q} = A\dot{Q}$
② $\dot{q} = \dfrac{A}{\dot{Q}}$
③ $\dot{q} = \dfrac{\dot{Q}}{A}$
④ $\dot{q} = A(\dot{Q}-1)$

해설

$$\dot{q} = \dfrac{\dot{Q}}{A}$$

$\dot{q}$: 단위 면적당의 단위 시간당 열교환량(열유속, kcal/m²·h),
$\dot{Q}$: 단위 시간당 총 열교환량(kcal/h), A: 전열 면적(m²)

정답 | ③

100 빈출도 ★

10kg/cm²의 압력하에 2,000kg/h로 증발하고 있는 보일러의 급수온도가 20℃일 때 환산증발량은? (단, 발생증기의 엔탈피는 600kcal/kg이다.)

① 2,152kg/h ② 3,124kg/h
③ 4,562kg/h ④ 5,260kg/h

해설

보일러 상당 증발량(W_e) 공식은 다음과 같다.

$$W_e = \dfrac{발생증기\ 보유열}{539} = \dfrac{W(h_1-h_2)}{539}$$

W: 증발량(kg/h), h_1: 증기 엔탈피(kcal/kg), h_2: 급수 엔탈피(kcal/kg)

$$W_e = \dfrac{2,000 \times (600-20)}{539} = 2,152.13\ \text{kg/h}$$

정답 | ①

2017년 4회 기출문제

연소공학

01 빈출도 ★★

단일기체 $10Nm^3$의 연소가스를 분석한 결과 CO_2: $8Nm^3$, CO: $2Nm^3$, H_2O: $20Nm^3$을 얻었다면 이 기체연료는?

① CH_4
② C_2H_2
③ C_2H_4
④ C_2H_6

해설

기체연료의 화학식을 통해 연소생성물의 부피비를 추정한다.
기체 분자식 앞의 계수는 mol수(부피비)를 뜻한다. 이에 C_mH_n 기체연료의 완전연소반응식을 세우면,
$10C_mH_n + aO_2 \rightarrow 8CO_2 + 20H_2O + 2CO$
좌항과 우항의 각 계수가 동일해야 한다.
H: $10 \times n = 20 \times 2 \rightarrow n = 4$
O: $2a = (8 \times 2) + 20 + 2 \rightarrow a = 19$
C: $10 \times m = 8 + 2 \rightarrow m = 1$
$10CH_4 + 19O_2 \rightarrow 8CO_2 + 20H_2O + 2CO$

정답 | ①

02 빈출도 ★★★

중량비로 탄소 84%, 수소 13%, 유황 2%의 조성으로 되어 있는 경유의 이론공기량은 약 몇 Nm^3/kg인가?

① 5
② 7
③ 9
④ 11

해설

중량비 조성의 이론공기량을 구하는 식은 다음과 같다.

$$A_o = \frac{O_o}{0.21}$$
$$O_o = 1.867C + 5.6H + 0.7S$$

A_o: 이론공기량, O_o: 이론산소량

$A_o = \frac{(1.867 \times 0.84) + (5.6 \times 0.13) + (0.7 \times 0.02)}{0.21} = 11 Nm^3/kg$

정답 | ④

03 빈출도 ★

산포식 스토커를 이용한 강제통풍일 때 일반적인 화격자 부하는 어느 정도인가?

① $90 \sim 110 kg/m^2 \cdot h$
② $150 \sim 200 kg/m^2 \cdot h$
③ $210 \sim 250 kg/m^2 \cdot h$
④ $260 \sim 300 kg/m^2 \cdot h$

해설

산포식 스토커는 고체연료 연소방식 중 하나이며, 화격자 부하는 단위면적으로 나누어 시간당 연소되는 연료의 질량을 나타낸다.
• 자연통풍: $150 kg/m^2 \cdot h$ 미만
• 강제통풍: $150 \sim 200 kg/m^2 \cdot h$

정답 | ②

04 빈출도 ★

공기를 사용하여 중유를 무화시키는 형식으로 아래의 조건을 만족하면서 부하변동이 많은데 가장 적합한 버너의 형식은?

- 유량 조절범위 = 1 : 10 정도
- 연소 시 소음이 발생
- 점도가 커도 무화가 가능
- 분무각도가 30° 정도로 작음

① 로터리식
② 저압기류식
③ 고압기류식
④ 유압식

해설

유압식 (유압 분무식)	• 노즐을 통해 5~20kg/cm²의 가압된 압력으로 연소실 내부로 보내 연소한다. • 구조가 간단하며, 대용량 버너에 용이하다. • 분무각도 40~90도이다. • 유량조절범위 환류식 1 : 3, 비환류식 1 : 2 • 연료의 점도가 크거나 유압이 5kg/cm² 이하로 낮아지면 분무가 불안정해진다.
저압기류식 (저압공기식)	• 주로 소형 가열로용 버너로 사용되며, 0.05~0.2kg/cm²의 저압공기로 분무화시키는 방식이다. • 분무각도 30~60도이다. • 유량조절범위 1 : 5 • 연료 분사범위는 약 200L/hr이다.
회전식 (로터리식)	• 기계적 원심력을 활용하여 분무하는 방식이다. • 분무각도 40~80도, 비교적 화염이 넓게 퍼진다. • 유량조절범위 1 : 5 • 연료유 점도가 낮을수록 분무화 입경이 작아진다. • 회전수는 5,000~6,000rpm이다.
고압기류식	• 공기분무식 버너로, 고압의 공기 0.2~0.8MPa를 통해 중유를 무화시킨다. • 유량조절범위는 1 : 10 정도이며, 분무각도는 30도로 작다. • 내부혼합방식을 통해 고점도 연료도 무화시키고 연소시 소음이 크다.

정답 | ③

05 빈출도 ★★

기체연료의 체적 분석결과 H_2가 45%, CO가 40%, CH_4가 15%이다. 이 연료 $1m^3$를 연소하는데 필요한 이론공기량은 몇 m^3인가? (단, 공기 중의 산소 : 질소의 체적비는 1 : 3.77이다.)

① 3.12
② 2.14
③ 3.46
④ 4.43

해설

이론공기량을 구하기 위해 가연성분 연소에 필요한 산소량을 구하여야 한다.

$H_2 + \frac{1}{2}O_2 \rightarrow H_2O$

$CO + \frac{1}{2}O_2 \rightarrow CO_2$

$CH_4 + 2O_2 \rightarrow CO_2 + 2H_2O$

$O_o = (0.5 \times H_2 + 0.5 \times CO + 2 \times CH_4) - O_2$

$O_o = 0.5 \times 0.45 + 0.5 \times 0.4 + 2 \times 0.15 = 0.725 m^3/m^3$

이론공기량(A_o) = 질소(N_2) + 산소(O_2)

문제에서 산소 : 질소의 체적비는 1 : 3.77이라고 하였으므로

질소(N_2) = $3.77 O_2$

이론공기량(A_o) = 질소(N_2) + 산소(O_2) = $4.77 O_2$
= $4.77 \times 0.725 = 3.458 m^3/m^3$

정답 | ③

06 빈출도 ★

다음 중 연소온도에 직접적인 영향을 주는 요소로 가장 거리가 먼 것은?

① 공기 중의 산소농도
② 연료의 저위발열량
③ 연소실의 크기
④ 공기비

해설

연소온도에 영향을 주는 요소에는 공기 중의 산소농도, 연소용 공기의 공기비(과잉공기비로 인한 흡열반응), 연료의 저위발열량 등이 있다.

정답 | ③

07 빈출도 ★

공기나 연료의 예열효과에 대한 설명으로 옳지 않은 것은?

① 연소실 온도를 높게 유지한다.
② 착화열을 감소시켜 연료를 절약한다.
③ 연소효율 향상과 연소상태의 안정하다.
④ 이론공기량이 감소한다.

해설
이론공기량의 감소는 불완전연소로 이어질 가능성이 높다.

관련개념 연소용 공기 및 연료의 예열효과
- 연소효율을 향상시킨다.
- 안정적인 연소가 진행된다.
- 연소실 온도가 높게 유지된다.
- 착화열 감소로 연료를 절약한다.

정답 | ④

08 빈출도 ★★

1차, 2차 연소 중 2차 연소에 대한 설명으로 가장 적절한 것은?

① 불완전 연소에 의해 발생한 미연가스가 연도 내에서 다시 연소하는 것
② 공기보다 먼저 연료를 공급했을 경우 1차, 2차 반응에 의해서 연소하는 것
③ 완전 연소에 의한 연소가스가 2차 공기에 의해서 폭발되는 것
④ 점화할 때 착화가 늦었을 경우 재점화에 의해서 연소하는 것

해설
2차 연소는 불완전 연소에 의해 발생한 미연가스(CO)가 연도 내에서 다시 연소할 수 있도록 하여 완전연소를 유도한다.

정답 | ①

09 빈출도 ★★

다음 연소범위에 대한 설명으로 옳은 것은?

① 온도가 높아지면 좁아진다.
② 압력이 상승하면 좁아진다.
③ 연소상한계 이상의 농도에서는 산소농도가 너무 높다.
④ 연소하한계 이하의 농도에서는 가연성증기의 농도가 너무 낮다.

선지분석
① 온도가 높아지면 넓어진다.
② 압력이 상승하면 넓어진다.
③ 연소상한계 이상의 농도에서는 가연성증기의 농도가 너무 높고 산소농도가 너무 낮다.
④ 연소하한계 이하의 농도에서는 가연성증기의 농도가 너무 낮고 산소농도가 너무 높다.

정답 | ④

10 빈출도 ★★

다음 중 중유의 성질에 대한 설명으로 옳은 것은?

① 점도에 따라 1, 2, 3급 중유로 구분한다.
② 원소 조성은 H가 가장 많다.
③ 비중은 약 0.72 ~ 0.76 정도이다.
④ 인화점은 약 60 ~ 150℃ 정도이다.

선지분석
① 점도에 따라서 A중유(1종), B중유(2종), C중유(3종)로 구분한다.
② 원소 조성은 탄소(C) 85~87%, 수소(H) 12~15%, 산소(O) 및 기타 0~2%로, 탄소(C)가 가장 많다.
③ 중유의 비중은 약 0.86~0.99 정도이다.
④ 인화점은 약 60~150℃ 정도이다.

정답 | ④

11 빈출도 ★★

폭굉 현상에 대한 설명으로 옳지 않은 것은?

① 확산이나 열전도의 영향을 주로 받는 기체역학적 현상이다.
② 물질 내에 충격파가 발생하여 반응을 일으킨다.
③ 충격파에 의해 유지되는 화학 반응 현상이다.
④ 반응의 전파속도가 그 물질 내에서 음속보다 빠른 것을 말한다.

해설

확산이나 열전도가 아닌 화염의 빠른 전파에 의한 충격파로 발생하는 역학적 현상이다.

관련개념 폭굉 현상

(1) 개요
- 가스 화염 전파속도가 음속보다 큰 경우 압력에 의해 충격파로 파괴작용을 일으키는 현상이다.
- 음속 340m/s, 폭굉 1,000~3,500m/s이다.

(2) 폭굉유도거리(DID) 짧아지는 조건
최초의 조용히 타오르던 연소가 귀청 터질듯한 폭발로 돌변하기까지 걸어간 거리로, 짧을수록 위험성이 증가하며, 다음과 같은 조건일 때 폭굉유도거리가 짧아진다.
- 정상 연소속도가 큰 혼합가스일수록 DID가 짧아진다.
- 압력이 높을수록 DID가 짧아진다.
- 점화원의 에너지가 클수록 DID가 짧아진다.
- 관속에 방해물이 있거나 관지름이 가늘수록 DID가 짧아진다.

정답 | ①

12 빈출도 ★

연료시험에 사용되는 장치 중에서 주로 기체연료 시험에 사용되는 것은?

① 세이볼트(Saybolt) 점도계
② 톰슨(Thomson) 열량계
③ 오르잣(Orsat) 분석장치
④ 펜스키 마텐스(Pensky martens) 장치

선지분석

① 세이볼트(Saybolt) 점도계: 액체 연료시험에서 점도 및 크기 측정에 사용된다.
② 톰슨(Thomson) 열량계: 열의 전도되는 일을 측정하는데 사용된다.
③ 오르잣(Orsat) 분석장치: 기체연료(가스)의 화학적 분석시험에 사용된다.
④ 펜스키 마텐스(Pensky martens) 장치: 액체 연료시험에서 인화점 측정에 사용된다.

정답 | ③

13 빈출도 ★

다음 중 중유 첨가제의 종류에 포함되지 않는 것은?

① 슬러지 분산제
② 안티녹제
③ 조연제
④ 부식방지제

해설

중유첨가제는 연소안정제(슬러지 분산제), 조연제(연소촉진제), 부식방지제(회분개질제), 탈수제 등이 해당된다.

정답 | ②

14 빈출도 ★

다음 집진장치의 특성에 대한 설명으로 옳지 않은 것은?

① 사이클론 집진기는 분진이 포함된 가스를 선회운동 시켜 원심력에 의해 분진을 분리한다.
② 전기식 집진장치는 대치시킨 2개의 전극사이에 고압의 교류전장을 가해 통과하는 미립자를 집진하는 장치이다.
③ 가스흡입구에 벤투리관을 조합하여 먼지를 세정하는 장치를 벤투리 스크러버라 한다.
④ 백필터는 바닥을 위쪽으로 달아매고 하부에서 백내부로 송입하여 집진하는 방식이다.

해설

전기식 집진장치는 대치시킨 2개의 전극사이에 고압(특고압)의 직류전장을 가해 통과하는 미립자를 집진하는 장치이다.

정답 | ②

15 빈출도 ★

탄화수소계 연료(C_xH_y)를 연소시켜 얻은 연소생성물을 분석한 결과 CO_2 9%, CO 1%, O_2 8%, N_2 82%의 체적비를 얻었다. y/x의 값은 얼마인가?

① 1.52 ② 1.72
③ 1.92 ④ 2.12

해설

문제의 조건을 토대로 탄화수소계 연료(C_xH_y)의 완전연소반응식을 세운다.

$C_xH_y + a\left(O_2 + \dfrac{79}{21}N_2\right)$
$\to 9CO_2 + 1CO + 8O_2 + bH_2O + 82N_2$

탄소(C): $x = 9 + 1 = 10$
질소(N): $a \times 2 \times \dfrac{79}{21} = 82 \times 2 \to a = 21.7975$
산소(O): $2a = (9 \times 2) + 1 + (8 \times 2) + b \to b = 8.6$
수소(H): $y = 2b \to y = 17.2$
$y/x = \dfrac{17.2}{10} = 1.72$

정답 | ②

16 빈출도 ★★

다음의 무게조성을 가진 중유의 저위발열량은 약 몇 kcal/kg인가? (단, 아래의 조성은 중유 1kg당 함유된 각 성분의 양이다.)

C: 84%, H: 13%, O: 0.5%, S: 2%, W: 0.5%

① 8,600 ② 10,590
③ 13,600 ④ 17,600

해설

무게 조성의 저위발열량 구하는 공식은 다음과 같다.

$H_L = 8,100C + 28,600\left(H - \dfrac{O}{8}\right) + 2,500S - 600\left(W + \dfrac{9}{8}O\right)$

$H_L = 8,100 \times 0.84 + 28,600\left(0.13 - \dfrac{0.005}{8}\right)$
$\quad + 2,500 \times 0.02 - 600\left(0.005 + \dfrac{9}{8} \times 0.005\right)$
$\quad = 10,547.75 \text{kcal/kg}$

정답 | ②

17 빈출도 ★★

다음 연소반응식 중 옳은 것은?

① $C_2H_6 + 3O_2 \to 2CO_2 + 4H_2O$
② $C_3H_8 + 5O_2 \to 2CO_2 + 6H_2O$
③ $C_4H_{10} + 6O_2 \to 4CO_2 + 5H_2O$
④ $CH_4 + 2O_2 \to CO_2 + 2H_2O$

선지분석

① 에탄: $C_2H_6 + 3.5O_2 \to 2CO_2 + 3H_2O$
② 프로판: $C_3H_8 + 5O_2 \to 3CO_2 + 4H_2O$
③ 부탄: $C_4H_{10} + 6.5O_2 \to 4CO_2 + 5H_2O$

정답 | ④

18 빈출도 ★★

(CO_{2max})가 24.0%, (CO_2)가 14.2% (CO)가 3.0%라면 연소가스 중의 산소는 약 몇 %인가?

① 3.8
② 5.0
③ 7.1
④ 10.1

해설

$$(CO_2)_{max} = \frac{21(CO_2+CO)}{21-O_2+0.395 \times CO}$$

CO_2: CO_2 함유율(%), O_2: 산소 함유율(%), CO: 일산화탄소 함유율(%)

$$24 = \frac{21 \times (14.2+3)}{21-O_2+0.395 \times 3}$$

$O_2 = 7.135\%$

정답 | ③

19 빈출도 ★★

다음 대기오염 방지를 위한 집진장치 중 습식 집진장치에 해당하지 않는 것은?

① 백필터
② 충전탑
③ 벤츄리 스크러버
④ 사이클론 스크러버

해설

백필터는 건식 집진장치이다.

관련개념 세정(습식) 집진장치

배기가스 내 분진을 세정액이나 액막(수분) 등에 충돌 또는 흡수하여 포집하는 방식이다.

집진형식	종류
유수식	임펠러형, 회전형, 분수형, S형 등
회전식	타이젠 와셔, 충격식 스크러버 등
가압수식	벤츄리 스크러버, 제트 스크러버, 사이클론 스크러버, 분무탑, 충전탑 등

정답 | ①

20 빈출도 ★

다음 중 착화온도가 가장 높은 연료는?

① 갈탄
② 메탄
③ 중유
④ 목탄

선지분석

① 갈탄: 250~300℃
② 메탄: 650~750℃
③ 중유: 530~580℃
④ 목탄: 320~370℃

※ 착화온도의 측정값은 방법에 따라 다르다.

정답 | ②

열역학

21 빈출도 ★

다음 중 압력이 일정한 상태에서 온도가 변하였을 때의 체적팽창계수 β에 관한 식으로 옳은 것은? (단, 식에서 V는 부피, T는 온도, P는 압력을 의미한다.)

① $\beta = -\frac{1}{V}\left(\frac{\partial P}{\partial T}\right)_V$
② $\beta = -\frac{1}{V}\left(\frac{\partial V}{\partial P}\right)_T$
③ $\beta = \frac{1}{V}\left(\frac{\partial V}{\partial T}\right)_P$
④ $\beta = \frac{1}{T}\left(\frac{\partial T}{\partial P}\right)_V$

해설

일정한 압력상태(등압)에서 단위온도만큼 상승시킬 때에 생기는 체적변화와 0℃에 있어서 물체의 체적과의 비로 표현한다.

$$\beta = \frac{1}{V}\left(\frac{\partial V}{\partial T}\right)_P$$

정답 | ③

22 빈출도 ★★

이상적인 카르노(Carnot) 사이클의 구성에 대한 설명으로 옳은 것은?

① 2개의 등온과정과 2개의 단열과정으로 구성된 가역 사이클이다.
② 2개의 등온과정과 2개의 정압과정으로 구성된 가역 사이클이다.
③ 2개의 등온과정과 2개의 단열과정으로 구성된 비가역 사이클이다.
④ 2개의 등온과정과 2개의 정압과정으로 구성된 비가역 사이클이다.

해설

카르노 사이클은 2개의 단열과정, 2개의 등온과정으로 구성된 이상적인 가역 사이클이다.

정답 | ①

23 빈출도 ★

폐쇄계에서 경로 A → C → B를 따라 110J의 열이 계로 들어오고 50J의 일을 외부에 할 경우 B → D → A를 따라 계가 되돌아 올 때 계가 40J의 일을 받는다면 이 과정에서 계는 얼마의 열을 방출 또는 흡수하는가?

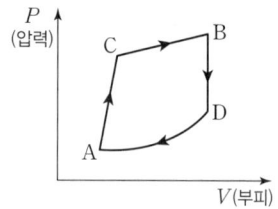

① 30J 방출
② 30J 흡수
③ 100J 방출
④ 100J 흡수

해설

계가 받은 열은 110J에서 계로 들어오는 50J의 외부일을 하여 110−50=60J의 열을 방출해야 하지만 계가 되돌아오면 40J의 열을 추가로 받아 100J의 열을 방출해야 한다.

정답 | ③

24 빈출도 ★★

다음 중 수증기를 사용하는 증기동력 사이클은?

① 랭킨 사이클
② 오토 사이클
③ 디젤 사이클
④ 브레이턴 사이클

해설

랭킨 사이클은 연소열로부터 발생된 수증기를 작동유체로 하며, 증기 원동기라고도 한다.

관련개념 랭킨 사이클(Rankine Cycle)

- 2개의 정압과정, 2개의 단열변화로 증기 동력사이클의 기본 사이클이며, 가장 널리 사용된다.
- 작동 유체(물, 수증기)의 흐름은 펌프(단열압축) → 보일러(정압가열) → 터빈(단열팽창) → 응축기(정압냉각) → 펌프 순으로 나타낸다

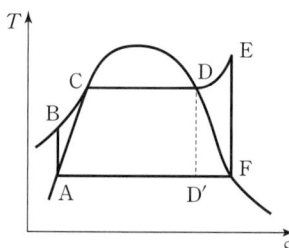

A → B: 단열압축
B → C: 정압가열
C → D: 가열
D → D′: 보일러 사용안함
D → E: 등압가열
E → F: 단열팽창
F → A: 정압냉각

▲ 랭킨 사이클 T−S 선도

정답 | ①

25 빈출도 ★

그림은 단열, 등압, 등온, 등적을 나타내는 압력(P)−부피(V), 온도(T)−엔트로피(S) 선도이다. 각 과정에 대한 설명으로 옳은 것은?

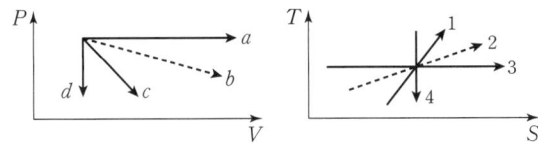

① a는 등적과정이고 4는 가역단열과정이다.
② b는 등온과정이고 3은 가역단열과정이다.
③ c는 등적과정이고 2는 등압과정이다.
④ d는 등적과정이고 4는 가역단열과정이다.

해설

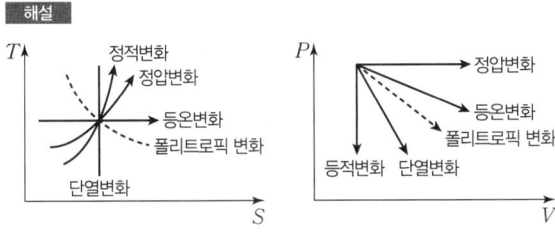

정답 | ④

26 빈출도 ★

1MPa의 포화증기가 등온상태에서 압력이 700kPa까지 내려갈 때 최종상태는?

① 과열증기   ② 습증기
③ 포화증기   ④ 포화액

해설

아래 그래프와 같이 포화증기가 등온상태에서 일정 압력까지 내려가면 과열증기 구역으로 상태 변화가 일어난다.

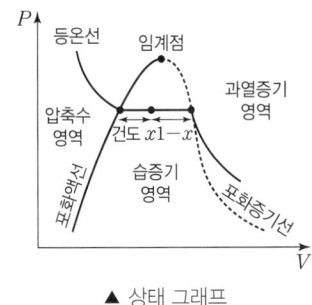

▲ 상태 그래프

정답 | ①

27 빈출도 ★★

이상기체 2kg을 정압과정으로 50°C에서 150°C로 가열할 때, 필요한 열량은 약 몇 kJ인가? (단, 이 기체의 정적비열은 3.1kJ/(kg·K)이고, 기체상수는 2.1kJ/(kg·K))

① 210   ② 310
③ 620   ④ 1,040

해설

$$Q = m \times C_p \times \Delta T = m \times C_p \times (T_2 - T_1)$$

Q: 열량(kJ), m: 질량(kg), C_p: 정압비열(kJ/kg·K), ΔT: 온도차(K)($T_2 - T_1$)

여기서, 정압비열(C_p)=정적비열(C_v)+기체상수(R)이므로
$C_p = 3.1 + 2.1 = 5.2$ kJ/kg·K
$Q = 2 \times 5.2 \times ((150+273)-(50+273)) = 1,040$ kJ

정답 | ④

28 빈출도 ★★

비가역 사이클에 대한 클라우시우스(Clausius)의 적분에 대하여 옳은 것은? (단, Q는 열량, T는 온도이다.)

① $\oint \dfrac{dQ}{T} > 0$ ② $\oint \dfrac{dQ}{T} \geq 0$

③ $\oint \dfrac{dQ}{T} = 0$ ④ $\oint \dfrac{dQ}{T} < 0$

해설

• 가역 사이클일 경우

$\oint_{가역} \dfrac{dQ}{T} = 0$

• 비가역 사이클일 경우

$\oint_{비가역} \dfrac{dQ}{T} < 0$

정답 | ④

29 빈출도 ★★

다음 중 열역학 제1법칙을 설명한 것으로 가장 옳은 것은?

① 제3의 물체와 열평형에 있는 두 물체는 그들 상호 간에도 열평형에 있으며, 물체의 온도는 서로 같다.
② 열을 일로 변환할 때 또는 일을 열로 변환할 때 전체 계의 에너지 총량은 변하지 않고 일정하다.
③ 흡수한 열을 전부 일로 바꿀 수는 없다.
④ 절대 영도 즉 0K에는 도달할 수 없다.

선지분석

① 열역학 제0법칙(열평형 법칙)
② 열역학 제1법칙(에너지보존 법칙)
③ 열역학 제2법칙(열의 방향성 법칙)
④ 열역학 제3법칙

정답 | ②

30 빈출도 ★★

일반적으로 사용되는 냉매로 가장 거리가 먼 것은?

① 암모니아 ② 프레온
③ 이산화탄소 ④ 오산화인

해설

냉매는 저온부로부터 받은 열을 흡수하여 고온부로 열을 운반하는 작업유체를 의미하며, 일반적으로 암모니아, 프레온, 이산화탄소 등이 있다. 오산화인(P_2O_5)은 공기 중 습기를 잘 빨아들이는 흡습성의 성질을 가지고 있어 흡습제, 건조제, 탈수제 등으로 사용되며 냉매로는 부적합하다.

정답 | ④

31 빈출도 ★

다음 중 과열증기(Superheated steam)의 상태가 아닌 것은?

① 주어진 압력에서 포화증기 온도보다 높은 온도
② 주어진 비체적에서 포화증기 압력보다 높은 압력
③ 주어진 온도에서 포화증기 비체적보다 낮은 비체적
④ 주어진 온도에서 포화증기 엔탈피보다 높은 엔탈피

해설

주어진 온도에서 포화증기 비체적보다 낮은 비체적은 습증기 상태이다.

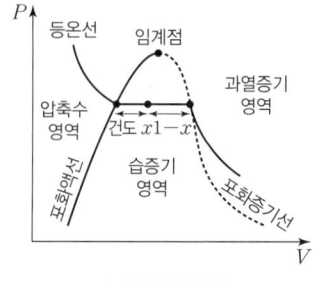

▲ 상태 그래프

정답 | ③

32 빈출도 ★

저위발열량 40,000kJ/kg인 연료를 쓰고 있는 열기관에서 이 열이 전부 일로 바꾸어지고, 연료 소비량이 20kg/h이라면 발생되는 동력은 약 몇 kW인가?

① 110 ② 222
③ 346 ④ 820

해설

동력(P) = $\dfrac{20\text{kg}}{\text{h}} \times \dfrac{40{,}000\text{kJ}}{\text{kg}} \times \dfrac{1\text{kW}}{3{,}600\text{kJ/h}} = 222.22\text{kW}$

※ 1kW = 860kcal/h = 3,600kJ/h

정답 | ②

33 빈출도 ★

N_2와 O_2의 기체상수는 각각 0.297kJ/(kg·K) 및 0.260kJ/(kg·K)이다. N_2가 0.7kg, O_2가 0.3kg인 혼합 가스의 기체상수는 약 몇 kJ/(kg·K)인가?

① 0.213 ② 0.254
③ 0.286 ④ 0.312

해설

$$R = \dfrac{R_N \times M_N + R_O \times M_O}{M_N + M_O}$$

R: 기체상수(kJ/kg·K), R_N: 질소의 기체상수,
R_O: 산소의 기체상수, M_N: 질소의 질량,
M_O: 산소의 질량

$\Delta M = \dfrac{0.7 \times 0.297 + 0.3 \times 0.260}{0.7 + 0.3} = 0.286 \text{kJ/kg·K}$

정답 | ③

34 빈출도 ★

밀폐계의 등온과정에서 이상기체가 행한 단위질량 당 일은? (단, 압력과 부피는 P_1, V_1에서 P_2, V_2로 변하며 T는 온도, R은 기체상수이다.)

① $RT \ln\left(\dfrac{P_1}{P_2}\right)$
② $\ln\left(\dfrac{V_1}{V_2}\right)$
③ $(P_2-P_1)(V_2-V_1)$
④ $R \ln\left(\dfrac{P_1}{P_2}\right)$

해설

$$PV = mRT$$

P: 압력(kPa), V: 부피(m³), m: 질량(kg),
R: 기체상수(kJ/kg·K), T: 온도(K)

$Q = W_t = \int P dV = \int \dfrac{mRT}{V} dV$

$Q = mRT \int \dfrac{1}{V} dV = mRT \times \ln\left(\dfrac{V_2}{V_1}\right)$

단위질량당 일이라고 하였으므로 $m=1$

보일-샤를 법칙 $\dfrac{P_1 V_1}{T_1} = \dfrac{P_2 V_2}{T_2}$에 따라 등온상태이므로

$\dfrac{P_1}{P_2} = \dfrac{V_2}{V_1}$

$Q = RT \times \ln\left(\dfrac{P_1}{P_2}\right)$

정답 | ①

35 빈출도 ★

성능계수가 5.0, 압축기에서 냉매의 단위 질량당 압축하는데 요구되는 에너지는 200kJ/kg인 냉동기에서 냉동능력 1kW당 냉매의 순환량(kg/h)은?

① 1.8
② 3.6
③ 5.0
④ 20.0

해설

요구에너지를 이용한 냉매순환량 공식은 다음과 같다.

$$m = \frac{Q}{W}$$

Q: 냉동능력(kJ/h), W: 냉동효과(kJ/kg)

주어진 성능계수(COP)를 이용하여 냉동능력(Q)을 구한다.
COP=냉동효과/압축에너지
5=냉동효과/200kJ/kg
냉동효과=1,000kJ/kg

$$m = 1\text{kW} \times \frac{\text{kg}}{1,000\text{kJ}} \times \frac{3,600\text{kJ/h}}{1\text{kW}} = 3.6\text{kg/h}$$

※ 1kW=3,600kJ/h

정답 | ②

36 빈출도 ★★

디젤 사이클에서 압축비가 20, 단절비(Cut−off ratio)가 1.7일 때 열효율은 약 몇 %인가? (단, 비열비는 1.4이다.)

① 43
② 66
③ 72
④ 84

해설

디젤 사이클 열효율은 다음과 같이 구한다.

$$\eta = 1 - \left(\frac{1}{\epsilon}\right)^{k-1} \times \frac{\sigma^k - 1}{k(\sigma - 1)}$$

η: 효율(%), ϵ: 압축비, k: 비열비, σ: 단절비

$$\eta = 1 - \left(\frac{1}{20}\right)^{1.4-1} \times \frac{1.7^{1.4} - 1}{1.4(1.7 - 1)} = 0.66 = 66\%$$

정답 | ②

37 빈출도 ★★

다음 중 랭킨 사이클의 열효율을 높이는 방법으로 옳지 않은 것은?

① 복수기의 압력을 상승시킨다.
② 사이클의 최고 온도를 높인다.
③ 보일러의 압력을 상승시킨다.
④ 재열기를 사용하여 재열 사이클로 운전한다.

해설

랭킨 사이클의 열효율은 터빈 입구의 온도, 압력(고온, 고압)이 높을수록, 응축기 및 복수기의 압력인 배압이 낮을수록 증가한다.

정답 | ①

38 빈출도 ★

온도와 관련된 설명으로 옳지 않은 것은?

① 온도 측정의 타당성에 대한 근거는 열역학 제0법칙이다.
② 온도가 0°C에서 10°C로 변화하면 온도는 0K에서 283.15K로 변화한다.
③ 섭씨온도는 물의 어는점과 끓는점을 기준으로 삼는다.
④ SI단위계에서 온도의 단위는 켈빈 단위를 사용한다.

해설

온도가 0°C에서 10°C로 변화하면 온도는 273.15K에서 283.15K로 변화한다.

관련개념 온도 변환

- K = °C + 273.15
- °F = $\frac{9}{5}$°C + 32
- °R = °F + 460

정답 | ②

39 빈출도 ★

압력이 100kPa인 공기를 정적과정으로 200kPa의 압력이 되었다. 그 후 정압과정으로 비체적이 $1m^3/kg$에서 $2m^3/kg$으로 변하였다고 할 때 이 과정 동안의 총 엔트로피의 변화량은 약 몇 kJ/(kg·K)인가? (단, 공기의 정적비열은 0.7kJ/(kg·K), 정압비열은 1.0 kJ/(kg·K))

① 0.31
② 0.52
③ 1.04
④ 1.18

해설

$$S_0 = S_1 + S_2$$
$$= m \times C_v \times \ln\left(\frac{P_2}{P_1}\right) + m \times C_p \times \ln\left(\frac{V_2}{V_1}\right)$$

S_0: 계 전체의 엔트로피 변화량(kJ/K),
S_1: 처음 엔트로피 변화량(kJ/K), S_2: 나중 엔트로피 변화량(kJ/K),
m: 질량(kg), C_p: 정압비열(kJ/kg·K), C_v: 정적비열(kJ/kg·K),
T: 온도(K), P: 압력(kPa)

초기는 정적과정이므로,
$$S_1 = C_v \ln\left(\frac{P_2}{P_1}\right) = 0.7 \times \ln\left(\frac{200}{100}\right) = 0.485$$

나중은 정압과정이므로,
$$S_2 = C_p \ln\left(\frac{V_2}{V_1}\right) = 1.0 \times \ln\left(\frac{2}{1}\right) = 0.693$$

따라서, 총 엔트로피의 변화량은
$$S_0 = 0.485 + 0.693 = 1.178 kJ/kg·K$$

관련개념 열역학 제2법칙

열역학 제2법칙에 의해 상태 과정에서의 엔트로피 변화량(ΔS)은 다음과 같다. (C_v: 정적비열, C_p: 정압비열)

등온 과정(일정한 온도)	$\Delta S = \dfrac{Q}{T}$
정적 과정(일정한 부피)	$\Delta S = m \times C_v \times \ln\left(\dfrac{T_2}{T_1}\right)$
정압 과정(일정한 압력)	$\Delta S = m \times C_p \times \ln\left(\dfrac{P_2}{P_1}\right)$

정답 | ④

40 빈출도 ★

역카르노 사이클로 작동하는 냉동사이클이 있다. 저온부가 -10°C로 유지되고, 고온부가 40°C로 유지되는 상태를 A상태라고 하고, 저온부가 0°C, 고온부가 50°C로 유지되는 상태를 B상태라 할 때, 성능계수는 어느 상태의 냉동사이클이 얼마나 더 높은가?

① A상태의 사이클이 약 0.8만큼 높다.
② A상태의 사이클이 약 0.2만큼 높다.
③ B상태의 사이클이 약 0.8만큼 높다.
④ B상태의 사이클이 약 0.2만큼 높다.

해설

$$COP = \frac{Q_2}{W} = \frac{Q_2}{Q_1 - Q_2} = \frac{T_2}{T_1 - T_2}$$

COP: 성능계수, W: 입력 일(kW), Q_1: 고온체 방출 열(kW),
Q_2: 저온체 흡수 열(kW), T_1: 고온체 온도(K),
T_2: 저온체 온도(K)

A상태의 역카르노 사이클의 냉동기 성능계수(COP_A)
$$COP_A = \frac{-10+273}{(40+273)-(-10+273)} = 5.26$$

B상태의 역카르노 사이클의 냉동기 성능계수(COP_B)
$$COP_B = \frac{0+273}{(50+273)-(0+273)} = 5.46$$

따라서, B상태의 성능계수가 0.2 만큼 높다.

정답 | ④

계측방법

41 빈출도 ★★
다음 중 가스분석 측정법이 아닌 것은?

① 오르사트법 ② 적외선 흡수법
③ 플로우 노즐법 ④ 가스크로마토그래피법

해설
플로우 노즐법은 유량 측정법이다.

관련개념 가스분석계 측정법

성질	측정법
물리적	가스크로마토그래피법, 세라믹식, 자기식, 밀도법, 적외선식, 열전도율법, 도전율법 등
화학적	연소열식 O_2계, 연소식 O_2계, 자동화학식 CO_2계, 오르사트 분석기(자동오르사트), 헴펠법, 게겔법 등

정답 | ③

42 빈출도 ★
마노미터의 종류 중 압력 계산 시 유체의 밀도에는 무관하고 단지 마노미터 액의 밀도에만 관계되는 마노미터는?

① open-end 마노미터
② sealed-end 마노미터
③ 차압(differential) 마노미터
④ open-end 마노미터와 sealed-end 마노미터

해설
차압(시차식)마노미터는 측정 시 U자관의 무거운 제3의 액체로 물 또는 수은 등을 넣어 높은 압력에도 액주가 많이 올라가지 않도록 한다. 측정하고자 하는 유체의 밀도와는 무관하며, 액의 밀도에만 관계된다.

정답 | ③

43 빈출도 ★★
다음 중 바이메탈 온도계의 측온 범위는?

① $-200℃\sim200℃$ ② $-30℃\sim360℃$
③ $-50℃\sim500℃$ ④ $-100℃\sim700℃$

해설
바이메탈 온도계 측온 범위는 $-50℃\sim500℃$이다.

관련개념 바이메탈 온도계

(1) 개요
바이메탈 온도계는 서로 다른 열팽창계수의 2개의 물질을 마주 접합한 것으로 온도변화에 의해 선팽창 계수(열팽창 계수)가 달라지고 물질의 휘어지는 현상을 이용한 고체팽창식 온도계이다.

(2) 특징
- 구조가 간단하여 유지보수가 쉽다.
- 유리온도계보다 견고하고 표시 직독이 우수하다.
- 히스테리시스 오차 발생 및 온도변화에 대한 응답이 느리다.
- 온도조절 스위치나 자동기록 장치에 사용된다.

정답 | ③

44 빈출도 ★

수직관 속에 비중이 0.9인 기름이 흐르고 있다. 아래 그림과 같이 액주계를 설치하였을 때 압력계의 지시값은 몇 kg/cm²인가?

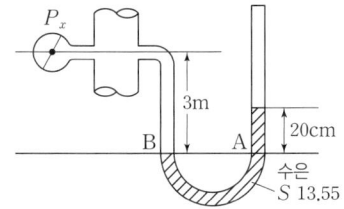

① 0.001
② 0.01
③ 0.1
④ 1.0

해설

파스칼 법칙(경계면 A, B에 작용하는 압력은 서로 같다)에 따라 압력계의 지시값을 구한다.

$$P_1 = \gamma_0 \times R = P_2 = \gamma_m \times h + \gamma_a \times K$$

P: 압력(kPa), γ: 비중량(kg/cm³), R: 높이 차(cm),
h: 높이(cm), K: 공기의 높이(cm)

여기서 공기의 밀도는 액체에 비해 매우 작으므로 무시한다.
수은의 압력을 구하면,
$P_A = 13.55 \times 1 \times 20 = 271$
기름의 압력을 구하면,
$P_B = 0.9 \times 1 \times 300 = 270$
따라서 압력계의 지시값 $= P_A - P_B$
$271 - 270 = 1 \text{g/cm}^2 = 0.001 \text{kg/cm}^2$

정답 | ①

45 빈출도 ★

연소가스 중의 CO와 H_2의 측정에 주로 사용되는 가스 분석계는?

① 과잉공기계
② 질소가스계
③ 미연소가스계
④ 탄산가스계

해설

미연소가스계는 시료가스에 산소를 공급하여 미연소가스의 양에 따라 온도 상승의 저항으로 CO, H_2를 분석한다.

정답 | ③

46 빈출도 ★★

열전온도계에 대한 설명으로 틀린 것은?

① 접촉식 온도계에서 비교적 낮은 온도 측정에 사용한다.
② 열기전력이 크고 온도증가에 따라 연속적으로 상승해야한다.
③ 기준접점의 온도를 일정하게 유지해야 한다.
④ 측온 저항체와 열전대는 소자를 보호관 속에 넣어 사용한다.

해설

열전온도계는 측정범위가 −200~1,400℃로, 접촉식 온도계 중 가장 높은 온도를 측정한다.

관련개념 열전대 온도계

- 열전대에서 발생한 열전압을 활용하여 측정한다.
- 보호관 선택 및 유지관리에 주의한다.
- 단자의 +, −는 각각의 전기회로 +, −에 연결한다.
- 주위 고온체로부터 받은 복사열의 영향으로 인한 오차가 생길 수도 있어 주의해야 한다.
- 측정하고자 하는 곳에 정확히 삽입하고 삽입한 구멍을 통해 냉기가 들어가지 않게 한다.
- 고온 측정에 적합하고 금속으로 되어 있어 내열성과 내구성, 내식성이 우수하다.

정답 | ①

47 빈출도 ★★★

다음 중 열전대 온도계에서 사용되지 않는 것은?

① 동−콘스탄탄
② 크로멜−알루멜
③ 철−콘스탄탄
④ 알루미늄−철

해설

열전대(기호)	측정온도 범위
동−콘스탄탄(C−C)	−200~350℃
크로멜−알루멜(C−A)	−20~1,200℃
철−콘스탄탄(I−C)	−20~800℃
백금로듐−백금(P−R)	0~1,600℃

정답 | ④

48 빈출도 ★

미리 정해진 순서에 따라 순차적으로 진행하는 제어 방식은?

① 시퀀스 제어 ② 피드백 제어
③ 피드포워드 제어 ④ 적분 제어

선지분석
① 시퀀스 제어: 미리 정해진 순서에 따라 순차적으로 진행하는 자동제어 방식의 동작을 말한다.
② 피드백 제어(Feedback Control): 출력과 입력에 영향을 주는 제어로 목표값과 비교값이 일치하도록 반복하는 동작을 말한다.
③ 피드포워드 제어(Feed Forward Control): 일반적으로 피드백 제어와 병용하여 사용되며, 미리 정해진 제어량의 변화를 대응하여 빠른 응답으로 제어하는 방식의 동작을 말한다.
④ 적분 제어(Integral Control, I 동작): 적분값에 비례하는 제어동작으로 동작 시 출력의 변화된 속도값이 편차에 비례한 동작을 말하며, 잔류편차가 제어되나 제어 안정성은 떨어진다.

정답 | ①

49 빈출도 ★★

측정량과 크기가 거의 같은 미리 알고 있는 양의 분동을 준비하여 분동과 측정량의 차이로부터 측정량을 구하는 방식은?

① 편위법 ② 보상법
③ 치환법 ④ 영위법

해설
보상법은 측정량과 크기가 거의 같은 사전에 알고 있는 양(미리 알고 있는 양)의 분동을 준비하여 분동과 측정량의 차이를 측정한다.

정답 | ②

50 빈출도 ★

자동제어에서 동작신호의 미분값을 계산하여 이것과 동작신호를 합한 조작량 변화를 나타내는 동작은?

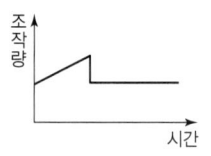

① D동작 ② P동작
③ PD동작 ④ PID동작

해설
갑자기 증가하며 감소하는 동작은 D동작이고, 조작량이 일정한 부분은 P동작이다.

정답 | ③

51 빈출도 ★

베크만 온도계에 대한 설명으로 옳은 것은?

① 빠른 응답성의 온도를 얻을 수 있다.
② 저온용으로 적합하여 약 −100℃까지 측정할 수 있다.
③ −60℃~350℃ 정도의 측정온도 범위인 것이 보통이다.
④ 모세관의 상부에 수은을 봉입한 부분에 대해 측정온도에 따라 남은 수은의 양을 가감하여 그 온도부분의 온도차를 0.01℃까지 측정할 수 있다.

해설
베크만 온도계는 온도변화를 정밀한 수준으로 측정 가능한 수은 온도계로, 모세관의 상부에 수은을 봉입한 부분에 대해 측정온도에 따라 남은 수은의 양을 가감하여 그 온도부분의 온도차를 0.01℃까지 측정할 수 있다.

정답 | ④

52 빈출도 ★★

차압식 유량계에 대한 설명으로 옳지 않은 것은?

① 관로에 오리피스, 플로우 노즐 등이 설치되어 있다.
② 정도가 좋으나, 측정범위가 좁다.
③ 유량은 압력차의 평방근에 비례한다.
④ 레이놀즈수가 10^5 이상에서 유량계수가 유지된다.

해설

차압식 유량계는 비압축성 유체가 관내를 흐를 때 관내의 생기는 차압으로 유량을 측정하는 측정기구로, 정도가 좋아 측정범위가 넓다. 종류로는 오리피스, 벤투리, 플로우 노즐이 있다.

정답 | ②

53 빈출도 ★

다음 중 스로틀(Throttle)기구에 의하여 유량을 측정하지 않는 유량계는?

① 오리피스미터
② 플로우 노즐
③ 벤투리미터
④ 오벌미터

해설

용적식 유량계(PD, positive displacement flowmeter)는 주로 액체 유량의 정량 측정에 사용되며, 계량 방법상 적산유량계의 일종으로 분류된다. 오벌미터(기어), 루트, 로터리 피스톤 유량계 등이 해당된다.

정답 | ④

54 빈출도 ★★

관로의 유속을 피토관으로 측정할 때 수주의 높이가 30cm이었다. 이 때 유속은 약 몇 m/s인가?

① 1.88
② 2.42
③ 3.88
④ 5.88

해설

피토관 공식은 다음과 같다.

$$v = C_p\sqrt{2gh}$$

v: 유속(m/s), C_p: 피토관 계수(별도의 조건이 없으면 1로 함), g: 중력가속도(m/s²), h: 높이(m)

$v = \sqrt{2 \times 9.8 \text{m/s}^2 \times 0.3 \text{m}} = 2.42 \text{m/s}$

정답 | ②

55 빈출도 ★★

유량계의 교정방법 중 기체 유량계의 교정에 가장 적합한 방법은?

① 밸런스를 사용하여 교정한다.
② 기준 탱크를 사용하여 교정한다.
③ 기준 유량계를 사용하여 교정한다.
④ 기준 체적관을 사용하여 교정한다.

해설

기체의 유량을 측정할 시 온도와 압력에 따른 체적변화가 크기 때문에 시험 및 교정에는 기준 체적관을 사용한다.

정답 | ④

56 빈출도 ★

2.2kΩ의 저항에 220V의 전압이 사용되었다면 1초당 발생하는 열량은 몇 W인가?

① 12
② 22
③ 32
④ 42

해설

$$P = \frac{V^2}{R}$$

P: 열량(W), V: 전압(V), R: 저항(Ω)

$P = \frac{(220\text{V})^2}{2,200\Omega} = 22\text{V}^2/\Omega = 22\text{W}$

※ $1\text{V}^2/\Omega = 1\text{W}$

정답 | ②

57 빈출도 ★★

가스분석 방법 중 CO_2의 농도를 측정할 수 없는 방법은?

① 자기법
② 도전율법
③ 적외선법
④ 열도전율법

해설

자기법(자기식) 가스분석계는 자기장 흡입 특성을 이용하여 측정하는 분석계로, 자성을 거의 지니지 않는 이산화탄소의 농도를 측정할 수 없다.

정답 | ①

58 빈출도 ★★

제어시스템에서 조작량이 제어 편차에 의해서 정해진 두 개의 값이 어느 편인가를 택하는 제어방식으로 제어결과가 다음과 같은 동작은?

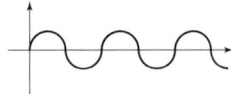

① 온오프동작 ② 비례동작
③ 적분동작 ④ 미분동작

해설

ON-OFF 동작 (2위치동작)은 불연속 제어에 해당되며, 제어시스템에서 조작량이 제어편차에 의해서 정해진 두 개의 값(+, -)이 최대, 최소가 되어 어느 편인가를 택하는 제어방식의 동작이다.

정답 | ①

59 빈출도 ★

벨로우즈(Bellows) 압력계에서 Bellows 탄성의 보조로 코일 스프링을 조합하여 사용하는 주된 이유는?

① 감도를 증대시키기 위하여
② 측정압력 범위를 넓히기 위하여
③ 측정지연 시간을 없애기 위하여
④ 히스테리시스 현상을 없애기 위하여

해설

벨로우즈(Bellows)압력계는 히스테리시스(Hysteresis)현상을 없애기 위하여 보조 코일 스프링을 사용한다.

관련개념 히스테리스 현상

- 어떤 물리적 계(system)의 출력이 현재 입력뿐 아니라 이전 입력의 이력(History)에 따라 달라지는 현상을 말한다.
- 같은 입력 조건이어도 계의 상태가 과거에 따라 다르게 나타나는 지연효과이다.

정답 | ④

60 빈출도 ★

액체와 고체연료의 열량을 측정하는 열량계는?

① 봄브식 ② 융커스식
③ 클리브랜드식 ④ 태그식

해설

봄브식 열량계는 밀폐된 용기 안에서 급속한 연소시에 발생하는 열량을 측정하는 장치로, 고체, 액체 연료의 발열량 측정이 가능하다.

정답 | ①

열설비재료 및 관계법규

61 빈출도 ★

내화물의 스폴링(Spalling) 시험방법에 대한 설명으로 틀린 것은?

① 시험체는 표준형 벽돌을 110±5℃에서 건조하여 사용한다.
② 전 기공율 45% 이상의 내화벽돌은 공랭법에 의한다.
③ 시험편을 노 내에 삽입 후 소정의 시험온도에 도달하고 나서 약 15분간 가열한다.
④ 수냉법의 경우 노 내에서 시험편을 꺼내어 재빠르게 가열면 측을 눈금의 위치까지 물에 잠기게 하여 약 10분간 냉각한다.

해설

수냉법의 경우 노 내에서 시험편을 꺼내어 재빠르게 가열면 측을 눈금의 위치까지 물에 잠기게 하여 약 3분간 냉각한다.

관련개념 스폴링(Spalling) 현상

- 열적 스폴링이라고도 하며, 온도가 급변하는 내화물이 열팽창 차로 인한 변형에 따라 균열이 생긴다.
- 기계적 충격에 의해 균열이 생기는 현상인 기계적 스폴링과 구조적 변화에 의해 균열이 생기는 현상인 구조적 스폴링이 있다.
- 공랭법은 수냉법보다 높은 온도로 가열하여 공기 중에 노출시키거나 공기를 직접 넣음과 동시에 급랭시켜 파괴 횟수의 비율로 내스폴링성을 확인한다.

정답 | ④

62 빈출도 ★

에너지이용 합리화법에 따라 고효율에너지 인증대상 기자재에 해당되지 않는 것은?

① 펌프
② 무정전전원장치
③ 가정용 가스보일러
④ 발광다이오드 등 조명기기

해설

「에너지이용 합리화법 시행규칙 제20조」
고효율에너지인증대상기자재는 다음과 같다.
• 펌프
• 산업건물용 보일러
• 무정전전원장치
• 폐열회수형 환기장치
• 발광다이오드(LED) 등 조명기기
• 그 밖에 산업통상자원부장관이 특히 에너지이용의 효율성이 높아 보급을 촉진할 필요가 있다고 인정하여 고시하는 기자재 및 설비

정답 | ③

63 빈출도 ★★

내화물의 제조공정의 순서로 옳은 것은?

① 혼련 → 성형 → 분쇄 → 소성 → 건조
② 분쇄 → 성형 → 혼련 → 건조 → 소성
③ 혼련 → 분쇄 → 성형 → 소성 → 건조
④ 분쇄 → 혼련 → 성형 → 건조 → 소성

해설

내화물의 제조공정은 분쇄 → 혼련 → 성형 → 건조 → 소성 순이다.

정답 | ④

64 빈출도 ★★

에너지이용 합리화법에 따라 열사용기자재 중 2종 압력용기의 적용범위로 옳은 것은?

① 최고사용압력이 0.1MPa를 초과하는 기체를 그 안에 보유하는 용기로서 내부 부피가 0.05m³ 이상인 것
② 최고사용압력이 0.2MPa를 초과하는 기체를 그 안에 보유하는 용기로서 내부 부피가 0.04m³ 이상인 것
③ 최고사용압력이 0.1MPa를 초과하는 기체를 그 안에 보유하는 용기로서 내부 부피가 0.03m³ 이상인 것
④ 최고사용압력이 0.2MPa를 초과하는 기체를 그 안에 보유하는 용기로서 내부 부피가 0.02m³ 이상인 것

해설

「에너지이용 합리화법 시행규칙 별표1」

구분	품목명	적용범위
압력용기	1종 압력용기	최고사용압력(MPa)과 내부 부피(m³)를 곱한 수치가 0.004를 초과하는 다음의 어느 하나에 해당하는 것 • 증기 그 밖의 열매체를 받아들이거나 증기를 발생시켜 고체 또는 액체를 가열하는 기기로서 용기안의 압력이 대기압을 넘는 것 • 용기 안의 화학반응에 따라 증기를 발생시키는 용기로서 용기 안의 압력이 대기압을 넘는 것 • 용기 안의 액체의 성분을 분리하기 위하여 해당 액체를 가열하거나 증기를 발생시키는 용기로서 용기 안의 압력이 대기압을 넘는 것 • 용기 안의 액체의 온도가 대기압에서의 끓는 점을 넘는 것
	2종 압력용기	최고사용압력이 0.2MPa를 초과하는 기체를 그 안에 보유하는 용기로서 다음의 어느 하나에 해당하는 것 • 내부 부피가 0.04세제곱미터 이상인 것 • 동체의 안지름이 200밀리미터 이상(증기헤더의 경우에는 동체의 안지름이 300밀리미터 초과)이고, 그 길이가 1천밀리미터 이상인 것

정답 | ②

65 빈출도 ★★★

에너지이용 합리화법에 따라 에너지이용 합리화에 관한 기본계획 사항에 포함되지 않는 것은?

① 에너지 절약형 경제구조로의 전환
② 에너지이용 합리화를 위한 기술개발
③ 열사용기자재의 안전관리
④ 국가에너지정책목표를 달성하기 위하여 대통령령으로 정하는 사항

해설

「에너지이용 합리화법 제4조」
산업통상자원부장관은 에너지를 합리적으로 이용하게 하기 위하여 에너지이용 합리화에 관한 기본계획을 수립하여야 한다. 기본계획에는 다음 사항이 포함되어야 한다.
- 에너지절약형 경제구조로의 전환
- 에너지이용효율의 증대
- 에너지이용 합리화를 위한 기술개발
- 에너지이용 합리화를 위한 홍보 및 교육
- 에너지원간 대체
- 열사용기자재의 안전관리
- 에너지이용 합리화를 위한 가격예시제의 시행에 관한 사항
- 에너지의 합리적인 이용을 통한 온실가스의 배출을 줄이기 위한 대책
- 그 밖에 에너지이용 합리화를 추진하기 위하여 필요한 사항으로서 산업통상자원부령으로 정하는 사항

정답 | ④

66 빈출도 ★

다음 중 전로법에 의한 제강 작업시의 열원은?

① 가스의 연소열
② 코크스의 연소열
③ 석회석의 반응열
④ 용선내의 불순원소의 산화열

해설

전로는 선철을 강철로 만드는 과정 속에서 연료를 사용하지 않고 용선 내의 불순원소의 산화열 또는 보유열을 활용한다.

정답 | ④

67 빈출도 ★

요로에 대한 설명으로 틀린 것은?

① 재료를 가열하여 물리적 및 화학적 성질을 변화시키는 가열장치이다.
② 석탄, 석유, 가스, 전기 등의 에너지를 다량으로 사용하는 설비이다.
③ 사용목적은 연료를 가열하여 수증기를 만들기 위함이다.
④ 조업방식에 따라 불연속식, 반연속식, 연속식으로 분류된다.

해설

요로의 사용목적은 연료가 아닌 물체(피열물)를 가열하여 가공 및 생산하기 위함이다.

정답 | ③

68 빈출도 ★

에너지이용 합리화법에서 정한 에너지다소비사업자의 에너지관리기준이란?

① 에너지를 효율적으로 관리하기 위하여 필요한 기준
② 에너지관리 현황 조사에 대한 필요한 기준
③ 에너지 사용량 및 제품 생산량에 맞게 에너지를 소비하도록 만든 기준
④ 에너지관리 진단 결과 손실요인을 줄이기 위하여 필요한 기준

해설

「에너지이용 합리화법 제32조」
산업통상자원부장관은 관계 행정기관의 장과 협의하여 에너지다소비사업자가 에너지를 효율적으로 관리하기 위하여 필요한 기준을 부문별로 정하여 고시하여야 한다.

정답 | ①

69 빈출도 ★★

에너지이용 합리화법에 따라 산업통상자원부장관이 국내외 에너지 사정의 변동으로 에너지 수급에 중대한 차질이 발생될 경우 수급안정을 위해 취할 수 있는 조치 사항이 아닌 것은?

① 에너지의 배급
② 에너지의 비축과 저장
③ 에너지의 양도·양수의 제한 또는 금지
④ 에너지 수급의 안정을 위하여 산업통상자원부령으로 정하는 사항

해설

「에너지이용 합리화법 제7조」
산업통상자원부장관은 국내외 에너지사정의 변동으로 에너지수급에 중대한 차질이 발생하거나 발생할 우려가 있다고 인정되면 에너지수급의 안정을 기하기 위하여 필요한 범위에서 에너지사용자·에너지공급자 또는 에너지사용기자재의 소유자와 관리자에게 다음 사항에 관한 조정·명령, 그 밖에 필요한 조치를 할 수 있다.
- 지역별·주요 수급자별 에너지 할당
- 에너지공급설비의 가동 및 조업
- 에너지의 비축과 저장
- 에너지의 도입·수출입 및 위탁가공
- 에너지공급자 상호 간의 에너지의 교환 또는 분배 사용
- 에너지의 유통시설과 그 사용 및 유통경로
- 에너지의 배급
- 에너지의 양도·양수의 제한 또는 금지
- 에너지사용의 시기·방법 및 에너지사용기자재의 사용 제한 또는 금지 등 대통령령으로 정하는 사항
- 그 밖에 에너지수급을 안정시키기 위하여 대통령령으로 정하는 사항

정답 | ④

70 빈출도 ★★

규산칼슘 보온재에 대한 설명으로 가장 거리가 먼 것은?

① 규산에 석회 및 석면 섬유를 섞어서 성형하고 다시 수증기로 처리하여 만든 것이다.
② 플랜트 설비의 탑조류, 가열로, 배관류 등의 보온 공사에 많이 사용된다.
③ 가볍고 단열성과 내열성은 뛰어나지만 내산성이 적고 끓는 물에 쉽게 붕괴된다.
④ 무기질 보온재로 다공질이며 최고 안전 사용온도는 약 650℃ 정도이다.

해설

규조토와 석회, 무기질인 석면섬유를 수증기 처리로 경화시킨 보온재로 열전도율이 낮고 불연성 물질로 산업플랜트 및 발전소에 사용된다.

관련개념 규산칼슘 보온재
- 높은 압축강도로 반영구적으로 사용이 가능하다.
- 내수성, 내구성이 좋아 시공이 편리하다.
- 안전사용온도는 650℃로 고온조건에서 사용한다.
- 열전도율 0.053~0.065kcal/h·m·℃로 낮고 쉽게 불이 붙지 않는 불연성 재료이다.

정답 | ③

71 빈출도 ★

보온을 두껍게 하면 방산열량(Q)은 적게 되지만 보온재의 비용(P)은 증대된다. 이 때 경제성을 고려한 최소치의 보온재 두께를 구하는 식은?

① $Q+P$
② Q^2+P
③ $Q+P^2$
④ Q^2+P^2

해설

$Q+P$의 값이 최소일 때 최소치의 보온재 두께(보온재 경제적 두께)가 된다.

정답 | ①

72 빈출도 ★★

에너지이용 합리화법에서 에너지의 절약을 위해 정한 "자발적 협약"의 평가 기준이 아닌 것은?

① 계획대비 달성률 및 투자실적
② 자원 및 에너지의 재활용 노력
③ 에너지 절약을 위한 연구개발 및 보급촉진
④ 에너지 절감량 또는 에너지의 합리적인 이용을 통한 온실가스배출 감축량

해설

「에너지이용 합리화법 시행규칙 제26조」
자발적 협약의 평가기준은 다음과 같다.
- 에너지 절감량 또는 에너지의 합리적인 이용을 통한 온실가스 배출 감축량
- 계획 대비 달성률 및 투자실적
- 자원 및 에너지의 재활용 노력
- 그 밖에 에너지 절감 또는 에너지의 합리적인 이용을 통한 온실가스배출 감축에 관한 사항

정답 | ③

73 빈출도 ★★

고알루미나(High alumina)질 내화물의 특성에 대한 설명으로 옳은 것은?

① 급열, 급랭에 대한 저항성이 적다.
② 고온에서 부피변화가 크다.
③ 하중 연화온도가 높다.
④ 내마모성이 적다.

해설

고알루미나질은 Al_2O_3 함량이 45% 이상인 내화벽돌로 다양한 조건에 안정적이며 각종 요로의 가혹한 부위에 주로 사용된다. 하중연화 온도가 높으며, 내식성 및 내마모성이 크다.

정답 | ③

74 빈출도 ★

에너지이용 합리화법에 따라 검사대상기기의 설치자가 변경된 경우 새로운 검사대상기기의 설치자는 그 변경일로부터 최대 며칠 이내에 검사대상기기 설치자 변경신고서를 제출하여야 하는가?

① 7일   ② 10일
③ 15일 ④ 20일

해설

「에너지이용합리화법 시행규칙 제31조24」
검사대상기기의 설치자가 변경된 경우 새로운 검사대상기기의 설치자는 그 변경일부터 15일 이내에 검사대상기기 설치자 변경신고서를 공단이사장에게 제출하여야 한다.

정답 | ③

75 빈출도 ★★

배관 내 유체의 흐름을 나타내는 무차원 수인 레이놀즈 수(Re)의 층류 흐름 기준은?

① Re＜1,000   ② Re＜2,100
③ 2,100＜Re   ④ 2,100＜Re＜4,000

해설

레이놀즈 수(Re, Reynolds number)는 유체역학에서 사용하는 무차원 수로 관성력과 점성력의 비를 말한다.

층류	Re＜2,100(2,320) 흐름
임계영역	2,100(2,320)≤Re≤4,000
난류	Re＞4,000 흐름

정답 | ②

76 빈출도 ★

다음 중 배관의 호칭법으로 사용되는 스케줄 번호를 산출하는데 직접적인 영향을 미치는 것은?

① 관의 외경
② 관의 사용온도
③ 관의 허용응력
④ 관의 열팽창계수

해설

$$SCH = \frac{P}{S} \times 10$$

$$S = \frac{\sigma}{f}$$

P: 사용압력, S: 허용응력, σ: 인장강도, f: 안전율

정답 | ③

77 빈출도 ★

보온 단열재의 재료에 따른 구분에서 약 850~1,200℃ 정도까지 견디며, 열손실을 줄이기 위해 사용되는 것은?

① 단열재
② 보온재
③ 보냉재
④ 내화 단열재

해설

단열재는 내화벽과 외벽사이에 사용하는 보온 단열재의 재료로, 850~1,200℃에서 견디고 열손실을 줄인다.

정답 | ①

78 빈출도 ★★

터널가마(Tunnel kiln)의 장점이 아닌 것은?

① 소성이 균일하여 제품의 품질이 좋다.
② 온도조절의 자동화가 쉽다.
③ 열효율이 좋아 연료비가 절감된다.
④ 사용연료의 제한을 받지 않고 전력소비가 적다.

해설

사용연료의 제한을 받으므로 전력소비가 크다.

관련개념 터널가마(터널요, Tunnel kiln)

(1) 개요

터널형의 가마로 피소성체를 연속적으로 통과시켜 예열, 소성, 냉각 과정을 통해 제품을 완성시킨다.

(2) 특징

- 소성시간이 짧고 소성이 균일하여 제품의 품질이 좋다.
- 배기가스 현열로 예열을 하며, 열효율이 좋아 연료비가 절감된다.
- 생산량 조정이 힘들며, 소량생산에 부적당하다.
- 연속요로 연속적으로 처리할 수 있는 시설이 필요하며, 건설비가 비싸다.
- 사용연료의 제한을 받으므로 전력소비가 크다.

정답 | ④

79 빈출도 ★

견요의 특징에 대한 설명으로 틀린 것은?

① 석회석 클링커 제조에 널리 사용된다.
② 하부에서 연료를 장입하는 형식이다.
③ 제품의 예열을 이용하여 연소용 공기를 예열한다.
④ 이동 화상식이며 연속요에 속한다.

해설

견요는 상부에서 연료를 장입하고 하부에서 공기를 흡입하는 방식이다.

정답 | ②

80 빈출도 ★

에너지이용 합리화법에 따라 에너지다소비사업자는 연료·열 및 전력의 연간 사용량의 합계가 얼마 이상인지를 나타내는가?

① 1천 티오이 이상인 자
② 2천 티오이 이상인 자
③ 3천 티오이 이상인 자
④ 5천 티오이 이상인 자

해설

「에너지이용 합리화법 시행령 제35조」
에너지다소비사업자란 연료·열 및 전력의 연간 사용량의 합계가 2천 티오이 이상인 자를 말한다.

정답 | ②

열설비설계

81 빈출도 ★

수관보일러에서 수냉 노벽의 설치 목적으로 가장 거리가 먼 것은?

① 고온의 연소열에 의해 내화물이 연화, 변형되는 것을 방지하기 위하여
② 물의 순환을 좋게 하고 수관의 변형을 방지하기 위하여
③ 복사열을 흡수시켜 복사에 의한 열손실을 줄이기 위하여
④ 전열면적을 증가시켜 전열효율을 상승시키고 보일러 효율을 높이기 위하여

해설

고온의 연소열에 의한 노벽 내화물의 과열이 수관의 변형을 방지할 수 있다.

정답 | ②

82 빈출도 ★

보일러에 부착되어 있는 압력계의 최고눈금은 보일러의 최고사용압력의 최대 몇 배 이하의 것을 사용해야 하는가?

① 1.5배
② 2.0배
③ 3.0배
④ 3.5배

해설

최고눈금은 보일러의 최고사용압력의 1.5배 이상 최대 3배 이하의 것을 사용해야 한다.

정답 | ③

83 빈출도 ★

코르니시 보일러의 노통을 한 쪽으로 편심 부착시키는 주된 목적은?

① 강도상 유리하므로
② 전열면적을 크게 하기 위하여
③ 내부청소를 간편하게 하기 위하여
④ 보일러 물의 순환을 좋게 하기 위하여

해설

한 쪽으로 편심을 주는 것은 보일러 물의 순환을 좋게 한다.

정답 | ④

84 빈출도 ★★

노통보일러에서 갤로웨이관(Galloway tube)을 설치하는 이유가 아닌 것은?

① 전열면적의 증가
② 물의 순환 증가
③ 노통의 보강
④ 유동저항 감소

해설

노통에 직각으로 2~3개의 갤로웨이관을 설치하여 노통이 보강되고, 전열면적, 물의 순환, 유동저항이 증가한다.

정답 | ④

85 빈출도 ★

다음 무차원 수에 대한 설명으로 틀린 것은?

① Nusselt수는 열전달계수와 관계가 있다.
② Prandtl수는 동점성계수와 관계가 있다.
③ Reynolds수는 층류 및 난류와 관계가 있다.
④ Stanton수는 확산계수와 관계가 있다.

선지분석

① Nusselt수(Nu): 유체 상 경계를 통과하는 대류열 전달과 전도열 전달의 비로, Nu = $\dfrac{대류열전달}{전도열전달}$ 로 나타낸다.
② Prandtl수(Pr): 점성도와 열확산도의 비로, $Pr = \dfrac{동점성계수}{열전도계수}$ 로 나타낸다.
③ Reynolds수(Re): 관성력과 점성력의 비율인 무차원수로, $Re = \dfrac{관성력}{점성력}$ 로 나타낸다.
④ Stanton수(St): 유체로 전달되는 열의 비율을 열용량으로 측정하는 무차원수로, $St = \dfrac{Nu수}{Re수 \times Pr수}$ 로 나타낸다.

정답 | ④

86 빈출도 ★★

피복 아크 용접에서 루트 간격이 크게 되었을 때 보수하는 방법으로 틀린 것은?

① 맞대기 이음에서 간격이 6mm 이하일 때에는 이음부의 한 쪽 또는 양 쪽에 덧붙이를 하고 깎아내어 간격을 맞춘다.
② 맞대기 이음에서 간격이 16mm 이상일 때에는 판의 전부 혹은 일부를 바꾼다.
③ 필릿 용접에서 간격이 1.5~4.5mm일 때에는 그대로 용접해도 좋지만 벌어진 간격만큼 각장을 작게 한다.
④ 필릿 용접에서 간격이 1.5mm 이하일 때에는 그대로 용접한다.

해설

필릿 용접에서 간격이 1.5~4.5mm일 때에는 그대로 용접해도 좋지만 벌어진 간격만큼 각장을 크게 한다.

정답 | ③

87 빈출도 ★★

유량 7m³/s의 주철제 도수관의 지름(mm)은? (단, 평균유속(V)은 3m/s이다.)

① 680
② 1,312
③ 1,723
④ 2,163

해설

$$Q = AV$$

Q: 유량(m³/s), A: 면적(m²), V: 유속(m/s)

$$A = \dfrac{Q}{V} = \dfrac{7}{3} = 2.333 \text{m}^2$$

원형 면적을 구하는 공식으로 지름을 구한다.

$$A = \dfrac{\pi D^2}{4}$$

$$D = \sqrt{\dfrac{4A}{\pi}} = \sqrt{\dfrac{4 \times (2.333 \text{m}^2)}{\pi}} = 1.723\text{m} = 1,723\text{mm}$$

정답 | ③

88 빈출도 ★

보일러 응축수 탱크의 가장 적절한 설치위치는?

① 보일러 상단부와 응축수 탱크의 하단부를 일치시킨다.
② 보일러 하단부와 응축수 탱크의 하단부를 일치시킨다.
③ 응축수 탱크는 응축수 회수배관보다 낮게 설치한다.
④ 응축수 탱크는 송출 증기관과 동일한 양정을 갖는 위치에 설치한다.

해설

응축수 탱크는 응축수 회수배관보다 낮게 설치하여 증기사용 배관의 응축수가 중력 작용으로 응축수 탱크 하부에 모일 수 있게 한다.

정답 | ③

89 빈출도 ★

보일러 수의 분출시기가 아닌 것은?

① 보일러 가동 전 관수가 정지되었을 때
② 연속운전일 경우 부하가 가벼울 때
③ 수위가 지나치게 낮아졌을 때
④ 프라이밍 및 포밍이 발생할 때

해설

수위가 지나치게 높아졌을 때 보일러 수의 분출작업을 실시한다.

정답 | ③

90 빈출도 ★★

이온 교환체에 의한 경수의 연화 원리에 대한 설명으로 옳은 것은?

① 수지의 성분과 Na형의 양이온과 결합하여 경도성분 제거
② 산소 원자와 수지가 결합하여 경도 성분 제거
③ 물속의 음이온과 양이온이 동시에 수지와 결합하여 경도성분 제거
④ 수지가 물속의 모든 이물질과의 결합하여 경도성분 제거

해설

수지의 성분과 Na형의 양이온이 결합하여 경도성분을 제거한다.

정답 | ①

91 빈출도 ★

증발량 2ton/h, 최고사용압력이 $10kg/cm^2$, 급수온도 20℃, 최대 증발률 $25kg/m^2 \cdot h$인 원통 보일러에서 평균 증발률을 최대 증발률의 90%로 할 때, 평균 증발량(kg/h)은?

① 1,200   ② 1,500
③ 1,800   ④ 2,100

해설

$$e = \frac{W}{A}$$

e: 보일러 증발률($kg/m^2 \cdot h$), W: 실제 증발량(kg/h), A: 면적(m^2)

$25kg/m^2 \cdot h = \dfrac{2 \times 10^3 kg/h}{A}$

$A = 80m^2$

평균 증발량은 위의 공식에서 실제 증발량 대신 평균 증발량으로, 보일러 증발률은 보일러 평균 증발률로 환산하면 구할 수 있다.

$25kg/m^2 \cdot h \times 0.9 = \dfrac{\overline{w}}{80m^2}$

$\overline{w} = 1,800 kg/h$

정답 | ③

92

동체의 안지름이 2,000mm, 최고사용압력이 12kg/cm²인 원통보일러 동판의 두께(mm)는? (단, 강판의 인장강도 40kg/mm², 안전율 4.5, 용접부의 이음효율(η) 0.71, 부식여유는 2mm이다.)

① 12   ② 16
③ 19   ④ 21

해설

압축강도 계산공식은 아래와 같다.

$$P \times D = 200 \times \sigma \times (t-C) \times \eta$$

P: 최고사용압력(kg/cm²), D: 안지름(mm),
σ: 허용응력(kg/cm²), t: 두께(mm), C: 부식여유(mm),
η: 효율(%)

여기서 허용응력(σ)은 다음과 같이 관계식이 성립된다.

$$\sigma = \frac{\sigma_a}{S}$$

σ_a: 인장강도(kg/mm²), S: 안전율

$$PD = 200 \times \frac{\sigma_a}{S} \times (t-C) \times \eta$$

$$t = \frac{P \times D \times S}{200 \times \sigma_a \times \eta} + C$$

$$t = \left(\frac{12 \times 2,000 \times 4.5}{200 \times 40 \times 0.71} + 2\right) = 21.01\text{mm}$$

정답 | ④

93

아래 벽체구조의 열관류율(kcal/h·m²·℃)은? (단, 내측 열전도저항 값은 0.05m²·h·℃/kcal이며, 외측 열전도저항 값은 0.13m²·h·℃/kcal)

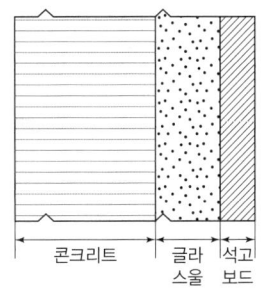

재료	두께(mm)	열전도율(kcal/h·m·℃)
내측		
① 콘크리트	200	1.4
② 글라스울	75	0.033
③ 석고보드	20	0.21
외측		

① 0.37   ② 0.57
③ 0.87   ④ 0.97

해설

열관류율에 대한 식은 다음과 같다.

$$K = \frac{1}{\Sigma R} = \frac{1}{R_1 + R_2 + R_3}$$

K: 열관류율(kcal/h·m²·℃), R_1: 내측 열전도저항,
R_2: 외측 열전도저항, R_3: 구조체 열전도저항

구조체 열전도항은 콘크리트, 글라스울, 석고보드의 열전도율 합을 계산하여야 한다.

$$R_3 = \frac{0.2}{1.4} + \frac{0.075}{0.033} + \frac{0.02}{0.21} = 2.510$$

$$K = \frac{1}{0.05 + 0.13 + 2.510} = 0.37\text{kcal/m}^2\cdot\text{h}\cdot\text{℃}$$

정답 | ①

94 빈출도 ★★

보일러의 과열에 의한 압궤(Collapse)의 발생부분이 아닌 것은?

① 노통 상부 ② 화실 천장
③ 연관 ④ 가셋스테이

해설

압궤는 보일러 노통 등 원통부분이 외압의 한계에 이르러 찌그러지거나 찢어짐, 짓눌림현상 등의 현상을 말하며, 압축응력 받는 부위는 노통 상부, 화실 천장, 연관(연소실 내) 등이 해당된다.

정답 | ④

95 빈출도 ★

보일러 설치공간의 계획 시 바닥으로부터 보일러 동체의 최상부까지의 높이가 4.4m라면, 바닥으로부터 상부 건축 구조물까지의 최소높이는 얼마 이상을 유지하여야 하는가?

① 5.0m 이상 ② 5.3m 이상
③ 5.6m 이상 ④ 5.9m 이상

해설

보일러 옥내설치기준에 의해 보일러 동체 최상부로부터 천장, 배관 등 보일러 상부에 있는 건축 구조물까지의 거리는 1.2m 이상이어야 한다.
따라서, 문제에서 주어진 최상부까지의 높이 4.4m를 더해주면 4.4m+1.2m=5.6m이다.

정답 | ③

96 빈출도 ★

결정조직을 조정하고 연화시키기 위한 열처리 조작으로 용접에서 발생한 잔류응력을 제거하기 위한 것은?

① 뜨임(Tempering) ② 풀림(Annealing)
③ 담금질(Quenching) ④ 불림(Normalizing)

해설

풀림(Annealing)은 결정조직을 조정하고 연화시키기 위한 열처리 조작으로 약 600℃로 가열한 다음 서서히 냉각시켜서 잔류응력을 제거한다.

정답 | ②

97 빈출도 ★★

최고사용압력 1.5MPa, 파형 형상에 따른 정수(C)를 1,100으로 할 때 노통의 평균지름이 1,100mm인 파형노통의 최소 두께는?

① 10mm ② 15mm
③ 20mm ④ 25mm

해설

파형 노통의 최소 두께를 구하는 식은 다음과 같다.

$$t = \frac{10PD}{C}$$

t: 최소 두께(mm), P: 최고사용압력(MPa), D: 평균 내경(mm), C: 노통의 종류에 따른 상수

$$t = \frac{10 \times 1.5 \times 1,100}{1,100} = 15\text{mm}$$

정답 | ②

98 빈출도 ★

상향 버킷식 증기트랩에 대한 설명으로 틀린 것은?

① 응축수의 유입구와 유출구의 차압이 없어도 배출이 가능하다.
② 가동 시 공기 빼기를 하여야 하며 겨울철 동결우려가 있다.
③ 배관계통에 설치하여 배출용으로 사용된다.
④ 장치의 설치는 수평으로 한다.

해설

응축수의 유입구와 유출구의 $0.1kg/cm^2$ 이상의 차압이 있어야 배출이 가능하다.

정답 | ①

99 빈출도 ★★

NaOH 8g을 200L의 수용액에 녹이면 pH는?

① 9   ② 10
③ 11   ④ 12

해설

pH 및 pOH를 구하는 식은 다음과 같다.

$$pH = -\log[H^+],\ pOH = -\log[OH^-]$$
$$pH + pOH = 14$$

NaOH(분자량 40)의 몰수 $= \dfrac{질량}{몰질량} = \dfrac{8}{40} = 0.2mol$

$[OH^-] = \dfrac{0.2mol}{200L} = 0.001mol/L$

$pOH = -\log(0.001) = 3$
$pH = 14 - pOH = 14 - 3 = 11$

정답 | ③

100 빈출도 ★★

프라이밍 및 포밍이 발생한 경우 조치 방법으로 틀린 것은?

① 압력을 규정압력으로 유지한다.
② 보일러수의 일부를 분출하고 새로운 물을 넣는다.
③ 증기밸브를 열고 수면계의 수위 안정을 기다린다.
④ 안전밸브, 수면계의 시험과 압력계 연락관을 취출하여 본다.

해설

증기밸브를 잠그고 압력 증가와 동시에 수위를 안정시킬 수 있게 한다.

관련개념 프라이밍 및 포밍 조치 방법

- 보일러수를 농축시키지 않는다.
- 보일러수 중의 불순물을 제거한다.
- 과부하가 되지 않도록 한다.
- 증기 취출을 서서히 한다.
- 연소량을 줄인다.
- 압력을 규정압력으로 유지한다.
- 안전밸브, 수면계의 시험과 압력계 연락관을 취출하여 본다.

정답 | ③

내가 꿈을 이루면
나는 누군가의 꿈이 된다.

– 이도준

**여러분의 작은 소리
에듀윌은 크게 듣겠습니다.**

본 교재에 대한 여러분의 목소리를 들려주세요.
공부하시면서 어려웠던 점, 궁금한 점,
칭찬하고 싶은 점, 개선할 점, 어떤 것이라도 좋습니다.

에듀윌은 여러분께서 나누어 주신 의견을
통해 끊임없이 발전하고 있습니다.

에듀윌 도서몰 book.eduwill.net
- 부가학습자료 및 정오표: 에듀윌 도서몰 → 도서자료실
- 교재 문의: 에듀윌 도서몰 → 문의하기 → 교재(내용, 출간) / 주문 및 배송

2026 에듀윌 에너지관리기사 필기 한권끝장

발 행 일	2025년 6월 19일 초판
저 자	남진우, 박수한, 어준혁
펴 낸 이	양형남
개발책임	목진재
개 발	양지은, 김미지
펴 낸 곳	(주)에듀윌
I S B N	979-11-360-3788-6
등록번호	제25100-2002-000052호
주 소	08378 서울특별시 구로구 디지털로34길 55
	코오롱싸이언스밸리 2차 3층

- 이 책의 무단 인용 · 전재 · 복제를 금합니다.

www.eduwill.net
대표전화 1600-6700